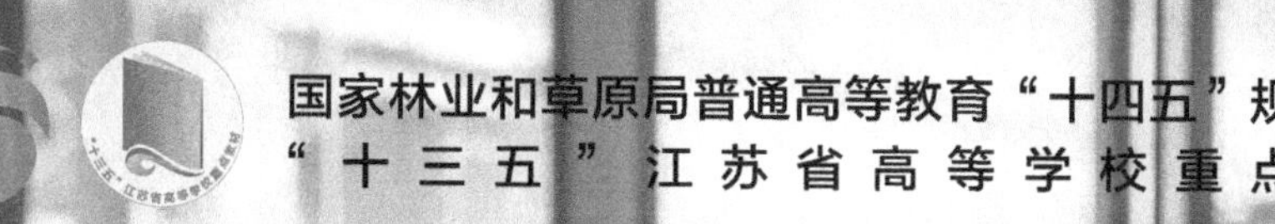

WOODEN FURNITURE MANUFACTURING TECHNOLOGY

木家具制造工艺学

吴智慧 / 主编

第 4 版

中国林业出版社
China Forestry Publishing House

图书在版编目（CIP）数据

木家具制造工艺学 / 吴智慧主编. —4 版. —北京：中国林业出版社，2023. 6
国家林业和草原局普通高等教育“十四五”规划教材 “十三五”江苏省高等学校重点教材
ISBN 978-7-5219-2063-5

Ⅰ. ①木… Ⅱ. ①吴… Ⅲ. ①木家具-生产工艺-高等学校-教材 Ⅳ. ①TS664. 1

中国国家版本馆 CIP 数据核字（2023）第 000972 号

策划编辑：杜 娟 田夏青
责任编辑：田夏青
责任校对：苏 梅
封面设计：周周设计局

出版发行 中国林业出版社（100009，北京市西城区刘海胡同 7 号，电话 010-83143559）
电子邮箱 cfphzbs@163. com
网 址 www. forestry. gov. cn/lycb. html
印 刷 北京中科印刷有限公司
版 次 2004 年 8 月第 1 版（共印 5 次）
2012 年 12 月第 2 版（共印 3 次）
2019 年 6 月第 3 版（共印 2 次）
2023 年 6 月第 4 版
印 次 2023 年 6 月第 1 次印刷
开 本 850mm×1168mm 1/16
印 张 27. 625
字 数 895 千字 数字资源 21 个
定 价 78. 00 元

第4版 前言

《木家具制造工艺学》自2004年8月第1版《木质家具制造工艺学》、2012年12月第2版（更名为《木家具制造工艺学》）和2019年6月第3版出版发行以来，曾获第二届全国高中等院校林（农）类优秀教材一等奖（中国林业教育学会，2008年），先后被列为国家林业局普通高等教育“十二五”规划教材（2010年）、国家林业和草原局普通高等教育“十三五”规划教材（2016年）、“十三五”江苏省高等学校重点教材（2016年）、江苏省本科优秀培育教材（2020年）。前3版共计印刷3万册，先后被全国设有木材科学与工程、家具设计与工程、工业设计、产品设计、室内设计、家具设计与制造等专业或方向的25所以上的高等院校、职业院校，在本、专科生和研究生的专业课程教学中使用，并作为有关院校研究生入学考试的参考教材；同时也被家具制造企业和设计公司的专业工程技术与管理人员培训选用或学习参考。为适应我国家具制造业高质量发展和“新工科”背景下专业教学及工业生产的需求，特启动本教材第4版修订工作。《木家具制造工艺学》（第4版）于2021年被列为国家林业和草原局普通高等教育“十四五”规划教材、南京林业大学优质教材建设工程一期项目。

本次修订进一步以“材料—结构—工艺—设备—装饰”为主线，注重专业技术理论与生产实践相结合，系统阐述了木家具生产工艺过程的基本原理、工艺技术、典型装备及质量保证措施等知识，并根据家具专业人才培养要求和现代家具制造技术的不断提升，吸纳了专业教学团队多年专业教学、科学研究和生产实践中所掌握的如智能制造、绿色制造等最新技术成果和专业资料。

本次修订先后征集和采纳了全国多所高校执教本课程老师的意见和建议，在第3版教材的基础上完成，并对第3版教材的各章节内容进行了修订。与第3版相比，修订版第1章根据新发布的相关家具标准以及新型家具的发展，修改了木家具及其相关分类的内容及其定义，增加了“康养家具”和“电动家具”的定义以及实木家具接合方式的分类，并在“1.3.2家具工业的发展趋势”中增加了“1.3.2.8家具需求呈现个性化、定制化和集成化”和“1.3.2.9家具产业发展立足于低碳经济、数字经济”等内容；第2章根据新发布的各类原辅材料标准，修改完善了木家具设计与生产所涉及的各类原辅材料以及新型材料的相关引用标准、性能、选择和应用等方面内容，增加了相关原辅材料图片以及“正交胶合木”和“烤漆”等内容；第3章修改了榫接合、整拼板、框嵌板等部分内容，增加了“3.4.2.3 床类家具结构”；第 4 章根据木家具工艺技术发展的实际情况，修改完善了框架式家具、板式家具生产工艺流程等内容；第 5~6 章修改完善了相关引用标准以及木材干燥质量、集成材和生态板等部分内容；第 7 章增加了“7.1 迈克尔·索耐特与曲木家具”“7.2 阿瓦尔·阿尔托与曲木家具”以及相关弯曲木家具案例，并将“薄板弯曲胶合”更改为“薄板胶合弯曲”，以与“实木方材弯曲”对应；第 8 章根据现代绿色环保的要求和新型涂装技术的发展，增加了“环保性能”“半亚光涂饰”“亚光肤感涂饰”“上蜡（蜡饰）工艺”“涂层固化机理”“UV 准分子灯紫外线辐射干燥”“电子束辐射干燥”等内容，修改补充了数码喷印装饰、粉末喷涂、涂层固化方法、紫外线的波长等部分内容；第 10 章增加了“制造系统的组成”“先进制造技术主要研究内容”“二维码 QB”“射频识别技术 RFID”“制造执行系统 MES”“仓库管理与控制系统 WMS/WCS”“扩展现实 XR（VR/AR/MR）”“制造模式及其发展演变”等内容；第 11 章家具智能制造是在第 3 版中“11.4 家居智能制造的现状与趋势”的基础上，根据信息技术、数字经济、数字化转型以及智能制造的快速发展，调整并增加了“11.1 制造业生产方式与大规模定制”“11.2 信息技术与数字化转型”“11.3 工业 4.0 与智能制造”“11.4 家居智能制造及其发展趋势”等内容；删去了第 3 版的第 10 章“工艺设计”，相关内容可参考《木家具制造工艺学课程设计指导手册》等教材。同时也对参考文献进行了适当增加和补充。

本次修订后的教材，内容结构体系完整，系统性、专业性、知识性、技术性、科学性、实用性较强，充分体现了当今国内外最新家具生产工艺与技术设备，符合家具制造工艺课程教学的内容和“新工科”专业教育的培养目标，是目前国内家具专业或专业方向的核心必修课程和经典特色教材。

本次修订由南京林业大学吴智慧教授主持，熊先青副教授、李荣荣副教授、邹媛媛讲师、冯鑫浩讲师参加了部分章节的修订工作，刘敏副研究馆员参与了相关家具标准和技术资料的收集与整理工作。全书由吴智慧教授统稿和修改。

本教材的修订与出版，承蒙南京林业大学优质教材建设工程一期项目的资助和中国林业出版社的筹划与指导，此外，还参考了国内外相关企业的部分资料。在此，向所有关心、支持和帮助本教材修订与出版的单位和人士表示最衷心的感谢！

由于时间所限，本次修订难免还有不足之处，敬请广大读者批评指正。

吴智慧

2022 年 10 月

第3版 前言

《木家具制造工艺学》于2016年分别被列为国家林业局普通高等教育“十三五”规划教材、“十三五”江苏省高等学校重点教材，曾于2008年获中国林业教育学会优秀教材一等奖。自2004年8月第1版《木质家具制造工艺学》和2012年12月第2版（更名为《木家具制造工艺学》）出版发行以来，先后被全国20多所设有家具设计与制造、工业设计（家具设计)、工业设计、产品设计、艺术设计、室内设计、木材科学与工程等专业或专业方向的高等院校、职业院校，在本、专科生和研究生的专业课程教学中使用，并作为有关院校研究生入学考试的参考教材；同时也被家具制造企业和设计公司的专业工程技术与管理人员培训选用或学习参考。

本教材涉及范围广泛，为适应我国家居产业的不断发展、“新工科”专业教学以及家具工业生产的需求，本次修订是在第2版的基础上完成的。与第2版相比，第3版第1章根据新发布的相关家具标准以及新型家具的发展，增加和修改了木家具的定义、木家具相关分类的内容及其定义；第2章增补了木家具设计与生产所需要的各类原辅材料以及新型材料的相关引用标准和性能、选择和应用等方面内容；第3章增加了板木家具、定制家具、整木家具等的结构、接合等典型案例分析；第4章根据新的家具标准规范，增加和修改了木家具加工过程或产品的质量控制的要求；第5~7章分别结合典型案例，增补了典型实木家具、典型板式家具、典型曲木家具生产加工过程的新工艺、新设备和新技术等内容；第8章根据现代绿色环保的要求，在结合水性涂料、植物油、粉末涂料等涂饰案例内容的同时，增补了新型涂饰设备、技术方法、技术规范和质量要求等内容；第9章增加了部分典型家具新的装配设备及工艺技术方法等内容；第11章增加了家居智能制造的现状与发展趋势，内容涉及家居产业的制造模式、工业4.0与智能制造关键技术、家居智能制造发展方向等；同时也对参考文献进行了增加和补充。

本次修订由南京林业大学吴智慧教授主持，熊先青副教授、邹媛媛讲师参加了部分章节的修订工作，刘敏副研究馆员参与了相关家具标准和技术资料的收集与整理工作。全书由吴智慧教授统稿。

本次修订注重专业理论与生产实践相结合，突出介绍了家具行业最新制造工艺技术与设备。本次教材修订与出版，承蒙南京林业大学和中国林业出版社的筹划与指导，此外，还参考了国内外相关企业部分产品的图表资料。在此，向所有关心、支持和帮助本教材修订与出版的单位和人士表示最衷心的感谢！

由于编者水平所限，本次修订版难免还有不足和遗漏之处，敬请广大读者批评指正。

吴**慧

2019 年 4 月

第2版 前言

《木家具制造工艺学》是全国高等院校木材科学及设计艺术学科教材编写指导委员会确定的家具制造工艺系列规划教材。本教材自2004年出版发行以来，先后被全国10多所林业或农林高等院校家具设计与制造、室内设计、工业设计、艺术设计、木材科学与工程等相关专业或专业方向的师生选用，同时也被家具制造企业和设计公司的专业工程技术与管理人员培训选用或学习参考。本教材于2008年荣获中国林业教育学会第二届高、中等院校林（农）类优秀教材一等奖。

在我国家具工业的快速发展的新形势下，为适应教学及工业生产的需求，在第1版教材的基础上修订本教材。与第1版相比，修订版第1章增加了木家具的定义、木家具相关分类的内容；第2章修改了木家具用木材及人造板材等材料的相关标准和内容，增加了重组装饰材、水性漆、粉末涂料、植物涂料等内容，修改了科技木等内容；第3章木家具结构类型中增加了板木家具；第6章增加了蜂窝纸芯常用技术参数及要求，更新了部分图例，在印刷装饰纸贴面中增加了宝丽板和华丽板等内容，在边部处理中增加了无框蜂窝板封边处理等内容；第8章透明涂饰举例中增加了水性漆涂饰工艺，增加了数码喷印技术；第11章先进制造技术为新增加的内容。

本教材修订由南京林业大学吴智慧教授主持，参加修订的编者及其修订分工如下：第1~3章由吴智慧教授修订；第6章由南京林业大学徐伟副教授修订；第8章由南京林业大学朱剑刚副教授、桑瑞娟讲师修订；第11章由南京林业大学吴智慧教授、熊先青讲师编写。全书由吴智慧教授统稿和修改。

本教材修订版注重理论与实践相结合，突出最新制造工艺与技术设备介绍，适用于家具设计与制造、木材科学与工程、室内设计、工业设计、艺术设计等相关专业或专业方向的教材或参考书，也可供有关工程技术与管理人员参考。

由于编者水平所限，本次修订版难免有不妥之处，欢迎读者批评指正。

吴智慧

2012年8月

第1版 前言

家具是指供人类维持正常生活、从事生产实践和开展社会活动必不可少的一类器具。狭义地说，是生活、工作或社会交往活动中供人们坐、卧、躺，或支承与贮存物品的一类器具与设备。家具作为一种现代工业产品，是国际贸易与消费市场长盛不衰的大宗商品之一。随着现代科学技术的突飞猛进、世界性木材供应日趋紧张，加之家具标准化的普遍实施，世界家具向高技术型方向发展已成为现实。近年来，世界家具工业发展迅速、国际家具市场呈日益扩大之势。随着建筑业的兴起、旅游业的兴旺、经济的繁荣和工业的发展，家具产品已渗透到人们生活、学习、工作和休闲各个部分，而且在进入21世纪的今天，人类进入了一个消费的新时代，人们的消费观念和价值取向正在发生变化，这就使得家具生产和销售出现了激烈的市场竞争。

中国的家具工业经过近20年来的发展，在20世纪末终于冲出了困境，已从传统的手工业发展成为具备相当规模的现代工业化产业，出现了一些具有国际先进水平的家具明星企业和家具配套产业。无论从产品种类、结构形式、加工方法、机械化程度、新材料应用以及科学管理等方面都有了明显提高，已经初步形成了生产、科研、标准、情报、检测、教育和配套产品相结合的一个比较完善的、具有中国特色的家具工业体系。由于实行对外开放、外引内改、开拓创新的政策，国外的先进技术不断传入我国，家具的产量和经济效益都有明显的提高，家具市场呈日益扩大之势，中国的家具工业在国际家具生产、技术和贸易中已占有一定地位。

中国的家具设计与制造专业已为中国家具工业与室内装饰行业输送了一大批专业人才。但至今为止，国内还没有一本适合于专业教学、自学和培训的系统性家具制造工艺技术方面的正式教材和教学参考书。为此，南京林业大学自2002年起，从中国国情、行业特色和教学要求出发，在吸收国内外最新技术成果的基础上，积极准备相继编写了包括《木质家具制造工艺学》《金属家具制造工艺学》《软体家具制造工艺学》《竹藤家具制造工艺学》等家具制造工艺系列教材。

《木质家具制造工艺学》作为家具设计与制造等相近专业的教材，力图从现代家具工业快速发展和制造技术不断提升的高度，系统地介绍木质家具生产制造所必需的理论知识和工艺技术，同时把作者在多年专业教学、科学研究和生产实践过程中所掌握的最新专业资料和技术成果整理归纳编写成本书，旨在为全国高等院校中与木材科学与工程、家具设计与制造、室内设计、工业设计、艺术设计等相关专业的学生提供一本现代木质家具制造工艺的专业教材和参考书，以填补家具与室内设计专业教学中的教材空白。

本书集专业性、知识性、技术性、实用性、科学性和系统性于一体，注重理论与实践相结合，突出制造工艺与技术设备，文理通达、内容丰富、图文并茂、深入浅出、切合实际、通俗易懂，适合于家具设计与制造、室内设计、工业设计、艺术设计、木材科学与工程等相关专业或专业方向的本、专科生和研究生的教学使用，同时也可供家具企业和设计公司的专业工程技术与管理人员参考。

本书包含木质家具的材料、结构、加工基础、实木零部件加工、板式部件加工、弯曲成型部件加工、装饰与涂饰、装配和工艺设计等主要内容。共分 10 章，由南京林业大学吴智慧教授主编，南京林业大学李军副教授为副主编。其中，第 1~3 章、第 6~10 章由吴智慧编写；第 4 章、第 5 章 5.2~5.5 节由李军编写；第 5 章 5.1 节由南京林业大学朱剑刚编写。全书由吴智慧教授统稿和修改。

本书的编写与出版，承蒙南京林业大学工业学院和中国林业出版社的筹划与指导，此外，本书还参考了国内外相关参考书和企业产品目录中的部分图表资料，在此，向所有关心、支持和帮助本书出版的单位和人士表示最衷心的感谢！

由于作者水平所限，书中难免存在不足，敬请广大读者给予批评指正。

编　者

2003 年 12 月

目录

第1章 绪 论

【本章重点】

1. 木家具的定义和分类。
2. 木家具制造工艺及其特点。
3. 现代木家具发展概况。

1.1 木家具的定义和分类

1.1.1 木家具的定义

广义地说，家具是指供人类维持正常生活、从事生产实践和开展社会活动必不可少的一类器具；狭义地说，家具是指在日常生活、工作或社会交往活动中具有供人们坐、卧、躺、倚靠，或分隔与装饰空间，或支承与贮存物品等功能的一类器具。

木家具（wooden furniture），又称木质家具或木制家具，是指主要零部件（除了装饰件、配件之外）均采用木材、人造板等木质材料制成的家具。

1.1.2 木家具的分类

木家具形式多样，用途各异，所用的原辅材料和生产工艺也各有不同。现从木家具的基本功能、基本形式、使用场合、结构特征、时代风格、设置形式、材料种类、表面装饰、制造模式等方面进行分类。

1.1.2.1 按基本功能分

（1）支承类 直接支承人体的木家具，如椅、凳、沙发、床、榻等（坐具、卧具）。

（2）贮存类 贮存或陈放各类物品，如柜、橱、箱、架等。

（3）凭倚类 供人凭倚或伏案工作，并可贮存或陈放物品（虽不直接支承人体，但与人体尺度、活动相关）的木家具，如桌、几、台、案等。

1.1.2.2 按基本形式分

（1）椅凳类 扶手椅、靠背椅、转椅、折椅、长凳、方凳、圆凳等。

（2）沙发类 单人沙发、三人沙发、实木沙发、曲木沙发等。

（3）桌几类 桌、几、台、案等。

（4）橱柜类 衣柜、五斗柜、床头柜、陈设柜、展示柜、书柜、橱柜、玄关柜等。

（5）床榻类 架子床、双层床、双人床、儿童床、睡榻等。

（6）其他类 屏风、花架、挂衣架、书架、报纸杂志架等。

1.1.2.3 按使用场合分

（1）民用家具 又称家用家具，指供家庭各空间地点使用的木家具，主要有卧室（房）家具、门厅（玄关）家具、客厅家具、餐厅家具、厨房家具、书房家具、卫浴家具、儿童家具等。

（2）办公家具 指供办公场所使用的木家具，主要有办公室家具、会议室家具等，如会议桌、会议椅、文件柜、OA 办公自动化家具（office automation furniture）、SOHO 家庭办公家具等。

（3）宾馆家具 又称酒店家具，指用于宾馆、饭店、酒店、酒吧等公共场所中供顾客住宿、餐饮和休闲等使用的各类木家具。

（4）学校家具 又称校用家具，指用于教室、实验室、学生公寓、图书馆、课堂等场所，供在校人员学习、试验、睡眠、餐饮等使用的木家具。

（5）医疗家具 又称医院家具、医用家具，指供医院、诊所、疗养院等场所使用的木家具。

（6）康养家具　又称医养家具，指用于养老机构、疗休机构、老年公寓、养生基地，以及住宅、办公空间、学校、医院、酒店等场所，具有健康、医疗、康复、养老、养生、养病、养心、休闲等功能的家具。

（7）商业家具　又称商用家具，指供商店、商场、展览馆、服务行业等场所使用的木家具。

（8）影剧院家具　指供会堂、礼堂、报告厅、影院、剧院、体育馆等场所使用的木家具。

（9）交通家具　指供飞机、列车、汽车、船舶等交通工具，或车站、码头、机场等场所使用的木家具。

（10）实验室家具　指供实验室操作使用和放置仪器、材料的木家具。

（11）图书馆家具　指供图书馆储藏、陈列、阅览使用的书架、书柜、资料柜及阅览桌椅等木家具。

（12）户外家具　指供户外休闲、交谈、娱乐等场所（如庭院、公园、游泳池、广场以及人行道、林荫道等地点）使用的木家具。

1.1.2.4　按结构特征分

（1）按结构方式分

①固装式家具：又称非拆装式家具，指主体结构为不可拆装的木家具。零部件之间采用榫卯接合（带胶或不带胶）、连接件接合（非拆装式）、胶接合、钉接合等形式组成的木家具。

②拆装式家具：又称可拆装家具，指零部件之间采用可拆装接合的木家具。零部件之间采用圆榫（不带胶）或连接件接合等形式组成的家具，如 KD 拆装式家具（knock-down furniture）、RTA 待装式家具（ready-to-assemble furniture）、ETA 易装式家具（easy-to-assemble furniture）、DIY 自装式家具（do-it-yourself furniture）、“32mm”系统家具等。

③折叠式家具：采用翻转或折合连接结构而形成可收展或叠放以改变形状的木家具，如整体折叠家具、局部折叠家具等。

（2）按结构类型分

①框式家具：以框架为主体结构的木家具（有非拆装式和拆装式），如实木家具等。

②板式家具：以板件或板式部件和五金连接件接合为主体结构的木家具（也有非拆装式和拆装式），如人造板家具等。

③曲木家具：又称弯曲木家具，以弯曲木零部件（锯制弯曲、实木方材弯曲、薄板胶合弯曲等）为主体结构的木家具。

④车木家具：又称旋木家具，以车削或旋制木质零件为主体结构的木家具。

（3）按结构构成分

①组合家具：指由可独立使用的单体组成的木家具，主要有单体组合式家具、部件组合式家具、支架悬挂式家具等。

②套装家具：又称成套家具，指按室内使用要求配置的整套木家具，通常是由若干结构相似的家具配套而成。

1.1.2.5　按时代风格分

（1）西方古典家具　如英国传统（安娜）式家具、法国哥特式家具、巴洛克（路易十四）式家具、洛可可（路易十五）式家具、新古典主义（路易十六）式家具、美国殖民地式（美式）家具、西班牙式家具等。

（2）中国传统家具　如唐代家具、宋代家具、明式家具、清式家具、民国家具等。

（3）现代家具　指 19 世纪后半叶以来，利用机器工业化和现代先进技术生产的木家具，以迈克尔·索耐特（M. Thonet）在奥地利维也纳生产的弯曲木椅为起点。由于新技术、新材料、新设备、新工艺的不断涌现，家具设计产生了巨大的思想变革，家具生产获得了丰富的物质基础，家具发展有了长足的进步和质的飞跃。其中，包豪斯式家具、北欧现代式家具、美国现代式家具、意大利现代式家具等各富有特色，构成了现代家具的几种典型风格。

1.1.2.6　按设置形式分

（1）移动家具　又称活动家具、自由式家具，可根据需要任意搬动或推移和交换位置放置的木家具。

（2）墙体家具　又称入墙家具、墙体式家具或固定式家具，指嵌入或紧固于建筑物或交通工具内（如地板、天花板或墙壁上）且不可换位的木家具。

（3）悬挂家具　用连接件挂靠或安放在墙面上或天花板下的木家具（分固定式或活动式、壁挂式或顶挂式）。

1.1.2.7　按材料种类分

（1）实木家具　是指采用实木类材料（如原木、实木锯材及指接材、集成材等）制作、表面经或未经实木单板或薄木（木皮）贴面、经或未经涂饰处理的木家具。

①实木家具根据实木用材比例及工艺可分为全实木家具和贴面实木家具两类。

全实木家具：又称未贴面实木家具，是指所有木质零部件（镜子托板、压条、五金配件除外）的基材均采用实木类材料（如原木、实木锯材及指接材、集成材等）制作，表面未经实木单板或薄木（木皮）贴面的实木家具。

贴面实木家具：又称覆面实木家具，是指基材采用实木类材料（如原木、实木锯材及指接材、集成材等）制作，表面经实木单板或薄木（木皮）贴面或覆面的实木家具。

②实木家具根据使用木材的特殊性，又有深色名贵硬木家具、红木家具和白木家具等不同的称呼。

深色名贵硬木家具：是指注重传统工艺和结构，采用深色名贵硬木（产于热带、亚热带地区且心材和边材区别明显，心材花纹美丽、抗蛀、耐腐，多为散孔材或半环孔材的一类木材）锯材加工或深色名贵硬木包覆制成的一类实木家具。

红木家具：是指采用中国传统硬木家具生产工艺，用特指的一类深色名贵硬木（俗称红木）材料制造的实木家具。红木家具是源于我国不同的地区，在区域性传统家具（红木）文化概念的基础上，针对某一类深色名贵硬木家具产品的一种约定俗成（或历史形成）的家具商品名称；也是当今生产企业、经销商、消费者对部分中国传统硬木家具的一种习惯性称呼。

白木家具：是相对于红木家具而言，采用红木材料之外的其他木材（因其色泽较浅而俗称白木）制作的木家具产品。白木也是比较优良的家具用材，白木也有硬木、软木之分，如榆木、榉木、楠木、香樟木、柚木、核桃木、桃花心木、楸木、柞木、梓木等硬性木材，松木、杉木、柏木、桐木、杨木、柳木等软性木材。老北京人也将白木家具称为“柴木家具”。这些家具的材质虽然赶不上红木家具，但其做工也十分精细，往往采用与红木家具相同的优秀式样和工艺要求，因此民间也叫“细木家具”。

(2) 人造板家具 采用纤维板、刨花板、胶合板、细木工板、层积材等人造板（包括素板和饰面人造板）制作的木家具。根据基材采用的人造板类别，人造板家具又可分为纤维板家具、刨花板家具、细木工板家具、多层胶合板家具、层积材家具等类型。

(3) 板木家具 采用实木和人造板等为主要材料混合制作的木家具，通常是指产品框架及主要部分采用实木类材料制作，其他板件或框架内板面等部分采用饰面人造板制作的木家具，也称实木和人造板结合的家具。

(4) 综合类木家具 采用各类木质材料制作但不能界定为（上述）实木家具、人造板家具、板木家具的其他木家具。

1.1.2.8 按表面装饰分

(1) 涂饰家具 主要零部件表面采用涂料、油漆、蜡等涂饰处理形成漆膜的木家具。

(2) 贴面家具 又称覆面家具，主要零部件采用浸渍胶膜纸、高压装饰层积板、塑料薄膜、薄板、单板、薄木（木皮）、纺织布、皮革等各种软、硬质覆面材料进行饰面处理的木家具。

(3) 素面家具 主要零部件表面未经涂饰、贴面（覆面）等装饰处理的木家具。

1.1.2.9 按制造模式分

(1) 成品家具 又称定型家具，由企业预先设计、批量生产，款式、尺寸、材料等都不能改变的木家具。一般为大众化或非个性化的家具，大多属于活动家具。

(2) 定制家具 根据客户的个性化需求进行测量、设计、制造、安装、服务的木家具。如定制衣柜、定制厨柜、定制书柜、定制桌几、定制沙发、定制床等。

(3) 大规模定制家具 根据不同客户的个性化需求，分别进行测量，并以大批量工业化生产的方式进行设计、制造和安装的木家具。

(4) 全屋定制家具 根据客户的个性化需求，对室内空间的家具进行定制，以实现室内空间及产品风格统一或协调的整套定制木家具。

(5) 整体定制家具 又称整体家具，根据客户的个性化需求和室内或场地区域的空间、结构、尺寸，进行专门测量、设计、生产和安装的一类功能性和整体性专属的定制木家具。如整体衣柜、整体厨柜等。

(6) 电动家具 将先进的电子科技产品或机电一体化配件植入家具产品中，通过有线或无线的电子遥控方式，满足用户多种特定功能需求的木家具。

(7) 智能家具 综合应用电子智能、机械智能、物联智能等功能技术，通过人机或信息交互实现功能转换的木家具。

1.2 木家具生产概述

1.2.1 木家具制造工艺

凡是使用各种工具或机械设备对木材或木质材料等进行加工或处理，使之在几何形状、规格尺寸和物理性能等方面发生变化而成为家具零部件或组装成家具产品的全部加工方法和操作技术，称为木家具制造工艺。

1.2.2 木家具制造工艺学

木家具制造工艺学是以木家具等为主要研究对象，以“材料—结构—工艺（设备）—装饰—装配”为主要研究路线，科学系统地阐述木家具生产工艺过程的基本原理、典型工艺及质量保证措施和研究木家具制造中有关工艺问题的一门专业课。

通过本教材，可了解各类家具制造的概况与特点、各类家具的材料、各类家具的结构，熟悉木家具制造工艺过程的构成，尤其掌握木家具生产中有关制材、干燥、切削加工、胶合、弯曲、装饰、装配等方面的理论和知识，能合理地组织木家具的工业化生产，进行木家具生产车间或工厂的工艺设计，解决实际生产中一般性的技术问题。

1.2.3 木家具生产特点

木家具主要是指以木材或木质人造板材料为主要材料采用各种加工方法和各种接合方式制成的一类家具。其生产具有以下特点：

（1）原料　主要是采用制材和木质人造板生产的半成品，即成材、木质人造板等，具有再生性。

（2）产品　零部件之间主要是采用榫、胶、钉、螺钉、连接件等多种接合方式而构成，是能直接使用的各种家具成品，如坐具、卧具、贮具等，具有实用性。

（3）生产工艺　具有多样性，即由切削（锯、铣、刨、磨、钻、车、刻、冲、压、旋）、干燥、胶合、弯曲、模压、镶嵌、改性（压缩、强化、防腐、防火、阻燃）、装饰（漂白或脱色、着色或染色、贴面、涂饰、印刷、烫印）、装配等工序组成的不同组合。

（4）生产方式　具有层次性，有手工、半手工、机械化、自动化、高度自动化、数字化、智能化，单机、流水线、自动流水线、智能产线，流程型、离散型等多种形式。

随着人民生活水平的不断提高和消费需求的不断提升，木家具的生产制造也由早期的木匠打家具，发展到20世纪后期的木工上门装修、手工半机械化生产，再到21世纪以来的机械化、自动化流水线生产，以及信息化、智能化大规模定制生产的程度，家具制造业不断与先进适用技术、互联网技术等深度融合，正在逐步向“个性化定制和柔性化生产”的方向发展。

1.3 家具工业发展概况

近年来，随着现代科学技术的突飞猛进，世界制造业已经进入“工业4.0”时代，已经由18世纪后期的第一次工业革命（即工业1.0的机械化），到19世纪末、20世纪初的第二次工业革命（即工业2.0的电气化+自动化），到20世纪下半叶的第三次工业革命（即工业3.0的电子化+信息化），再发展到现在以智能制造为主导的第四次工业革命（即工业4.0的智能化）。

与此同时，许多国家和地区家具的生产技术已达到了高度机械化和自动化水平，家具工业向高技术型方向发展已成为现实。世界家具工业发展迅速，国际家具市场呈日益扩大之势。中国的家具工业随着科学技术的不断进步和人造板工业的兴起，经过近几十年来的发展，取得了显著的进步，形成了一定的产业规模。就综合实力而言，已具相当规模，出现了一些具有国际先进水平的家具明星企业和家具配套产业。在产品种类、结构形式、加工方法、机械化程度、新材料应用以及科学管理、产量和经济效益等方面都有了明显提高，已经形成了一套生产、科研、标准、情报、检测、教育和配套产品相结合的比较完善的工业体系。

1.3.1 现代家具工业发展的简要历程

家具是人类生活实践的产物。在18世纪以前，家具完全依靠手工制作，通过工匠们的精雕细刻，出现了各种不同艺术风格的古典家具。18世纪至19世纪初，英国的工业革命带来了现代机械制造业的进步，为家具的机械化批量生产创造了条件，使得世界现代家具工业得以形成和发展。

1.3.1.1 现代家具工业的兴起（1850—1914年）

19世纪后半叶，随着现代工业生产逐渐代替工场手工业生产，人们逐渐地认识到必须充分利用和发挥科学技术所提供的有利条件，使家具的形式与材料、结构、生产技术、审美观念联系起来，家具设计与制作出现了向传统样式挑战并追求新型工艺样式的革新运动，形成了古典装饰家具向现代工业家具的过渡。1830年德国人索耐特（M. Thonet）应用蒸汽技术，发明了弯曲木工艺，并于1850年前后在奥地利维也纳建立了世界上第一个具有现代工业特点的索耐特家具制造厂，开始工业化批量生产弯曲木家具。这种家具至今在国际市场上仍有很高的声誉，并已成为世界现代家具工业起点的标志。从19世纪到20世纪初，以欧洲大陆为中心，相继出现了“美术工艺运动（The Arts and Crafts Movement）”和“新艺术运动（Art Nouveau）”，这些运动对现代家具工业的形成起到了先驱作用。

1.3.1.2 现代家具工业的形成（1914—1945年）

20世纪后，随着生活方式的日益合理化和功能化以及科学技术的飞速发展，家具设计和生产呈现出比以前任何时代更为迅速的变化。人们对家具的材料、结构、性能等都产生了激进的观点，倾向于形态的功能性和结构的单纯化。在这一时期，由于包豪斯（Bauhaus）学说和工业设计（industrial design）理论的形成、发展和传播，家具设计与生产受到了前所未有的影响，形成了具有各种风格的家具，既注重功能与美学上的要求，又充分考虑机械工业化的制造，力求形式、材料、结构、工艺、技术的统一，重视家具产品标准化和构件规格化，倡导采用模数制设计家具，致使家具批量生产成为可能。

1.3.1.3 现代家具工业的成熟（1945—1960年）

第二次世界大战后，世界经济出现了复苏和繁荣，加之工业技术的迅速发展，各种新材料日新月异。合成树脂胶黏剂和胶合技术的应用，特别是刨花板在20世纪50年代的问世，为家具设计与生产的创新提供了各种人造板材；此外，新的合金冶炼技术及合成化学技术也为家具工业提供了轻质合金材料、塑料和人造材料等。尽管款式的变化丰富多彩，但都能既立足于工业技术新成就的应用，又着眼于手工技艺效果与现代工业化生产的有机结合。在这一时期，美国、意大利以及北欧的瑞典、挪威、丹麦、芬兰四国的家具设计成就和生产水平尤其令人瞩目，引领了世界家具工业的潮流，对现代家具的设计和生产起到了巨大的推动作用。

1.3.1.4 现代家具工业的发展（1960年至今）

20世纪60年代至今，是世界家具工业向多元化格局发展的阶段。由于物质文明的高度发达，人们对精神价值的追求也日益提高。在家具设计和生产中，高技术风格占据重要位置，主张历史与现代、传统与创新、技术与艺术、自然与人、民族文化与外来文化、手工作业与机械化生产，以及各种美学观念等方面共生互补，强调工业设计和计算机技术在家具设计与生产中的应用。其引人注目的特征是：①新材料和新技术的应用；②组合家具（contract furniture）、定制家具（customized furniture）、全屋定制家具（whole house customized furniture）和智能家具（smart furniture）的快速发展；③家具零部件标准化的系统设计；④传统家具采用现代技术的工业化生产；⑤人体工程学的研究和应用；⑥家具性能检测与质量控制；⑦家具市场信息的研究与分析；⑧家具与室内环境的功效性研究；⑨工业化与信息化融合及智能制造的广泛应用。

1.3.2 家具工业的发展趋势

1.3.2.1 家具生产方式趋于高度自动化、柔性化和智能化

随着现代科学技术的突飞猛进，家具向高技术型（high-tech）和信息技术（IT）方向发展和真正成为现代工业化大生产的产品已成为现实。采用新材料、新技术和新设备，使家具的结构形式、加工工艺、装饰方法和管理手段得以改进。在现代家具的设计、生产、管理和设备操作等方面已实施和应用了计算机辅助家具设计和制造 FCAD/FCAM——computer aided design/manufacturing for furniture、计算机数控机床 NC/CNC——computer numerical control/machining centers、计算机集成制造系统 CIMS——computer integrated manufacturing system、柔性制造系统 FMS——flexible manufacturing system、成组技术 GT——group technology、条形码或二维码技术 BCT——bar code technology、准时化生产 JIT——just in time、照来样加工 OEM——original equipment manufacturing、原创设计加工 ODM——original design manufacturing、品牌加工 OBM——original brand manufacturing、工业工程 IE——industrial engineering、物料需求计划 MRP——material require planning、制造资源计划 MRP Ⅱ——manufacture resource planning Ⅱ、企业资源计划系统 ERP——enterprise resource planning、制造执行系统 MES——manufacturing execution system、仓储管理系统 WMS——warehouse management system、跨国生产网络 CPN——cross production network 等现代制造与管理技术，实现了家具生产方式向高度机械

化、自动化、柔性化和智能化的方向发展，着眼于手工技艺的效果与工业化生产的结合，增加了产品的技术含量、艺术含量和文化含量，从而提高产品的更新换代能力、个性定制能力、批量生产能力、质量保证能力和出口竞争能力。

1.3.2.2 家具用材追求多样化、天然化和实木化

现代家具材料越来越丰富，除了传统的天然木材之外，各种木质人造板材、金属、塑料、玻璃和大理石以及陶瓷等材料亦越来越多地得到了应用，使得家具材料的品种、质地、色彩等更趋于多样化。近年来，世界家具的发展有返璞归真的趋势，结构线条讲究简洁明了、用料色泽追求自然纯真，既有传统自然的风格，又能体现出现代生活的活力，这就使得各种天然木材被广泛采用。实木家具（solid wood furniture），其纹理、质感、色泽等性能是钢材、塑料等所不能比拟的。因而，出现了家具选材的天然化和实木化。天然实木、集成材（glued laminated wood，glued laminated timber）、层积材（laminated veneer lumber，LVL）、实木交错层积材（cross-laminated timber，CLT）、浸渍胶膜纸饰面胶合板和细木工板（俗称生态板）等的胶合技术和印刷木纹的装饰纸、浸渍纸、装饰板、塑料薄膜及天然薄木、人造薄木等的贴面技术，加上涂料涂饰技术仍将有很大的发展前途。同时，国际上正在围绕材料利用绿色化的 3R 或 4R（减量利用 reduce、重复利用 reuse、循环利用 recycle、再生资源利用 re-grow）原则，对新型家具用材进行研究和开发。

1.3.2.3 家具零部件采用标准化、规格化和拆装化

随着国际标准化（ISO）的实施，世界家具以采用新材料、新技术、新设备、新工艺、新结构为基础，着眼于产品零部件的标准化、系列化、规格化、通用化和专业化以及大批量生产。根据互换性、模数制、公差与配合的原理，伴随 KD 拆装式家具、RTA 待装式家具、ETA 易装式家具、DIY 自装式家具、“32mm”系列家具以及“构件=产品”“构件+五金接口”“购买+组装”“大规模定制（mass customization）”等现代制造技术概念和理论的建立、传播和应用，组合、多变、拆装的家具已经进入全面系统设计的阶段且其功能与形式的结合更为完美，标准化、专业化和拆装化家具在设计、生产、贮存、运输、销售、安装和使用等方面充分显示出优越性，家具的“全屋定制”“全球化经营”等模式成为可能并有了技术保证。

1.3.2.4 家具设计注重科学化、系统化和合理化

从家具工业发展近况来看，现代家具正朝着材料多样、造型新颖、结构简洁、品种丰富、加工方便、材料节省、拆装或折叠简易，兼具实用性、多功能性、舒适性、保健性、装饰性等方向发展。因而，现代家具正根据“以人为本”“工业设计”“系统设计”和“可持续发展（sustainable development）”的理论，遵循“技术上先进、生产上可行、经济上合理、款式上美观、使用上可靠”以及“实用性、艺术性、工艺性、经济性、商品性、科学性、环保性”等设计原则，采用“数字化设计与制造（digital design and manufacturing）”“协同设计（co-design）”“虚拟设计（virtual design）”和“虚拟现实（virtual reality）”“增强现实（augmented reality）”等先进的设计手段和设计软件，强化“知识产权”保护和创新（innovation）理念，对家具的造型、结构、材料、工艺、装饰、成本、包装、信息以及生态环境等进行全面、系统、科学和合理的设计。

1.3.2.5 家具款式着眼自然化、个性化和高档化

随着生活方式的改变和生活水平的提高，人们一改过去传统的消费习惯，追求返璞归真和回归自然的情趣已成为人们消费的时尚。家具作为一种多元化的商品，它既是生活、学习、工作、休闲的用品，又是文化艺术的精品。随着现代文明的进步，家具的精神功能显得更为重要，人们不仅可以从家具的使用过程中感觉出功能的实用，而且还能从家具的表现手段上看到艺术的文雅。因而，当今世界家具款式的新趋势是崇尚自然、体现个性。在家具造型、装饰设计中，以自然为主线，把自然美与人工美、形象美与动态美、现代美与传统美有机结合，力求造型、结构、装饰、功能、选材、工艺等紧密统一，充分展示“简明、朴素、自然、精湛、舒适、健康、安全、环保”的生态风格和环境效能。

1.3.2.6 家具产品力求绿色化、环保化和友好化

目前，人们对家具的要求已不再满足于只具有使用的功能，而是要求家具造型新颖、优美，具有装饰效果，符合环保要求，有利于身体健康。目前，绿色、环保家具已成为家具的主题之一。绿色家具作为一种特殊的绿色产品具有特殊的含义，即有利于使用者的健康，对人体没有毒害与伤害的隐患，满足使用者多种需求，在生产过程和回收再利用方

面符合环境保护要求的家具。它应是“绿色设计（green design）、绿色材料（green material）、绿色生产（green manufacturing）、绿色包装（green packing）、绿色营销（green marketing）”即技术保证体系G-DMMPM（或5G）的综合体现。在家具设计上，符合人体工程学，具有科学性，减少多余功能，在正常和非正常使用情况下不会对人体产生不利影响和伤害；在家具材料选用上，遵循材料利用绿色化的3R或4R原则，实现家具用材的多样化、天然化、实木化、绿色化、环保化；在家具生产中，对生产环境不造成污染（清洁生产）、节能省料，并尽可能延长产品使用周期，让家具更耐用，从而减少再加工中的能源消耗；在家具包装上，其材料是洁净、安全、无毒、易分解、少公害、可回收的；在家具使用中，没有危害人类健康的有毒物质或气体出现，即使不再使用，也易于回收和再利用。

1.3.2.7 家具市场出现国际化、贸易化和信息化

家具的发展趋势是“产、供、销”一条龙，体现“即需即供”的现代消费特点。这就要求家具的设计、生产和销售者必须遵循市场规律，研究分析市场信息，使所设计、生产和销售的家具成为市场畅销的现代工业产品。而且，随着时代和市场的发展，现代家具的设计、生产、管理和销售也已经进入信息与网络化时代，家具企业已经开始利用“电子商务（electronic commerce）”和“互联网+”等网络技术，使家具产品逐步实现电子网络商贸分销，为缩短家具生产者、销售者、消费者之间的时空距离提供了可能，出现了“线上到线下（O2O即online to offline）”以及由“商对客（B2C即business to consumer）”“厂对客（M2C即manufacturer to customer）”向“客对商（C2B即customer to business）”“客对厂（C2M即customer to manufacturer）”等新型商业模式的转变。

1.3.2.8 家具需求呈现个性化、定制化和集成化

个性化是在大众化的基础上增加独特或拥有自己特质的需要，或独具一格、与众不同的效果。定制化是指为适应特定个体需要而提供产品或服务。由此，对于家具的消费需求，个性化定制已成为一种时尚、一种潮流，消费者对于家具产品的购买，已经不仅仅是对家具产品功能的需求，更多的是将心力倾注在对自我情感的一种倾诉，是对特定的生活方式的表达。而且，有更多的消费者或用户已经介入家具产品的设计、生产过程，以便获得自己定制的个人属性强烈的产品或获得与其个人需求匹配的产品或服务。

与此同时，随着家具与建筑室内装饰装修的密切结合，家具（家居）行业已经由家具产品延伸到包括家具、家装、家电、家纺、家饰、灯具、厨具、卫（洁）具等八个方面组成的“家居”环境的范畴，出现了由定制家具、大规模定制家具、全屋定制家具、整装定制家具、智能家具逐步向定制家居、全屋定制家居、整装定制家居、集成家居（整体家居）、智能家居等制造模式和商业模式的转变。全屋定制家居或整装定制家居就是把整个室内装修作为一种产品经营的服务模式，是以满足家居个性需求为前提，以工厂标准化生产为保障，以专业化服务为核心，通过规模化定制、工业化生产、信息化管控、网络化服务，集整体家装设计、施工，家居产品研发、生产，材料整合配套、供应于一体，为消费者提供专业化全方位的整体集成家居解决方案，致力于构造舒适、安全、环保、时尚、人性化、个性化的室内家居环境。目前，其越来越受到消费者的认可，已成为众多家居厂商推广的重要手段之一，未来将是定制类整体家居发展的高峰。

1.3.2.9 家具产业发展立足于低碳经济、数字经济

低碳经济（low-carbon economy，LCE）是一种以低消耗、低污染、低排放为基础的经济模式，是指在可持续发展理念指导下，通过理念创新、技术创新、制度创新、产业转型、经营创新、新能源或新资源开发等多种手段，尽可能地减少能源与资源消耗，减少温室气体（主要为二氧化碳）排放，达到经济社会发展与生态环境保护双赢的一种经济发展形态。为了应对气候变化和实现经济高质量发展，我国在2020年提出了“二氧化碳排放力争于2030年前达到峰值，努力争取2060年前实现碳中和”的“双碳”战略目标，也称“3060双碳”目标，即实现2030年前碳达峰、2060年前碳中和。家具产业作为传统的优势产业，其转型升级与可持续发展，更需要在原材料与能源的消耗、二氧化碳温室气体及废弃物等的排放，以及在产品生产、流通、服务到消费、回收、处置等一系列社会活动中实现低碳化的经济发展模式。

目前，以计算机、互联网、信息通信、大数据、云计算等为代表的现代信息技术革命催生了数字经济（digital economy）。数字信息技术正广泛应用于现代经济活动中，提高了经济效率、促进了经济结构加速转变。数字经济是农业经济、工业经济之后的一种新的经济社会发展形态，农业经济的基础要素

是土地，工业经济的基础要素是机器，而数字经济的基础要素就是大数据。因此，数字经济就是直接或间接利用数据来引导资源发挥作用，推动生产力发展的经济形态。数字经济的本质在于信息化或信息技术。在技术层面，包括大数据、云计算、物联网、区块链、人工智能、5G 通信等新兴技术；在应用层面，包括新设计、新制造、新零售、新消费、新服务等新的业态或商业模式。数字经济既是经济转型增长的新变量，也是经济提质增效的新蓝海，正在成为家具（家居）产业发展的新动能、新的重要增长点和重要驱动力。

综观我国家具工业，正在调整产品结构，开拓全球市场，积极进取创新，加强纵横联合，形成整体竞争优势，使家具行业真正实现企业集团化、机制多样化、工业规模化、制造智能化、生产专业化、分工协作化、产业配套化和消费个性化，并运用世界范围内的新技术、新工艺、新装备和新理论，依靠科技进步和广大家具工作者的共同努力，闯出一条具有中国特色的既保持传统又有创新的家具工业新路子，使我国的家具生产和销售逐步进入秩序化、规范化、现代化的正常运行轨道上来，实现我国家具行业持续、稳定、健康、快速发展。

复习思考题

1. 什么是家具？木家具有哪些分类方法？简要说明板木家具的特点。

2. 木家具制造工艺的含义是什么？木家具生产特点包括哪几个方面？

3. 现代家具工业的发展历程包括哪几个阶段？其发展趋势有何特点？

4. 什么是低碳经济、数字经济？家具（家居）产业与低碳经济、数字经济有何关系？

第2章 材料

【本章重点】

1. 木材的构造与组成、木材的特性、木材的标准与分类。
2. 各种木质人造板的特点、种类及标准与规格。
3. 各种贴面材料的特点与分类。
4. 涂料的组成、种类、性能与选用原则。
5. 胶黏剂的组成、种类与选用原则。
6. 五金配件的种类及其用途。

家具是由各种材料通过一定的结构技术制造而成的。制作家具的材料按其用途，一般可分为结构材料、装饰材料和辅助材料三大类。结构材料因其性质的不同有木材、金属、竹藤、塑料、玻璃等，其中木材是制作木家具的一种传统材料，至今仍占主要地位；装饰材料主要有涂料（油漆）、贴面材料、蒙面材料等；辅助材料主要有胶黏剂和五金配件等。

2.1 木 材

2.1.1 木材构造与组成

木材是自然界分布较广的材料之一，也是制作家具的主要原材料。木材种类很多，一般可分为两大类，即针叶材（needle-leaved wood）和阔叶材（broad-leaved wood）。

针叶材树干通直而高大，纹理平直，材质均匀，木质轻软，易于加工（故又称软材，softwood），强度较高，表观密度及胀缩变形小，耐腐蚀性强。习惯上把银杏和松杉柏类木材称为针叶材，因木材不具导管（即横切面不具管孔），故又称无孔材（non-pored wood）。如图 2-1 所示为针叶材（松木）及其实木家具。

阔叶材树干通直部分一般较短，材质较硬，难加工（故又称硬材，hardwood），较重，强度大，胀缩翘曲变形大，易开裂，常用作尺寸较小的构件，有些树种具有美丽的纹理与色泽，适于制作家具、室

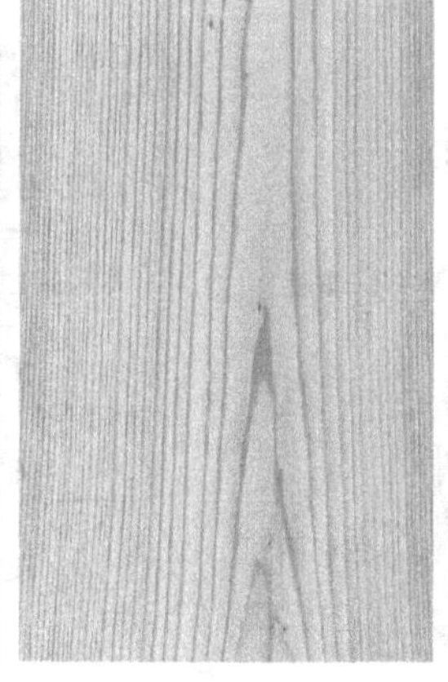

图 2-1 针叶材（松木）及其实木家具

图 2-2 阔叶材及其实木家具

内装修材料及胶合板等。由于阔叶材种类繁多，习惯上亦统称为杂木。因木材具有导管（即横切面具有管孔），故又称为有孔材（pored wood）。常用的树种有榆木、柞木、柚木、榉木、紫檀、水曲柳等。如图 2-2 所示为阔叶材及其实木家具。

2. 1. 1. 1 木材三切面

木材是由大小、形状和排列各异的细胞组成的。木材的细胞所形成的各种构造特征，可通过木材的三个切面来观察。树干的三个标准切面为横切面、径切面和弦切面。如图 2-3 所示为木材三切面及其主要构造特征。

横切面是与树干轴向或木材纹理方向垂直锯切的切面。在这个切面上，年轮呈同心圆状，木材纵向细胞或组织的横断面形态和分布规律以及横向组织木射线的宽度、长度方向等特征，都能清楚地反映出来。横切面较全面地反映了细胞间的相互联系，是识别木材最重要的切面，也称基准面。

径切面是与树干轴向相平行，沿树干半径方向（即通过髓心）所锯切的切面。在该切面上，年轮呈平行条状，并能显露纵向细胞的长度方向和横向组织的长度和高度方向。

弦切面是与树干轴向相平行，不通过髓心所锯切的切面。在该切面上，年轮呈 V 形花纹，并能显露纵向细胞的长度方向及横向细胞或组织的高度和宽度方向。

2. 1. 1. 2 木材构造

（1）木材的宏观构造　是指肉眼和放大镜能观察到的木材构造和外观特征，分为构造特征和辅助特征两类。

构造特征包括髓心或木髓（pith）、心材（heartwood）、边材（sapwood）、生长轮或生长环（growth ring）或年轮（annual ring）、早材（early wood）、晚材（late wood）、导管（vessel）、管孔（pore）、轴向薄壁组织（axial parenchyma）、木射线（ray）及胞间道（intercellular canal，含树脂道 resin canal 和树胶道 gum duct）等（图 2-3）。

辅助特征包括颜色（color）、光泽（gloss）、气味（smell/odor）、滋味（taste）、纹理（grain）、结构（structure）及花纹（pattern，figure）、质量和硬度（mass，density）等。

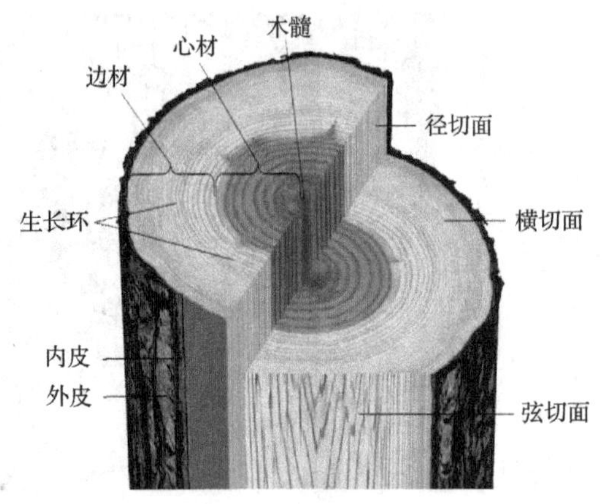

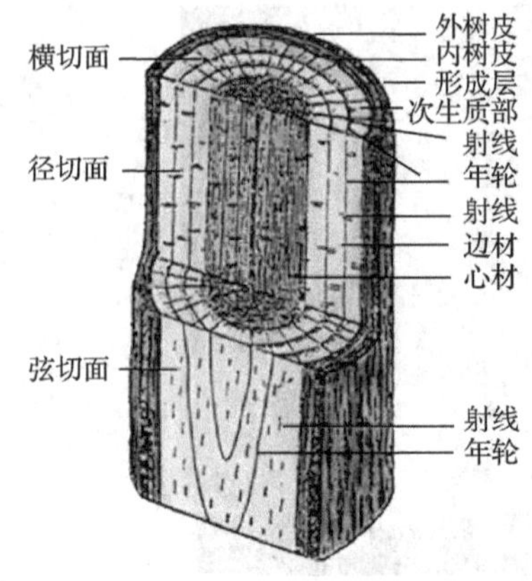

图 2-3 木材三切面及其主要构造特征

（2）木材的显微构造　是指在显微镜下观察的木材构造。针叶材的显微组成极其简单，主要有管胞、木射线、轴向薄壁组织和树脂道四类组成。阔叶材的显微构造比针叶材复杂，其细胞组织也不及针叶材规则和均匀，主要有导管、木纤维、木射线、轴向薄壁组织和管胞五类。有些树种还有树胶道、乳汁管等。

2.1.1.3　木材化学组成

木材是一种天然的有机体，细胞是组成木材的基本单位，其细胞组成决定了木材的各种性质，对木材的加工工艺和木材产品的特性也有着很大的影响。细胞包括细胞壁和细胞腔两部分，一般情况下，细胞腔是空的，细胞壁构成木材骨架，因而细胞壁的组成与木材性质和木材利用有密切关系。

（1）木材化学组成　主要有碳（C，50%）、氢（H，6.4%）、氧（O，42.6%）、氮（N，1%）四种元素。木材细胞的化学组成，根据其在木材中的含量和作用可分为主要组分和次要组分。主要组分包括纤维素（cellulose）、半纤维素（hemi-cellulose）和木素（lignin），它们是构成木材细胞壁的主要物质；次要组分为抽提物（extractives）和灰分（矿物质），主要以内含物的形式存在于细胞腔中。

（2）木材细胞壁　主要由骨架物质（纤维素）、基体物质（半纤维素）和结壳物质（木素）这三类结构物质组成。如果把木材细胞比作钢筋混凝土建筑物，那么可以近似地说，纤维素是建筑物中的钢筋，木素是混凝土，半纤维素则是钢筋与混凝土之间的连接物。

（3）木材抽提物　是指木材中经酒精、苯、乙醚、氯仿、丙酮等有机溶剂或水抽提出来的物质的总称。一般可分为脂肪族化合物、萜类化合物和酚类化合物三大类，包括树脂、树胶、单宁、精油、色素、生物碱、脂肪、蜡、糖、淀粉和硅化物等。抽提物的含量随树种、树龄、树干部位以及树木生长的立地条件的不同而有差异。含量低者不足1%，高者可达40%以上。木材中大量的抽提物是在边材转变为心材的过程中形成的，故抽提物含量一般心材高于边材，而心材外层又高于心材内层。木材的抽提物对材性和利用具有一定的影响，主要表现在以下方面：①对材色、气味的影响；②对木材渗透性的影响；③对木材干缩的影响；④对木材涂饰性能的影响；⑤对木材胶合性能的影响；⑥对木材加工机械、仪表和工具的影响等。

2.1.2　木材特性

2.1.2.1　木材的基本性质

（1）木材中的水分　树木在生长过程中，其根部从土壤中吸收含有矿物营养的水分，通过边材输送到树木各个器官；同时，树叶通过光合作用所制造的养分由韧皮部输送到各部分。树木中的水分随树种、季节和部位的不同而异。此外，由于木材是多孔体，在水存、水运、水热处理过程中，水均可渗入木材内部，干木材还能从空气中吸收蒸汽状态的水分。

①水分存在的状态：可分为自由水、吸着水和化合水。以游离态存在于木材细胞的胞腔、细胞间隙和纹孔腔这类大毛细管中的水称自由水（free water），它包括液态水和腔内水蒸气两部分；以吸附状态存在于细胞壁中微毛细管的水称吸着水（adsorbed water，bound water）；与木材细胞壁组成物质呈化学结合的水称化合水（combined water）。

毛细管内的水均受毛细管张力的束缚，而毛细管张力与直径大小成反比，即直径越大，表面张力越小，束缚力也越小。因此，相对于微毛细管而言，大毛细管对水分的束缚力较微弱，水分的蒸发和移动与水在自由界面的蒸发和移动相近，故称自由水。自由水仅对木材的密度、渗透性、导热性、耐久性、质量有影响。由于细胞壁中微毛细管对水有较强的束缚力，因此要除去吸着水比自由水要花费更大的能量。吸着水对材性的影响比自由水也要大得多，它几乎对木材所有物理力学性质都有影响。化合水与细胞壁组成物质呈化学结合，一则其数量少，二则这部分水要加热到温度足以使木材破坏才能逸散，因此它不属于物理性质的范畴，对木材物理性质没有影响。

②木材含水率（moisture content，MC）：木材中水分的质量和木材自身质量之百分比称为木材的含水率。以全干木材的质量为基准的称为绝对含水率；以湿木材的质量为基准的称为相对含水率。

③木材的吸湿性（hygroscopicity，absorptivity）：是指木材随周围气候状态（温度、相对湿度或水蒸气相对压力）的变化，由空气中吸收水分或向空气中蒸发水分的性质。当空气中的水蒸气压力大于木材表面水蒸气压力时，木材能从空气中吸收水分，把这种现象叫作吸湿；反之，木材中水分向空气中蒸发叫作解吸。

木材吸湿的机理是木材细胞壁中纤维素、半纤维素等组分中的自由羟基，借助氢键力和分子间力吸附空气中的水分子，形成多分子层吸附水；此外，细胞壁中微毛细管具有强烈的毛细管凝结现象，在一定的空气相对湿度下吸附水蒸气而形成毛细管凝结水。

当木材浸渍于水中时，在细胞腔、细胞间隙及纹孔腔等大毛细管中，由于表面张力的作用，对液态水进行机械的吸收并将胞壁物质润湿，这种现象称为吸水。吸湿与解吸仅指吸着水的吸收和排除；而吸水在木材达到最大含水率前的任何含水率状态下均能进行；干燥则指自由水和吸着水的排除。

木材含水率在解吸过程中达到的稳定值叫作解吸稳定含水率，在吸湿过程中达到的稳定值叫作吸湿稳定含水率。干木材在吸湿时达到的稳定含水率，低于在同样气候条件下湿木材在解吸时的稳定含水率。此现象叫作吸湿滞后，或吸收滞后，图 2-4 所示为吸湿与解吸曲线。在相对湿度范围为 60%～90%时，细薄木料及气干材的吸湿滞后很小，生产上可忽略，而对窑干的成材而言，吸收滞后值通常在 1%～5%，平均为 2.5%。高温窑干材吸湿滞后更大。产生木材吸收滞后的原因是在木材干燥时，细胞壁内微纤丝间及基本微丝间的间隙缩小，氢键的结合增多，部分羟基相互饱和而不能完全恢复活性；水分排出后部分空隙被空气占据，妨碍了木材对水分的吸收；木材的塑性造成缩小的间隙不能完全恢复。

④纤维饱和点（fiber saturation point，FSP）：干木材在潮湿空气中会吸湿，空气的相对湿度高达 99.5%时，则全部微毛细管内充满毛细管凝结水，即木材细胞壁完全被水饱和，而细胞腔中没有水，这种含水率状态称为纤维饱和点。

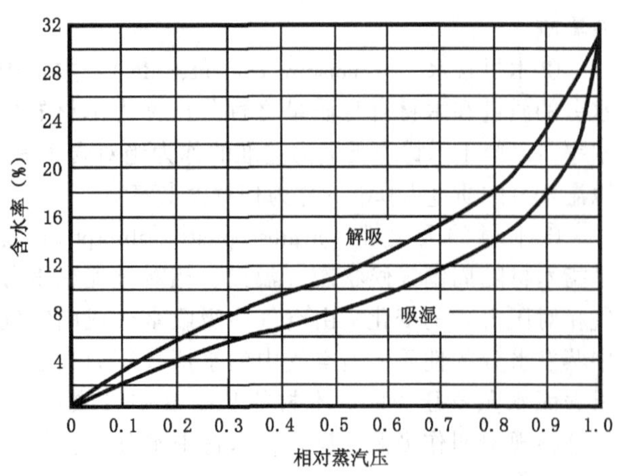

图 2-4　吸湿与解吸曲线

木材的纤维饱和点随树种和温度的不同而异，为 23%～32%，通常取 30%为平均值。当含水率在纤维饱和点以上，木材只能吸水，而不能吸湿（不能吸附空气中的水蒸气）；在纤维饱和点以下时，视大气条件木材可以吸湿，亦可解吸，而且还能依靠大毛细管吸收液态水，即能吸水。木材的纤维饱和点是木材各类性质的转折点，它具有非常重要理论意义和实用价值。当含水率降低到纤维饱和点以下时，随着吸着水的蒸发，胞壁物质逐渐紧密，胞壁变薄，单个细胞变小，木材外形就发生了收缩，至绝干时，收缩至最小尺寸。在纤维饱和点以上时，自由水的蒸发和吸收不会导致木材外形尺寸的变化，多余的水分均存在于细胞腔和细胞间隙中，木材除重量有所不同外，外形尺寸是相同的。

⑤平衡含水率（equilibrium moisture content，EMC）：木材长期暴露在一定温度和相对湿度的空气中，最终会达到相对恒定的含水率，即吸湿与解吸的速度相等，此时木材所具有的含水率称平衡含水率。平衡含水率随不同地区、不同季节的大气温度和湿度的不同而异。我国北方地区年平均平衡含水率约为 12%，南方约为 18%，长江流域约为 15%。国际上以 12%为标准平衡含水率。

⑥木材含水率程度及利用上的意义：木材含水率根据不同时期的含水状态，可以分为以下五种。生材（green wood），刚砍伐的木材含水率一般很高，为树木生长时所含有的水分，通常为 70%～140%；湿材（damp wood，wet wood），经水运或水存的木材，其含水率将大于生材，一般都超过 100%；气干材（air dried wood，air-drying wood），生材或湿材长期存放在空气中，木材中水分会蒸发，最终达到相对稳定，含水率根据各地区平衡含水率估计值，一般为 8%～20%，平均为 15%；窑干材或炉干材（kiln dried wood，kiln-drying wood），把木材放入干燥窑中人工干燥到气干以下的水分，为 4%～12%；绝干材或全干材（oven dried wood，oven-drying wood），若将木材中的水分全部干燥出来，含水率即为零。

各种不同类型的用材，对木材含水率的要求也不一，但通常均要求达到或低于平衡含水率（气干材或窑干材）。如枕木和建筑用材等大方，使用时要求达到气干材含水率；车辆材要求 12%，家具用材 10%～12%，地板要求 8%～13%，铅笔材 6%，乐器材 3%～6%。

（2）木材的密度（density）　木材密度、容积重和比重的概念是有区别的。现多用单位体积木材的质量来表示木材的密度。由于木材的体积和质量都是随含水率的变化而变化的，因此表示木材的密度时应注明测定时的含水率。木材密度有气干密度、绝干密度和基本密度。木材在绝干时质量最小，生材时体积最大，两者的数值是固定不变的，所以基本密度不随含水率变化而变化，与其他密度相比数值最小，测定结果较为准确，是最能反映材性特征的密度指标，应用广泛。生产上也常常采用气干密度，即木材处于平衡含水率状态下的密度。但平衡含水率随地区和季节的不同而异。为了便于气干密度值的比较，需把所测定的气干密度换算成含水率为12%时的值。

2.1.2.2 木材的优点

(1) 质轻强度高 木材是一种轻质材料，一般它的密度仅为0.4~0.9g/cm^3；但木材单位质量的强度却比较大，能耐较大的变形而不折断。这是因为木材是由细胞构成的，木材细胞基本上都是死细胞，它由细胞壁和细胞腔组成。细胞腔及细胞壁上的纹孔腔等构成木材中的大毛细管系统；而细胞壁内纤丝间的间隙形成微毛细管系统。可见，木材无论是宏观、微观还是超微结构上均显示出多孔性，它是一种“蜂窝状”结构。

(2) 容易加工 木材天然形成的中空使其具有适中的密度，从而易于加工和连接。木材经过采伐、锯截、干燥等便可使用，加工简便。它可以采用简单的手工工具或机械进行锯、铣、刨、磨（砂）、钻等切削加工；也可以采取榫、胶、钉、螺钉、连接件等多种接合；由于木材的管状细胞容易吸湿受润，因而易于漂白（脱色）、着色（染色）、涂饰、贴面等装饰处理；另外，还可以进行弯曲、压缩、切片（刨切、旋切）、改性（强化、防腐、防火、阻燃）等机械或化学处理。

(3) 电声传导性小 由于木材是有孔性材料，它的纤维结构和细胞内部留有停滞的空气，空气是热、电的不良导体，因此，木材隔音和绝缘性能好，热传导慢，热膨胀系数小，热胀冷缩的现象不显著，常给人以冬暖夏凉的舒适感和安全感。木材的热学性质包括比热（C）、导热性（导热系数λ）、导温性（导温系数a）、耐热性等。这些性质在木材加工中，为单板旋切、热压、干燥、胶合、防腐、改性及曲木工艺的热计算提供基本数据。此外，木材作为隔热保温材料，在建筑和室内装修方面得到广泛应用。多孔的管状结构赋予木材优良的扩音和共振性能。钢琴等乐器的音板需要有小的内摩擦力的减缩和大的声辐射的减缩，声辐射的减缩主要取决于声速与材料的密度。在木材中顺纹方向的声速与一般金属大致相等，而木材的多孔性导致其密度低，因而其声学性质有着明显的优越性。云杉、泡桐等木材常作为许多乐器的音板用材，古琴制作选材中就有“桐天梓地”的传统说法。

(4) 天然色泽和美丽花纹 木材因年轮和木纹方向的不同而形成各种粗细直斜纹理，经锯切、旋切、刨切以及拼接等多种方法，可以呈现美丽丰富的花纹；各种木材还有深浅不同的天然颜色和光泽，材色美观悦目，这为家具及室内装饰提供了广阔的途径，是其他材料无法媲美的。

木材颜色是由于细胞内含有各种色素、树脂、树胶、单宁及油脂等，并可能渗透到细胞壁中，致使木材呈现不同的颜色。木材的颜色因树种不同差异很大，同一树种的心边材之间也会呈现很大差异，还会因木材的干湿、暴露空气中时间的长短而出现变化。木材的颜色大多呈现为浅黄白色、橙黄色、黄褐色、红褐色、暗褐色等，以暖色调为主，给人以温暖、亲切的感觉。以年轮为主体的木材花纹，辅以木射线、轴向薄壁组织、导管槽和材色、节疤、斜纹理等的点缀，在不同切面上呈现出风格各异的天然的图案。其大体平行而不交叉的木纹，给人以流畅自然、轻松自如的感觉；其“涨落”周期式的变化，与生物体固有的波动相吻合，给人以多变、起伏、运动、生命的感觉。这便是木纹图案用于装饰室内环境经久不衰、百看不厌之原因所在。

(5) 木质环境学特性 古人的架木为巢、钻木取火，现代人的家具制作、室内装修，都充分表明人类从原始状态进化到科学技术高度发展的今天，一直密切依赖和偏爱着木材。人们珍爱木材所具有的独特的色、香、质、纹等天然特性。木材被广泛地应用于建筑、家具等工作和生活环境中。有木材存在的空间会使人感到舒适和温馨，从而能提高工作效率、学习兴趣和生活乐趣。同其他材料相比，木材的冷暖感、软硬感、粗滑感等环境学特性都更为适合人的生理和心理需要。

木材良好的回弹性及具有吸收能量的特性，使得木材成为良好的地板材料，当人们踩在木地板上时，与水泥、地砖、石材地板相比，更有轻松、舒适的感觉，所以木结构地板被广泛用于住宅、室内运动场馆、健身房等空间。木材的声学性能，一方面能创造良好的室内音质条件；另一方面有较好的隔声性能，以木板作为墙板、吊顶和地板，能较好地阻挡户外的噪声。

不同温度和湿度条件下的室内环境会使人体产

生舒适与否的感觉。温度的变化直接影响人的冷热感；而相对湿度通过人体水分的蒸发，间接地影响人的冷热感，同时也关系到人体通过皮肤的新陈代谢，以及空气中浮游菌类、病毒的生存时间。可见温度和湿度均影响着人的健康。木材在一定程度上具有调节室内气候的功能。一方面，由于木材是热的不良导体，具有良好的隔热、保温性能，所以木结构房子冬天能很好地保持室温，夏天又能很好地隔绝户外的热量；另一方面，木材作为家具和室内装修材料，由于具有吸湿和解吸作用，只要有一定量的木材，就能直接缓和室内空间的湿度变化。

2.1.2.3　木材的缺点

（1）吸湿性（胀缩性、干缩湿胀性）（hygroscopicity, absorptivity, adsorptivity）　在含水率低于纤维饱和点时，木材具有吸湿性。木材解吸时其尺寸和体积的缩小称为干缩，相反吸湿引起尺寸和体积的膨胀称为湿胀。与大多数固体一样，木材也会热胀冷缩，但木材的热膨胀率是非常微小的，与其湿胀性相比，热膨胀完全可以忽略不计。因此，木材的胀缩性就是指干缩、湿胀性。干缩和湿胀并不是在任何含水率条件下都能发生的，而只有在纤维饱和点以下才会发生。木材暴露在空气中受温度和湿度的影响，材性极不稳定，容易发生水分、尺寸、形状和强度的变化，并发生变形、开裂、翘曲和扭曲等现象。

木材的干缩在不同的方向上是不一样的，如图2-5所示。木材纵向的干缩率仅为0.1%~0.3%，径向为3%~6%，弦向为6%~12%。可见，横向干缩较纵向要大几十倍至上百倍，横向干缩中弦向约为径向的两倍。三个方向干缩大小顺序为弦向、径向和纵向。实际应用中，也常用干缩系数来表示木材的干缩性。它是指吸着水每变化1%时干缩率的变化值，即以干缩率与造成此干缩率的含水率差值之比来表示。常用木材的干缩系数：径向为0.12%~0.27%，弦向为0.24%~0.42%，体积为0.36%~0.59%。

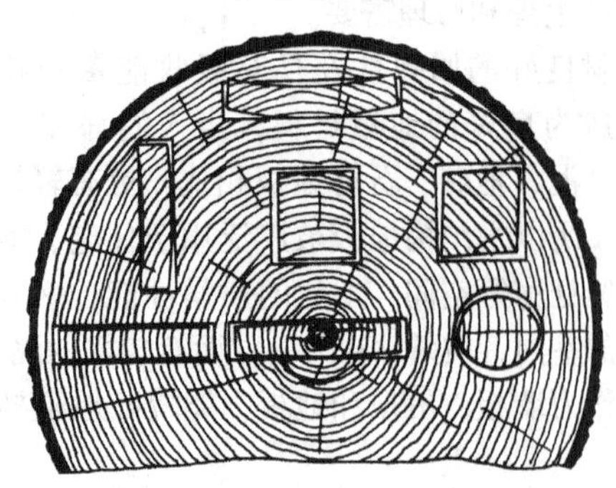

图2-5　木材各个方向干缩的差异

木材的干缩湿胀随树种、密度以及晚材率的不同而异。针叶材的干缩较阔叶材要小；软阔叶材的干缩较硬阔叶材要小；密度越大的树种干缩值越大；晚材率越大的木材干缩值也越大。湿胀和干缩是木材固有的不良特性，它对木材的加工、利用影响极大。干缩湿胀特性及各个方向尺寸变化不一致，不仅会造成木材尺寸的改变，而且会导致木材的开裂和板材的翘曲变形。降低木材干缩湿胀的途径有：

①控制含水率：木材是否发生胀缩，取决于木材的含水率与大气的平衡含水率的关系。虽然同一地区的平衡含水率随季节而变，但可以根据木材具有吸湿滞后现象，通过人工干燥，使木材的含水率达到比当地年平均平衡含水率低2%~3%。这样能较有效地降低木材干缩与湿胀。然而，即使干燥后的木材，其尺寸和体积也并非永久不变，在使用中木材的尺寸将随大气相对湿度和温度的波动而变化。如在室内使用空调器，空气的相对湿度通常会较低，其实际平衡含水率也会相应降低，因此木材及其制品的使用环境也是应考虑的因素。

②降低吸湿性：木材干缩湿胀的根本原因就在于木材的吸湿性，利用化学药剂或油漆树脂等表面处理可阻碍水分的渗入，从而使纤维表面包裹起来。纤维素、半纤维素和木素中所含亲水性的游离羟基是木材吸湿的内在原因。高温干燥能使纤维素中亲水的羟基减少并且导致半纤维素的分解，从而降低吸湿性，达到稳定尺寸的目的。如制造铅笔杆的木坯除一般干燥外，尚要进行高温烤板处理。使用乙酰剂（可用冰醋酸和乙酐按一定比例配制）作用于木材，即乙酰化处理，能使组分基环上的羟基全部或部分封闭。乙酰化处理后，不仅能降低木材的吸湿性，其耐腐性、耐热性和耐磨性等均可得到改善。

③采用径切板：径切板宽度方向为径向，而木材的径向干缩约为弦向干缩的1/2，因此径切板的尺寸稳定性优于弦切板。在某些特殊的场合，如航空、演奏、军工所用空间，以及高级体育馆、高级宾馆的地板等，常常使用径切板。但径切板的加工通常需要采用特殊的锯解方法（径向下锯法），该方法费工费时，出材率也低，因而成本高。通常的锯解方法所得到的板材绝大多数均为弦切板。可将弦切板锯成一定宽度的木条，再将木条径向胶拼在一起，即成径切板。若不考虑拼合方向，而是杂乱相胶，所成板材（称为胶合木或细木工板）的尺寸稳定性仍可得到改善。

④机械抑制：可利用木材本身的干缩异向性来改善其尺寸稳定性。胶合板就是利用纹理或纤维方

向的交错，干缩时相互牵制，减少干缩，并使材性更趋于均匀。

（2）异向性（各向异性）（anisotropy） 木材的力学强度、干缩和湿胀、对水分或液体的贯透性、导热、导电以及传播声音等性质比匀质材料要复杂得多。实验证明，不管木材体积大小如何，取自何处，在它的纵向、径向和弦向这三个方向上，上述物理和力学性质都具有一定差异，这种在树木生长过程中形成的天然属性称为木材的异向性或各向异性。

木材的异向性是由木材的组织构造决定的。从木材的宏观结构看，横切面上的年轮以髓心为中心作同心圆分布，绝大多数细胞沿轴向排列，木射线则作辐射状分布，径、弦两个切面的特征亦各不相同。在显微构造上，多数细胞径面壁上的纹孔较多、较大，而弦面壁则相反，纹孔少而小。在不同方向上构造差异的综合结果，就注定了木材的异向性。各个方向上木材性质的差异如下：

① 木材力学强度是木材抵抗外部机械力作用的能力。当作用力方向与木材纵向一致时，木材强度最大。概括地说，弹性模量顺纹比横纹大20倍，顺纹抗拉比横纹抗拉大40倍，顺纹抗压比横纹抗压大5~10倍。即使同是横纹受力，径向、弦向也不同，如横纹抗压比例极限强度，针叶材和环孔材的径向较弦向低，而散孔材的径向则比弦向高。

② 木材的干缩湿胀这一特性在其纵向、径向和弦向呈现出较大的差异。一般来说，纵向全干缩率通常不超过0.2%，由于很小，实际使用中往往可忽略不计；而弦向干缩率可高达12%，径向收缩约为弦向的一半。由于径向、弦向的差异，常常使板材发生翘曲、变形，径向、弦向干缩差异越大，板材发生翘曲、变形的可能性、严重性也越大。

③ 木材中水分传导的纵横比值为9.5~16.7，径弦比值约1.77。木材的导热性能也依纹理方向而异，热传导率之比值为弦向：径向：纵向＝1：1.05~1.1：2.25~2.75。电传导率为弦向：径向：纵向＝1：1.1：2。各种木材的传声速度在纵向最快，近似于一般金属的传声速度，而横纹方向声传播速度则要低得多，木材径向的传声速度又较弦向快，三个方向的传声速度之比约为纵向：径向：弦向＝15：5：3。

（3）变异性（variability） 木材的变异性通常是指树种、树株、树干的不同部位及立地条件、造林和营林措施等的不同，而引起的木材外部形态、构造、化学成分和性质上的差异。从木材利用的角度上讲，木材的外部形态（包括树干的通直度、尖削度、径级大小及树干的长短）、构造、材性以及各种缺陷（如节子、裂纹、菌害、虫蛀、应力木等）的程度和范围均影响木材各种不同用途的适用性。不同树种的木材，其构造、材性差异较大，因而有其不同的适用性。而同一树种的木材常被认为具有相同的构造和物理、力学性质，事实并非如此，即使同株树木的不同木块，也不完全一样，只是在较大的范围内近似而已。

（4）天然缺陷（natural defects） 木材缺陷是指呈现在木材上能降低其质量、影响其使用价值的各种缺点。任何成材都不太可能没有缺陷存在，有些缺陷如节子各种树种都会有，有些缺陷如髓斑仅某些树种才具有。

木材缺陷通常根据成因可分为三大类：①在树木生长过程中，有的受周围环境因子等影响，致使树木生长发育不正常，如应力木；有的是树木生长正常的生理现象，如节子、斜纹，都称木材天然缺陷。②在树木伐倒前或伐倒后因病、虫为害而产生的缺陷称生物为害缺陷，如变色、腐朽、虫害。③木材在机械加工或干燥处理过程中产生的缺陷称干燥及机械加工缺陷，如干裂、皱缩、翘曲、缺棱、锯口缺陷等。

我国国家标准GB/T 155—2017《原木缺陷》将原木缺陷分为节子、裂纹、干形缺陷、木材构造缺陷、真菌造成的缺陷、伤害等六大类，各大类又分为若干种类或细类；GB/T 4823—2013《锯材缺陷》将锯材缺陷分为生长缺陷（节子、生长裂纹、木材构造缺陷、损伤）、生物危害（变色、腐朽、蛀孔）、加工缺陷（锯割缺陷）、干燥缺陷（变形、干裂）等四大类及十分类，并又分为若干种类或细类。但标准中并未能包括木材中的所有缺陷，如幼龄材、生长应力等。木材在生长过程因本身构造上自然形成的天然缺陷包括节子、变色、腐朽、虫害、裂纹、生长应力、斜纹、裂纹、树干形状缺陷，以及对外伤反应而产生的缺陷等，这些缺陷致使木材各种性能受到影响，降低了木材的使用价值和利用率。

木材材质的等级评定主要依据木材不同的用途所容许的缺陷限度而定。这种限度是相对的，决定于木材资源、加工利用等技术的实际情况。由于木材用途不同，缺陷对材质的影响程度也不同。有时在物理、力学性质的意义上应属于缺陷，但在装饰意义上不属于缺陷，甚至认为是优点，如节子、乱纹、树瘤等，一方面降低了木材的强度性质；另一方面却给予了材面美丽的花纹，制成的单板刨片可作为装饰材料，所以缺陷在一定程度上有相对的意义。

（5）易受虫菌蛀蚀和燃烧　木材在保管和使用期间，经常会受到虫菌的危害，使木材产生虫蛀和腐朽现象，也极易着火燃烧。为防虫蛀和防火，通常采用木材干燥（含水率在18%以下）、油漆以及防腐、防火、阻燃处理。

2.1.3　锯材标准与分类

生长的活树木称为立木；树木伐倒后除去枝丫与树根的树干称为原条；沿原条长度按尺寸、形状、质量、标准以及材种计划等截成一定规格的木段称为原木（log）；原木经锯机纵向和横向锯解加工所得到的板材和方材称为锯材、成材或板方材（lumber，timber）。

锯材是指按照有关标准和订制任务生产的成材或板方材。它广泛用于建筑、家具和包装等行业。

（1）锯材分类

①按树种：可分为针叶材和阔叶材两大类。

针叶材：有红松、落叶松、白松、云杉、冷杉、铁杉、柳杉、红豆杉、杉木、柏木、马尾松、华山松、云南松、花旗松、智利松等。在木家具行业中，通常有把云杉（spruce）、松木（pine）、冷杉（fir）统称为SPF木材。因这类木材外观明亮、洁净，颜色由白色到浅黄色不等，纹路细微笔直，质地光滑，也俗称为白木材。

阔叶材：有水曲柳、白蜡木、椴木、榆木、杨木、槭木（色木）、枫香（枫木）、枫杨、桦木（白桦、西南桦）、酸枣、漆树、黄连木、冬青、桤木（冬瓜木）、栗木、楮木、锥木（栲木）、泡桐、鹅掌楸、楸木、黄杨木、榉木、山毛榉（水青冈、麻栎青冈）、青冈栎、柞木（蒙古栎）、麻栎、橡木（栎木）、橡胶木、樱桃木、胡桃木（核桃木、山核桃）、樟木（香樟）、楠木、檫木、柳桉、红柳桉、柚木、桃花心木、阿比东、龙脑香、门格里斯（康巴斯）、塞比利（沙比利）、紫檀、黄檀、酸枝木、香木、花梨木、黑檀（乌木）、鸡翅木、铁力木等。其中，GB/T 18107—2017《红木》将紫檀属（紫檀木类：檀香紫檀；花梨木类：安达曼紫檀、刺猬紫檀、印度紫檀、大果紫檀、囊状紫檀）、黄檀属（香枝木类：降香黄檀；黑酸枝类：刀状黑黄檀、阔叶黄檀、卢氏黑黄檀、东非黑黄檀、巴西黑黄檀、亚马孙黑黄檀、伯利兹黄檀；红酸枝类：巴里黄檀、赛州黄檀、交趾黄檀、绒毛黄檀、中美洲黄檀、奥氏黄檀、微凹黄檀）、柿属（乌木类：厚瓣乌木、乌木；条纹乌木类：苏拉威西乌木、菲律宾乌木、毛药乌木）、崖豆属（鸡翅木类：非洲崖豆木、白花崖豆木）、决明属（鸡翅木类：铁刀木），即5属、8类、29种树种确定为红木树种。

②按下锯法（年轮与材面夹角）：可分为径向板90°、弦向板0°、半径（弦）向板0°~90°。

③按断面位置：可分为髓心板、半心板、边板、板皮。

④按断面形状：可分为对开材、四开材、等边毛方、不等边毛方、一边毛方、方材、毛边板、半毛边板、整边板、板头（边板）、板皮。

⑤按断面尺寸（按其宽度与厚度的比例不同）：可分为板材和方材。

板材：宽度为厚度两倍以上。厚度21mm以下，宽度60~300mm的为薄板；厚度在22~35mm，宽度60~300mm的为中板；厚度在36~60mm，宽度60~300mm的为厚板；厚度60mm以上，宽度60~300mm的为特厚板。

方材：宽度小于厚度两倍。宽厚乘积54cm^{2}以下的为小方；宽厚乘积55~100cm^{2}的为中方；宽厚乘积101~225cm^{2}的为大方；宽厚乘积226cm^{2}以上的为特大方。

（2）锯材标准　针、阔叶锯材的种类、尺寸、材质要求及分等在相应国家标准、行业标准，如GB/T 153—2019《针叶树锯材》、GB/T 4817—2019《阔叶树锯材》、LY/T 1352—2012《毛边锯材》、GB/T 4822—2015《锯材检验》、GB/T 4823—2013《锯材缺陷》、GB/T 6491—2012《锯材干燥质量》和GB/T 449—2009《锯材材积表》等中已有规定。

2.1.4　木材用料量估算

家具图上标注的尺寸都是做成家具后的实际尺寸或净料尺寸。一般必须根据这些尺寸估算出实际需要的木材用量。

采购来的原木，首先经过制材加工剖分成板方材，而后再经配料锯解成毛料，最后通过机械加工成净料和零部件。

一般来说，将原木制材剖成板方材时的出材率大约为70%，其余30%左右变成了不能直接用来制作家具的锯木屑、板皮或板条；从板方材锯成毛料时的出材率也只有60%~70%；毛料尺寸等于净料尺寸与加工余量之和，加工余量还需要根据不同情况按经验标准另外确定，圆形零件以方形尺寸计算，大小头零件以大头尺寸计算，所以，从毛料到净料的出材率也只有80%~90%。净料材积一般只有原木材积的40%~50%或板方材材积的50%~70%。

立木 $\xrightarrow[\text{采伐}]{65\%}$ 原木 $\xrightarrow[\text{制材}]{70\%}$ 板方材 $\xrightarrow[\text{配料}]{60\%\sim70\%}$ 毛料 $\xrightarrow[\text{细木工}]{80\%\sim90\%}$ 木家具（30%、40%~50%、50%~70%）

木材利用率的大小决定于原木直径（直径大则利用率高）和质量（树节少、无腐朽、弯曲度小则利用率高），也决定于加工时是否精打细算和合理使用。因此，木材用料量一般只能根据家具图上或家具产品用料规格明细表（用料单）上的零部件的实际净料尺寸来大致地估算出。木材用料量的估算，目前主要有两种方法：

（1）概略计算法　此法是常用的一种估算方法。即首先根据家具产品每根零部件的实际净料尺寸计算出整个产品的木材净料材积，然后除以各种木材的净料出材率（根据家具产品的种类和复杂程度预先确定）可估算出所需各种木材的耗用量。如长×宽×高为1350mm×560mm×1830mm的三门大衣柜，根据每根木料的净料尺寸算出的总木材净料材积为0.1m^3，那么可以估算出大约需要板方材0.2m^{3}左右。

（2）精细计算法　此法广泛用于木材用料的精确计算或产品成本概算以及工艺设计时的木材用料量的估算。即根据家具每个零部件的净料尺寸分别确定长度、宽度和厚度上的加工余量值，将净料尺寸与加工余量相加得到每个零部件的毛料尺寸，并由此可算出整个产品的毛料材积，然后再除以配料时的毛料出材率（60%~70%），即可估算出所需板方材的耗用量。如上述三门大衣柜，根据每个木料的净料尺寸和加工余量算出的总毛料材积为0.12m^3，那么可以估算出大约需要板方材0.19m^3。

2.2　木质人造板

天然木材由于生长条件和加工过程等方面的原因，不可避免地存在着各种缺陷；同时，木材加工也会产生大量的边角余料。为了克服天然木材的缺点，充分合理地利用木材，提高木材利用率和产品质量，木质人造板得到了迅速发展和应用。木质人造板（wood-based panel）是将原木或加工剩余物经各种加工方法制成的木质材料。其种类很多，目前在家具生产中常用的有胶合板、刨花板、纤维板、细木工板、空心板、多层板以及层积材和集成材等。它们具有幅面大、质地均匀、表面平整、易于加工、利用率高、变形小和强度大等优点。采用人造板生产家具，结构简单、造型新颖、生产方便、产量高、质量好，便于实现标准化、系列化、通用化、机械化、连续化、自动化生产。目前，人造板正在逐渐代替原来的天然木材而广泛地应用于家具生产和室内装修。现分别介绍各类人造板的特点和用途。

2.2.1　胶合板

胶合板（plywood，PW）是原木经旋切或刨切成单板，涂胶后按相邻层木纹方向互相垂直组坯胶合而成的多层（奇数）板材（图2-6）。

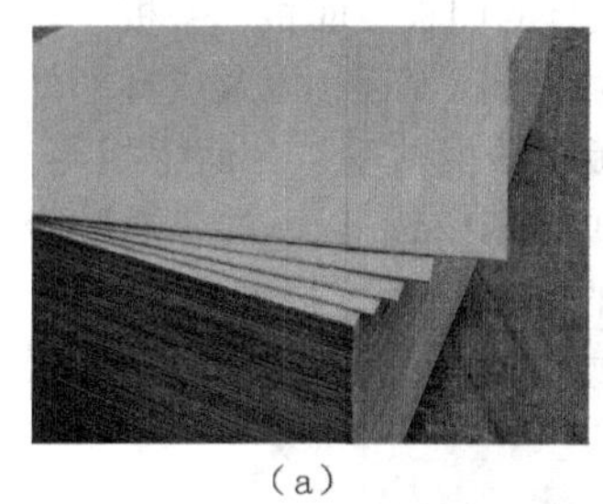

（a）

（b）

（c）

图2-6　胶合板

（a）三层胶合板　（b）多层胶合板

（c）浸渍胶膜纸饰面胶合板（生态板）

2.2.1.1　胶合板生产工艺

胶合板的生产工艺流程主要为：

原木⟶截断⟶水热处理⟶剥皮⟶定中心旋切⟶单板剪切与干燥⟶单板拼接与修补⟶芯板（中板）涂胶⟶组坯⟶冷预压⟶热压⟶合板齐边⟶砂光⟶检验⟶成品

普通杨木芯胶合板生产新工艺，一般是：

芯板（中板）涂胶⟶底板与芯板组坯⟶冷预压⟶修补（最好砂光）⟶再涂胶⟶再组坯⟶再短时冷预压⟶热压

2.2.1.2　胶合板特点

（1）胶合板以其幅面大、厚度小、密度小、木纹美丽、表面平整、不易翘曲变形、强度高等优良特性，被广泛地应用于家具生产和室内装修。

（2）胶合板的最大经济效益之一是合理地使用木材，它用原木旋切或刨切成单板生产胶合板代替原木直接锯解成的板材使用，可以提高木材利用率。每 2.2m³ 原木可生产 1m³ 胶合板；生产 1m³ 胶合板可代替相等使用面积的 4.3m³ 左右原木锯解的板材使用。

（3）胶合板在使用性能上要比天然木材优越，它的结构（结构三原则：对称原则、奇数层原则、层厚原则）决定了它的各向物理力学性能比较均匀，克服了天然木材各向异性等缺陷。

（4）胶合板可与天然木材配合使用。它适用于家具上大幅面的部件，不管是出面还是作衬里，都极为合适。如各种柜类家具的门板、面板、旁板、背板、顶板、底板，抽屉的底板和面板，以及成型部件如折椅的靠背板和座面板、沙发扶手、台面望板等。在家具生产中常用的有厚度在 12mm 以下的普通胶合板和厚度在 12mm 以上的厚胶合板，以及表面用薄木、木纹纸、浸渍纸、塑料薄膜、金属片材等贴面做成的装饰贴面板。

2.2.1.3　胶合板种类

（1）按树种（面板）分　阔叶树材（水曲柳、柳桉、桦木等）胶合板；针叶树材（马尾松、落叶松、花旗松等）胶合板。

（2）按胶层耐水性或使用环境分　按照胶合板使用的胶黏剂耐水和耐用性能、产品的使用场所，可分为室内用胶合板和室外用胶合板两大类，或Ⅰ类（耐气候、耐沸水）胶合板、Ⅱ类（耐水）胶合板、Ⅲ类（不耐潮）胶合板等三类。

（3）按结构和制造工艺分　①普通胶合板，又可以分为薄胶合板，即厚度在 4mm 以下、三层（3 厘）板；厚胶合板，即厚度在 4mm（五层）以上、多层（5 厘、9 厘、12 厘等）板。②装饰胶合板，即表面用薄木、木纹纸、浸渍纸、塑料薄膜，以及金属片材等贴面做成的装饰贴面板。③结构胶合板，又称结构用胶合板，可用作承载结构的胶合板。④特殊胶合板，即特殊处理、专门用途的胶合板，如成型（异型）胶合板、防火（阻燃、难燃）胶合板、防腐胶合板或塑化胶合板、航空胶合板、船舶胶合板、车厢胶合板、集装箱底板用胶合板、包装箱用胶合板等。

（4）按表面饰面分　未饰面胶合板和饰面胶合板（饰面胶合板又分为装饰单板或薄木饰面胶合板、浸渍胶膜纸饰面胶合板）。其中，浸渍胶膜纸饰面胶合板又俗称“生态板”，如图 2-6（c）所示。

2.2.1.4　胶合板分等

普通胶合板按成品板面板上可见的材质缺陷和加工缺陷的数量及范围分成优等品、一等品和合格品三个等级。这三个等级的面板应砂（刮）光，特殊需要的可不砂（刮）光或两面砂（刮）光。

2.2.1.5　胶合板标准与规格

国家标准 GB/T 9846—2015《普通胶合板》包括术语和定义、分类、要求（规格尺寸及其偏差、外观质量、理化性能、其他技术要求）、测量及实验方法、检验规则、标志包装运输和贮存。

GB/T 9846—2015《普通胶合板》

胶合板厚度规格有 2.6mm、2.7mm、3mm、3.5mm、4mm、5mm、5.5mm、6mm、7mm、8mm，8mm 以后以 1mm 递增。一般三层胶合板为 2.6～6mm；五层胶合板为 5～12mm；七至九层胶合板为 7～19mm；十一层胶合板为 11～30mm；等等。胶合板幅面（宽×长）主要有 915mm×1830mm、915mm×2135mm、1220mm×1830mm、1220mm×2440mm（常用）几种规格。

胶合板的规格尺寸及尺寸公差、形位公差、物理力学性能、外观质量等技术指标和技术要求可参见 GB/T 9846—2015《普通胶合板》中的相关规定。

2.2.2　刨花板

刨花板（particle board，PB）是利用小径木、木材加工剩余物（板皮、截头、刨花、碎木片、锯屑等）、采伐剩余物和其他植物性材料加工成一定规格和形态的碎料或刨花，并施加胶黏剂后，经铺装和热压制成的板材（图 2-7），又称碎料板，俗称颗粒板。

（a）

（b）

（c）

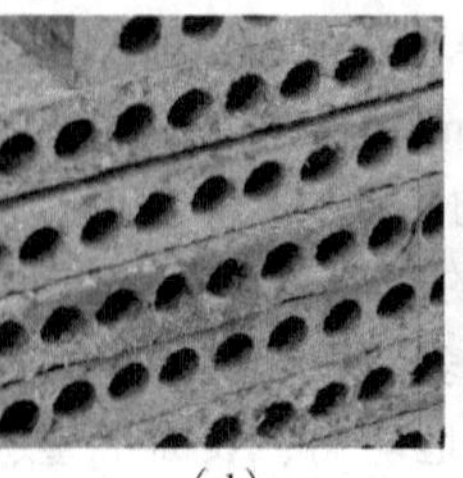
（d）

（e）

图 2-7　刨花板

（a）普通刨花板　（b）定向刨花板　（c）细面定向刨花板
（d）空心刨花板　（e）浸渍胶膜纸饰面刨花板

2.2.2.1 刨花板生产工艺

刨花板的生产工艺流程主要为：

原料准备──→刨花制备──→湿刨花料仓──→刨花干燥──→刨花筛选──→干刨花料仓──→拌胶──→铺装──→预压──→热压──→冷却──→裁边──→砂光──→检验──→成品

2.2.2.2 刨花板特点

（1）刨花板具有幅面尺寸大、表面平整、结构均匀、长宽同性、无生长缺陷、无须干燥、隔音隔热性好、有一定强度、利用率高等优点。

（2）刨花板有密度大、平面抗拉强度低、厚度膨胀率大、边部易脱落、不宜开榫、握钉力差、切削加工性能差、游离甲醛释放量大、表面无木纹等缺点。

（3）刨花板的最大优点是利用小径木和碎料制成，可以综合利用木材、节约木材资源、提高木材利用率。每 $1.3\sim1.8m^3$ 废料可生产 $1m^3$ 刨花板；生产 $1m^3$ 刨花板，可代替 $3m^3$ 左右原木锯解的板材使用。

（4）刨花板经二次加工装饰（表面贴面或涂饰）后，广泛用于板式家具生产和建筑室内装修。

2.2.2.3 刨花板种类

（1）按制造方法分　挤压法刨花板（纵向静曲强度小，一般都要用单板贴面后使用）和平压法刨花板（平面上强度较大）。

（2）按结构分　单层结构刨花板（拌胶刨花不分大小粗细地铺装压制而成，饰面较困难）、三层结构刨花板（外层细刨花、胶量大，芯层粗刨花、胶量小，家具常用）、渐变结构刨花板（刨花由表层向芯层逐渐加大，无明显界限，强度较高，用于家具及室内装修）、空心刨花板（也称挤压刨花板）。

（3）按刨花形态分　普通刨花板（常见的细刨花板）和结构刨花板（定向刨花板，俗称欧松板、澳松板或顺芯板，OSB 即 oriented strand board，长宽尺寸较大的粗刨花定向铺装压制；可饰面定向刨花板，又称细面定向刨花板、轻质定向刨花板，LSB 即 laminating strand board，lightweight strand board，是在芯层粗大刨花的上下两个表面进行细料铺装制成并可直接进行饰面的定向刨花板；华夫刨花板 WB 即 wafer board，长宽尺寸较大的粗刨花华夫层积铺装压制）。

（4）按原料分　木质刨花板和非木质刨花板（竹材刨花板、棉秆刨花板、亚麻屑刨花板、甘蔗渣刨花板、秸秆刨花板、水泥刨花板、石膏刨花板等）。

（5）按表面饰面分　未饰面刨花板和饰面刨花板（装饰单板或薄木饰面刨花板、浸渍胶膜纸饰面刨花板）。

2.2.2.4 刨花板标准与规格

国家标准 GB/T 4897—2015《刨花板》规定了刨花板的术语和定义、分类、要求、测量及试验方法、检验规则以及标志、包装、运输和贮存等。该标准适用于普通型、家具型、承载型、重载型等类型的刨花板。

GB/T 4897—2015《刨花板》

刨花板的常用厚度规格主要有 4mm、6mm、8mm、9mm、10mm、12mm、14mm、16mm、19mm、22mm、25mm、30mm 等。刨花板的幅面（宽×长）主要为 915mm×1830mm、915mm×2135mm、1220mm×1830mm、1220mm×2440mm（常用）及大幅面等。

刨花板的规格尺寸及尺寸公差、形位公差、物理力学性能、外观质量等技术指标和技术要求可参见 GB/T 4897—2015《刨花板》、GB/T 39032—2022《难燃刨花板》、GB/T 34717—2017《挤压刨花板》、GB/T 15102—2017《浸渍胶膜纸饰面纤维板和刨花板》等国家标准中的相关规定。

2.2.3 纤维板

纤维板（fiber board，FB）是以木材或其他植物纤维为原料，经过削片、制浆、成型、干燥和热压而制成的板材（图 2-8），常称为密度板。

图 2-8　纤维板（密度板）

（a）中密度纤维板　（b）高密度纤维板

（c）浸渍胶膜纸饰面纤维板

2.2.3.1 纤维板生产工艺

纤维板的主要生产工艺流程包括：

原料准备——→削片——→（水洗）——→筛选——→蒸煮软化——→纤维热磨与分离——→纤维干燥——→（施胶）——→铺装——→预压——→热压——→冷却——→裁边——→堆放——→砂光——→检验——→成品

2.2.3.2 纤维板种类

（1）按原料分　木质纤维板、非木质纤维板。

（2）按制造方法分　湿法纤维板（以水为介质，不加胶或少加胶）、干法纤维板（以空气为介质，用水量极少，基本无水污染）。

（3）按密度分　低密度纤维板（soft fiberboard，SB，或 insulation fiberboard，IB，或 low density fiberboard，LDF，密度小于 0.65g/cm³）、中密度纤维板（medium density fiberboard，MDF，密度 0.65～0.8g/cm³）、高密度纤维板（high density fiberboard，HDF，密度一般大于 0.8g/cm³）。

（4）按表面饰面分　未饰面纤维板和饰面纤维板（装饰单板或薄木饰面纤维板、浸渍胶膜纸饰面纤维板）。

2.2.3.3 纤维板特点

（1）低密度纤维板　密度不大、物理力学性能不及硬纤板，主要在建筑工程中用于绝缘、保温和吸音、隔音等方面。

（2）中密度纤维板和高密度纤维板　幅面大，结构均匀，强度高，尺寸稳定变形小，易于切削加工（锯截、开榫、开槽、砂光、雕刻和铣型等），板边坚固，表面平整，便于直接胶贴各种饰面材料、涂饰涂料和印刷处理，是中高档家具制作和室内装修的良好材料。

2.2.3.4 纤维板标准与规格

（1）国家标准 GB/T 11718—2021《中密度纤维板》规定了中密度纤维板的术语、定义和缩略语、分类和附加分类、要求、测量和试验方法、检验规则、标志、包装、运输和贮存等。

中密度纤维板的常用厚度规格为 1.5mm、3mm、5mm、6mm、8mm、9mm、12mm、15mm、16mm、18mm、19mm、20mm、24mm、25mm 等。其常用幅面（宽×长）尺寸为 1220mm×2440mm 等。

中密度纤维板的规格尺寸及尺寸公差、形位公差、物理力学性能、外观质量等技术指标和技术要求可参见国家标准 GB/T 11718—2021《中密度纤维板》中的相关规定。

（2）国家标准 GB/T 31765—2015《高密度纤维板》规定了高密度纤维板的术语和定义、分类、要求、检验方法、检验规则、标志、包装、运输和贮存等。

GB/T 31765—2015
《高密度纤维板》

高密度纤维板的常用规格尺寸：板的宽度为 1220～2130mm，长度为 2440～3600mm，板的公称厚度为 1.5～22mm。

高密度纤维板的规格尺寸及尺寸公差、形位公差、物理力学性能、外观质量等技术指标和技术要求可参见国家标准 GB/T 31765—2015《高密度纤维板》中的相关规定。

（3）阻燃中密度纤维板和浸渍胶膜纸饰面纤维板的技术指标和技术要求可参见 GB/T 18958—2013《难燃中密度纤维板》、GB/T 15102—2017《浸渍胶膜纸饰面纤维板和刨花板》等国家标准中的相关规定。

2.2.4 细木工板

细木工板（block board）俗称木工板，是具有实木板芯的胶合板。它是将厚度相同的木条，同向平行排列拼合成芯板，并在其两面按对称性、奇数层以及相邻层纹理互相垂直的原则各胶贴一层或两层单板而制成的实芯覆面板材（图 2-9），所以细木工板是具有实木板芯的胶合板，也称实心板。

（a）

（b）

图 2-9　细木工板
（a）细木工板　（b）浸渍胶膜纸饰面细木工板

2.2.4.1 细木工板生产工艺

细木工板的生产工艺过程包括单板制造、芯板制造和胶合加工，具体为：

小径原木（旋切木芯等）——→制材——→干燥——→（横截）——→双面刨平——→纵解——→横截——→选料——→（芯条涂胶——→横向胶拼——→陈放——→芯板双

面刨光或砂光）⟶内层单板（中衬板）整理与涂胶⟶表背板（底面板）整理⟶组坯⟶预压⟶热压⟶陈放⟶裁边⟶砂光⟶检验分等⟶修补⟶成品

在五层结构的细木工板生产中，配坯与预热压主要有两种形式：

（1）传统工艺　即将经双面涂胶的内层单板（第二、四层）与未涂胶的细木工芯板（第三层）和表背板（第一、五层）一起组坯，一次配板与一次预热压。

（2）新型工艺　由于目前常用的表背板的厚度较薄、内层单板（衬板，用材如杨木）翘曲变形较大或不平整，常在细木工芯板的两面先各配置一张经单面涂胶的内层单板，并进行第一次配板和预热压，然后进行修补整理，再双面涂胶，与表背板进行第二次配板和预热压。目前，这种胶合方案最为常用，而且其产品质量最有保证。

2.2.4.2　细木工板特点

（1）与实木板比较　细木工板幅面尺寸大、结构尺寸稳定、不易开裂变形；利用边材小料、节约优质木材；板面纹理美观、不带天然缺陷；横向强度高、板材刚度大；板材幅面宽大、表面平整一致。

（2）与“三板”比较　细木工板与胶合板相比，原料要求较低；与刨花板、纤维板相比，质量好、易加工；与胶合板、刨花板相比，用胶量少、设备简单、投资少、工艺简单、能耗低。

（3）细木工板的结构稳定，不易变形，加工性能好，强度和握钉力高，是木材本色保持最好的优质板材，广泛用于家具生产和室内装饰，尤其适于制作台面板、座面板部件以及结构承重构件。

2.2.4.3　细木工板种类与分等

（1）按结构分　芯条胶拼细木工板（机拼板和手拼板）、芯条不胶拼细木工板（未拼板或排芯板）。

（2）按表面状况分　单面砂光细木工板、两面砂光细木工板、不砂光细木工板。

（3）按耐水性分　Ⅰ类胶细木工板（具有耐久、耐气候、耐沸水和抗菌性能，常用酚醛树脂胶、三聚氰胺树脂胶或性能相当的胶生产，主要用于室外场所）、Ⅱ类胶细木工板（具有耐水、短时间耐热水和抗菌性能，但不耐煮沸，常用脲醛树脂胶或性能相当的胶生产，主要用于室内场所及家具）。

（4）按表面饰面分　未饰面细木工板和饰面细木工板（装饰单板或薄木饰面细木工板、浸渍胶膜纸饰面细木工板）。其中，浸渍胶膜纸饰面细木工板（俗称生态板）属于免漆装饰板材，是将浸渍胶膜纸铺装在细木工板基材上，经热压而成的装饰板材。其花纹图案品种丰富，具有优良的装饰性能；以细木工板为基材，具有质量轻、尺寸稳定、握钉力好、易加工等良好的物理力学性能；表面光洁，具有耐磨、耐划痕、耐香烟灼烧、耐干热、耐污染、耐腐蚀等优良性能；使用加工时不需要贴面和油漆，具有良好的环保性能。

（5）分等　细木工板按其面板的外观、材质和加工质量分为优等品、一等品和合格品三个等级。

（6）命名　细木工板以板芯和面板使用树种进行命名。如板芯为杉木、面板为水曲柳的细木工板称为杉木芯水曲柳细木工板。

2.2.4.4　细木工板标准与规格

国家标准 GB/T 5849—2016《细木工板》规定了细木工板的术语和定义、分类和命名、组坯指南、要求、检验方法、检验规则以及标志、标签、包装、运输和贮存。

GB/T 5849—2016
《细木工板》

细木工板的常用厚度规格为 12mm、14mm、16mm、18mm、19mm、20mm、22mm、25mm 等。其常用幅面（宽×长）尺寸为 1220mm×1830mm、1220mm×2440mm 等。

细木工板的规格尺寸及尺寸公差、形位公差、物理力学性能、外观质量等技术指标和技术要求可参见 GB/T 5849—2016《细木工板》、GB/T 38752—2020《难燃细木工板》、GB/T 34722—2017《浸渍胶膜纸饰面胶合板和细木工板》等国家标准中的相关规定。

2.2.5　空心板

空心板（hollow-core panel）是由轻质芯层材料（空心芯板）和覆面材料所组成的空心复合结构板材（图 2-10）。家具生产用空心板的芯层材料多由周边木框和空心填料组成。在家具生产中，通常把在木框和轻质芯层材料的一面或两面使用胶合板、硬质纤维板或装饰板等覆面材料胶贴制成的空心板称为包镶板。其中，一面胶贴覆面的为单包镶；两面胶贴覆面的为双包镶。

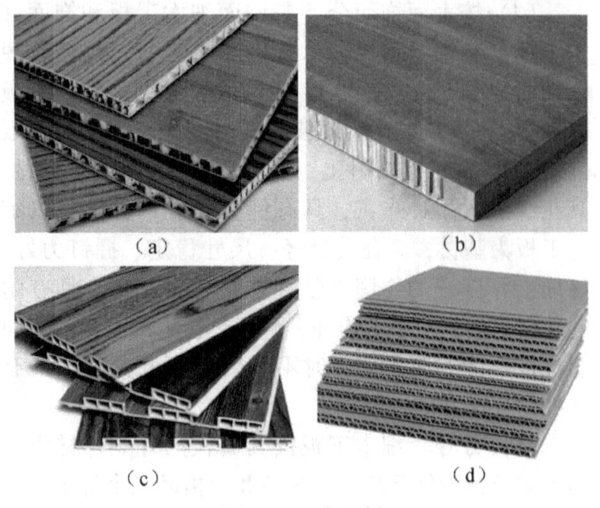

图 2-10 空心板
(a) 纸质蜂窝状空心板 (b) 有框纸质蜂窝状空心板
(c) 木塑成型空心板 (d) 波状空心板

2.2.5.1 空心板生产工艺

家具用空心板的生产工艺过程包括周边木框制造、空芯填料制造和覆面胶压加工三大部分，具体如下：

湿锯材⟶干燥⟶双面刨平⟶（也可直接用PB、MDF、单板层积材 LVL 等厚人造板材）⟶纵解⟶横截⟶组框⟶涂胶⟶组坯（覆面板、空心填料）⟶冷压或热压⟶陈放⟶裁边⟶砂光⟶成品

2.2.5.2 空心板特点

空心板在结构上是由轻质空心芯板和覆面材料所组成的。

在家具生产用空心板中，芯层材料或空心芯板多由周边木框和空芯填料组成，其主要作用是使板材具有一定的充填厚度和支承强度。

周边木框的材料主要有实木板、刨花板、中密度纤维板、多层板、层积材、集成材等。空心填料主要有单板条、纤维板条、胶合板条、牛皮纸等制成的方格形、网格形、波纹形、瓦楞形、蜂窝形、圆盘形等形式。

在空心板中，覆面材料起两种作用，一是结构加固作用，二是起表面装饰作用。它是将芯层材料纵横向联系起来并固定，使板材有足够的强度和刚度，保证板面平整、丰实、美观，具有装饰效果。

空心板最常用的覆面材料是胶合板、中密度纤维板、硬质纤维板、刨花板、装饰板、单板与薄木、多层板等硬质材料。在实际生产中，使用哪一种覆面材料，要根据空心板的用途和芯层结构来确定。通常家具和室内中高档门板用空心板的覆面材料多采用胶合板、薄型中密度纤维板、薄型刨花板等；只有受力或有载荷的空心板部件如台板、面板等，才用五层以上胶合板、多层板和厚型中密度纤维板覆面。如果仅采用蜂窝状、网状或波状空心填料做芯层，覆面材料最好采用厚胶合板、中密度纤维板和刨花板等；也可为两层，内层为中板，采用旋切单板，外层为表板，采用刨切薄木，这样覆面材料的两层纤维方向互相垂直，既省工又省料；覆面材料也可以用合成树脂浸渍纸层压装饰板（又称塑面板）。

目前，随着木塑复合材料（WPC）技术的发展，木塑成型（挤压）空心板也已成为一种新型的空心板材料。

空心板具有重量轻、变形小、尺寸稳定、板面平整、材色美观、有一定强度等优点，是家具生产和室内装修的良好轻质板状材料。

2.2.5.3 空心板种类

空心板根据其空心填料的不同主要有木条栅状空心板、板条格状空心板、薄板网状空心板、薄板波状空心板、纸质蜂窝状空心板、木塑成型空心板、轻木茎秆圆盘状空心板等。

2.2.5.4 空心板规格

家具生产用空心板通常多无统一标准幅面和厚度，由家具制造者自行生产；而室内装修用空心板除此之外，还有一种只有空心填料而无周边木框的芯层材料，这种空心板是具有统一标准幅面和厚度的成品板。

2.2.6 单板层积材

单板层积材(laminated veneer lumber，LVL)是把旋切单板多层顺纤维方向平行地层积胶合而成的一种高性能产品（图 2-11）。

单板层积材最早出现于美国，并用于飞机部件与家具的框架。当时价格很高，用材也经精选，使用范围很小。层积材作为一种新型材料引起行业注目，还是在 20 世纪 60 年代之后。当时住宅建筑飞速发展、木材需求量骤然增加、大径级优质材价格显著上涨，促进了可利用小径木、短原木生产的单板层积材的发展。日本在美国之后约在 1965 年开始批量生产单板层积材，广泛用于建筑、家具和木制品等方面。目前，世界上主要胶合板生产国家如美国、

图 2-11 单板层积材

日本、芬兰和英国等都十分重视并大力发展单板层积材。主要用于家具的台面板、框架料和结构材；建筑的楼梯板、楼梯扶手、门窗框料、地板材、屋架结构材以及内部装饰材料；车厢底板、集装箱底板、乐器及运动器材。

2.2.6.1 单板层积材生产工艺

单板层积材的生产工艺与胶合板类似。但胶合板是以大平面板材来使用的，因此要求纵横向上尺寸稳定、强度一致，所以才采取相邻层单板互相垂直的配坯方式；而单板层积材虽然可作为板材来使用，如台面板、楼梯踏板等，但大部分是做方材，一般宽度小，而且要求长度方向强度大，因此把单板纤维方向平行地层积胶合起来。

单板层积材的生产工艺流程主要为：

原木⟶截断⟶旋切单板⟶单板剪切⟶干燥⟶单板拼接（对接、斜接、指接）⟶涂胶⟶组坯⟶（预压）⟶热压⟶裁边⟶砂光⟶检验分等⟶成品

2.2.6.2 单板层积材特点

（1）单板层积材可以利用小径材、弯曲材、短原木生产，出材率可达 60%~70%（而采用制材方法只有 40%~50%），提高了木材利用率。

（2）由于单板（一般厚度为 2~12mm，常用 2~4mm）可进行纵向接长或横向拼宽，因此可以生产长材、宽材及厚材。

（3）单板层积材可以实现连续化生产。

（4）采用单板拼接和层积胶合，可以去掉缺陷或分散错开，使得单板层积材强度均匀、尺寸稳定、材性优良。

（5）单板层积材可方便进行防腐、防火、防虫等处理。

（6）单板层积材可做板材或方材使用，使用时可垂直于胶层受力或平行于胶层受力。

2.2.6.3 单板层积材种类

（1）按树种分 针叶材（如美国铁杉、辐射松、落叶松、日本柳杉、白松等）单板层积材、阔叶材（如柳桉、栎木、桦木、榆木、椴木、杨木等）单板层积材。

（2）按用途分 非结构用单板层积材（可用于家具制作和室内装饰装修，如制作木制品、分室墙、门、门框、室内隔板等，适用于室内干燥环境）和结构用单板层积材（能用于制作瞬间或长期承受载荷的结构部件，如大跨度建筑设施的梁或柱、木结构房屋、车辆、船舶、桥梁等的承载结构部件，具有较好的结构稳定性、耐久性，通常要根据用途不同进行防腐、防虫和阻燃等处理）。

2.2.6.4 单板层积材标准与规格、分等

国家标准 GB/T 20241—2021《单板层积材》的内容包括术语和定义、分类、技术要求、试验方法、检验规则、标志包装运输和贮存。

单板层积材的规格：常用厚度 19~60mm，宽度 915mm、1220mm、1830mm、2440mm，长度 1830~6405mm。

单板层积材按成品板上可见的材质缺陷和加工缺陷分为优等品、一等品和合格品。

单板层积材的规格尺寸及尺寸偏差、物理化学性能要求、外观质量等技术指标和技术要求可参见 GB/T 20241—2021《单板层积材》和 GB/T 36408—2018《木结构用单板层积材》中的相关规定。

2.2.7 集成材

集成材（laminated wood，glued laminated timber，glulam，GLT）是将木材纹理平行的实木板材或板条（窄板、短板）在长度或宽度上分别经胶合接长或拼宽或在厚度上胶合层积形成一定规格尺寸和形状的木质结构板材或方材（图 2-12），又称胶合木或指接材（finger joint lumber）、实木拼板。

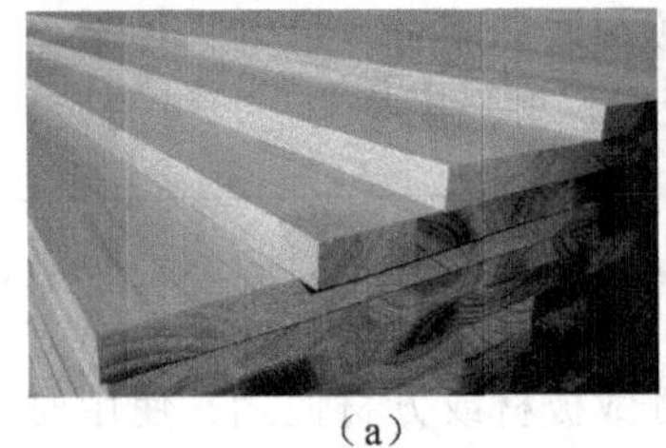
(a)

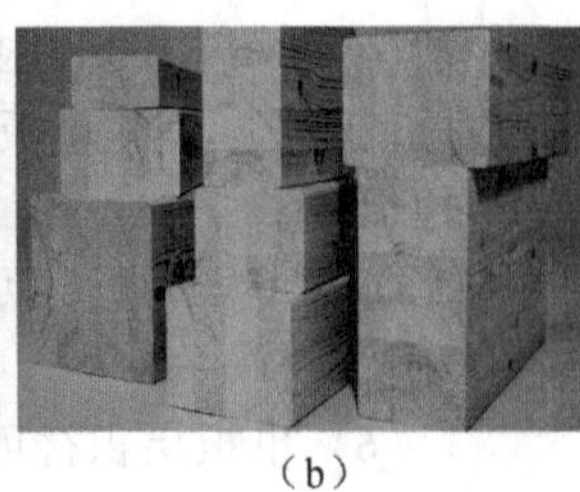
(b)

(c)

(d)

图 2-12 集成材

(a) 实木拼板 (b) 指接板 (c)、(d) 胶合木

2.2.7.1 集成材生产工艺

集成材的主要生产工艺流程包括：

原木⟶制材⟶板材干燥⟶板材两面刨光⟶板材纵解（多片锯）⟶板条横截去除缺陷⟶人工分选⟶板条两端开指榫⟶指榫涂胶⟶长度指接⟶指接方材堆放养护⟶被胶合面刨光⟶侧向涂胶⟶宽度胶拼（热压）⟶指接板材堆放养护⟶指接板材裁边⟶两面砂光或刨光⟶检验分等⟶成品

2.2.7.2 集成材特点

集成材能保持木材的天然纹理，强度高、材质好、尺寸稳定不变形，是一种新型的功能性结构木质板材，广泛用于建筑构造、室内装修、地板、墙壁板、家具和木制品的生产中。

(1) 小材大用、劣材优用　由于集成材是板材或小方材在厚度、宽度和长度方向胶合而成的，所以用胶合木制造的构件尺寸不再受树木尺寸的限制，也不再受运输条件的限制，可按所需制成任意大的横截面或任意长度，做到小材大用；同时，在胶合木制作过程中，可以剔除节疤、虫眼、面部腐朽等木材上的天然瑕疵，以及弯曲、空心等生长缺陷，做到劣材优用以及合理利用木材。

(2) 构件设计自由　因胶合木是由一定厚度的小材胶合而成的，故可制得能满足各种尺寸、形状以及特殊形状要求的木构件，为产品结构设计和制造提供了任意想象的空间。而且集成材可按木材的密度和品级不同而用于木构件的不同部位。在强度要求高的部分用高强板材，低应力部分可用强度较弱的板材。含小节疤的低品级材可用于压缩或拉伸应力低的部分。也可根据木构件的受力情况，设计其断面形状，如中空梁、变截面梁等。在制作如家具异型腿等构件时，可先将木材胶合制成接近于成品结构的半成品，再经仿型铣等加工，节约大量木材。

(3) 尺寸稳定性高、安全系数高　集成材采用坯料干燥，干燥时木材尺寸较小，相对于大块木材更易于干燥。含水率不均匀等干燥缺陷少，有利于大截面和异型结构木质构件的尺寸稳定。相对于实木锯材而言，胶合木的含水率易于控制、尺寸稳定性高。由于胶合木制成时可控制坯料木纤维的通直度，因而减少了斜纹理或节疤部紊乱纹理等对木构件强度的影响，使木构件的安全系数提高。这种材料由于没有改变木材的结构和特性，因此它便和木材一样是一种天然基材，但从物理性能来看，在抗拉和抗压强度方面都优于木材，并且在材料质量的均匀化方面也优于木材。木材的防腐、防火、防虫、防蚁等各种特殊功能处理也可以在胶拼前进行，相对于大截面锯材，大大提高了木材处理的深度和处理效果，从而有效地延长了木制品和木建筑的使用寿命。

(4) 可连续化生产　指接集成材可实现工厂连续化生产，并可提高各种异型木构件的生产速度和建筑物的组装速度。

(5) 投资较大、技术较高　集成材生产需专用的生产装备，如纵向胶拼的指接机、横向胶拼的拼板机、涂胶机等，一次性投资大，与实木制品相比，需更多的锯解、刨削、胶合等工时和需用大量的胶黏剂，同时锯解、刨削等需耗用能源，故生产成本相对较高。工艺上，胶合木制作需要专门的技术，故对组装件加工精度等技术要求较高。

2.2.7.3 集成材种类

(1) 根据使用环境分　室内用集成材和室外用集成材。

(2) 根据长度方向形状分　通直集成材和弯曲集成材。

(3) 根据断面形状分　方形结构集成材、矩形结构集成材、圆形结构集成材和异型结构集成材。

(4) 根据用途分　非结构用集成材、非结构用装饰集成材、结构用集成材、结构用装饰集成材。

2.2.7.4 集成材标准与规格

(1) 结构用集成材 GB/T 26899—2011《结构用集成材》规定了结构用集成材的术语和定义、最低性能和生产要求、物理化学性能试验方法以及产品标识方法。

结构用集成材主要用于制作承重部件制品，适用于建筑行业的梁、柱、桁架等。

结构用集成材的规格尺寸、物理力学性能、外观质量等技术指标和技术要求可分别参见 GB/T 26899—2011《结构用集成材》和 GB/T 36872—2018《结构用集成材生产技术规程》等有关国家标准中的相关规定。

(2) 非结构用集成材 GB/T 21140—2017《非结构用指接材》规定了非结构用指接材的术语和定义、分类、要求、检验方法、检验规则及标志、包装、运输和贮存。

非结构用指接材或非结构集成材主要用于制作不承重的部件制品，适用于楼梯侧板、踏步板、扶手、门、壁板等装修和家具行业。

非结构用集成材和非结构用指接材的外观质量、规格尺寸及偏差、物理力学性能等技术指标和技术要求可参见 GB/T 21140—2017《非结构用指接材》等有关国家标准中的相关规定。

2.2.8 正交胶合木

正交胶合木（cross laminated timber，CLT）是至少由三层实木锯材或实木板材经涂胶、相邻层纵横交错、正交叠放组坯和加压胶合而成一定规格尺寸和形状的板材和方材（图 2-13），也称实木正交层积材、实木交错层积材、实木胶合板。

2.2.8.1 正交胶合木生产工艺

正交胶合木的主要生产工艺流程包括：

原木⟶制材⟶板材干燥⟶板材两面刨光⟶板材纵解（多片锯）⟶板条横截去除缺陷⟶人工分选⟶板条两端开指榫⟶指榫涂胶⟶长度指接⟶指接方材堆放养护⟶被胶合面刨光⟶侧向涂胶⟶宽度胶拼（热压）⟶指接板材堆放养护⟶指接板材裁边⟶两面砂光或刨光⟶检验分等⟶成品

正交胶合木的生产可分为九个步骤：初选木材、木材分组、木材刨平、木材切割、黏合剂应用、面板铺设、装配压制、质量控制和营销运输。

2.2.8.2 正交胶合木特点

正交胶合木作为一种兼具集成材与胶合板特点的新型实木板材，已逐渐应用于木家具设计与制造之中。它与传统木质板材相比，具有明显的优势：

(1) 尺寸稳定性好 它通过纵横正交铺装和控制单元的含水率可显著提高板材结构的尺寸稳定性。

(2) 承载性能强 它的物理力学性能在纵横两个方向上较均匀；同时通过在制造过程中去除层积单元的缺陷，可显著提高设计强度值。除此之外，该板轻质高强，可充分发挥木材强重比高的特点。

(3) 防火性能高 燃烧后形成的表面炭化层，可有效阻隔火焰的燃烧，不加防火层也可达到耐火 1h 的要求。

(4) 隔音保温性能好 由于木材的低热传导性和它的连续大幅面特征，可保证有良好的气密性和隔音保温隔热效果，具有很高的保温节能综合效应。

(5) 易于规格化 由于可在工厂实现标准化、

(a)

(b)

图 2-13 正交胶合木

(a) 三层实木胶合板 (b) 五层实木胶合板

模块化生产，预制成各类板材或零部件，因此，它易于加工，应用范围广，材料利用率高。

2.2.8.3　正交胶合木应用

由于正交胶合木是木材胶合与复合技术的很好体现，它是采用三层及以上奇数层的锯制薄板对称层叠和垂直交错复合胶压而成的实木复合板材。其不仅在实木质感、纹理色泽、力学强度、表面平整度、尺寸稳定性、尺寸规格灵活等方面具有显著的优点，而且在阻燃性、抗震性、隔热性、环保性等方面具有优势，抗拉抗压强度大，并且极大地弥补了木材自身各向异性的不足，其尺寸稳定性约为胶合木（集成材或拼板）和实木的 12 倍。

近 10 年来，正交胶合木作为以锯材为基本单元制成的新型建材，在欧美地区，由于其很容易实现工厂预制和现场组装，广泛应用于新一代重型木结构建筑体系中，并解决了传统木结构建筑的层高限制。其如今在建筑行业和地板行业中已得到广泛应用。

随着我国经济与人民生活水平的不断提升，人们对实木家具的喜爱越来越浓，正交胶合木的出现对实木家具行业用材来说是一个重要机遇，它不仅能拓宽实木家具选材范围，还能完美地呈现实木家具的外观效果、提升产品质量，为喜爱实木家具的人们提供更广阔的选择空间。因而，正交层积材能很好地替代实木锯材，用于实木家具或板木家具中的台（桌）面板、门板、旁板、隔板、搁板、抽屉板等零部件的制造。

2.2.8.4　正交胶合木标准与规格

目前，正交胶合木的技术指标和技术要求可参见 LY/T 3039—2018《正交胶合木》等行业标准中的相关规定。该标准规定了正交胶合木的制造要求、物理力学性能要求、试验方法和产品标识；主要适用于木结构用正交胶合木的生产、性能测试与评价等。

在家具生产中使用的正交胶合木产品通常有 3、5、7 层等不同规格，厚度为 10～50mm，宽度为 60～240mm，长度可通过指接的方式胶合而成。正交胶合木作为一种规格材，依据应用要求或使用部位不同，其长、宽、厚可以有不同的规格尺寸。

2.2.9　重组装饰材（科技木）

重组装饰材(multilaminar decorative lumber，MDL)是以普通树种木材的单板为主要原材料，采用单板调色、层积、模压胶合成型等技术制造而成的一种具有天然珍贵树种木材的质感、花纹、颜色等特性或其他艺术图案的新型木质装饰板方材（图 2-14）。商品名称为科技木（technical wood），也称为工程木（engineering wood）或人造方材。

2.2.9.1　重组装饰材生产工艺

重组装饰材是以普通木材为原料，采用电脑虚拟与模拟技术设计，经过高科技手段制造出来的仿真甚至优于天然珍贵树种木材或具有其他艺术图案的全木质新型表面装饰材料。其生产制造工艺大致包括以下步骤：

木纹或图案仿真设计⟶单板旋切⟶单板剪切⟶单板分选⟶单板调色（漂白或染色）⟶单板干燥⟶单板整理⟶单板涂胶⟶组坯⟶模压胶合成型（冷压或热压）⟶后续加工（角度制材、剖分再胶合、刨切再重组等）⟶检验分等⟶成品

（a）

（b）

图 2-14　重组装饰材（科技木）

（a）黑檀色重组装饰材（仿黑檀木）　（b）柚木色重组装饰材（仿柚木）

2.2.9.2 重组装饰材特点

重组装饰材既可仿真天然珍贵树种，又可创造出各种更具艺术感的美丽花纹和图案；既保持了天然木材的属性，又增加了新的内涵。与和天然木材相比，它具有以下特点：

（1）色泽丰富、品种多样　重组装饰材产品经电脑虚拟与模拟技术设计，可产生不同的颜色及纹理，色泽更加光亮，纹理立体感更强，图案充满动感和活力。

（2）物理力学性能优越　重组装饰材克服了天然木材易翘曲变形的缺点，由于在生产过程中可以剔除天然木材的原有缺陷，而使产品没有虫洞、节疤、腐朽、色变和色差等天然缺陷，其密度、硬度、静曲强度和抗弯强度等物理力学性能均优于其原材料——天然木材。

（3）成品利用率高　重组装饰材可以充分利用原木旋切单板，将木材变圆为方，提高了木材的综合利用率；同时，产品因其纹理与色泽均有一定的规律性和一致性，不会产生天然木材产品由于原木不同、批次不同而使纹理、色泽不同的现象。

（4）装饰幅面尺寸宽大　重组装饰材克服了天然木材径级小的局限性，根据不同的需要可加工成不同的幅面尺寸。

（5）可以赋予木材多种功能　重组装饰材在制造过程中更易于进行防腐、防蛀、耐潮、防火（阻燃）、吸音等改性处理，赋予木材不同的功能或集多种功能于一体。

（6）产品发展潜力大　随着天然林资源保护政策的实施，可利用的天然珍贵树种木材日渐减少，同时人工速生材应用量越来越大，利用速生材进行深度加工，使其具有珍贵树种木材的特征，可使得重组装饰材产品成为珍贵树种装饰材料的替代品。

2.2.9.3 重组装饰材种类

（1）按照产品花纹图案类型分

①木材花纹重组装饰材：其花纹和色泽是模仿或模拟天然珍贵树种木材的色泽和纹理设计制造而成的。其中，又可分为径切花纹重组装饰材、弦切花纹重组装饰材、特殊花纹重组装饰材。

②艺术图案花纹重组装饰材：其花纹或图案融合了人们的喜好和思想，具有艺术性。

（2）按照产品用途分

①重组装饰刨切材：用于刨切成重组装饰单板（薄木）。

②重组装饰锯材：用于制成各种锯材并以锯材（板方材）的形式来使用。

2.2.9.4 重组装饰材标准与规格

GB/T 28998—2012《重组装饰材》规定了重组装饰材的术语和定义、分类、要求、检量和试验方法、检验规则，以及包装、标志、运输和贮存等。该标准适用于采用经调色处理的单板为主要原材料、以重组胶合方式生产的装饰板方材。

重组装饰材的外观质量、规格尺寸及其偏差、理化性能等技术指标和技术要求可参见国家标准GB/T 28998—2012《重组装饰材》中的相关规定。

2.2.10 重组木

随着生活水平日益提高，人们对家具和家居装修的要求越来越高，选择实木的消费群体也日益上升，但由于森林资源贫乏、木材供应紧张，热带雨林的天然珍贵实木正面临枯竭的边缘，因此，木材重组技术也越来越受到重视。目前，国内已经研发出重组木的生产工艺和产品。

重组木［parallel strand lumber（PSL），scrimber wood，reconsolidated lumber］，又称重组材，是在不打乱木材纤维排列方向、保留木材基本特性的前提下，将木材碾压成疏松网状木纤维束（或木束），再经干燥、施胶和组坯，并通过具有一定断面形状和尺寸的模具重新成型胶压而制成的一种新型木材（图2-15）。

重组木是采用小径材、人工速生材、单板碎料等作为原料，经过多种物理与化学工艺处理，重新改性组合制成的一种强度高、规格大、具有天然木材纹理结构的新型木材，可以有效改善原有木材木质松软、密度小、易形变等缺陷，使其密度增大、强度增高，耐水性能、防腐性能和尺寸稳定性能都得到显著提高，而且其性能优于实木，完全可以代替实木。这种工艺可以有效地节约木材资源，形成小径材、速生材的循环利用，提高了木材的使用效率。

重组木可以与天然硬质实木相媲美，可以广泛应用于实木家具、实木门窗、实木地板、实木楼梯、户外家具、园林小品、栈道地板等的生产制造以及木制品雕刻；同时，重组木也可以用于木结构、木屋架等建筑木制品的制作。

图 2-15 重组木（重组材）

2.3 贴面材料

随着家具生产中各种木质人造板的应用，需用各种贴面和封边材料作表面装饰和边部封闭处理。贴面（含封边）材料（overlay，overlaid material）按其材质的不同有多种类型，其中，木质类的有天然薄木、人造薄木（重组装饰单板）、单板等；纸质类的有印刷装饰纸、合成树脂浸渍纸、装饰板等；塑料类的有聚氯乙烯（PVC）薄膜、聚乙烯（PE）、聚丙烯（PP）、聚对苯二甲酸乙二醇酯或聚酯（PET）、聚苯乙烯（PS）、聚酰胺（PA，尼龙）、聚烯烃（PO）薄膜等；其他的还有各种纺织物、合成革、金属箔等。贴面材料主要起表面保护和表面装饰两种作用。不同的贴面材料具有不同的装饰效果。装饰用的贴面材料，又称饰面材料，其花纹图案美丽、色泽鲜明雅致、厚度较小。表面用饰面材料的实心板，称为饰面板，又称贴面板。如薄木贴（饰）面板、装饰纸贴（饰）面板、浸渍纸贴（饰）面板、装饰板贴（饰）面板、PVC 塑料薄膜贴（饰）面板等。目前，贴面和封边材料被广泛地应用于家具生产和室内装修。现分别介绍各类贴面材料的特点和用途。

2.3.1 薄　木

薄木（veneer），又称装饰单板，俗称木皮，是用刨切、旋切和锯切方法加工而成的用于表面装饰的单板，也是一种具有珍贵树种特色的木质片状薄型饰面或贴面材料（图 2-16）。薄木贴面工艺历史悠久，能使零部件表面保留木材的优良特性并具有天然木纹和色调的真实感，至今仍是深受欢迎的一种表面装饰方法。

2.3.1.1 薄木特点与分类

薄木是家具制造与室内装修中最常采用的一种天然木质的高级贴面材料。装饰薄木的种类较多，目前，国内外还没有统一的分类方法。一般具有代表性的分类方法是按薄木的制造方法、形态、厚度及树种等来进行。

(a)

(b)

图 2-16 刨切薄木

(a) 天然薄木　(b) 人造薄木

（1）按制造方法分

①锯制薄木（sawed veneer）：又称锯制单板，是指采用锯片或锯条将木方或木板锯解成的片状薄板（根据板方纹理和锯解方向的不同又有径向薄木和弦向薄木之分）。

②刨切薄木（sliced veneer）：又称刨切单板，是指将原木剖成木方并进行蒸煮软化处理后再在刨切机上刨切成的片状薄木（根据木方剖制纹理和刨切方向的不同又有径向薄木和弦向薄木之分）。

③旋切薄木（rotary cut veneer）：又称旋切单板，是指将原木进行蒸煮软化处理后在精密旋切机上旋

切成的连续带状薄木（弦向薄木）。

④半圆旋切薄木（semi-circular rotary veneer）：是指在普通精密旋切机上将木方偏心装夹旋切或在专用半圆旋切机上将木方进行旋切制成的片状薄木（根据木方夹持方法的不同可得到径向薄木或弦向薄木），是介于刨切法与旋切法之间的一种旋制薄木。

（2）按薄木形态分

①天然薄木（natural veneer）：是指由天然珍贵树种的木方直接刨切制得的薄木。

②人造薄木（artificial veneer）：又称重组装饰单板，是指由一般树种的旋切单板仿照珍贵树种的色调染色后再按纤维方向胶合成木方后制成的刨切薄木。重组装饰单板（multilaminar decorative veneer，MDV），又称重组装饰薄木、人造薄木（artificial wood veneer，reconstituted decorative veneer），也称科技木薄木（technical veneer），是重组装饰材经刨切、旋切或锯切而成的装饰单板。即以旋切或刨切单板为主要原料，采用单板调色、层积、胶合成型制成木方，再经刨切、旋切或锯切制成的装饰薄木。重组装饰单板按照产品花纹图案类型，可分为：木材花纹重组装饰单板（又可分为：径切花纹重组装饰单板、弦切花纹重组装饰单板、特殊花纹重组装饰单板）和艺术图案花纹重组装饰单板。

③集成薄木：又称拼花薄木，是指由珍贵树种或一般树种（经染色）的小方材或单板按薄木的纹理图案先拼成集成木方后再刨切成的整张拼花薄木。

（3）按薄木厚度分

①厚薄木：厚度>0.5mm，一般指 0.5~3mm 厚的普通薄木。

②薄型薄木：厚度<0.5mm，一般指 0.2~0.5mm 厚的薄木。

③微薄木：厚度<0.2mm，一般指 0.05~0.2mm 且背面黏合无纺布或特种纸的连续卷状薄木或成卷薄木。

（4）按薄木花纹分

①径切纹薄木：由木材早晚材构成的相互大致平行的条纹薄木。

②弦切纹薄木：由木材早晚材构成的大致呈山峰状的花纹薄木。

③波状纹薄木：由波状或扭曲纹理产生的花纹薄木，包括琴背纹薄木、影纹薄木等，常出现在槭木（枫木）、桦木等树种。

④鸟眼纹薄木：由纤维局部扭曲而形成的似鸟眼状的花纹，常出现在槭木（枫木）、桦木、水曲柳等树种。

⑤树瘤纹薄木：由树瘤等引起的局部纤维方向极不规则而形成的花纹，常出现在核桃木、槭木（枫木）、法桐、栎木等树种。

⑥虎皮纹薄木：由密集的木射线在径切面上形成的片状泛银光的类似虎皮的花纹，木射线在弦切面上呈纺锤形，常出现在栎木、山毛榉等木射线丰富的树种。

（5）按薄木树种分

①阔叶材薄木：由阔叶树材或模拟阔叶树材制成的薄木，如水曲柳、桦木、榉木、樱桃木、核桃木、泡桐等。

②针叶材薄木：由针叶树材或模拟针叶树材制成的薄木，如云杉、红松、花旗松、马尾松、落叶松等。

2.3.1.2 薄木标准与规格

薄木（又称刨切单板）的分类、分等、规格尺寸及其公差、含水率、表面粗糙度、外观质量等，以及薄木贴面后的人造板材的技术指标和要求，可分别参见 GB/T 13010—2006《刨切单板》、GB/T 28999—2012《重组装饰单板》和 GB/T 15104—2021《装饰单板贴面人造板》中的相关规定。

GB/T 15104—2021《装饰单板贴面人造板》

2.3.2 印刷装饰纸

印刷装饰纸（printed decorative paper）是一种通过图像复制或人工方法模拟出各种树种的木纹或大理石、布等图案花纹，并采用印刷滚筒和配色技术将这些图案纹样印刷出来的纸张，又称装饰纸、木纹纸（图 2-17）。

图 2-17 印刷装饰纸

印刷装饰纸贴面是在基材表面贴上一层印刷有木纹或图案的装饰纸，然后用树脂涂料涂饰，或用透明塑料薄膜再贴面。这种装饰方法的特点是工艺简单，能实现自动化和连续化生产，表面不产生裂纹，有柔软感、温暖感和木纹感，具有一定的耐磨、耐热、耐化学药剂性。适合于制造中低档家具及室内墙面与天花板等的装饰。

印刷装饰纸的分类主要有：

(1) 按原纸定量可分为　第一种是定量为 23～30g/m² 的薄页纸，主要适用于中密度纤维板及胶合板基材；第二种是 60～80g/m² 的钛白纸（若面涂涂料为不饱和聚酯树脂则要求采用 80g/m² 的钛白纸），主要适用于刨花板及其他人造板；第三种是 150～200g/m² 的钛白纸，主要适用于板件的封边。薄页纸贴合牢度大，覆盖力差，易起皱和断裂，损耗大；钛白纸要经过轧光，损耗少，易分层。

(2) 按纸面有无涂层可分为　一种是表面未油漆装饰纸；另一种是预油漆装饰纸或预涂饰装饰纸（也称浸渍装饰纸）。适用于家具外表面、内表面，部件的软成型、后成型，及各种封边装饰。可采用脲醛胶、聚醋酸乙烯酯乳液胶和热熔胶，通过单层或多层热压机、冷或热辊压机、软包边机、后成型机等对刨花板、中密度纤维板等基材进行覆贴胶压。

预油漆装饰纸产品质量为 60～160g/m²，仅表面涂油漆而内部未浸树脂时，原纸为薄页纸，内部也浸有少量树脂时，原纸为钛白纸。其通常可分一般光泽、柔光及高光泽的，有鬃眼和无鬃眼的，单色和套色等多种类型。所用的涂料主要有硝基漆、酸固化漆及聚酯漆等。采用硝基漆的纸贴于家具表面上后，需要时可以再喷涂涂料；酸固化漆的纸具有良好的抗家用清洁剂及大多数溶剂的性能，且耐磨性好，这两种可用于家具正面和侧面部件的表面装饰；聚酯漆的纸具有高的光泽度和防水性能，适用于高档次产品及软成型部件的装饰。

(3) 按背面有无胶层可分为　一种是背面不带胶的装饰纸，用于湿法贴面；另一种是背面带有热熔胶胶层的装饰纸，用于干法贴面。

(4) 按印刷图案纹样可分为　木纹纸（可再按针叶材或阔叶材等各种树种分）、大理石纹样纸、布纹纸等。

印刷装饰纸的分类、分等、规格尺寸及尺寸公差、外观质量等技术指标和要求可参见有关标准或产品说明书中的相关规定。

2.3.3 浸渍纸

浸渍纸（resin soaked paper，resin impregnated paper），又称树脂胶膜纸，是将原纸浸渍热固性合成树脂后，经干燥使溶剂挥发而制成的树脂浸渍纸（又称树脂胶膜纸）（图 2-18）。

图 2-18　浸渍纸及其贴面板

浸渍纸贴面是将合成树脂浸渍纸（或胶膜纸）覆盖与人造板基材表面进行热压胶贴。常用的合成树脂浸渍纸贴面，不用涂胶，浸渍纸干燥后合成树脂未固化完全，贴面时加热熔融，贴于基材表面，由于树脂固化，在与基材黏结的同时，形成表面保护膜，表面不需要再用涂料涂饰即可制成饰面板。根据浸渍树脂的不同有冷-热-冷法和热-热法胶压。对于一些树脂含量低（50%～60%）的浸渍纸（又称合成薄木），干燥后树脂完全固化，贴面时需要在基材表面涂胶，贴面后表面可用涂料涂饰。

合成树脂浸渍纸的分类主要有：

(1) 三聚氰胺树脂浸渍纸

①高压三聚氰胺树脂浸渍纸：是最早的一种类型，性能良好，光泽度高，但贴面压力高，热压工艺复杂，需在热压和冷却后降压，即采用冷-热-冷法胶压贴面。

②低压（改性）三聚氰胺树脂浸渍纸：是用聚酯等树脂对三聚氰胺树脂进行改性以增加其流动性的一种浸渍纸，它在低压下也能有足够的流动性，不要冷却，即采用低压热-热法胶压贴面，但光泽次于前者。

③低压短周期三聚氰胺树脂浸渍纸：是在低压三聚氰胺树脂中加入热反应催化剂，反应速度加快，热压周期可缩短到 1～2min。为了降低成本可采用两次浸渍法，即先浸改性脲醛树脂后，再浸改性三聚氰胺树脂。采用低压热-热法胶压贴面。

低压三聚氰胺树脂浸渍纸贴面刨花板、中密度纤维板主要用于厨房家具、办公家具及台板面的加工。如果表层用耐高磨的表层纸，即低压三聚氰胺树脂（含有三氧化二铝，用量根据耐磨要求一般为 32～62g/m²）的透明浸渍纸，基材用 7～8mm 厚的高密度纤维板或中密度纤维板等则可加工成高耐磨层压地板材料（即强化复合地板）。

(2) 酚醛树脂浸渍纸　成本低、强度高、色泽深、性能脆，适用于表面物理性能好而不要求美观的场合，一般专门做底层纸和部件背面平衡纸。原纸也可用三聚氰胺树脂改性的酚醛树脂进行浸渍（即酚胺醛树脂浸渍纸），并具有一定的装饰性，可做深色表面装饰贴面。

（3）邻苯二甲酸二丙烯酯树脂（DAP）浸渍纸　柔性好、可成卷、取用方便、装饰质量好、真实感强、可直接贴在部件平面和侧边，但成本较高。可用低压热-热法胶压贴面。

（4）鸟粪胺树脂浸渍纸　化学稳定性好、存放期长、不开裂、可成卷。可用低压热-热法胶压。

树脂浸渍纸的分类、分等、规格尺寸及尺寸公差、外观质量等技术指标和要求可参见有关标准或产品说明书。采用树脂浸渍纸贴面装饰后的人造板材的技术指标和要求可参见国家标准 GB/T 15102—2017《浸渍胶膜纸饰面纤维板和刨花板》和 GB/T 34722—2017《浸渍胶膜纸饰面胶合板和细木工板》中的相关规定。

2.3.4　装饰板

装饰板（decorative laminated sheet），即三聚氰胺树脂装饰板，又称热固性树脂浸渍纸高压装饰层积板[decorative high-pressure laminates—sheets made from thermosetting resins，HPL)，简称高压装饰板，俗称防火板，是由多层三聚氰胺树脂浸渍纸和酚醛树脂浸渍纸经高压压制而成的薄板（图 2-19）。

装饰板的结构：第一层为表层纸，在板坯中的作用是保护装饰纸上的印刷木纹并使板面具有优良的物理化学性能，表层纸由表层原纸浸渍高压三聚氰胺树脂制成，热压后呈透明状。第二层为装饰纸，在板坯内起装饰作用，防火板的颜色、花纹由装饰纸提供，装饰纸由装饰原纸（钛白纸）浸渍高压三聚氰胺树脂制成。第三~五层为底层纸，在板坯内起的作用主要是提供板坯的厚度及强度，其层数可根据板厚而定，底层纸由不加防火剂的牛皮纸浸渍酚醛树脂制成。

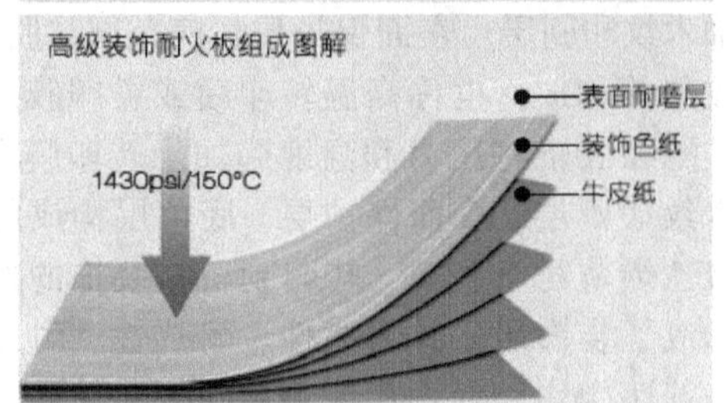

图 2-19　装饰板（防火板、耐火板）

装饰板可由多层热压机或连续压机加热加压制成。具有模拟木材纹理、大理石花纹、纺织布纹等图案及各种色调，是一种久已广泛应用的饰面材料。它具有良好的物理力学性能、表面坚硬、平滑美观、光泽度高、耐火、耐水、耐热、耐磨、耐污染、易清洁、化学稳定性好，常用于厨房、办公室、机房、实验室、学校等家具及台板面的制造和室内装修。

装饰板的分类主要有：

（1）根据表面耐磨程度分类

①高耐磨型：具有高耐磨性，用于台面、地板等场合，耐磨转数在 900~6500r。

②平面型：具有较高的耐磨性，用于家具的表面等，耐磨转数在 400r 以上。

③立面型：具有一般的耐磨性，用于家具的立面、建筑室内装修等，耐磨转数在 100r 以上。

④平衡面型：具有一定的物理力学性能，仅作平衡材料使用。

（2）根据表面性状分类

①有光型：表面光亮，经久耐用，其光泽度大于 85。

②柔光型：也称亚光型，表面光泽柔和，不产生反射眩光，能保护视觉机能和减少视觉疲劳，立体感强，具有较好的装饰效果，其光泽度为 5~30。

③浮雕型：表面有浮雕花纹。

（3）根据性能分类

①滞燃型：具有一定的防火性能，氧指数在 37 以上（普通型的约为 32）。

②抗静电型：具有一定的消静电能力，主要用于机房、手术室等场所。

③后成型型：防火板受热后还可软化、弯曲，可进行异型包边。

④普通型：无以上特殊性能要求的普通防火板。

GB/T 7911—2013《热固性树脂浸渍纸高压装饰层积板（HPL）》的主要内容包括技术条件、试件尺寸的规定、耐沸水煮性能的测定、耐干热性能的测定、耐冲击性能的测定、滞燃性能的测定、表面耐磨性能的测定、表面耐污染性能的测定、抗拉强度的测定、耐香烟灼烧性能的测定、耐开裂性能的测定、尺寸稳定性能的测定、耐老化性能的测定等。

装饰板的分类、分等、规格尺寸及尺寸公差、形位公差、物理力学性能、外观质量等技术指标和技术要求可参见国家标准 GB/T 7911—2013《热固性树脂浸渍纸高压装饰层积板（HPL）》以及有关标准或产品说明书中的相关规定。

2.3.5　塑料薄膜

目前，板式部件贴面和封边用的塑料薄膜（plastic overlay，plastic film）主要有聚氯乙烯（PVC）薄膜、聚乙烯（PE）薄膜、聚烯烃（PO）薄膜、聚酯（PET）薄膜、聚丙烯（PP）薄膜、聚苯乙烯（PS）薄膜，以及聚酰胺（PA，尼龙）封边带、丙烯腈-丁二烯-苯乙烯三元共聚物（ABS）封边带等（图 2-20）。

图 2-20　木纹塑料薄膜

2.3.5.1　聚氯乙烯（PVC）薄膜

常用的塑料薄膜是聚氯乙烯（polyvinyl chloride，PVC）薄膜，是由聚氯乙烯树脂、颜料、增塑剂、稳定剂、润滑剂和填充剂等在混炼机中炼压而成的一种热塑性片材。薄膜表面印有模拟木材的色泽和纹理、压印出导管沟槽和孔眼，以及各种花纹图案等。薄膜色调柔和、美观逼真、透气性低，具有真实感和立体感，贴面后可减少空气湿度对基材的影响，具有一定的防水、耐磨、耐污染的性能，但表面硬度低、耐热性差、不耐光晒，其受热后变软，适用于室内家具中不受热和不受力部件的饰面和封边，尤其适于进行浮雕模压贴面［即软成型（soft-forming）贴面或真空异型面覆膜］。

聚氯乙烯薄膜是成卷供应的，厚度为 0.1～0.6mm 的薄膜主要用于普通家具，厨房家具需采用 0.8～1.0mm 厚的薄膜，真空异型面覆膜、浮雕模压贴面或软成型贴面一般也需用较厚的薄膜。在背面涂刷压敏性胶黏剂可制成各种自粘胶黏膜，用于家具和室内装饰贴面。

聚氯乙烯薄膜的技术指标和要求参见 GB/T 40350—2021《家居用聚氯乙烯人造革通用技术要求》中的有关规定；聚氯乙烯薄膜贴面装饰人造板材的技术指标和要求可参见林业行业标准 LY/T 1279—2020《聚氯乙烯薄膜饰面人造板》中的有关规定。

2.3.5.2　聚乙烯（PE）薄膜

聚乙烯薄膜是由聚乙烯（polyvinyl ethylene，PE）和赛璐珞（celluloid，又称明胶）加入纤维素构成的一种合成树脂薄膜。表面涂有防老化液，薄膜表面压印有木纹图案和管孔沟槽，色泽柔和，木纹真实感强，具有耐高温、防水、防老化等性能，适用于室内用家具的饰面和封边处理。

2.3.5.3　聚烯烃（PO）薄膜

聚烯烃薄膜是由聚烯烃（polyolefine）和纤维素制成的一种薄片表面装饰材料。常用奥克赛（Alkorcell）薄膜表面印有各种色调并显示出木材管孔的沟槽，能保持天然木材纹理的真实感和立体感；其背面具有不同化学药剂的涂层，适用于脲醛胶、聚醋酸乙烯酯乳液胶和热熔胶等不同胶黏剂的胶贴，可以采用冷辊压、热辊压、冷平压、热平压、包贴及真空成型等加工方式胶压于部件表面。当采用奥克赛薄膜贴于家具表面上后，可以隔离人造板材中释放出来的甲醛有害气体，不至于危及人们的身体健康。

奥克赛薄膜表面的浮雕花纹不会因加压而变形或消失。在奥克赛薄膜表面有一层热固性漆膜，所以在一般情况下，贴面后不需再涂饰涂料，特殊情况下可以使用质量好的聚氨酯漆进一步装饰。此外，奥克赛薄膜具有耐液性、耐擦性、耐磨性、抗热性、体积稳定性、抗湿温性和加工时不影响刀具使用寿命等性能。

2.3.6　热转印膜

热转印膜（transform print film），也称高温转印膜或烫印膜（图 2-21），是由聚乙烯等塑料薄膜衬纸及装饰木纹印刷层、表面保护层、底色层、脱模层、热熔胶层等构成，也称高温转印膜或烫印膜。通过高温硅酮橡胶辊将压力和温度施加于转印膜上，使装饰木纹印刷层、表面保护层、底色层构成的转印层与聚乙烯薄衬纸脱离，转印到所需装饰的部件表面而形成了装饰层。其耐磨性、耐热性、耐光性及耐洗涤剂性能均较好，色调稳定，工艺简单，无污染，无须使用胶黏剂等，易于修补，可在其表面采

图 2-21　热转印膜

用各种清漆进行涂饰处理（通常称为贴膜转印木纹涂饰或烫印木纹涂饰）。

常用热转印膜的总厚度为 0.035～0.05mm，热转印装饰层厚度为 0.01～0.015mm。它适用于由中密度纤维板或高密度纤维板构成的部件表面装饰，并能完全遮盖基材的材质、颜色及缺陷，转印的纹理和颜色即制品的纹理和颜色。

2.3.7　金属箔

将厚度为 0.015～0.2mm 的金箔（图 2-22）、铝箔等金属箔（metallic foil）饰面材料胶贴于木材或木质人造板基材表面，具有仿金、仿银的装饰效果。其耐热性和力学强度高。

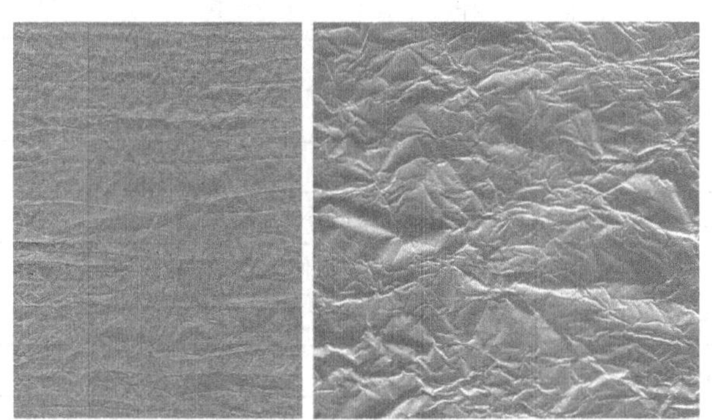

图 2-22　金　箔

2.4　涂　料

涂料（paint/coating），通常称油漆，是涂布于物体表面能够干结成坚韧保护膜的物料的总称，是一种有机高分子胶体混合物的溶液或粉末。木家具表面用涂料一般由挥发分和不挥发分组成，涂布在家具表面上后，其挥发分逐渐挥发逸出散失，而留下不挥发分（或固体分）在家具表面上干结成膜，可起到保护和装饰家具的作用，延长家具的使用寿命。

2.4.1　涂料的组成

涂料通常是由主要成膜物质、次要成膜物质和辅助成膜物质组成（表 2-1）。

2.4.2　涂料的种类

家具上使用的涂料种类很多，根据涂料的组成中主要成膜物质、含有颜料量、含有溶剂量以及施工用途可分为不同的类型（表 2-2）。

家具中常用的涂料按其主要成膜物质可分以下几类。

2.4.2.1　油脂漆

油脂漆是指单独使用，以具有干燥能力的植物油类作为主要成膜物质的涂料，也称油性漆。它的优点是涂饰方便，渗透性好，价格低廉，有一定的装饰性和保护性；缺点是漆膜干燥缓慢，质软，不耐打磨和抛光，耐水、耐候、耐化学性差。适用于一般质量要求不太高的家具涂饰。其主要漆种有：

（1）清油（光油）　是用精制植物油经高温炼制后加入催干剂制成的一种低级透明涂料，如桐油。在多数情况下是供调制油性厚漆、底漆、腻子等使用的。

（2）厚油（铅油）　是由着色颜料、大量体质颜料与少量精制油料经研磨而制成的稠厚浆状混合物，不能直接使用，使用时可按用途加入清油调配后才能涂饰。它是一种价格便宜、品质很差的不透明涂料，只适用于打底或调配腻子等配色时使用。

（3）调和漆　是指已基本调制好，购来即可使用的一种不透明涂料。调和漆涂饰比较简单，漆膜附着力好，但耐酸性、光泽、硬度都较差，干燥也很慢，适合于一般涂饰使用。

2.4.2.2　天然树脂漆

天然树脂漆是指其成膜物质中含有天然树脂的一类涂料。其常用的漆种有：

（1）油基漆　是由精致干性油与天然树脂经加热熬炼后加入溶剂和催干剂制得的涂料。其中含有颜料的为磁漆（因其漆膜呈现磁光色彩而得名），不含颜料的为清漆。木家具常用的品种为酯胶清漆（俗称凡立水）和酯胶磁漆，其漆膜光亮、耐水性较好，有一定的耐候性，用于一般普通家具表面的涂饰。

表 2-1 涂料的基本组成

组成			原料
主要成膜物质	油料	植物油	干性油：桐油、亚麻油、苏子油等；半干性油：豆油、葵花油、棉籽油等；不干性油：蓖麻油、椰子油等
	树脂	天然树脂	虫胶、大漆、松香等
		人造树脂	松香衍生物、硝化纤维等
		合成树脂	酚醛树脂、醇酸树脂、氨基树脂、丙烯酸树脂、聚氨酯树脂、聚酯树脂等
次要成膜物质	颜料	着色颜料	白色：钛白、锌白、锌钡白（立德粉）；红色：铁红（红土）、甲苯胺红（猩红）、大红粉、红丹；黄色：铁黄（黄土）、铅络黄（络黄）；黑色：铁黑、碳黑、墨汁；蓝色：铁蓝、酞菁蓝、群青（洋蓝）；绿色：铅络绿、络绿、酞菁绿；棕色：哈巴粉；金属色：金粉（铜粉）、银粉（铝粉）；等等
		体质颜料	碳酸钙（老粉、大白粉）、硫酸钙（石膏粉）、硅酸镁（滑石粉）、硫酸钡（重晶石粉）、高岭土（瓷土）等
	染料	酸性染料	酸性橙、酸性嫩黄、酸性红、酸性黑、金黄粉、黄钠粉、黑钠粉等
		碱性染料	碱性嫩黄、碱性黄、碱性品红、碱性绿等
		分散性染料	分散红、分散黄等
		油溶性染料	油溶浊红、油溶橙、油溶黑等
		醇溶性染料	醇溶耐晒火红、醇溶耐晒黄等
辅助成膜物质	溶剂		松节油、松香水（200 号汽油）、煤油、苯、甲苯、二甲苯、苯乙烯、乙酸乙酯、乙酸丁酯、乙酸戊酯、乙醇（酒精）、丁醇、丙酮、环己酮、水等
	助剂		催干剂、增塑剂、固化剂、防潮剂、引发剂、消光剂、消泡剂、光敏剂等

表 2-2 家具用涂料类型及特性

分类方法	类型	特性
主要成膜物质	植物油涂料	以植物油类为主要成膜物质的涂料，包括油脂漆、木蜡油等
	天然树脂涂料	以虫胶、大漆、松香等为主要成膜物质的涂料
	人造树脂涂料	以松香衍生物、硝化纤维等为主要成膜物质的涂料
	合成树脂涂料	以酚醛、醇酸、丙烯酸、聚氨酯、聚酯等合成树脂为主要成膜物质的涂料
组分数	单组分漆	只有一个组分，即开即用，不必分装与调配（稀释除外），施工方便
	多组分漆	两个以上组分分装，使用前按一定比例调配混合，现用现配，施工麻烦
含颜料量	清漆	不含着色颜料和体质颜料的透明液体，用于透明涂饰
	色漆	含有着色颜料和体质颜料的不透明黏稠液体（各种色调），用于不透明涂饰
漆膜光泽	亮光漆	涂于表面干后的漆膜呈现较高的光泽
	亚光漆	含消光剂的漆，涂于表面干后的漆膜只具较低光泽（半亚光）或无光（亚光）
含溶剂量	溶剂型涂料	含有挥发性有机溶剂，涂于家具表面后，溶剂挥发形成漆膜
	无溶剂型涂料	不含有挥发性有机溶剂和稀释剂，成膜时无溶剂等的挥发
	水性涂料	以水作为溶剂和稀释剂
	粉末涂料	不含有挥发性有机溶剂和稀释剂，呈粉末状态
固化方式	挥发性漆	依靠溶剂挥发而干燥成膜的涂料，可被原溶剂再次溶解修复
	反应型漆	成膜物质之间或与溶剂之间发生化学交联反应而固化成膜的涂料
	气干型漆	无须特殊加热或辐射便能在空气中直接自然干燥的涂料
	辐射固化型漆	必须经辐射（如紫外线）才能固化的涂料

（续）

分类方法	类 型	特 性
涂层施工工序	腻 子	含有大量体质颜料的稠厚膏状物，有水性腻子、胶性腻子、油性腻子、虫胶腻子、硝基腻子、聚氨酯腻子、聚酯腻子等，可用于嵌补虫眼、钉孔、裂缝等
	填孔漆（剂）	含有着色颜料和体质颜料的一种稍稠浆状体，填充木材的管孔（导管槽）
	着色漆（剂）	含有颜料或染料或两者混合的浆状体或清漆，用于基材着色和涂层着色
	底 漆	涂面漆前最初打底用的几层涂料，用于封闭底层、减少面漆耗用量
	面 漆	家具表面最后几层罩面用的涂料，可用各种清漆或色漆

（2）虫胶漆（俗称洋干漆、泡立水） 是指虫胶（又称漆片、紫胶、雪纳）的酒精（乙醇）溶液。虫胶漆的虫胶含量一般为10%~40%，酒精适用浓度为90%~95%。它在木家具涂饰工艺中应用较普遍，主要用作透明涂饰的封闭底漆、调配腻子等，有时也作为一般家具面漆，但不用作罩光漆。其优点是施工方便，可以刷涂、喷涂、淋涂，漆膜干燥快、隔离和封闭性好，但耐热性、耐水性差，易出现吸潮发白、剥落等现象。

（3）大漆（又称中国漆、生漆） 是漆树的分泌物，是我国传统特产漆，主要用于高级硬木（红木类）家具的表面涂饰。其漆膜坚硬，富有光泽，附着力强，具有突出的耐久、耐磨、耐溶剂、耐水、耐热等优良性能，但其颜色深、性脆、黏度高、不易施工、工艺复杂、不适宜机械化涂饰、干燥时间长、毒性大、易使人皮肤过敏。

大漆可分为：①生漆（又称提庄漆、红贵庄漆、揩光漆），是采集后经过滤和除去杂质、脱去部分水分所制成的一种白黄或红褐色的浓液，适用于揩光、揩擦；②熟漆（又称推光漆、退光漆），是生漆经日晒或低温烘烤处理或精制加工再去除部分水分所制成的一种黑色大漆，适用于罩光髹涂；③广漆（又称金漆、赛覆漆、笼罩漆），是在生漆中加入桐油或亚麻油经加工成为紫褐色半透明的漆，适用于罩光髹涂；④彩漆，是在广漆中加入颜料调和制成的各种颜色的彩色漆，如朱红漆。

2.4.2.3 酚醛树脂涂料

酚醛树脂涂料是指以酚醛树脂或改性酚醛树脂为主要成膜物质的一类涂料。它的漆膜柔韧耐久，光泽较好，耐水、耐磨和耐化学药品性均较强，但颜色较深、易泛黄、干燥慢、表面粗糙、光滑度差。由于其性能较好、价格便宜、涂饰方便，仍广泛用于一般普通家具的涂饰。常用酚醛涂料的品种有酚醛清漆、酚醛调和漆、酚醛磁漆等。

2.4.2.4 丙烯酸树脂涂料

丙烯酸树脂又称阿克力树脂或亚克力树脂，是由丙烯酸及其酯类、甲基丙烯酸及其酯类和其他乙烯基单体经共聚而生成的一类树脂。用这类树脂为主要成膜物质的涂料就是丙烯酸树脂涂料。它具有良好的保色、保光性和较高的耐热、耐腐、耐药剂、耐久性，漆膜丰满坚硬，光泽高不变色，既可制成水白色的清漆，也可制成纯白色的磁漆。

2.4.2.5 醇酸树脂涂料

醇酸树脂是由多元酸、多元醇经脂肪酸或油改性共聚而成的树脂。醇酸树脂涂料是以醇酸树脂为主要成膜物质的一类涂料。它能在常温下自然干燥，其漆膜具有耐候性和保色性，不易老化，且附着力、光泽、硬度、柔韧性、绝缘性等都较好，但流平性、耐水性、耐碱性差。用干性油改性的醇酸树脂涂料是一种独立的涂料，能制成用于家具涂饰的清漆、磁漆、底漆、腻子等；用不干性油改性的醇酸树脂可与多种其他树脂共聚或混制成多种涂料品种，如酸固化氨基醇酸树脂涂料、硝基涂料、过氯乙烯涂料等。

2.4.2.6 酸固化氨基醇酸树脂涂料

酸固化氨基醇酸树脂涂料（又称AC涂料）是由氨基树脂、不干性醇酸树脂、流平剂（水溶性硅油或乙酸乙酯溶液）、溶剂（丁醇与二甲苯）、酸性固化剂（盐酸酒精溶液）等组成。其操作容易，施工方便，干燥快，漆膜坚硬耐磨、丰满有光泽，机械强度高，附着力好，耐热、耐水、耐化学药品和耐寒性高，清漆颜色浅、透明度高。但抗裂性差、易开裂，施工时有少量刺激性游离甲醛气味，须加强通风，在酸固化（acid curing）涂饰、遇碱性着色剂或填充剂时，应有一封闭隔离层，以免发生变色、起泡、固化不良等涂饰缺陷。

2.4.2.7　硝基涂料

硝基涂料（又称 NC 涂料、蜡克）是以硝化纤维素（nitrocellulose）为基础并加有其他树脂、增塑剂和专用稀释剂（俗称香蕉水或天那水，即酮、酯、醇、苯等类的混合溶剂）的一种溶剂挥发型涂料。硝基涂料是一种高级装饰涂料，广泛应用于中高级（尤其是出口）木家具涂饰。其特点是可采用刷、擦、喷、淋等多种涂饰方法，漆膜干燥迅速、坚硬光亮、平滑耐磨，耐弱酸、弱碱等普通溶剂侵蚀，容易修复，但附着力和耐温热性差，固体含量和涂层成膜率低，工艺繁复、成本高、环境污染大，受气候影响涂膜易泛白、鼓泡和皱皮等，施工时须注意底面层涂料的配套以免产生咬底现象（可与虫胶底漆配套，不能作为油脂漆、酚醛涂料或醇酸涂料的面漆，不宜作为聚氨酯涂料的底漆）。硝基涂料的品种有透明腻子、透明底漆、透明着色剂、各种清漆、亚光漆，以及不透明色漆、特色裂纹漆等。

2.4.2.8　聚氨酯树脂涂料

聚氨酯树脂涂料（又称 PU 涂料）是以聚氨基甲酸酯（polyurethane）高分子化合物为主要成膜物质的一类涂料。其性能比较完善，漆膜坚硬耐磨、光泽丰满、附着力强，耐酸碱、耐水、耐热、耐寒和耐温差变化的性能好，是目前木家具表面涂饰中使用最为广泛、用量最多的涂料品种之一。其中使用最多的聚氨酯涂料多属羟基固化异氰酸酯型的双组分聚氨酯涂料，并可分为两类：一类是含羟基聚酯与含异氰酸酯预聚物的甲乙双组分聚氨酯涂料（常见“685”聚氨酯涂料）；另一类是含羟基的丙烯酸酯共聚物与含异氰酸酯基的氨基甲酸酯树脂的甲乙双组分聚氨酯涂料（俗称 PU 聚酯涂料）。使用时，通常按 2∶1 的甲乙组分比例配合，并加入适量的混合稀释剂（俗称天那水）调节施工黏度。可用刷涂、喷涂和淋涂（由于干燥快，多用喷涂）施工。由于聚氨酯涂料通常用环已酮、乙酸丁酯、二甲苯等强溶剂，所以用聚氨酯涂料做面漆时，应注意底层涂料的抗溶剂性。通常醇酸底漆、酚醛底漆等油性底漆不能作为涂饰聚氨酯涂料的底漆使用，否则会导致底漆皱皮脱落。同时，应适当控制涂饰的层间间隔时间，以免因间隔时间过短而引起气泡、橘纹和流平性差等涂膜病态。

2.4.2.9　聚酯树脂涂料

聚酯树脂涂料（又称 PE 涂料）是以不饱和聚酯树脂（polyester，由不饱和的二元酸和二元醇经缩聚而成）为基础的一种独具特色的高级涂料（也称不饱和聚酯涂料），是当今高级木家具和木制品涂饰的主要漆种之一。它用乙烯基单体作为活性稀释剂和成膜组成物，以过氧化环已酮或过氧化甲乙酮为引发剂，以环烷酸钴为促进剂，组成一个能以自由基聚合交联生成不溶不熔的涂膜，因此这类不饱和聚酯漆为无溶剂型涂料。聚酯涂料漆膜坚硬耐磨、丰满厚实、光泽极高，耐水、耐热、耐酸碱、耐溶剂性好，保光保色，并具绝缘性，一次涂饰即可获得较厚的涂膜层。但聚酯涂料也存在性能脆、抗冲击性差、附着力不强、难以修复、几个组分（一般有 3~4 组分）一经混合必须立即使用、不能与虫胶底漆配套等弱点。目前，木家具涂饰中广泛使用的聚酯涂料主要有非气干型和气干型两类。

（1）非气干型（又称隔氧型）聚酯涂料　是指不饱和聚酯树脂与苯乙烯溶剂的聚合反应会受到空气中氧的阻聚作用而在空气中不能彻底干燥的一类涂料，里干外不干，因而需要隔氧施工。目前，主要采用浮蜡法（蜡型）和覆膜法（膜型）来隔氧。浮蜡法是在涂料中加入少量高熔点石蜡，涂漆后石蜡浮于表面形成蜡层隔离空气，使其干燥固化成膜，但表面需要磨掉蜡层才能显现聚酯漆的光泽，常用刷涂、喷涂、淋涂等方法进行施工；覆膜法是在涂饰后的涂层上覆盖涤纶薄膜、玻璃或其他适当纸张，使涂层与空气隔离，待漆膜固化后除去膜层即可得到镜面般的光泽，常采用倒模施工（故俗称倒模聚酯漆或玻璃钢漆），施工方法复杂，非平面型部件一般不能使用。

（2）气干型聚酯涂料　是指无须隔氧而使不饱和聚酯涂料在空气中就能正常直接气干固化成膜的一类涂料。这种涂料常采用喷涂方法（又称喷涂聚酯涂料）施工，施工方便、性能优异，不受部件曲面限制，在家具工业中广泛使用。

2.4.2.10　紫外光固化涂料

紫外光固化涂料也称光敏涂料（又称 UV 涂料），是指涂层必须在紫外线（ultraviolet）照射下才能固化的一类涂料。它是由反应性预聚物（也称光敏树脂，如不饱和聚酯、丙烯酸环氧酯、丙烯酸聚氨酯等）、活性稀释剂（如苯乙烯等）、光敏剂（如安息香及其醚类，常用安息香乙醚），以及其他添加剂组成的一种单组分涂料。光敏涂料干燥时间短，当将其涂于家具表面上经 UV 汞灯或 UV-LED 灯紫外光照射后便能很快（在几秒至 3~5min 内）固化成膜，并可及时收集堆垛或包装，节省场地占用面积；不含挥发性溶剂，施工卫生条件好，对人体无危害；漆膜综合性能优良。但其只能用于平板表面零部件（如板式家具部件、地板、木门等）的涂饰，不适于复杂形状表面或整体装配好的制品的涂饰。

2.4.2.11 水性涂料

水性涂料也称水性漆（又称W涂料），是以水作为溶剂或分散介质的一类涂料，一般可分为水溶性涂料、水稀释性涂料、水分散性涂料（乳胶涂料）。①水溶性涂料以水溶性树脂作为成膜物，以聚乙烯醇及其各种改性物为代表，除此之外还有水溶醇酸树脂、水溶环氧树脂及无机高分子水性树脂等。②水稀释性涂料是指后乳化乳液为成膜物配制的涂料，使溶剂型树脂溶在有机溶剂中，然后在乳化剂的帮助下靠强烈的机械搅拌使树脂分散在水中形成乳液，称为后乳化乳液，制成的涂料在施工中可用水来稀释。③水分散涂料（乳胶涂料）主要是指以合成树脂乳液为成膜物配制的涂料，乳液是指在乳化剂存在下，在机械搅拌的过程中，不饱和乙烯基单体在一定温度条件下聚合而成的小粒子团分散在水中组成的分散乳液。将水溶性树脂中加入少许乳液配制的涂料不能称为乳胶涂料；严格地说，水稀释涂料也不能称为乳胶涂料，但习惯上也有将其归类为乳胶涂料。

水性木器涂料是为了区别溶剂型木器涂料而形成的一个门类，是用水替换传统木器漆中的有机溶剂而形成的一个新门类，传统木器漆的种类在水性木器漆中都可以找到。根据成膜物质的种类可分为：水性丙烯酸涂料、水性聚氨酯涂料、水性聚氨酯丙烯酸酯涂料、水性聚酯涂料、水性UV固化涂料、水性醇酸涂料、水性硝基涂料等。根据包装形式可分为：单组分水性木器涂料和双组分水性木器涂料等。

水性木器涂料是一种环保涂料，它以水代替有毒、有害的有机溶剂作为溶剂或分散介质，以天然或人工合成高分子聚合物或无机材料作为成膜物质，并辅以各种颜色填料、助剂等组成混合液体，涂覆到木家具、木制品上，自然物理或化学交联干燥后，能够形成一层光亮致密的具有装饰性和保护性的涂膜。水性木器涂料以水作为溶剂或分散介质，从根本上去除了毒性，安全、环保、健康是其主要特点，且可节省有机溶剂资源、改善作业环境、容易重涂施工。

水性木器涂料的干燥过程有别于传统木器涂料。水性木器涂料的干燥成膜，首先要使得水完全挥发才能形成连续的膜。而水是大自然普遍存在的，它以各种状态存在于我们的周围，因此，水性木器涂料的成膜干燥过程受干燥环境中水的影响，特别是空气中的水蒸气的影响。传统木器涂料干燥过程受影响最大的是温度，温度高时，干燥速度快；温度低时，干燥速度慢。而水性木器涂料在受温度影响的同时，还受到相对湿度的影响，相对湿度越小，干燥越快；相对湿度越大，干燥越慢；当相对湿度达到饱和时，水性木器涂料就没法干燥了。同时，由于水分不能很好地溶解空气中的粉尘颗粒，特别是涂料粉末，因此在漆膜表面要求很高的场合，需要较高的洁净度才能满足要求。

水性涂料虽然存在诸多问题，但通过配方及涂装工艺和设备等技术的不断提高，有些问题可以得到改善和解决。不管怎样，随着人们装修环保意识增强，可挥发物极少的水性涂料正在受到市场的欢迎。

2.4.2.12 粉末涂料

粉末涂料是指不含挥发性溶剂和稀释剂，呈100%固体粉末状的涂料，只有经静电喷涂或流化床浸涂，以及加热烘烤熔融后固化，才可形成平整光亮的永久性涂膜。粉末涂料的品种虽然没有像溶剂型涂料那样繁多，但可作为粉末涂料的聚合物树脂也很多，主要有热塑性和热固性两大类。

热固性粉末涂料是指以热固性树脂作为成膜物质，加入起交联反应的固化剂经加热后能形成不溶不熔的质地坚硬涂层的涂料。由于热固性粉末涂料所采用的树脂为聚合度较低的预聚物，分子量较低，所以涂层的流平性较好，具有较好的装饰性，而且低分子量的预聚物经固化后，能形成网状交联的大分子，因而涂层具有较好防腐性和机械性能。故热固性粉末涂料发展尤为迅速。主要包括：环氧粉末涂料、聚酯粉末涂料、丙烯酸酯粉末涂料等。

热塑性粉末涂料是在喷涂温度下熔融，冷却时凝固成膜。由于加工和喷涂方法简单，粉末涂料只需加热熔化、流平、冷却或萃取凝固成膜即可，不需要复杂的固化装置。大多使用的原料都是市场上常见的聚合物，多数条件下都可满足使用性能的要求。常用的热塑性粉末涂料主要包括：聚氯乙烯粉末涂料、聚乙烯粉末涂料、聚酰胺（尼龙）粉末涂料等。

粉末涂料具有不用溶剂、无毒无污染、健康环保、节省能源和资源、减轻劳动强度，以及涂膜机械强度高、原材料利用率高等特点。另外，粉末涂料特别适合于形状复杂特异表面的涂饰，过量粉末涂料还可以回收，并能循环使用。粉末喷涂不用着底漆，如果喷涂得不理想，在固化前可将其吹掉，重新喷涂，一般只需喷涂一次（最多两次）即可达到要求涂层，可实现自动化操作，因无溶剂而不产生漆膜沉积物，喷涂后的表面呈化学惰性，机械强度好，为产品表面和外观设计提供了更多的可能性。

粉末涂料最初仅用于金属表面涂饰，因为需要150℃以上的高温，限制了其在可燃材料上的应用。随着科学技术的发展，粉末喷涂已开始用于实木、中密度纤维板等的涂饰，该技术以紫外粉末、红外或紫外固化炉以及先进的粉末循环系统为基础，采用低熔点 UV 固化粉末涂料和静电喷涂设备对中密度纤维板进行喷涂。粉末涂料越来越流行，正在进入木材涂饰技术的之中，此项技术有很好的发展前景。

2.4.2.13　植物涂料

植物涂料又称植物油漆（俗称木蜡油），是由天然植物油经加热精制熬炼制得的一种不含苯、甲苯、二甲苯、甲醛等有毒成分的渗透型木器涂料。

由于植物涂料是以植物油、植物蜡、淀粉、动植物胶、植物脂等萃取而成，不含任何有毒有害物质，安全性可达到食品级的标准。植物涂料的渗透力很强，能完全渗入木材纤维，表面没有漆膜，但能防水、透气、耐脏、耐候；木家具、木制品等经植物涂料涂装后木材表面呈开放式效果，纹理清晰自然，手感好，能体现木材的自然美感；木材也可以自由呼吸，减少收缩与膨胀；区别于传统化工涂料（传统油漆），涂刷时没有气味，施工简便易行，涂布率高，易修补、好维护；从成本来说，植物涂料的性价比远远高于高档水性涂料和聚酯涂料；在人工方面，植物涂料只需涂擦 2 遍就行，相较于要涂刷 3~4 遍以上的传统油漆来说大大节省了时间及施工费用；植物涂料可替代传统油漆用于实木地板、竹地板、室内外木制品、花园景观木结构等方面的涂装；植物涂料作为安全环保、经久耐用、经济方便的新型生态涂料，越来越受到市场青睐。

2.4.2.14　烤　漆

烤漆（又称烘漆），是在物体表面喷涂涂料后，再经烘烤固化成一层坚韧的漆膜。烤漆最初也是仅用于金属表面涂饰，但随着技术的发展，烤漆也已开始用于实木、中密度纤维板等家具零部件的涂饰。

烤漆可以说是一种涂料，也是一种特殊的涂饰或涂装工艺。烤漆主要有低温和高温两种类型，其中低温烤漆实际应用较少，高温烤漆实际应用广泛。烤漆应用于产品外表面，能增强表面的保护性能和抗压能力。常用的烤漆（烘漆）主要有沥青烘漆、氨基烘漆、丙烯酸烘漆、环氧树脂烘漆等。

目前，在新型木质烤漆家具或烤漆展柜中，烤漆门或烤漆板是典型的零部件，大多是以中密度纤维板为基材，背面为三聚氰胺浸渍纸贴面，表面和四周为烤漆（经过打磨、上底漆、高温烘烤、抛光而成）。烤漆门或烤漆板可分亮光（钢琴）烤漆、亚光烤漆及金属（汽车）烤漆等类型。由于烤漆漆膜色彩丰富、色泽鲜艳，具有很强的视觉冲击力；表面光洁度好，四周无须封边，易擦洗、易清洁，不渗油、不褪色；漆膜的稳定性好、硬度高，防潮、防火、耐久、耐候、耐摩擦、耐腐蚀等性能优越，因而广泛用于高档家具、橱柜、房门等。

2.4.3　涂料的性能与选用原则

由于木家具有其特殊的使用环境和使用要求，所以就要用专用的涂料来涂饰。木家具使用涂料装饰的目的是美化与保护产品，因此，在选择涂料时，作为木家具使用的涂料品种应该满足以下一系列性能要求（表 2-3）或原则。

表 2-3　木家具用涂料的性能要求

项　　目	性能要求
漆膜装饰性能（装饰性）	光泽、保光性、色泽、保色性、透明度（清晰度）、质感、观感、触感等
漆膜保护性能（保护性）	附着力、硬度、柔韧性、冲击强度、耐液、耐磨、耐热、耐寒、耐温、耐候、耐久等
施工使用性能（施工性）	流平性、细度、黏度、固体含量、干燥时间、遮盖力、贮存稳定性、涂饰方法等
层间配套性能（配套性）	层间涂料应相溶，层间无皱皮、无橘纹、无脱落、无咬底等
经济成本性能（经济性）	漆膜质量好、产品价位低等
环境保护性能（环保性）	无挥发性有机化合物（如 VOC、TVOC）释放、无可溶性或可迁移元素（如铅、镉、铬、汞、镍、锑、钴、钡、砷、硒等重金属）、无毒、无臭、无异味等

（1）能够美化产品，具有良好的装饰性　木制品，尤其是木家具表面涂了涂料以后就有了装饰的效果，赋予产品一定的色泽、质感、纹理、图案纹样等明朗悦目的外观，使其形、色、质完美结合，给人以美好舒适的感受。因此，要根据家具制品的装饰性能和基材特性选用涂料，在木家具表面要保留木纹时，涂料必须具有极好的透明性、耐变色性和耐用性，一般用各种清漆；在透明高光涂饰时，要求漆膜表面亮如镜面，丰满厚实；在透明亚光涂饰时，要求家具表面光泽柔和，手感滑爽；在作不透明彩色涂饰时，要求掩盖基材表面，色彩艳丽，不易变色、泛黄，一般可选用各种磁漆；涂层肌理有特殊效果要求的，可选用特种涂料，如裂纹漆、皱纹漆、锤纹漆、晶纹漆、斑纹漆等；对于表面为榆木、水曲柳、花梨木、胡桃木、樱桃木等阔叶材具有美丽花纹与颜色的，可选用能充分显示木材纹理的各种清漆；管孔较大的木材，如水曲柳、栎木等，可选用费工较少的平光漆，采用亚光涂饰工艺，既可获得透明光亮的表面，又省去填补管孔的繁重工序；松木、杉木等针叶材表面节疤较多，既可选用满刮腻子后不透明涂饰，也可直接选用各种清漆轻度透明涂饰，以显现针叶材天然效果。

（2）适应环境要求，具有良好的保护性　木制品家具表面覆盖一层具有一定附着力、柔韧性、冲击强度、硬度、耐水、耐液、耐磨、耐热、耐寒、耐温、耐候、耐久等性能的漆膜保护层，避免或减弱阳光、水分、大气、外力等对制品基材的影响和化学物质、虫菌等对制品基材的侵蚀，防止制品翘曲、变形、开裂、磨损等，以便延长其使用寿命。因此，应根据家具制品的使用环境和要求选用涂料。

（3）适应多种涂饰方法的施工性或可操作性　由于家具生产企业的规模和家具品种的不同，对涂料的涂饰施工应用方法也各不相同，规模较大的家具企业多采用机械化流水线的连续操作，而较多的小企业则以手工涂饰为主，施工方法虽不一样，但对漆膜性能的要求是相同的，因此，家具木器涂料必须适应多种施工方法。随着涂料品种和工艺的不断发展，出现了各种施工方法和设备，如刷涂、淋涂、辊涂、喷涂、刮涂、浸涂、高温干燥（烘漆）、红外干燥、紫外光固化、电子束固化、隔氧固化等，对配套涂料提出了各自的特殊要求。因此，要根据施工方法和涂饰工艺要求选用涂料。

（4）具有良好的配套性　家具木器涂料是一种按功能和施工工序的不同而需作多种涂饰的涂料，有嵌补腻子、封闭底漆、着色底漆、透明底漆、中层涂料、面层涂料等多种配套产品，各涂料产品在整个涂饰过程中发挥着各自的作用。既要选择好各层的涂料产品，又不可忽视各涂料品种间的相互配套性。例如，虫胶底漆可以作为硝基漆的封闭底漆使用，但如作为聚氨酯涂料或光敏涂料的封闭底漆，就往往容易出现层间剥落，特别是在作为厚层涂饰时更易出现层间剥落。同样含强溶剂的聚氨酯涂料或硝基涂料如涂饰在油性漆上，就很易出现咬底现象。

（5）具有合适的经济性　在保证漆膜质量的前提下选择经济的涂料，是提高经济效益的有力措施。在木家具的制造成本中，涂料成本占生产总成本的10%~15%。但在质量和效益的二者选择中，应注意在提高或稳定产品质量的前提下再考虑降低成本的问题。没有质量就没有效益，这是选择低价位涂料产品所必须平衡的问题。

（6）具备安全健康的环保性、绿色性　随着绿色产品和绿色消费的需求增加，安全健康、绿色环保的涂料越来越受到人们的青睐，绿色涂料或环保涂料已是家具木制品行业的发展方向。因此，在选择涂料时，既要考虑涂料的装饰性能、经济成本、施工要求等，更要注意涂料的环保性能。涂料是否安全环保，通俗地说就是是否能闻到异味，是否含有重金属离子，是否含有有毒的挥发性气体。

绿色涂料或环保涂料很重要的性能就是必须具备以下环保指标：无挥发性有机化合物（如VOC、TVOC）释放；无可溶性或可迁移元素（如铅、镉、铬、汞、镍、锑、钴、钡、砷、硒等重金属）；无毒、无臭、无异味等。目前，我国家具木制品用涂料正朝着环保性、经济性和高性能方向发展。

2.5 胶黏剂

在家具生产中，胶黏剂（adhesives，glues）是必不可少的重要材料，如各种实木方材的胶拼、板材的胶合、零部件的接合、饰面材料的胶贴等，都需要采用胶黏剂来胶合，胶黏剂对家具生产的质量起着重要作用。

2.5.1 胶黏剂的组成

家具和木制品用胶黏剂的品种较多，其通常由主体材料和辅助材料两部分组成。

（1）主体材料　也称粘料、基料、主剂，是胶黏剂中起黏合作用并赋予胶层一定机械强度的物质。作为黏料，要求其有良好的黏附性和湿润性。它既可以是天然高分子化合物，如淀粉、蛋白质等；也可以是合成高分子材料，如合成树脂（包括热固性树脂、热塑性树脂）、合成橡胶以及合成树脂与合成橡胶的混合。

（2）辅助材料　是胶黏剂中用于改善主体材料性能或为便于施工而加入的物质。主要包括溶剂（稀释剂）、固化剂、增塑剂、填料以及其他助剂（如防老剂、防霉剂、增稠剂、阻聚剂、阻燃剂、着色剂等）。

2.5.2 胶黏剂的种类

胶黏剂的种类较多，一般可分为溶剂型、水基型、本体型三大类。其中，溶剂型胶黏剂（solvent-based adhesive）是以挥发性有机溶剂为主体分散介质的胶黏剂；水基型胶黏剂（water-based adhesive）是以水为溶剂或分散介质的胶黏剂；本体型胶黏剂（bulk adhesive）是指溶剂含量或水含量占胶体总质量在5%以内的胶黏剂。

家具和木制品生产中所用的胶黏剂可以按其化学组成、物理形态、固化方式、耐水性能等进行分类（表2-4）。

表 2-4　胶黏剂分类

分类				胶种
化学组成	天然型	蛋白质型		豆胶（豆粕胶、大豆胶）、血胶、皮胶、骨胶、干酪素胶、鱼胶等
	合成型	树脂型	热固性	脲醛树脂胶、酚醛树脂胶、间苯二酚树脂胶、三聚氰胺树脂胶、环氧树脂胶、不饱和聚酯胶、聚异氰酸酯胶等
			热塑性	聚醋酸乙烯酯乳液胶、乙烯-乙酸乙烯酯共聚树脂热熔胶、聚乙烯醇胶、聚乙烯醇缩醛胶、聚氨酯胶、聚酰胺胶、饱和聚酯胶等
		橡胶型		氯丁橡胶、丁腈橡胶等
		复合型		酚醛-聚乙烯醇缩醛胶、酚醛-氯丁橡胶、酚醛-丁腈橡胶、环氧-丁腈橡胶、环氧-聚酰胺胶、环氧-酚醛树脂胶、环氧-聚氨酯胶等
物理形态	液态型	水溶液型		聚乙烯醇胶、脲醛树脂胶、酚醛树脂胶、三聚氰胺树脂胶等
		非水溶液型		氯丁橡胶、丁腈橡胶等
		乳液（胶乳）型		聚醋酸乙烯酯乳液胶、聚异氰酸酯胶、氯丁橡胶、丁腈橡胶等
		无溶剂型		环氧树脂胶等
	固态型	粉末状		干酪素胶、聚乙烯醇胶、脲醛树脂胶、三聚氰胺-脲醛树脂胶等
		片块状		鱼胶、热熔胶等
		细绳状、棒状		环氧胶棒、热熔胶等
		颗粒状		热熔胶等
		胶膜状		酚醛-聚乙烯醇缩醛胶、酚醛-丁腈、环氧-丁腈、环氧-聚酰胺等
	胶带型	黏附型、热封型		聚氯乙烯胶黏带、聚酯膜胶黏带等
固化方式	溶剂挥发型	溶剂型		聚乙烯醇胶、氯丁橡胶、丁腈橡胶等
		乳液型		聚醋酸乙烯酯乳液胶、聚异氰酸酯胶、氯丁橡胶、丁腈橡胶等
	化学反应型	固化剂型		脲醛树脂胶、酚醛树脂胶、间苯二酚树脂胶、三聚氰胺树脂胶、环氧树脂胶、聚异氰酸酯胶等
		热固型		酚醛树脂胶、三聚氰胺树脂胶、环氧树脂胶、聚氨酯胶等
	冷却冷凝型			骨胶、热熔胶、聚酰胺胶、饱和聚酯胶等
耐水性能	高耐水性胶			酚醛树脂胶、间苯二酚树脂胶、三聚氰胺树脂胶、环氧树脂胶、异氰酸酯胶、聚氨酯胶等
	中等耐水性胶			脲醛树脂胶等
	低耐水性胶			蛋白质类胶等
	非耐水性胶			皮胶、骨胶、聚醋酸乙烯酯乳液胶等

2.5.2.1 脲醛树脂胶（UF）

脲醛树脂胶（urea-formaldehyde resin）是以尿素与甲醛缩聚而成。这类胶的外观为微黄色透明或半透明黏稠液体，属于水分散型胶黏剂，其固体含量一般为50%~60%；同时也可制成粉末状，使用时加入适量水分和助剂即可成胶液。脲醛树脂胶根据其固化温度，可分为冷固性胶（常温固化）和热固性胶（加热固化）两种，在实际应用中需加入酸性固化剂（如氯化铵 NH_4Cl，加入量为胶液的0.2%~1.5%），将胶液的pH值降到4~5，使其快速固化。其成本低廉、操作简便、性能优良、固化后胶层无色、工艺性能好，是目前木材工业中使用量较大的合成树脂胶黏剂，一般用于木制品和木质人造板的生产以及木材胶接、单板层积、薄木贴面等。

由于脲醛树脂胶属于中等耐水性胶（胶接制品仅限于室内用），固化时收缩大，胶层脆易老化，在使用过程中常存在释放游离甲醛污染环境的问题，所以近年来常采用：①加入适当苯酚、间苯二酚、三聚氰胺树脂、异氰酸酯、合成胶乳等与脲醛树脂胶共聚或共混，以提高其耐水性能，如间苯二酚改性脲醛树脂胶（RUF）、三聚氰胺改性脲醛树脂胶（MUF）等；②加入热塑性树脂，如加入聚乙烯醇形成聚乙烯醇缩醛、加入聚醋酸乙烯树脂或聚醋酸乙烯酯乳液形成两液胶（UF+PVAc），以及加入各种填料（如豆粉、小麦粉、木粉、石膏粉等）以改善脲醛胶的老化性，提高其柔韧性；③加入甲醛捕捉剂（如尿素、三聚氰胺、间苯二酚、对甲苯磺酰胺、聚乙烯醇、各种过硫化物等）降低游离甲醛含量。

2.5.2.2 酚醛树脂胶（PF）

酚醛树脂胶（phenol-formaldehyde resin）由酚类与甲醛缩聚而成。外观为棕色透明黏稠液体，具有优异的胶接强度、耐水、耐热、耐气候等优点，属于室外用胶黏剂，但颜色较深、成本高、有一定脆性、易龟裂，固化时间长、固化温度高。酚醛树脂胶有醇溶性和水溶性两种，醇溶性酚醛胶是苯酚与甲醛在氨水或有机胺催化剂作用下进行缩聚反应，并以适量乙醇为溶剂制成的液体（固含量为50%~55%）；水溶性酚醛胶是苯酚与甲醛在氢氧化钠催化剂作用下进行缩聚反应，并以适量水为溶剂制成的液体（固含量为45%~50%）。酚醛胶使用时既可加热固化也可室温固化，主要用于纸张或单板的浸渍、层积木和耐水木质人造板。

酚醛树脂胶的改性，可以将柔韧性好的线性高分子化合物（如合成橡胶、聚乙烯醇缩醛、聚酰胺树脂等）混入酚醛胶中；也可以将某些黏附性强或耐热性好的高分子化合物或单体（如尿素、三聚氰胺、间苯二酚等）与酚醛胶共聚，从而获得具有各种综合性能的胶黏剂，如三聚氰胺-苯酚-甲醛树脂胶（MPF）、苯酚-尿素-甲醛树脂胶（PUF）、间苯二酚-苯酚-甲醛树脂胶（RPF）等。

2.5.2.3 间苯二酚树脂胶（RF）

间苯二酚树脂胶（resorcinol-formaldehyde resin）是由含醇的线性间苯二酚树脂液体和一定量的甲醛在使用时混合而成。间苯二酚胶可用于热固化和常温冷固化。其耐水、耐候、耐腐、耐久以及胶接性能等极其优良，主要用于特种木质板材、建筑木结构、胶接弯曲构件、指接材或集成材等木制品的胶接。

2.5.2.4 三聚氰胺树脂胶（MF）

三聚氰胺树脂胶（melamine-formaldehyde resin）是由三聚氰胺（又称蜜胺）与甲醛在催化剂作用下经缩聚而成。外观呈无色透明黏稠液体。其具有很高的胶接强度，较高的耐水性、耐热性、耐老化性，胶层无色透明，有较强的保持色泽的能力和耐化学药剂能力，但价格较贵，硬度和脆性高。三聚氰胺树脂胶有较大的化学活性，低温固化能力强、固化速度快，无须加固化剂即可加热固化或常温固化。在木材加工和家具生产中，主要用于树脂浸渍纸、树脂纸质层压板（装饰板或防火板）、人造板直接贴面等。

三聚氰胺树脂胶可用乙醇改性，降低其脆性，增加柔韧性；也可加入适量的尿素进行共聚，以降低其成本。尿素改性三聚氰胺树脂胶（UMF）；除此之外，采用三聚氰胺对其他树脂进行改性，可以制成三聚氰胺改性树脂胶黏剂，如三聚氰胺改性脲醛树脂胶（MUF）等。三聚氰胺或三聚氰胺改性胶黏剂主要用于胶合板、细木工板以及各种木材胶接制品的制造等。

2.5.2.5 聚醋酸乙烯酯乳液胶（PVAc）

聚醋酸乙烯酯乳液胶（polyvinyl acetate resin）是由醋酸乙烯单体在分散介质水中，经乳液聚合而成一种热塑性胶黏剂。外观为乳白色的黏稠液体，通常称白胶或乳白胶。其具有良好而安全的操作性，无毒、无臭、无腐蚀性，不用加热或添加固化剂就可直接常温固化，胶接速度快，干状胶合强度高，胶层无色透明、韧性好，易于加工，使用简便，在家具与木制品工业中已取代了动物胶的使用，应用极为广泛，如榫接合、板材拼接、装饰贴面等。但由于其耐水、耐湿、耐热性差，因此只能用于室内用制品的胶接，并且要求木材含水率应在 5%～12%，当含水率大于 12%时，会影响胶接强度。涂胶量一般为 150～220g/m^2，胶接压力为 0.5MPa，胶压时间因温度高低而异，既可在室温胶接，也可加热胶接，室温下胶压时，夏季为 2～4h，冬季为 4～8h；如在 12℃，胶压时间为 2～3h；而在 25℃时，胶压时间只需 20～90min；若加热胶接（以 80℃为宜），胶合单板只需数分钟即可。常温胶压后需放置一定时间（通常夏季需放置 6～8h，而冬季则需 24h）才能达到较为理想的胶接强度。

聚醋酸乙烯酯乳液胶为热塑性胶，软化点低，并且制造时用亲水性的聚乙烯醇作乳化剂和保护胶体，因而，其耐热和耐水性差。为此，一般采用内加交联剂共聚形成共聚乳液（如乙酸乙烯酯-乙烯共聚乳液 VAE、乙酸乙烯酯-顺丁烯二酸二丁酯共聚乳液 VAM、乙酸乙烯酯-*N*-羟甲基丙烯酰胺共聚乳液 VAc/NMA 或 VNA、乙酸乙烯酯-丙烯酸丁酯-*N*-羟甲基丙烯酰胺共聚乳液 VBN、乙酸乙烯酯-丙烯酸丁酯-氯乙烯共聚乳液 VBC 等）或外加交联剂（如酚醛树脂胶、间苯二酚树脂胶、三聚氰胺树脂胶、脲醛树脂胶、异氰酸酯、硅胶等）混用来使聚醋酸乙烯酯乳液胶从热塑性向热固性转化，以改善其综合性能。

2.5.2.6 热熔树脂胶

热熔树脂胶（简称热熔胶，hot melt adhesives）是在加热熔化状态下进行涂布，再借冷却快速固化而实现胶接的一种无溶剂型胶黏剂或本体型胶黏剂。热熔胶胶合迅速，可在数秒钟内固化，适合连续自动化生产；不含溶剂，无毒无害，无火灾危险；耐水性、耐化学性、耐腐性强；能反复熔化再胶接。但其耐热性和热稳定性差，胶接后的使用温度不得超过 100℃，胶接产品不应接近高温场所或长时间暴晒，否则胶层会软化使胶合强度下降。热熔胶对各种材料都有较强的黏合力，应用范围较广，在木材和家具工业中，主要用于单板拼接、薄木拼接、板件装饰贴面、板件封边、榫结合、V 形槽折叠胶合等。

热熔胶因其所用基本聚合物的种类不同而有很多种，但在木材和家具工业中用量最多的有以下几种：

（1）乙烯-醋酸乙烯酯共聚树脂热熔胶（EVA）是目前用量最大、用途最广的一类。

（2）乙烯-丙烯酸乙酯共聚树脂热熔胶（EEA）使用温度范围较宽，热稳定性较好，耐应力开裂性比 EVA 好。

（3）聚酰胺树脂热熔胶（PA） 是高性能热熔胶，软化点的范围窄，能快速熔化或固化，具有较高的胶接强度，良好的耐化学性，优良的耐热寒性等。

（4）聚酯树脂热熔胶（PES） 也是高性能热熔胶，耐热性和热稳定性较好，初黏性和胶接强度较高等。

（5）聚氨酯系反应型热熔胶（PUR 或 PU-RHM）是熔融后通过吸湿产生交联而固化的一种热熔胶（湿固化型）。反应型热熔胶（reactive hot melt adhesive）同时具有一般热熔胶的常温高速胶接和反应型胶的耐热性，而且具有优良的低污染性、高初黏性和速黏结性。这种具有端异氰酸酯基预聚体的聚氨酯类反应型热熔胶特别适用于木材的胶接（因木材是含水分的多孔性材料，水分容易向表面散发，湿润性好、反应程度大、胶接强度高）。

2.5.2.7 橡胶类胶

橡胶类胶是以合成橡胶或天然橡胶为主制成的胶黏剂。其胶层柔韧性好、能在常温低压下胶接、对多种材料都能胶接，尤其是对极性材料（如木材）有较高的胶接强度。在木材和家具工业中应用较多的是氯丁橡胶胶黏剂和丁腈橡胶胶黏剂。

（1）氯丁橡胶胶黏剂 是由氯丁二烯聚合物为主加入其他助剂而制成的。其有优良的自粘力和综合抗耐性能，胶层弹性好，涂覆方便，广泛用于木材及人造板的装饰贴面和封边黏结，也用于木材与沙发布或皮革等的柔性黏结和压敏黏结。按制备方法不同，有溶剂型和乳胶型两大类。一般都使用溶剂型胶，这是因为溶剂型胶具有特别强的接触黏附力，能快速胶接，并获得较高的胶接强度。但其固含量低、溶剂量大、成本高、污染环境、易发生火灾危险。因此近年来，随着水基型乳液胶的发展，氯丁乳液胶也得到了发展。由于它的耐高温性能好、无毒、不燃、成本低，在木材和家具工业中得到了广泛的应用。

（2）丁腈橡胶胶黏剂 是由丁二烯和丙烯腈经乳液聚合并加入各种助剂而制成的。其胶层具有良好的挠曲性和耐热性，在木材和家具工业中，主要用于把饰面材料、塑料、金属及其他材料胶贴到木材或人造板基材上进行二次加工，提高基材表面的装饰性能。

2.5.2.8　聚氨酯树脂胶

聚氨酯树脂胶是以聚氨基甲酸酯（简称聚氨酯）和多异氰酸酯为主体材料的胶黏剂的统称。由于聚氨酯胶黏剂分子链中含有氨基甲酸酯基（—NHCOO—）和异氰酸酯基（—NCO），因而具有高度的极性和活性，对多种材料具有极高的黏附性能，不仅可以胶接多孔性的材料，而且也可以胶接表面光洁的材料。它具有强韧性、弹性和耐疲劳性、耐低温性，既可加热固化，也可室温固化，黏合工艺简便，操作性能良好，已在木材和家具工业中得到重视，广泛用于制造木质人造板、单板层积材、指接集成材、各种复合板和表面装饰板等。

聚氨酯胶黏剂按其组成的不同，可分为以下四类：

（1）多异氰酸酯胶黏剂　以多异氰酸酯单体小分子直接作为胶黏剂使用，是聚氨酯胶黏剂的早期产品。常用的多异氰酸酯胶黏剂有甲苯二异氰酸酯（TDI）、二苯基甲烷二异氰酸酯（MDI）、六次甲基二异氰酸酯（HDI）、苯二亚甲基二异氰酸酯（XDI）、多亚甲基多苯基多异氰酸酯（PAPI）等。因这些多异氰酸酯的毒性较大，柔韧性差，现较少以单体形式单独使用，一般将它们混入橡胶系胶黏剂，或混入聚乙烯醇溶液制成乙烯类聚氨酯胶黏剂使用。

（2）封闭型异氰酸酯胶黏剂　是用一种作为封闭剂的单官能的活泼羟基化合物（如酚类、醇类等），将多异氰酸酯中所有活泼的异氰酸酯基（—NCO）暂时封闭起来和暂时让其失去原有的化学活性，防止水或其他活性物质对它作用，可解决在贮存中因吸收空气中水分而固化的缺点。使用时可在加温或催化剂作用下解离释放出异氰酸酯基（—NCO）而起胶接作用。它可配制成水溶液或水乳液（水分散型）胶黏剂。

（3）预聚体型聚氨酯胶黏剂　也称含异氰酸酯基聚氨酯胶黏剂，是由多异氰酸酯与多羟基化合物（如聚酯、聚醚）反应生成的端异氰酸酯基（—NCO）的聚氨酯预聚体胶黏剂。该预聚体具有较高的极性和活性，能与含有活泼氢的化合物反应，对多种材料具有极高的黏附性能。既可形成单组分湿气固化型胶黏剂（在常温下遇到空气中的潮气即产生固化，空气湿度以40%～90%为宜，当加入氯化铵或尿素作为催化剂时，可室温固化，也可加热固化）；也可制成双组分反应型胶黏剂（一个组分为端异氰酸酯基的聚氨酯预聚体，另一个组分是含有—OH羟基的多元醇化合物、—NH_2的胺类化合物或端羟基聚氨酯预聚体的固化剂，两组分按一定比例配合使用，可以室温固化，也可加热固化）。多以溶液型使用。

（4）热塑性聚氨酯胶黏剂　也称含羟基聚氨酯胶黏剂，是由二异氰酸酯（如TDI或MDI）与二羟基化合物（如二官能度的聚酯二醇或聚醚二醇）反应生成线性高分子聚氨酯弹性体聚合物（或异氰酸酯改性聚合物）。该类胶黏剂胶层柔软、易弯曲和耐冲击，有较好的初黏附力，但黏合强度低、耐热性较差。热塑性聚氨酯胶黏剂多为溶剂型，一般是将聚氨酯弹性体溶于有机溶剂（如丙酮、甲乙酮、甲苯）中，黏结后，溶剂挥发而固化，可用于PVC、ABS、橡胶、塑料、皮革的黏结。

2.5.2.9　环氧树脂胶

环氧树脂胶（epoxy resin）是由含两个以上环氧基团的环氧树脂和固化剂（如乙二胺、二乙烯三胺、间苯二胺等多元胺类以及酸酐类、树脂类等）两大组分组成。它是一种胶接性能强、机械强度高、收缩性小、稳定性好、耐化学腐蚀的热固性树脂胶，能够胶接大多数材料，故常被称作“万能胶”。在各类环氧树脂胶中，产量最大、应用最广的是由环氧氯丙烷与二酚基丙烷缩聚而成的双酚A环氧树脂胶（简称环氧树脂胶）。

环氧树脂胶可以单组分型使用，但多数为双组分型，即与固化剂混合使用。通过选择不同的固化剂而实现室温或加热固化。木材胶接或木材与异种材料胶接常用室温固化型。在胶接时，即使压力很小也可获得良好的胶接效果。为改善环氧树脂胶脆性大、施工黏度高等缺点，满足不同用途，还需加入增塑剂、稀释剂和填料等。近年来，采用热塑性聚酰胺树脂、丁腈橡胶、聚酯树脂、聚氨酯树脂等改性的环氧树脂胶已得到广泛应用。

2.5.2.10　蛋白质胶

蛋白质胶是以含蛋白质的物质（植物蛋白和动物蛋白）为主制成的一类天然胶黏剂。主要有皮骨胶、鱼胶、血胶、豆胶、干酪素胶等。它们一般是在干燥时具有较高的胶接强度，用于家具和木制品生产，但由于其耐热性和耐水性差，已被聚醋酸乙烯酯乳液胶等合成树脂胶所代替，目前，一般用于木质工艺品以及特殊用途（乐器、木钟等）。

（1）皮骨胶　是用牲畜的皮、骨、腱和其他结缔组织为原料经加工制成的一种热塑性胶。成品为浅棕色粒状或块状（含水分 10%～18%）。根据所用原料可分为骨胶和皮胶。经加水分解去除杂质后的高纯度胶，一般称为明胶。皮骨胶胶层凝固迅速，胶接过程只需几分钟到十几分钟即可；调胶简单，不需加其他药剂；胶接压力一般只要 0.5～0.7MPa。常用于木材、家具、乐器和体育用品的胶接。

(2) 鱼胶　是用鱼头、鱼骨、黄鱼肚等为原料，经加水蒸煮、浓缩制成的一种胶。其成分及使用性能与皮骨胶接近，主要用于制造乐器和红木家具等。

(3) 血胶　是利用动物（如猪或牛）血液中的血清蛋白经低温浓缩和低温干燥制成的一种胶。常用热压胶合。血胶价格低廉，但色深、有异臭、不耐腐、胶层硬，目前较少使用。

(4) 豆胶　是利用大豆或豆粕为原料而制得的非耐水性胶。其调制及使用方便，干状强度较高，无毒、无臭、适用期长、成本低廉，但固化后的胶层耐水性和耐腐性差。国内主要用于生产包装胶合板或包装盒。热压胶接时，要求木材含水率不大于 10%；冷压胶接时，要求含水率不大于 15%。

2.5.3 胶黏剂的选用原则

胶黏剂的种类不同、属性不同，使用条件也就不一样。各种既定的胶黏剂，只能适用一定的使用条件。因此，应根据各种胶黏剂的特性、被胶合材料的种类、胶接制品的使用条件、胶接工艺条件、经济成本等来合理选择和使用胶黏剂，才能最大程度地发挥每种胶黏剂的优良性能。

(1) 根据胶黏剂特性选择　如胶黏剂的种类、固体含量、黏度、胶液活性期、固化条件、固化时间等。

(2) 根据被胶合材料性能选择　如单板胶合、实木方材胶拼、饰面材料装饰贴面与封边胶接合等被胶合材料的种类、材性、含水率、纤维方向、表面状态等。

(3) 根据胶接制品使用要求选择　如胶接强度、耐水性、耐久性、耐热性、耐腐性、污染性、加工性和环保性（甲醛释放量的要求）等。

(4) 根据胶接工艺条件选择　如生产规模、施工设备、工艺规程（涂胶量、陈化与陈放时间、固化压力及温度与时间）等。

(5) 根据胶接经济成本选择　取决于生产规模、胶黏剂价格、胶合操作条件等。

2.6 五金配件

家具五金配件（hardware，fittings）是家具产品不可缺少的部分，特别是板式家具和拆装家具，其重要性更为明显。它不仅起连接、紧固和装饰的作用，还能改善家具的造型与结构，直接影响产品的内在质量和外观质量。

国际标准（ISO）已将家具五金件分为九大类：锁、连接件、铰链、滑动装置（滑道）、位置保持装置、高度调整装置、支承件、拉手、脚轮及脚座。

家具五金配件按功能可分为活动件、紧固件、支承件、锁合件及装饰件等。按结构分有铰链、连接件、抽屉滑轨、移门滑道、翻门吊撑（牵筋拉杆）、拉手、锁、插销、门吸、挂衣棍承座、滚轮、脚套、支脚、嵌条、螺栓、木螺钉、圆钉等。其中，铰链、连接件和抽屉滑道是现代家具中最普遍使用的三类五金配件，因而常被称为“三大件”。

2.6.1 铰　链

铰链（hinges）主要是柜类家具上柜门与柜体的活动连接件，用于柜门的开启和关闭。按构造的不同，又可分为明铰链、暗铰链、门头铰、玻璃门铰等。

(1) 明铰链（rolled hinges）　通常称为合页，如图 2-23 所示。安装时合页部分外露于家具表面，影响外观。主要有普通合页、轻型合页、长型合页、抽芯与脱卸合页、弯角合页、仿古合页等。

(2) 暗铰链（clip or snap hinges）　安装时完全暗藏于家具内部而不外露，使家具表面清晰美观和整洁。主要有杯状暗铰链、百叶暗铰链、翻板门铰、折叠门铰等，如图 2-24～图 2-26 所示。

(3) 门头铰（pivot hinges）　又称天地铰链，安装在柜门的上下两端与柜体的顶底结合处，使用时也不外露，可保持家具正面的美观。主要有片状门头铰、弯角片状门头铰、套管门头铰等，如图 2-27 所示。

(4) 玻璃门铰（glass door hinges）　可分为玻璃门暗铰链（安装在柜体旁板内侧上，玻璃门打孔）、玻璃门头铰（安装在柜体旁板内侧底部或顶板与底板上，玻璃不打孔）等两种形式，如图 2-28 和图 2-29 所示。

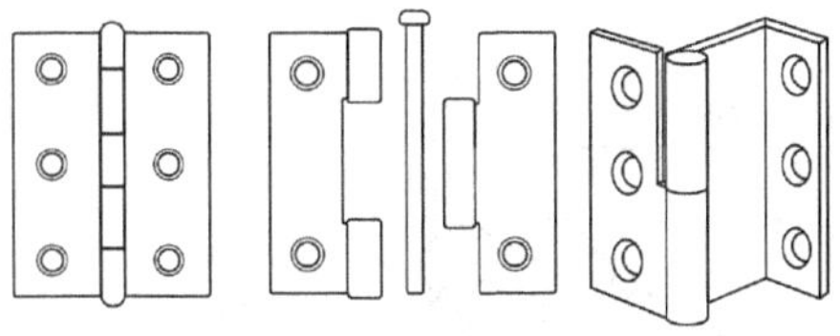

图 2-23 常见明铰链

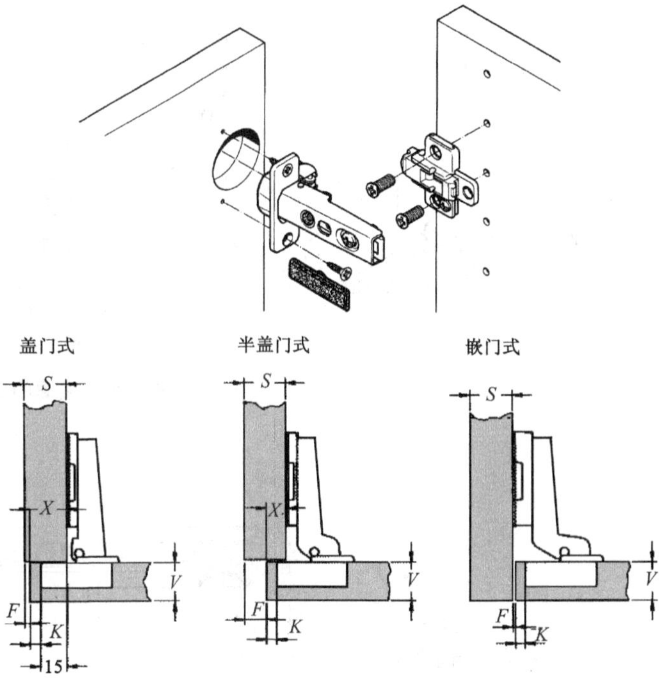

盖门式 半盖门式 嵌门式

图 2-24 杯状暗铰链

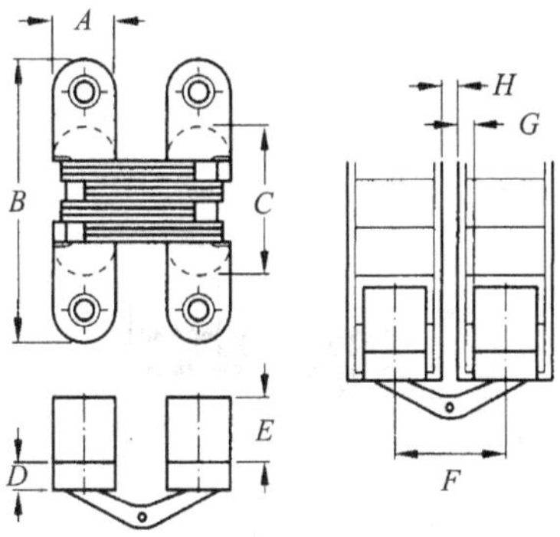

图 2-25 百叶暗铰链

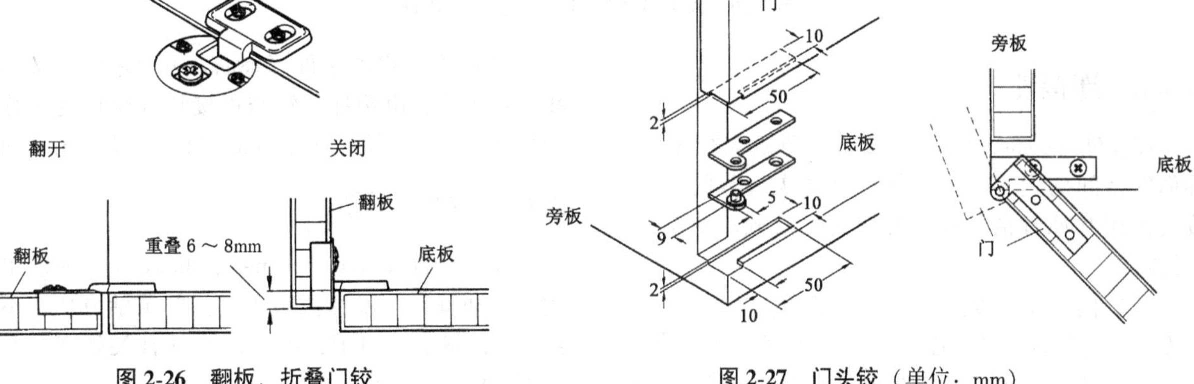

图 2-26 翻板、折叠门铰

图 2-27 门头铰（单位：mm）

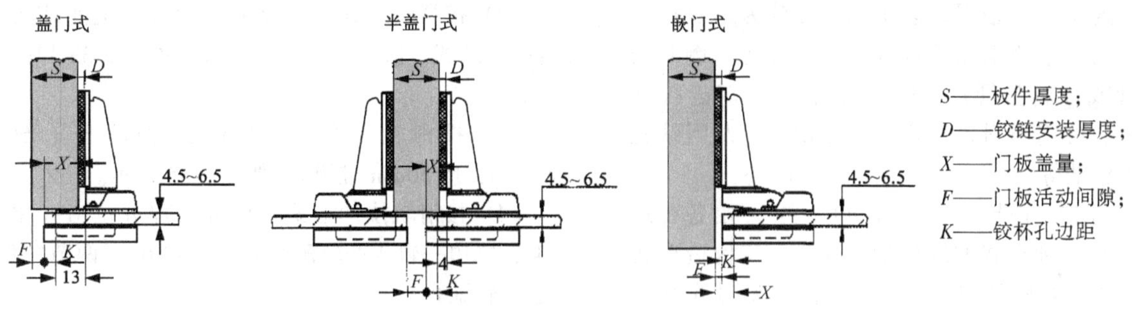

图 2-28 玻璃门暗铰链（单位：mm）

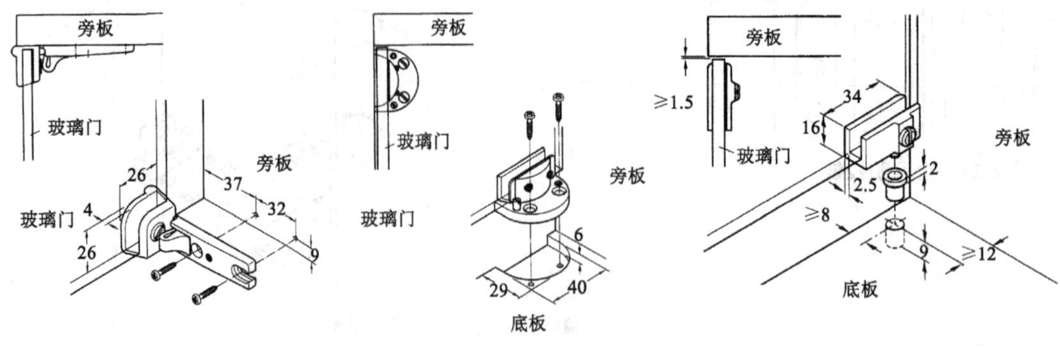

图 2-29 玻璃门头铰

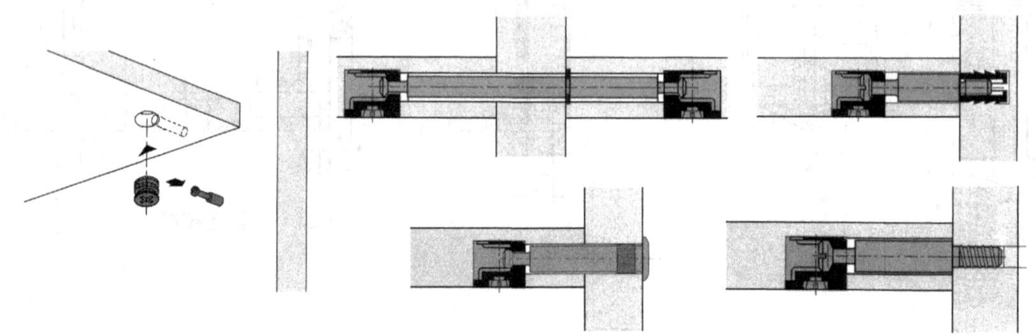

图 2-30 偏心式连接件（三合一连接件）

2.6.2 连接件

连接件（connectors，fittings）是拆装式家具上各种部件之间的紧固构件，具有可多次拆装的特点。按其作用和原理的不同，可分为偏心式、螺旋式、挂钩式等。

（1）偏心式连接件（excenter fittings） 也称偏心连接件（又称三合一连接件），由偏心锁杯（偏心轮）、连接拉杆、预埋螺母组成，如图 2-30 所示，并由偏心锁杯与连接拉杆钩挂形成连接，主要用于板式家具的连接。偏心锁杯有锌合金压铸和钢板冲压制两种。连接拉杆根据用途不同，可分为螺纹拉杆（直接拧入式）、倒刺胀管拉杆（一端配有带倒刺的塑料胀管或金属胀管）、终端外露拉杆、双连拉杆等。安装后可用塑料盖板遮盖偏心锁杯以及因钻孔带来的不整洁等。

（2）螺旋式连接件（screw fittings） 由各种螺栓或螺钉与各种形式的螺母配合连接。按构造形式的不同，主要有圆柱螺母式、空心圆柱螺母式（又称四合一连接件）、倒刺螺母式、直角倒刺螺母式、胀管螺母式、平板螺母式、套管螺栓式、空心螺钉式、单个螺钉式等，如图 2-31 所示。

（3）钩挂式连接件（bracket fittings） 又称插扣式连接件，由钩挂螺钉与连接片或两块连接片之间相互挂扣、钩拉或插扎形成连接，如图 2-32 所示。

2.6.3 抽屉滑轨

抽屉滑轨（drawer runners，drawer guides）主要用于使抽屉（含键盘搁板等）推拉灵活方便，不产生歪斜或倾翻。目前，抽屉滑轨的种类很多，常用的可按以下分类：

（1）按安装位置 可分为托底式、侧板式、槽口式、搁板式等，如图 2-33 所示。

（2）按滑动形式 可分为滚轮式（尼龙或钢制滚轮）、球式、滚珠式、滑槽式等，如图 2-33 和图 2-34 所示。

（3）按滑轨长度 一般有 12 种以上（250～1000mm，按 50mm 进级），如图 2-35 所示。

（4）按滑轨拉伸形式 可分为部分拉出（单节拉伸，每边一轨或两轨配合）和全拉出（两节拉伸，每边三轨配合）。

（5）按安装形式 可分为推入式（只要把抽屉放在滑轨上，往里推即可完成安装）、插入式（只要把抽屉放在拉出的滑轨上，使滑轨后端的钩子钩上，栓钉插入抽屉底部孔中即可完成安装)。

(6) 按抽屉关闭方式 可分为自闭式(自闭功能使得抽屉不受重量影响能安全平缓关闭)、非自闭式(不含自闭功能,需要外力推入才能关闭)。

(7) 按承载重量 可分为每对 10kg、12kg、15kg、20kg、25kg、30kg、35kg、40kg、45kg、50kg、60kg、100kg、150kg、160kg 等。

2.6.4 移门滑道

移门滑道又称移门导轨(sliding door guides),其主要用于各种移门(又称趟门)、折叠门等的滑动开启。它一般由滑动槽(running rail)、导向槽(guide rail)、滑动配件(常为滚轮,running roller)和导向配件(常为滚轮或销,guide)等组成。根据移门或折叠门的安装形式,滑动装置可分为嵌门(内置门)式和盖门(前置门)式;根据滑道的结构,滑动装置可分为重压式(下面滑动、上面导向)和悬挂式(上面滑动、下面导向),如图 2-36 所示。滑道(滑动槽、导向槽)的材料有塑料和金属两种,使用时可根据需要来截取长度。

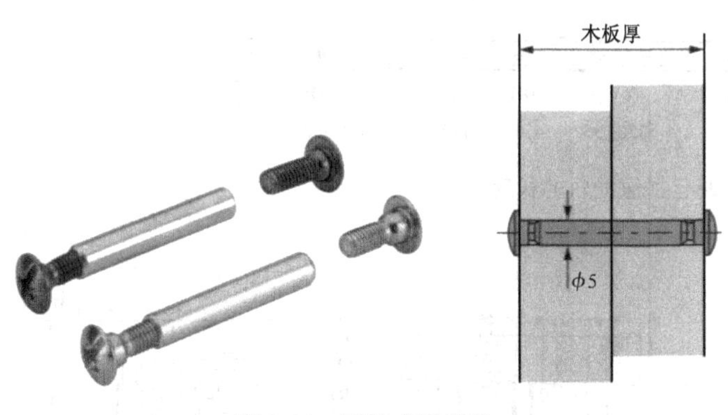

图 2-31 螺旋式连接件

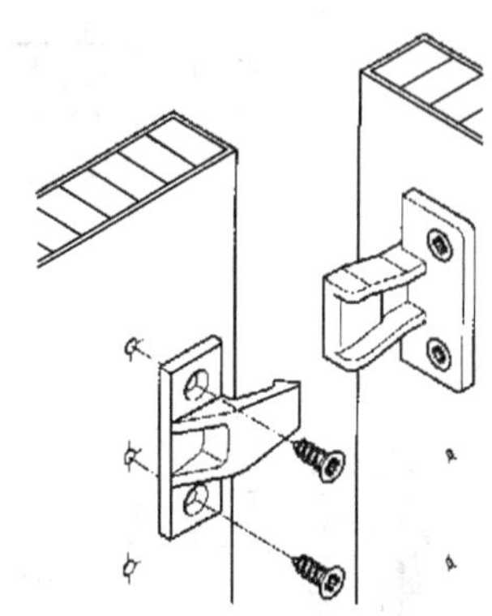

图 2-32 钩挂式连接件

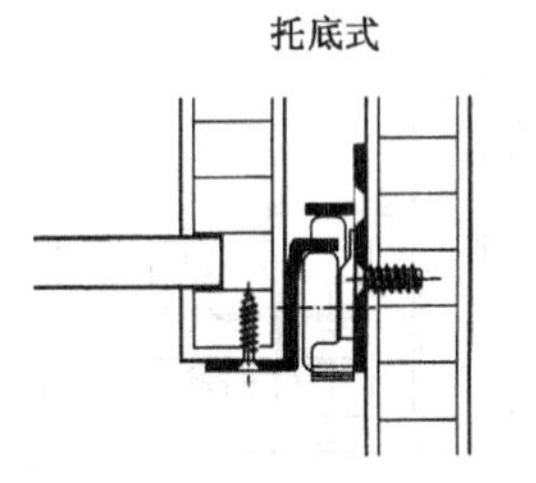

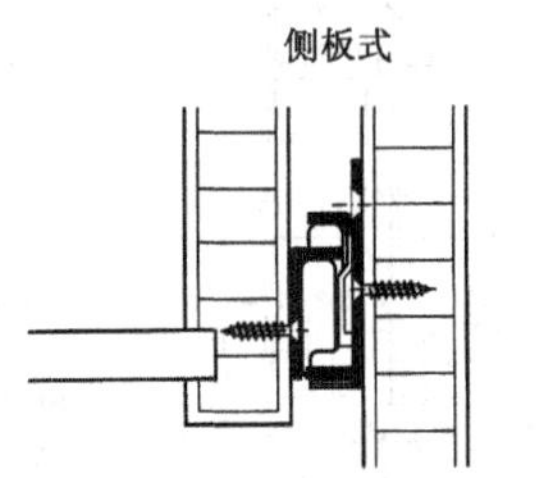

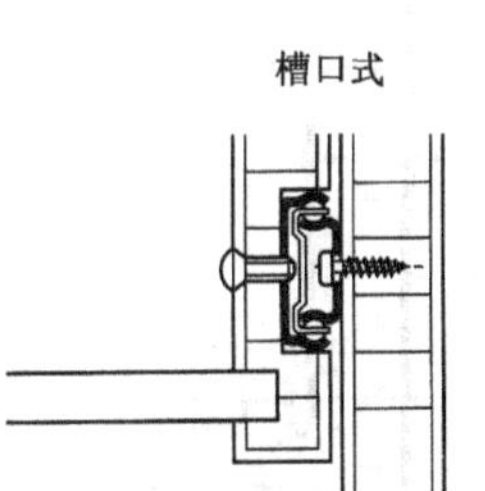

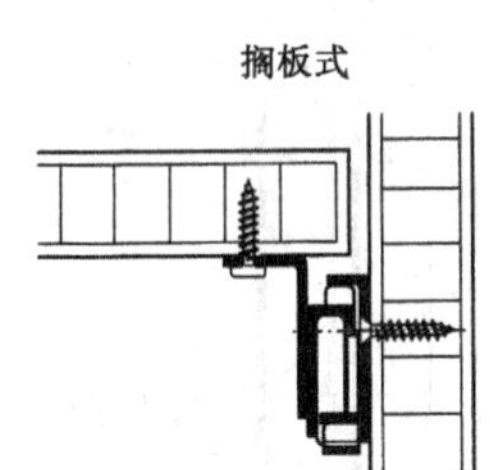

图 2-33 抽屉滑轨的安装形式(滚轮式和球式滑动)

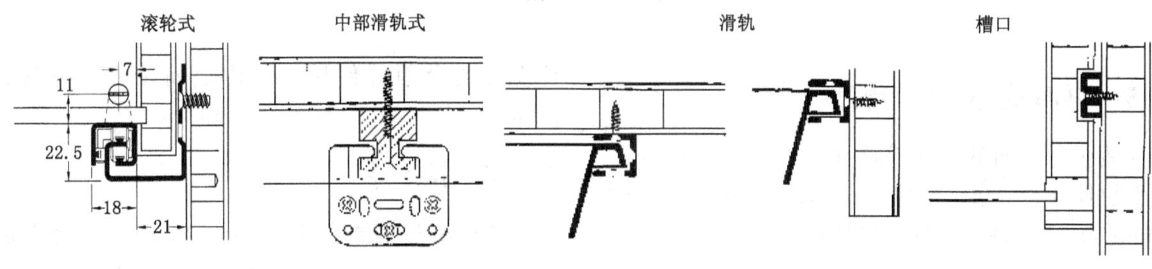

图 2-34 抽屉滑轨的滑动形式(滚珠式和滑槽式滑动)

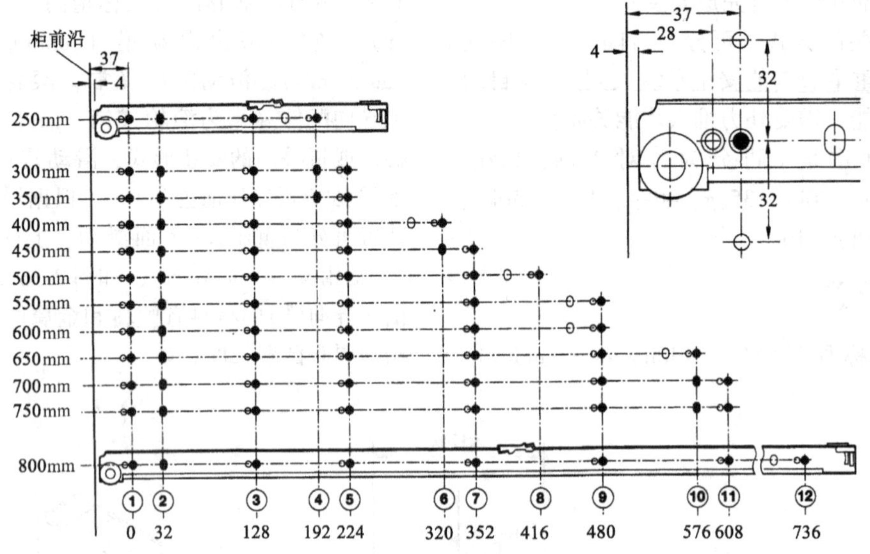

图 2-35　抽屉滑轨的长度

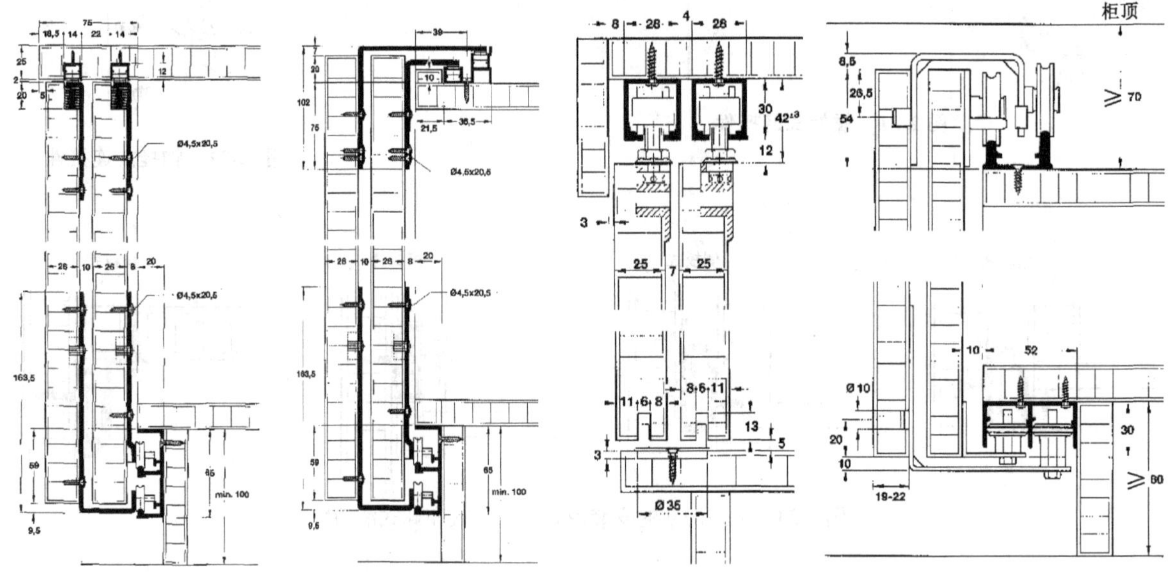

图 2-36　移门滑道

2.6.5　桌面拉伸导轨与转盘

为适应桌台面的拉伸或转动要求，一般需要安装桌面拉伸导轨或桌面转盘（extension or revolving table fittings）等配件，如图 2-37 所示。

2.6.6　翻门吊撑

吊撑（flap stays）主要用于翻门（或翻板），使翻门绕轴旋转，最后被控制或固定在水平位置，以作搁板或台面等使用，又称牵筋拉杆，如图 2-38 所示。

2.6.7　拉　手

各种家具的柜门和抽屉，几乎都要配置拉手（handles，knobs），除了直接完成启、闭、移、拉等功能要求之外，拉手还具有重要的装饰作用。按材料可分为黄铜、不锈钢、锌合金、硬木、塑料、塑料镀金、橡胶、玻璃、有机玻璃、陶瓷等；按形式可分为外露（突出）式、嵌入（平面）式和吊挂式等；按造型可分为圆形、方形、菱形、长条形、曲线形及其他组合形等。

2.6.8 锁和插销

锁和插销（locks & bolts）主要用于门和抽屉等部件的固定，使门和抽屉能够关闭和锁住，不至于被随便碰开，保证存放物品的安全。

锁的种类很多，有普通锁、箱搭锁、拉手锁、写字台连锁、玻璃门锁、玻璃移门锁、移门锁等。家具上最常用的是普通锁，它又有抽屉锁和柜门锁之分，柜门锁又分左开锁和右开锁，锁的接口是门与抽屉面上打上的圆孔。

办公家具（尤其是写字台）中的一组抽屉常用整套连锁（又称转杆锁），锁头的安装与普通锁无异，只是有一通长的锁杆嵌在旁板上所开的专用槽口内（根据结构不同，锁头的位置又分安装在抽屉正面和侧面两种，如图 2-39 所示），或安装在抽屉的后部（图 2-39），与每个抽屉配上相应的挂钩装置。插销也有不少种类，常用的有明插销和暗插销等，如图 2-40 所示。

2.6.9 门 吸

门吸（catches）又称碰头，主要用于柜门的定位，使柜门关闭后不至于自开，但又能用于轻轻拉开。常用的有磁性门吸、磁性弹簧门吸、钢珠弹簧门吸、滚子弹簧门吸、塑料弹簧门吸、弹簧片卡头门吸等。

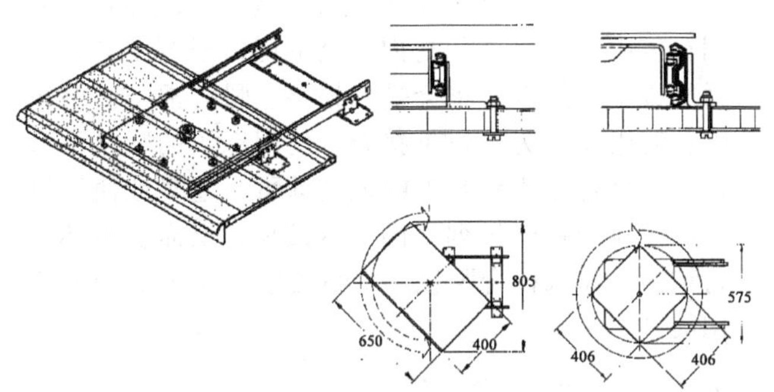

图 2-37 桌面拉伸导轨与转盘

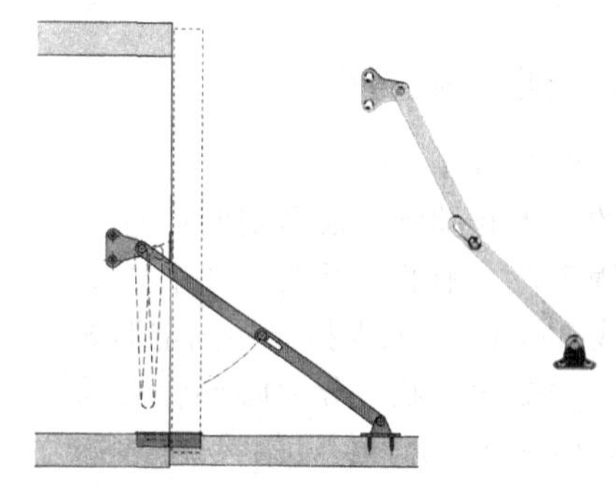

图 2-38 翻门吊撑

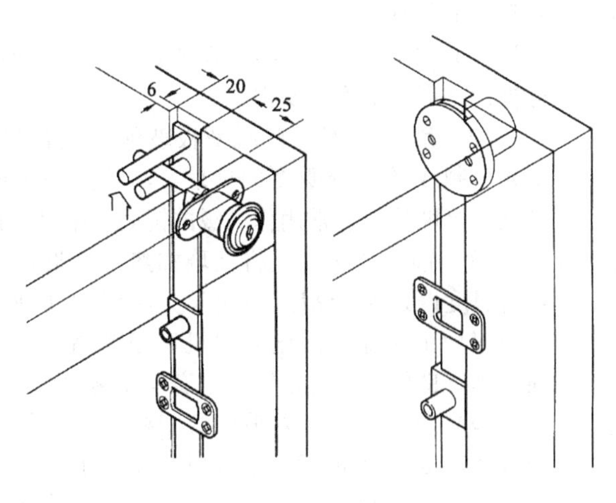

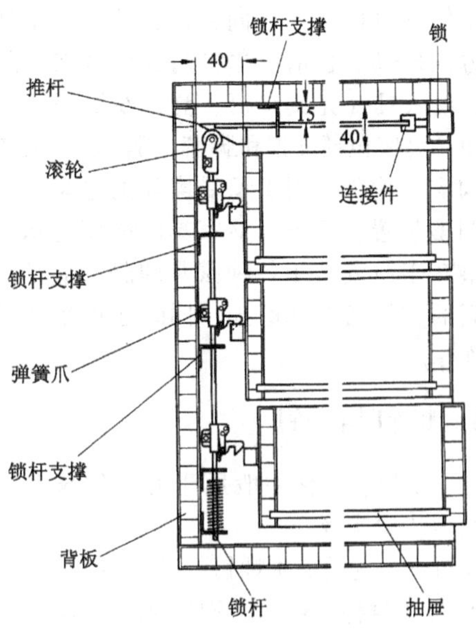

图 2-39 抽屉连锁（锁杆嵌在旁板上、锁头在抽屉正面或侧面，锁杆安在抽屉后部）

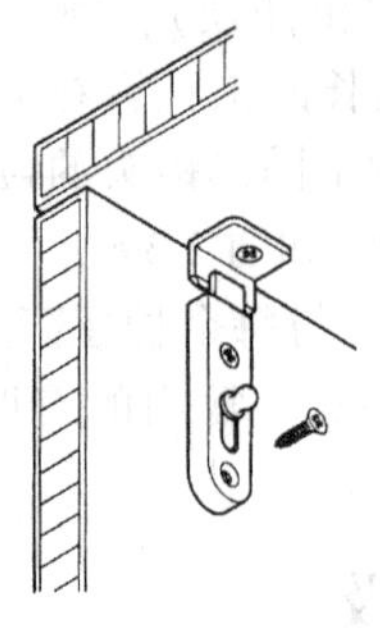
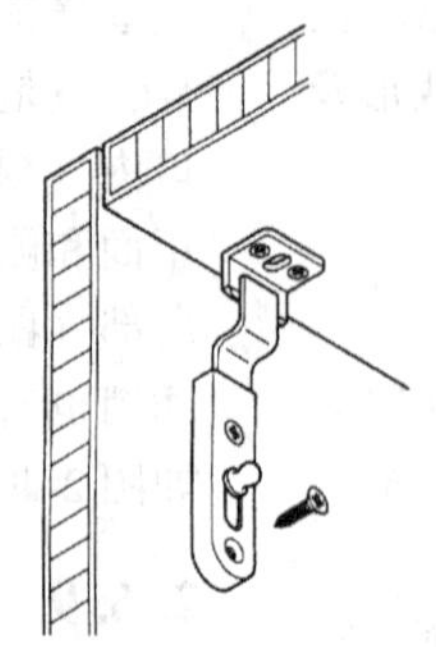
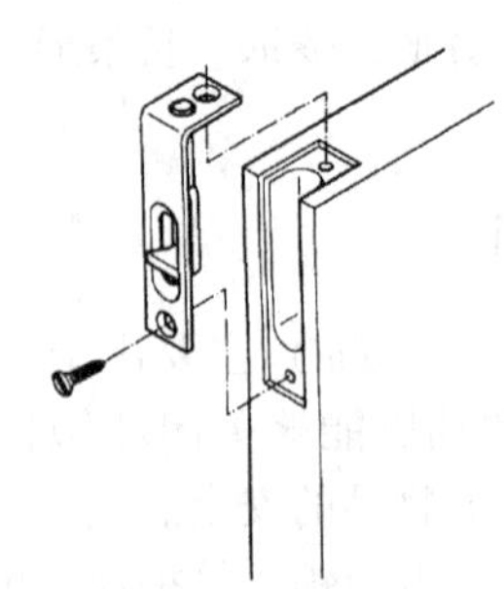

图 2-40　插　销

2. 6. 10　搁板撑

搁板撑（shelf supports）主要用于柜类轻型搁板的支承和固定。根据搁板固定形式，搁板撑主要有活动搁板销（套筒销）、固定搁板销（主要有杯形连接件和 T 形连接件等）、搁板销轨等种类。

2. 6. 11　挂衣棍承座

挂衣棍承座（rail supports）主要用于衣柜内挂衣横管的支承和固定。根据安装位置，支承座有侧向型（固定在衣柜的旁板上）和吊挂型（固定在衣柜顶板或搁板上）；根据挂衣棍固定形式，支承座有固定式（按端面形状可分为圆形管支承、长圆形管支承和方形管支承）和提升架式等种类。

2. 6. 12　脚轮与脚座

脚轮包括滚轮和转脚，两者都装在家具的底部。滚轮可以使家具向各个方向移动；转脚则是使家具向各个方向转动。目前，常将两者结合在一起制成万向轮，使家具（尤其是椅、凳、沙发等）的使用更为方便。脚座包括支脚和脚套（脚垫）。支脚是家具的结构支承构件，用于承受家具的重量，通常含有高度调整装置，用于调整家具的高度与水平。脚套或脚垫套于或安装于各种家具腿脚的底部，减少其与地面的直接接触和磨损，同时还可增加家具的外形装饰作用。

2. 6. 13　螺钉与圆钉

螺钉、螺栓、螺柱一般用于五金件与木家具构件之间的拆装式连接。

木螺钉可分为普通木螺钉（自攻螺钉、木螺丝）和空心木螺钉两种。普通木螺钉适用于非拆装零部件的固定连接，按其头部槽形不同，有“一”字槽和“十”字槽之分；按其头部形状不同，又有沉头、半沉头、圆头之分。空心木螺钉适用于拆装式零部件的紧固，用这种螺钉经常拆装，不会破坏木材和产生滑牙现象。用木螺钉连接时，可防止滑动，钉着力比圆钉强，尤其适用于经常受到震动部位的接合。

圆钉在木家具生产中主要起定位和紧固作用。圆钉可用锤子钉入木材内，也可用钳子等工具自木材中拔出，但木材将会受到损害。圆钉常与胶黏剂配合使用而成为不可拆接合。使用钉子的数量不宜过多，只要能达到要求的强度即可，过多地使用钉子或使几个钉子排列于同一木纹内，反而会破坏木材结构，降低接合强度。中高档家具应该少用或不用圆钉。

2. 6. 14　玻璃与镜子

玻璃是柜门、搁板、茶几、餐台等常用的一种配件材料，也用于覆盖在桌台面上，保护桌面不被损坏，并增加装饰效果。玻璃的种类较多，其中主要有以下几种：

（1）平板玻璃　又称净白玻璃，具有透光性、透视性，但质地脆，易击碎。

（2）磨光玻璃　普通平板玻璃经过机械磨光、抛光后制成的高透明度的玻璃。其特点为表面平整光亮、厚度均匀。常用作高级的镜面及家具台面等。

（3）钢化玻璃　是将玻璃加热到接近玻璃软化点的温度以迅速冷却或用化学方法钢化处理所得的玻璃深加工制品。钢化玻璃机械强度高，抗冲击性强，具有良好的热稳定性，是安全玻璃的一种。

（4）弯曲玻璃　将玻璃置于模具上加热后依玻璃自身重量而弯曲，再经过冷却后而制成。

（5）彩色玻璃　又称有色玻璃。它是在玻璃原料中加入一定量的金属氧化物的玻璃，不同的金属氧化物使玻璃具有不同色彩。彩色玻璃的颜色有蓝色、黑色、绿色、茶色、黄色等多种。

(6) 镜面玻璃　它是利用银镜反应或真空镀膜工艺在平板玻璃表面镀上一层银膜或铝膜，制成后的玻璃镜表面无波纹，适用于衣柜的立镜等。

(7) 压花玻璃　又称花纹或滚花玻璃，分无色、有色、彩色等几种，能使光线产生漫射，造成透光但不透明（有模糊感）的视觉效果，同时还有一定的艺术装饰效果。

(8) 碎花玻璃　具有破碎状花纹或夹芯，有装饰效果，能透光但不透明。

(9) 磨砂玻璃　以硅砂、金刚砂、石榴石粉等为研磨材料，对普通平板玻璃加水研磨而成，具有透光但不透明（有模糊感）的效果。

(10) 镀膜玻璃　在无色透明的平板玻璃上镀上一层金属及金属氧化物或有机物薄膜，以降低玻璃的透光率和控制阳光的入射量，具有良好的透光、单向透视、节能控光、多种颜色以及美化装饰的性能。

常用的玻璃厚度主要有 2mm、2.5mm、3mm、4mm、5mm、6mm、8mm、10mm 等规格。

将玻璃经镀银、镀铝等镀膜加工后成为照面镜子（镜片），具有物像不失真、耐潮湿、耐腐蚀等特点，可作为衣柜的穿衣镜、装饰柜的内衬以及家具镜面装饰用。常用厚度有 3mm、4mm、5mm 等规格。

2.6.15 装饰嵌条

装饰嵌条一般采用铝合金、薄板条、塑料等材料制成，主要用于镜框、家具表面、各种板件周边的镶嵌封边和装饰。

复习思考题

1. 木家具用材包括哪些种类？各有何特性与用途？
2. 何为木材的吸湿性？如何控制木材的干缩湿胀？
3. 贴面材料有哪几种？简要说明各自的特点与应用。
4. 简要说明 NC、PU、PE、AC、UV 以及水性涂料、植物涂料的组成和特点及其应用。
5. 试说明 UF、PF、PVAC、MF、EVA、PUR、聚氨酯树脂胶、大豆胶的组成、特点和应用。
6. 五金件有哪些类型？各自的特点与应用是什么？

第3章
结 构

【本章重点】

1. 木家具的结构类型、接合方式。
2. 木家具的基本构件及其特点。
3. 柜类、实木桌椅类家具的局部典型结构形式。
4. 明式家具、西式家具以及整体家具的结构特点。

木家具是由若干个零件、部件和配件按一定的结构形式通过一定的接合方式组装构成的。木质家具的各个木质零件、部件以及其他构件，都靠相互连接才能构成成品。零件及零部件之间的连接称为接合，接合是家具结构的重要内容。

3.1 木家具的结构类型

由于家具的功能不同或由于新材料、新技术、新工艺和新设备的出现而形成了许多不同结构形式的家具。目前，常用木家具的结构类型及其特点分述如下。

3.1.1 固装式结构

固装式结构又称非拆装式结构或成装式结构。它是指家具各零部件之间主要采用榫接合（带胶或不带胶）、非拆装式连接件接合、钉接合和胶接合等，一次性装配而成，结构牢固稳定，不可再次拆装。

3.1.2 拆装式结构

拆装式结构（KD）又可称为待装式结构（RTA）、易装式结构（ETA）或自装式结构（DIY）。它是指家具各零部件之间主要按照“32mm”系统，采用各种拆装式连接件接合，可以多次拆卸和安装。拆装式家具不仅易于设计与生产，而且便于搬运和运输，也可以减少生产车间和销售仓库的占地面积，供给用户自行装配。这种结构不仅适用于柜类家具，还适合椅、凳、沙发、床、桌、几，甚至传统雕刻家具等。

3.1.3 框式结构

框式结构作为典型的中国传统家具结构类型而被广泛沿用。它主要是以实木为基材做成框架或框架再覆板或嵌板的结构（主要以实木零件为基本构件）所构成的。当然，采用人造板基材也可做成具有实木框架式结构的效果。框式结构既可以做成固装式结构，也可以做成拆装式结构。

3.1.4 板式结构

板式结构是在人造板生产发展基础上形成的一种家具结构类型，主要是以木质人造板基材（如刨花板、中密度纤维板、多层板、细木工板、空心板、层积材等）或实木整拼板（如集成材、指接材等）、框嵌板等做成各种板式部件，采用五金连接件等相应的接合方法所构成的。由于接合方式的不同，板式结构具有可拆与不可拆之分，但一般多为拆装式结构。

3.1.5 板木结构

板木结构是指产品框架及主要部分采用实木制作，而其他板件或框架内板面等部分采用饰面人造板制作的一种家具结构类型。它既可以是固装式结构，也可以是拆装式结构。

3.1.6 折叠式结构

折叠式结构是指能折合、叠放或翻转的一类家具的结构类型，常用于椅、凳、沙发、桌、几、床，以及部分架或柜类家具。其主要特点是使用后或存放时可以折叠起来，便于使用、携带、存放和运输，适用于住房面积小或经常变换使用方式的公共场所，如餐厅、会场等。

3.1.7 组合式结构

根据组成单元的不同可分为部件组合式和单体组合式两种。部件组合式又称通用部件式或标准板块式，它是将几种统一规格的通用部件通过一定的装配结构组成不同形式和用途的家具，一般都采用拆装式结构，不仅简化了生产组织与管理工作，而且有利于提高劳动生产率和实现专业化与自动化生产以及多种功能用途。单体组合式又称积木式，它是将家具分成若干个小单体，其中任何一个单体都可以单独使用，也可以将几个单体在高度、宽度和深度上相互组合而形成新的整体，不仅装配运输方便，使用占地面积少，而且能按需组合，样式灵活，适应性强。

3.1.8 支架式结构

支架式结构是指将各种部件固定在金属或木质支架的不同高度上而构成的一类家具的结构类型。支架既可支承，也可固定在地板上，还可固定在天花板或墙壁上。其中，固定在天花板或墙壁上的方式又称支架悬挂式结构，它是将标准化板块采用连接件挂靠或安放在墙面上或天花板下形成固定式或活动式家具。支架悬挂式结构家具能充分利用室内空间，制造、安装、清扫方便，可适应不同使用要求，但一般只能用于存放物品。

3.1.9 多用式结构

多用式结构是指对某些部件的位置或连接形式稍加调整就可能变换用途的家具结构。采用这类结构制成的家具能一物多用、占地面积少、功能效果多，如沙发床既可用作沙发供人坐，也可用作床供人卧躺等。

3.1.10 曲木式结构

曲木式结构是指主要采用实木锯制弯曲、实木方材弯曲或薄板胶合弯曲成型等工艺制成的弯曲木质零件，通过一定接合方法组装所构成的一类家具结构。这类家具造型别致、轻巧美观。根据接合方法的不同，既可做成拆装结构，也可做成非拆装结构。

3.1.11 车木式结构

车木式结构是指主要采用车削或旋制后得到的木质零件，通过一定接合方式组装而成的一类家具结构。由于采用接合方法的不同，也可有可拆与不可拆之分。

3.2 木家具的接合方式

木家具常用的接合方式有榫接合、钉接合、木螺钉接合、胶接合和连接件接合等。采用的接合方式是否正确对家具的美观、强度、加工过程以及使用或搬运的方便性都有直接影响。现将木家具常用的接合方式分述如下。

3.2.1 榫接合

榫接合是由榫头嵌（插）入榫眼、榫孔或榫沟所组成的接合。榫头与榫眼的各部分名称，如图 3-1 所示。

3.2.1.1 榫接合的种类

（1）按榫头基本形状分 有直角榫、燕尾榫、指榫、椭圆榫（长圆榫）、圆榫和片榫等（图 3-2）。

（2）按榫头与工件本身的关系分 有整体榫和插入榫。整体榫是在方材零件上直接加工而成，如直角榫、椭圆榫、燕尾榫和指榫；而插入榫与零件不是一个整体，单独加工后再装入零件预制的孔或槽中，如圆榫、片榫等（图 3-2）。插入榫和整体榫比较，因为配料时省去榫头的尺寸，因此节约木材。

（3）按榫头数目分 有单榫、双榫和多榫（图 3-3）。增加榫头的数目就能增加胶接面积，使制品强度提高。一般木框中的方材接合，多采用单榫和双榫，如桌子、椅子等；箱框的接合，用多榫，如木箱、抽屉等。

（4）按榫眼（孔）深度分 有明榫和暗榫（图 3-4）。明榫又称为贯通榫，接合后榫头贯通榫眼，榫端外露。由于榫端露在制品的外面，因而影响装饰质量。暗榫又称为不贯通榫，接合后榫端不外露，一般家具均采用这种接合，尤其是外部结构，这种接合可避免榫端外露，增加了产品的美观性。

（5）按榫眼侧开程度分　有开口贯通榫、半开口贯通榫、半开口不贯通榫、闭口贯通榫和闭口不贯通榫（图 3-5）。

①开口贯通榫：接合后榫端及榫头的全部侧边均显露在外表面。其特点为加工容易，但强度较差，并影响美观，主要用于窗扇、门扇的立梃与帽头的接合处。

②半开口榫：接合后可以看到榫头的部分侧边，分为贯通和不贯通两种。半开口榫接合，既可防止榫头的侧向移动，又能增加一些胶接面积。因而具有开口榫和闭口榫两者的优点。一般应用于能被家具某一部分所掩盖的接合处以及家具的内部框架，如用在椅档和椅腿的接合处。

③闭口榫：接合后看不到榫头的侧边，分为贯通和不贯通两种。其特点为接合强度高，外观较好，但有时易于侧向转动。

（6）按榫头肩颊切削形式分　有单肩榫、双肩榫、三肩榫、四肩榫、夹口榫和斜肩榫等（图 3-6）。

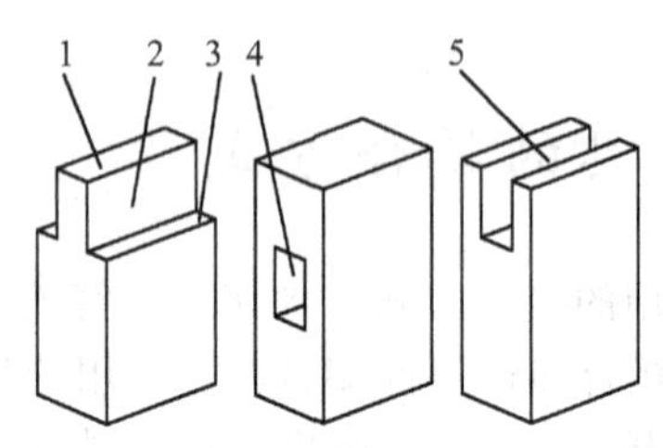

图 3-1　榫头的组成

1. 榫端　2. 榫颊　3. 榫肩　4. 榫眼　5. 榫槽

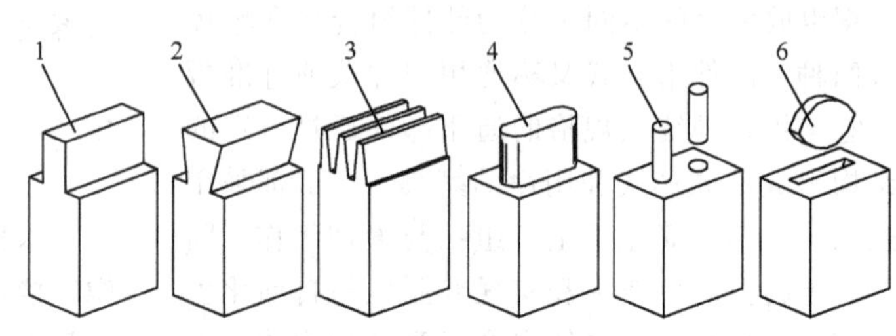

图 3-2　榫头的形状

1. 直角榫　2. 燕尾榫　3. 指榫　4. 椭圆榫　5. 圆榫　6. 片榫

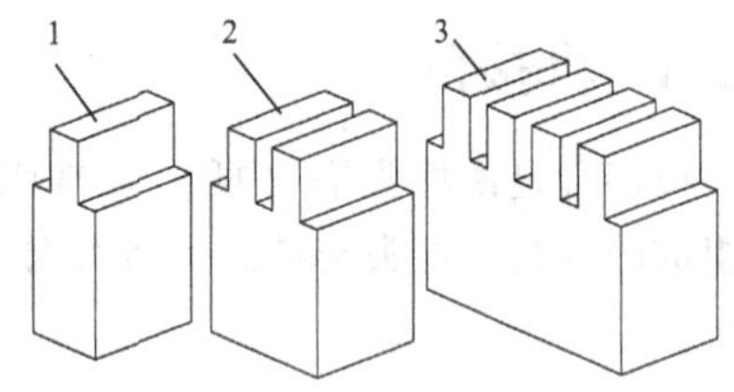

图 3-3　榫头的数量

1. 单榫　2. 双榫　3. 多榫

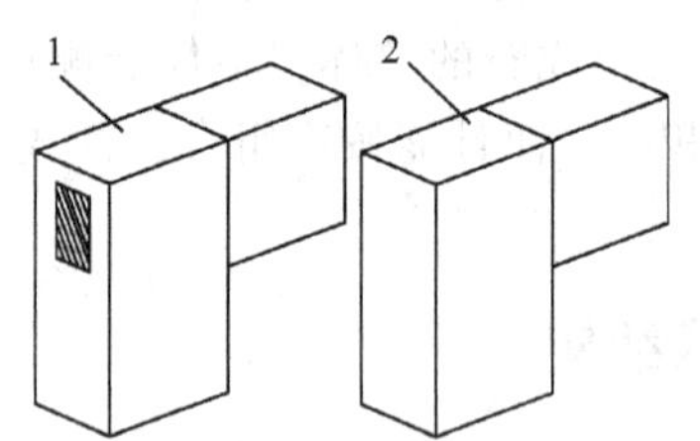

图 3-4　榫头的长度

1. 明榫　2. 暗榫

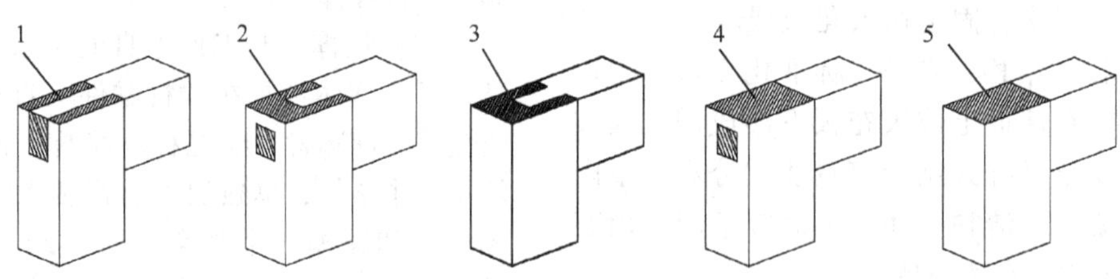

图 3-5　榫眼的侧开程度

1. 开口贯通榫　2. 半开口贯通榫　3. 半开口不贯通榫　4. 闭口贯通榫　5. 闭口不贯通榫

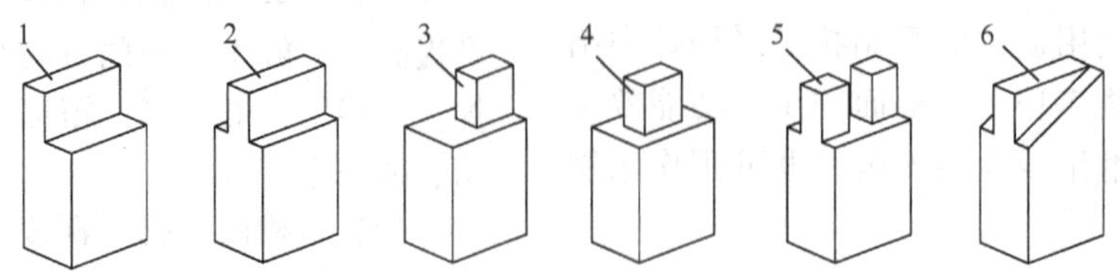

图 3-6　榫头的肩颊切削形式

1. 单肩榫　2. 双肩榫　3. 三肩榫　4. 四肩榫　5. 夹口榫　6. 斜肩榫

3.2.1.2　榫接合的技术要求

家具产品的破坏常常出现在接合部位，对于榫接合必须遵循其接合的技术要求以保证其应有的接合强度。

（1）直角榫

① 榫头厚度：一般按零件尺寸而定，为保证接合强度，单榫的厚度接近于方材厚度或宽度的2/5～1/2，双榫或多榫的总厚度也接近于方材厚度或宽度的2/5～1/2。榫头与榫眼配合时采用的是基孔制原则。榫头厚度常用的有6mm、8mm、9.5mm、12mm、13mm、15mm等规格。榫头厚度应根据软硬材质的不同，比榫眼宽度小0.1～0.2mm，则抗拉强度为最大。如果榫头厚度大于榫眼宽度，安装时会使榫眼顺木纹方向劈裂，破坏了榫接合；另外，如果此种榫接合要涂胶，胶料会被挤出，接合处不易形成胶层，将使接合强度下降。为了使榫头插入榫眼，常将榫端的两面或四面削成30°的斜棱。根据上述直角榫的技术要求，再考虑标准钻头的使用。

② 榫头宽度：一般比榫眼长度大0.5～1.0mm（硬材大0.5mm，软材大1.0mm）。当榫头宽度在25mm以上时，榫头宽度的增大对抗拉强度的提高并不明显。鉴于上述原因，当榫头宽度超过40mm时，应从中间锯切一部分，分成两个榫头，这样可以提高榫接合强度。

③ 榫头长度：根据接合形式决定，采用贯通（明）榫接合时，榫头长度应等于或稍大于榫眼零件的宽度或厚度；如为不贯通（暗）榫接合时，榫头长度不应小于榫眼零件的宽度或厚度的1/2，并且榫眼深度应比榫头长度大2～3mm，以免因榫端加工不精确或木材吸湿膨胀而触及榫眼底部，同时也保证榫肩与榫眼零件间的配合严密。一般榫头长度为25～35mm。

④ 榫头数目：当榫接合零件断面尺寸超过40mm×40mm时，应采用双榫或多榫接合，以便提高榫接合强度，并防止方材的扭动。直角榫的榫头数目及尺寸可参见表3-1、表3-2。

表3-1　直角榫的榫头数目

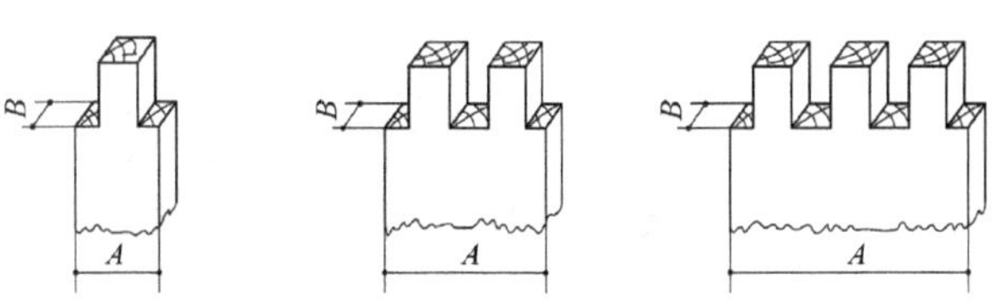

一般要求		榫头数目 $n>\frac{A}{2B}$		
推荐值	零件断面尺寸	$A<2B$	$4B>A\geqslant 2B$	$A\geqslant 4B$
	推荐榫头数目	单　榫	双　榫	多　榫

注：遇下列情况之一时，需增加榫头数目。①要求提高接合强度；②按上表确定数目的榫头厚度尺寸太大，一般榫厚以9.5mm为适度，以15.9mm为极限。

（摘自《木材工业实用大全·家具卷》）

（2）椭圆榫　椭圆榫是一种特殊的直角榫。它与普通直角榫的区别在于其两榫侧都为半圆柱面，榫孔（榫眼）两端也与之相同。这样的榫孔可以用带侧刃的端铣刀加工而变得简便；但榫头加工则需要用椭圆榫专用机床。椭圆榫接合的尺寸和技术要求基本上与直角榫接合相同，只是在以下方面有所区别：

① 椭圆榫只可设单榫，无双榫与多榫。

② 两榫侧及两榫孔端均为半圆柱面，榫宽通常与榫头零件宽度相同或略小。

（3）圆榫　圆榫接合的技术要求应符合行业标准QB/T 3654—1999《圆榫接合》。

① 圆榫材种：密度大、无节无朽、纹理通直细密的硬材，如水曲柳、青冈栎、柞木、桦木、色木等。

② 圆榫含水率：应比被接合的零部件低2%～3%，通常小于7%，这是因为圆榫吸收胶液中水分后会膨胀；备用圆榫应密封包装、保持干燥、防止吸湿。

③ 圆榫形式：圆榫按表面构造状况的不同主要有光面圆榫、直槽（压纹）圆榫、螺旋槽圆榫、网槽（鱼鳞槽）圆榫；按沟槽的加工方法有压缩槽纹和铣削槽纹，如图3-7所示。圆榫表面设沟槽是为了便于装配时带胶插入榫孔，并在装配后很快胀平，利用胶液向整个榫面展开，使接合牢固。在圆榫接合中，有槽纹的圆榫比光面的圆榫好；压缩槽纹比铣削法的优越，并以压缩螺旋槽圆榫较好；螺旋槽纹的抗拔力比直槽大而又不像网槽那样损伤榫面。

④ 圆榫直径：一般要求等于被接合零部件板厚的2/5～1/2。常用直径见表3-3。

⑤ 圆榫长度：一般为圆榫直径的3～4倍；对应直径的常用长度见表3-3。榫端与榫孔底部间隙应保持在0.5～1.5mm。

表 3-2 直角榫的榫头尺寸

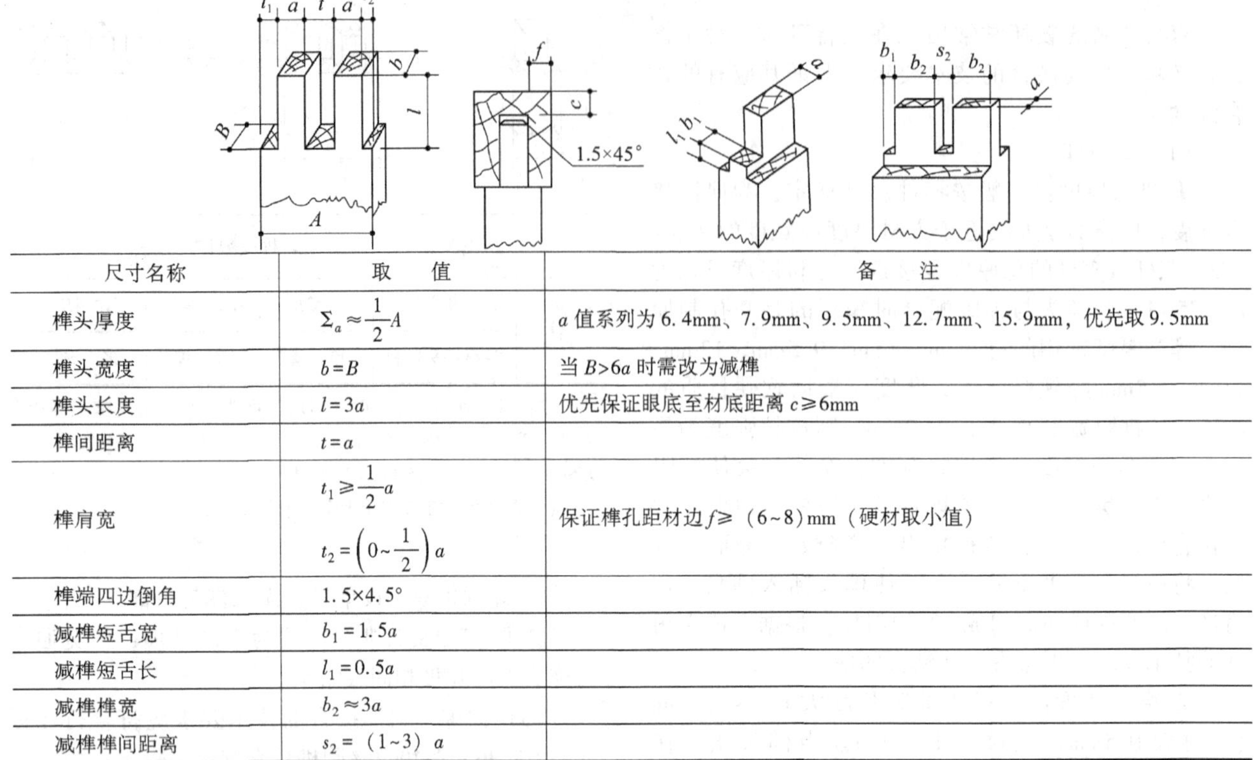

尺寸名称	取　值	备　注
榫头厚度	$\Sigma_a \approx \frac{1}{2}A$	a 值系列为 6.4mm、7.9mm、9.5mm、12.7mm、15.9mm，优先取 9.5mm
榫头宽度	$b=B$	当 $B>6a$ 时需改为减榫
榫头长度	$l=3a$	优先保证眼底至材底距离 $c\geqslant 6$mm
榫间距离	$t=a$	
榫肩宽	$t_1 \geqslant \frac{1}{2}a$ $t_2=\left(0\sim\frac{1}{2}\right)a$	保证榫孔距材边 $f\geqslant$（6~8）mm（硬材取小值）
榫端四边倒角	1.5×4.5°	
减榫短舌宽	$b_1=1.5a$	
减榫短舌长	$l_1=0.5a$	
减榫榫宽	$b_2\approx 3a$	
减榫榫间距离	$s_2=$（1~3）a	

（摘自《木材工业实用大全·家具卷》）

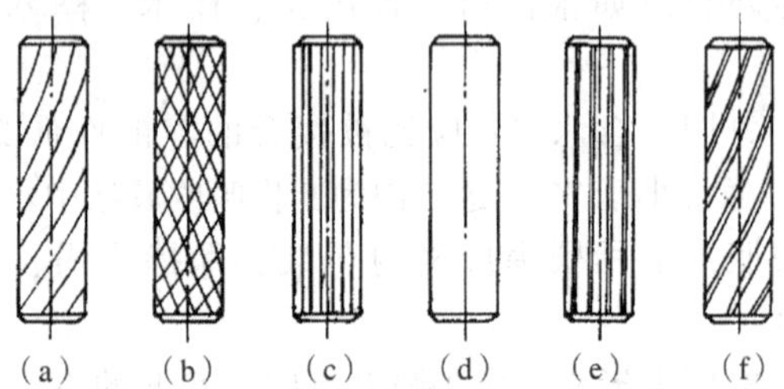

图 3-7 圆榫的种类

（a）压缩螺旋槽 （b）压缩网槽 （c）压缩直槽
（d）光面 （e）铣削直槽 （f）铣削螺旋槽

⑥ 圆榫配合：要求圆榫与榫孔配合紧密或圆榫较大。当圆榫用于固定接合（非拆装结构）时，采用有槽圆榫的过盈配合，其过盈量为 0.1~0.2mm，并且一般应双端涂胶；当圆榫用于定位接合（拆装结构）时，采用光面或直槽圆榫的间隙配合，其间隙量为 0.1~0.2mm，并单端涂胶（定位的一端不要涂胶），通常与其他连接件一起使用。

⑦ 圆榫施胶：非拆装结构采用圆榫接合时，一般应带胶（最好榫、孔同时涂胶）接合。常用胶种按接合强度由高到低为脲醛胶与聚醋酸乙烯酯乳白胶的混合胶（又称两液胶）、脲醛胶、聚醋酸乙烯酯乳白胶、动物胶等。

表 3-3 圆榫的接合尺寸 mm

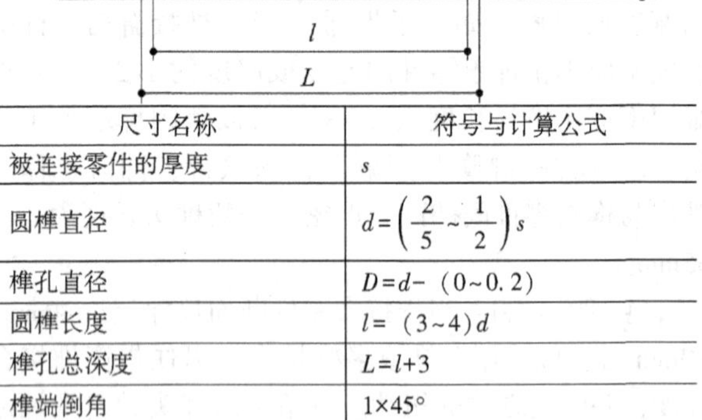

尺寸名称	符号与计算公式
被连接零件的厚度	s
圆榫直径	$d=\left(\frac{2}{5}\sim\frac{1}{2}\right)s$
榫孔直径	$D=d-$（0~0.2）
圆榫长度	$l=$（3~4）d
榫孔总深度	$L=l+3$
榫端倒角	1×45°

圆榫尺寸推荐值

被连接零件的厚度	圆榫直径	圆榫长度
10~12	4	16
12~15	6	24
15~20	8	32
20~24	10	30~40
24~30	12	36~48
30~36	14	42~56
36~45	16	48~64

（摘自《木材工业实用大全·家具卷》）

⑧ 圆榫数目：为了提高强度和防止零件转动，通常要至少采用两个以上的圆榫进行接合；多个圆榫接合时，圆榫间距应优先采用“32mm”模数（系统）；在较长接合边用多榫连接时，榫间距离一般为100～150mm。

（4）指榫 指榫接合的种类和尺寸见表3-4。

（5）燕尾榫 燕尾榫接合的种类和尺寸见表3-5。

表3-4 指榫的接合尺寸与技术

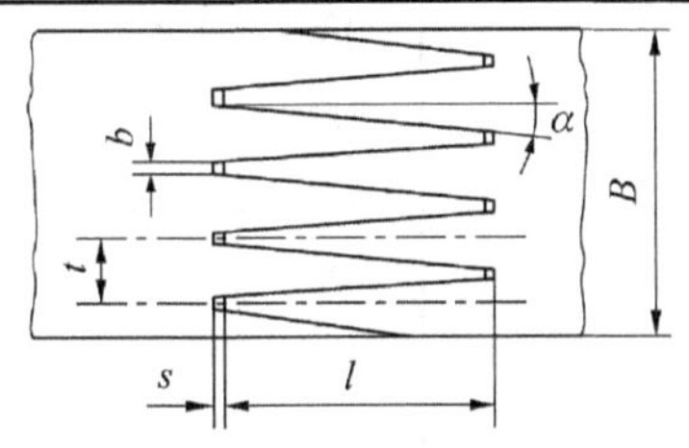

宽距比 $W=\frac{b}{t}$

指斜角 $\alpha=\tan^{-1}\frac{t-2b}{2t-2s}$

指榫类别	指长 l（mm）	指距 t（mm）	指顶宽 b（mm）	宽距比 W	指斜角 α（°）	指顶隙 s（mm）
Ⅰ类 $W\leqslant0.17$	10	4	0.6	0.15	7.99	0.03
	12	4	0.4	0.10	7.61	0.03
	15	6	0.9	0.15	7.98	0.03
	20	8	1.2	0.15	7.98	0.03
	25	10	1.5	0.15	7.98	0.03
	30	12	1.8	0.15	7.98	0.03
	35	12	1.8	0.15	6.85	0.03
	40	12	2.0	0.17	5.71	0.03
	45	12	2.0	0.17	5.08	0.03
Ⅱ类 $0.18\leqslant W\leqslant0.25$	10	3.5	0.7	0.20	6.01	0.03
	15	6	1.5	0.25	5.72	0.03
	20	8	1.6	0.20	6.85	0.03
	25	9	1.8	0.20	6.17	0.03
	30	10	2.0	0.20	5.72	0.03

（摘自国家标准 GB 11954—1989《指接材》）

表3-5 燕尾榫的接合尺寸与技术

种类	图 形	尺 寸
燕尾单榫		斜角 $\alpha=8°\sim12°$ 零件尺寸 A 榫根尺寸 $a=\frac{1}{3}A$
马牙单榫		斜角 $\alpha=8°\sim12°$ 零件尺寸 A 榫底尺寸 $a=\frac{1}{2}A$

（续）

种类	图 形	尺 寸
明燕尾多榫		斜角 $\alpha=8°\sim12°$ 板厚 B 榫中腰宽 $a\approx B$ 边榫中腰宽 $a_1=\frac{2}{3}a$ 榫距 $t=(2\sim2.5)\ a$
全隐半隐燕尾多榫		斜角 $\alpha=8°\sim12°$ 板厚 B 留皮厚 $b=\frac{1}{4}B$ 榫中腰宽 $a\approx\frac{3}{4}B$ 边榫中腰宽 $a_1=\frac{2}{3}a$ 榫距 $t=(2\sim2.5)\ a$

（摘自《木材工业实用大全·家具卷》）

3.2.2 钉接合

钉子的种类很多，有金属、竹制和木制，其中常用金属钉。金属钉主要有圆钉、骑马钉、鞋钉、泡钉等。圆钉接合容易破坏木材、强度小，故家具生产中很少单独使用，仅用于内部接合处和表面不显露的部位以及外观要求不高的地方，如用于抽屉滑道的固定或用于髓板（包镶板、覆面板）、钉线脚、包线型等。竹钉和木钉在我国手工生产中的应用极为悠久和普遍，有些类似于圆榫接合。装饰性的钉常用于软体家具制造。

钉接合一般都与胶料配合进行，有时则起胶接合的辅助作用；也有单独使用的，如包装箱生产等。钉接合大多数是不可以多次拆装的。钉接合的钉着力（握钉力）与基材的种类、密度、含水率，钉子的直径、长度，以及钉入深度和方向有关。比如，刨花板侧边的钉着力比板面的钉着力低得多，因而刨花板侧边不宜采用钉接合；圆钉应在持钉件的横纹理方向进钉，纵向进钉接合强度低，应避免采用。圆钉的接合尺寸与技术见表 3-6。

表 3-6 圆钉的接合尺寸与技术

项 目	简 图	规 范	备 注
钉长的确定		不透钉 $l=(2\sim3)\ A$ $e>2.5d$ 透钉 $l=A+B+C$ $C\geqslant4d$	l——钉长 d——圆钉直径 e——钉尖至材底距离 A——被钉紧件厚度 B——持钉件厚度 C——弯尖长度
进钉位置		$s>10d$ $t>2d$	s——钉中心至板边距离 t——近钉距时的邻钉横纹错开距离 d——圆钉直径

（续）

项　目	简　图	规　范	备　注
进钉方向		方法 1：垂直材面进钉 方法 2：交错倾斜进钉 钉倾斜 $\alpha=5°\sim15°$ 方法 2 接合强度较高	
圆钉沉头法		将钉头砸扁冲入木件内，扁头长轴要与木纹同向	

（摘自《木材工业实用大全·家具卷》）

3.2.3　木螺钉接合

木螺钉接合是利用木螺钉穿透被紧固件拧入持钉件而将两者连接起来。

木螺钉（木螺丝）是一种金属制的螺钉，有平头螺钉和圆头螺钉两种。木螺钉接合一般不可用于多次拆装结构，否则会影响接合强度。木螺钉外露于家具表面会影响美观，一般应用于家具的桌面板、台面板、柜面、背板、椅座板、脚架、塞角、抽屉撑等零部件的固定以及拉手、门锁、碰珠、连接件等配件的安装。木螺钉的钉着力与钉接合相同，也与基材的种类、密度、含水率，木螺钉的直径、长度，以及拧入深度和方向有关。木螺钉应在横纹理方向拧入，纵向拧入接合强度低，应避免使用。木螺钉的接合尺寸与技术见表 3-7。

表 3-7　木螺钉的接合尺寸与技术

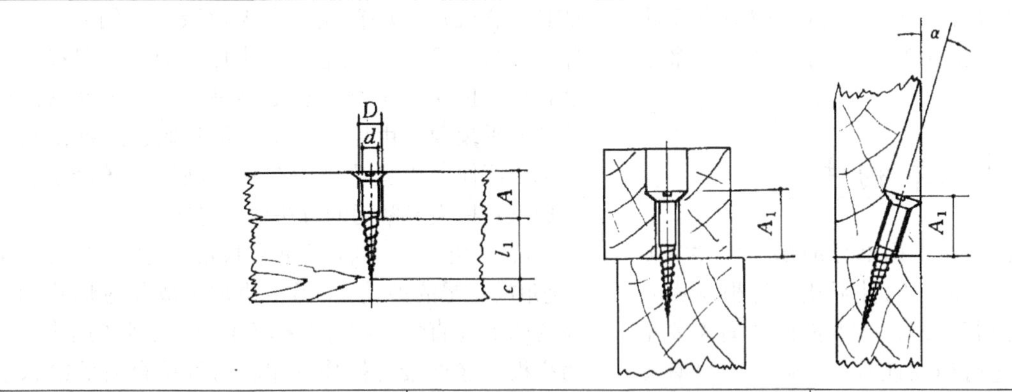

名　　称	规　　范	备　　注
预钻孔直径	$D=d+（0.5\sim1）$ mm	d——木螺钉直径
拧入持钉件深度	$l_1=15\sim25$mm	A——被固紧件厚度
钉长（不沉头）	$l=A+l_1$	
沉头保留板厚	$A_1=12\sim18$mm	
钉长（沉头）	$l'=A_1+l_1$	
侧面进钉斜度	$\alpha=15°\sim25°$	

（摘自《木材工业实用大全·家具卷》）

被紧固件的孔可预钻，与木螺钉之间采用松动的配合。被紧固件较厚时（20mm 以上），常采用沉孔法以避免螺钉太长或木螺钉外露。

3.2.4　胶接合

这种接合方法是指单独用胶黏剂来胶合家具的主要材料或构件而制成零部件或制品的一类接合方式。由于近代新胶种的出现，家具结构的新发展，胶接合的应用越来越多。在生产中常见的如：方材的短料接长、窄料拼宽、薄板层积和板件的覆面胶贴、包贴封边等，均完全采用胶黏剂接合。胶接合的优点是可以达到小材大用、劣材优用、节约木材的目的，还可以保证家具结构稳定、提高产品质量和改善产品外观。

3.2.5　连接件接合

五金连接件是一种特制并可多次拆装的构件，也是现代拆装式家具必不可少的一类家具配件。它可以由金属、塑料、尼龙、有机玻璃、木材等材料制成。目前，常用的家具五金连接件主要有螺旋式、偏心式和挂钩式等几种形式。对家具连接件的要求是：结构牢固可靠、多次拆装方便、松紧能够调节、制造简单价廉、装配效率高、无损功能与外观、保证产品强度等。连接件接合是拆装家具尤其是板式拆装家具中应用最广的一种接合方法。采用连接件接合使拆装家具的生产能够做到零部件的标准化加工，最后组装或由用户自行组装，这不仅有利于机械化流水线生产，也给包装、运输、贮存带来了方便。

3.3　木家具的基本构件

木家具或家具的木质结构部分的基本构件主要有方材、板件、木框和箱框四种形式，可根据家具的不同类型和需要进行选配。基本构件之间需要采用适当的接合方式进行相互连接，它们本身也有一定的构成方式。

3.3.1　方　材

方材是木家具的最简单的构件。它是指宽度尺寸小于厚度尺寸两倍，而长度总是超过其断面尺寸许多倍的长形零部件。

方材在结构上可以是整块实木、小料胶合集成木（长度、宽度或厚度上的拼接，即接长、拼宽、胶厚）、碎料模压木；在形状上可以是直线形、曲线形（实木锯制弯曲、实木方材弯曲或薄板胶合弯曲等）；在断面上可以是方形、圆形、椭圆形、不规则形、变断面形等。

3.3.2　板　件

按照材料和结构的不同，木质板件主要有整拼板、素面板、覆面板和框嵌板四种。

3.3.2.1　整拼板

它是将数块实木窄板通过一定的侧边拼接或端头接长的方法拼合成所需要宽度及长度的实木板件（实木拼板）。其常用于各类家具的门板、面板及椅凳座板等实木部件中。为了尽量减少拼板的收缩和翘曲，窄板的宽度应有所限制，一般不超过 200mm。为保证拼板形状稳定，窄板的树种和含水率也应尽可能一致。

拼板构成的拼接方法主要有平口拼（平拼、胶拼）、企口拼、指形拼、嵌纽扣榫拼、穿条拼、搭口拼、插榫拼、螺钉拼（明螺钉拼、暗螺钉拼）以及穿带拼（串带拼）、吊带拼、嵌端拼和嵌条拼等多种形式，见表 3-8 和表 3-9。目前，在实木家具实际生产中，以平口拼、指形拼为主的实木集成材、实木指接材已是整拼板的主要形式。

（1）平口拼（平拼、胶拼）　是依靠与板面垂直或倾斜一定角度的平直侧边，通过胶黏剂胶合黏结而成。常见的主要有方形拼和梯形拼两种。为保证其接合强度，应首先将窄板边缘刨平刨光，使相邻两窄板完全紧密接触。此法加工简单，但接合强度较低，拼接时窄板的板面不易对齐，表面易产生凹凸不平现象。由于不开榫、不打眼，这种拼接方法加工简便、接缝严密，在材料利用上较经济，是构成家具拼板最常用的方法，优先选用。

（2）企口拼　将每块窄板的一边加工成榫簧（直角或燕尾的榫簧），另一边加工成相应形状和大小的凹槽（直角或燕尾的榫槽），然后胶拼起来，成为拼板。这种接合操作简单，而且接合后的拼板表面不容易发生不平现象。但在木材利用上没有平口拼接合经济。

（3）指形拼（含多榫拼）　将每块窄板的一边加工成指形榫簧，另一边加工成相应形状和大小的指形榫槽，然后再胶拼成拼板。

（4）嵌纽扣榫拼　在两块拼合窄板的相邻边部的表面或背面，加工出纽扣榫的槽孔，再在槽孔中嵌入与其形状、大小相适合的纽扣榫。纽扣榫嵌入时，可以涂胶或不涂胶。此法也要求加工精确，嵌入纽扣榫的厚度一般要稍微高出板面，然后再刨平。

(5) 搭口拼　又称高低缝接合，此法易胶拼，材料消耗与企口拼接合相同。

(6) 穿条拼　将窄板的两边加工出凹槽，拼合时再向槽中插入涂过胶的木板条，插入木板条的纤维方向应与窄板的纤维方向相垂直。也可利用胶合板的边条制成穿条，嵌于槽中。

(7) 插入榫拼（插榫拼）　在窄板的边部钻出长方形或圆形孔，再在孔中插入与其形状、大小相适合的榫头。此法要求加工准确，接合面要刨光，打上长方形或圆孔，涂上胶液，插入圆榫或片榫，再加压而成。

(8) 螺钉拼　有明螺钉拼与暗螺钉拼两种。明螺钉拼接时，在拼板背面先钻出螺钉孔，可以涂胶或不涂胶，如与胶黏剂并用，可以提高拼接强度；暗螺钉拼接较复杂，需先在窄板的一侧开出钥匙头形的槽孔，在相拼的另一窄板侧面拧上螺钉，螺钉头套入以后，再向下压，使之挤紧，即可获得牢固的接合。

(9) 穿带拼（串带拼）　在拼板的背面距拼板端头150~200mm处，加工出燕尾形或方形榫槽，然后在榫槽中横贯嵌入相应断面形状的木条。插入木条的厚度可以高出板面，也可以刨平。此法常用于制作工作台的台面、桌面、乒乓球台面等。

(10) 吊带拼　在拼板的背面，用螺钉固定相应断面形状的木条。

(11) 嵌端拼　将拼板的两端加工成榫簧，另外用方材加工成相应的榫槽。嵌端方材的宽度要适当，太窄会削弱防止拼板翘曲的力量；太宽时本身又会发生翘曲。此法多用于制作工作台的台面、桌面等。

(12) 嵌条拼　将拼板的两端加工出榫槽，在榫槽中插入矩形或三角形断面的木条。

上述拼板防翘结构基本都是在拼板的背面或两端设置横贯的木条而成。其中，穿带结构的防翘效果最好。在这些防翘结构中，木条与拼板之间，一般不要加胶，以允许拼板在湿度变化时能沿横纤维方向自由胀缩。

表3-8　实木拼板的拼接方法1

方　式	结构简图	备　注
平口拼		
企口拼		$b=\frac{1}{3}B$ $a=1\frac{1}{2}b$ $A=a+2$mm
搭口拼		$b=\frac{1}{2}B$ $a=1\frac{1}{2}b$
穿条拼		$b=\frac{1}{3}B$（用胶合板条时可更薄） $a=B$ $A=a+3$mm
插入榫拼		$d=\left(\frac{2}{5}\sim\frac{1}{2}\right)B$ $l=$（3~4）d $L=l+3$m $t=150\sim250$mm

（续）

方　式	结构简图	备　注
明螺钉拼	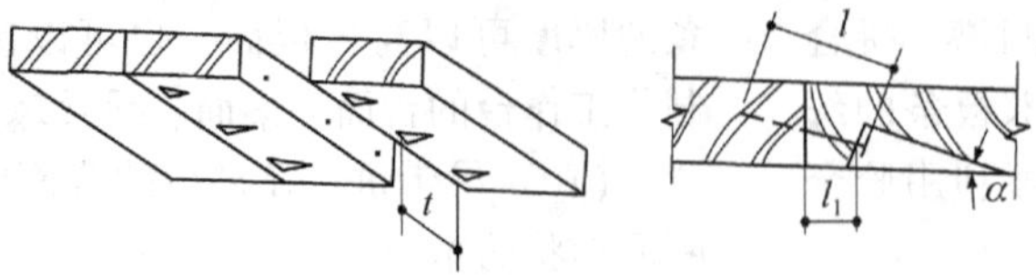	$l=32\sim38$mm $l_1=15$mm $\alpha=15°$ $t=150\sim250$mm
暗螺钉拼	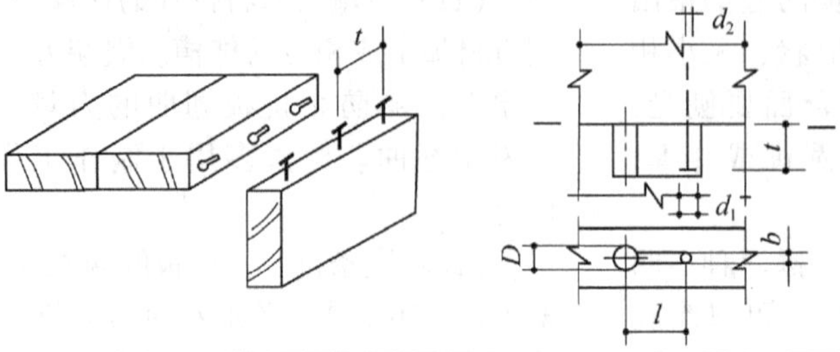	$D=d_1+2$mm $b=d_2+1$mm $l=15$mm $t=150\sim250$mm d_1——螺钉头直径 d_2——螺钉杆直径
指形拼（含多榫拼）	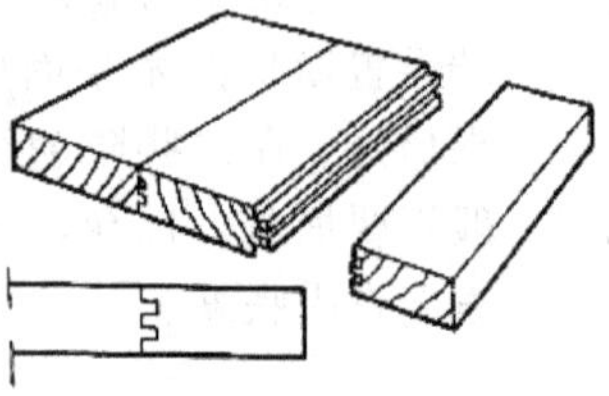	
嵌纽扣榫拼	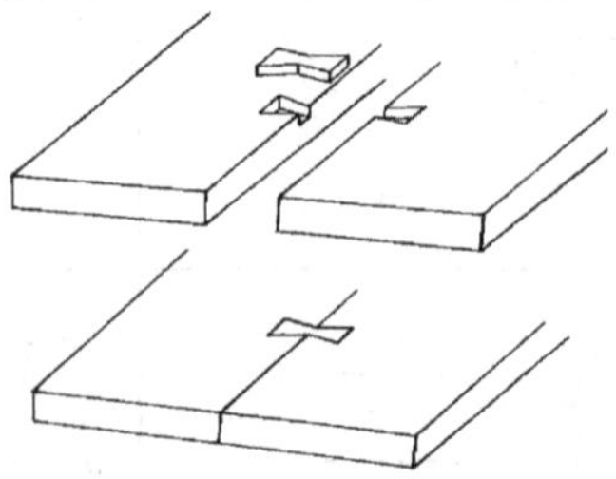	

（摘自《木材工业实用大全·家具卷》）

表 3-9　实木拼板的拼接方法 2

方　式	结构简图	备　注
穿　带	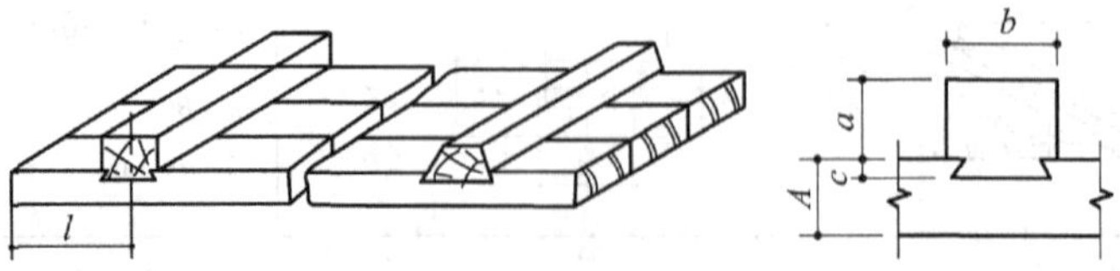	$c=\frac{1}{4}A$ $a=A$ $b=1\frac{1}{2}A$ $l=\frac{1}{6}L$ L=板长
嵌　端	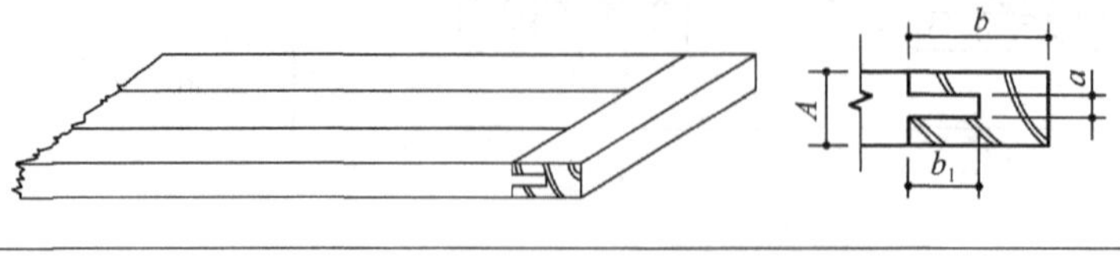	$a=\frac{1}{3}A$ $b=2A$ $b_1=A$

（续）

方　式	结构简图	备　注
嵌　条		$a=\frac{1}{3}A$ $b=1\frac{1}{2}A$
吊　带		$a=A$ $b=1\frac{1}{2}A$

（摘自《木材工业实用大全·家具卷》）

3.3.2.2　素面板

它是指用未经饰（贴）面处理的木质人造板基材直接裁切而成的板式部件，又称素板。它可分成两类：一类为薄型素板，主要有胶合板、薄型刨花板、薄型中密度纤维板等；另一类为厚型素板，主要有厚型胶合板、厚型刨花板、厚型中密度纤维板和多层板等。素面板在直接裁切制成具有一定规格尺寸的板式部件后，根据家具产品表面装饰的需要，还应进行贴面或涂饰以及封边处理。

3.3.2.3　覆面板

它是将覆面材料（主要是指贴面材料）和芯板胶压制成所需幅面的板式部件。采用覆面板作为板式部件，不仅可以充分利用生产中的碎料，提高木材利用率；而且可以减少部件的收缩和变形，改善板面质量，简化工艺过程，提高生产效率。覆面板种类很多，常用的覆面板主要有实心板和空心板两种，如图 3-8 所示。实心板是以细木工芯板、刨花板、中密度纤维板以及多层板等人造板为基材胶贴覆面材料或饰面材料后制成的板材（又称饰面板），较耐碰压，既可做立面，也可做承重面；空心板是指木框或木框内带有各种空心填料，经单面或双面胶贴覆面材料所制成的板材，质轻，但板面平整度和抗碰压性能较差，宜做中级或普级产品的立面部件，一般不宜做承重平面部件。覆面材料的作用有两个，一是结构加固，二是表面装饰。它将芯层材料纵横向联系起来并固定，使板材有足够的强度和刚度，保证板面平整、丰实、美观，具有装饰效果。

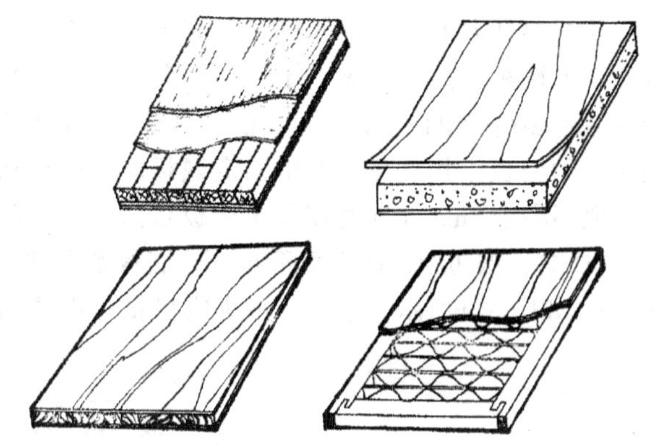

图 3-8　实心板与空心板（覆面板）

3.3.2.4　框嵌板

它是指在木框中间采用裁口法或槽口法将各种成型薄板、拼板或玻璃、镜子装嵌于木框内所构成的板材。分裁口法和槽口法两种。

（1）裁口法　又称装板，如图 3-9（a）~（c）所示，是在木框中做出铲口，再在铲口中装入薄板、拼板、玻璃或镜子等嵌板，并利用断面呈各种形状的压条（装饰线条）压在嵌板的周边。此法既可以使装配简便，易于更换嵌板，减少安装工时，还可利用木条构成突出于框面的线条，增强板件整个表面的立体装饰效果。

（2）槽口法　如图 3-9（d）~（g）所示，在木框内侧开出槽沟，在装配框架的同时装入薄板、拼板、玻璃或镜子等嵌板。这种结构嵌装牢固、外观平整，但更换嵌板时会破坏木框结构，因此不易拆装。

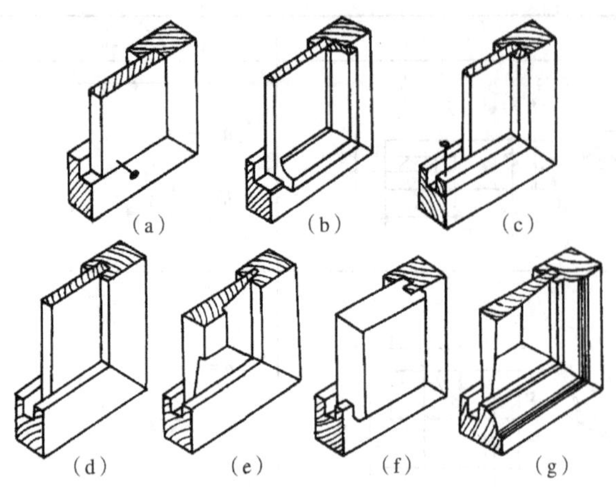

图 3-9 框嵌板的结构与种类

(a)~(c)裁口法嵌板 (d)~(g)槽口法嵌板

在框嵌板结构中，嵌板的板面有低于框面或与框面平齐两种，前者一般用于门扇、旁板等立面部件，后者多用于桌面、台面。目前，框嵌板多用于高档家具的门板结构。在木框中固定嵌板时，嵌板槽深一般不小于 8mm（同时需预留嵌板自由收缩和膨胀的空隙），槽边距框面不小于 6mm，嵌板槽宽常用 10mm，如图 3-9 所示。木框的榫头应尽量与沟槽错位，以免破坏榫头的接合强度。

3.3.3 木 框

木框通常是由四根以上的方材按一定的接合方式纵横围合而成。随着用途不同，可以有一根至多根中档（撑档），或者没有中档。常用的木框主要有门框、窗框、镜框、框架以及脚架等。

3.3.3.1 木框角部接合

（1）出面木框的角部接合 可以采用直角接合和斜角接合。

①直角接合：牢固大方、加工简便、多为常用的方法，主要采用各种直角榫，也可用燕尾榫、圆榫或连接件，见表 3-10 和图 3-10。

②斜角接合：是将相接合的两根方材的端部榫肩切成 45°的斜面或单肩切成 45°的斜面后再进行直角榫接合，以免露出不易涂饰的方材端部，保证木框四周美观，常用于外观要求较高的家具。木框常用斜角接合方式的特点与应用见表 3-11。

（2）覆面木框的角部接合 可以采用闭口直角榫接合、榫槽接合和“⌈⌉”形骑马钉（扒钉、气枪钉）接合。

表 3-10 木框直角接合的接合方式

接合形式			特点与应用
直角榫	据榫头个数分	单 榫	易加工，为一般常用形式
		双 榫	需提高接合强度，或零件在榫头厚度方向上尺寸过大时采用
		纵向双榫	零件在榫宽方向上尺寸过大时采用，可减小榫眼材的损伤，提高接合强度
	据榫端是否贯通分	不贯通（暗）榫	较美观，为常用形式
		贯通（明）榫	强度较暗榫高，宜用于榫孔件较薄，尺寸不足榫厚的 3 倍，而外露榫端又不影响美观之处
	据榫侧外露程度分	半闭口榫	兼有闭口榫、开口榫的长处，为常用形式
		闭口榫	构成木框尺寸准确，接合较牢，榫宽足够时采用
		开口榫	装配时方材不易扭动，榫宽较窄时采用
燕尾榫			能保证一个方向有较强的抗拔力
圆 榫			接合强度比直角榫低 30%，但省料、易加工；圆榫至少用两个，以防方材扭转
连接件			可拆卸，需同时加圆榫定位

（摘自《木材工业实用大全·家具卷》）

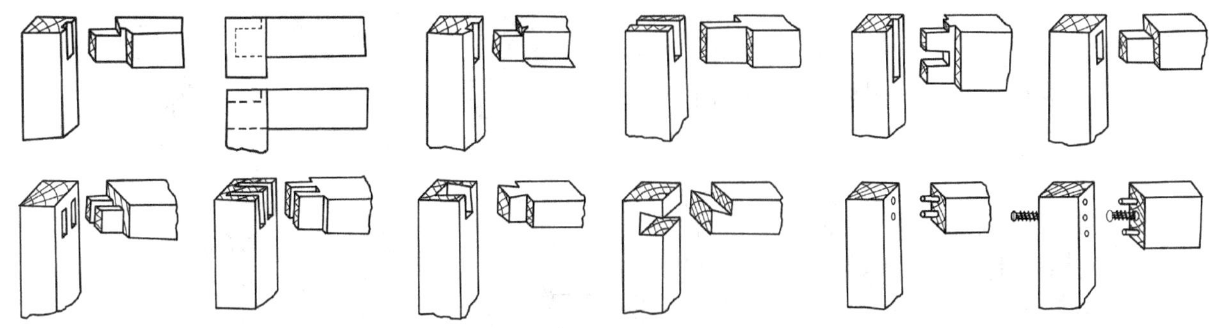

图 3-10　木框直角接合的典型方式

（摘自《木材工业实用大全·家具卷》）

表 3-11　木框斜角接合的接合方式

接合方式	简　图	特点与应用
单肩斜角榫		强度较高，适用于门扇边框等仅一面外露的木框角接合，暗榫适用于脚与望板间的接合
双肩斜角明榫		强度较高，适用于柜子的小门、旁板等一侧边有透盖的木框接合
双肩斜角暗榫		外表衔接优美，但强度较低，适用于床屏、屏风、沙发扶手等四面都外露的部件角部接合
插入圆榫		装配精度比整体榫低，适用于沙发扶手等角部接合
插入板条		加工简便，但强度低，宜用于小镜框等角部接合

（摘自《木材工业实用大全·家具卷》）

3.3.3.2　木框中档接合（二方“丁”字形结构）

它包括各类框架的横档、立档、桌椅凳的牵脚档等，通常是两根方材的“丁”字形连接。一般采用二方“丁”字形结构。木框中档各种“丁”字形接合方式如图 3-11 所示。

3.3.3.3　木框三维接合（三方汇交榫结构）

桌、椅、凳、柜的框架通常是由纵、横、竖三根方材以榫接合相互垂直相交于一处形成三维接合，一般采用三方汇交榫结构。三方榫结构的形式因使用场所而异，其典型形式见表 3-12。

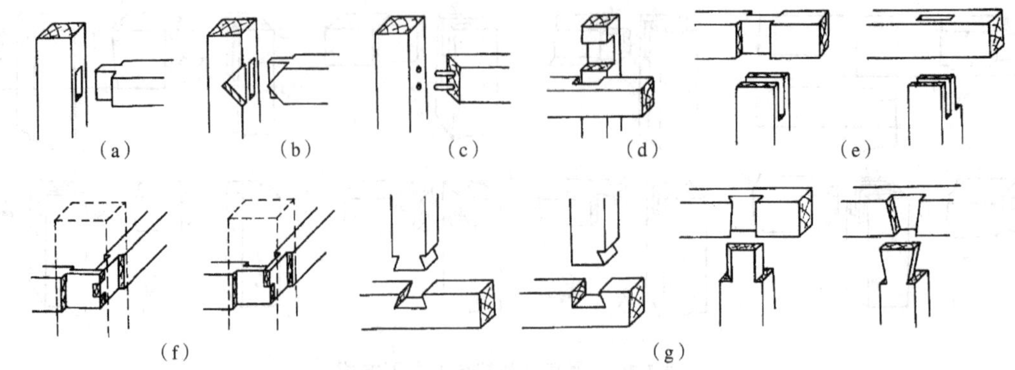

图 3-11　木框中档接合（二方“丁”字形结构）

(a) 直角榫　(b) 插肩榫　(c) 圆榫　(d) “十”字搭接　(e) 夹皮榫　(f) 交插榫　(g) 燕尾榫

表 3-12　三方汇交榫结构的形式与应用

结构名称	简　图	应用举例	应用条件	结构特点
普通直角榫		椅、柜框架连接	①直角接合 ②竖方断面足够大	用完整的直角榫
插配直角榫		椅、柜框架连接	①直角接合 ②竖方断面不够大	纵横方材榫端相互减配、插配
错位直角榫		柜体框架上角连接	①直角接合 ②竖方断面不够大 ③接合强度可略低	用开口榫、减榫等方法使榫头上下相错
横竖直角榫		扶手椅后腿与望板的连接	①直角接合 ②弯曲的侧望、后望相对装入腿中	相对二榫头的颊面一横一竖；保证后望榫长侧望榫接用螺钉加固
综角榫（三碰肩）		传统风格的几、柜、椅的顶角连接	顶、侧朝外三面都需有美观的斜角接合	纵横方材交叉榫数量按方材厚度决定，小榫贯通或不贯通

（摘自《木材工业实用大全·家具卷》）

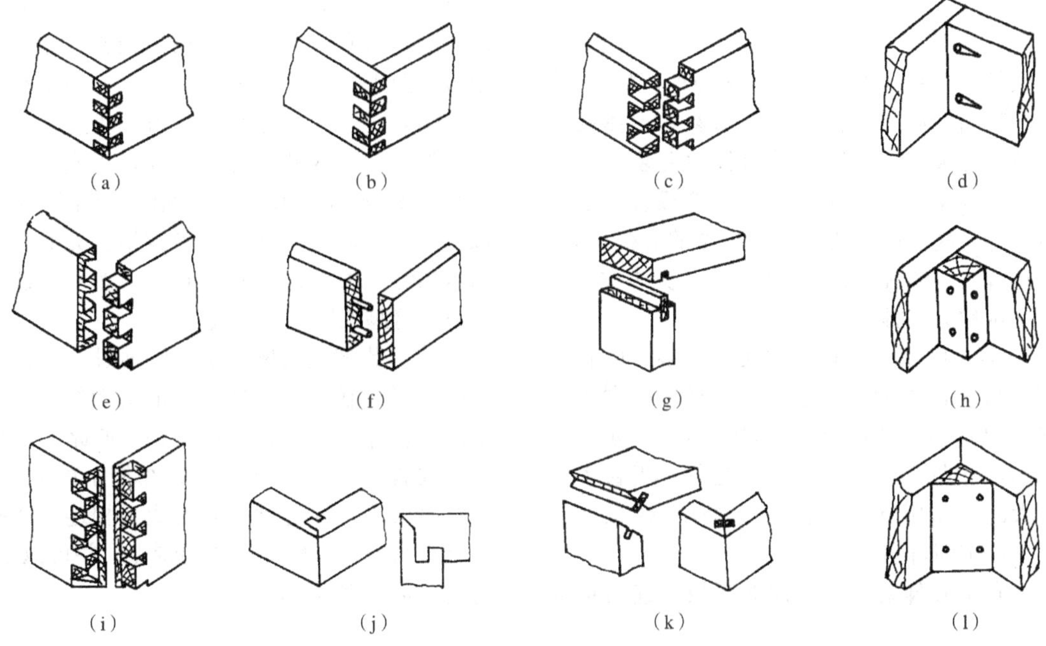

图 3-12　箱框的结构种类与固定式接合方式

(a) ~ (h) 直角接合　(i) ~ (l) 斜角接合

(a) 直角榫　(b) 斜形榫　(c) 明燕尾榫　(d) 暗螺钉　(e) 半隐燕尾榫　(f) 圆榫

(g) (k) 插条榫　(h) 方形木条塞角　(i) 全隐燕尾榫　(j) 搭槽榫　(l) 三角木条塞角

(摘自《木材工业实用大全·家具卷》)

3.3.4 箱　框

箱框是由四块以上的板件按一定的接合方式围合而成的结构。箱框的构成，中部可能还设有中板。板件宽度或箱框高度一般大于 100mm。常用的箱框如抽屉、箱子、柜体等。箱框的结构主要在于箱框的角部接合和中板接合。箱框的角部接合可以采用直角接合或斜角接合；可以采用直角多榫、燕尾榫、插入榫、木螺钉等固定式接合，如图 3-12 所示。箱框的中板接合，常采用直角槽榫、燕尾槽榫、直角多榫、插入榫（带胶）等固定式接合，如图 3-13 所示。箱框角部接合和中板接合也可以采用各种连接件拆装式接合。

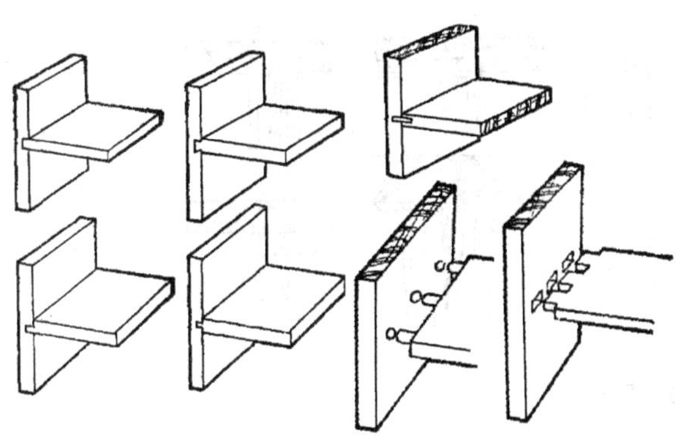

图 3-13　箱框的中板接合方式

3.4　木家具的局部典型结构

3.4.1　柜类家具典型结构

各种木家具的结构以柜类家具等最为复杂，为了能进一步了解木家具零部件的接合形式及其局部具体结构，现以柜类木家具等为例，对其结构作如下简要剖析。

柜类木家具的种类很多，按使用功能可分为大衣柜、小衣柜、床头柜、书柜、文件柜、厨具柜、陈设柜等。这些柜类家具尽管使用功能和外形尺寸有所不同，但基本上都是由旁板、隔板、搁板、顶（面）板、底板、背板、柜门板、底座、抽屉等主要部件采用一定的接合方式所组成的。根据柜类家具的用途和形式不同，柜体结构按其材料和结构形式可分为柜式结构与板式结构，固定式结构与拆装式结构。

3.4.1.1 底 座

柜类家具（包括桌类家具等）各种柜体的底座，又称脚架、脚盘、底盘。它们是支撑家具主体的部件，与底板、旁板、中隔板可采用各种拆装的或不可拆装的形式接合。底座可以是实木拼板、木框或其他人造板等。底座的形式很多，常见的有框架式、装脚式、包脚式、旁板落地式、塞角式，其中框架式和装脚式又统称为亮脚式。

（1）框架式底座　框架式的底座大多是由脚与望板或横档接合而成的木框结构。脚与望板常采用闭口或半闭口直角暗榫接合等，如图 3-14 所示。脚和望板的形状根据造型需要设计或选择。当移动家具时，很大的力作用于脚接合处，因此，榫接合应当细致加工、牢固可靠。

通常，底座或脚架经与柜体的底板相连后构成底盘，然后再通过底板与旁板连接构成有脚架的柜体。脚架与底板间通常采用木螺钉连接。木螺钉由望板处向上拧入，拧入方式因结构与望板尺寸而异（图 3-14）。当望板宽度大于 50mm 时，由望板内侧开沉头斜孔，用木螺钉拧入和固定于底板；当望板宽度小于 50mm 时，由望板下面向上开沉头直孔，用木螺钉拧入和固定于底板；当脚架上方有线条时，先用木螺钉将线条固定在望板上，然后由线条向上拧木螺钉将脚架固定于底板。

（2）装脚式底座　是指脚通过一定的接合方式单独直接与制品的主体接合的脚架结构，如图 3-15 所示。装脚是一个独立的亮脚，彼此不需要用牵脚档连成脚架，而是直接安装在柜子的底板下或桌、几的面板下，脚与脚之间无望板相连。装脚式底座具有节约木材、易于清洁的特点，并可以根据需要，与室内陈设进行搭配。

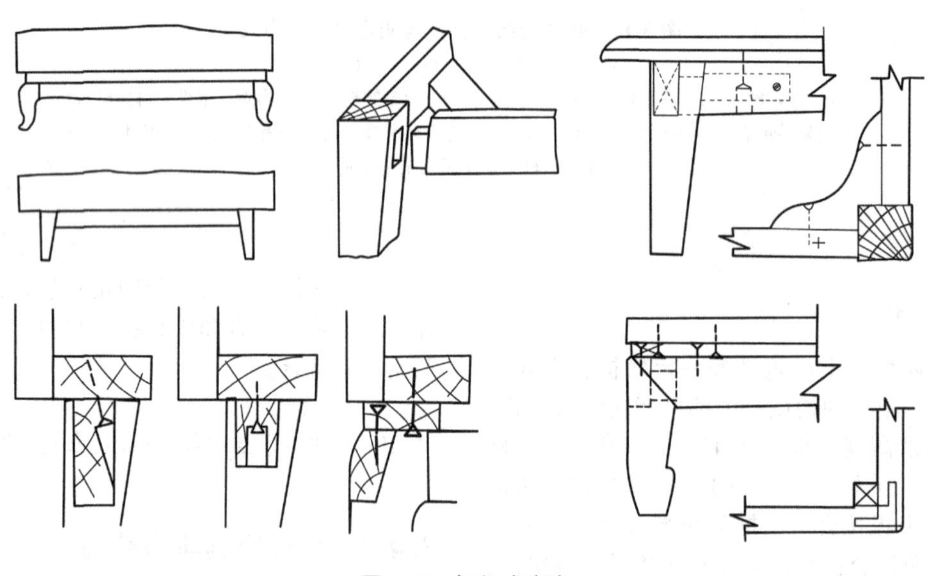

图 3-14　框架式底座

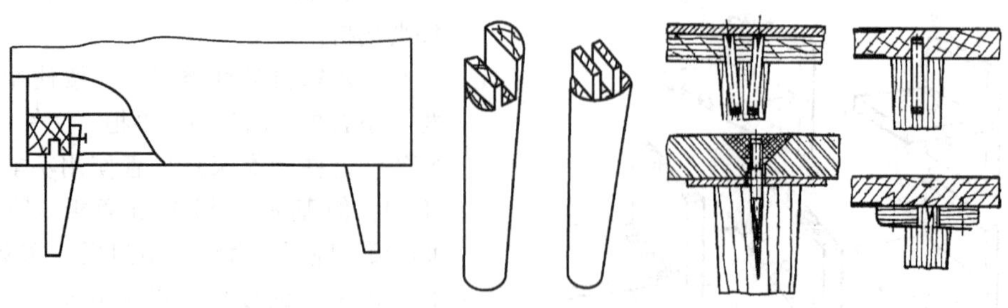

图 3-15　装脚式底座

当装脚式底座比较高时，通常将装脚做成锥形，这样可使家具整体显得轻巧，但是脚的锥度不宜太大，否则地面过小，会在地面上留下压痕。为增强柜体的稳定性，常在前后脚之间用横档加固。当装脚式为固定结构时，常在脚的上端开有直角单榫或双榫或插入圆榫等与柜体底板直接接合；当柜体容积超过 $0.25m^3$，装脚高度在 250mm 以上时，为了便于运输和保存，通常宜将装脚式做成拆装结构。拆装式一般用贯通或不贯通的圆榫与底板接合或先将脚与附加方材接合后，再用螺钉将方材与底板接合。装脚可用木材、金属或塑料制作，用螺栓安装在底板上。

亮脚（包括框架式底座中的脚和装脚式底座中的脚）的脚型或腿型有直脚和弯脚两种。弯脚（仿型脚）包括鹅冠脚、老虎脚、狮子脚、象鼻脚、熊猫脚、马蹄脚等，大多装于柜底四边角，使家具具有稳定感；直脚一般都带有锥度，上大下小，包括方尖脚、圆尖脚、竹节以及各种车圆脚等，往往装于柜底四边角之内，并向外微张，可产生既稳定又活泼的感觉。我国古代传统家具多用此种结构，如图 3-16 所示。

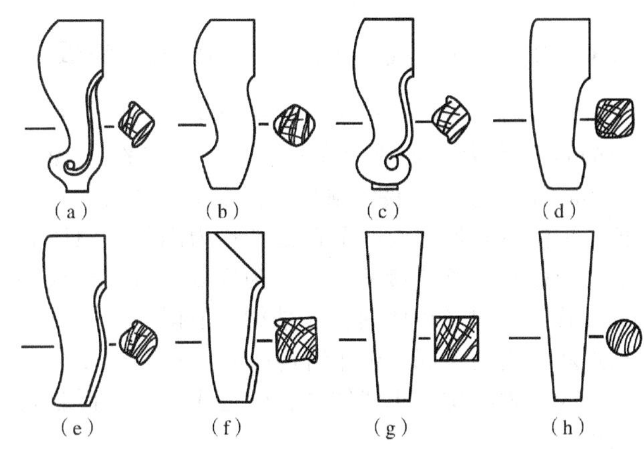

图 3-16　脚型或腿型的种类

(a) 鹅冠脚　(b) 老虎脚　(c) 象鼻脚　(d) 熊猫脚
(e) 狮子脚　(f) 马蹄脚　(g) 方尖脚　(h) 圆尖脚

(3) 包脚式　包脚属于箱框结构，是由各种板件接合而成，如图 3-17 所示。它与柜体底板一般采用连接件拆装式结构，也可用胶黏剂和圆榫或用螺钉进行固定式接合。包脚的角部可用直榫、圆榫或插入板条接合，也可用三角形的塞角或附加方材加固；一般前角采用全隐燕尾榫，后角采用半隐燕尾榫接合。包脚式底座能够承受较大的载荷，通常用于那些存放衣物、书籍或其他较重物品的大型柜类家具。但包脚式底座不便于通风和室内清扫。因此，常在构成包脚式底座的板件底部开出至少高 2~3mm 的凹档，以便放置在不平的地面上时能够保持柜体的稳定，并借以改善柜体下面及其背部的空气流通。

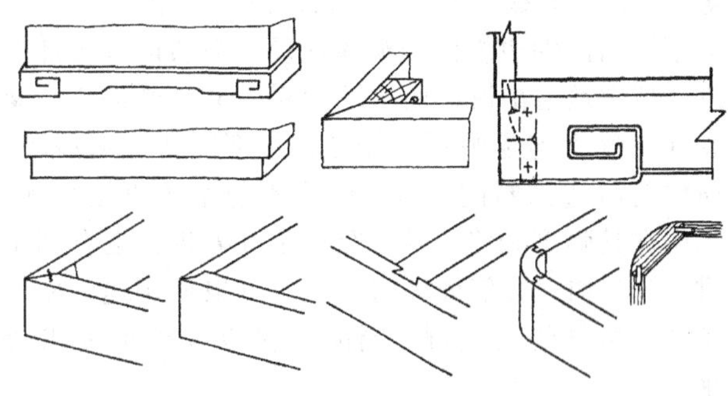

图 3-17　包脚式底座

(4) 旁板落地式　以向下延伸的旁板代替柜脚，如图 3-18 所示。两脚间常加设望板连接，或仅在靠“脚”加塞角，以提高强度和美观性。旁板落地处需前后加垫或中部上凹，以便于落地平稳和稳放于地面。

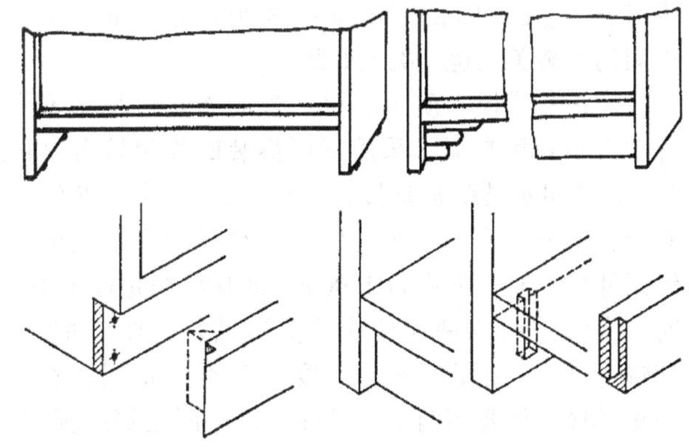

图 3-18　旁板落地式底座

(5) 塞角式　常用的结构有两种形式，一种是将柜体旁板直接落地，在旁板与底板角部加设塞角脚，如图 3-18 所示；另一种基本同装脚式，在柜体底板四边角直接装设上塞角脚构成小包脚结构，如图 3-19 所示。

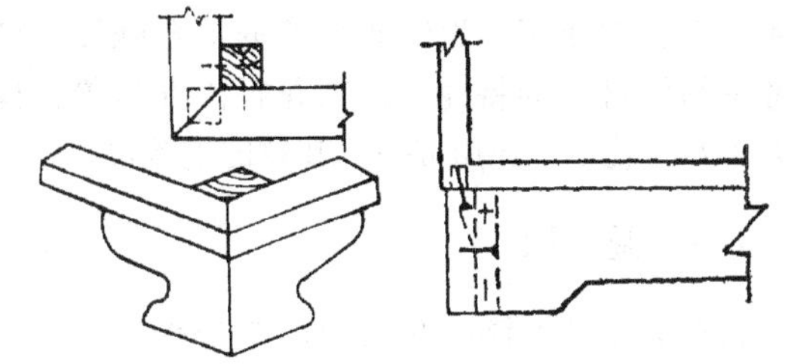

图 3-19　塞角式底座

3.4.1.2 顶（台面）板、底板与旁板、隔板

柜体两侧的板件称为旁板；柜体上部连接两旁板的板件称为顶板或台面板，高于视平线（约为1500mm）的顶部板件为顶板，低于视平线的为台面板；柜体内分隔空间的垂直板件称为隔板；柜体底部与旁板及底座连接的板件称为底板。由上述这些部件就可以构成柜体的箱框结构。根据柜类家具的用途和形式的不同，柜体结构按其材料和构成形式可分为框式结构与板式结构、固定式结构与拆装式结构。

目前，上述各类部件主要采用实心板、空心板或框嵌板。空心板和框嵌板可大大减轻制品重量，又节省木材；用细木工板、刨花板、中密度纤维板等制成的实心板，虽然重量大，但尺寸稳定性较好。为了增加部件边缘的美观和强度，必须进行边部处理。特别是刨花板端面比较粗糙，又易受冲击，暴露在空气中容易吸湿而变形，边部刨花容易脱落，所以要将边部封闭起来，使之不与空气直接接触，以确保其强度和稳定性。经过边部处理，也有利于进一步装饰。边部处理的方法，可根据用途、使用条件、边部受力情况、制品质量以及外形要求等确定。

顶板或台面板可以安装在旁板的上面（搭盖结构），也可以安装在旁板之间（嵌装结构）；板间搭头可齐平、凸出或缩入，如图 3-20 所示。底板与旁板间的安装关系也是类似如此。

旁板与底板、顶（台面）板的连接可根据家具容积大小和用户需求采用不可拆装的固定接合（图3-21）或可拆装的活动接合（图 3-22）。非拆装结构有接合牢固、不易走形的优点；对于柜类家具的三维尺寸中如有一向超过 1500mm 或其容积超过 1.1m^3 时，常应采用各种连接件的拆装结构，便于加工、运输、贮存和销售。柜体深度大于 480mm 时，在每一角部接合处要用两个连接件，以保证足够的强度。常用连接件的种类有偏心式连接件、带锁止销的连接件、螺栓与螺母、直角连接件等。安装连接件时要注意不影响使用，为保证足够的接合强度，更应当考虑部件材料的特性，如刨花板内部疏松，握螺钉力较差，就不宜选用带一般螺纹的连接件。

3.4.1.3 搁　板

搁板是分隔柜体内部空间的水平板件，它用于分层陈放物品，以便充分利用内部空间。搁板可采用实木整拼板，或由细木工板、刨花板、中密度纤维板等实心覆面板，或空心板等各种板式结构制作，其外轮廓尺寸应与柜体内部尺寸相吻合，常用厚度为 16～25mm。陈列轻型物品的搁板也可用玻璃。搁板与柜体的连接分固定式安装和活动式安装两种。

固定式安装实际上是一种箱框中板结构，其搁板通常采用直角槽榫、燕尾槽榫、直角多榫、插入圆榫（带胶）或固定搁板销连接件（杯形连接件和T 形连接件）等与旁板或隔板紧固接合。搁板安装后一般不可进行调整。

活动式安装又分调节式安装和移动式安装，使用时可按需随时拆装、随时变更高度。调节式安装的搁板可根据所陈放物品的高度来调整间距，安装方法有木节法、木条法，如图 3-23 所示；以及套筒搁钎法（活动搁板销或套筒销）、活动板销法（搁板销轨）等，如图 3-24 所示。移动式安装的搁板使用时能沿水平方向前后移动，必要时还可以拉出来作为工作台面。这种移动搁板也可以做成像抽屉那样的托盘，以方便于陈放物品。可移动搁板的结构如图 3-25 所示。

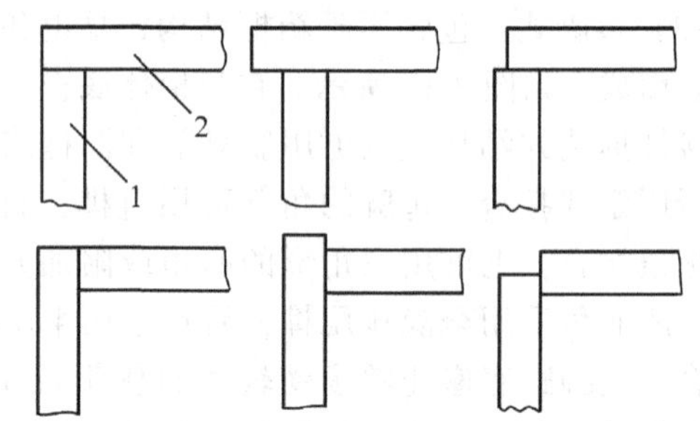

图 3-20　顶（台面）板与旁板及隔板的接合形式

1. 旁板　2. 顶（台面）板

（摘自《木材工业实用大全·家具卷》）

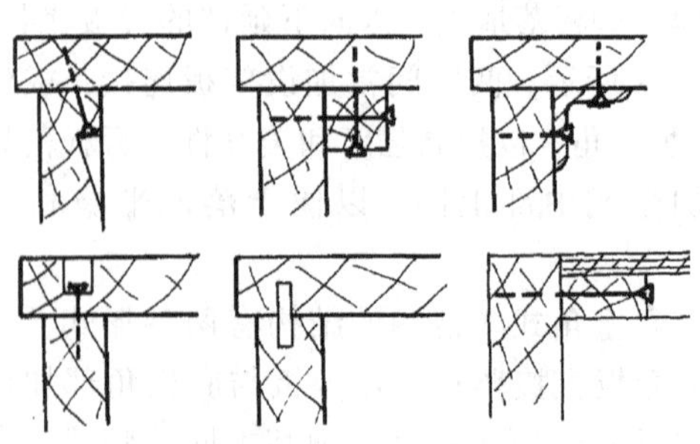

图 3-21　顶（台面）板、底板与旁板、隔板的非拆装结构

（摘自《木材工业实用大全·家具卷》）

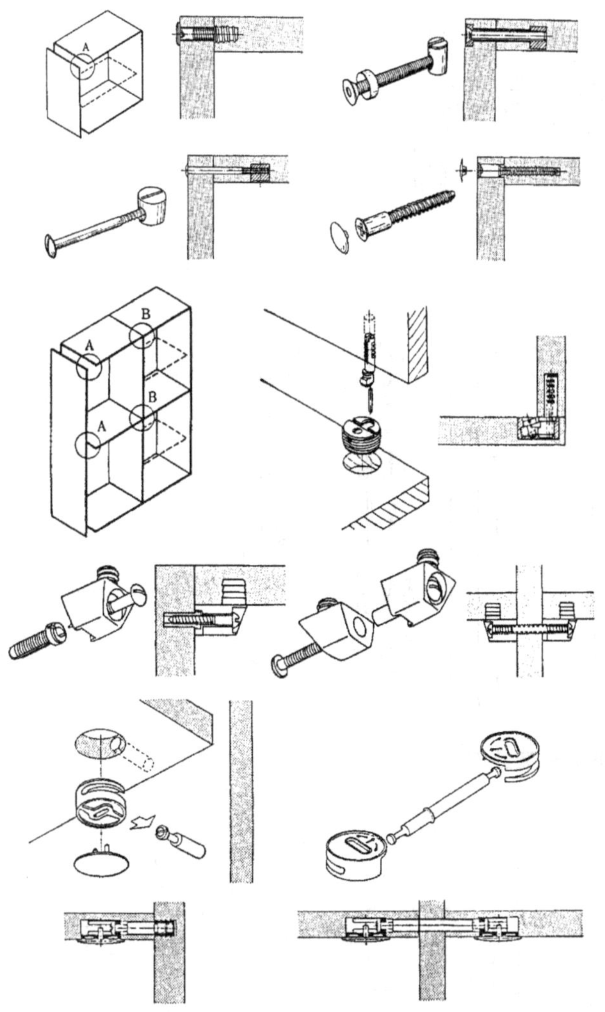

图 3-22 顶（台面）板、底板与旁板、隔板的拆装结构

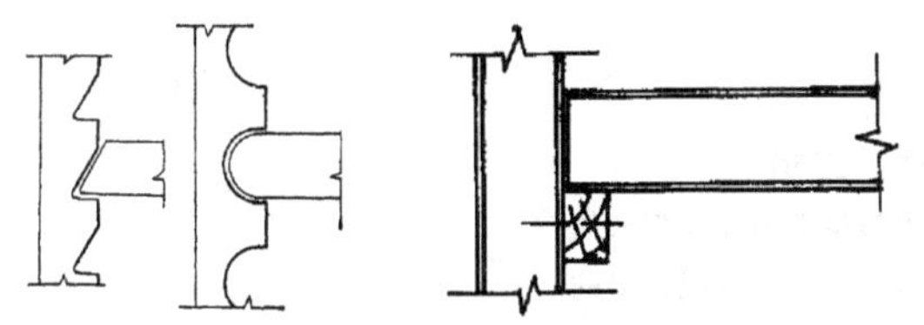

图 3-23 活动搁板木节法和木条法安装

3.4.1.4 背 板

背板是覆盖柜体背面的板材部件。它既可封闭柜体，又可加固柜体，对提高柜体的刚度和稳定性有着不可忽视的作用，当柜体板件之间用连接件接合时，更是如此。

背板可采用胶合板、硬纤板、薄型中密度纤维板或框嵌板等，其安装形式有固定式和拆装式两种。

（1）固定式背板 固定式背板的安装形式主要有裁口安装、不裁口安装、槽口安装等，如图 3-26 所示。

槽口嵌板结构的背板很稳定，前后较整齐，但费工费料，一般需在柜体构成的同时装入，多用于高档家具和柜体。

目前常采用胶合板或薄型中密度纤维板直接采用裁口或不裁口的方法与柜体安装连接，并且大多数采用胶合板条或木条等压条（宽度 30～50mm，行间距应不大于 450mm）辅助压紧，以保证背板平整和接合牢固；对于要求较高的柜类家具，也有的在旁板或隔板的后侧面上开槽口，背板采用插入式（或嵌入式）安装，以保证美观和方便拆装。

尺寸小的柜体，其背板可以是整块的；尺寸大的柜体可采用几块背板组合起来或大尺寸整块背板，分块背板的接缝应落在中隔板或固定搁板上，大尺寸整块背板应纵向或横向加设撑档来增加强度和稳定性。

（2）拆装式背板 对于拆装式家具，一般采用塑料或金属制的背板连接件安装。目前，背板连接件与背板常为锁扣连接，主要有穿扣式（直角锁扣式）、端扣式（偏心锁扣式）两种形式，如图 3-27 所示。

3.4.1.5 柜 门

柜门的种类很多。按不同的使用功能可分为开门、翻门、移门、卷门和折门等；按安装方式不同可分为盖门、半盖门和嵌门等。这些门各具特点，但都应要求尺寸精确、配合严密、防止灰尘进入、开关方便、形状稳定、强度足够、接合牢固。下面介绍这几种柜门的结构。

（1）开门 是指绕垂直轴线转动而启闭的门。其种类有单开门、双开门和三开门等。常见开门的结构有拼板门、嵌板门、实心门、空心门以及百叶门、玻璃门等。

①拼板门：又称实板门，通常采用数块实木板拼接而成。它是最原始的门板结构。用天然实木板做门，结构简易，装饰性较好，但门板容易翘曲开裂，为此常在门板背面加设穿带木条。

②嵌板门：通常采用木框嵌入薄拼板、小木条、覆面人造板、玻璃或镜子等构成。这类门包括嵌板门、百叶门、玻璃门。其结构工艺性较强，造型和结构变化较大，立体感强，装饰性好，是中外古典或传统家具常用的门板结构，但该类门板不便于涂饰。

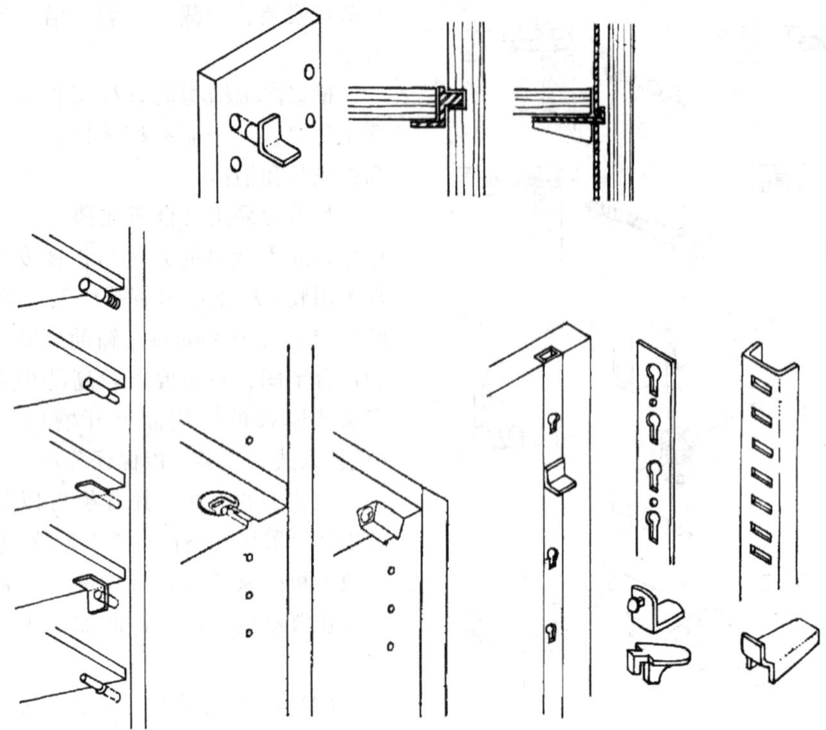

图 3-24　活动隔板销安装结构

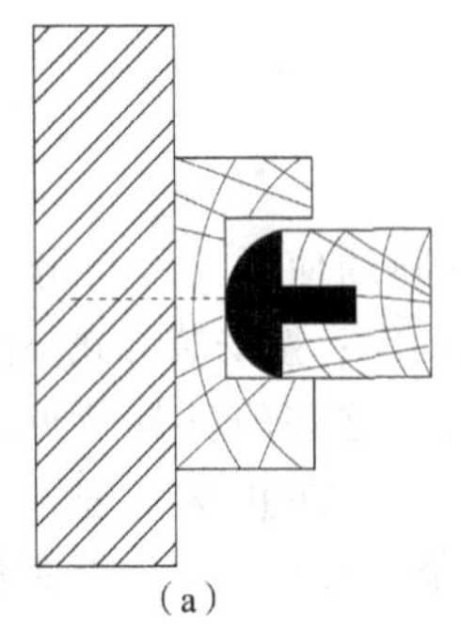

(a)

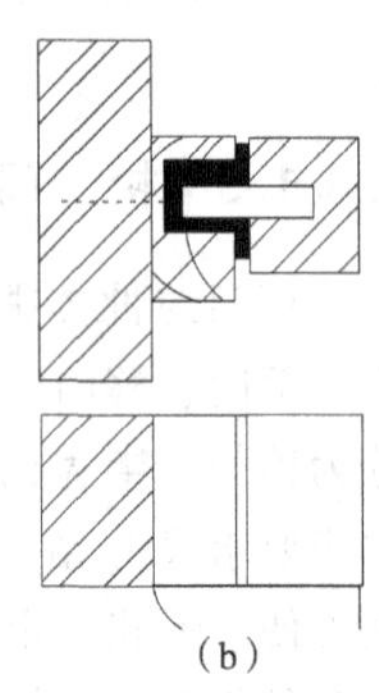

(b)

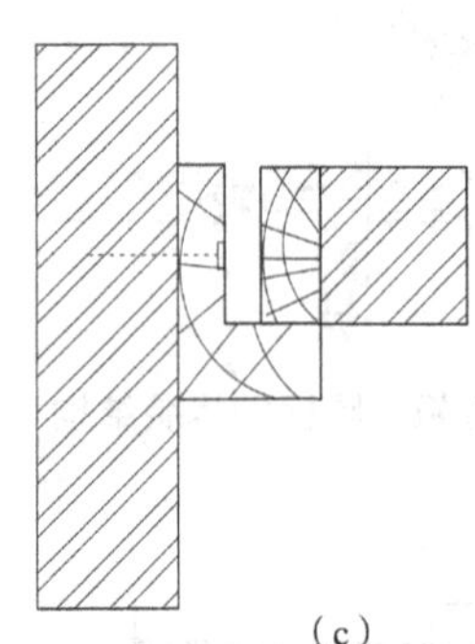

(c)

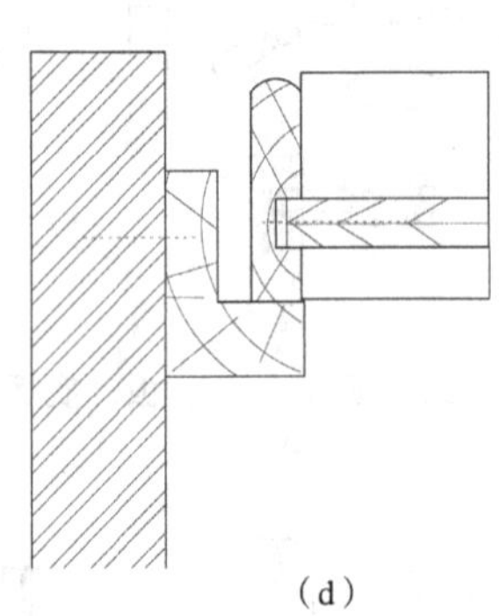

(d)

图 3-25　可移动搁板的结构

(a) 带有塑料镶边的　(b) 贴有板条将滑道掩盖起来的

(c) 在裁口板条上移动的　(d) 可以取下或可以拉出的

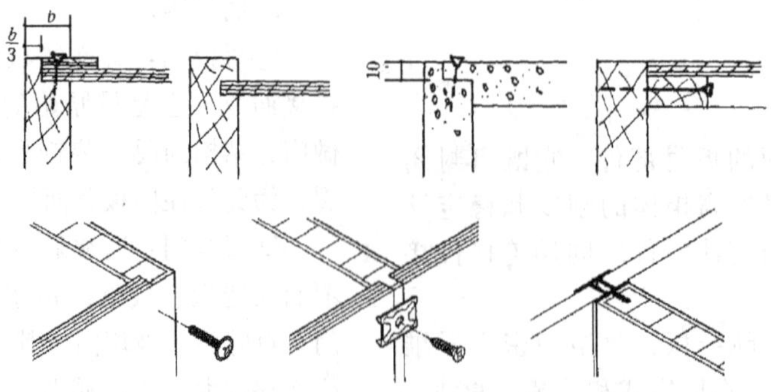

图 3-26　固定式背板安装形式

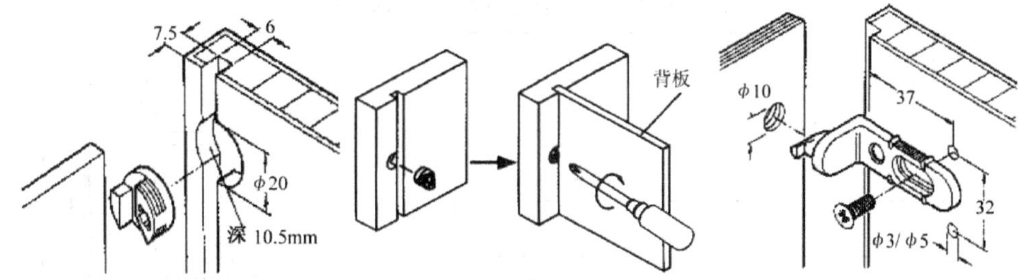

图 3-27　拆装式背板安装形式

③实心门：是指通常采用细木工板、刨花板、中密度纤维板、厚胶合板等经覆贴面装饰所制成的实心板件。目前，在这类门板表面，也常辅以雕刻、镂铣或胶贴各种材料的花型来提高其装饰效果，这是现代家具设计中应用最广的一类门板。

④空心门：又称包镶门、夹板门，通常是指在木框（或木框内带有各种空心填料）的一面或两面覆贴胶合板所构成的空心板件。一面覆贴的称为单包镶门，两面覆贴的称为双包镶门。为防止门板的翘曲变形，目前大多数都采用双包镶门板。空心门板结构表面平滑，便于加工和涂饰，重量轻，开启方便，稳定性好。

门板可嵌装于两旁板之间，即为嵌门或内开门结构；也可覆盖旁板侧边，即为盖门或外开门结构（如为半覆盖旁板侧边的即为半盖门结构），如图 3-28 所示。双扇对开嵌门的中缝可靠紧，也可相距 20~40mm，另设内掩线封闭；双扇对开盖门的外侧可与旁板外面齐平，也可内缩 5mm 左右。两门相距或内缩的装门法有利于门扇的标准化生产和互换性装配，宜在大量生产中采用。

开门与柜体的连接可采用不同种类和形式的铰链活动连接（见 2.6 节）。选用任何一种铰链，首先要考虑柜门的开度（90°、180°等），不能妨碍柜体

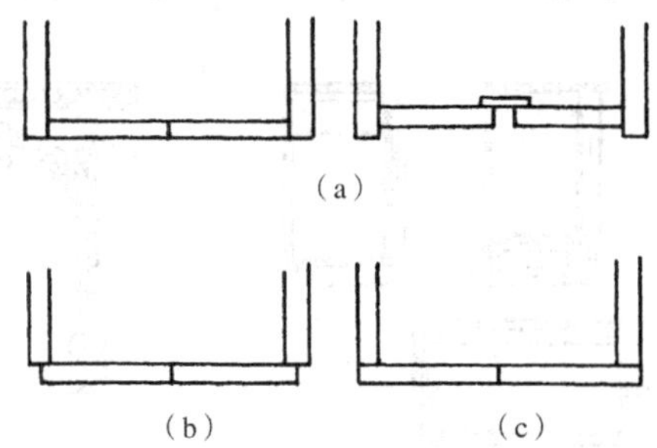

图 3-28　开门安装形式

(a) 嵌门　(b) 半盖门　(c) 盖门

（摘自《木材工业实用大全·家具卷》）

内抽屉等东西的拉出；另外，要根据家具外观要求以及成本档次，选用不同的铰链和不同的安装方法。

门头铰是安装在柜门的两端，其优点是不显露，缺点是柜门为嵌门式安装，只能开启 90°。为了使门不至于顶住和碰坏旁板上的边部装饰条，安装时对门的开度应以适当限制并必须准确地确定它的旋转点。

普通薄铰链或合页安装在旁板与门板之间的角部，可形成嵌门式或盖门式安装，它能使门具有较大的开度（大于 90°），并可防止开门时将相邻的旁板边碰坏，但其外露会影响制品外观效果，多用于传统式样家具以及普通家具的连接。

暗铰链不露在外表面，它的一个翼片（圆盘）用胶和螺钉装在门内侧的孔里，另一翼片与底片（支承板）接合并拧在旁板上；且由于翼片上有长孔，在一定范围内可以调整螺钉的位置，这样就为门的拆装和安装提供了方便，开度有 90°、92°、110°、165°等，常用于中高档家具的盖门式安装，使家具表面美观。暗铰链的安装尺寸可参见 QB/T 1242—2021《家具五金件安装尺寸》。

玻璃门铰链主要用于玻璃开门与旁板的连接。

除了长型铰链之外，每扇门一般用两个铰链。门头铰装于门的两端，其他铰链装在距门上下边缘约为门高的 1/6 处（表 3-13）。门高超过 1200mm 时，用 3 个铰链；门高超过 1600mm 时，要用 4 个铰链。门洞与门扇之间的间隙要相宜，既要开关畅顺，又要封闭严密。适宜的间隙可参考 GB/T 3324—2017《木家具通用技术条件》以及表 3-13。

在使用无锁紧功能的铰链时，为保证门板关闭紧密，不自行松动和脱开，常需在门板与柜体间安装各种碰头、碰珠或门夹。门扇外侧常装设拉手，位置在门扇中部或稍偏上。根据需要还可设插销、锁，锁常装设在门扇中部或稍偏下。

(2) 翻门　是指绕水平轴线转动而启闭的门。翻门常用于宽度远大于高度的门扇。翻门分为下翻、

表 3-13 门扇与门洞之间配合的最大间隙 mm

地区条件	潮湿地区	干燥地区
上边 a	1	1
下边 b	2	2
两边 c	1	1
中缝 d	1	2

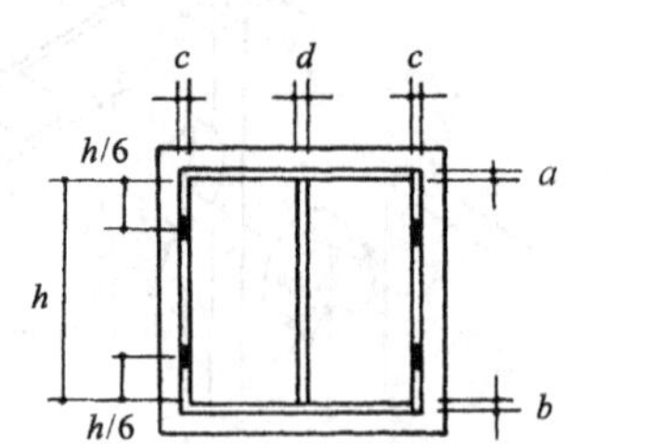

上翻和侧翻三种。下翻门通常在打开后被控制在水平位置上，作为台面使用，可供陈放物品、梳妆或写字办公等；也有将翻门向上翻启（上翻门）或向两侧翻启（侧翻门）后并推进柜体内可使柜体变成敞开的空间，常作为电视机等电器柜的柜门，启闭方便，而且不阻挡视线。如翻门作为台面用，应当用硬材料贴面，使之既耐用又便于揩擦，而且与相连的搁板同一水平，使下边部所做出的型面与搁板边部紧密相连。

翻门可用铰链安装成各种形式，以便于旋转启闭；为保证打开使用时的可靠性，即它有经受载荷的能力，还应安装各种形式的吊门轨、拉杆（或牵筋、吊筋）；为使门扇保持关闭状态，与柜体配合紧密，也可在门板与柜体间安装各种形式的碰头或碰珠（门夹）、限位挡块和拉手。

（3）移门　能沿滑道横向移动而开闭的门称为移门或拉门。移门的种类有木制移门和玻璃移门两种。移门启闭时不占柜前空间，可充分利用室内面积，但每次开启只能敞开柜体的一半，因此开启面积小。移门宜用于室内空间较小处的家具，也用于难以用铰链直接安装的门扇，如玻璃门。玻璃移门能看到柜内陈设的物品，常用于书柜、陈列柜、厨（餐）柜等。

移门至少需同时设置双扇、双轨，以便两门相错打开。移门主要靠摩擦而滑动，所以需要安装起导向作用的滑道或滑轨。移动时是否轻便，主要决定于门与滑道间的摩擦力。

根据移门形式的不同，其滑道也有所不同，目前，滑道大部分由塑料、金属（如铝合金）和硬木制成，其安装形式主要有三类：①直接在柜体的顶（台面）板、搁板、底板的外口上开出槽沟作为滑道；②直接在柜体的顶（台面）板、搁板、底板的外口上镶装或在它们所开出的槽沟内嵌入滑道；③较大或高窄的移门，为防止歪斜、减少摩擦、易于移动，可带滚轮或吊轮，并在柜体上镶嵌滑道。

移门要经常滑动，所以应坚实、不易变形、不易发生歪斜；安装下滑道的柜体搁板或底板，因其承受移门的重量，所以强度要高，刚性要大，不能发生很大的弯曲变形。因此，移门在制造安装时必须仔细地选择材料。移门沿滑道移动要灵活，而且门顶与上滑道间要留有间隙，以便于移门的安装和卸下。

（4）折门　常用的折门是能够沿轨道移动并折叠于柜体一边的折叠状移门。它有一根垂直轴固定于旁板上，其余一部分相间的垂直轴上装有折叠铰链起折叠作用，另一部分相间的垂直轴的上下端的支承点分别可沿轨道槽移动。折叠门也可将柜子全部打开，取放物品比较方便。对于柜体较大时，采用折叠门可以减少因柜门较大所占有的柜前空间，而且可以使整个柜门连动。目前，折叠门多用于壁柜或用以分隔空间的整体墙柜。

（5）卷门　它是能沿着弧形导向轨道滑动而卷曲开闭并置入柜体的帘状移门，又称帘子门、软门、百叶门等。可左右移动、也可上下移动（图 3-29）。卷门打开时不占室内空间又能使柜体全部敞开，但工艺复杂、制造费工。目前，常用于电话柜、酒柜、电视柜以及各种售票柜等。卷门一般是由许多小木条或厚胶合板条等排列起来，再用绳或钢丝串联而成，或用麻布胶贴在反面连接而成（木条间距为 0～2mm）。对于小木条应有较高的质量要求，必须纹理通直、无节无朽、含水率为 10%～12%，厚度为 10～

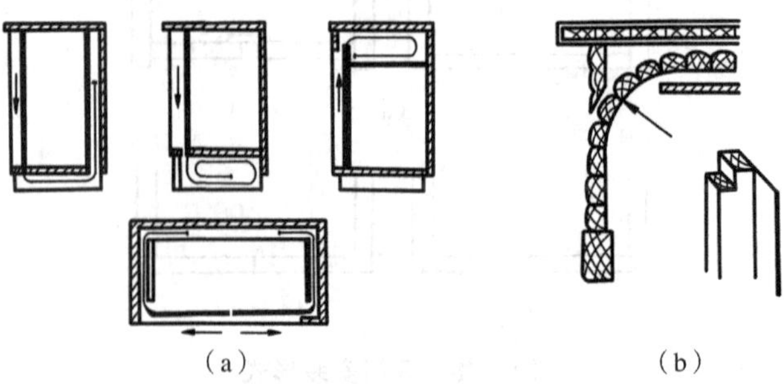

图 3-29　卷门的安装形式

（a）开启方式　（b）端面结构

15mm（常用端面尺寸为 15mm×15mm）。因此，需用专门挑选的木板裁解。

上下方向开关的卷门是沿着旁板上开出的槽内移动的，开门时可以沿着槽道移入柜体背部夹层中，也可卷在柜体下部，还可卷在柜体上部。槽道的弯曲半径不宜太小并要加工光滑，以保证卷门的开关灵活自如。

3.4.1.6 抽 屉

柜体内可灵活抽出或推入的盛放物品的匣形部件即为抽屉或抽头。它是家具中用途最广、使用最多的重要部件。广泛应用于柜类、桌几类、台案类以及床类家具。

抽屉有露在外面的明抽屉和被柜门遮盖的暗抽屉两种。明抽屉又有嵌入式抽屉（抽屉面板与柜体旁板相平）和盖式抽屉（抽屉面板将柜体旁板覆盖）两种；暗抽屉是装在柜门里面的，如抽屉面板较低时又称为半抽屉。

抽屉是一种典型的箱框结构。一般常见的抽屉是由屉面板、屉旁板、屉底板、屉后板等所构成的，如图 3-30（a）所示；而较为高档的抽屉是先由屉面衬板与屉旁板、屉底板、屉后板等构成箱框后，再与屉面板连接而成，如图 3-30（b）所示。较大的抽屉需在底部加设一个托底档。抽屉的接合方式即采用箱框的接合方法。屉面板（或屉面衬板）与屉旁板常采用半隐燕尾榫、全隐燕尾榫、直角多榫（不贯通）、圆榫、连接件、圆钉或螺钉接合；屉旁板与屉后板常采用直角贯通多榫、圆榫接合，如图 3-31 所示。它们由实木拼板、细木工板、刨花板、中密度纤维板、厚胶合板（多层板）、空心板等制成。屉面板厚一般为 20mm；屉旁板和屉后板厚一般为 12~15mm。屉旁板和屉后板还可以用聚氯乙烯（PVC）塑料薄膜覆面的刨花板、中密度纤维板开 V 形槽折叠而成，或用塑料以及铝合金型材、钢质型材等制成，并可与木质屉面相配成箱框。屉底板一般采用胶合板和硬质纤维板制成，它插入在屉底板及屉旁板的槽口中，并与屉背板采用螺钉或圆钉接合。抽屉承重，需有牢固的接合，尤其是前角部，开屉时受到较大的拉力。

为了使抽屉便于使用和推拉而不至于歪斜或翻倒，并保证结构的牢固性和反复推拉的灵活性，每个抽屉都应具有滑道或导轨，一般安装在抽屉旁板的底部（即托屉）、上部（即吊屉）或外侧（图 3-32）。滑道根据材料不同有硬木条抽屉滑道、专用金属或塑料抽屉滑道。金属抽屉滑道（导轨）的安装尺寸可参见 QB/T 1242—2021《家具五金件安装尺寸》。

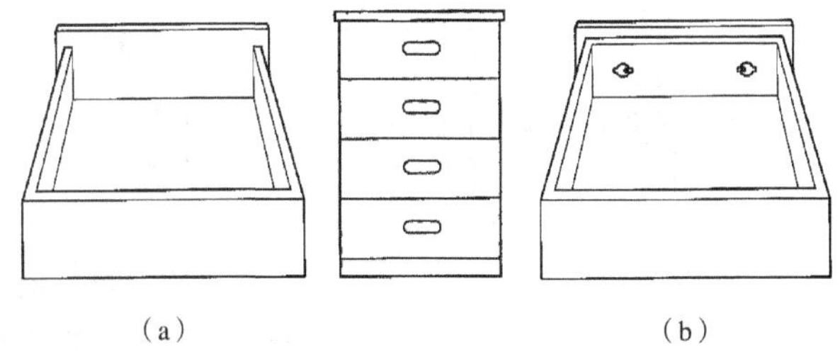

图 3-30 抽屉的形式

（a）无屉面衬板 （b）有屉面衬板

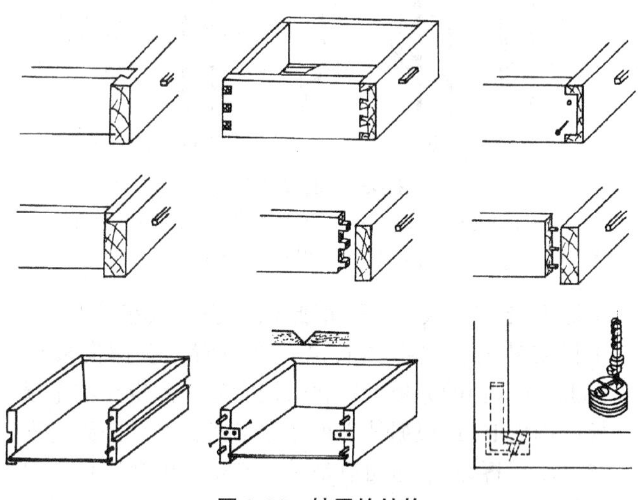

图 3-31 抽屉的结构

（摘自《木材工业实用大全·家具卷》）

3.4.1.7 拉 手

门扇和抽屉一般需安设拉手。每扇门、每个抽屉设拉手一个，宽度超过 600mm 的抽屉设拉手两个。拉手安装高度居中偏上。拉手的安装形式主要有门扇钻孔安装法（用于凸露式拉手的安装）、门扇开槽安装（用于嵌入式拉手的安装），如图 3-33 所示。拉手的安装尺寸可参见 QB/T 1242—2021《家具五金件安装尺寸》。

3.4.1.8 挂衣棍

柜内用于悬挂衣服的杆状零件称为挂衣棍。一般采用硬木或金属制成，分为长圆形管和方形管。挂衣棍的安装有三种形式。

（1）平行安装 挂衣棍与柜门板平行，而与旁板垂直安装，则悬挂在衣架上的衣服平行于旁板。此法适宜于深度较大（大于 500mm）的衣柜；而对

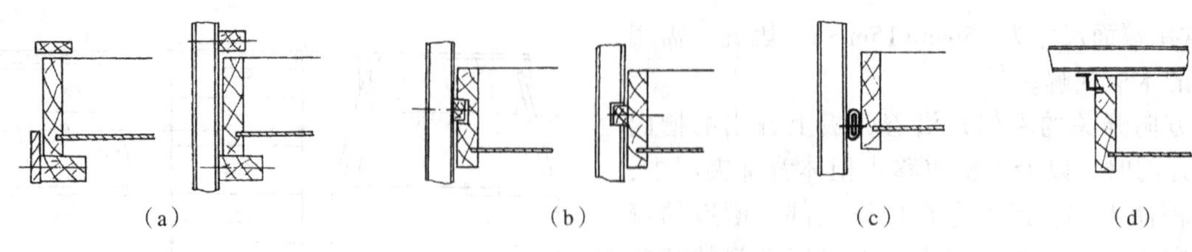

图 3-32 抽屉的安装

(a) 托屉木条 (b) 侧向木条 (c) 侧向滑道 (d) 侧向吊装

(摘自《木材工业实用大全 · 家具卷》)

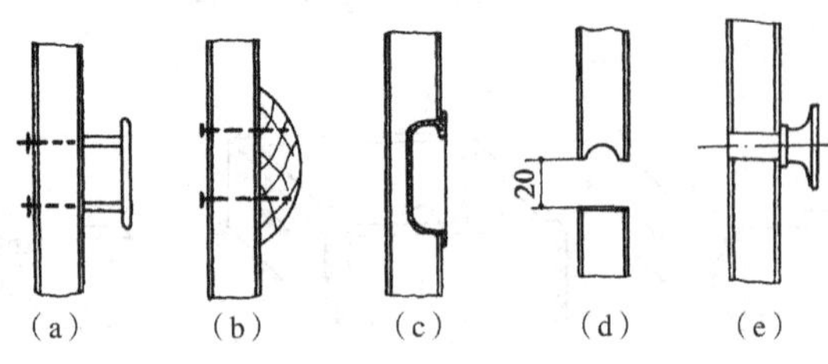

图 3-33 抽屉的安装

(a) (b) (e) 凸露拉手 (c) 嵌入拉手 (d) 凹槽拉手

(摘自《木材工业实用大全 · 家具卷》)

于深度较小的衣柜，采用此法衣服会被柜门压皱。平行安装时，根据挂衣棍安装位置，有侧向安装 (固定在衣柜的旁板上) 和吊挂安装 (固定在衣柜顶板或搁板上)；根据挂衣棍固定形式，可以是固定安装 (不可拆卸)，也可以是活动安装 (可拆卸) 和提升架式安装等形式。承座可由硬木板、厚胶合板、金属或塑料等材料制成。

(2) 垂直安装 挂衣棍与柜门板垂直，而与旁板平行安装，这时所悬挂的衣服通常是垂直于旁板。此法适宜于深度较小 (小于 500mm) 的衣柜。挂衣棍一般固定安装在柜体顶板或搁板的下面，为了能方便地取放衣服，常采用活动 (滑动) 结构的挂衣棍较为理想，滑道固定在顶板或搁板的下面，挂衣棍可以自由地拉出或推入。

(3) 门后安装 此种安装多为领带杆，装设于柜门内侧 (门后)，用于挂置领带或其他轻型小件物品。领带杆为木制或金属制。

3.4.2 实木桌椅框架结构

实木桌类家具主要由桌面板、支架或腿脚、望板等构成；实木椅类家具一般由椅面板 (座面板)、靠背板、支架或腿脚、望板、扶手等构成。桌面和椅面的面板常显露在视平线以下，要求板面平整、美观，所有连接或接合不允许显露于外表。实木框架式桌椅按结构和接合方式的不同，目前有固定式结构和拆装式结构两种。

3.4.2.1 桌椅框架固定式结构

固定式结构的实木框架桌椅，其面板与望板、腿 (或脚) 与望板及横档的连接，一般采用各种榫接合或木螺钉接合等。

桌面和椅面支承负荷大，宜用实木拼板或实心覆面板制作。一般常通过望板内侧斜沉头孔用暗螺钉固定于望板之上。对于横纹边超过 1000mm 的拼板桌面，固定时需用长孔角铁或燕尾木条加长孔角铁，可以使拼板能在横纹方向长度自由，如图 3-34 所示。

桌类框架的固定式结构如图 3-35 所示；椅类框架的固定式结构如图 3-36 所示。

3.4.2.2 桌椅框架拆装式结构

为了便于包装与运输，实木家具也可采用拆装结构。图 3-37 ~ 图 3-39 为实木桌椅框架的常见拆装结构。望板与腿之间的拆装连接采用金属五金连接件。许多板式部件之间接合的五金连接件都同样适用于实木家具的拆装结构。零部件之间相互连接处，除了一个连接件拉紧之外，还需加两个圆榫定位，以防止零件转动。

3.4.2.3 床类家具结构

常用的屏板式床一般有单头屏板和高低屏板两种。屏板式床的结构主要由屏板 (或高低屏板)、床梃 (床边板)、床铺板等零部件，通过一定的连接方式构成，如图 3-40 所示。

3.4.3 明式家具结构

明式家具主要采用紫檀、黄花梨、乌木、铁力木、鸡翅木等优质硬材以及榆木、楠木、樟木、黄杨木、核桃木等中硬木材制作，通过各种榫接合，使构成的框架结构家具造型简洁端庄、线条挺秀流畅、材料美观华贵、结构稳定牢固。其结构的主要特点为：①用材经济，尺寸合理，部件与结构纤细而不

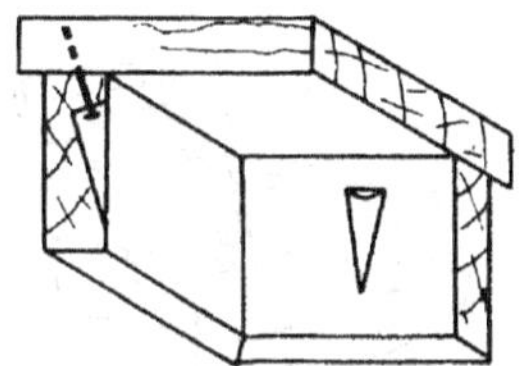

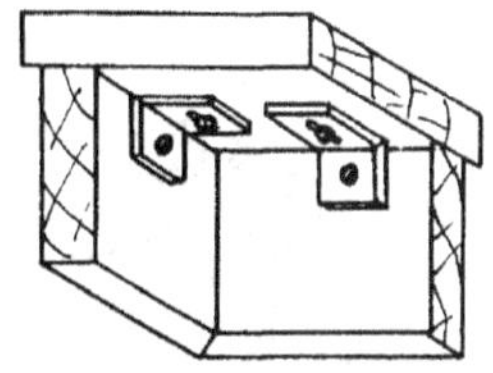

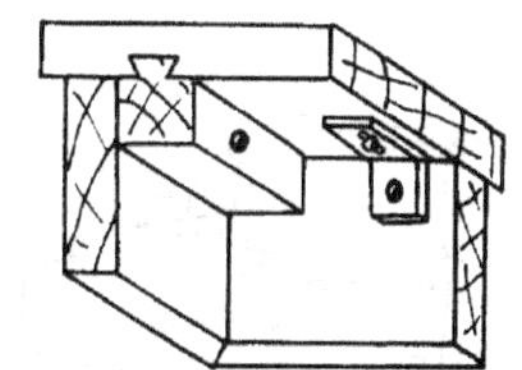

图 3-34 桌椅面的固定形式

（摘自《木材工业实用大全·家具卷》）

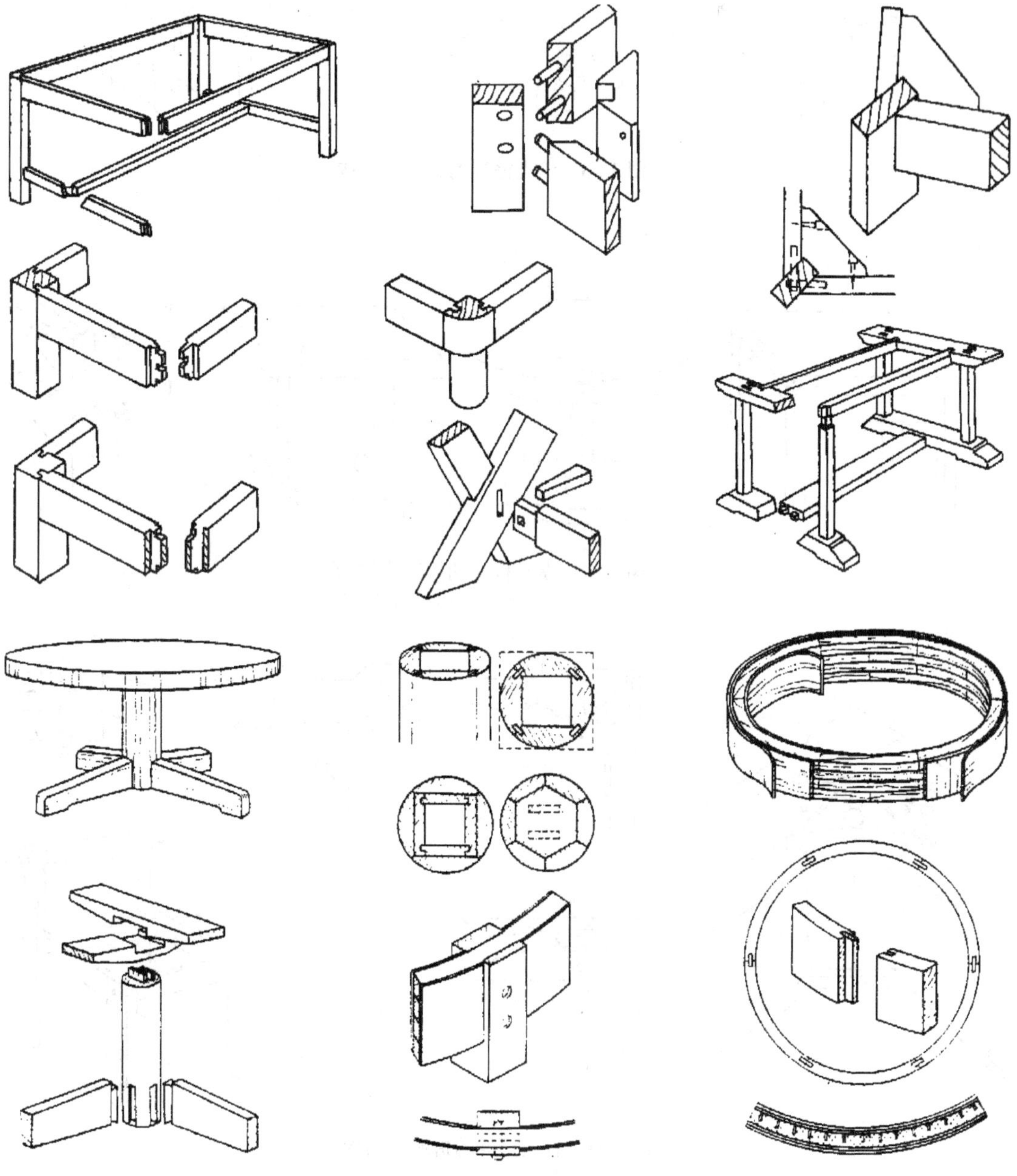

图 3-35 桌类框架的固定式结构

图 3-36 椅类框架的固定式结构

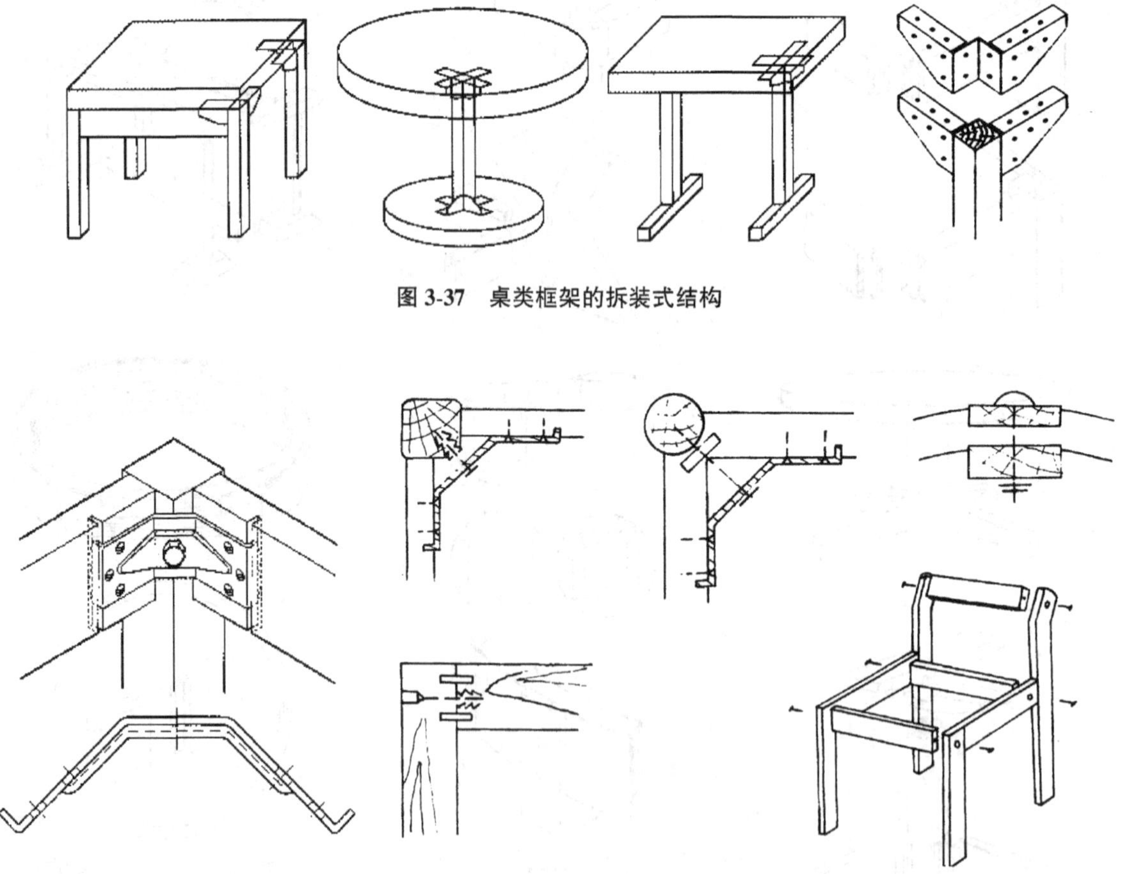

图 3-37 桌类框架的拆装式结构

图 3-38 椅类框架的拆装式结构 1

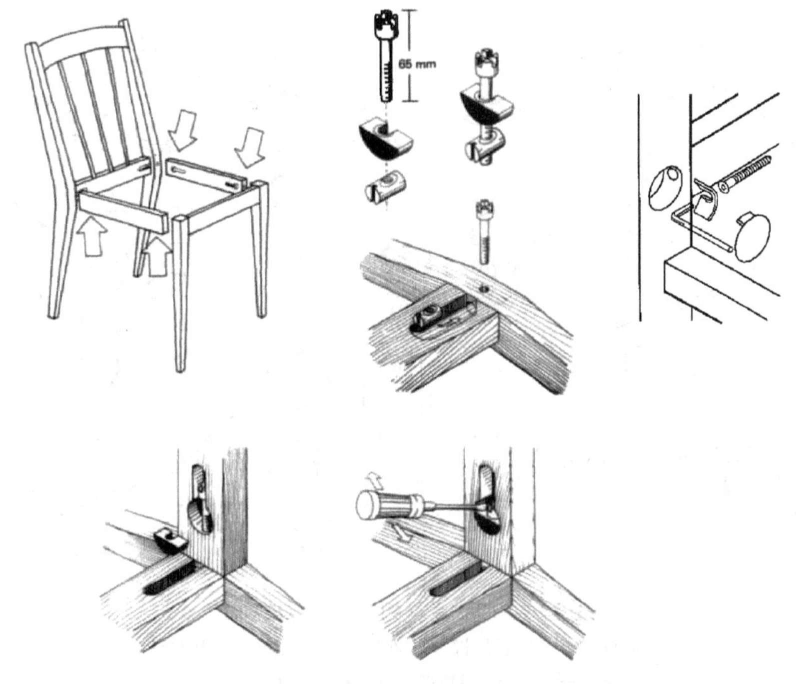

图 3-39 椅类框架的拆装式结构 2

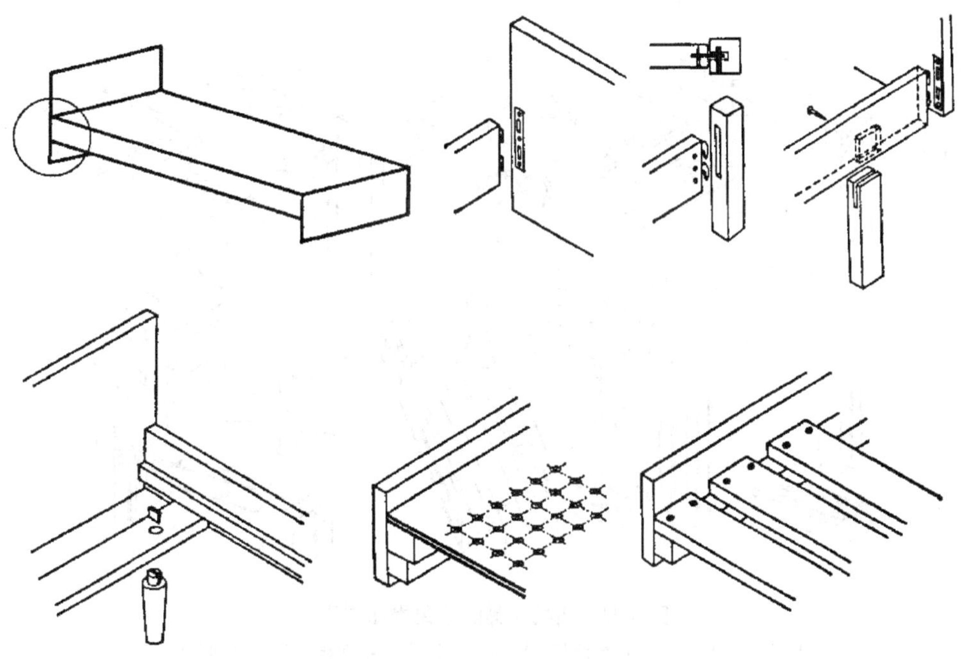

图 3-40 床类家具结构

失牢固；②木框嵌板结构（含穿带横档），预留伸缩余地，避免翘曲变形；③各种榫卯接合，不用钉，结构科学、精密、坚固、稳定。图 3-41～图 3-44 为明式家具的常见榫卯结构形式。

3.4.4 西式家具结构

在欧洲西式家具发展历史上，以近世纪“文艺复兴运动”为起点，在继承古希腊、古罗马文化的基础上，打破了中世纪虚伪、呆板、空洞、荒谬的禁

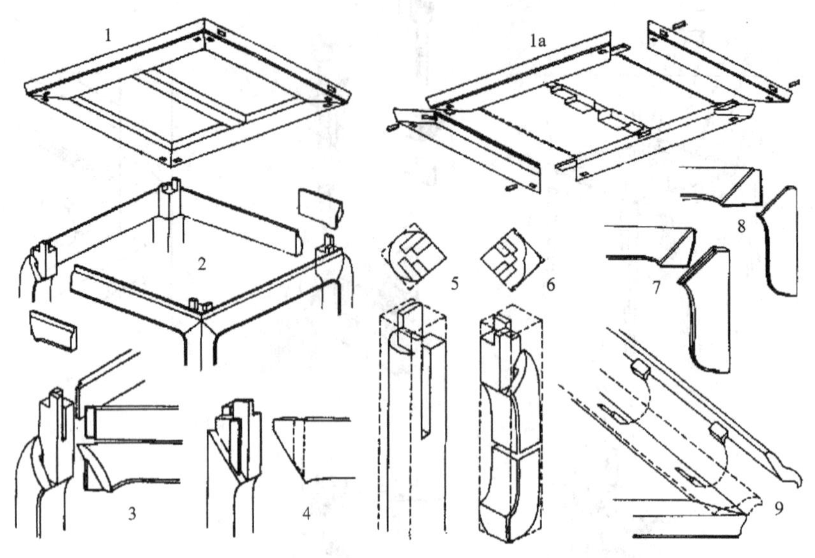

图 3-41　明式家具的常见榫卯结构 1

1. 木框嵌板　2. 长短榫　3. 抱肩榫　4. 挂榫　5. 托角榫
6. 马蹄榫　7. 斜角榫　8. 搭接榫　9. 走马销
（摘自《明式家具研究》）

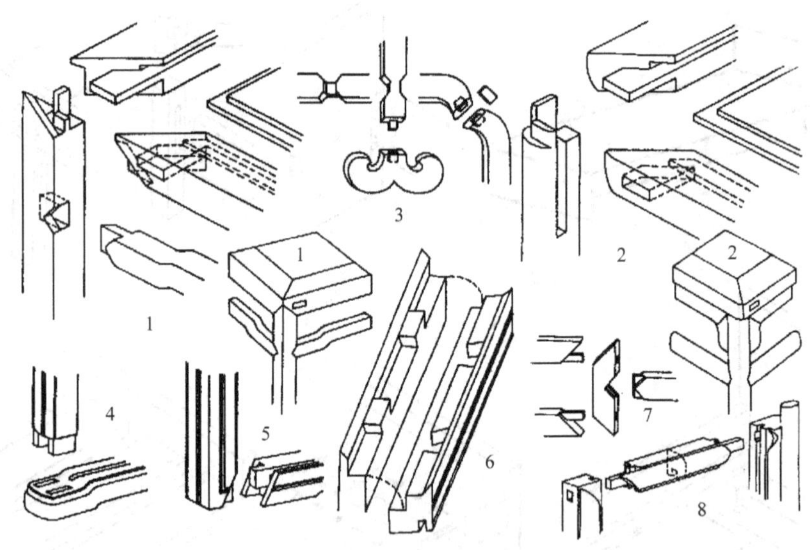

图 3-42　明式家具的常见榫卯结构 2

1. 单肩格角榫　2. 托角榫与长短榫　3. 暗榫　4. 明榫　5. 双肩斜角榫
6. 全隐燕尾榫　7. 双肩格角榫　8. 圆棱格角榫
（摘自《明式家具研究》）

锢，形成了不同的风格特征。其中，文艺复兴时期的家具，强调实用与美观相结合，以人为本，追求舒适和安乐，形成了实用、和谐、精致、平衡、华美的风格特征，图 3-45 为法国文艺复兴时期的扶手椅及其结构图。巴洛克风格的家具是在文艺复兴基础上发展起来的，将巴洛克建筑艺术的一些特征如动感曲线、涡卷装饰、圆柱、壁柱、三角楣、人柱像、圆拱等广泛地应用于家具之中，形成了浪漫的曲直相间、曲线多变、整体结构与装饰和谐的风格特征，图 3-46 为法国巴洛克（路易十四）风格的椅凳及其

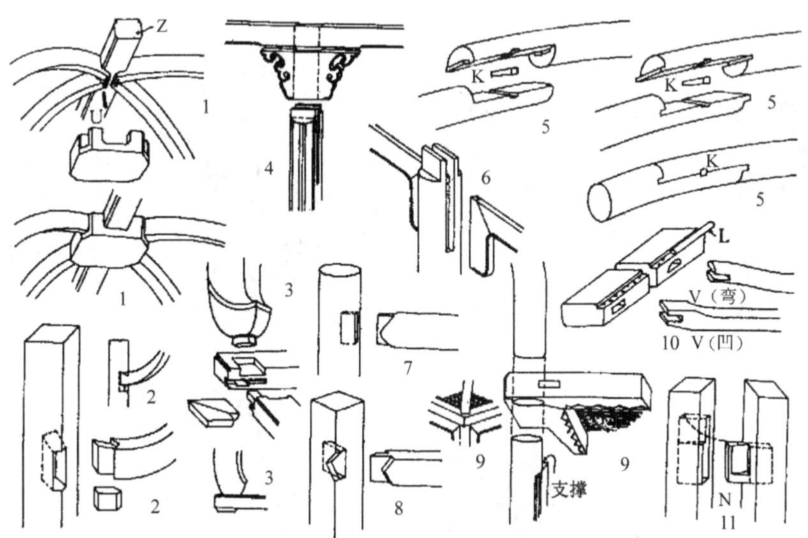

图 3-43 明式家具的常见榫卯结构 3

1. 加钉榫 2. 勾挂榫 3. 管脚榫 4. 夹头榫 5. 楔钉榫 6. 托角榫 7. 圆料格角暗榫 8. 方料格角暗榫 9. 穿榫 10. 编藤孔与压条 11. 走马销

（摘自《明式家具研究》）

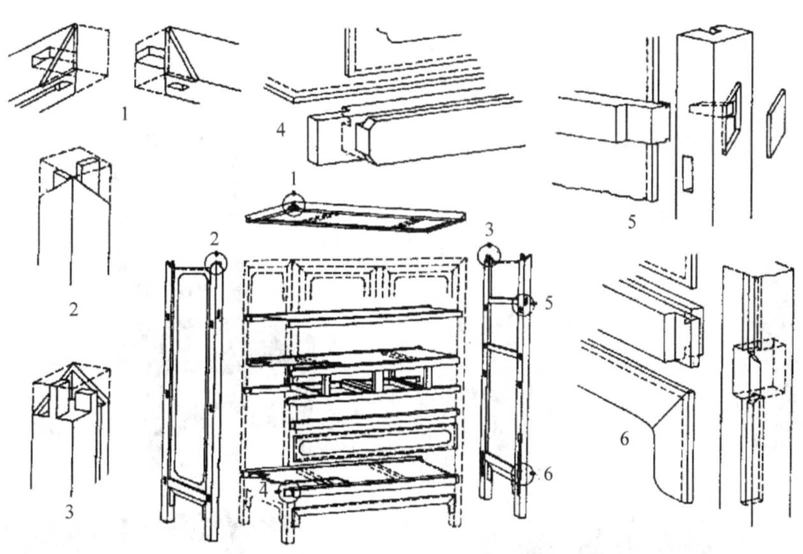

图 3-44 明式家具的常见榫卯结构 4

1~3. 综角榫 4. 木框嵌板与格角榫 5. 盖头榫 6. 暗榫、托角榫与嵌板

（摘自《明式家具研究》）

结构图。洛可可风格的家具以极其华丽纤细的曲线著称，将优美的造型与舒适的功能巧妙地结合，轻巧、舒适和线条协调，不仅在视觉上形成极具华贵的整体感觉，而且在实用和装饰效果的配合上也达到了空前完美的程度，图 3-47、图 3-48 为法国摄政时期和洛可可（路易十五）风格的椅子及其结构图。

图 3-45 法国文艺复兴时期的扶手椅及其结构图

（摘自《家具史：公元前 3000—公元 2000 年》）

图 3-46 法国巴洛克（路易十四）风格的椅凳及其结构图

（摘自《家具史：公元前 3000—公元 2000 年》）

图 3-47 法国洛可可（路易十五）风格的椅子及其结构图

（摘自《家具史：公元前 3000—公元 2000 年》）

图 3-48 法国洛可可（路易十五）风格的椅子及其结构图

（摘自《家具史：公元前 3000—公元 2000 年》）

3.4.5　整体家具结构

整体家具是根据客户的个性化需求和室内或场地区域的空间、结构、尺寸，进行专门测量、设计、生产和安装的一类功能性和整体性专属的家具，如整体衣柜、整体厨柜等。如图 3-49 所示的各种整体家具，是根据不同客户的个性化需求，分别进行测量，并按照标准化和模块化原则，以大批量工业化生产的方式进行设计、制造和安装的定制家具。整体家具结构可以根据客户的个性化需求，对室内空间的家具都进行全屋定制，以实现室内空间及产品风格能够统一或协调的整套家具。

图 3-49　各种整体家具或定制家具

复习思考题

1. 木家具的结构分为几类？板式家具与框式家具在结构上有何不同？各采用哪些接合方法？

2. 简述木家具的接合方式分类、特点、技术要求和应用。

3. 木家具的基本构件有几种？各自的结构与接合如何？有何用途？

4. 在榫接合中，榫头的基本形状有几种？圆榫接合有何优点？对材料、含水率、配合有何要求？

5. 实木拼板有哪几种形式？它们的拼接方法与适用范围如何？

6. 抽屉的一般结构如何？有哪些常见的接合方式？其安装又有哪些形式？

7. 简述板式柜类家具的结构组成及各部分之间的接合形式。

8. 实木桌椅框架有哪几种结构形式？各采用哪些结合形式？

9. 简叙明式家具、西式家具的主要结构特点。

10. 什么是整体家具？其结构有何要求？

第4章 机械加工基础

【本章重点】

1. 加工基准、加工精度、表面粗糙度、工艺过程的基本概念。
2. 木家具的典型生产工艺流程。

将木材及木质材料通过各种机械设备加工成零件、部件是家具生产中的主要过程。在这一加工过程中，不仅要考虑产量、提高劳动生产率，更重要的是要重视加工质量、加强质量检验和质量管理，这样才能保证产品的质量、提高产品的可靠性、减少返修工作、提高工作效率，从而获得优质、高产、低耗、高效、价廉、物美、环保、创新的经济效果。

4.1 加工基准

4.1.1 工件的定位与安装

在机床上加工工件时，为了使该工序所加工的表面能达到图纸规定的尺寸、形状以及与其他表面的相互位置精度等技术要求，在加工前，必须首先将工件装好夹牢或定位夹紧。

4.1.1.1 定 位

在进行切削加工时，将工件放在机床或夹具上，使它与刀具之间有一个正确的相对位置，这称为定位。工件只有处于这一位置上接受加工，才能保证其被加工表面达到工序所规定的各项技术要求。

4.1.1.2 夹 紧

工件在定位之后，为了在加工过程中能始终保持正确位置，还需要将它压紧和夹牢，这称为夹紧。工件只有在已经定好的位置上可靠地夹住，才能防止在加工时因受到切削力、离心力、冲击和振动等的影响，发生不应有的位移而破坏了定位。

4.1.1.3 安 装

工件在机床或夹具上定位和夹紧的全过程称为安装或装夹。工件安装情况影响到工件的加工精度和生产效率，为了使工件能够在机床或夹具上正确地定位和安装，下面我们讲解工件定位的基本原理。

4.1.2 工件定位的基本原理与加工方式

工件定位的实质，就是要使工件在机床或夹具上占有某个确定的加工位置。这样的定位方法，可以转化为在空间直角坐标系中决定刚体坐标位置的问题来讨论。

由力学原理得知，任何一个自由刚体在空间均具有六个自由度，即沿空间三个互相垂直的坐标轴 X、Y、Z 方向的移动和绕此三个坐标轴的转动。为了使工件正确定位，就等于要在空间直角坐标系中确定刚体的六个坐标系数，即对六个自由度加以必要的约束，使工件在机床或夹具上相对地固定下来。

由图 4-1 可看出，如果把工件平放在由 X–Y 组成的平面（工作台面）上或三点上，这时工件就不能

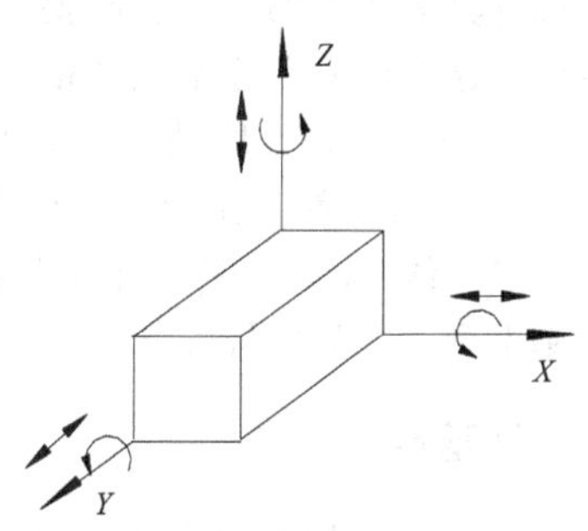

图 4-1 工件定位的“六点”原则

沿 Z 轴移动，也不可能绕 X 轴和 Y 轴转动，这样就约束了工件的三个自由度。如果又将工件紧靠 $X-Z$ 组成的平面（导尺、靠山）或两点时，工件便不能沿 Y 轴移动和绕 Z 轴转动，这样又约束了两个自由度。最后再把工件靠向 $Y-Z$ 组成的平面（挡块）或一点时，工件便不能沿 X 轴移动，于是又约束了一个自由度。

至此，工件的六个自由度全部被约束（或消除），从而能在机床工作台（或夹具）上准确地被定位和夹紧，这就是工件定位的基本原理或“六点”原则。实际上，在进行切削加工时，通常不需要将工件的六个自由度全部约束住。在加工零件时只要保留需要的自由度，限制不需要的自由度，从而达到定位或相对固定的目的，即可使加工顺利进行。根据加工要求的不同，有时只需要约束住三个、四个或五个自由度就足够了。定位是指被加工零件相对于刀具的位置。定位的实现主要通过夹具、工作台、模具、压辊等工具来完成。

一个零件在加工过程中的位置有三种可能，即加工方式有三种（表4-1）：

（1）定位式加工　被加工的工件固定不动，而刀具做进给和切削运动，如钻床钻孔（打眼）、数控机床CNC加工、电子开料锯裁板等。

（2）通过式加工　被加工的工件随移动工作台或进料装置（压辊或履带等）按需要做进给运动，而刀具只做切削运动，如四面刨加工型面、压刨加工相对面、开榫机开榫、精密推台锯（导向锯）截断或开槽或锯斜面、直线封边机封边等。

（3）定位通过式加工　被加工的工件由导向装置固定并可做一定的进给运动，而刀具既做切削运动也做进给运动，如镂铣机铣型、车床旋圆等。

表4-1　加工方式与自由度的关系

加工设备	约束自由度（个）	保留自由度	加工方式
钻床、打眼机、CNC电子开料锯	6		定位式
四面刨、压刨、下轴立铣开榫机、精密推台锯、双端锯（铣）、直线封边机	5	沿 X 轴直线运动	通过式
镂铣机	3	沿 X、Y 轴直线运动，Z 轴旋转	定位通过式
车　床	5	沿 X 轴旋转	

4.1.3　基准的基本概念

零件是由若干表面组成的，它们之间有一定的距离尺寸和相互位置的要求。在加工过程中，也必须相应地以某个或某几个表面为依据来加工其他表面，以保证零件图上规定的要求。零件表面间的各种相互依赖关系，就引出了基准的概念。在木材加工过程中，基准是一个重要概念，它对于保证加工精度、安装精度、产品质量及减少误差有着重要的影响。

为了使零件在机床上相对于刀具或在产品中相对于其他零部件具有正确的位置，需要利用一些点、线、面来定位，这些作为定位基础和依据的点、线、面即称为基准。换句话说，所谓基准就是用于确定刀具与被加工零件的位置或在产品中确定零件之间的相对位置的点、线、面。根据基准的作用不同，可以分为设计基准和工艺基准两大类。

4.1.3.1　设计基准

设计时，在图纸上用来确定产品中零件与零件之间相互位置的那些点、线、面称为设计基准。设计基准可以是零件或部件上的几何点、线、面，如轴心线等，也可以是零件或部件上的实际点、线、面，即实际的一个面或一个边。例如，设计门扇边框时，以边框的对称轴线或门边的内侧边来确定另一门边的位置，这些线或面即为设计基准。

4.1.3.2　工艺基准

在加工或装配过程中，用来确定与该零件上其余表面或在产品中与其他零部件的相对位置的点、线、面称为工艺基准。工艺基准按其用途不同又可分为定位基准、装配基准和测量基准三种。

（1）定位基准　工件在机床或夹具上定位时，用来确定加工表面与机床、刀具间相对位置的表面称为定位基准。它可以是平面，也可以是曲面。例如，工件在打眼机上加工榫眼时，放在工作台上的面、靠住导尺的面和顶住挡板的端面都是定位基准，如图4-2所示。零件加工时，用来作为定位基准的工件表面有五种情况，见表4-2。

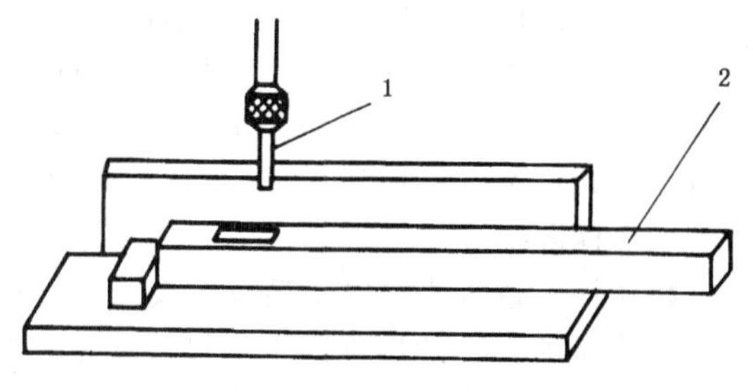

图 4-2 定位基准

1. 刀具 2. 工件

表 4-2 基准与常用机床的关系

定位基准情况	图 例	机 床
用一个表面作为定位基准，加工其相对面	基准面	压刨、镂铣床
同一个面作为基准，又对它进行加工	基准面	平刨、圆锯（开槽）
用一个面作为基准，加工其相邻面	基准面	四面刨、下轴铣床
用两个相邻面作为基准，加工其余两个相邻面	基准面	四面刨、带锯机、精密推台锯、开榫机
用三个面作为基准	基准面	钻床、悬臂圆锯机、精密推台锯、CNC

在加工过程中，由于工件加工程度不同，定位基准可分为粗基准、辅助基准和精基准。

①粗基准（俗称毛面）：凡用未经加工且形状正确性较差的毛坯表面作为定位基准的称为粗基准。例如，在纵解圆锯上锯解板材或毛料时，以板材上的一个面和一个边作为基准来决定锯解的位置，这个面和边就属于粗基准。在细木工板生产中加工芯板条时，有的为了节省时间，将小木条在单面压刨床正反刨削几次，第一次选定的面就是粗基准。

②辅助基准（俗称辅面）：在加工过程中，只是暂时用来确定工件某个加工位置的面称为辅助基准。例如，工件在单面开榫机上加工两端榫头或在精密推台锯进行精截，在加工一端时，以工件另一端作为基准来概略地确定零件的长度，这就是辅助基准。这个基准在加工另一端时就不起作用了。

③精基准（俗称光面）：凡用已经达到加工要求的表面作为定位基准的称为精基准。上例中，开第二端榫头时，利用已加工好的一端榫肩作为基准，这就是精基准。经过平刨加工合格的表面可作为压刨的精基准。

（2）装配基准　在装配时，用来确定零件或部件与产品中其他零件或部件的相对位置的表面称为装配基准。例如，装配直角榫时，榫肩往往可以作为装配基准。

（3）测量基准　用来检验已加工表面的尺寸和位置的表面称为测量基准。在加工过程中，工件的尺寸是直接从测量基准算起的。测量基准要与加工基准和设计基准协调、一致，才能保证产品质量。

4.1.4 确定与选择基准面的原则

正确选择和确定基准面必须遵循下列原则：

（1）在保证加工精度的条件下，应尽量减少基准的数量。基准越少，加工越方便。当然，不同的工序，加工时采用的基准数量是不相同的。例如，工件在压刨上进行厚度加工和在钻床上进行钻孔时，两者所采用的基准面数量就不同。

（2）尽可能选择较长、较宽的面作为基准，以保证加工时工件的稳定性。

（3）尽可能选用平面作为基准面，如果是弯曲零件，应选择凹面作基准面。

（4）应尽量采用精基准。粗基准只在粗加工中没有已加工表面时才允许使用。

（5）应按照“基准重合”的原则，尽可能选择设计基准作为工艺基准，避免产生基准误差。

（6）在多次定位加工时，应遵循“统一基准”的原则，尽可能选用同一定位基准加工各表面，以减少加工误差，保证各表面间的位置精度。

（7）定位基准的选择应便于工件的安装和加工。

4.2 加工精度

4.2.1 加工精度的基本概念

加工精度是指零件在加工之后所得到的尺寸、形状和位置等几何参数的实际数值与图纸上规定的理论数值相符合的程度。相符合的程度越高，即两者之间的偏差越小，加工精度就越高；反之，偏差越大，加工精度就越低。

任何一种加工方法，无论多么精密，由于加工中的种种原因，加工出零件的实际几何尺寸往往不能与图纸上规定的完全一致，总会产生一些偏差；即使在加工条件相同的情况下，成批制造时前后加工的两个零件，其实际尺寸也不是完全一样的，总会存在着一定的偏差。这种零件经过加工之后所获得的实际尺寸、形状和位置与图纸上规定的理论尺寸、形状和位置不相符合所产生的偏差就是加工误差。

实际上，从产品的装配、使用以及保证机床的使用性能来看，也没有必要将每个零件都做得绝对精确。因此，只要能保证零件在产品中的功能，就允许有一定的加工误差。如果这种加工误差不超过图纸上按零件的设计要求和公差标准所规定的偏差，就算满足了零件的加工精度要求。

由此可见，加工精度和加工误差这两个概念是从两种观点来评定零件几何参数这个同一事物的。尺寸上的偏差称为尺寸误差，尺寸上相符合的程度称为尺寸精度；形状上的偏差称为形状误差，形状上相符合的程度称为形状精度；位置上的偏差称为位置误差，位置上相符合的程度称为位置精度。加工精度的高和低是通过加工误差的小和大来表示的。所谓保证和提高加工精度，实际上也就是限制和降低加工误差。

4.2.2　加工误差的性质和种类

加工误差因其性质不同，可以分为系统性误差和随机性（偶然性）误差。

4.2.2.1　系统性误差

当连续加工一批零件时，其误差的大小和正负值保持不变或按一定的规律而变化，这种误差称为系统性误差。例如，在钻床上加工圆孔，如果采用的钻头直径小于规定的直径 0.02mm 时，则所有孔的尺寸都会比规定的尺寸小，这种误差就是系统性误差；又如，在压刨上加工零件的厚度尺寸，随着加工时间的延长，刨刀产生磨损，造成零件厚度产生一定规律的变化，这种误差也是系统性误差。

机床、刀具、夹具和量具的制造精度，刀具的磨损、机床调整不精确以及工件在夹具上的安装误差等因素造成的误差，都属于系统性误差。

4.2.2.2　随机性误差

当连续加工一批零件时，其误差的大小和正负值不固定或没有按一定的规律而变化，这种误差称为随机性误差或偶然性误差。

随机性误差是由一个或若干个偶然因素造成的，这些因素的变化没有一定规律。例如，木材的树种及其材性的变化、零件加工余量不一致、定位基准面尺寸不一致、夹紧力大小不一致等所引起的误差，都属于随机性误差。

在机械加工过程中，以上系统性及随机性误差的存在，使得加工出的零件产生了尺寸误差、形状误差以及相互位置误差。无论产生哪一种误差，都会影响产品质量。为了保证零件的加工精度，就必须了解影响加工精度的因素，以便进一步消除和控制加工误差。

4.2.3　影响加工精度的因素分析

在机械加工中，零件的尺寸、几何形状和表面间相互位置的形成，归结到一点，就是取决于工件和刀具在切削运动过程中相互位置的关系，而工件和刀具又安装在夹具和机床上，并受到夹具和机床的约束。因此，在机械加工时，机床、夹具、刀具和工件就构成了一个完整的系统，称为工艺系统。加工精度问题也就牵涉整个工艺系统的精度问题。工艺系统中的种种误差，就在不同的具体条件下，以不同的程度反映为加工误差。工艺系统的误差是“因”，是根源；加工误差是“果”，是表现。

零部件在机床上加工时，工艺系统中影响加工误差的因素主要有以下几个方面：

①家具机械或木工机床的结构、制造精度和几何精度。

②刀具的结构、制造精度、安装精度及刀具的磨损。

③夹具的精度及零件在夹具上的安装误差。

④工艺系统弹性变形。

⑤量具和测量误差。

⑥机床调整误差。

⑦工件加工基准的误差。

⑧加工材料的树种、材性、含水率和干燥质量等。

为了保证零部件的加工精度，应分别采取措施加以消除。

综上所述，在加工过程中有多种因素影响着零件的加工精度。尽管生产条件各不相同，但是要保证产品质量就得保证加工精度。企业努力实行机械化和自动化加工零件，其目的除了提高产量、减轻劳动强度以外，还有保证批量零件生产加工精度等。在上述各种影响因素中，机床精度固然对加工精度有直接影响，但它不是唯一的因素。高精度的机床并不一定能加工出高精度的零件来，因为机床是由操作员来控制的，所以总是有差别的。如在现有设备条件下，我们能善于分析和掌握引起加工误差的各种因素，根据具体情况采取相应的措施，尽可能消除和减少这些因素的影响，使加工误差控制在允许范围之内，从而满足要求的加工精度和产品质量。

4.2.4 加工精度与互换性

互换性是指在一批产品（包括零件、部件、构件）中，任取其中一件产品，不需经过任何挑选或修整，就能够与另一产品在尺寸、功能上彼此相互替换的性能。互换性是现代化生产正常运行的重要条件。按照互换性原理进行木家具生产，同一用途的零部件就具有相同的尺寸、形状和表面质量特征，不需挑选和补充加工，从中任意取出这样的零部件，就能装配成完全符合设计和使用的质量要求并具有长期可靠性的木家具产品。在保证零部件互换性的条件下，就可以组织不需预装配的木家具生产，即以部件为产品的生产，能以拆装的形式直接提供给用户。这样就便于机械化和自动化生产，缩短生产周期，提高劳动生产率，降低运输和包装成本，给企业带来明显的经济效益。

为了实现木家具的互换性生产，工厂必须具备以下条件：

（1）必须实施产品的标准化和系列化设计　在设计木家具时，应当根据产品的设计规范、使用要求、生产条件、材料性质、结构特征及其接合（拆装与非拆装等）的质量要求，使零部件的尺寸和规格做到标准化和系列化。

（2）必须实行合理的公差与配合制　按照有关标准（如 QB/T 4452—2013《木家具极限与配合》、QB/T 4453—2013《木家具几何公差》、GB/T 12471—2009《产品几何技术规范（GPS）木制件极限与配合》等）来合理规定零部件的公差与配合（在图纸上加以标注），并按规定的精度来加工零部件。实行公差与配合制，工件的实际尺寸参数是否符合互换性要求，对于零件尺寸及其接合的精度必须按正确的检验方法，并且使用带刻度的通用量具或无刻度的专用量规进行检测确定。

（3）必须严格控制木材的含水率和保证干燥质量　由于木材和木质材料具有吸湿性，在木家具生产中，不仅要严格保证干燥质量，使毛料达到规定的含水率，还必须控制毛料在加工过程中含水率的变化。当制造不在生产地使用的木家具时，应该按使用地的年平衡含水率来控制木材的含水率。研究表明，在生产条件下，当毛料含水率在高于平衡含水率 1.5% 和低于平衡含水率 3% 的范围内波动时，其形状和尺寸不会受到明显的影响。所以，在车间内加工的整个过程中，应当将毛料含水率的变化控制在上述范围内。通常，干燥合格的木质材料，在阴雨季节期间经一周后可使含水率提高 5% 以上。如果在制造零件的过程中，由于进行加热或浸湿等处理而导致其含水率发生显著变化时，应采取相应的防护措施。

（4）必须正确选用工艺精度、零部件的公差与配合要求相适应的加工设备　加工精度和互换性是密切相关的。零件的加工精度在很大程度上取决于所用机床的精度。低精度的机床设备是难以保证所加工的零、部件的互换性的。当然使用过高精度的机床设备也是不经济的。机床的工艺精度不仅决定于它本身的几何精度，而且还受到切削刀具与工件的相互位置精度、机床调整精度以及零件加工时工艺系统的刚度等因素的影响。所以，选用的机床的工艺精度应与零部件尺寸不同等级的公差与配合要求相适应，以保证达到规定的加工精度要求并且使各个零部件的加工精度一致。

4.3 加工表面粗糙度

4.3.1 表面粗糙度的基本概念

木材及木质人造板在切削加工或压力加工的过程中，由于受加工机床的状态，切削刀具的几何精度，加压时施加的压力、温度、进料速度、刀轴转速、刀片数量，以及木材树种、含水率、纹理方向、切削方向等各种因素的影响，在加工表面上会留下各种各样或程度不同的微观加工痕迹或不平度（具有较小的间距和峰谷），这些微观不平度即称为木材加工表面粗糙度，包括以下几种类型：

（1）刀具痕迹　常呈梳状或条状，其形状、大小和方向取决于刀刃的几何形状和切削运动的特征。例如，用圆锯片锯解的木材表面留有弧形的锯痕。

（2）波纹　一种形状和大小相近的、有规律的波状起伏，是切削刀具在加工表面上留下的痕迹或是机床—刀具—夹具—工件等工艺系统振动的结果。例如，铣削加工后的表面上留有刀刃轨迹形成的表面波纹。

（3）破坏性不平度　木材表面上成束的木纤维被剥落或撕开而形成，是由于加工时切削用量、切削方向或刀具锐利程度等不适当而引起的结果，通常出现在铣削或旋切后的木材表面上。

(4) 弹性恢复不平度　由于木材表面上各部分材料（早、晚材）的密度和硬度不同，切削加工时，刀具在木材表面上挤压形成弹性变形量的差异，解除压力后，由于木材弹性恢复量的不同而形成表面不平。这在针叶材表面沿年轮层方向切削时最为明显。

(5) 木毛或毛刺　木毛是指单根纤维的一端仍与木材表面相连，而另一端竖起来或黏附在表面上；毛刺则指成束或成片的木纤维还没有与木材表面完全分开。木毛和毛刺的形成和木材的纤维构造及加工条件有关。通常在评定表面粗糙度时，评定指标不包括木毛，因为还没有适当的仪器和方法对它做确切的评定；而在对表面粗糙度的技术要求中，常只能指明是否允许木毛存在。

木材表面除了上述由加工所形成的几种微观不平度（由较小的间距和峰谷组成）之外，还存在结构不平度，这是由于木材本身多孔结构而形成的。因为在切削加工表面上，被切开的木材细胞就呈现出沟槽或凹坑状，其大小和形态取决于被加工木材细胞的大小和它们与切削表面的相互位置。对于由碎料制成的木质材料或木质零件，则由其表层的碎料形状、大小及其配置情况构成结构不平度。这两种结构不平度以及木材表面可能存在的虫眼、裂缝等，由于与加工方法和切削方式无关，所以通常不包括在木材表面粗糙度这一概念范围内。因此，木材表面粗糙度就是指木材表面上由加工方法或其他因素形成的具有较小间距和峰谷组成的微观几何形状特性或微观不平度。

木材表面粗糙度是评定木家具表面质量的重要指标。它直接影响木材的胶合质量、装饰质量以及胶黏剂和涂料的耗用量，同时，对加工工艺的安排、加工余量的确定、原材料的消耗和生产效率的提高都具有很大的影响。因此，国家在制定有关木制品和木家具等产品技术标准中，对木材加工表面粗糙度都做了相应的规定。

4.3.2　表面粗糙度的影响因素及降低措施

4.3.2.1　影响表面粗糙度的因素

木材表面粗糙度是在木材切削过程中，由机床、刀具、加工材料性质、切削方法等诸因素共同作用的结果。

(1) 切削用量　包括切削速度、进料速度、吃刀量（切削层厚度）等。

(2) 切削刀具　刀具的几何参数、刀具的制造精度、刀具工作面的光洁度、刀具在刀架上的安装精度，以及刀具的刃磨和磨损情况等。

(3) 工艺系统　机床—刀具—夹具—工件等工艺系统的刚度和稳定性等。

(4) 木材和木质材料的物理力学性质　包括材种、硬度、密度、弹性、含水率等。

(5) 切削方向　包括横向切削（径向、弦向切削）和纵向切削（顺纹、逆纹切削）。

(6) 加工余量　加工余量的大小和变化等。

(7) 除尘方式　切屑的排除装置、除尘情况以及其他偶然性因素，往往也对表面粗糙度有很大的影响。

(8) 加工方法　机床类型和切削方法（锯、铣、刨、磨、钻，压、刻、冲、车、旋）。

通过生产实践可知，由于木材加工方法的不同，影响木材表面粗糙度的主要因素是有所不同的。例如，圆锯锯解木材时，表面粗糙度主要决定于切削速度、进料速度、锯齿与木材所成的角度，以及锯齿的刃磨质量和锯齿是否在同一切削圆周或平面上；在刨床及铣床上进行铣削或刨削加工时，工件表面的粗糙度主要决定于切削速度、进料速度、刀片数以及刀具安装精度即刀刃是否在同一切削圆周上，其在被切削表面上形成的波纹深度，是由切削圆周最大的刀刃所形成的，波纹节距就等于刀头的每转进给量，如图 4-3 所示；磨光机磨削木材表面时，磨料粒度、磨削速度、磨削压力、磨削方向，以及木材材性等因素对表面粗糙度影响很大，一般来说，磨料粒度越小、磨削压力越小、磨削速度越高，木材表面越光洁。

总之，每位机床操作者都要善于从木材加工后的表面粗糙度状况来分析和找出影响其的最主要因素，从而采取相应的措施来降低表面粗糙度。

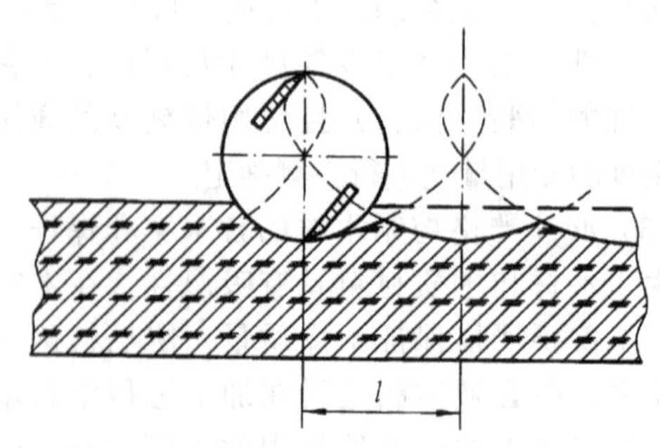

图 4-3　铣（刨）削时表面波纹

4.3.2.2 降低表面粗糙度的措施

(1) 根据加工对象的有关技术或质量标准要求，选择适当的加工机床类型。

(2) 在允许范围内，适当增大切削圆直径，提高转速、增加刀片数、降低进料速度。

(3) 选择合理的切削（进料）方向，要顺纹切削，避免逆纹切削。

(4) 根据材质和加工余量的大小，适当调整切削用量（吃刀量和进料速度）。

(5) 刀具要保持锋利，及时更换或修整磨损的刀具，刀具刃磨与安装要符合技术要求，保证质量。

总之，必须从机床的类型、精度、刀具和切削用量等多方面来寻求降低木材表面粗糙度的有效措施。

4.3.3 表面粗糙度的评定

4.3.3.1 评定基准（有关术语）

(1) 取样长度（l） 又称基本长度，是用以判别和测量表面粗糙度特征时所规定的一段表面基准长度。合理规定取样长度，可以避免或减弱表面波纹度和形状误差对表面粗糙度测量结果的影响。但取样长度也不能规定得太小，否则无法反映表面粗糙度的真实情况。一般在所规定的取样长度范围内，须包含五个以上的峰谷，否则应选取较大的取样长度。

(2) 评定长度（L） 又称测量长度，是为充分合理地反映工件的表面粗糙度，使测量结果具有代表性，在评定表面粗糙度时所必需的表面长度，它包含若干个取样长度。由于工件表面各部位粗糙度不一定均匀一致，故必须在其一定长度范围内的不同部位进行测量。通常要根据工件表面的加工方法来确定评定长度，一般取 $L=5l$。

(3) 表面轮廓 指平面与表面相交所得的轮廓线。平面与实际表面相交所得的轮廓线为实际轮廓；平面与几何表面相交所得的轮廓线为几何轮廓。

(4) 基准线（m） 又称轮廓算术平均中线，是将测量时获得的轮廓加以划分的线，是具有几何轮廓形状在取样长度内与轮廓走向一致的基准线。

(5) 轮廓偏距（y） 在测量方向上轮廓线上的点与基准线之间的垂直距离。

4.3.3.2 评定参数（有关术语）

评定木材表面粗糙度是一个相当复杂的问题，目前广泛采用轮廓最大高度、轮廓微观不平度十点高度、轮廓算术平均偏差、轮廓微观不平度平均间距、单位长度内单个微观不平度的总高度等表征参数来评定。

(1) 轮廓最大高度（R_y 或 R_{max}） 在取样长度内，被测轮廓最高峰顶与轮廓最低谷底之间在垂直于基准线方向上的距离，如图 4-4 所示。它是决定被加工表面切削层厚度的决定因素之一，是组成工序余量的一部分，对于规定锯材表面粗糙度要求特别重要。这个参数还关系到覆（贴）面零件表面的凹陷值和胶接强度。因此，它是一个很重要的参数。但它仅适用于目测可以明显看到轮廓最大高度所在部位的情况，如果在加工表面上破坏性不平度占主要地位时，用此参数是比较方便的；而对于微观不平度较小、粗糙度比较均匀的表面，就不一定适合作为主要评定参数。

(2) 轮廓微观不平度十点高度（R_z） 它是在取样长度内，被测轮廓上五个最大轮廓峰高（Y_{pi}）的平均值与五个最低轮廓谷深（Y_{vi}）的平均值之和，如图 4-5 所示。

$$R_z = \frac{1}{5}\left(\sum_{i=1}^{5} Y_{pi} + \sum_{i=1}^{5} Y_{vi}\right)$$

R_z 比 R_y 有更广泛的代表性，因为它是取样长度范围内的五个轮廓最大高度的平均值。这个参数适用于表面不平度较小、粗糙度分布比较均匀的表面。对于用薄膜贴面或涂料涂饰的木材及木质人造板表面，宜用 R_z 作为表面粗糙度的评定参数。

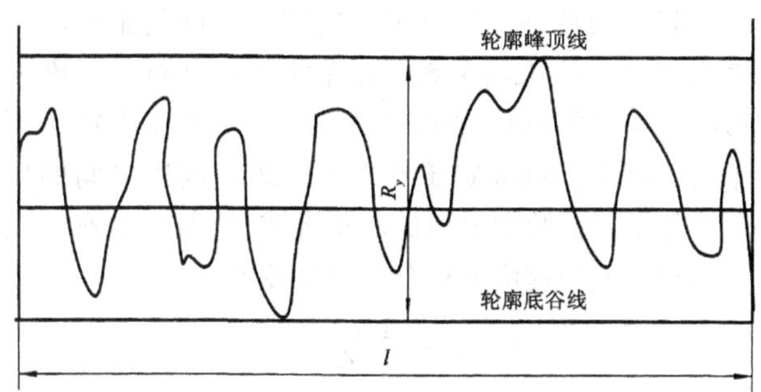

图 4-4 轮廓最大高度

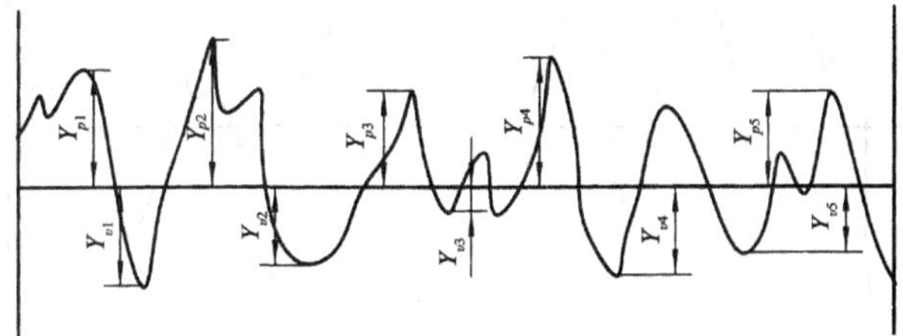

图 4-5 轮廓微观不平度十点高度

(3) 轮廓算术平均偏差（R_a）　它是在取样长度内，被测轮廓上各点至基准线距离（偏差距）绝对值的算术平均值，如图 4-6 所示。

R_a 可以用包含在轮廓线与基准线之间的面积来求得：

$$R_a = \frac{1}{l}\int_0^l |y| \, dx$$

R_a 适用于不平度间距较小、粗糙度分布均匀的表面，特别适合于结构比较均匀的材料，如纤维板及多层结构的刨花板砂光表面等材料粗糙度的评定。此参数可用轮廓仪自动测量和记录。

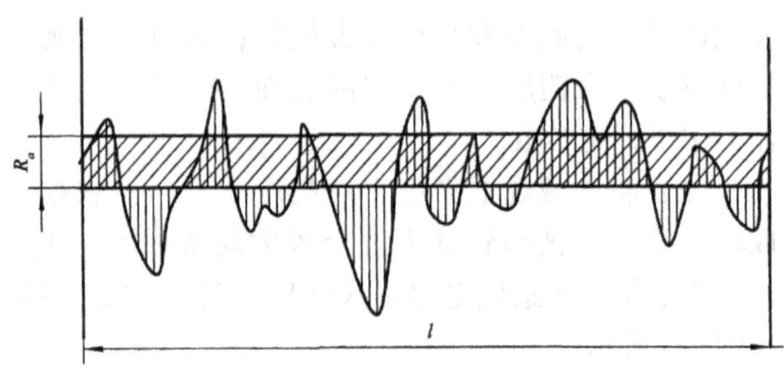

图 4-6　轮廓算术平均偏差

(4) 轮廓微观不平度平均间距（S_m）　它是在取样长度内被测轮廓在基准线上含有一个峰和一个谷的微观不平度间距的算术平均值，如图 4-7 所示。S_m 适合于评定铣削后的表面粗糙度，如果两个铣削后的表面，即使测得的 R_z 相同，并不能说明两者的粗糙度是相等的，因为不平度的平均间距不同，反映出粗糙度特性就会有很大的差别。S_m 不仅反映了不平度间距的特征，也可用于确定不平度间距与不平度高度之间的比例关系。胶贴零件因基材不平度的影响，而导致贴面层的凹陷的大小，不仅决定于不平度的高度，也决定于不平度间距与高度之间的比例。为了保证胶贴表面的质量要求，利用 S_m 作为规定基材表面粗糙度的补充参数是必要的。

$$S_m = \frac{1}{n}\sum_{i=1}^{n} S_{mi}$$

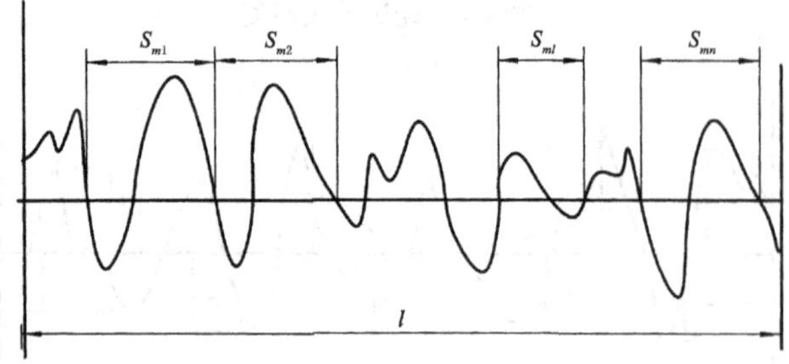

图 4-7　轮廓微观不平度平均间距

此参数也适用于薄木贴面或涂料涂饰的刨花板表面粗糙度的评定。

(5) 单位长度内单个微观不平度的总高度（R_{pv}）　又称单个微观不平度高度在测定长度上的平均值，即在评定长度（L）内各单个微观不平度的高度（h_i）之和除以该评定长度，如图 4-8 所示。

$$R_{pv} = \frac{1}{L}\sum_{i=1}^{n} h_i$$

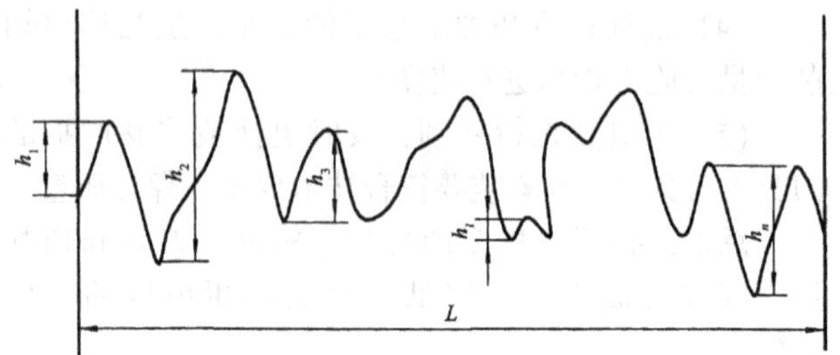

图 4-8　单位长度内单个微观不平度的总高度

对于具有粗管孔的硬阔叶材表面，由于导管被剖切等所形成的结构不平度给经切削加工后表面粗糙度的测定带来不同程度的干扰，而采用 R_{pv} 参数能相对削弱其影响程度，较真实地反映出表面粗糙度状态，同时也能比较正确地判定出用不同砂粒粒度的砂带（砂纸）砂磨表面后的粗糙程度。因而，R_{pv} 主要是作为检测此类表面粗糙度所使用的参数。

以上各参数是从不同的方面分别反映表面粗糙轮廓特征的，实际运用时，可以根据不同的加工方式和表面质量要求，选用其中一个或同时用 2～3 个参数来评定。例如，锯材表面可以用 R_y，刨削和铣削表面可以用 R_z 及 S_m，胶贴及涂饰表面可以用 R_a 及 S_m 或 R_z 及 S_m 来分别确定其表面粗糙度。

对上述各参数进行分析比较可知，在同一加工表面上，测量的 R_y 值大于 R_z 值，而 R_z 值又比 R_a 值大。但它们之间没有确定的比例关系。采用不同的加工方式加工同一树种，表面粗糙度同一参数值也不相同。也就是说，上述参数之间的比值是不固定的，因此，它们中的任何一个参数值都不可能根据已知的比例关系换算成另一参数值。这就给表面粗糙度的统一分级带来不便，如果分别就各个参数进行分级，既烦琐又不便使用。所以，目前国际上评定表面粗糙度时，一般趋向于不分级，只将每个参数的数值限制在某一范围内。当然，这个数值范围必须经过反复试验，充分证明是最合理和最经济的，才能作为制定木材表面粗糙度标准的依据。

4.3.4　表面粗糙度的标准与数值

根据我国木制品的生产实际状况，在国家标准

GB/T 12472—2003《产品几何量技术规范（GPS）表面结构轮廓法木制件表面粗糙度参数及其数值》中，规定了木制零件表面粗糙度各参数的具体数值。此标准适用于未经涂饰处理的木制零部件表面粗糙度的评价，也适用于由单板、覆面板、胶合板、刨花板、层压板以及中密度纤维板等材料制成的，而且未经涂饰处理的木制件表面粗糙度的评价。标准规定采用中线制评定木制件的表面粗糙度，其表面粗糙度参数从 R_a、R_z 和 R_y 三个参数中选取，另外根据表面状况又增加了 S_m 和 R_{pv} 两个补充参数。取样长度规定 0.8mm、2.5mm、8mm 和 25mm 四个系列。测量 R_a、R_z 和 R_y 时，对应选用的取样长度见表 4-3。各参数 S_m、R_{pv}、R_a、R_z 和 R_y 数值见表 4-4。

表 4-3 不同 *R* 值所选用的取样长度

R_a（μm）	R_z、R_y（μm）	L（mm）
0.8、1.6、3.2	3.2、6.3、12.5	0.8
6.3、12.5	25、50	2.5
25、50	100、200	8
100	400	25

表 4-4 R_a、R_z、R_y、S_m 及 R_{pv} 值

参　数	单　位	数　值							
R_a	μm	0.8	1.6	3.2	6.3	12.5	25	50	100
R_z、R_y	μm	3.2	6.3	12.5	25	50	100	200	400
S_m	mm	0.4	0.8	1.6	3.2	6.3	12.5	—	—
R_{pv}	μm/mm	6.3	12.5	25	50	100	—	—	—

在测量 R_{pv} 参数时，评定长度 L 规定为 20～200mm。一般情况下选用 200mm；如果被测定粗糙度的表面幅面较小，或者微观不平度较均匀的可以选用 20mm。

另外，GB/T 12472—2003《产品几何量技术规范（GPS）表面结构轮廓法木制件表面粗糙度参数及其数值》中还给出了砂光、手光刨、机光刨、车削、纵铣、平刨、压刨等不同加工方法和柞木、水曲柳、刨花板、人造柚木、柳桉、红松等不同材种所能达到的表面粗糙度的数值范围，可供实际生产参照使用。除此之外，在 GB/T 3324—2017《木家具通用技术条件》和 QB/T 1951.1—2010《木家具质量检验及质量评定》等标准中，将表面粗糙度划分为粗光、细光和精光三等。木家具产品涂饰前各部位的表面粗糙度应符合表 4-5 的规定。

GB/T 3324—2017
《木家具通用技术条件》

QB/T 1951.1—2010
《木家具质量检验及质量评定》

粗光：指经平刨、压刨等刨削加工后直接使用的零部件，达到表面平整，不得有啃头、锯痕和明显逆纹、沟纹，波纹长度不大于 3mm。

表 4-5 木家具涂饰前各部位的表面粗糙度

部　位	粗糙度要求	
	普　级	中高级
外　表	细　光	精　光
内　表	细　光	细　光
内　部	细　光	细　光
隐蔽处	粗　光	粗　光

细光：指允许有目视不明显而手摸有感觉的木毛、毛刺、刨痕，但不得有逆纹、沟纹。

精光：指经目视和手感都无木毛、毛刺、啃头、刨痕、机械损伤，用粉笔平划后看不出粗糙痕迹。

在 QB/T 1951.1—2010《木家具质量检验及质量评定》等标准中，一般要求木家具未涂饰部位粗糙度，内部 $R_a = 3.2 \sim 12.5\mu m$（细光），隐蔽处 $R_a > 12.5\mu m$（粗光）。

在木家具生产中，应根据不同的加工类型、加工方法和表面质量，对木制件的表面粗糙度提出相应的要求，标出规定的表面粗糙度参数和数值。用 R_a、R_z 和 R_y 参数评定粗糙度时，一般应避开导管被剖切开较集中的表面部位；如果无法避开，则在评定时应除去剖切开导管所形成的轮廓凹坑。对于表面上具有的裂纹、节子、纤维撕裂、表面碰伤和木刺等缺陷的表面，应做单独限制和规定。

4.3.5　表面粗糙度的测量

木材表面粗糙度的轮廓有时虽然可以用计算方法求出，但由于木材在切削后出现弹性恢复、木纤维的撕裂、木毛的竖起等情况，计算结果往往不够准确，所以必须借助于专门的仪器来观测木材表面的轮廓，按照求得的参数值来评定木材表面粗糙度。为了使测量轮廓尽可能与实际表面轮廓相一致，并具有充分的代表性，就应要求测量时仪器对被测表面没有或仅有极小的测量压力。

测量木材表面粗糙度的方法较多，根据测量原理不同，常用的方法主要有：目测法（又称感触法或样板比较法）、光断面法（又称光切法）、阴影断面法、轮廓仪法（又称针描法或触针法）等。采用轮廓仪法测量木制件表面粗糙度也可以参照 GB/T 14495—2009《产品几何技术规范（GPS）表面结构 轮廓法 木制件表面粗糙度比较样块》进行。

4.4　工艺过程

4.4.1　工艺过程的基本概念

4.4.1.1　生产过程

生产过程是所有与将原材料制成产品相关的过程总和，也就是从生产准备工作开始，直到把产品生产出来为止的全部过程。家具的生产过程包括：原辅材料的运输和保存，产品的开发和设计，加工设备的调整、维修和保养，刀具、工具及能源的订购和供应，配料、零部件机械加工、胶合、装配和装饰，零部件和产品的质量检验和包装、入库保管，生产的组织和管理，工业卫生和环境保护等。

4.4.1.2　工艺过程

通过各种加工设备改变原材料的形状、尺寸或物理性质，将原材料加工成符合技术要求的产品时，所进行的一系列工作的总和称为工艺过程。家具生产工艺过程包括材料制备、机械加工、胶合与胶贴、软化、弯曲、装配、涂饰、装饰、检验、包装、入库等工序。

工艺过程是生产过程中的主要部分。工艺过程是否合理主要取决于：①生产工艺路线的流向是否流畅；②车间的规划和工段的划分是否合理；③工作位置的组织和加工设备的选择与布置是否得到优化；④零部件加工工序的多少和工序之间的匹配是否平衡；⑤零部件及产品的加工质量和产量是否得到保证；⑥原辅材料及能源的消耗是否降低；⑦劳动生产率和生产效益是否提高；⑧劳动保护和生产环境是否安全清洁等。

因此，在制定和安排工艺过程时，不仅要考虑产量和规模、提高劳动生产率和生产效益，更重要的是要遵循家具生产的基本理论、基本原理和基本方法，实施标准化和规范化生产，重视加工质量，加强质量检验和管理，才能保证产品质量，提高产品的可靠性，减少返修工作，从而获得优质、高产、低耗、高效的经济效果。

4.4.2　工艺过程的构成

根据加工特征或加工目的的不同，木家具生产工艺过程一般由制材、干燥、配料、毛料加工、胶合与胶贴、弯曲成型、净料加工、装饰、装配等若干个工段构成。各工段又分别包含若干个工序。工序是生产工艺过程的常用组成单位。

4.4.2.1　加工工段

木家具生产主要以原木制材得到的天然实木锯材和各种木质人造板为原料。不同类型和结构的木家具，其工艺过程或构成工艺过程的加工工段略有区别。但木家具生产工艺过程通常大致由以下几个加工工段构成。

（1）制材　是将原木进行纵向锯解和横向截断成锯材或成材的过程。目前，木家具生产企业一般都不设制材工段或车间，直接购进锯材或成材。

（2）干燥　为保证家具的产品质量，生产中要求对锯材的含水率进行控制，使其稳定在一定范围内，即与该家具使用环境的年平均含水率相适应。因此，锯材加工之前，必须先进行干燥。对于人造板材或集成材（或实木拼板）等也应控制其含水率。

（3）配料　锯材和各种人造板的机械加工，通常是从配料开始的。经过配料锯切成一定尺寸（通常包含一定的加工余量）的毛料。配料工段主要是在满足工艺加工和产品质量要求的基础上，使原料得到最合理的、最充分的利用。木材干燥与配料工段的先后顺序，因木家具的结构而有所不同。可以是先进行锯材干燥然后配料；也可以先配料而后再进行毛料干燥。在实际生产中，两种情况都是存在的。但是先干燥后配料从理论上浪费能源，先配料后干燥容易出现毛料废品。因此，应该具体问题具体分析。当前的生产企业多数采用先干燥后配料。

（4）毛料加工　主要是对毛料的四个表面进行

加工，截去端头，切除预留的加工余量，使其变成符合要求而且尺寸和几何形状精确的净料。主要包括基准面加工、相对面加工、精截等，有时还需进行胶合、锯制、弯曲等加工处理。

(5) 净料加工　是指对净料进行开榫、起槽、钻孔、打眼、雕刻、铣型、磨光等加工，通过这些加工使净料变成符合设计要求的零件。

(6) 胶合与胶贴　主要是指实木方材胶拼、板式部件的制造、覆面或贴面、边部处理（封边、镶边、包边等）等。

(7) 弯曲成型　主要是指通过实木方材弯曲、薄板胶合弯曲、锯口弯曲等方法对木材或木质材料进行弯曲加工处理，使其变成符合设计要求的曲线形零部件。

(8) 装饰　是指采用贴面、涂饰以及特种艺术装饰等方法对木制白坯进行装饰处理，使其表面覆盖一层具有一定硬度以及耐水、耐候等性能的膜料保护层，并避免或减弱阳光、水分、大气、外力等的影响和化学物质，以及虫菌等的侵蚀，防止制品翘曲、变形、开裂、磨损等，以便延长其使用寿命。同时，赋予其一定色泽、质感、纹理、图案纹样等明朗悦目的外观装饰效果，给人以美好舒适的感受。

(9) 装配　是指按产品设计要求，采用一定的接合方式，将各种零部件及配件组装成具有一定结构形式的完整产品，以便于使用。它包括部件装配和总装配。总装配与装饰（涂饰）的顺序应视具体情况而定，它们的先后顺序也取决于产品的结构形式。非拆装式家具一般是先装配后涂饰；而待装式家具、拆装式家具或自装式家具则是先装饰后装配。可进行标准化和部件化的生产、贮存、包装、运输、销售，占地面积小、搬运方便，便于生产、运输、销售和使用，是现代家具中广泛采用的加工方式。

4.4.2.2　加工工序

工艺过程各个工段是由若干个工序组成的。工序是指一个（或一组）工人在一个工作位置上对一个或几个工件连续完成的工艺过程的某一部分操作。工序是工艺过程的基本组成部分，也是生产计划的基本单元，还是生产管理应控制与研究的主要对象。

为了确定工序的持续时间，制定工时定额标准，还可以把加工工序进一步划分为安装、工位、工步、走刀等组成部分，以便于更加准确和有效地进行生产管理。

(1) 安装　工件在一次装夹中所完成的那一部分工作称为安装。由于工序复杂程度不同，工件在加工工作位置上可以只装夹一次，也可能需装夹几次。例如，两端开榫头的工件，在单头开榫机上加工时就有两次安装；而在双头开榫机上加工，只需装夹一次就能同时加工出两端的榫头，因此只有一次安装。

(2) 工位　工件处在相对于刀具或机床一定的位置时所完成的那一部分工作称为工位。在钻床上钻孔或在打眼机上打眼都属于工位式加工。工位式加工工序可以在一次安装一个工位中完成，也可以在一次安装若干个工位或若干次安装若干个工位上完成。在工位式加工工序中，由于更换安装和工位时需消耗时间，所以安装次数越少，生产效率越高。例如，对于一个零件要进行四面加工，采用五轴四面刨则是一次安装五个工位，采用四轴四面刨则是一次安装四个工位。而采用平刨与压刨进行分步完成，则需要基准面（边）加工、相对面（边）加工、型面加工等多次安装多个工位，生产效率比较低。

(3) 工步　在不改变切削用量（切削速度、进料量等）的情况下，用同一刀具对同一表面所进行的加工操作称为工步。一个工序可以由一个工步或几个工步组成。例如，在平刨上加工基准面和基准边，该工序就由两个工步所组成。

(4) 走刀　在刀具和切削用量均保持不变时，切去一层材料的过程称走刀。一个工步可以包括一次或几次走刀。例如，工件在平刨上加工基准面，有时需要进行几次切削才能得到符合要求的平整的基准面，每一次切削就是一次走刀。在压刨、纵解锯等机床上，工件相对于刀具做连续运动进行加工称为走刀式加工。走刀式加工工序中，因毛料是向一个方向连续通过机床没有停歇，不耗费毛料和刀具的返回运行时间，所以生产效率较高。

在开榫机上加工榫头为工位-走刀式加工。在此工序中，工件在一次安装下具有四个工位，用圆锯片对工件截端、圆柱形铣刀头切削榫头、圆盘铣刀铣削榫肩、切槽铣刀或圆锯片开双榫。但根据零件加工要求不同，也可取三个、两个或一个工位。如加工直角榫时，就只需使用前两组刀具，此时开榫工序只有两个工位。

将工序划分为安装、工位、工步、走刀等组成部分，对于制定工艺规程，分析各部分的加工时间，正确确定工时定额，以及研究如何保证加工质量和提高生产率，是很有必要的。在工件加工过程中，消耗在切削上的加工时间往往要比在机床工作台上安装、调整、夹紧、移动等所耗用的辅助时间少得多。因而，尽量缩短机床的空转时间，减少工件的安装次数及装卸时间，采用多工位的机床进行加工，都可提高机床利用率和劳动生产率。

4.4.2.3　工序的分化与集中

（1）工序分化　使每个工序中所包含的工作尽量减少，即是把大的复杂的工序分成一系列小的较简单的工序。其极限是把工艺过程分成很多仅仅包含一个简单工步的工序。按照工序分化原则构成的工艺过程，有以下特点：所用机床设备与夹具的结构以及操作和调整工作都比较简单；对操作人员的技术水平要求比较低；便于适应产品的更换，生产比较灵活；可以根据各个工序的具体情况来选择最合适的切削用量，缺点是需要设备数量多、操作人员多、生产占用面积大。

（2）工序集中　是指使工件尽可能在一次安装后同时进行几个表面的加工，也就是把工序内容扩大，把一些独立的工序集中为一个较复杂的工序。其极限是一个零件的全部加工在一个工序内完成。按照工序集中原则构成的工艺过程，其特点是减少了工件的安装次数和缩短了装卸时间；适用于尺寸大、搬运与装卸困难且各个表面的相互位置的精度要求高的工件的加工；实行工序集中，可减少工序数量、简化生产计划和生产组织工作，缩短工艺流程和生产周期，减少生产占用面积，提高劳动生产率；如果使用高效率的专用机床，还可以减少机床和夹具数量。但是，所用机床设备和夹具的结构比较复杂、调整这些机床耗用的时间较长，适应产品的变换比较困难，并且对操作者的技术水平要求较高。

工序的分化或集中，关系到工艺过程的分散程度、加工设备的种类和生产周期的长短。因此，实行工序分化或集中，必须根据生产规模、设备情况、产品种类与结构、技术条件，以及生产组织等多种因素合理地确定。在木家具和木制品生产中，工序集中广泛用于机械加工工段。工序集中形式有连续式、平行式和平行-连续式。连续式是工件定位以后，通过刀具自动转换机构或采用复杂刀具来完成全部工作；平行式是用联合机组和控制机构来实现加工；平行-连续式用于方材和拼板的机械加工连续流水线中。CNC 数控机床（加工中心）是一种比较典型的工序集中化机械加工设备，它安装一次就可以完成原来要几台机床和几次安装才能完成的铣（多方位的加工）、钻（多种形状的孔）、开槽（直线或曲线）等加工工作。

家具生产和需求通常是多品种和多样化的，而多品种生产往往是小批量生产，这就会带来生产成本的提高。成组技术（GT）在目前家具生产中是比较先进的工序集中技术。它可以利用被加工零件的相同特征，进行工序集中化加工，实现多品种、小批量生产，从而降低成本。成组技术能够缩短安装、定位和调机的时间，从而提高生产率，降低废品率。

4.4.3　典型木家具的生产工艺流程

木家具的生产工艺流程根据产品特点可分为框架式、板式、曲木式等多种形式。但按照木家具类型，各类家具的生产工艺流程大致类似。在实际生产中，可根据产品结构和原材料的特点，合理选择加工设备，确定工艺参数，制定具体生产工艺流程。以下根据工艺特点，分别介绍几类木家具的生产工艺流程。

4.4.3.1　框架式家具生产工艺流程

框架式家具是以实木为基材做成框架或框架覆板（或嵌板）的结构（以实木零件为基本构件）所构成的，如实木桌椅等。这类产品既可以是固定式结构，也可以是拆装式结构。其主要工艺流程为：

实木板材（锯材）⟶ 锯材干燥 ⟶ 配料 ⟶ 毛料加工（刨光、精截等）⟶（胶拼或弯曲）⟶ 净料加工（开榫、起槽、钻孔、打眼、雕刻、铣型、磨光等）⟶ 部件装配 ⟶ 部件加工与修整 ⟶（总装配）⟶ 装饰（涂饰）⟶ 检验 ⟶ 包装

其中，干燥与配料的先后顺序，可以是先锯材干燥后配料，也可以先配料而后再毛料干燥。总装配与装饰（涂饰）的先后顺序，可以是先总装配后装饰（涂饰），也可以先零部件装饰（涂饰）后总装配；或者先零部件装饰（涂饰）后不进行总装配而直接检验包装。工序先后顺序和组合可根据木家具的结构形式和具体情况选择。

4.4.3.2　板式家具生产工艺流程

板式家具是以木质人造板为基材与五金连接件接合的板件结构所构成的。由于接合方式的不同，板式结构具有可拆与不可拆之分，但一般多为拆装式结构。

（1）空心覆面板（包镶板）的板式家具生产工艺流程

板材（干实木锯材或厚人造板材）⟶ 木框制备（配料、框条加工）⟶ 组框排芯（木框、空心填料）⟶ 空心板覆面（覆面材料准备、涂胶、配

坯、胶压）⟶齐边加工（尺寸精加工）⟶边部铣异型⟶边部处理（直边与软成型封边、镶边、涂饰等）⟶排钻钻孔（圆榫孔和连接件接合孔）⟶（表面实木线型装饰）⟶表面砂光⟶涂饰⟶零部件检验⟶（装配）⟶盒式包装

（2）实心覆面板（以人造板为基材）的板式家具生产工艺流程，根据板材是否饰面可分为

饰面板材（饰面刨花板或中密度纤维板、饰面细木工板或多层胶合板等）⟶配料（开料或裁板）⟶（边部铣异型）⟶边部处理（直边与软成型封边、镶边等）⟶排钻钻孔（圆榫孔和连接件接合孔）⟶零部件检验⟶（装配）⟶盒式包装

未饰面板材（刨花板或中密度纤维板、细木工板、多层胶合板等）⟶配料（开料或裁板）⟶定厚砂光⟶贴面装饰（饰面材料准备、涂胶、配坯、胶压）⟶齐边加工（尺寸精加工）⟶边部铣异型⟶边部处理（直边与软成型封边、后成型包边、镶边、V形槽折叠、涂饰等）⟶排钻钻孔（圆榫孔和连接件接合孔）⟶（表面镂铣与雕刻或表面实木线型装饰）⟶表面砂光⟶涂饰⟶零部件检验⟶（装配）⟶盒式包装

根据板式家具的结构类型、基材种类、板件形式、装饰方法等的不同，产品既有贴面板式家具（以贴面装饰为主，一般无涂饰）和涂饰板式家具（表面最终为涂饰装饰，也可先贴面后再涂饰）之分；也有平直型板式家具（只进行表面贴面和封边或包边等平面装饰）和艺术型板式家具（表面采用镂铣与雕刻或实木线型镶贴等立体艺术装饰）之分。因此，板式家具的生产工艺流程，应根据产品的结构类型、基材种类、板件形式、装饰方法和加工设备等具体情况来进行合理选择与确定。

典型板式家具的生产工艺流程，可参见第6章有关部分的详细内容。

4.4.3.3 曲木式家具生产工艺流程

曲木式家具是主要由实木锯制弯曲、实木方材弯曲、薄板胶合弯曲、碎料模压成型等曲线形木质零件所构成的。这类家具根据接合方法的不同，既可是拆装结构，也可是非拆装结构。

（1）实木方材弯曲家具生产工艺流程

实木板材（锯材）⟶配料⟶毛料挑选⟶毛料加工（刨光、精截等）⟶软化处理⟶加压弯曲⟶干燥定型⟶净料加工（开榫、起槽、钻孔、打眼、雕刻、铣型、磨光等）⟶部件装配⟶部件加工与修整⟶（总装配）⟶涂饰⟶检验⟶包装

（2）薄板胶合弯曲家具生产工艺流程

薄板（刨切薄木、旋切单板、锯制薄板等）⟶干燥⟶剪拼⟶涂胶⟶配坯陈化⟶弯曲成型（热压或冷压）⟶陈放⟶锯解或剖料⟶毛料加工（刨光、精截等）⟶净料加工（开榫、起槽、钻孔、打眼、雕刻、铣型、磨光等）⟶部件装配⟶部件加工与修整⟶（总装配）⟶涂饰⟶检验⟶包装

（3）碎料模压成型家具生产工艺流程

木质碎料⟶拌胶⟶铺模（碎料铺装与饰面材料组坯）⟶模压成型⟶脱模⟶坯料加工（起槽、钻孔、打眼、铣型、磨光等）⟶部件装配⟶部件加工与修整⟶（总装配）⟶涂饰⟶检验⟶包装

4.4.4 工艺规程及其作用

4.4.4.1 工艺规程的概念

工艺规程是规定生产中合理加工工艺和加工方法的技术文件，如工艺卡、检验卡等。在这些文件中，规定了：①产品及零部件的设计资料；②产品及零部件的生产工艺流程或工艺路线；③所用设备和工、夹、模具的种类；④产品及零部件的技术要求和检验方法；⑤工人的技术水平和产品及零部件的工时定额；⑥所用材料的规格和消耗定额等。工艺规程是组织生产和工人进行操作的重要依据。

4.4.4.2 工艺规程的作用

（1）工艺规程是指导生产的主要技术文件　在生产中，工艺卡、检验卡等技术文件是实施生产计划、安排生产任务、管理生产过程、稳定生产秩序、组织生产人员和核算生产成本的依据。

（2）工艺规程是生产组织和管理工作的基本依据　在生产中，原材料的供应、机床设备的利用与负荷的调整、工夹具的设计和制造、生产计划的制定与编排、劳动力的组织、产品质量检验，以及经济成本核算等，都应以工艺规程作为基本依据。

（3）工艺规程是新建或扩建工厂及车间设计的基础　在新建或扩建工厂或车间时，需根据工艺规程和生产任务来确定生产所需的设备选型，设备配

置，工艺布置，车间面积确定，原辅材料计算，生产工人工种、等级和人数，以及辅助部门的安排，等等。

4.4.4.3　工艺规程的编制

合理的工艺规程是在总结实践经验的基础上依据科学理论和必要的工艺试验而制定的。但工艺规程并不是一成不变的，它应及时地反映生产中的革新与创造，吸收国内外先进的工艺技术，不断地改进和完善，以更好地指导生产和合理地进行生产组织与管理。

制定工艺规程时，应该力求在一定的生产条件下，以最快的速度、最少的劳动量和最低的成本加工出符合质量要求的产品。因此，在制定工艺规程时必须考虑以下问题：

（1）技术上的先进性　制定工艺规程时，应了解国内外木制品生产的工艺技术，积极采用较先进的工艺和设备。

（2）经济上的合理性　在一定的生产条件下，可以有多种完成该产品加工的工艺方案。应该通过核算和评比，选择经济上最合理的方案，以保证产品的成本最低。

（3）使用上的可行性　制定工艺规程时，必须考虑优化的加工方式、良好的工作条件、卫生的生产环境，以减轻工人体力劳动，实现安全、文明、清洁生产。

制定工艺规程时，应首先认真研究产品的技术要求和任务量，了解现场的工艺装备情况，参照国内外科学技术发展情况，结合本部门已有的生产经验来进行此项工作。为了使工艺规程更符合生产实际，还须注意调查研究，集思广益。对先进工艺技术的应用，应该经过必要的工艺试验。

复习思考题

1. 设计基准、定位基准、装配基准和测量基准之间有何区别？举例说明。
2. 什么是加工精度？主要包括哪些内容？影响因素有哪些？何为互换性？
3. 什么是表面粗糙度？有几种常见形式？它与木家具质量有何关系？表面粗糙度各种评定参数的特性和用途是什么？
4. 什么是木家具的生产过程、工艺过程和工艺规程？三者之间有何联系与区别？
5. 简述实木家具、贴面板式家具、实木弯曲家具、单板胶合弯曲家具的主要生产工艺流程。

第5章 实木零部件加工

【本章重点】

1. 木材干燥的基本原理与干燥方法、干燥工艺与干燥质量。
2. 配料的要求、工艺与加工设备，加工余量的概念及确定方法，毛料出材率及其提高的措施。
3. 毛料加工的内容、方法及设备。
4. 方材胶合的种类、工艺及设备，影响方材胶合质量的因素。
5. 净料加工的内容、方法及设备。

实木零部件主要指以天然实木板材为原料加工而成的零部件，例如：实木桌椅等家具的框架、腿、档、立柱、嵌板、望板、面板等零部件。目前，木家具生产企业一般都不设制材工段或车间，而是直接购进实木板材（又称锯材或成材）。根据加工特征或加工目的的不同，实木零部件的生产工艺过程一般由干燥、配料、毛料加工、胶合（胶拼）、弯曲成型、净料加工、装饰（贴面与涂饰）、装配等若干个过程组成。

5.1 木材干燥

天然木材是木家具制造的主要材料，而对木材的合理使用则是建立在对木材正确干燥和对木材含水率严格控制的基础上的。为保证家具的产品质量，生产中要对锯材的含水率进行控制，使其稳定在一定范围内，即与该家具的使用环境年平均含水率相适应。因此，木材干燥是确保木家具质量的先决条件。实木板材（尤其是湿板材）在加工之前，必须先进行适当的干燥处理，以便使其达到要求的含水率。

5.1.1 木材干燥目的

木材干燥是在热力作用下，按照一定规程以蒸发或沸腾的汽化方式排除木材水分的物理过程。由原木经制材加工而成的湿板材，含有大量的水分，通常都会从表面向空气中蒸发水分，随时都在干燥之中；当木材在常压下被加热到100℃以上时，就会产生沸腾汽化现象。目前，常说的木材干燥主要是指按照一定基准有组织和有控制的人工干燥过程（也包括受气候条件制约的大气干燥）。

木材干燥的目的，主要体现在以下几方面：

（1）防止木材变形和开裂　如果将木材干燥到其含水率与使用环境相适应的程度，就能提高木材的尺寸稳定性，从而防止木材干缩变形和翘曲开裂，使木材经久耐用。

（2）提高木材力学强度和改善木材物理性能　当木材含水率低于纤维饱和点（f. s. p.）时，其力学强度会随着木材含水率的降低而增大，反之则减小；另外木材含水率的适度降低，可改善木材的物理与加工性能、提高胶合与装饰质量、显现木材的纹理与色泽、降低木材的导电与导热性能。

（3）预防木材腐朽变质和虫害　木材干燥一般将其含水率控制在20%以内，从而能破坏各种菌虫的寄生条件，提高木材的抗腐及防虫性能，避免产生腐朽、变色、虫蛀等缺陷，确保木材的固有品质。

（4）减轻木材重量和降低木材运输成本　木材干燥后，能显著减轻木材重量和降低木材运输成本；而且可防止木材在运输过程中遭到菌虫危害，保证木材质量；同时能使木材适应后续的加工操作。

（5）提升木材和家具产品档次　经过干燥处理后的木材制成的家具，其零部件尺寸和产品结构稳定、产品质量有保证、档次高。

由此可见，木材干燥是木家具制造过程中一个相当重要的工艺环节，应当引起重视。当然，要达到以上目的，必须对木材进行合理和高效的干燥；如果操作不当，反而会增加成本，甚至造成损失。

5.1.2 木材干燥方法类型

木材干燥的方法可概括为大气干燥和人工干燥两大类。其中，人工干燥又可分为人工窑干、除湿干燥、太阳能干燥、真空干燥、高频干燥、微波干燥、红外干燥、热压干燥等。

(1) 大气（自然或天然）干燥　简称气干，是指把木材堆积在空旷场地上或棚舍内，利用大气作传热传湿介质和太阳辐射的能量进行对流换热，排除木材中水分，达到干燥目的。由于受到自然条件的限制，干燥时间长、终含水率高、占场地大、易受菌虫危害等，目前单纯的大气干燥使用较少，而作为一种预干法与其他干燥法相结合使用，可缩短干燥时间、保证干燥质量、降低干燥成本。

(2) 人工窑干　简称窑干，是指在干燥窑内人为控制干燥介质参数对木材进行对流换热干燥的方法。按照干燥介质温度的不同，又可分为低温窑干（20～40℃）、常温窑干（≤100℃）、高温窑干（>100℃）。木材窑干法干燥质量好、干燥周期较短、干燥条件可调节、可达到任何要求的含水率，是目前木材含水率控制中常用的一种干燥方法。

(3) 除湿（热泵）干燥　是指用专门除湿机（热泵）的冷风端将窑内一部分空气介质冷凝除湿，并经除湿机热端及辅助加热器加热后，再与窑内其余循环空气混合所进行的低温、低风速的对换热流干燥方法。除湿干燥无环境污染、干燥温度较低、干燥质量较好、干燥周期较长、干燥成本较高，适合干燥批量要求不大的木材干燥。

(4) 真空干燥　是指在密闭容器内，在负压（真空）条件下对木材进行干燥。可以在较低的温度下加快干燥速度，保证干燥质量，尤其适合渗透性较好的硬阔叶材厚板或方材的干燥。

(5) 高频或微波干燥　是指将木材置于高频或微波电磁场中，在交变电磁场作用下，木材中水分子（电介质）反复极化，摩擦生热，进行木材内热干燥的方法。木材内外同时均匀干燥，干燥速度快、干燥质量好，可以保持木材天然色泽，但干燥成本高。

(6) 太阳能干燥　是指利用集热器吸收太阳辐射能加热空气，再通过空气对流传热干燥木材的方法。此法节约能源、无环境污染、干燥质量较好、干燥成本低，但受气候条件影响大。

(7) 热压（接触）干燥　又称热板干燥，是将木材置于热压平板之间，并施加一定的压力，进行接触传导加热干燥木材的方法。此法接触干燥传热及干燥速度快，干燥木料平整光滑，尤其适合于速生人工林木材的干燥。

5.1.3 木材干燥介质

在干燥窑或其他密闭容器内，对锯材或成材（板材、方材）进行干燥处理时，首先需把木材及其所含的水分预热到一定温度，这即为加热过程；还需使已预热的水分蒸发为水蒸气并排出木材，这即为干燥过程。加热和干燥都需要一种媒介物质，先吸收加热器表面散发的热量，再把热量传给木材，同时将木材表面蒸发出的水蒸气带出并排往大气中。这种在木材和加热器之间起着传热作用、在木材和大气之间起着传湿作用的传热传湿的媒介物质称为干燥介质（通常为气体）。常用的干燥介质有湿空气、饱和蒸汽、过热蒸汽和炉气。

(1) 湿空气　是含有水蒸气的空气，即以干空气和水蒸气为主体的混合气体。自然界中的大气和干燥窑内的空气都是湿空气。湿空气有不饱和与饱和之分。对于不饱和湿空气，湿度越小，表明其继续容纳水蒸气的能力越强；相反，湿空气的湿度越大，表明其吸收水蒸气的能力越小。对于饱和湿空气，湿度达到最大，就会失去吸收水蒸气的能力。木材干燥中常用的是不饱和湿空气。

(2) 饱和蒸汽　当液体水在一定温度和密闭容器中汽化蒸发与蒸汽凝结成水处于两相动平衡状态（饱和状态）时的水蒸气（简称蒸汽），即为饱和蒸汽。其中含有悬浮沸腾水滴的蒸汽称为湿饱和蒸汽（简称湿蒸汽），呈白色雾状；而不含水滴的饱和蒸汽称为干饱和蒸汽（简称饱和蒸汽），呈无色透明状。饱和蒸汽通常是由锅炉产生的，在木材干燥作业中，有时需把饱和蒸汽直接喷入窑内，对木材进行调湿处理；有时也需把饱和蒸汽通入窑内加热器中（作为载热体），通过其他干燥介质加热木材。

(3) 过热蒸汽　对饱和蒸汽继续加热，温度上升并高于相同压力下饱和温度（沸点）的蒸汽即为过热蒸汽。过热蒸汽是不饱和蒸汽，有容纳更多水蒸气而不致凝结的能力。一个大气压下温度高于100℃的蒸汽称为常压过热蒸汽。实际生产中使用的常压过热蒸汽不是从锅炉直接供给的，从锅炉通入窑内加热器中的蒸汽仍为饱和蒸汽，当从木材蒸发出来的水蒸气和由喷蒸管喷出的饱和蒸汽流过加热器（热功率较大）时，即被加热成常压过热蒸汽。

（4）炉气　是指在炉灶内燃烧煤、木废料、油、天然气、煤气等燃料而产生的由氮、氧、二氧化碳、二氧化硫、水等成分所组成的湿热混合气体。炉气既可作为干燥介质直接加热干燥木材，也可作载热体通入炉气加热器间接加热干燥木材。

5.1.4　木材干燥过程

木材干燥过程也可以说是木材中水分移动的过程，即水分由木材内部向木材表面移动的过程和水分由木材表面向周围空气蒸发的过程。在木材由湿变干过程中，木材表面水分首先蒸发。如果木材表面的空气循环足够快，使得从木材表面蒸发掉的水分多于由木材内部移动到木材表面的水分，那么，木材表面含水率将逐步与周围空气相平衡。但由于木材有一定的厚度，在木材内部与木材表面之间很快会出现一个含水率梯度，即出现内高外低的含水率梯度。正是此含水率梯度促使木材中的水分不断由内向外移动。

在一般情况下，木材内部含水率高于外部的含水率，含水率梯度内高外低；对于木材加热时，木材外部的温度高于内部温度，温度梯度外高内低。含水率梯度迫使水分由内向外移动；温度梯度迫使水分由外向内移动。两个方向相反的水分流相互对抗，致使木材内部形成一个水分流动缓慢区域，使得木材干燥过程不能内外均衡地进行。为避免产生这一不良现象，应使温度梯度和含水率梯度的方向一致，即都是在木材的内部高、外部低。干燥工艺上应采取的措施为：首先用高温、高湿的干燥介质对木材进行预热处理，要求在基本上既不变干也不变湿的条件下使木材热透，然后开始干燥处理的过程。

木材干燥过程通常可用干燥曲线（即木材含水率随干燥时间的延续而变化的曲线）来表示，一般可以分为预热、等速干燥和减速干燥等三个阶段：

（1）预热阶段　在此阶段内一方面提高干燥窑内介质温度，同时把介质湿度提高到 90%～100%。目的是暂时不让木材中的水分向外蒸发，并且使木材及其水分的温度从内到外均匀地提高到一定程度。经过预热之后，木材的温度梯度和含水率梯度由相反转化为一致。预热所需的时间根据树种和材厚而异。

图 5-1（a）中 *oa* 段为预热阶段，此时木材内外层的初含水率 M_i 都高于纤维饱和点，木料内没有水分移动，含水率基本不变。

（2）等速干燥阶段　此阶段是自由水蒸发阶段。只要干燥介质的温度、湿度和气流速度保持不变，含水率梯度也保持不变，木材水分呈直线下降。此阶段内，干燥介质的温度越高、湿度越低、气流越强，自由水的蒸发越强烈。

图 5-1（a）中 *ab* 段为等速干燥阶段。木料表层的水分向周围空气中蒸发，表层的含水率（自由水）降低，当表层水分降低到纤维饱和点（f. s. p.）时，木料内部的细胞腔内还充满了液态水，在毛细管张力差的作用下，液态自由水由内部向表层移动（流动）。在这一时期内，由表层蒸发自由水，表层含水率保持在接近纤维饱和点的水平，此时内部有足够含量的自由水移动到表面，供表面蒸发，木材的干燥速度保持不变，且由木料表面的水分蒸发强度来决定。这一时期木料厚度上的含水率分布如图 5-1（b）中的曲线 1 所示。

（3）减速干燥阶段　此阶段表层含水率低于纤维饱和点，由内部向表面移动的水分含量小于表面的蒸发强度，干燥速度逐渐减慢。图 5-1（a）中 *bc*

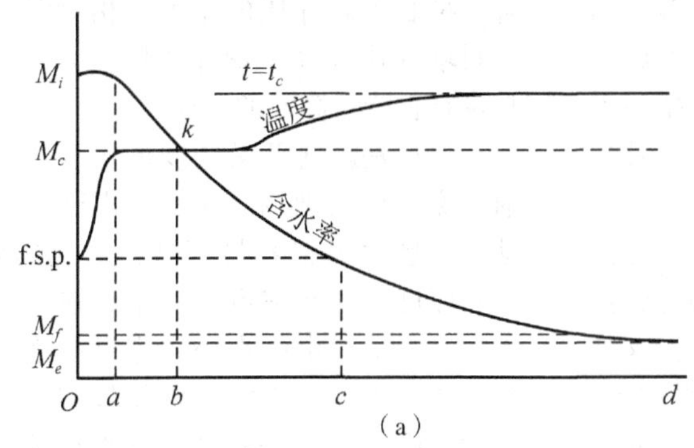

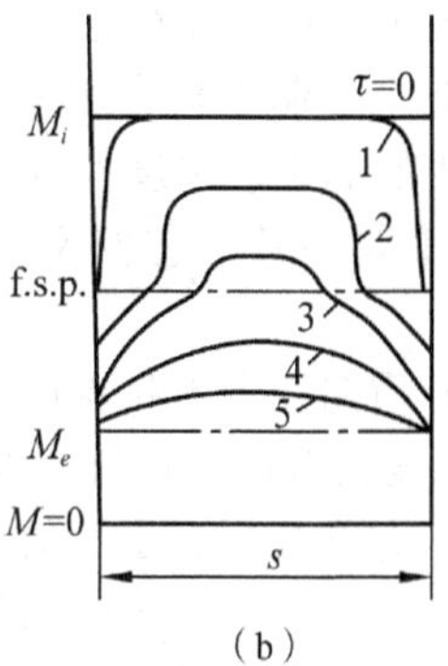

图 5-1　木材干燥曲线（a）与木材厚度上含水率分布曲线（b）

（摘自《木材加工工艺学》）

和 cd 段为减速干燥阶段。

图5-1（a）中 bc 段为木材内部含水率高于纤维饱和点的减速干燥。在等速干燥阶段结束时，虽然木材表层的自由水已完全蒸发，但木材内部还包含着自由水。木料厚度上含水率分布并不均匀，表层含水率已低于纤维饱和点时，整块木料的平均含水率可能还远高于纤维饱和点。因此，减速干燥阶段开始时的含水率，叫临界含水率 M_c，临界含水率通常高于纤维饱和点。随着木料水分由内部向表面逐渐移动和蒸发，表层的含水率即降低到纤维饱和点以下，出现了含水率梯度，水分在含水率梯度的作用下，向外作扩散运动。这一时期木料厚度上的含水率分布如图5-1（b）中的曲线2、3所示。

图5-1（a）中 cd 段为木材含水率低于纤维饱和点的减速干燥。当木材含水率低于纤维饱和点时，木材内不含自由水，细胞腔内充满空气和水蒸气。由于表层水分向周围空气中蒸发，表层含水率远低于纤维饱和点，因此，在整个木料横断面上产生了含水率梯度。在含水率梯度的作用下，水分由内部向表面作扩散运动，木料整个断面上的含水率也随之降低，如图5-1（b）中的曲线4、5所示。随着吸着水含水率的降低，干燥速度越来越慢，干燥曲线越来越平缓。当木料含水率接近于周围介质相平衡的平衡含水率时，干燥速度趋近于零。

5.1.5 木材干燥速度的影响因素

木材干燥过程中，一方面木材内部的水分向表面移动；另一方面木材表面的水分向周围空气中蒸发。为了加快干燥速度，必须促进这两方面水分的移动。影响木材干燥速度的因素有外因也有内因。外因是干燥介质的状态，包括干燥介质的温度、湿度和气流速度；内因是木材的特征，包括木材的树种、厚度、含水率、心边材和纹理方向等。

在木材常规干燥中，往往通过控制干燥窑窑内干燥介质的状态来控制木材含水率，以达到干燥的目的。干燥介质的温度、湿度及气流速度是控制木材干燥过程的重要参数，它们又称为木材干燥三要素。

（1）干燥介质温度　木材温度和木材中水分的温度都随介质温度的升高而提升。水分温度升高后，木材中水蒸气压力升高，液态水的黏度降低，这都有利于促进木材中水蒸气的向外扩散及液态水移动。提高干燥介质的温度，可以加热木材、加快木材中水分移动的速度，从而加快木材干燥速度，可以使干燥介质提高容纳水分的能力。但如果干燥介质温度过高，会使木材产生开裂、变色、皱缩等干燥缺陷；反之，若干燥介质温度过低，则会延长干燥周期。

（2）干燥介质相对湿度　是决定木材干燥周期及干燥质量的决定性因素。干燥介质相对湿度越高，空气内水蒸气分压越大，木材表面的水分越不容易向空气中蒸发，干燥速度越小；干燥介质相对湿度越低，越有利于木材表面蒸发水分，使木材内部含水率梯度越大，加快木材内部水分移动，从而加速干燥进程；但如果干燥介质相对湿度过低，则会造成木材开裂、降等。因此，在木材干燥进程中，应根据被干木材的特性及干燥质量来合理调节干燥介质的相对湿度。

（3）干燥介质气流循环速度　是干燥介质掠过材堆的速度。高速气流能吹散木材表面上的饱和蒸汽界层，从而改善介质与木材之间传热传湿的条件，加快干燥过程。如果干燥介质风速过慢，干燥周期将会延长，再加上通风不良，木材表面甚至会产生霉变；如果风速过快，木材表面则易产生开裂；另外，窑内空气循环是否均匀也会直接影响木材的干燥质量。

以上三个因素是可以人为控制的外因，如控制得当，可在保证质量的前提下加快干燥速度。例如，干燥针叶材或软阔叶材薄板时，可大幅度提高干燥温度，适当降低介质湿度并采用较高的气流速度以加快干燥过程。但干燥硬阔叶材特别是厚板时，宜采用较低的温度和较高的湿度特别是干燥前期，以免木材开裂等缺陷产生。此外，气流速度的加快也大大增加了电力消耗，且干燥硬阔叶材厚板时，木料内部的水分较难移动到表面。因此，木材内部水分的移动制约了干燥速度。这时加大气流速度，以加速表面水分的蒸发，已没有实际意义了。放干燥硬阔叶材时，宜采用较低的气流速度。因此，只有合理控制干燥介质的温度、相对湿度及窑内空气掠过材堆的速度（干燥介质风速）等参数，才能对木材进行正确、高效的干燥。

树种是影响干燥速度的主要内因。密度大、木射线宽的环孔硬阔叶树材，内部水分很难向表面移动，而且木材很容易开裂，这就影响了干燥速度。木料厚度、含水率也影响干燥速度，厚度越小含水率越高，木材中的水分越容易向表面移动，干燥速度越快。心材细胞中内含物较多，一定程度上妨碍了木材内部的水分移动，故心材干燥速度通常低于边材。木射线是木材中水分横向移动的主要通道，又因木料中水分主要靠沿厚度方向的移动，因此，弦切板通常比径切板干燥速度快。

5.1.6 木材干燥应力与变形

在外力作用下在木材断面上出现的应力叫外应力，而在没有外力作用下木材内部的应力叫内应力。木材在没有任何外力的作用下会发生开裂变形就证实了木材内部确有内应力存在。例如，木材的开裂就是由于木材内部的拉应力超过了木材的抗拉强度极限而使木材组织受到破坏而引起的。

刚砍伐下来的湿木材的内部水分分布均匀，没有含水率梯度，也不存在内应力。但是木材在大气中自然干燥，就会发生不均匀的干缩而产生内应力。如木材表面水分蒸发得快，其含水率首先降到纤维饱和点以下，表面开始干缩。但是内层含水率仍在纤维饱和点以上，不发生干缩，这样外层要收缩，内层不收缩就产生了外部受拉、内部受压的内应力。木材的弦向干缩与径向干缩不同造成的差异干缩也会发生内应力。

干燥过程中，木材产生弯曲、开裂等缺陷是内应力存在的具体表现。木材的内应力是由于木材内部含水率不均匀以及由此而引起的不均匀干缩所造成的。木材由于含水率分布不均匀会引起暂时的应力和变形，等到含水率均匀后应力与变形也随之消失，这种应力叫作含水率应力或弹性应力，这种变形叫作含水率变形或弹性变形。木材除了有弹性以外，还有塑性，在含水率应力与变形的继续期间，由于热湿空气的作用，木材外层或内层会发生塑性变形，在含水率分布均匀之后，塑性变形的部分会固定下来，不能恢复原来的尺寸，也不能缩短到应当干缩的尺寸，并且保持一部分应力，这种变形也叫残余变形，这种应力也叫残余应力。木材内部的含水率应力和残余应力之和等于木材的全应力。

在木材干燥过程中，影响木材干燥质量的是全应力。在干燥过程结束后，继续影响木材质量的是残余应力，为了保证木材质量，两种应力都是越小越好。

木材干燥过程中的内部应力变化可分为四个阶段（图 5-2）：

（1）干燥刚开始还未产生应力阶段　此阶段中，木材内部各部分的含水率都在纤维饱和点以上，木材内外各部分都不产生干缩。木材内不存在含水率应力，也没有残余应力。

如果从材料的中间截取试验片，试验片锯成梳齿形，每个齿的高度和锯开之前原来的尺寸一样；如果把试验片剖成两个半片，每片都保持平直形状。

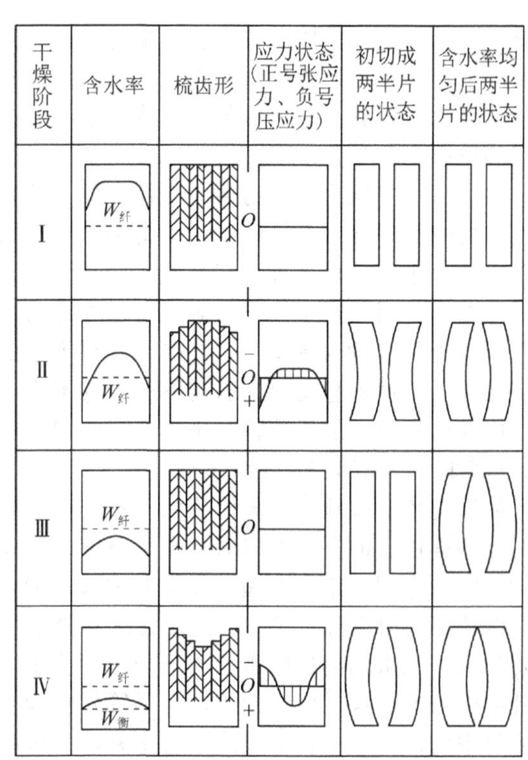

图 5-2　木材内含水率、应力与变形示意图

（2）干燥初期应力外拉内压阶段　此阶段中，木材表层的自由水已蒸发完毕，开始排出吸着水并开始干缩，但木材内部水分移动速度远远跟不上表面水分的蒸发，内层的含水率仍高于纤维饱和点。因此外部已干缩，而内部不干缩。内层受到外层的压缩而产生压应力；表层受到内层的伸张而产生拉应力。

如果这时在木料中间截取试验片并刻成梳齿形，可以看到表面几层齿由于干缩尺寸减少，内部各层的齿仍保持干燥前的尺寸而没有发生干缩。如果把从木料上锯下的试验片剖成两片，刚刚剖开后它们各自向外弯曲，说明外部尺寸比内部短。如果把这两片放入恒温箱内或放在通风处使含水率降低并变均匀，由于木材的塑性使木材在刚一产生内应力就同时出现塑性变形，原来在表面的木材已经在一定程度上塑化固定，而原来靠内层的木材在含水率降低时，还可以自由干缩。因此，两半片的含水率降低并分布均匀后，两片的形状就转化成和原来的相反，由向外弯变为向内弯。

这种应力在干燥中是允许存在的，因为木材内部水分的移动要借助于含水率的梯度，而含水率梯度必然造成内应力。但是这种应力不宜过大，时间不应过长，否则会引起木材表面开裂。在这个阶段既要利用含水率梯度，又不能使木材的应力过大，这就需要采取定期的喷蒸处理，并维持一段时间的高湿度来提高木材表层的含水率，使已固定的塑性变形的部分重新软化并湿胀伸长，从而消除或减小表层的拉应力及内层的压应力。

（3）干燥中期内外应力暂时平衡阶段　此阶段中，木材内部的含水率已低于纤维饱和点。如果在上阶段没有进行喷蒸处理，则外层木材已失去正常的干缩条件，而固定于伸张状态，这时尽管内部含水率还高于外层的含水率，但是内部木材干缩的程度就像外层木材的塑化固定以前所产生的不完全干缩，内部尺寸与外层尺寸暂时平衡，因此木材的内应力也暂时处平衡状态。

如果这时把试验片锯成梳齿状，各个齿的长度暂时是一样的，但在放置以后含水率下降，试验片中的一些齿会因干缩而变短。如果把试验片剖为两片，两片在当时会保持平直，但在含水率降低并分布均匀后，原来的内边的木材由于干缩而变短，使两片向内弯曲。这说明在此阶段内尽管暂时观察不到木材中的应力，但在干燥终了后木材内的残余应力仍将表现出来。

在此阶段，木材内部水分向表面移动的距离更长，木材干燥更加困难更缓慢。如果外层干燥过快，内部水分来不及移到表层，会造成外部很干内部很湿的所谓“湿心”，表层由于含水率极低又处于固定的拉伸应变状态，成为一层硬壳。它不仅使木材内部水分难以通过木材表面进入空气，而且还影响内部木材的干缩，这种现象称为“表面硬化”。如不及时解除表面硬化，则干燥难以继续进行并将导致严重的干燥缺陷。因此，在此干燥阶段必须采用中间喷蒸处理，用高温、高湿空气把已塑化固定的木材表面重新吸湿软化来解除表面硬化。

（4）干燥后期应力外压内拉阶段　此阶段中，木材含水率沿着木材横断面分布得相当均匀，由内到外的含水率梯度较小。如果在上阶段没有进行喷蒸处理，外层木材由于塑化变形的固定早已停止收缩，而内层木材随着吸着水的排除应当干缩，这样内层木材的收缩受到外层木材的限制。内层受到外层的伸张而产生拉应力；外层受到内层的压缩而产生压应力。这时内应力的情形和干燥初期正好相反。

如果这时把试验片锯成梳齿形，试验片中间的一些齿脱离了外层的束缚后得到自由干缩，它们的尺寸比外层短些。如果把试验片剖为两片，刚剖开时两片向内弯曲，说明内边尺寸比外边短，内部受拉，外部受压；当它们的含水率降低并分布均匀后，两片向内弯曲的程度更大，说明存在相当大的残余应力。

此阶段的含水率梯度虽然不大，但是随着干燥的继续进行，内应力随之增加，如不及时消除，当内应力超过木材的强度极限时就会出现内裂，即木材内层的拉应力超过内层的抗拉强度极限使内层木材破坏。内裂的木材将失去使用价值，造成严重浪费，因此此阶段的应力非常危险，要及时消除。通常采用的方法是终了喷蒸处理，使表层木材在窑内高温高湿空气的作用下重新湿润软化并得到补充的干缩，从而使表层木材能与内层木材一起收缩，减少了内层受拉，外层受压的应力，消除残余应力，使木材在之后的加工和使用过程中不会发生变形、开裂等缺陷，保证最终的干燥质量。

5.1.7　木材干燥原则

木材的干燥周期对木家具企业生产管理来说是一个相当重要的参数。木材干燥的原则如下：①保证木材干燥质量要求；②消耗较少的能量（节约能源、降低成本）；③控制干燥介质的温度、湿度和气流速度；④提高干燥速度。

木材干燥的质量要求是指：①已干燥木材的终含水率及干燥均匀度能满足工艺要求；②保持木材完整性，不发生工艺规范所不允许的缺陷；③不改变木材固有性质。

5.1.8　木材大气干燥

木材的大气干燥又叫自然干燥或天然干燥，简称气干。它是将木材堆积在空旷的场地上或通风的棚舍内，利用大气中太阳辐射的热量和空气作为传热传湿介质，使木材内水分逐渐排出而达到一定的干燥目的。

5.1.8.1　木材大气干燥的特点

（1）大气干燥的优点　①不需要建造专用的干燥设备，也不需要耗用工业能源；②工艺技术简单，易于实施；③干燥成本低；④在窑干之前采用大气预干（待含水率降到20%以后再进行窑干，即气干-窑干联合干燥），可缩短干燥时间、提高生产率、保证干燥质量、减低干燥成本。

（2）大气干燥的缺点　①干燥程度受自然气候条件限制，一般最终含水率只能干燥到当地平衡含水率（12%~20%）；②占用的场地较大，干燥时间较长，不能满足连续生产的需求；③不能人为调节和控制气干过程中的气候因子；④木材因较长时间在露天堆放，通风条件较差，容易发生虫蛀、长霉、变色和腐朽等缺陷，致使木材降等。

木材由湿材气干到平衡含水率所需的时间，随地区、季节、树种、材厚而不同。我国地域广阔，各地气候不同，南部沿海地区温暖潮湿，干燥条件适中，大气干燥可常年进行；北方地区，尤其东北地区气候干寒，大气干燥的季节较短；中西北地区气候干旱，冬季气温较低，春夏是气干的最好季节。就季节而言，夏季气温较高，木材干燥较容易，但干燥过快却易引起开裂等干燥缺陷；冬季气温低，干燥最慢，当气温降到冰点（0℃），木材中的水分会结冰，干燥完全停止；春秋两季空气的温湿度适中、多风，有利于材堆中的气流流通，是木材自然干燥的最佳季节；但在梅雨季节，尤其是我国南方有些地区，梅雨季节长、空气湿度高，不但气干速度慢，而且在湿热环境下很容易使锯材长霉、变色、腐朽和虫蛀。

根据实际经验，木材气干要达到气干状态（当地平衡含水率）的时间一般为1~3个月，其中，难干树种气干所需时间是易干树种气干的4倍左右；冬季气干所需时间是夏季气干的2倍左右。

由于受到气候条件的限制，气干材不可能达到窑干要求的终含水率，即低于使用环境平衡含水率2%~3%，故气干材不宜制造室内使用的木制品，尤其是在空调环境中使用的木制品。目前，单纯的大气干燥使用较少，而通常作为一种预干法与其他干燥法相结合使用。

5.1.8.2 木材大气干燥的方法

（1）干燥场地的选择 ①成材气干的板院场地，应干燥、平整，有不大的坡度（1%~2%），便于排除积水；②要通风良好，不被高地、林木或高大建筑物遮挡，无杂草杂物；③位于锅炉房上风方向，并与其他建筑物保持一定距离，配备消防设备，以防发生火灾。

（2）板材材堆的堆积 如图5-3、图5-4所示。

①堆基（可用混凝土、砖、石制成）：要有一定高度（北方400~600mm，南方500~750mm），保证材堆底部通风良好，并不遭水淹。

②材堆尺寸：各层板材之间用隔条隔开的材堆，宽度应不大于4m，以保证干燥速度均匀一致；不用隔条而板材一层一层地互相垂直堆成方正的材堆（以板材作隔条）时，材堆尺寸依板材长度而定；堆积小料的材堆高度可达2~3m，堆积大料的材堆高度可达3~5m，手工堆积可达5~6m，机械堆积可达8~9m。

③材堆密度：按气候条件、板院位置和材料特性而定，空气湿度大、通风条件差时板材堆置要稀疏，难干的材料应堆置得较密一些；一个材堆应堆置同一树种、同一厚度的木料，木材量少时应将材质相近的堆置在一起；正确选择层间隔条和层内空格的大小和位置，隔条厚度应一致，空格向材堆中间逐渐加大（中间空格一般是边缘的3倍），隔条和空格沿材堆高度应上下成垂直线一致排列，以防止板材翘曲和保证干燥均匀；材堆之间应留1~2m的空地，一列材堆与另一列材堆之间应留材车通道。

④顶盖：材堆的上面要加顶盖，顶盖要有一定的倾斜度（大约12%），顶盖前面应比材堆前伸0.75m，后面和两侧各伸出约0.5m，顶盖必须牢固地缚在材堆上（图5-3），以防堆内木材遭受雨水浸湿。

⑤其他：材堆在板院内应按主风方向来配置，即薄而易干材应堆放在迎风一侧或外围，中等厚度材应堆放在背风一侧，厚而难干材应堆放在板院中间，材堆的长度应与主风方向平行；一般把板材的板面放在隔条上，使正面朝下，以减少开裂；低等级板材可采用平头堆积法，较高等级板材或硬阔叶材可采用埋头堆积法、端面遮盖法或端面涂刷法（沥青、石灰等）。

⑥小规格材的堆积方法有（图5-4）：X形堆积（长而薄的板材）、三角形堆积（短而薄的板材和小方料）、交搭堆积（短而薄的板材）、纵横交替堆积（尺寸相同的短毛坯）、交替倾斜堆积（短而厚的方材）、“井”字形堆积（短而小的毛坯）。

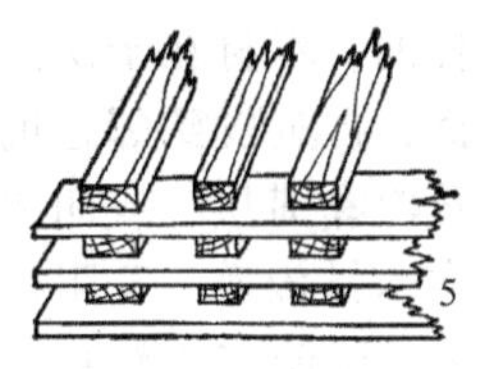

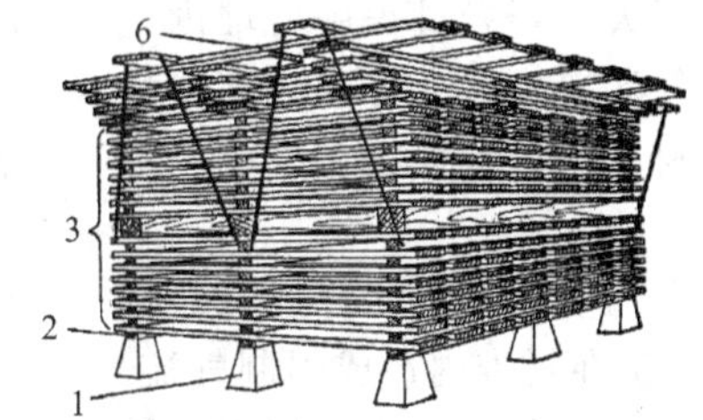

图5-3 成材的堆积

1. 堆基 2. 桁条 3. 材堆 4. 挡板 5. 埋头堆积 6. 顶盖

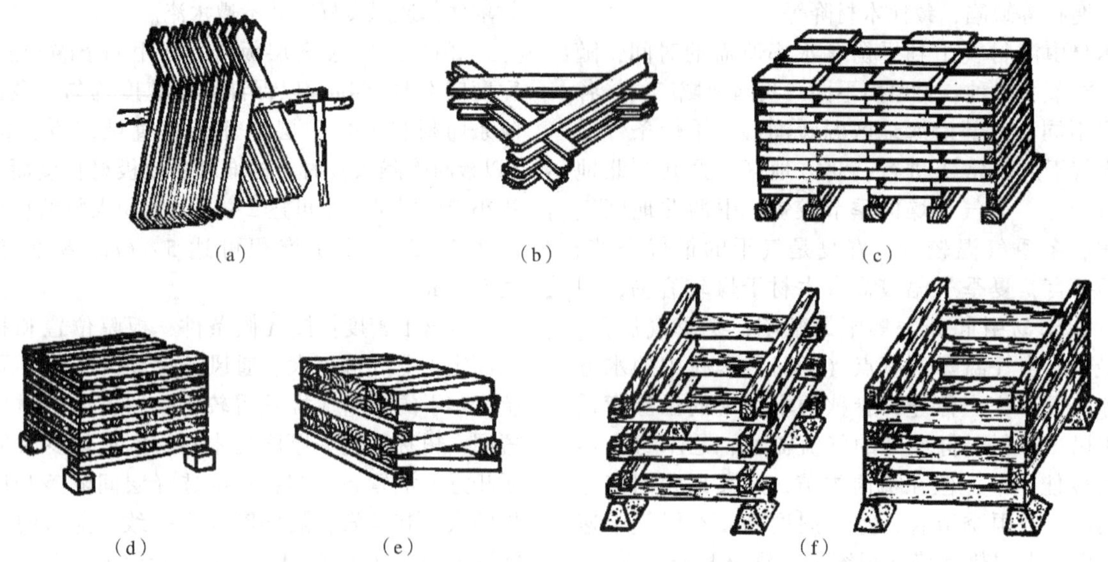

图5-4 小规格材的堆积

(a) X形堆积 (b) 三角形堆积 (c) 交搭堆积 (d) 纵横交替堆积 (e) 交替倾斜堆积 (f) “井”字形堆积

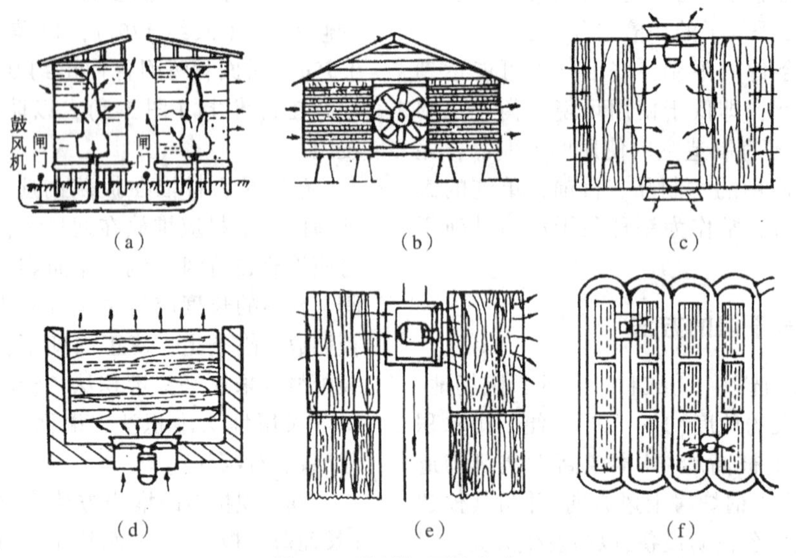

图5-5 强制气干的方式

(a) 堆底风道送风 (b) 两材堆间送风 (c) 两材堆间抽风 (d) 材堆侧面送风 (e) 风机来回移动送风和抽风 (f) 风机回转移动送风和抽风

(3) 强制气干 由于大气干燥过程中材堆内气流循环是自然形成的，气流速度慢，为了提高材堆内气流循环速度，可在材堆旁设置风机，这就叫强制气干。

强制气干是自然干燥的发展，它和普通自然干燥的不同之处是利用通风机在材堆内造成强制气流。它和窑干法的不同之处是，无须干燥窑，即在露天下或稍有遮蔽的棚舍里进行，不控制空气的温、湿度。从原理上说，强制气干法和其他对流干燥法是一样的。木材在干燥过程中，内部水分不断扩散到表面，再蒸发到邻近的空气中，在木材表面形成饱和蒸汽黏滞层，或叫界层。界层既阻碍空气中的热量向木材传递，又阻碍木材中的水分继续向空气中蒸发。强制气干法用通风机加大空气的流动，使通过材堆中锯材表面的风速在1m/s以上，达到紊流状态，使界层遭受破坏，并迅速地从锯材表面驱走，从而加快水分的蒸发，提高气干的速度。

根据风机在材堆中的位置不同，强制气干的方式主要有（图 5-5）：①堆底风道送风；②两材堆间送风；③两材堆间抽风；④材堆侧面送风；⑤风机来回移动送风和抽风；⑥风机回转移动送风和抽风。

强制气干由于干燥条件比较温和，可以提高干燥质量、减少降等率、减少开裂、防止变色，使最终含水率分布均匀，干燥速度也比普通气干快。因此强制气干作为木材联合干燥方法的前段预干使用，将能获得较好的经济效益。

5.1.9 木材干燥窑干燥

木材干燥窑干燥（或称人工窑干，简称窑干），是指将木材放在保暖性和气密性都很完好的特制建筑物或金属容器内，利用加热、调湿和通风设备，人为控制干燥介质的温度、湿度和气流速度，通过介质的对流换热使木材在一定时间内达到指定含水率的干燥方法。

这种装有加热、调湿和通风设备，用来干燥木材的特制建筑物或金属容器即是木材干燥窑。

5.1.9.1 木材干燥窑分类

木材干燥窑可按其干燥作业方式、干燥介质、气流循环特性、介质温度和干燥窑构造等进行分类。

（1）按干燥作业方式分

①周期式干燥窑：木料一次性全部装入窑内，干燥后再一次性从窑内全部卸出，装卸木料时，干燥窑停止工作。

②连续式干燥窑：木料从窑的一端装入，同时从窑的另一端卸出干好的木料，装卸木料时，干燥窑不停止工作。

（2）按干燥介质和载热体分

①空气干燥窑：窑内的干燥介质是湿热空气。因为通常是用窑内的蒸汽加热器（蒸汽作为载热体）来加热湿空气的，又被称为蒸汽干燥窑。

②过热蒸汽干燥窑：通过窑内设有的蒸汽加热器（蒸汽作为载热体），可使从木材蒸发出来的水蒸气经过加热后变成高于 100℃ 的常压过热蒸汽，用这种过热蒸汽作为干燥介质在密闭的窑内进行干燥木材，因此称为过热蒸汽干燥窑。

③炉气干燥窑：炉气直接加热干燥窑，是将燃烧产生的炉气送入干燥窑内作为干燥介质直接加热和干燥木材（窑内无加热器，不安全易火灾）；炉气间接加热干燥窑，是将燃烧产生的炉气作为载热体送入干燥窑内的炉气加热器以加热窑内的湿空气，再用湿空气加热和干燥木材。

④热水或导热油干燥窑：以热水或导热油作为载热体送入干燥窑内的加热器以加热窑内的湿空气，再用湿空气加热和干燥木材。

（3）按窑内气流循环特性分

①自然循环干燥窑：窑内气流循环是依靠热的气体介质和冷的气体介质因在密度上有差别而引起的自然对流而形成气体的垂直运动（热轻的气体上升，冷重的气体下沉）。自然循环干燥窑内只需要加热，湿材中的水分就会蒸发出来，被上升气流带走，促使木材逐渐干燥。自然循环的气体介质流动速度较慢，一般为 0.2~0.3m/s。

②强制循环干燥窑：窑内气流循环是通过风机鼓动干燥介质造成的，气体在材堆的循环速度为 1m/s 以上。为使材堆宽度上木材干燥均匀，强制循环气流最好是可逆的，即定期改变干燥介质流过材堆的方向。

（4）按干燥介质温度分

①低温干燥窑：干燥温度为 20~40℃。

②常温(常规)干燥窑：干燥温度为 40~100℃。

③高温干燥窑：干燥温度在 100℃ 以上，通常为 110~140℃。

（5）按强制循环干燥窑风机位置分（图 5-6）

①顶风机型干燥窑：风机安装在干燥窑顶部的风机间，形成“垂直-横向”气流循环，气体动力特性最好，在材堆整个迎风断面上，干燥介质的循环速度分布比较均匀，干燥后的板材含水率均匀性也最好。根据风机的传动方式又可分为长轴型顶风机干燥窑（数台轴流风机沿窑体纵向串联安装在一根长轴上，轴的一端伸至端部操作间用一台电机驱动；风机之间有与纵轴斜置的挡风板，如图 5-7 所示）；短轴型顶风机干燥窑（数台轴流风机沿窑体横向并列安装在每根短轴上，每根短轴伸至侧向管理间各由一台电机驱动，如图 5-8 所示）；直连型顶风机干燥窑（数台轴流风机各由一台电机在窑内直接驱动，并沿窑体横向并列安装，如图 5-9 所示）。

②端风机型干燥窑：一台或多台风机安装在干燥窑端部的风机间（图 5-10），形成“水平-横向”气流循环，在材堆高度上气流循环比较均匀，干燥后的板材含水率均匀性比较好，适合于干燥量不大的中小企业的木材干燥。

③侧风机型干燥窑：多台风机并列安装在干燥窑侧部（图 5-11），形成“垂直-横向”（也有“水平-横向”）气流循环。在材堆长度及高度上气流循环速度分布不均匀，干燥后的板材含水率差异较大，

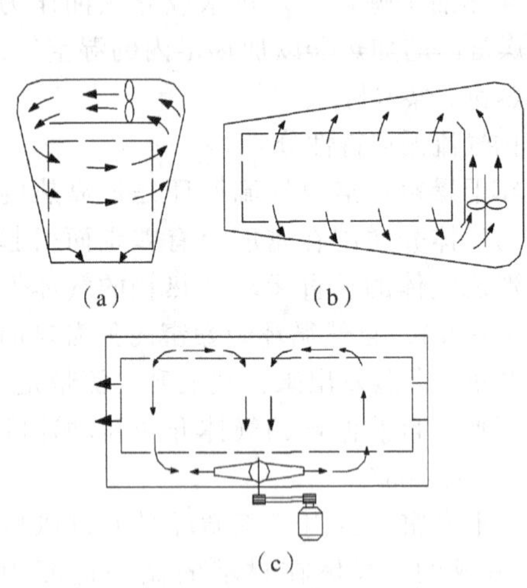

图 5-6 强制循环干燥窑风机位置

(a) 顶风机型 (b) 端风机型 (c) 侧风机型

(摘自《木材加工工艺学》)

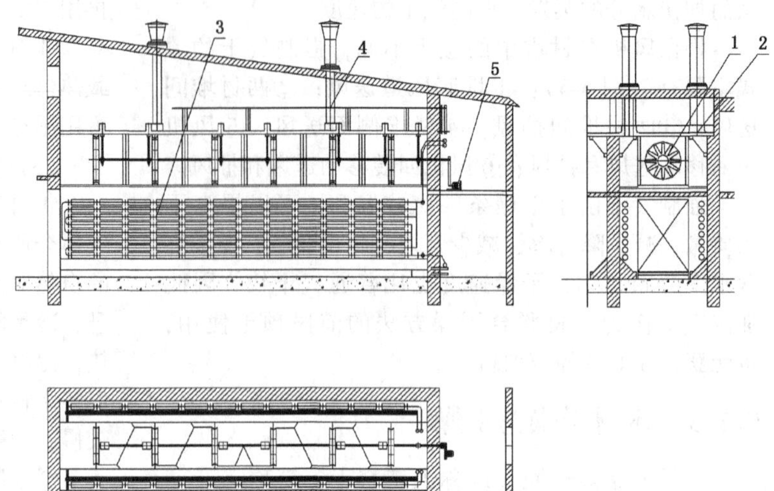

图 5-7 长轴型顶风机干燥窑

1. 风机 2. 进气道 3. 加热器 4. 排气道 5. 电机

(摘自《木材加工工艺学》)

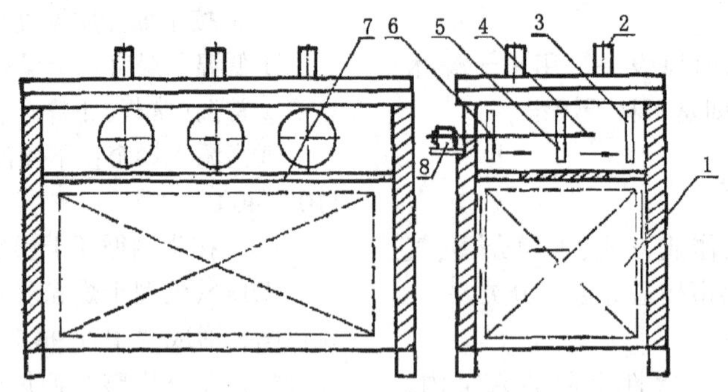

图 5-8 短轴型顶风机干燥窑

1. 材堆 2. 进、排气道 3. 加热器 4. 短轴 5. 风机 6. 加热器 7. 天棚 8. 电机

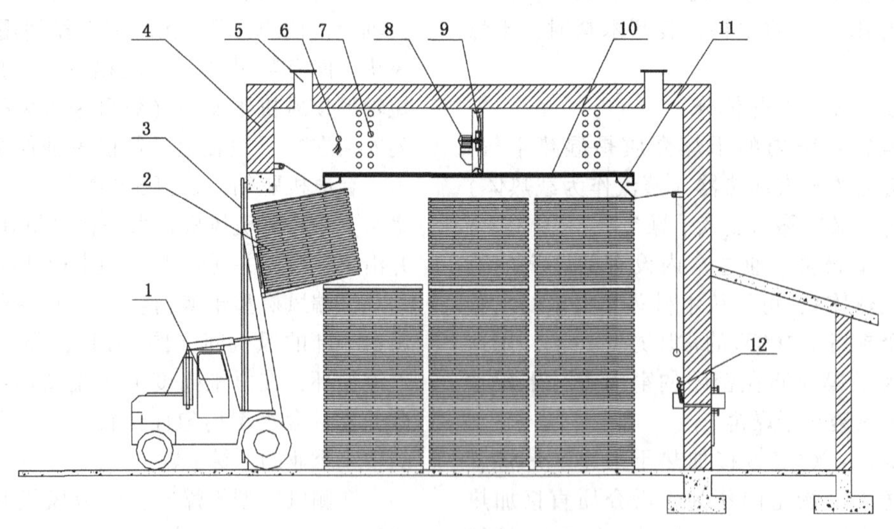

图 5-9 直连型顶风机干燥窑

1. 叉车 2. 材堆 3. 窑门 4. 窑体 5. 进、排气道 6. 喷蒸管 7. 散热器 8. 电机 9. 风机 10. 天棚 11. 挡风板 12. 干湿球温度计

(摘自《木材加工工艺学》)

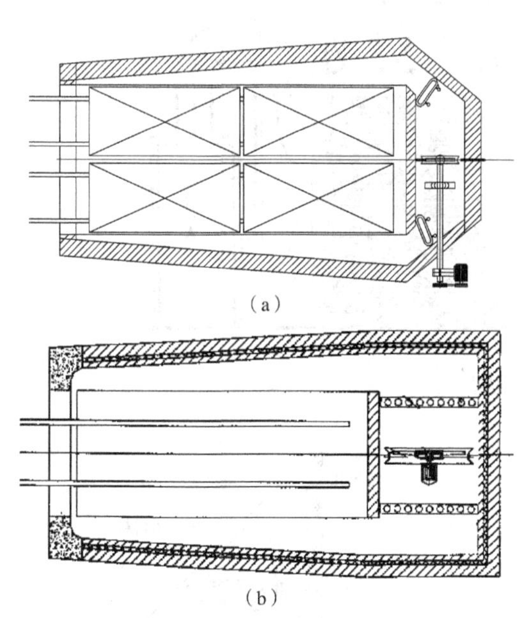

图 5-10 端风机型干燥窑

(a) 外连电机 (b) 直连电机

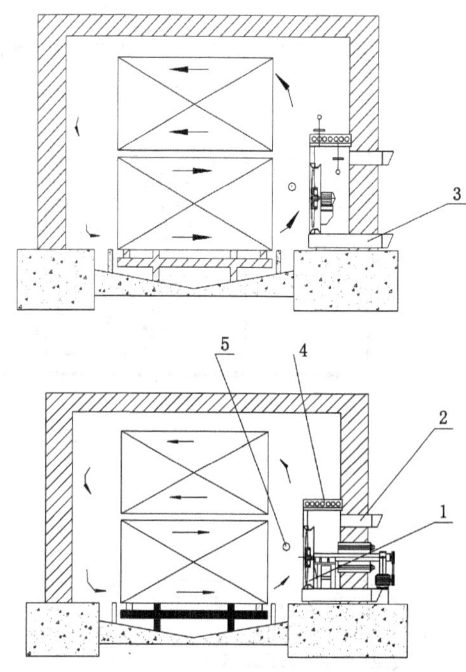

图 5-11 侧风机型干燥窑

1. 风机 2、3. 进排气道 4. 加热器 5. 喷蒸管

尽管干燥窑结构比较简单、设备安装维修方便、容积利用系数较高、投资成本低，但每两间干燥窑须配置一个管理间，生产面积利用不经济。

(6) 按自然循环干燥窑特征分

①蒸汽加热干燥窑：与强制循环蒸汽加热干燥窑相比，仅缺少强制通风设备，但干燥质量和干燥速度相差很大。一般在加热器底部或近旁设置进气道和排气道配合。

②烟道加热干燥窑：由炉灶燃烧生成的灼热烟气，分别流过水平烟道和两侧火墙，最后流入烟囱排出。窑内的空气由水平烟道及火墙加热和对流换热，从而干燥木材。此种窑设备简单、便于建造、投资较少、干燥成本低，但气流循环不规则、干燥不均匀、干燥周期长、干燥质量不易控制、易发生开裂翘曲缺陷，不宜干燥阔叶材（尤其是较厚或难干的阔叶材）。它是一种简易干燥设备，为中小型企业所采用。

③熏烟干燥窑：在干燥窑地下室内填铺锯屑，通过锯屑产生的烟气对地下室上部的材堆进行熏烟干燥，并可向窑内喷水以提高干燥窑内的空气湿度。此种窑设备简单、易于建造、投资很少、干燥成本低，但干燥不均匀、易发生开裂翘曲缺陷、易发生火灾，仅适合干燥针叶材。它是一种最简易的干燥设备，为中小型企业所采用。

(7) 按特种干燥特征分

①除湿（热泵）干燥窑：是指用专门除湿机（热泵）的冷风端将窑内一部分空气介质冷凝除湿，并经除湿机热端及辅助加热器加热后，再与窑内其余循环空气混合所进行的低温、低风速的对换热流干燥窑。除湿干燥窑又分除湿机内置式和除湿机外置式（图 5-12）。除湿干燥窑无环境污染、干燥温度较低、干燥质量较好、干燥周期较长、干燥成本较高，适合于没有锅炉的中小企业小批量干燥硬阔叶材薄板。

②真空干燥窑：是指在圆筒形的密闭容器内，在低于大气压力（达到一定的真空度）的条件下对木材进行加热干燥（图 5-13）的干燥窑。木材真空干燥法按其作业过程分连续真空法和间歇真空法两种。连续真空法采用热板接触加热或高频加热，木材在连续真空条件下获得干燥；间歇真空法采用常压对流加热后再抽真空干燥，如此反复进行。降低了压力即降低了水的沸点，因此，真空干燥可以在较低的温度下加快干燥速度，其速率比任何一种干燥方法都快（干燥阔叶树材中厚板时，真空干燥的速度通常为常规干燥的 3~5 倍；高频-真空联合干燥的速度为常规干燥的 17 倍左右；干燥针叶树材厚板

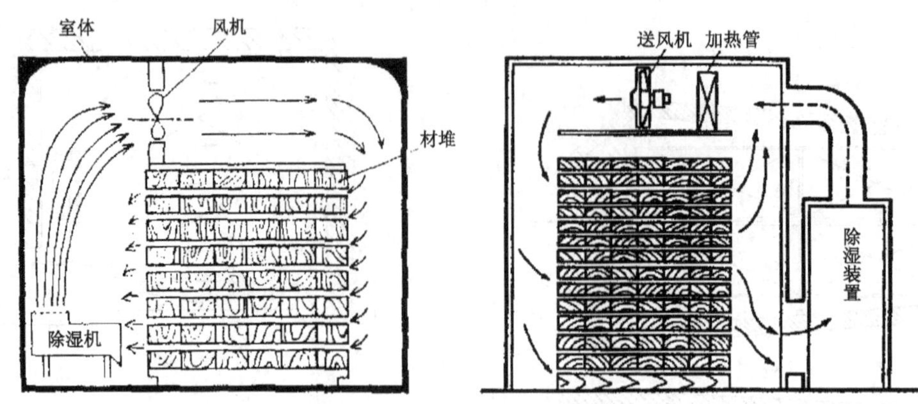

图 5-12 除湿干燥窑

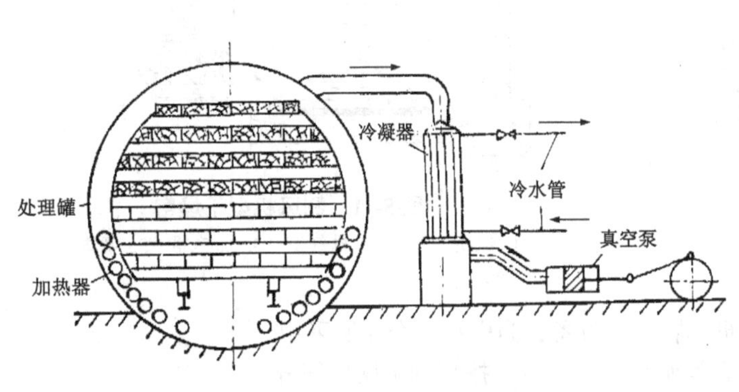

图 5-13 真空干燥窑

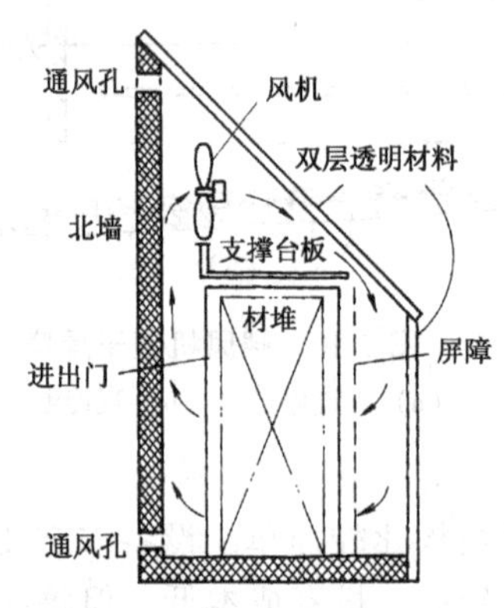

图 5-14 太阳能干燥窑

时，真空干燥的速度为常规干燥的2～3倍；但干燥针叶树材薄板时，速度提高不明显）。但干燥太快，容易引起开裂和变形等干燥缺陷。真空干燥材堆小、生产能力低、干燥设备及干燥过程的控制较为复杂、干燥质量不易控制、整个材堆的终含水率不太均匀、设备投资较高、耗电量大、干燥成本高，尤其适合干燥产量不大、渗透性较好的硬阔叶材中厚板或方材的干燥。

③高频或微波干燥窑：是指用高频振荡的电磁波使木材中的极性水分子（电介质）频繁摆动、反复极化、摩擦生热来进行木材内热干燥的干燥窑。由于电场强度越大、频率越高，水分子极化的摆动振幅越大，摩擦产生的热量就越高，因此通常用提高频率的方法来提高加热木材的速度。根据电磁波的频率不同可分为高频干燥和微波干燥两种方法。微波的频率远高于高频电磁波的频率，对木材的加热和干燥的速度也快得多。但电磁波对物料的穿透深度与频率成反比，频率越高，穿透深度越浅，所以高频电磁波对木料的穿透深度比微波大，适宜干燥大断面的方材。另外，木材加热的快慢也与木材的介电性质有关，木材含水率越高，介电常数就越大，则木材的介电系数和损失角的正切增大引起木材加热速度加快。在干燥过程中，热量在被干燥的木材内部直接发生，木料沿着整个厚度同时热透，但由于木料表面有热损失及水分蒸发，实际上木材内部温度高于表面。因此，高频和微波干燥与普通对流加热干燥相比，木材内外能同时均匀干燥，干燥速度快、干燥质量好、干燥的木料内部应力和开裂的危险性小，可以保持木材天然色泽，但耗电量大、设备复杂、干燥成本高、需要专门的防护、设备产量低。因此，高频干燥和微波干燥仅适用于产量不高的某些特殊或高档用材的干燥，如仿古实木家具用材、工艺雕刻用材、高级乐器用材，以及初含水率较低的木材、常规干燥窑难干的木材（如硬阔叶材、红木、青冈、栎木等中厚板材或大断面木料）等。常用的木材高频干燥方法主要有高频热风干燥和高频真空干燥。

④太阳能干燥窑：是指用温室的原理或利用太阳能接收器，将吸收的太阳能转变为热能，利用太阳辐射的能量来加热空气，再通过空气对流传热干

燥木材的干燥窑（图 5-14）。太阳能干燥节约能源、无环境污染、干燥质量较好；与大气干燥相比，干燥周期缩短、干燥缺陷减少；与常规干燥相比，设备运转费低、干燥成本低，但受气候条件制约，很难全年有效地干燥。它适用于日照时间长的地区，用于硬阔叶材预干或作为调温干材仓库，以维持高档用材或出口木制品较低的终含水率。

（8）按材堆进出窑方式分

①人工堆积和卸料：靠人力在干燥窑内堆积或卸出木材。装卸料劳动强度大，进出窑周期长，一般很少采用。

②材车进出窑：用机械或人力在干燥窑外预先将木材堆放在材车上，干燥时推进窑内，干燥后再推出窑外。进出窑周期短（但需要较多轨道和场地面积），目前比较常用。

③叉车进出窑：用叉车将预先按要求在干燥窑外堆好的小材堆分次装入窑内，干燥后再分次卸出窑外。进出窑方便、周期较短，目前最为常用。

5.1.9.2 木材干燥窑选择因素

木材干燥窑的类型，一般是把它的主要特征组合起来组成称呼，如周期式强制循环蒸汽干燥窑、周期式自然循环炉气干燥窑等。目前，在生产中使用的干燥窑基本上多为周期式强制循环干燥窑，连续式干燥窑很少使用。

目前，对于木家具或木制品生产企业来说，干燥方法选择的是否合理将直接影响到木家具或木制品的产品质量和经济效益。干燥方法和干燥窑的选用主要根据被干木材的树种、规格、数量、含水率、用途（质量要求）、能源条件等具体情况而定。

（1）干燥产量　当木材的干燥量较大时（年产量 5000m^3），一般应选择蒸汽干燥、热水加热干燥和炉气间接加热干燥；当干燥量适中（年产量 2000~5000m^3），蒸汽干燥、热水加热干燥、炉气间接加热干燥、真空干燥、除湿干燥等都可选用；当干燥量较小（年产量少于 2000m^3），蒸汽干燥、热水加热干燥、炉气间接加热干燥、除湿干燥等都可适用。

（2）能源条件　如果有蒸汽锅炉或足够余汽时，应首选蒸汽干燥（一般年产量可达 2 万 m^3）；在没有蒸汽锅炉或足够余汽时，应选择以木废料为能源的热水加热干燥或炉气间接加热干燥；在电力资源充足且电费便宜，或者城区不允许建烟囱时，宜选除湿干燥或真空干燥；在日照时间较长的地区，可建太阳能干燥窑对木材预干；电力缺乏、投资较少、产量不大时，可采用自然循环干燥窑或简易干燥窑。

（3）木材含水率　当木材初含水率较高而终含水率要求较低时，宜选用蒸汽干燥、热水加热干燥、炉气间接加热干燥；一般来说，除湿干燥最适合于燥含水率为 20%~40%的木材。

（4）木材厚度　厚度较大的硬阔叶材，为保证干燥质量，一般多用常规干燥方法干燥；干燥量小时，也可选用真空干燥或真空-高频联合干燥，在保证干燥质量前提下可大大缩短干燥时间；在有贮木条件时，可采用气干与窑干的联合干燥。

5.1.9.3 木材干燥窑设备结构

木材干燥窑的主要设施和设备包括干燥窑壳体、供热与调湿设备、气流循环设备、检测与控制设备、木材运载与装卸设备等。

（1）壳体　木材干燥窑的壳体通常为采用砖混结构的土建窑体或铝制装配式金属外壳。土建窑体为砖和混凝土的混合结构，它造价较低，施工容易，是最常用的窑壳结构。金属壳体构件先在机械厂加工预制，再到现场组装，施工期短，便于规格化、系列化，但造价较高。

木材干燥窑的壳体一般由基础、地面、墙壁、天棚和门等组成。其中，窑门主要有铰链门（普通对开）、折叠门（折叠移动）、吊拉门（轨道移动）、吊挂门（提门器移动）、升降门（电控自锁）等形式。

为了达到较好的干燥效果，对木材干燥窑壳体有以下技术要求：①具有良好的气流循环性能；②窑内材堆温度场分布均匀；③窑内介质温、湿度和气流速度的检测、调节应灵活、方便和可靠；④保温性和气密性要好；⑤具有良好的耐腐蚀性、耐风化性和防止温度应力引起开裂的能力；⑥便于检验木材干燥过程中含水率、应力的变化和控制干燥质量。

（2）供热与调湿设备　包括加热器（又称散热器）、喷蒸管、疏水器、蒸汽管道、锅炉、进排气装置等。

供热设备的作用是加热干燥介质（窑内湿空气）及干燥窑壳体，也用来提供木材蒸发水分所需的能量。木材常规蒸汽干燥的供热设备主要由加热器组成，其基本要求是：①传热效果要好，应能均匀地放出足够的热量，以保证窑内温度合乎干燥基准的要求；②应能灵活可靠地调节被传递的热量；③气流阻力要小；④在热、湿干燥介质的作用下，应能有足够的坚固性，结合处不松脱；⑤应有一定的防腐蚀性能；⑥耗用金属材料少，价格便宜、结构紧凑、安装方便。

调湿设备的作用是向干燥窑内补充水蒸气或排除窑内过多的水蒸气，以调节窑内干燥介质的湿度。在蒸汽常规干燥窑内，调湿设备主要由喷蒸（水）管和进排气装置组成。当窑内湿度太高时，打开顶部排气口，排出热湿空气，同时吸进干冷空气，从而降低窑内空气的相对湿度；当窑内空气相对湿度过低时，关闭进排气装置，开启喷蒸（水）管向窑内喷入水蒸气，以提高窑内空气相对湿度。

（3）气流循环设备　包括通风机（主要为轴流风机）及其传动系统、挡风板装置等。气流循环设备是用来组织和驱动窑内气流循环的，从而加速干燥介质与散热器之间及介质与木材之间的热交换，加速木材表面的水分蒸发，以达到合理、快速干燥的目的。

（4）检测与控制设备　包括介质温度检测仪表、介质湿度检测仪表、气流（风压、风速、流量）检测仪表、木材含水率检测仪表等。在木材常规蒸汽干燥中，控制装置通常由干湿球温度计及相应的控制仪表组成，用来监控、记录、调节干燥过程。

目前，我国的木材干燥过程仍然多为人工控制，人工控制不仅工人的劳动强度大、劳动条件差，而且干燥质量受人为因素影响，往往得不到保证。为把工人从枯燥烦琐的手工操作中解放出来，为确保木材的干燥质量，提高经济效益，节约利用宝贵的木材，木材干燥过程通过自动控制仪（仪表控制或程序控制）进行自动控制在生产中将会广泛应用。

（5）木材运载与装卸设备　主要包括叉车、材车（单线车、转运车）、升降机、堆垛机、卸垛机等。

5.1.9.4　木材窑干工艺

木材干燥窑的类型很多，但采用的工艺过程及测试方法皆相似。现以周期式强制循环蒸汽干燥窑的工艺过程为例进行介绍：

（1）干燥前准备　包括设备检查、木料堆积、基准选定、检验板选制等。

①干燥设备检查：干燥设备除定期检查外，每次干燥开始前必须再次检查干燥窑所有设备，以确保干燥设备处于无故障状态，保证干燥窑的正常工作和运行。

②木料堆积：木材窑干是指将被干木料按一定的要求装垛成材堆进行干燥。木料堆积的正确与否，直接影响干燥质量、干燥产量和干燥时间。合理的堆积既可防止锯材翘曲变形、端裂，又可提高木材干燥的均匀性。

a. 选料：不同树种、不同厚度和不同初含水率的锯材应分别干燥，木材数量不足一窑时，允许将材质和初含水率相近的树种同窑干燥。应创造条件采用气干预干。不同材长的锯材应合理搭配，使材堆总长与窑长一致。

b. 装堆方式与材堆尺寸：装堆方式主要有两种，一种是材堆内部既留水平气道又留垂直气道，如图5-15（a）所示，这种装堆方式适用于气干和自然循环窑干；另一种装堆方式是留水平气道而不留垂直气道，如图5-15（b）所示，这种装堆方式适用于各种周期式强制循环窑干。材堆的尺寸大小是根据干燥窑的型号规格决定的，是在设计干燥窑时就确定下来的技术参数之一。装堆时一定要符合干燥窑的这一具体要求。对于轨车式窑，材堆的宽度与材车等宽，长度与材车等长，若材车较短，也可两部车连接起来装垛较长木料的材堆。材堆的高度也由门框决定。若材堆不太高，可以将锯材直接装在材车上；如材堆较高，则可先将锯材装在专用的垫板上，如图5-16（a）所示，将材堆分成2~3叠单元小堆然

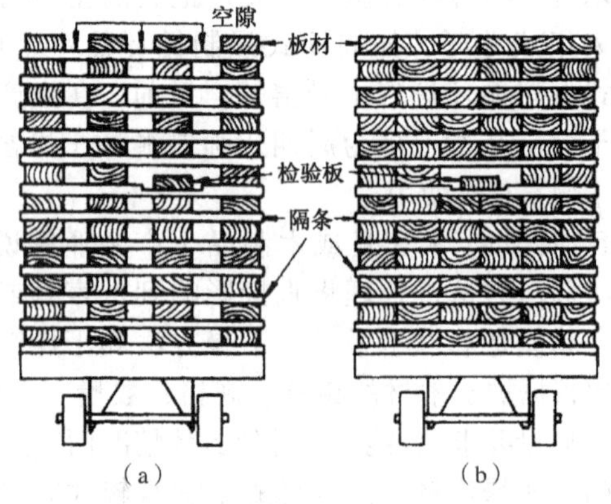

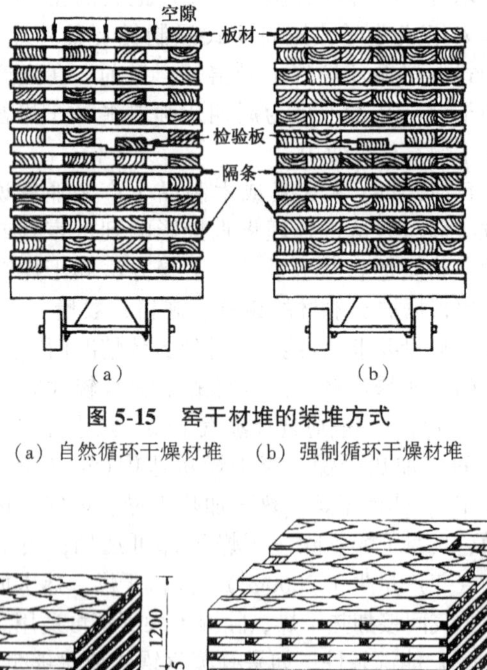

图5-15　窑干材堆的装堆方式

（a）自然循环干燥材堆　（b）强制循环干燥材堆

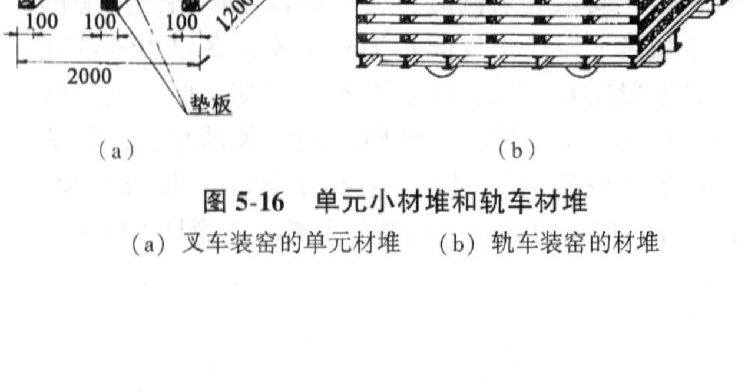

图5-16　单元小材堆和轨车材堆

（a）叉车装窑的单元材堆　（b）轨车装窑的材堆

后再用叉车叠装在材车上，此法装卸速度快，劳动强度低，而且安全，并不受场地限制，灵活机动，在现代木材干燥作业中应用越来越多。对于叉车装窑式窑，不用轨车，将被干木料在垫板上装成单元小材堆后，直接将材堆装入窑内。叉车装窑式窑的材堆横向装窑，干燥窑的内部宽度即为大材堆的总长度，而窑的纵深方向上“假天棚”下方部分，即假天棚的宽度，便是大材堆的总宽度。堆顶至假天棚的距离为200mm。通常单元小堆的尺寸是长2m或3m，宽1.2m或1.5m，高1.2m或1.5m。窑内宽度方向通常装2~4节，纵深方向装3~4列，高度方向装3叠。采用单元小材堆的叉车装窑式窑适用于锯材长度一致的整边板。若锯材长度不一致，最好采用轨车式窑，以便装成材堆两端齐平的尺寸较大的材堆，如图5-16（b）所示。

c. 隔条：在材堆中相邻两层木料间用与其垂直放置的隔条均匀隔开。隔条的作用是将每层木料隔开，形成水平气流通道；使材堆在宽度方向上稳定；使材堆中的各层木料互相夹持，以防止或减轻木材翘曲变形。隔条的长度等于材堆的宽度。隔条的厚度，对于强制循环窑，取20~25mm；对于自然循环窑或用于气干，可为25~40mm。隔条的宽度可为25~40mm。若被干木料的宽度不超过50mm时，也可用被干木料做隔条。隔条在材堆中的间距与树种及木料的厚度有关，阔叶材一般为板厚的15~18倍，针叶材为板厚的20~22倍，宜小不宜大。若隔条间距太大，木料未被夹持部分太长将容易变形。但在实际操作中，隔条的间距常常与小车的横梁保持一致。因材车的横梁间距通常是以最小厚度的被干木料作为设计依据的，一般为400~500mm。若材车横梁间距太大，应加放方木横梁。对于窑干来说，锯材是装成材堆进行干燥的，木料在材堆中层层受压。由于木材是弹塑性体，在窑内温湿度的作用下，会使木材的塑性提高。因此，在均匀受压的情况下，具有塑性性质的木材发生各向异性收缩时便不可能自由变形，而是保持受压时的形状并发生塑性变形而固定下来。因此，窑干材是否翘曲变形，主要取决于装堆的好坏。

d. 装堆时应注意以下事项：同窑被干木料应为同一树种或材性相近的树种，且厚度相同、初含水率基本一致。如不得不混装时，干燥工艺应以难干的树种、较厚的锯材，或含水率较高的为准。

当锯材厚度有明显偏差时，应使同一层板尤其是相毗邻的锯材厚度严格一致，以确保每块板都能被隔条压住。

隔条应上下对齐，并落在材车横梁上，或垫板的方木支承上，材堆两端的隔条应向端头靠齐一面，以免发生端裂；隔条两端不应伸出材堆之外。

材堆端头应齐平，两侧也不伸出材车或垫板边缘，并不歪不斜，成一正六面体。若木料较短，相邻板应彼此向两端靠齐，将空档留在堆内。

装堆时，还要考虑含水率的检测，如采用窑用含水率测定仪或用电测含水率法的自动控制时，应在窑内至少布置3个以上的含水率测量点，即先选3块含水率检验板，分别装好电极探针和引出导线后，按编号将检验板装入材堆中设定的位置。若是通过检验窗放取含水率检验板的手动操作，装堆时应在对着检验窗的位置，预留放取检验板的孔洞，即将该位置上的一层隔条断开两块板的距离，在该宽度上少放两层板，作为放置含水率检验板和应力检验板的位置。

装好材堆后，为防止堆顶的锯材翘曲变形，应在堆顶加压重物或压紧装置，压在堆顶对着隔条的位置。如无压顶，最上面的2~3层应堆放质量较差的木料。

③基准选定：木材干燥必须按一定的干燥基准进行操作。干燥基准是指木材干燥过程中根据木材状态（含水率、应力）和干燥时间的变化所规定的干燥介质状态（温度、湿度、气流速度）的变化程序表。

按干燥过程的控制因素来分类，在生产上使用的干燥基准主要有三类，即按含水率变化阶段操作的含水率干燥基准、按时间阶段操作的时间干燥基准和连续升温干燥基准。

含水率干燥基准是应用最普遍的窑干基准，包括渐升式干燥基准（又称常规干燥基准）、波动式干燥基准和半波动式干燥基准。渐升式干燥基准应用最广，是指按含水率的阶段逐渐升高介质的温度，用以干燥各种树种及规格的木材。波动式干燥基准是在整个含水率阶段反复波动地升高和降低介质的温度，全波动式干燥基准一般很少采用；而较多采用的半波动式干燥基准是在干燥前期（木材含水率在25%以上阶段）逐渐升高介质温度、在干燥后期（含水率在25%以下阶段）波动升降介质温度，主要用于干燥难干树种及大断面材等。

时间干燥基准是在长期使用含水率基准的基础上总结出的经验干燥基准，要求对干燥设备和被干木料的性能应相当了解，一般情况下不推荐使用时间干燥基准。

连续升温干燥基准是在木材整个干燥过程中，

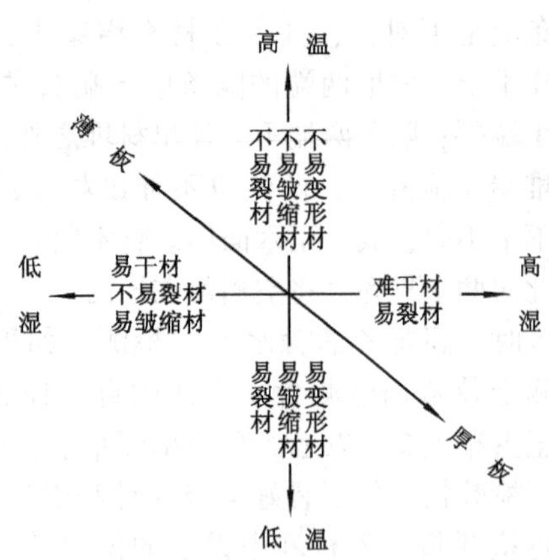

图 5-17 干燥基准的选择图

等速升高干燥介质的温度，保持介质与木材温度之间的温差为常数，不进行中间处理，属于一种方法简单、操作方便、快速节能的干燥工艺，一般只适用于针叶材的干燥。

按干燥过程中木材内水分蒸发的程度（即干燥基准的软硬度）来分类，干燥基准主要有硬基准和软基准。硬基准是指当木材的树种、规格和干燥性能相同时，干燥温度高、干湿球温度差大和气流速度快的干燥基准；反之为软基准。硬基准主要适合一般用途的木材干燥（因为软基准会延长干燥时间）；软基准适合特殊用材和珍贵木材的干燥，能保持木材的干燥质量和力学强度。

干燥基准的选择是根据木材的树种、厚度、部位、初含水率、干燥质量、用途，干燥设备类型及性能而定的。图 5-17 为干燥基准的选择图。基准选择是否合理直接影响到木材的干燥质量和干燥产量。对于缺乏干燥工艺经验和操作经验的木材，应选用低温、高湿的软基准试干，然后再逐步调整确定合适的干燥基准。我国林业行业标准 LY/T 1068—2012《锯材窑干工艺规程》中设定有 18 组共 69 个窑干含水率基准，前 8 组共 16 个基准适用于针叶树锯材；后 10 组共 53 个基准适用于阔叶树锯材。

木材干燥最终含水率可按用途和地区综合考虑确定。木材干燥后最终含水率应比使用地区的平衡含水率（表 5-1）低 2%～3%；当用途重要、质量要求高时，其含水率应更低。

④检验板选制：在干燥过程中，为了掌握木材的含水率、应力及表面状态，生产上通常使用检验板并采取定期测试的方法来掌握木材干燥的全过程。

干燥过程中，检验木材含水率数值的检验板称为含水率检验板；检验木材应力状态的检验板称为应力检验板。在按干燥基准操作时，根据含水率检验板定期测得的木材含水率变化，调节和控制干燥介质的温度、湿度和气流速度；根据应力检验板测试所反映的木材应力的大小，判断和决定是否对木材进行喷蒸处理以及喷蒸处理所需要的时间。

对于干燥开始前和干燥结束后的木材，也应用检验板进行检验。干燥前，检验木材含水率和应力状态，以便确定木材当时的含水率和选定与其对应的干燥基准阶段；干燥后，通过检验木材厚度上的含水率梯度和残余应力是否过大，可检查木材干燥质量，如果木材厚度上含水率梯度过大、应力集中在厚度某个层上，则木材在进一步加工或使用时将会出现开裂、翘曲变形等缺陷。

检验板是从一批被干燥的木料中随机挑选出来的。挑选锯制检验板的木料，材质要好，纹理通直，板面无开裂、腐朽和节疤等缺陷。选出一块或数块木材，截去 250～500mm 的端头，再按国家标准 GB/T 6491—2012《锯材干燥质量》规定的方法依次锯取检验板和试验片。由于检验板的长度比被干材短，为使检验尽量接近所代表的木材的实际情况，生产

表 5-1 部分地区年平均平衡含水率 %

地　区	平衡含水率	地　区	平衡含水率	地　区	平衡含水率	地　区	平衡含水率
拉　萨	9.2	济　南	11.7	昆　明	14.3	上　海	15.6
呼和浩特	10.9	石家庄	11.8	桂　林	14.7	广　州	15.6
兰　州	11.3	天　津	12.1	合　肥	14.9	重　庆	15.8
西　宁	11.3	郑　州	12.5	南　京	14.9	长　沙	15.9
北　京	11.4	沈　阳	12.7	福　州	15.1	台　北	16.4
银　川	11.5	长　春	12.9	贵　阳	15.3	杭　州	16.8
太　原	11.6	哈尔滨	13.3	南　昌	15.4	成　都	16.9
乌鲁木齐	11.6	西　安	13.7	武　汉	15.5	海　口	17.3

上把检验的两个端头清除干净后，涂上高温沥青、白蜡、铅油等不透水的涂料防止从端头蒸发水分。经过处理后的检验板，按标准中的要求放在材堆中预先留好的位置，使检验板与被干木材经受同样的干燥条件，如放置几块检验板，应分别放在干燥窑内干燥最快、适中和缓慢位置处；如放置一块检验板，应放在干燥速度适中的位置，以提高其代表性。

（2）干燥过程的进行　包括预热阶段、干燥阶段、终了处理阶段和冷却阶段。

①预热阶段：包括干燥窑预热和木材预热。

a. 干燥窑预热：干燥窑一切正常后，打开加热器对全窑进行预先烘烤，以提高窑内温度，防止干燥初期窑壁或设备上凝结水滴，且保证窑内温度能尽快升到干燥基准规定的温度；同时打开疏水器旁通阀，排出加热系统内冷空气和积聚的冷凝水，以便使加热系统进入正常工作状态。预热时间一般为30min。

b. 木材预热：干燥窑预热和启动后，应对木材进行预热处理。预热的目的是加热木材，使木材在无水分蒸发的条件下整体热透、温度均匀，达到基准规定的温度；木材升温使内部水分重新分布，且使含水率梯度和温度梯度的方向一致，为水分蒸发做准备；提高木材的可塑性，消除木材在气干阶段所形成的表面硬化和残余应力，减少干燥缺陷。

预热阶段干燥介质的状态应根据木材的树种、厚度和含水率而定。预热温度应略高于基准开始阶段温度8~10℃。预热相对湿度根据木材初含水率确定，含水率在25%以上时，相对湿度为98%~100%；含水率在25%以下时，相对湿度为90%~92%。预热时间从干燥窑温度达到基准规定温度起，夏季约为1~1.5h/cm（木材厚度）；冬季约为1.5~2h/cm（木材厚度）。由于预热阶段所消耗的蒸汽量和热量是干燥阶段的1.5~2倍，因此，当有几个干燥窑时，应尽量错开，不能同时进行预热。

②干燥阶段：木材经过预热后可按选定的基准进入干燥阶段。

干燥时，随木材水分蒸发，按基准要求，调节干燥介质的温度和湿度，使其控制在基准额定数值范围内。不允许急剧升温和降温，否则将使木材表面过分强烈地蒸发水分，造成内部水分来不及向表面传导和扩散，以致木材产生开裂等缺陷。所以应按干燥基准控制干燥过程，逐步提高介质的温度和逐步降低介质的湿度。温度提高和湿度降低的速度应根据被干燥木材的树种（硬杂木和软杂木）和厚度确定。干燥窑内温度调节误差不得超过±2℃，相对湿度调节误差不得超过±5%。

干燥过程中，为防止干燥应力存在，应对木材进行中间（喷蒸）处理，使木材表面吸湿，调整表层和内层水分的分布，减少含水率梯度，使已存在的应力趋于缓和，防止后期发生内裂或断面凹陷。中间处理的温度应比基准上相应阶段规定的温度高6~10℃，相对湿度应与木材当时含水率相平衡，这既能防止木材处理时蒸发水分，也能防止木材表面过分吸湿回潮。中间处理次数应根据木材的树种、厚度、用途、干燥质量要求和已存在的应力大小而定。中间处理过程前后，都要用应力检验板检验应力状态，处理前检验的目的是确定处理时所用介质的状态和所需处理时间；处理后检验的目的是判断处理效果。

干燥过程中，应定时通过含水率检验板测定木材含水率的变化情况。

③终了处理阶段：当木材干燥到含水率、应力和表面质量都达到使用和技术要求时，干燥即可结束。在干燥结束前，木材还要进行终了（高湿）处理，以使其终含水率分布均匀，消除残余应力，提高相对稳定性。

终了处理一般可分为平衡处理和调湿处理两个阶段。平衡处理可以消除整批被干木材含水率不均匀现象；调湿处理可消除或减轻残余应力和木材厚度上的含水率偏差。平衡处理时介质的温度与干燥基准最后阶段的温度相当；湿度应与比终了含水率低2%时的木材含水率相平衡；处理时间直至各检验板终含水率均匀为止。调湿处理时介质温度也与干燥基准最后阶段的温度相当；湿度应与比终含水率高4%时的木材含水率相平衡；处理时间应根据木材树种和厚度而定，一般说来为2h/cm（木材厚度），如为阔叶材，则为3~4h/cm（木材厚度），当然处理时间还应视被干木材的最终用途而定，用途较重要的木材，处理时间可略长些，否则时间可短些。

④冷却阶段：终了处理结束后即木材干燥结束。但此时木材还不能出窑，因为此时木材温度很高，与窑外温度相差很大，如立即出窑会引起木材炸裂。因此干燥过程结束以后，应关闭加热器和喷蒸管的阀门，让风机继续运转，进、排气道呈微开状态，以加速木材冷却。待木材冷却后（冬季30℃左右，夏秋季60℃左右）才能出窑。

木材在干燥后不可立即投入生产，应贮存在干燥仓库内2~3天。干木料在存放期间，技术上要求其含水率不能发生大幅度波动。因此，要求存放干木料的仓库气候条件稳定，力求与干木料的终含水率相平衡。一般要求干料仓库内温度应控制在35～40℃，相对湿度控制在40%～50%为宜。这样，木材可在干料仓库内消除干燥应力，降低含水率梯度，使木材含水率趋于平衡。在寒冷季节要有空气调节设备或安装简易的采暖装置，使仓库能保证不低于5℃的温度，相对湿度保证在35%～65%。堆放贮存的干木料应按树种、规格分别堆成材堆，以减少木料含水率的变化程度。

5.1.10　木材干燥缺陷与干燥质量

木材在干燥过程中及干燥以后的使用过程中，经常会发生开裂（表裂、内裂、端裂）、弯曲（顺弯、横弯、翘弯、扭曲）、皱缩、干燥不均匀、生霉、炭化、变色等干燥缺陷。这些缺陷常引起木材降等，降低木材的利用率，甚至报废。产生干燥缺陷的主要原因是木材构造上的干缩差异及干燥不当引起的不均匀收缩。

（1）开裂　可出现在干燥的不同阶段、木材的不同部位，常见的有表裂、内裂、端裂等，如图5-18所示。

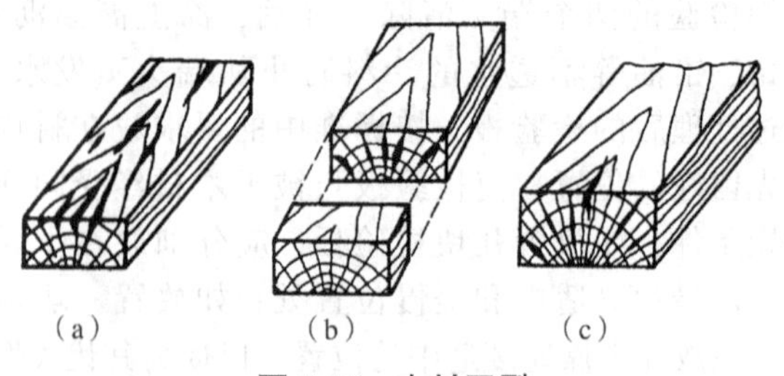

图5-18　木材开裂

（a）表裂　（b）内裂　（c）端裂

①表裂：多发生在干燥初期，主要是因干燥基准过硬（高温、低湿），使木材表面水分蒸发过快造成的。调整干燥基准、降低干燥温度、提高相对湿度（喷蒸处理）、减缓表面水分蒸发速度，可制止和避免裂缝的进一步发展；另外，木材刨光后干燥可防止表裂。

②内裂：也称蜂窝裂，多发生在干燥后期，是由于干燥初期温度过高、湿度过低，干燥中期升温过早而使表面木材硬化，内层木材受到拉应力而造成的。可在干燥过程中适时进行中间喷蒸处理，以消除木材表层硬化，恢复其变形能力，调整含水率分布。

③端裂：是由于在干燥时，水分从端部剧烈蒸发，从而使木材不均匀干缩而造成的。为防止端裂，可在装堆时使最外端的隔条外侧与木料端面平齐；也可在端面涂上不透水的高温沥青或石蜡等涂料，以减少木材端部水分蒸发面积或减缓水分蒸发速度。

（2）弯曲　也称翘曲，一般在纹理不通直的大幅面木料上发生，主要有顺弯（弓弯）、横弯（侧弯）、翘弯、扭曲等，如图5-19所示。弯曲是由于材质不均、弦向和径向干缩不一致而造成的。可以采取合理堆积材堆，或在干燥开始对木材进行高温高湿处理，或在材堆顶部加压重物，均可防止或减少木材弯曲。

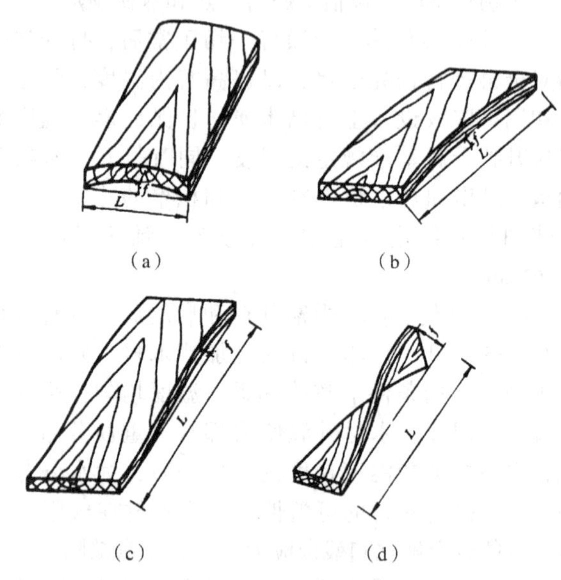

图5-19　木材弯曲

（a）翘弯　（b）横（侧）弯　（c）顺（弓）弯　（d）扭曲

（3）皱缩　也称溃陷，是木材干燥时由于细胞的溃陷所引起的一种不正常和不规则的收缩。严重的皱缩引起木材表面凹陷或起皱、侧面弯曲、内部产生蜂窝裂，如图5-20所示。皱缩被认为是一种严重的干燥缺陷，它不仅由于过量的收缩造成木材的损失，而且因产生变形使得木材在刨平时又增加损失，有时为了刨平致使板材变薄而不合规格要求。在较厚的木料干燥时，皱缩往往伴有严重的内裂，它使木材强度降低甚至报废。对容易产生皱缩的木材，应预先进行大气干燥或在人工干燥过程中不采

图5-20　木材皱缩

表 5-2 含水率及应力质量指标

干燥质量等级	平均最终含水率(%)	干燥均匀度(%)	均方差(%)	厚度上含水率偏差(%)				残余应力指标(%)	
				锯材厚度(mm)				叉齿	切片
				≤20	21~40	41~60	61~90		
一 级	6~8	±3	±1.5	2.0	2.5	3.5	4.0	不超过 2.5	不超过 0.16
二 级	8~12	±4	±2.0	2.5	3.5	4.5	5.0	不超过 3.5	不超过 0.22
三 级	12~15	±5	±2.5	3.0	4.0	5.5	6.0	不检查	不检查
四 级	20	+2.5 −4.0	不检查	不检查				不检查	不检查

注：1. 对于我国东南地区，一、二、三级干燥锯材的平均最终含水率指标可放宽 1%~2%。

2. 我国东南地区概念指 GB/T 6491—2012《锯材干燥质量》中附录 B 中无圆圈阿拉伯数字为 13%及 14%的地区。

（摘自 GB/T 6491—2012《锯材干燥质量》）

表 5-3 可见干燥缺陷质量指标

干燥质量等级	弯曲(%)								干裂			皱缩深度(mm)
	针叶材				阔叶材				纵裂(%)		内裂	
	顺弯	横弯	翘弯	扭曲	顺弯	横弯	翘弯	扭曲	针叶材	阔叶材		
一 级	1.0	0.3	1.0	1.0	1.0	0.5	2.0	1.0	2	4	不许有	不许有
二 级	2.0	0.5	2.0	2.0	2.0	1.0	4.0	2.0	4	6	不许有	不许有
三 级	3.0	2.0	5.0	3.0	3.0	2.0	6.0	3.0	6	10	不许有	2
四 级	1.0	0.3	0.5	1.0	1.0	0.5	2.0	1.0	2	4	不许有	2

（摘自 GB/T 6491—2012《锯材干燥质量》）

用较高的温度干燥（尤其是干燥初期的温度应控制在 50℃以下）；对已经产生皱缩并干燥着的木材，应适当降低干燥介质的温度和湿度以制止皱缩发展，然后在木材含水率为 17%~20%时进行喷蒸处理以消除皱缩。

（4）干燥不均匀　在材堆的长度、高度和宽度方向，都会发生木料干燥不均匀的现象。木材干燥不均匀的直接原因是干燥窑空气动力特性不好，加热器放热不均，保温性欠佳。为防止干燥不均匀的缺陷：①应尽量选用风机横向位于窑顶的干燥窑，或选用风机位于窑端的干燥窑；②保证窑内气流循环速度，非高温干燥时为 3~4m/s，高温干燥时为 5m/s；③加设气流导向挡板，做好气流导向；④合理布置加热器位置，使加热器放热均匀；⑤加强窑体大门的保温性。

（5）生霉　木材发霉是由于干燥窑内温度低、湿度大、气流速度缓慢使霉菌大量繁殖而造成的。一般会在自然循环干燥窑或弱强制循环干燥窑内发生。木材发霉后，可用 60℃以上的空气加热，使木材热透并维持数小时，即可消除霉菌。

（6）炭化　在炉气干燥、熏烟干燥或微波干燥中，由于温度太高而使木材内部或表面发生不同程度的炭化缺陷。有时表面炭化层厚度达 3mm，使用时需进行深度刨切，影响木材的利用率。炭化通常使木材的强度降低、颜色变深。

根据国家标准 GB/T 6491—2012《锯材干燥质量》，锯材的干燥质量指标包括平均最终含水率、干燥均匀度（即木堆或干燥室内各测点最终含水率与平均最终含水率的容许偏差）、锯材厚度上的含水率偏差、残余应力指标和可见干燥缺陷（弯曲、干裂、皱缩深度等）等。依据这些指标的大小，将锯材的干燥质量分为四个等级。在家具和木制品实际生产中，一般采用一、二等级的干燥锯材。各等级锯材对应的质量指标见表 5-2、表 5-3。

5.2 配　料

实木家具零部件的主要原材料是锯材。零部件的制作通常是从配料开始的，配料后将锯材锯切成一定尺寸的毛料。配料工段应力求使原料得到最合理的利用。因此，配料就是按照产品零部件的尺寸、规格和质量要求，将锯材锯制成各种规格和形状的毛料的加工过程。

配料是家具生产的重要前道工段，直接影响产品质量、材料利用率、劳动生产率、产品成本和经济效益等。

配料包括选料和锯制加工两大工序，选料工序要进行细致的选择与搭配，锯制加工工序要进行合理的横截与纵解。也就是说，在进行配料时，应根据产品质量要求合理选料，掌握对锯材含水率的要求，合理确定加工余量，正确选择配料方式和加工方法，尽量提高毛料出材率：这些是配料工艺的关键环节。

5.2.1 合理选料

合理选料是指选择符合家具产品质量要求的树种、材质、等级、规格、含水率、纹理和色泽等原料以及合理搭配用材，做到材尽其用。

配料所采用的锯材主要是毛边板或整边板。采用毛边板可以充分地利用木材。现在许多家具企业通常采用选购在厚度、宽度或者其中的某一项（或某几项）符合规格尺寸、材质、含水率、加工余量等方面要求的板方材，进厂后只需进行简单的锯截配料。

不同技术要求的家具产品以及同一家具产品中不同部位的零部件，对于材料的要求往往不是完全相同的。例如：桌子的面与背板，对于材料的要求不同；实木弯曲椅的腿与普通实木椅的腿，对于材料的要求也是不同的。因此，合理选料的原则或依据为：

（1）必须着重考虑木材的树种、等级、含水率、纹理、色泽和缺陷等因素，在保证产品质量和符合技术要求的前提下，节约使用优质材料，合理使用低质材料，做到物尽其用，提高毛料出材率和劳动生产率，降低产品成本，达到优质、高产、低耗和高效的经济效果。

（2）根据产品的质量要求，高级家具的零部件以至整个产品往往需要用同一树种的木材来配料，而且木材都为高级木材；对一般普通家具产品，通常要将软材和硬材树种分开，将质地近似、颜色和纹理大致相似的树种混合搭配，以达到节约使用和充分利用贵重树种的木材。

（3）应该根据零部件在木家具产品用料中的部位和功能，同时考虑颜色、纹理及木材的软硬来进行选料。按零部件在产品中所在部位的不同可分为外表用料、内部用料和暗处用料三种。用于家具出面处如面板、台板、盖板、门框、腿、座架、旁板及抽屉面板等的外表用料，一般材质较好，纹理和色泽一致或能相搭配；用于家具内部如搁板、底板、中旁板、抽屉旁板、背板及衬板等的内部用料，材质可稍差一些，树种可不限，节子、虫眼、裂纹在不影响外观的情况下允许修补，允许存在不超过规定的腐朽、斜纹及钝棱；用于家具不可见部分如暗抽屉、双包镶内衬框（格）条等的暗处用料材质要求还可比内部用料更宽一些。

（4）应考虑零部件在家具中的受力状况、结构强度以及涂饰和某些特殊要求进行配料。例如，带有榫头的毛料，其接合部位就不允许有节子、腐朽、裂纹等缺陷；产品要求涂饰并保持木材本色的透明漆时，其表面涂饰部位的木材的材质、树种、纹理和材色等要求很严格。

（5）根据木材胶合要求，对于胶合或胶拼的零部件，胶拼处不允许有节子，纹理要合理搭配，以防翘曲变形；同一胶拼构件上的材质应一致或相近，针叶材与阔叶材不得混合使用。

（6）根据家具产品质量要求，对各种产品都应符合有关质量标准所规定的材料要求，如在国家标准 GB/T 3324—2017《木家具通用技术条件》中，对各级木家具所使用的木材树种和材质的要求以及允许的缺陷等都作了相应的规定。

（7）要获得表面平整、光洁又符合尺寸要求的零部件，必须根据加工余量值来合理选用锯材规格，使得选用的锯材规格尽量与零部件或毛料的规格相衔接。如果锯材和毛料的尺寸规格不衔接，将使锯口数量和废料增多，影响到材料的充分利用和生产效率。锯材规格和毛料规格配置有以下几种情况：①锯材断面尺寸和毛料断面尺寸相符合；②锯材宽度和毛料宽度相符合，而厚度是毛料厚度的倍数或大于毛料的厚度；③锯材的厚度和毛料厚度相符合，而宽度是毛料宽度的倍数或大于毛料宽度；④锯材的宽度、厚度都大于毛料的断面尺寸或是其倍数；⑤锯材长度上要注意长短毛料的搭配以便使木材得到合理利用以减少损失。

5.2.2 控制木材含水率

锯材含水率是否符合家具产品的技术要求，直接关系到产品的质量、强度和可靠性，以及整个加工过程的周期长短和劳动生产率的提高。因此，必须控制木材的含水率，其原则或依据为：

（1）在配料前所用的木材应预先进行干燥（干燥与配料的先后顺序一般是先锯材干燥后配料，有些特殊产品也可以先锯材配料而后再进行毛料干燥），使其含水率符合要求，并且内外含水率均匀一致，以消除内应力，防止在加工和使用过程中产生翘曲、变形和开裂等现象，保证产品的质量。

（2）由于家具产品的种类及用途不同，锯材的含水率要求有很大的差异。因此，应根据家具产品的技术要求、使用条件以及不同用途来确定锯材的含水率。国家标准 GB/T 6491—2012《锯材干燥质量》中规定了不同用途的干燥锯材的含水率。其中，家具制作时，用于胶拼部件的木材含水率为 6%～11%（平均为 8%）；用于其他部件的木材含水率为 8%～14%（平均为 10%）；采暖室内的家具用料的含水率为 5%～10%（平均为 7%）；室内装饰和工艺制造用材的含水率为 6%～12%（平均为 8%）。

（3）由于家具产品的使用地区不同，锯材的含水率也有很大的差异，即使同一种产品，因使用地区不同含水率要求也不一样。因此，除了根据产品的技术要求、使用条件、质量要求外，还应该结合使用当地的平衡含水率，合理地确定对锯材的含水率要求。只要与之相适应，则家具容易保证质量。气候湿润的南方与气候干燥的北方，材料的含水率要控制在不同的范围内。北方要求含水率低一些，否则家具的榫头会与榫眼脱开。南方含水率应该高一点，否则容易使零件变形或破坏家具结构。一般要求配料时的木材含水率应比其使用地区或场所的平衡含水率低 2%～3%。

（4）干燥后的锯材在加工之前应妥善保存，在保存期间不应使其含水率发生变化，即干材仓库气候条件应稳定，应有调节空气湿度和温度的设施，使库内空气状态能与干燥锯材的终含水率相适应。干燥锯材（或毛料）在进行机械加工过程中，车间内的空气状态也不应使木材的含水率发生变化，以保证公差配合的精度要求。木制品毛料、零部件或成品，在加工、存放、运输过程中，最好能严密包装或有温度、湿度调节设施，以保证其含水率不发生变化。

5.2.3 选定加工余量

加工余量是指将毛料加工成形状、尺寸和表面质量等方面符合设计要求的零件时所切去的一部分材料的尺寸大小。简单地说，加工余量就是毛料尺寸与零件尺寸之差。如果采用湿材配料，则加工余量中还应包括湿毛料的干缩量。

5.2.3.1 加工余量的作用

加工余量的大小直接影响加工质量、加工零件的正品率、木材利用率和劳动生产率等。实践证明（图 5-21），若加工余量过小，虽然消耗在切削加工上的木材损失较少，但因绝大多数零件经刨削加工后而达不到要求的端面尺寸和表面质量，会使加工出的废品增多而使总的木材损失增加；相反，加工余量过大，虽然废品率可以显著降低，表面质量也能保证，但木材损失将因切屑过多而增大，同时多次切削又会降低生产率，增加动力消耗，难以实现连续化、自动化生产。

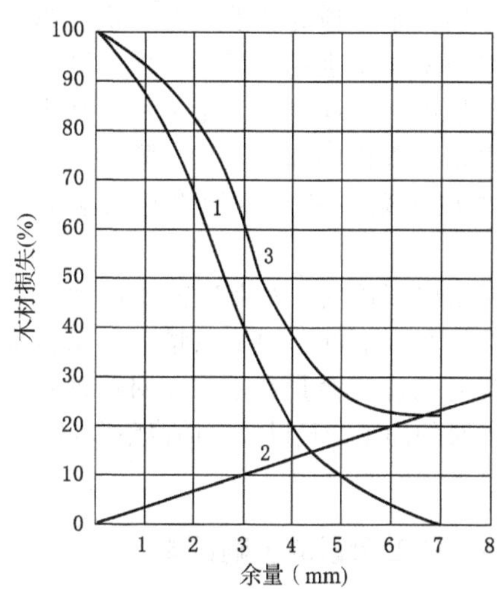

图 5-21 加工余量对木材损失的影响

1. 废品损失 2. 余量损失 3. 总损失

因此，唯有正确合理地确定加工余量，才能提高木材利用率，实现合理利用木材，节省加工时间和动力消耗，充分利用设备能力，保证零件的加工精度、表面粗糙度和产品质量，并有利于实现连续化和自动化生产。

5.2.3.2 加工余量的组成

加工余量一般可分为工序余量和总加工余量。

工序余量是为了消除上道工序所留下的形状或尺寸误差而从工件表面切去的一部分木材。所以，工序余量为相邻两工序的工件尺寸之差。

总加工余量是为了获得形状、尺寸和表面质量都符合于技术要求的零部件时，应从毛料表面切去的那部分木材。配料时控制的是总加工余量。总加工余量等于各工序余量之和。

从零部件加工角度，总加工余量包括零件加工余量与部件加工余量两部分。凡是零件装配成部件后不再进行部件加工的，总加工余量就等于零件加工余量；若零件装配成部件后还需再进行部件加工的，总加工余量应包括零件加工余量和部件加工余量之和。零件加工余量或部件加工余量又分别是加工时各工序余量之总和。

不需要进行部件加工的零件，在厚度或宽度上只考虑基准面和相对面的第一次加工余量及最后的修整加工余量。此时，其厚度或宽度上的总加工余量分别为以上三道工序余量之和，如图 5-22 所示。

装配成部件后，厚度上需要进行部件加工的零件，厚度上的加工余量包括毛料加工成零件的加工余量和部件加工余量。所以，配料时，毛料厚度上所留的总加工余量应为基准面第一次、第二次加工时的加工余量与基准相对面第一次、第二次加工时的加工余量以及表面修整余量之和。其中第一次加工余量主要指零件的加工余量，第二次加工余量主要指部件加工余量和部件的修整余量，如图 5-23 所示。

如果组成部件后，外周边需要再加工或铣成型面，则毛料宽度上的总加工余量应包括基准面的第一次加工时的加工余量和基准相对面的第一次、第二次加工时的加工余量以及表面修整余量，如图 5-24 所示。

5.2.3.3 加工余量的影响因素

加工余量等于各工序余量之和。工序余量主要受以下因素的影响：

（1）尺寸误差　指在配料过程中，毛料尺寸上发生的偏差。例如，当配料时所选用的锯材规格和毛料尺寸不相衔接以及锯解时锯口位置发生偏移，都会产生尺寸误差，这部分误差应该在加工基准面的相对面时去掉，使零件获得正确的尺寸。另外部件（拼板、木框、箱框）在胶拼和装配以后，由于零件本身的形状和尺寸误差以及接合部位加工不精确，将形成凹凸不平和尺寸上的误差，这部分误差也可称为装配误差，必须包含在基准面的相对面第二次加工余量中并予以消除。尺寸误差主要决定于加工设备的类型及状态、切削刀具精度及磨损程度、毛料物理力学性质等，并受加工精度诸多因素的影响。

（2）形状误差　主要表现为零件上相对面的不平行度，相邻面的不垂直度和零件表面不成一个正面（凹面、凸面及扭曲等）。工件形状的最大误差主要发生在干燥和配料过程中，这是因为配料时木材锯弯和含水率变化，以及板材或毛料干燥过程中由于干燥内应力而产生的翘曲变形等所引起的。形状误差应该包含在基准面及相对面的第一次加工余量中并予以消除。

（3）表面粗糙度误差　配料以后，在毛料的锯解表面上往往留有锯痕、撕裂等加工痕迹，同时零件通过刨削、铣削加工也会在表面留下旋转刀头所形成的波纹以及磨光以后留下的磨料痕迹，这些就造成了表面粗糙度误差。一般可以用零件表面微观不平高度值来确定。锯解表面的微观不平度对加工余量影响最大，随着加工过程的进行，后续工序的微观不平度逐渐减小，工序余量也随之逐步缩小。如果配料时采用刨削锯片锯解，表面的微观不平可以明显地降低，同时也有利于以后刨削、铣削和磨光工序余量的缩小。

（4）安装误差　是工件在加工和定位时，相对于刀具的位置发生偏移而造成的。原因在于模具和夹具的结构、精度、刚性及安装基准的选择等因素不当。因而，在加工中正确选择安装基准、提高夹具的制造精度、改进夹具的结构等可以减小安装误差，从而缩减加工余量。

（5）最小材料层　在加工过程中，由于加工条件所决定必须多切去一层材料，该层材料为最小材料层。对于锯机主要指锯路损失。

（6）被加工材料的性质与干燥质量　有的树种如南方的木荷，容易产生翘曲变形，而且变形很大，因而其加工余量需适当放大。凡干燥质量差、翘曲变形大、具有内应力、锯解后不平直的都需适当加大余量。因此，为使加工余量尽量减少，应保证材料的干燥质量，消除干燥内应力和翘曲变形。如果应用湿的成材来配料，然后再进行毛料干燥，则在

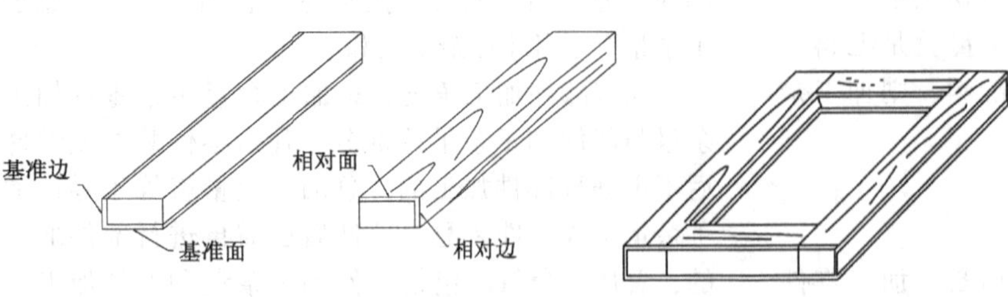

图 5-22　零件加工基准面与相对面

图 5-23　部件厚度上加工

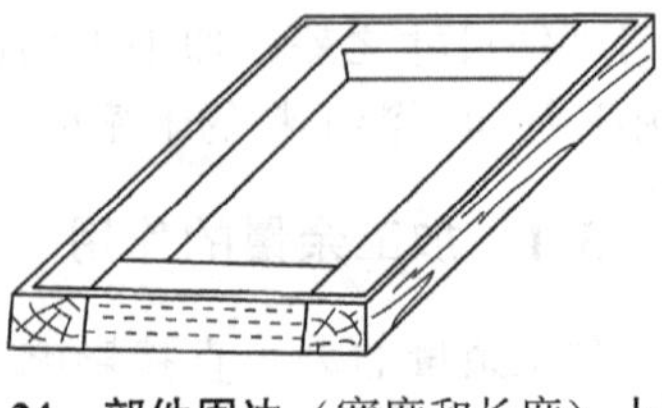

图 5-24　部件周边（宽度和长度）上加工

配料时需考虑干缩余量值。

(7) 加工表面质量要求　有些木质零件对加工精度和表面光洁度都要求较高，需采用两次刨削加工，这样也必然要增大加工余量值。

(8) 机床、刀具、工件、夹具工艺系统　加工设备的精度、切削刀具的几何参数、切削用量，以及机床、刀具、工件、夹具工艺系统的刚度等都会影响加工余量的大小。因此，为使加工余量尽量减少，应首先保证材料的干燥质量，消除干燥内应力和翘曲变形，从而减少和消除在加工过程中因机床、刀具、夹具等部件的变形而引起的加工尺寸误差。此外，还应使切削刀具具有正确的角度参数和锉磨质量，并选择合适的切削用量以降低被加工表面的粗糙度。

5.2.3.4　加工余量的确定

目前，我国木家具生产中还没有统一的加工余量标准，要确定零件或部件的总加工余量，首先应该确定组成总余量的各工序余量值。工序余量的确定一般可以根据实际工艺特点、具体设备条件、产品结构特点等因素进行试验统计，反复进行修正。

我国目前在木家具生产中所采用的加工余量均为经验值，具体如下：

(1) 干毛料的加工余量

① 宽度或厚度上的加工余量：在这两个方向上主要是刨削加工，单面刨光时为 2～3mm，两面刨光时为 3～5mm。长度在 1m 以下的短料，取 3mm；长度在 1m 以上的长料，取 5mm；长度在 2m 以上的特长料或弯曲、扭曲的毛料则可更放宽一些，取 5～8mm。

② 长度上的加工余量：一般为 5～20mm。对于端头带榫头的毛料取 5～10mm；端头无榫头的零件取 10mm；不贯通榫的毛料相对带榫头的可减少 1～2mm；用于整拼板或胶拼的毛料取 15～20mm。

(2) 湿毛料的加工余量　如果先用湿材或半干材来配料，然后再进行毛料干燥时，则在加工余量中还应该包括湿毛料的干缩量。不同的树种、不同的纹理方向其干缩余量也是不同的，配料时应该视具体情况而定。由于木材纵向（顺纹）干缩率极小，为原尺寸的 0.1%左右，所以一般不予计算长度方向干缩余量值；而沿年轮方向的弦向干缩率最大，为原尺寸的 6%～12%；沿半径方向的径向干缩率比弦向要小，为原尺寸的 3%～6%。因此，一般使用湿材配料时，一定要考虑宽度和厚度方向的干缩余量。一般是根据该树种的收缩率和板材的尺寸计算出干缩余量。湿毛料的尺寸和干缩量可按下式计算：

$$y = (D+S)\ (W_c - W_z)\ K/100$$

$$B = (D+S)\ [1 + (W_c - W_z)\ K/100]$$

式中，y 为含水率由 W_c 降至 W_z 后木材的干缩量（mm）；B 为湿毛料宽度或厚度上的尺寸（mm）；D 为零件宽度或厚度上的公称尺寸（mm）；S 为干毛料宽度或厚度上的刨削加工余量（mm）；W_c 为木材初含水率（%）（若 W_c 大于 30%时，仍以 30%计算）；W_z 为木材终含水率（%）；K 为木材含水率在 0～30%范围内每变化 1%时的干缩系数（可从木材干燥或木材学等教材或参考书中查得）。

例如，用含水率为 35%的水曲柳弦向湿板材，经先配料后干燥再加工成宽度为 120mm、厚度为 20mm、长度为 1200mm 的无榫零件，终含水率要求为 10%。由资料可查得水曲柳的弦向干缩系数 $K_{弦}$ 为 0.353，径向干缩系数 $K_{径}$ 为 0.197。通过以上公式计算，可得到宽度上干缩量约为 9mm，厚度上干缩量约为 1mm；再考虑刨削加工余量，则应将湿板材配制成长度为 1210mm、宽度为 134mm、厚度为 26mm 的湿毛料。

(3) 倍数毛料的加工余量　如果所需毛料的长度较短或断面尺寸较小时，为了使小规格零件容易加工，可以考虑在长度方向、宽度方向或厚度方向上采用倍数毛料进行配料。配制倍数毛料时，最好只在一个方向上是倍数（即在厚度、宽度、长度中有两个尺寸都与毛料要求的规格一致），对于倍数毛料在宽度和厚度上都是毛料的倍数是不可取的，因为两者的规格尺寸不衔接则锯口和废料将增多，影响到锯材的充分利用和生产效率。

在确定倍数毛料的加工余量时，除了考虑上述各种加工余量外，还应加上锯路余量。锯路总余量为锯口加工余量（或锯路宽度，一般为 3～4mm）与锯路数量（或倍数毛料数量-1）的乘积。

在确定毛料加工余量时，阔叶树材毛料的加工余量应比针叶材毛料取得大些；圆形零件应以方形尺寸计算；大小头零件应以大头尺寸计算。

5.2.4　确定配料工艺

5.2.4.1　配料方式

目前，我国在木家具生产中，由于受到生产规模、设备条件、技术水平、加工工艺及加工习惯等多种因素的影响，其配料方式是多种多样的。但总的看来，大致可归纳为单一配料法和综合配料法两大类。

(1) 单一配料法　是指将单一产品中的某一种

规格零部件的毛料配齐后，再逐一配备其他零部件的毛料。这种配料法的优点是技术简单、生产效率较高。但最大缺点是木材利用率较低，不能量材下锯和合理使用木材，材料浪费大；其次是裁配后的板边、截头等小规格料需要重复配料加工，增加往返运输，降低了生产效率。因而，此法适用于产品单一、原料整齐的家具生产企业的配料。

（2）综合配料法 是指将一种或几种产品中各零部件的规格尺寸分类，按归纳分类情况统一考虑用材，一次综合配齐多种规格零部件的毛料。这种配料法的优点是能够长短搭配下锯，合理使用木材，木材利用率高，保证配料质量。但要求操作者对产品用料知识、材料质量标准掌握准确，操作技术熟练。因而，适用于多品种家具生产企业的配料。

配料时，根据锯材类型、树种和规格尺寸以及零部件的规格尺寸，锯材配制成毛料的方式又有以下几种情况：①由锯材直接锯制符合规格要求的毛料；②由锯材配制宽度符合规格要求，而厚度是倍数的毛料；③由锯材配制厚度符合规格要求，而宽度是倍数的毛料；④由锯材配制宽度和厚度都符合规格要求，而长度是倍数的毛料。

5.2.4.2 配料工艺

（1）先横截后纵解的配料工艺 如图5-25（a）所示。先将板材按照零件的长度尺寸及质量要求横截成短板，同时截去不符合技术要求的缺陷部分如开裂、腐朽、死节等，再用单锯片或多锯片纵解圆锯机或小带锯将短板纵解成毛料。由于先将长材截成短板，这种工艺的优点是方便车间内运输；采用毛边板配料，可充分利用木材尖削度，提高出材率；可长短毛料搭配锯截，充分利用原料长度，做到长材不短用。但缺点是在截去缺陷部分时，往往同时截去一部分有用的锯材。

（2）先纵解后横截的配料工艺 如图5-25（b）所示。先将板材按照零件的宽度或厚度尺寸纵向锯解成板条，再根据零件的长度尺寸截成毛料，同时截去缺陷部分。这种工艺适用于配制同一宽度或厚度规格的大批量毛料，可先在机械进料的单锯片或多锯片纵解圆锯机上进行纵解加工，然后再通过机械或自动进料的优选横截锯进行优选定长、截去缺陷等横截加工。这种工艺的优点是生产效率高；在截去缺陷部分时，有用木材锯去较少。但长材在车间占地面积大，运输也不太方便。

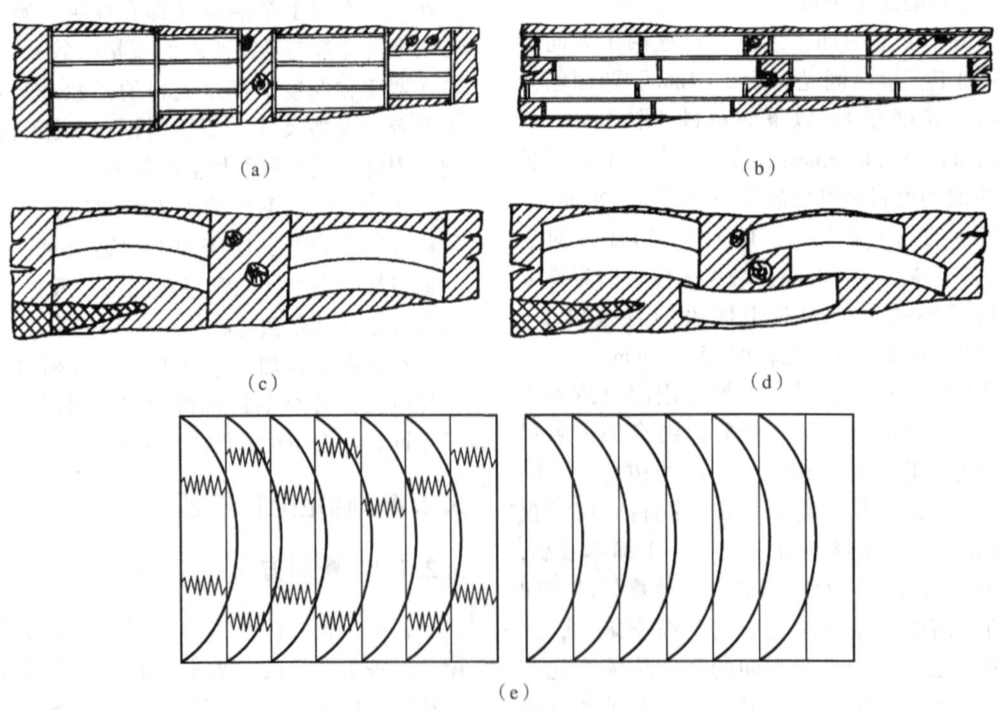

图5-25 几种典型配料工艺

（a）先截断后纵解 （b）先纵解后截断 （c）先划线后锯截（平行划线法）
（d）先划线后锯截（交叉划线法） （e）先胶合后锯截

（3）先划线后锯截的配料工艺　如图5-25（c）（d）所示。根据零件的规格、形状和质量要求，先在板面上按套裁法划线，然后按线再锯截为毛料。采用套裁法划线下锯可以用相同数量的板材生产出最大数量的毛料。根据生产实践证明，该种方法可以使木材出材率提高9%，尤其对于曲线形零件，预先划线，既保证了质量又可提高出材率和生产率。但是需要增加划线工序和场地。

划线配料在操作上有平行划线法和交叉划线法两种。

平行划线法是先将板材按毛料的长度截成短板，同时除去缺陷部分，然后用样板（根据零件的形状、尺寸要求再放出加工余量所做成的样板）进行平行划线。此法加工方便、生产率高，但出材率稍低，适合于较大批量的机械加工配料。如图5-25（c）所示。

交叉划线法是考虑在除去缺陷的同时，充分利用板材的有用部分锯出更多的毛料，所以出材率高。但毛料在材面上排列不规则，较难下锯，生产率较低，不适合于机械加工及大批量配料，如图5-25（d）所示。

（4）先粗刨后锯截的配料工艺　先将板材经单面或双面压刨刨削加工，再进行横截或纵解成毛料。由于板面先经粗刨，所以材面上的缺陷、纹理及材色等能较清晰地显露出来，操作者可以准确地看材下锯，按缺陷分布情况、纹理形状和材色程度等合理选材和配料，并及时剔除不适用的部分。另外，由于板面先经刨削，对一些加工要求不高（如内框之类）的零件，在配制成毛料之后，对毛料加工时，就只需加工其余两个面，减少了后期刨削加工工序；如果配料时采用“刨削锯片”进行“以锯代刨”锯解加工，可以得到四面光洁的净料，以后就无须再进行任何刨削加工，这样毛料出材率和劳动生产率都将显著提高。但是在刨削未经锯截的板材时，长板材在车间内运输不便，占地面积也大；此外，板材虽经压刨粗刨一遍，但其上的锯痕和翘曲度往往不能全部除去，因此并不能代替基准面的加工。对于尺寸精度要求较高的零件，特别是配制长毛料时，仍需要先通过平刨进行基准面加工和通过压刨进行规格尺寸的加工，才能获得正确的尺寸和形状。

（5）先粗刨、锯截和胶合再锯截的配料工艺　如图5-25（e）所示。将板材经刨削、锯截和剔除缺陷后，利用指形榫和平拼，分别在长度、宽度和厚度方向进行接长、拼宽、胶厚（见方材胶合章节），然后再锯截成毛料。这种工艺能充分利用材料，有效地提高了毛料出材率和保证零件的质量。但缺点是增加了刨削、锯截、铣齿形榫和胶接等工序，生产率较低。此种方法特别适用于长度较大、形状弯曲或材面较宽、断面较大、强度要求较高的毛料（如椅类的后腿、靠背、扶手等）的配制。当然也可以采用集成材成品直接进行配料。

了解了以上几种方式的优缺点以后，可以根据零件的要求，并考虑到尽量提高出材率、劳动生产率和产品质量等因素，进行组合选用，综合确定配料方案。无论采用何种配料方案，都应先配大料后配小料，先配表面用料后配内部用料，先配弯料后配直料，等等。

5.2.4.3　配料设备

根据配料工序和生产规模的不同，配料时所用的设备也不一样。目前，我国木家具生产中的配料设备主要有以下几类：

（1）横截设备　横截锯，用于实木锯材的横向截断，以获得长度规格要求的毛料［图5-26（a）］。其类型较多，常用的有吊截锯（刀架弧形移动）、万能木工圆锯机、悬臂式万能圆锯机［刀架直线移动，图5-26（b）］、简易推台锯、精密推台锯、气动横截锯［图5-26（c）（d）］、自动横截锯、自动优选横截锯［万能优选锯，图5-26（e）］等。

多锯片圆锯机

（2）纵解设备　纵解锯，用于实木锯材的纵向剖分，以获得宽度或厚度规格要求的毛料［图5-27（a）］。常用的有手工进料圆锯机（普通台式圆锯机）、精密推台锯、机械（或履带）进料单锯片圆锯机［图5-27（b）］、机械（或履带）进料多锯片圆锯机［图5-27（c）］、小带锯［图5-27（d）］等。

（3）锯弯设备　用于实木锯材的曲线锯解，以获得曲线形规格要求的毛料，也可以使用样模划线后再锯解。主要有小带锯或细木工带锯［图5-27（d）（e）］、曲线带锯或数控曲线锯［图5-27（f）~（i）］。

（4）粗刨设备　用于先对实木锯材表面粗刨，以合理实施锯材锯截和获得高质量的毛料。常用的有单面压刨、双面刨（平压刨），也可用四面刨等。

（5）指接与胶拼设备　用于板方材在长度、宽度、厚度方向上通过指形榫和平拼而进行接长、拼宽、胶厚，以节约用材和锯制获得长度较大、形状弯曲或材面较宽、断面较大、强度较高的毛料。主要有指形榫铣齿机、接长机（接木机）、拼板机等。

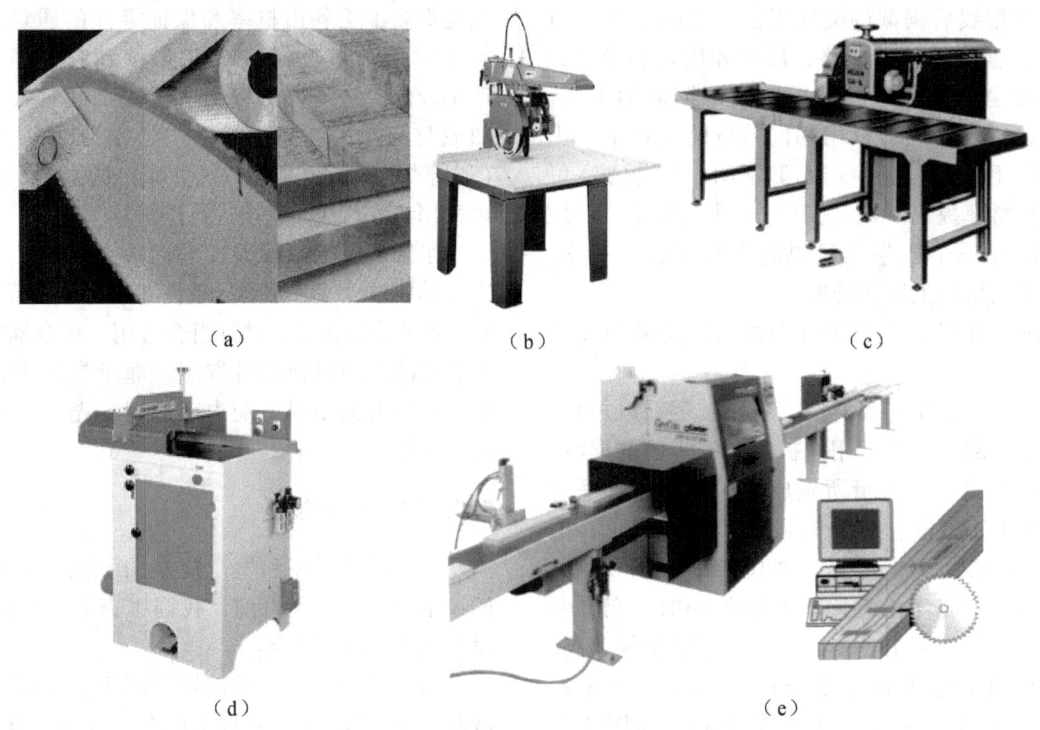

图5-26 配料用横截锯

(a) 横截锯加工 (b) 悬臂式万能圆锯机 (c) 悬臂式气动圆锯机 (d) 气动圆锯机 (e) 自动优选锯

5.2.4.4 典型配料工艺与设备方案

以实木机械生产商德国威力集团的木材优选备料技术为例，其典型的配料工艺与设备主要包括以下几部分：

(1) 板材扫描 采用全自动扫描仪［图5-28 (a)］对原材料板材进行扫描，又称纵切扫描。通过全自动扫描仪对板材进行扫描检测，检测整块板材尺寸信息并扫描板材表面缺陷（节疤、开裂、夹皮等）位置，然后扫描仪结合工厂需要加工的部件长度、宽度尺寸及等级要求，对每块板材制订最佳的锯切方案，实现最大价值化的多片锯切。

扫描优选连线

(2) 板材剖分 采用具有移动锯片技术的优选多片锯［图5-28 (b)］对板材进行定宽剖分。可以根据原材料板材的宽度尺寸及等级，同时结合需要加工的板条宽度尺寸及等级，对每根板材进行宽度方向优选锯切。该设备既可作为单机使用，也可与纵切扫描仪连线实现高自动化的优选纵切。位于上游的纵切扫描仪将每块板材的最佳锯切方案传送给优选多片锯，优选多片锯前端定位装置对板材自动定位送料，同时移动锯片根据扫描仪指令移动到相应位置进行锯切，实现对每块板材高速、高效、高价值的锯切。

(3) 板条扫描 采用全自动扫描仪［图5-28 (a)］对定宽后板条进行四面扫描，又称横截扫描。经过多片锯锯切后的定宽板条，通过传送装置自动传送至横截扫描仪工位，通过全自动扫描仪对定宽板条四个面进行扫描检测，检测每根板条尺寸信息并扫描板材表面缺陷（节疤、开裂、夹皮等）位置，然后扫描仪结合工厂需要加工的部件长度尺寸及等级要求，对每块板材制订最佳的横截方案，实现最大价值化的横截加工。

(4) 定长横截 采用优选横截锯［图5-28 (c)］对板条进行优选、定长横截和切除缺陷。优选横截锯可作为单机使用，通过人工划线方式标注木材表面缺陷位置及等级区域，设备自动检测木料长度、缺陷位置和等级信息，同时结合客户输入的订单尺寸和等级要求对每根木料进行优化计算，制订最佳的横截锯切方案。优选横截锯也可与上游横截扫描仪连线实现高自动化横截锯切生产线。位于上游的横截扫描仪将每块板材的最佳锯切方案传送给优选横截锯，同时通过传送装置将相应板材传送

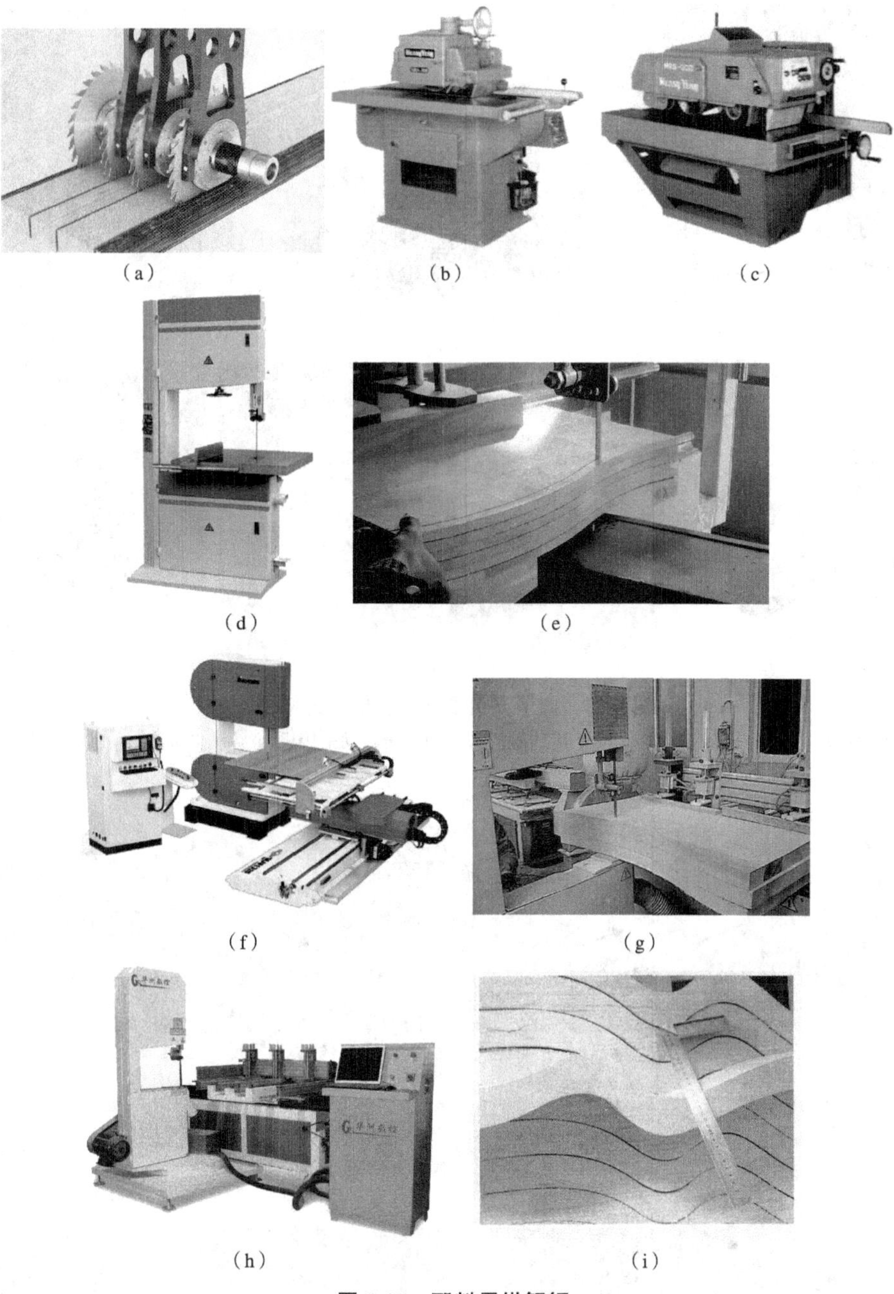

图 5-27 配料用纵解锯

(a) 纵解锯加工 (b) 单片纵解圆锯机 (c) 多片纵解圆锯机

(d) (e) 小带锯 (细木工带锯) (f) ~ (i) 曲线带锯 (数控曲线锯)

到锯切工位，优选横截锯根据扫描仪指令自动对板材进行定位锯切和分选，实现对每根木材最大价值化的横截加工。

(5) 指接接长 采用全自动指接机 [图 5-28 (d)] 对横截后的指接料进行指接接长加工。通过指形榫铣齿机、指形涂胶机、接长机能进行自动铣齿、涂胶和接长，可以极大地提高指接出材率和生产率。

(6) 板材刨光 采用双面刨 (平压刨) 或四面刨 [图 5-28 (e)] 等对实木锯材或对接长后的板条进行表面粗刨加工，以合理获得高质量的毛料。

(7) 拼板加工 采用全自动高频拼板机 [图 5-28 (f)] 对接长后的板条进行宽度上的胶拼。通过拼板机能自动在板条涂胶面进行喷胶，自动组坯，自动送入压机进行加压和高频加热胶拼。高精度自动喷胶装置，在板材涂胶面喷成一条条胶线，胶量

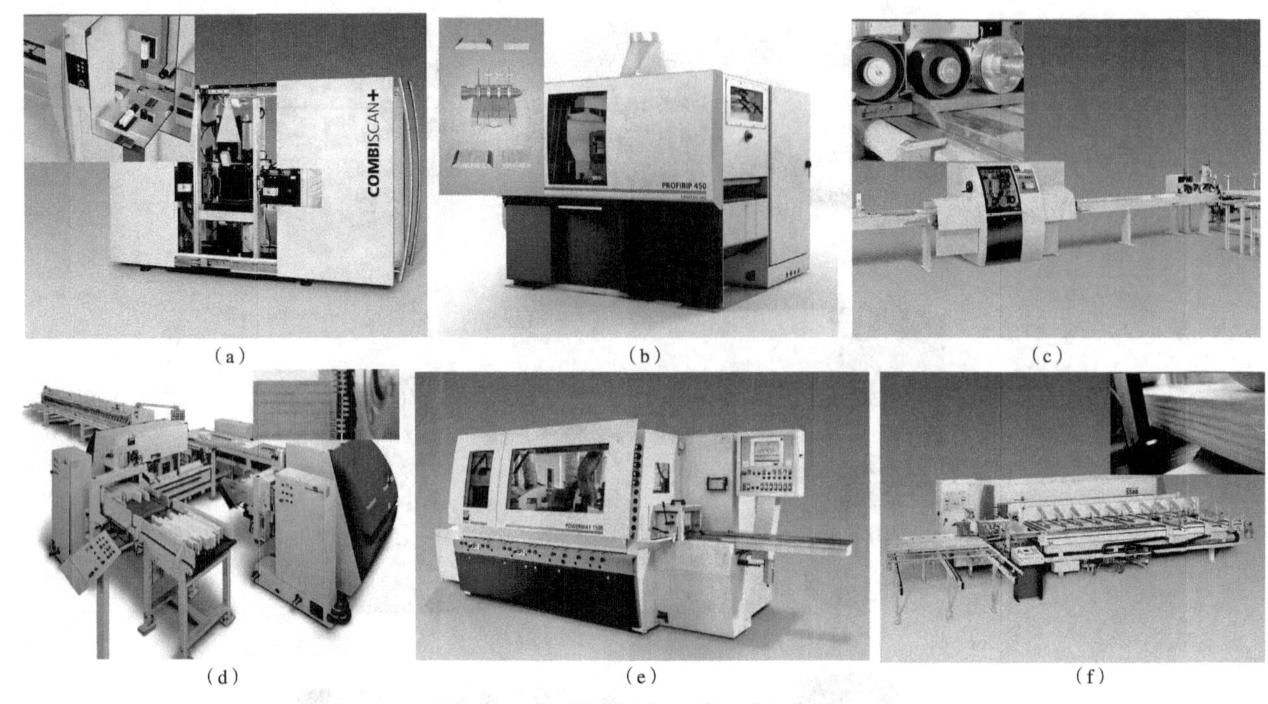

（a）　（b）　（c）

（d）　（e）　（f）

图 5-28　典型配料设备（德国威力集团）

（a）全自动扫描仪　（b）优选多片锯　（c）优选横截锯　（d）全自动指接机　（e）四面刨　（f）全自动高频拼板机

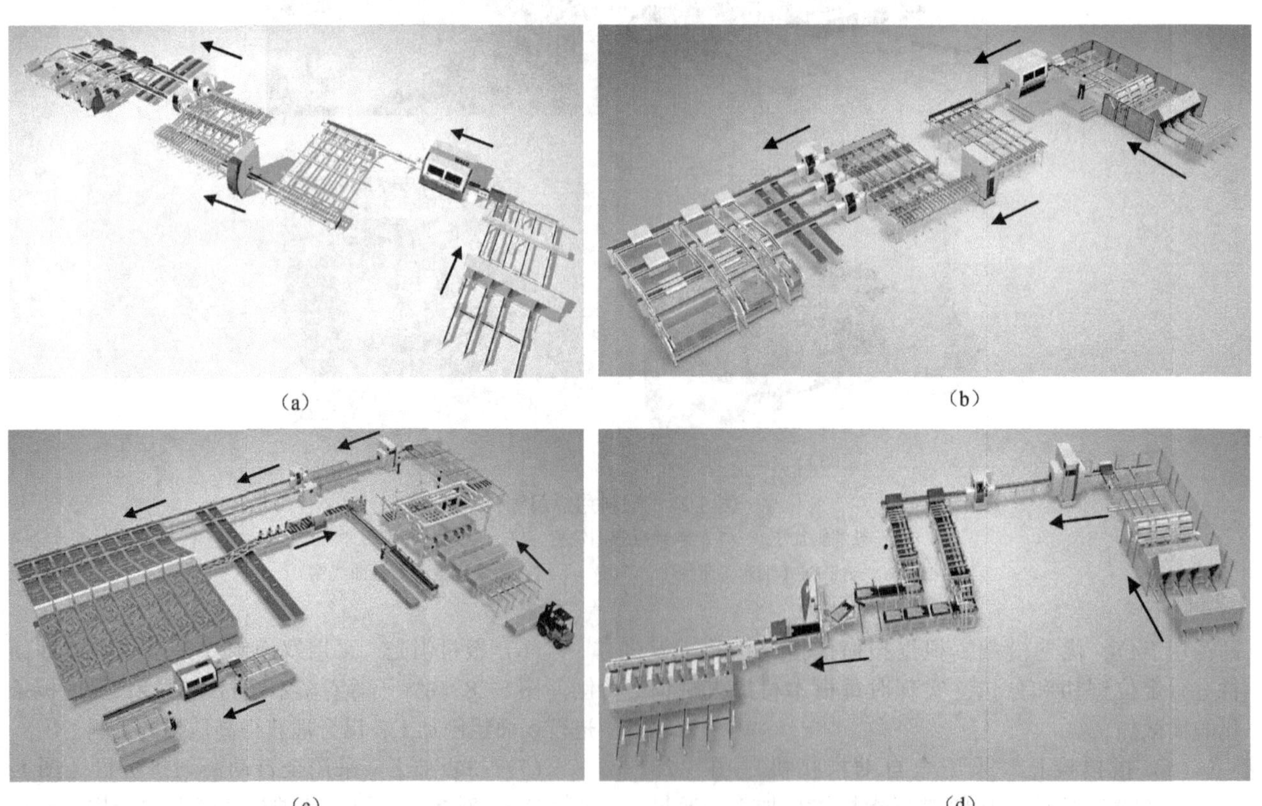

（a）　（b）

（c）　（d）

图 5-29　四种典型配料工艺与设备方案（德国威力集团）

可控，减少溢胶量，比传统涂胶方式节省涂胶量；同时，合理的加压方式能最大程度减小拼板厚度差，减小所需砂光量，提高加工出材率。

通过以上主要设备可以组合连成不同的实木配料工艺生产线，图 5-29（a）（b）所示分别为由 1 台自动四面刨、1 台全自动扫描仪、2 台或 3 台优选横截锯以及相关辅助设备组合的自动优选备料生产线。图 5-29（c）所示为由 1 台全自动扫描仪、2 台优选横截锯、1 组全自动指接机、1 台自动四面刨以及相关辅助设备组合的自动优选备料生产线。图 5-29（d）所示为由 1 台全自动扫描仪、1 台优选横截锯、1 组全自动指接机以及相关辅助设备组合的自动优选备料生产线。

5.2.5 提高毛料出材率

配料时，木材的利用程度可用毛料出材率来表示。毛料出材率（P）是指毛料材积（$V_{毛}$）与锯成毛料所耗用锯材（或成材）材积（$V_{成}$）之比（用百分率表示）。

$$P = \frac{V_{毛}}{V_{成}} \times 100\%$$

影响毛料出材率的因素很多，如加工零件要求的尺寸和质量、配料方式与加工方法、所用锯材的规格与等级、锯材尺寸与毛料尺寸的匹配程度、操作人员的技术水平、采用设备和刀具的性能等。提高毛料出材率的同时做到优材不劣用、大材不小用、长材不短用，以降低木材耗用量，是配料时必须重视的问题。

为了尽量提高毛料出材率，在实际配料生产中可考虑采取以下一些措施：

（1）认真实行零部件尺寸规格化，使零部件尺寸规格与锯材尺寸规格相衔接，以充分利用板材幅面，锯截出更多的毛料。

（2）操作人员应熟悉各种产品零部件的技术要求，在保证产品质量和要求的前提下，凡是用料要求所允许的缺陷，如缺棱、节子、裂纹、斜纹等，不要过分地剔除，要尽量合理使用。

（3）操作人员应根据板材质量和规格，将各种规格的毛料集中配料、合理搭配和套裁下锯；可以将不用的边角料集中管理，供配制小毛料时使用，做到材料充分利用。

（4）在不影响强度、外观及质量的条件下，对于材面上的死节、树脂囊、裂纹、虫眼等缺陷，可用挖补、镶嵌的方法进行修补，以免整块材料被截去。

（5）对一些短小零件，如线条、拉手等，为了便于后期加工和操作，应先配成倍数毛料，经加工成净料后再截断或锯开，既可提高生产率和加工质量，又可减少每个毛料的加工余量。

（6）合理确定工艺路线，减少重复加工余量，除了需要胶拼、端头开榫等零部件外，在配料时应尽量做到一次精截，不再留二次加工余量。

（7）在满足设计要求下，尽量选用边角短料或加工剩余物、小规格材配制成小零部件毛料，做到小材升级利用。根据实践经验可节约木材 10%左右。

（8）应积极选用薄锯片、小径锯片，尽量使用刨削锯片或“以锯代刨”工艺，减少锯路损失，一次锯口可节约木材 30%～50%。

（9）应尽量采用划线套裁及先粗刨后配料的下料方法。生产实践证明，可提高木材利用率 9%～12%（如采用交叉划线效果会更好）。

（10）对规格尺寸较大的零部件，根据技术要求可以采用短料接长、窄料拼宽、薄料胶厚等小料胶拼的方法代替整块木材，用于暗框料、芯条料、弯曲料、长料、宽料、大断面料等，既可提高木材利用率，做到劣材优用、小材大用，又能保证产品质量，提高强度，减少变形和保证形状尺寸稳定。

目前，在实际生产中计算毛料出材率时，常加工出一批产品后综合计算出材率，其中不仅包括直接加工成毛料所耗用的材积，也包含锯出毛料后剩余材料再利用的材积，因此，实际上是木材利用率。它根据生产条件、技术水平和综合利用程度不同而有很大的差异。一般来说，从原木制成锯材的出材率为 60%～70%，从锯材配成毛料的出材率也为 60%～70%，从毛料加工成净料（或零部件）的出材率为 80%～90%。因此，净料（或零部件）的出材率一般只有原木的 40%～50%或板方材的 50%～70%。

5.3 毛料加工

经过配料，将锯材按零件的规格尺寸和技术要求锯成了毛料，但有时毛料上可能因为干燥不善而带有翘弯、扭曲等各种变形，再加上配料加工时都使用粗基准，毛料的形状和尺寸总会有误差，表面也是粗糙不平的。为了保证后续工序的加工质量，以获得准确的尺寸、形状和光洁的表面，必须先在毛料上加工出正确的基准面，作为后续规格尺寸加工时的精基准。因此，毛料加工通常是从基准面加工开始的。毛料加工是将配料后的毛料经基准面加工和相对面加工而成为合乎规格尺寸要求的净料的加工过程。

5.3.1　基准面加工

基准面包括平面（大面）、侧面（小面）和端面三个面。对于各种不同的零件，按照加工要求的不同，不一定都需要三个基准面，有的只需将其中的一个或两个面精确加工后作为后续工序加工时的定位基准；有的零件加工精度要求不高，也可以在加工基准面的同时加工其他表面。直线形毛料是将平面加工成基准面；曲线形毛料可利用平面或曲面作为基准面。

平面和侧面的基准面可以采用铣削方式加工，常在平刨或铣床上完成；端面的基准面一般用推台圆锯机、悬臂式万能圆锯机或双头截断锯（双端锯）等横截锯加工。

5.3.1.1　平刨加工基准面

在平刨（图5-30）上加工基准面是目前家具生产中仍普遍采用的一种方法，如图5-31（a）所示。它可以消除毛料的形状误差，为获得光洁平整的表面，应将平刨的后工作台平面调整到与柱形刀头切削圆同一切线上，前、后工作台须平行，两台面的高度差即为切削层的厚度，是一次走刀的切削量。在平刨上加工侧基准面（基准边）时，应使其与基准面（平面）具有规定的角度，这可以通过调整靠山（导尺）与工作台面的夹角来达到，如图5-31（b）所示。平刨加工基准面时，一次刨削的最佳切削层厚度为1.5~2.5mm，若超过3mm，将使工件出现崩裂并且引起振动。因此，当被加工表面的不平度或刨削厚度较大时，必须通过几次刨削加工（即多次走刀）以获得精基准面。

目前，在生产中使用的平刨大多数是手工进给，虽然能够得到正确的基准面，但其劳动强度大，生产效率低，而且操作很不安全。机械进料的平刨虽然可以避免上述问题，但是为了保证加工表面符合做基准面的要求，平刨上的机械进料装置应当既能保证毛料沿平刨工作台平稳地移动，又必须使毛料不产生变形。目前，在平刨上采用的机械进料方式主要有弹簧销、弹簧爪及履带进料装置等，其原理是对毛料表面施加一定的压力后所产生摩擦力来实现毛料进给的，对于本来就翘弯不平的长而薄的毛料在垂直压力的作用下很容易暂时被压直。当经过加工和压力解除后，毛料仍将恢复原有的翘弯状态，因而不能得到精确的平面。此时被加工的表面不宜作为基准面。

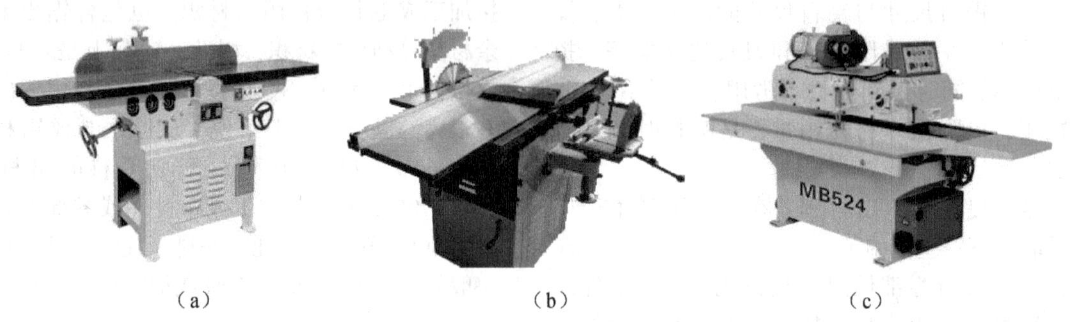

（a）　（b）　（c）

图5-30　平刨类型

（a）普通平刨　（b）带安全罩和圆锯的平刨　（c）机械进料的平刨

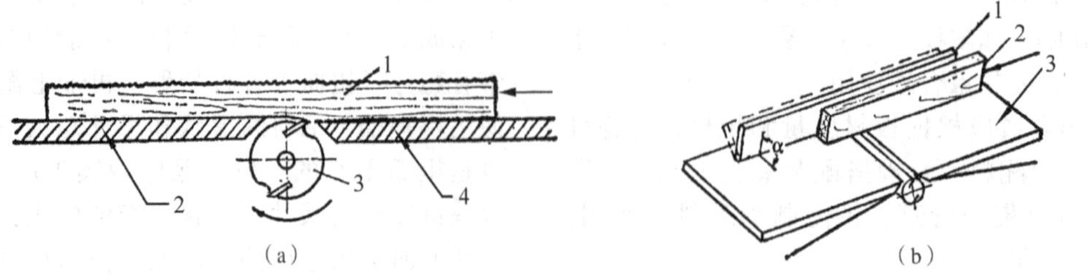

（a）　（b）

图5-31　平刨加工基准面

（a）平刨加工平面（大面）　1. 工件　2. 后工作台　3. 刀辊　4. 前工作台

（b）平刨加工侧面（侧边）　1. 靠山（导尺）　2. 工件　3. 后工作台

平刨的手工进料操作，对于被加工毛料而言，一般是将被选择的表面先粗定为基准。此时是粗基准，经过切削后，及时将压持力转移到后工作台，此时基准面变为刚被加工的表面，且是精基准。将粗基准转换成精基准的关键是及时将压持力从前工作台转移到后工作台，其主要目的是尽可能地提高加工精度。

5.3.1.2 铣床加工基准面

用下轴铣床可以加工基准面、基准边及曲面。加工基准面是将毛料靠住靠山（导尺）进行加工，该种方法特别适合宽而薄或宽而长的板材侧边加工，此时可以放置稳固，操作安全，对于短料需用相应的夹具。加工曲面则需用夹具、模具，夹具样模的边缘必须与所要求加工的形状相同，且具有精确的形状和平整度，毛料固定在夹具上，样模边缘紧靠挡环移动就可以加工出所需的基准面，如图 5-32 所示。侧基准面的加工也可以在铣床上完成，如果要求它与基准面之间呈一定角度，就必须通过使用具有倾斜刃口的铣刀，或通过刀轴、工作台面倾斜来实现。

5.3.1.3 横截锯加工基准面

有些实木零件需要进行钻孔及打眼等加工时，往往要以端面作为基准，而在配料时，所用截断锯的精度较低及毛料的边部不规整等因素都影响端面的加工精度。因此，毛料经过刨削以后，一般还需要再截端（精截），也就是进行端基准面的加工，使它和其他表面具有规定的相对位置与角度，使零件具有精确的长度。

端基准面的加工，通常是在简易推台圆锯机［图 5-33（a）（b）］、手动进料圆锯机［图 5-33（c）］、精密推台圆锯机［图 5-33（d）］和悬臂式万能圆锯机上加工（图 5-34）。双端锯（双端铣）［图 5-33（e）］也可以很精确地加工两个端面，此时端面与侧边是垂直的，双端铣多数是自动履带进料或用移动工作台进料，适用于两端面平行度要求较高的宽毛料。斜端面的加工可以用悬臂式万能圆锯机、精密推台锯，新型的双端锯铣机也可以进行斜端面的加工。

宽毛料截端时，为使锯口位置精确和两端面具有要求的平行度，毛料应该用同一个边紧靠导尺定位。

5.3.2 相对面加工

为了满足零件规格尺寸和形状的要求，在加工出基准面之后还需对毛料的其余表面进行加工，使之表面平整光洁，并与基准面之间具有正确的相对位置和准确的断面尺寸，以成为规格净料。这就是基准相对面的加工，也称为规格尺寸加工，一般可以在压刨（单面压刨、双面压刨）、三面刨、四面刨、铣床、多片锯等设备上完成。

5.3.2.1 压刨加工相对面

在压刨上加工相对面，可以得到精确的规格尺寸和较高的表面质量。用分段式进料辊进料，既能防止毛料由于厚度的不一致造成切削时的振动，又可以充分利用压刨工作台的宽度，提高生产率。加工时，可用直刃刨刀或螺旋刨刀，直刃刨刀结构简单，刃磨方便，故使用广泛。但在切削时，一开始刀片就接触毛料的整个宽度，瞬间切削力很大，引起整个工艺系统强烈的振动，影响加工精度，而且噪

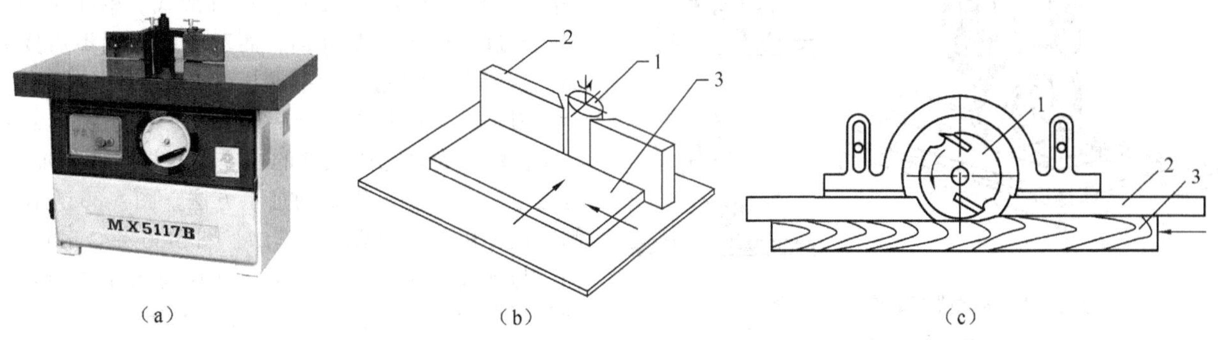

图 5-32 铣床加工基准面

（a）普通铣床 （b）（c）铣床加工基准面或边

1. 刀具 2. 靠山（导尺） 3. 工件

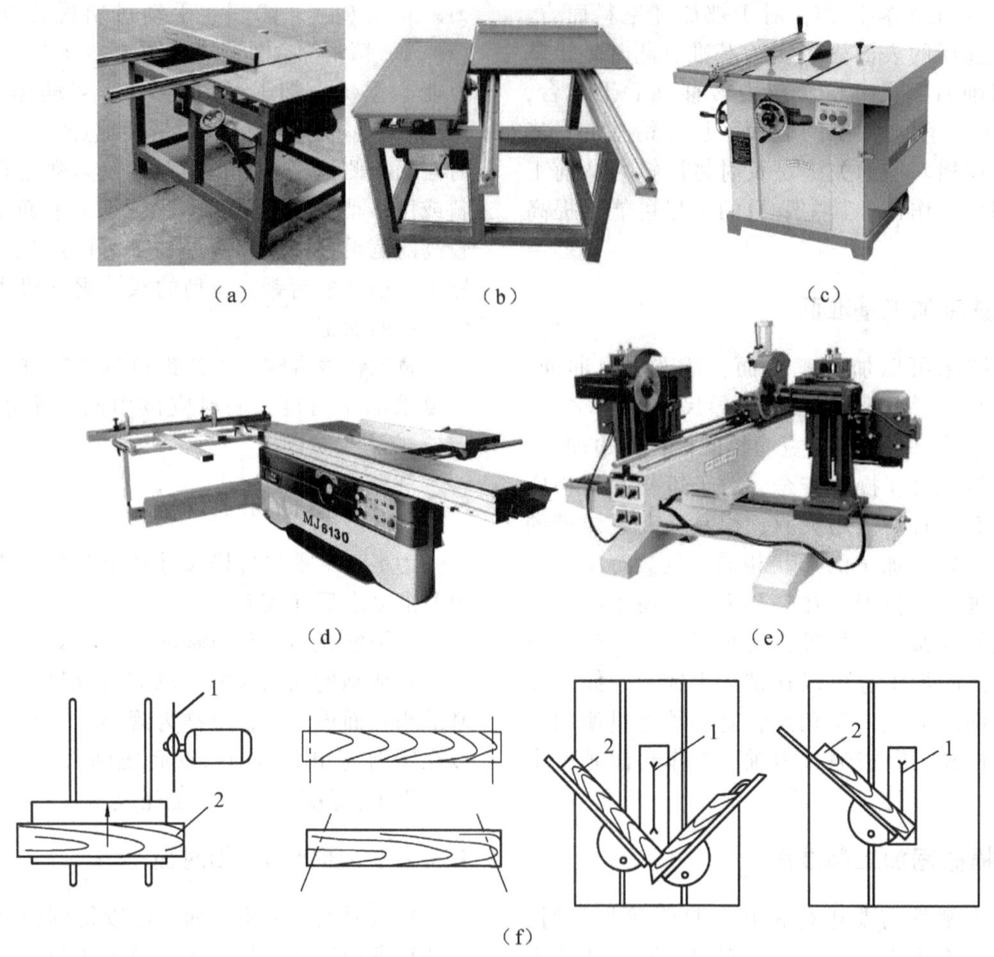

(a) (b) (c) (d) (e) (f)

图5-33 圆锯机横截加工

(a) 右式简易推台圆锯机 (b) 左式简易推台圆锯机 (c) 手动进料圆锯机
(d) 精密推台圆锯机 (e) 双端锯铣机 (f) 圆锯机截端
1. 锯片 2. 工件

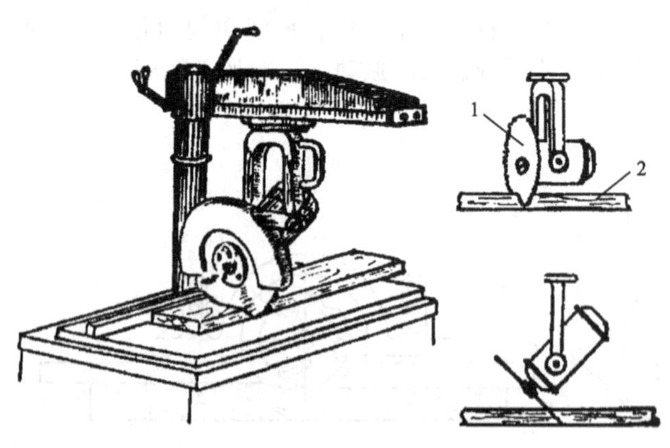

图5-34 悬臂式万能圆锯机截端
1. 锯片 2. 工件

声也很大；使用螺旋刨刀加工时，是不间断的切削，增加了切削的平稳性，使切削功率大大减少，降低了振动和噪声，提高了加工质量。但螺旋刨刀的制造、刃磨和安装技术都较复杂。

压刨有单面压刨［图5-35（a）］和双面压刨（平压刨）［图5-35（b）］两种形式。单面压刨需要先经过平刨加工基准面，而双面压刨则不需要先加工基准面。常用的是单面压刨，单面压刨只有一个上刀轴，一次只能刨光一个面，一般情况下需要与平刨配合起来完成工件的基准面和相对面的加工，这是生产中最普遍使用的加工方法。图5-36为在压刨上加工相对面的情况，其中，图5-36（a）为压刨加工与基准面平行的相对面，如果要求相对面和基准面不平行，则应增添夹具，如图5-36（b）所示。

双面压刨有上下两个刀轴，具有平刨和单面压刨的两种机构，可以对工件进行上下两个相对应面的刨削加工，适用于大批量且宽度较大板材的加工。

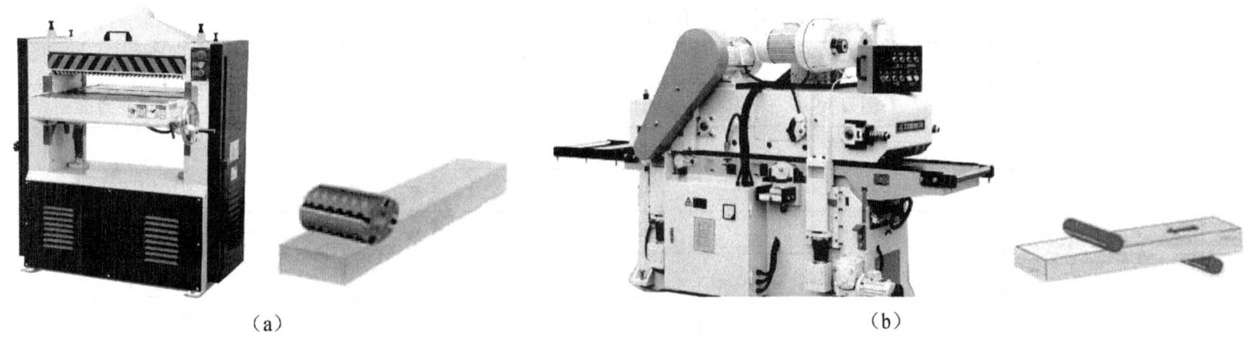

（a） （b）

图 5-35 压刨类型

（a）单面压刨（单面刨） （b）双面压刨（双面刨）

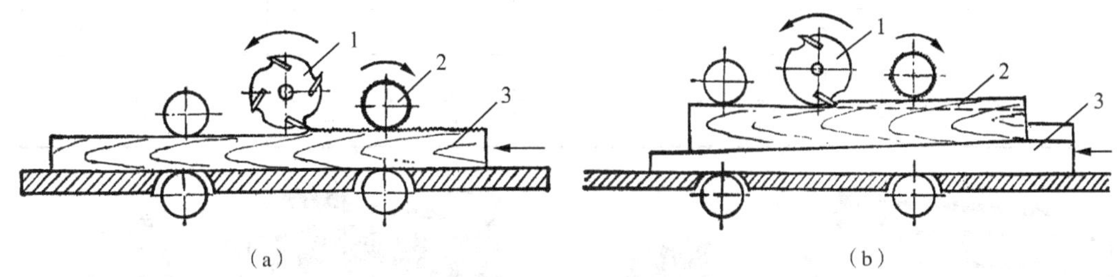

（a） （b）

图 5-36 压刨加工相对面

（a）压刨加工平对面 1. 刀具 2. 进料辊 3. 工件

（b）压刨加工斜对面 1. 刀具 2. 工件 3. 夹具

5.3.2.2 四面压刨加工相对面

随着加工设备自动化程度的提高和对生产率要求的提高，在平刨加工出基准面后，可以再采用四面刨加工相对面这样可以提高加工精度，因为被加工零件的其他面与其基准面之间具有正确的相对位置，从而能准确地加工出所规定的断面尺寸及形状，而且表面光洁度、平整度都能满足零件要求，如图 5-37 所示。

对于加工精度要求不太高的零件，则可在基准面加工以后，直接通过四面刨加工其他表面，这样能达到较高的生产率。而对于某些次要的和精度要求不高的零件，还可以不经过平刨加工基准面，而直接通过四面刨一次加工出来，达到零件表面的面和型要求，只是加工精度稍差，同时对于材料自身的质量要求也高。因为作为粗基准的表面应相对平整，而且材料不容易变形。如果毛料本身比较直，且毛料不容易变形则经过四面刨加工之后，可以得到符合要求的零件；如果毛料本身弯曲变形，则经过四面刨加工之后仍然弯曲，这主要是由于进料时进料辊施加压力的结果。

四面刨常用的刀轴数为 4～8 个，特殊需要的可达 10 个或更多，这些刀轴分别布置在被加工工件的上、下、左、右等四面，每个面上分别可以有 1～2 个或多个刨刀，有的还有万能刨刀。目前，基本的四面刨刀轴排列形式见表 5-4。

5.3.2.3 铣床加工相对面

用铣床也可以加工其余表面，如图 5-38 所示。在铣床上加工相对面时，应根据零件的尺寸，调整样模和导尺之间的距离或采用夹具加工，此法安放稳固，操作安全，很适合宽毛料侧面的加工。与基准面成一定角度的相对面加工，也可以在铣床上采用夹具进行，但因是手工进料，所以生产率和加工质量均比压刨低。

5.3.2.4 多片锯加工

某些断面尺寸较小的零件，可以先配成倍数毛料，不经过平刨加工基准面，而直接用双面压刨（也可以采用四面刨）对毛料的基准面和相对面进行一次同时加工，可以得到符合要求的两个大表面。然后按厚度（或宽度）直接用装有刨削锯片的多锯片圆锯机（多片锯）进行纵解剖分加工，如图 5-39（a）（b）所示。虽然加工精度稍低，但出材率和劳动生产率可以大大提高，从节约木材的角度考虑，这也是一种可取的加工方法，广泛用于内框料、

表 5-4 四面刨刀轴排列形式

刀轴数	刀轴位置								
	底刨刀	右刨刀	右刨刀	左刨刀	左刨刀	上刨刀	上刨刀	底刨刀	万能刨刀
4	¤	¤		¤		¤			
5	¤	¤		¤		¤		¤	
	¤	¤		¤		¤			¤
6	¤	¤	¤	¤		¤		¤	
	¤	¤		¤		¤	¤	¤	
	¤	¤		¤		¤		¤	¤
7	¤	¤	¤	¤		¤	¤	¤	
	¤	¤	¤	¤		¤		¤	¤
	¤	¤		¤		¤	¤	¤	¤
8	¤	¤	¤	¤		¤	¤	¤	¤
	¤	¤	¤	¤	¤	¤		¤	¤

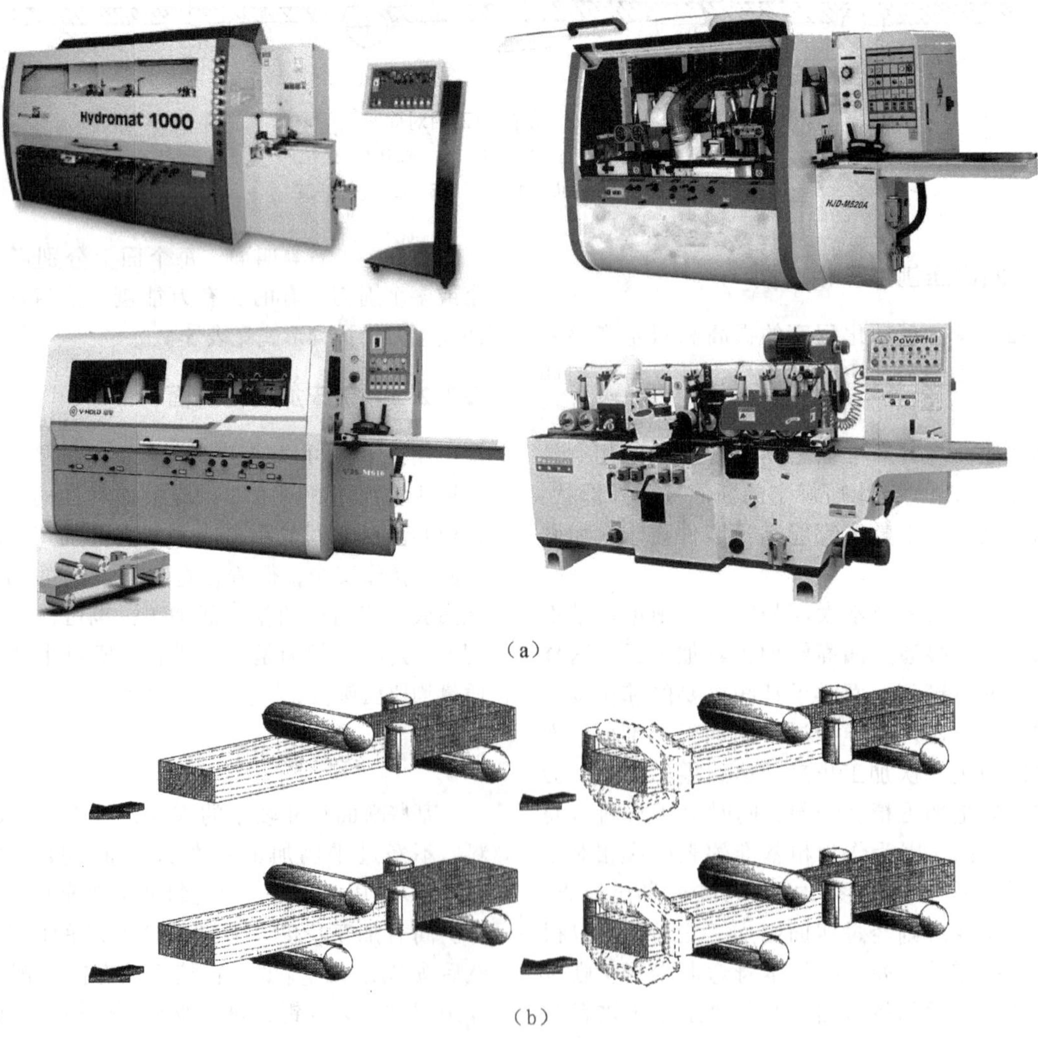

（a）

（b）

图 5-37 四压刨加工相对面

（a）四面刨典型实例 （b）四面刨刀轴排列

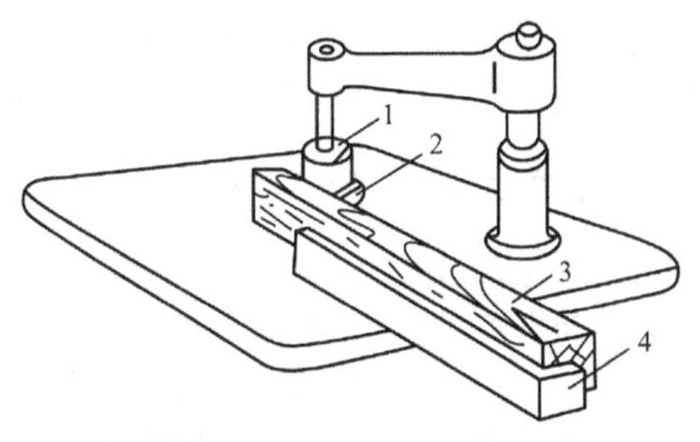

图 5-38 在铣床上加工相对面

1. 刀具 2. 挡环 3. 工件 4. 夹具

芯条料或特殊料的大批量加工。多片锯主要有下轴多片锯［图 5-39（c）］和上下双轴多片锯［图 5-39（d）］两种类型。

综上所述，毛料加工就是通过各种刨床的平面加工以及各种截断锯的尺寸精截后而成为净料的。其中，毛料平面加工主要有以下几种方法和特点：

（1）平刨加工基准面和边，压刨加工相对面和边。此法可以获得精确的形状、尺寸和较高的表面质量，但劳动强度较大，生产效率低，适合毛料不规格以及一些规模较小的生产。

（2）平刨加工一个或两个基准面（边），四面刨加工其他几个面。此法加工精度稍低，表面较粗糙，但生产率比较高，适合毛料不规格以及一些中小型规模的生产。

（3）双面刨或四面刨一次加工两个相对面，多片锯加工其他面（纵解剖分）。此法加工精度稍低，但劳动生产率和木材出材率较高，适合毛料规格以及规模较大的生产。

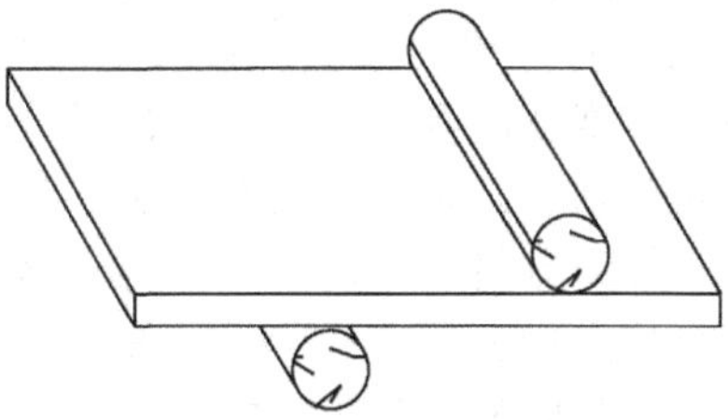

（a） 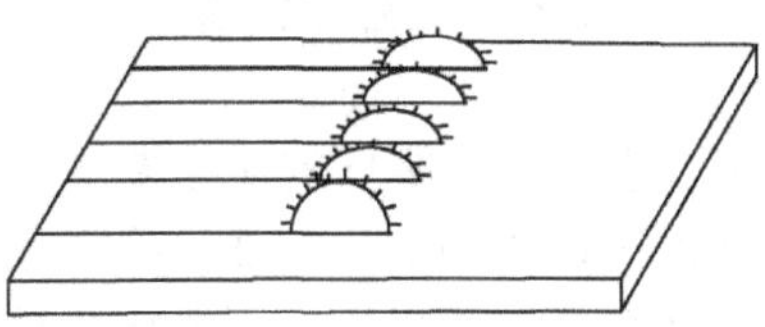　（b）

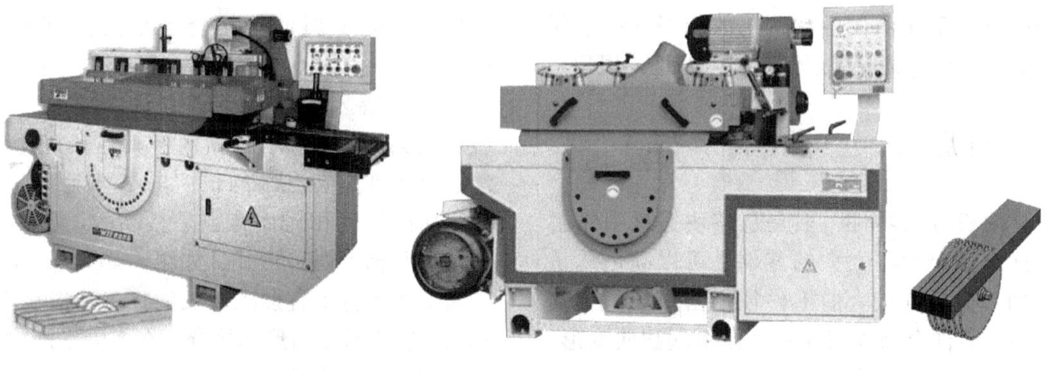

（c）

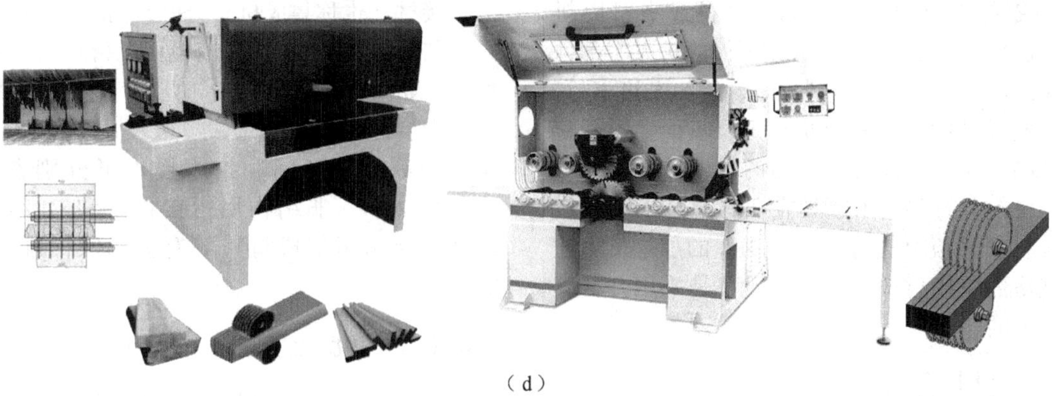

（d）

图 5-39 多片锯加工

（a）压刨加工一对相对面 （b）多片锯加工相邻面 （c）下轴多片锯 （d）上下双轴多片锯

(4) 四面刨一次加工四个面。此法要求毛料比较直，且不易变形，因没有预先加工出基准面，所以加工精度较差，但劳动生产率和木材出材率高，适合毛料规格以及规模较大的连续化生产。

(5) 压刨或双面刨分几次调整加工毛料的四个面。此法加工精度较差，生产效率较低，比较浪费材料，但操作较简单，一般只适合加工精度要求不高、批量不大的内部用料的生产。

(6) 平刨加工基准面和边，铣床（下轴立铣）加工相对面和边。此法生产率较低，劳动强度大，一般只适合折面、曲平面以及宽毛料的侧边加工。

(7) 压刨或铣床（下轴立铣）采用模具或夹具配合，可加工与基准面不平行的平面。

(8) 四面刨或压刨、铣床（下轴立铣）、木线机等配有相应形状的刀具，可在相对面上加工线型。除了四面刨之外，其余设备一般需完成基准面（边）的加工。

在实际生产中，应该根据零件的质量要求及生产量，来合理选择加工设备和加工方法。毛料经以上基准面、相对面和精截加工以后，一般按所得到净料的尺寸、形状精度和表面粗糙度来评定其加工质量，确定其能否满足互换性的要求。净料的尺寸和形状精度由所采用的设备和选用的加工方法来保证，而表面加工质量则取决于刨削加工的工艺规程。

5.4　方材胶合（集成材加工）

木家具中板方材零件一般是从整块锯材中锯解出来的，这对于尺寸不太大的零件是可以满足质量上的要求的。但尺寸较大的零件往往由于木材干缩湿胀的特性，零件会因收缩或膨胀而引起翘曲变形，零件尺寸越大，这种现象就越严重。因此，对于尺寸较大的零部件可以采用窄料、短料或小料胶拼（即方材胶合）工艺而制成。这样不仅能扩大零部件幅面与断面尺寸，提高木材利用率、节约大块木材，同时也能使零件的尺寸和形状稳定、减少变形开裂和保证产品质量，还能改善产品的强度和刚度等力学性能。目前，有些实木家具企业也通过采购集成材或指接材规格板材进行家具零部件的加工，而这些标准规格的集成材或指接材一般都是采用方材胶合工艺生产的。

5.4.1　方材胶合种类

方材胶合在实木家具生产中占有重要位置。其主要包括板方材长度上胶接（短料接长）、宽度上胶拼（窄料拼宽）和厚度上胶厚（薄料层积）等。

5.4.1.1　长度上胶接（短料接长）

方材长度上的胶接又称纵向短料接长，主要有对接、斜接和指接等形式，如图5-40所示。

(1) 对接　是将小料方材在端面采用平面胶合的方法，如图5-40（a）所示。由于胶合面与纤维方向垂直，木材又是多孔性体、端面面积小，同时端面不易加工光洁，胶合时胶液渗入管孔较多，所以难以获得牢固的胶合强度，一般只用于各种覆面板内框料或芯条料以及受压胶合材的中间层的接合。

(2) 斜接　是将小料方材端部加工成斜面后采用胶黏剂将其在长度上胶合的方法，如图5-40（b）所示。其胶合强度比对接有所增加，随着胶合面与纤维方向夹角的减小，斜面越长则接触面积越大，胶合强度就越高。但是斜坡的长度越长则加工的难度也就越大，同时也浪费材料。从理论上，胶合面的长度为方材厚度的10～15倍，胶合强度最佳。但实际生产中，胶合面长度一般为方材厚度的8～10倍，特殊情况下也可为方材厚度的5倍，这样既可满足胶合强度又可减少木材损失。为了增加接触面积，也可采用阶梯斜面胶接合等形式，如图5-40（c）所示。

(3) 指接　是将小料方材端部加工成指形榫（或齿形榫）后采用胶黏剂将其在长度上胶合的方法。指形榫能在有限的长度内尽可能地增加接触面积，所以强度相对而言也是最高的。指形榫主要有三角形和梯形两种形式，如图5-40（d）（e）所示。三角形指形榫不宜加工较长的榫，其指长主要为4～8mm，属于微型指形榫接合。在实际生产中，一般常用梯形榫进行各类规格小料方材的指接，尤其是生产指接材（也称集成材），梯形榫指长一般为指距的3～5倍。指接材指榫位置有侧面见指和正面见指两种形式，如图5-40（d）～（f）所示。指接材应用越来越广，指接材的外观质量、规格尺寸及偏差、物理力学性能等技术指标和技术要求可分别参见GB/T 21140—2017《非结构用指接材》和GB/T 26899—2011《结构用集成材》等有关国家标准中的相关规定。

5.4.1.2　宽度上胶拼（窄料拼宽）

宽度上胶拼又称横向窄料拼宽，是指用指接材或窄料方材通过胶黏剂和加压胶合制成宽幅面的集

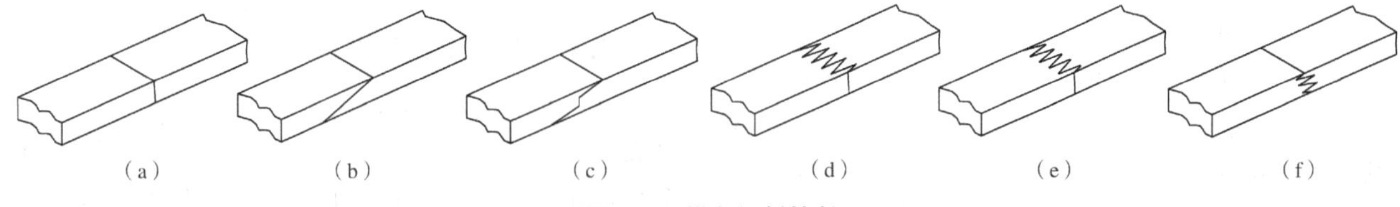

图 5-40 纵向短料接长

(a) 对接 (b)(c) 斜接 (d)~(f) 指接

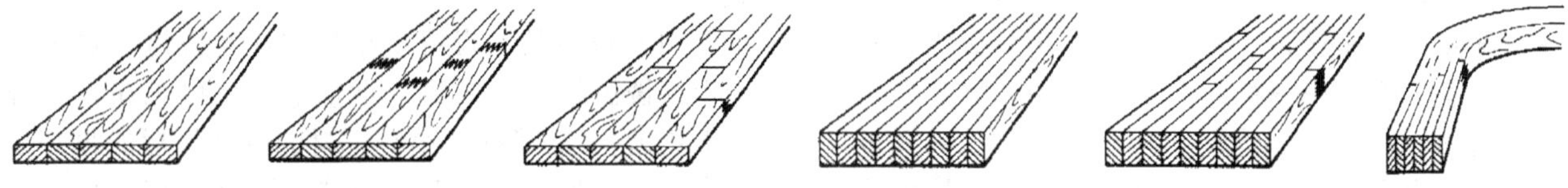

图 5-41 横向窄料拼宽

成材部件(图 5-41),主要用于制作桌面、椅面、门板等。胶接形式主要有平口拼(侧平面胶合)和各种榫槽拼(企口胶接合)等形式。平口拼是先将小方材侧边刨平后再涂胶拼接而成,又称为“毛拼”,主要用于长度不长、板面平整的毛料。其对于侧面拼宽来说比较经济、实用,是目前木家具生产中应用最广的一种方法。榫槽拼主要用于长料的胶拼,先刨出基准面,然后用铣床或四面刨铣侧边,再涂胶拼接而成,榫槽拼必须保证其加工精度,否则拼缝不严。

窄料拼宽时,由于年轮的排列会影响到拼宽后板材的几何形状稳定性,所以应尽可能地注意木材年轮的排列方向。板材拼宽形式可以将长材直接拼宽,也可以先接长(对接或指接)再拼宽,如图 5-41 所示。窄料拼宽能充分利用小料,减少变形,保证产品质量。

集成材是目前实木方材胶合中比较流行的一种工艺,它是用剔除木材缺陷的短料接长后再按木材色调和纹理配板进行宽度胶合而成的材料。这种材料没有改变木材本来的结构,仍是一种天然基材,它的抗拉和抗压强度还优于木材,而且通过选拼,材料的均匀性和尺寸稳定性都优于天然木材。利用集成材可实现小材大用、劣材优用、狭材宽用、短材长用,大大提高木材利用率。其用途比较广泛,可以用于实木家具的各种台面板、门旁板、大断面支撑零件、大尺寸扶手(如沙发扶手),以及其他大幅面板件的制造,或再将其刨切成薄木用于板式家具的贴面装饰等。

5.4.1.3 厚度上胶厚(薄料层积)

对于断面尺寸大的部件以及形状或稳定性有特殊要求的部件,不仅要在长度上接长、宽度上拼宽,还需要在厚度上胶合。厚度上胶合又称薄料层积,是将厚度较薄的小料通过不同的组合而层积胶合成一定断面尺寸和形状(如工字梁、圆形、方形以及各种变断面等)的厚料集成材部件,如图 5-42 所示。目前,常用的如仿型桌椅腿、柱料、框料等。厚度上胶合可以将薄板直接层积胶厚,也可以通过先将小料方材接长、宽度胶拼,然后再厚度胶合而成,如图 5-42 所示。

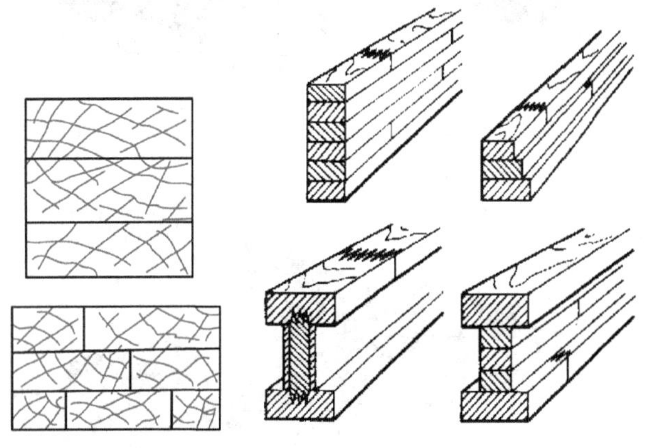

图 5-42 薄料层积胶厚

5.4.2 方材胶合工艺与设备

方材胶合的一般工艺过程为(从原木开始):

（1）平拼板方材

原木制材（带锯机）⟶锯材干燥（干燥窑）⟶横截（横截锯）⟶双面刨光（双面刨）⟶纵解（多片锯）⟶横截或剔除缺陷（横截锯或万能优选锯）⟶涂胶（涂胶机）⟶胶拼（拼板机或压机）⟶砂光（砂光机）⟶裁边（裁边机）

（2）指接板方材（集成材）

原木制材（带锯机）⟶锯材干燥（干燥窑）⟶横截（横截锯）⟶双面刨光（双面刨）⟶纵解（多片锯）⟶横截或剔除缺陷（横截锯或万能优选锯）⟶指榫铣齿（指形榫铣齿机）⟶指榫涂胶（指形榫涂胶机）⟶纵向接长（接长机或指接机）⟶（高频加热固化）⟶四面刨光（四面刨）⟶涂胶（涂胶机）⟶胶拼（拼板机或压机）⟶（高频或热空气加热固化）⟶砂光（砂光机）⟶裁边（裁边机）

5.4.2.1 指接工艺与设备

为了得到木材胶合的指接板方材（集成材），在实际生产中，由原木制材、干燥获到的干锯材（或短小料），经配料和毛料平面加工（横截、双面刨光、纵解、横截剔除缺陷等）后，一般需要再进行指接加工，其工艺过程与设备如图5-43所示。该生产线可以半自动或全自动完成铣齿、涂胶、接长和截断等全套工序。

（1）铣齿及铣齿机　小料方材的铣齿一般是在指形榫铣齿机上完成的（批量不大时也可在下轴铣床上铣齿）。为了保证小料方材的端部指形能很好地接合，在铣齿机上一般先经精截圆锯片截端后，再用指形榫铣刀（整体式或组合式）铣齿，加工出符合要求的指形榫。根据连续生产的要求，可以选择左式铣齿机和右式铣齿机两台相配合对小料方材进行双端铣齿（批量不大时也可用一台铣齿机）。

（2）涂胶及涂胶机　指形榫常用的涂胶形式有手工刷涂、手工浸涂、机械辊涂（指形辊）、机械喷

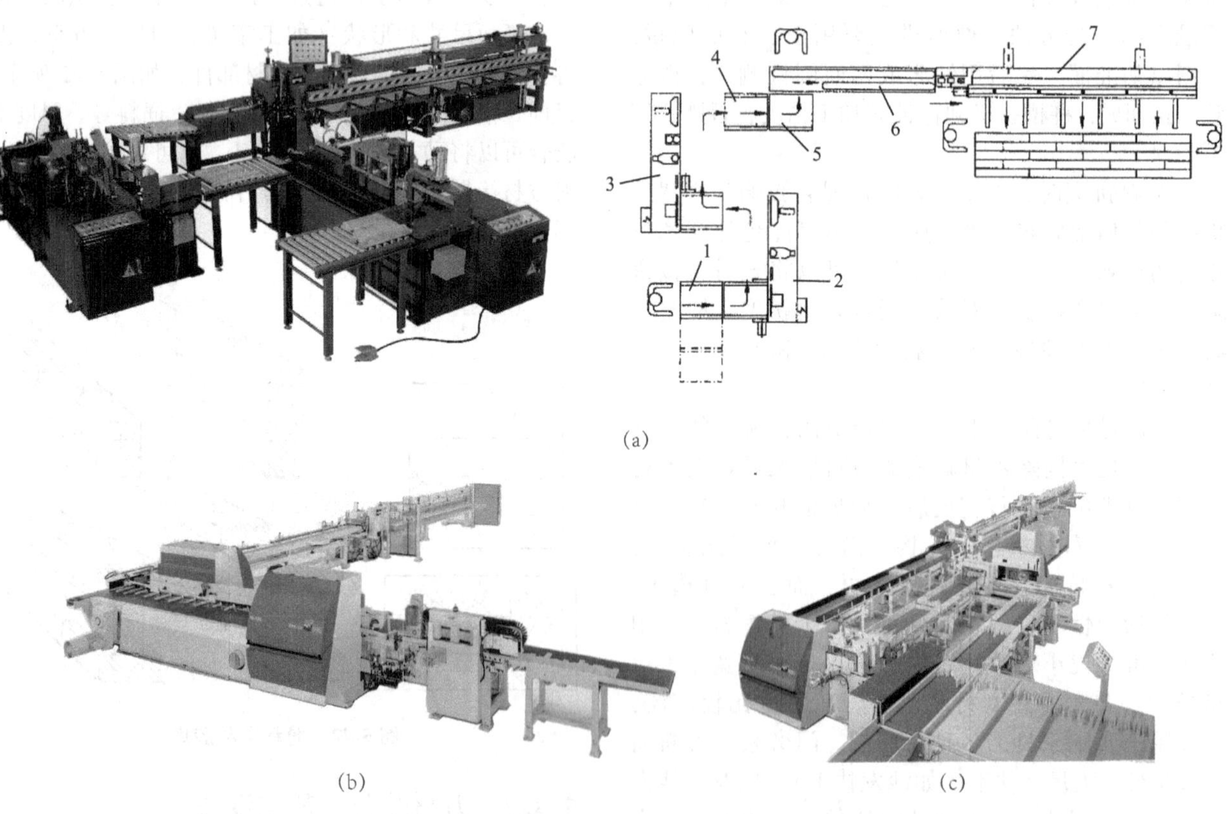

(a)

(b)　(c)

图5-43　指接生产线

（a）半自动指接生产线　（b）（c）全自动指接生产线

1. 存料机　2. 右式指榫铣齿机　3. 左式指榫铣齿机　4、5. 存料推料机　6. 高速存料机　7. 指接机

涂等；涂胶时，双端指榫齿面上都要进行涂胶（实际生产中为简化工序，也有采用单端涂胶），要求涂胶均匀无遗漏。常用胶黏剂为脲醛树脂胶（UF）、聚醋酸乙烯酯乳液胶（即乳白胶 PVAc）、三聚氰胺改性脲醛树脂胶（MUF）、脲醛树脂胶与聚醋酸乙烯酯乳液形成的两液胶（UF+PVAc）、间苯二酚树脂胶（RF），以及异氰酸酯胶或聚氨酯类胶等；指榫涂胶量根据胶种的不同应控制在 200~250g/m^2。

（3）接长及指接机　指形榫的接长是在专用的指接机上将短料纵向依次相互插入指榫而逐渐完成接长的。周期式指接机可用气压、液压或螺旋加压机构进行加压接长，达到压力并接合紧密后卸下，再装入另一个指接件。在大批量生产中，连续式指接机常用进料履带或进料辊直接挤压的形式加压，同时也可使用高频加热提高胶的固化速度，并配有专用截锯，可根据需要长度进行截断。

普通指形榫（指长为 15~45mm）接长的端向压力（纵向压紧力）：针叶材为 2~3MPa、阔叶材为 3~5MPa。微型指形榫（指长为 5~15mm）接长的纵向压紧力：针叶材为 4~8MPa、阔叶材 8~14MPa。指形榫接长的上方压力（垂直于木纤维的夹持侧压力）为 0.3~0.5MPa。在实际生产中，端向压力数值不得大于表 5-5 中的加压限值；上方压力不得超过以下限值：针叶材 2MPa，阔叶材 3MPa。达到加压值后的保压时间不限，可在 10~30s 范围内选定。指接机接长后的胶接件应在室温下堆放 1~3 个昼夜，待胶固化和内应力均匀后再进行后续加工。指榫接长后的长材一般还需要采用四面刨进行四面刨光加工。

表 5-5　标准指接榫接合时需用的端向压力

MPa

指长（mm）	木材密度 <0.69g/cm^3	木材密度 =0.7~0.75g/cm^3
10	12	15
12	11.6	14
15	11	13
20	10	12
25	9	11
30	8	10
35	7	8
40	6	7
45	5	6

5.4.2.2　拼宽工艺与设备

为了得到较宽幅面的板材，可以将经配料和毛料平面加工（横截、双面刨光、纵解、横截剔除缺陷等）后的规格长材或小料方材直接涂胶拼宽，也可以采用通过指榫接长和四面刨光后再涂胶拼宽。

（1）涂胶及涂胶机　拼宽时方材侧边常用的涂胶形式有手工刷涂、手工辊涂、机械辊涂、机械喷涂等，在连续胶拼设备中宜采用立式涂胶辊或喷胶头涂胶；常用的胶黏剂与指接用的相同；侧边涂胶量根据胶种和冷热压条件的不同，一般应控制在 200~250g/m^2（冷压）或 180~220g/m^2（热压）。

（2）拼宽及拼板机　窄料拼宽是将组坯后的板坯放在各类胶拼装置上，通过加压夹紧和冷压或热压而成。在冷压时，要求室温大于 18℃，一般为 20~30℃的常温，加压时间根据胶种不同而异，快速固化型胶黏剂一般为 4~12h。在热压时，涂胶陈化时间为 10~20min，加热温度为 100~110℃，热压时间一般需要根据拼板厚度、幅面大小和加热方法而定，高频加热速度快、时间较短，只有十几秒或几分钟至十几分钟；蒸汽、热水、热油等直接接触加热，一般按每 1mm 厚需要 20~30s 来确定加热时间；热风或热空气加热，由于加热温度不很高而使得热压时间相对较长。宽度胶拼时，为使板坯挤紧胶合，侧向水平压力通常为 0.7~0.8MPa；为使板坯平整，幅面垂直压力为 0.1~0.2MPa。拼宽所采用的胶拼装置主要有夹紧器（楔块式、丝杆式和软管式等）和拼板机（压板式、风车式、旋转式、斜面式、连续式等）两大类。

① 夹紧器：主要有楔块式夹紧器、丝杆式夹紧器和软管式夹紧器等，如图 5-44 所示，用于手工加压胶合。

② 压板式拼板机：如图 5-45 所示，是将方材小料放置于上下两块热压板之间，先进行侧向加压，然后闭合上下热压板进行热压，待胶液固化后再卸下拼板。这种方式常采用高频加热进行胶拼，使胶层快速固化。图 5-46 是压板式拼板机的工作过程图，包括从组坯进料、下压板上升、侧向推杆加压、下压板加压、加热后卸压（侧向推杆和下压板返回）、卸料等主要工艺过程。

③ 风车式拼板机：又称扇形拼板机，如图 5-47 所示，有带式和圆式两种回转形式。一般由 10~40 个胶拼夹紧器组成，并由电机驱动传送链回转，夹紧器也随之运转。拼板机左端为装卸工作位置，当涂胶板坯装在夹紧器工作台面上时，可以利用工作台的气压旋具（气压扳手）旋紧丝杆螺母，完成板坯的夹紧加压。当工作台面转动一个角度后，另一层工作台面开始装板、夹紧，以此类推。拼板在夹

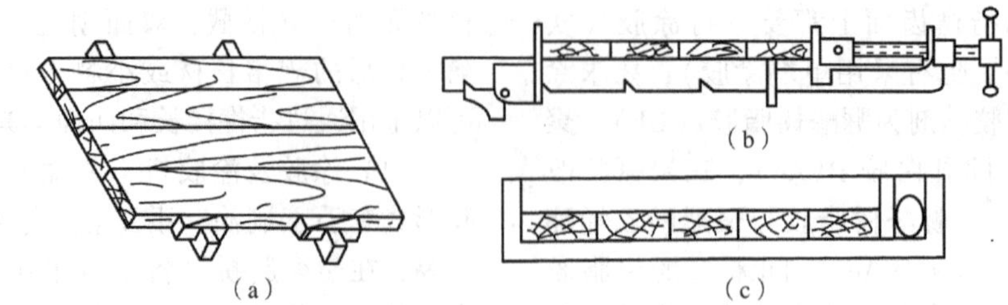

图 5-44 夹紧器

(a) 楔块式 (b) 丝杆式 (c) 软管式

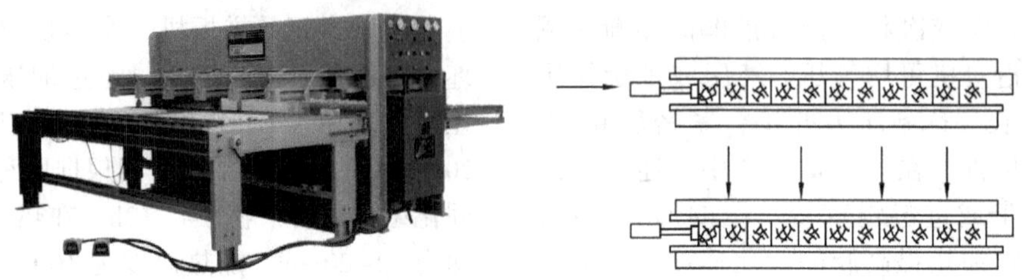

图 5-45 压板式拼板机

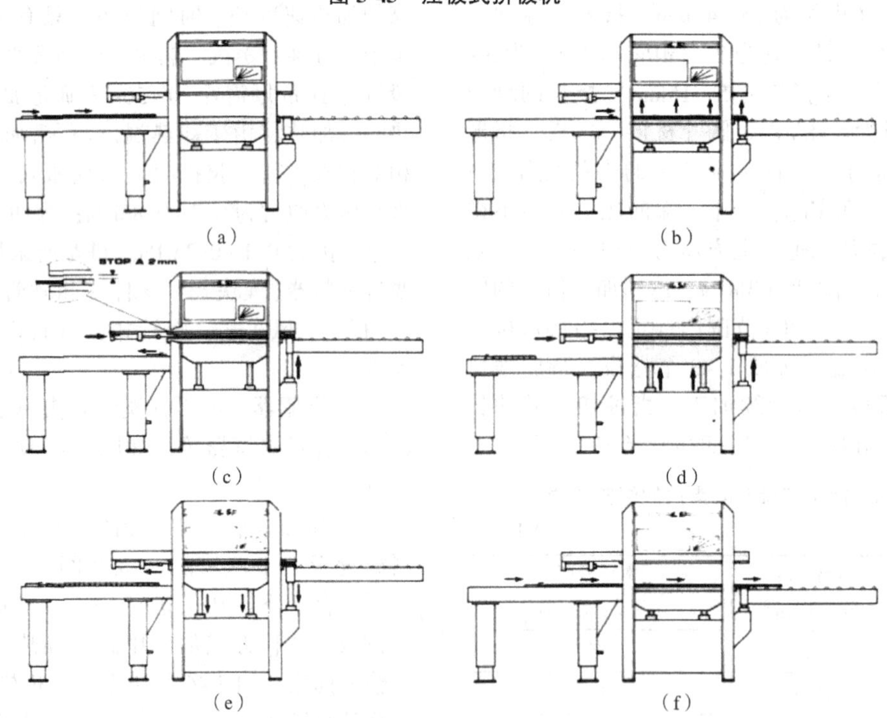

图 5-46 压板式拼板机工作过程图

(a) 组坯进料 (b) 下压板上升 (c) 侧向推杆加压 (d) 下压板加压 (e) 加热后卸压 (f) 卸料

紧器上循环运行一周回到装卸工作位置处胶层即固化，便可卸下，重新装入涂胶板坯。为了便于更换操作，传送链可以采用间歇运行方式，传送链的转动速度应和胶的固化速度相配合。为了加速胶合过程，可以在传送链下面装设加热管。这种拼板机占地面积大，但生产率较高，适合于胶拼幅面较大的拼板的大批量生产。

④ 旋转式拼板机：如图 5-48（a）~（c）所示，一般由 3~5 块拼板架（或工作台面）均匀排列于同一圆周方向，并可绕圆心轴旋转。这种拼板机采用液压系统在胶接面和正面同时对涂胶板坯进行加压，以确保拼板的胶合质量，既可获得较高的胶合强度，

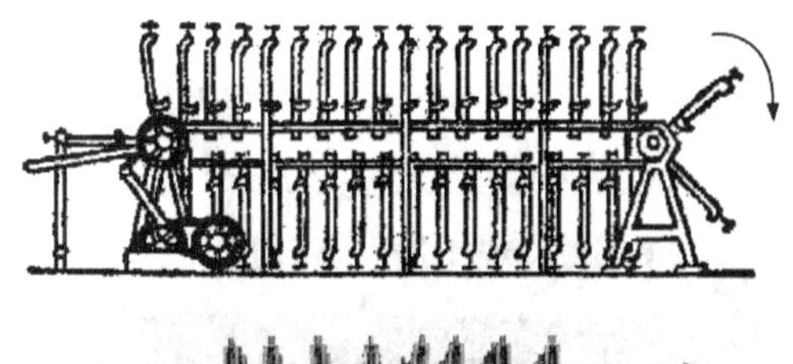

图 5-47 风车式拼板机

又可提高生产效率。拼板在拼板架循环旋转一周回到装卸工作位置处胶层即固化，便可装卸板坯。同时，也可采用在拼板机附近装设加热管来加速胶合过程，以提高生产率。

⑤ 斜面式拼板机：如图5-48（d）所示，一般由2块拼板架（或工作台面）倾斜地安装在机架的正反两侧，除了拼板架不能旋转之外，其工作原理基本上与旋转式拼板机类似，但由于拼板架数量较少，故生产率稍低。

⑥ 连续式拼板机：如图5-49所示，这类拼板机是细木工板芯板胶拼的常用设备，适合于芯板的大批量生产，所以又称芯板拼板机。

图5-49（a）为自动进料连续式胶拼机。任意长度的木条（小方材）2由进料机构1纵向一根紧接一根送进，侧边经喷胶口3喷涂胶液。当木条进给到要求长度并碰到挡块8时，木条停止进给和喷胶，圆锯片4抬起将木条截断，然后由液压（或气压）推板5将木条横向推进加热箱6，并与木芯板7侧向胶拼，如此反复，木芯板逐渐通过加热箱并连续加热、加压。当木芯板胶液固化后在送出时碰到挡块10时，往复锯9将连续木芯板按要求锯成规格宽度的拼板。这类拼板机有的没有往复锯9，而是利用计数器对推板5横向推进木条进行计数来控制喷胶口3在某一列木条上停止喷胶，这样可将待拼的木芯板与前面已经拼好并具有一定宽度的木芯板分开。

图5-49（b）所示为手工排芯连续式胶拼机。这种拼板机一般配有多块排芯板框（按拼板要求的宽度和木条的厚度与宽度设计），先由人工在排芯板框上按要求排芯和涂胶，然后将排芯板框（装有板坯）一侧立装入拼板机，随后抽出排芯板框即可进料拼板。当木条由气压推杆4进行端向压紧后，由液压（或气压）推板3将木条横向推进加热箱6，并与木芯板5侧向胶拼。第一块排芯板坯全部推完后，再装

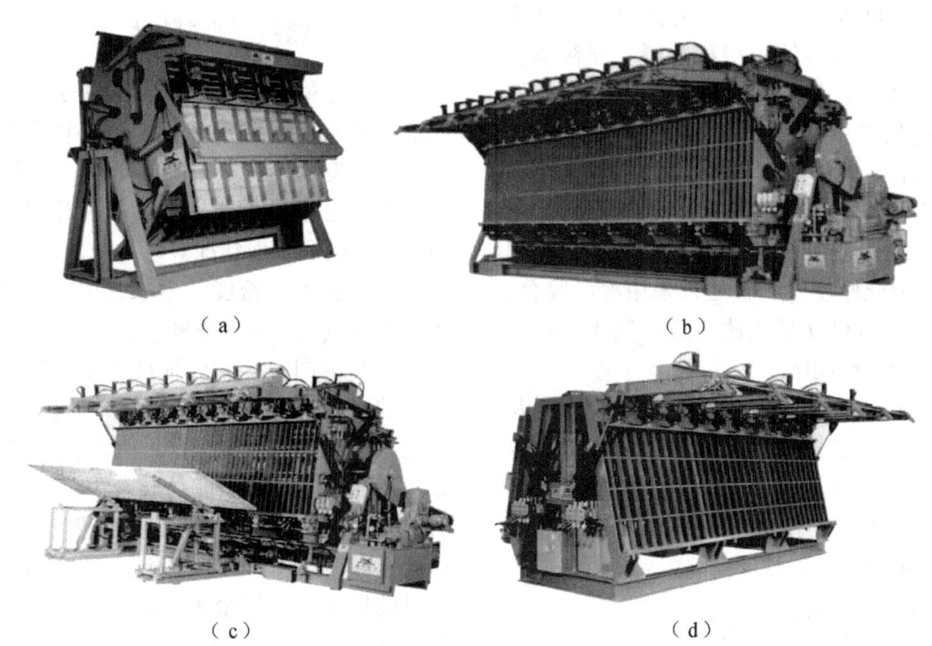

图 5-48 旋转式与斜面式拼板机
(a)~(c) 旋转式 (d) 斜面式

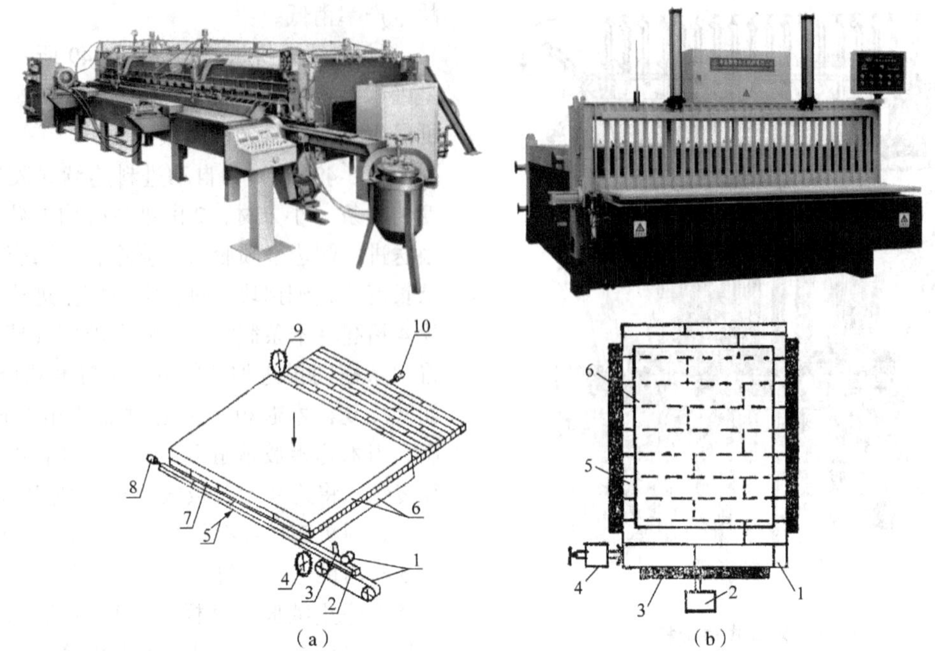

图5-49 连续式拼板机

(a) 自动进料 1. 进料机构 2. 木条 3. 喷胶口 4. 圆锯片 5. 推板 6. 加热箱 7. 木芯板 8、10. 挡块 9. 往复锯
(b) 手工排芯 1. 排芯板框 2. 液压(气压)站 3. 推板 4. 端向推杆 5. 木芯板 6. 加热箱

入第二块，如此反复，木芯板即可连续加热和加压。由于是人工按每块排芯板框进行排芯和涂胶，所以拼好的木芯板能分别自动分开。

5.4.2.3 层积胶厚工艺与设备

为了得到较大断面或较厚尺寸的方材，可以将经拼宽后的规格板材直接涂胶层积胶厚。方材厚度上一般采用平面胶合，其加工过程为：小料方材接长—平面和侧边加工—宽度胶拼—厚度加工（宽面刨平）—厚度胶合—最后加工。

厚度上层积加厚的胶接方法、所用胶种都与宽度上胶拼基本相同。但由于工件在接长和拼宽时都使用了胶黏剂，因此厚度上胶合通常采用冷压胶合。一般可采用普通冷压机（平压法）进行胶压，也可以采用各种夹紧器进行胶压。

经长度上接长后的大块胶接木，在进行宽度及厚度上胶合时，应注意相邻层拼板长度上的接头位置错开，以免应力集中产生破坏，影响构件强度。此外，还应注意相互胶拼的小料方材之间的纹理方向，以保证构件的稳定性，减少变形。

5.4.3 影响胶合质量的因素

方材胶合过程是一个复杂的过程，它是在一定压力下使胶合面紧密接触，并排除其中空气的机械作用和在添加固化剂或加热条件下，使胶层中水分蒸发或分子间发生反应，使胶液固化和方材胶合起来的过程。因此，影响方材胶合质量（即胶合强度）的因素很多，主要包括被胶合材料特性、胶黏剂特性和胶合工艺条件等方面。

5.4.3.1 被胶合材料特性

为了尽量减少方材胶合零件的收缩和翘曲变形，保证拼板的质量和形状稳定，每块窄料的尺寸应有所限制（宽度不宜超过200mm），并且树种（材质）和含水率也应尽可能一致，同时还要考虑胶合表面的纹理方向和表面状况等。

（1）树种与密度 木家具生产中的主要材料是木材和人造板。木材树种、密度、材质、性能以及人造板种类不同，其胶合强度也不一样。木材胶合强度与其密度成直线正比关系，如图5-50所示。木材密度大，胶合强度高；木材密度低，自身强度也低，无法形成超过自身强度的胶合力；导管粗大的木材，涂胶后的胶液易被导管吸收而产生缺胶现象，较难形成连续和厚度均匀的胶层，导致胶合强度降低。木材胶拼时，应尽量采用同一树种或气干密度差不超过0.2g/cm^{3}的木材，避免采用密度和收缩率差别很大的不同树种木材。

（2）木材含水率 如图5-51所示。木材含水率过高，会使胶液变稀，降低黏度，过多渗透，形成缺胶，从而降低胶合强度；同时会延长胶层固化时间；并在胶合过程中还容易产生鼓泡现象，胶合后容易使木材产生收缩、翘曲和开裂等现象。反之，木材含水率过低，表面极性物质减少，妨碍胶液湿润，影响胶层的胶合强度。当木材胶合时，木材含水率控制在5%~10%时，胶合强度最高，通常木材的含水率应为8%~10%。国家标准GB/T 21140—2017《非结构用指接材》中规定，指接材所用木材含水率应满足胶接工艺含水率12%的要求，允许范围为8%~15%；指接材相互对接的两块木材的含水率差值不得超过3%。在实际生产中，木材含水率的具体选择应根据胶黏剂种类、胶合条件、树种以及GB/T 6491—2012《锯材干燥质量》中的规定而定，并与使用地区的平衡含水率要求相符合（比平衡含水率低2%~3%），相互胶合的木材之间的含水率差应控制在3%以内。

（3）胶合面纹理（纤维方向） 木材是各向异性的材料，在木材胶合中，如果改变木材胶合表面纤维方向的配置，胶合强度就会变化。平面胶合（纤维方向与胶层平行）比端面胶合（纤维方向与胶层成角度）时的胶合强度好。在平面胶合［图5-52（a）和表5-6］时，两块木材纤维方向平行时胶合强度最大，两块木材纤维方向垂直时胶合强度最低，一般来说胶合强度最高值是最低值的3~4倍。在端面胶合［图5-52（b）（c）和表5-7、表5-8］时，木材纤维方向与胶层平行时胶合强度最大，木材纤维方向与胶层垂直时胶合强度最低。

因此，在木材胶合中，方材胶合材面的配置，除了考虑纹理美观之外，还需有利于提高胶合强度和减少因湿度变化而产生的板面不平与翘曲。图5-53为实木板方材的板面配置与变形趋势。前8种为不正确的实木胶合：第1、5种，材面排列朝向相同，收缩弯向一致，会形成一个大弯；第2种，径弦向材面胶合，收缩变形不一致；第3种，两胶合件材厚不对称；第4种，心边材材面胶合，收缩变形不一致；第6种，材面排列朝向相同，胶合宽度不一致；第7种，材面排列朝向不相同，胶合宽度不一致；第8种，髓心材胶合，边材变形大。后5种为较正确的实木胶合：第9、10种，髓心材胶合，胶合面心对心、背对背，收缩变形一致；第11~13种，无髓心材胶合，胶合面心对心、背对背、心心相背，收缩变形一致。

在人造板中，刨花板或中密度纤维板的平面方向上是接近于各向同性的，但其侧面孔隙多，胶液易被吸收。因此，在进行侧面胶合时应加大涂胶量，以确保有足够的胶合强度。

（4）胶合面粗糙度 胶合表面的粗糙度直接影响胶层形成和胶合强度，它与胶合强度的关系比较复杂，涉及木材性能、加工方法、胶黏剂性能以及胶合工艺条件等。表5-9为不同切削加工表面进行胶合时压力与胶合强度的关系。为了获得较好的胶合强度，胶合表面需经刨削、铣削或砂光加工后才可进行胶合。被胶合面越光滑，涂胶量就越少，在低压时也易得到良好的胶接强度；被胶合面粗糙时，涂胶量就会增大，胶层也会增厚，胶层固化时体积会收缩而产生内应力，从而破坏了胶黏剂的内聚力，使胶合强度降低。

除此之外，木材胶合表面应去除木材缺陷，并根据产品的质量要求来确定节子、裂纹、虫眼、腐朽、变色、树脂道等缺陷的允许程度，允许的木材缺陷尽量配置在制品的不外露处；层积时相邻两块方材或薄板指接接头须错开配置。

（5）抽提物或特殊成分 阔叶材心材导管中的侵填体，对胶合性能没有什么影响，但能用水、碱、有机溶剂等抽提出的物质对胶合性能有很大的影响。这是由于它们可能影响到胶黏剂的pH值，从而影响胶合程度和胶合强度；同时也会影响胶黏剂的湿润

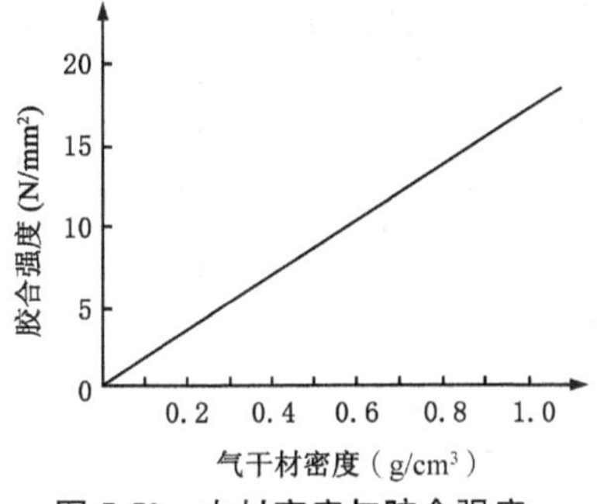

图5-50 木材密度与胶合强度

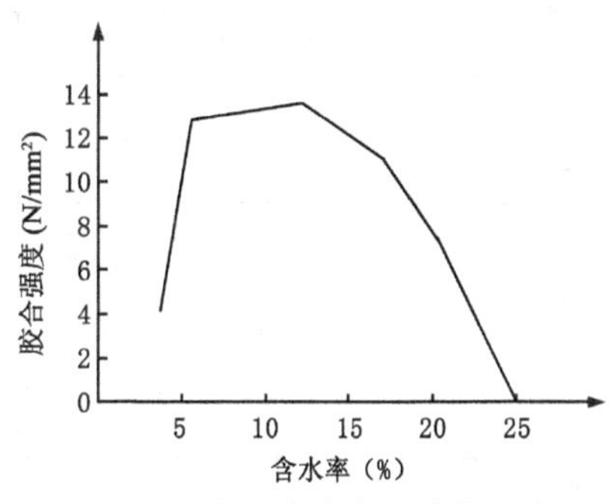

图5-51 木材含水率与胶合强度

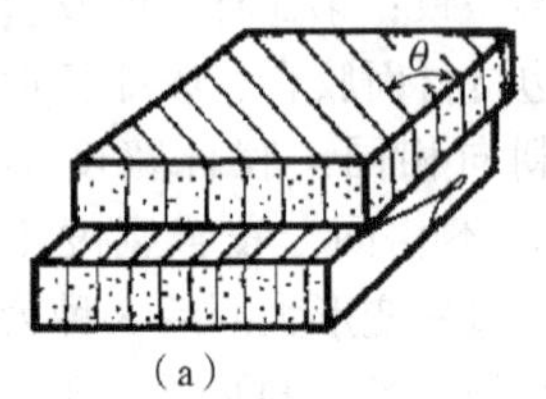

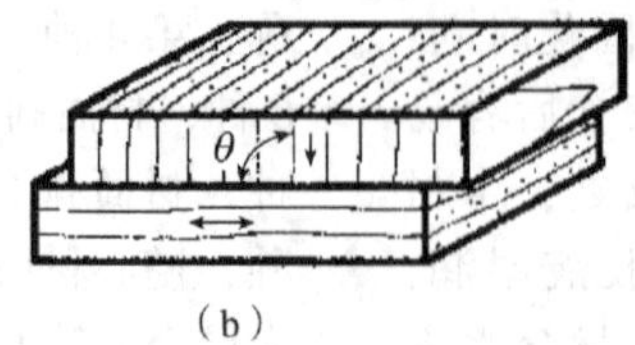

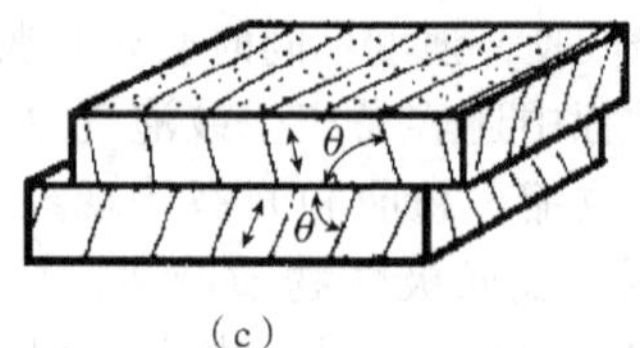

图5-52　木材纤维方向与胶合强度

(a) 两纤维方向与胶层平行　(b) 两纤维方向分别与胶层平行和成角度　(c) 两纤维方向与胶层成角度

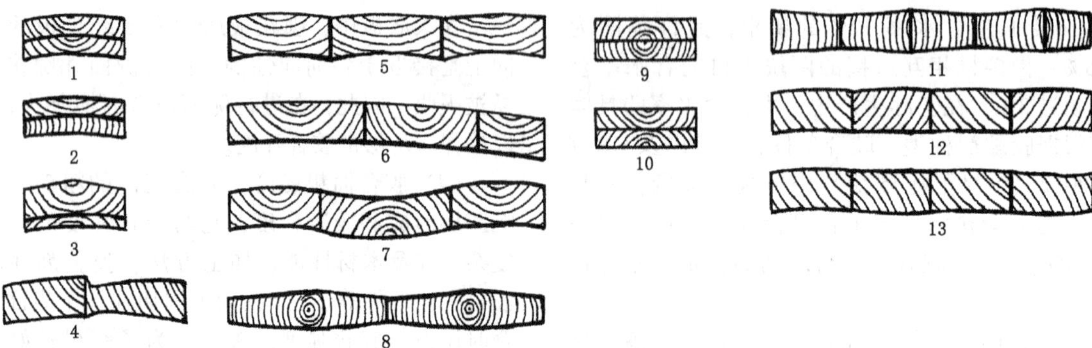

图5-53　实木拼板的板面配置与变形趋势

表5-6　两木材纤维方向与胶层平行时的剪切胶合强度

纤维间夹角 θ	柳　杉		白柳桉	
	剪切胶合强度（MPa）	木破率（%）	剪切胶合强度（MPa）	木破率（%）
0°	6.51	89	8.61	89
15°	5.49	62	7.34	51
30°	4.06	50	6.45	59
45°	3.02	45	5.89	67
60°	2.45	30	4.45	28
75°	2.04	24	3.66	21
90°	1.80	32	3.33	51

注：胶黏剂为UF；胶合压力为1MPa。

表5-7　两木材纤维方向分别与胶层平行和成角度时的剪切胶合强度

纤维间夹角 θ	柳　杉		白柳桉	
	剪切胶合强度（MPa）	木破率（%）	剪切胶合强度（MPa）	木破率（%）
0°	6.55	79	8.61	81
15°	5.63	97	7.34	69
30°	5.10	87	6.45	57
45°	4.20	90	5.89	59
60°	4.15	88	4.45	54
75°	2.47	89	3.66	28
90°	1.79	86	3.33	8

注：胶黏剂为UF；胶合压力为1MPa。

表 5-8 两木材纤维方向与胶层成角度时的剪切胶合强度

纤维间夹角 θ	柳 杉		白柳桉	
	剪切胶合强度（MPa）	木破率（%）	剪切胶合强度（MPa）	木破率（%）
0°	6.51	89	8.61	89
15°	6.31	51	8.20	12
30°	5.30	7	8.08	1
45°	4.88	2	7.37	0
60°	4.96	0	6.40	0
75°	4.12	1	5.77	0
90°	3.37	2	4.58	0

注：胶黏剂为 UF；胶合压力为 1MPa。

表 5-9 不同切削加工表面的胶合性能

切削加工方法（粗糙度 R_y）	涂胶量（g/m^2）	不同压力下的胶合强度（MPa）			备 注
		0.2	1	2	
锯切加工（280μm）	440	$\frac{96\sim157}{121}$	$\frac{132\sim173}{155}$	$\frac{141\sim176}{153}$	树种：桦木 分子为最小和最大值 分母为平均值
刨削加工（22μm）	330	$\frac{183\sim195}{188}$	$\frac{160\sim203}{180}$	$\frac{141\sim202}{176}$	
砂光加工（12μm）	220	$\frac{183\sim198}{172}$	$\frac{160\sim202}{187}$	$\frac{146\sim199}{171}$	

（摘自《木制品生产工艺学》）

性，从而影响胶层厚度的均匀性和连续性。对于含有特殊成分的木材应进行抽提处理，或针对不同的树种选择不同的胶种进行胶合，以保证有足够的胶合强度。

5.4.3.2 胶黏剂特性

胶黏剂性能包括固体含量、黏度、聚合度、极性和 pH 值等，其中胶黏剂的固体含量、黏度和 pH 值对胶合强度影响较大。

（1）胶黏剂的固体含量（浓度）和黏度 不仅影响涂胶量和涂胶的均匀性，而且还影响胶合的工艺和产品的胶合质量。固体含量过高，黏度大，涂胶时胶层容易过厚而使其内聚力降低，最终导致胶合强度降低；固体含量过低，黏度小，在胶压时胶液容易被挤出，造成缺胶，也会使胶合强度降低。一般来说，用于冷压或要求生产周期短时，应选用固体含量和黏度大些的胶液；对强度要求不高的产品或材质致密的木材，则可选固体含量和黏度较低的胶液；胶贴薄木时，固体含量和黏度要大些，以防透胶。在胶黏剂中加入适量填料，既可增加黏度，也可降低成本。

（2）胶液的活性期 是指从胶液调制好到开始变质失去胶合作用的这段时间。活性期的长短决定了胶液使用时间的长短，也影响到涂胶、组坯及胶压等工艺操作。一般来说，生产周期短的可选用活性期较短的胶；生产周期长的则应选用活性期长的胶液。

（3）胶液的固化速度与 pH 值 胶液的固化速度是指在一定的固化条件（压力与温度）下，液态胶变成固态所需的时间。胶液的固化速度会影响压机的生产率、设备的周转率、车间面积的利用率以及生产成本等。因而，在涂胶后的胶合过程中，要求胶液的固化速度快，除了提高一定温度外，常可在合成树脂胶液中添加固化剂（硬化剂）来使胶液的 pH 值降低而达到加速固化的目的。但加入固化剂后，胶液的 pH 值不宜过低或过高，通常为 4~5，其胶合性能最理想。如 pH 值过低，胶层易老化；pH 值过高，会造成固化不完全。固化剂的加入量应根据不同的用途要求和气候条件而增减，在冷压或冬季低温使用时，固化剂的加入量应适当增多；在热压或夏季使用时，固化剂的加入量需稍少些；在阴雨天则需酌量增加加入量。

5.4.3.3 胶合工艺条件

（1）涂胶量 以胶合表面单位面积的涂胶量表示（g/m²）。它与胶黏剂种类、固体含量、黏度、胶合表面粗糙度及胶合方法等有关。涂胶量过大，胶层厚度大，胶层内聚力会减小并产生龟裂，胶合强度低；反之，涂胶量过少，则不能形成连续均匀的胶层，也会出现缺胶现象而降低胶合强度使胶合不牢。因此，应该在保证胶合强度的前提下尽量减少涂胶量；并尽量使胶黏剂在胶合表面间形成一层薄而连续的胶层。一般合成树脂涂胶量小于蛋白质胶；孔隙大和表面粗糙材料的涂胶量应大于平滑的和孔隙小的材料；冷压胶合涂胶量应大于热压时的涂胶量。涂胶应该均匀，没有气泡和缺胶现象。

（2）陈放时间 是指涂胶以后到胶压之前需将涂好胶的木材所放置的一段时间。其目的主要是使胶液中的水分或溶剂能够挥发或渗入木材中去，使其在自由状态下浓缩到胶压时所需的黏度，并使胶液充分润湿胶接表面，有利于胶液的扩散与渗透。陈放时间过短，胶液未渗入木材，在压力作用下容易向外溢出，产生缺胶或透胶现象；陈放时间过长，胶液过稠，流动性不好，会造成胶层厚薄不均或脱胶，如超过了胶液的活性期，胶液就会失去流动性，不能产生胶合作用。因此，陈放时间与胶合室温、胶液黏度、胶液活性期、木材含水率等有关。涂胶后在未组坯的开放条件下陈化，称为“开放陈化（open assembly time）”。此时胶液稠化快；如把涂胶板坯表面叠在一起进行组坯，不加压放置，称为“闭合陈化（closed assembly time）”。此时胶液稠化慢、室温高，可缩短陈化时间，合成树脂胶在常温下陈化时间一般不超过30min（一般为5~15min）。薄木胶贴时，为防止透胶，开放陈化可使胶液大量渗入基材表面而减少渗入薄木表面的胶液量。

（3）胶层固化条件 胶黏剂在浸润了被胶合表面后，由液态变成固态的过程称为固化。胶黏剂的固化可以通过溶剂挥发、乳液凝聚、熔融冷却等物理方法进行，或通过高分子聚合反应来进行。胶层固化的主要条件参数为胶合压力、胶合时间和胶合温度。

①胶合压力：胶合过程中施加一定的压力能使胶合表面紧密接触，以便胶黏剂充分浸润，形成薄而均匀的胶层。压力的大小与胶黏剂的种类、性能、固体含量、黏度，以及木材的树种、含水率、胶合方向和加压温度等有关。压力与胶合强度的关系如图5-54所示。压力过小，胶合面不能形成较好的紧密接触，胶黏剂也不能有效地浸润胶合面，胶层厚，胶合强度低；压力太大，胶层极薄，并会导致局部缺胶，还会使低密度木材压溃，从而降低胶合强度。方材胶合时所需的压力一般为0.1~1.5MPa，硬材高些，软材低些。针叶材和软阔叶材为0.5~1MPa，硬阔叶材为1~1.5MPa。压力必须均匀，以便形成厚度均匀的胶层。

②胶合（或加压）时间：加压时间是指胶合板坯在加压状态下使胶层持续到固化所需的时间。冷压（常温胶合）时，胶层固化慢，胶合时间长，但冷压时间过长则会因胶液渗透过多而产生缺胶，影响胶合强度。热压时，胶层固化快，时间短，在一定范围内胶合强度随着加压时间的延长而提高，但热压时间过长，胶合强度反而会降低，如图5-55所示。胶合时间应视具体胶种、固化剂添加量、胶合温度、加热与否，以及加热方式等因素而定。在常温条件下用水性高分子异氰酸酯胶合时，加压时间为40~50min。

③胶合温度：提高胶层的温度，可以促进胶液中水分或溶剂的挥发以及树脂的聚合反应，加速胶层固化，缩短胶合时间。图5-56所示为胶合温度与胶合强度的关系。热压胶合比冷压胶合时的胶合强度高，加热温度的升高会使胶合强度提高。胶合温

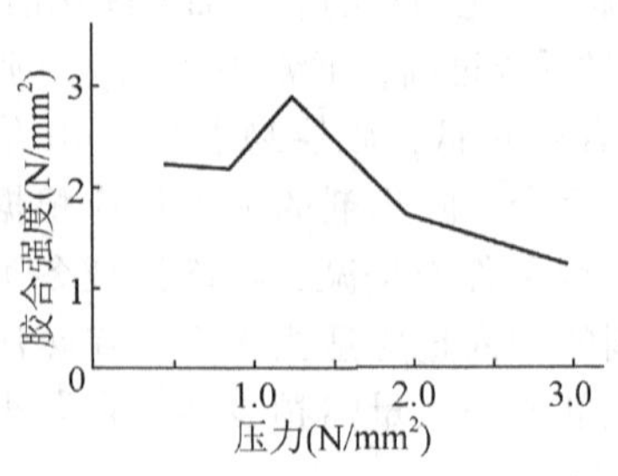

图5-54 压力与胶合强度的关系

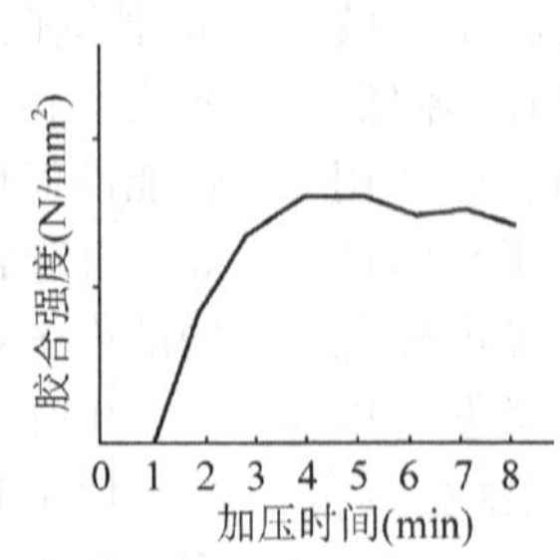

图5-55 加压时间与胶合强度的关系

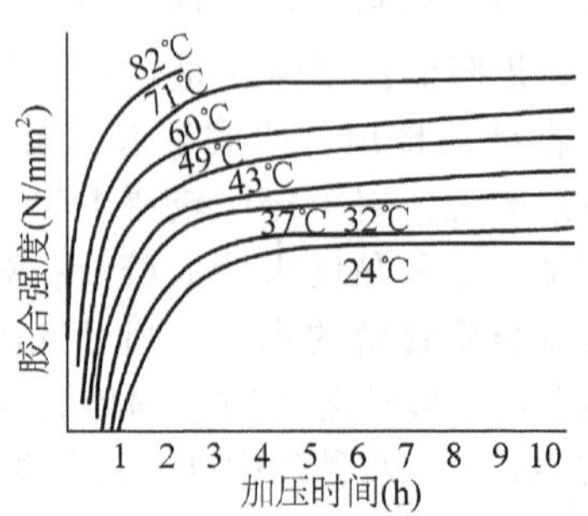

图5-56 温度与胶合强度的关系

度低，则需延长胶合时间；胶合温度高，则可缩短加压时间；加热温度越高，达到一定胶合强度的加压时间就越短。但温度过高，有可能使胶发生分解，胶层变脆；如温度太低，会因胶液未充分固化而使胶合强度极低或不能胶合。一般在常温(20~30℃)和中温(40~60℃）条件下胶合，温度不宜低于10℃。方材胶合后，应将胶合件在室内（温度15℃以上）堆放2~3天以上，以使胶层进一步固化和消除内应力，然后才可以进行再加工。

5.4.4 加速胶合的方法

在室温条件下的方材胶合，一般应在压力下保持4~12h才能达到胶液固化，为了缩短胶合过程和生产周期，减少胶合工段生产面积和提高生产率，常采用加热方法来加速胶合过程。目前，主要用接触传导加热、对流传导加热和高频介质加热三种方式，以及化学加速方式等。

5.4.4.1 接触传导加热

接触传导加热是通过胶压夹具（或装置）表面，把热量接触传导到胶压工件表面，并通过木材层传到胶层，使之提高温度、加速胶合过程。胶压夹具（或装置）的表面可用蒸汽、热水、热油等介质以及低压电加热。

在接触传导加热中，由加热表面把热量传导到胶合工件内部的速度与工件厚度、胶层与接触表面距离、木材密度、木材含水率、木材热传导性，以及传热方向（纵向或横向）等因素有关。密度大、含水率高、比热大的木材，热传导快；纵向传导比横向快；板坯厚度越大、胶层离接触表面越远，则所需加热时间越长。因此，接触加热方式常用于薄的板坯胶合及贴面、封边等。

低压电加热是用金属带作为发热元件，铺设于胶压夹具（或装置）的压模表面，通入低压电流使金属带发热，传导到与压模接触的工件表面，实现接触传导加热使胶层温度提高和固化。常用厚度为0.4~0.6mm的低碳钢或不锈钢带作为加热带；在一定温度要求下，金属加热带越宽，所需电流越大，一般要求金属带宽度不超过150mm，电流不超过400A；胶压窄工件时，可将其与金属带直接接触；胶压宽工件时，可将金属带在工件宽度方向上来回曲折铺设（金属带间有2~4mm缝隙），以保证采用窄金属带可满足胶合工件宽度的要求。低压电加热所需时间与胶合工件厚度和胶层位置有关，胶合工件厚度在12mm以下，胶层距表面在6mm以内，胶压时间可以1min/mm计；如果超出上述范围，传热速度大大降低，因此，用低压电加热厚度大于6mm的胶合工件时，应两面铺设金属带加热。低压电加热设备投资低、制作方便、使用安全，尤其适合用来胶合弯曲部件。

5.4.4.2 对流传导加热

在采用无接触加热系统的胶压夹具（或装置）进行木材胶合时，为了提高胶合速度，可在安装胶压夹具（或装置）的密闭空间内或附近装设加热管，利用各种热源（蒸汽、热水、热油、电等）来加热空气，利用热风、热空气喷射或对流传导加热已涂胶和加压的板坯，使胶层温度提高而加速胶合过程和提高生产率。

在木材胶合前，也可预先加热被胶合的表面（或预涂的胶层)，当达到一定温度后再涂胶胶合（或组坯胶压)，利用表面蓄积的热量，从而达到加速胶合的目的。

5.4.4.3 高频介质加热

（1）高频介质加热的原理与特点　高频介质加热（radio frequency heating）是将胶合板坯中的木材和胶层作为电介质，放在高频电场的两块极板之间，利用高频电磁场对板坯内部的极性分子（如水）反复极化，使其急剧运动而摩擦产生热量，从而使板坯升温加热。

由于它是介质内部发热，因而具有以下特点：①加热速度快，可以瞬间产生热量，在很短时间内实现快速加热，使胶层固化；②加热均匀，能使各部分同时加热，而且升温均匀；③加热产品质量好，由于加热均匀、工件变形少，故废品率低；④加热有选择性，对损耗因素大的介质（如胶层）可实现选择加热，热效率高；⑤加热过程容易控制，能通过通电或断电来精确地控制加热和调节温度；⑥加热环境好、设备投资少、占地面积小、加热成本低、操作方便。

因此，目前在木材加工和家具生产中，已有许多设备是把高频加热与多向压机、组框机、贴面压机、集成材生产设备及热固型胶黏剂封边机等有机地结合起来，广泛用于短料接长、窄料拼宽、层积胶厚、板件覆面、板件封边、弯曲成型、部件接合、制品装配等木材胶合工艺过程，加速胶黏剂的固化，提高了木材胶合的生产率和产品质量。

根据高频加热的原理，单位体积介质所吸收的电功率 P_v（即功率密度，W/cm^3）为：

$$P_v=0.556f\cdot E^2\cdot \varepsilon\cdot \tan\delta\times 10^{-12}$$

如果用热量 Q [kcal[①]/(kg·s·cm^3)] 表示则为：

$$Q=1.33f\cdot E^2\cdot \varepsilon\cdot \tan\delta\times 10^{-16}$$

如果用加热速度 $\Delta T/t$（单位时间内升温量,℃/s）表示则为：

$$\Delta T/t=[1.33f\cdot E^2\cdot \varepsilon\cdot \tan\delta\times 10^{-13}]\ \eta/(\rho\cdot c)$$

式中，ε 为介质的介电系数；$\tan\delta$ 为介质的损耗角正切；E 为高频电场强度（V/cm）；f 为高频振荡频率（MHz）；ΔT 为升高温度（℃）；t 为加热时间（s）；c 为比热[kcal/(kg·℃)]；ρ 为材料的密度(g/cm^3)；η 为热损耗系数(0.5~0.7)。

由上述公式可以看出：在高频加热中，介质吸收电能而发热的能力与介质本身的热传导性无关，而取决于介质本身的介电特性和电场的电参数，即与介质的损耗因素($k=\varepsilon\tan\delta$)、电场强度的平方、电场频率成正比。高频电场强度越强、频率越高或介质的损耗因素越大，则极性分子运动的幅度和次数就越大，摩擦产生的热量也越多，加热的速度就越快。

由于胶层的损耗因素($k=\varepsilon\tan\delta$)比木材大得多(一般大7~50倍)，所以电场的能量主要是被胶层吸收。电场的强度越大，则加热速度越快；但电场强度又不能太强，否则会击穿介质。一般加热速度为0.5~1℃/s。因此，在使用高频加热时，应注意板材的含水率要适中(10%~12%)，且分布均匀，否则局部可能会出现烧黑现象或变成干燥木材。频率的选择应考虑多方面因素，电极板尺寸大时频率不能太高，以免产生加热不均匀现象，而且胶黏剂(通常采用热固性胶)的损耗因素会随着频率的提高而减小，在木材胶合中常用的频率为4~60MHz。

(2)高频介质加热的电极配置形式 高频加热系统主要由高频发生器、加热装置(工作电极)和被加热材料组成，高频发生器为主机，工作电极和被加热材料为负载。

其中，在木材胶合中，工作电极的配置方式按胶层与电场强度方向的关系可分为三种：

①平行加热(parallel heating)：又称胶层加热(glueline heating)或选择加热(selective heating)，如图5-57(a)所示。它是在木材侧面胶合时，将胶层与正负电极板垂直，而与电场强度方向平行。此时，木材与胶层是并联的，由于木材与胶黏剂的分子结构不同，胶的损耗因素比木材大7~50倍，所以胶层吸收的功率比木材大得多，可避免使较多的高频功率消耗在木材加热上，达到在高频电场中的木材几乎未热的情况下，使胶层实现快速加热固化。这种配置形式是最理想和最有效的加热胶合方式，广泛用于方材胶拼、方材胶接和板件封边等。

②垂直配置(prependicular heating)：又称整体加热(through heating)，如图5-57(b)所示。它是在木材平面胶合时，胶层与电极板平行而与电场强度方向垂直。此时，木材与胶层是串联的，损耗因素小的木材吸收高频功率相对地比胶层多，达不到对胶层选择加热的目的，要使胶层固化，一般需待整个木材热透才行。但鉴于高频加热普遍具有快速胶合的特点，因而该方式在板件覆面(或贴面)、多层单板层积、薄板弯曲胶合成型等，也能取得较好的效果。

③杂散场加热(stray field heating)：它是将正负电极板相邻放在胶合件(或胶层)的同侧，或者电场强度是通过散射穿过胶合件(或胶层)的一种加热方式，如图5-57(c)所示。这种方式具有串联、并联的性质，但只适用于胶层少、胶层面积小、极板间距合适的情况，主要用于箱框的拼接、框式覆面板的

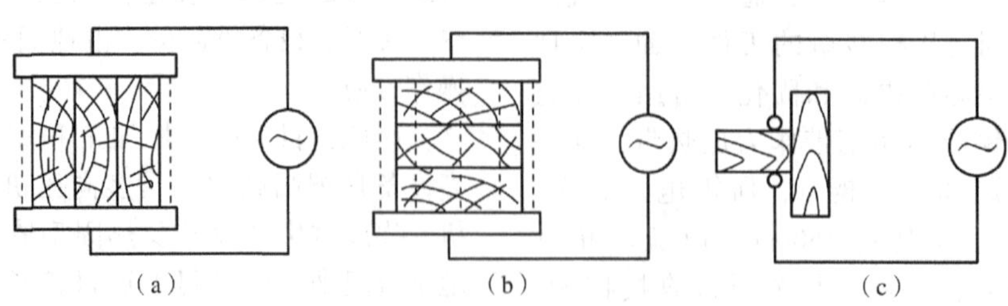

图5-57 高频加热电极配置方式

(a)平行加热 (b)垂直配置 (c)杂散场加热

① 1cal=4.184J。

胶贴、镶边的胶合，以及镜(或门)框等部件的接合组装、产品装配等。

5.4.4.4 化学加速法

化学加速法是指采用各种改性胶、快速固化胶、双组分胶或采用各种助剂等来加速胶黏剂固化的方法。

改性胶主要通过对常用的胶黏剂进行改性提高其固化速度。

快速胶是指在板材封边时用的热熔胶或接触型胶黏剂(如氯丁橡胶等)，可使工件很快地进行胶合。采用接触型胶黏剂(如氯丁橡胶等)胶合，在两个胶合面上都涂上胶黏剂，开放陈放到胶膜无黏性时对合并稍加压力压合即可。

双组分胶是指在胶压前把胶黏剂(甲组分)和固化剂(乙组分)分别涂于被胶合的两个面上，在胶压时才把两个面对合，并稍加压力使胶黏剂和固化剂混合起来，一段时间后即可固化和达到牢固胶合，无须陈放就可立即进行后工序加工。常用的双组分胶(两液胶)如下：甲组分为脲醛树脂(固体含量65%)，乙组分为聚醋酸乙烯酯乳液(固体含量40%以上，100 份)和盐酸(氯化氢含量36%，1.5~2 份)。

5.5 净料加工

毛料经过刨削和锯截加工成为表面光洁平整和尺寸精确的净料以后，还需要进行净料加工。净料加工是按照设计要求，将净料进一步加工出各种接合用的榫头、榫眼、连接孔，或铣出各种线型、型面、曲面、槽簧，以及进行表面砂光、修整加工等，使之成为符合设计要求的零件的加工过程。

5.5.1 榫头加工

榫接合是实木框架结构家具的一种基本接合方式。采用这样接合的部位，其相应零件就必须开出榫头和榫眼。榫头加工是方材净料加工的主要工序，榫头加工质量的好坏直接影响到家具的接合强度和使用质量高低。榫头加工后就形成了新的定位基准和装配基准，因此，对于后续加工和装配的精度有直接的影响。

5.5.1.1 榫头加工工艺

榫头加工时，应采用基孔制的原则，即先加工出与它相配合的榫眼，然后以榫眼的尺寸为依据来调整开榫的刀具，使榫头与榫眼之间具有规定的公差与配合，获得具有互换性的零件。因为榫眼是用固定尺寸的刀具加工的，同一规格的新刀具和使用后磨损的刀具尺寸之间常有误差，如果不按已加工的榫眼尺寸来调节榫头尺寸，就必然产生榫头过大或过小，因而出现接合太紧或过松的现象。若采用基轴制的原则先加工出榫头，然后根据榫头尺寸来选配加工榫眼的钻头，则不仅费工费时，而且也很难保证得到精确而紧密的配合。但在圆榫接合中，由于圆榫一般都是标准件，所以可以采用基轴制配合原则。

榫头加工时，应严格控制两榫肩之间的距离和榫颊与榫肩之间的角度，使相接合零部件的尺寸适应，以保证接合后部件尺寸正确和接合紧密。

榫头的加工精度除了受加工机床本身状态及刀具调整精度影响外，还取决于工件精截的精度和开榫时工件在机床上定基准的状况。两端开榫头时，应采用同一表面作为基准。安放工件时，工件之间以及工件与基准面之间不能有锯末、刨花等杂物，而且要做到加工平稳、进料速度均匀。

另外，榫头与榫眼的加工也受加工环境和湿度的影响，两者之间的加工时间间隔不能太长，否则会因木材的湿胀干缩而出现配合不好现象，影响接合强度。

5.5.1.2 榫头加工设备

榫头加工时，应根据榫头的形式、形状、数量、长度及在零件上的位置来选择加工方法和加工设备。传统接合主要采用直角榫、燕尾榫或梯形榫，目前采用比较多的是长圆形榫（椭圆榫）、圆形榫、圆棒榫等接合。

（1）直角榫、燕尾榫或梯形榫、指形榫　一般为整体榫，常见的各种直角榫、燕尾榫或梯形榫、指形榫的榫头形式及其加工方法如图 5-58 所示。在图 5-58 中，Ⅰ类采用单头或双头开榫机加工，Ⅱ类采用下轴铣床加工，Ⅲ类采用上轴铣床加工（镂铣机）。

图 5-58 中的 1、2、4、5 几种榫头可以在单头或双头开榫机上采用带割刀的铣刀头、切槽铣刀及圆盘铣刀等进行加工，如图 5-59 所示；不太大的榫头也可以在铣床上加工，如图 5-60 所示。图 5-58 中，3 直角多榫和 8 指形榫可以在直角箱榫机或铣床上采用切槽铣刀组成的组合刀具加工，分别如图 5-61（a）(b)；直角多榫也可以在单轴或多轴燕尾榫开榫机上用圆柱形端铣刀加工。图 5-58 中，6 燕尾形多榫和 7 梯形多榫可以在专用的燕尾榫开榫机上加工；也可以在铣床上完成，如图 5-62 所示。燕尾形多榫在铣

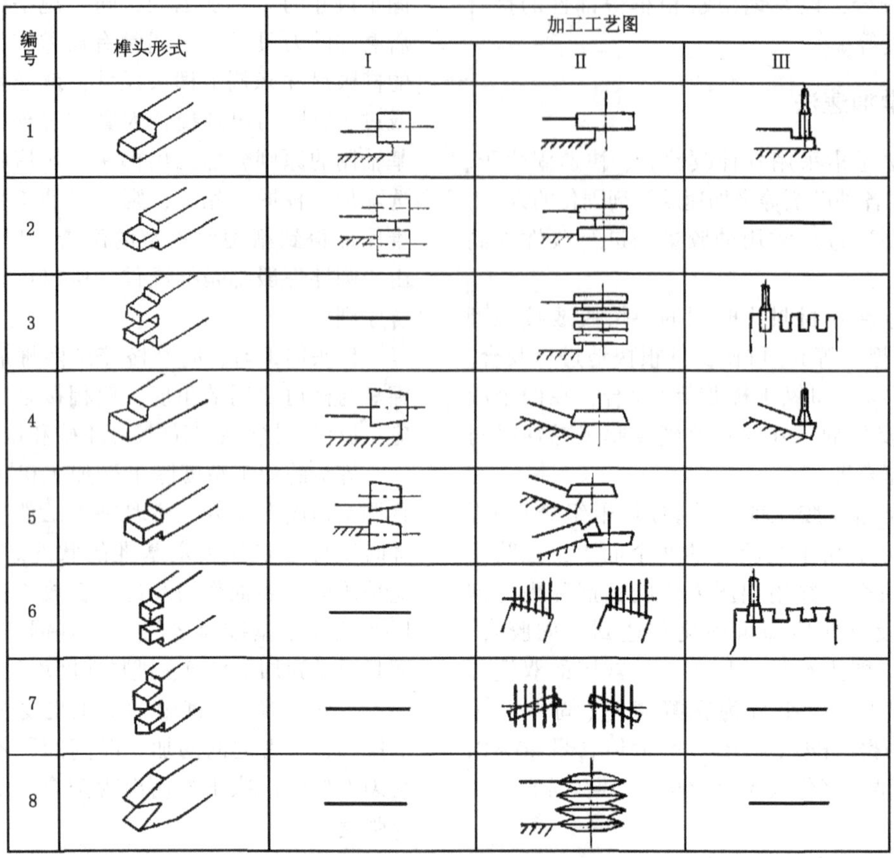

编号	榫头形式	加工工艺图		
		I	II	III
1				
2				——
3		——		
4				
5				——
6		——		
7		——		——
8		——		——

图 5-58 榫头形式及其加工方法示意图

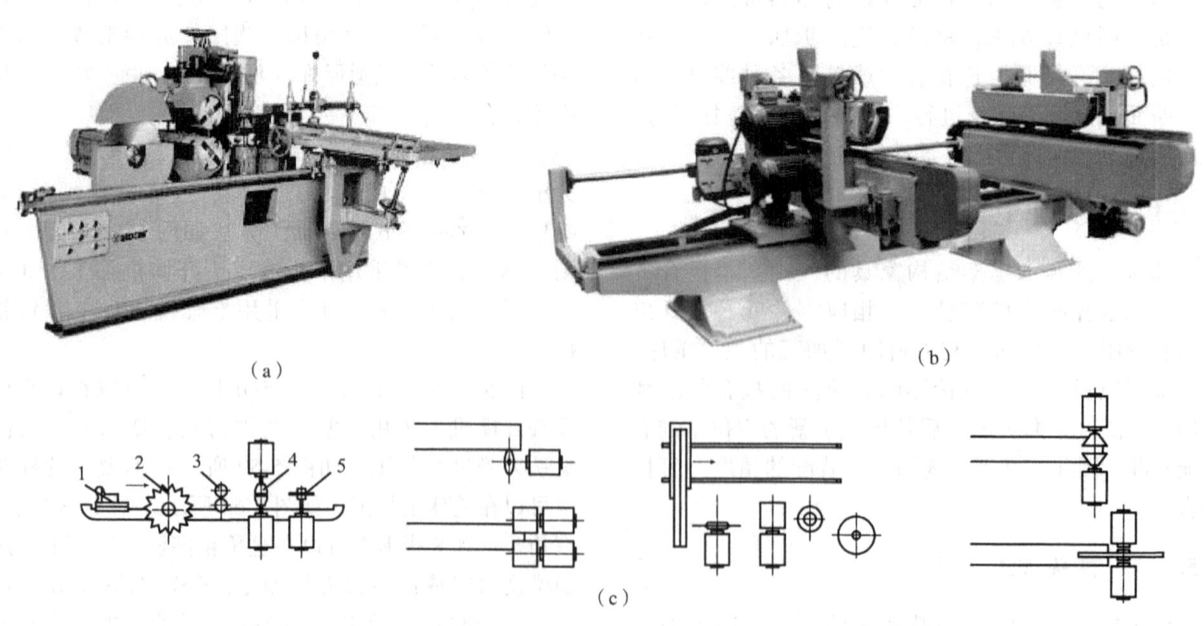

图 5-59 开榫机加工榫头

(a) 单头直角开榫机 (b) 双头直角开榫机 (c) 单头直角开榫机加工榫头

1. 工件 2. 截头圆锯 3. 水平铣刀 4. 垂直切槽铣刀 5. 圆盘铣刀

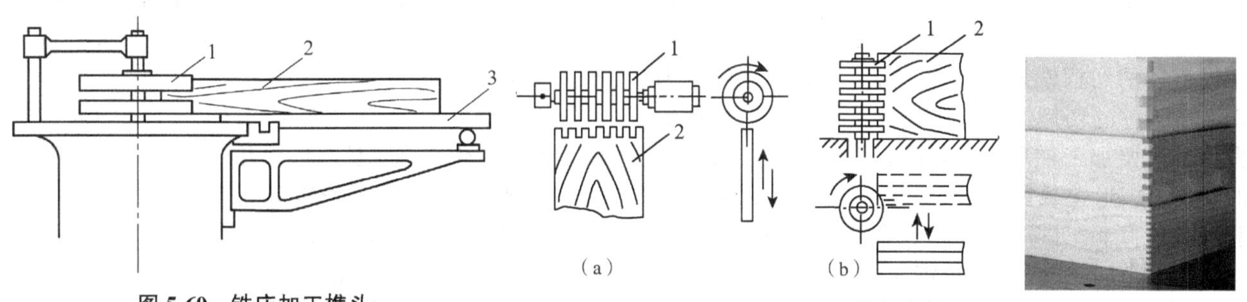

图 5-60 铣床加工榫头

1. 铣头 2. 工件 3. 移动工作台

图 5-61 直角多榫加工

(a) 直角箱榫机加工榫头 (b) 铣床加工榫头

1. 刀具 2. 工件

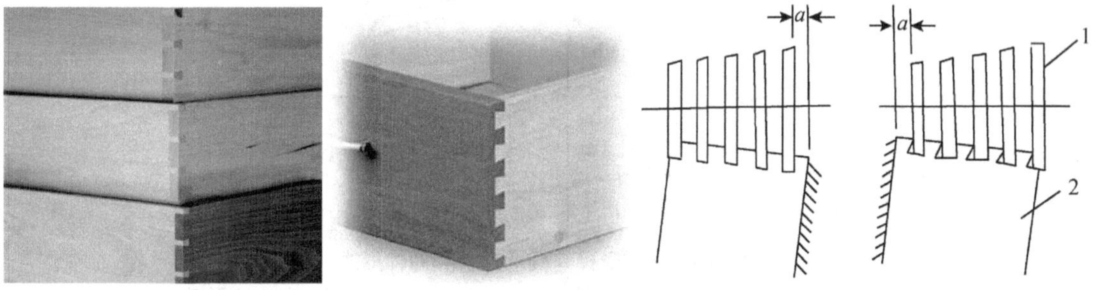

(a)

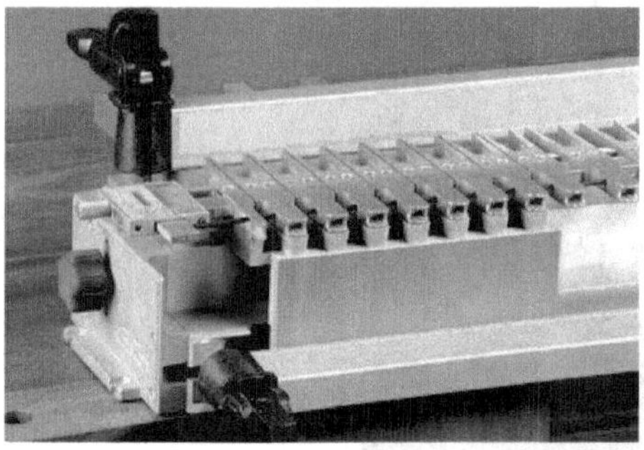

(b)

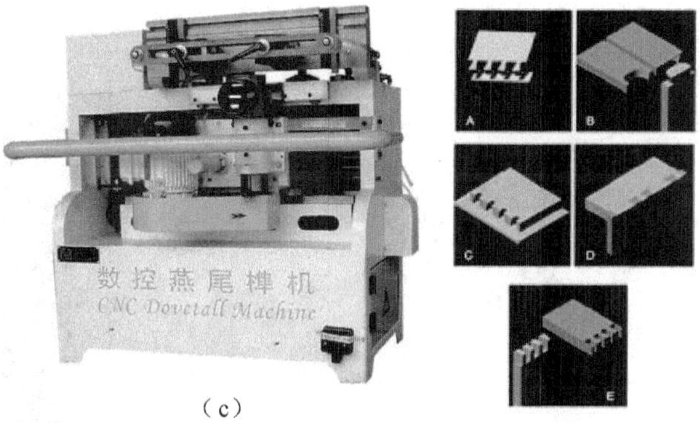

(c)

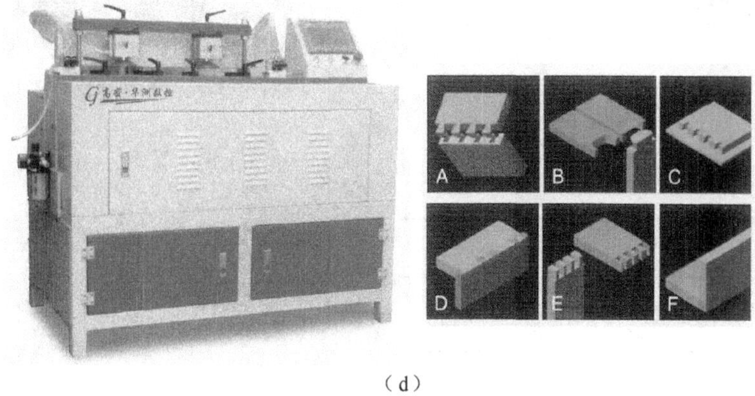

(d)

图 5-62 燕尾形多榫加工

(a) 铣床加工榫头 (b) 便携式燕尾榫机加工榫头 (c) 燕尾榫机加工榫头 (d) 数控燕尾榫机加工榫头

床加工，以工件的一边为基准，加工一次后将其翻转180°，仍以原来基准边作为基准再次加工，采用不同直径的切槽铣刀来加工。梯形多榫在铣床上加工时，工件的两侧需用楔形垫板夹住，楔形垫板的角度与所要加工梯形榫的角度相等，当第二次定位时，需将楔形垫板翻转180°，使工件以同样角度向相反方向倾斜，同时在工件下面增加一块垫板，采用的刀具是切槽铣刀或开榫锯片。

(2) 长圆形榫（椭圆榫）、圆形榫　近年来，长圆形榫（或椭圆榫）和圆形榫已被广泛地应用在现代实木家具生产中，如图5-63和图5-64（a）所示。各种自动开榫机的大量使用，使得长圆形榫和圆榫的加工十分容易。

图5-64（b）所示为常用的自动双台开榫机（又称自动双台作榫机或长圆形榫开榫机等），其铣刀的运动轨迹及其榫头加工形式如图5-64（c）所示。该机床上使用由圆锯片和铣刀组成的组合刀具，锯片用于精截榫端，铣刀用于加工榫头的榫肩和榫颊。将方材安放在工作台上利用气缸进行压紧，当转动着的刀轴按预定轨迹与工作台做相对移动时，即可

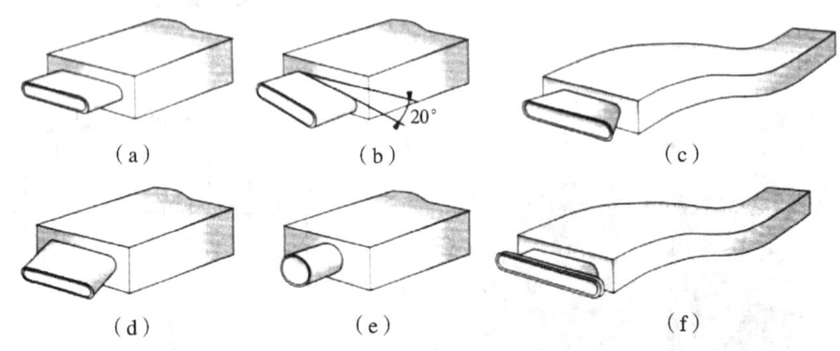

(a)　(b)　(c)　(d)　(e)　(f)

图5-63　长圆形榫（椭圆榫）和圆榫形式

(a) 直榫　(b) 斜榫　(c) 鸠尾槽榫　(d) 斜榫　(e) 圆榫　(f) T形榫

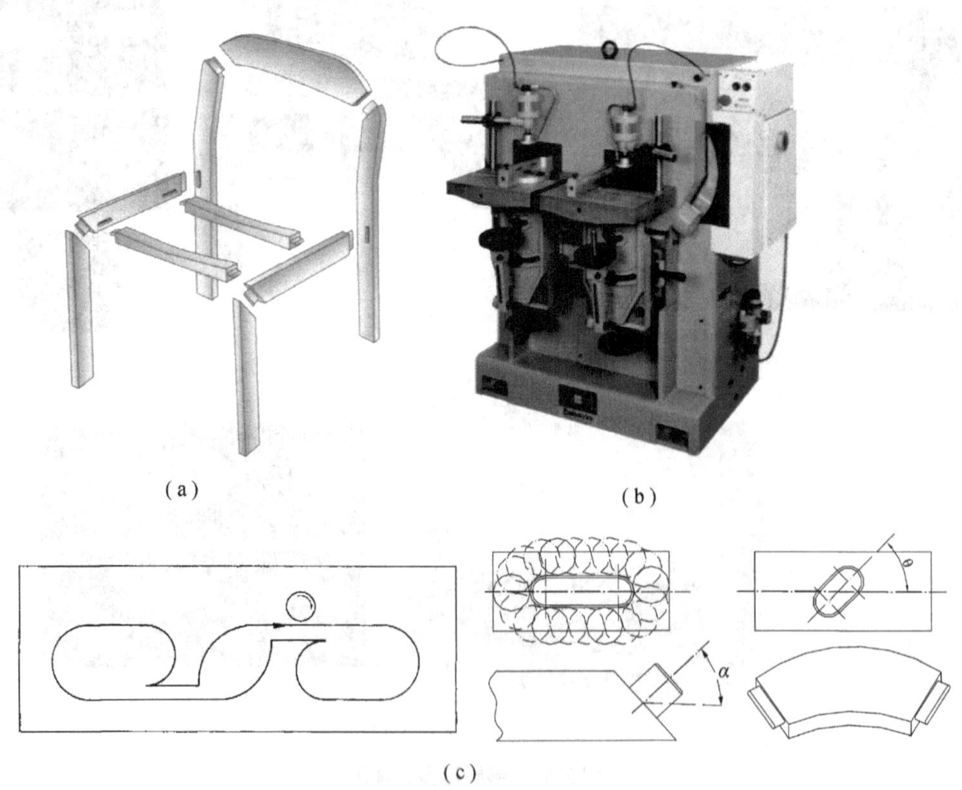

(a)　(b)　(c)

图5-64　长圆形榫（椭圆榫）加工

(a) 实木椅中长圆形榫（椭圆榫）接合　(b) 自动双台（椭圆榫）开榫机

(c) 铣刀的运动轨迹及其榫头加工形式

加工出相应断面形状的长圆形榫或圆榫。这种榫配合精度高，互换性好。如将工作台面调到规定角度，还可在方材端部加工各种角度的斜榫。该机床一般具有两个工作台，可以交替加工。

图 5-65 和图 5-66 所示分别为目前采用的传统榫卯数控加工中心。这些数控加工中心能对各种复杂的传统榫卯进行精确加工，既提高了生产效率，又保证了加工质量。而且因其是数控加工，还有利于实现数字化设计与制造。

图 5-67 所示为常用的数控双端开榫机（又称数

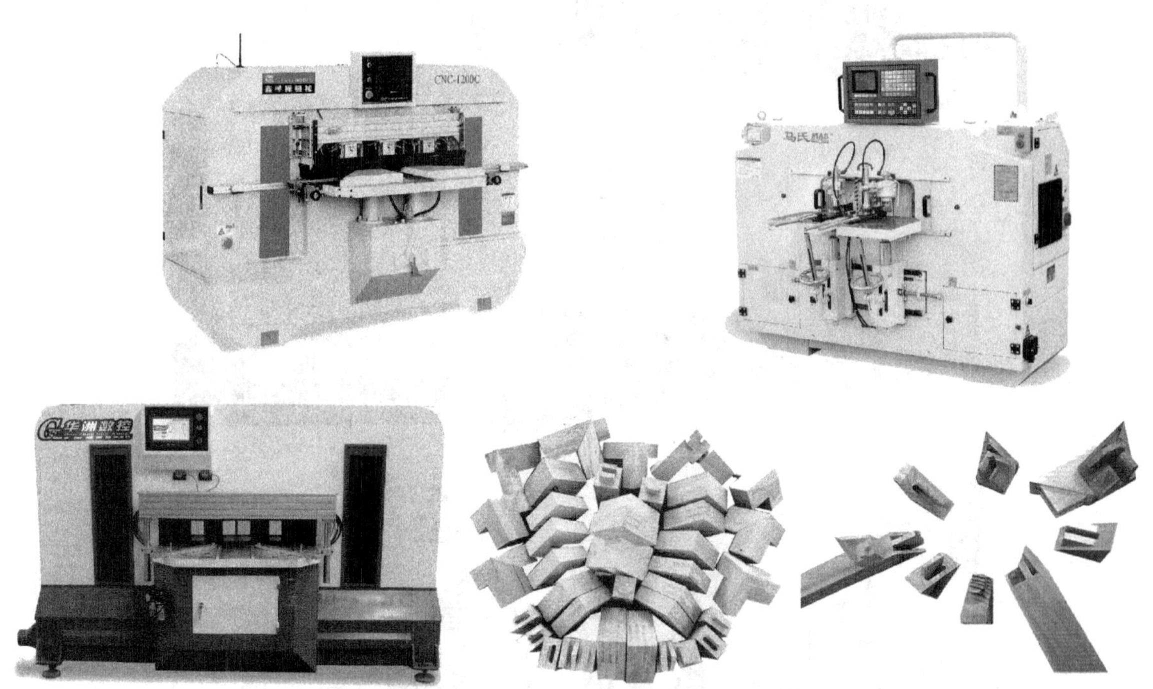

图 5-65 传统榫卯数控加工中心 1

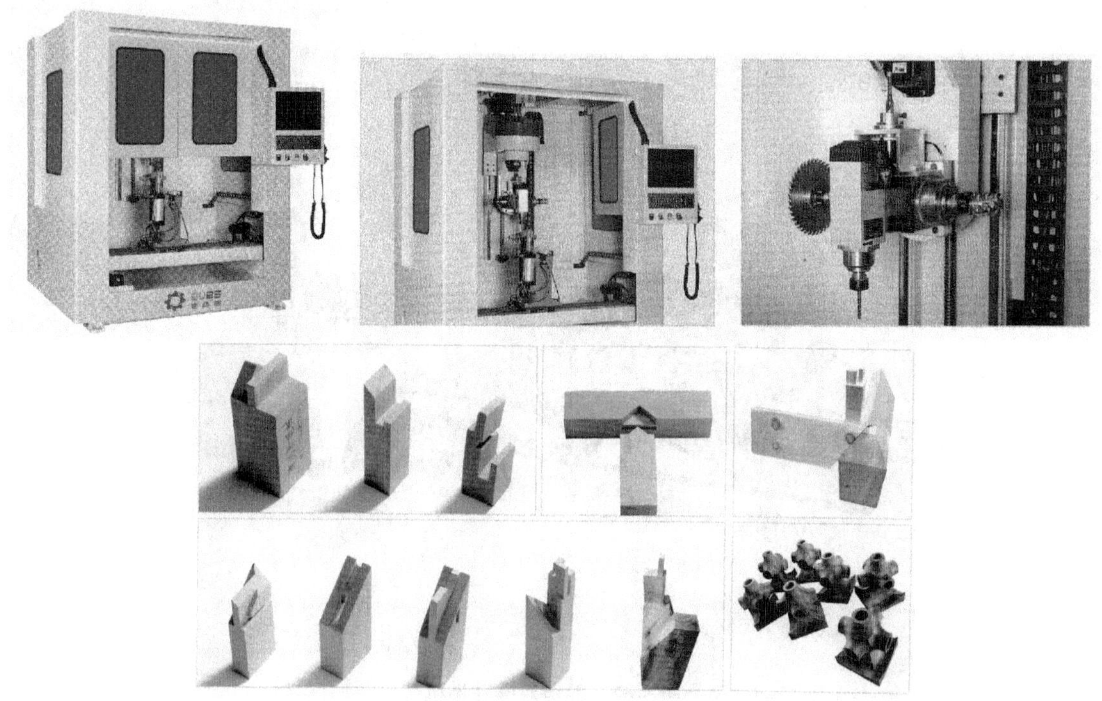

图 5-66 传统榫卯数控加工中心 2

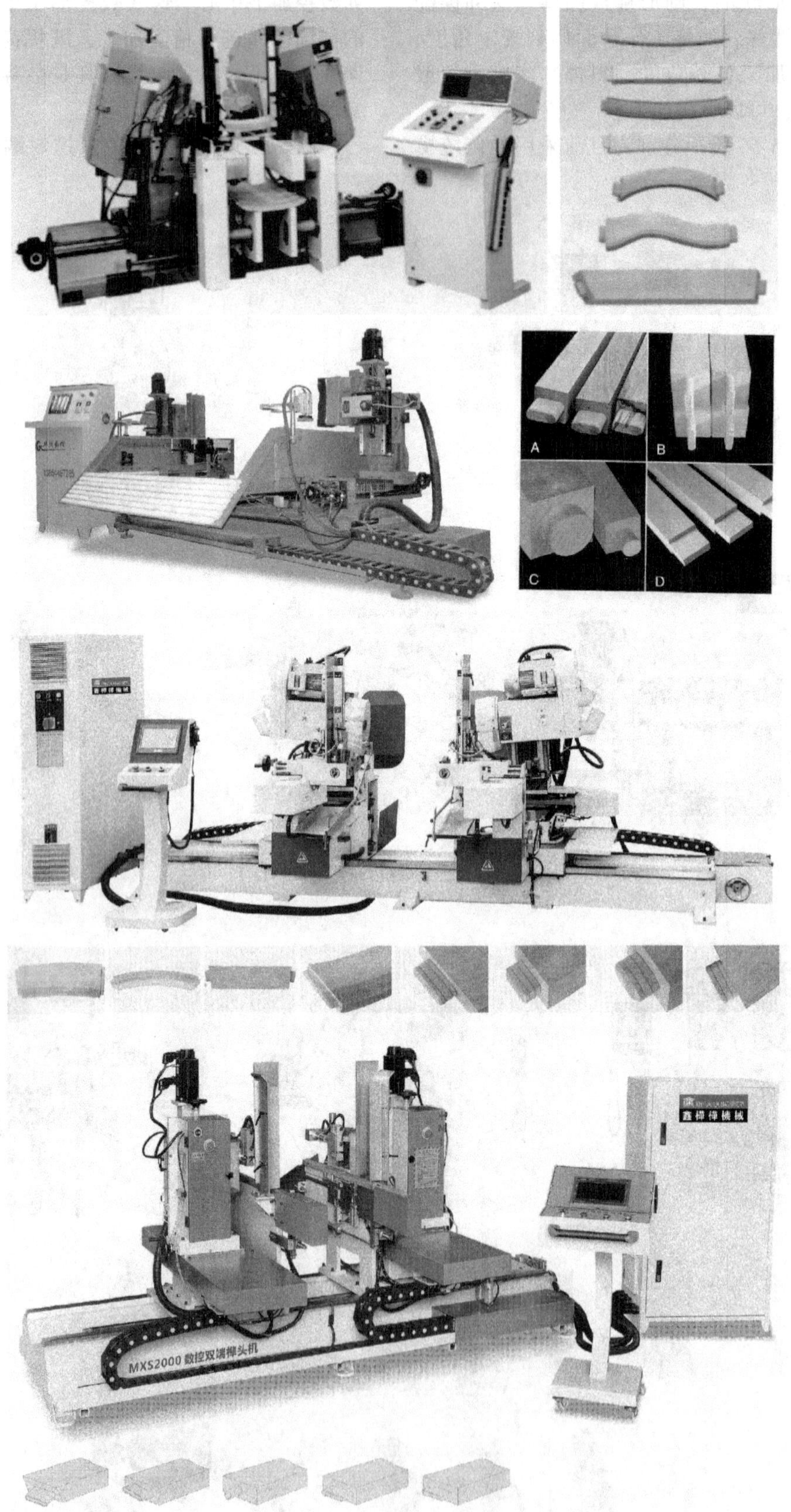

图 5-67　数控双端开榫机

控双端作榫机)，它可以对一个工件的两端同时加工出榫头，榫头加工时组合刀具（圆锯片和铣刀）首先对工件的两端进行精截，然后再完成工件两端的榫头加工。铣刀的运动轨迹与榫头的外轮廓相似，通过调节设备，也可在工件两端加工各种角度的斜榫。一般为连续式自动进料，适合于大批量双端有榫零件的加工。

(3) 圆榫　为插入榫。常见的圆榫多为标准件，其加工工艺流程为板材经横截、刨光、纵解成方条，再经圆榫加工、圆榫截断而成为圆榫。图 5-68 所示为圆榫机和圆榫截断机。在圆榫机上加工时，方条毛料通过空心主轴由高速旋转的刀片（2～4 把）进行切削，并由三个滚槽轮压紧已旋好的圆榫和滚压出螺旋槽，同时产生轴向力将旋制好的带螺纹槽的圆榫送出。在圆榫截断机上加工时，常将旋制和压纹后的圆榫插入截断机上进料圆盘的各圆孔内，随着进料圆盘的回转，圆榫靠自重逐一落入导向管，并由组合刀头（圆锯片和铣刀）做进给切削运动而完成截断和倒角作业。如此循环反复，可将圆榫截成所需的长度并同时在端部倒成一定角度的圆榫。圆榫截断机常与圆榫机配套使用，圆榫机完成旋制和压纹工序；圆榫截断机完成截断和倒角工序。

图 5-68　圆榫机和圆榫截断机

5.5.2　榫眼和圆孔加工

榫眼及各种圆孔大多是用于木家具制品中零部件的接合部位，孔的位置精度及其尺寸精度对于整个制品的接合强度及质量都有很大的影响，因而榫眼和圆孔的加工也是整个加工工艺过程中一个很重要的工序。

在现代木家具零部件上常见的榫眼和圆孔按其形状可分为直角榫眼（长方形榫眼、矩形孔）、椭圆榫眼（长圆形榫眼）、圆孔、沉头孔等，其形式及其加工方法如图 5-69 所示。

5.5.2.1　直角榫眼加工工艺与设备

在木家具生产中，直角榫眼又称长方形榫眼（图 5-69 中的 1），是应用最广的传统榫眼。直角榫眼最好是在打眼机（图 5-70，榫槽机）上采用方形空心钻套和麻花钻芯配合加工，此法加工精度高，能保证配合紧密。

对于尺寸较大的直角榫眼，也可采用图 5-70 (a) 和图 5-71 所示的链式打眼机（链式榫槽机）加工。此法生产率高，但尺寸精度较低，加工出的榫眼底部呈弧形，榫眼孔壁较粗糙。

对于较狭长的直角榫眼，也可以在铣床或圆锯机上采用整体小直径的铣刀或锯片来加工，但此法加工的榫眼底部也呈弧形，需补充加工将底部两端加深，以满足工艺要求。

图 5-70 (b) 所示为数控榫槽机（数控方孔钻），可以高效加工直角榫眼和保证加工质量。

5.5.2.2　椭圆榫眼加工工艺与设备

椭圆榫眼又称长圆形榫眼（图 5-69 中的 2），可以在各种钻床（立式或卧式、单轴或多轴，图 5-72）及立式上轴铣床（镂铣机）上用钻头或端铣刀加工。

椭圆榫眼的宽度和深度较小时，可以采用立式单轴钻床（图 5-72）进行加工。为适应工艺的需要，工作台具有水平方向和垂直方向的移动，能在水平回转且倾斜一定角度。但在加工时应注意工作台与工件的移动速度不应太快，以免折断钻头。

椭圆榫眼的零部件批量较小时，可以适当采用立式上轴铣床（镂铣机）进行加工，但在加工时应根据工件的加工部位等确定使用立式上轴铣床的靠尺或模具加定位销，以保证加工时的精确度。

椭圆榫眼的零部件批量较大时，常采用专用的椭圆榫眼机加工。图 5-73 (a) (b) 为自动单头双台椭圆榫眼机（单轴椭圆榫槽机）及其加工榫眼的形式，该机可以加工各类实木零部件上的椭圆榫眼。由于工作台可以倾斜一定角度，因此加工的榫眼可以是水平的，也可以具有一定的角度，而且可以确保较高的加工精度。图 5-73 (c) 为自动多轴双台椭圆榫眼机（多轴椭圆榫槽机）及其加工榫眼的形式；图 5-74 为数控榫眼机（或榫槽机）及其加工榫眼的形式。采用自动或数控榫眼机，零部件中榫眼的数量、深度和斜度等可以通过计算机控制完成，保证了工件加工的精度以及各相同零部件间的互换性，它是一种连续化生产设备。

编号	孔的形式	加工工艺图		
		Ⅰ	Ⅱ	Ⅲ
1	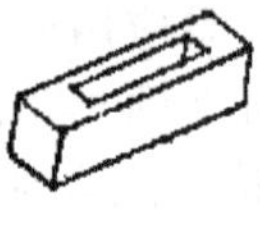	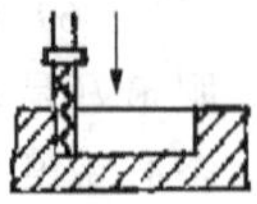	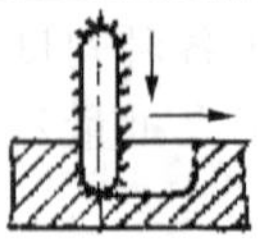	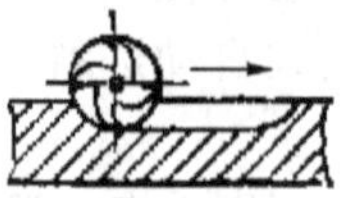
2	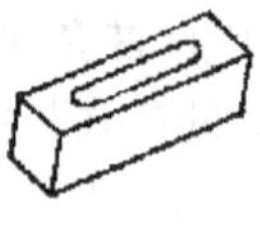	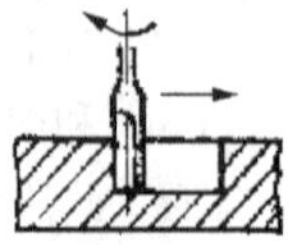	——	——
3	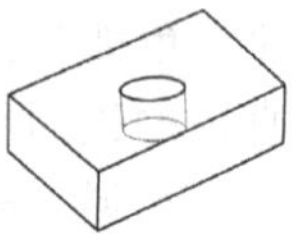	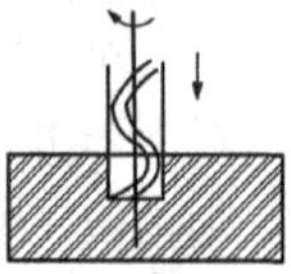	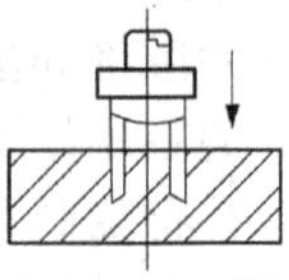	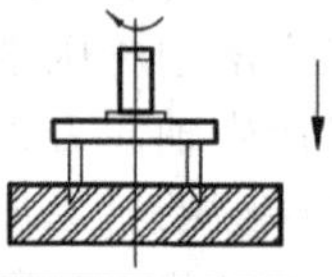
4	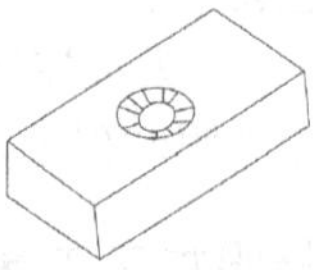	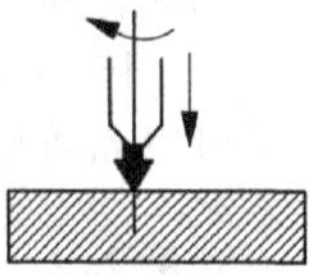	——	——

图 5-69　榫眼与圆孔的形式及其加工方法示意图

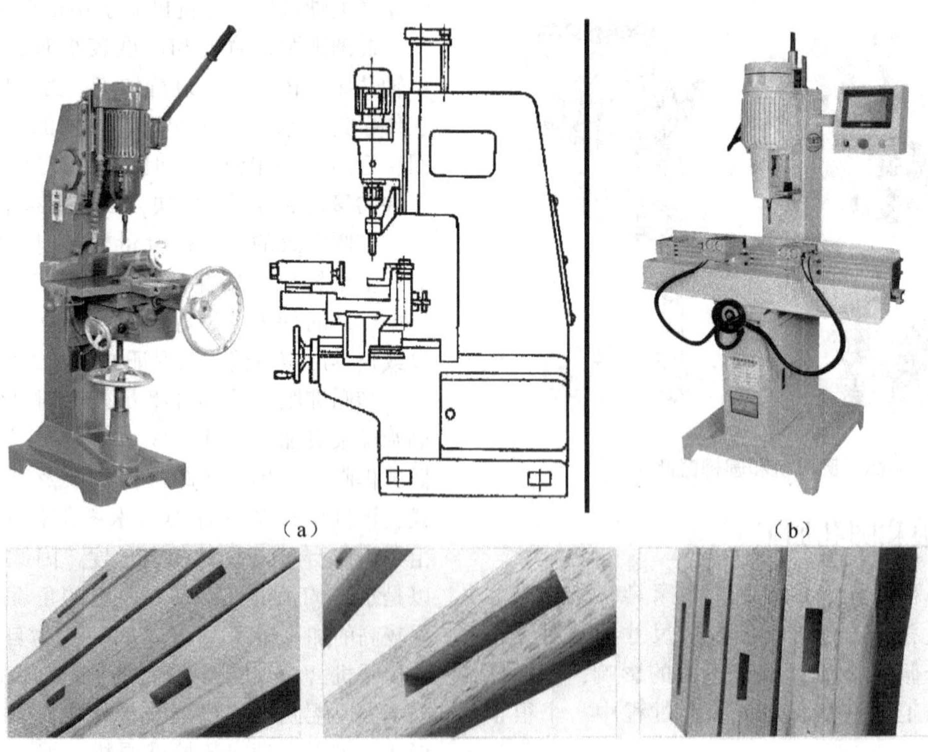

图 5-70　打眼机（榫槽机）

（a）链式打眼机（链式榫槽机）　（b）数控榫槽机（数控方孔钻）

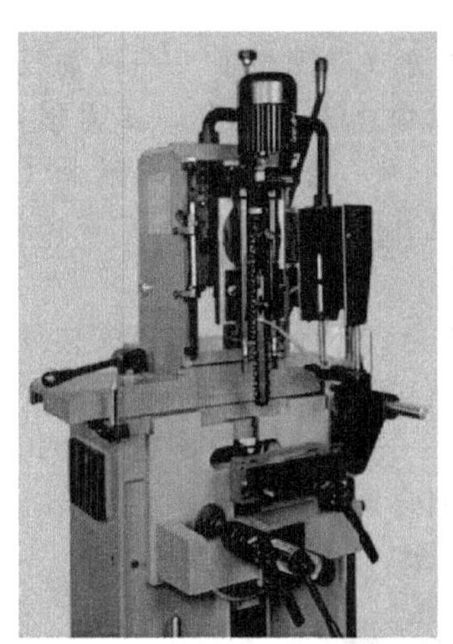
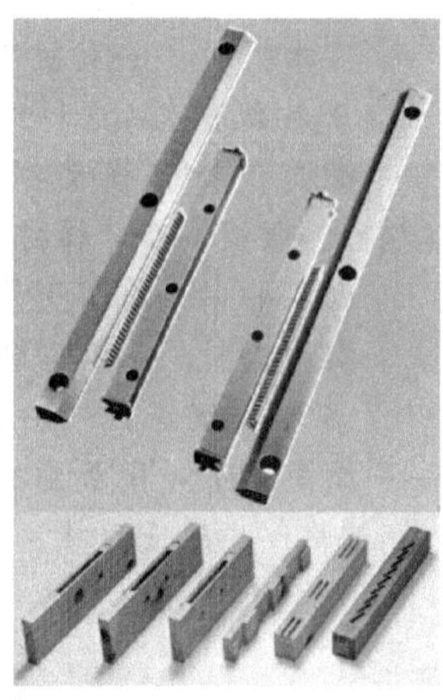

图 5-71　链式榫槽机及其加工工件形式

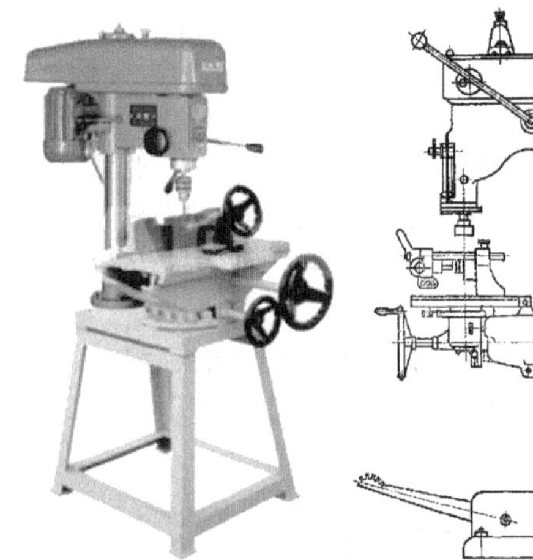

图 5-72　立式单轴钻床

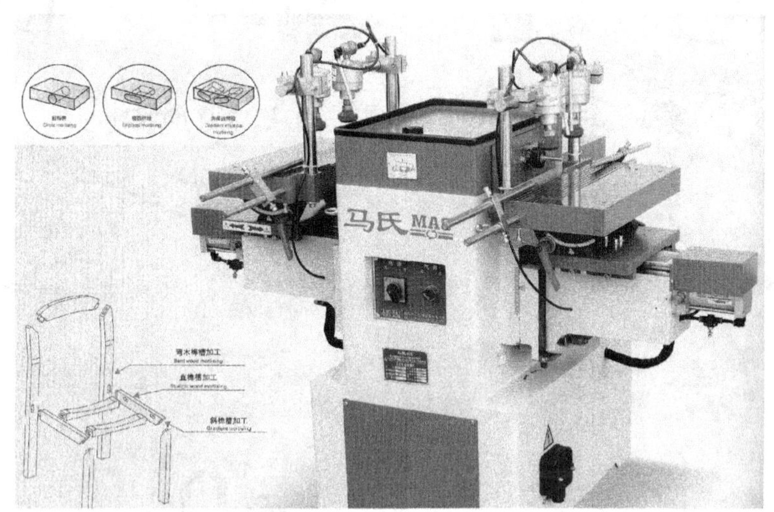

(a)

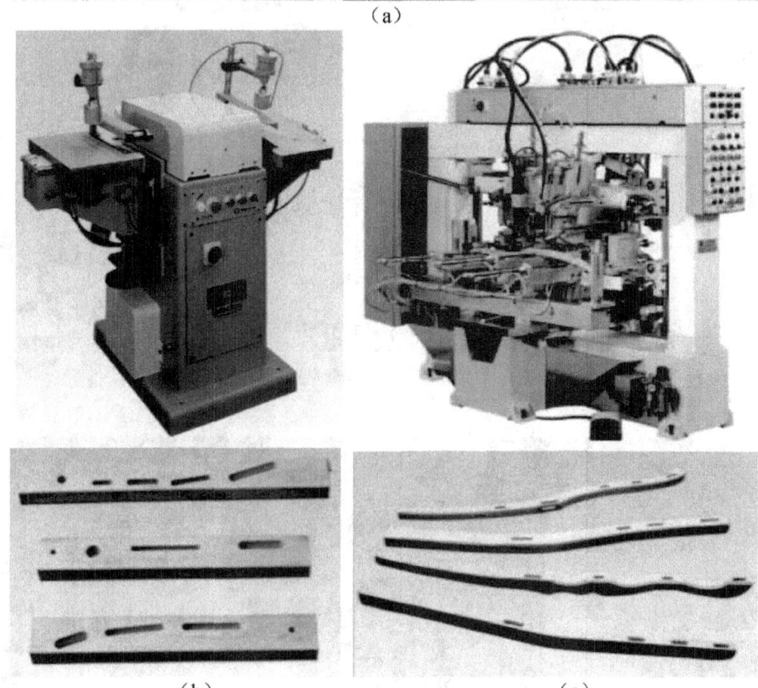

(b)　　(c)

图 5-73　椭圆榫眼机（榫槽机）及其加工榫眼的形式

(a)(b) 自动单头双台椭圆榫眼机　(c) 自动多轴双台椭圆榫眼机

在实木百叶门和百叶窗等结构（图 5-75）中，通常使用多椭圆榫接合。图 5-76 所示为百叶椭圆榫眼机（又称自动百叶榫槽机或自动百叶铣槽机），含有两个刀轴［下轴卧式，图 5-76（a）；上轴立式，图 5-76（b）］，可以对两个工件同时进行铣槽加工。图 5-77 所示为百叶椭圆榫倒角机（又称自动百叶片倒角机）。

实木百叶门或百叶窗的生产工艺流程包括百叶框加工、百叶片加工和组框装配三个工段，其中百叶框加工工艺和百叶片加工工艺如下：

（1）百叶框加工工艺

实木板材⟶双面刨光（双面刨）⟶纵向开料（多片纵解锯）⟶纵向刨光与铣型（四面刨）⟶横向截断（横截锯）⟶百叶椭圆榫眼加工（椭圆榫眼机或百叶榫槽机）

（2）百叶片加工工艺

实木板材⟶双面刨光（双面刨）⟶纵向开料（多片纵解锯）⟶纵向刨光与铣型（四面刨）⟶横向截断（横截锯）⟶百叶椭圆榫倒角加工（椭圆榫倒角机或百叶片倒角机）

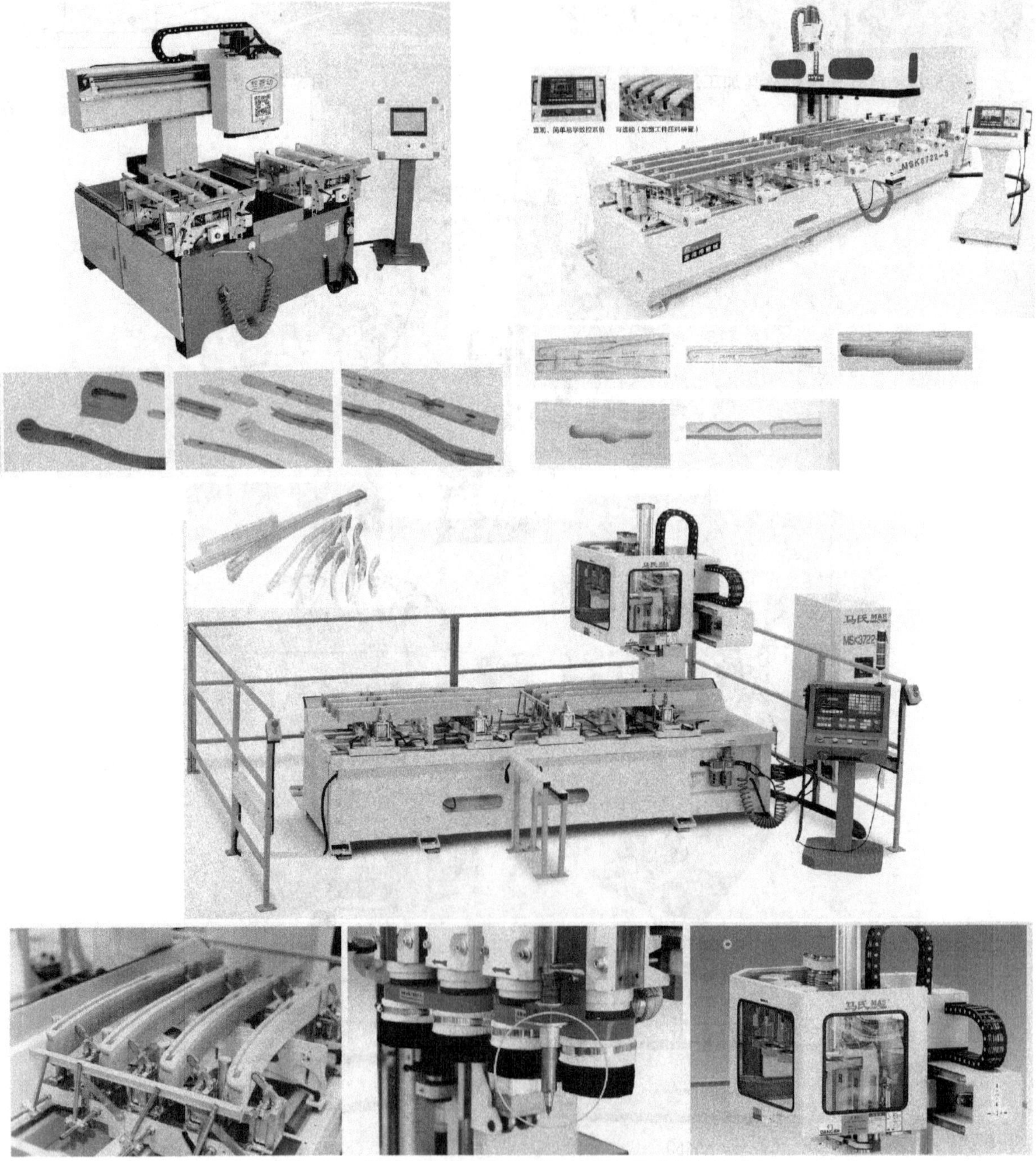

图 5-74 数控榫眼机（榫槽机）及其加工榫眼的形式

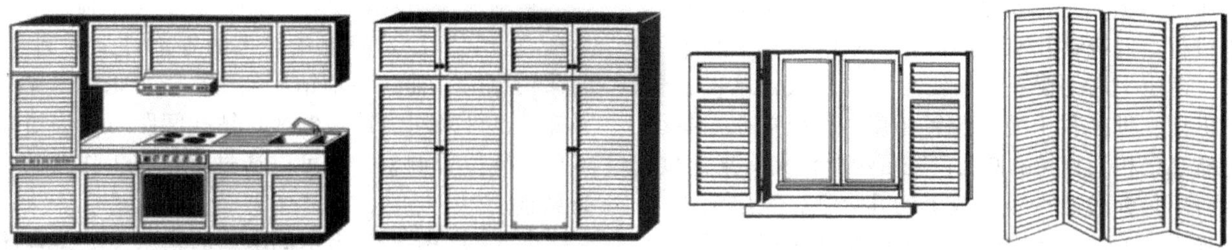

图 5-75 实木百叶门（窗）结构

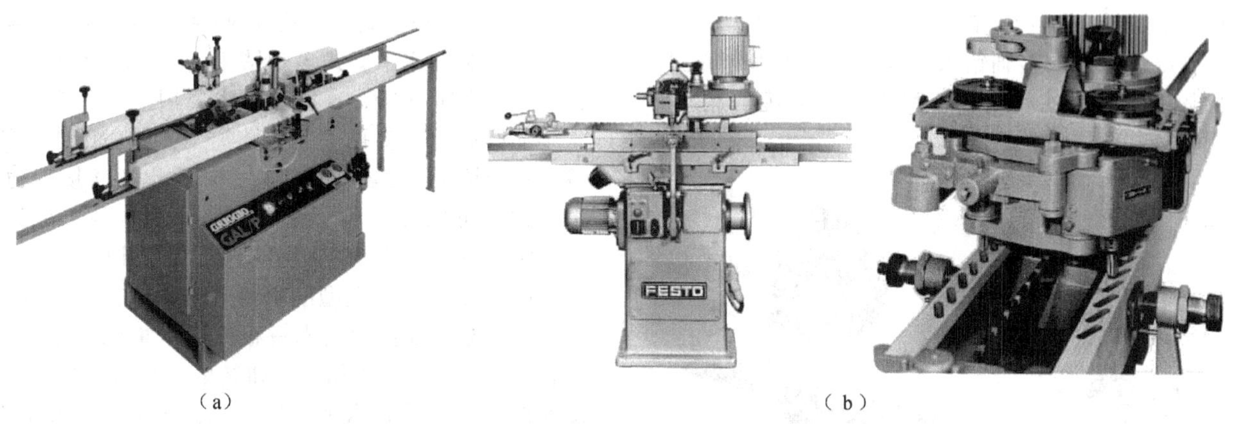

（a） （b）

图 5-76 百叶椭圆榫眼机（自动百叶铣槽机）

（a）下轴卧式自动百叶铣槽机 （b）上轴立式自动百叶铣槽机

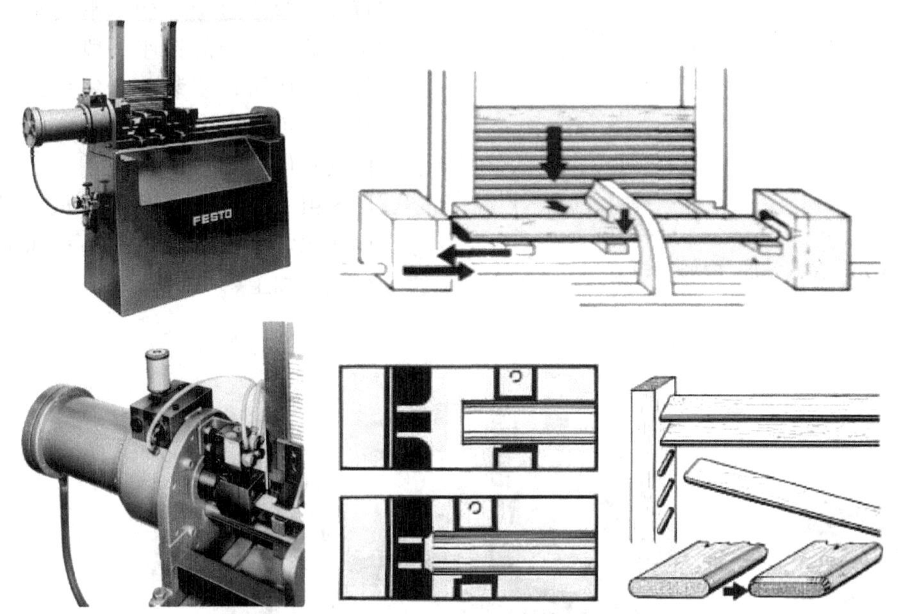

图 5-77 百叶椭圆榫倒角机（自动百叶片倒角机）及其加工过程

5.5.2.3 圆孔加工工艺与设备

圆孔又称圆眼（图 5-69 中的 3），加工时应根据孔径的大小、材料类型（实木板、人造板等）、材料性质、零件厚度、孔深来选择不同的机床和刀具。圆孔可以在各种钻床（立式或卧式、单轴或多轴）及立式上轴铣床（镂铣机）上用钻头或端铣刀加工。上述加工椭圆榫眼的立式单轴钻床、立式上轴铣床（镂铣机）以及椭圆榫眼机均可加工圆孔。

直径小的圆孔可以在钻床上加工，在单轴立式钻床上钻圆孔可以按划线或依靠挡块、夹具和钻模来进行。划线钻孔有时会因钻头轴线和孔中心不一致，而产生加工误差。如使用定位挡块定基准，即能保证一批工件上孔的位置精度。若配置在一条线上有几个相同直径的圆孔，则可用样模夹具来定位。对于不是配置在一条直线上的几个孔，宜用钻模进行加工，工件一次定位后只需改变钻模相对于钻头的位置，即可依次加工出所有的孔。

如果在工件上需要加工的圆孔数目较多而且孔的位置要求较高时，宜用多头钻座（或动力头，如图5-78所示）或多轴钻床，以提高生产率，特别是能提高孔间距的精度，有利于提高装配的精度和效率。

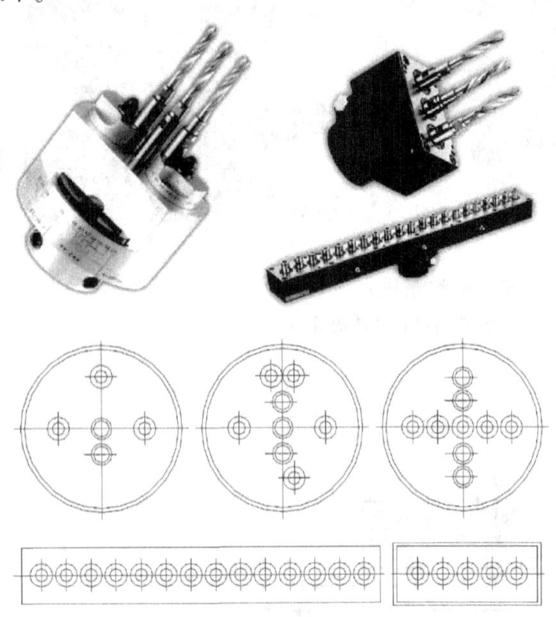

图5-78 多头钻座（动力头）

目前，在实木家具生产中，对于实木椅凳、实木餐桌、实木沙发等批量较大的零部件上的圆孔，常采用专用单轴或多轴钻床加工，既可采用单钻头钻座，也可采用多钻头钻座。钻孔间距可以通过钻头的安装位置调整，也可以通过工件在工作台的位置调整。

图5-79~图5-83为不同类型的钻床，图5-84为双端切断钻孔机，图5-85为端部倾斜钻孔示意图。这类钻床主要用于在零件端部或直线、弯曲边缘进行水平、垂直或倾斜一定角度的孔槽加工。

图5-86为水平横式多轴钻床，图5-87为水平横式及双端多轴钻床。这类钻床主要用于一些较长实木零部件的侧面多孔位的钻孔加工，如立梃或框料等。每个钻座是由电机通过皮带或由电机直接带动，每个钻座可以安装单个钻头，也可安装多个钻头。孔间距可以通过设备的钻座或电机位置调整。

图5-88为各种类型的垂直多轴钻床，主要适用于一些较宽或较长的实木拼板或实木集成材零部件的正面多孔位的钻孔加工，如餐桌、茶几等的台面。图5-89为双端垂直水平多轴钻床，适用于在较宽的零部件的两端同时进行端部与正面多孔的加工。图5-90为单排万能钻床，适用于在较宽的零部件的端部或直线、弯曲边缘进行水平或倾斜一定角度的钻孔加工。这类钻床的钻座一般是由电机通过皮带带动，每个钻座可以安装单个钻头，也可安装多个钻头。孔间距可以通过钻座的安装位置或工件在工作台上的安装位置来调整。

图5-91为多头万能钻床，可以对桌椅、沙发等家具的实木零部件进行上下垂直和水平任意方向的多孔位钻孔加工。

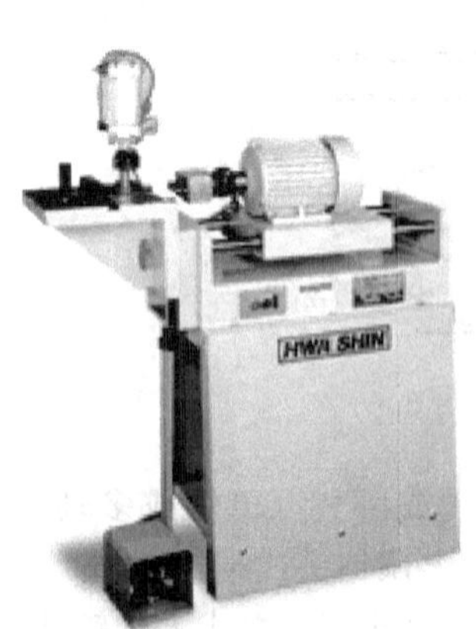

图5-79 水平单轴钻床

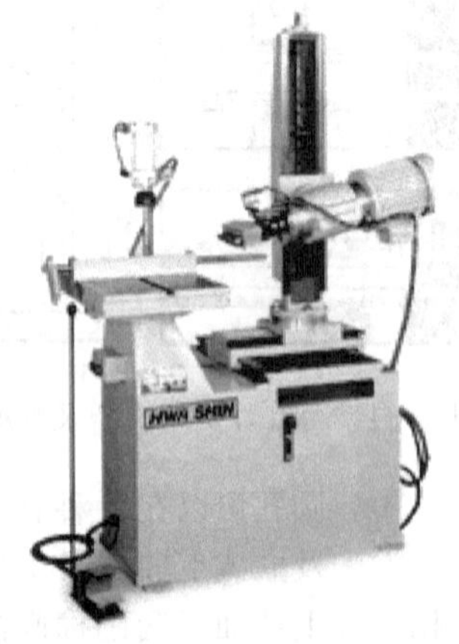

图5-80 水平垂直万能单轴钻床

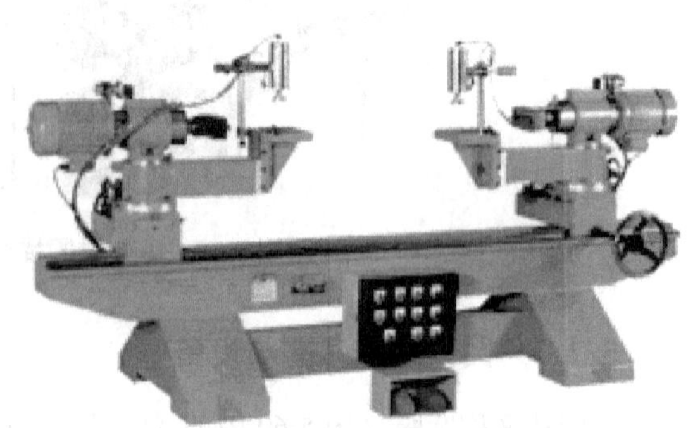

图5-81 双端水平单轴钻床

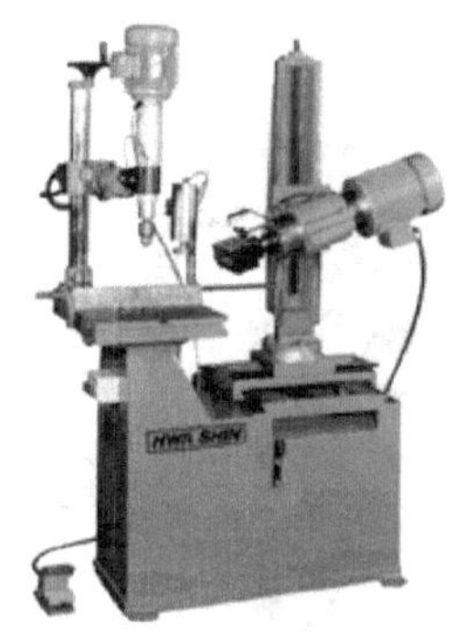

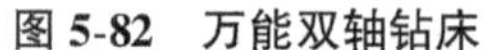

图 5-82 万能双轴钻床

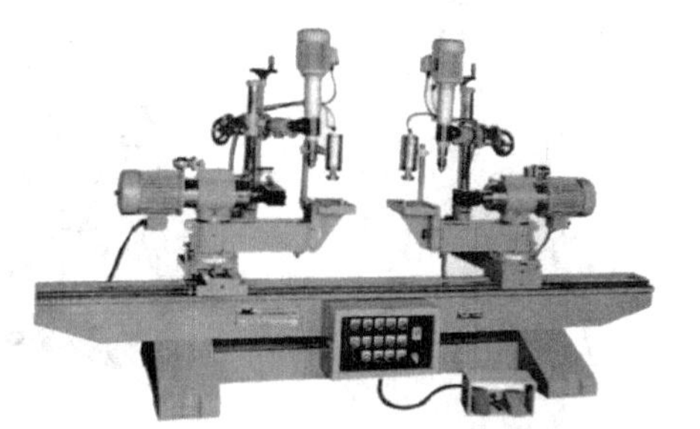

图 5-83 双端水平垂直双轴钻床

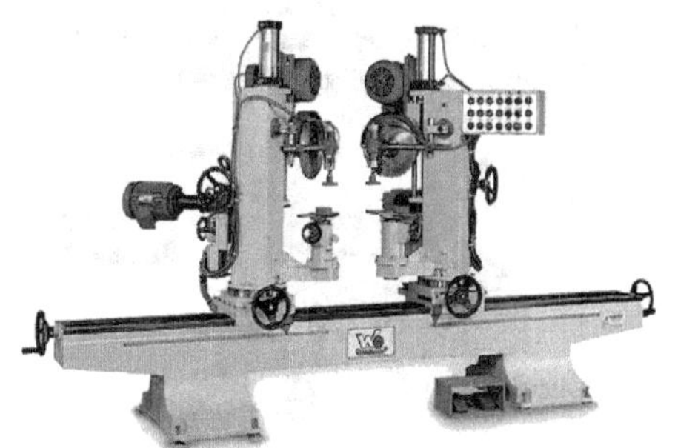

图 5-84 双端切断钻孔机

图 5-85 端部倾斜钻孔示意图

图 5-86 水平横式多轴钻床

图 5-87 水平横式及双端多轴钻床

图 5-92～图 5-99 为常见实木椅类家具的椅面板、椅背板等零部件的各种专用多轴钻床。这类专用多轴钻床，主要适用于实木椅的椅面、椅背以及车（旋）木等零部件上垂直、水平或倾斜的多孔位加工。采用这些椅类专用钻床，主要是因为定位方便，加工孔的间距比较准确，另外加工斜孔的角度也比较灵活。在生产中，有些斜面的打孔也可以采用专用模具或夹具进行配合定位加工，只是定位稍差一点。

图 5-100 所示为单端锯铣钻三用组合机，既可在零部件的端部钻孔，也可在零部件的侧面钻孔；图 5-101 所示为双端锯铣钻三用组合机，只在零部件双端部实施加工。该类机床将锯切、铣型和钻孔的加工集中在一道工序中完成，以确保零部件的加工精度。这类机床中的有一些进口设备，除了钻孔功能之外，还有孔眼涂胶、圆榫打入的功能，如图 5-102 所示。

图 5-103 所示为实木零件的数控加工中心（CNC）。在该类机床的刀架上按顺序装有 4 个刀轴，并可以安装各种不同的刀具，可对工件进行铣型、开槽、钻孔、锯切等多种功能加工。工件在该设备上夹紧定位后，可以从 5 个自由度方向对其进行加工，尤其适合于实木桌椅类家具零部件的加工。另外，该 CNC 加工中心可以通过计算机辅助设计与计算机辅助制造（即 CAD/CAM）系统程序进行自动控制与切削加工。图 5-104 所示为该设备的加工工艺过程；图 5-105 所示为该设备所加工实木零部件的形式。

在实际生产中，由于木家具种类较多、结构较复杂、零部件接合形式变化较大，钻削的方向、直径、深度不同和木纤维方向存在差异，为满足钻削加工精度和生产效率的要求，所以要有各种形式的钻头来适应需要。目前，一般常用的钻削圆孔的钻头种类和形式如图 5-106 所示。其中，匙形钻、蜗形

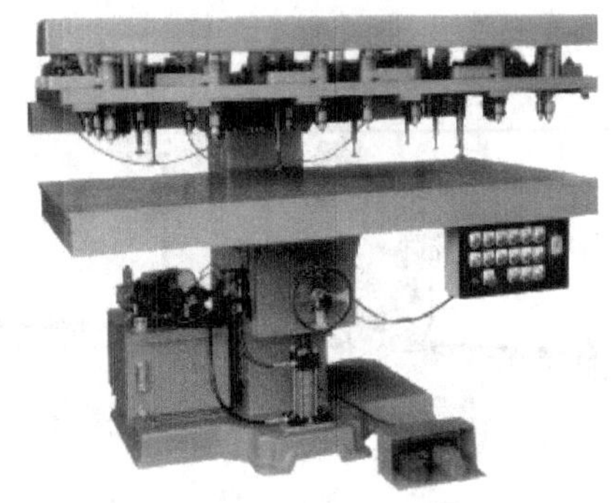
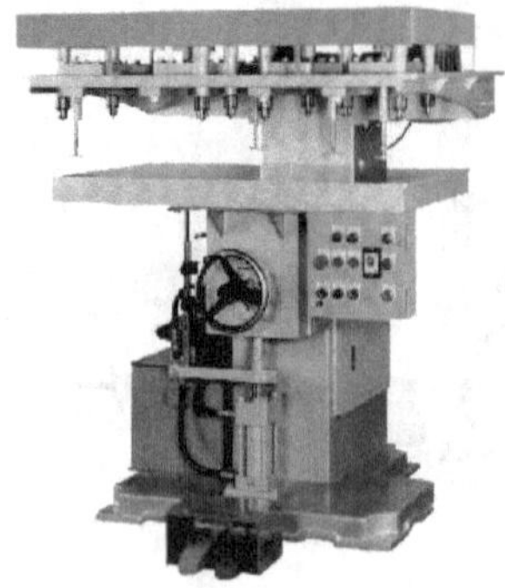

图 5-89 双端垂直水平多轴钻床

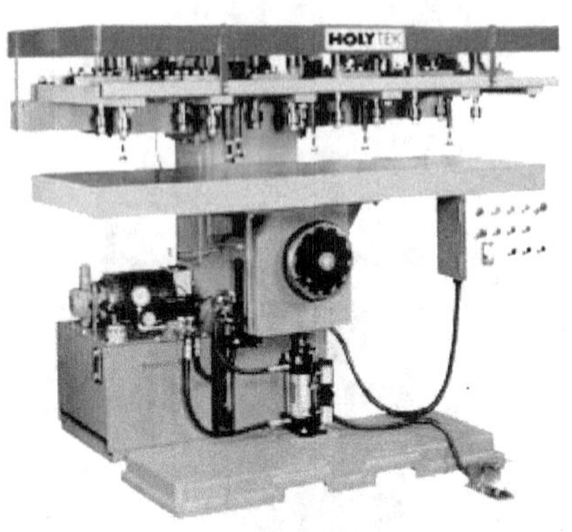

图 5-88 垂直多轴钻床

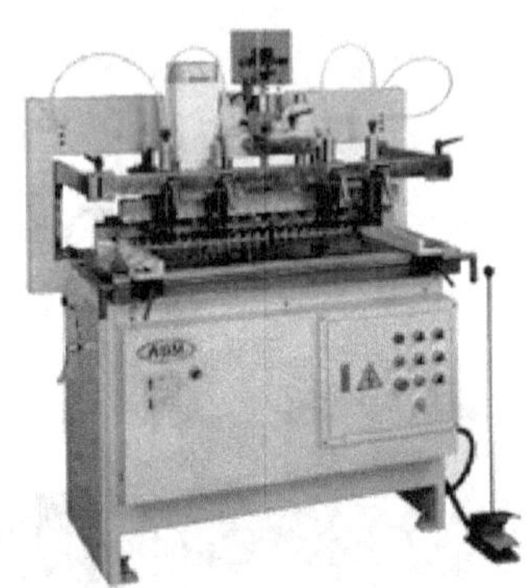
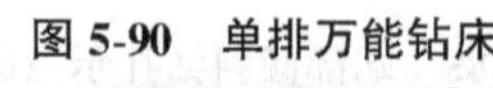

图 5-90 单排万能钻床

图 5-91 多头万能钻床及其钻孔工件形式

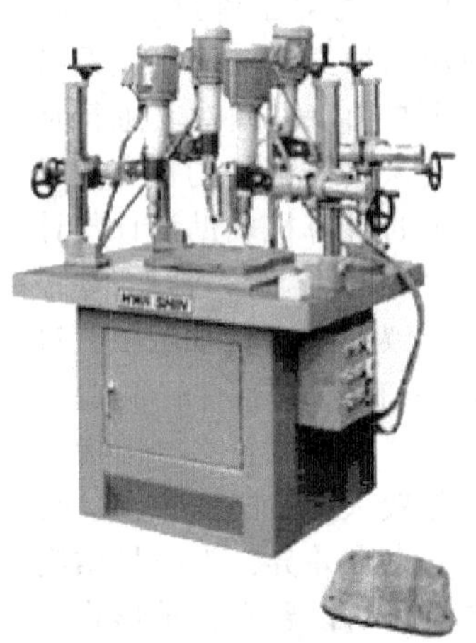

图 5-92 椅面板背面四孔钻床

图 5-93 椅面板背面六孔或八孔钻床

图 5-94 椅面板及椅背板背面十二孔钻床

图 5-95 椅面板双面多轴钻床

图 5-96 椅背板周边多孔钻床

图 5-97 椅面板背面及周边八孔钻床

图 5-98 双侧水平垂直多孔钻床

图 5-99 万能水平多轴钻床（主要用于椅背板）

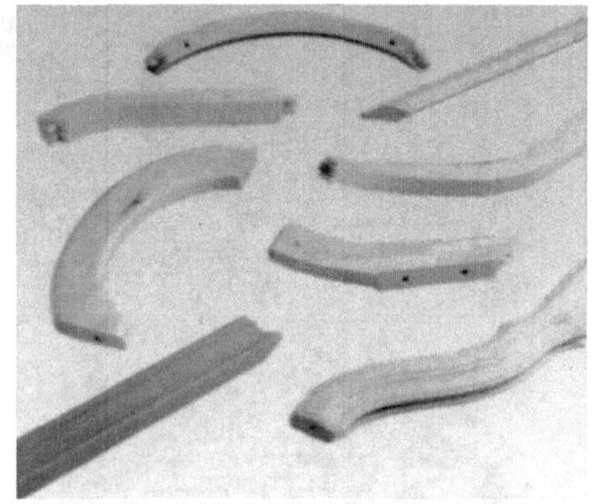

图 5-100 单端锯铣钻三用组合机及其加工工件形式

螺旋钻和锥刃螺旋钻主要用于顺纤维钻孔；中心钻和切刃螺旋钻（麻花钻）主要用于横纤维钻孔；螺旋钻和蜗杆钻主要用于钻深孔；各种扩孔钻（或锪孔钻）主要用于钻光净的孔或钻沉头孔，扩孔（或锪孔）用钻头有固定式和可卸式两种。

钻阶梯孔有采用整体阶梯钻头、可卸式钻头或不同直径钻头分两道工序加工完成等三种形式，但是三种方式都各有其特点。整体阶梯钻头钻孔精确，定位准确；可卸式钻头比较灵活，式样较多；不同直径钻头分两道工序钻孔形式，加工精度较差，定位不准。如果要钻盲孔，则应该选用有中心钻尖与割刀的钻头；如果要钻通孔，则应该用有 V 形刀的钻头。

在钻床上加工孔的切削速度取决于材料的硬度、

图 5-101　双端锯铣钻三用组合机及其加工工艺

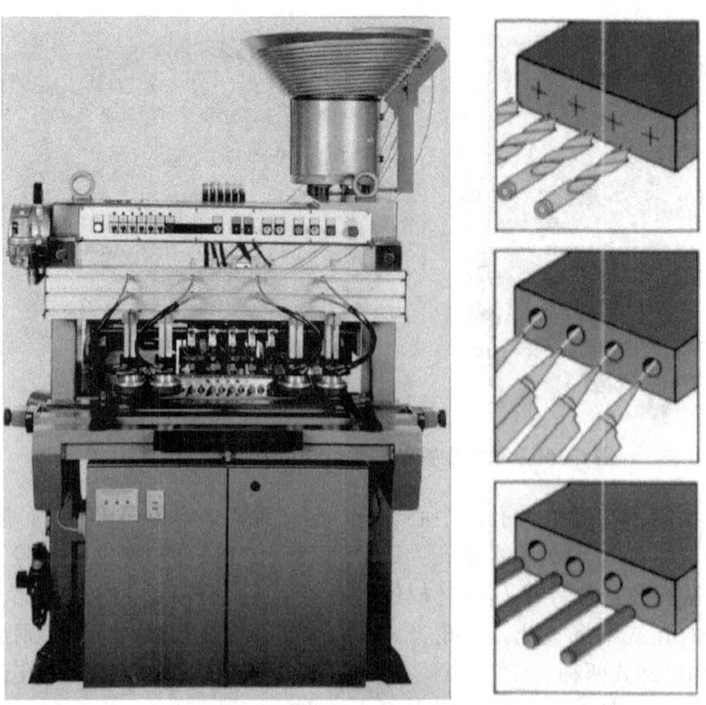

图 5-102　多轴钻孔及其圆榫打入组合机及其加工工艺

图 5-103 实木零件的数控加工中心（CNC）

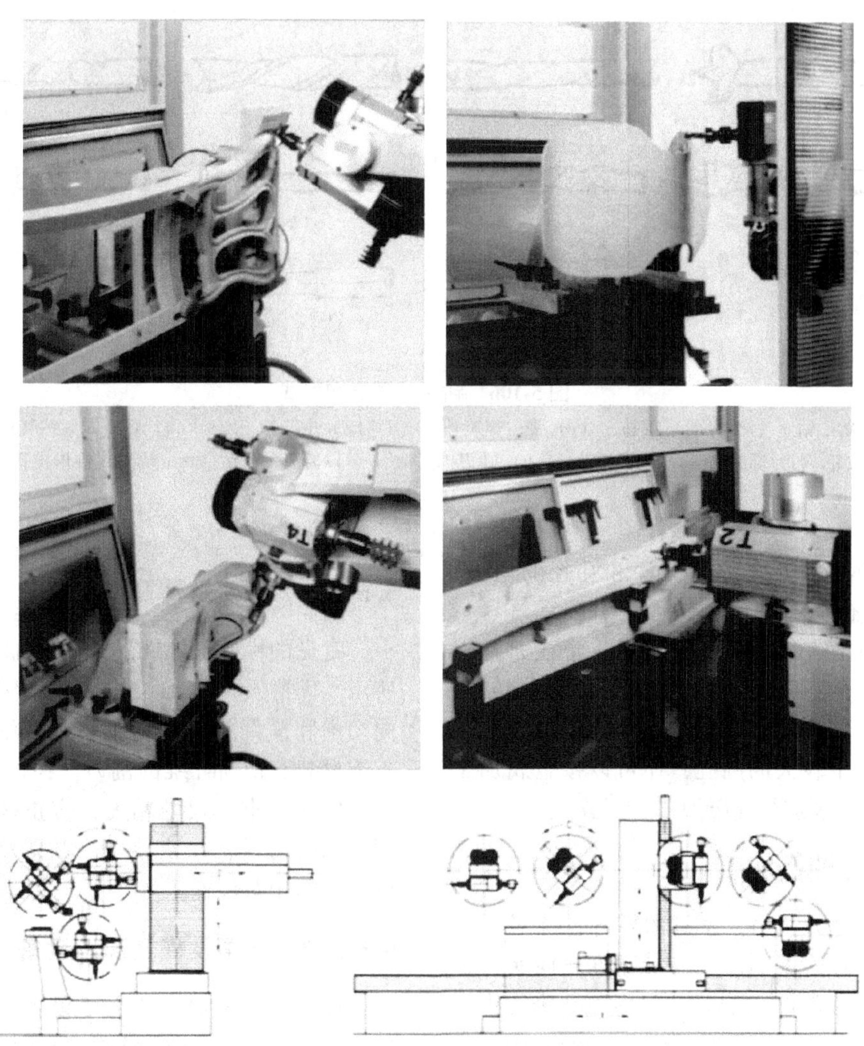

图 5-104 数控加工中心（CNC）的加工工艺

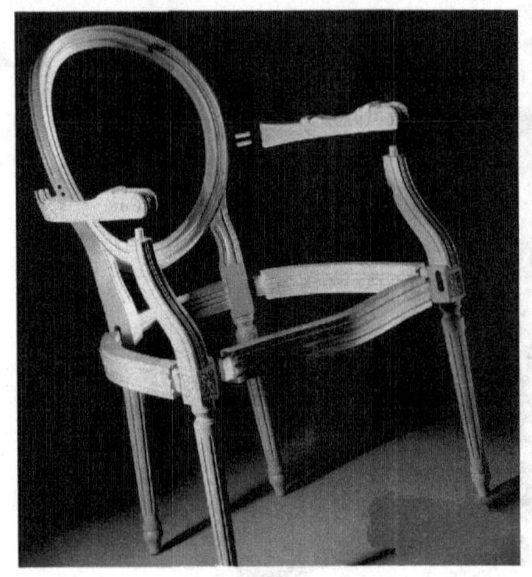
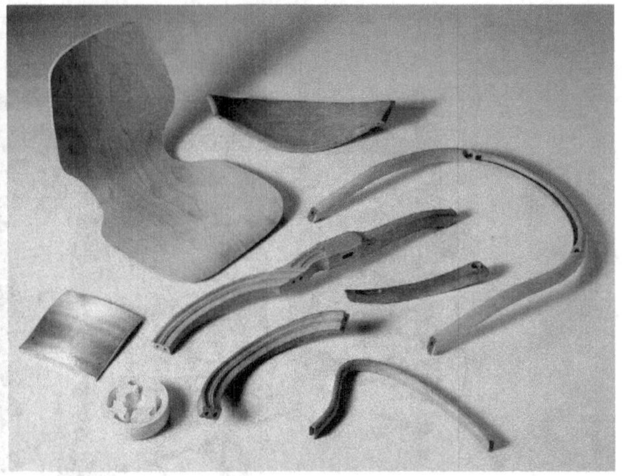

图 5-105 数控加工中心（CNC）所加工实木零部件的形式

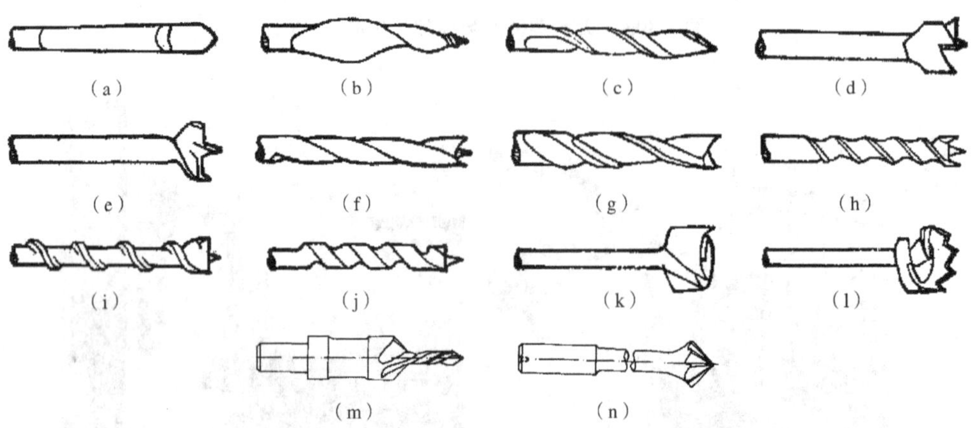

图 5-106 钻头的种类和形式

(a) 匙形钻 (b) 蜗形螺旋钻 (c) 锥刃螺旋钻 (d)(e) 中心钻 (f)(g) 切刃螺旋钻（麻花钻）(h)(i) 螺旋钻 (j) 蜗杆钻 (k) 圆刃扩孔钻 (l) 齿刃扩孔钻 (m)(n) 锥形扩孔钻

孔径的大小和孔的深度，随着孔深和孔径的增大，钻头定心的精度也会降低。

在薄板上加工直径较大的圆孔时，常在刀轴上装一刀梁，刀梁上装一把或两把切刀，刀轴旋转时，切刀就在工件上切出圆孔；此外，也可用不同直径的圆筒形锯片加工较大的圆孔；还可以按金属加工冲压机床的工作原理进行冲压加工。

5.5.3 榫槽与榫簧加工

在木家具接合方式中，家具的零部件除了采用端部榫接合外，有些零部件还需沿宽度方向实行横向接合或开出一些槽簧（企口），这时就要进行榫槽和榫簧加工。

5.5.3.1 榫槽及榫簧加工工艺

常见的榫槽与榫簧形式及其加工方法如图 5-107 所示。榫槽及榫簧加工按切割纤维方向有顺纤维方向切削和横纤维方向切削。顺纤维切削时，刀头上不需要装有切断纤维的割刀。在加工榫槽及榫簧时，为了保证要求的尺寸精度，应正确选择基准面和采用不同的刀具，并使导尺、刀具及工作台面之间保持正确的相对位置。

5.5.3.2 榫槽及榫簧加工设备

榫槽及榫簧加工的主要设备一般有刨床类、铣床类、锯机类和专用机床等。

（1）刨床类　可采用平刨、压刨及面刨进行榫槽或榫簧加工。如图 5-107 中 1～6 几种形式。目前，

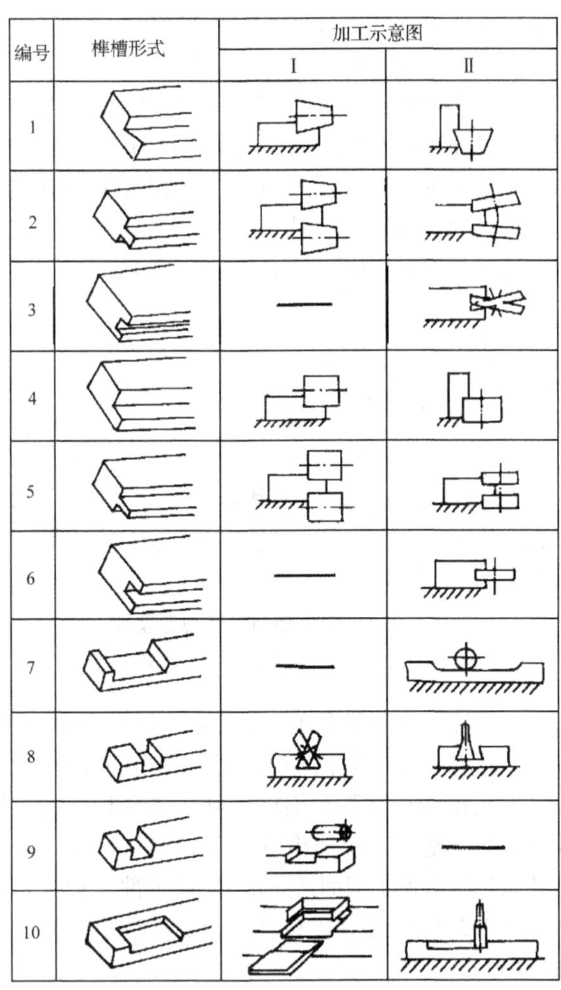

编号	榫槽形式	加工示意图	
		I	II
1			
2			
3		—	
4			
5			
6		—	
7		—	
8			
9			—
10			

图 5-107 榫槽与榫簧形式及其加工方法示意图

在实际生产中，一般常用四面刨来加工，其加工方法是根据工件上的榫槽或榫簧的位置与形状，只需将四面刨所在位置的平铣刀更换为不同形状的成型铣刀，即可达到加工要求。一般适合在零件的长度方向上加工。一般可根据榫槽的宽度来选用刀具，被加工宽度较大的应采用上下水平刀头，被加工宽度较小的用垂直的立刀头。

（2）铣床类　下轴铣床（立铣）、上轴铣床（镂铣）、数控镂铣和双端铣等都可以加工榫槽及榫簧。根据榫槽或榫簧的宽度、深度等不同，可选用不同类型的铣床。榫槽宽度较大时可采用带水平刀具的设备，如立铣等；榫槽宽度较小时可使用带立式刀具的设备，如镂铣等。图 5-107 中 1~6 几种形式的榫槽及榫簧，也可在铣床上加工。但若在铣床上完成 2、3 形式的加工，应将刀轴或工作台面倾斜一定角度。图 5-107 中 7 是在零件长度上开出较长的槽，这也可在铣床上加工，切削深度决定于刀具对导尺表面的突出量，切削长度用限位挡块控制。这种方法是顺纤维切削，所以加工表面质量高，但缺点是加工后两端产生圆角，必须有补充工序来加以修正。图 5-107 中 8~10 等较深的槽口也可在上轴铣床（镂铣）上采用端铣刀加工。

（3）锯机类　圆锯机也可以加工榫槽，这种加工主要采用铣刀头、多锯片或两锯片中夹有钩形铣刀等多种刀具进行加工。加工燕尾形槽口可将不同直径的圆锯片叠在一起或采用镶刀片的铣刀头构成锥形组合刀具来分两次加工，加工时将刀轴倾斜一定的角度，以获得要求的燕尾形状。图 5-107 中 8、9 两种槽口在悬臂式万能圆锯机上的加工。

（4）专用起槽机　图 5-107 中 10 所示的合页槽，可以在专用的起槽机上进行加工，由两把刀具组成，一把⺆形刀具做上下垂直运动将纤维切断，一把水平切刀做水平往复运动将切断的木材铲下，从而得到所要求的加工表面。这种方法适用于浅槽的加工。

5.5.4 型面与曲面加工

5.5.4.1 型面与曲面的形式

为了满足功能上和造型上的要求，有些家具的零部件需要做成各种型面或曲面。这些型面和曲面归纳起来大致有以下五种类型：

（1）直线形型面　零件纵向呈直线形，横断面呈一定型面。如各种线条（图 5-108）。

（2）曲线形型面　零件纵向呈曲线形，横断面无特殊型面或呈简单曲线型（由平面与曲面构成简单曲线形体）。如各种桌几腿、椅凳腿、扶手、望板、拉档等（图 5-109）。

（3）复杂外形型面　零件纵向和横断面均呈复杂的曲线型（由曲面与曲面构成的复杂曲线形体）。如鹅冠脚、老虎脚、象鼻脚等（图 5-110）。

（4）回转体型面　将方、圆、多棱、球等几种几何体组合在一起，曲折多变，其基本特征是零件的横断面呈圆形或圆形开槽形式。如各种车削或旋

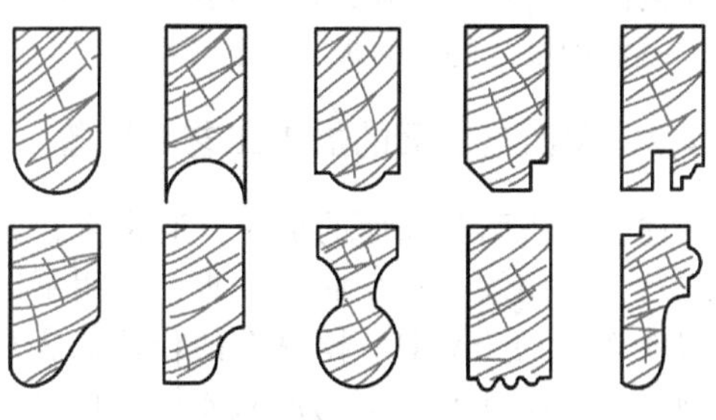

图 5-108 直线形型面

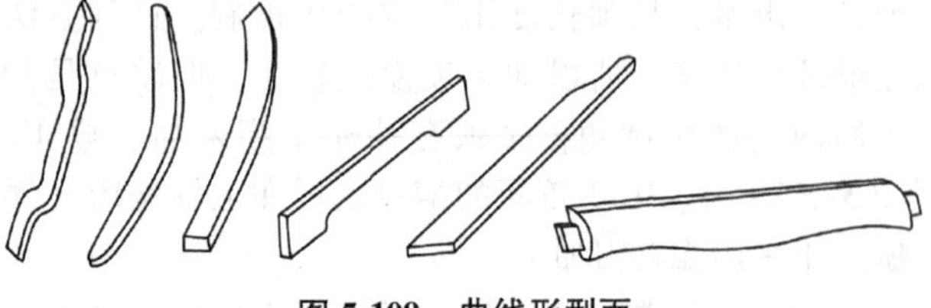

图 5-109 曲线形型面

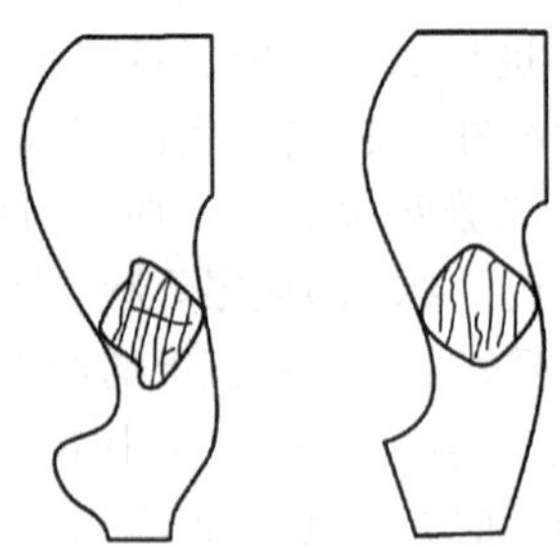

图 5-110 复杂外形型面

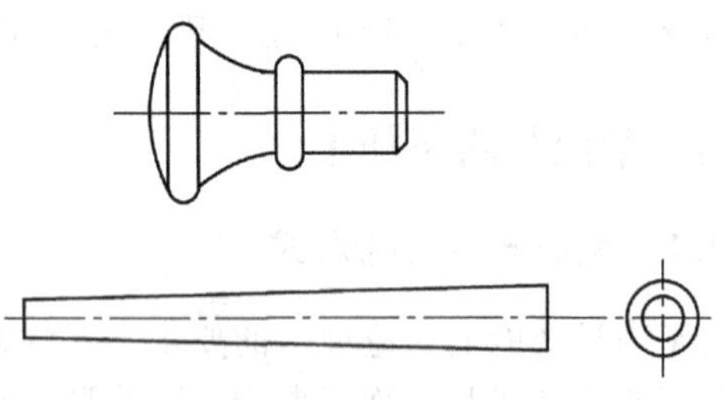

图 5-111 回转体型面

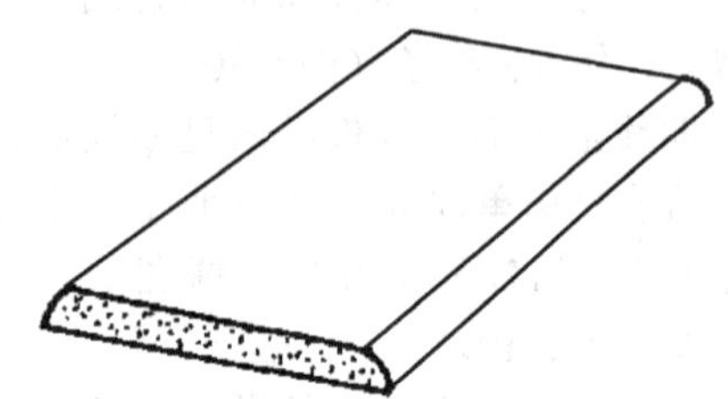

图 5-112 宽面及板件型面

制的腿、脚以及柱台形、回转体零件（图 5-111）。

（5）宽面及板件型面 较宽零部件以及板件的边缘或表面所铣削成的各种线型，以达到美观的效果。如镜框、镶板、果盘，以及柜类的顶板、面板、旁板、门板和桌几的台面板等（图 5-112）。

5.5.4.2 型面与曲面的加工工艺和设备

上述各种型面与曲面的加工，通常是在各种铣床上进行，按照线型和型面的要求，采用不同的成型铣刀或者借助于夹具、模具等的作用来完成。根据各种零件的型面和曲面的形式不同，也可采用四面刨、仿型铣床、木工车床、镂铣机或数控镂铣机等加工所要求的型面与曲面。现分述如下：

（1）直线形型面零件的加工及设备

①四面刨或线条机：直线形型面零件主要是在四面刨或线条机上采用相应的成型铣刀来进行加工。如果零件宽面上要加工型面，为了保证安全并使零件放置稳固，宜在压刨或四面刨的水平刀头上安装相应的成型铣刀来加工，如图 5-113 所示。

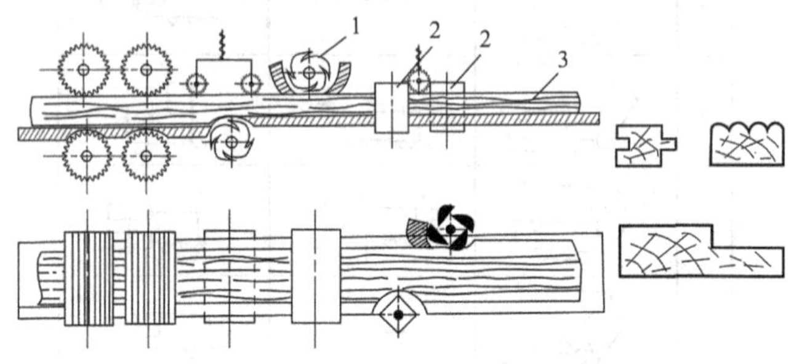

图 5-113 四面刨加工直线形型面

1. 水平刀头 2. 垂直刀头 3. 工件

②下轴铣床（立铣）：直线形型面零件的铣型、裁口、开槽、起线等的加工，也可在下轴铣床（立铣）上根据零件断面型面的形状，选择相应的成型铣刀，并调整好刀头伸出量（刀刃相对于导尺的伸出量即为需要加工型面的深度），使工件（或夹持工件的专用夹具）沿导尺移动进行切削加工，如图 5-114 所示。

（2）曲线形型面零件的加工及设备

①下轴铣床（立铣）：曲线形型面零件通常是在下轴铣床上按照线型和型面的要求，采用不同的成型铣刀或者借助于夹具、模具等的作用来完成加工的，如图 5-115 所示，一般是手工进料。加工这类零件必须使用样模夹具，样模的边缘做成零件所需要的形状。此时，无须安装导尺以方便样模自由移动。工件夹紧在样模上，使样模沿刀轴上的挡环进行铣削，即可加工出与样模边缘相同的曲线零件。挡环可以安装在刀头的上方或下方，如图 5-116 所示。铣削尺寸较大的工件周边时，挡环最好安装在刀头之上，以保证加工质量和操作安全；当加工一般曲线形零件时，为使工件在加工时具有足够的稳定性，可以将挡环安装在刀头之下。所用挡环的半径必须小于零件要求加工曲线中最小的曲率半径，以保证挡环与样模的曲线边缘充分接触，得到要求的曲线形状。采用如图 5-117 所示的双面样模铣削曲线形型面零件，可提高生产效率。此外，应尽可能地顺纹理铣削，以保证较高的加工质量；对于曲率半径较

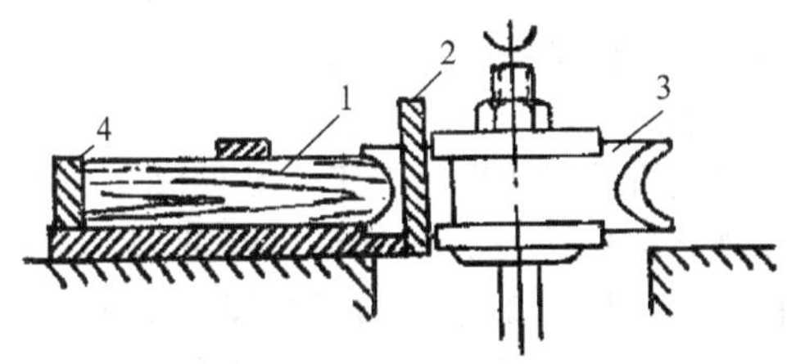

图 5-114 铣床加工直线形型面

1. 工件 2. 导尺 3. 成型铣刀 4. 专用夹具

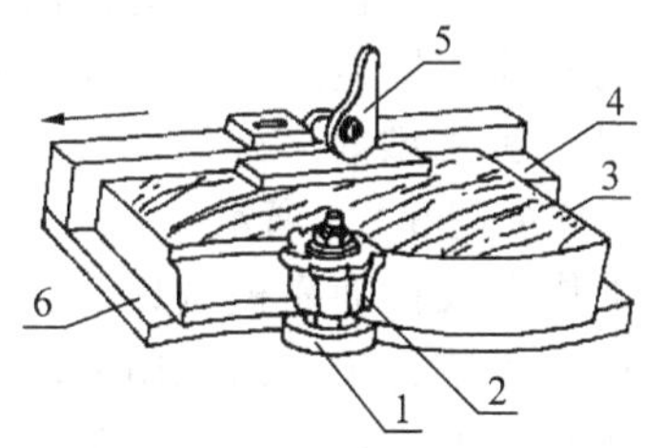

图 5-115 铣床加工曲线形型面

1. 挡环 2. 成型铣刀 3. 工件 4. 挡块
5. 夹紧装置 6. 样模

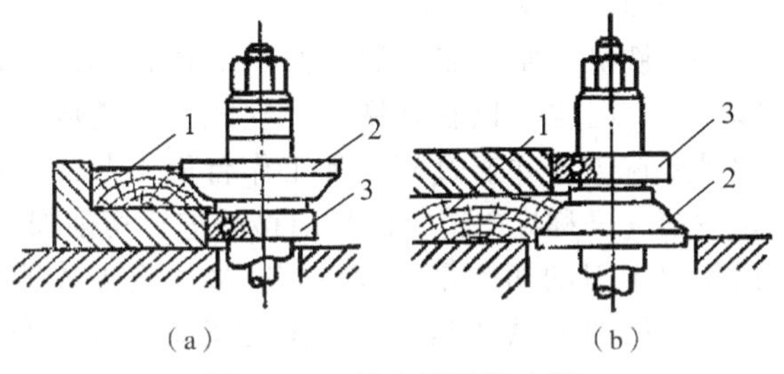

（a） （b）

图 5-116 铣床挡环的安装

（a）挡环在下方 （b）挡环在上方
1. 工件 2. 成型铣刀 3. 挡环

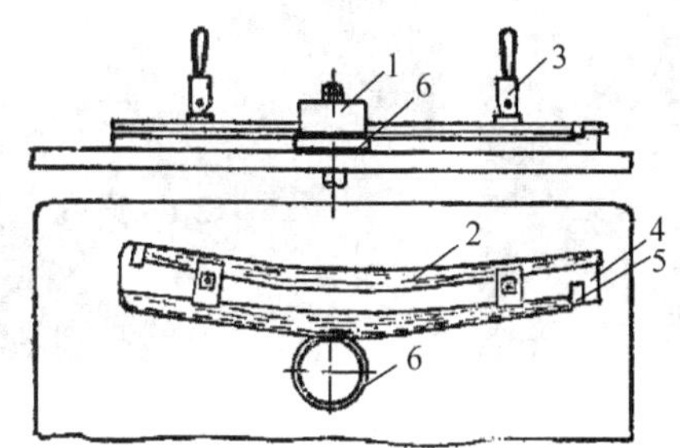

双轴立铣铣型

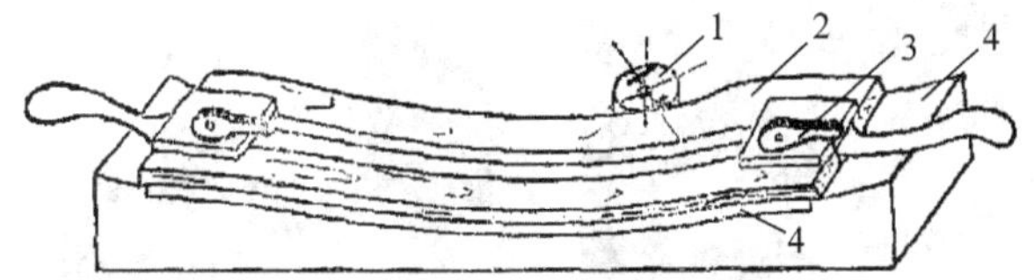

图 5-117 用双面样模在铣床上加工曲线形型面

1. 成型铣刀 2. 工件 3. 夹紧装置 4. 样模
5. 挡块 6. 挡环

小的部位或逆纹理铣削时，应适当减慢进料速度，以防止产生切削劈裂。

②双头下轴铣床（双立铣）：曲线形型面零件也可在双头下轴铣床（双立铣）上进行加工，如图 5-118 所示。双立铣是由两个转动方向相反的刀轴组成的，常用机床的两刀轴间距是固定不变的，切削加工时，将工件固定在样模上，并使样模边缘紧靠挡环移动来完成铣削，一般是手工进料。如果铣削过程中出现逆纹理切削，就应立即改用双头下轴铣床的另一个转向的刀头进行加工，从而实现顺纹切削，以保证较高的加工表面质量。由此可知，采用具有转动方向相反的两个刀轴的下轴铣床，能使操作者在不用换夹具或换机床情况下，迅速地根据工件纤维方向选择顺纤维方向切削。因此切削所得加工表面平滑，不会引起纤维劈裂，加工精度也较高，同时由于避免了再次装夹的工序，减少了装夹误差。双立铣的工作台表面带有滑槽，如在其上面安装导尺，就能起到单头下轴铣床的作用。

③压刨：对于整个长度上厚度一定的曲线形型面零件，如果在下轴铣床上加工，既不安全，生产效率又低。因此，在加工批量较大时，可先用曲线锯锯出粗坯，然后在压刨上采用相应的模夹具来加工两个弧面，如图 5-119 所示。零件的幅面可以较

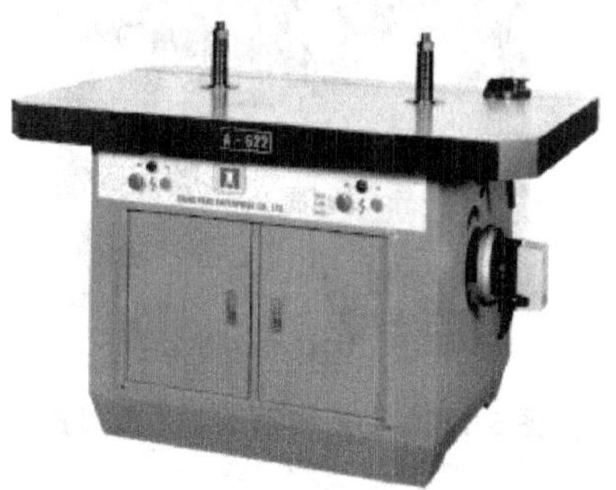

图 5-118 双头下轴铣床（双立铣）

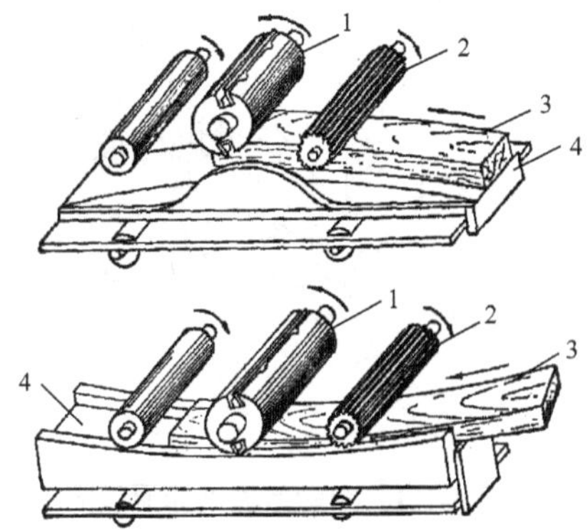

图 5-119 压刨加工曲面

1. 刀具 2. 进料辊 3. 工件 4. 样模夹具

宽，弧线也可较长。被加工零件的厚度要一致且弯曲度要小，并有模具配合才行。

④卧式自动双轴靠模铣床：图5-120所示的卧式自动双轴靠模铣床是生产实木桌椅、沙发和画框的专用设备，含有两个可以装配成型铣刀的刀轴（两刀轴间距可自动变化）。加工时，只需将工件放在相应的模具上，一起放进两个铣刀之间，工件与样模由两个水平橡胶进料辊（可调节高度）压紧和驱动，铣刀便可依照样模形状在工件两侧同时进行铣型，如图5-121所示。该铣床主要采用样模加工，样模的形状与加工零件具有同样的线型，样模是帮助成型铣刀铣削侧型面，辅助模具是为适应弧形零件的弧度，当采用辅助模具后，刀轴始终处于弧面的法线位置。这与采用下轴铣床加工的结果完全不同，因为下轴铣床加工不可能使刀轴始终处于弧面的法线位置，因此铣出的边型很可能会移位。在加工时，一般先用细木工带锯配制出具有一定加工余量的弯曲形毛料，然后在压刨上利用模具加工成弯曲零件，如果零件较厚也可采用下轴铣床加工其两个弧面，最后再用该类铣床加工两个侧型面；对于采用实木弯曲或薄板胶合弯曲而成的弧形零件，也可利用该类铣床加工其两侧型面。图5-122为卧式双轴靠模铣床的加工工艺过程。

图5-120 卧式自动双轴靠模铣床

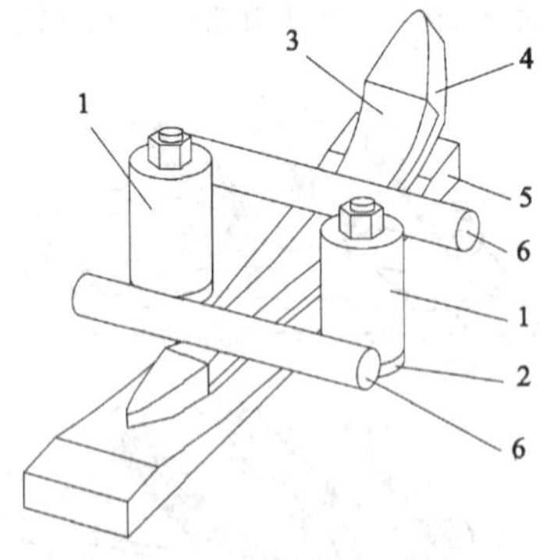

图5-121 双轴靠模铣床原理图

1. 刀具 2. 挡环 3. 工件 4. 样模 5. 辅助模具 6. 进料辊

⑤立式自动双侧靠模铣床：图5-123所示为立式自动双侧靠模铣床，有双轴型、四轴型、六轴型以及八轴型等。该类铣床的加工原理和加工方法与上述自动双轴靠模铣床（卧式）基本相似，只是各种类型的自动双侧靠模铣床的进料装置不是水平进料辊，而是立式（或直进式）进料架。它可以同时安装和加工几个工件，而且在铣型的同时还可以安装工件，能实现连续性铣型。目前，该类铣床在实木家具生产中是一种铣型效率较高的设备，其铣型加工的零部件形式如图5-124所示。

⑥回转工作台式自动靠模铣床：对于批量较大的曲线形型面实木零件，可以采用回转工作台式自动靠模铣床进行型面铣削加工。该类铣床的加工原理和加工方法是利用工件随回转工作台（或转盘）做圆周运动，通过铣刀轴上的挡环靠紧工件下的模具完成的。其具体加工原理和工艺可参见宽面及板件型面的加工及设备部分。

⑦镂铣机：如果需要加工曲率半径很小的曲线形零件，有时也可以在镂铣机（立式上轴铣床）上采用成型铣刀，并通过模具和工作台面上凸出的仿型定位销（又称导向销）的导向移动进行切削加工。一般每次走刀的切削量应较少，应多次走刀才能完成。其具体加工原理和工艺可参见宽面及板件型面

图5-122 卧式双轴靠模铣床加工工艺图

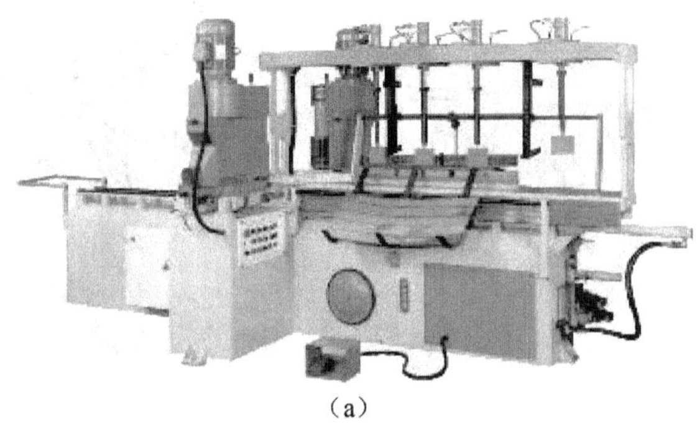

（a）

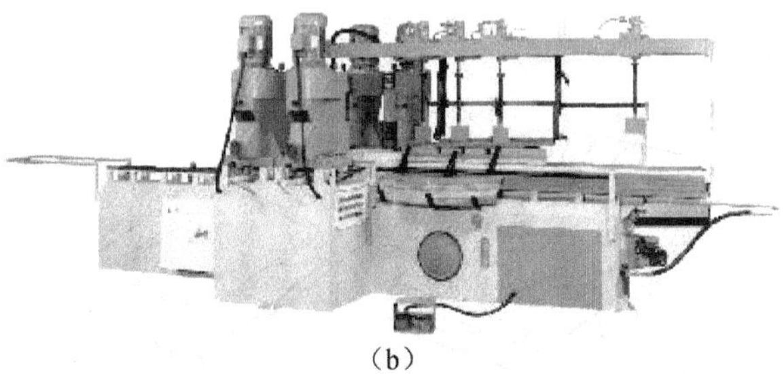

（b）

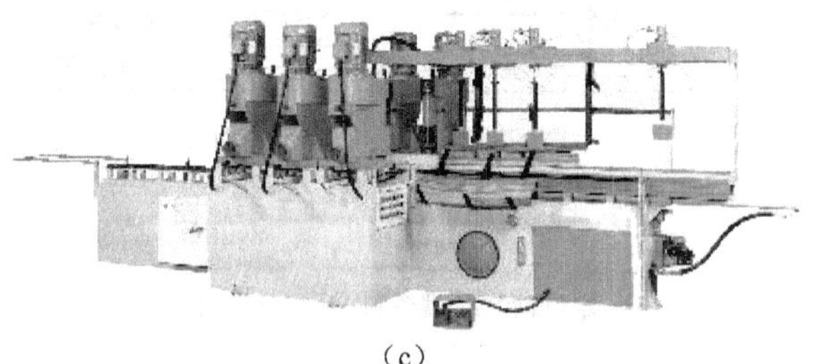

（c）

图 5-123 立式自动双侧靠模铣床

（a）双轴型 （b）四轴型 （c）六轴型

的加工及设备部分。

（3）宽面及板件型面零件的加工及设备 较宽零部件以及板件的边缘或表面如需铣削出各种线型和型面，如镜框、画框、镶板以及柜类家具的各种板件和桌几的台面板、椅凳的坐靠板等，一般可在回转工作台式自动靠模铣床、镂铣机、数控镂铣机以及双端铣床上加工。

①回转工作台式自动靠模铣床：该类铣床又称自动圆盘式仿型铣床或自动圆盘式仿型刨边机，属于上轴铣床，通常有 1～2 个铣刀轴。一般主要用于实木零部件及板材的边部或外边缘铣削加工。铣削量主要由挡环半径与刀具回转半径之差值所决定，铣削形状由所配的刀头形状决定。该类机床的加工如图 5-125 所示。在水平回转工作台上固定有样模，零件被安装在样模上之后，由压紧装置将它们压紧，挡环位于刀轴的下部，在气动或弹簧等压紧装置的压紧力作用下，样模的边缘紧靠挡环，随着工作台的转动，铣刀就能按样模的曲线形状对工件进行加工。样模应随零件曲线形状的改变而更换，工件的装卸和加工可同时进行，而且一个样模上一次可安装多个零件，所以生产率高，适合于大量生产。

图 5-126 所示为轻型、中型和重型三种回转工作台式自动靠模铣床。

图 5-127 所示为回转工作台式自动内径靠模铣床，又称自动圆盘式内径仿型铣床或自动圆盘式内径仿型刨边机，有轻型和中型两种。该类铣床属于下轴铣床，其铣削加工方法与上述铣床基本相似，适合于实木零部件以及板材内径的铣削，如镜框、画框以及内弯零部件的加工等。

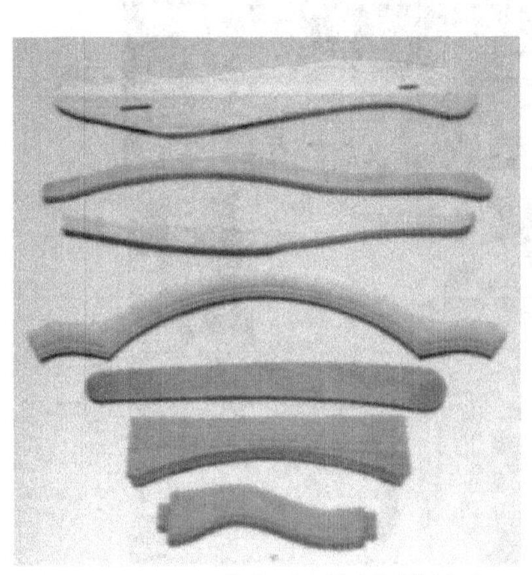

图 5-124 立式自动双侧靠模铣床加工的零部件形式

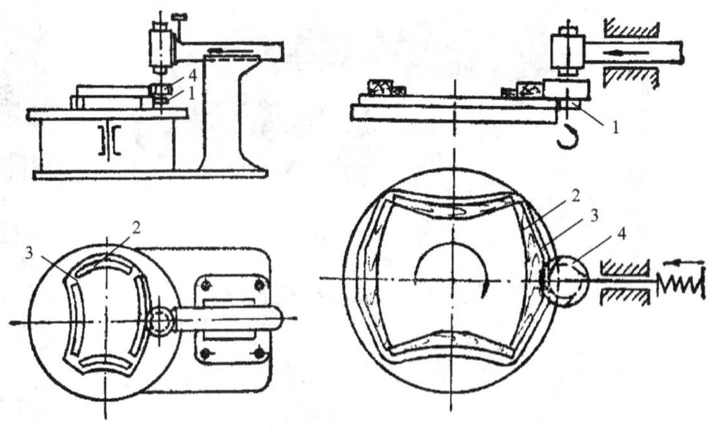

图 5-125 回转工作台式自动靠模铣床加工曲线形零件

1. 挡环 2. 工件 3. 样模 4. 刀具

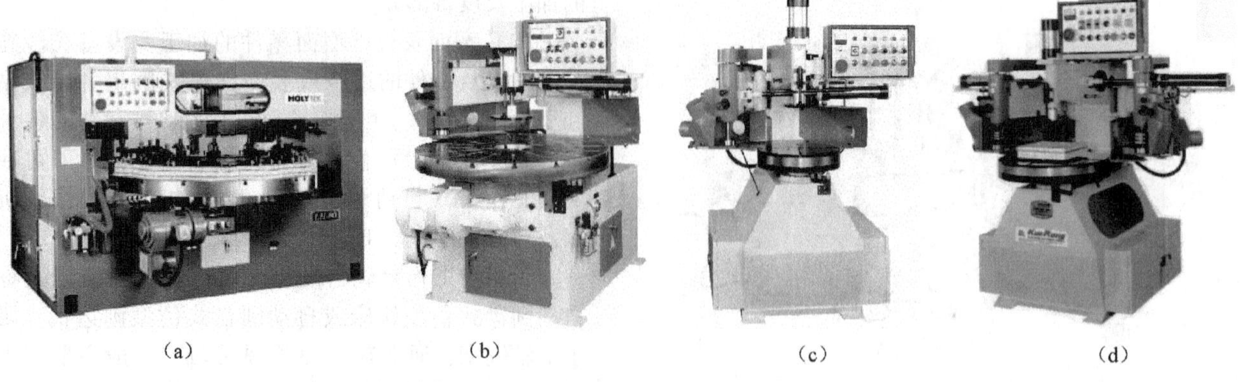

（a） （b） （c） （d）

图 5-126 回转工作台式自动靠模铣床（自动圆盘式仿型铣床）

（a）重型 （b）中型 （c）轻型 （d）双轴轻型

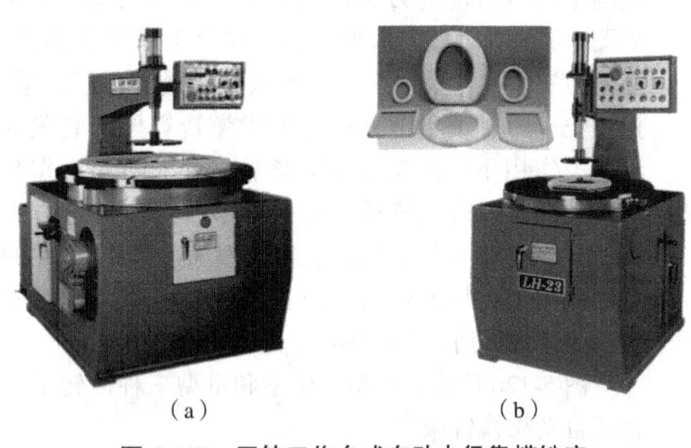

（a） （b）

图 5-127 回转工作台式自动内径靠模铣床（自动圆盘式内径仿型铣床）

（a）中型 （b）轻型

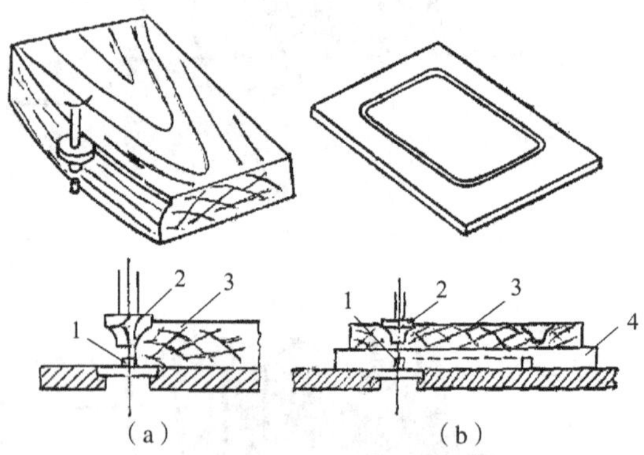

（a） （b）

图 5-128 镂铣机加工示意图

（a）铣边线 （b）铣型面

1. 定位销 2. 端铣刀 3. 工件 4. 模具

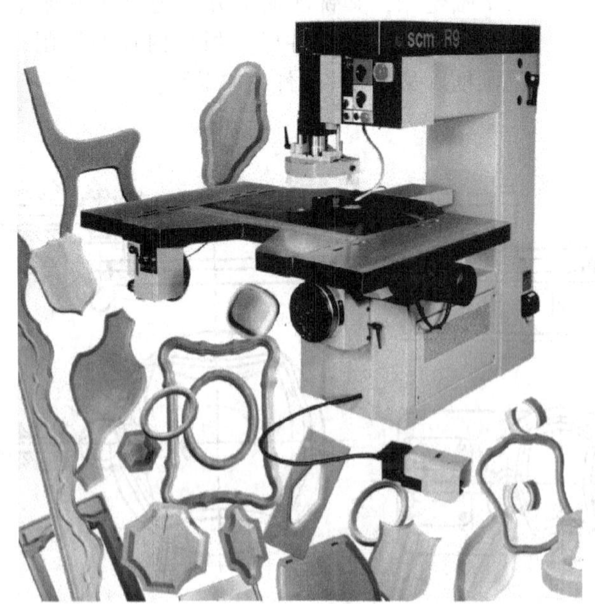

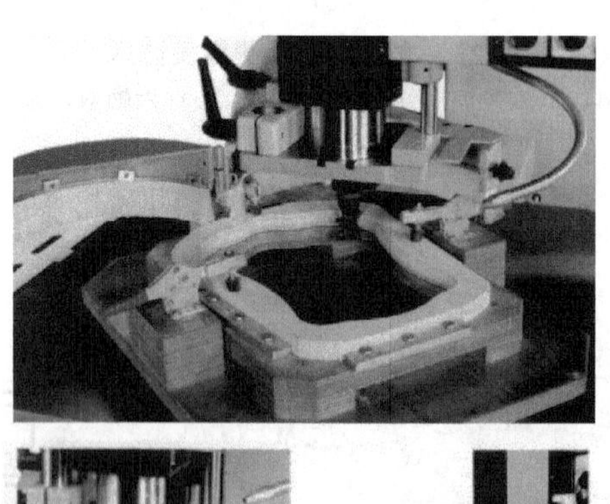

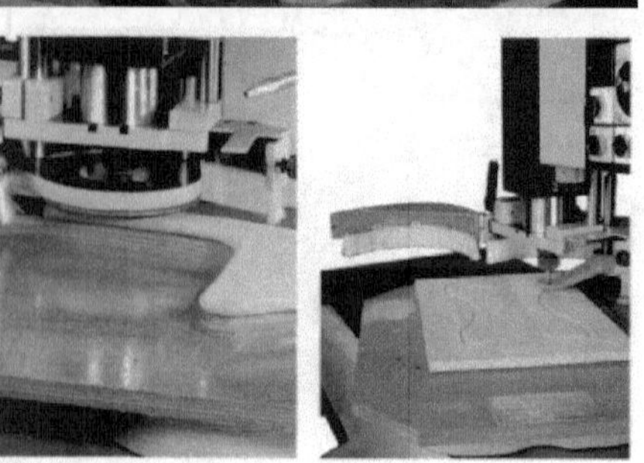

图 5-129 镂铣机及其加工的各种零部件

②镂铣机：对于实木或实木拼板，其边部和中间部分的图案及线条是由上轴铣床（镂铣机）利用成型铣刀铣削而成的。镂铣机主要用于零件外形曲线、内部仿型铣削、花纹雕刻等加工。其原理是将被加工零件与样模固定在一起，在可升降工作台面上有凸出的仿型定位销（又称导向销，一般伸出高度为6mm），由于导向销的轴线与铣刀的轴线应在同一条直线上，所以当样模边缘紧靠导向销移动，即可加工出所需的曲线形零件。如在样模的背面（靠近导向销的一面）预先加工出符合设计要求的仿型曲线凹槽（该仿型曲线能反映被加工图案的轮廓），使仿型曲线凹槽依靠在可升降工作台面上凸出的仿型定位销上，根据花纹的断面形状来选择端铣刀，加工时样模内边缘沿导向销移动，则可加工多种纹样或式样的图案。其加工示意图如图5-128所示。图5-129所示为镂铣机及其加工的各种零部件。图5-130所示为镂铣机加工各种零部件时导向销的安装方法。

③数控铣床（加工中心）：随着家具工业和科学

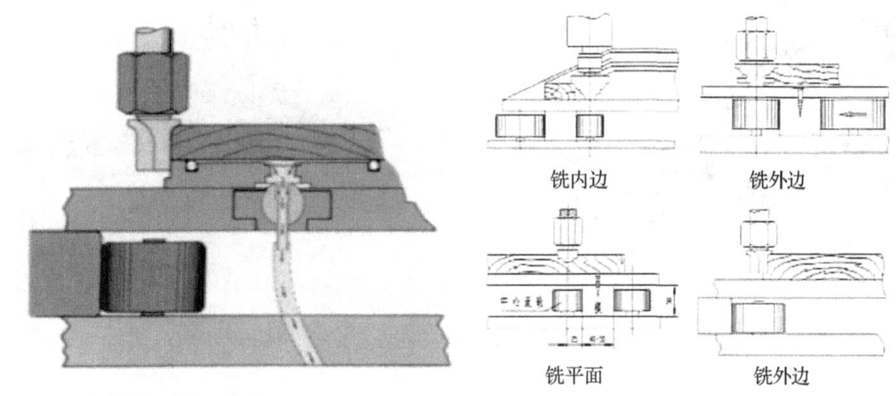

图5-130 镂铣机加工各种零部件时导向销的安装方法

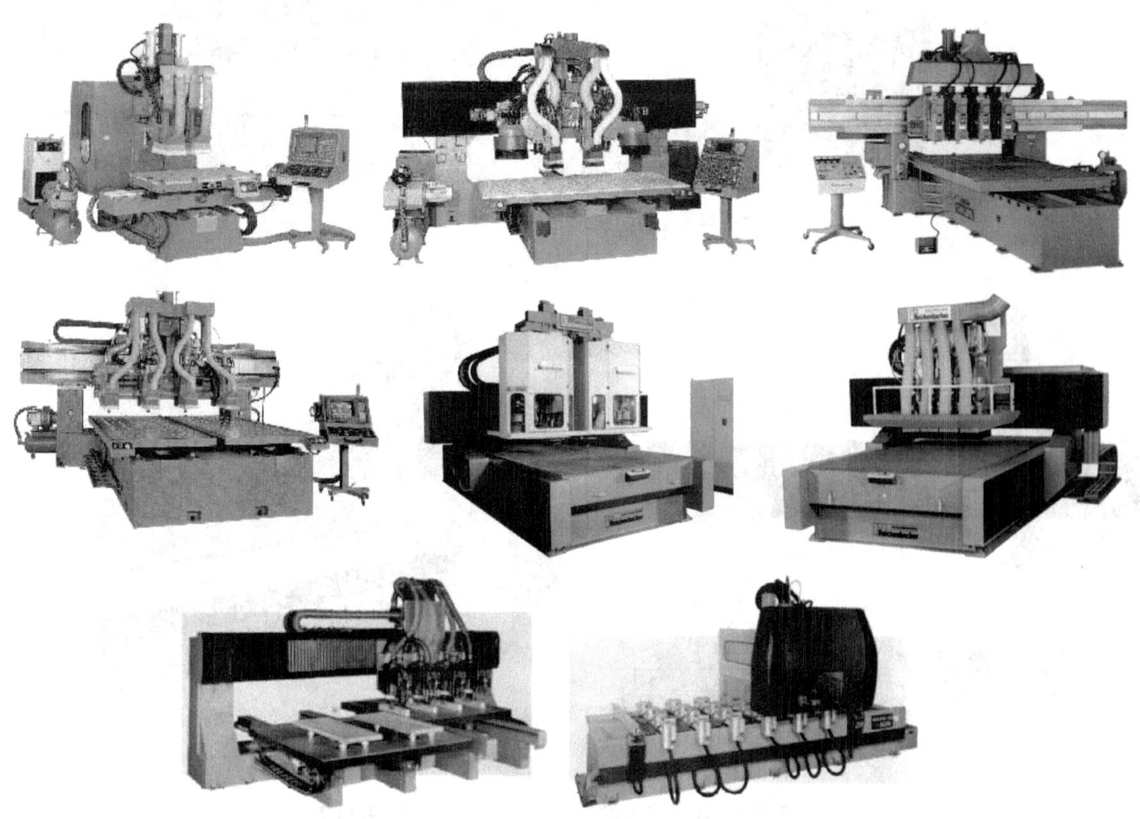

图5-131 几种典型数控铣床（加工中心）实例1

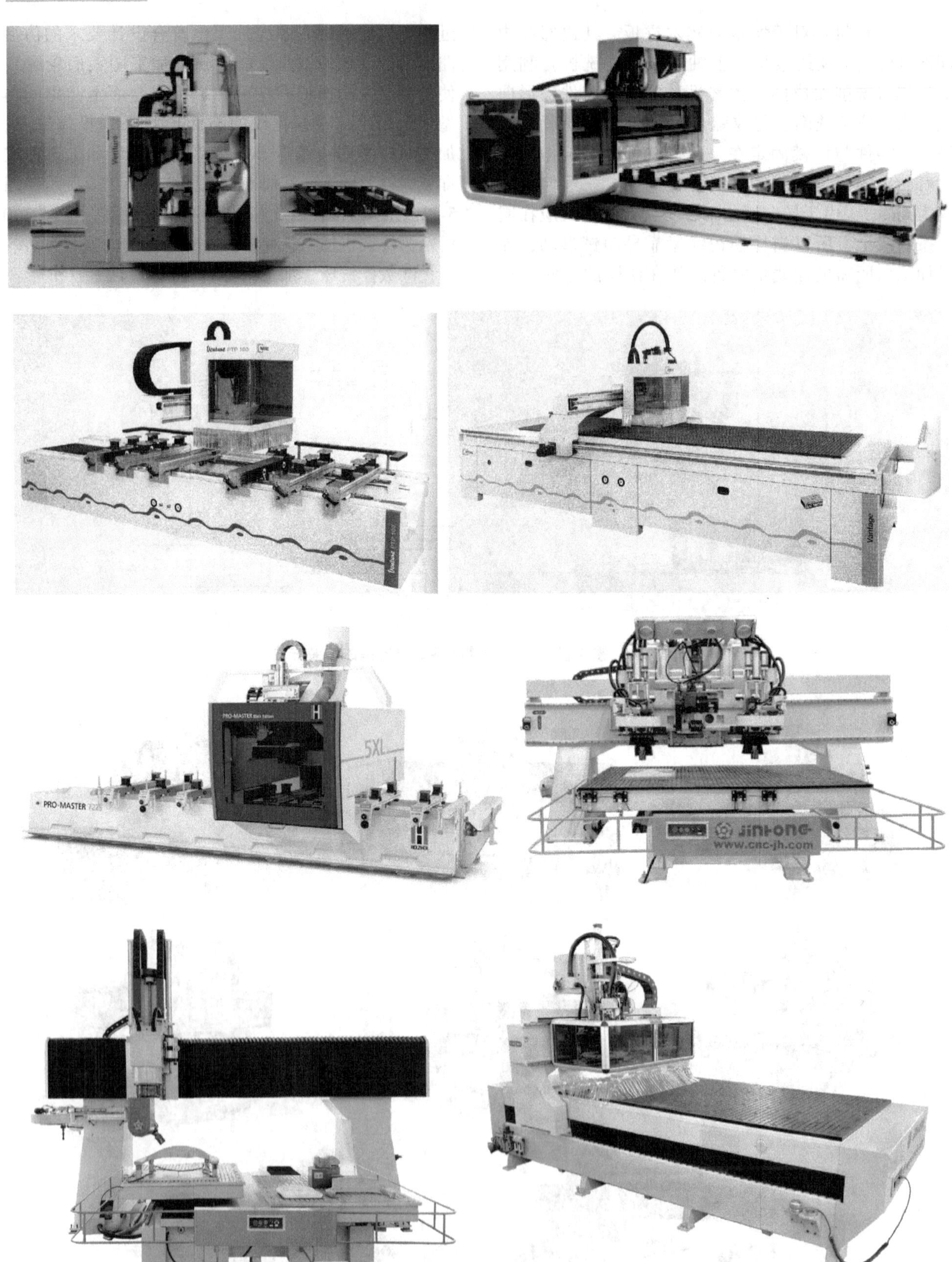

图 5-132 几种典型数控铣床（加工中心）实例 2

技术的发展，以及数控技术、柔性技术和计算机技术的应用，镂铣机在木工机械中最早采用了数控技术。镂铣机在实现数控技术后，自动化程度、加工精度、操作性能、生产效率等都得到了进一步的提高。近几年来，家具及木制品工业已开始使用多轴上轴铣床（即数控镂铣机），可以通过刀架（一般有2~8个刀头）的水平或垂直方向的移动、工作台的多向移动以及刀头的转动等，根据已定的程序进行自动操作，在板件表面上加工出不同的图案与形状。这既能降低工人的劳动强度，又能保证较高的加工质量，如图5-131~图5-134所示。

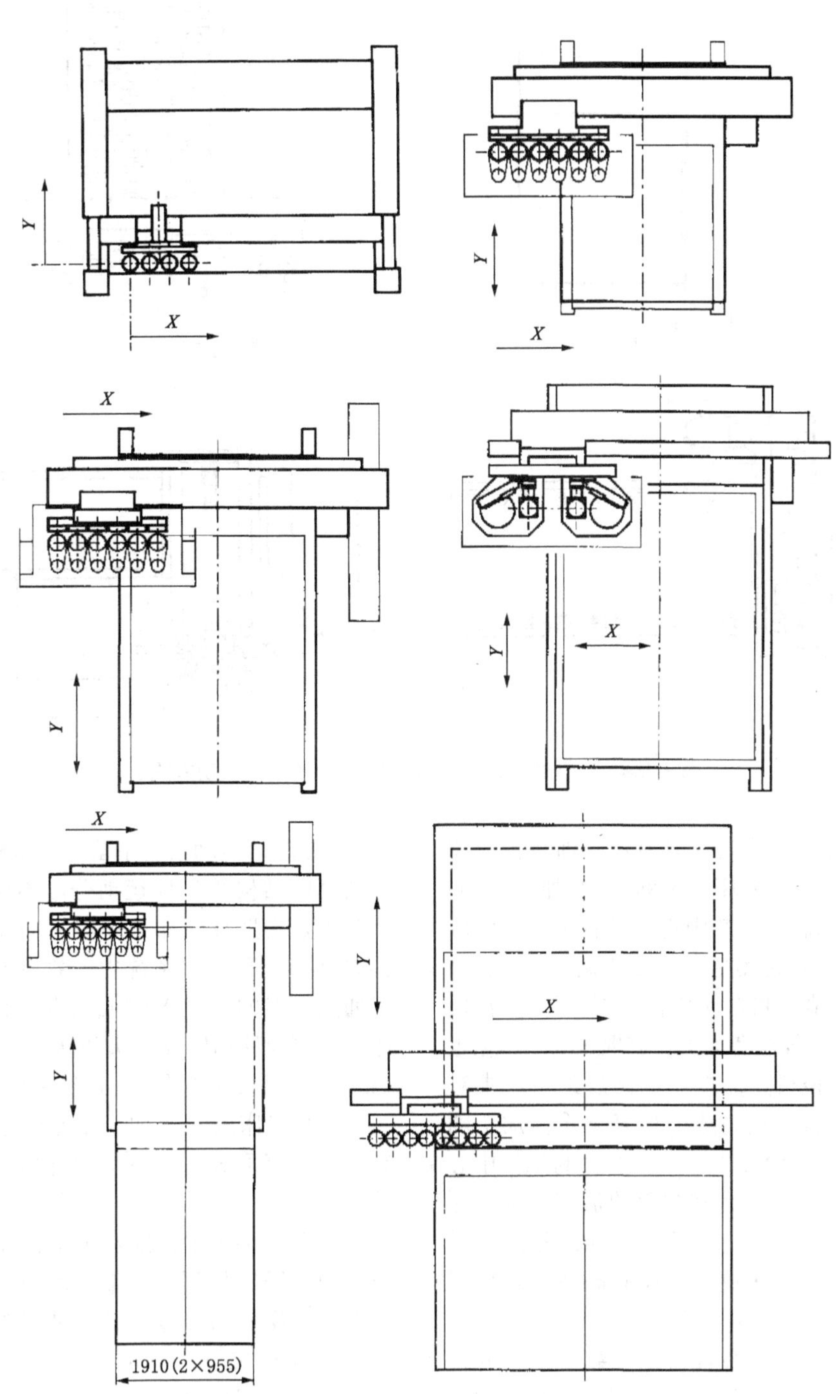

图5-133 典型数控铣床（加工中心）的坐标移动方式1

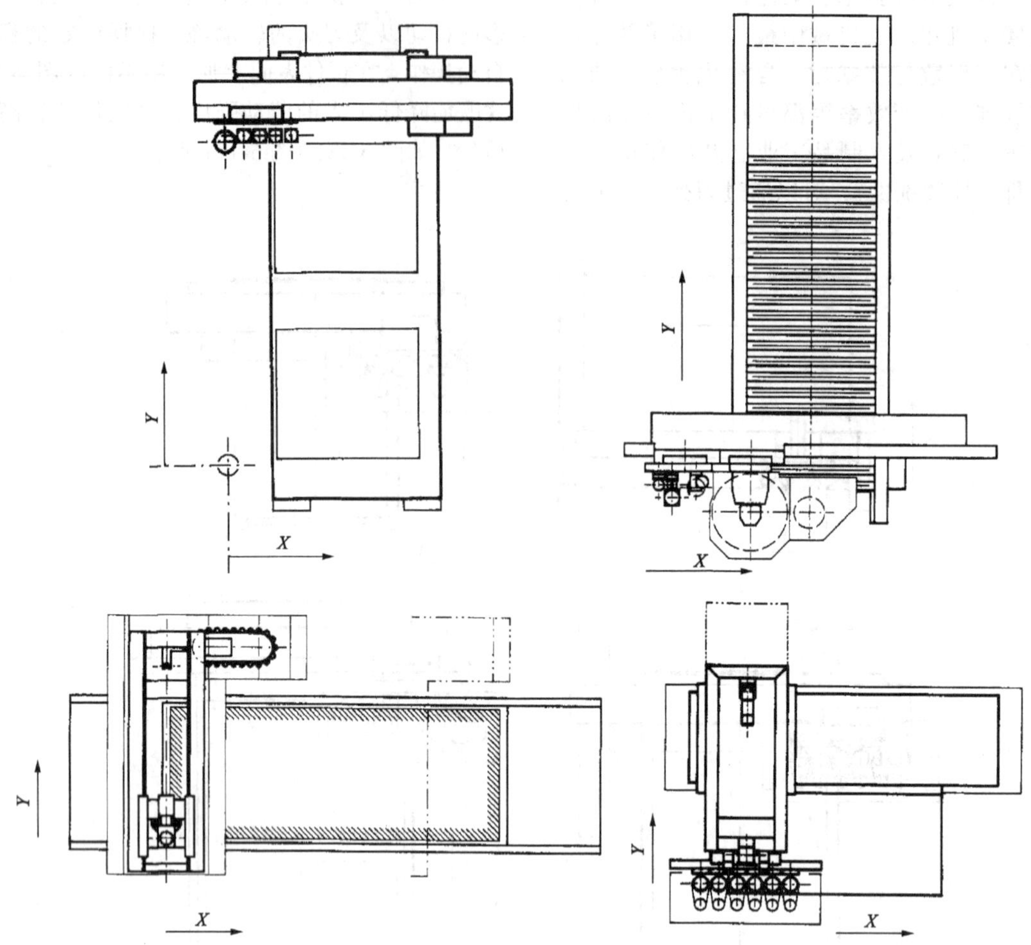

图 5-134 典型数控铣床（加工中心）的坐标移动方式 2

计算机数字控制的多轴上轴铣床，即数控机床（NC）和计算机数控机床（CNC）等加工中心（MC），在家具及木制品生产中得到了较为广泛的应用。其原因是 NC 或 CNC 数控加工中心调节快、辅助工作时间短、加工精度和自动化程度高，可进行铣、钻、锯、封边、砂光等全套加工，实现三维立体化生产，一机多能。数控机床能按照工件的加工需求和人们给定的程序，自动地完成立体复杂零件加工的全部工作。因此，一台 NC 或 CNC 数控木材加工中心能满足现代家具企业对产品多方面的加工要求，并能迅速适应设计和工艺变化的需要，如产品造型上的复杂多变、产品的快速更新，还有高效、高精度加工以及小批量多品种的生产。

标准数控木材加工中心具有三个数字控制的坐标轴，它们相互正交并可按编排好的程序同步运行。三维空间的三个直线坐标的 *Z* 轴为传递切削动力的主轴，*X* 轴为水平轴并与工件装夹面平行，*Y* 轴可根据 *X*、*Z* 轴的运动按右手笛卡尔坐标系加以确定。设备的总体结构受坐标运动分配不同的影响。坐标运动分配是指把数控加工中心所需要的坐标运动分配到刀具系统和工件系统中。数控木材加工中心一般可通过刀架的水平 *X* 轴或垂直 *Y* 轴方向的移动、工作台的多向移动以及刀头的转动等（图 5-133～图 5-135），实现工件的装夹、进给和切削加工等。

数控机床或数控加工中心的结构主要有单臂式和龙门式等形式。其刀轴的排列方式通常有下列两种形式：

a. 刀具多轴平行排列（无自动换刀功能）：各铣刀轴间距固定排列，不带自动换刀功能，更换不同的刀具靠换铣刀轴来完成。通常选用 2～12 根铣刀轴，如图 5-135（a）（b）所示。

b. 单轴或双轴刀具库排列（带自动换刀功能）：这是目前家具企业常用的数控加工中心，其刀具库有转塔式（常用的有单转塔型和多转塔型，每个转

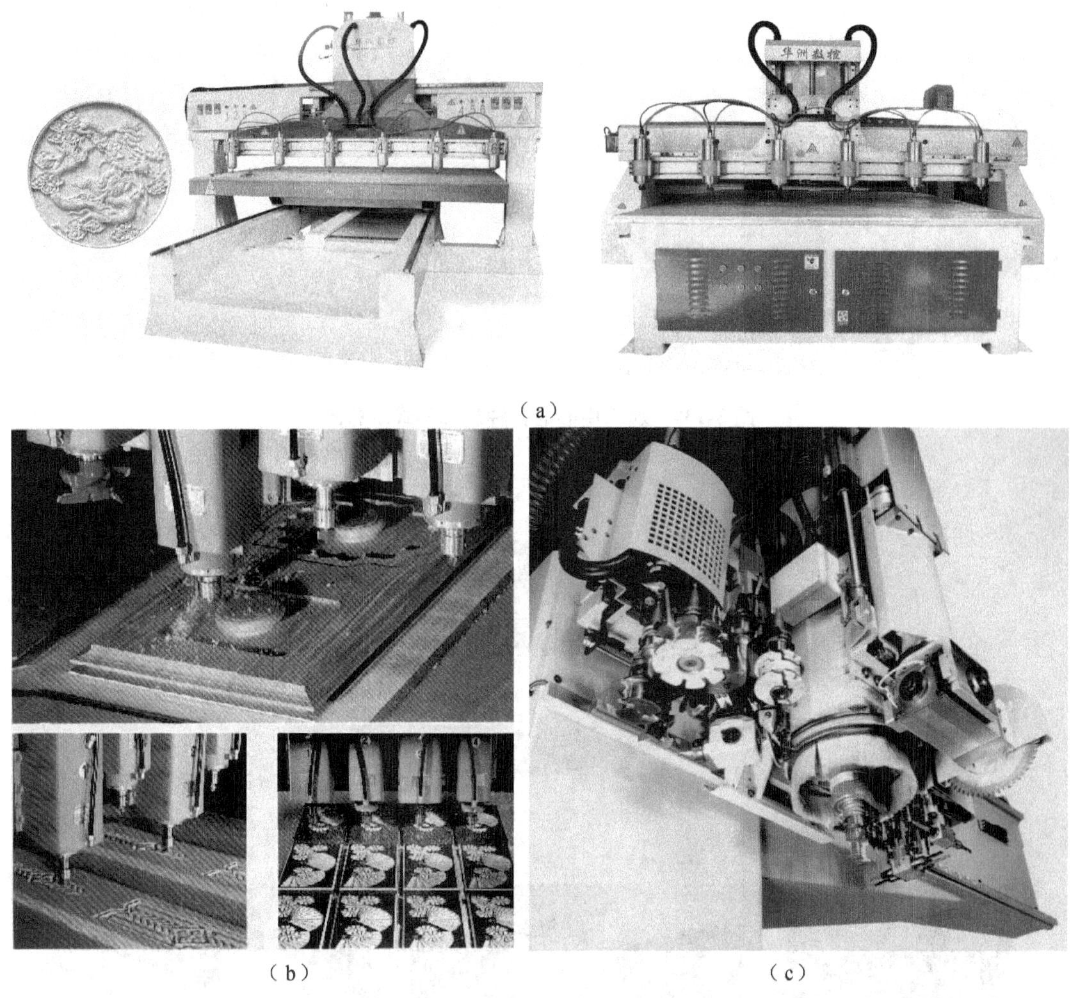

图 5-135 几种典型数控铣床（加工中心）的刀具排列

（a）电脑数雕刻机 （b）控刀具多轴平行排列 （c）刀具库排列

塔配有 4～8 个刀具并均匀分布在其周边）、盘式（8～12 把刀具垂直地均布在一圆盘周边）和链式（刀具固定在一特殊链的周边），由计算机进行自动控制和选择换刀，如图 5-135（c）所示。

常用的数控木工加工中心都拥有 2～8 个刀头，可通过电脑自动控制工件的运动、刀头的选择和自动换刀以及 CAD 设计程序的自动操作等而完成更为复杂的家具雕刻装饰或铣型部件的加工，为家具雕刻和铣型工艺自动化创造了良好的条件。被加工工件通过工作台内的真空吸附作用或工作台上的夹紧装置作用，使其稳固在工作台面上，从而保证被正确地铣削加工。该类设备可安装锯片、铣刀、钻头、刨刀、砂轮等刀具，以便实现锯断、起槽、铣槽、雕刻、倒角、刨削、钻孔、砂光等多用途加工。图 5-136 所示为加工中心所实现的各种加工形式示意图。

④双端铣：是一种多功能的生产设备，其每侧配有多个水平或垂直刀轴，可以安装锯片、铣刀、钻头、砂光头等，进行截头、裁边、斜截、倒棱、铣边、铣型、开榫、起槽、打眼、钻孔、砂光等加工，如图 5-137（a）所示，一般用于实木零部件的端部锯切和端部铣型等加工。若使用成型铣刀（或成型砂光头），可在实木零部件的边部铣削型面或曲面，如图 5-137（b）。双端铣也可广泛用于地板的榫簧企口、实木门的齐边铣型、木质人造板精截铣边等加工。

（4）复杂外形型面零件的加工及设备 对于纵向和横断面均呈复杂外形型面或复杂曲线型体的零件，如鹅冠脚、老虎脚、象鼻脚、弯脚等，可在仿型铣床上进行仿型加工，也可采用数控铣型加工中心等设备进行加工。仿型铣床是铣削复杂形面木制零件的一种专用铣床，它是利用靠模或样模，通过铣刀与工件间所形成的复合相对运动来实现仿型加工

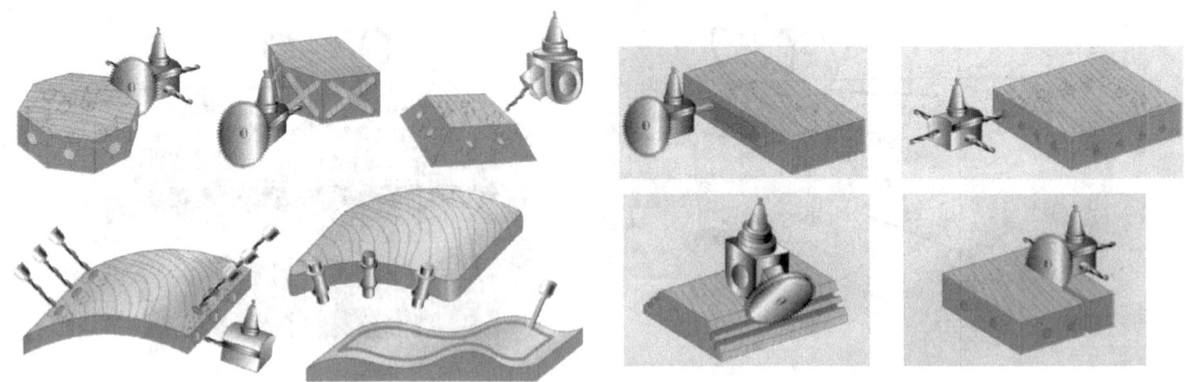

图 5-136 加工中心的各种加工形式示意图

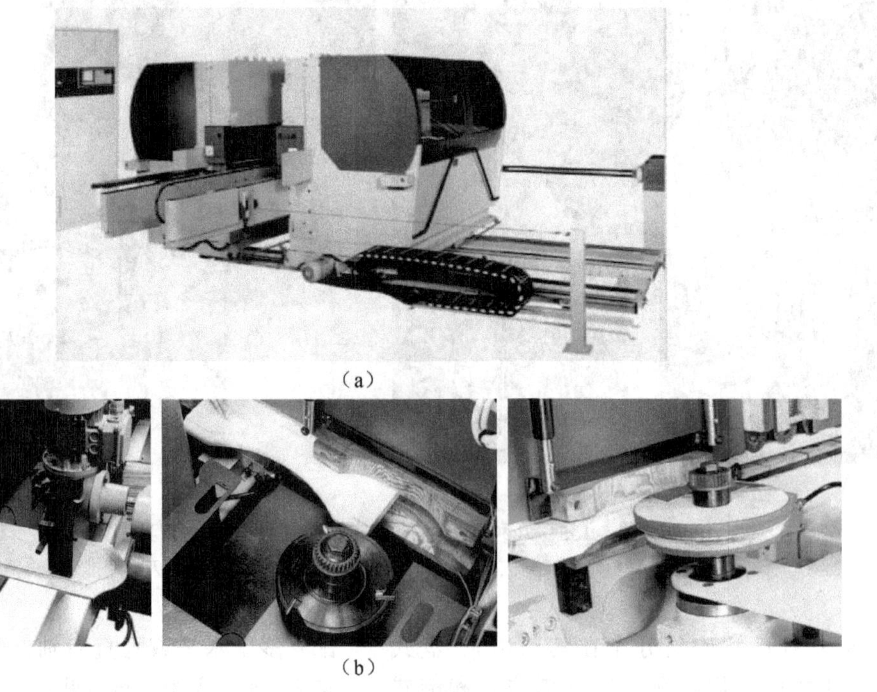

（a）

（b）

图 5-137 双端铣及其铣削加工

（a）双端铣 （b）双端铣铣削型面或曲面

的，所以又称靠模铣床（或靠模机）。根据铣刀形状的种类、铣削加工的方向和铣削零件的形状，仿型铣床可分为以下几种：

①杯形铣刀仿型铣床：采用杯形铣刀（或碗形铣刀）对工件外表面或内表面进行立体仿型铣削加工，如脚型、弯腿、鞋楦、假肢等，如图 5-138 所示，其工作原理是按零件形状尺寸要求先做一个样模（可以是金属、木质或其他材料，要求有一定的强度和刚度，不易变形），将仿型辊轮紧靠样模，样模和工件都绕自身轴线做同步回转运动；而安装在仿型刀架上的杯形铣刀，除主切削运动（铣刀回转运动轴线与工件回转运动轴线相平行）外，仿型刀架还随仿型辊轮（沿旋转样模接触点形状的变化）一起同步摆动，使铣刀沿工件纵向（轴线方向）和横向（半径方向）的做同步进给运动。仿型辊轮滚过样模的过程也就是铣刀同步铣削工件的过程，从而将工件加工成与样模形状尺寸都完全相同的复制品。

有些杯形铣刀仿型铣床还带有砂光装置，在铣刀铣削成型后可对型面进行砂光处理，如图 5-139 所示。根据被铣削工件的排列形式不同，杯形铣刀仿型铣床有立式和卧式两种，如图 5-140 和图 5-141 所示。其刀架上一般装有2个以上（立式多为3~6个，卧式多为4~16个）铣刀头（直径为100~250mm），每个铣刀头上都安装3个杯形铣刀（刀刃圆弧直径为26mm或40mm），一次可同时铣削多个零件（加工直径常为75~250mm，加工长度常为130~800mm）。

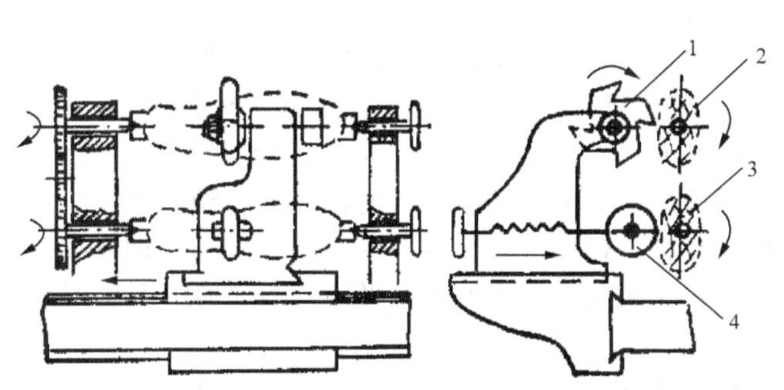

图 5-138 在仿型铣床上加工复杂形状的零件
1. 杯形铣刀 2. 工件 3. 样模 4. 仿型辊

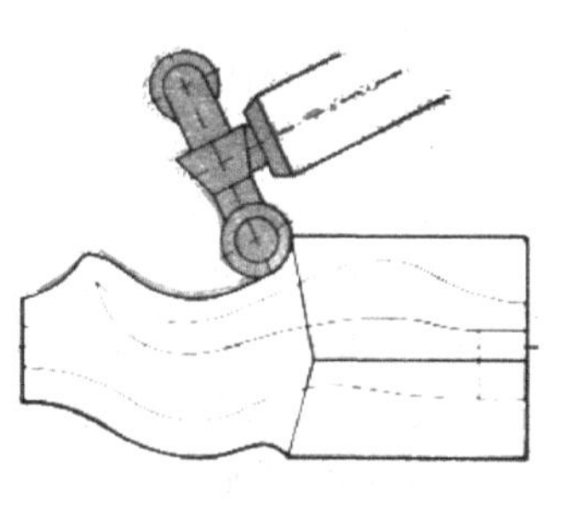

（a）

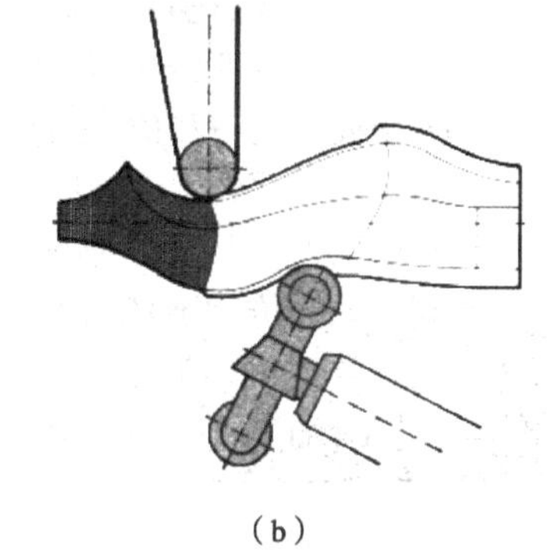

（b）

图 5-139 杯形铣刀仿型铣及砂光
（a）仿型铣削 （b）仿型铣削与砂光

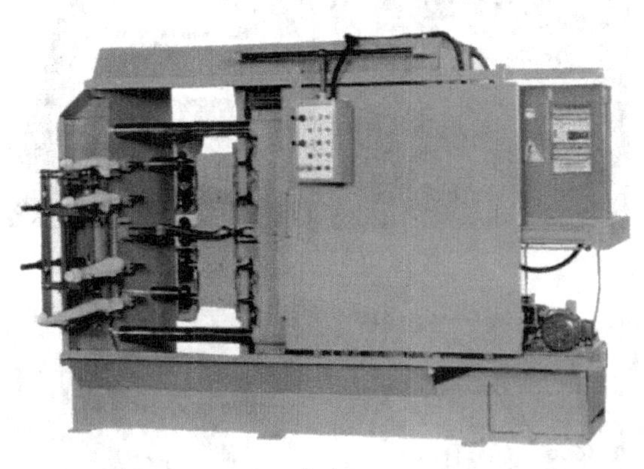

（a）

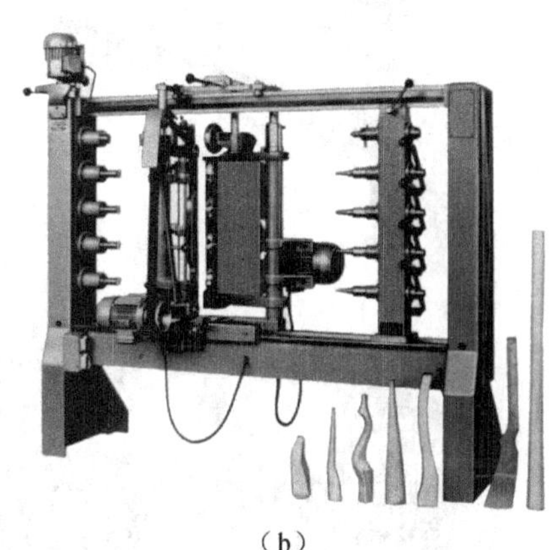

（b）

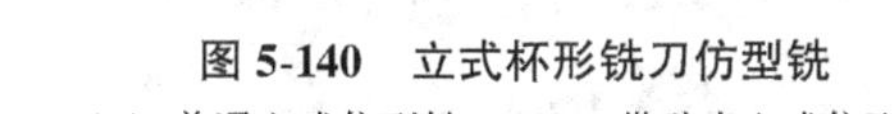

图 5-140 立式杯形铣刀仿型铣
（a）普通立式仿型铣 （b）带砂光立式仿型铣

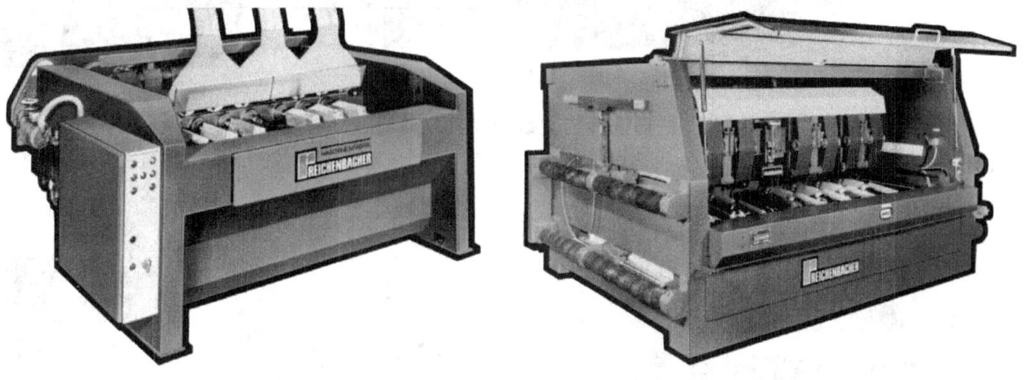

（a） （b）

图 5-141 卧式杯形铣刀仿型铣
（a）普通卧式仿型铣 （b）带砂光卧式仿型铣

②柱形铣刀仿型铣床：利用各种圆柱形雕刻铣刀（端铣刀），既可对工件外表面进行立体仿型铣削加工，也可根据样模形状，在板状工件的表面上铣削各种不同花纹图案或比较复杂的型面（即表面仿型铣削）等，通常又称为仿型雕花机。

该类仿型铣床与杯形铣刀仿型铣床的区别一是采用柱形铣刀和仿型销针代替杯形铣刀和仿型辊轮；二是铣刀回转运动轴线与工件回转运动轴线相垂直。除此之外，其工作原理与杯形铣刀仿型铣床基本相同。该类仿型雕花机有手动、自动和数控铣削加工三种类型，手动仿型雕花机可以安装2~16把铣刀进行同时加工，自动仿型雕花机最多可同时加工36个工件，如图5-142（a）（b）和图5-143所示。

仿型铣床的操作方法是调整好样模及工件之间的相互回转位置，并用顶尖或卡轴顶紧和固定，以保证样模和工件同步回转，实现正常回转铣削。加工完毕后，应先进行铣刀复位，然后退回顶尖或卡轴，最后卸取工件。

仿型铣床所能加工零件的形状受到仿型辊轮（或仿型销针）曲率半径的影响。同时也受到加工时杯形铣刀（或柱形铣刀）的曲率半径影响。换言之，曲线的曲率半径要大于仿型辊轮（或仿型销针）的曲率半径，杯形铣刀（或柱形铣刀）的刀刃曲率半径要小于被加工曲线的曲率半径，否则加工不出形

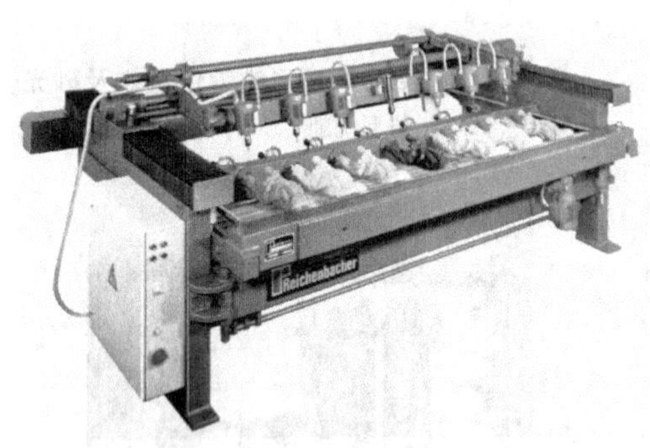

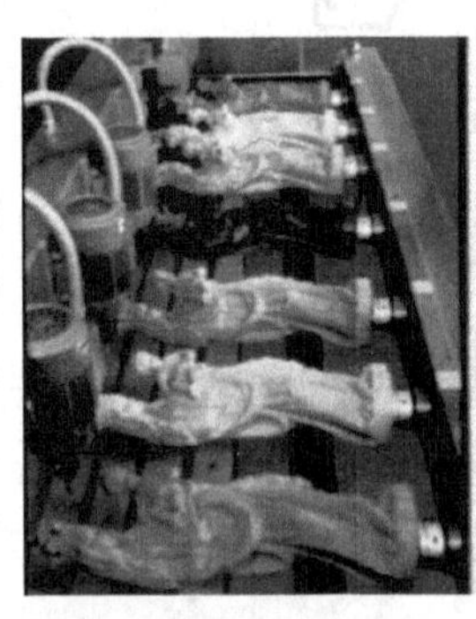

（a）

（b）

图5-142 柱形铣刀仿型铣床及其立体与表面铣削加工

（a）手动柱形铣刀仿型铣床及其立体与表面铣削加工 （b）自动柱形铣刀仿型铣床及其立体与表面铣削加工

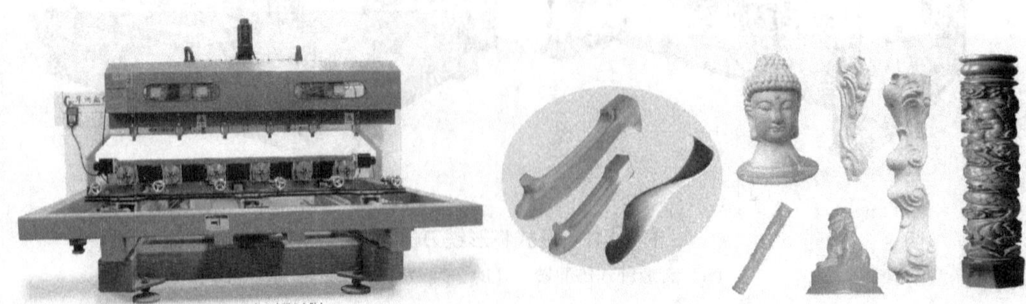

图5-143 数控仿型铣床（旋转雕刻机）

或曲率不符合要求。仿型铣床加工时，零件的加工质量和加工精度主要决定于样模的制造精度、铣刀的刀刃曲率半径大小以及铣刀与工件之间的复合相对运动是否协调一致。仿型铣床的生产率取决于机床的自动化程度以及同时加工工件的数量。

③数控铣型加工中心：图 5-144 所示为多轴联动 CNC 加工中心，可以实现 3~5 轴，最多 8 轴的数字控制，进行铣型、钻孔、刨削、旋切和研磨砂光等加工，可以在工件的各个面上加工不同的形态，生产各类脚腿、柱类部件、椅子部件、沙发部件或餐台的大部分零部件或配件。

④数控多功能加工中心：图 5-145 所示为锯切、开榫、钻孔、铣槽、注胶、打圆棒一体化多功能 CNC 加工中心，属于“一机一线”，主要用于加工实木、木质人造板等长方形工件，如抽屉板、家具部件、家具门、沙发框架、门窗等零部件的中、高产量的生产。

（5）回转体型面零件的加工及设备　在木家具生产中，常常配有车削或旋制的腿脚、圆盘、柱台、挂衣棍、把柄、木珠等回转体零件等，其基本特征是零件的横断面呈圆形或圆形开槽形式，这些回转体零件需在木工车床（又称车枳机）及圆棒机上旋制而成，其加工基准为工件中心线。

在木工车床上车削时，工件（断面为方形或圆形的毛料）做旋转运动，刀具做进给运动，加工而成的零件可以是各种形状（等断面、变断面或表面有槽纹）的回转体；而在圆棒机上车削时，则是将断面为方形的毛料连续不断地通过高速旋转的空心刀头，毛料（工件）做进给运动，刀具做旋转运动，加工而成的零件只能是单纯的等断面圆棒。

①木工车床：其用途广泛、类型较多、结构上的复杂程度差异较大。其按用途不同可分为普通车床、仿型车床、花盘车床、专用车床等四个类型，如图 5-146 所示。

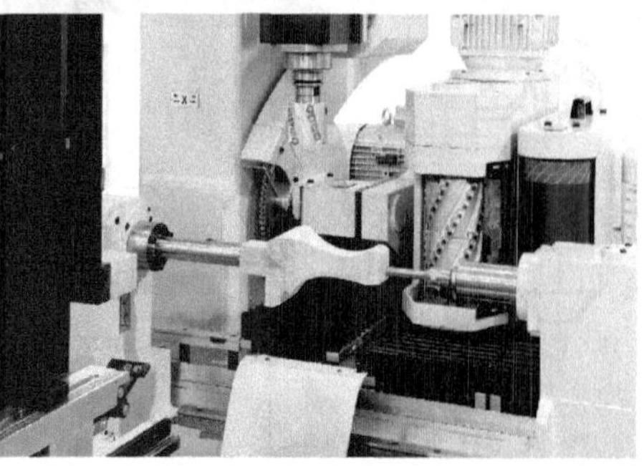

图 5-144　数控铣型加工中心

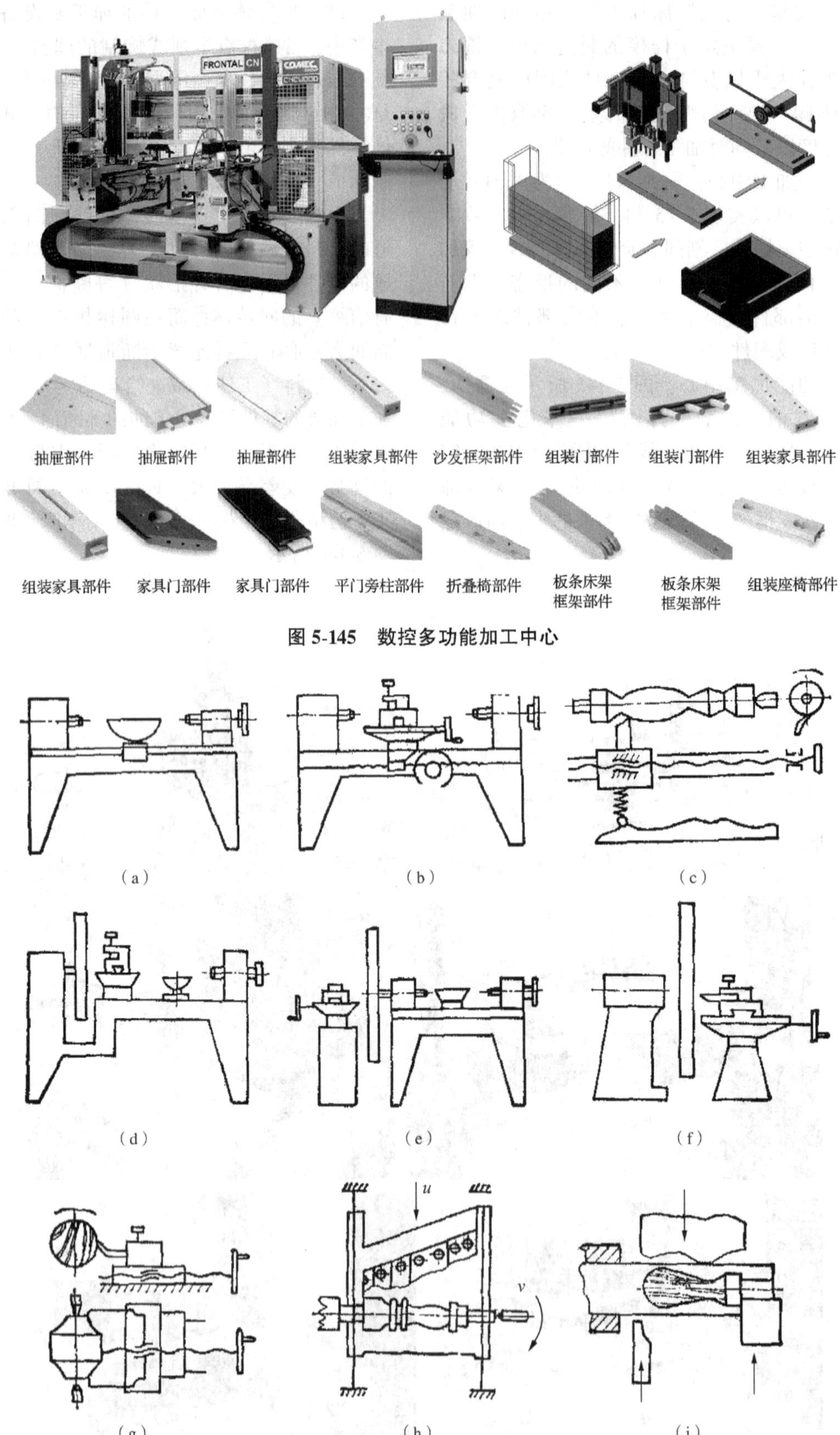

图 5-145　数控多功能加工中心

图 5-146　木工车床类型

(a)(b)普通车床　(c)仿型车床　(d)~(f)花盘车床　(g)~(i)专用车床

a. 普通车床（又称中心式车床）：如图 5-146（a）（b）所示，具有托架以及手动（或机械、数控）纵向进给功能的中心车床。

b. 仿型车床（又称靠模车床）：也称半自动仿形车床。如图 5-146（c）所示，刀架沿靠模（模板）的外形在丝杆机构推动下做平行于工件轴线的纵向进给。同时，在弹簧力的作用下使仿形辊轮紧靠模板曲线，实现车刀的横向进给，而车出与模板轮廓相同的零件。

c. 花盘车床：有三种形式，第一种是具有凹槽花盘并带有手动（或机械）纵向进给刀架或托架的车床，如图 5-146（d）所示；第二种是在普通车床端部装有花盘和单独手动刀架的车床，如图 5-146（e）所示；第三种是具有机械纵向和横向进给刀架的重型车床，适用于车削加工大型零件，如图 5-146（f）所示。

d. 专用车床：采用各种成型车刀专用刀架，通过手动或机械进给，以及专用的装料机构和凸轮控制机构组成的半自动或自动车床。适宜在大量生产中使用，其有三种形式，第一种是具有成型单刀专用刀架的车床，如图 5-146（g）所示；第二种是具有组合成型车刀专用刀架的车床，通常称为背刀式车床，如图 5-146（h）所示；第三种是具有多成型车刀专用刀架的车床，如图 5-146（i）所示。

普通车床可以加工回转体零件，但很有可能加工出的产品外形与设计有一定的误差。如果批量生产，则在形状上不容易做到完全一致，因为形状及加工精度主要取决于操作者的水平及熟练程度。

采用背刀式车床、仿型车床以及现代数控车床可以非常准确地加工出与设计相同的零件，如果批量生产也能做到完全一致。背刀式车床的加工精度高，主要是因为仿型刀架上触针沿靠模板曲线移动比较灵敏，所以能完成复杂外形零件的精确车削。其第一步为粗车，第二步利用精车刀精车（得到预定的形状与尺寸），可根据形状不同自动调节进料速度。其背刀刀架上装有组合式车刀，能在最后精细修整零件表面，从而得到最理想的表面粗糙度。图 5-147（a）所示为自动背刀式车床及其车削零件；图 5-147（b）所示为数控车床及其车削零件。

在车削回转体零件时，为了提高回转体零件表面的装饰效果，需要在其表面上车削出直线或螺纹状等各种槽纹，一般常采用槽纹（直线及螺纹）成型机（又称打沟机或打槽机）。图 5-148 所示为槽纹成型机及其加工零件；图 5-149（a）所示为自动车

（a）

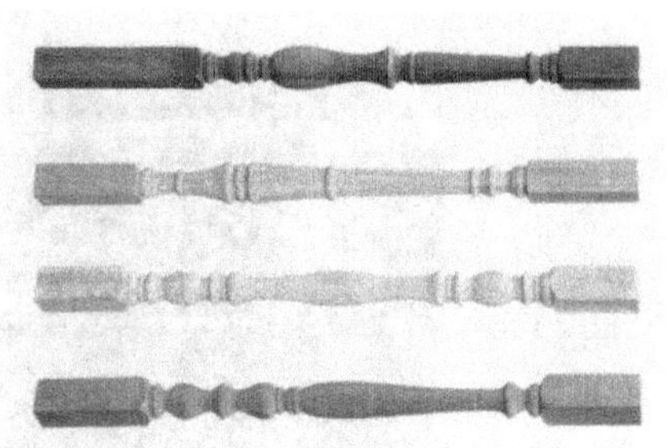

（b）

图 5-147 普通车床及其车削零件

（a）自动背刀式车床 （b）数控车床

枳砂光机；图 5-149（b）所示为餐桌中柱自动仿型机。

木工车床使用的刀具（车刀）一般有两种类型：一种是一次成型的成型车刀，适合于专用车床进行大批量定型零件的车削；另一种是普通车刀，它近似于木工用的凿子，身长柄短。为了能够在工件上加工出各种线型，普通车刀的种类较多，规格不一，一般以楔形体为基本切削刃，图 5-150 所示为几种常见普通木工车刀。图 5-151 为车刀使用示意图。

圆刀：又称粗削刀，粗车用。

方刀：又称平口刀，用于车制方槽或凹进的平直部分及直角。

分割刀：割削已经车削完毕的工件或细车工件上的深凹及槽沟部分。

斜刀：又称切刀，细车用。

圆头刀：又称圆角刀，车削大小圆槽。

尖头刀：又称菱形刀，车削工件两边倾斜的凹槽或在工件表面上起线。

右撇刀：车削工件左边的斜面和内圆。

左撇刀：用途与右撇刀相反。

车削有两种基本方法，即割削和刮削。割削刀具包括圆头刀、斜刀、分割刀、左右撇刀；刮削刀具包括圆刀、方刀、尖头刀。各种割削刀具也可作为刮削刀具。割削时，木材外部被割成刨片而脱落，刀具成某种角度，较刮削迅速，材面较为光滑，但需要较熟练技术；刮削时，刀具切入木材中，木材被刮成碎片而脱落，刀具近于水平，操作简单，但材面较为粗糙，需要大量砂磨。木工车床的基本操作方法如下：

a. 做好工件定位：将毛料的棱角切掉，使之具有粗略的相似形状；然后将工件装夹在车床上，使工件的轴线与水平方向平行，并保证工件稳固于顶尖之间。

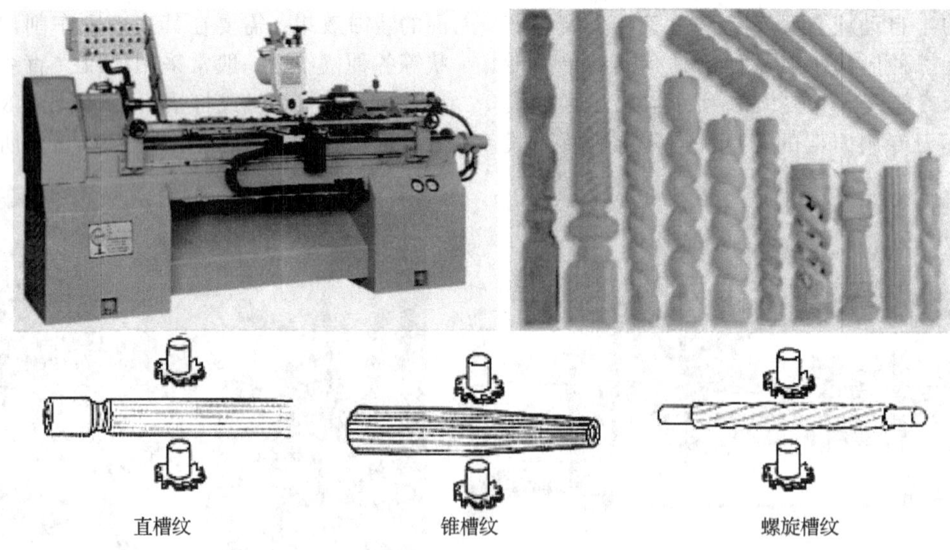

图 5-148 槽纹（直线及螺纹）成型机及其加工零件

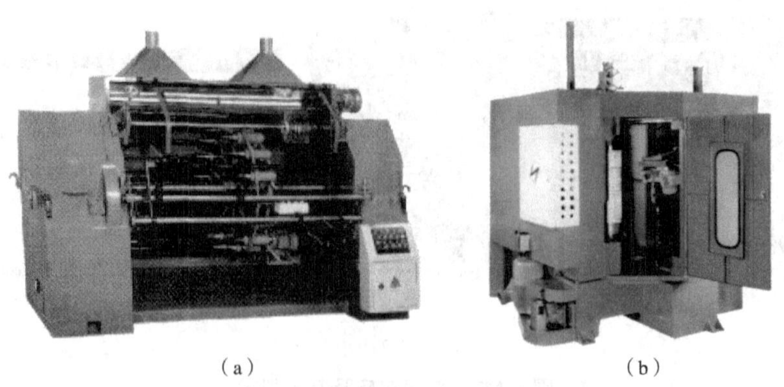

图 5-149 自动车枳砂光机和餐桌中柱自动仿型机

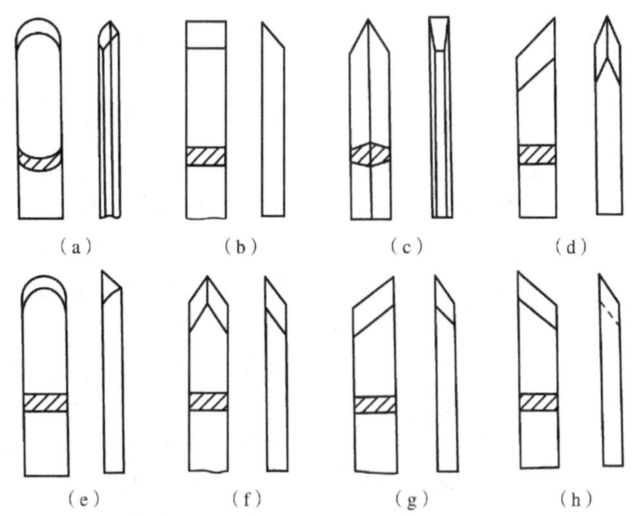

图 5-150 常见普通木工车刀

(a) 圆刀 (b) 方刀 (c) 分割刀 (d) 斜刀 (e) 圆头刀 (f) 尖头刀 (g) 右撇刀 (h) 左撇刀

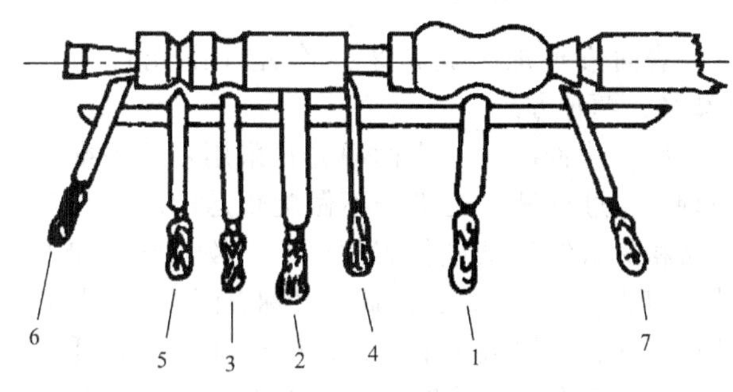

图 5-151 车刀使用示意图

1. 圆刀 2. 方刀 3. 圆头刀 4. 斜刀 5. 尖头刀 6. 右撇刀 7. 左撇刀

b. 调整刀架位置：工件定位后，要根据工件的大小来调整刀架的位置，使刀架平行于工件。工件与刀架的间距应在不妨碍工件旋转的前提下，尽量小些为宜（一般为 3~5mm）。使用车刀要以工件的大小和刀架的高低而随时调整，一般工件直径小于 50mm 时，车刀在刀架上的高度应与工件中心轴线呈水平；工件直径较大时，车刀高度应高于工件的中心轴线。因为车刀位置过低将会阻碍工件回转，甚至造成工件从车床飞出。

c. 工件成型车削：正确握持车刀或刀架，根据车削情况，随时调整车刀的切削角度、切削压力和移动速度。粗车时，一次吃刀量不宜过大，凹度较大时应分多次车削，每次吃刀量为 2~5mm；细车时，每次吃刀量不大于 0.8mm。

d. 工件表面砂光：当工件车削成型后，为了使工件表面光洁，常用 0# 或旧砂纸（布）进行磨光。车削零件表面如需砂光，一般应留有 0.3mm 左右的砂光余量。砂光时用砂纸压力不应过大，同时应沿工件轴向随时左右移动，以得到均匀的砂光和保证质量。

②圆棒机：主要用于将方形的毛料，通过高速回转的空心刀头的中间圆孔，加工成圆柱形表面的零件。所加工的圆棒零件在长度方向上既可是直线形的，也可是曲线形的。

圆棒机按其进给方式的不同可分为手工进给和机械进给两类，机械进给比手工进给生产率高、安全性好。

圆棒机按其旋转刀头结构的不同又可分为固定式刀头（在固定刀头上装有 1~4 把刀片，图 5-152）和可调式刀头（可根据加工圆棒直径的大小调节刀片的位置）。

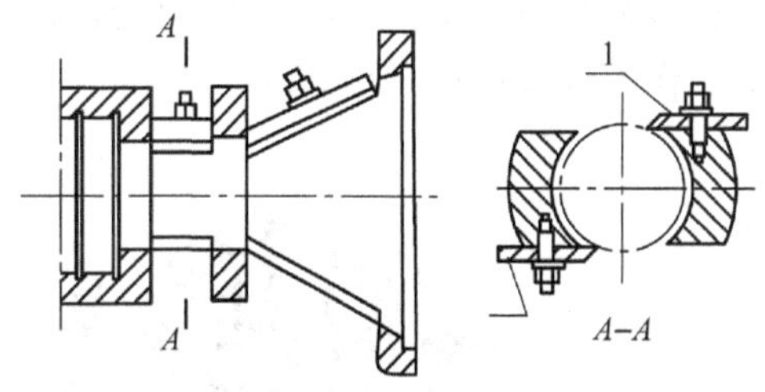

图 5-152 圆棒机固定式（整体成型）刀头

圆棒机按其用途不同可分为加工一定直径的直线（圆柱）形零件的圆棒机，如图 5-153（a）所示；加工一定直径的曲线（弯曲）形零件的圆棒机，如图 5-153（b）（c）所示；将零件端部加工成锥形的圆棒机，如图 5-153（d）所示；将零件端部加工成半圆形的圆棒机，如图 5-153（e）所示。

图 5-154 为加工直线圆棒的圆棒机。空心主轴 1

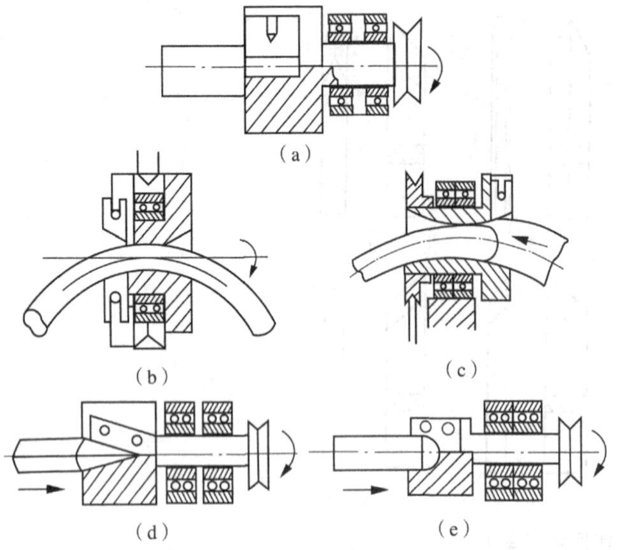

图 5-153 圆棒机分类及加工零件示意图

上安装车削刀片，前进给滚轮为90°角的槽形，夹持方料进给，后进给滚轮3是半圆形，电机4经过皮带5带动空心主轴高速旋转，进给电机6经过皮带、齿轮链条等使前后进给滚轮运转，托架7以支承引导毛料对前进给滚轮的送料，所有部件都安装在床身8上。

加工圆弧（弯曲）形圆棒零件的圆棒机，多为手工进给，装有切削刀头的空心主轴内腔按照工艺要求制成一定曲率半径［内腔各点为非圆心的，如图5-153（b）（c）所示］，工作时，毛料靠已加工表面作为自身的基准支承面，随绕着具有曲率半径的内腔表面而移动，从而加工出所需要的曲线形圆棒。

如果圆棒零件表面需有螺旋槽纹，可以采用圆棒机先加工出圆棒，然后再滚压出螺旋纹，也可以采用圆棒螺旋机进行加工。最后再将圆柱形零件一分为二，作为家具的装饰线条等。

5.5.5 表面修整与砂光加工

5.5.5.1 表面修整加工的目的

实木零部件在经过刨削、铣削等切削加工后，由于刀具的安装精度、刀具的锋利程度、工艺系统的弹性变形、加工时的机床振动，以及加工搬运过程的表面污染等因素的影响，会在工件表面上留下微小的凹凸不平，或在开榫、打眼的过程中使工件表面出现撕裂、毛刺、压痕、木屑、灰尘和油污等，而且工件表面的光洁度一般只能达到粗光的要求。为使零部件形状尺寸正确、表面光洁，在尺寸加工与形状加工以后，还必须进行表面修整加工，以除去各种不平度、减少尺寸偏差、降低粗糙度，达到油漆涂饰与装饰表面的要求（细光或精光程度）。

5.5.5.2 表面修整加工的工艺与设备

表面修整加工通常采用净光（刮光）和砂光（磨光）两种方法。

（1）表面净光　表面净光是采用木工手推刨的原理，通过机械净光机上不做旋转运动的刀具与工件做相对直线运动进行表面刨削，故无旋转加工的波浪刀痕、光洁度高，因此，又称表面刮光。其主要适用于方材、拼板等平表面的修整加工（顺纤维方向刮削，每次刮削厚度不大于0.15mm），不适于曲线、异型以及胶贴零部件的加工。目前，在家具生产过程中基本上被砂光所替代。

表面净光加工的设备主要是净光机（又称刮光机、光刨机、刨光机），常见的有周期式净光机和通过式净光机两种形式。

①周期式净光机：加工时，刨刀在曲柄连杆机构或回转履带（或链条）的驱动下做水平往复运动，

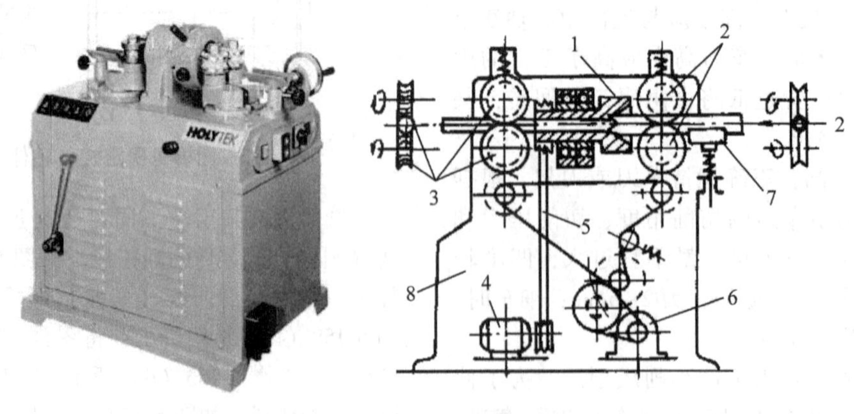

图 5-154 加工直线形圆棒的圆棒机

工件做横向进给，从而实现刨光。如图 5-155 所示。

②通过式净光机：加工时刨刀不动（安装在升降工作台的刀盒内，并在水平面内倾斜一定角度），工件在回转履带驱动下做进给运动，达到刨光效果，如图 5-156 所示。

（2）表面砂光　是利用砂带（或砂纸）上的无数个砂粒（每一颗砂粒就像一把小切刀）从木材表面上磨去刀痕、毛刺、污垢以及凹凸不平等，使工件表面光洁。因此，砂带（或砂纸）是一种多刃磨削工具。表面砂光常采用各种类型的砂光机进行砂光处理。

实木砂光机的类型较多，按使用功能可以分为通用型和专用型；按设备安装方式不同可以分为固定式和手提电动式；按砂光机结构可分为盘式、辊式、窄带式和宽带式等。图 5-157 所示为各种常见砂光机示意图。

①盘式砂光机：如图 5-157（a）（b）和图 5-158 所示。加工时，由于磨盘上各点的转动速度不同，中心点速度为零、边缘速度最大，因此磨削不均匀。此机只适用于砂削表面较小的零部件，在实际生产中，常用于零部件的端部及角部等处砂光，特别在实木椅子生产中，常使用水平盘式砂光机用于椅子装配后腿部的校平砂光。

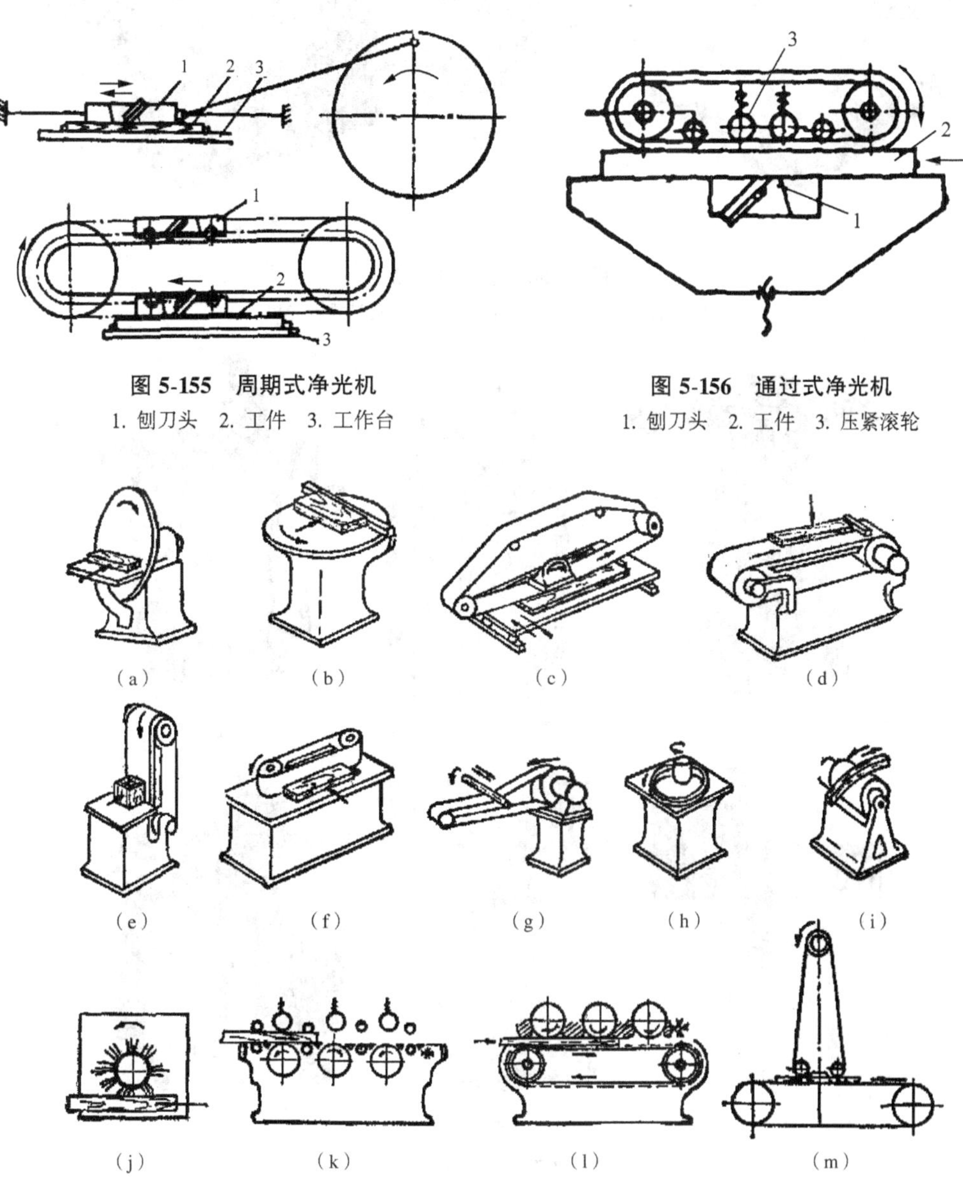

图 5-155　周期式净光机
1. 刨刀头　2. 工件　3. 工作台

图 5-156　通过式净光机
1. 刨刀头　2. 工件　3. 压紧滚轮

图 5-157　常见砂光机示意图
（a）垂直盘式　（b）水平盘式　（c）水平上带式　（d）水平下带式　（e）垂直带式　（f）垂直立带式　（g）自由带式　（h）立辊式　（i）卧辊式　（j）刷式　（k）滚筒进料多辊式　（l）履带进料多辊式　（m）宽带式

②辊式砂光机：如图 5-157（h）（i）和图 5-159 所示。在砂光时，通过砂光辊（或短带式中的砂光辊）进行砂削，其砂削面近似于圆弧，适用于圆柱形、曲线形和环状零部件的内表面以及直线形零部件的边部的砂光，而不适合于零部件大面的砂光。

③窄带式砂光机：如图 5-157（c）~（g）和图 5-160 所示。由于其砂带的砂削面是平面，因此适合于工件大面和削面的砂光。

上带式砂光机，如图 5-160（a）（b）所示，虽然生产效率低，但使用灵活，尤其在砂磨胶贴零件时，可以随时根据表面情况调整压力，并及时检查砂光质量，因而适用于宽板或木框的磨光。

垂直立带式砂光机，如图 5-160（c）所示，适用于砂削宽板的边缘和窄、小零件。

自动异型仿砂机，如图 5-160（d）所示，适用于各种工件侧边型面的仿型砂光。

（a）　　（b）

图 5-158　盘式砂光机

（a）垂直盘式砂光机　（b）垂直盘式及带式砂光机

（a） 　　（b） 　　（c）

（d） 　　（e） 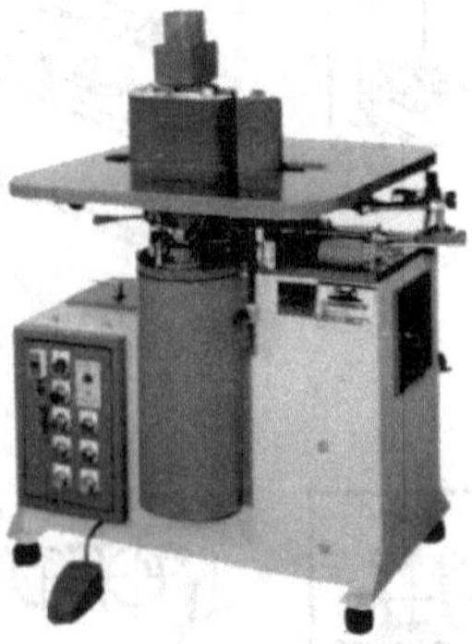　　（f）

图 5-159　辊式砂光机

（a）卧辊式砂光机　（b）立辊式砂光机　（c）倾斜曲面式砂光机

（d）水平曲面式砂光机　（e）双水平曲面式砂光机　（f）垂直曲面式砂光机

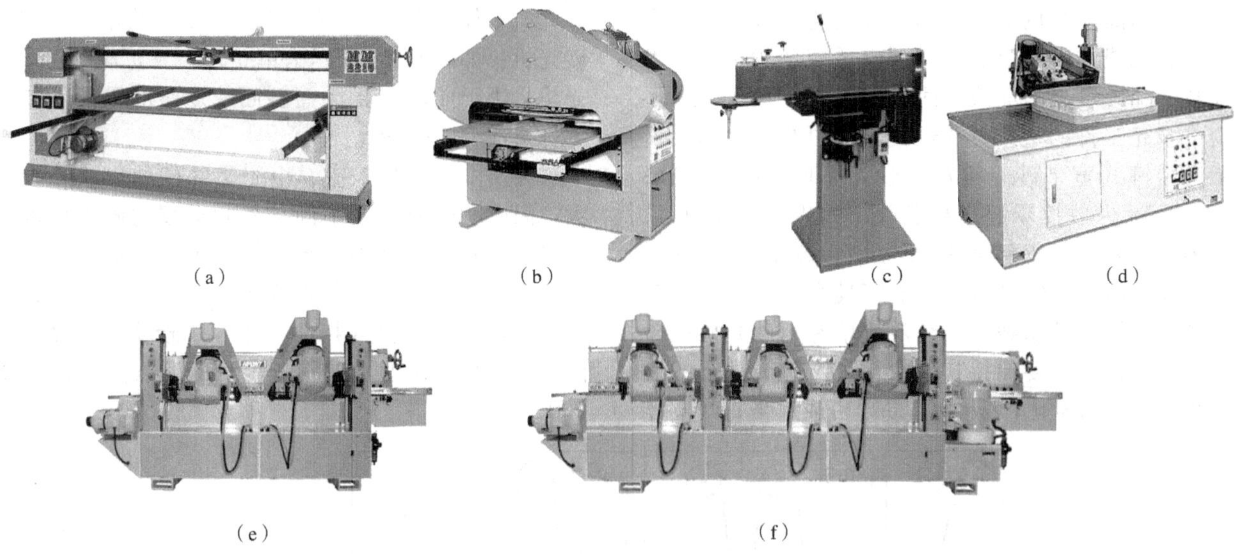

图 5-160 窄带式砂光机

(a)(b)水平上带式砂光机 (c)垂直立带式砂光机 (d)自动异型仿砂机
(e)双头直线异型砂光机 (f)三头直线异型砂光机

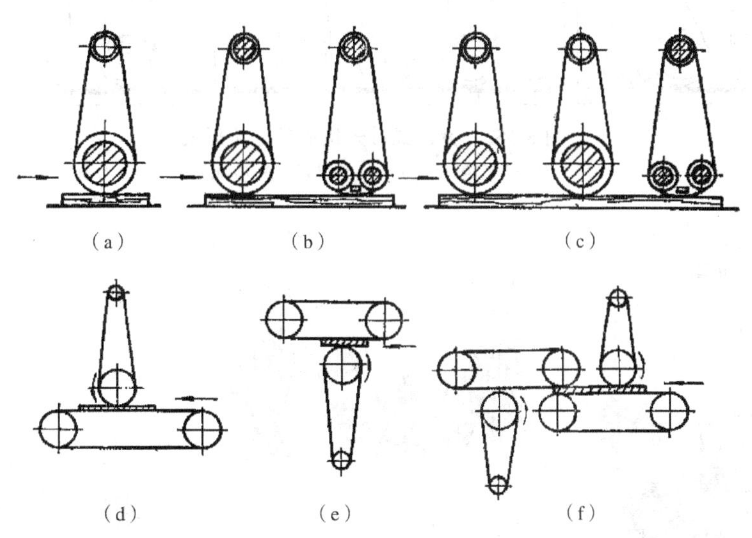

图 5-161 宽带式砂光机类型

(a)单砂架式 (b)双砂架式 (c)三砂架式 (d)上砂架式 (e)下砂架式 (f)双面砂架式

直线异型砂光机，如图 5-160(e)(f)所示，根据砂架数量的不同，主要有单头直线异型砂光机、双头直线异型砂光机、三头直线异型砂光机以及直线异型铣边砂光机（含有铣型和多个砂光装置，用于侧边既要铣型又要砂光的部件），适用于实木拼板或集成材等部件直线型面的砂光。

④宽带式砂光机：是一种高效率、高质量的砂光机。按砂架的数量可分为单砂架、双砂架和多砂架砂光机等，如图 5-161(a)~(c)所示；按砂带与传送带相对位置的不同可分为上砂架、下砂架和双面砂架，如图 5-161(d)~(f)所示，以及带有横向砂架的砂光机等；按结构不同可分为轻型、中型和重型砂光机。宽带式砂光机在家具企业中应用得比较广泛，主要用于大幅面板材零部件的定厚砂光和表面砂光。定厚砂光既能使被砂零件表面光滑，同时也保证被砂零件的厚度比较均匀一致和达到规定的厚度公差；表面砂光主要使被砂零件表面光滑。如图 5-162 所示为宽带式砂光机的几种砂光头形式。

为了得到高质量的砂光表面，有些宽带式砂光机配有气囊式或琴键式砂光压垫，以适应各种形状、型面和不同厚度、凹面或中间镂空等工件的砂光，不会将砂光工件的边缘砂成倒棱。如图 5-163（a）所示为琴键式宽带砂光机及其砂光原理；如图 5-163（b）所示为数控琴键式宽带砂光机及其砂光原理；如图 5-163（c）所示为门板数控宽带砂光机。

⑤其他专用砂光机：在木家具生产中，由于零部件形状等的特殊要求，经常使用专用砂光机来砂削这类工件，既要保持其形状，又要使其复杂的表面光滑。如图 5-164 所示为自动单带或双带直线圆棒砂光机；如图 5-165 所示为自动带式曲线不规则圆棒砂光机；如图 5-166 所示为单立辊或双立辊棒刷式砂光机，用于曲率半径小而型面较复杂的零部件或零部件边部型面的砂光。

在实木家具生产中，由于零部件的形状差别较大，因此就需要使用不同结构和类型的砂光机进行砂光，以满足各种类型零部件的加工。木质零部件的砂光是利用磨料进行切削木材表面的过程，其砂光质量取决于磨具的特性、磨料（砂粒）粒度、磨削方向、磨削速度、进料速度、压力以及木材性质等因素。

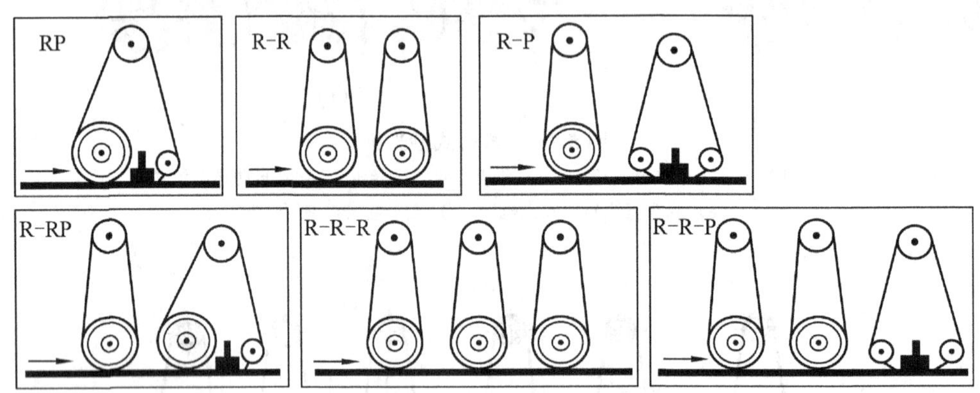

图 5-162 宽带式砂光机的砂光头形式

R. 砂光辊（roller） P. 砂光垫（pad）

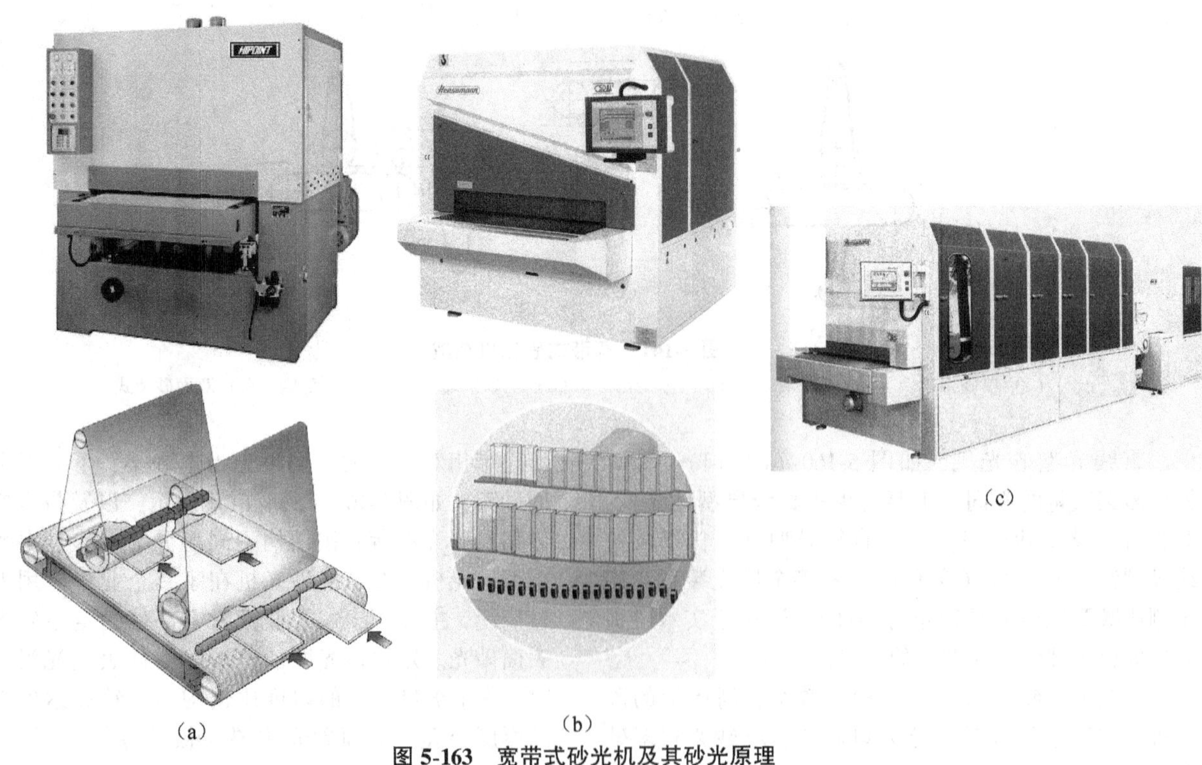

图 5-163 宽带式砂光机及其砂光原理

（a）宽带砂光机 （b）数控宽带砂光机 （c）门板数控宽带砂光机

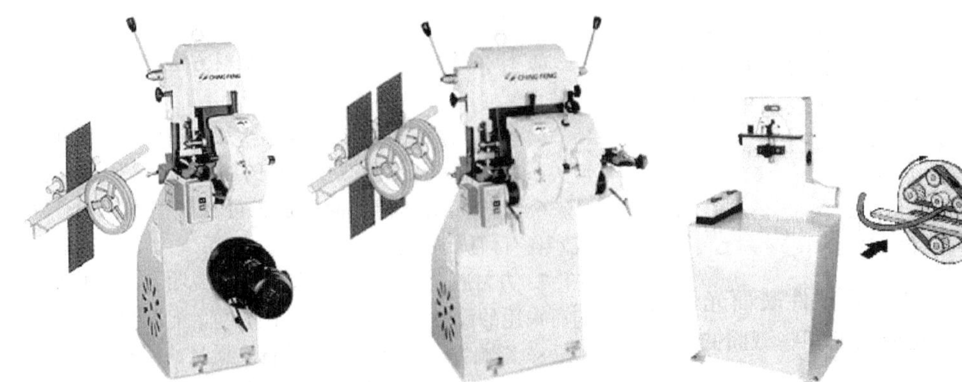

图 5-164 自动单带或双带直线圆棒砂光机

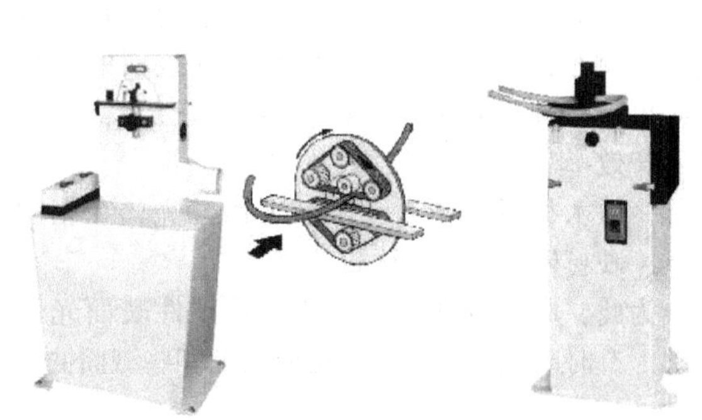

图 5-165 自动带式曲线不规则圆棒砂光机

图 5-166 单立辊或双立辊棒刷式砂光机

在家具生产中，使用最多的磨具是砂带（纸）。砂带常见形式有带式、宽带式、盘状（片状）、卷状及页状等。砂带是由基材、胶黏剂和磨料（砂粒）三部分组成的。基材主要采用棉布、纸、聚酯布和刚纸（强度比较高的纤维纸）；胶黏剂主要采用动物胶和树脂胶（部分树脂胶、全树脂胶和耐水型树脂胶）；磨料主要由人造刚玉（棕刚玉、白刚玉、黑刚玉、锆刚玉等，又称氧化铝）、人造碳化硅（黑碳化硅、绿碳化硅等）、玻璃砂等组成。

一般磨料（砂粒）越粗，其粒度（目）越小（砂带号越大），磨削量随之增大，生产效率越高，能较快地从工件表面磨去一层木材，但被砂光表面较粗糙；反之，磨料越细，其粒度越大（砂带号越小），生产效率越低，但砂光后的表面越光洁。因此，应根据零部件表面质量要求选择磨料粒度号或砂带号。常用砂带（纸）号与砂粒粒度号见表 5-10。一般在砂削实木工件时，外露零部件的正面为精光时，如面板、门板等，应用 0 号或 1 号砂带（纸）进行精砂；工件表面为细光时，如旁板等，可用 1 号或 1 ½号砂带（纸）进行细砂；工件表面要求不高时，如腿脚、档料等，可用 1 ½号或 2 号砂带（纸）进行粗砂。为了提高生产率和保证砂光质量，可采用二次砂光，即先粗砂后细砂，如常见的宽带砂光机为三砂架，各砂架是按砂带先粗后细排列。一般来说，材质松软的工件可选用号数较小的砂带（纸）；反之，应选择号数较大的砂带（纸）。如中等硬度的木材选用 1 号砂带（纸），硬材则选用 1 ½号或 2 号砂带（纸）。

一般应顺木纤维方向砂光，如果采用横木纤维方向砂光，砂粒会把木纤维割断，从而在零件表面留下横向条痕。但对于较宽的板面如全都是顺纤维砂光，则不易将表面全部砂光磨平，因此应横向和纵向砂光配合进行，先横向后纵向，从而将表面砂光磨平。目前所用的宽带砂光机一般采用砂架轻微地摆动，且砂带在轴向窜动，其目的是先横后纵进行砂光，提高砂光质量和防止跑偏、滑脱，以得到既平整又光洁的表面。

砂光机的砂削速度与进料速度是两个相关联的因素。当进料速度一定情况下，砂削速度的提高有利于提高零件表面质量；当磨削速度一定时，提高进料速度虽然有利于提高生产率，但是不利于提高零件表面质量。

表 5-10 常用砂带（纸）号与砂粒粒度号

名　称	代　号				
砂粒粒度	120	100	80	60	40
砂带（纸）号	0	1	1 ½	2	2 ½
用　途	精　砂———细　砂———粗　砂				

砂光机的砂带对零件表面的单位压力的大小直接影响砂光的磨削量，压力越大，会使砂粒过度地压入木材，磨削量就越大，留在零件表面的磨痕或沟纹也越深，表面也越粗糙；但压力过小，也会降低生产效率。

一般木材材质硬有利于其表面砂光，在相同条件下，硬材砂光后的表面较软材光洁。

为此，应进行砂光才能达到零部件表面光洁的要求。有时砂光也用来倒棱角或加工有些型面曲线。

复习思考题

1. 实木板材在加工之前，为什么要进行干燥处理？常见的干燥方法有哪些种类？如何正确选用？
2. 简述木材干燥过程和木材干燥速度的影响因素。
3. 试比较木材大气干燥与木材干燥窑干燥的原理、特点和应用。
4. 什么是配料？有何要求？配料方法有几种？各有何优缺点？
5. 什么是加工余量？其大小与加工精度及木材损失有何关系？如何才能尽量减少木材的加工余量？
6. 基准面及其相对面的加工可在哪些木工机床上完成？各有何优缺点？
7. 方材胶合有哪几种类型？简要说明各自的胶合工艺与所采用的设备。为什么要采用方材胶合工艺？
8. 影响方材胶合（或集成材）质量的因素有哪些？常采用哪些方法来加速胶合过程？简要说明高频介质加热的原理、特点及应用。
9. 净料加工包括哪些内容？简要叙述各在哪些木工机床上完成。
10. 简要说明下轴铣床（立铣）和上轴铣床（镂铣机）可进行哪些切削加工。

第6章
板式零部件加工

【本章重点】

1. 板式家具的特点和板式部件的类型。
2. 板材的配料工艺与设备。
3. 板材表面的贴面方法及其工艺特点。
4. 板件齐边与边部铣型加工工艺与设备。
5. 板件边部处理的方法与设备。
6. 板件钻孔要求与“32mm 系统”，钻孔的方法与设备。
7. 板件表面铣型与雕刻，表面修整与砂光。
8. 典型板式家具的生产工艺流程。

板式家具是指其主要部件由各种人造板作基材的板式部件构成，并以连接件接合方式组装而成的家具。在现代板式家具中，通常泛指 KD 拆装式家具、RTA 待装式家具、ETA 易装式家具、DIY 自装式家具以及“32mm 系统”家具等，其产品的构造特征是“（标准化）部件+（五金件）接口”。板式结构的家具是一种具有发展前途的拆装结构的制品，它具有独特的优点：

（1）节省天然木材、提高木材利用率　由于天然木材的供应越来越紧张，所以实木家具生产的发展受到了限制。板式家具生产所采用的主要原材料是通过木材综合利用而制得的各种人造板材，因而节省了木材，木材利用率高。如按实木框式结构的家具消耗木材量为 1 计算，则细木工板制成的板式家具所消耗的木材量为 0.6~0.7；以刨花板制成的板式家具所消耗的木材量为 0.4~0.6。

（2）减少翘曲变形、改善产品质量　框式家具的构件大多采用天然实木，由于温度和湿度的变化，实木板材往往容易发生胀缩、开裂、翘曲和接合松动等现象；而板式家具所使用的原材料大多是表面平整、厚度均一和具有一定强度的大幅面的人造板，因此材性稳定、变形较小，从而改善了产品质量。

（3）简化生产工艺、便于实现机械化流水线生产　与框式家具相比，板式家具不用各种复杂的撑档；板式部件加工，可省去厚度刨削加工、开榫等工序；板式家具的劳动消耗比框式家具的低 20%左右，生产周期可缩短约 25%；板式部件加工可先装饰后装配或直接包装，简化加工工艺，利于实现机械化、连续化、自动化、智能化流水线生产。

（4）造型新颖质朴、装饰丰富多彩　由于使用要求的不断提高，新材料、新技术和新工艺的不断应用，板式家具的造型也随之发生变化，由原来平整而光滑的人造板件逐渐向具有各种装饰图案和线型的板件发展，装饰材料丰富、款式新颖大方、造型变化多样。

（5）拆装简单、便于实行标准化生产、利于销售和使用　板式家具的主要单元是各种人造板的板式部件，部件间用连接件和圆榫接合，可以拆装和进行部件化的生产、储存、包装、运输、销售，占地面积小、搬运方便。因此便于统一规格，实行标准化、系列化、通用化和专业化生产，用较少通用规格的部件组装成多种形式和用途的家具，便于实现个性化定制和和柔性化生产；同时，消费者可购买这种部件化家具，自行看图装配，还可根据需要分期购买或随时变换室内的布置形式和家具类型。

正因为板式家具具有以上这些优点，所以它的出现很快引起人们的注意，并受到了普遍的欢迎。目前，板式家具发展很快，在材料、结构、造型、装饰和加工工艺等方面日趋成熟和完善。

6.1 板式部件的类型

目前，板式家具所用的板式部件的种类很多，从结构上可分为实心板件和空心板件两大类。这两类都是由芯层材料（基材）和饰面（贴面或覆面）材料两部分所组成的复合材料，其通常是三层或五层对称结构。

6.1.1 实心板件

目前，根据板材加工前的初期形式或开料裁板时的表面状况，实心板件又可分为实心素面板件和实心覆面板件。

（1）实心素面板件　是指直接采用刨花板、中密度纤维板、多层胶合板、单板层积材等各种人造板的素板，或用由实木条胶拼制成的集成材、细木工板，或用碎料模压制品等经过配制加工后制成的板式部件，又称素面板。

（2）实心覆面板件　是由实心基材和贴面材料两部分所组成的实心复合结构材料。其通常是三层或五层对称结构。

其中，基材是指被饰贴的底层材料，可以直接用刨花板、中密度纤维板、多层胶合板、单板层积材等各种人造板，也可以是由实木条胶拼制成的集成材、细木工板或碎料模压制品等。表面形状有平面和曲面（及型面）之分。

贴面材料按材质的不同可分为：木质的有天然薄木、人造薄木、单板等；纸质的有印刷装饰纸、合成树脂浸渍纸、合成树脂装饰板（防火板）等；塑料的有聚氯乙烯薄膜、奥克赛薄膜等；其他的还有各种纺织物、合成革、金属箔等。贴面材料主要具有表面保护和表面装饰的作用。不同的贴面材料具有不同的装饰效果。装饰用的贴面材料，又称饰面材料，其花纹图案美丽、色泽鲜明雅致、厚度较小。表面有贴面材料的实心板，称为贴面板，又称饰面板，如浸渍胶膜纸饰面纤维板和刨花板、浸渍胶膜纸饰面胶合板和细木工板。图6-1所示为常见的实心板（细木工板、饰面刨花板或饰面中密度纤维板）。

图6-1　实心板

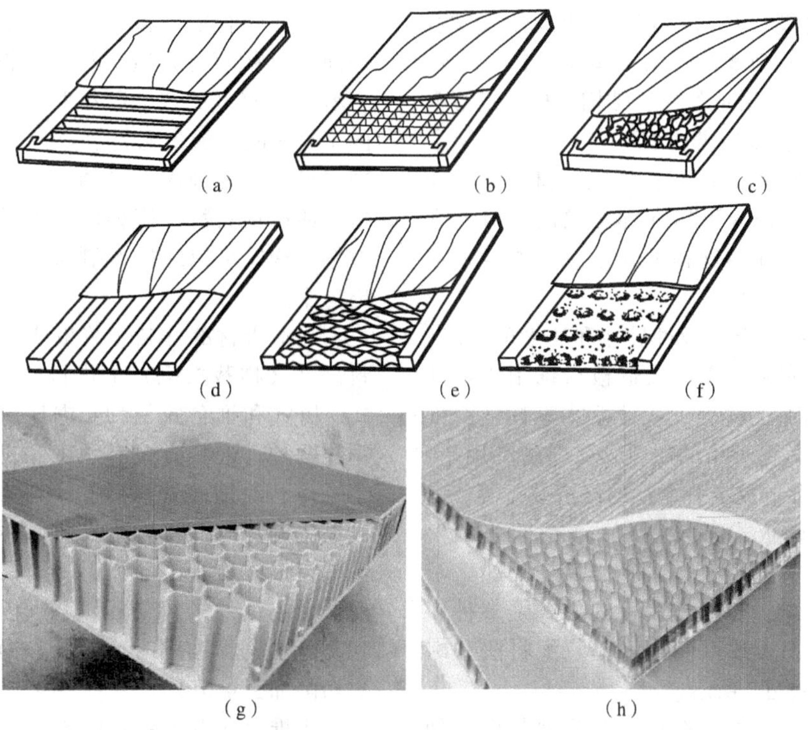

图 6-2　空心板

(a) 栅状空心板　(b) 网格状空心板　(c) 蜂窝状空心板　(d) 瓦楞状空心板
(e) 波状空心板　(f) 泡沫状空心板　(g) 纸质蜂窝板　(h) 铝质蜂窝板

6.1.2　空心板件

空心板是由轻质芯层材料（空心芯板）和覆面材料两部分所组成的空心复合结构材料。图 6-2 为常见的空心板类型。

在空心板中，芯层材料主要是使板材具有一定的充填厚度和支承强度。通常家具生产用空心板的芯层材料多由周边木框和空心填料组成，周边木框的材料有实木板、刨花板、中密度纤维板、多层胶合板、集成材、层积材等。空心填料的材料与形状主要有木条栅状、板条格状、薄板网状、薄板波状、纸质蜂窝状、铝质蜂窝状、轻木茎秆圆盘状等。

在空心板中，覆面材料既可起结构加固作用，也可起表面装饰作用。它是将芯层材料纵横向联系起来并固定，使板材有足够的强度和刚度，保证板面平整充实美观，具有装饰效果。常用的覆面材料是胶合板、中密度纤维板、硬质纤维板、刨花板、装饰板、单板与薄木、多层板等硬质材料。在实际生产中，使用哪一种覆面材料，要根据空心板的用途和芯层结构来确定。通常家具和室内中高档门板用空心板的覆面材料多采用胶合板、薄型中密度纤维板、薄型刨花板等，只有受力、易碰的空心板部件如台板、面板等，才用五层以上胶合板、多层板和厚中密度纤维板、厚刨花板覆面。如果仅采用蜂窝状、网状或波状空心填料作芯层，覆面材料最好采用厚胶合板、中密度纤维板和刨花板等；也可为两层，内层为中板，采用旋切单板，外层为表板，采用刨切薄木，这样覆面材料的两层纤维方向互相垂直，既省工又省料；覆面材料也可以合成树脂浸渍纸层压装饰板（又称塑面板）。室内中低档空心门板、活动房板式构件常用硬质纤维板作覆面材料。

6.2　配　料

6.2.1　实心基材的配料

6.2.1.1　人造板基材的配料

（1）人造板基材的选择　为保证装饰的质量和效果，基材都应进行严格的挑选，并对基材提出一定的要求。在选用人造板材时，除了要求了解和掌握各种人造板材的材性与特点之外，还必须根据板件的用途和尺寸来合理选择人造板的种类、材质、厚度和幅面规格等。一般说来，表面需要进行饰面处理的人造板基材都要具有一定的强度及耐水性；含水率要均匀，一般为 8%～10%；厚度均匀一致，偏差要小；表面平滑、质地均匀；结构对称，平整不翘曲；特殊要求的还须防火阻燃等。

（2）人造板材的锯截（又称开料、裁板） 各种人造板基材的饰面处理既可以在标准幅面板材上进行，也可以根据板式部件规格的大小，首先经过锯截加工，再进行饰面处理。

人造板材的锯截是指按板件尺寸和质量的要求，将各种人造板基材或贴面实心人造板材锯制成各种规格和形状毛料的加工过程。它是板式家具生产中的重要工段，直接影响产品的质量、材料的利用率、劳动的生产率、产品的成本和生产的经济效益等。

目前，在我国的板式家具生产中，由于受到生产规模、设备条件、技术水平、加工工艺及加工习惯等多种因素的影响，开料或裁板的方式是多种多样的。但总的看来，大致可归纳为单一配料法和综合配料法两种，如图 6-3 所示。

单一配料是指在一块人造板材上只锯截出一种规格的毛料，其技术简单、生产效率较高，但板材利用率较低、材料浪费大；综合配料是指在一种幅面的人造板材上锯截出几种不同规格的毛料，其材料利用率高、能保证配料质量，但操作技术水平要求较高。实际生产中，一般都是采用综合配料法。在锯截基材或素板时不必考虑纤维方向和天然缺陷，只要按人造板幅面和部件尺寸编制出合理的开料方案或裁板图，做到充分利用原材料。

裁板图是在标准幅面的人造板材上的最佳锯口位置图或毛料配置图。它是根据人造板幅面规格、板式部件尺寸、锯口宽度和所用设备的技术特性来拟定的，力求在被锯截的幅面上配置出最多的毛料。编制装饰胶合板或薄木、木纹装饰纸或塑料薄膜等饰面材料贴面的人造板材的裁板图时，还需要注意毛料在幅面上配置的纤维和图案方向。为了在较短的工作时间内配足毛料数量，并使材料利用率最高、损失最少，常采用先进的电子计算机或微电脑处理机，通过建立数学模型确定出最佳开料或裁板锯截方案，这样可以缩短编制裁板图的时间，提高毛料出材率。

人造板材的开料、裁板或配料通常是在各种开料锯（又称裁板机）上进行的。开料锯的形式有立式、卧式和推台式三种；锯片的数量有单锯片和多锯片两种；进料方式有手工和机械两种。为了适应于锯截已经贴面处理后的实心人造板材，大多数锯机在主锯片的底部都装有刻痕锯片，可以在锯截前预先在板材的下表面锯出一道深 2～3 mm 的刻槽，然后再由主锯片进行最后锯切，以保证锯口光滑平整和防止主锯片锯割时产生下表面撕裂、崩茬（见板边切削加工章节）。

推台式开料锯

①推台式开料锯：图 6-4 所示为常用的推台式开料锯，又称为精密开料锯、精密裁板锯、板料圆锯机、导向圆锯机（导向锯）等。该机床上装有刻痕锯片和主锯片。目前，国产的有 MJ45、MJ6128、MJ613、MJ6130、MJ6132、MJ614、MJ1125、MJ6125 等；进口的有 F45 和 F90（德国）、S1 和 SW3（意大利）等；合资的有 F92 和 F90T（秦皇岛“欧登多”）等。这类开料锯按其主要功能可分为三种类型：一种是只能锯直边，如 F90、F92 型；另一种是通过锯片在垂直平面内可进行 0°～45° 的倾斜调整来锯出斜边，如 F45、F90T 型；第三种是借助于刻痕锯片的自动升降来用于锯

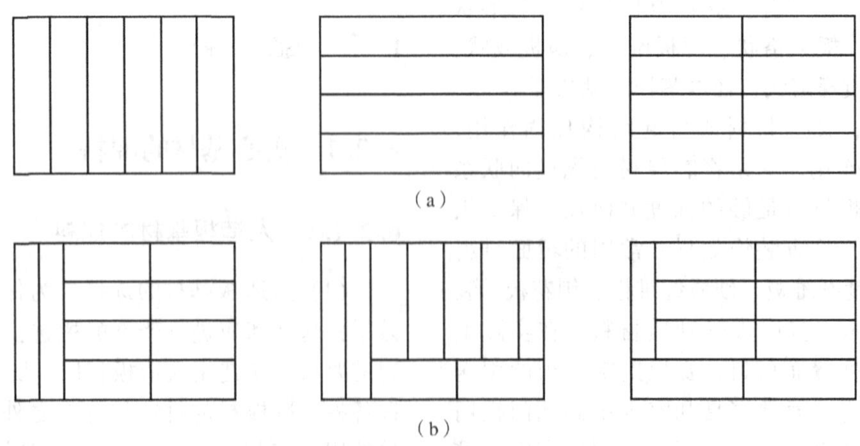

图 6-3 人造板材的配料（开料或裁板）方案

（a）单一配料法 （b）综合配料法

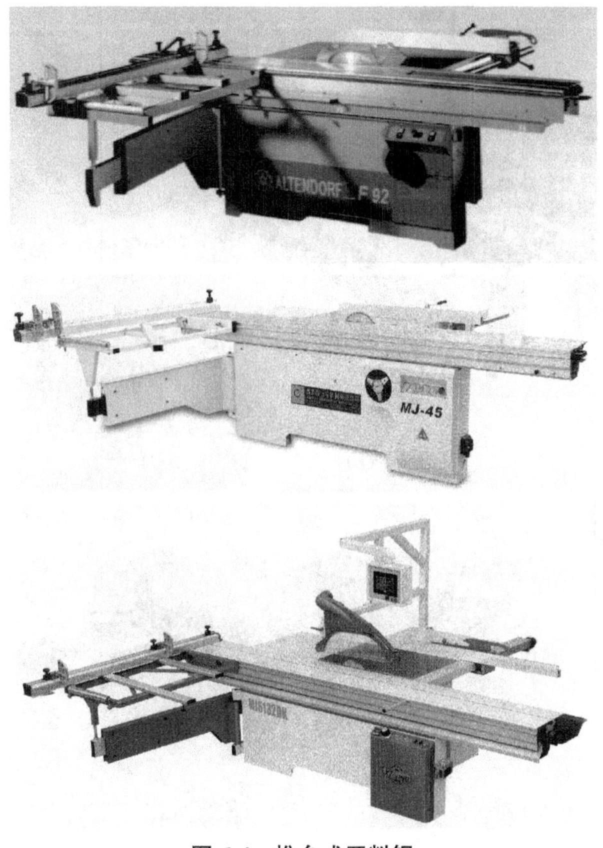

图 6-4 推台式开料锯

裁后成型构件的型边下部，以确保型边下部的锯切质量。推台式开料锯是国内大多数中小型家具生产厂广泛使用的锯机。锯机上有活动推台，使用时把所需锯截的板材放在推台上压紧，然后沿导轨用手慢慢推送进料，锯出一定规格的板材。

②电子开料锯：图 6-5 所示为锯片往复式开料锯，又称为电子裁板锯等。目前，根据上料形式，电子开料锯有前上料的开料锯，国产的如 MJ6225、NP330B、EP270/330/380 等，进口的如 HPP180 等，如图 6-5（a）~（e）所示；后上料的开料锯，国产的如 EP330H，进口的如 HPL380PC、HPL430/43/22 等，如图 6-5（f）~（h）所示；以及最新带智能机械手进料的电子开料锯，如进口的 HPS 320 flexTec 等，如图 6-5（i）所示。电子开料锯是由主锯片和刻痕锯片、微处理机控制箱和气动压紧器等组成。主锯片和刻痕锯片都安装在活动锯架上，在不进行加工时，锯片位于工作台下面，当板材送进并定位和压紧后，锯片即升起移动，对板材进行锯切，锯切完成结束时，锯片又降到工作台下面并退回到起始位置，图 6-5（j）所示为电子开料锯的夹具与加工形式。

③纵横电子开料锯：目前主要有纵横联合电子开料锯、多锯片纵横电子开料锯和单锯片纵横电子开料锯三种类型，如图 6-6 所示。

第一种是进口的纵横联合电子开料锯：如图 6-6（a）所示的 HKL430/43/22 型 CNC 控制全自动电脑数控板材纵横开料锯，由两台电子开料锯联合组成，一次上料（进料）就可实现对板材进行自动纵横向裁板或开料，最大加工尺寸为 4300mm×2200 mm，最大锯片引伸高度 125 mm，配电动液压控制自动升降进料系统和联线式首切齐边系统，适合于大批量生产。

第二种是多锯片纵横电子开料锯：如图 6-6（b）所示，又称为数控裁板锯等。它是由一个横锯几个纵锯或一个纵锯几个横锯组成，并装有电脑数控自动下料，操作者把希望得到的板件规格尺寸和数量以及原板材幅面尺寸输入电脑，经过计算处理，将几种不同方案的参数输出在屏幕上显示出来，操作者可选择自己满意的方案，编好程序后输入电脑，电脑便可发出指令控制机床自动完成锯截任务。在该种锯机上，将板材一次送进后，纵横锯片同时锯切加工成所规定的毛料尺寸，生产效率非常高，锯切表面质量好，因而也适用于大批量生产。

第三种是单锯片纵横电子开料锯：如图 6-6（c）所示，它具有可使单锯片作纵向和横向移动的锯架，完成相互垂直方向的锯截，也可以转成规定角度作倾斜锯解。锯解时板材固定，刀架按锯截方案作纵横向移动并进行加工。

④立式开料锯：如图 6-7 所示。圆锯片直接由电机带动，整个锯架由另一电机带动链轮传动，沿着导轨上下移动。机架下部带有刻度尺，由定位挡板控制规格尺寸。这种设备具有较高的精度和较高的生产能力，而且占地面积小。有的立式开料锯带有刻痕锯片，有的没有。立式开料锯通常是纵横双向都可锯裁的。但这种设备的价格要比导向锯贵。

⑤数控开料加工中心：又称数控开料机、数控排钻开料中心，如图 6-8 所示，是集自动定位、垂直打孔、开槽铣型（或雕刻）、优化开料等功能于一体的数控加工中心，配备刀具库或不同刀具轴，可减少换刀时间以及加工异型，并对接设计与加工软件，自动排版优化下料，是目前灵活性、性价比、生产效率和板材利用率都比较高的一类数控开料机，能真正实现个性化定制生产。图 6-8（a）为单工位数控开料机，可选配自动上下料平台；图 6-8（b）为双工位数控开料机，双工位不间断上下料、开料，工作效率大幅提高；图 6-8（c）为具有自动上料、优化开料、垂直打孔、自动下料、条码机自动打印条码、人工

数控开料加工中心

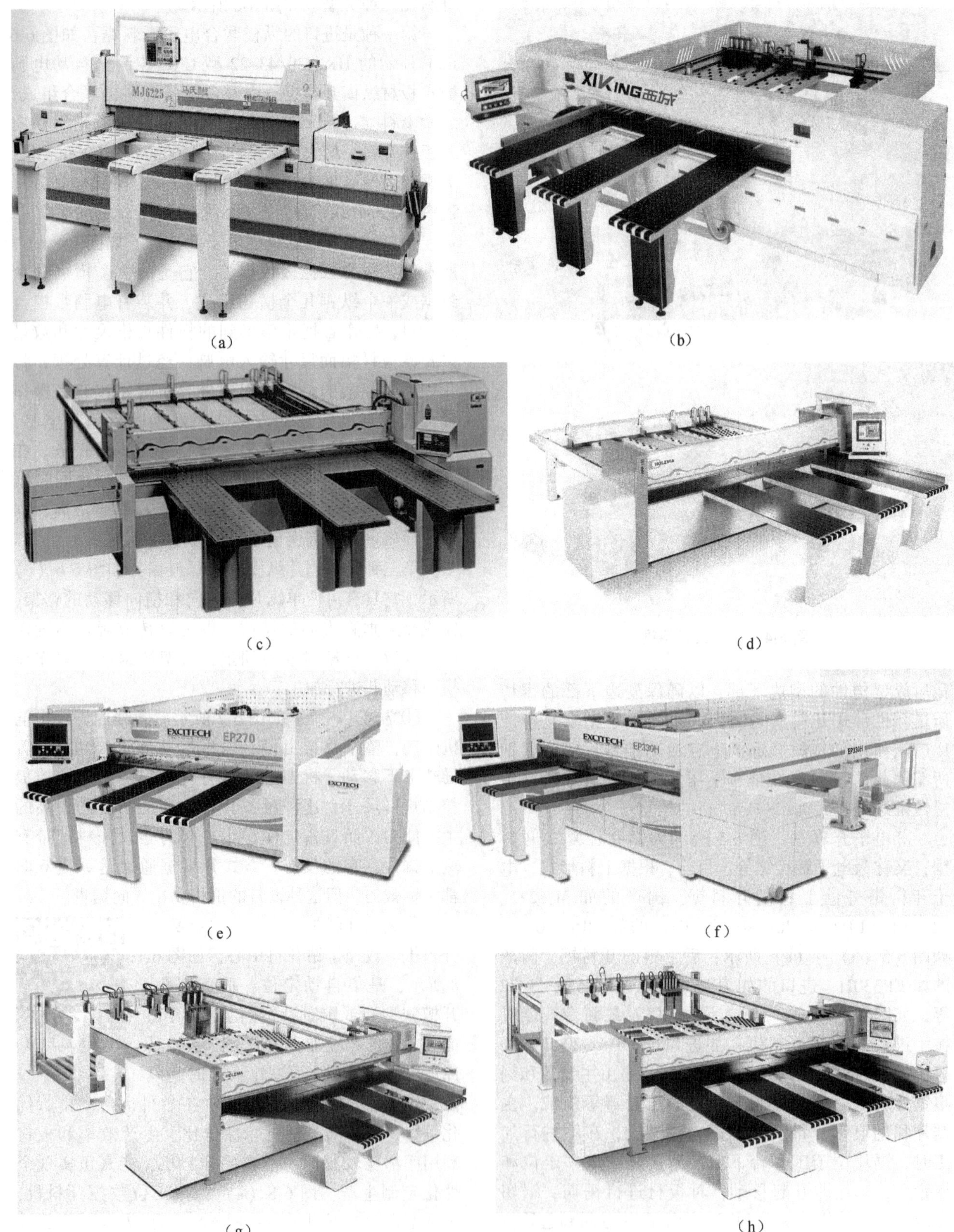

(a) (b) (c) (d) (e) (f) (g) (h)

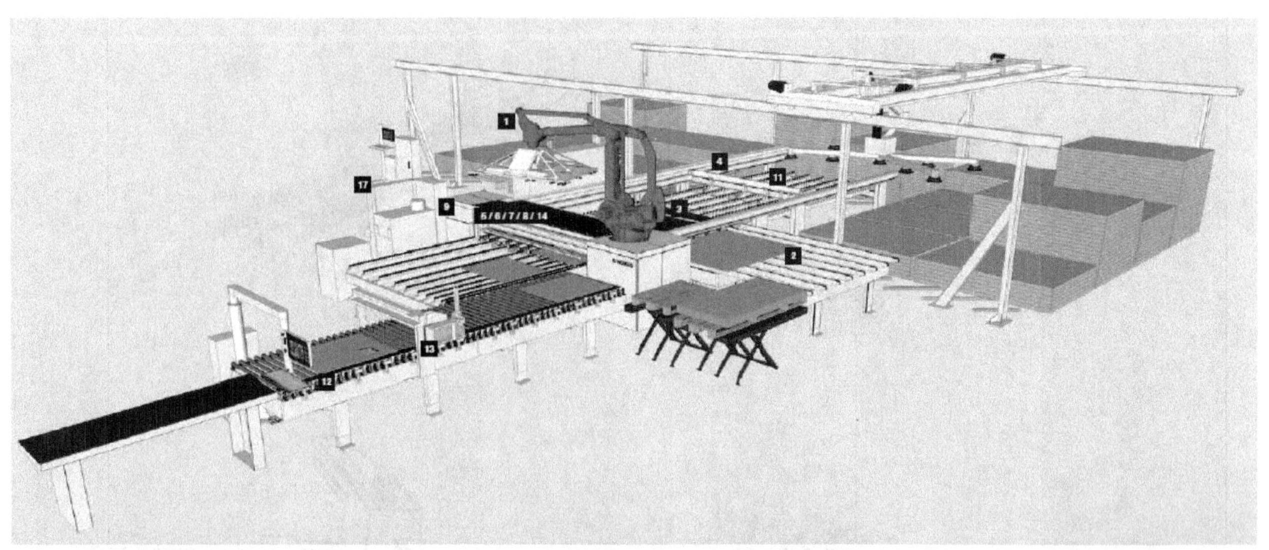

（i）

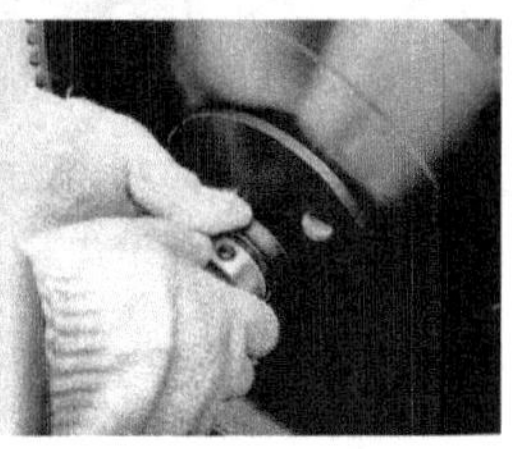

（j）

图 6-5 锯片往复式开料锯

（a）～（e）前上料的电子开料锯 （f）～（h）后上料的电子开料锯
（i）智能机械手进料的电子开料锯 （j）电子开料锯的夹具与加工形式

贴码等功能一体的数控开料机；图 6-8（d）为具有自动上料、自动贴条码、优化开料、垂直打孔、自动下料等功能一体的数控开料机。

人造板配料时所用的圆锯片有普通和硬质合金两种。普通碳素工具钢圆锯片容易磨损变钝，要经常更换锯片，并且加工表面不光洁。硬质合金圆锯片由于镶齿边缘加宽，锯片刚度增加，振动较小，切削加工表面光洁，锯齿耐磨，换锯次数大大减少，从而提高了劳动效率。采用硬质合金锯片，可比普通锯片延长使用寿命 10 倍以上。所以，人造板材的

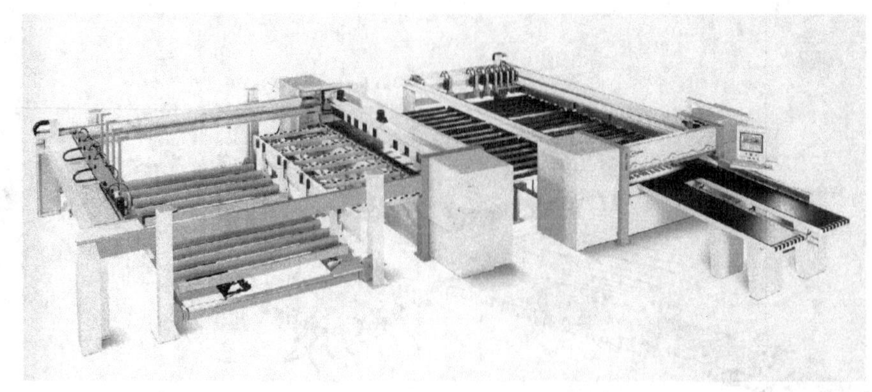

(a)

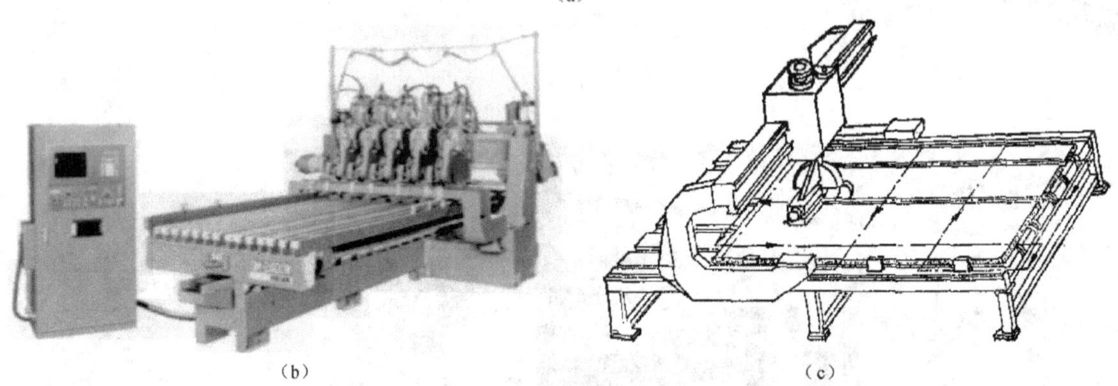

(b) (c)

图 6-6 纵横电子开料锯

(a) 纵横联合电子开料锯 (b) 多锯片纵横电子开料锯 (c) 单锯片纵横电子开料锯

图 6-7 立式开料锯

配料一般采用硬质合金锯片。常用的硬质合金锯片的直径为 300~400mm，切削速度为 50~80m/s，锯片每齿进料量决定于被加工的材料，锯刨花板时为 0.05~0.12mm，锯纤维板时为 0.08~0.12mm，锯胶合板时为 0.04~0.08mm。

由于人造板材结构均匀，无天然缺陷，所以可以多张板重叠起来同时锯截，锯截加工厚度可达 60~120mm。一般厚度为 19~22mm 的刨花板、中密度纤维板、多层胶合板等，可以每次同时加工 2~6 张；纤维板、胶合板等可以每次同时加工 4~20 张，以提高配料效率。

(3) 人造板基材的拼接　家具生产中，对于厚度或幅面尺寸较大的板件，一般常采用刨花板、中密度纤维板或多层板等基材及其短小边料通过胶合的方法层积或拼接后，再进行锯截而成。

(4) 人造板材的厚度校正（砂光）　人造板基材的厚度尺寸总有偏差，往往不能符合饰面工艺的要求。在锯截成规格尺寸后装饰贴面之前，必须对基材进行厚度校正加工，否则会在贴面工序中产生压力不均、表面不平和胶合不牢等现象，在单层压

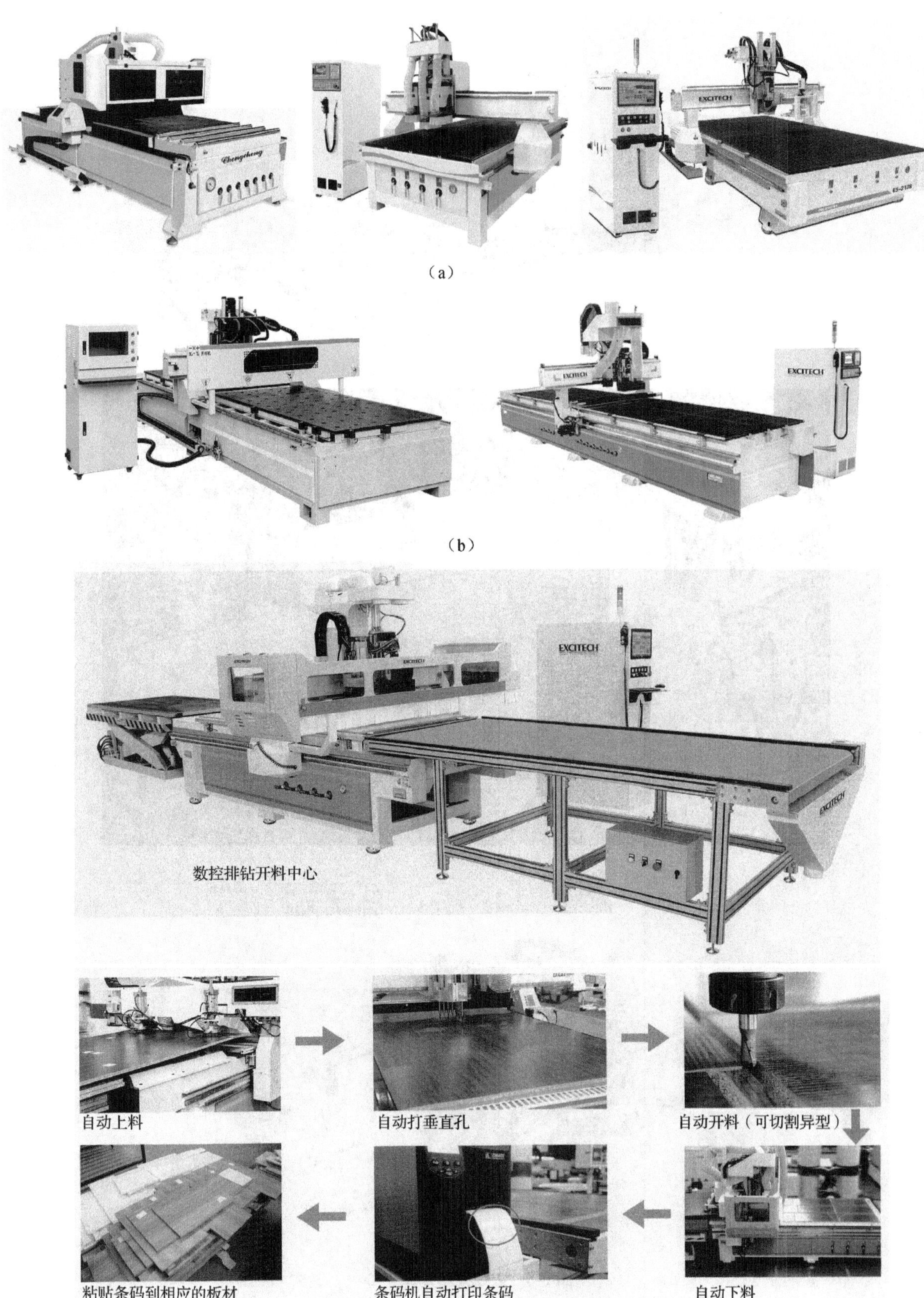
Chengcheng
EXCITECH
EXCITECH
EXCITECH
EXCITECH
数控排钻开料中心
自动上料
自动打垂直孔
自动开料（可切割异型）
自动下料
条码机自动打印条码
粘贴条码到相应的板材

（a）

（b）

（c）

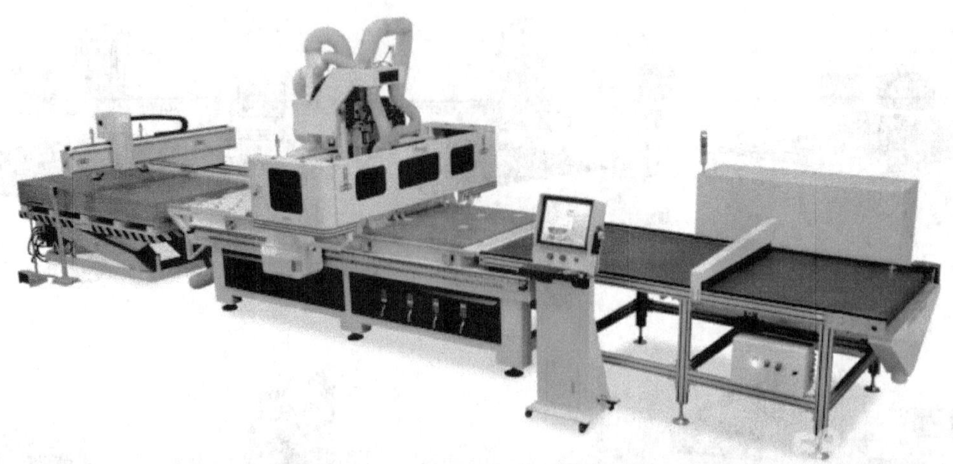

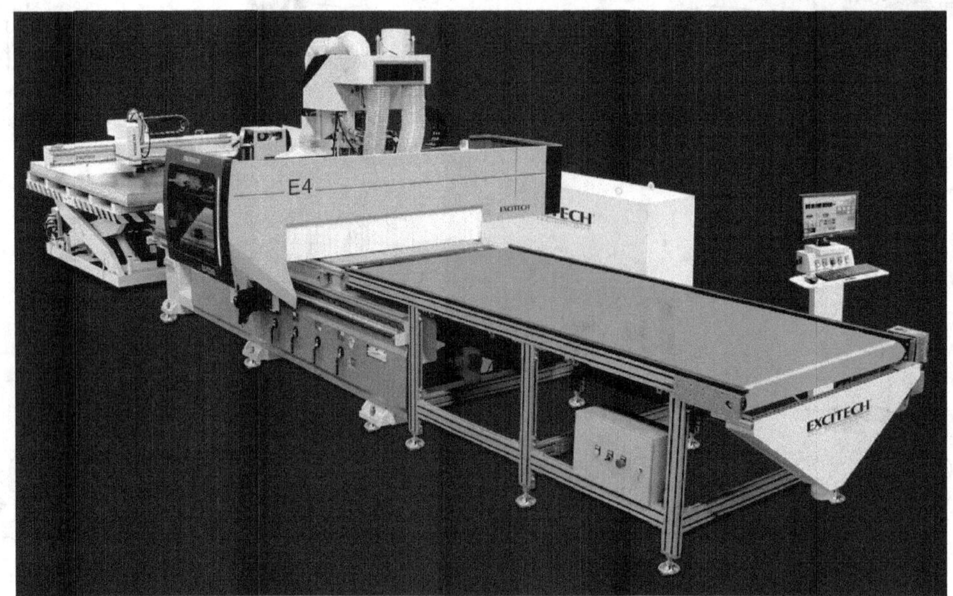

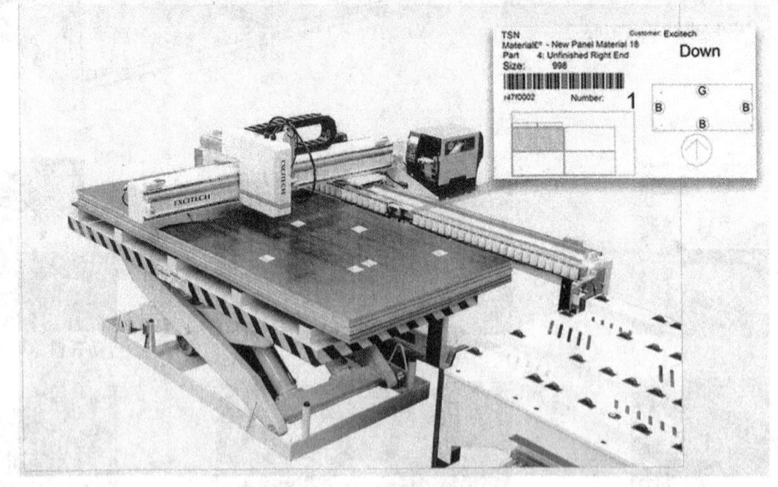

(d)

图 6-8　数控开料加工中心

(a) 单工位数控开料机　(b) 双工位数控开料机

(c) 自动上下料数控开料机　(d) 自动上下料及自动贴条码数控开料机

机中贴面时，基材厚度公差不许超过0.1mm。

基材厚度校正加工的方法常用带式砂光机（水平窄带式或宽带式）砂光，近年来普遍使用宽带式砂光机，它的作用主要是校正基材厚度、整平表面和精磨加工，使基材达到要求的厚度精度，加工质量较高。宽带式砂光机有单砂架（带）式、两砂架（带）式、三砂架（带）式、多砂架（带）式等。根据砂带位置不同可分为上带式和下带式。小批量生产时用一台宽带式砂光机，磨光一面后，人工翻板，送回进料处再磨光另一表面。大批量生产时可以将上带式砂光机和下带式砂光机配合使用，或者用双面宽带式砂光机加工。一般砂带用100~240号，以保证表面平整度。

基材表面砂光后的粗糙度应按贴面材料种类与厚度来确定，基材表面允许的最大粗糙度不得超过饰面材料厚度的1/3~1/2，一般贴刨切薄木的基材表面粗糙度 R_{max} 不大于200μm，贴塑料薄膜的基材表面 R_{max} 不应大于60μm。贴表面空隙大的基材如刨花板和贴薄型材料时应采用打腻或增加底层材料的方法来提高表面质量。

人造板基材经砂光后应尽快贴面，以免表面污染，影响贴面胶合。

6.2.1.2 细木工芯板的制备

细木工板是将厚度相同的木条，顺着一个方向平行排列拼合成芯板，并在其两面各胶贴一层或两层单板而制成的实心覆面板材。其结构尺寸稳定，不易开裂变形，加工性能好，强度和握钉力高，是木材本色保持最好的优质板材，广泛用于家具生产和室内装饰，尤其适于制作台面板部件和结构承重构件。细木工芯板的制作工艺和加工精度对细木工板的质量有着密切关系。

（1）芯板的材种与要求　芯板的材种多为针叶材或软阔叶材等低密度软材树种，常用的有松木、杉木、杨木等。软材容易加工、芯条容易压平、木材干缩变形小、板材质量轻。不同的树种或材性不相近的树种不可混杂在同一块芯板中。

芯板厚度占细木工板总厚度的60%~80%，并且厚度要一致。拼成芯板的芯条，通常采用厚宽比为1:(1.5~2)的木条比较适宜，而且芯条的厚度公差为±0.2mm左右，以免胶拼后产生翘曲变形和板面不平。芯条必须经过干燥处理，其含水率为6%~12%。

（2）芯条的制造　芯条的加工与实木方材零件的加工相同，其主要工艺过程为：

原木（小径木、边小短料）⟶制材⟶干燥⟶刨光⟶纵解⟶横截⟶芯条

（3）芯板的胶拼与刨（砂）光　芯条拼成芯板有两种方法，一种是把芯条横向侧边涂胶拼合成一定规格尺寸的芯板，然后再进行表面的刨光或砂光处理，使芯板厚度均匀一致；另一种是芯条不预先胶拼，直接排成芯板。胶拼芯板的胶拼工艺与实木方材宽度上的胶拼工艺相同。

6.2.2 空心芯板的制备

空心芯板通常是指木框或木框内装有空心填料，一般称为“有框空心板”；没有木框的一般称为“无框空心板”。目前，在板式家具生产中，已开始采用“无框蜂窝板”。

6.2.2.1 周边木框的制备

周边木框可由实木板或刨花板、中密度纤维板、多层胶合板、层积材等制得，也可采用方材胶合的方法，将这些材料的短料接长或窄料拼宽而成。周边木框应尽量采用同一材料或同一树种的干燥木材，以保证产品形状与尺寸的稳定。木框尺寸根据产品设计的部件尺寸来确定，尤其是实木边框的宽度不宜过大，以免翘曲变形。一般边框宽度为30~50mm。

实木框条的加工与实木方材零件的加工相同，其主要工艺过程由双面刨光、纵向锯解和横向精截等加工工序组成。人造板框条的加工工艺过程比较简单，一般是先纵向锯解成条状，再横向精截成一定长度即可。

周边木框的接合方式常用的有闭口直角榫接合、开口（直角榫或燕尾榫）榫槽接合和“冂”形钉（扣钉、骑马钉或扒钉）接合等三种，如图6-9所示。闭口直角榫接合的木框，接合牢固，框条间相互位置比较精确，但需要在装成木框后再次刨平，以去除纵横框条或方材间的厚度偏差。榫槽接合的木框，刚度较差，但加工方便，只要在纵向框条上开槽，横向框条上开榫，无须再刨平木框即可直接组框配坯。“冂”形钉接合的木框最为简便，经加工后的两端平直的纵横实木框条，直接可用气钉枪钉成木框。家具生产中，当用刨花板、中密度纤维板或多层板等人造板框条制作木框时，一般采用这种接合方式组框（又称敲框或合框）即可；对于厚度或幅面尺寸较大的木框也有采用层积或拼接胶合的方法制备。

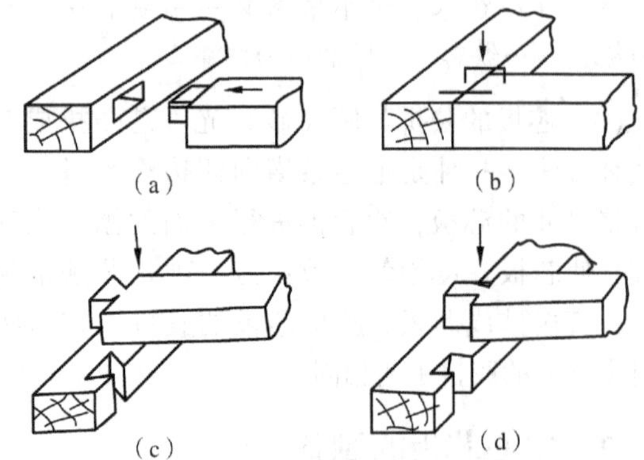

图 6-9　木框的接合方式

(a) 闭口直角榫接合　(b) "⊓" 形钉接合
(c) 开口燕尾榫接合　(d) 开口直角榫接合

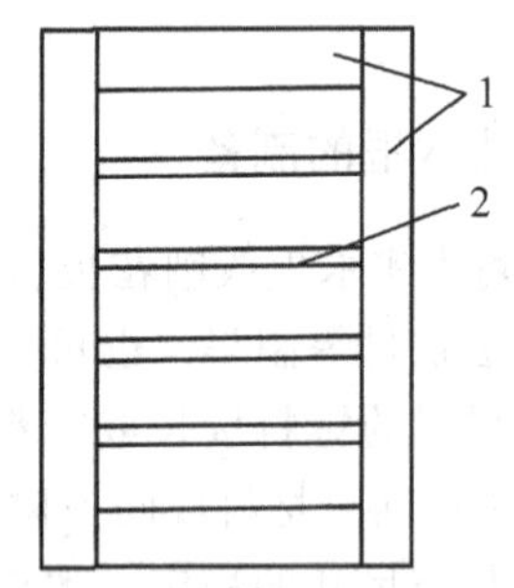

图 6-10　栅状填料

1. 边框框条　2. 撑档（衬条）

6. 2. 2. 2　空心填料的制备

空心填料主要有栅状、格状、网状、波状、蜂窝状、圆盘状等多种形式。

(1) 栅状填料　利用条状实木板条或人造板条等材料作周边木框的内撑档（又称内衬条），如图 6-10 所示。它与周边木框纵向或横向框条间也可以采用闭口直角榫接合、开口榫槽接合和"⊓"形钉接合。前者适用于单面覆面（单包镶），后两种适用于双面覆面（双包镶）。

采用栅状芯层材料制成的空心板（或包镶板）是一种使用较广的空心板材。其中，双包镶板平整美观，板材稳定性好，要求较高的产品一般都采用双包镶；在要求较低的产品中，作一面外露的部件如厨柜的侧板等可采用单包镶。包镶用的覆面材料常采用胶合板或硬质纤维板，而不能用单板与薄木或装饰板。

撑档（或衬条）的加工工艺过程与周边木框框条的工艺相同，并且与周边木框应尽量采用同一材料或同一树种的干燥木材，宽度也不宜过大，一般比边框要小，以减少翘曲变形。双包镶撑档（或衬条）的宽度为 10~20mm；单包镶撑档（衬条）的宽度为 25~35mm。

撑档的间距要根据覆面材料的厚度和空心板的使用要求来确定。覆面材料薄时，撑档间距不能太大，否则覆面后板件表面容易出现凹陷或"排骨档"现象；覆面材料厚时，撑档间距可以大一些，即撑档数目可以少些；承重受力的空心板件（如台桌面、椅凳面等）的撑档间距要小些。通常的撑档间距见表 6-1。此外，撑档的数量和位置还应与整个产品的结构相配合要根据空心板部件结构和接合要求来加设撑档或撑块，例如，空心门扇上镶锁的部位要有撑档和木方，装玻璃的部位周边不要露出木材端头。

(2) 格状填料　利用标准幅面大规格胶合板或硬质纤维板以及其边角余料作原料，经裁条、截断、刻口加工、纵横交错插合成卡格状空心填料，如图 6-11 所示。其加工使用设备简单，制造方便。

① 胶合板或硬质纤维板（包括边角余料），首先通过多锯片纵解圆锯锯解成宽度一致的小板条，小板条的宽度应和木框的厚度相等或大于其厚度 0. 2mm。硬质纤维板边部松软部分不能使用，裁条时应该去掉；胶合板条要顺表面纤维方向锯解，做成顺纹板条使用，因为横纹板条组成芯板后胶合强度低，一般不常使用。

② 小板条裁好后，按芯板的规格尺寸要求在横截圆锯上截断，成为长度与木框内腔相应的短板条，为了组坯方便，一般板条长度要比木框内腔尺寸小 10~20mm。

③ 接着将规格板条叠成摞送入多片圆锯进行刻口加工。刻口深度要比板条宽度的一半大 1mm 左右，以保证所有板条都能卡下去，不会出现格状填料高低不平、厚薄不均。刻口宽度应和板条厚度一致，宽度过窄时，卡格后板条会翘曲；过宽时，组成的

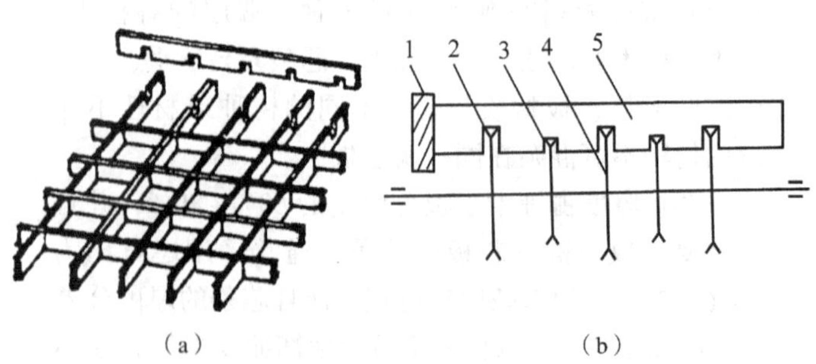

图 6-11　格状填料

(a) 卡格形式　(b) 卡条刻口加工
1. 靠板　2. 卡口　3. 透气孔　4. 锯片　5. 板条

表 6-1 木框内撑档（衬条）的间距 mm

空心板种类	覆面材料	撑档间距	应用部位	使用要求	最大撑档间距
单面覆面（单包镶）	三层合板	≤90	桌柜面板	一般部件	130~160
	三层合板	≤130	一般部件		
	五层合板	≤110	桌柜面板	受力部件	110
	五层合板	≤160	一般部件		
双面覆面（双包镶）	三层合板	≤75	桌柜面板、门板	一般部件	90~110
	三层合板	≤90	一般部件		
	五层合板	≤100	桌柜面板、门板	受力部件	90
	五层合板	≤150	一般部件		

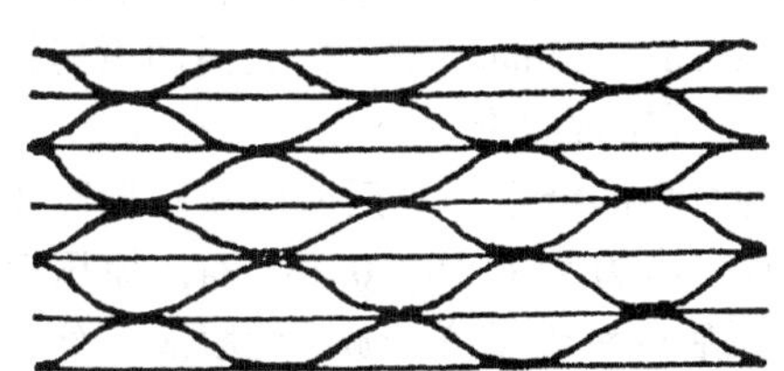

图 6-12 波状填料

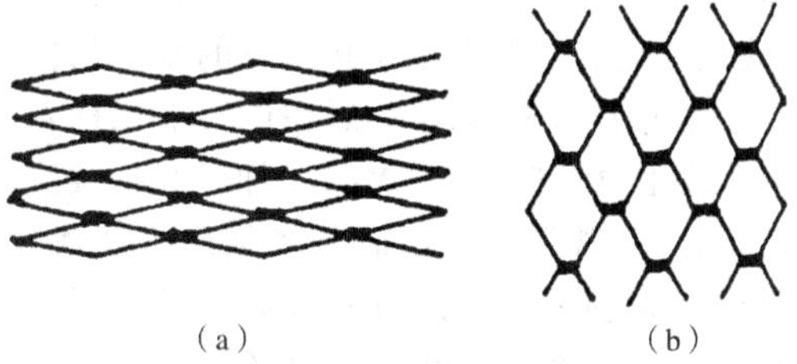

图 6-13 网状填料

（a）单板与单板条 （b）纸与单板条

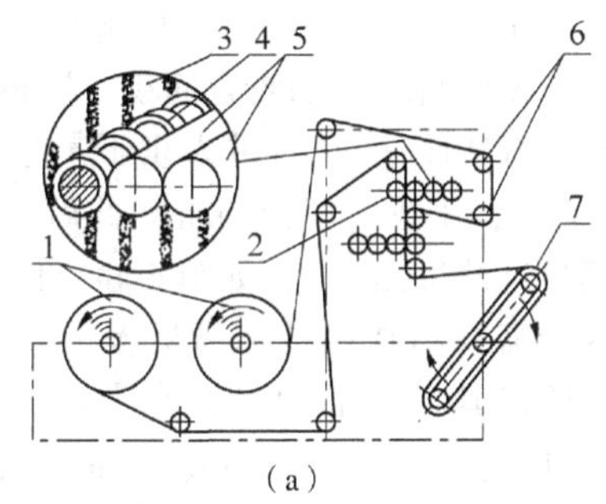

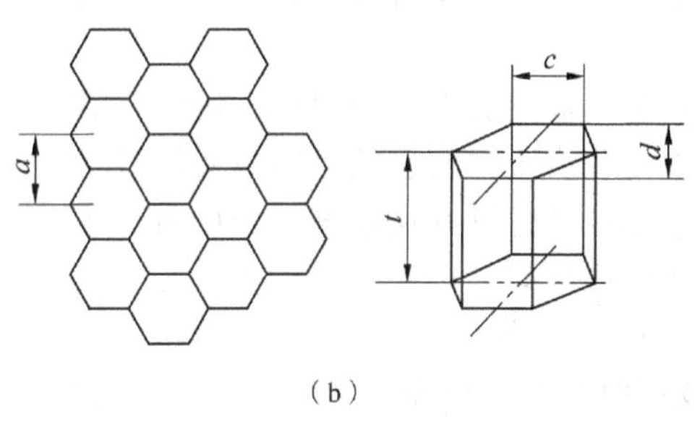

图 6-14 蜂窝状填料（蜂窝纸芯）

（a）蜂窝纸机 1. 原纸卷 2. 压辊 3. 原纸 4. 涂胶辊 5. 托胶辊 6. 导向辊 7. 卷纸机构

（b）蜂窝纸芯 *c*. 蜂窝边长 *d*. 蜂窝内径 *t*. 蜂窝纸芯高度 *a*. 蜂窝孔距

格状填料松软不紧，不易拿放。刻口间距（即方格尺寸）要根据产品质量要求和覆面材料的厚度来确定，一般刻口间距不得大于覆面材料厚度的 20 倍。在产品质量要求高、覆面材料薄时，刻口间距或方格尺寸要小些，一般用三层胶合板覆面的空心板制作家具时，其方格尺寸为 50mm×50mm；用三层胶合板或硬质纤维板覆面的空心板制作空心门或活动板房构件时，其方格尺寸为 50mm×50mm、60mm×60mm 或 50mm×120mm 等。为了热压覆面时能够透气，在刻口的同时最好也刻出透气口，透气口的深度为 5mm。

④ 最后将刻口板条按要求纵横交错插合成卡格状填料，自由放入木框内，并用木槌轻轻敲平即可。

（3）波状填料 利用旋切单板压成波纹状，单板厚度为 1.5~2.2mm，含水率为 8%~10%。为了增加单板强度，在两面可贴上牛皮纸，放在波状压板模具间弯曲干燥定型，波纹长度均为波纹高度的三倍。然后把波状单板与平单板交替配置，相邻层波状单板方向相反地胶合，胶合后再按芯层材料（芯板）厚度锯开即为波状填料，如图 6-12 所示。

（4）网状填料 利用单板与单板条或纸与单板条纵横交错间隔排列胶合成网状。其工艺流程如下所示：

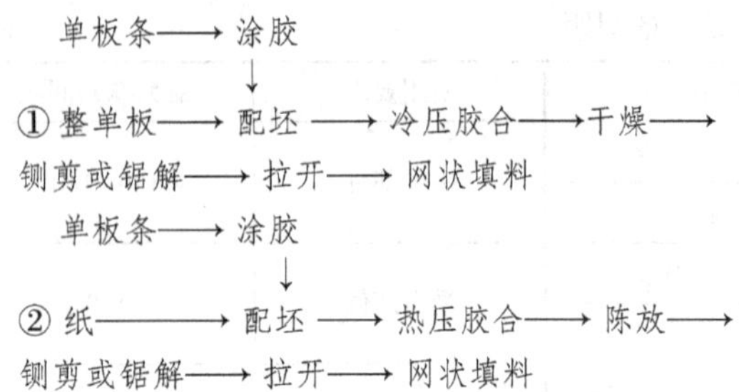

当采用单板与单板条胶合成网状填料时，成张单板的长度与木框内腔长度一致，而条状单板的宽度为20~25mm。制作时，将单板条两面涂胶并按一定间距放在成张单板之间，相邻层单板条位置互相错开，如此循环交替。所放单板层数，由芯层材料（芯板）宽度决定，一般在压缩状态下的宽度与拉开后的宽度之比为1∶(3~4)。然后在压力下保持到胶液固化，单位压力为0.4~0.8MPa（加压面积按涂胶单板面积计算），放置时间由胶种和加压方式决定。胶合后的板坯先刨平一侧，加工出基准面，再在铡板（剪切）机上按芯板厚度要求铡（剪）开，也可以在圆锯机或带锯机上锯开，如果锯解后的尺寸精度达不到要求时，需要用刨床加工侧面。最后把加工好的板坯拉开即成网状填料，如图6-13（a）所示。

当用纸和条状单板组成空心填料时，用纸代替成张单板铺放在工作台上，两层纸之间放有涂胶的单板条，相邻层单板条位置互相错开，最后再放上一层纸，装在金属垫板间，送入压机加压胶合，其工艺条件如下：单位压力0.6~1.4MPa，加热温度100~130℃，胶压时间按板坯厚度计算（每1mm按0.5min计算），胶压后放置3h以上，再送入铡剪或锯解工序，按芯板厚度要求加工并拉开成为网状填料，如图6-13（b）所示。

（5）蜂窝状填料（蜂窝纸芯）　利用100~140g/m^{2}的牛皮纸、纱管纸、草浆纸作原料，在纸正反两面作条状涂胶，涂胶宽度与条间距离相等，缠绕成卷，加压保持，在切纸机上按芯板厚度切成条状，经张拉定型后形成排列整齐的六角形蜂窝状填料，其工艺流程如下所示：

原纸 → 涂胶 → 卷纸胶压 → 切纸 → 张拉 →干燥定型
原纸————↑　　　蜂窝状填料←————

① 首先将原纸（牛皮纸用于制作家具板材，其余用于空心门或活动板房构件）在蜂窝纸机上通过两套胶辊两面涂胶，与另一不涂胶的原纸用卷纸机构卷成一定长度和厚度（70~100mm）的纸卷，如图6-14（a）所示。在纸卷中，涂胶的原纸与不涂胶的原纸正好相互隔开，因此，相邻纸层间都能黏合起来。胶合用的胶黏剂为聚乙烯醇类合成糨糊（聚乙烯醇含量为10%~11%）；对于要求较高的牛皮纸蜂窝，可用乳白胶或聚乙烯醇合成糨糊与乳白胶各半的混合胶。胶黏剂在使用时应加适量的水稀释（胶∶水=3∶1），根据生产条件和气候条件来调整，涂胶量一般为100kg原纸用10kg左右原胶。涂胶条状间距与蜂窝状孔径（六角形内切圆直径）有关，孔径越小，板面越平整，强度越高，但用纸、用胶越多。蜂窝孔径有10mm、12mm、15mm、18mm、21mm、23mm和25mm等规格，一般家具用的蜂窝孔径为10mm、12mm和15mm，空心门或活动板房构件用的蜂窝孔径为15mm以上。

② 卷合后的纸卷卸下后，应立即用冷压机进行加压。单位压力为0.15~0.18MPa，加压时间为5min。冷压后的纸卷整齐堆放，让胶液充分固化，经24h后才能移入下一工序进行切纸。

③ 纸卷在切纸机上铡切成条状，切口方向与涂胶带垂直，切纸的宽度应大于芯板木框的厚度约2.6~3.2mm，经张拉夹压使两侧弯折1.3~1.6mm，以增大与覆面材料间的胶合面积，提高胶合强度。

④ 纸芯切好拉开后进入烘干定型，干燥温度为120~130℃，干燥时间为1min。此后的纸蜂窝即为蜂窝状填料（蜂窝纸芯），如图6-14（b）所示。

⑤蜂窝纸芯常用技术参数及要求：蜂窝纸芯的规格一般以其展开后内径大小为依据分类，其常用的内径尺寸一般为10mm、12mm、14mm、15mm、18mm、19mm、21mm、23mm等。在图6-14（b）中，蜂窝纸芯的常用技术参数为：蜂窝边长，即蜂窝纸芯正六边形的边长c。蜂窝内径，即蜂窝纸芯正六边形的内切圆直径d，$d=\sqrt{3}c$。蜂窝纸芯高度，即蜂窝纸芯展开后的厚度t，一般为10~100mm。蜂窝孔距，即拉伸方向上相邻两蜂窝中心之间的距离a。孔径比，即蜂窝孔距与其内径的比值i，$i=a/d$，拉伸适当，则$i=1$；拉伸过分，则$i>1$；拉伸不足，则$i<1$。

（6）圆盘状填料　利用密度较小的木材如轻木或一些植物茎秆如玉米秆、葵花秆、高粱秆等横向锯切成小圆盘状或卷状材料，如图6-15所示。使其纤维方向与板面垂直，即用其横断面与覆面材料胶合，可以提高板件的抗压强度，保证板件质量轻刚度高，具有良好的隔热、吸音、吸振性能。当用轻木作圆盘状填料时，常用环氧树脂胶黏剂进行覆面胶合；当用植物性茎秆作圆盘状填料时，一般用脲醛

图 6-15 圆盘状填料

树脂胶黏剂进行覆面胶合。

6.2.2.3 空心板的覆面

空心板覆面胶合时，将已准备好的芯层材料和覆面材料进行涂胶、配坯、覆面胶压。

（1）涂胶 空心板的芯层材料即芯板包括周边木框和空心填料两部分。对栅状芯板一般是在栅状填料两面涂胶；对其他芯板一般在覆面材料上涂胶。如果采用两层单板或单板与薄木覆面时，应在内层单板即中板上双面涂胶；如用胶合板或硬纤板或纸质装饰板覆面时，应把两张板面对面叠合起来，一起通过涂胶机（单面）涂胶。

常用的胶黏剂有：脲醛树脂胶（UF）、聚醋酸乙烯酯乳白胶（PVAc）。涂胶量为 200～350g/m^2（单面）、400～440g/m^2（双面）。

（2）组坯 将涂过胶的芯层材料或覆面材料按空心板的结构要求铺放排芯。配坯时，在结构需要部位还要加上垫木，便于打眼（孔）或安装五金配件等，其他部位应排满空心填料。

（3）胶压 空心板覆面胶合有冷压和热压两种。

冷压时，应采用冷固性脲醛树脂胶或聚醋酸乙烯酯乳白胶。板坯在冷压机中上下对齐、面对面、背对背地堆放，以减少变形。为了加压均匀，在板坯摞中间应夹放厚的垫板。冷压覆面时的单位压力稍低于热压覆面时，一般为 0.25～0.3MPa（按芯层木框与填料面积计算），加压时间为 4～12h，夏季短一些，冬季长一些。

热压时除了采用热固性脲醛树脂胶之外，也可以采用冷压时的胶黏剂。板坯一般是多层压机单张加压，其工艺条件见表 6-2。

对于双包镶，如果采用热压胶合，在边框和撑档及空心填料上应该加设透气孔，以便使板坯内空气在热压与冷却过程中能自由透气。如果没有透气孔，在热压时板内空气受热膨胀，可能冲开胶层外逸，使胶合强度降低；冷却时，板内空气收缩，又可能造成板面凹陷。透气孔设置的方法有钻孔或开槽两种：一是钻直径 5mm 的孔；二是 5mm 深的锯口槽。如图 6-16 所示。覆面胶压后，板式部件需保持 48h 以上，使其应力均衡，胶黏剂充分固化，然后再送到下一工序加工。

（4）嵌入包镶 许多包镶部件，为了省去封边工序，要求覆面材料与木框平面平齐，一般可以在包镶时将覆面材料（胶合板、纤维板）嵌到两根直边框之间（如门扇）或只嵌一边（如旁板），如图 6-17 所示。这时外露的直边与胶合板的树种应一致或外观相近似。木框裁口宽度为 10mm，胶合板边要刨斜，胶合板宽比裁口间距稍大一点，覆面时挤入，使接缝严密。这需要在涂胶配坯前，把准备好的覆面胶合板与芯层材料一起送到齐边严缝机上加工，使覆面胶合板能镶入木框并平齐严密。

图 6-18 为齐边严缝机的工作原理。图 6-18 中 1 为装在水平轴上的圆锯片，用来加工木框纵向框条裁口部分和覆面胶合板侧边；2 为水平铣刀轴，加工木框平面，使其能与覆面后胶合板表面平齐；3 为倾斜圆锯片刀轴，用来加工覆面胶合板侧边，使其稍带倾斜度，能与框边接缝严密。

表 6-2 空心板热压覆面工艺条件

空心板类型	涂胶量（g/m^2）	热压温度（℃）	单位压力（MPa）	热压时间（min）	备注
蜂窝空心板	400～440（双）	100～110	0.25～0.30	8～10	两层单板覆面、UF 胶、家具用材
卡格空心板	400～500（双）	95～110	0.25～0.30	6～8	三层合板覆面、UF 胶、家具用材
蜂窝空心板	300～350（单）	115～125	0.25～0.30	5～6	硬纤板覆面、UF 胶、活动房用材
卡格空心板	300～330（单）	100～130	0.30～0.40	8～10	硬纤板覆面、UF 胶、活动房用材

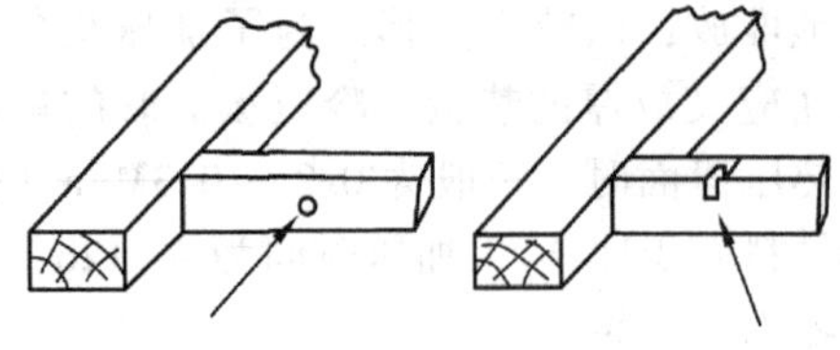

图 6-16 透气孔

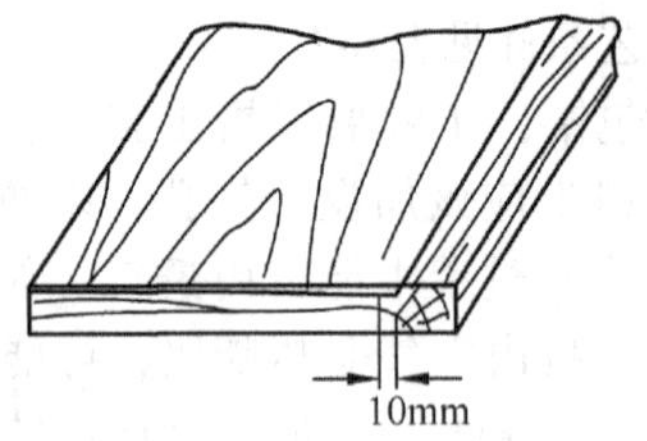

图 6-17 嵌入包镶

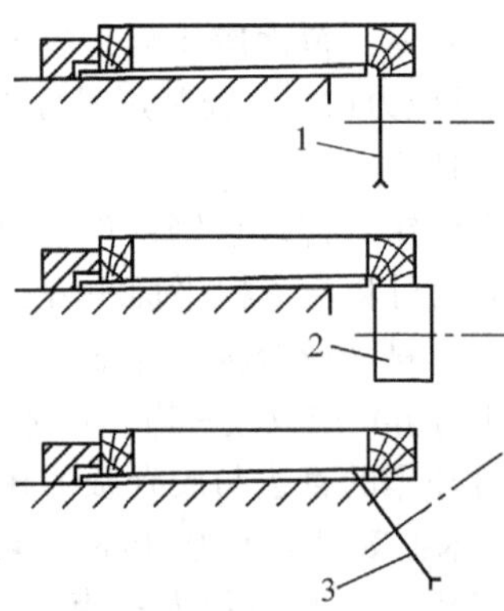

图 6-18 齐边严缝机工作原理

1. 圆锯片 2. 水平铣刀 3. 倾斜圆锯片

涂胶配坯时，常用扁头圆钉固定位置，以备胶压，钉钉时应将钉头顺木纹敲进板中以减少对板面的破坏。如没有压机，也可以在涂胶后直接用扁头圆钉钉牢。

6.3 贴 面

前已述及，为了美化制品外观，改善使用性能，保护表面，提高强度，中高档家具所使用的板式部件都要进行表面饰面或贴面处理。通常各种空心板式部件在增加部件强度的覆面材料上都要再贴上装饰用的饰面材料，既可以采用已经贴面的覆面材料进行覆面，也可以先使用普通覆面材料进行覆面，然后再进行贴面装饰处理。实心板式部件常采用两种方式，一种是在刨花板、纤维板等基材的表面上直接贴上饰面材料；另一种是在定向刨花板、挤压式刨花板或细木工结构等基材的表面上将一层增强结构强度的单板或胶合板和饰面材料一起胶压贴面。

目前，板式部件贴面处理用的饰面材料按材质的不同可分为：木质的有天然薄木、人造薄木、单板等；纸质的有印刷装饰纸、合成树脂浸渍纸、装饰板；塑料的有聚氯乙烯（PVC）薄膜、Alkorcell奥克赛薄膜；其他的还有各种纺织物、合成革、金属箔等。饰面材料种类的不同，对应的贴面胶压工艺也不一样。

6.3.1 薄木贴面

薄木是家具制造中常用的一种天然木质的高级贴面材料。装饰薄木的种类较多，按制造方法主要分为刨切薄木、旋切薄木（单板）、半圆旋切薄木；按薄木形态主要分为天然薄木、人造薄木（重组装饰单板、科技薄木）、集成薄木；按薄木厚度主要分为厚薄木、薄木、微薄木；按薄木花纹主要分为径切纹薄木、弦切纹薄木、波状纹薄木、鸟眼纹薄木、树瘤纹薄木、虎皮纹薄木等。

薄木贴面是将具有珍贵树种特色的薄木贴在基材或板式部件的表面，这种工艺历史悠久，能使零部件表面保留木材的优良特性并具有天然木纹和色调的真实感，至今仍是深受欢迎的一种表面装饰方法。

6.3.1.1 薄木准备

（1）薄木保存 薄木装饰性强、厚度小、易破损，因此必须妥善保存。为了能拼出对称均衡的图案，薄木必须按刨切顺序分摞堆放和干燥，标明树种、尺寸和厚度。薄木贮存环境要阴凉干燥，相对湿度为65%，使薄木含水率不低于12%，同时，室内应避免阳光直射引起薄木变色。厚度为0.2～0.3mm以下的薄木一般不需要干燥，含水率要保持在20%左右，否则，薄木易破碎和翘曲，另外要求在5℃以下的室内保存，冬季要用聚氯乙烯薄膜包封，夏季放入冷库保管，以免发霉和腐朽。

（2）薄木加工 在薄木贴面前，要根据部件尺寸和纹理要求将薄木进行划线、剪切或锯切，除去端裂和变色等缺陷部分，截成要求的规格尺寸。

由于薄木厚度小，单张加工容易破损，因此薄木都是成摞进行加工。薄木剪截时，首先应横纹剪截，而后顺纹剪截。剪截加工的主要设备有重型铡刀和圆锯机。如图6-19所示。

用圆锯机锯割时，薄木摞夹紧在滑动垫板上先通过横截圆锯锯截成一定的长度，加工余量为10～15mm，然后在纵解圆锯上加工成要求的宽度，加工余量为5~6mm。薄木锯切后，还要在平刨或铣床上刨光侧边或手工刨平。如用重型铡刀加工，薄木侧边平齐，无须再刨光。齐边后的薄木边缘要保持平直，不许有裂缝、毛刺等缺陷。

（3）薄木选拼：由于薄木幅面比较狭窄，使用时需要胶拼。薄木的胶拼可以在胶贴前进行，也可以在胶贴的同时进行。复杂图案要手工操作，批量生产的简易拼合可在拼缝机胶拼。常用的薄木胶拼形式有：无纸带胶拼（胶缝胶拼）、有纸带胶拼、Z状胶线胶拼和点状胶滴胶拼。如图6-20所示。

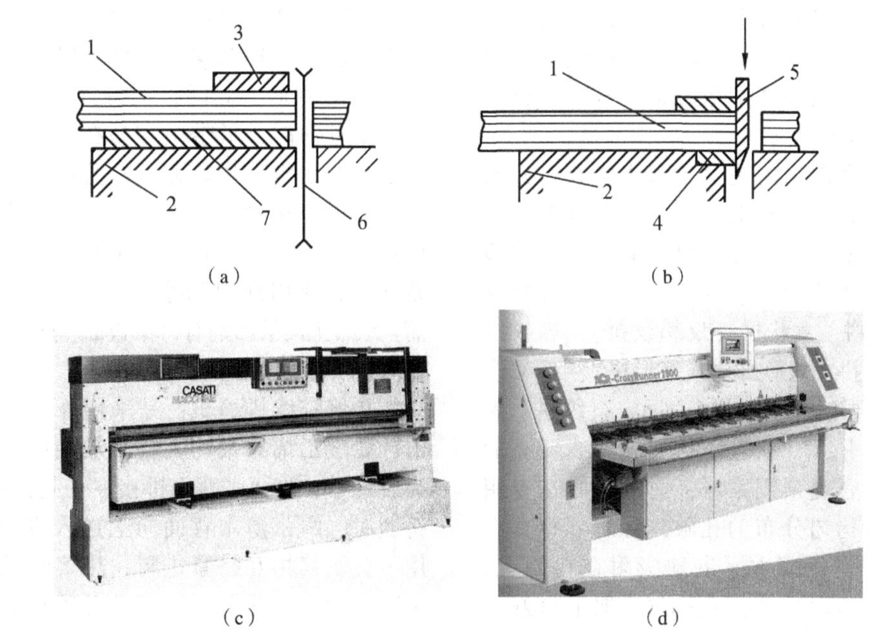

图6-19　薄木剪截加工方法

（a）圆锯机锯割　（b）重型铡刀剪切　（c）（d）单板剪切机

1. 薄木摞　2. 工作台　3. 压紧装置　4. 底刀　5. 铡刀　6. 圆锯片　7. 滑动垫板

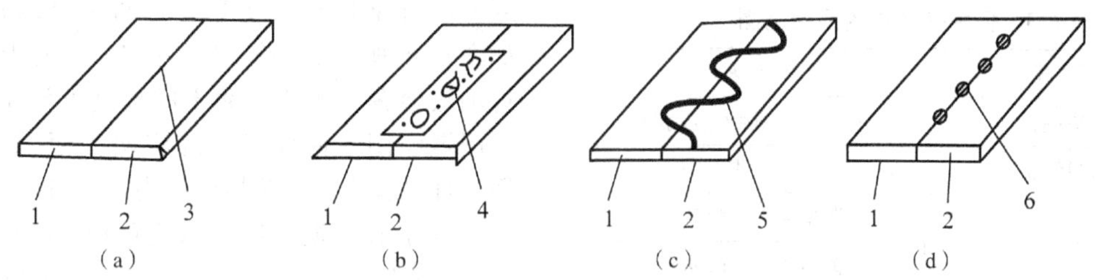

图6-20　薄木拼缝形式

（a）胶缝胶拼　（b）纸带胶拼　（c）胶线胶拼　（d）胶滴胶拼

1、2. 薄木　3. 连续胶缝　4. 纸带　5. Z状胶线　6. 点状胶滴

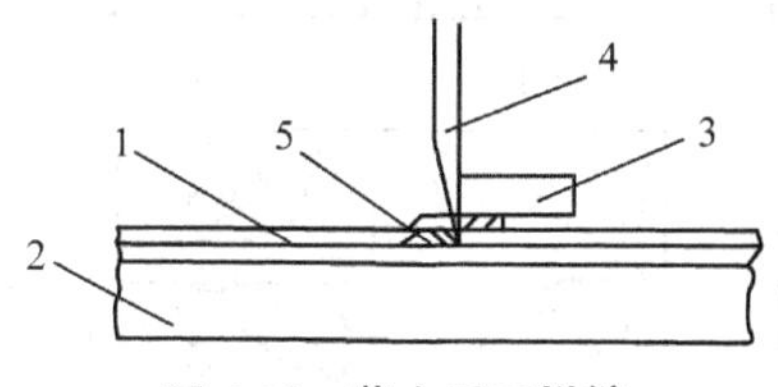

图6-21　薄木手工拼缝

1. 薄木　2. 基材　3. 直尺　4. 切刀　5. 多余边条

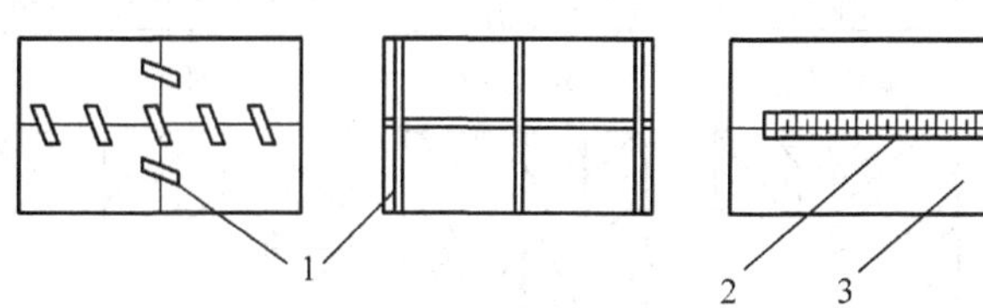

图6-22　手工纸带拼缝

1. 块状纸带　2. 纸带　3. 薄木

① 手工选拼：一般有两种情况。第一种是在薄型薄木胶贴的同时进行手工拼缝。将薄木粘贴在基材上，拼缝处两张薄木搭接重叠在一起，用直尺压住接缝位置，再用锋利的切刀沿直尺边缘将两层薄木裁割开，然后将接缝两侧裁下的多余边条抽出，即可使两张薄木能直接胶拼和贴饰在基材表面上。如图 6-21 所示。第二种是在胶贴前先将薄木进行手工拼缝。拼缝时，先用纸带条（块状）固定，再用连续纸带胶拼，薄木端头必须用胶带拼好，以免在搬运中破损。如图 6-22 所示。

手工纸带拼缝最常用的是手工薄木拼花。板式部件贴面图案如有特殊要求时，薄木的选拼需要根据设计的拼花图案来确定合理的薄木剪裁加工和薄木拼花方案。薄木拼花的种类很多，常见的有顺纹拼、对纹拼、箱纹拼、盒状拼（反箱纹拼）、席纹拼（棋盘状拼）、杂纹拼、V 形拼（人字形拼）、双 V 形拼、宝石纹拼（菱形拼、方形拼）、反宝石纹拼、涡纹拼等。如图 6-23 所示。拼花工作要在光线明亮的工作台上进行。拼合复杂图案时，通常最好在专用工作台，台面上有均匀分布的孔眼，台面下有真空箱，选拼时，抽真空使薄木平展地吸附在台面上，直至用纸带手工胶拼以后才停止抽气，取下拼好花的薄木堆放或送到下道工序胶贴。

② 拼缝机胶拼：到目前为止，还没有完全适合胶拼薄木用的拼缝机，薄木的机械胶拼还都是借助于单板的拼缝机。各种拼缝机的适用范围见表 6-3。

表 6-3　各种拼缝机的适用范围

拼缝机类型	薄木厚度
无纸带拼缝机	厚薄木（拼缝处涂胶）
有纸带拼缝机	各种薄木
热熔胶线拼缝机	薄型薄木、微薄木
热熔胶滴拼缝机	薄型薄木、微薄木

无纸带拼缝机：无纸带拼缝时，薄木侧边涂有胶黏剂，在无纸带拼缝机中的加热辊和加热垫板作用下固化胶合。所用胶种，除了脲醛树脂胶之外，常用皮胶。这种无纸拼缝方法实际上是借助于胶合板的芯板胶拼设备，对于微薄木或不太平整的薄木拼接不佳，只适用于厚薄木的拼接。

有纸带拼缝机：胶纸带可以贴在薄木的表面，在表面砂光处理时除去；也可以采用穿孔胶纸带贴在薄木的背面，此时，纸带处于薄木和基材之间。在薄木较薄时，纸带很容易在表面反映出来，同时胶纸带的耐水性比较差，易造成薄木与基材间的剥离或脱层。因此，一般采用表面胶贴纸带的方法，但这种方法，在表面精加工时，为了除去纸带，要砂磨表层或用刮刀刮除，这样，将使表层薄木变薄，而且纸带上的胶黏剂有污染板面、残留痕迹的缺点，操作时必须特别细心。

热熔胶线拼缝机：是采用外包有热熔树脂（如乙烯醋酸乙烯共聚物）的细玻璃纤维即热熔胶线代替胶纸带，将两张薄木拼接在一起，如图 6-24 所示。拼缝时，两张薄木背面向上送入机内，在挤压辊作用下，使其相互挤紧进料，热熔胶线经过加热器使树脂熔融，加热器左右摆动并喷出胶液，在两张薄木的接缝处形成 Z 状胶线，然后在室温下固化使两张薄木拼接在一起。这种 Z 状拼缝机一般适用于拼接厚度为 0.5~0.8mm 的薄木。

热熔胶滴拼缝机：也是采用外包有热熔树脂的细玻璃纤维代替胶纸带，将两张薄木拼接在一起。如图 6-25 所示。拼缝时，热熔胶在点状涂胶器上经过加热熔融，在两张薄木的接缝处涂上胶滴，然后在压辊作用下使胶滴压扁将两张薄木拼接在一起。用这种拼缝机可以拼接厚度为 0.4~1.8mm 的薄木。

为了有效地利用薄木或单板，减少不必要的浪费，在实际生产中，可以采用如图 6-26 所示的薄木

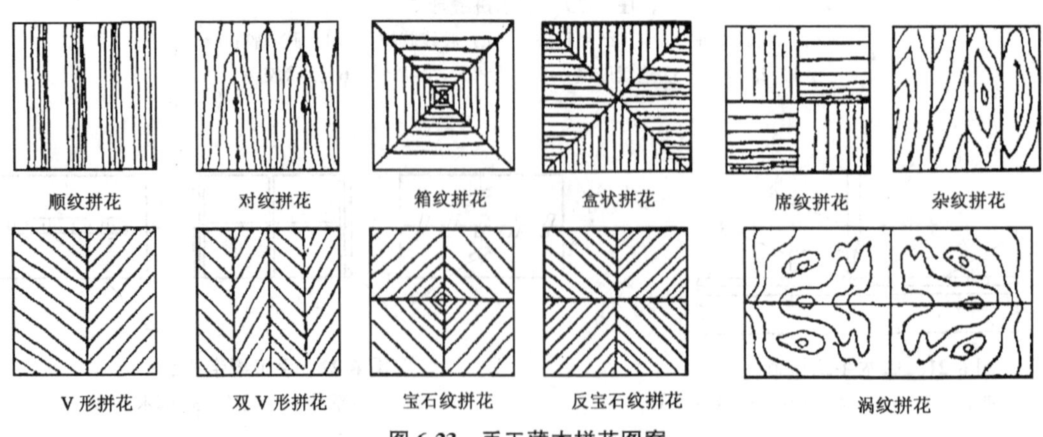

图 6-23　手工薄木拼花图案

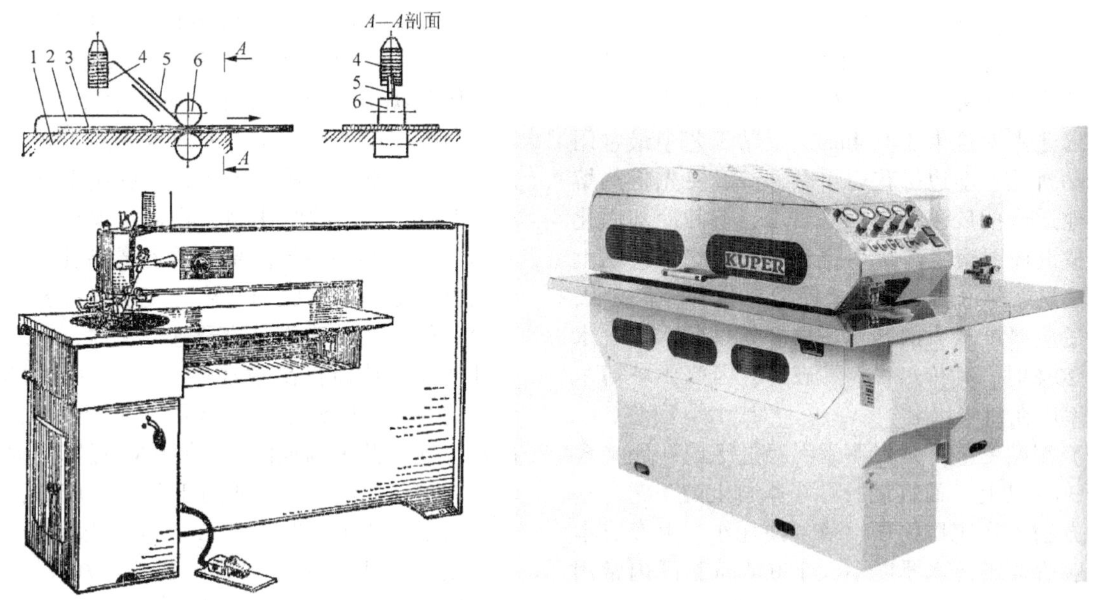

图 6-24 热熔胶线 Z 状拼缝

1. 工作台 2. 导尺 3. 薄木 4. 胶线筒 5. 加热管 6. 压辊

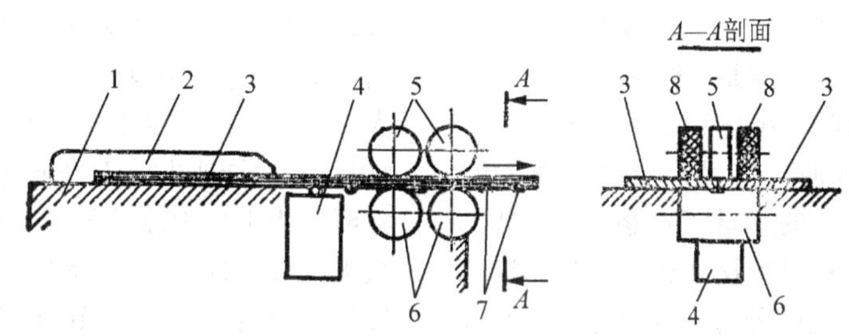

图 6-25 热熔胶滴点状拼缝

1. 工作台 2. 导尺 3. 薄木 4. 点状涂胶器 5、6. 辊筒 7. 胶点 8. 进料辊

图 6-26 薄木单板指形接长

或单板接长机（指接机），其工作原理是将厚度为0.4~2mm 的薄木或单板横向送入接长机中，采用齿形冲齿刀具或直角冲刀对薄木或单板的端部进行加工，经涂胶后将薄木或单板的端部接合在一起。

6.3.1.2 薄木胶贴工艺

薄木胶贴是板式部件生产中的基本环节之一，而且对制品质量有着重要的影响。常用的薄木胶贴工艺有干贴工艺和湿贴工艺。

(1) 干贴工艺　是指薄木经过干燥后再胶贴的工艺。这种胶贴方法薄木容易破碎、损耗较大，所以一般要求薄木厚度大于0.4mm。干贴工艺中最常用的是干贴拼花，即边拼花边干贴，一般要先将热熔胶或其他适当的胶黏剂涂在基材上，待其冷却固化后，再按设计图案将薄木用熨斗一张一张地拼贴上去。干法拼贴薄木的技术要求较高，生产效率较低，且难以适应厚度较大的薄木拼贴。如果薄木的含水率低于20%时，其传热慢、易破碎，因此要求薄木的含水率应在20%以上。

(2) 湿贴工艺　是指薄木不经过干燥处理（含水率在30%以上）而直接胶贴在基材上的工艺。这种胶贴方法生产工序简便、薄木损耗小、生产成本低，一般适合于薄木厚度不大于0.4mm，国内常用的0.2~0.3mm的薄木即可采用此工艺，基材主要是胶合板和中密度纤维板。但胶贴时要注意：①胶黏剂黏度要大，并有一定的初黏性，否则薄木易错位或离缝；②高含水率薄木采用热压胶贴时会产生收缩，因此薄木不可绷紧，应放松和留有收缩余量，而且含水率应均匀一致，太干的要随时喷水。

薄木胶贴包括基材涂胶、配坯和胶压等工序。

(1) 基材（芯板）涂胶　各种需要胶贴薄木的板式部件，先要在准备饰面的基材（芯板）上涂胶。常用的胶黏剂有：脱水脲醛树脂胶（UF）、聚醋酸乙烯酯乳白胶（PVAc）以及这两种树脂的混合胶（UF+PVAc）和醋酸乙烯-N-羟甲基丙烯酰胺乳液胶（VAC/NMA）。手工胶贴时，常用热熔胶（醋酸乙烯酯树脂胶）或动物胶（皮胶、骨胶）。

动物胶是沿用最久的胶种，胶层具有挠性、不易产生裂纹，pH值大致为中性。但其耐水性较低，因此在薄木贴面时常与甲醛溶液配合使用，以加速固化和提高耐水性。

脲醛树脂胶是目前广泛应用的一种胶黏剂，操作性能好、耐水性较好、价格较便宜，但初黏性较小、渗透性强、易造成透胶和薄木错位。因此，一般在调胶时添加适量的填充剂（麦面粉、淀粉、豆粉等），以提高胶液黏度，减少透胶现象，并降低成本。此外，还需加入适当的固化剂（如氯化铵），让pH值下降到4.8~5.0，使胶液快速固化。

聚醋酸乙烯酯乳白胶是热塑性胶黏剂，预压性和初黏性好、不会透胶、操作方便、可冷压也可热压。但耐水性较差。为了提高其耐水性，一般有两种方法。最常用的一种方法是将其与脲醛树脂胶混合使用，取长补短、提高耐水性。其混合比例一般为聚醋酸乙烯酯乳白胶：脲醛树脂胶=(7~5)：(3~5)，并加入10%~30%的填充剂和适量的固化剂。其混合比例要根据具体情况而定，如薄木经干燥后贴面，则乳白胶可少加或不加；如薄木未经干燥直接贴面时，因导管粗大易透胶，则乳白胶应多加。在湿贴的情况下，常用的配比为乳白胶：脲醛胶：面粉=1：1：0.2。另一种提高聚醋酸乙烯酯乳白胶的耐水性的方法是加入交联剂共聚。交联剂在乳液胶黏或成膜过程中与醋酸乙烯分子进行交联，使之成为热固性树脂，从而提高耐水性、耐热性和耐蠕变性。常用的一种交联剂为：N-羟甲基丙烯酰胺，它与醋酸乙烯交联共聚制成醋酸乙烯-N-羟甲基丙烯酰胺（VAC/NMA）乳液胶，适用于薄木的胶贴，可冷压也可热压（热压温度仅60℃）。其调胶配方为VAC/NMA乳液：四氯化锡（50%）：石膏=100：6：3。

用装饰薄木对人造板进行贴面时，可以在胶黏剂中适当加入颜料，以遮盖基材的颜色，使其不影响装饰效果。贴面时，一般是对基材进行单面涂胶。胶黏剂的涂胶量要根据基材种类和薄木厚度的不同来确定。在单板或胶合板表面单面涂胶量为110~120g/m^2（薄木厚度小于0.4mm）或120~150g/m^2（薄木厚度大于0.4mm）；在细木工板表面单面涂胶量为120~150g/m^2；在刨花板上单面涂胶量为150~200g/m^2；在纤维板上单面涂胶量为150~160g/m^2。涂胶量不宜太大，胶层应均匀，为此常使用带挤胶辊的四辊涂胶机，并且涂胶辊最好为不带沟槽的橡胶辊。为了防止透胶，基材涂胶后应陈放30min左右。也有用胶膜纸贴面（每1m^{2}的胶贴面积需用1.1m^{2}的胶膜纸），但成本高，且胶膜纸没有填充性能，对基材表面要求严格。

(2) 配（组）坯　为了保证薄木胶贴后的板式部件的形状稳定性，胶贴时应遵守对称原则，即基材表、背面应各贴一张薄木，其树种、厚度、含水率和纤维方向均应一致。但为了节省珍贵树种木材和优质薄木，降低成本，背面可以改用材性类似的树种，使其两面应力平衡、防止翘曲变形。

基材表面平整，薄木厚度可小些；表面平整度差的，薄木厚度以不小于0.6mm为宜，若用薄型薄木或微薄木贴面需要用一层厚度为0.6~1.5mm的单板作中板，以保证板面平整和增加板件强度。

(3) 胶压　薄木胶贴有冷压和热压两种。

冷压贴面时，应采用冷固性脲醛树脂胶或聚醋酸乙烯酯乳白胶，需将板坯在冷压机中上下对齐。为了加压均匀，在板摞中间每隔一定距离，应放置一块厚的垫板。冷压贴面时的单位压力稍低于热压贴面时，一般为 0.5～1.0MPa，在室温（15～20℃）条件下加压时间为4～8h，夏季短一些，冬季长一些。

薄木贴面常用热压法。热压贴面时可用多层压机（2～15层）或单层压机加压，各层板坯应在压机中对齐。加压时，压力上升不宜过快，使薄木有舒展机会，但从升压到闭合不得超过2min，以防止胶层在热压板温度下提前固化。各层压板间隔中的板坯厚度相差不得大于0.2～0.3mm。热压条件与基材的种类和厚度、薄木的树种和厚度、胶黏剂的种类有关。其一般热压工艺条件见表6-4。

胶贴厚度为0.2～0.3mm的薄木时，要求压机精度高，为使板面压力和板坯受力均匀，可在上热板上固定铝合金垫板，在下热板上固定带沟槽的夹布耐热橡胶板等富有弹性的缓冲材料。这种薄木通常不进行干燥，直接湿贴于基材表面，为了防止热压贴面后，薄木表面产生裂纹，应在热压前喷水或喷5%～10%的甲醛溶液，特别是薄木的周边部分。

薄木胶贴设备有冷压机和热压机两种。冷压机的加压方式较多，有丝杆螺母加压、气压加压和液压加压等多种形式。图6-27所示为丝杆螺母加压的冷压机。热压机的加热方式也较多，有蒸汽加热、热油加热和电加热等，热压机的压板层数有单层、多层和连续式等，图6-28所示为五层热压机。

（4）后期处理　热压后，应立即检查薄木胶贴质量，并用2%～3%的草酸溶液擦除表面因单宁与铁离子作用产生的变色，或用酒精、乙醚等除去表面油污。薄木装饰贴面卸压后，应进行热堆放24h以上，使其应力均衡和消除内应力，胶黏剂充分固化，然后修边砂光（砂带一般为180～240号），并用填木丝、刮腻子等方法修补裂缝、虫眼、节孔等缺陷。腻子可用乳白胶加木粉和颜料调制而成，其颜色应与木色相近。

6.3.1.3 薄木贴面的缺陷及解决办法

板式部件使用各种胶黏剂经过手工、冷压或热压胶贴薄木时，最常见的胶贴缺陷是装饰贴面表面出现脱胶、透胶、鼓泡、裂纹、翘曲、离缝、压痕、污染及变色等，其产生原因和解决办法见表6-5。

表6-4　薄木贴面热压工艺条件

热压条件	多层压机中用脲醛树脂胶（UF）		单层压机中用改性胶黏剂		两液合胶（UF+PVAc）	醋酸乙烯-N-羟甲基丙烯酰胺乳液胶（VAC/NMA）		
			薄木厚 0.6～0.8mm	薄木厚 1.0～1.5mm	薄木厚 0.2～0.3mm	合板基材 薄木厚 0.5mm	纤维板基材 薄木厚 0.4～1.0mm	刨花板基材 薄木厚 0.6～1.0mm
热压温度（℃）	110～120	130～140	145～150		115	60	80～100	95～100
单位压力（MPa）	0.8～1.0	0.8～1.0	0.5～0.8		0.7	0.8	0.5～0.7	0.8～1.0
热压时间	3～4min	2min	25～30s	40～60s	1min	2min	5～7min	6～8min

图6-27　冷压机

表 6-5 薄木贴面的缺陷及解决办法

常见缺陷	产生原因	解决办法
胶贴不牢、大面积脱胶	1. 胶质量不好（如发霉等） 2. 含水率过高	1. 因面积大，不易修复，把薄木撕掉、刮净残胶、重新胶贴 2. 手工胶贴时薄木含水率应控制在 15%左右
局部脱胶、出现鼓泡	1. 局部没有涂到胶 2. 烫压时间过长、胶已焦化 3. 含水率不均匀	1. 涂胶、烫压要均匀 2. 可用锋利切刀顺木纹划破鼓泡处薄木或用粗头注射器将胶注入鼓泡内，然后用熨斗压平；鼓泡面积大时可将其薄木切除、刮净残胶、选择相近薄木重新胶贴、补片周边要严密 3. 薄木或基材的含水率都应均匀一致
胶贴表面出现凹凸不平	1. 基材本身表面不平整 2. 胶层厚薄不均、烫压时没有把多余的胶液挤出来	1. 难以修复，严重时可将薄木重新刨掉，修整部件表面 2. 烫压时使多余胶挤出形成厚薄均匀的胶层
胶贴表面有透胶	1. 胶液过稀、涂胶量过大 2. 薄木厚度太薄 3. 薄木材性构造造成（导管太大） 4. 薄木含水率过高 5. 胶贴单位压力过高	1. 调整胶黏剂黏度和涂胶量，胶黏剂重量比以 PVAc+面粉>UF 为原则 2. 用厚为 0.5mm 以上的薄木可避免透胶 3. 选用导管较小的树种 4. 薄木含水率不应过高，湿布擦过后要自然干燥后再贴，热压前少喷水 5. 延长陈放时间，胶贴单位压力应控制在 0.5~1.0MPa 6. 轻微者用刀刮或研磨掉；严重者把薄木切除重新胶贴
胶贴表面有裂纹	1. 胶黏剂配合比不当 2. 热压温度、压力过大 3. 薄木厚度太薄、质量差 4. 薄木含水率过高、干燥后收缩 5. 基材质量有问题	1. 调整胶黏剂的配合比（增加 UF、使用固化剂）、提高胶液耐水性 2. 适当降低热压温度和压力、卸压后喷水、热压后板材面对面堆放以减少水分蒸发 3. 用稍厚的薄木或在薄木与基材间夹缓冲层（一层纸），并注意胶贴的纹理方向 4. 薄木含水率不宜过高 5. 选择符合要求的基材
胶贴表面被污染	木材本身含有油类、脂类、蜡类、单宁和色素等成分	树脂、油污可用酒精、乙醚、苯和丙酮等溶剂擦除，也可先用 1%苛性钠或碳酸钠再用清水擦除；单宁、色素与铁离子形成的污染可用双氧水或 5%草酸擦除
拼缝出现黑胶缝、离缝或搭接	1. 配板时切刀不快而造成拼缝不直、不严 2. 薄木含水率大、干燥收缩 3. 胶液黏度不当	1. 切刀必须锋利；胶贴时薄木尽量挤紧，但中央部分稍松、不可绷紧或搭缝 2. 应控制薄木含水率，不能过高，拼缝处可喷水 3. 调整胶黏剂黏度（增加 UF）和涂胶量 4. 降低热压温度
板面翘曲变形	1. 胶黏剂配合比不当 2. 热压条件不当 3. 表背面胶贴薄木不对称 4. 薄木含水率大、干燥收缩	1. 减少 UF 胶的配合比使胶层柔软 2. 缓和热压条件、热压后水平堆放并压重块 3. 表背面胶贴用薄木应符合对称原则并注意胶贴的纹理方向 4. 薄木含水率不宜过高
板面透底色	1. 薄木厚度太薄 2. 基材色调不均匀	1. 用稍厚的薄木或用与薄木同色的纸贴在基材上 2. 基材着色或在胶黏剂中加入少量着色剂
表面出现压痕	薄木表面有杂物或基材表面有胶痕等	薄木表面上杂物应及时清除掉，板面要保持清洁

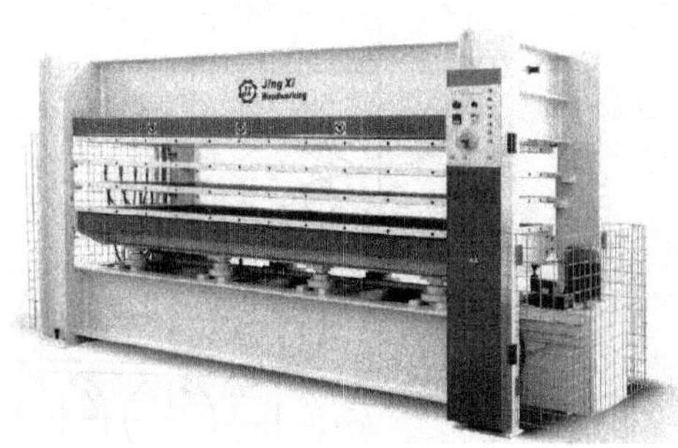

图 6-28 热压机

6.3.2 印刷装饰纸贴面

印刷装饰纸贴面是在基材表面贴上一层印刷有木纹或图案的装饰纸，然后用树脂涂料涂饰，或用透明塑料薄膜再贴面。这种装饰方法的特点是工艺简单，能实现自动化和连续化生产；表面不产生裂纹，有柔软性、温暖感和木纹感，具有一定的耐磨、耐热、耐化学药剂性。适合于制造中低档家具及室内墙面与天花板等的装饰。

6.3.2.1 印刷装饰纸的准备

装饰贴面用的纸应该表面光滑、印刷性能好、能与基材表面很好胶合。

装饰纸按原纸定量分类，常用的有：第一种是定量为 23~30g/m² 的薄页纸，主要适用于中密度纤维板及胶合板基材；第二种是 60~80g/m² 的钛白纸（若面涂涂料为不饱和聚酯树脂则要求采用 80g/m² 的钛白纸），主要适用于刨花板及其他人造板；第三种是 150~200g/m² 的钛白纸，主要适用于板件的封边。薄页纸贴合牢度大、覆盖力差、易起皱和断裂、损耗大；钛白纸要经过轧光、损耗少、易分层。

装饰纸按纸面有无涂层可分为：一种是表面未油漆装饰纸；另一种是预油漆装饰纸，仅表面涂油漆而内部未浸树脂时，原纸为薄页纸，内部也浸有少量树脂时，原纸为钛白纸。

装饰纸按背面有无胶层可分为：一种是背面不带胶的装饰纸，用于湿法贴面；另一种是背面带有热熔胶胶层的装饰纸，用于干法贴面。

6.3.2.2 胶压饰面工艺

（1）胶黏剂及涂胶　用背面已带有热熔胶胶层的装饰纸贴面时，基材不用再涂胶，可直接配坯热压，此种贴面方法为干法贴面。用背面不带胶的装饰纸贴面时，基材需涂热固性胶黏剂（或与热塑性树脂混合），通过热压贴面，此种为常用的湿法贴面。

装饰纸湿法贴面时，在基材表面涂胶。所用胶黏剂既能起胶合作用，又能起到腻子的填平作用，常用热固性树脂与热塑性树脂混合的胶黏剂，如聚醋酸乙烯酯乳白胶与脲醛树脂胶（UF+PVAc）、聚醋酸乙烯酯乳白胶与三聚氰胺改性脲醛树脂胶以及这两种树脂的混合胶（MUF+PVAc）等，大致的比例为 PVAc：UF=(7~8)：(3~2)。有时为了防止基材的颜色透过装饰纸，可在胶黏剂中加入 3%~10% 的钛白粉（二氧化钛），以提高胶的遮盖性能。胶黏剂常采用单面辊涂，其涂胶量为 80~120g/m²。

（2）组坯　基材的组（配）坯一般是在组坯台上或连续生产线上完成的，基材的两面都应用装饰纸组坯，以保证对称均衡和防止翘曲变形。

（3）胶压　印刷装饰纸可用来装饰各种人造板基材。根据使用胶黏剂的种类的不同，有湿贴和干贴两种方法。

干贴是将正面涂有涂料、背面涂有热熔性胶黏剂的装饰纸贴在经预热的基材上胶压贴合；湿贴是将装饰纸贴在涂有热固性树脂（或与热塑性树脂混合）胶黏剂的基材上经胶压贴合。

装饰纸的贴面胶压可采用冷压法、热压法及连续辊压法。

冷压法、热压法都是将装饰纸裁成一定的幅面要求，然后采用平压方法在普通冷压机或热压机上逐张胶贴上去，使用胶种大多为乳白胶与脲醛胶的混合胶，加压温度为 110℃，加压压力为 0.6~0.8MPa，时间为 40~60s。

连续辊压法适合于贴柔性成卷的印刷装饰纸，其使用最为广泛，湿贴和干贴两种方法都可以采用辊压贴面工艺，如图 6-29 所示。人造板基材先通过

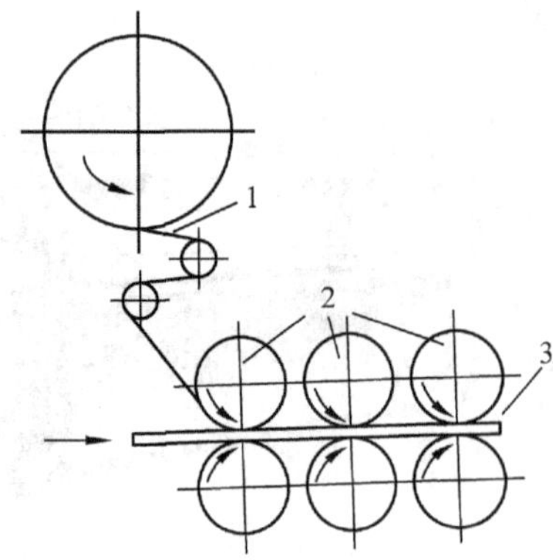

图6-29 印刷装饰纸的辊压贴面

1. 印刷装饰纸 2. 加压辊 3. 基材

刷光辊刷去板面上的粉尘，然后经涂胶辊涂胶，涂胶后的基材要经红外线低温干燥区，干燥温度为70~80℃，排除胶层中的部分水分，使胶层达到半干状态。干燥后的板坯即可进入加压辊加压贴面，加压温度80~120℃，辊压线压力100~300N/cm。

此外，也可将基材裁成部件尺寸，并铣好异型边，然后再贴装饰纸和连续包覆板边或手工贴纸。

用预油漆装饰纸贴面后，一般不再进行涂饰处理，如需再涂饰，则应根据预油漆纸的产品说明书进行；用表面未油漆的装饰纸贴面后，尚需进行涂饰处理，常用的涂料有硝基漆（NC）、聚氨酯漆（PU）、聚酯漆（PE）等，涂饰工艺可参照有关部分。

在印刷装饰纸人造板贴面工艺中，常用的有宝丽板（polyester board）和华丽板（paper overlaid board）等。

宝丽板是一种常见的装饰纸饰面人造板，它是以人造板为基材，在其表面胶贴上印刷木纹装饰纸，然后涂饰一层不饱和聚酯树脂漆，待其固化后，就构成了具有较好装饰性能的材料，可直接使用。宝丽板具有亮光和柔光两种装饰效果。亮光的宝丽板板面有光泽，表面硬度中等，耐热、耐烫性能优于一般涂料的涂饰面，有一定的耐酸碱性，表面易于清洗；柔光的宝丽板耐烫和耐擦洗性能比较差。宝丽板主要适用于家具、室内墙面、车船内壁等的装饰，防火、防潮、耐老化，表面平整光亮，造价低。

华丽板又称印花板，是将已涂有氨基树脂的花色装饰纸（华丽纸）贴于人造板基材上（或先将花色装饰纸贴于人造板板上再涂布氨基树脂）。因华丽纸本身纸面有涂层，贴后不用再涂一层不饱和树脂，可直接使用，所以叫华丽板。表面一般为亚光，木纹逼真、色泽鲜艳，适用于橱柜、衣柜、浴柜、门板面材、天花板、屏风隔断板、墙面装修装饰材料。但华丽板档次一般较宝丽板低，所以一般用于家具内部不易看见的部分。

6.3.3 合成树脂浸渍纸贴面

合成树脂浸渍纸贴面是将原纸浸渍热固性合成树脂，经干燥使溶剂挥发制成树脂浸渍纸（又称胶膜纸）覆盖与人造板基材表面进行热压胶贴。常用的合成树脂浸渍纸贴面，不用涂胶，浸渍纸干燥后合成树脂未固化完全，贴面时加热熔融，贴于基材表面，由于树脂固化，在与基材黏结的同时，形成表面保护膜，表面不需要再用涂料涂饰即可制成饰面板。根据浸渍树脂的不同有冷—热—冷法和热—热法胶压。

合成树脂浸渍纸贴面人造板又称为浸渍胶膜纸饰面人造板，用三聚氰胺树脂浸渍纸进行贴面的人造板材，常被称为三聚氰胺树脂浸渍纸饰面板（或贴面板）或三聚氰胺树脂浸渍胶膜纸饰面板。

6.3.3.1 合成树脂浸渍纸的准备

（1）浸渍纸的选择　合成树脂浸渍纸主要有三聚氰胺树脂浸渍纸、酚醛树脂浸渍纸、邻苯二甲酸二丙烯酯树脂（DAP）浸渍纸、鸟粪胺树脂浸渍纸等种类。

其中，三聚氰胺树脂浸渍纸又有三种，即高压三聚氰胺树脂浸渍纸（冷—热—冷法胶压）、低压改性三聚氰胺树脂浸渍纸（低压热—热法胶压）、低压短周期三聚氰胺树脂浸渍纸（低压热—热法胶压）。低压短周期三聚氰胺树脂浸渍纸贴面工艺在目前生产中应用较广。它是在低压三聚氰胺树脂中加入热反应催化剂，反映速度加快，热压周期可缩短到1~2min。为了降低成本可先浸改性脲醛树脂再浸改性三聚氰胺树脂。

低压三聚氰胺树脂浸渍纸贴面刨花板、中密度纤维板、高密度纤维板主要用于厨房家具、办公家具、计算机台面以及强化复合地板的加工。

（2）浸渍纸的要求　合成树脂浸渍纸贴面要取得优良的表面质量和胶合强度，对浸渍纸的树脂含量和挥发物含量都有一定的要求，见表6-6。树脂含量不足则表面光度低、机械性能差，如过高也会使机械性能降低；挥发物含量过高，浸渍纸间易黏结、表面产生湿花、鼓泡等现象，如过低，则树脂流动性小，易产生干花、分层现象。

常用的低压三聚氰胺树脂浸渍纸是采用定量为80~100g/m^{2}的装饰纸原纸浸渍低压三聚氰胺树脂制成的。定量高的原纸遮盖性较好。因此，素色纸即

表 6-6　几种合成树脂浸渍纸的性能要求

组别	纸种类	纸定量（g/m^2）	浸渍树脂	树脂含量（%）	挥发物含量（%）
Ⅰ	装饰纸	130	三聚氰胺树脂	50~60	7~8
	底层纸	80	酚醛树脂	28~36	8~9
	重胶底层纸	80	酚醛树脂	97~120	8~9
Ⅱ	装饰纸	130	三聚氰胺树脂	100~110	10~16
	底层纸	130	酚醛树脂	120~130	16~20
Ⅲ	装饰纸	120	改性三聚氰胺树脂	40~50，70~100	6~8
	底层纸	130	酚醛树脂	120~130	5~7
Ⅳ	装饰纸	80~120	改性三聚氰胺树脂（短周期）	110~150	6~7
Ⅴ	表层纸	21~23	邻苯二甲酸二丙烯酯树脂	80	5~12
	装饰纸	95~105	邻苯二甲酸二丙烯酯树脂	50~60	5~12

浅色纸常用定量较高的原纸，木纹纸一般可采用 $80g/m^2$ 的原纸。浸渍纸的树脂含量一般为 130%~150%，以保证浸渍纸与基材有足够的胶合强度，板面有足够的光泽、耐热、耐水、耐磨、耐污染等性能。浸渍纸的挥发物含量一般为 6%~8%。

由于三聚氰胺树脂价格较高，目前国内生产的浸渍纸大多采用先浸 40%~45%的改性脲醛树脂经干燥后再浸 90%~105%的低压三聚氰胺树脂的二次浸胶工艺，以降低成本。贴面后板面的性能不会受到影响。

6.3.3.2　合成树脂浸渍纸饰贴工艺

（1）浸渍纸的裁切　浸渍纸干燥后，应按板式部件的规格尺寸裁切成张，裁切主要采用剪切机，浸渍纸规格要比板式部件规格大 10~15mm。

（2）浸渍纸的保存　浸渍纸在存放期间，室温应不超过 25℃，相对湿度应为 55%~65%，使浸渍纸的挥发物含量不发生变化。温度过高会使树脂变软，湿度过大则浸渍纸吸湿，挥发物含量增大，易使浸渍纸互相粘连和产生湿花。在气温高的地区应使用空调。

存放期间要防潮、防尘，按浸渍树脂种类、纸张规格、浸渍日期分别堆放，每堆张数不宜过多，以免粘连。使用时应按浸渍日期先后，顺序使用。存放期过长，树脂已老化的浸渍纸应剔除，以免饰面过程中产生饰面层破裂或胶合不良等缺陷或造成废品。

（3）贴面部件配（组）坯　配坯方式应根据其使用场合、浸渍纸和基材的表面质量而定。用树脂浸渍纸进行贴面装饰时，因成本关系，不可能完全维持对称结构原则进行配坯，一般仅在基材表面贴一层表层纸或装饰纸，而背面贴一层底层纸，即可基本上消除因表面装饰而在板内产生的应力，防止板材变形。表层纸或装饰纸常用低压三聚氰胺树脂浸渍纸，底层纸或平衡纸常用酚醛树脂浸渍纸。如图 6-30 所示。

图 6-30（c）是较为常用的形式；图 6-30（d）（e）的表面物理性能好，但成本高；图 6-30（a）适合于表面木材纹理美观的基材；图 6-30（a）~（c）对基材表面质量要求较高，如板面稍有不平会很明显地反映到贴面表面。因此，减少贴面纸层数虽然可以降低成本，但要求基材表面要细密、平整、孔隙少、厚度偏差小（≤±0.2mm），而且必须经过砂光。

图 6-31 为板坯置于压机开档中的情况，板坯两面垫有表面光洁的抛光不锈钢板，它与树脂浸渍纸相接触，每次用完后必须除尘和清除各种印痕，为了防止粘板，可在钢板表面涂擦脱模剂（有机硅油等）。

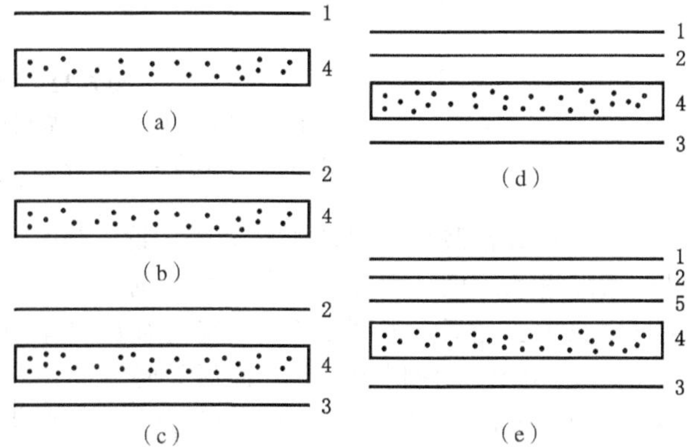

图 6-30　浸渍纸与基材的配坯方式

1. 表层纸　2. 装饰纸　3. 底层纸　4. 基材　5. 覆盖纸

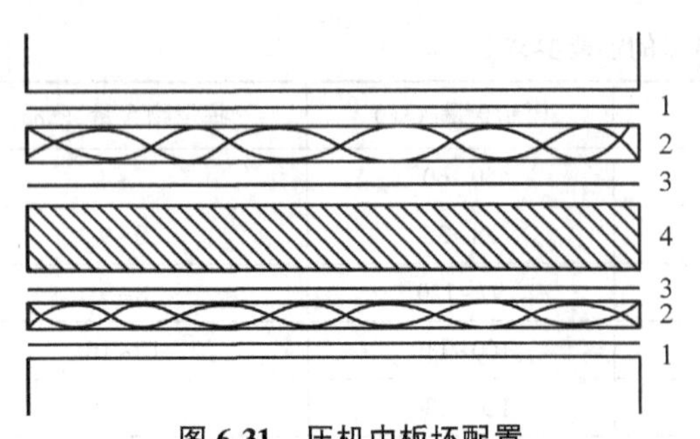

图 6-31　压机中板坯配置

1. 铝板　2. 缓冲层　3. 不锈钢板　4. 板坯

有时也可用硬铝板代替不锈钢板。不锈钢板与热压板或铝板之间需加缓冲材料，以便使板坯各部分受压均匀。一般将不锈钢板与缓冲层一起固定在热压板上，这样热压操作比较方便并可缩短组坯时间。

(4) 浸渍纸胶压贴面　根据浸渍树脂种类的不同有冷—热—冷法和热—热法两类。

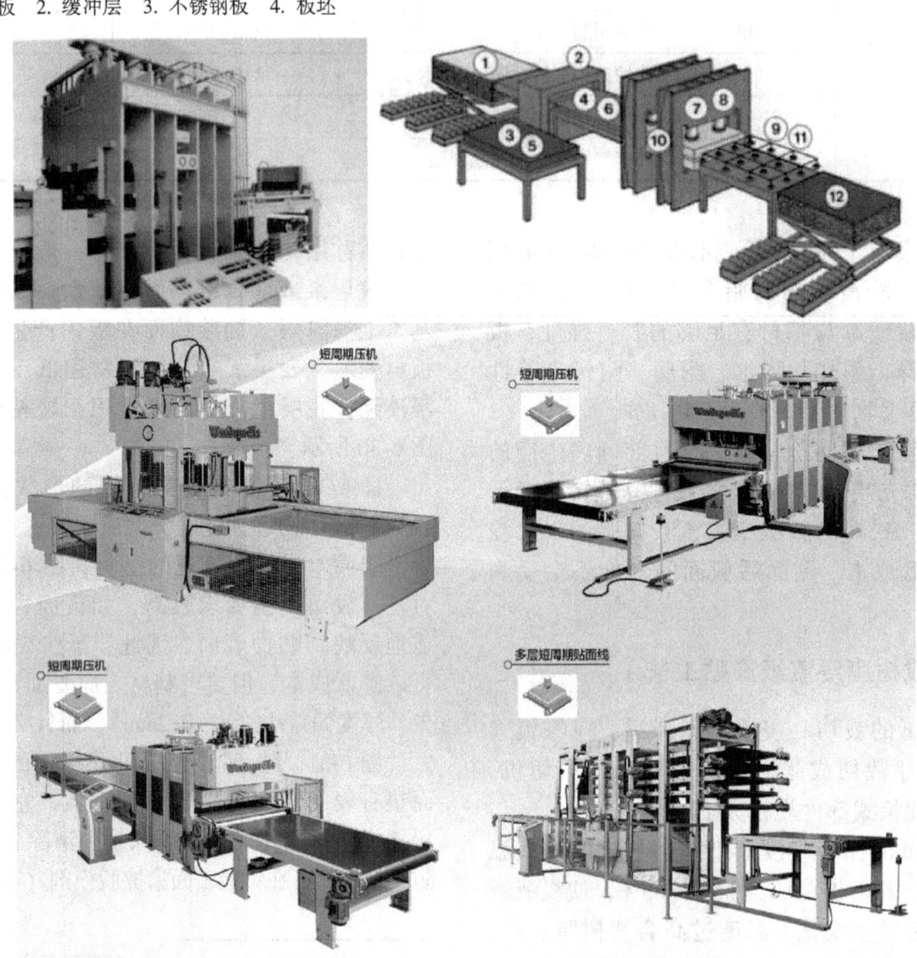

图 6-32　短周期贴面生产线

1. 进料台　2. 清粉尘机　3、5. 底层和表层贴面材料　4、6. 基材与板坯进给装置　7、8. 压机加压与开启　9、11. 吸盘卸板　10. 提升板材　12. 堆板台

普通三聚氰胺树脂浸渍纸贴面采用冷—热—冷法。板坯进入压机（大都为多层压机）时，热板温度低于 50℃，然后升温到 135～150℃ 并加压（单位压力为 6～8MPa）使树脂固化，此后先降温到 40～50℃冷却，而后再卸压出板。如在高温下降压，则板坯内的水蒸气会突然膨胀外逸，于表面形成很多小气泡，使板件表面光度降低。此法生产周期长（加热温度 10～20min），效率低。

近年来浸渍纸贴面工艺向压机层数减少（单层压机）和低压短周期方向发展，采用热—热法，低压短周期压机（图 6-32）常用的单位压力为 0.2～0.3MPa，压板温度为 190～200℃，固化时间为 30～50s，不需要冷却，并能在 1～2 min 内完成贴面工序。

对于一些树脂含量低（50%～60%）的浸渍纸（又称合成薄木），由于其干燥后的树脂完全固化，因此贴面时仍需要在基材表面涂胶。其贴面工艺类似于薄木贴面，有热压和冷压两种。贴面后表面可用涂料涂饰。

热压贴面时，采用加有12%~15%填料的脲醛树脂胶（UF）或脲醛树脂胶与聚醋酸乙烯酯乳白胶（UF+PVAc）的混合胶，涂胶量为100~110g/m²，陈化时间5~20min，单位压力为0.5~0.8MPa，加热温度为110~150℃，加压时间为3~5min。

冷压贴面时，常用聚醋酸乙烯酯乳白胶（PVAc），涂胶量为100~110g/m²，陈化时间不超过5min，单位压力为0.5~1.0MPa，加压时间为24h。

6.3.3.3 浸渍纸贴面的缺陷及解决办法

三聚氰胺树脂浸渍纸贴面人造板的质量主要从外观质量及表面物理性能来评定。外观质量可根据表面缺陷如白花（白斑）、鼓泡、湿花（水迹）、污斑、凹凸痕、伤痕、龟裂、光泽不均等进行评定；表面物理性能可从耐磨性、耐水性、阻燃性、耐冲击性、耐候性、含水率、密度、尺寸形状稳定性、胶合性能等来评定。采用树脂浸渍纸贴面装饰后的人造板材的技术指标和要求可参见国家标准GB/T 15102—2017《浸渍胶膜纸饰面纤维板和刨花板》和GB/T 34722—2017《浸渍胶膜纸饰面胶合板和细木工板》。

三聚氰胺树脂浸渍纸贴面人造板生产过程中常产生的缺陷及解决办法见表6-7。

表6-7 三聚氰胺树脂浸渍纸贴面板常见缺陷及解决办法

常见缺陷	产生原因	解决办法
白 斑	1. 压力不足 2. 压力不均 3. 抛光不锈钢板污染 4. 浸渍纸过干 5. 热压机操作不当	1. 提高压力 2. 使用缓冲层 3. 抛光或擦净不锈钢板 4. 调整浸渍纸干燥工艺条件 5. 正确操作压机
湿花（水迹）	1. 基材水分过多 2. 浸渍纸残留挥发分过多 3. 浸渍纸回潮	1. 调整基材含水率 2. 调整浸渍纸干燥工艺条件 3. 注意浸渍纸保管
表面开裂	1. 树脂固化不完全 2. 表层纸树脂含量过高	1. 适当提高热压温度或延长热压时间 2. 控制表层纸树脂含量
变 色	1. 高温、热压时间过长 2. 脱模剂不合适 3. 基材含油脂多 4. 浸渍纸厚度不均	1. 降低温度、缩短时间 2. 选择合适的脱模剂 3. 基材要进行封底处理 4. 检查和调整浸渍纸的质量
胶合强度差	1. 基材水分过多 2. 加热不均匀	1. 控制基材含水率 2. 使用缓冲层、调整热板温度
粘不锈钢板	1. 树脂固化不充分 2. 不锈钢板污染 3. 树脂含量过多 4. 残留挥发分过多	1. 提高热压温度、延长热压时间 2. 擦净不锈钢板、使用脱模剂 3. 适当减少树脂含量 4. 调整干燥条件
皱 纹	1. 配坯时不小心 2. 加压不均 3. 浸渍纸带垃圾	1. 配坯时注意浸渍纸平整 2. 使用缓冲层 3. 检查浸渍纸质量
翘曲变形	1. 结构不对称 2. 表背散热不均	1. 背面贴平衡纸（底层纸） 2. 热压后表背同时散热
物理性能差	1. 固化不充分 2. 树脂含量不足	1. 提高热压温度、延长热压时间 2. 调整浸渍纸树脂含量

（续）

常见缺陷	产生原因	解决办法
光泽不足	1. 残留挥发分过多 2. 树脂含量不足 3. 压力过大 4. 不锈钢板表面不光洁 5. 未采用冷—热—冷工艺	1. 调整浸渍纸干燥条件 2. 加大树脂含量 3. 调整压力 4. 抛光 5. 调整热压工艺
光泽不均	1. 压力太大 2. 压力不均 3. 基材厚度不均 4. 脱模不好	1. 调整压力 2. 加缓冲层 3. 检查基材质量 4. 选用合适的脱模剂

6.3.4　装饰板贴面

装饰板，即三聚氰胺树脂装饰板，又称热固性树脂浸渍纸高压装饰层积板（HPL）、高压三聚氰胺树脂纸质层压板或塑料贴面板，俗称防火板，是由多层三聚氰胺树脂浸渍纸和酚醛树脂浸渍纸经高压压制而成的薄板，如图 6-33 所示。图中第 1 层为表层纸，在板坯中的作用是保护装饰纸上的印刷木纹并使板面具有优良的物理化学性能，表层纸由表层原纸浸渍高压三聚氰胺树脂制成，热压后呈透明状。第 2 层为装饰纸，在板坯内起装饰作用，防火板的颜色、花纹由装饰纸提供，装饰纸有印刷原纸（钛白纸）浸渍高压三聚氰胺树脂制成。第 3、4、5 层为底层纸，在板坯内起的作用主要是提供板坯的厚度及强度，其层数可根据板厚和品种而定，底层纸由不加防火剂的牛皮纸浸渍酚醛树脂制成。

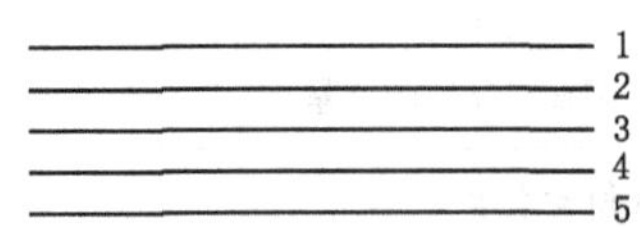

图 6-33　常见装饰板（或层压板 HPL、防火板）**的构成**

1. 表层纸　2. 装饰纸　3~5. 底层纸

装饰板或层压板（HPL）、防火板可由多层热压机或连续压机加热加压制成。它是一种已广泛应用的饰面材料。它具有良好的物理力学性能、表面坚硬、平滑美观、光泽度高、耐火、耐水、耐热、耐磨、耐污染、易清洁、化学稳定性好，常用于厨房、办公、计算机房等家具及台板面的制造和室内的装修。

6.3.4.1　装饰板或层压板的准备

三聚氰胺树脂装饰板或层压板，根据表面耐磨程度可分为高耐磨型、平面型、立面型、平衡面型；根据表面性状可分为有光型、柔光型、浮雕型；根据性能可分为滞燃型、抗静电型、普通型、后成型等。

装饰板或层压板厚度为 0.6~1.2mm。装饰图案多种多样，有仿木纹的、仿大理石的、仿织物纹的等，近年来还有一种专门的大幅面仿墙壁效果的装饰板，其厚度按使用场所不同可达 1.5~3mm。

装饰板在储存和运输时要面对面、背对背地水平放置，以防止机械损伤或表面刮坏。仓库温度为 18~22℃，空气相对湿度为 50%~60%。

胶贴前用硬质合金锯片，把大幅面的装饰板裁切成贴面所要求的规格，曲线形的裁切可用高速钢带锯，锯切时，应正面向上以免表面崩裂。装饰板背面一般应预先砂毛处理，以提高其与基材之间的胶合强度。

6.3.4.2　装饰板或层压板贴面工艺

（1）涂胶　装饰板饰面胶压时所用胶黏剂，根据板件的使用要求大致有以下两种：一种是经常受到水、热和某些化学溶剂作用的场合，如厨房家具、医院家具、餐厅家具、实验室家具等，应用脲醛树脂胶（UF）或脲醛树脂胶与聚醋酸乙烯酯乳白胶（UF+PVAc）的混合两液胶；另一种是一般场合，如普通家具等，可用聚醋酸乙烯酯乳白胶（PVAc）、脲醛树脂胶（UF）或橡胶系的胶黏剂。

基材的涂胶常采用涂胶机进行，若采用刨花板作为基材，其涂胶量为 150~200g/m^2（单面）；若采用其他基材时，涂胶量可以降低一些。

（2）饰面板坯配置　装饰板饰面时，应根据产品用途和要求适当选配，在受冲击和摩擦的场合如各种台桌面等要用厚一些的装饰板，而家具门扇、旁板等直立部件可以用薄一些的装饰板。

装饰板在干燥和吸湿后，板面尺寸会有变化，一般装饰板长度方向收缩膨胀率为0.3%~0.5%，宽度方向为0.4%~0.8%，其各向异性虽低于天然木材，但比人造板大，因此在板坯配置时要注意两面方向一致对称配置，以保证应力均衡和减少变形。

用刨花板或细木工木条作芯板的板件，最好先贴一层单板，两面材料要对称；质量要求高的板件应两面都用同样的装饰板贴面；普通板件，为了降低成本，节约装饰板用量，背面可用单板或浸渍纸作对称平衡层，以减少板件的翘曲变形。

贴面前应将装饰板、基材以及胶黏剂一起陈放一段时间（20~40min）。

（3）饰面胶压　由于装饰板表面光洁平整，胶压后基材稍有不平就会明显地反映出来，而且，装饰板与人造板基材的热膨胀系数相差较大，热压贴面易造成内部应力，因此装饰板贴面常用冷压法。冷压贴面时常用常温固化型脲醛胶（UF），也可加入少量乳白胶（PVAc），单位压力小（0.5~1.0MPa），但冷压周期长（6~8h），生产效率低。

装饰板热压贴面时，单位压力为0.5~1.0MPa，加热温度为105~110℃，加压时间为5~10min。胶压贴面后，要堆放1~3个昼夜以上，使内部应力均衡后方可再加工。

装饰板贴面所用胶黏剂和胶压规程见表6-8。装饰板贴面胶合强度见表6-9。

表中气干强度为在室温下的胶合强度；湿态强度是指在冷水中浸泡24h后的胶合强度，循环处理强度指在冷水中浸泡16h后，又在50℃下干燥8h，再浸入冷水，如此循环7次后的胶合强度。

如果采用后成型防火板进行板件的平面贴面和异型包边处理，其异型板边包覆工艺可参照板件边部处理部分的内容。

表6-8　装饰板贴面工艺条件

胶黏剂类型	涂胶量（g/m^2）	陈放时间（min）	单位压力（MPa）	不同温度加压时间（min）		
				20℃	40℃	60℃
UF 脲醛胶	90~150	2~20	0.3~0.5	150~180	5~30	1~12
PVAc 乳白胶	90~150	1~30	0.1~0.3	8~60	4~12	1~3
橡胶系胶	150~200	不黏手为止	>0.5	>1	>1	>1
热熔胶	180~300	—	辊压	195~220℃		

表6-9　装饰板贴面胶合强度　MPa

胶黏剂类型	气干强度	湿态强度	循环处理强度
UF 脲醛胶	32.5	22.9	17.5
UF+填料	29.5	27.5	18.1
UF+PVAc	26.5	27.3	21.7
PVAc 乳白胶	21.6	4.6	2.5
橡胶系胶	16.1	9.2	7.9

6.3.5　塑料薄膜贴面

目前，板式部件贴面用的塑料薄膜主要有聚氯乙烯（PVC）薄膜、聚乙烯（PE）薄膜、聚烯烃（Alkorcell奥克赛）薄膜、聚酯（PET）薄膜以及聚丙烯（PP）薄膜等种类。其中，采用聚氯乙烯（PVC）薄膜进行贴面处理在家具生产中应用最为广泛。

聚氯乙烯（PVC）薄膜的表面或背面印有各种花纹图案，为了增强真实感，还有压印出木材纹理和孔眼以及各种花纹图案等。薄膜美观逼真、透气性小，具有真实感和立体感，贴面后可减少空气湿度对基材的影响，具有一定的防水、耐磨、耐污染的性能，但表面硬度低、耐热性差、不耐光晒，其受热后柔软，适用于室内家具中不受热和不受力部件的饰面和封边，尤其是适于进行浮雕模压贴面（即软成型soft-forming贴面或真空异型面覆膜）。

PVC薄膜是成卷供应的，厚度为0.1~0.6mm的薄膜主要用于普通家具，厨房家具需采用0.8~1.0mm厚的薄膜，真空异型面覆膜、浮雕模压贴面

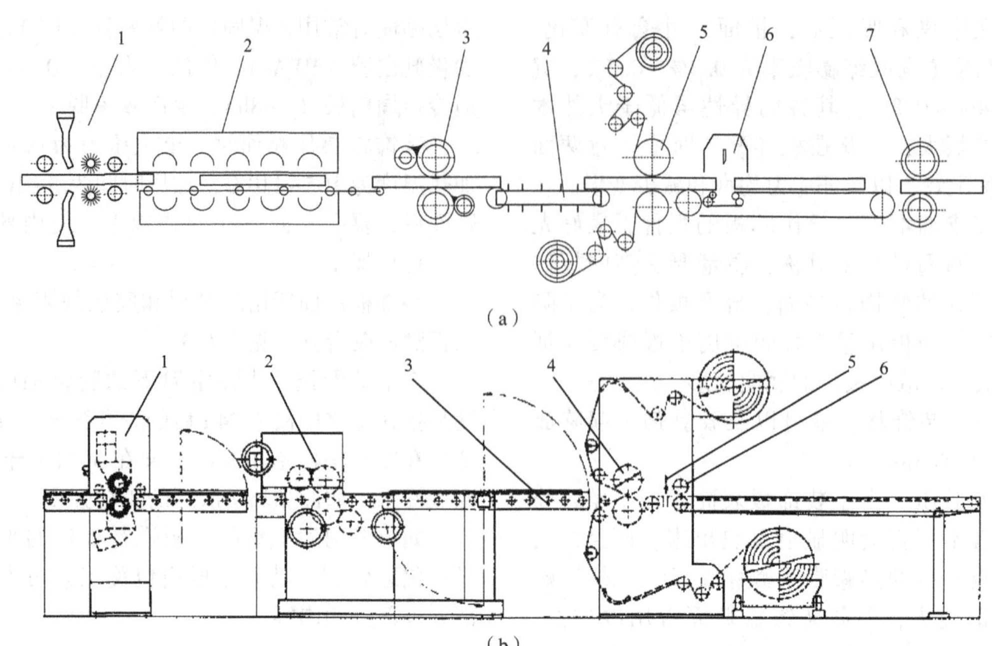

图 6-34 塑料薄膜辊压贴面装置

(a) 有基材预热装置 1. 刷辊 2. 红外预热装置 3. 涂胶机 4. 传送带 5. 辊压机 6. 剪切刀 7. 压辊

(b) 无基材预热装置 1. 刷辊 2. 涂胶机 3. 翻板装置 4. 辊压机 5. 剪切刀 6. 压辊

或软成型贴面一般也需用较厚的薄膜。

6.3.5.1 板面涂胶

PVC 薄膜贴面时，常用的胶黏剂有：乙烯-醋酸乙烯共聚乳液热熔胶（EVA）、丁腈橡胶系胶、聚醋酸乙烯酯乳液胶、醋酸乙烯-丙烯酸共聚乳液胶等。基材表面涂胶量为 120~180g/m^2。Alkorcell 奥克赛薄膜贴面时，常用的胶黏剂为脲醛胶（UF）和乙烯-醋酸乙烯共聚乳液热熔胶（EVA）。基材表面涂胶量为 60~80g/m^2。

平表面基材一般采用涂胶机辊涂胶黏剂；异型浮雕表面基材常采用喷枪喷涂胶黏剂。

6.3.5.2 平直面饰贴胶压

胶压方法有平压法和辊压法。

平压法主要是冷压法（因薄膜一般是不耐热的，热压法用得很少）。将涂胶后的基材铺放 PVC 薄膜，组坯铺放时不应出现气泡，以备胶压使用。冷压压力为 0.1~0.5MPa，时间为 4~12h。

辊压法是一种连续贴面的生产线，适合于大批量生产，如图 6-34 所示。在图 6-34（a）中，贴面时基材由一端送入，经刷辊 1 刷去尘屑，经红外预热装置 2 预热（40~45℃）干燥后，用涂胶机 3 涂胶（涂胶量为 80~170g/m^2），在传送带 4 上传送时，溶剂挥发，送入常温辊压机 5，贴上塑料薄膜，由剪切刀 6 切断后，再用一对或多对压辊 7 使之压平。贴面后的板件应放置三天以上才能进行裁锯等切削加工。图 6-34（b）为常用的无基材预热装置的塑料薄膜贴面辊压机。

塑料薄膜贴面也可进行单面覆贴，覆贴后应放置三天以上才能进行裁锯等切削加工。如需加工成箱体，可在贴面后用圆锯或铣刀进行 V 形槽斜面加工，在 V 形槽斜面处涂热熔胶（EVA）或聚醋酸乙烯乳液胶（PVAc），折转加压定型，即可形成箱体或包覆板边。其加工工艺可参照 V 形槽折叠工艺部分的内容。

PVC 薄膜贴面装饰人造板材的技术指标和要求可参见林业行业标准 LY/T 1279—2020《聚氯乙烯薄膜饰面人造板》中的有关规定。

6.3.5.3 异型面贴面或真空覆膜（软成型 soft-forming 贴面）

塑料薄膜可进行浮雕或模压板件表面的贴面，常称为异型面贴面或真空覆膜、真空模压，又称软成型 soft-forming 贴面。贴面前基材（常用 MDF 中密度纤维板，一般要求其密度为 0.7g/cm^3 左右，表层和芯层的纤维密度均匀，无树皮或其他杂质，否则中密度纤维板在覆膜前还应进行砂光或打腻子刮平）

表面需先经数控镂铣机铣出或经模压机压出浮雕面，然后喷涂热熔胶后送入专用的异型贴面热压机进行贴面。

（1）无橡胶膜的真空异型面模压机　目前，最常用的异型贴面压机是不带橡胶膜的真空异型面模压机，也称真空异型面覆膜压机或多功能贴面压机。该类覆膜压机不带施加压力的橡胶膜，而利用塑料薄膜本身的柔韧性兼作施压的软薄膜。这种压机贴面的工作原理如图 6-35 所示。

图 6-35 中 H 为上热板，C 为下热板，F 为塑料薄膜，W 为有异型面的基材，A、B 为附加的导入压缩空气或抽真空的装置，D、V 为压缩空气入口或抽真空口。图 6-35（a）中将已喷涂热熔胶的基材和 PVC 薄膜放入压机，但压机尚处于开启状态；图 6-35（b）中 D 抽真空使 PVC 薄膜紧贴上热板被加热软化；图 6-35（c）中 V 抽真空，D 导入压缩空气使 PVC 薄膜紧贴 MDF 基材并与基材胶合，当撤去压力和打开压机后，模压贴面的部件即已完成。贴面时加热温度约为 120～180℃（常用 140℃），加压压力为 0.6MPa，加热贴面时间 2.5～3min。

图 6-36 所示为无橡胶膜的真空异型面模压机及其覆膜模压的部件。

（2）有橡胶膜的真空异型面模压机　异型贴面或真空覆膜还可以采用通有热空气的橡胶膜或气囊作软热板的异型贴面压机，其工作原理如图 6-37 所示。贴面用的塑料薄膜如 Alkorcell 奥克赛薄膜，由橡胶膜或气囊软热板施加压力直接覆贴到基材的异型表面上。贴面时加热温度为 100℃左右，加压压力为 0.1～0.4MPa，加热贴面时间为 20～30s。可在基材异型面上喷涂热熔胶或在 Alkorcell 奥克赛薄膜背面涂脲醛胶。

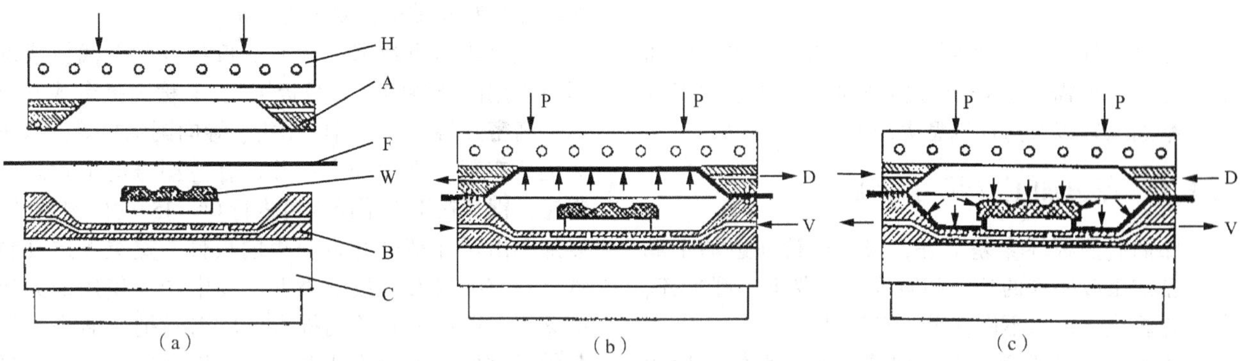

图 6-35　无橡胶膜的真空异型面模压机工作原理

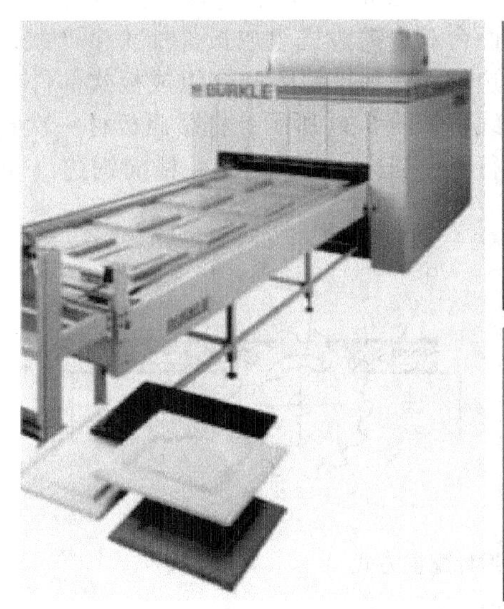

图 6-36　无橡胶膜的真空异型面模压机及其覆膜模压的部件

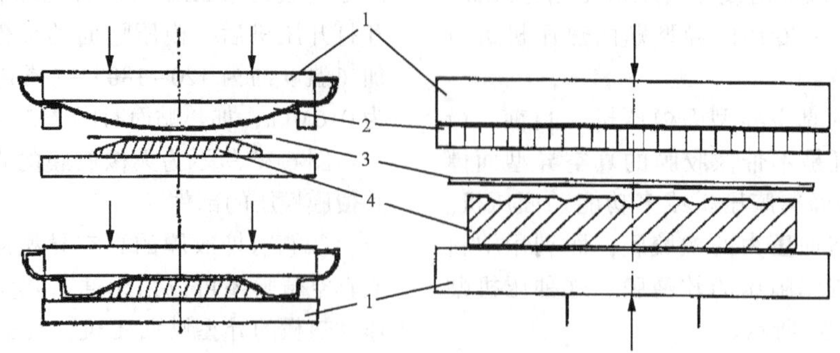

图 6-37 橡胶或薄膜气囊软热板异型面贴面压机工作原理

1. 压板 2. 橡胶膜或气囊软热板 3. 薄膜 4. 基材

这类真空异型面模压机按照覆膜部件的要求，又分为单面有橡胶膜的真空异型面模压机和双面有橡胶膜的真空异型面模压机。其工作原理较为相似。

6.4 板边切削加工

板式部件经过表面装饰贴面胶压后，在长度和宽度方向上还需要进行板边切削加工（齐边加工或尺寸精加工）以及边部铣型等加工。

6.4.1 齐边加工（尺寸精加工）

贴面后的板坯参差不齐，需要进行齐边加工或尺寸精加工成要求的长度和宽度，并要求边部平齐、相邻边垂直、表面不许有崩茬或撕裂。

因此，为了适应于齐边锯截已经贴面处理后的各种板式部件，大多数尺寸精加工用的锯机（精密开料锯或精密裁板锯等）均需在主锯片的底部都装有刻痕锯片，其作用是在齐边锯截前预先在板材的下表面刻划出一道深 2～3mm 的刻槽，切断下表面饰面材料，然后再由主锯片从板件下表面进行最后锯切，以保证锯口光滑平整和防止主锯片锯割时产生下表面撕裂、崩茬。刻痕锯片与主锯片的配置方式如图 6-38 所示。刻痕锯片与主锯片的锯口宽度相等，并位于同一垂直面上，两个锯片运转方向相反，而且都是由表层向里层切削。

齐边锯切加工常用的锯机有手工进料带推台单边圆锯机和履带进料双边锯边机。

推台式单边圆锯机是人造板材开料、裁板或配料时常用的开料圆锯（裁板锯），又称为推台式开料锯，精密开料锯、板料圆锯机、导向圆锯机等。该机床上装有刻痕锯片和主锯片。有些型号的推台式开料锯，锯片在垂直平面内可进行 0°～45°的倾斜调整，以加工出尺寸精确并带斜边的板件。这类齐边开料锯是目前国内大多数中小型家具生产厂使用的齐边圆锯机。锯机上有活动推台，使用时把所需齐边锯截的板材放在推台上压紧，然后沿导轨用手慢慢推送进料，锯出一定尺寸规格的板件。

大批量生产时，一般可用双边锯边机，也有将两台双边锯边机组成板件加工生产线，有时也与封边机和多轴排钻等联合组成板式部件加工自动生产线，如图 6-39 所示。将贴面板材一次送进后，可进行纵向锯边、纵向封边、横向锯边（也有含横向封

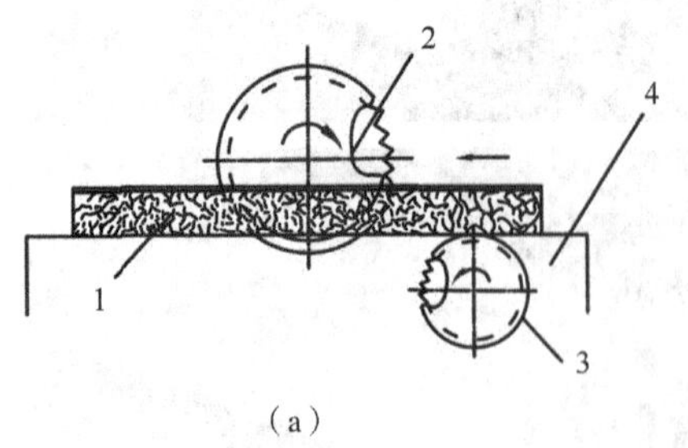

（a）

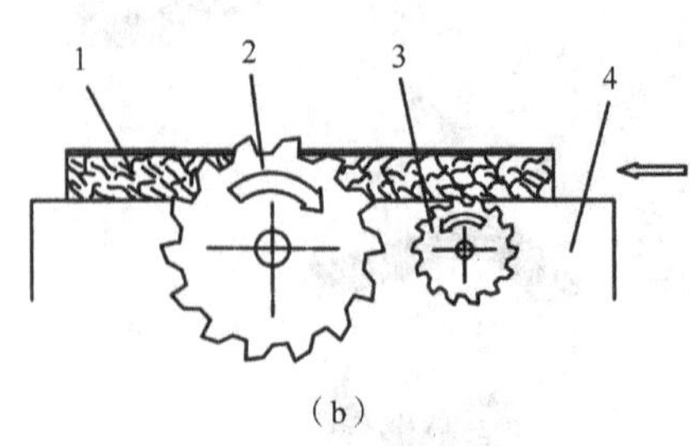

（b）

图 6-38 齐边加工锯片配置方式

（a）主锯片上置 （b）主锯片下置

1. 工件 2. 主锯片 3. 刻痕锯 4. 工作台

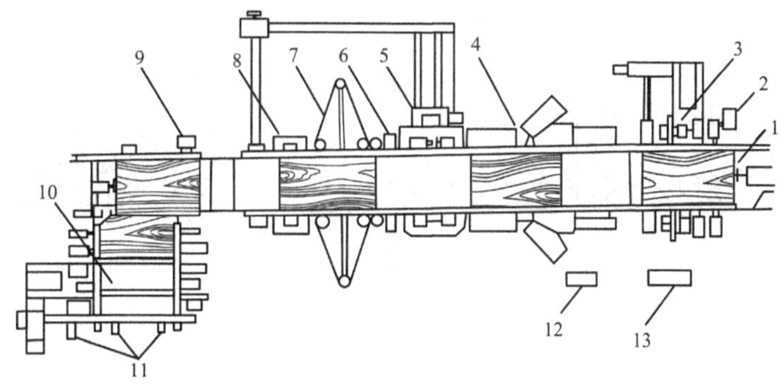

图 6-39 齐边—封边—钻孔生产线

1. 装板器 2、9、12、13. 操作台 3. 铣边 4. 封边机 5、6、8. 齐端、修边、倒棱装置 7. 砂光 10. 横向锯边机 11. 多轴排钻

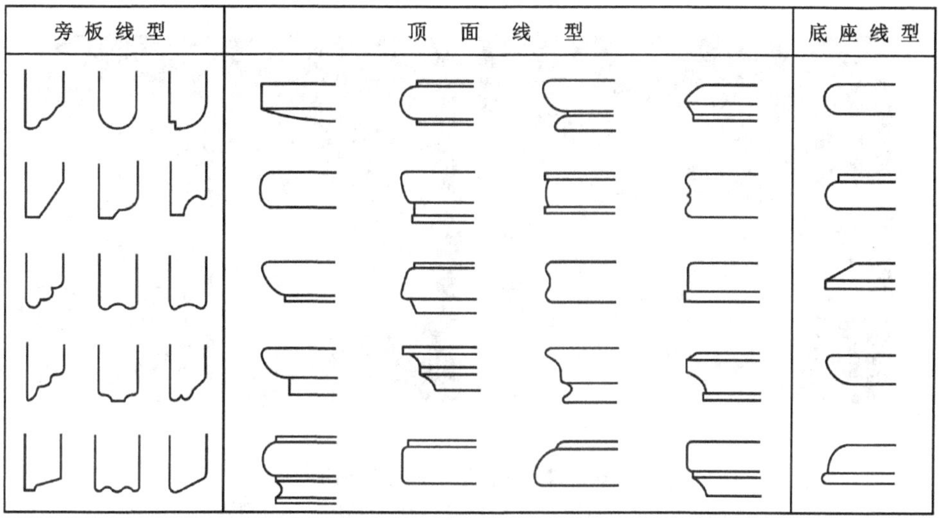

旁板线型	顶面线型	底座线型

图 6-40 板件常见型边的种类

边)、端头和表面多排钻孔等加工，锯切表面质量好，生产效率非常高。

6.4.2 边部铣型（铣边）

板式部件经齐边锯切加工成尺寸精确的板件后，其边部还需进行铣削加工，使板件边部带有鸭嘴形、斜边形、半圆边形、1/4 圆边形和阶梯形等各种装饰型边，如图 6-40 和图 6-41 所示。

边部铣型或铣边通常是按照型边要求的线型采用相应的成型铣刀在各种铣床上加工，如图 6-42 所示。常用的铣床设备主要有立式下轴铣床（如 MX518、MX519 等）、立式上轴铣床（镂铣机）、双端铣等，有的也可以通过成型封边机的铣刀进行加工等。型边的铣削加工一般都需要借助于各种夹具如靠模、导尺、挡环、定位销或定位压紧夹具等。

图 6-41 贴面板件的边部铣型

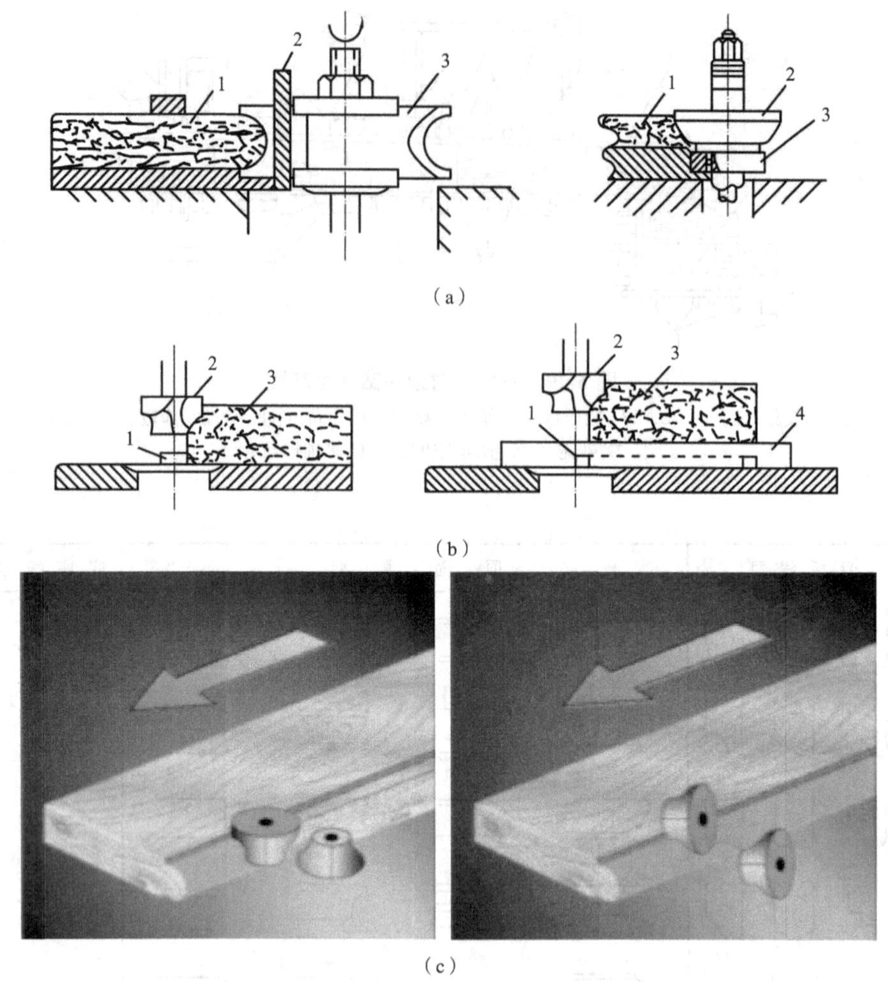

图 6-42　板件边部的型边加工

(a) 立式下轴铣床　1. 工件　2. 导尺或挡环　3. 成型铣刀

(b) 立式上轴铣床（镂铣机）　1. 定位销　2. 成型铣刀　3. 工件　4. 样模

(c) 双端铣或成型封边机铣刀头

6.5　边部处理

各种板式部件的平表面饰贴以后，侧边显露出各种材料的接缝或孔隙，不仅影响外观质量，而且在产品运输和使用过程中，边角部容易碰损、面层容易被掀起或剥落。尤其是用刨花板作基材，板材侧边曝露在大气中，湿度变化时会产生吸湿膨胀、脱落或变形现象。因此，板件侧边处理是必不可少的重要工序。

板件侧边处理的方法主要有：封边法、镶边法、包边法（后成型）、涂饰法和 V 形槽折叠法。可根据板件侧边的形状来选用各种侧边处理方法，见表 6-10。

6.5.1　封　边

封边就是用木条、薄板条、单板条、薄木条、三聚氰胺树脂装饰板条、塑料薄膜 PVC 条、ABS 条、预油漆装饰纸条等条状封边材料，经涂胶、压贴在板件边部，使板件周边封闭起来。基材可以是刨花板、中密度纤维板、细木工板、双包镶板等。这是一项质量要求高的工作，因为要获得较高质量的封边强度和效果，与基材的边部质量、基材的厚度公差、胶黏剂的种类与质量、涂胶量、封边材料的种类与质量、室内温度、封边温度、进料速度、封边压力、齐端修边等因素有关。每个板件都要封 2~4 个侧边，封边后端头和侧边都要平齐，否则会影响产品装配和外观质量。

表 6-10 板件边部处理方法及其应用

板件侧边形状		封边法				包边法	镶边法	涂饰法	V形槽折叠法
		手工封边	直线封边机	曲线封边机	软成型封边机	后成型封边机			
直线形板件	平面边	√	√				√	√	√
	型面边	√			√	√	√	√	
曲线形板件	平面边	√		√			√	√	
	型面边	√					√	√	

封边常采用胶接合，所用胶黏剂，除了皮胶、脲醛树脂胶（UF）和聚醋酸乙烯酯乳液胶（PVAc）外，目前常采用乙烯-醋酸乙烯共聚树脂胶（EVA）等热熔胶以及各种接触胶黏剂等。

6.5.1.1 手工封边

手工封边就是在板件的侧边涂胶，把准备好的封边材料（必要时可先湿润一下）覆贴上去，然后用熨斗加压、加热等胶液固化后，再齐端、铣边、倒棱和砂光。直线边缘用熨斗压烫数秒钟即可固化；而曲线边缘要在接近弯曲部位处钉上胶合板块予以固定后，再用熨斗压烫弯曲部位，烫好后再钉上胶合板块加固，如图 6-43 所示，待胶固化后拔起钉和木块，再修整边缘和表面。此外，手工封边还可用普通的螺旋加压弓形卡子加紧板件边缘，操作方便，适用于木质薄板封边条。

手工封边根据封边材料的不同，应采用相应的胶黏剂：

（1）皮胶　用单板条、薄木条或薄板条封边时，可以采用皮胶和甲醛溶液配合使用的方法。在板件侧边涂上皮胶，在封边条表面涂甲醛溶液，把封边条用手工压贴在板件侧边，用熨斗压烫后即可固化，这是一种沿用历史较长的方法，主要适用于木质封边条。

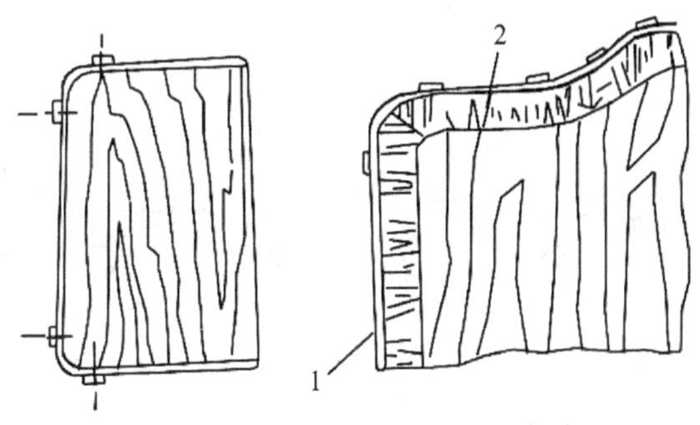

图 6-43 曲线板件边部的封边方法

1. 木质封边条　2. 曲线板件

（2）脲醛胶（UF）或乳白胶（PVAc）　这是三聚氰胺纸质层压装饰板条封边时常用的胶种。涂胶量与板件芯层材料有关，通常刨花板部件侧边涂胶量为 200～270g/m²，中密度纤维板部件封边时为 150～200g/m²，细木工板部件封边时为 160～200g/m²。板件封边后应陈放 2h 以上。这类胶种封边时，固化时间长，占地面积大。

（3）快速固化两液胶（UF+PVAc）　由脲醛胶 UF（甲组分）和聚醋酸乙烯酯乳液胶 PVAc 加盐酸（乙组分）所组成。快速固化的原理是用强盐酸（加入量为 0.5%～2%）作固化剂，使脲醛树脂接触强酸后快速缩聚固化。使用时在板件侧边涂甲组分，涂胶量为 250g/m²，封边条上涂乙组分用手从一端加压逐渐移向另一端，经过 30～40s 即可固化（室温为 18℃左右）。如果室温较低，则要适当延长加压时间。这种两液胶可用于木质封边条或三聚氰胺装饰板封边条。

（4）接触型氯丁橡胶系胶　使用时把胶黏剂分别涂在板件侧边和封边条上，陈放到胶膜不粘手时，再合在一起，稍加压力即可达到胶合封边。它适用于各种封边材料。

（5）改性乳白胶（改性 PVAc）　使用时预先涂在封边条背面，涂胶量为 180～250g/m²，到封边时，再在 300℃左右的温度下预热封边条，使胶层熔化（活化），排出水分后再压向板件侧边，可在短时间内胶合。

（6）热熔胶（EVA）　用喷胶枪将固态乙烯-醋酸乙烯共聚树脂热熔胶熔化喷到板件侧边后，将封边条压向侧边并用熨斗压烫使胶层熔融进一步均匀扩散，然后使板件冷却陈放达到胶层固化。

手工封边操作简单、适应性较强。适用于形状复杂、变化较大的板件的封边，但劳动强度大、生产效率低，对胶贴面施加的压力不均，所以封边质量也不够稳定。

6.5.1.2 机械封边

随着板式家具生产的发展，封边工艺已由手工封边发展到机械化、连续化生产。封边设备也有了不断进步。

机械封边就是采用各种连续通过式封边机，将板件侧边用封边条快速封贴起来。它不仅加速封边胶合，提高生产率，而且也保证了封边质量。封边机封边的物理性能好，胶层薄而均匀，可以在封边后不需陈放立即进行后续工序加工，因此在各种封边机上一般包括涂胶、封边、齐头、倒棱和磨光等工序。

封边机按板件形式、侧边类型、涂胶及加热方式的不同，主要有直线封边机、曲直线封边机、软成型封边机和激光封边机。其中，后成型封边机和后成型弯板机是采用包边的方法将贴面材料整块包贴在板件的表面和侧边，又称包边机或后成型机。

(1) 直线封边机　直线封边机，是国内外直线形板件封边时应用较为广泛的一种封边机，其功能主要可完成涂胶、封边、齐端、修边、倒棱、磨光、抛光、倒端角等工序。直线封边机所采用的封边条厚度一般为0.4~20mm。直线封边机的种类较多，性能和功能差别较大。图6-44所示为常见直线封边机的工作原理图。

直线封边机根据封边使用胶种的不同，主要有热熔胶封边机、乳白胶封边机、脲醛胶封边机等。其中热熔胶封边机是目前国内外应用最广的一种封边设备。

①热熔胶封边机：主要用热熔胶即乙烯-醋酸乙烯共聚树脂胶（EVA），是一种热—冷封边法。封边时，将固体热熔胶加热熔化成液态，涂在胶合表面上，胶合后冷却数秒立即恢复到固体状态，使封边条牢牢地与板件侧边胶合在一起。

图6-45所示的是热熔胶（双面）封边机的工作原理。该机包括送料、涂胶、压贴、齐端、修边、砂光等部分。板件由传送履带送入，封边条存放封边条料仓中（有些设备的料仓带有倾斜装置，可封斜边），可呈条状或盘状，封边条厚度为0.4~20mm，比板件侧边宽4~5mm，条状封边条长度余量为50~60mm。涂胶部分由贮胶槽、涂胶辊组成，热熔胶放在储胶槽中加热到180~200℃熔融，一般要15~45min。加压封边部分由一个大压辊和三个小压辊组成，大压辊位于首位起导向作用，将封边条引向板件侧边，三个小压辊将封边条向板边压紧，压力为0.3~0.5MPa，经3~5s后胶液即冷却固化。齐端部分由前后两个锯架组成，锯片与板件侧边垂直或倾斜10°，锯架上带有靠模板，使齐端锯片精确地切下板件端头伸出的封边条。修边部分由上下两个带挡盘的铣刀头组成，修边时，挡盘贴靠板件上下平面，作为基准，将已贴的封边条凸出部分铣去，使其与板件平齐。磨光部分作用于已封边的薄木、单板或木条表面。

热熔胶是一种无溶剂的高固体分胶黏剂，无污染、固化快、机床占地面积小、便于连续化生产、封边速度快（一般在6~30m/min，最快可达100m/min），适应于各种封边材料。但热熔胶封边时，材料和车间的气温都应高于15~16℃，如果环境温度低，则需预热板件，以免涂在板件侧边的热熔胶在加压前就被冷却，许多热熔胶封边的质量问题都出在胶液的提前冷却上。另外，热熔胶封边工件耐热和耐水性能差、胶层厚，影响美观。

塑料封边条用热熔胶封边时，加热温度只能在170~180℃，超过180℃时，塑料封边条受热软化变形，不易加工，因此，必须严格控制加热温度。另外，塑料封边条封边时，常用软模砂光来清除封边时多余的胶。

(a)

(b)

(c)

(d)

(e)

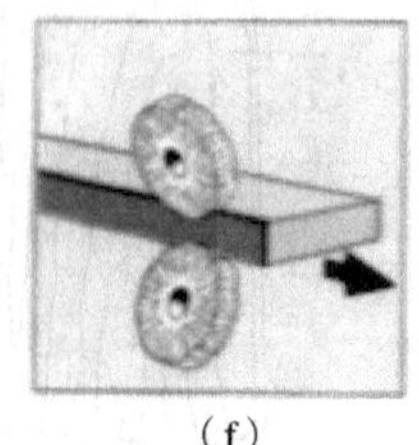
(f)

图6-44　常见直线封边机工作原理图

(a) 涂胶、封边、加热　(b) 齐头　(c) 修边　(d) 倒棱　(e) 磨光　(f) 抛光

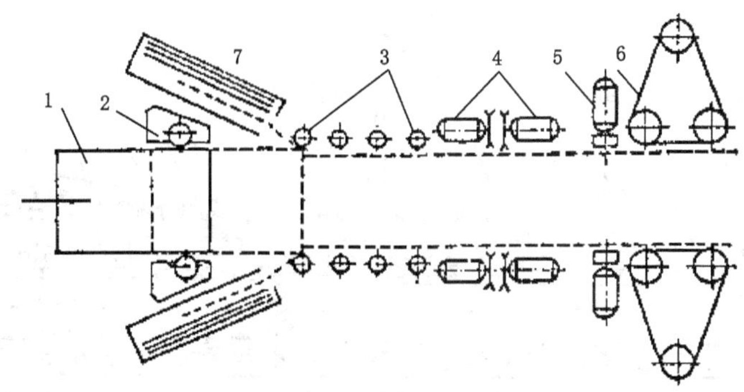

图 6-45 热熔胶（双面）封边机

1. 板式部件 2. 涂胶槽 3. 压紧辊 4. 齐端锯 5. 倒棱刀头 6. 砂光带 7. 料仓

②乳白胶封边机：主要用改性聚醋酸乙烯酯乳白胶（改性 PVAc），是一种冷胶活化封边法，有以下三种方式：

a. 在封边机上将板件侧边和封边条上都涂胶后，加压贴合封边。

b. 封边条上预先涂胶（涂胶量为 $80g/m^2$），板件侧边在封边机上涂胶（涂胶量为 $100\sim140g/m^2$），封边前，均经加热使胶层“活化”后再加压胶合封边。

c. 在封边机上预先单独给封边条涂胶（涂胶量为 $180\sim250g/m^2$），封边时，在高温（300～350℃）加热使胶层“活化”排出水分，再贴压胶合封边。

这种封边用改性聚醋酸乙烯酯乳白胶（改性 PVAc），在很短时间内就能像接触胶一样胶合，胶合质量相当于普通聚醋酸乙烯酯乳白胶的效果。此外，该种封边工艺对侧边软成型的封边很方便。封边板件耐热耐寒性能好、胶缝小、美观且便于清洗胶槽。但这种胶要求初黏度高、封边能耗高（约为热熔胶封边机的一倍多）、设备投资大。

③脲醛胶封边机：所用胶黏剂为脲醛树脂胶（UF），是一种冷—热封边法。由于脲醛胶固化时间长，需要延长加热段面积，因此多采用加热法来加速胶合，提高生产率。封边时，在基材或封边条上涂胶后，贴合在一起，用加热元件在封边条外面加热，使胶液固化。其中，高频加热封边机比较典型。如图 6-46 所示。

由于高频加热封边，采用高频电极与胶层平行配置方式，不用通过封边条向胶层传递热量，不受封边条厚度限制，加热均匀，胶合牢固，不易变形。但脲醛胶为热固性胶黏剂，胶液从胶缝溢出后，在板件表面形成硬胶滴，难以刮除。用木质封边条时，这可在砂光时磨去胶痕，用其他封边条时，胶痕就很难去除。

直线封边机根据同时封边的边数不同，封边机主要有单边直线封边机和双边直线封边机。其中单边直线封边机是目前国内外应用最广的一种封边设备。

①单边直线封边机：图 6-47 所示为常见进口的单边自动直线封边机。根据直线封边机使用的封边条的不同，又有轻型直线封边机和中型直线封边机。

轻型直线封边机适用于厚度为 0.4～3mm 的卷式封边条，该类设备一般仅有涂胶、封边、齐端和一次修边等功能，因此适合于小型的家具生产企业。

中型直线封边机适用于厚度为 0.4～20mm（可达 40mm）的多种实木封边条和厚度为 0.4～3mm 的卷式封边条，该类设备由于具有封实木条的特性，在某些方面可代替实木镶边，同时还可以将封好的实木条进行铣型和砂光，广泛适合于各类家具生产企业的大批量生产。

②双边直线封边机：图 6-48 所示为常见进口的双边自动直线封边机。它是由双端铣和双边封边机组成，双端铣完成零部件两边的精截，封边机完成封边和跟踪修圆角等功能。

根据组合设备的类型不同，封边条的厚度也各不同，一般可以进行最大厚度为 12mm 的实木封边条的封边，广泛适合于各类大中型家具生产企业的大批量生产。

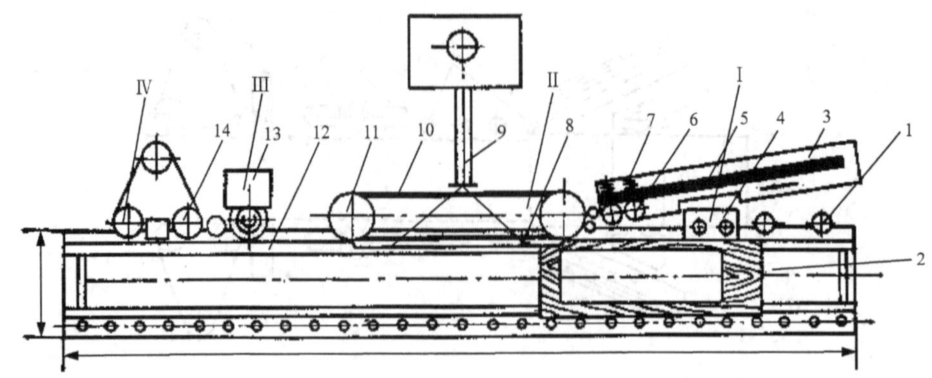

图 6-46 脲醛胶封边机

Ⅰ. 涂胶部分 Ⅱ. 封边部分 Ⅲ. 倒棱部分 Ⅳ. 磨光部分

1. 垂直压辊 2. 板式部件 3. 料仓 4. 涂胶槽 5. 封边条 6. 送料辊 7. 压紧弹簧 8. 高频电极 9. 同轴电缆 10. 三角带 11. 传动轮 12. 传送带 13. 倒棱刀头 14. 砂光带

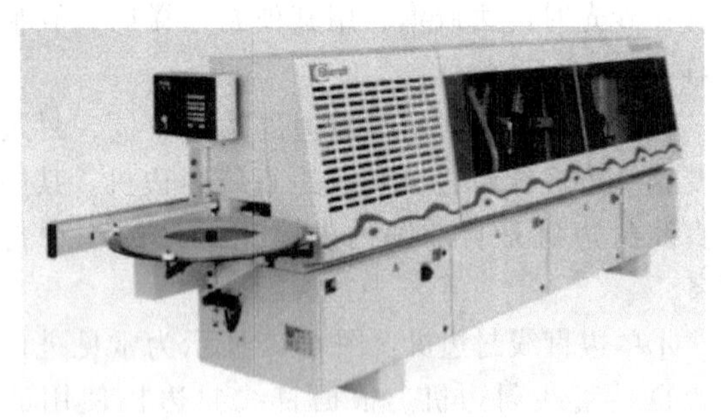

图 6-47 单边自动直线封边机

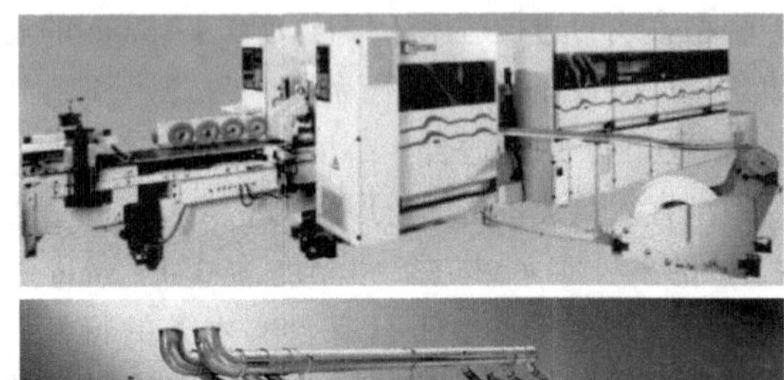

图 6-48 双边自动直线封边机

（2）曲直线封边机 曲直线封边机适用于板式部件直线边缘或不规则曲线边缘的封边作业。该类封边机的工作原理同直线封边机，只是用手工进料，其结构较为简单、生产效率较低，但适用性较强。手工进料时，封边条由送料针辊送料，经涂胶辊涂胶后，紧贴手工进料的板件的直线或曲线边缘，在压辊作用下压紧胶合，封边后再齐端和修边。有一些曲直线封边机不能进行齐端和修边，只能另外配备设备或采用手工进行齐端和修边。当用作直线封边时，可根据板件宽度预先调整安装侧向压紧支架，由压紧弹簧对板件进行一定的侧向压紧力，板件进给时，只需人工向进给方向施加一定的力就可以了；当用作曲线边缘封边时，无法使用侧向压紧支架，完全由人工在侧向和进给方向同时施加所需要的作用力，由于受封边机上封边头直径的限制，内弯曲半径不能太小，一般加工半径应大于 25mm。

曲线封边用封边条的厚度为 0.4～1.5mm。这种小型曲直两用封边机的封边与修边的质量受人为因素的影响很大，对厚度为 0.8mm 以下的薄型封边条能够取得较为理想的效果，用作直线封边时，厚度可达 5mm。曲线形板件的封边，大多数采用曲直线封边机。图 6-49 所示为小型的曲直线封边机和专用修边（倒角）机。

（3）软成型（soft-forming）封边机 近年来，为了家具产品更加美观，常将板件侧边加工出各种成型边或异型边。随着工艺技术的不断提高，成型边封边机（又称软成型直线封边机）的出现，满足了家具零部件边部成型型面的需要。图 6-50 为经软成型封边后的板件常见的曲缘形状。

软成型直线封边机的功能包括铣型、涂胶、封边、软成型胶压、齐端、修边（圆角）、砂光、抛光等工序。软成型是采用多个小压料辊进行封边胶压。

对于轻型软成型封边机，零部件的边部铣型须先在各种精加工铣床上铣削完成，而喷胶、封边胶压等工序是在封边机上完成；对于中大型软成型封边机，可直接在成型封边机上完成基材铣型、砂光、喷胶、封边胶压等工序。软成型直线封边机也可以进行直线平面边的封边。图 6-51 为常见软成型封边机工作原理图。

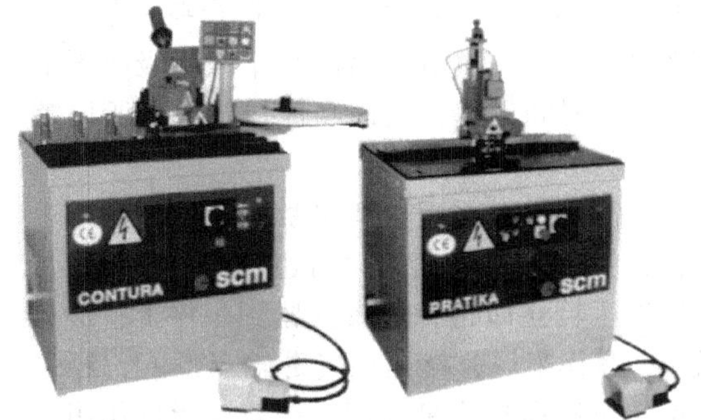

图 6-49 小型曲直线封边机和修边机

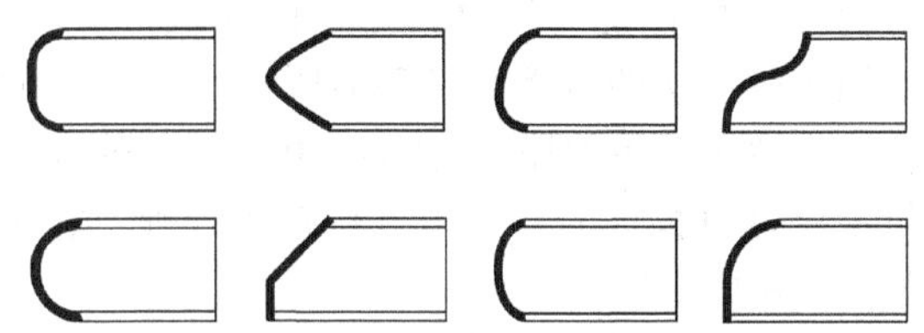

图 6-50 软成型封边板件常见曲缘形状

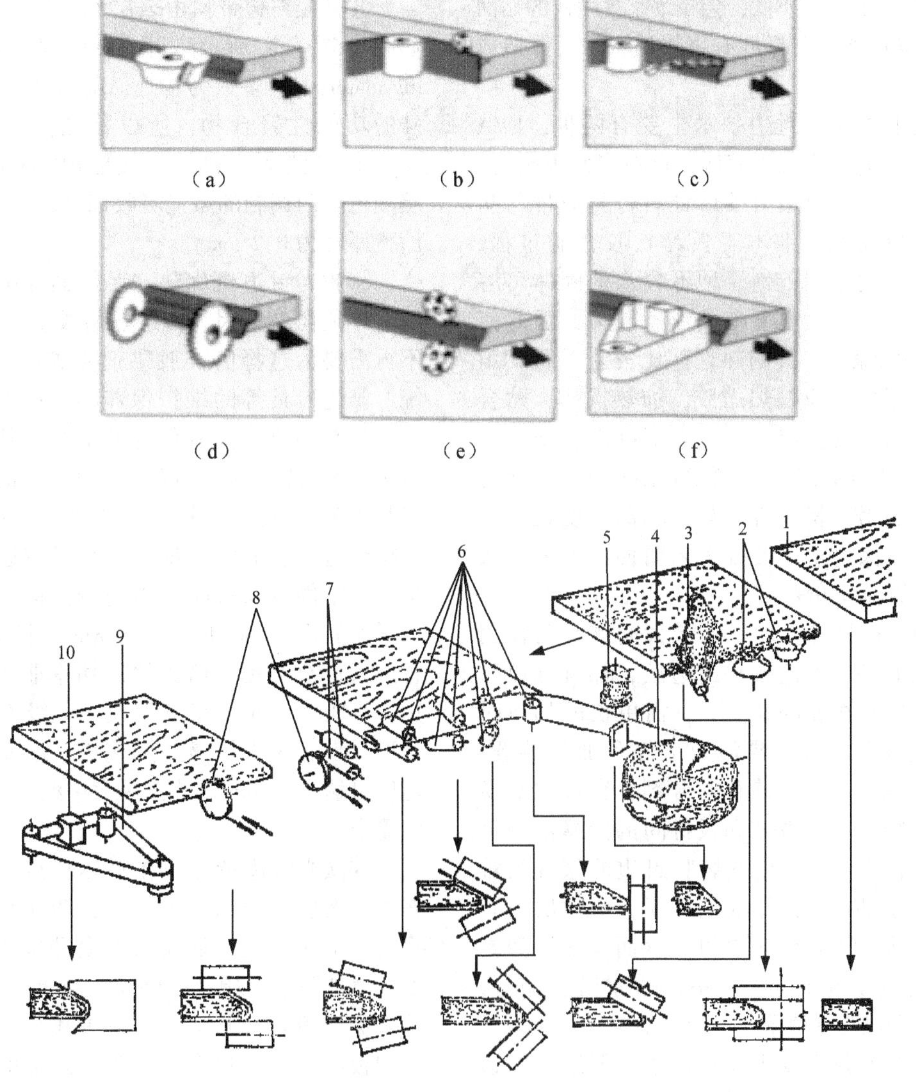

图 6-51 软成型封边机工作原理图

(a) 铣型边 (b) 涂胶、封边、加热 (c) 多辊辊压 (d) 齐头 (e) 修边 (f) 磨光

1. 板件 2. 铣刀 3. 砂光带 4. 封边条 5. 涂胶辊 6. 型面压辊组 7. 修边刀头 8. 齐端锯 9. 砂带 10. 压板

图 6-51 所示为软成型封边机的工作原理，板式部件 1 送入软成型封边机内，先经铣刀 2 铣削出型边，再经砂光带 3 磨光型面，经涂胶辊 5 涂胶，封边条 4 由料仓引入进入一组型面封边压辊 6 中，由板边中部向两边逐渐碾压，延伸到整个型面，直至全部贴好为止，接着铣削封边条与板面交接处，齐端，最后用相应形状的压板磨光型面所贴薄木等木质材料。软成型封边条的厚度为 0.4～0.8mm。软成型封边机主要是对板件的异型边进行封边处理，它不同于软成型贴面压机。

图 6-52 所示为常见进口的 OPTIMAT KD-85CF、KL30/F、KL33-39/6F 等自动软成型直线封边机。

（4）激光封边机　家具板件封边处理的质量不仅会一定程度上影响家具外在观感，更会影响家具使用时的舒适度。封边品质低，会导致家具面板的贴面脱落，除了不美观外还会释放有害物质，对人体造成威胁。

目前市面上主流的封边技术主要有两种，EVA 和 PUR 封边胶，它们都属于胶体，存在表面吸附力，封边过程也可以解释为热熔胶熔融后将封边带与基材（刨花板、纤维板、细木工板等）胶合的过程。EVA 热熔胶不需要溶剂，是一种不含水的固体可溶性高分子，会在一定温度下变成液态胶体，因此使用 EVA 封边条的家具，其耐热性都比较差。而 PUR 封边热熔胶是湿气反应型热熔胶，加热操作，贴合后会和空气里的湿气反应，且反应不可逆（即加热也不会融化）。所以 PUR 相对更耐高温和低温。相比 EVA 等传统封边胶，操作性良好，剥离强度提升明显，更能满足环保要求，黏接工艺简便，可采用滚筒涂敷或喷涂等施胶方法。

众所周知，板材封边加工的最大问题都与使用传统的热熔胶有关，无论哪种封边胶，都有难以弥补的缺陷。使用热熔胶的缺陷是：需更长的加热时间；会产生更大的能耗；易污染工件和加工装置；需配置涂胶系统，且额外储存黏合剂，当每次更换颜色时须更换胶箱；封边带和板材间的接缝清晰可见；受限于材料本身，采用热熔胶封边的家具很难做到较好的防水功能；使用时间久了，封边层的胶线会老化、发黏，吸附空气中的灰尘而发黑，为真菌侵入板材提供了通道，板材中的木素富含糖分，在湿空气中也会成为真菌繁殖的温床。

因此一项新的封边技术应运而生，即激光封边技术（LaserTec），又称无缝封边工艺，图 6-53（a）所示为 PROFI KAL370/8/A3/L 全自动激光直线封边机，它的出现彻底解决了热熔胶带来的问题。

①激光封边技术：是通过可以安全发生激光的封边设备将封边带的激光聚合物功能层瞬间激活，使封边带与板材颗粒“铆钉”接合在一起。整个过程激光集中能量激活（熔融）带激光吸收剂的功能层，反应时间迅速，随即功能层消失，所以整个过程及材料非常环保。

②激光封边原理：利用激光装置，在封边带与工件接触之前先快速熔化封边带上的预涂胶层，然后胶辊压轮立即将封边带压紧到工件上，形成封边胶接。具体来说，就是激光源输出激光，经过反射镜偏转作用在封边带底层，在激光能量作用下封边带底层的吸收剂产生振动，振动动能转化成热能，底层预涂的胶被熔化，随即与工件黏接。如图 6-53（b）所示。

③激光封边带：由表层和底层的两层结构组成。如图 6-53（c）所示。目前在中国国内，表层（edging materials）多数为普通 ABS 边带；底层是一层特殊的功能性聚合物，所以称之为功能层（function Layer），包括胶黏剂（一般是 PP hot melt）和根据表层颜色专门调制的激光吸收剂（absorber），均匀搅拌涂覆厚度为 0.2 mm。

④激光封边机优势：无须额外配置任何涂胶系统（不用再考虑因为传统热熔胶引起的一系列问题：不再需要为选择哪类胶黏剂犯难；不再考虑涂胶系统、修边刀具等的维护保养问题；不用担心压轮区被胶黏剂污染；没有传统的加热等待时间，可即时封边；不再需要胶黏剂分离剂及清洁剂和相应的加工装置等）；可大大提高生产效率，减少次品；简化了操作过程，通常情况下，激光封边机操作员只要把封边带供应商打印在封边带上的激光能量参数输入操作界面（specific laser power）栏位即可，依靠内置的云计算数据，激光输出功率非常稳定；无缝封边，零胶线，外观完美无瑕；一级安全保护的激光认证，没有对人体潜在的伤害。激光封边最大进料速度可达 60m/min，能满足大中型工业级企业高产能的需求。

⑤激光封边特点：在整体特点上，激光封边和普通热熔胶的封边特点不同，激光封边可以理解为只有一个接合面，从而大大提升持久性接合剥离强度，增加防水功能；在外观效果上，激光无缝封边，效果更加美观，尤其与白色等浅色板件或亚克力等透明板件间封边接合时，激光封边的家具板件有浑然一体的美感。德国瑞好作为无缝激光封边带的领军者，使用了低于 0.2mm 的封边带，丝毫看不出贴面之间的缝隙，如图 6-53（d）（e）所示分别为用

图 6-52 自动软成型直线封边机

(a)

(b)

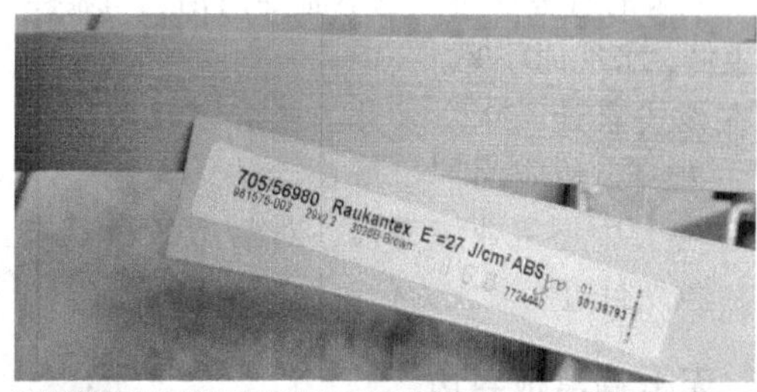

(c)

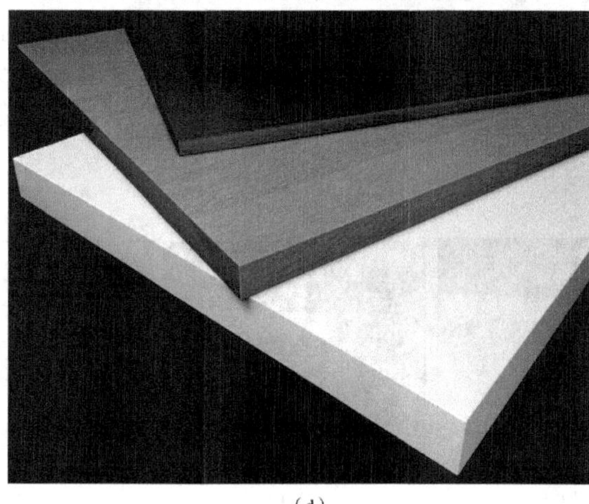

(d)

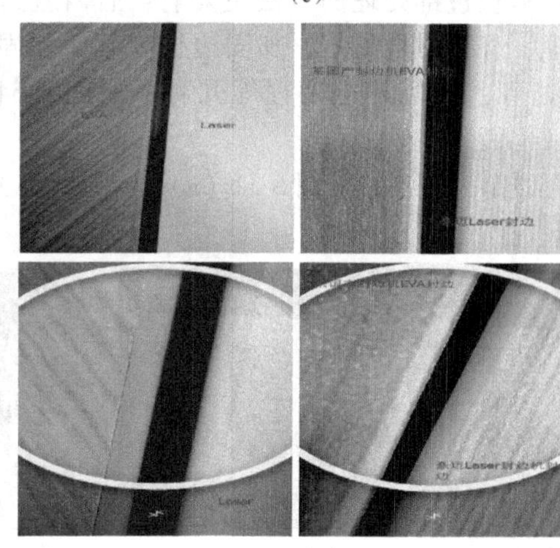

(e)

图 6-53 激光封边技术（无缝封边）

(a) 全自动激光直线封边机 (b) 激光封边原理 (c) 激光封边带 (d) 激光封边（无缝封边）板件

(e) 肉眼或放大镜观察的普通 EVA 热熔胶封边与激光封边的胶线对比效果

肉眼或放大镜观察到普通 EVA 热熔胶封边与激光封边的胶线对比效果，无缝封边、无胶线，外观完美无瑕；在产品质量上，激光封边不会受限于温度等自然属性的影响，质量稳定、合格率高；在使用性能上，其耐热和耐光性能都特别好，延长了产品的使用寿命；在操作过程上，只需输入或扫描封边带的型号，即可自动调整设备参数，进行不同封边带之间的转换，精确而方便；在加工成本上，封边加工时省去了涂胶、喷涂防黏剂、工件加热、涂胶、刮胶单元，压辊和修边刀不再黏胶，降低了使用成本和人工成本；在节能环保上，激光封边是一项非常环保的技术，封边时无须胶黏剂，无胶黏剂的挥发污染，摆脱了胶水带来的有害物质，也不需要清洁，机器空转时能耗极低，节能而环保。

目前在板式家具、办公家具、卫浴以及厨房家具等行业，无缝封边应用都呈增长趋势。无论是小型加工厂还是大中型工业级工厂，对封边质量都有着高要求，激光封边逐渐成为行业的标杆趋势。

6.5.1.3 无框蜂窝板封边

无框蜂窝板是芯层仅以蜂窝纸芯为填料，四周不用木质框架，上下覆贴表板（一般为薄型中密度或高密度纤维板、胶合板）而形成的蜂窝纸空心板。

在结构上，无框蜂窝板与有框蜂窝板的最大区别就是无框蜂窝板没有木质框架。这种材料无论是在性能还是加工工艺上，都优于传统的有框蜂窝板，更优于人造板材。但无框蜂窝板在板件边部封边处理与刨花板、中密度纤维板等人造板材的封边处理有一定的差异。

无框蜂窝板边部处理的方法主要有：后内置边框封边处理、直接封边处理、加固边框处理、加固边框封边处理、异型封边处理等几种，如图 6-54 所示。

（1）后内置边框封边　图 6-54（a）为后内置边框封边处理，它是在蜂窝板内层结构的边缘加内置框架，类似于有框蜂窝板。相同点在于在表板和底板的内部，内置了木质框架用于五金连接件的连接；不同点在于内置的边框与底板及面板的接合采用槽接，在内置边框的外部还需要进行封边，封边条厚度在 0.4mm 以上，而板厚在 100mm 以下。后内置边框封边的加工方法如图 6-55 所示，先在无框蜂窝板的底板、面板上铣出槽口，然后加入内置边框，再进行装饰封边。该加工工艺为对无框蜂窝板大板进行裁切（按照家具需要板材尺寸），然后进行内置框架的加工。图 6-55（a）为商业上可用标准轻质面板；图 6-55（b）为加工企口，板材在通过设备的时候，刀头裁切出表板和底板的槽口，并清除槽口部分的蜂窝纸芯；图 6-55（c）为涂胶后的板材示意，涂胶有两种，一种是施液态胶，另一种是放置固态的胶珠；图 6-55（d）为安装胶固内置框架，并修边。

（2）直接封边　图 6-54（b）为直接封边处理。无框蜂窝板的边部处理中，最简单直接的方法是直接封边，如图 6-56 所示。这种封边处理简单，经济，不需要额外的内置框架。直接封边处理时，常采用厚型装饰封边条，封边条的厚度一般在 2mm 以上，表板和底板的厚度要大于 6mm。其封边处理的工艺方法，同传统人造板材的封边处理工艺。

（3）加固边框封边　图 6-54（c）（d）为加固边框的封边工艺。因为板材断面外露的是蜂窝纸芯，如果要采用与人造板材相同的封边材料和封边工艺，在进行封边之前，常需要对蜂窝纸芯进行加固边框处理。具体的方法是先内置厚度 2mm 以上的加固边框（常采用 3mm 中密度纤维板或胶合板）起支撑作用，通过机械设备胶固在蜂窝板的侧边，然后再采用厚度 0.4mm 以上的封边条进行常规的封边处理，即传统人造板材的封边处理。加固边框的无框蜂窝板结构如图 6-57 所示。

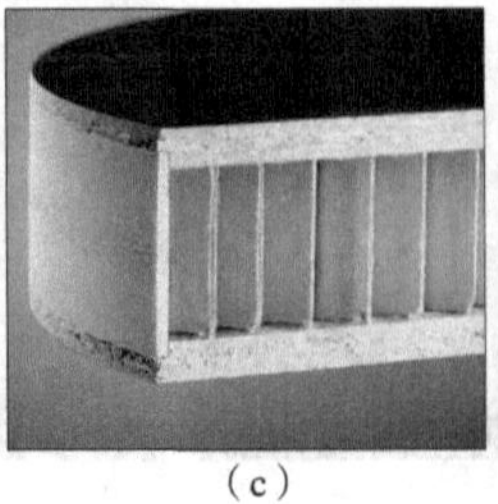

（a）　（b）　（c）　（d）　（e）

图 6-54　无框蜂窝板边部处理

（a）后内置边框封边处理　（b）直接封边处理　（c）加固边框处理　（d）加固边框封边处理　（e）异型封边处理

（资料来源：HOMAG GROUP，2007）

图 6-55 无框蜂窝板后内置边框封边处理

(a) 标准无框蜂窝板材 (b) 加工企口并清除蜂窝纸芯
(c) 施胶 (d) 安装胶固边框并修边
(资料来源：HOMAG GROUP，2007)

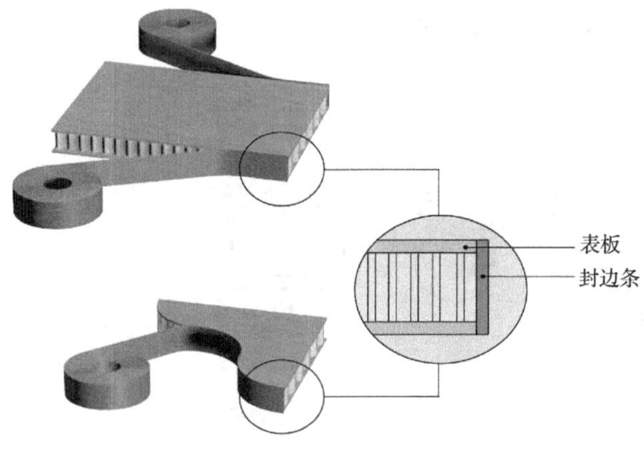

图 6-56 无框蜂窝板厚型封边条直接封边处理

(资料来源：HOMAG GROUP，2007)

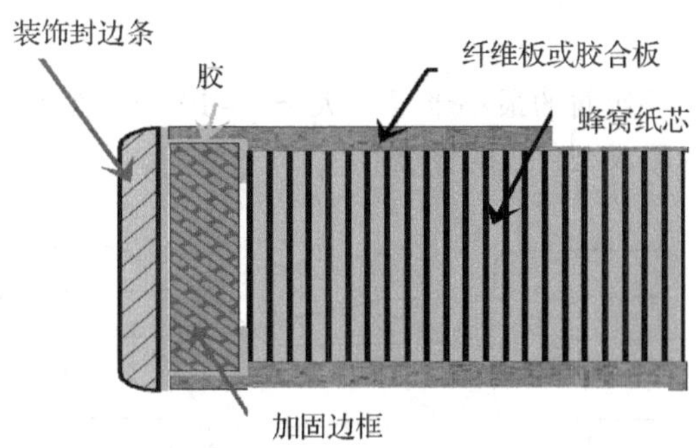

图 6-57 无框蜂窝板加固边框封边结构示意图

[资料来源：荷力胜（广州）蜂窝制品有限公司，2005]

图 6-58 为加固边框封边处理示意图。当表板的厚度较薄时，可以采用加固的方法进行边部的结构支撑。首先，内置加固边框，然后进行装饰封边。表板的厚度在 3mm 以上，加固边框的厚度 2mm 以上，装饰封边条厚度 0.4mm 以上即可。该加工工艺一次完成，并且可以对曲线型板材进行加固与封边处理。

图 6-59 为由德国 IMA（颐迈）公司研制的轻质无框蜂窝板封边机，可以使无框蜂窝板的内置边框、加固边框和封边处理一次完成。在该设备上可以实现裁板、纵向加工企口、纵向加固边框、纵向封边、纵向修边、横向加工企口、横向加固边框、横向封边、横向修边的加工工艺流程。无框蜂窝板通过加固边框处理后，其板材外形如同中密度纤维板、刨花板等人造板材一样，可以进行表面贴木皮、贴纸和侧面封边等表面装饰处理。

（4）异型封边 图 6-54（e）为异型封边处理。该封边方法常采用异型塑料封边条封边，无框蜂窝板厚度小于 30mm，表板厚度大于 0.5mm。此方法可以获得需要的圆弧形边部，如图 6-60 所示。

6.5.2 包边

包边又称后成型封边，是目前板式家具及多种装饰部件生产中采用的一种新工艺。它是用规格尺寸大于板面尺寸的饰面材料饰面后，根据板件边缘形状，在已成型的板件边缘再把它弯过来，包住侧边使板面与板边形成无接缝的产品。经包边或后成型封边处理后的板材制成的家具，板件的表面和边缘为同一饰面材料，装饰效果好，平滑流畅，色调一致，且不易渗水脱胶。后成型包边经常用在刨花板、中密度纤维板作基材的板式部件上，主要用于

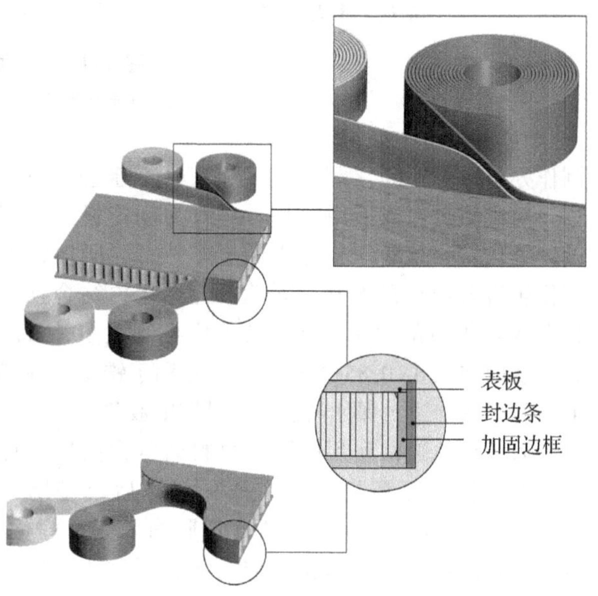

图 6-58 无框蜂窝板加固边框封边处理

(资料来源：HOMAG GROUP，2007)

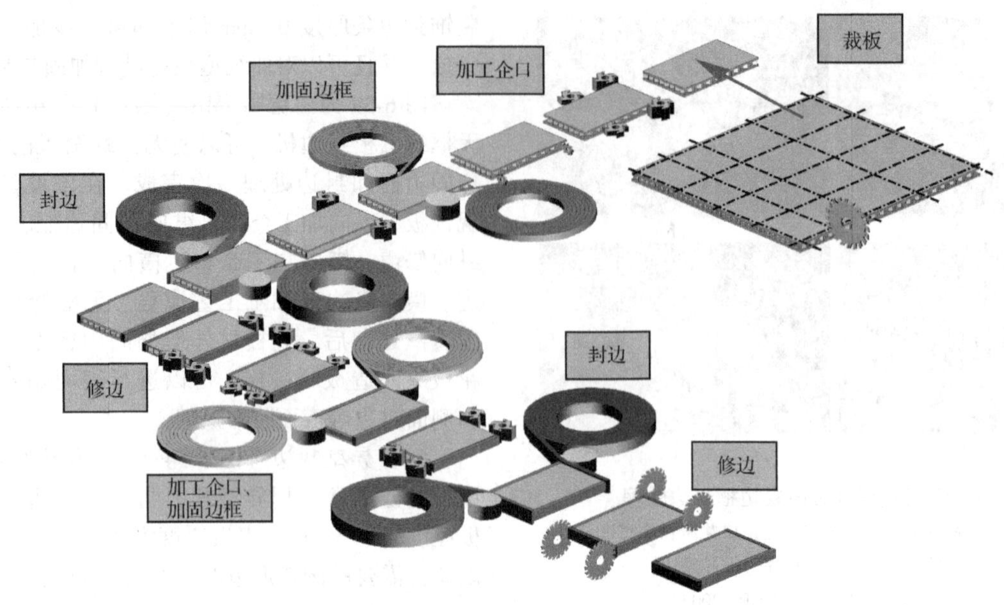

图 6-59　无框蜂窝板加固边框封边工艺（德国 IMA 公司）

［资料来源：荷力胜（广州）蜂窝制品有限公司，2005］

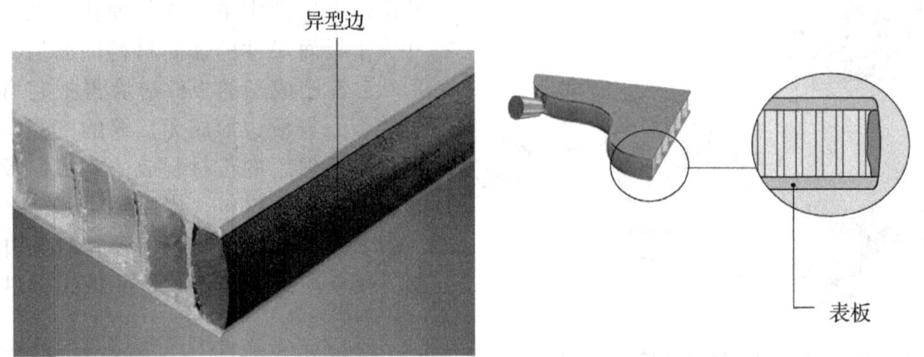

图 6-60　无框蜂窝板异型封边处理

（资料来源：HOMAG GROUP，2007）

制作办公室、厨房、餐厅、卫生间以及实验室家具。

后成型包边法所用的基材一般为刨花板或中密度纤维板等，但由于刨花板的成本较低，所以常被用作包边零部件的基材。刨花板应选用内结合强度符合 A 类板材的要求，厚度公差应控制在±0.1mm，其密度应在 0.6~0.85g/cm^3，以便有利于铣型，并降低胶黏剂的渗透，保证包边时有足够的胶量。

后成型包边法所用的饰面材料通常为高压改性三聚氰胺树脂纸质层压装饰板（俗称后成型防火板）。后成型防火板由于其所含树脂尚未完全固化，因此，在高温下可以软化和包覆异型板边。一般后成型防火板可弯曲的曲率半径为板厚的 10 倍，即厚度 s 与包边时的弯曲半径 r 应为：$s/r \geqslant 1/10$。目前在实际生产中常用饰面材料厚度为 0.6~1mm，因此，其面层弯曲的最小半径应大于 6~10mm。图 6-61 所示为后成型包边的板边形状。

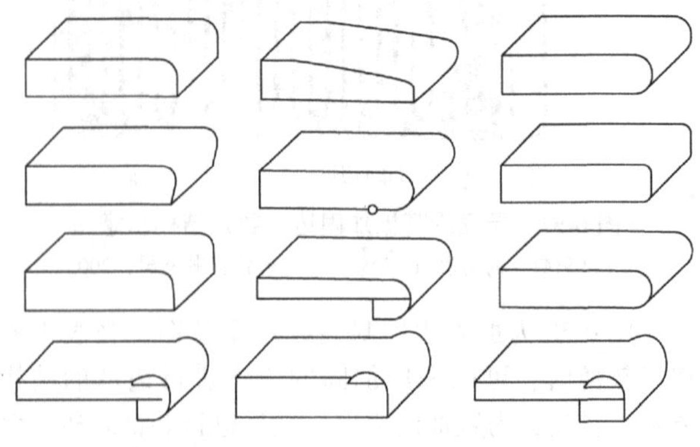

图 6-61　后成型包边的板边形状

后成型包边法在面层材料被胶压饰面后，为使零部件不发生翘曲，必须在零部件的背面胶贴平衡层。为节约成本，一般所用的平衡层材料通常为普通三聚氰胺树脂纸质层压装饰板。

包边法中常用胶黏剂有：脲醛树脂胶（UF）、尿素三聚氰胺树脂胶（MF）、改性聚醋酸乙烯酯乳液胶（PVAc）、乙烯-醋酸乙烯共聚树脂热熔胶（EVA）和接触胶黏剂等，常用改性 PVAc 胶和热熔胶。涂胶量为 150~200g/m^2。

包边可用手工或机械进行。包边常用的设备主要是后成型封边机和后成型弯板机等，它们是采用包边的方法将贴面材料整块包贴在板件的表面和侧边，也称后成型包边机或后成型机。这种方法有两种方式：一种是在板件表面饰贴的同时进行包边；另一种是先饰面再包边即分两步进行。

图 6-62 为饰面和包边同时进行的方式。但饰面材料预先成型，图 6-62（a）所示为饰面材料成型方法。先把饰面材料 1 放于机床工作台 2 上并顶住挡板 4，用压杆 3 固定，然后由一对压辊（5 和 6）夹住，下辊 6 是加热辊，上压辊 5 可以升降，在上压辊加压和转动下，使贴面材料弯曲成型，再喷冷水使之定型后，卸料。图 6-62（b）（c）表示预压成型的饰面材料覆在板式部件表面并包边的方法。与成型弯曲部件贴面工艺相似，可以用硬模加压胶贴或用软模饰面和包边。

图 6-63 为先贴面后包边的方式，即平面部分的贴面与异型板边的包覆分两步进行，先贴平面，留出包边的余量，然后送入后成型包边机，包覆异型曲面板边。图中先将防火板等饰面材料尺寸修整加工后，在包边部位涂胶，用红外线辐射或热空气喷射等方法加热饰面材料的板边使其软化，并对胶液加热，到一定温度后，用成型杆，或压板、型面加压器、压辊加压，使包边材料弯曲成型，贴向部件侧边型面，最后用铣刀除掉侧边凸出的多余部分，到胶黏剂固化后卸开。在连续化生产的后成型封边机或包边机中，加压成型温度随饰面材料而定，理论上说要在 140~230℃，实际生产中常用 170~190℃。在成型包边时，最好在两面同时加热，以加快包边速度，防止贴面材料干燥，弯曲性能降低。

（1）后成型封边机　图 6-64 所示为后成型封边机的工作过程原理图。当对板件进行铣边和胶压贴面后，先将预留出包边的饰面材料进行尺寸修整加工，再喷胶，并对包边材料加热使其软化，用多个压辊延续胶压贴面材料使之把成型边包封起来，最后再修边处理。这种后成型封边机属于连续式后成型包边机，连续进料和包边，产品质量和生产效率较高，适合于中大型板式家具或后成型包边部件生产企业。图 6-65 所示为常见进口的连续式后成型包边机。

（2）后成型弯板机　图 6-66 所示为后成型弯板机的工作过程原理图。在图中，先在基材表面上胶贴好后成型用的防火板等饰面材料，然后将该工件放到后成型弯板机的工作台上进行封边。当压紧装置压紧工件时，热压板即伸出并紧贴工件边缘的表面［图 6-66（a）］，随着转臂回转的同时，热压板沿工件的边缘形状滑动，进行加热加压，热压板可

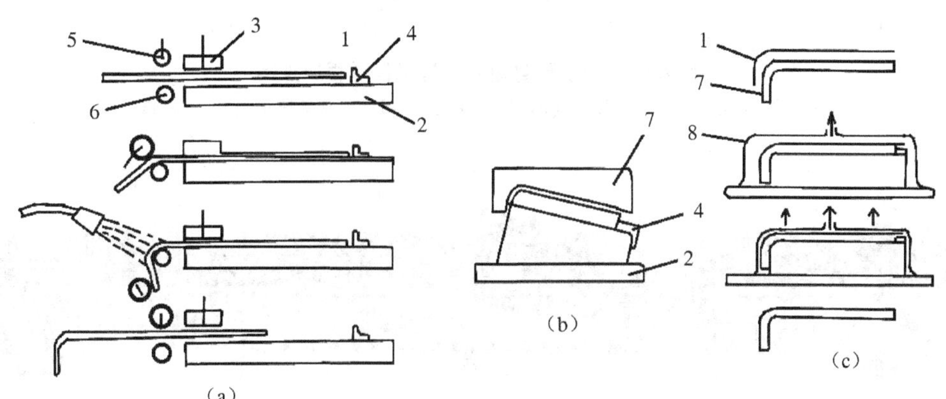

图 6-62　饰面材料先成型再包贴

（a）预先辊压成型　（b）硬模饰面包边　（c）软模饰面包边

1. 饰面材料　2. 工作台　3. 压杆　4. 挡板　5. 加压辊　6. 加热辊　7. 硬模　8. 橡胶袋

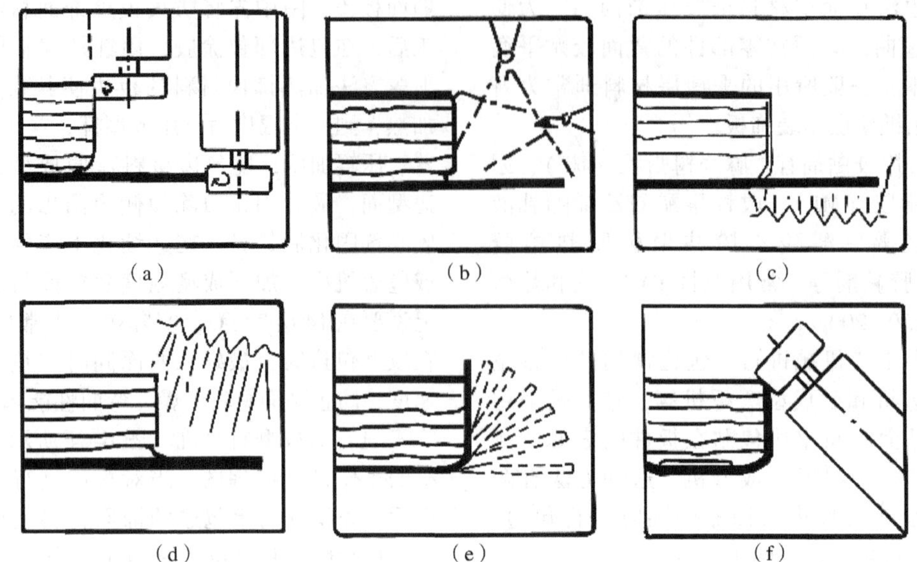

图 6-63 先贴面后包边法

(a) 尺寸修整 (b) 涂胶 (c) 饰面材料加热 (d) 胶黏剂加热 (e) 加压包边 (f) 修边

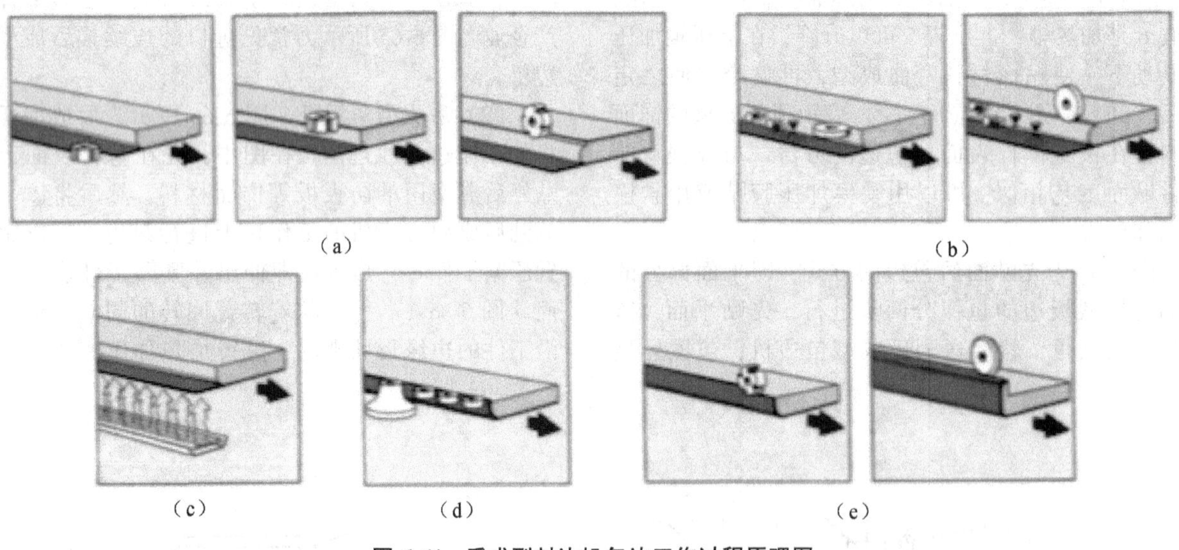

图 6-64 后成型封边机包边工作过程原理图

(a) 尺寸修整 (b) 涂胶 (c) 加热软化 (d) 多辊加压包边 (e) 修边

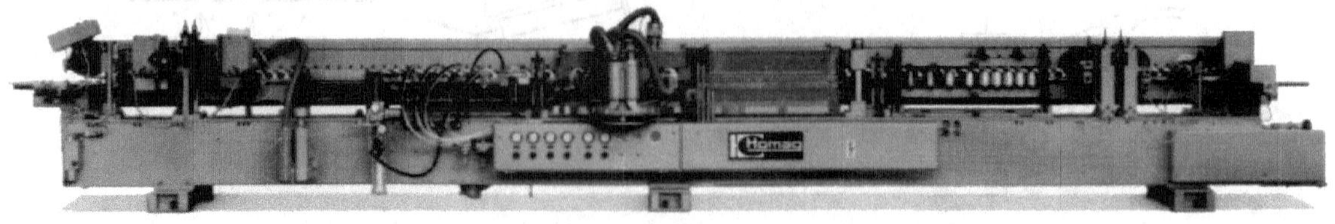

图 6-65 后成型封边机（连续式后成型包边机）

以在预先设定的任何位置停顿一段时间，并且压力切换到较高值，以保证防火板和基材的胶合强度。气动压力的大小可以调节，其中工件的压紧压力一般不低于0.5~0.6MPa，加热板的压力分回转工作压力和定位工作压力两种：回转压力是指加热板随转臂转动时对工件施加的压力，一般设定在0.3MPa；定位压力是指加热板停顿在工件上时的加压压力，一般设定在0.4MPa。封边完成后，热压板缩回，同时转臂返回原始位置。这种后成型弯板机属于间歇式后成型包边机，图6-67所示为常用的后成型弯板机。

在后成型封边或包边过程中，可能出现的缺陷是后成型防火板开裂和鼓泡。缺陷的起因及解决方法见表6-11。

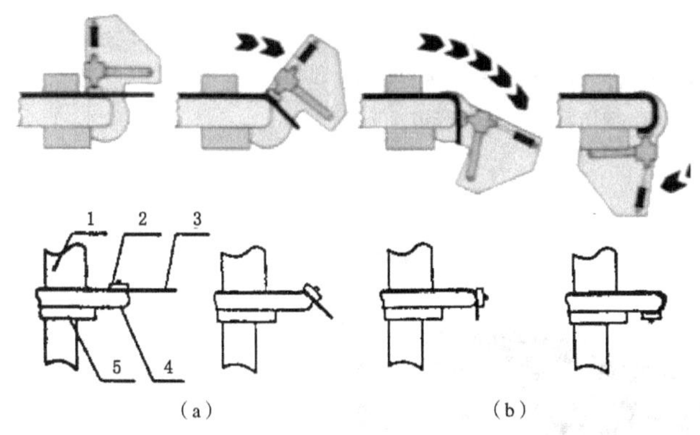

图6-66 后成型弯板机包边工作过程原理图

(a) 压紧板件 (b) 压板加压弯曲成型包边

1. 压紧装置 2. 热压板 3. 饰面材料 4. 基材 5. 工作台

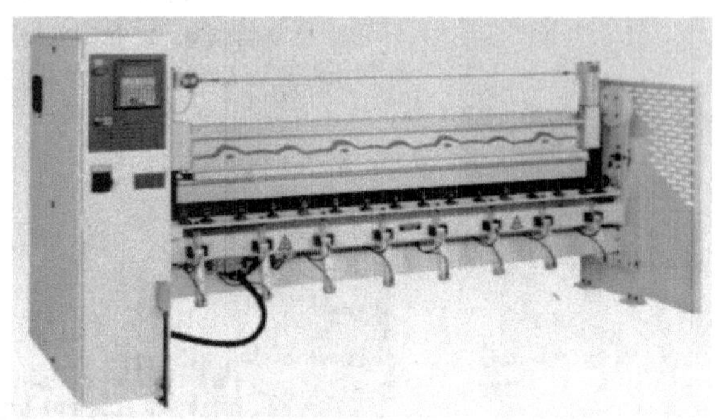

图6-67 后成型弯板机（间歇式后成型包边机）

表6-11 后成型封边缺陷及解决方法

常见缺陷	产生原因	解决办法
开裂 开胶	1. 基材边缘弯曲半径小于后成型防火板的最小弯曲半径 2. 基材边缘有棱角或凸起 3. 喷胶过高或过低 4. 喷胶后陈放时间不够 5. 后成型防火板与基材平面胶贴时热压温度过高或压力不均衡或时间过长 6. 后成型防火板存放时间过长 7. 弯曲速度过快	1. 根据后成型防火板的弯曲性能确定基材边缘的最小弯曲半径 2. 提高铣削质量，铣削后再用砂纸打磨砂光 3. 喷胶量要适宜，喷胶要均匀 4. 陈放时间根据季节不同而不同 5. 改进热压工艺或使用冷压方法，调整胶压压力和温度，保证加压、加热均匀 6. 在规定时间内使用后成型防火板 7. 正确操作后成型封边机的封边速度
鼓泡	1. 后成型热压板温度过高 2. 后成型热压板在某一点停留时间过长 3. 后成型防火板本身质量	1. 调节后成型热压板的温度 2. 调节后成型热压板在该点的停留时间 3. 选用质量稳定的后成型防火板
翘曲	1. 贴面板陈放时间不足，应力未完全释放掉，基材一面先贴面会破坏平衡 2. 面层饰面材料和平衡层材料的选择和使用不当	1. 先贴面层或平衡层时，应留有一定的陈放时间（2~4h）；包边后的部件应陈放24h以上 2. 面层材料的厚度与弹性模量乘积应等于平衡层材料的厚度与弹性模量乘积

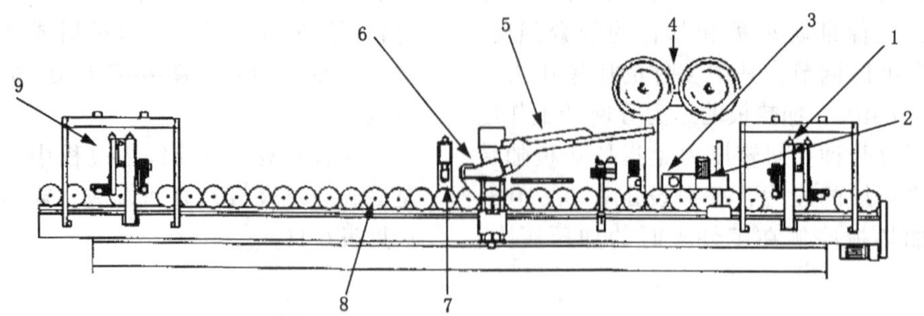

图 6-68 多功能包边机工作流程原理图

1. 铣削成型 2. 仿型砂光 3. 刷扫工件 4. 材料卷架 5. 送料器
6. 涂胶装置 7. 包贴压辊 8. 输送辊 9. 铣型修边

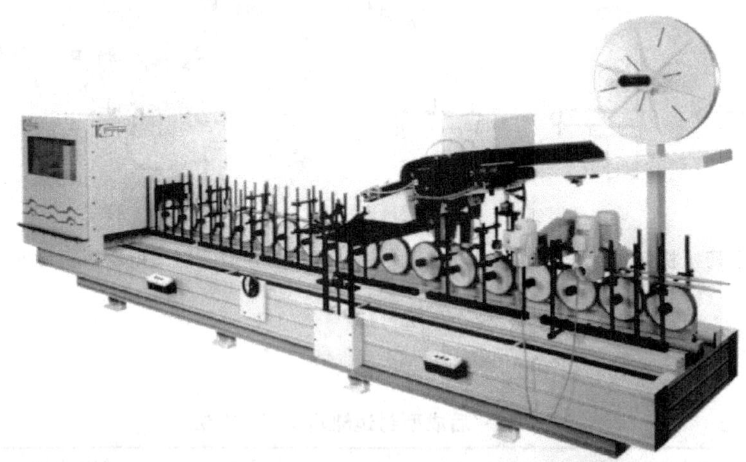

图 6-69 多功能包边机（覆膜机）

图 6-70 各类包边或覆膜零部件

图 6-68 为目前常用的多功能包边机及其工作流程（或多功能覆膜机）的示意图。图 6-69 所示为常用的多功能包边机。该设备利用多个压料辊将包覆材料包覆胶压在具有型边或型面的成型窄板或线条上。其结构变化多端、应用范围极广。可选用不同的包覆饰面材料如装饰纸、树脂浸渍纸、PVC 塑料薄膜、薄木、单板等，并可采用不同胶黏剂如热熔胶或改性乳白胶等，适用于不同工件如中密度纤维板、刨花板等基材或抽屉板、装饰线、门框、窗框等窄板或线条的包边，如图 6-70 所示。

6.5.3 镶　边

镶边是在板件侧边用木质（如实木、胶合板、中密度纤维板）、塑料、铝合金或塑钢等材料的镶边条镶贴。

木质镶边条（如实木条、胶合板条、中密度纤维板条）的加工方法与各种压边线条相似，根据设计要求加工。这在空心板部件如空心门及活动房板制造业中应用较广。镶边后需齐端头和铣削两侧边与板件交接部分凸起处。

目前，在板式家具生产中，实木条的镶边主要有两种方法。一种是比较普遍的做法，即人造板基材先贴面，后实木镶边（可采用手工或在封边机上进行）；另一种是人造板基材先进行实木镶边（可采用手工、封边机或在各种拼板机上进行），并进行表面砂光修整，然后再进行贴面，有的最后还需要铣削边型，这种方法常采用实木镶边条与表面薄木贴面有相同的树种、纹理和色泽，可保证边部铣型后具有整体连续的实木装饰效果，是目前实木化板式家具和出口家具中常用的实木镶边方法。

塑料或铝合金或塑钢等材料的镶边条上带有榫簧或倒刺，板件侧边开出相应尺寸的槽沟，把镶边条嵌入槽内，覆盖住侧边。塑料镶边条大部分是用聚氯乙烯（PVC）注塑而成，断面呈丁字形，可以是单色，也可制成双色。镶边前先在板件侧边开出相应沟槽，镶边条长度应截成比板件边部尺寸稍短（4%~7%），泡入 60~80℃热水中或用热空气加热，使之膨胀伸长，在沟槽中涂胶，用硬橡胶槌把镶边条打入沟槽内，端头用小钉固定，冷却后就能紧贴在板件周边上。铝合金或塑钢等材料的镶边条宽度为 5~20mm，厚度为 0.05mm。镶边时预先将镶边条加热，涂胶后嵌入板件侧边沟槽中，冷却固化。

如果要在方形板件周边全部镶边时，要使镶边条以 45°首尾相接。对于塑料镶边条，可用胶接法或熔接法使其接成封闭状，一般先把其端头切齐，固定在一个带沟槽的夹具中，把两个端头加热到 180~200℃，然后压紧使其熔接在一起，再放入冷水中冷却固化。也可不先加热，将端头清理干净后，涂接触胶，在热空气下加热胶合。

镶包圆角板件的转角处时，其半径不宜小于 3mm，转角处的镶边条应预先作出切口，以便合适地镶边。

6.5.4 涂　饰

涂饰就是在板件侧边用涂料涂饰、封闭。先嵌补和填腻子及染色，再涂底漆和面漆，最后修整漆膜。所用的涂料种类和色泽等要根据板件正表面的贴面材料或装饰方法而定，涂饰方法与板件正表面的涂饰相同，具体工艺可参照涂饰工艺章节部分的内容。

6.5.5 V 形槽折叠

板式部件也可采用 V 形槽折叠工艺进行边部处理。一般常在贴面后用圆锯或铣刀进行 V 形槽斜面加工，并在斜面处涂布热熔胶或乳白胶，然后折转加压定型，即可包覆板边，如图 6-71 所示。其加工工艺可参照 V 形槽折叠工艺部分的内容。

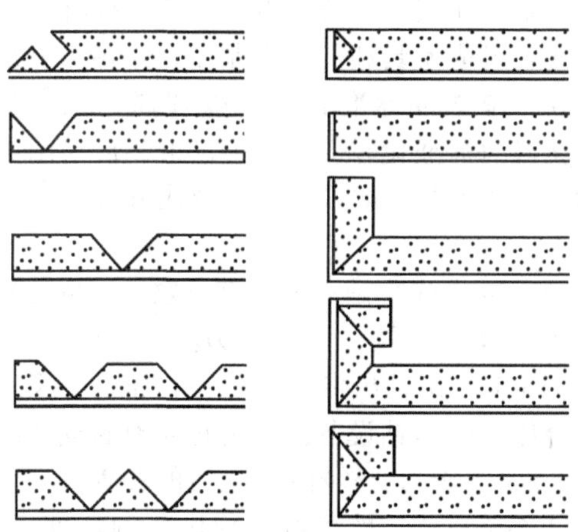

图 6-71　V 形槽折叠包覆板边的形状

6.6 钻孔加工

在板式部件加工生产中，为了便于零部件间接合，板式部件经过贴面胶压、覆面齐边和边部处理后，还需要进行钻孔加工。

6.6.1 钻孔的类型与要求

钻孔是为板式家具制造接口，现代板式部件钻孔的类型主要有：圆榫孔（用于圆榫的安装或定位)、螺栓孔（用于各类螺栓、螺钉的定位或拧入)、铰链孔（用于各类铰链的安装)、连接件孔（用于各种连接件、插销的安装和连接）等。

由于一般板式部件都需要钻孔，而且一次钻出供多种用途，钻孔数目多，规格大小不一，部位各不相同，有的在平面上钻孔，有的在端部钻孔，加工尺寸（孔径与孔距）精度要求高，所以对于钻孔应进行标准化、系列化与通用化处理。如果精度不能保证，将直接影响制品的装配质量和使用寿命。钻孔的质量在于定位是否精确、孔边是否光洁。

钻孔时，为保证孔径大小一致，要求钻头的刃磨准确，不应使钻头形成椭圆或使钻头的直径小于孔的直径，形成扩孔或孔径不足等现象；为保证钻孔深度一致，要求钻头的刃磨高度要准确，新旧钻头不能混合装在一个钻排上；为保证孔间位置尺寸精度，同一个钻排上各钻头的安装和不同钻排之间位置尺寸的控制都要准确。

6.6.2 钻孔与“32mm 系统”

(1)“32mm 系统”的理论基础　“32mm 系统”是依据单元组合理论，以 32mm 为模数，通过模数化、标准化的“接口”（五金件）来构筑家具的一种结构与制造体系。它是采用标准工业板材及标准钻孔模式来组成家具和其他木制品，并将加工精度控制在 0.1~0.2mm 水准上的结构与制造系统。从这个系统获得的标准化零部件，可以组装成采用圆榫胶接的固定式家具，或采用各类现代五金件的拆装式家具。

“32mm 系统”是一个具有高效率、高品质特征的现代家具加工系统。这是因为：

①能够一次钻出多个安装孔的加工手段是靠齿轮啮合传动的排钻设备，齿轮间合理的轴间距不应小于 30mm，否则会影响齿轮装置的寿命。

②长期以来，欧美习惯使用英制尺度，选 1in（=25.4mm）作为轴间距显然不足，另一个习惯使用的英制尺度为（1+1/4）in（=25.4+6.35=31.75mm)，取整为 32mm。

③与 30（mm）的取值相比较，32（mm）是一个可以作完全整数倍分的数值，即它可以不断被 2 整除（因为 $32=2^5$)，具有很强的灵活性和适应性。

④以 32mm 作为孔间距的模数，并不表示家具的外形尺寸一定是 32mm 的倍数，因此与建筑上的 300mm 模数并不矛盾。

(2)“32mm 系统”的核心内容　“32mm 系统”以旁板为核心。旁板是家具中最主要的骨架部件，板式家具尤其是柜类家具中几乎所有的零部件都要与旁板发生关系，如顶（面）板、底板、搁板要与旁板连接，背板要插入或钉在旁板后侧，门的一边要与旁板相连，抽屉的导轨要装在旁板上等。因此，“32mm 系统”中最重要的钻孔设计与加工，也都集中在旁板上，旁板上孔的位置确定以后，其他部件的相对位置也就基本确定了。

①在“32mm 系统”中，旁板前后两侧各设有一根钻孔主轴线，轴线按 32mm 的间隔等分，每个等分点都可以用来预钻安装孔。旁板上的预钻孔包括结构孔和系统孔。如图 6-72（a）所示。

②结构孔：是形成柜体框架所必不可少的接合孔（位于旁板两端以及中间的两排或多排水平方向的孔)，主要用于各种连接件的安装和连接水平结构板（顶板、底板、中搁板等)。

③系统孔：是装配门、抽屉、搁板等所必需的安装孔（位于旁板前沿和后沿的两排垂直方向的孔)，主要用于铰链、抽屉滑道、搁板撑等的安装。

(3)“32mm 系统”的设计原理与基本规范

①所有旁板上的预钻孔（包括结构孔和系统孔）都应处在具有 32mm 方格网点的同一坐标内，一般结构孔设在水平坐标上，系统孔设在垂直坐标上。如图 6-72（a）所示。

②结构孔：上沿第一排结构孔与旁板顶端的距离及孔径根据板件的结构形式和选用的连接件而定。若结构形式为旁板盖顶板（面板)，如图 6-72（b）的左图所示，采用偏心连接件连接，则结构孔到旁板顶端的距离 A 与旁板高出面板 s、面板厚度 d_2 及连接形式有关，即 $A=S+d_2/2$，孔径根据所选连接件的大小而定；若结构形式为顶板（面板）盖旁板，如图 6-72（b）中间图所示，则 A 根据所选偏心连接件的吊杆长度而定（一般 $A=24$mm)，孔径根据所选连接件的大小而定；下沿结构孔与旁板底端的距离 B 与望板高度 h、底板厚度 d_3 及连接形式有关，如图 6-72（b）右图所示，$B=h+d_3/2$。

③系统孔：通用系统孔的主轴线分别设在旁板的前后两侧，前侧为基准主轴线。对于盖门，前侧主轴线到旁板前侧边的距离应为 37（或 28）mm，如图 6-72（c）左图所示；对于嵌门，则该距离应为 37（或 28）mm 加上门厚，如图 6-72（c）右图所示。前后主轴线之间以及其他辅助轴线之间均应保持 32mm 整数倍的距离。通用系统孔的标准孔径一般规定为 5mm，孔深规定为 13mm。当系统孔用作结构孔时，其孔径按结构五金配件的要求而定，一般常用结构孔的孔径系列为 5mm、8mm、10mm、15mm、

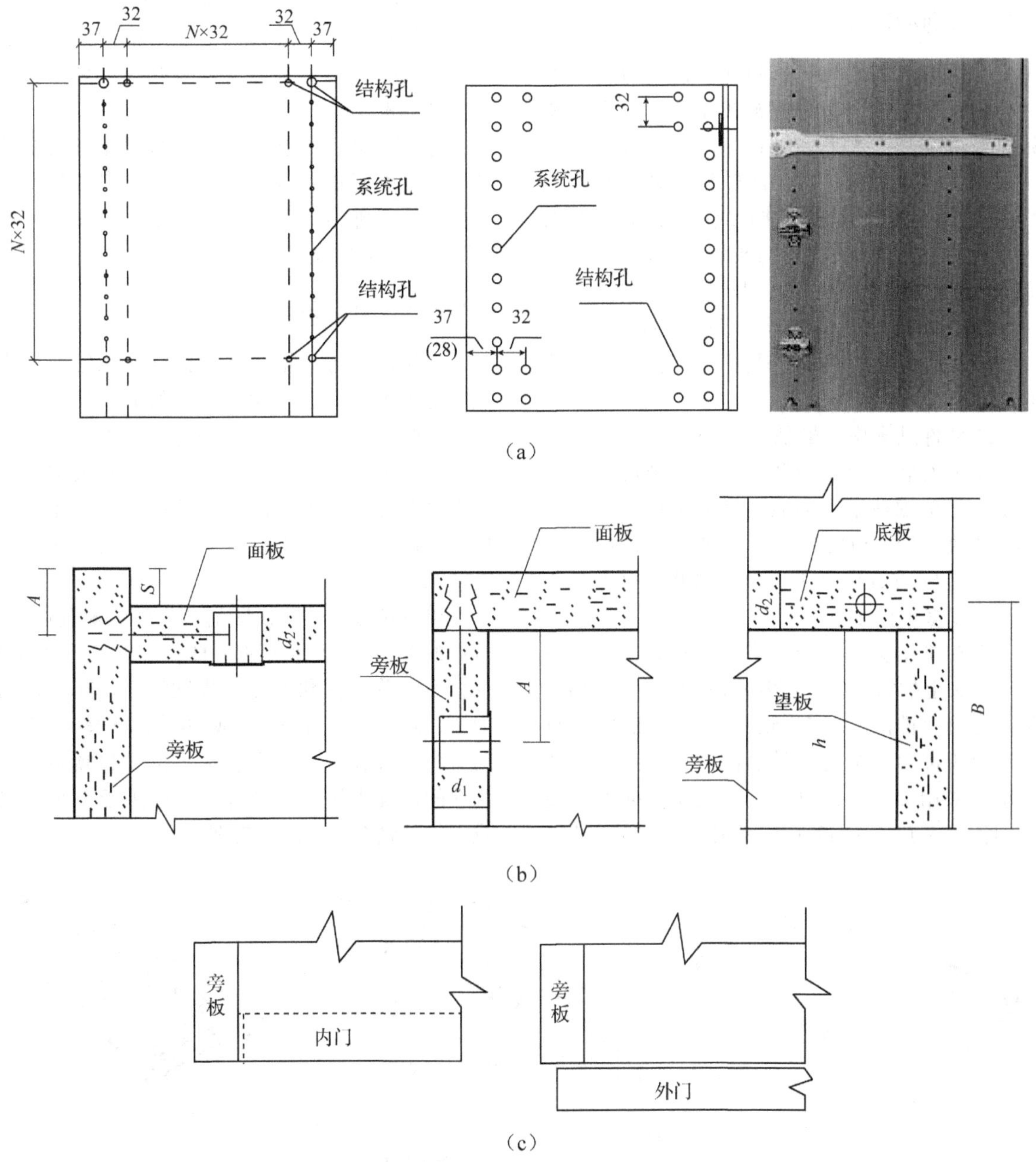

图 6-72 "32mm 系统"

(a) 旁板系统孔和结构孔的定位 (b) 结构孔的定位示意图 (c) 门的安装形式

25mm 等。

在"32mm 系统"板式部件的生产中，其关键问题是解决好"孔的加工"。由于钻孔时，板边是钻孔的定位基准，为了保证孔的加工质量，所以首先要保证板材的质量，即板材的尺寸精度、角方度和板边的加工质量。

钻孔的基本要求是要按照设计要求确保孔位、孔距、孔径的加工精度。

6.6.3 钻孔的方法与设备

6.6.3.1 钻 模

最简单的钻孔方式是采用普通台钻、单轴钻或手工钻，此时可采用"标准钻孔板"或"通用钻模"(图 6-73) 来进行钻孔加工，常适用于小型规模的生产。

6.6.3.2 钻削动力头

随着木材加工工艺的变革和圆榫接合与各种连接件接合的大量应用，为适应板式家具大量生产和流水线作业的需要，木工多轴钻削动力头和木工多轴排钻得到了迅速发展。木工多轴钻削动力头上的钻轴数一般在6~21个且一字排开或多种组合，所以又称为“多轴钻座”。钻削动力头用一个电机带动，通过齿轮啮合，使钻头一正一反地转动，转速为2500~3000r/min，如图6-74所示，钻孔直径为6~12mm，钻孔中心距常为32mm。适用于批量生产中板式部件的钻孔。

在板式部件钻孔中，虽然有些小型企业常采用在单轴钻床上安装一个多轴钻削动力头来进行多孔钻削加工，但单轴钻床已不能满足大批量生产的要求，其生产效率低，精度也不能保证，而且也直接影响产品的装配质量和使用寿命。因此，很多企业中已广泛采用多轴排钻。

木工多轴排钻具有一个或多个钻削动力头，每个钻削动力头上的钻轴数一般多为21轴且一字排开，所以又简称为“排钻”“多排钻”或“多轴钻”。每个钻削动力头都由一个电机带动使钻头一正一反地高速转动。采用多轴排钻时，可以预先根据设计要求的不同孔径（孔径6~12mm）和孔距（32mm的倍数），装上不同直径的钻头以及保证孔间距离符合规定。多轴排钻生产效率高，加工精度好，便于实行“32mm系统”或“标准化、系列化、规格化”及拆装式产品的生产。

木工多轴排钻类型很多，根据钻轴排数或钻削动力头的数量的不同，目前常用的多轴排钻主要有单排钻、双排钻、三排钻、多排钻和数控钻孔中心（数控钻）等形式。

6.6.3.3 单排钻

单排钻仅有一排“多轴钻座”或钻削动力头组成，是一种钻孔自动化程度较低的排钻设备。对于零部件的多孔位是排成一列时，可以一次完成钻孔加工，否则必须多次钻孔，由于在多次钻孔时需要多次变换加工基准，因此零部件孔位的相对精度较低，仅适合于一些小型生产企业或用于多排钻的辅助钻孔。

单排钻按照钻座或钻削动力头的配置位置不同，常见的类型主要有水平单排钻、垂直上置单排钻、垂直下置单排钻和万能单排钻等。万能单排钻的动力头一般配置在可作45°或90°倾斜的转盘上，可使动力头实现在垂直位置、水平位置和倾斜一定角度位置的情况下进行钻孔加工，适用于对小规格板件或方材的钻孔，如图6-75所示。

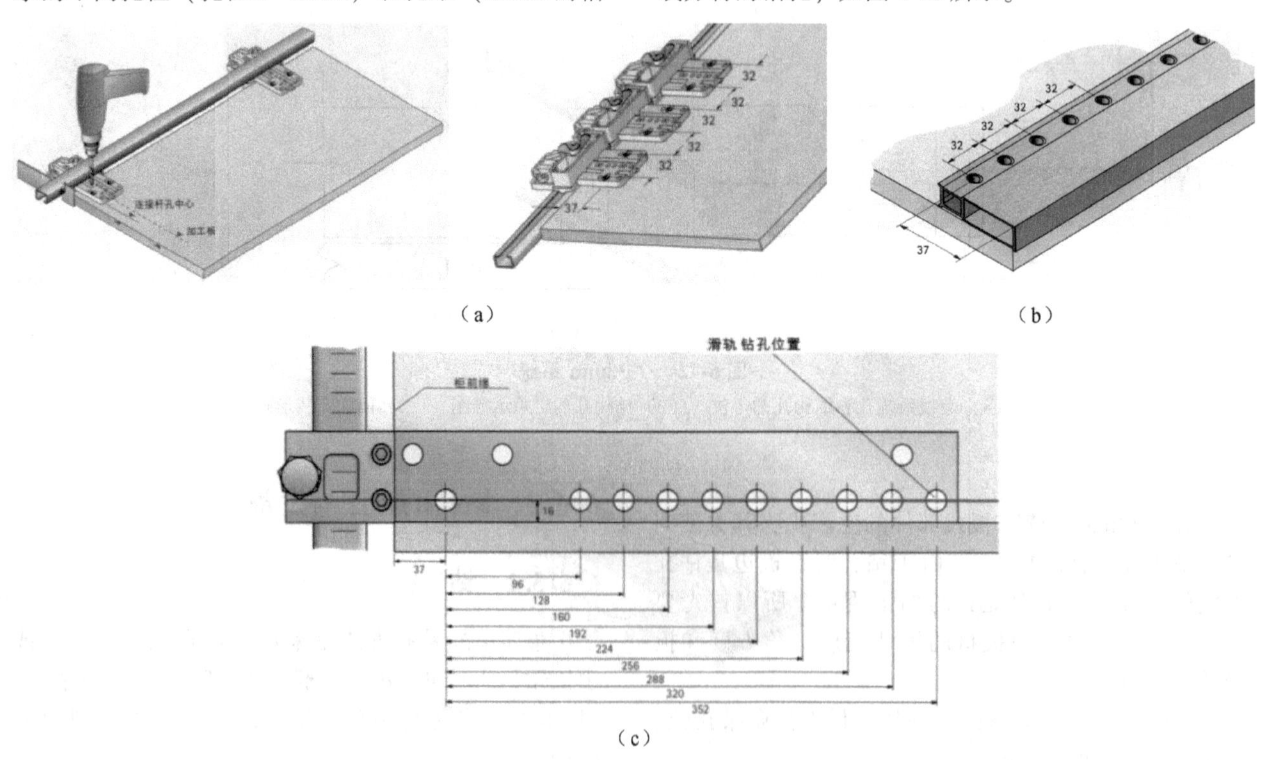

图6-73 标准钻孔板与通用钻模

（a）定位器式钻模 （b）标准钻孔板 （c）滑轨系列钻模

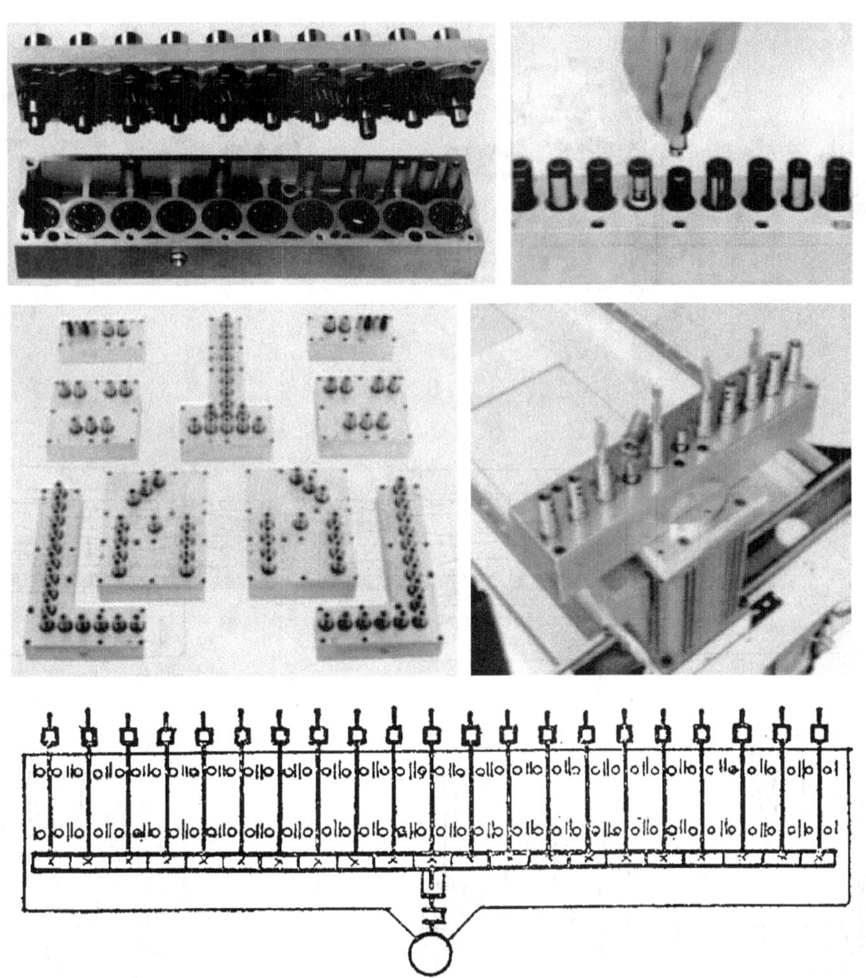

图 6-74 多轴钻削动力头

6.6.3.4 双排钻

双排钻具有 2 个钻削动力头，1 列垂直上置的动力头用来在板件的表面钻孔，另 1 列水平配置的动力头可实现在板件端向钻出排孔，水平动力头也可配置在可作 45°或 90°角倾斜的转盘上，使动力头完成板件上水平位置孔、倾斜一定角度位置孔、下表面垂直位置孔的加工。可适合于一般小型家具木器厂对不同系列板件、框架、条材等进行钻孔，如图 6-76 所示。

6.6.3.5 三排钻

三排钻一般为左、下组合三排型，即左边有一个水平钻削动力头，下置一至数个（多为 2 列）垂直钻削动力头，位于工作台下方，钻头由下向上进刀。水平方向的动力头用来在板件端面钻孔，垂直方向的 1~2 列动力头用来在板件的表面钻孔。各垂直钻削动力头或钻排间的距离可以调整。床身大都为单边框形，根据床身的长短，三排钻具有短型和加长型，如图 6-77 所示。同时还可把垂直钻排回转 90°，组列成 1 排实现在板件纵向钻出排孔。可适合于一般小型家具木器厂对不同系列板件、框架、条材等进行钻孔，如图 6-78 所示为三排钻钻座的排列。

6.6.3.6 多排钻

多排钻又称大型排钻，常为左、右、下、上组合多排型。这类排钻一般具有左右各一个水平钻削动力头和数个（多为 3~4 列）上置或下置的垂直钻削动力头，各垂直钻削动力头或钻排间的距离也可以调整，钻排上方装有压板，侧方设有挡板和挡块，机架大多为龙门式。水平方向的两组钻排可用来在板件端面钻孔，垂直方向的数个钻排可实现板件的大表面钻孔。如需在板件纵向钻出排孔，可把垂直钻排回转 90°，组列成 1 排或 2 排，如图 6-79 所示。多排钻根据钻座的数目不同，主要有 4 排钻（图 6-80）、五排钻（图 6-81）、六排钻（图 6-82）、八排钻

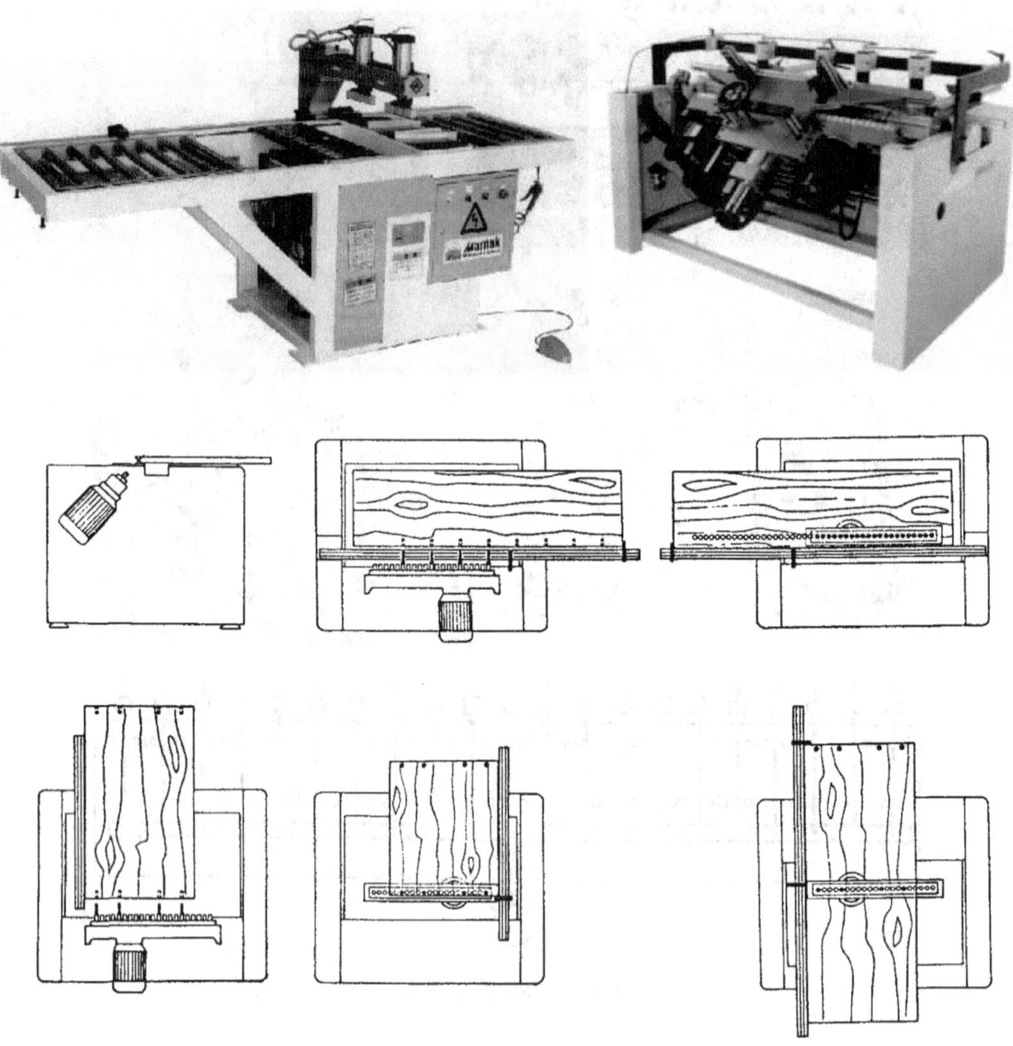

图6-75 万能单排钻

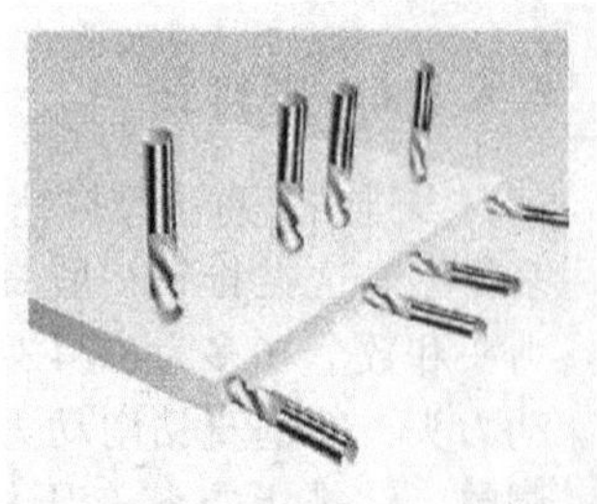

图6-76 双排钻

(图6-83)和自动多排钻(一般有8~12排，图6-84)等，该类排钻的技术水平较高，组合非常灵活，通用性较强，加工精度和质量有保证。

随着家具工业机械化和自动化程度的提高，木工多轴排钻机床的发展有如下趋势：

(1)精度高 为适应家具工业机械化大批量生产的需要，零部件或产品的互换性要求不断提高，这就要求木工排钻要相应提高加工精度。目前，多轴排钻钻孔中心距公差一般都应控制在0.1mm。

(2)生产率高 多轴排钻机械进料速度一般为50~60m/min，加工能力每分钟高达20~30块板，即2~3s就可加工一块板，完成板材上所有的孔加工。

(3)自动化 气动、液压、电子等各种新技术在木工钻床上得到了广泛应用，机械化、自动化程度不断提高，不仅在一个工序位置上可以完成所有孔的加工，而且还可以与其他木工机床连接成线，组成流水线或自动线，使家具及木制品制造实现小批量、多品种的自动化生产成为可能。

(4)功能多 各种水平、倾斜、垂直、纵向、横向排列的孔，不仅可由同一台机床兼顾，而且还可与其他加工方法组合成高效多功能机床，使一个工件的各个工序可以在同一台机床上完成，如钻孔——圆榫装入机（图 6-85）、钻与锯铣组合机（CNC 加工中心）等。

（5）专用性强　各种专用多轴木工排钻，专门相应适合于椅子加工、抽屉加工、车厢加工、建材加工、玩具加工、钢琴零部件加工等，一般都为半自动或自动化生产，工作效率极高。

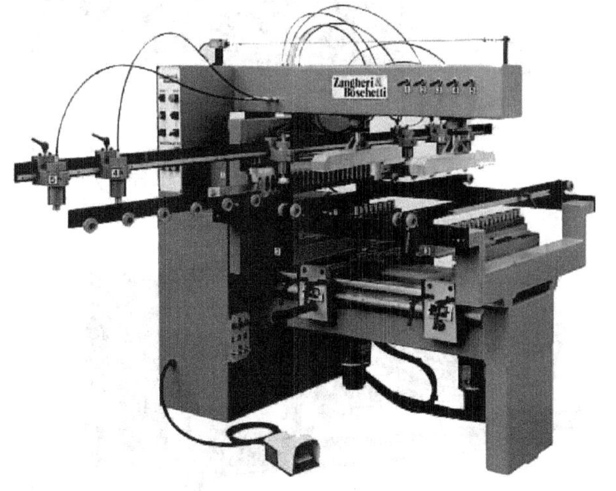

图 6-77　三排钻（短型）

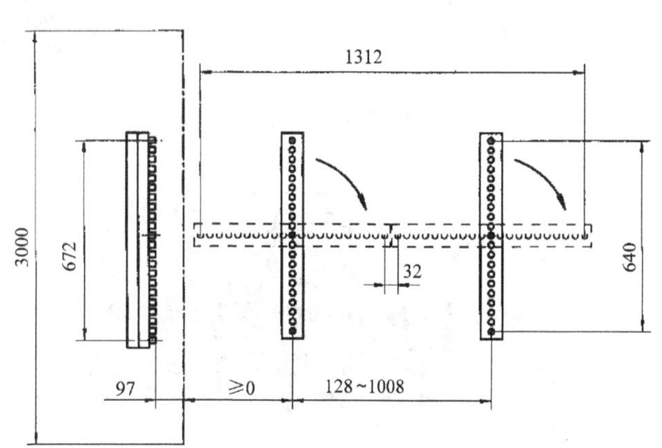

图 6-78　三排钻（左下组合型，单位：mm）

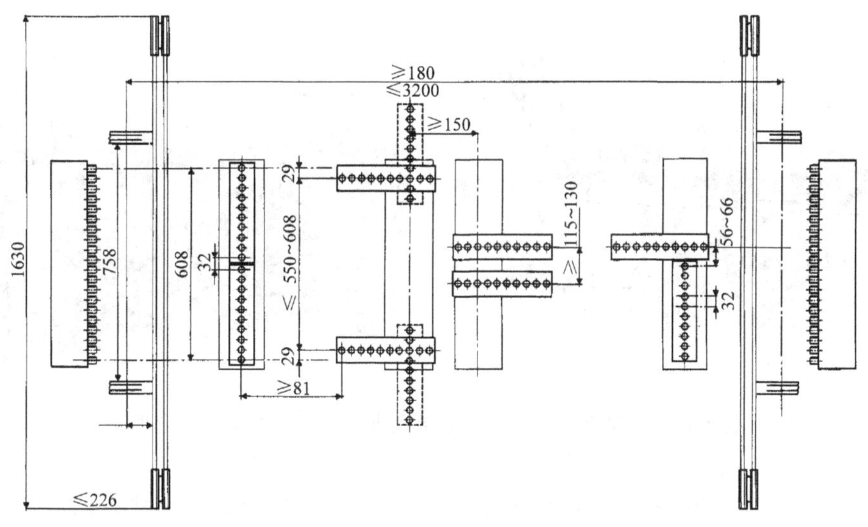

图 6-79　多排钻（左下右组合型，单位：mm）

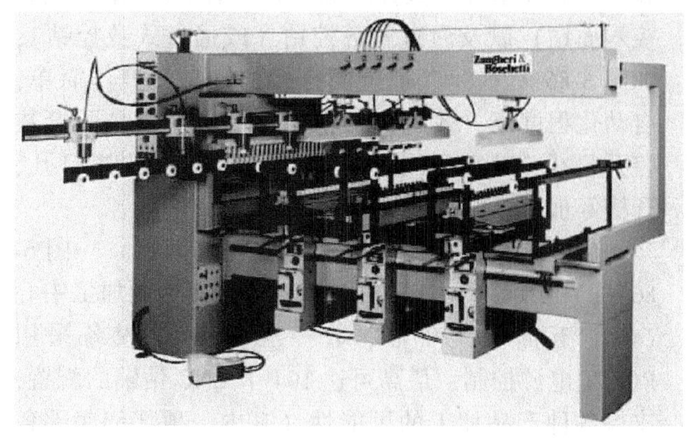

图 6-80　四排钻（左下组合型和左下右组合型）

图 6-81 五排钻（左下右组合型）

图 6-82 六排钻（左下右组合型）

图 6-83 八排钻（左上下右组合型）

图 6-84 CNC 自动多排钻（左上下右组合型）

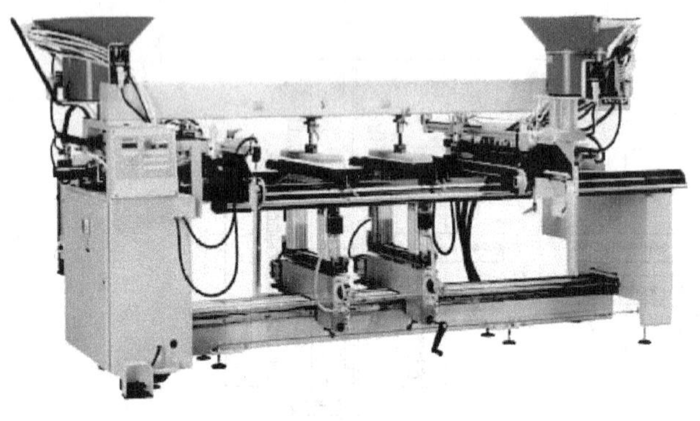

图 6-85 自动多排钻孔——双端圆榫装入机（左下右组合型）

通常采用木工多轴排钻在中密度纤维板或刨花板部件上钻孔时，要用硬质合金钻头，最好采用能调节长度的钻头，保证孔深加工精度。钻深孔时钻头长度不超过 80mm，钻孔时要注意精确调整挡块和挡板位置，并保持钻头锋锐。

在板式部件加工中，一些特殊连接件如铰链（合页）、插销、拉手、门锁、抽屉锁等的安装孔或接合孔，一般都是在单轴钻床或镗铣机床上进行钻削的，其孔径随联接件轴径配备钻头。

6.6.3.7 卧式数控钻孔中心

卧式数控钻孔中心，又称卧式数控钻，主要用于各类人造板材、实木板材、半实木板材的钻孔加工的应用场合，是一种数控加工设备，操作简便，钻孔加工速度快，适用于各种板式家具。目前主要有五面数控钻（或数控五面钻）、六面数控钻（或数控六面钻）以及通过式数控钻（或通过式数控钻），如图 6-86 所示，都是全面打孔的设备，操作简单，自动化程度高，效率高，精度也高。一般是配套数控开料机或者电子锯，可完成正反面及侧边打孔、开槽等加工。

(1) 六面数控钻孔中心（数控六面钻） 图 6-86（a）所示为 BHX 500 计算机数控多功能加工中心（全能五面加工中心、数控五面钻）。设备采用 PC85T 电源控制；最高可达 104 个 CNC 钻轴的配置，支持各种产品加工的可能性（其中，顶部和底部各

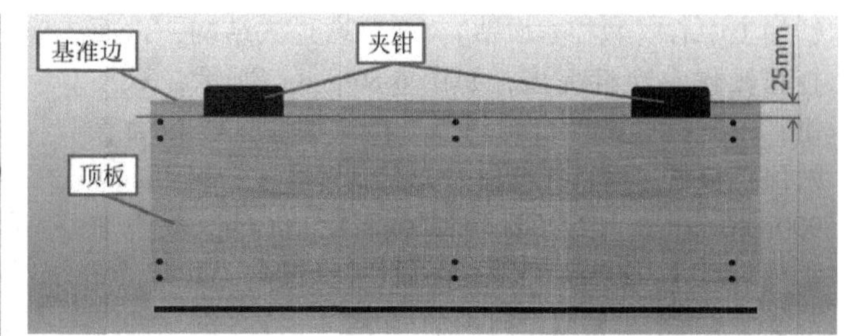

(a)

(b)

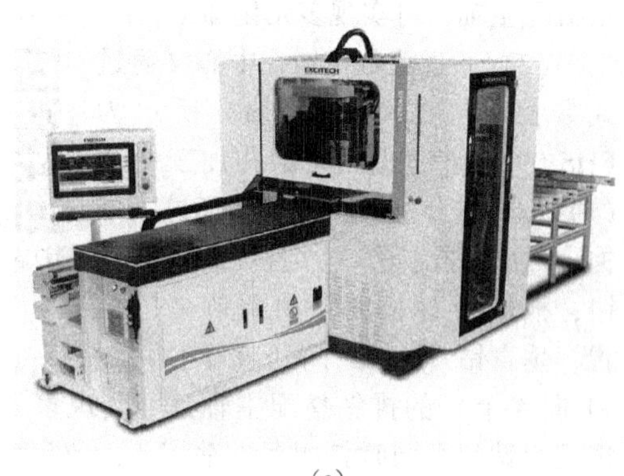

(c)

双钻包同步加工，效率大幅提升

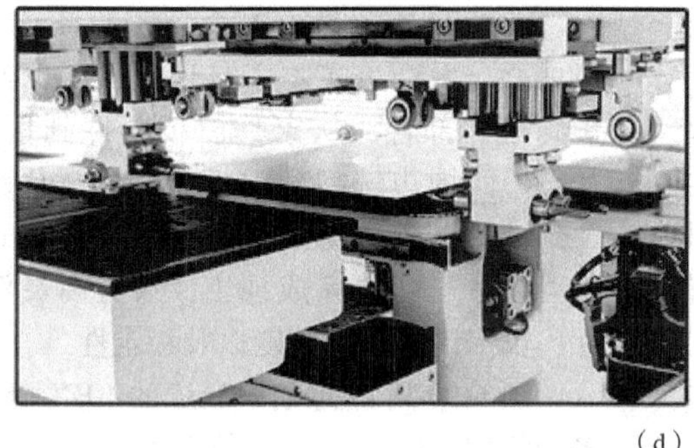

(d)

图 6-86 数控钻孔中心

(a) BHX 500 全能五面加工中心 (b) NCB 2412 数控六面钻 (c) EH 0924/1224 数控六面钻 (d) 一次性六面打孔

配置 32 支垂直钻轴、10 支水平钻轴，可通过程序独立控制；顶部和底部各配置 1 个槽锯装置，实现 90°范围内旋转加工；顶部和底部各配置 1 个镂铣主刀轴）；自带工件长度及厚度检测系统，保证加工操作更安全，加工工件长度为 200~2500mm，工件宽度为 70~1000mm，工件厚度最大可达 80mm；配置 1 个附加出料台（配纵向和横向输送带），可灵活进行各种联机操作；无论机械手或吊臂、左边或右边进料、人工或自动的上料与卸料方式，工件放入特定的工位，2 个 CNC 控制的夹具系统保证稳定快速的定位，并会自动把工件送入加工区域，工件由两个夹具夹住进行加工，一次装夹可完成工件 6 个面的钻孔以及工件上、下面的开槽，加工后又自动把工件从另外一侧工位通过皮带运输传送出来；自动钻轴锁紧技术，保证了精确的钻孔深度，确保家具成品质量更完美；拥有各种可选配置以满足不同产品的加工需要。

图 6-86（b）所示为 NCB 2412 六面数控钻孔中心（数控六面钻）。设备采用 Windows 操作系统，工序高度集中，一次装夹可完成工件六个面的钻孔以及工件上、下面的开槽，如图 6-86（d）所示；高速长距双抓手结构，减少换抓手次数，使加工更高效；自动检测板材相关尺寸，防止人工出错；自动记录各类信息，方便生产管理；工作台面装满气动浮珠，在台面移动板材轻便，且不划伤板材；开放的软件对接接口，可兼容多种包括 xml、mpr 等多种对接格式。

图 6-86（c）所示为 EH 0924/1224 卧式数控排

钻加工中心（数控六面钻）。横梁通过式结构，六面打孔操作一次性完成，如图 6-86（d）所示；双夹钳，根据板材长度自动调节夹持位置，气浮台面有效保护板材表面；机器最大加工板材尺寸：2440mm×900mm×50mm（2440mm×1200mm×50mm），最小加工板材尺寸：200mm×50mm×10mm；垂直钻（上 12 个+下 9 个）+水平钻（X 向 4 个+Y 向 4 个）+锯片的排钻搭配主轴，可实现多元化加工。

（2）通过式数控钻孔中心（通过式数控钻） 图 6-87（a）所示为 EHS 0924 通过式六面钻孔加工中心（通过式数控六面钻）。横梁通过式结构，六面打孔操作一次性完成；双夹钳，根据板材长度自动调节夹持位置；垂直钻（上 12 个+下 9 个）+水平钻（X 向 4 个+Y 向 4 个）的排钻搭配主轴，可实现多元化加工；选配双钻包可同时打侧孔、垂直孔，效率大幅提升；打孔连线最小可加工板材为 80mm，独有优势。

通过式数控钻孔中心

图 6-87（b）所示为 ET 0724 通过式数控排钻加工中心（通过式数控钻）。这是一款高速、连续性加工的数控钻孔设备，具有双横梁四排钻组，双工位，可同时加工两张板材，加工效率极高；56 个单独程控的高速变轴的垂直钻轴，10 个单独程控的高速变轴的水平钻轴，2 组开槽锯（X 向/Y 向）；高速同步带输送板材，全台面真空吸附盘确保板材稳固吸附不移位，加工更精准；可对接软件、板材自动定位，自动加工，即使柔性加工，也可批量高效完成板件多个面的钻孔。

图 6-87（c）所示为 N 2508 通过式打孔中心（通过式数控钻）。该设备集自动进料、加工和出料于一体，适用于流水线作业，自动化程度高；具有双龙门四钻盒（四排钻组），包含了 84 支垂直钻、16 支水平钻，根据需求相互配合，极大提高了加工效率；4 个钻盒（4 排钻组）上的刀具可同时加工两件工件，也可同时加工同一件工件，加工灵活高效；下沉式侧面定位板设计，方便加工侧面孔，钩头式带缓冲的定位装置，使工件的定位更加平稳可靠；采用真空吸盘固定工件，同时配置侧靠夹手，稳固工件，确保加工精度；开放的软件对接接口，可实现多种设计拆单软件完美对接，无须编程和调机，一次上料即可完成四面（工件的上、前、后和左侧）孔位加工。

图 6-87（d）所示为 ABL 220 通过式高速打孔中心(通过式数控钻)。该设备的机头配置为 80 个(4×20）单独程控的高速变频垂直钻轴；16 个单独程控的高速变频水平钻轴（X 向 4×3＝12 个，Y 向 2×2＝4 个）；2 组可旋转的开槽锯 ϕ125mm（0°/90°）。气压滚轮装置具有下压式橡胶滚轮，保证水平钻孔精度；直线型夹紧固定装置和气动可升降靠尺，可升降靠尺保证了该面水平孔的加工。探头系统保证工件定位的准确；加工区域全台面真空吸盘装置，保证了工件在通过式台面上加工的稳定性；工作台面为 3000mm×800mm。该通过式高速打孔中心（通过式数控钻）特有的钻轴锁紧技术保证了打孔的高质量，可以完美保证精确的钻孔深度；能满足大批量板式定制家具制造的高效、高质的打孔需求。

（3）数控钻孔中心（数控钻）加工模式和设备布局 图 6-88 所示为数控钻孔中心（数控钻、通过式数控钻）的多种加工模式和设备布局。可根据生产需要，选择不同的出料方式（前进前出、前进后出），也选择自动输送滚筒或侧边出料，便于连线或多机并排生产。

6.6.3.8 立式数控钻孔中心

图 6-89 所示为德国豪赛尔 Evolution 立式数控加工中心，无论是实木家具还是板式家具，从抽屉部件到柜体部件，从家具门板部件到柜体背板部件，从部件四周边铣型到门板面铣型，从水平和垂直打孔到铣槽，在高度集成的 Evolution 立式加工中心上都可以一气呵成完成加工，兼有高灵活性和多功能性，也保证了加工精度以及稳定性。

图 6-90 所示为金田豪迈的 BHX 050 计算机数控多功能加工中心（立式数控加工中心）。设备配置 8 支垂直钻轴、6 支水平钻轴，可通过程序独立控制；配置 1 个槽锯装置，沿 X 方向加工；配置 1 个镂铣刀轴；自带工件长度及厚度检测系统，保证加工操作更安全，加工工件长度为 200～2500mm，工件宽度为 70～850mm，工件厚度 12～60mm；可一次装夹完成板件的铣型、打孔、铣槽等加工，高效、灵活并能保证加工精度和质量。

图 6-91 所示为 COMPACT 0925 立式排钻加工中心（PTP 排钻加工中心）。该设备的排钻与主轴配置方案为：1 台 5.5 kW 主轴（可选配 9.6 kW 自动换刀主轴），15 支独立启动的钻头（9 个垂直、6 个水平），1 个开槽锯，即 9 垂直+6 水平+1 锯片，也可选配 4 刀位刀库；可无缝衔接开料环节，加工条码涵盖垂直孔、侧孔、铁槽等所有信息，无须另行拷贝或传输 CNC 加工文件，工人仅需扫描条码后机器即可自动打垂直孔、侧孔、开槽等加工，全过程不需人工技术性干预；能进行加工合理性校验，自动检测

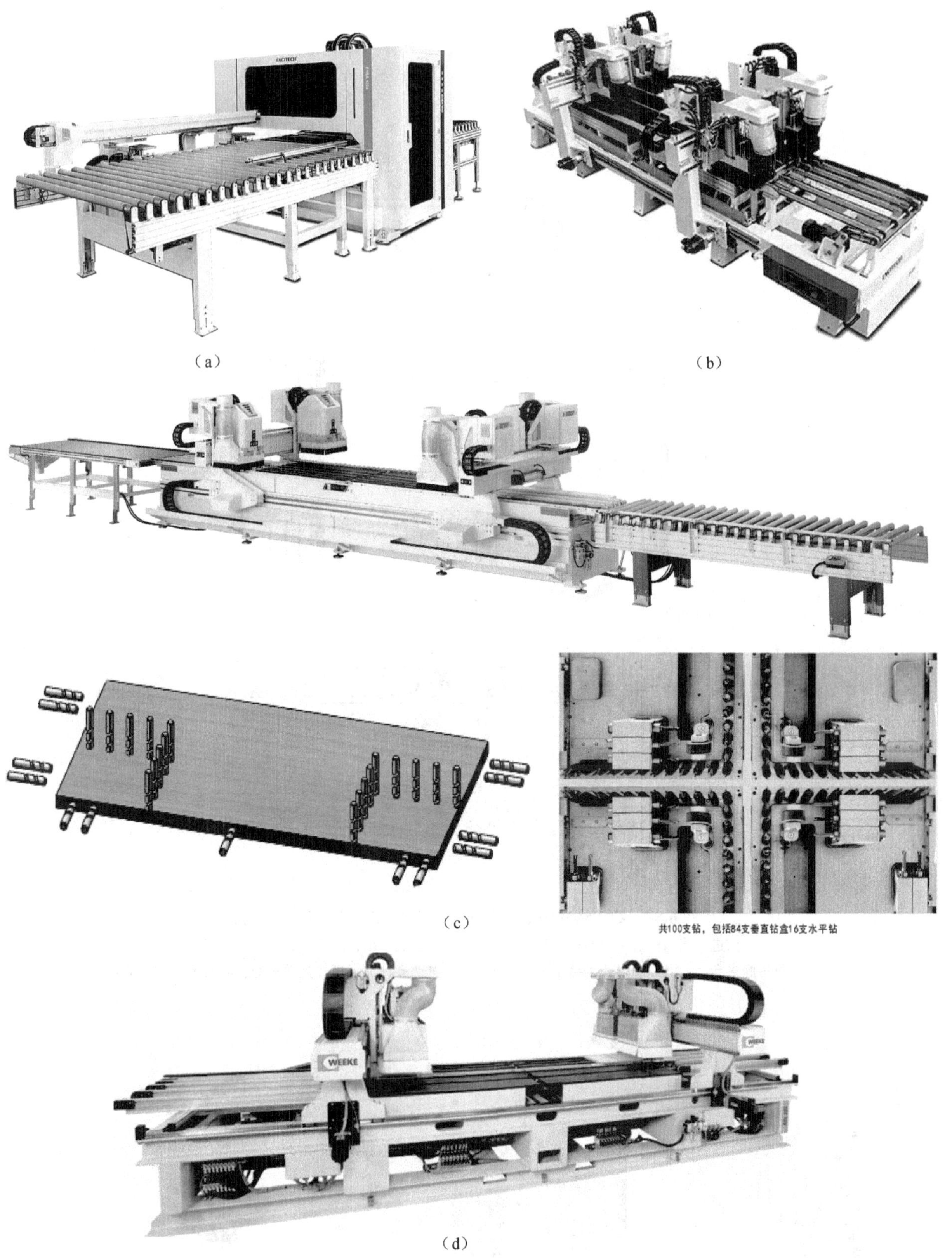

图 6-87 通过式数控钻孔中心（通过式数控钻）

(a) EHS 0924 通过式六面钻孔加工中心 (b) ET 0724 通过式数控排钻加工中心
(c) N 2508 通过式打孔中心 (d) ABL 220 通过式高速打孔中心

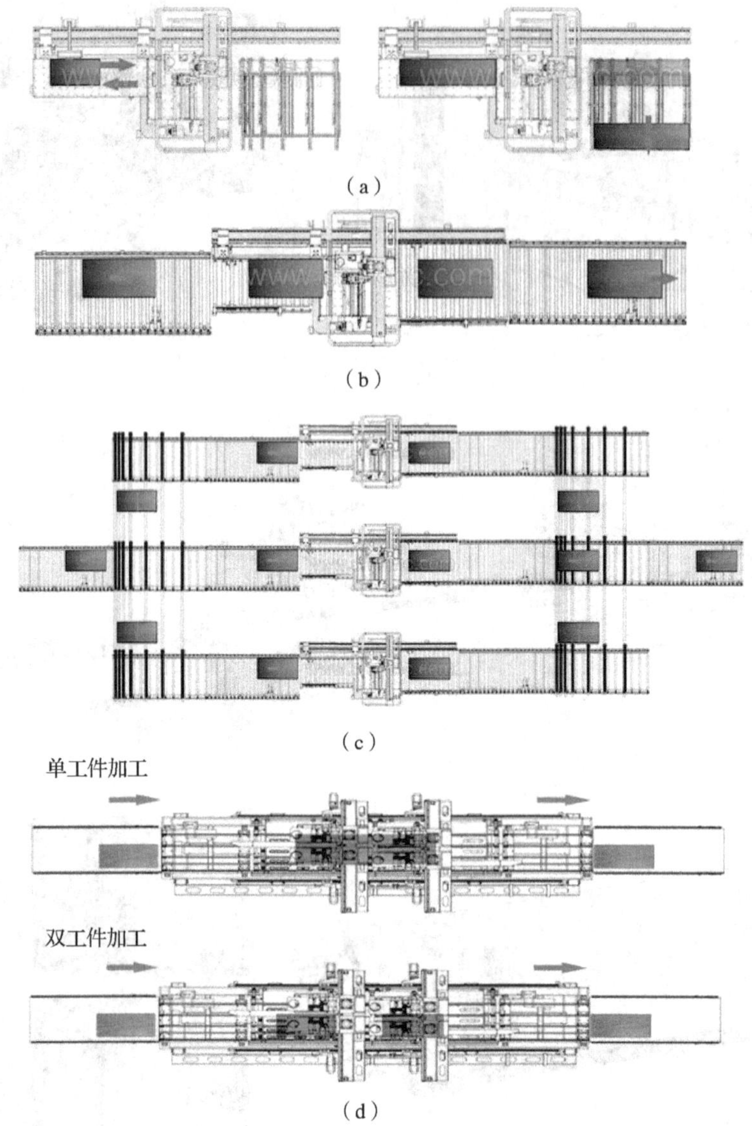

图 6-88　数控钻孔中心（数控钻）的加工模式（设备布局）

（a）前进前出，前进后出的单机加工模式　（b）前进后出，对接传送带连续加工模式
（c）可搭配多台/六面钻/通过式排钻组成打孔连续　（d）多种加工模式灵活多变，应对不同加工场景

图 6-89　德国豪赛尔 Evolution 立式数控加工中心

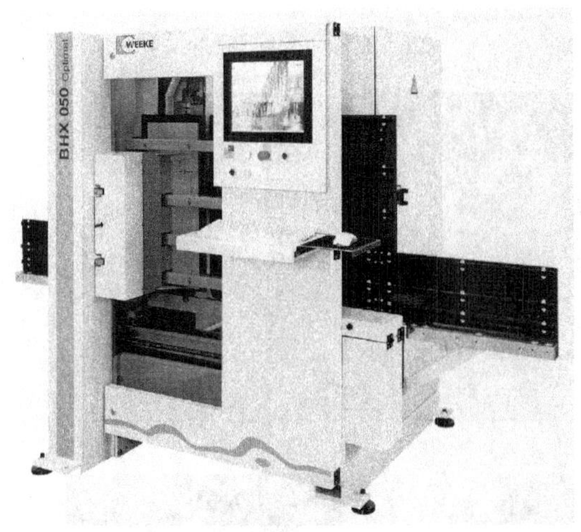

图 6-90　BHX 050 立式数控加工中心

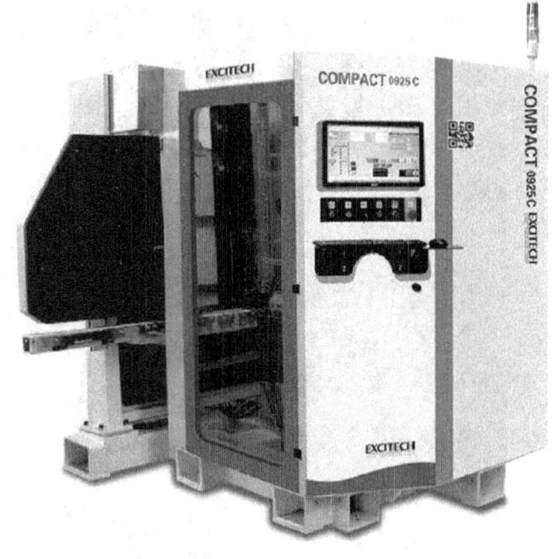

图 6-91　COMPACT 0925 立式排钻加工中心

图 6-92　活页钻孔机（铰链钻）

工件尺寸与加工程序中尺寸是否匹配，如尺寸不符系统会发出警报并停止加工，杜绝人工上料错误带来的损失；工件的最大加工尺寸为 2500mm×900mm×36mm，最小加工尺寸 200mm×50mm×10mm；改变了传统的工件固定的加工模式，采用全自动夹钳固定并移动板材，摆脱工件固定对吸附的依赖，夹持更

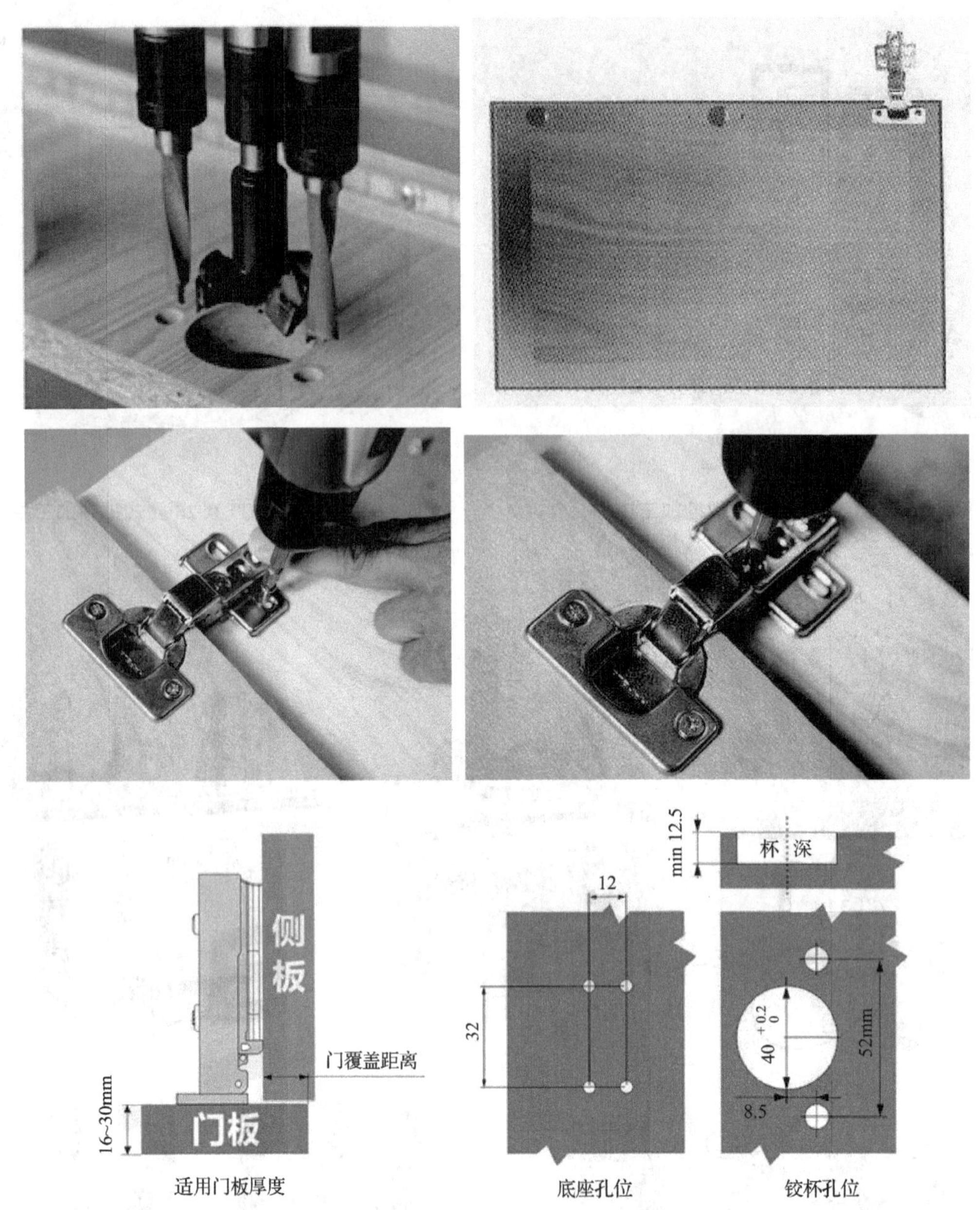

图 6-93　活页及铰链安装孔位

稳定，小板材也夹持稳固，便于加工；带有气浮台面，确保板材表面不会被划伤或磨损。

6.6.3.9　活页钻孔机（铰链钻）

图 6-92 所示为活页钻孔机（铰链钻），属于立式钻床。主要用于套房家具、板式家具及各种大小门板的活页及铰链连接件安装孔的钻孔加工（图 6-93），可将钻孔位进行纵向、横向调整，方便快捷的适应钻孔加工要求。

目前，按钻轴数量分类，主要有单头铰链钻、双头铰链钻、三头铰链钻、四头铰链钻、五头铰链钻等；按操作方式分类，主要有手动铰链钻、半自动铰链钻、自动数控铰链钻等。其特点是垂直方向多个孔可一次性加工完成，也可依次分开加工完成，定位精确，各孔位间距可调，以适应不同要求工件钻孔需要，其操作安全、调试简便、生产效率高、加工精度好，是厨柜、衣柜、门业等门板加工制造中活页或铰链钻孔的专用机床。

6.7 表面镂铣与雕刻

在板式部件表面上镂铣图案或雕刻线型是板式家具、工艺品和建筑构件的重要装饰方法之一。在工业化生产中，镂铣与雕刻是在上轴铣床、多轴仿形铣床、镂铣机和加工中心等设备上采用各种端铣刀头对板式部件表面进行浮雕或线雕加工。

浮雕也称凸雕，是在板件表面上铣削或雕刻出凸起的图形，好像浮起的形状。根据铣削或雕刻深度的不同分为浅雕和深雕。浅雕是在板件表面上仅仅浮出一层极薄的物像，一般画面深为2~5mm，物体的形象还要借助于抽象的线条等来表现的一种浮雕，常用来装饰门窗、屏风或挂屏等；深雕是在板件表面上浮起较高，而且物像近似于实物，主要用于壁挂、案几或条屏等高档产品。

线雕是在平板件表面上铣削或雕刻出曲直线状沟槽来表现文字或图案的一种雕刻技法。沟槽断面形状有V形和U形，V形主要用于雕刻直线，U形可以雕刻直线或曲线。常用于装饰家具，如柜门、抽屉门、屏风等。

板式部件的表面如需铣削出各种线型和型面，一般可在上轴铣床（如镂铣机、数控铣床）上加工。镂铣与雕刻所用的上轴铣床可以是单轴的、多轴的，由工人操作的或用数控装置自动控制操作程序的。板式部件的铣型与雕刻加工可参见第5章的有关内容。

在普通单轴上轴铣床（镂铣机）上进行铣削或雕刻加工时，只需将设计的花纹先作成相应的样模，套于仿型销上，根据花纹的断面形状来选择端铣刀，加工时样模的内边缘沿仿型销移动，刀具就能在板件表面上加工出所需要的纹样形状。这类机床需要使用小直径（2~30mm）各种端柄铣刀，主轴转速可达12000~30000r/min。但是由于工人的技术水平不同，加工质量往往会有差别。

近几年来，家具及木制品工业已开始使用数控机床（CNC）等加工中心，可以通过电脑自动控制工件的运动、刀架（一般有2~8个刀头）的水平或垂直方向的移动、工作台的多向移动、刀头的选择与自动换刀以及刀头的转动等，根据已定的设计程序进行自动操作，在板件表面上加工出不同的图案与形状，完成更为复杂的家具雕刻装饰或铣型部件的加工，这既能降低工人的劳动强度，又能保证较高的加工质量，为家具雕刻和铣型工艺自动化创造了良好的条件。CNC数控加工中心能满足现代家具企业对产品多方面的加工要求，并能迅速适应设计和工艺变化的需要，如产品造型上的复杂多变、产品的快速更新，还有高效、高精度加工以及小批量多品种的生产。

6.8 表面修整与砂光

为了提高板式部件表面装饰效果和改善表面加工质量，一般还需要对有些板式部件进行表面修整与砂光加工。砂光又称磨光，是修整表面的主要方法。不贴面的板件或用薄木、单板贴面的板件都必须在机加工完成后进行最后砂光修整处理，以消除生产过程中产生的加工缺陷，使板面平整光滑，再送往装配或涂饰工段。板件砂光的工艺要求与实木方材加工相似，其砂光工艺与设备可参见第5章的有关内容。板件表面幅面大，其最后砂光通常采用带式砂光机，主要有窄带式和宽带式两种。

窄带式砂光机砂磨板件表面时，其生产效率低，劳动强度大，部件加工精度及表面光洁度低，只适用于幅面较小、批量不大的产品。因此，近年来普遍使用宽带式砂光机，它的作用主要是校正板件厚度、整平表面和精磨加工，使板件达到要求的厚度精度，加工质量较高。

宽带式砂光机按砂带或砂架的数目不同可分为单砂架（带）、两砂架（带）、三砂架（带）、多砂架（带）等几种。宽带式砂光机的砂带由砂辊、摆动辊和张紧辊等三个辊支承，砂辊进行磨削、摆动辊使砂带作轴向摆动、张紧辊调整砂带的松紧度，托辊和进料辊协同工作。宽带式砂光机砂光幅面宽（600~1350mm），厚度误差小（一般为±0.127mm），砂带更换方便，使用寿命较长，生产效率高，是一种高效、高质量、高度自动化的砂光设备。

对薄木贴面的板件砂光时，需要特别注意磨削方向，横纹磨削易砂断纤维，表面会出现许多木毛和横砂痕，故通常要求顺纹砂光。但是，单纯的顺纹砂光，还不易将表面全部砂平，所以生产中较为先进的工艺是采用先横纹后顺纹的砂光方法，以保证表面平滑度并避免产生表面砂痕。

板件表面砂磨的效果，取决于其表面的密度、砂带的粒度、表面原有的粗糙度、磨削速度与进给速度、砂带对表面的压力及其钝化程度等因素。

板式部件经砂光后应尽快涂饰，以免表面污染，影响涂饰效果。

6.9 典型板式家具生产工艺

（1）空心板（包镶板）的板式家具生产工艺

贴面胶合板准备（裁截加工）——→表面砂光

木框制备（框条加工、组框）——→涂胶——→组坯——→胶压（冷、热压）——→（陈放）——→齐边加工（尺寸精加工）——→

蜂窝纸准备（裁截加工）——→拉伸、干燥定型

——→边部铣型——→边部处理（直边与软成型封边、镶边、涂饰）——→钻孔——→（表面实木线型装饰）——→表面砂光——→涂饰——→零部件检验——→预装配件——→盒式包装

（2）细木工板的板式家具生产工艺：

单板或薄木准备（剪切）——→拼缝或拼花

细木工芯板制备（芯条加工、拼板）——→砂光——→涂胶——→组坯——→覆面胶压（冷、热压）——→（陈放）——→齐边加工(尺寸精加工）——→（边部铣型）——→边部处理（直边与软成型封边、镶边、涂饰）——→钻孔——→（表面实木线型装饰）——→表面砂光——→涂饰——→零部件检验——→预装配件——→盒式包装

（3）以刨花板、中密度纤维板为基材（薄木或装饰纸贴面）的板式家具生产工艺

贴面材料（薄木、装饰纸等）准备（剪裁）——→（拼缝或拼花）

素板开料（裁板）——→（镶实木边）——→定厚砂光——→涂胶——→组坯——→贴面胶压（冷、热压）——→齐边加工（尺寸精加工）——→（边部铣型）——→边部处理（直边与软成型封边、镶边、涂饰）——→钻孔——→（表面镂铣与雕刻、或表面实木线型装饰）——→表面砂光——→涂饰——→零部件检验——→预装配件——→盒式包装

（4）以刨花板、中密度纤维板为基材（软成型封边或后成型包边）的板式家具生产工艺

贴面材料（三聚氰胺装饰板等）——→剪裁

素板定厚砂光——→开料（裁板）——→边部铣型——→涂胶——→组坯（面、背层）——→贴面胶压（冷、热压）——→铣边或修边处理——→喷胶——→边部处理（软成型封边、后成型包边；也可直边封边与镶边、涂饰）——→钻孔——→（表面镂铣与雕刻或表面实木线型装饰）——→（局部线型涂饰）——→零部件检验——→预装配件——→盒式包装

（5）以刨花板、中密度纤维板为基材（PVC 贴面）的板式家具生产工艺

贴面材料（PVC 等）准备（剪裁）——→（拼缝或拼花）

素板定厚砂光——→开料（裁板）——→边部铣型与表面镂铣——→喷胶——→组坯——→真空覆膜——→修边处理——→钻孔——→（涂饰）——→零部件检验——→预装配件——→盒式包装

（6）已贴面刨花板或中密度纤维板（三聚氰胺装饰板或浸渍纸不涂饰贴面）的板式家具生产工艺

贴面板开料（裁板）——→（边部铣型）——→边部处理（直边与软成型封边、镶边、涂饰）——→钻孔——→（表面镂铣与雕刻或表面实木线型装饰）——→（局部线型涂饰）——→零部件检验——→预装配件——→盒式包装

复习思考题

1. 板式家具有何特点？板式部件有几种类型？其各自的结构如何？

2. 板材配料时要考虑哪些问题？常用的锯截设备有哪些？

3. 板材厚度校正砂光的目的、方法和要求是什么？常采用哪些设备？

4. 板材贴面材料有哪些？各有什么特点？

5. 板式部件尺寸精加工包括哪些内容？其方法和要求有哪些？

6. 板式部件边部处理的目的是什么？有几种处理方法？各采用什么材料与设备？

7. 试比较软成型、后成型、真空覆膜工艺的特点和用途。

8. 谈谈板式家具与框式家具在生产工艺和设备上主要有哪些区别？

9. 板式家具与板木家具在材料和结构上有何区别？

第7章
弯曲零部件加工

【本章重点】

1. 迈克尔·索耐特与曲木家具。
2. 阿瓦尔·阿尔托与曲木家具。
3. 弯曲零部件的种类及制造方法。
4. 实木方材弯曲的原理、工艺及其影响质量的因素。
5. 薄板弯曲胶合的原理、工艺、设备、压力计算及其影响质量的因素。
6. 锯口弯曲的种类和要求。
7. V形槽折叠成型的概念、材料、工艺及设备。

在家具与木制品生产中，人们对家具和木制品不论从满足功能的需要，还是满足精神、审美要求出发，经常需要制造各种曲线形的零部件。如弯曲木家具、弧形窗框、门框以及车船的木构件等。

7.1 迈克尔·索耐特与曲木家具

曲木家具起源于19世纪中后期的欧洲，最早由出身于木工世家的德国人迈克尔·索耐特（Michael Thonet，1796—1871年）发明和生产制造。迈克尔·索耐特（图7-1）出生于德国莱恩河畔的波帕特镇（Boppard），10岁时就被父亲送到当地木匠师傅那里学徒，1819年学成出徒后，在家乡开始生产及销售当时非常流行的毕德迈尔式（Biedermaier Style）家具。毕德迈尔式家具都有一些弯腿，但是主要采用手工锯切的方法，生产效率比较低，很难应对大量的订货。面对这样的实际问题，索耐特想出了一个解决办法。他首先将2mm左右的木材薄板浸泡在稀薄的胶液中煮沸，然后将5~10片薄板放在夹具内弯曲并干燥黏合在一起（类似现在普遍使用的单板胶合弯曲技术）尝试制作层积弯曲木椅。这项技术基本完成于1836年，索耐特随即开始申请专利，但申请专利并不顺利，反倒给他带来不少债务。

1842年，索耐特将德国的工厂留给夫人及长子看管，自己应当时奥地利首相梅特涅（Klemens Metternich，1773—1859）的邀请来到奥地利维也纳，借用当地退休家具制造商李斯特（Clemens List）的工房，与当地的地板制造商莱丹（Carl Leister）建立协作关系，为当时正在进行改建的列支敦士登宫（Palais Lichtenstein）制作拼花地板及层积弯曲木椅。这种具有洛可可风格的曲木椅后来被称为列支敦士登椅（Lichtenstein Chair）（图7-2），也是第一件薄板层积胶合弯曲木椅，成为19世纪最具创新精神的座椅。

1842年，索耐特又发明了一种全新的实木弯曲技术，其申请的专利获得维也纳王室批准。这项技术不同于层积弯曲，而是将实木方材直接蒸煮软化，并在方材外部（拉伸面）用金属带紧贴，使木材弯曲时中性层外移以防止弯曲断裂。这种“中性层外移弯曲法”后来被称为“索耐特弯曲法”（图7-3），目前仍在世界范围内普遍使用。同年秋天，索耐特变卖了在德国的所有财产，还清了所有债务，举家迁居维也纳。

1849年，索耐特在维也纳正式成立了自己的公司，并且在玛丽亚希尔费大街（Mariahilfer Strasse）设立了最早的生产工厂，开始生产索耐特（Thonet）品牌的曲木家具。他将作品按顺序编号，索耐特1号椅（Thonet No.1）就是为施瓦岑贝格宫（Palais Schwarzenberg）而设计的层积曲木椅（图7-4）。索耐特1号椅脱胎于列支敦士登椅，其前腿改为实木弯

图 7-1 迈克尔·索耐特
(Michael Thonet, 1796—1871)

图 7-2 列支敦士登椅
(Lichtenstein Chair)

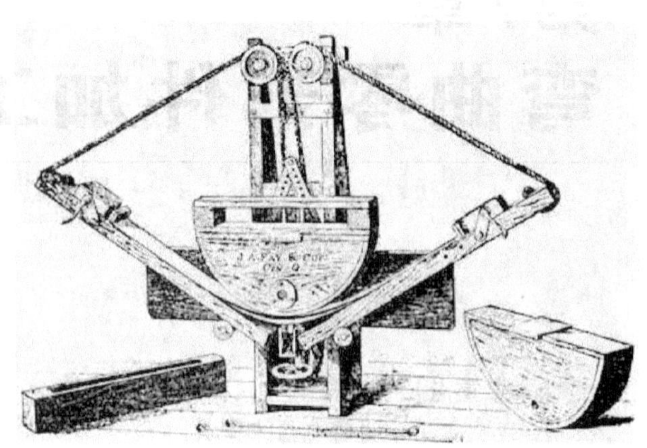

图 7-3 索耐特弯曲法

图 7-4 索耐特 1 号椅
(Thonet Chair No. 1)

图 7-5 索耐特 4 号椅
(Thonet Chair No. 4)

图 7-6 迈克尔·索耐特与五个儿子

曲，后退及靠背等仍然采用层积弯曲，是第一件层积胶合弯曲与实木弯曲结合的曲木椅。这件革命性的座椅只有 4 个部件，按照规范化模式生产，已经具备了工业生产的初步设想。

1850 年，索耐特利用新方法制作的 4 号椅（这是第一件全实木弯曲成型的曲木椅，图 7-5）在奥地利贸易协会的展览会上展出后，成为维也纳市中心的达姆咖啡馆（Cafe Daum）的专用椅，因此，又被称为达姆咖啡椅（Cafe Daum Chair）。因受 19 世纪中叶维也纳咖啡文化现象的影响，咖啡椅也成为一种时尚产品。由此确立了索耐特曲木家具的基本形式，所有部件均由实木弯曲成型，靠背已经出现多种图案。

1853 年，托耐特以五个儿子（图 7-6）的名义成立了索耐特兄弟公司（Gebruder Thonet），从此开始步入大规模生产阶段。在索耐特的精心策划下，紧紧抓住工厂建设、产品开发、市场营销三条主线，形成了声势宏大的曲木家具生产势头。1855 年，索耐特在现今捷克布尔诺东部的科里恰内（Korycany）找到了适合建厂的山林。这里有丰富的山毛榉林，而且交通方便，还有廉价的劳动力。1856 年春天，索耐特与老二迈克尔及老三奥古斯特搬迁到科里恰内筹建工厂，长子和老四负责维也纳的工厂及店铺。1857 年，科里恰内工厂投入生产，到 1860 年已经雇用有 300 多名工人，日产家具达 200 多件，主要为零部件生产，完成后运到维也纳组装及销售。这个工厂开始实行分工作业，重体力劳动由男工人完成，藤编等轻体力作业几乎都在家庭工厂完成。索耐特与他的儿子们不但精心完成了工厂的设计，而且自己设计并制作一些加工机械。首先制造了蒸煮木材的蒸汽釜，可根据木材大小调整蒸煮时间。其后制造了螺丝机和钻螺钉孔的钻床等。

1859 年，索耐特在科里恰内工厂投入批量生产的 14 号椅（图 7-7），是最值得纪念的产品，也是家具史上第一把实现量产的设计师椅。因其优雅自如的曲线、轻快纤巧的形体，给人以视觉上的轻巧感觉；整个椅子由 6 根直径为 3cm 的曲木、10 个螺钉和 2 个垫圈构成（图 7-7），不仅简化了形式，而且所有零部件都可以拆装，实现平板包装，成功解决了产品运输及批量化生产问题；其结构的稳定性和工艺的高超性也都得到了完美的诠释，加工方法、组装方法也体现了现代大规模家具生产方式，成为索耐特公司享誉世界的代表作品，被称为“椅子中最可爱的贵族”，也被称维也纳咖啡椅或消费者椅（Commercial Chair）。在 1850—1930 年，此款座椅的生产量就超过了 5000 万件，缔造了那个时代的神话；在 1869 年专利保护期过后，14 号椅已经成为世界各国仿制曲木家具的首选作品，世界范围内的生产量更是一个谜，据推测已经达到几亿件以上；其目前仍在继续生产，已成为世界上销量最高的椅子。它不仅被认为是第一件实现现代化大批量生产的椅子，还被认为是 19 世纪最完美的设计之一。2009 年是它销售 150 周年，为了配合新世代的来临，14 号椅后经改良统称为 214 号椅。

1862 年开始生产的 25 号椅（图 7-8），又称为曲木摇椅（Rocking Chair），也称索耐特 1 号摇椅，是第一件实木弯曲摇椅。其框架部分只有 8 个部件，由螺钉连接而成，椅子的座面及靠背均由藤皮编结而成，每一个部件都考虑到批量生产以及运输问题。这把椅子打破了椅子设计的常规，将“动”的观念融入作品中，每一个曲线的形成都可以隐约体现出技术的力量，是灵活运用曲线造型的典范，盛期年产量居然高达 10 万件以上。

1876 年开始生产的 18 号椅（图 7-9），也称为维也纳椅（Vienna Chair），索耐特对靠背及座板的加强圈进行改良，组装更加容易，整体更加牢固，成为继 14 号椅之后又一个成功的力作，是第一件批量生产出口的实木弯曲椅，也是后期专门用于出口的主要型号。

1885 年开始生产的 56 号椅（图 7-10），从形式上看，略偏离了索耐特初期的设计方针，但由于靠背改为分段式，最长的零件由 2m 以上变为 1m 以内，更加简化了制造工艺，提高了材料的利用率。

1898 年开始生产的 221 椅（图 7-11）为咖啡馆用椅，只在靠背的上部与 56 号椅有些区别，从结构处理来看更加容易生产。

1871 年开始生产的 209 号椅（图 7-12），是索耐特作品中具有代表性的种类之一。扶手和靠背由一根曲木构成，曲线流畅自如。勒·柯布西耶（Le Corbusier）非常喜欢这件作品，因此有也人称为勒·柯布西耶椅（Le Corbusier Chair）。后来研发生产的 210 号椅（图 7-13）是在 209 号椅的基础上，增加了藤编靠背。

自 1857 年，索耐特兄弟公司在科里恰内建成第一个工厂投入生产后，1861 年，又在科里恰内北部的比斯特日采（Bystrice）建了第二个工厂。到 1865 年，两个工厂共雇用员工已经达到 800 多名，年产量达到 15 万件。1866 年，又在现在的匈牙利买到大片

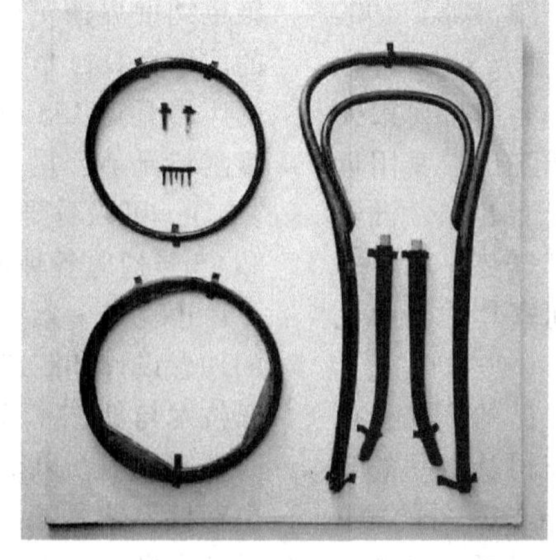

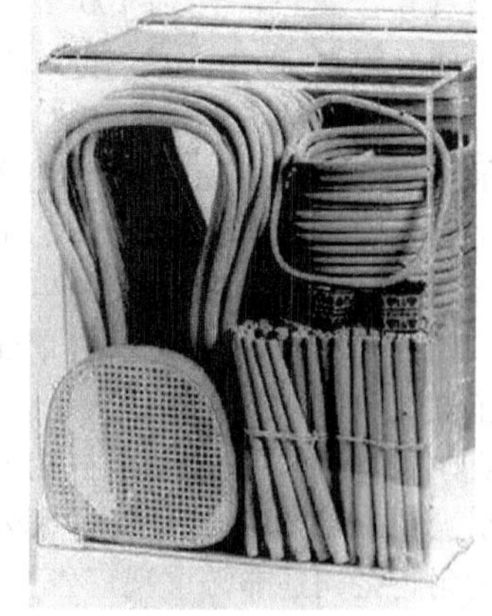

图 7-7　索耐特 14 号椅

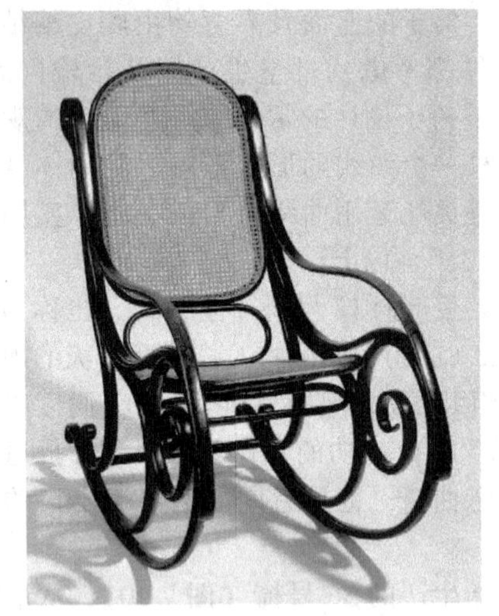

图 7-8 索耐特 25 号椅

图 7-9 索耐特 18 号椅

图 7-10 索耐特 56 号椅

图 7-11 索耐特 221 号椅

图 7-12 索耐特 209 号椅

图 7-13 索耐特 210 号椅

的山林，翌年又建设了第三个生产工厂。1889 年，回师德国，在埃德尔河畔（Eder）的弗兰肯贝格（Frankenberg）建立了工厂，这就是现在的索耐特公司总部。到公司创立 40 周年的 1893 年，索耐特兄弟公司的家具年产量已经达到 100 多万件。到了 1900 年，公司拥有约 6000 名员工，一天能生产 4000 件家具。第一次世界大战前夕的 1912 年，索耐特兄弟公司进入最辉煌年代，拥有几十家生产工厂，雇用近万名员工，年产量达到 200 多万件，产品出口欧洲及美洲很多国家。这种热火朝天的生产气势，现今一些大工厂都望尘莫及，使人们感觉到家具的工业化时代真正到来了。

迈克尔·索耐特非常注重推销自己的产品，抓住一切机会参加各种展览会，扩大公司及产品的知名度。索耐特公司还非常重视广告宣传，广告的第 1 页都是迈克尔·索耐特的头像，并且尽可能将公司获得的奖牌都印在广告上。1859 年索耐特兄弟公司发布了他们的第一篇产品目录，涵盖了 26 款家具，其中包括长靠椅和桌子，它们都能像椅子一样实现高效的大批量生产，当时生产的大多数椅子都是实木弯曲家具。1866 年的广告有 70 件作品；在 1873 年维也纳世界博览会发行的广告上，索耐特兄弟公司的曲木家具已形成了自己独特的风格特点；1907 年的广告竟达 155 页，刊载有 1700 件作品。例如，在索耐特兄弟公司 1904 年的产品目录上（图 7-14 ~ 图 7-20），可以看到 1 号椅、4 号椅、14 号椅、18 号椅和 25 号椅等各种著名产品。

迈克尔·索耐特及其他的五位儿子用一种全新的理念设计和制造了曲木家具（实木弯曲家具），将新技术与新艺术完美结合，创造出了一种工业革命时期家具的新风格，既满足了那个时代的消费需求，也对世界曲木家具的发展作出了巨大贡献，并为人类社会批量生产家具探索了新的途径，从而加速了家具设计与生产进入成熟和完美阶段的步伐。

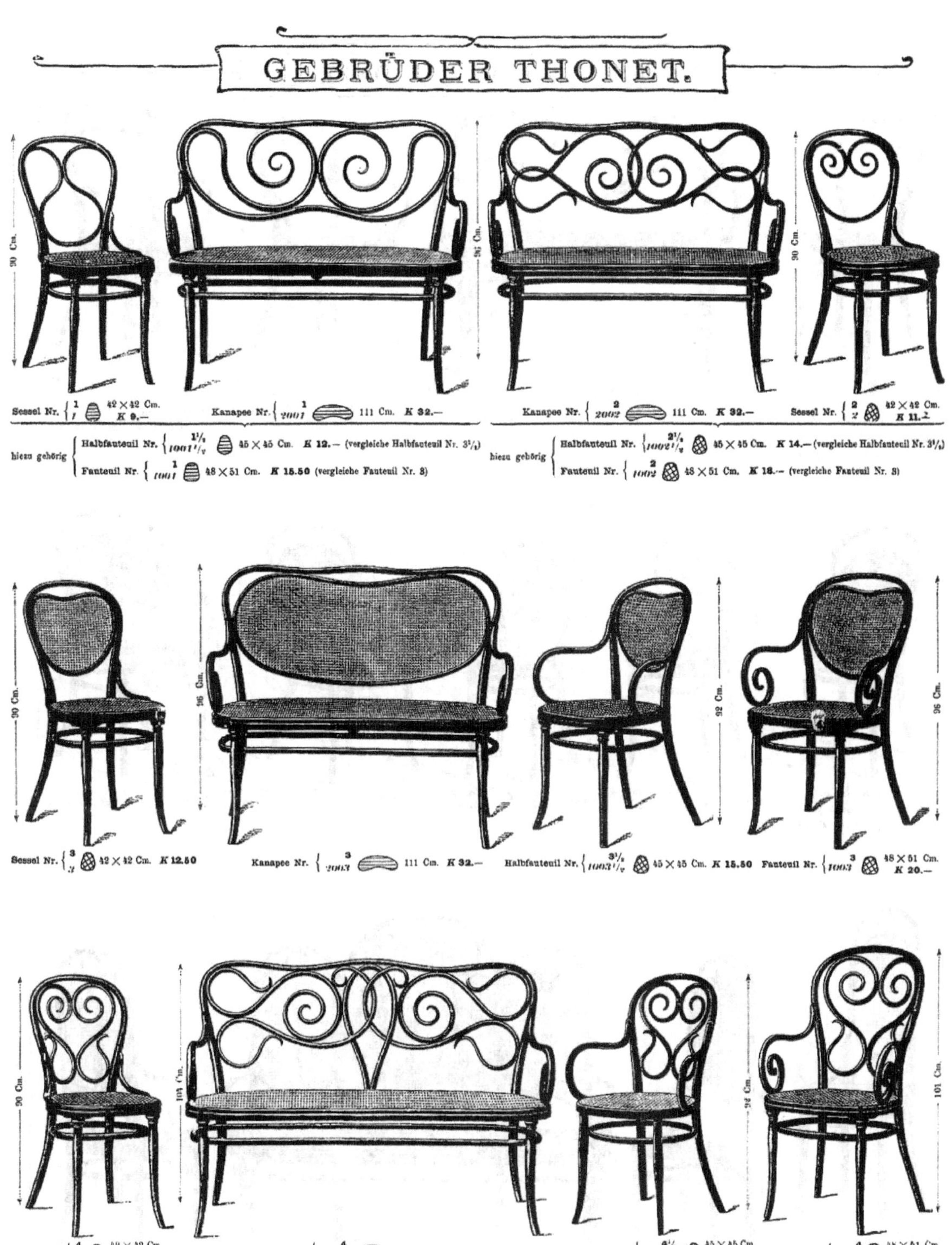

图 7-14 索耐特 1 号至 4 号椅及其长靠椅（1904 年产品目录）

第一排左 1、左 2：1 号椅及其长靠椅；第二排右 1、左 2：2 号椅及其长靠椅；

第三排：3 号椅及其长靠椅；第三排：4 号椅及其长靠椅。

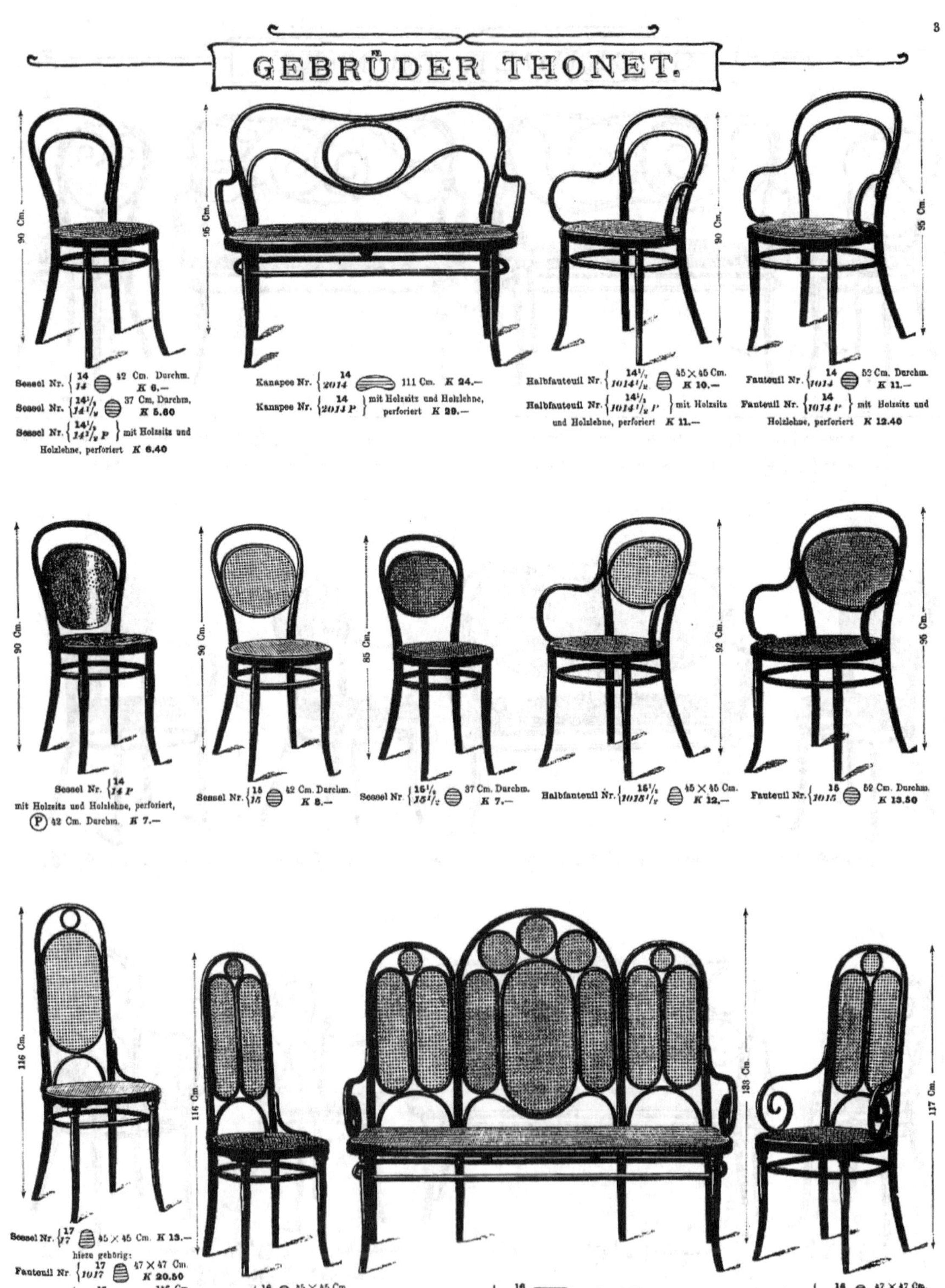

图 7-15 索耐特 14 号至 17 号椅（1904 年产品目录）

第一排：14 号椅及其长靠椅；第二排左 1：14 号椅；第二排左 2 起：15 号椅；第三排左 1：17 号；第三排左 2 起：16 号椅及其长靠椅。

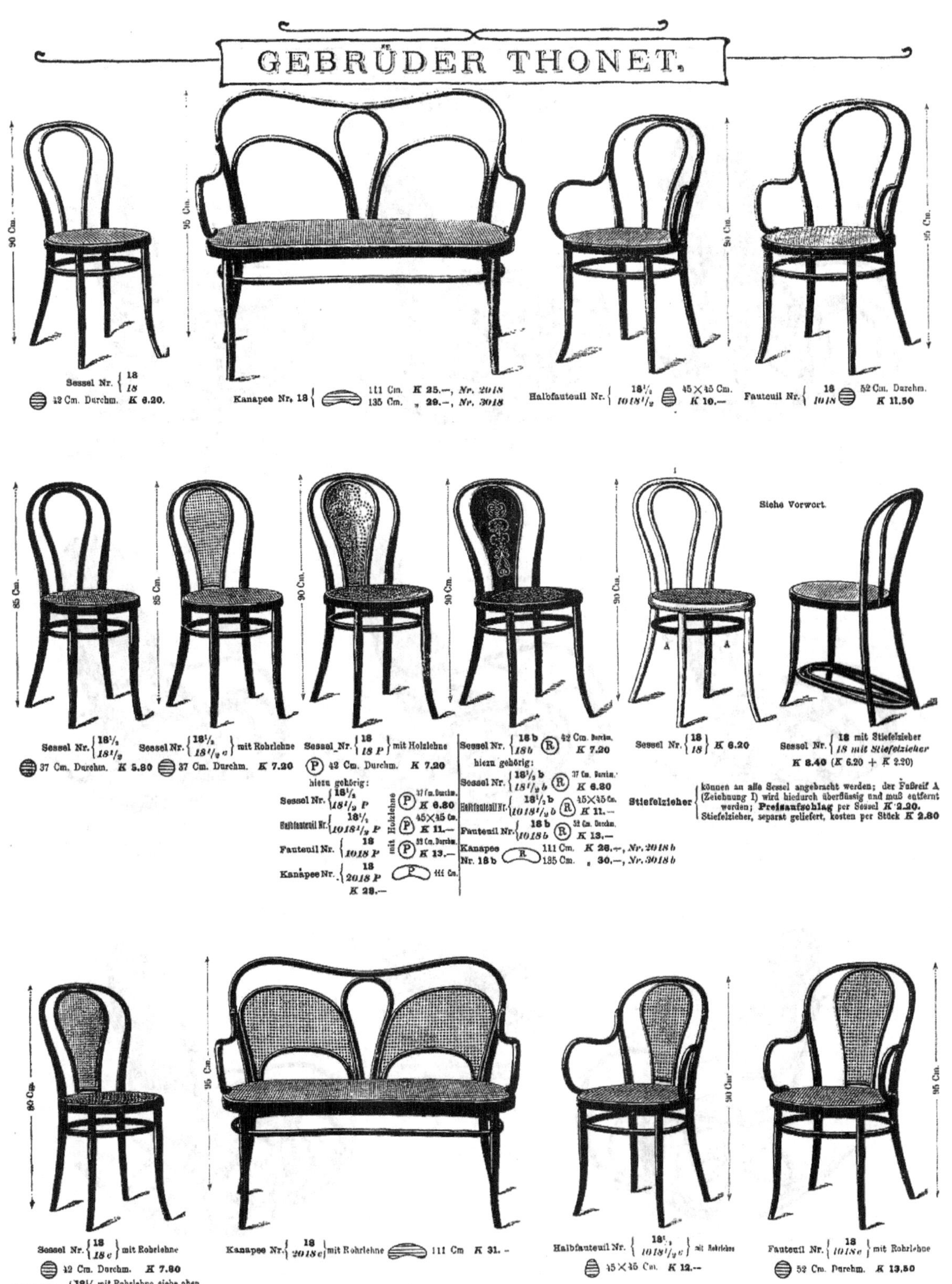

图 7-16　索耐特 18 号椅及其长靠椅（1904 年产品目录）

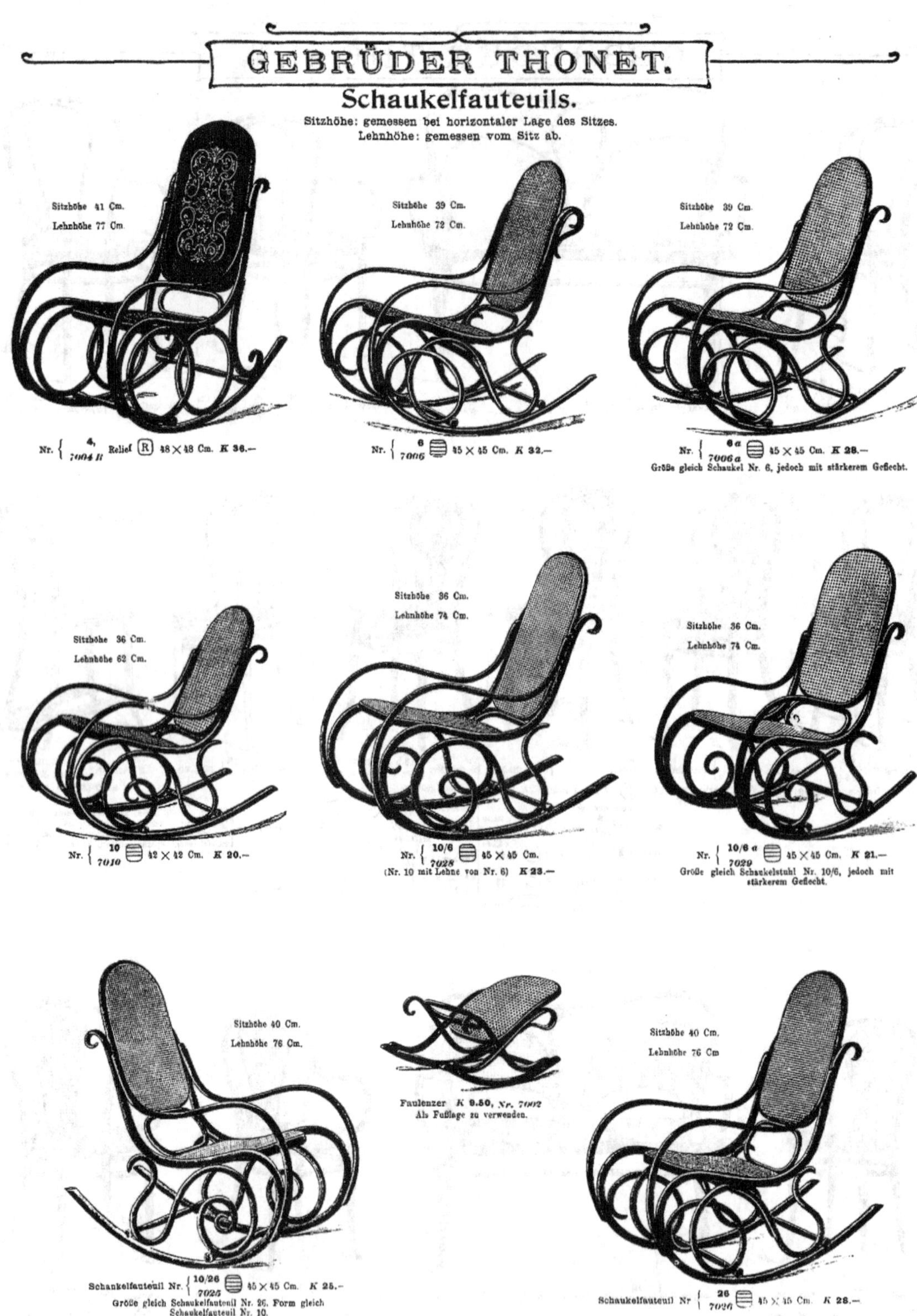

图 7-17 索耐特弯曲木摇椅（1904 年产品目录）

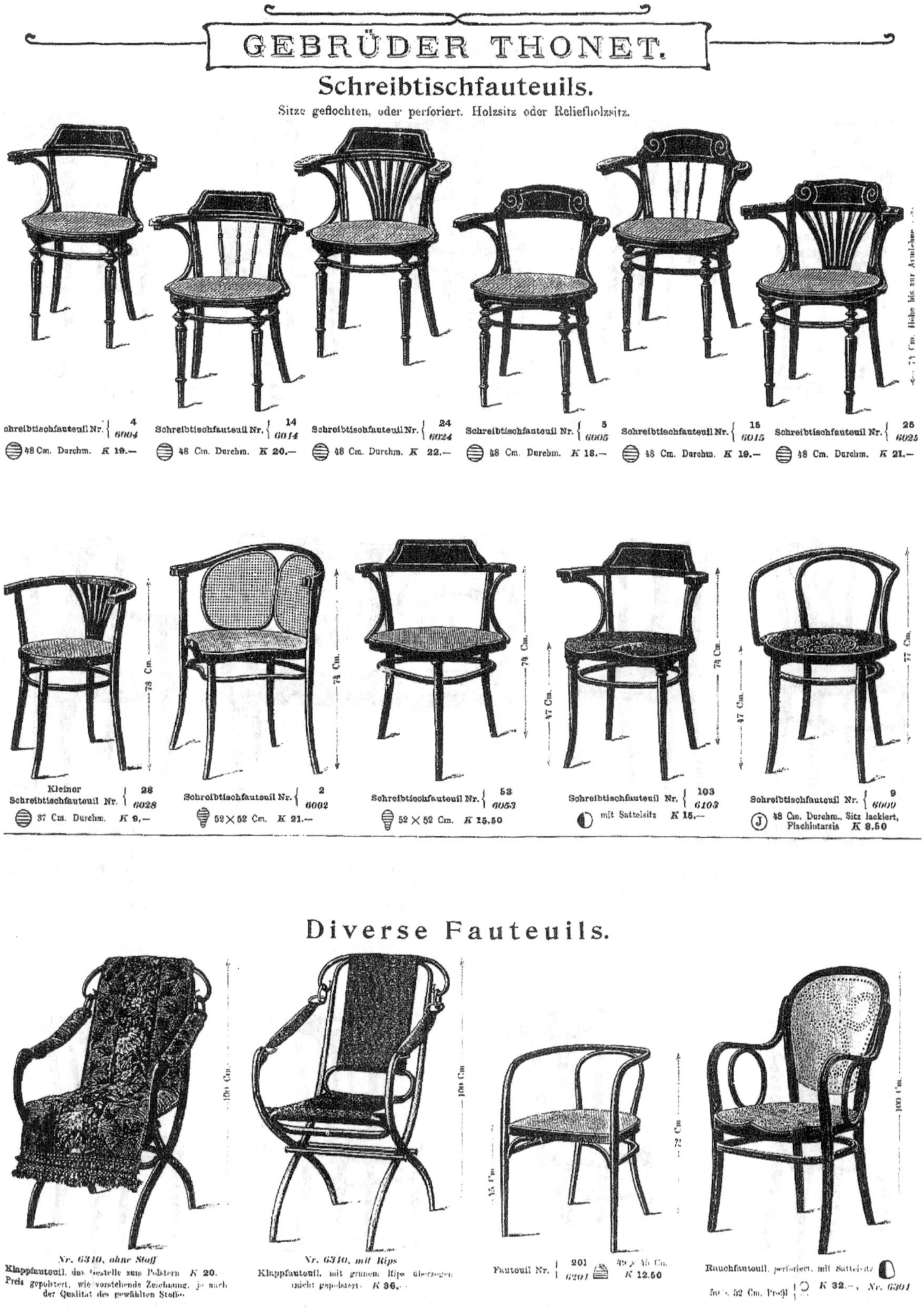

GEBRÜDER THONET.

Schreibtischfauteuils.

Sitze geflochten, oder perforiert. Holzsitz oder Reliefholzsitz.

Schreibtischfauteuil Nr. 4 / 6004 — 48 Cm. Durchm. K 19.—

Schreibtischfauteuil Nr. 14 / 6014 — 48 Cm. Durchm. K 20.—

Schreibtischfauteuil Nr. 24 / 6024 — 48 Cm. Durchm. K 22.—

Schreibtischfauteuil Nr. 5 / 6005 — 48 Cm. Durchm. K 18.—

Schreibtischfauteuil Nr. 15 / 6015 — 48 Cm. Durchm. K 19.—

Schreibtischfauteuil Nr. 25 / 6025 — 48 Cm. Durchm. K 21.—

Kleiner Schreibtischfauteuil Nr. 28 / 6028 — 37 Cm. Durchm. K 9.—

Schreibtischfauteuil Nr. 2 / 6002 — 52 × 52 Cm. K 21.—

Schreibtischfauteuil Nr. 53 / 6053 — 52 × 52 Cm. K 15.50

Schreibtischfauteuil Nr. 103 / 6103 — mit Sattelsitz K 15.—

Schreibtischfauteuil Nr. 9 / 6009 — 48 Cm. Durchm., Sitz lackiert, Plachintarsia K 8.50

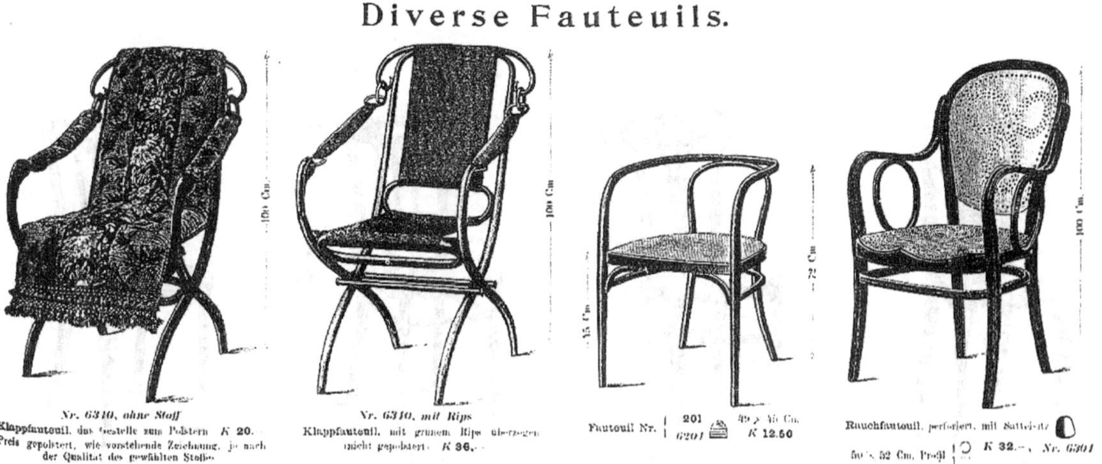

图 7-18 索耐特的格罗皮乌斯椅（Gropius Chair，1904 年产品目录）

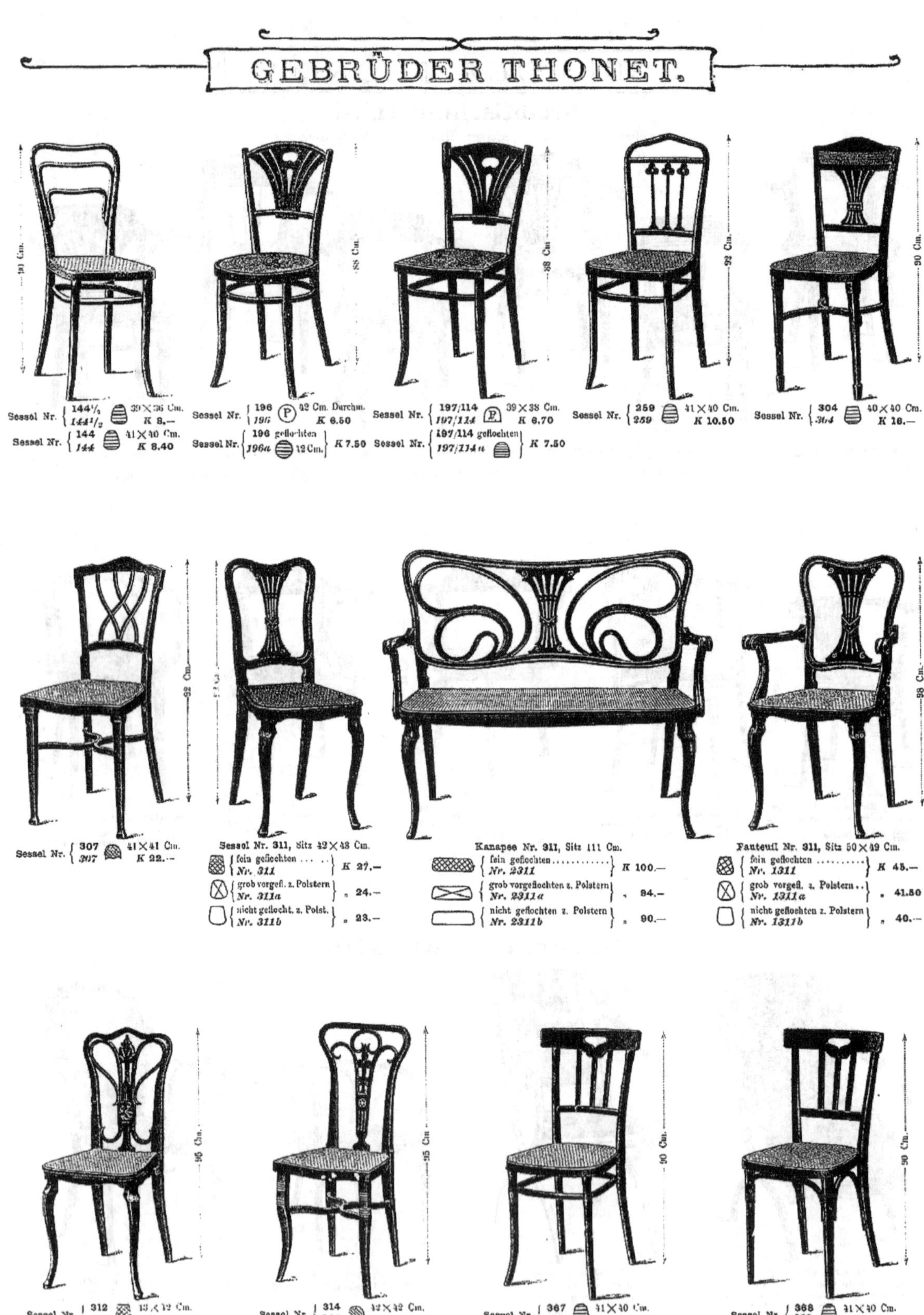

图 7-19　索耐特的阿道夫 · 鲁斯椅（Adolf Loos Chair，1904 年产品目录）

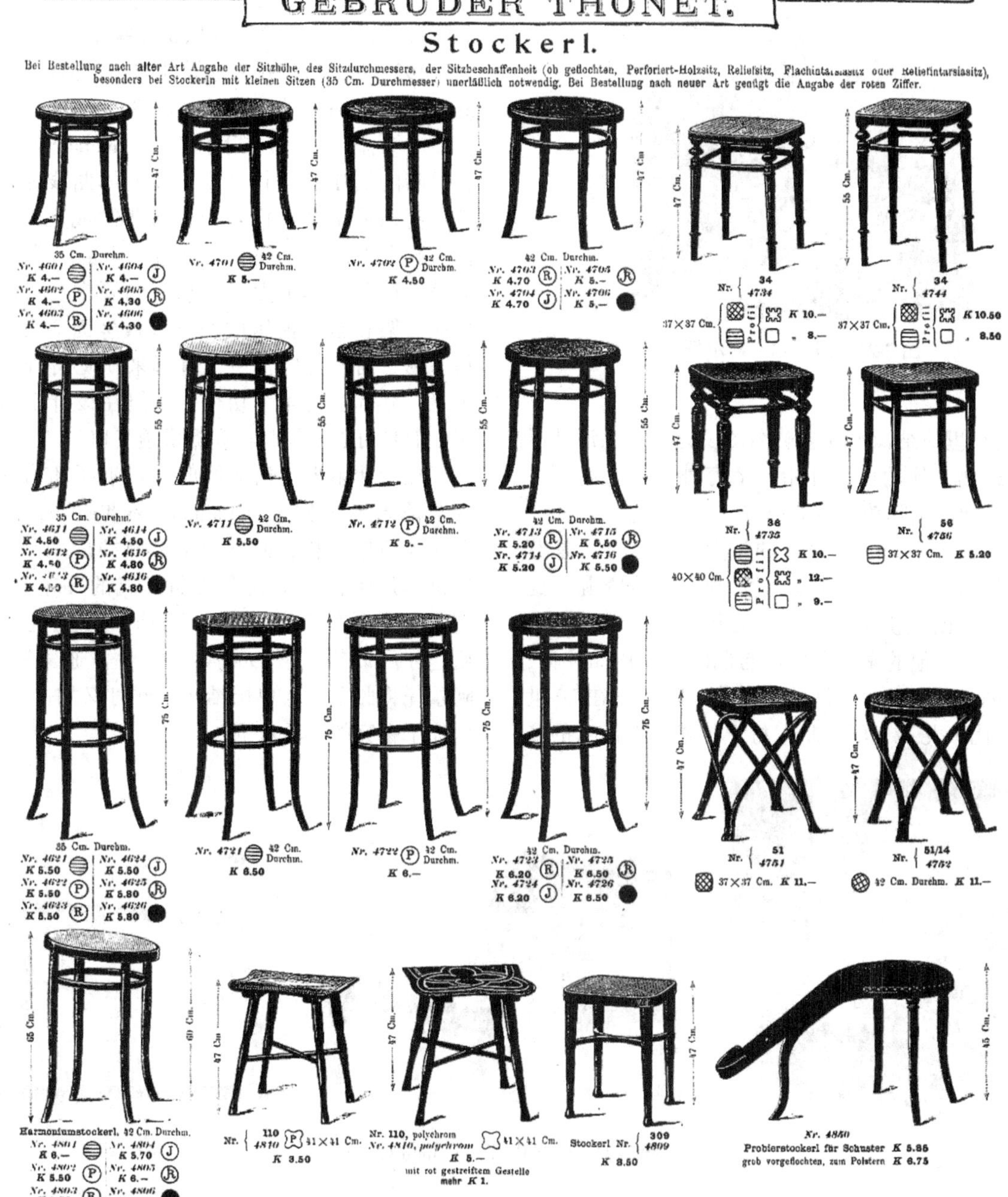

图 7-20 索耐特的曲木凳（Bentwood stools，1904 年产品目录）

7.2 阿瓦尔·阿尔托与曲木家具

阿瓦尔·阿尔托（Alvar Aalto，1898—1976 年）是一名芬兰建筑师与家具设计师（图 7-21），因层压弯曲胶合板家具的设计而闻名。阿尔托认为工业化和标准化必须为人的生活服务，适应人的精神要求，是人情化建筑理论的倡导者。阿尔托 1898 年 2 月 3 日出生于芬兰的库奥尔塔内（Kuortane）小镇，1921 年毕业于赫尔辛基工业专科学校建筑学专业。1923 年，在芬兰的于韦斯屈莱市（Jyvaskyla）创办了自己的设计事务所，除了承揽当地的工程之外，也参与芬兰国内的设计竞赛。1924 年，他与设计师阿诺·玛赛奥（Aino Marsio，1894—1949 年）结婚，共同进行了长达 5 年的木材弯曲实验。1927 年，阿尔托将设计事务所搬迁到芬兰第二大城市图尔库（Tur-

图 7-21 阿瓦尔·阿尔托
(Alvar Aalto, 1898—1976)

ku), 在这里他结识了许多著名的设计师, 也设计了很多建筑物, 他的声誉开始传播海外, 他的设计风格也开始朝向国际功能主义迈进。

简洁、实用是芬兰设计的特点, 构思奇巧是芬兰设计的精髓。芬兰人特别擅长利用自然资源达到设计目的。创业伊始, 阿尔托就开始倾心于家具的研究和设计, 他的家具设计也与他的建筑作品一样, 共同开创了芬兰现代设计的新时代。阿尔托在20世纪30年代研发了 "可弯曲木材" 技术, 将桦木的多层单板层积胶合起来, 然后巧妙地模压成弯曲胶合板或流畅的曲线, 这些实验创造了当时最具创新和革命性家具设计的单板层积胶合弯曲椅。

1931年, 阿尔托为他设计的帕米奥疗养院 (Paimio Sanatorium) 设计了帕米奥椅 (Paimio Chair, 图7-22), 也称 "41号扶手椅" (Armchair No. 41), 结合最新的层压胶合板技术, 以人体曲线为依据, 以芬兰蓄积量丰富的桦木胶合弯曲制成支架, 以桦木模压胶合板制成坐面靠背部分, 坐面与靠背成110°夹角, 符合人体工学对休息椅的要求。封闭形胶合弯曲支架和整张模压成型胶合板坐面靠背, 造型相得益彰, 曲线优雅流畅, 看起来就觉得弹性和动感十足。靠背上的4个切槽, 不但在设计上有装饰作用, 而且可以增加弹性和提供透气口。

在设计帕米奥椅的同时, 阿尔托还为疗养院设计了帕米奥手推车 (Paimio Tea Trolley, 图7-23), 车体为两层结构, 便于护士更换护理用品。主体结构仍然是层积模压胶合弯曲形成的一个封闭环形。前面有两个车轮, 后面的框架同时又是后退, 抬起后退才可以推走。1936年, 针对普通家庭的需要, 阿尔托将此车改为单层结构, 同时又加上一个吊篮, 增加了家庭的生活氛围。

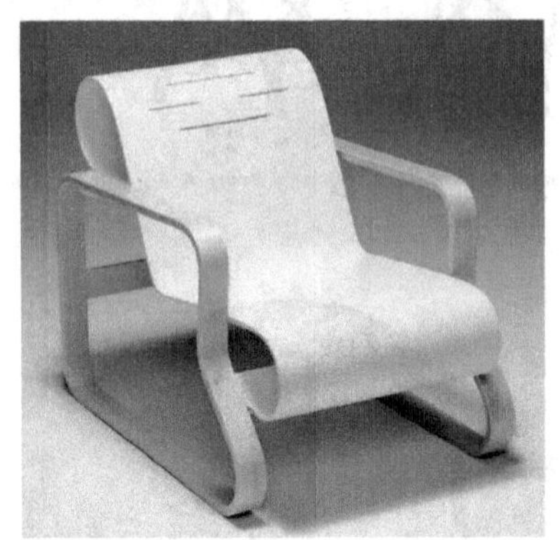
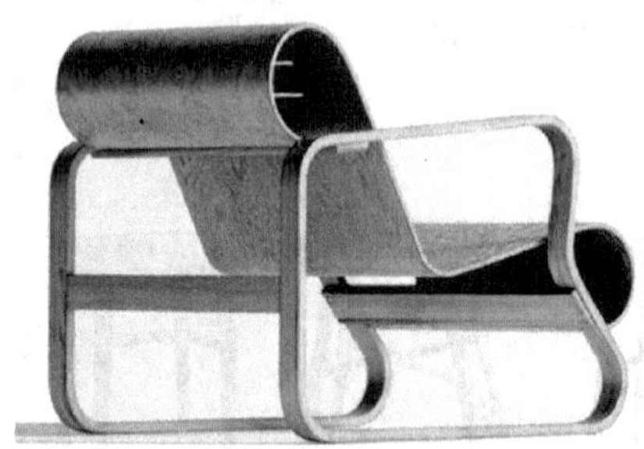
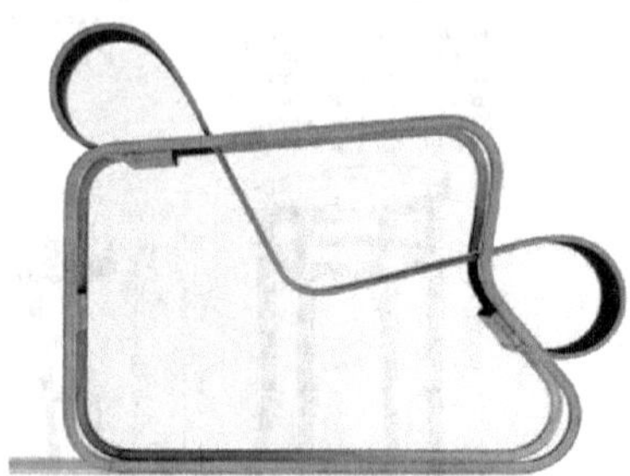

图 7-22 帕米奥椅 (Paimio Chair)

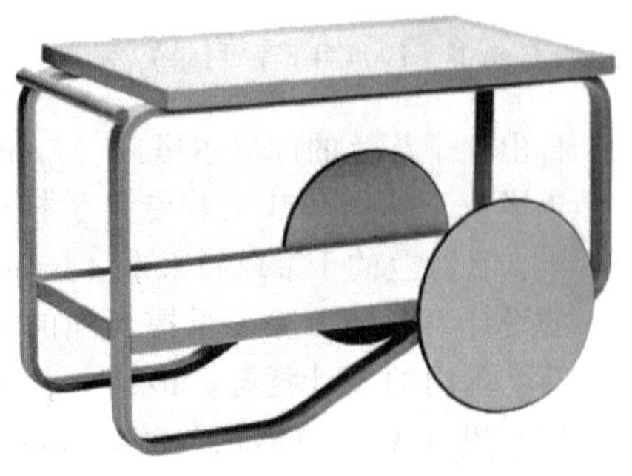
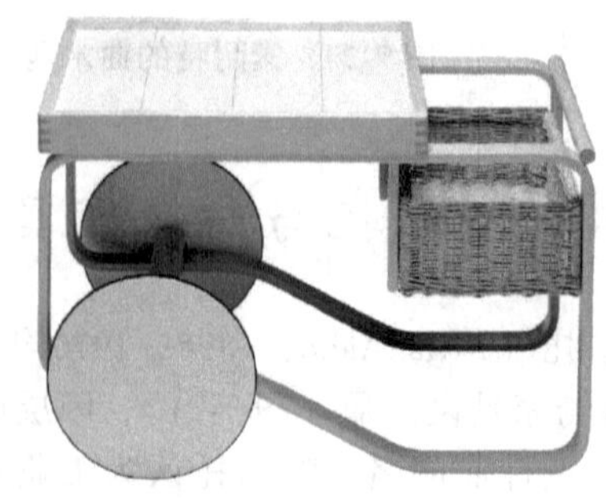

图 7-23 帕米奥手推车 (Paimio Tea Trolley)

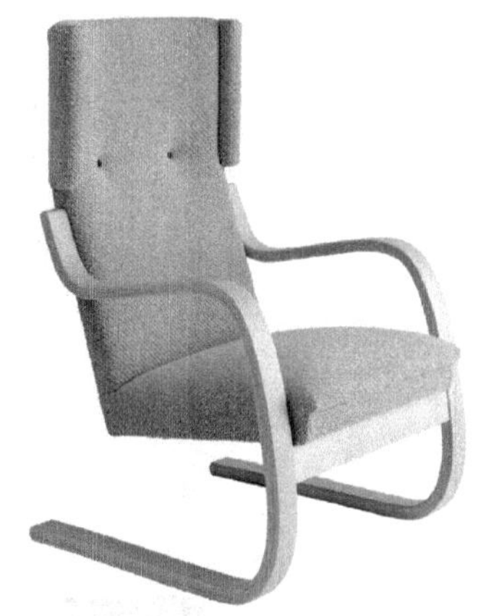

图 7-24 帕米奥悬臂椅（Cantilever Chair，Armchair 42、Armchair 401）

与此同时，阿尔托还设计了悬臂椅（Cantilever Chair，图 7-24），也称“42 号扶手椅”（Armchair 42），这把椅子是胶合板弯曲家具设计历史上划时代性作品，其一是利用了胶合板模压成型，其二是利用模压胶合板实现了悬臂结构。这件作品与帕米奥椅一样，也是 1931—1932 年专为帕米奥疗养院而设计。为了提高舒适性，后又改进为高靠背的悬臂椅即 401 号扶手椅（Armchair 401，图 7-24）。

1933 年，阿尔托将设计事务所迁往赫尔辛基，承接了维普里图书馆（Viipuri Library）建筑工程设计，并为其设计了配套家具。其中有一种叠放式圆凳，又称维普里凳或 60 号凳，有三条腿圆凳（三足凳，Stool 60）和四条腿圆凳（四足凳，Stool E60），如图 7-25 所示。其最惊人的特点就是后来被称为“阿尔托凳腿”或“L 形腿”（L-leg）。凳子材料为桦木，弯曲木凳腿用螺钉直接固定在座面的背面，其结构极为简单。凳腿看似普通的弯曲木，其实弯曲方法很独特。先从木材端头顺纤维方向锯出不同长度的锯口，然后将涂有胶黏剂的单板插入锯口里，在进行蒸汽加热弯曲，待胶黏剂固化后再刨光。此加工方法来自当地雪橇的制作方法，即是现在所说的“锯口弯曲法”，1935 年获得专利。这件圆凳只有 4 个或 5 个极为简单的构件，腿足扩出座面以便能够叠放，而叠放所形成的三重螺旋轨迹本身又构成了一件有趣的雕塑艺术品。此后，逐渐改为由 3 条或 4 条层积胶合弯曲成型的腿和圆形的座面板构成；并附加弯曲木靠背，形成了 60 号系列椅（图 7-26）。这件家具设计的尺度、比例均可依具体场合的使用需要进行调整，同时亦可加上或高或低的靠背形成普通椅或酒吧椅。而这种靠背与腿足的连接也同样以螺钉直接结合，构件体系完整统一。虽然这些家具是 20 世纪 30 年代的设计作品，但由于阿尔托在此充分表现出他将木材用作现代家具设计的主体材料时最为成功的一个因素，即物美价廉、简单便捷的结点设计，因而这些家具作品至今仍是近一个世纪的经典之作。

1935 年，为了向国际市场推广和销售自己设计的弯曲木家具，阿尔托夫妇及另外两位年轻同伴在赫尔辛基创立了阿泰克（Artek，Art & Technology since 1935）公司，目标是“出售家具，并通过展览和其他教育手段推广现代生活文化。”Artek 这个名字是“艺术”和“技术”的综合体。“艺术和技术”这两个概念是 20 世纪 20 年代国际现代主义运动的核心概念，技术被理解为包括科学和工业生产方法，而艺术的概念延伸到美术之外，包括建筑和设计，现代主义旨在实现这两个领域的富有成效的结合。Artek 秉承创始人的激进精神，今天仍然是现代设计领域的创新玩家，在设计、建筑和艺术的交叉领域开发家具、照明和配件等新产品，它代表清晰、功能和诗意的简单。

1936 年，阿尔托设计的一件初露锋芒家具作品（400 号扶手椅，Armchair 400）参加了米兰三年展，这件家具也是单板层积胶合弯曲成型悬臂结构（图 7-27），宽扶手、低重心，有敦厚结实感，由此得名为“坦克椅”（Tank Chair）。

1937 年，阿尔托专门为巴黎世博会芬兰馆设计了一款家具，即 43 号躺椅（Lounge Chair 43，图 7-28），由桦木单板胶合弯曲成型制成框架、帆布条编织网为椅面构成。这款令人惊叹的 43 躺椅进一步探索了弯曲木材制造的可能性。在设计上，它展示了桦木单板薄片提供的稳定性和灵活性，允许的弯曲强度堪比钢管，但具有更温暖的外观和感觉，并将美丽与非凡的舒适结合在一起。

图 7-25　维普里凳（60号凳）（Stool 60，Stool E60）

图 7-26　60号系列椅（60 Series Chairs）

1939年，阿尔托为他自己设计的玛利亚别墅（Villa Mairea）设计了一款单板胶合弯曲悬臂椅，又称玛利亚椅或406号扶手椅（Armchair 406，图7-29）。这款悬臂扶手椅由悬挑的桦木单板胶合弯曲框架和帆布条编织网状椅面构成，将简约优雅与柔性舒适融为一体，刚中有柔，弹性有度，提供了足够的舒适和放松，以及强度和稳定性。为确保木质椅子能长久使用和保持完好的平衡稳定性，阿尔托所设计的单板胶合弯曲扶手椅，其一对扶手通常都是先由一整块模压成型，然后再通过锯解一分为二。

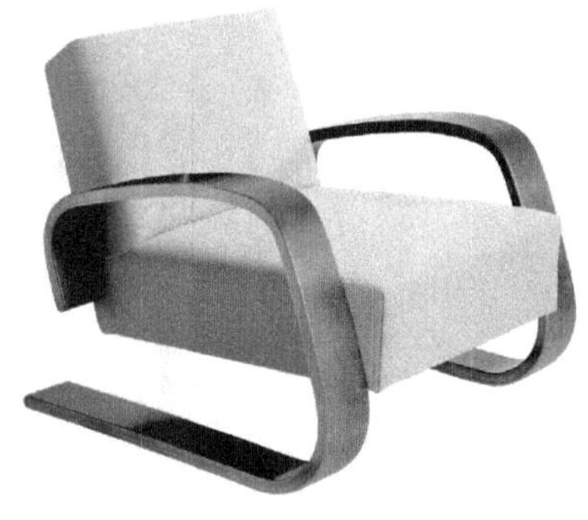

图 7-27 坦克椅

图 7-28 43 号躺椅

图 7-29 玛利亚椅或 406 号扶手椅

1946 年，阿尔托设计了 Y 形腿家具，又称 Y 足凳（Y-Leg Stool，图 7-30）。凳腿部分依然采取 90°的弯曲木结构设计，继承了三足凳可以叠放的特点。凳腿部分的 Y 形设计是一种工艺上的突破，Y 形腿由两个 L 形或 U 形弯曲木以一定角度（90°）拼合组成，给人以干净利落的美感。材质上依然选用木材及弯曲木工艺，坐垫部分依然采用帆布条编制而成，既是贴近原生态，也是注重人性化的表现。

1954 年，阿尔托又在维普里图书馆凳的基础上，设计出颇为奇妙的扇足凳（Fan-Leg Stool，图 7-31）。扇足凳是阿尔托设计生涯中一件很有特色的作品，也是他在家具腿型上的另一个创造。利用 5 个 90°的弯曲木腿，分别按照要求锯成 18°等腰三角形断面，然后将 5 个同样的弯曲木腿拼接起来成为一个扇形腿，每一条拼缝都是一条装饰曲线。这种扇足凳有三腿、四腿和五腿等不同类型，再加上不同材料及面料的组合，形成了一个家具系列。尤其是将多个凳子叠放以后，会形成一条盘旋的曲线。它以微妙

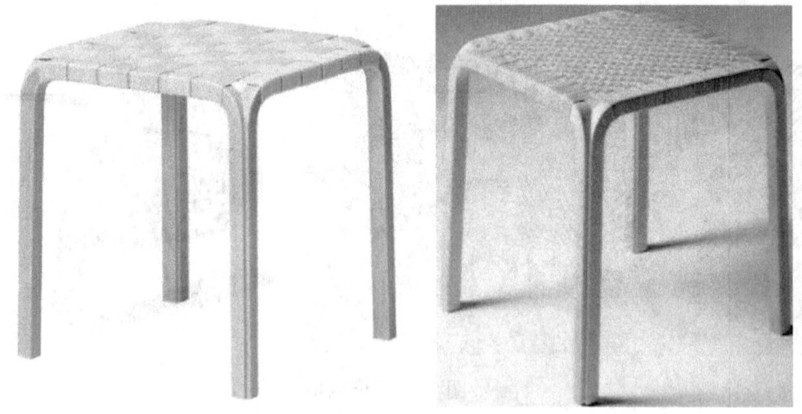

图 7-30 Y 足凳

图 7-31 扇足凳

而精巧的技术有机地创造出非常漂亮的扇形腿（也被称为是由互相偏移的扇形演变的 X 形腿），并直接与坐面相连。这种扇形腿最大程度地宣告了结构的可能性和木料的自然美，无论阿尔托本人还是公众都认为这是他对现代家具结点的探索中最美的一个成果，不仅是追求作品的形体美，而且将其结构、拼缝等都视为装饰元素展现在人们的面前。此后，阿尔托不断地在这个基础上出新，利用不同的材料做出不同的变化。

1976 年 5 月 11 日，阿尔托在赫尔辛基去世。阿尔托是芬兰乃至世界著名的建筑师、工业设计师、家具设计师，同时也是 20 世纪带给人们最多家具设计革新理念的北欧设计学派的领衔人物。阿尔瓦设计的家具式样被公认为最自然、触感舒适、具有恰当的比例及和谐的形态。他设计的家具在强调工业化生产的同时，又非常重视人情味，从而适用各种使用场合。在材料的选择上阿尔托就地取材使用的是芬兰盛产的桦木，一改现代主义冰冷、坚硬的金属质感，木材材质更加的温暖、亲近，带给人们以动感、舒适的感受。他对木材的革新和使用使人们对现代家具更具信心，使木制家具更受欢迎，更重要的是，阿尔托经过多年科学试验，创造的单板胶合弯曲系列家具（如弯曲木悬挑结构椅等），对材料的使用很早就几乎发挥到了极致。

阿尔瓦·阿尔托的设计风格虽然从属于现代主义设计风格，但他设计的充满人情味的家具作品从某种程度上使现代主义设计风格的内容更加丰富。对于现代设计上所谓的功能，他认为那主要是从技术角度来考虑的，强调的是侧重于生产的经济性。同时，他认为工业化和标准化必须为人的生活服务，适应人的精神要求。由此，阿尔托被称为机器时代人性化设计的代表和集大成者。

7.3 弯曲部件的类型

目前，弯曲部件或曲线形零部件的种类，按照锯制弯曲加工和加压弯曲加工的制造方法可分为两大类。

7.3.1 锯制弯曲件

锯制弯曲件是采用锯制加工制得的弯曲件。这是木质弯曲零部件传统的制作方法。锯制弯曲加工就是用细木工带锯或线锯将板方材通过划线后锯割成曲线形的毛料，再经铣削而成零部件的方法。锯制加工无须添置专门的设备，但因有大量木材纤维被横向割断，使零部件强度降低，涂饰较难。对于形状复杂和弯曲度大的零件以及圆环形部件，例如圈椅的扶手靠圈、餐椅的后腿及靠背档等，还需拼接、加工复杂、出材率低。

7.3.2 加压弯曲件

加压弯曲件是采用各种模具加压弯曲工艺制得的弯曲件。常见的主要有实木方材弯曲件、薄板胶合弯曲件、锯口弯曲件、V形槽折叠成型件、碎料模压成型件等。加压弯曲加工是用模具加压（模压）的方法把直线形的方材、薄板（旋切单板、刨切薄木、锯制薄板、竹片、胶合板、纤维板等）或碎料（刨花、纤维）等压制成各种曲线形零部件的方法。这类加工工艺可以提高生产效率、节约木材，并能直接压制成复杂形状、简化制品结构，但需采用专门的模具和弯曲成型加工设备。根据材料种类和加压方式的不同，弯曲成型工艺又可分为以下几种加工方法：①实木方材弯曲；②薄板弯曲胶合；③锯口弯曲；④人造板弯曲；⑤V形槽折叠成型；⑥碎料模压成型等。

7.4 实木方材弯曲工艺

实木方材弯曲是将实木方材软化处理后，在弯曲力矩作用下弯曲成所要求的曲线形，并使其干燥定型的过程。

人们在很早以前就用火烤法弯曲木材，但弯曲半径有限，远不能满足人们的需要。19世纪中叶，德国的家具制造商迈克尔·索耐特（Michael Thonet，1796—1871），在奥地利首都维也纳发明了使蒸煮过的木材在受压状态下进行成型弯曲的方法。他用山毛榉木方条蒸煮后弯曲成各种曲线形的椅腿、椅背、靠圈等做成如安乐椅、摇椅等曲木家具。随后，开设成立了索耐特兄弟家具公司，把标准化和大规格生产方式引入家具工业化生产中，制造出规格化的曲木椅，向世界各地销售。在弯曲生产过程中，索耐特发现，当板材达到一定厚度以后，弯曲木外层会出现开裂，他经过研究后又发明了在弯曲木材的凸面外包金属钢带使中性层外移的曲木方法，很好地解决了开裂问题。这种原理现在仍然用在很多曲木机上，并被称为“中性层外移弯曲法”或“索耐特弯曲法”。用这种弯曲木零部件装配而成的椅子，既节约了木材，又适于工厂流水线批量生产，它以结构严谨简明、线条自然流畅的艺术风格，体现了古典造型手法与新技术的结合，至今仍在国际市场上享有一定的声誉。“索耐特的椅子，在椅子中是最可爱的贵族式椅子”。随着时代的进步和科学技术的发展，人们在方材弯曲的树种、木材软化技术、加压弯曲设备和干燥定型方法等方面加强了研究，并取得了较大的进展。

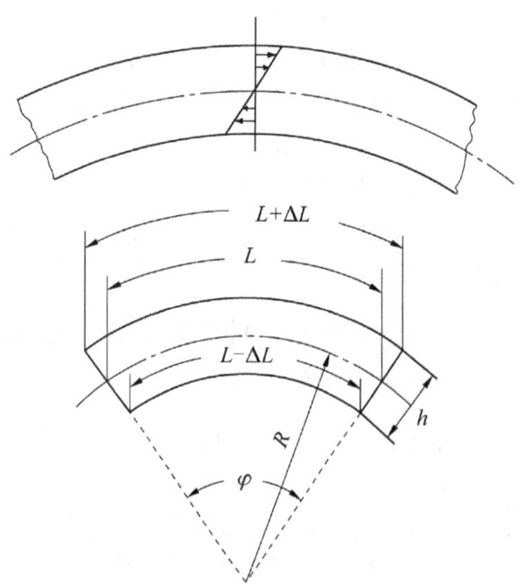

图7-32 方材弯曲时拉伸与压缩、应力与形变

7.4.1 实木方材弯曲原理

根据材料力学和木材力学的理论，木材弯曲时会逐渐形成凹凸两面，在凸面产生拉伸应力 σ_1，凹面产生压缩应力 σ_2。其应力分布是由方材表面向中间逐渐减小，中间一层纤维既不受拉伸，也不受压缩，这一层叫中性层（图7-32）。从图中可以看到，长度为 L 的方材弯曲后，拉伸面伸长到 $L+\Delta L$，压缩面的长度变成 $L-\Delta L$，中性层长度仍为 L。

用下式可以计算中性层长度：

$$L = \pi R\varphi/180°$$

式中：R 为中性层弯曲半径；φ 为弯曲角度。

拉伸面长度 L_1 为：

$$L_1 = \pi\ (R+h/2)\ \varphi/180° = L+\Delta L$$

式中：h 为弯曲方材厚度。

由此可得：

$$\Delta L = \pi\ (h/2)\ \varphi/180°$$

因此，其相对拉伸形变 ε 为：

$$\varepsilon = \Delta L/L = h/2R$$

一般以 h/R 表示弯曲性能，则：

$$h/R = 2\varepsilon$$

同样厚度的方材，能弯曲的曲率半径越小，说明其弯曲性能越好。

在图 7-32 所示中，拉伸面长度 L_1 为：

$$L_1 = L+\Delta L = L\ (1+\varepsilon_1)$$
$$= \pi\ (r+h)\ \varphi/180°$$

压缩面长度 L_2 为：

$$L_2 = L-\Delta L = L\ (1-\varepsilon_1)$$
$$= \pi r\varphi/180°$$

式中：r 为凹面弯曲半径（样模半径）。

由此，以凹面半径计算的弯曲性能为：

$$h/r = 2\varepsilon_1/\ (1-\varepsilon_1)$$

弯曲性能通常受相对形变的限制，如超过材料允许的形变就会产生破坏。木材弯曲时，必须研究和了解木材顺纹拉伸和顺纹压缩的应力与形变规律。

7.4.1.1 气干材室温条件下弯曲时的应力与形变规律、弯曲性能

一般情况下，木材的顺纹抗拉强度 σ_1 要比顺纹抗压强度 σ_2 大 1.5~2.5 倍，见表 7-1。

一般气干木材的顺纹拉伸形变 ε_1 为 0.75%~1%，顺纹压缩形变 ε_2 与树种、年轮层组织等有关，气干针叶材及软阔叶材的顺纹压缩形变 ε_2 为 1.5%~2%，气干硬阔叶材为 2%~3%，见表 7-2。

表 7-1 木材顺纹抗拉强度 σ_1 与顺纹抗压强度 σ_2

树　种	顺纹抗拉强度 σ_1 (MPa)	顺纹抗压强度 σ_2 (MPa)
榆　木	152	50
水曲柳	142	54
柞　木	159	57
松　木	100	33

表 7-2 木材顺纹拉伸形变 ε_1 与顺纹压缩形变 ε_2

树　种	顺纹拉伸形变 ε_1 (%)		顺纹压缩形变 ε_2 (%)	
	气干材	蒸煮材	气干材	蒸煮材
针叶材及软阔叶材	0.75~1	1.5~2	1~2	5~7
硬阔叶材			2~3	25~30

由此可见，气干材的顺纹拉伸形变 ε_1 小于其顺纹压缩形变 ε_2，在气干状态下木材弯曲时，当凹面受压部分的压应力 σ_c 小于抗压强度 σ_2 极限时，弯曲断面的应力呈现两个相似直角三角形分布，如图 7-33（a）所示，此时，顺纹拉伸 ε_p 与顺纹压缩 ε_c 的程度相同，中性层在横断面的中心。当应力不断增大，凹面的压应力达到抗压强度极限后，压应力将不会再增大而呈现近似梯形分布，相反凸面的拉应力 σ_p 则继续增大，并保持直角三角形分布，如图 7-33（b）所示，压应力分布出现这种变化，说明木材在受压区域内产生了塑性变形，即在不变的应力状态下，木材结构在形变中丧失稳定性，压应力图中直角分布的部分称为“塑性区”，其高度伴随着弯曲半径的逐渐变小而增大，致使中性层也逐渐向受拉侧偏移，从而使木材压缩面塑性变形 ε_c 增大并可以继续弯曲，如图 7-33（c）（d）所示。当拉应力 σ_p 以保持直角三角形分布的形式继续增大到抗拉强度 σ_1 极限或最大拉伸形变 ε_1 后，木材受拉部分将会拉断折损，所以在这种情况下，木材弯曲时所发生的破坏，一般会出现在方材的拉伸面上，如图 7-34 所示。

由于硬阔叶材主要有宽而粗的木射线组织，把各个年轮层牢固地连接起来，因此在相当大的压缩形变下也不会破坏。针叶材和软阔叶材的射线较窄较细，年轮层间连接弱，在较小的变形下就会失去稳定性。

因此，方材的弯曲性能通常是受顺纹拉伸形变 ε_1 的限制；实木方材的最小弯曲半径是木材弯曲凸面达到顺纹抗拉强度极限而产生木材拉断破坏时的弯曲半径。

以方材中性层弯曲半径 R 计算时，气干材的弯曲性能通常为：

$$h/R = 2\varepsilon_1 = 2\times\ (0.75\%\sim1\%) = 1/67\sim1/50$$

以方材凹面弯曲半径（样模半径）r 计算时，气干材的弯曲性能通常为：

$$h/r = 2\varepsilon_1/\ (1-\varepsilon_1) \approx 1/66\sim1/50$$

7.4.1.2 方材经软化处理后弯曲时的应力与形变规律、弯曲性能

软化处理可使木材的顺纹拉伸形变 ε_1 和顺纹压缩形变 ε_2 都增大，虽然软化处理后其 ε_1 通常不超过 1%~2%，但针叶材及软阔叶材的顺纹压缩形变 ε_2 可提高到 5%~7%，硬阔叶材的 ε_2 可加大到 25%~30%，见表 7-2。图 7-35 所示为木材顺纹拉伸与顺纹压缩的应力

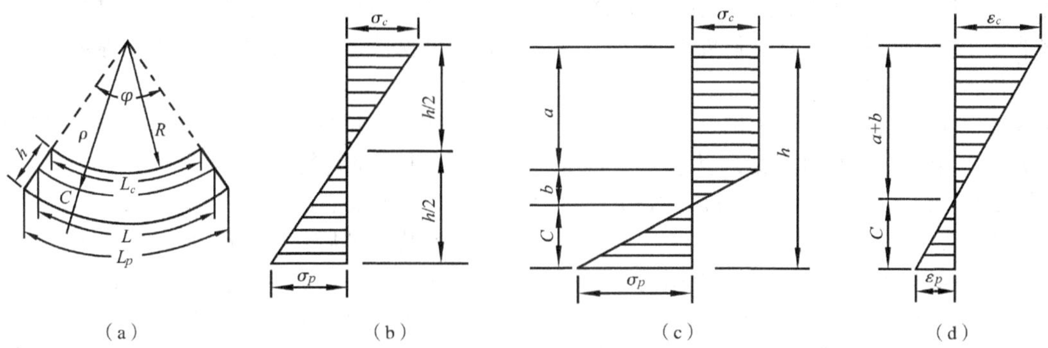

图 7-33 木材弯曲时的应力 σ 和形变 ε 分布图

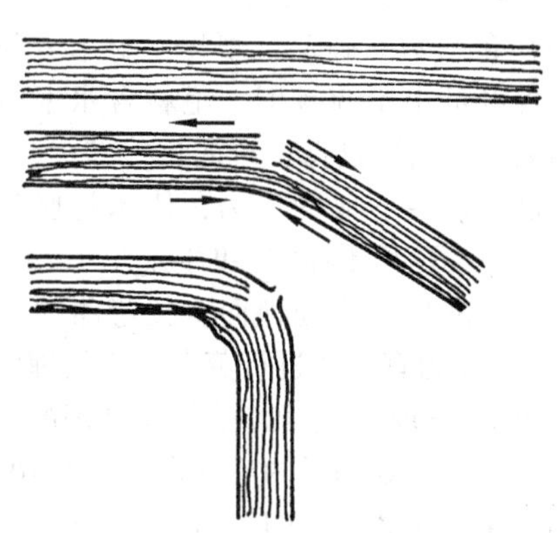

图 7-34 气干材弯曲时产生的破坏

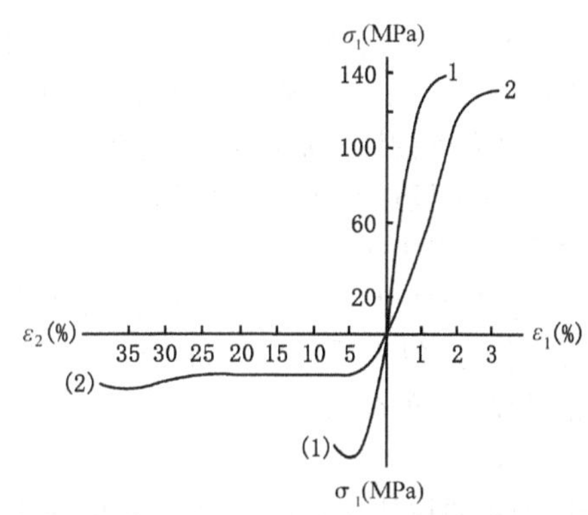

图 7-35 木材顺纹拉伸与顺纹压缩时的应力形变图

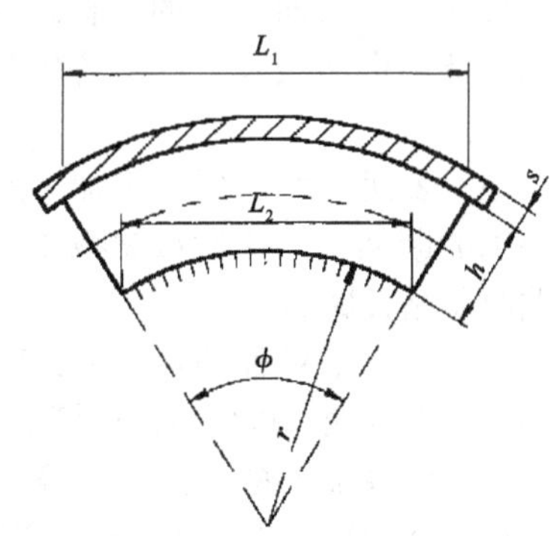

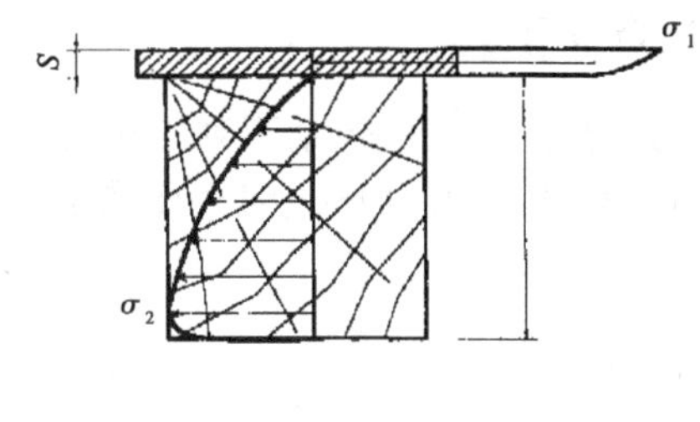

图 7-36 木材加钢带弯曲示意图及其应力图

σ 和形变 ε 图（曲线 1 代表处理前，曲线 2 代表处理后）。木材软化处理后的弯曲性能通常为：

以方材中性层弯曲半径 R 计算时：

$$h/R = 2\varepsilon_1 = 2\times（1.5\%\sim2\%）= 1/33\sim1/25$$

以方材凹面弯曲半径（样模半径）r 计算时：

$$h/r = 2\varepsilon_1/（1-\varepsilon_1）\approx 1/33\sim1/25$$

由此可见，虽然软化处理后，顺纹压缩形变 ε_2 提高很多，但由于顺纹拉伸形变 ε_1 增加较少，所以，木材弯曲时也会首先在拉伸面上产生拉断折损等破坏。

7.4.1.3 方材经软化处理后拉伸面加钢带弯曲时的应力与形变规律、弯曲性能

木材经软化处理后，虽然压缩面可以继续弯曲，但由于受到拉伸面允许最大形变 ε_1 的限制，软化后的顺纹压缩性能不能充分利用。为此，生产实践中，为了充分利用压缩形变 ε_2 较大的特性，改善弯曲性能和防止拉伸面破坏，常在方材拉伸面紧贴一条金

属钢带或夹板，使木材弯曲时中性层向拉伸面移动，由金属钢带承受拉伸应力，方材拉伸面变形 ε_p 小于或等于其允许的顺纹拉伸变形极限 ε_1。图 7-36 所示为木材加钢带弯曲示意图及其应力图。

在图 7-36 所示中，拉伸面长度 L_1 为：

$$L_1 = L+\Delta L = L\ (1+\varepsilon_1) = \pi\ (r+h)\ \varphi/180°$$

压缩面长度 L_2 为：

$$L_2 = L-\Delta L = L\ (1-\varepsilon_2) = \pi r\varphi/180°$$

由此可得，软化处理后木材加钢带弯曲时的弯曲性能（以方材凹面弯曲半径或样模半径 r 计算）为：

$$h/r = (\varepsilon_1+\varepsilon_2)\ /\ (1-\varepsilon_2)$$

方材经过软化处理后，根据不同树种的压缩形变 ε_2 和拉伸形变 ε_1 的增加不同，在采用金属钢带弯曲榆木、水曲柳、柞木、山毛榉等阔叶材时，其弯曲性能 h/r 可以提高到 2/5～1/2；桦木的弯曲性能 h/r 可以达到 1/5.7；松木的弯曲性能 h/r 也可以达到 1/11。

在加金属钢带或夹板进行方材弯曲时，由于金属钢带能使木材弯曲时中性层向拉伸面移动，因此，当中性层移到与钢带分界处（图 7-36）时，可将方材拉伸面变形 ε_p 看作近似为零，从材料力学可得到以下计算金属钢带厚度 s 的公式：

$$s = (\sigma_2/\sigma_1)\ h$$

式中：σ_1 为金属钢带的拉伸应力；σ_2 为方材的压缩应力。

常用金属钢带的厚度为 0.2～2.5mm。

7.4.2 实木方材弯曲工艺

实木方材弯曲的工艺过程主要包括下列 5 个工序：毛料选择及加工、软化处理、加压弯曲、干燥定型、弯曲零件加工。

7.4.2.1 毛料选择及加工

毛料弯曲前的准备工作对弯曲零部件的质量有密切的关系。

（1）树种的选择　首先要根据零部件断面尺寸（尤其是厚度）和弯曲形状以及其他方面（如纹理、色泽、硬度等）的要求来选择弯曲性能（h/r）合适的树种。

不同树种木材的弯曲性能差异很大，即使是同一树种或同一棵树上不同部位的木材，弯曲性能也不同，人们对此做过大量试验。一般来说，硬阔叶材的弯曲性能优于针叶材及软阔叶材，幼龄材、边材比老龄材、心材的弯曲性能好。

弯曲性能好的树种有山毛榉、水曲柳、榆木、白蜡木、白栎木、桑树、黑核桃木、色木等；弯曲性能中等的树种有桦木、铁杉、连香树、柚木等；而色皮、红柳桉、印尼柚木、贝壳杉等最不宜作弯曲木材料。

实木方材弯曲时，在不同条件下其凹面或样模曲率半径 r 的计算如下：

气干状态：$r = h\ (1-\varepsilon_1)\ /2\varepsilon_1$

软化处理后：$r = h\ (1-\varepsilon_1)\ /2\varepsilon_1$

软化处理后加钢带：$r = h\ (1-\varepsilon_1)\ /\ (\varepsilon_1+\varepsilon_2)$

（2）材质的选择　在备料时，要剔除腐朽、轮裂、斜纹、夹皮及节疤等缺陷，纹理要通直，斜度不得大于 10°。否则在弯曲时易开裂，为了提高弯曲毛料出材率，在拉伸面和靠近中性层的部位可允许有一些小缺陷（如小节子）存在。

（3）含水率的确定　根据木材水分与材性的关系，在含水量小于 30%时，毛料含水率与弯曲质量密切相关。含水率过低，弯曲性能差，易产生破坏；含水率过高，会形成静压力，使木材胀裂，造成废品，而且也将延长干燥定型时间。

一般不进行软化处理而直接弯曲的毛料含水率以 10%～15%为宜；要进行蒸煮软化处理的方材含水率应为 25%～30%；高频加热软化处理的毛料含水率应大于 20%，而处理后的毛料含水率为 10%～12%。

（4）毛料表面的加工　方材经挑选后，在加压弯曲前，需要进行必要的刨光和截断加工。一是便于发现和剔除前面提到的木材缺陷；二是用于安装金属钢带和弯曲模具；三是简化弯曲后的零部件表面加工。

毛料表面一般采用刨削加工来消除锯痕，加工成要求的断面，并用横截锯截成一定的长度，以便弯曲时紧贴金属钢带和模具。

弯曲形状不对称的零部件，弯曲前要在弯曲部位中心位置划线，以便对准样模中心。

当弯曲零部件的厚度大于宽度时，应取倍数毛料，使其惯性矩减小，便于加压弯曲。

表面刨光、精截后，要在弯曲部位做好记号，以便准确定位。

7.4.2.2 软化处理

为了改善木材的弯曲性能，使木材在弯曲前具有暂时的可塑性，以使木材在较小力的作用下能按要求变形，并在变形状态下重新恢复木材原有的刚性、强度。一般需在弯曲前进行软化处理，软化处理的方法可分为物理方法和化学方法两类。

物理方法：火烤法、水煮法、汽蒸法、高频加热法、微波加热法等。

化学方法：液态氨、氨水、气态氨、亚胺、碱液（NaOH、KOH）、尿素、单宁酸等化学药剂。

常用软化处理方法的工艺技术如下：

（1）水热蒸煮法 有采用高温蒸汽汽蒸和沸水水煮两种。

汽蒸就是把木材放在专用的蒸煮锅或蒸煮罐内，通入饱和蒸汽进行蒸煮，如图 7-37（a）（b）所示；水煮是把木材浸泡在蒸煮锅、蒸煮罐（或金属桶、大直径管）、蒸煮池内，如图 7-37（c）所示，并将其内的水加热煮沸而使木材水煮软化。

木材汽蒸和水煮软化处理时间随树种、厚度、温度等不同而变化。在处理厚材料时，为缩短时间，采用耐压蒸煮锅，提高蒸汽压力。若蒸汽压力过高，往往出现木材表面温度过高、软化过度，而中心层温度还较低，弯曲时凹面易产生褶皱。若处理温度过低则软化不足，弯曲时凸面易产生拉断。通常木材蒸煮时间每厚 25~30mm 为 1h。一般以 80℃以上温度水煮时，需处理 60~100min；用 80~100℃蒸汽汽蒸时约处理 20~80min（蒸汽压力为 0.02~0.05MPa）。对榆木、水曲柳的处理条件见表 7-3。

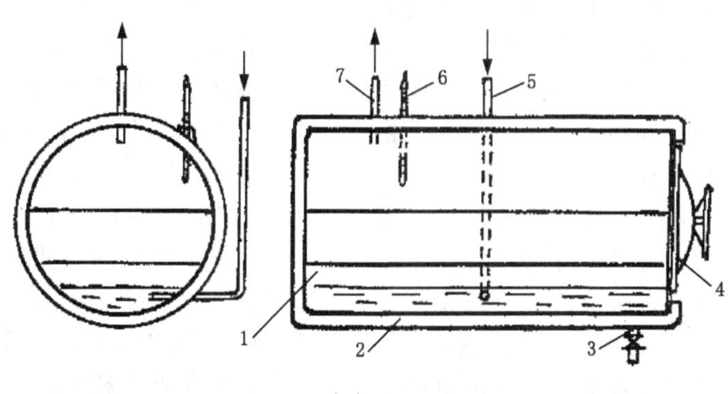

（a）

（b）

（c）

图 7-37 木材水热软化处理

（a）蒸煮锅 （b）蒸煮法 （c）水煮法

1. 圆桶 2. 绝热层 3. 排凝结水管 4. 桶盖 5. 进汽管 6. 温度计 7. 出汽管

表 7-3 木材蒸煮时间

树 种	毛料厚度（mm）	不同温度下所需处理时间（min）			
		110℃	120℃	130℃	140℃
榆 木	15	40	30	20	15
	25	50	40	30	20
	35	70	60	50	40
	45	80	70	60	50
水曲柳	15	—	80	60	40
	25	—	90	70	50
	35	—	100	80	60
	45	—	110	90	70

表 7-4 高频加热软化参数

树 种	厚度（mm）	初含水率（%）	功率密度（W/cm^3）	软化时间（min）
枫 杨	15	98	1.2	2
柘 树	15	45	1.2	3

蒸煮时间要恰当。蒸煮时间过短，木材塑性达不到要求，容易在弯曲中发生破坏现象；蒸煮时间过长，会使方材压缩面起皱。

所用蒸煮锅容积不宜过大，并且要设置在曲木机的附近，每次蒸煮的毛料数量不宜过多，以免表面过分冷却和蒸煮过度。放在蒸煮锅内的木方之间要留 6～8mm 的间隙，使其温度均匀，保证弯曲质量。蒸煮锅直径一般为 250～400mm，不宜太大。锅的长度稍大于弯曲零部件的长度。

用水煮的方法处理，将使木材含水率增大，干燥定型时间延长，此外因细胞腔内自由水的存在，在弯曲过程中，易产生静压力而造成废品增加。目前生产中经常采用汽蒸，主要是用饱和蒸汽蒸煮。

（2）高频加热法　将木材置于高频振荡电路的工作电容器的两块极板之间，加上高频电压，即在两极板之间产生交变电场，在其作用下，引起木材内部极性分子（如水）的反复极化，分子间发生强烈摩擦，使得从电场中吸收的电能转变成热能，从而使木材软化。电场变化越快，反复极化就越剧烈，木材软化的时间就越短。

高频软化工艺试验表明，木材加热速度快、软化周期短、加热均匀，木材越厚，该优点越明显。对枫杨、柘树进行加热软化试验结果见表 7-4。因木材加热是在内部进行的，在加热过程中，木材会向周围空间蒸发水分，故木材的初含水率比蒸煮法的高。

高频发生器的工作频率对木材软化速度和质量有很大影响。就木材软化而言，最佳工作频率应选择在木材实质（细胞壁）具有最大介质损耗因素这个频率上。试验表明，枫杨和柘树在 4MHz 时，木材易热透，且能较好地保持木材的水分，使木材的加热软化质量达到最佳状态。高频加热时，电极板需与木材相接触。在德国、日本、波兰等国也进行过高频加热软化与定型的研究，并开发了相应的生产设备。

（3）微波加热法　这是 20 世纪 80 年代才开发的新工艺。微波频率为 300MHz～300GHz、波长为 1～1000mm 范围的电磁波，它对电介质具有穿透能力，能激发电介质分子产生极化、振动、摩擦生热。

当用 2450MHz 的微波照射饱水木材时，木材内部迅速发热。由于木材内部压力增大，内部的水分便以热水或蒸汽状态向外移动，木材明显软化。以 1～5kW 功率的微波照射，数分钟内木材表面温度就可达 90～110℃，内部温度可达 100～130℃。如将 1cm 厚的刺槐、火炬松饱水木材微波加热 1～2min 后，外加钢带弯曲，试件的曲率半径可达 3cm。用聚氯乙烯薄膜将饱水木材包好，再照射微波，则可防止因水分散失引起木材表面降温，软化性能变差。对山毛榉、桦木、蒙古栎等试验表明，试材的最大挠曲量均比没有包覆聚氯乙烯薄膜的大。

木材细胞壁的主要成分是纤维素、半纤维素和木素，各种木材成分的玻璃转移温度见表 7-5。如给予木材适当的水分和热量，尽管纤维素未发生什么变化，而木质素和半纤维素都达到了其玻璃转移温度值，则其弹性模量迅速下降，木材即被软化，易于弯曲了。蒸煮、高频、微波加热等软化处理木材的方法都是基于这点。水热处理法对不同树种木材软化的效果是不同的，即使对同一树种，弯曲性能也有明显差异。

表 7-5 木材各成分的玻璃转移温度

木材成分	玻璃转移温度（℃）	
	干燥状态	湿润状态
纤 维 素	231～253	222～250
半纤维素	167～217	54～142
木 质 素	134～235	77～128

（4）氨塑化处理法

①液态氨处理法：是用无水液态氨（-33℃）处理气干或绝干的木材，将木材浸泡 0.5～4h 之后取出，使其上升到一定的室内温度，此时木材已软化，进行弯曲成型加工后，放置一定时间使氨全部蒸发，即可固定其变形，恢复木材刚度。在常温处理下木材易于变形的时间仅为 8～30min。厚 3mm 的单板，在液态氨中浸泡 4h，就能得到足够的可塑性，可以进行任意弯曲。该法与蒸煮法相比，具有如下特点：木材的弯曲半径更小，几乎能适用于所有的木材，弯曲所需的力矩较小，木材破损率低，弯曲成型件在水分作用下几乎没有回弹。

②气态氨处理法：将含水率为10%~20%的气干材放入处理罐中，导入饱和气态氨（26℃时约10个大气压，5℃时约5个大气压），处理2~4h，具体时间可根据木材厚度决定，弯曲性能约为1/4。用该法软化处理成型的弯曲木，其定型性能不如液氨处理的效果好。

③氨水处理法：将木材在常温常压下浸泡在25%的氨水中，10余天后木材即具有一定的可塑性，可以进行弯曲、定型。

上述三种氨塑化处理方法，效果最好的是液态氨处理，气态氨和氨水处理法处理的毛料弯曲后定型的性能不如用液态氨处理的方法。

（5）尿素塑化处理法　将木材浸泡在40%~50%的尿素水溶液中数日（厚25mm的木材浸泡10天左右）后，在一定温度下干燥到含水率为20%~30%，然后再加热至100~105℃，进行加压弯曲和干燥定型。这种方法能改善弯曲性能，如山毛榉、橡木用尿素、甲醛液浸泡处理后，木材的弯曲性能约为1/6。

（6）碱塑化处理法　将木材放在10%~15%的氢氧化钠（NaOH）溶液或氢氧化钾（KOH）溶液中，达到一定时间后木材即明显软化。取出木材用清水清洗，即可进行自由弯曲。该法软化效果很好，但易产生木材变色和塌陷等缺陷。为防止这些缺陷的产生，可用3%~5%的过氧化氢漂白浸渍过碱液的木材，并用甘油等浸渍。碱液处理过的木材虽然干燥定型过，但如果再浸入水中则仍可以恢复可塑性。

上述介绍的几种用化学药剂软化处理木材的方法，其机理与蒸煮法的不同，用不同化学药剂处理木材时，其软化机理也各不相同。例如碱液处理能引起饱水状态木材在纤维方向的收缩，收缩量取决于碱液的浓度，开始收缩的浓度远比木材中纤维素结晶构造发生变化的浓度低。拉伸弹性模量对浓度的依存性，具有类似的倾向。可以认为，由于半纤维素等的溶脱，纤维倾角增大，在木材弯曲变形时，因为增大了倾角的纤维丝可以将倾角减小到处理前的状态，所以木材能够伸长而不破坏。又如氨塑化处理主要是氨与木材有很好的亲和力，它在木材中的扩散速度比水蒸气大得多，它与细胞壁的三种主要成分都能发生作用，其中，液态氨不仅能进入纤维素的无定形区，而且还能进入结晶区，破坏氢键，形成氨化纤维素，起到松弛和润胀作用，能使半纤维素改变排列方向，并能使木质素塑化，分子发生扭曲变形，但分子链不溶解或不完全分离，并松弛木素与多聚糖类的化学联结，呈现软化状态，达到优良的塑性。化学药剂软化处理的方法，木材软化充分，不受树种限制，但会产生木材变色和塌陷。当前生产中虽未采用上述方法，但它是实用性、可行性极强的木材软化处理方法，有待今后进一步研究发展。

（7）蒸汽软化与压缩处理法　木材是一种多孔材料，其中细胞壁一般呈圆形，在木材的纵向首尾相连形成细管状（即导管），其直径为0.01~0.5mm；它们在木材横断面上沿年轮呈环孔或半环孔、散孔状分布；它们是树木生长过程中的水分输送系统，并与其他类型的细胞一起为木材提供强度。

在一般情况下，木材经过蒸汽加热（100℃以上）软化处理后即会变软，并可弯曲，在弯曲时的拉伸面可以拉长2%且保持纤维不被破坏，而压缩面却可以压缩30%。因此，传统的蒸汽弯曲技术一般需要在弯曲外侧使用金属钢带以防止外侧木纤维被拉伸断裂。

为了充分利用木材压缩面可以有较大压缩变形的特性，在现代实木弯曲家具和木制品生产中，可以利用木材压缩技术来改善木材的弯曲性能，达到较小的弯曲半径，实现多向、多维、螺旋状的弯曲和打结。

这种新的弯曲处理技术是先将经过选料和锯刨加工的毛料（含水率为20%~25%）在蒸汽罐内进行蒸汽加热软化后，采用液压压木机顺着木料纤维方向进行纵向压缩，将木料纤维压缩到原有长度的80%。压缩后的木料会产生轴向纤维细胞侧壁折叠。当卸压后，湿木料尺寸将会回弹，但由于产生塑性而不可能达到原有的长度尺寸，压缩回弹后的木料压缩率为5%（回弹率为15%）。湿木料被压缩几分钟后，可以极其容易地对其在热态或冷态条件下进行多向、多维或螺旋状的弯曲。弯曲后的木料必须与传统的方法一样，被固定在样模上经干燥和冷却处理。用软化和压缩处理后的弯曲构件，与只进行传统蒸汽软化处理弯曲的构件相比，具有更好的弯曲性能和相同的力学强度性能及易于机械加工的性能。

图7-38所示分别为国内灿高公司、丹麦压缩木设备公司（Compwood Machines Ltd.）设计制造的实木弯曲用的压缩木生产线设备及其弯曲成型后的各种构件。

7.4.2.3　加压弯曲

方材毛料经软化处理后应立即进行弯曲，以免木材冷却而降低塑性和影响弯曲效果。加压弯曲的

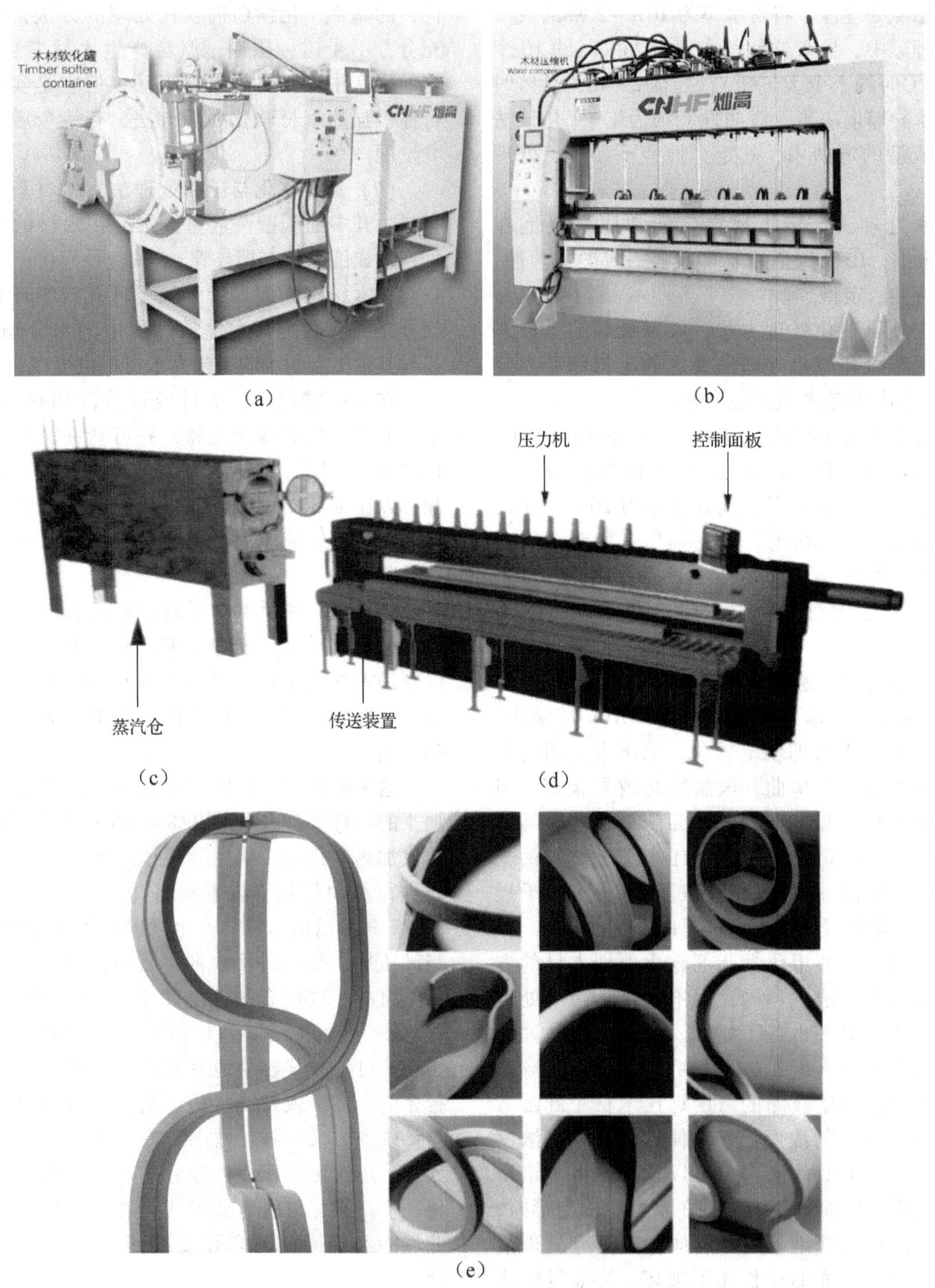

(a) (b) (c) (d) (e)

图 7-38 实木弯曲用压缩木生产线设备及其弯曲成型构件

(a)(c)木材蒸煮锅(蒸煮罐、蒸煮仓) (b)(d)木材纵向压缩机 (e)弯曲构件

方式可分两类：一类是曲率半径大、厚度小的弯曲零部件，可以不用金属钢带，直接弯曲成要求的形状；另一类是大部分弯曲零部件需用金属钢带和端面挡块进行加压弯曲。因此，常见的实木方材弯曲就是利用模具、钢带、挡块等将软化好的木材加压弯曲成要求的曲线形形状。

金属钢带的厚度一般为 0.2~2.5mm，宽度要稍大于弯曲方材宽度，钢带两端设有端面挡块，用来顶住方材端部，拉紧钢带，使毛料与钢带紧贴，中性层外移。端面压力要适当，压力过小，将不起作用，产生拉伸破坏；压力过大，不仅引起压缩破坏，而且会产生反向弯曲的现象。一般弯曲硬阔叶材时，端面压力为0.2~0.3MPa。考虑到弯曲过程中可允许有一定程度（1.5%~2%）的伸长，端面挡块位置应能适当调整。端面挡块的压力和位置可通过楔状木块、球形座或丝杆来调节。弯曲样模或模具应该形状和尺寸准确、位置稳定，可用金属或木材制成。方材装入钢带前，要选择光洁的表面贴向金属钢带。

实木方材弯曲可分为简式弯曲和复式弯曲。简式弯曲又称为纯弯曲，弯曲后其横断面不变；而复式弯曲是木材受压缩的同时受到弯曲作用，弯曲形状可以是二维空间曲线如L形、U形、S形、O形等，或三维空间曲线如椅背后腿零部件、椅背扶手零部件等。

木材弯曲操作可以在手工弯曲夹具或曲木机以及单向多层曲木压机上进行弯曲，如图7-39~图7-46所示。

图7-39为手工简式弯曲夹具，把弯曲毛料4放在样模1与金属钢带2之间，两端用端面挡块3顶住，对准毛料上的记号与样模中心线打入木楔5使之定位；扳动杠杆把手到毛料全部贴住样模为止，然后用拉杆6拉住毛料两端后，连金属钢带和端面挡块一起取下，送往干燥定型。手柄装在金属钢带背面，起杠杆作用，一方面向被弯曲毛料施加弯曲力矩，另一方面在弯曲部位加压和支持金属钢带。

图7-40为热模曲木机，金属样模1内通有蒸汽，毛料5一端插入底部凹槽内，外面有金属钢带2，毛料上端用端面挡块3顶住，端面压力用螺栓调节，在加压杆的作用下，把毛料压向样模，弯曲到与样模全部贴紧，再用拉杆4拉住，使毛料在弯曲状态下形状固定，并在曲木机上保持1.5~3h，可使弯曲毛料含水率下降到15%左右。这种曲木机用于弯曲半径大的零部件，如椅子后腿、靠背档等，一次可以同时弯曲几十根。由于其单面加热干燥定型时间较长，所以也可在干燥室内进一步干燥定型，以缩短在曲木机上的停留时间。

图7-41为拉式U形曲木机，这种曲木机专门弯曲各种不封闭的曲线形零部件，如U形、L形、圆弧形的椅子靠背、沙发扶手及建筑零部件等。在U形曲木机中，将装好弯曲毛料1的金属钢带2放在加压杠杆5上，升起压块9，定位后，开动电机，钢丝4的拉动使两侧加压杠杆升起，使方材绕样模3弯曲，到全部贴紧样模，用拉杆10固定，连同金属钢带、端面挡块一起取下弯曲好的毛料送往干燥室。

图7-42为环形曲木机，可弯曲各种封闭形的零部件，如圆环形、方圆形、梯形等木椅座圈、环形望板等，如图7-46所示。在环形曲木机上，样模1装在垂直主轴2上，有电机通过减速机构带动主轴回转，毛料7一端与转动的样模连接，另一端顶在金属钢带4的端面挡块3上，金属钢带4外侧为压辊5和加压杆6，使毛料贴向样模。弯曲时，开动电机，样模随主轴转动使毛料逐渐绕贴在样模上，用卡子固定，把弯曲毛料、金属钢带和样模一起取下，送到下道工序干燥定型。

图7-43为压式U形曲木机，其用于方材弯曲的方式与图7-41所示的拉式U形曲木机基本类似，只是采用液压弯曲加压的形式。将软化处理的方材置于模具与金属钢带之间，通过两侧曲柄加压压杆的提升，使毛料沿模具弯曲成所需要的形状。

图7-44为多层曲木压机，一对金属样模内通有蒸汽，毛料放在样模之间，通过上下金属样模的啮合加压，使毛料压向样模，弯曲到与上下样模全部贴紧，并以弯曲状态在样模中保持适当的时间，使弯曲毛料干燥定型（含水率下降、形状固定）。这种多层曲木压机一般也多用于制造弯曲半径大的零部件，而且一次也可以同时弯曲几十根。

图7-45和图7-46分别为手工二维复式弯曲夹具和三维复式弯曲夹具。这类弯曲夹具采用角钢制成二维或三维的成型样模，弯曲时采用丝杆压紧毛料两端，用手工将毛料和钢带一起弯曲到成型角钢模具上，并固定。

图7-47为封闭型实木方材零部件的弯曲成型与接合原理。

7.4.2.4 干燥定型

蒸煮过的实木方材含水率约为40%，如在加压弯曲后立即松开，就会在弹性恢复下伸直。因此，弯曲后木材必须干燥定型，使其含水率减少到10%左右，达到形状稳定。不论木材软化方法如何，弯曲木在定型时最好加热，并宜固定在模具上干燥定型，以保证弯曲形状的正确性。

常用的干燥定型方式有：自然干燥定型、干燥窑定型、高频干燥定型、微波干燥定型、热模干燥定型等。

（1）自然干燥定型：将弯曲好的毛料连同金属钢带和模具一起放在大气条件下自然干燥和定型。所需时间长、质量不易保证，不利于大批量生产。

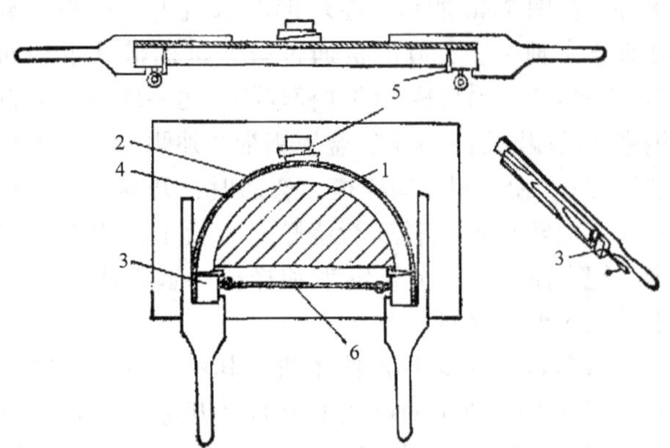

图 7-39 手工简式弯曲夹具

1. 样模 2. 金属钢带 3. 端面挡块 4. 弯曲毛料 5. 木楔 6. 杠杆

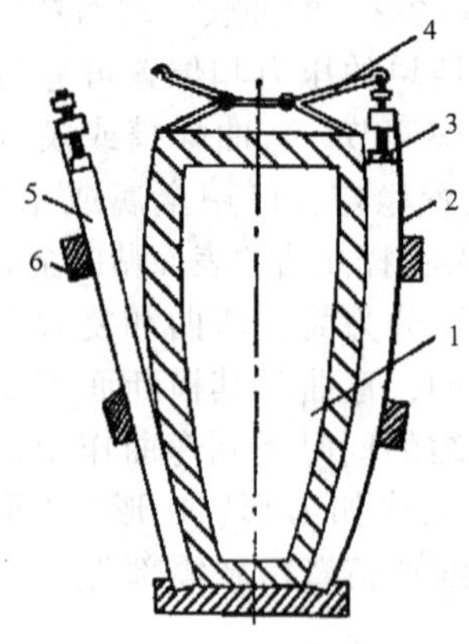

图 7-40 热模曲木机

1. 金属样模 2. 金属钢带 3. 端面挡块 4. 拉杆 5. 毛料 6. 压板

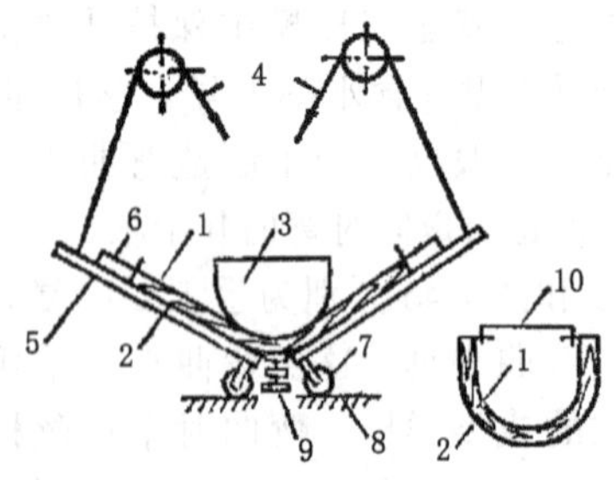

图 7-41 拉式 U 形曲木机

1. 弯曲毛料 2. 金属钢带 3. 样模 4. 钢丝 5. 杠杆 6. 挡块 7. 滚轮 8. 滑道 9. 压块 10. 拉杆

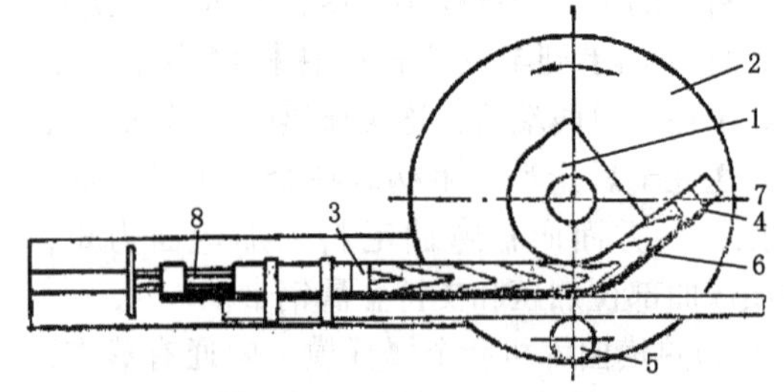

图 7-42 环形曲木机

1. 样模 2. 主轴 3. 挡块 4. 钢带 5. 压辊 6. 加压杆 7. 毛料 8. 挡块调整螺杆

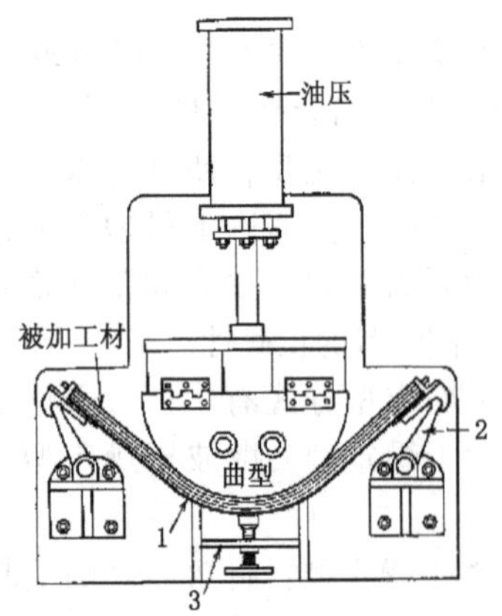

图 7-43 压式 U 形曲木机

1. 钢带 2. 曲柄 3. 压块

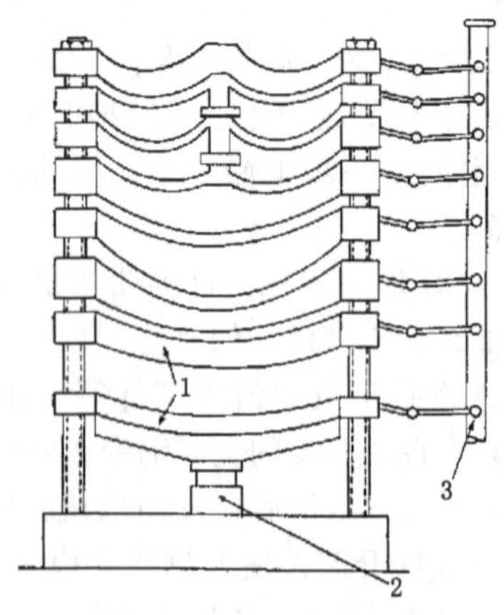

图 7-44 多层曲木热压机

1. 压模 2. 加压油缸 3. 蒸汽管

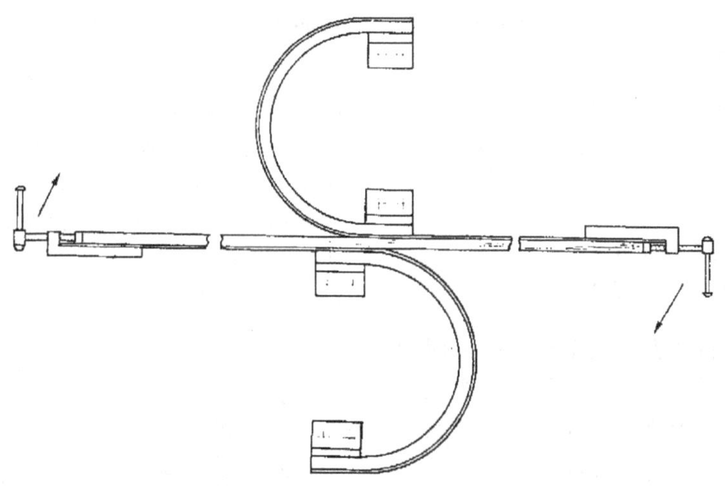

图 7-45 手工二维复式弯曲夹具

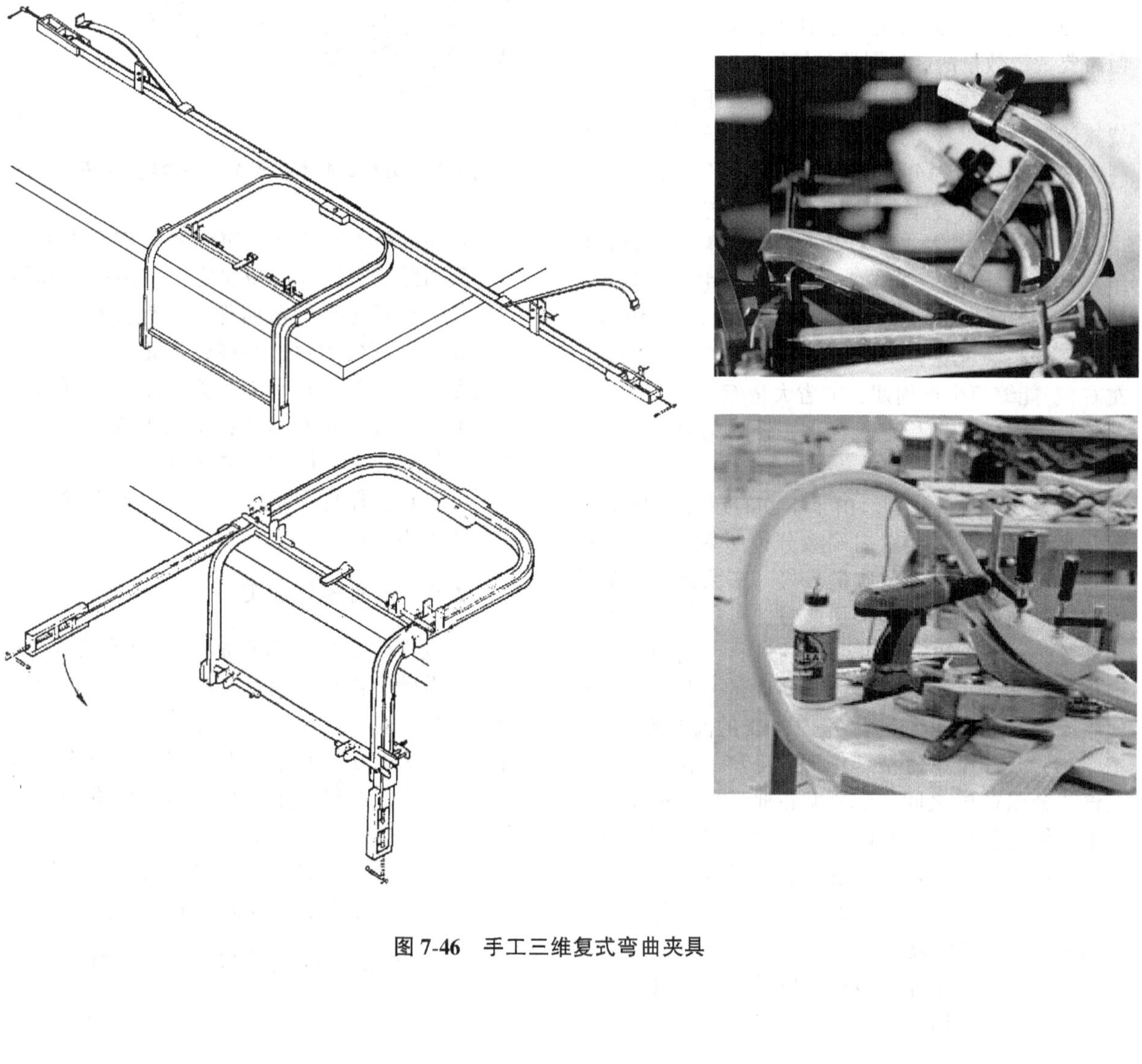

图 7-46 手工三维复式弯曲夹具

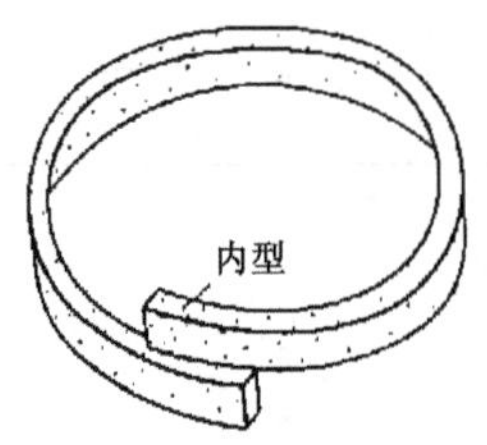

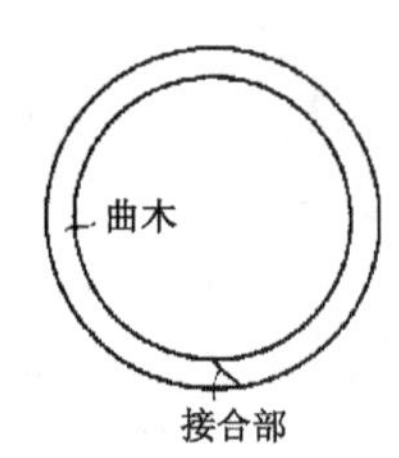

图 7-47 封闭型实木方材弯曲构件的成型与接合

(2) 干燥窑定型 将弯曲好的毛料连同金属钢带和模具（有时可不带模具）一起，从曲木机上卸下来堆放在小车上，送入干燥窑干燥定型。干燥窑可以是常规的热空气干燥窑、也可以用低温除湿干燥窑。用热空气干燥时，为保证弯曲木的定型质量，通常温度为 60～70℃，干燥时间为 15～40h。除湿干燥包括预热和除湿两个阶段，干燥质量较好、干燥周期稍长。干燥窑干燥定型后，再陈放两个昼夜，使弯曲木内部应力均衡。这种方法可以减少损耗，但需要一定数量的金属钢带和模具。

(3) 高频干燥定型 将弯曲木置于高频电场中就能使其内部发热与干燥定型。高频干燥定型时，高频电场必须均匀分布于弯曲木的周围；负载装置结构必须便于蒸发水分（电极板上均匀开有一定数量的小孔）；负载量必须与高频机相匹配。可直接使用弯曲木上的钢带作为一个电极，另一电极安置在样模上。高频干燥定型速度快（如功率密度为 $2W/cm^3$ 时，弯曲木从 30%含水率干燥到 8%时，只需 10min 左右）、能缩短生产周期、节省大量钢带与模具、定型的弯曲木质量较稳定、含水率较均匀尤其当木材厚度较大时更为显著。

(4) 微波干燥定型 由于微波的穿透能力较强，弯曲木只要在微波装置内经数分钟照射，就能干燥定型，效率高而且定型质量较好。在微波加热装置内放置弯曲木加工用的加压装置，可以使木材的软化、弯曲、干燥和定型可以连续进行。使用光纤温度传感器可以正确测定微波加热时的木材温度，可使微波照射过程自动控制在适于加工的温度范围内。

(5) 热模干燥定型 将弯曲毛料放在一对通有蒸汽的金属样模之间，或紧贴在通有蒸汽的金属样模上，使毛料加压弯曲以后，以弯曲状态继续在样模中保持适当的时间，通过金属样模的传导加热使弯曲毛料干燥定型。这种方法可以减少操作工序和金属钢带与模具的数量。

弯曲方材经干燥定型后，应尽量保持含水量不变，以保证弯曲形状稳定。当环境湿度增大时，弯曲木吸湿，已经定型的弯曲木就会产生回弹变形，使曲率半径增大；当外界条件使弯曲木解湿时，则其曲率半径又会减少；当弯曲木吸水受热同时作用时，弯曲木甚至会几乎完全恢复伸直状态，如图 7-48 所示。将曲率半径为 3cm 的弯曲木在室温下浸入水中 1 个月，则其曲率半径增加 30cm。这时用扫描电子显微镜观察压缩侧处理前后细胞壁形状，发现原来皱曲的内壁表面已变成了只留有很小螺旋状隆起的状态。

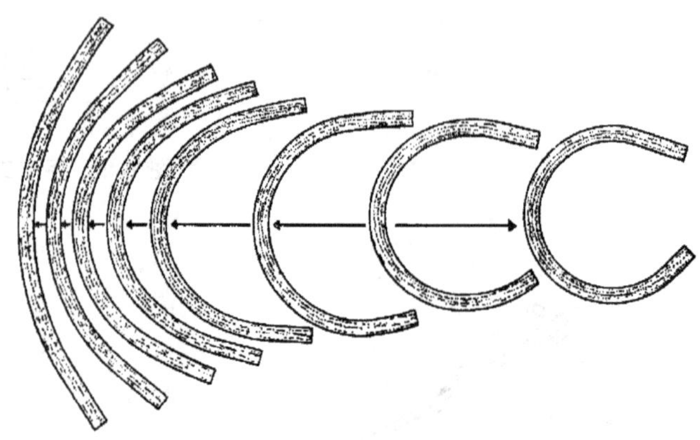

图 7-48 方材弯曲木在吸湿与解湿过程中形状的变化

常用的蒸煮软化并经窑干定型的实木方材弯曲件，其回弹变形较大；相比之下，用高频和微波加热软化及干燥定型的弯曲件回弹性要小些；用化学方法软化处理的木材，回弹性能也有很大差异，液氨定型效果最好，几乎无回弹；而气态氨软化的弯曲木的稳定性就不及前者；用氨水或尿素处理的木材稳定性则更差。因此，如何有效地控制弯曲木定型后的变形、保持形状稳定，是实木方材弯曲工艺中一项重要内容。

7.4.2.5 弯曲零件加工

一般弯曲方材表面在加压弯曲前已经刨削过，所以只需砂磨修整即可。有些弯曲方材也可进行车削、铣削、刨削以及起槽、打眼、钻孔、加工型面等，这些加工方法都与方材零件的加工方法相同。

弯曲零件经机械加工后，需要再进行涂饰处理和与相关零部件接合或装配好。

弯曲方材经干燥定型、机械加工、涂饰和装配后，应尽量保持含水率不变，以保持弯曲形状稳定。

7.4.3 实木方材弯曲质量的影响因素

实木方材弯曲零部件发生的质量问题主要有压

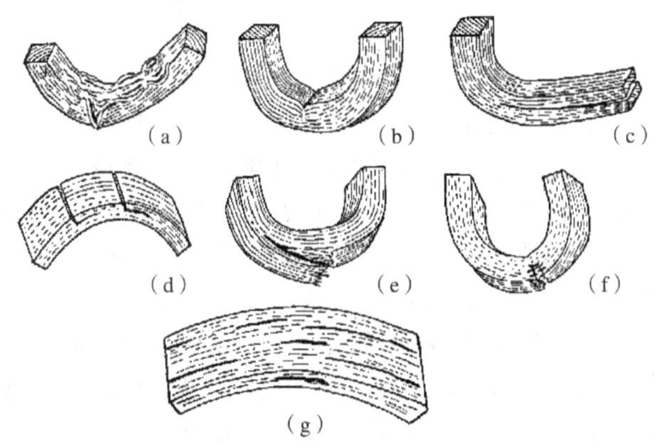

图 7-49 弯曲木在弯曲过程中发生的破坏

(a) 压缩面的压溃 (b) 压缩面的皱缩 (c) 内部剪切破坏
(d) ~ (f) 拉伸面折断 (g) 干裂

缩面或拉伸面的破坏（图 7-49）和弯曲形状的变形（图 7-48）等。方材弯曲形状的稳定性直接影响到弯曲木制品的质量，也关系到弯曲木零件是否具有互换性，能否采用拆装结构等。而影响木材弯曲质量的因素较多，主要有木材树种、含水率、木材缺陷、年轮方向以及弯曲工艺条件（软化方法、弯曲方法、弯曲速度、干燥定型方法）等。

（1）含水率　木材塑性将随木材含水率增大而提高，含水率大则木材弯曲性能好。木材含水率在25%～30%时，由于水分在纤维间起润滑作用，在相对滑移时摩擦阻力减小，压缩阻力最小、变形最大。木材密度小，弯曲速度慢时，弯曲过程中水分较易排出，在这种情况下，允许较高的含水率。但如前已述，含水率过大，则弯曲过程中，容易造成纤维破裂，并延长干燥时间。

（2）木材缺陷　弯曲木对木材缺陷限制要求严格，腐朽材不能用，死节会引起应力集中而产生破坏，节子周围扭曲纹理会在压缩力作用下产生皱缩和裂纹。少量活节能使顺纹抗拉强度降低 50% 和顺纹抗压强度降低 10%；节子多而大会使顺纹抗拉强度降低 85% 和顺纹抗压强度降低 22%。因此，要对节子严格控制，尤其在拉伸面不允许有。

（3）木材温度　温度是影响方材弯曲质量的一个重要因素，顺纹抗压强度将随木材温度的上升、蒸煮时间的延长而降低。温度提高和浸泡时间延长，对阔叶材抗弯强度的影响比针叶材更显著。因为在饱和蒸汽高温加热的同时，木材中含有较多水分，木材在加大塑性同时会产生部分水解作用。温度越高，加热时间越长，冲击强度降得越低。这主要是由于木材中多聚糖水解引起的，而阔叶材中多聚糖含量比针叶材高 2~3 倍，因此对阔叶材的影响更大。方材弯曲多使用阔叶材，控制好方材弯曲的蒸煮温度和时间，对提高弯曲质量、降低废品率有重要意义。

（4）年轮方向　年轮方向对弯曲质量也有很大关系，当年轮方向与弯曲面平行时，弯曲应力由几个年轮一起承受，在较大应力下也不会破坏，但不利于横向压缩；当年轮与弯曲面垂直时，对横向压缩纤维可取得较好效果，但弯曲过程中所产生的拉应力和压应力则是由几层年轮分别承受，中性层处的年轮层在剪应力作用下，容易产生滑移离层，所以年轮与弯曲面成一定角度，对弯曲和横向压缩都有利。

（5）弯曲工艺　弯曲速度以每秒 35°～60°较为适宜，弯曲速度太慢，方材冷却，塑性不足，容易产生裂纹；速度过快，木材内部结构来不及适应变形，也会造成废品。端面挡块压力对弯曲质量影响很大，弯曲过程中，端面挡块压力应能相应改变，使被弯曲方材与金属钢带始终贴紧，以防止反向弯曲和端面损坏，保证弯曲质量。薄而宽的毛料，弯曲过程中稳定性较好，弯曲方便；厚而窄的毛料，应把几个同时排在一起进行弯曲，就会如同薄而宽的毛料那样便于弯曲。

为了改善木材弯曲性能，可以采用压缩弯曲的方法，在毛料的拉伸面施加压力，使凸面纤维产生横向压缩，以便可以增大拉伸面的顺纹抗拉强度，扩大可弯曲树种。如采用此法，云杉、椴木、杨木等针叶材和软阔叶材也都可以用来制造弯曲零部件。

方材弯曲工艺虽然比锯制弯曲零部件的工艺简单，材料损耗也较小，但是对毛料的材质要求高，尤其是弯曲性能要求严格时选料困难、弯曲过程中容易产生废品。因此，现已逐渐转向薄板胶合弯曲成型工艺。

7.5 薄板胶合弯曲工艺

薄板胶合弯曲工艺是将涂过胶的薄板按要求配成一定厚度的板坯，然后放在特定的模具中加压弯曲、胶合成型而制成各种曲线形零部件的一系列加工过程。它是在胶合板生产工艺和实木方材弯曲技术的基础上发展起来的。

薄板胶合弯曲工艺始于 20 世纪 30 年代。当时随着木材工业的发展和科学技术水平的提高，芬兰现代建筑及家具的奠基人阿瓦尔·阿尔托(Alvar Aalto,

1896—1976年）于1929年首创薄板胶合弯曲家具，他选用山毛榉和桦木单板进行胶合弯曲，模压成各种曲线形的胶合弯曲零部件，以制作各种椅、凳、沙发等家具。随后，瑞典著名的家具设计师布鲁诺·马斯森（Bruno Mathsson）于1940年前后相继设计制作了多种具有人体曲线的胶合弯曲家具。在第二次世界大战期间，弯曲胶合技术广泛用于制造飞机和船艇的部件。从20世纪50年代起，北欧斯堪的纳维亚地区的丹麦、瑞典、芬兰、挪威和工业发达的美国、苏联、日本以及中国台湾等，相继广泛应用和发展了胶合弯曲技术，大批生产胶合弯曲家具及其他制品，畅销国内外市场。如图7-50(a)～(f)所示的典型胶合弯曲家具。其中，图7-50（a）所示的蝴蝶凳（Butterfly Stool）是日本设计大师柳宗理（Sori Yanagi）于1954年设计，1957年蝴蝶凳在米兰三年展时获得金奖。蝴蝶凳是柳宗理最具代表性的作品，它的造型很像蝴蝶一对翅膀，从侧身线条到椅面纹路都精心设计、细心处理，并采用模压胶合板技术制造，两片完全相同的“翻飞”的模压胶合板通过一个轴心对称地连接在一起，连接处在座位下用金属螺丝和铜棒固定，自然形成一个稳定的结构，足以承载重物，耐用而不过时。“蝴蝶凳”呈现出独特的三维形态，整体外形优美地就像一只正在扇动翅膀翩翩起舞的蝴蝶。

图7-50 薄板胶合弯曲家具及胶合弯曲件的应力分布

(a)～(f) 典型胶合弯曲家具 (g) 加压形式

(h) 加压过程中胶未固化时的应力分布 (i) 加压弯曲后的应力分布

在20世纪50年代，我国北京、上海等地的家具木器厂开始生产成型胶合板，制作剧场椅座、椅背和扬谷板；20世纪60年代，上海和南京一些工厂自制蒸汽加热的V形单向压机，开始生产带圆角的柜类家具的成型弯曲旁板、门板以及沙发扶手等；20世纪70年代，利用低压电加热技术生产圆形、椭圆形以及C形等胶合弯曲部件，用于制作餐桌的牙板、圆桌的支腿和轻便沙发的扶手等；20世纪80年代初，设计制造了蒸汽加热的成型压机，研制生产了如躺椅、沙发、安乐椅、工作椅等多种单板胶合弯曲坐类家具；20世纪80年代以来，随着高频加热技术在木材加工业中的推广应用和国外先进技术的引进，我国一些家具企业，分别从丹麦、日本、中国台湾等地引进了高频加热胶合弯曲设备和技术，并进行了小批量生产，在此基础上，我国有关高等院校、科研院所与企业协作，对高频加热胶合弯曲工艺技术进行了系统性研究，研制开发生产用的高频加热设备和多向成型压机。20世纪90年代中期以来，随着我国家具工业的发展，单板胶合弯曲家具的生产设备得到了进一步完善，家具产品的种类不断增加，形成了一定的生产规模、出现了一些生产基地和名牌企业。

薄板胶合弯曲零部件的主要作用有：

① 家具构件：椅凳、沙发的座面、靠背、腿、扶手，桌子的支架、腿、档，柜类的弯曲门板、旁板、曲形顶板等；

② 建筑构件：圆弧形窗框、门框、门扇，楼梯扶手，装饰线条等；

③ 文体用品：网球拍、羽毛球拍、钢琴盖板、吉他旁板、滑雪板、弹跳板等；

④ 工业配件：机壳、音箱、仪表盒等；

⑤ 农业用具：扬谷板等。

7.5.1 薄板胶合弯曲工艺的特点

薄板胶合弯曲工艺具有以下特点：

(1) 用薄板胶合弯曲的方法可以制成曲率半径小、形状复杂的零部件。这是因为在弯曲过程中，胶液尚未固化，各层薄板之间可以相互滑移，不受牵制，内部应力分布如图7-50所示。同时由于每层薄板的凸面产生拉伸应力，凹面产生压缩应力，应力大小与薄板厚度有关，薄板胶合弯曲的弯曲性能或弯曲件的最小曲率半径不是按弯曲件厚度h计算，而是用薄板厚度s来计算的。例如，制造曲率半径为60mm、厚度为25mm的弯曲件，用方材弯曲时其弯曲性能必须是$h/R=25/60=1/2.4$，这就要求用材质好的硬阔叶材，而且还需经软化处理才能达到；但是，如用厚度为1mm的多层薄板胶合弯曲，就只要求其弯曲性能为$s/R = 1/60$，无须软化处理，干燥状态下就可达到，这样，软阔叶材或针叶材都可用。

(2) 薄板胶合弯曲件的形状可根据其使用功能和人体工效尺度以及外观造型的需要，设计成多种多样。其形状主要有L形、V形、U形、S形、Z形、h形、C形、O形、X形等多种；有单方向（两维）弯曲或多方向（三维）弯曲的零部件；有厚度一致或厚度变化的零部件；有封闭式或非封闭式的零部件等。

(3) 薄板胶合弯曲工艺，能节约木材和提高木材利用率。因为可以直接用单板胶压成弯曲部件，不需要留出刨削加工余量，对材质要求不像实木方材弯曲那样严格，内层可以用质量较次的单板和窄单板，以提高木材利用率。用薄板胶合弯曲方法生产椅子后腿，比锯制法的木材利用率可提高两倍左右；与实木方材弯曲工艺相比，可提高木材利用率约30%。

(4) 薄板胶合弯曲工艺过程比较简单，工时消耗少。薄板弯曲前无须软化处理和刨削加工；如用薄板胶合弯曲工艺压制“椅背—椅座—椅腿”成一体的成型部件，还可以省去开榫、打眼等工序；如用各种装饰材料作面层薄板，更可以省去涂饰工序，简化工艺，提高工效。薄板胶合弯曲部件的加工工时约可减少1/3。

(5) 胶合弯曲成型部件，具有足够的强度，形状、尺寸稳定性好。制品在湿度变化的环境下能保证不松动、开裂等。

(6) 胶合弯曲件造型美观多样、线条优美流畅，具有独特的艺术美。制成的制品构造简洁明快、结构简单牢固、使用舒适方便，产品既轻便又美观，具有现代风格。

(7) 用胶合弯曲件可制成拆装式产品，便于生产、贮存、包装、运输和销售。

(8) 薄板胶合弯曲工艺需要消耗大量的薄板和胶黏剂。薄板越薄、弯曲越方便、用胶量也越大；弯曲件侧面有胶缝，会影响涂饰，但有时也可起到装饰效果。

7.5.2 薄板弯曲胶合工艺

薄板胶合弯曲工艺流程为：

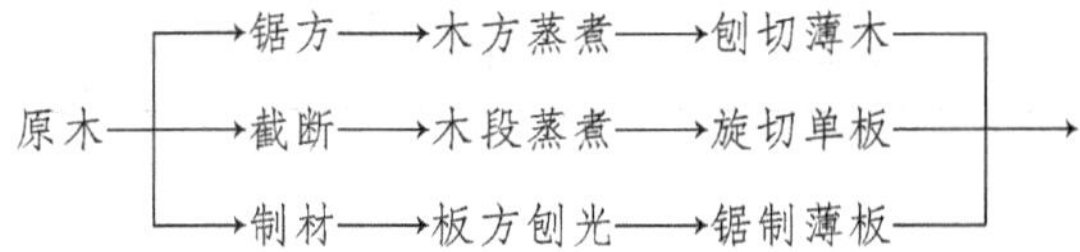

——→薄板干燥——→薄板剪拼——→涂胶——→组坯陈化——→加压成型（热压或冷压）——→陈放冷却——→部件加工——→装饰——→装配——→产品

其工艺过程主要包括以下 5 个部分：薄板准备、涂胶配坯、胶合弯曲成型、胶合弯曲件陈放、胶合弯曲件后加工。

7.5.2.1 薄板准备

胶合弯曲前，先要根据制品设计要求的形状和尺寸来挑选和配制薄板。

（1）薄板种类及选择　胶合弯曲所用薄板有旋切单板、刨切薄木、锯制薄板、竹片、胶合板、纤维板等。其中，以旋切单板应用最为广泛，因此又常称单板胶合弯曲。

①单板的树种：胶合弯曲工艺要求单板具有可弯性和可胶性。一般来说，凡是胶合板用材均可用来制造胶合弯曲件。目前，国外多数用山毛榉、橡木、桦木、落叶松等；国内主要采用水曲柳、柳桉、榉木、桦木、椴木、柞木、落叶松、马尾松等。

②树种的选择与搭配：薄板品种或单板树种的选择应根据制品的使用场合、尺寸、形状等来确定。单板胶合弯曲件的表层与芯层，其树种可以相同，也可以不同。一般来说，芯层单板应保证弯曲件强度和弹性的要求，常用普通旋切单板、树种不限；而表层单板应选用装饰性好、木纹美观、具有一定硬度的树种（如水曲柳、柚木、榉木等）的刨切薄木或其他装饰贴面材料。对于胶合弯曲家具中的悬臂椅要求强度与弹性好，可以选用桦木、水曲柳、楸木等树种的单板；对于建筑构件，一般尺寸较大，可以用松木、柳桉等树种的单板；对于有特殊要求的制品，如球拍，则应把弹性良好的水曲柳和色木薄板与重量轻、韧性好的臭椿等树种的薄板混合搭配组坯。

（2）薄板制作　可分为旋切、刨切和锯制。在采用前两种切削方法之前，材料需要进行蒸煮软化处理。加工成的薄板厚度应均匀一致、表面光洁。

薄板的厚度根据零部件的形状、尺寸和弯曲半径与弯曲方向来确定。弯曲半径越小，则要求薄板厚度越薄，但薄板过薄，则层数增加、用胶量增大、成本提高。用于胶合弯曲的薄板厚度一般不大于 5mm；通常制造胶合弯曲家具零部件时，刨切薄木的厚度为 0. 3～1mm，旋切单板的厚度为 1～3mm；制作建筑构件等时，单板厚度可达 5mm。日本有关部门提出要求单板的厚度误差小于 0. 04mm。

胶合弯曲件的最小弯曲半径与薄板的树种、材性、强度、形变、厚度、含水率等因素有关。一般来说，影响胶合弯曲件质量最主要的因素是弯曲凸面的拉伸爆裂和弯曲凹面的压缩爆裂，因此，薄板的顺纹抗拉强度（或形变）和顺纹抗压强度（或形变）是影响弯曲半径的关键因素。对于厚度一定的薄板，其最小弯曲半径可以按以下公式计算：

$$r = s\ (1-\varepsilon_1)\ /\ (\varepsilon_1+\varepsilon_2)$$

式中：r 为弯曲半径（凹面）或样模半径；s 为薄板厚度；ε_1 为顺纹拉伸形变；ε_2 为顺纹压缩形变。

例如，桦木弯曲时最大相对顺纹拉伸形变 ε_1 = 1%，对应压缩形变 ε_2 = 1. 5%，设胶合弯曲用单板厚度 s = 0. 8mm、1. 0mm、1. 2mm、1. 5mm、2. 0mm、2. 5mm、3. 0mm 时（单板含水率为 8%～12%），最小弯曲半径 r 的值见表 7-6。

薄板尺寸加工，是在弯曲前将薄板加工成要求的长度、宽度和厚度。锯制薄板两面要用刨削锯加工或者在锯割后刨光，以保证胶合强度；旋切单板、刨切薄木或胶合板、纤维板等可以直接使用，厚度上无须另行加工。薄板的宽度和长度都是根据弯曲部件尺寸来确定的。为了提高生产率，通常板坯宽度为 300～500mm，是框架零部件宽度的倍数，如椅子后腿等部件可以几个部件连在一起，按倍数宽度下料。胶合弯曲后，再锯成几个部件，这样不仅便于弯曲，同时也可以提高压机生产率。

通常在圆锯机或重型剪板机（铡刀机）上加工薄板宽度和长度。圆锯机上加工时，锯片转速为 2850r/min，切削速度为 45～55m/s，进料速度在顺纹方向锯解时为 15m/min，横向锯截时为 6m/min，锯解时薄板摞高度在 130mm 以下；用剪板机加工薄板时，铡刀移动速度约为 6m/min，顺切时板摞高度为 90mm，横切时板摞高度为 130mm。

表 7-6　最小弯曲半径 r 与单板厚度 s 的关系　　mm

单板厚度 s	0. 8	1. 0	1. 2	1. 5	2. 0	2. 5	3. 0
最小弯曲半径 r	31. 6	39. 4	47. 3	59. 1	78. 8	98. 5	118. 2

薄板在长度和宽度方向偏差每米不应超过 5mm。芯层可用碎单板拼接而成，但拼接单板的数量在板坯厚度上不得超过 26%。

（3）薄板干燥　单板含水率与胶黏剂黏度、胶压时间和胶合质量等有密切关系。我国目前干燥后的单板含水率，一般控制在 6%～12%，最大不能超过 14%；日本提出干燥后的单板含水率应在 5%～8%。单板含水率高，塑性好，弯曲性能良好；但单板含水率过高，会降低胶黏剂黏度，在热压时胶黏剂会被挤出造成欠胶接合，而且也会延长胶合时间，并由于板坯内的蒸汽压力过高而出现脱胶、鼓泡、变形或“放炮”现象；如果含水率过低，单板会吸收更多的胶黏剂，也导致欠胶接合，而且单板塑性差、材质脆、易破损，加压弯曲时容易拉断或开裂。总之，单板含水率关系到胶黏剂的湿润性以及与此相关的胶层的形成状态，含水率过高或过低都会影响胶合弯曲质量。

为了提高塑性和便于弯曲，含水率过低的薄板在弯曲前可用热水擦拭其弯曲部位的拉伸面。采用预弯曲的方法可以改善薄板的弯曲性能，制造曲率半径小而厚度大的零件时，在弯曲前把薄板浸入热水中，预弯成要求的形状，干燥定型后，再涂胶和加压弯曲。

7.5.2.2　涂胶配坯

（1）涂胶　薄板胶合弯曲所用胶黏剂种类的选择应根据胶合弯曲构件的使用要求和工艺条件进行考虑。室内用家具胶合弯曲件从装饰性和耐湿性出发，胶种的颜色以浅些为好，最好呈白色或无色透明的，且具有中等耐水性，故宜采用脲醛树脂胶（UF）或三聚氰胺改性脲醛树脂胶（MF+UF）、两液混合胶（PVAc+UF）。制造建筑或车船上的构件时，须用耐水、耐候的酚醛树脂胶（PF）或间苯二酚树脂胶（RF）。

单板涂胶常用机械辊涂。涂胶量取决于胶种、树种和单板厚度等，一般为 120～200g/m^2（单面），氯化铵固化剂加放量根据温度的不同一般为 0.3%～1%，有时可在脲醛胶中加入 5%～10%的工业面粉作填料。

（2）配坯　就是根据胶合弯曲零部件形状与尺寸，合理配置薄板层数和方向。薄板层数一般根据薄板厚度、弯曲件厚度以及胶合弯曲时的压缩率来确定。压缩率 Δ 为：

$$\Delta = (1-h/ns) \times 100\%$$

式中，n 为薄板层数；s 为薄板厚度（mm）；h 为胶合弯曲件厚度（mm）。

压缩率与胶合弯曲过程中的单位压力、胶压时间、压板温度、涂胶板坯含水率、板坯厚度、单板树种和单板厚度等因素有关。胶合弯曲部件的压缩率要比平面胶合时大，通常为 8%～30%。为了在整个板坯表面达到要求压力，要用厚度大一些的板坯。

厚度不一致的弯曲部件，可以用不同厚度尺寸的薄板相应配置。图 7-51 为椅后腿的配坯图。因为后腿中间厚，向椅背和椅脚两端逐渐变薄，需用不同尺寸和层数的单板配置，见表 7-7。

用单板时，各层单板纤维的配置方向与胶合弯曲零部件使用时的受力方向有关，一般有以下 3 种方法：

①平行配置：各层单板纤维方向一致，侧边看不到单板端面，便于涂饰。主要用于顺纤维方向受力的部件，如桌腿、椅腿等。

②交叉配置：相邻层单板纤维方向垂直，用该种配坯方式制成的弯曲部件强度均匀，但在侧边看得见端面纹理，会影响涂饰质量。主要用于能承受垂直板面压力的部件，如椅座、椅背等大面积部件。

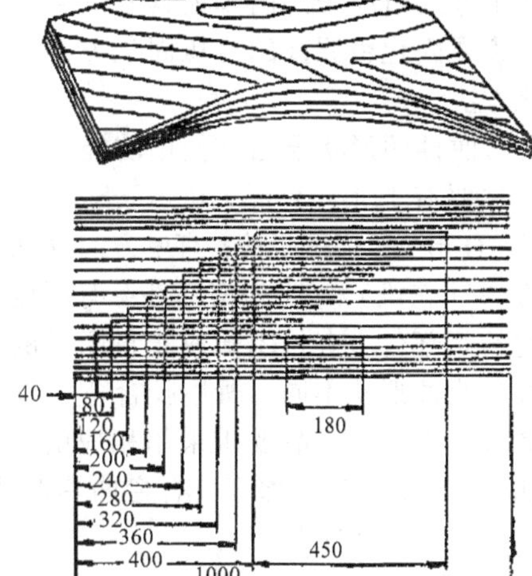

图 7-51　胶合弯曲椅后腿配坯图（mm）

表 7-7　椅后腿板坯配置

单板长度（mm）	不同厚度的单板层数		
	1.15mm	1.5mm	2.2mm
1000	27	22	15
450	13	10	7
180	1	1	—

③混合配置：一个部件中既有平行配置又有交叉配置，适合于复杂形状的部件，如“椅背—椅座—椅腿”部件，在椅腿部位用平行配置，椅座和椅背中间受力部位采用交叉配置。

胶合弯曲件的厚度根据用途而异，如家具的弯曲骨架部件，通常厚度为 22mm、24mm、25mm、26mm、28mm、30mm 等，而起支撑作用的部件厚度为 9mm、10mm、12mm、15mm 等。

配坯时，单板背面最好处于凸面方向，正面处于凹面位置，这样弯曲性能好。

(3) 陈化　是指单板涂胶后到开始胶压时所放置的过程。陈化有利于板坯内含水率均匀、防止表层透胶。陈化有开放和闭合两种，通常采用组坯闭合陈化，陈化时间为 5~15min。

7.5.2.3 胶合弯曲成型

这是制造胶合弯曲零部件的关键工序，本工序使放在压机模具中的板坯在外力作用下产生弯曲变形，并使胶黏剂在单板变形状态下固化，制成所需的胶合弯曲件。胶合弯曲时需用压机和模具，以对板坯加压弯曲。随着现代胶黏剂的发展和加热方法的应用，多层薄板胶合弯曲工艺技术有了相当大的变化，加压方式由原来的简单模具发展到了多种成型压机，胶层固化由原来的冷压固化方法发展到了热压固化方法。

胶合弯曲件的形状根据其使用功能和人体工程学尺度，主要有 L 形、V 形、U 形、S 形、Z 形、h 形、C 形、O 形、X 形等多种；有单方向（两维）弯曲或多方向（三维）弯曲的零部件；有厚度一致或厚度变化的零部件；有封闭式或非封闭式的零部件等。胶合弯曲件形状不同，所用胶合弯曲设备也不同。制造时必须根据产品要求采用相应的模具、加压装置和加热方式，这是保证胶合弯曲零部件质量、劳动生产率和经济效益的关键。

(1) 模具　常用的加压胶合弯曲方式有两种，一种是用一对硬模加压；另一种是用一个硬模和一个软模加压。根据部件形状不同又有整体模具加压和分段模具加压之分。

①硬模胶合弯曲：用一对阴阳硬模采用螺旋、气压或液压等方法加压。

硬模一般用铝合金、钢、木材及木质材料制造，有的也用电工绝缘工程塑料、水泥制作，但不普遍。采用金属模具时，内通蒸汽或热油加热；采用木质模具时，一般用低压电或高频加热。木质模具常采用厚胶合板、多层板或集成材、细木工板等制成，先加工成所需形状、钻孔，用螺栓组装紧固在一起，再校正加工弯曲成型表面，使阴阳模之间的间距均匀一致、表面平整光滑，最后在弯曲成型表面上包贴一层光滑的铝板或不锈钢板。

硬模加压胶合弯曲的优点是结构简单、加压方便、使用可靠寿命长、便于采用各种加热方式来缩短加压时间和提高压机生产率；缺点是加压不均、压力作用方向与受压表面不垂直、加压弯曲过程中压模各部位间的空隙不等。如图 7-52 所示，作用于弯曲部件各部位的垂直压力 P_θ 与位置角度 θ 和总压力 P 成比例：

$$P_\theta = P\cos\theta$$

当 $\theta=0°$，$P_\theta=P$；当 $\theta=90°$，$P_\theta=0$。

由此可见，各部位的压力不等，θ 越大，单位压力越小。半圆形零件两侧压力为零；U 形弯曲部件两侧部分没有表面垂直压力，全靠两个模具间的挤压或摩擦作用，往往得不到满意的结果。由于板坯厚度是由单板厚度和单板层数来决定的，单板厚度的不均匀会使板坯厚度大于或小于设计厚度。

图 7-53（a）所示为板坯厚度小于设计厚度时的压制情况，阳模可以自由地进入阴模内，中间部位承受阳模的主要压力，两侧压力很小，以致两侧板坯胶合不牢，并且胶合弯曲件的厚度会出现不均匀，随圆弧角度 θ 而变化：

$$\begin{aligned}\overline{AB} &= \overline{OB}-\overline{OA}\\ &= R+h_0-(\overline{OC}+\overline{CA})\\ &= R+h_0-\left(\overline{OO_1}\cos\theta+\sqrt{\overline{O_1A}^2-(\overline{OO_1}\sin\theta)^2}\right)\\ &= R+h_0-\left(y\cos\theta+\sqrt{R^2-y^2\sin^2\theta}\right)\end{aligned}$$

$$h=R+h_0-y\cos\theta-\sqrt{R^2-y^2\sin^2\theta}$$

式中，R 为阳模弯曲半径；y 为阳模与其标准位置的距离；h_0 为设计厚度；h 为实际厚度；θ 为位置角度。

当 $\theta=0°$，最小厚度 $h_{min}=h_0-y<h_0$

$\theta=\pm\arctan\dfrac{R}{y}$，最大厚度 $h_{max}=R+h_0-\sqrt{R^2+y^2}<h_0$

图 7-53（b）所示为板坯厚度大于设计厚度时的压制情况，主要由两侧倾斜表面承受压力，压模与单板板坯侧面摩擦力大，阳模进入阴模困难，结果使弯曲部件中间部位压力很小，以致胶合不牢，造成废品，并且胶合弯曲件的厚度也会出现不均匀。如果板坯尺寸合适，能全部受到压力，但在压模压住板坯后继续下降时，胶合弯曲件转角处容易产生单板断裂现象。

$$\overline{AB}=\overline{OB}-\overline{OA}$$
$$=R+h_0-(\overline{CA}-\overline{OC})$$
$$=R+h_0-\left(\sqrt{\overline{O_1A}^2-(\overline{OO_1}\sin\theta)^2}-\overline{OO_1}\cos\theta\right)$$
$$=R+h_0-(\sqrt{R^2-y^2\sin^2\theta}-y\cos\theta)$$
$$h=R+h_0+y\cos\theta-\sqrt{R^2-y^2\sin^2\theta}$$

当 $\theta=0°$，最大厚度 $h_{max}=h_0+y>h_0$；当 $\theta=\pm90°$，最小厚度 $h_{min}=R+h_0-\sqrt{R^2-y^2}>h_0$。

由此可见，采用半圆弧形模具时，当单板板坯厚度均匀并与设计值相同时，胶合弯曲件的厚度能保证全面均匀，如图 7-54（a）所示；当板坯厚度比设计值薄时，胶合弯曲件的中间部分薄（中间过压）、两端部分厚，如图 7-54（b）所示；当板坯厚度比设计值厚时，胶合弯曲件的中间部分厚、两端部分薄（两端过压），如图 7-54（c）所示。同时，弯曲胶合件的厚度能用以下公式进行计算：

$$h=R+h_0+y\cos\theta-\sqrt{R^2-y^2\sin^2\theta}$$

式中：y 为阳模与其标准位置的偏移量（当板坯厚度比设计要求薄时，y 为负值；当板坯厚度比设计要求厚时，y 为正值）。

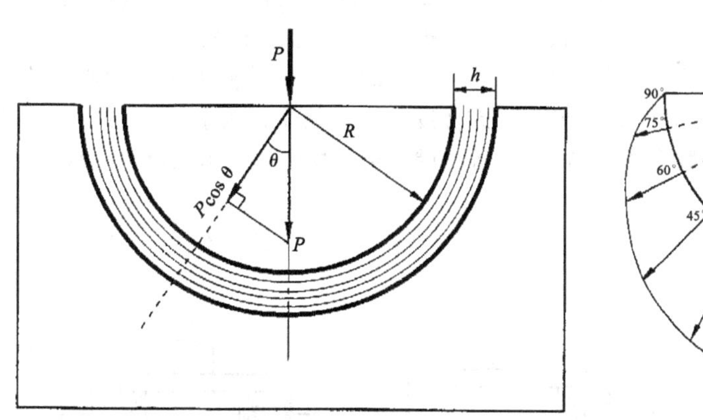

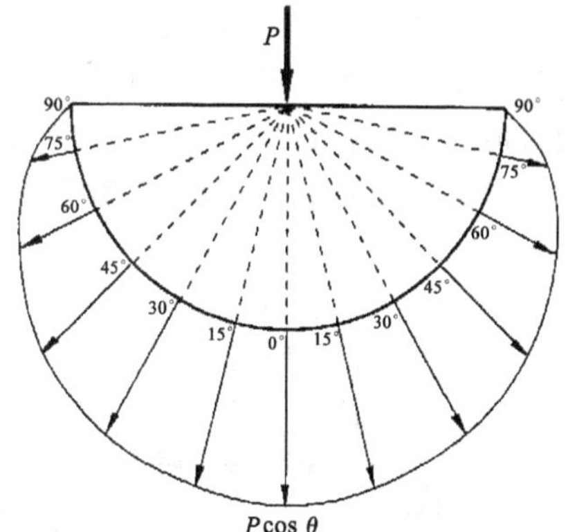

图 7-52 硬模加压弯曲压力分布

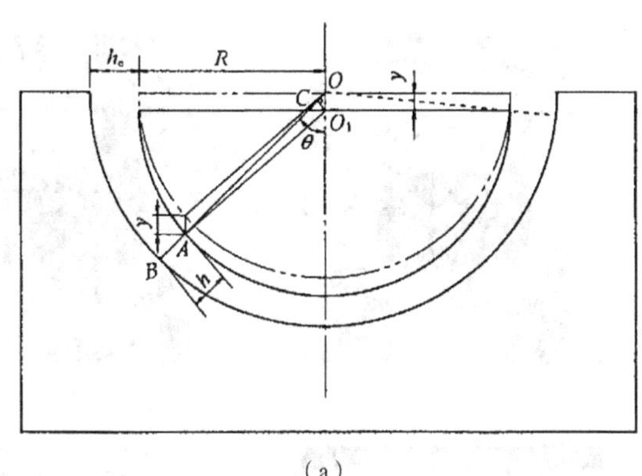

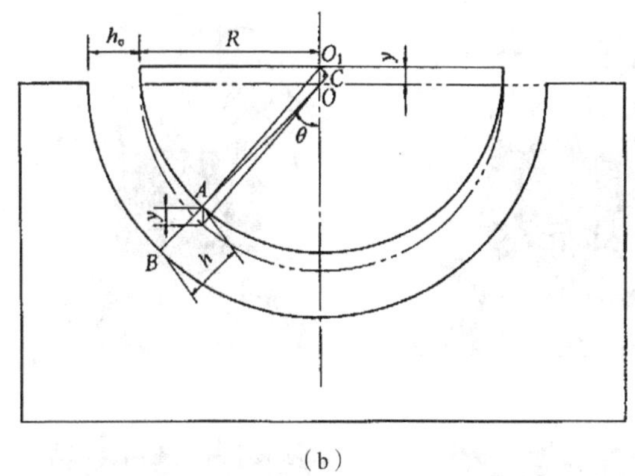

（a） （b）

图 7-53 胶合弯曲件厚度均匀性计算图

（a）板坯厚度小于设计厚度 （b）板坯厚度大于设计厚度

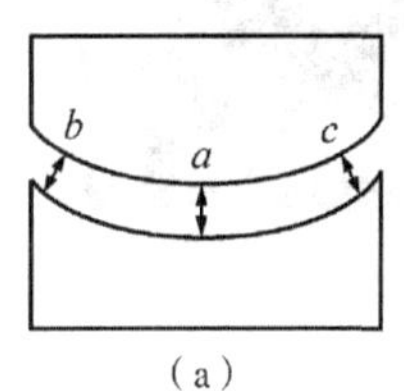

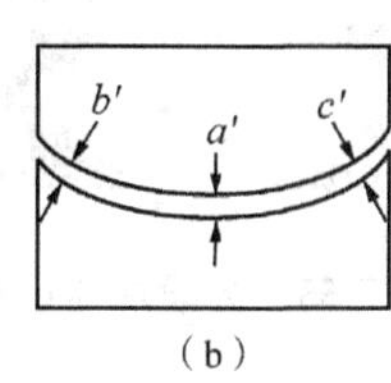

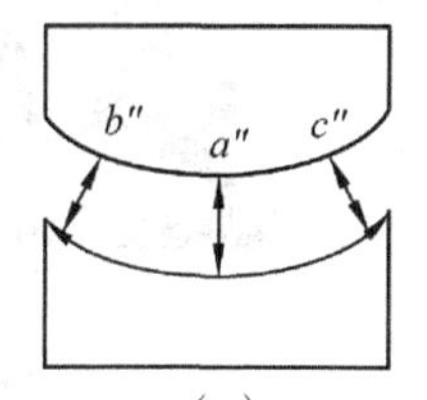

（a） （b） （c）

图 7-54 胶合弯曲件厚度均匀性分析

因此，为防止胶合弯曲件在模具中压制时的厚度会出现不均匀性，必须采用适当的厚度规或合适的加压模具以保证是各弯曲表面具有垂直均等的单位压力。对于深度较大的 U 形弯曲部件最好采用分段加压方式。

图 7-55 所示为一种分段加压弯曲的设备。阳模是整体式的，阴模则由底模、左模和右模三部分组成。弯曲前，板坯放在底模上，降下阳模，压住板坯，然后移动侧向左、右模板（有的并能安装成一定角度位置），使板坯弯曲成要求的 U 形或及其形状类似的部件。

硬模加压时，板坯表面上的单位压力为 0.7～7MPa。压力大小与薄板树种、薄板厚度、部件形状和部件厚度等有关。硬阔叶材板坯加压弯曲所需要压力大于软阔叶材和针叶材树种。弯曲部件凹入形状深度大，压力也要大一些，否则就会胶合不牢固。板坯断面厚度有变化时，所需压力要高于对厚度一致的弯曲部件施加的压力。形状较简单的胶合弯曲件所用的单位压力为 1～1.2MPa。厚度有变化的胶合弯曲件所用的单位压力为 1.5～2.5MPa。形状复杂、断面尺寸不等的胶合弯曲件需要较大的单位压力，约为 3.5～5MPa。

在整体硬模加压过程中，压制弯曲部件所需的总压力包括胶合压制平直部件的压力和用于压缩单板、克服单板间摩擦力以及使单板弯曲等所需的附加压力两部分。因此，对于弯曲度大的和多面弯曲的部件，最好采用分段加压弯曲方法。

②软模胶合弯曲：用柔性材料制成软模代替一个硬模，另一个仍为硬模。

软模的形式和材料很多，如水龙带、橡皮软管或橡皮带、耐热耐油橡胶、帆布以及皮带或金属带等。硬模可以用金属、木质材料、水泥制造。

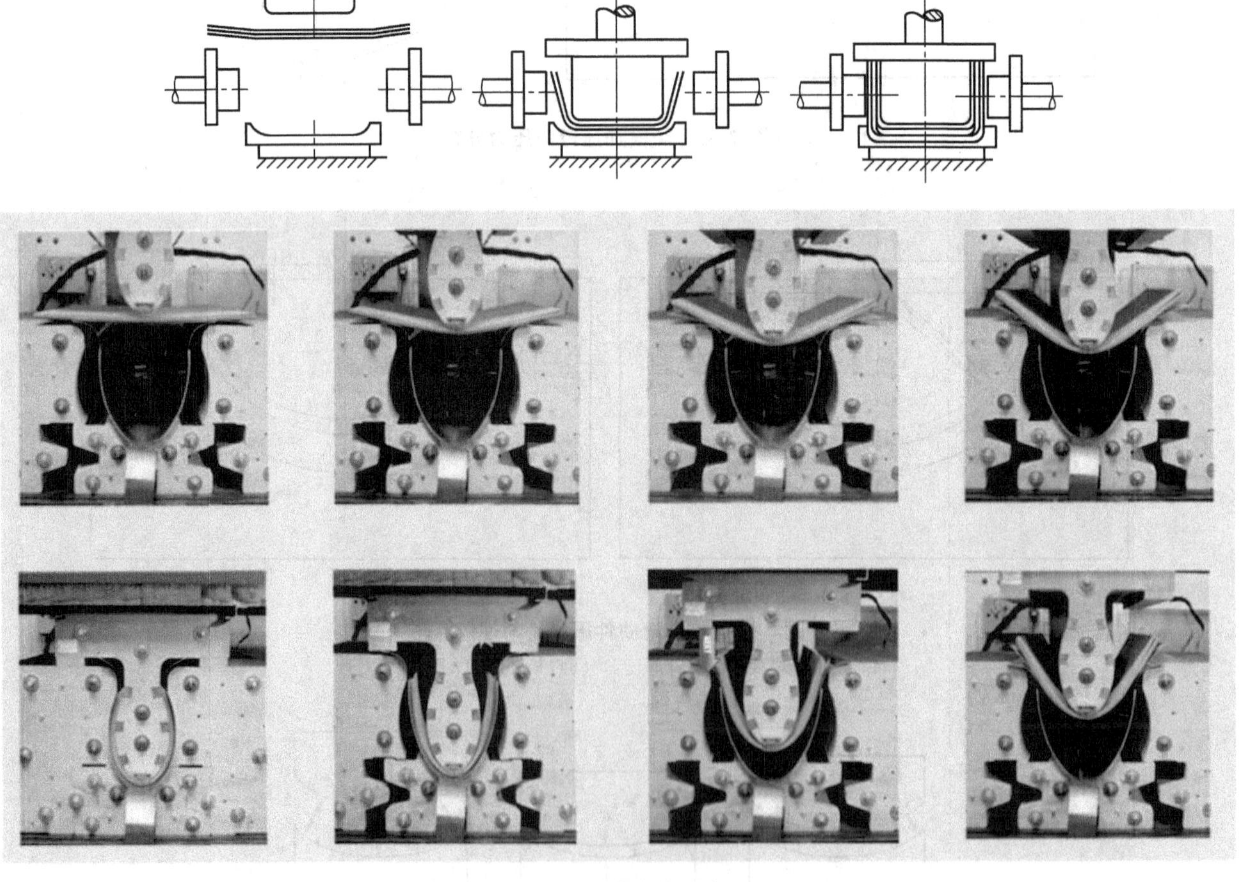

图 7-55　分段加压设备

图7-56为橡胶袋作软模加压胶合弯曲的几种方法。图7-56（a）为直接充气法，样模1放在加压筒4内，板坯2放在样模1上面，盖上橡胶袋3，关闭筒盖、锁紧，然后向橡胶袋中通入压缩空气或蒸汽，使板坯压向样模，进行胶合弯曲，在压力下保持到胶层固化为止；图7-56（b）为抽气—充气法，在板坯2装好后，由管7抽出橡胶袋3内的空气，使板坯在大气压力下贴向样模1，再由管8通入压缩空气或蒸汽向板坯加压，保持压力直到胶层固化为止。

采用软管胶合弯曲时，常往软模中通入加热和加压介质（如压缩空气、蒸汽、热水、热油等）。在压力作用下，使板坯弯曲，贴向样模。这样各部分受力较均匀。板坯上所受单位压力 p 为：

$$p = 1+q$$

式中：q 为压缩空气压力。

形状简单的弯曲部件，可以用一个橡皮囊；形状复杂或弯曲深度大的部件，则可用多囊式分段加压压模。加压时先往弹性橡皮囊中进油，把板坯中

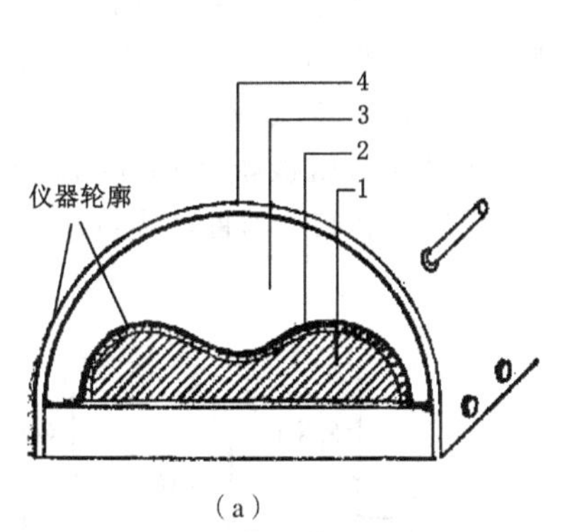

（a）

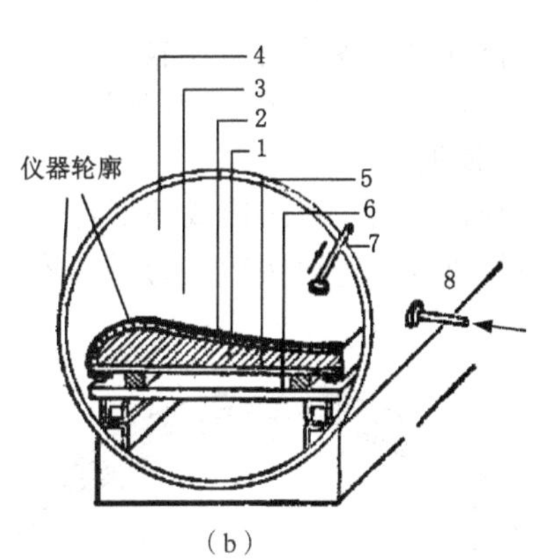

（b）

图7-56　橡胶袋软模加压胶合弯曲

（a）直接充气法　（b）抽气—充气

1. 样模　2. 板坯　3. 橡胶袋　4. 加压筒　5. 底板　6. 小车　7. 抽真空管　8. 进气管

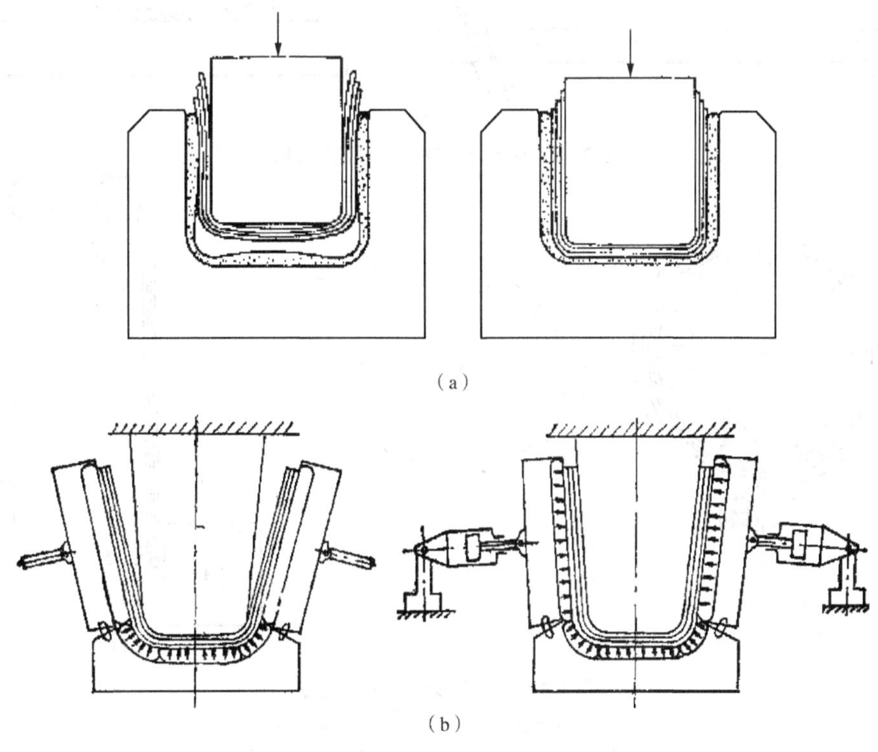

（a）

（b）

图7-57　弹性橡胶囊软模加压胶合弯曲

（a）整体式弹性囊　（b）分段式弹性囊

的空气赶出，胶合质量较好。为防止多囊式压模的各个囊间间隙大而造成板坯表面不平，最好采用图7-57中所示弹性加压囊。

图7-58为金属带作为阴模加压弯曲半圆形零件，金属带一端固定在阳模底板上，另一端用螺栓固定，弯曲前松开螺栓，放入板坯，然后再拧紧螺栓，拉紧金属带，使板坯贴向阳模。施加在板坯上的压力 p，由金属带的拉力 Q 和弯曲半径 R 以及金属带宽度 B 决定：

$$p = Q/(R \cdot B)$$

用这种方法胶合弯曲，各处受力比较均匀，只是在靠近螺栓处压力稍大一些。为了保证加压均匀，要用柔软而光滑的金属钢带。

③封闭形部件胶合弯曲：封闭形或环形部件的胶合弯曲可以用内外加压法［图7-59（a）］、卷压法［图7-59（b）］和卷缠法［图7-59（c）］。在卷缠法中，先把板坯3放在金属带2和样模1间，在5处用力压紧，金属带另一端被重锤4张紧，开动样模转动，便带动金属带与板坯一起卷缠在样模上，保持压力到胶液固化。

（2）加压装置（加压方式） 胶合弯曲所使用的加压装置（压机）有单向压机和多向压机两类，即加压方式有单向加压和多向加压两种。

①单向压机：可以压制形状简单的胶合弯曲件（一至两个弯曲段）。常分为单层压机和多层压机。

单层压机为一般胶合用的立式冷压机，配一对硬模使用，加压方式有螺旋加压和液压加压两种，并且可以是上压式或下压式，如图7-60所示。压机的工作尺寸即压板幅面和开档高度以及总压力需符合模具尺寸和胶合弯曲所需的压力。

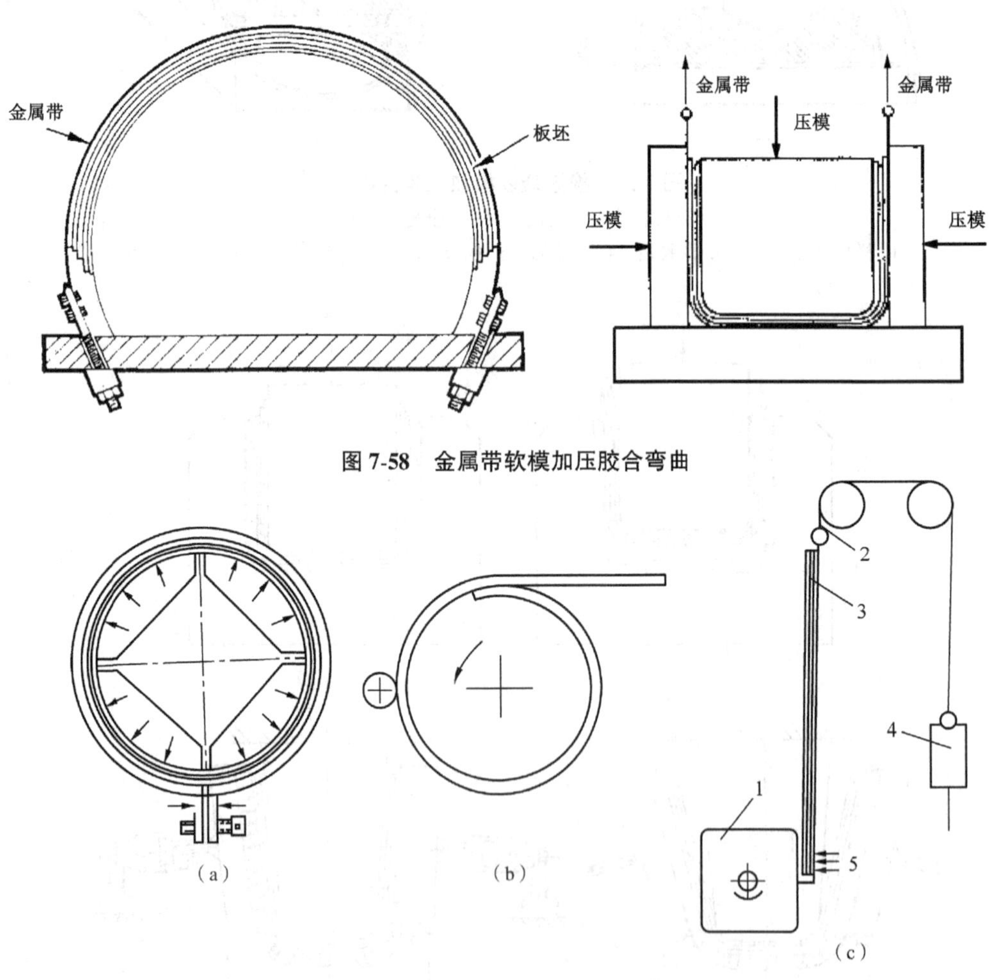

图7-58 金属带软模加压胶合弯曲

图7-59 封闭形部件胶合弯曲

（a）内外加压法 （b）卷压法 （c）卷缠法

1. 样模 2. 金属带 3. 板坯 4. 重锤 5. 压紧器

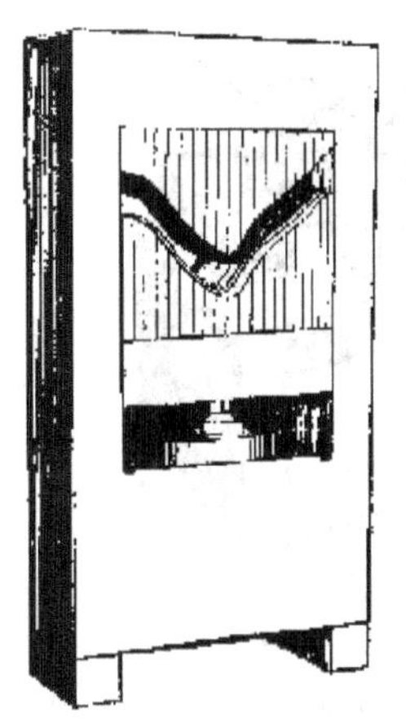
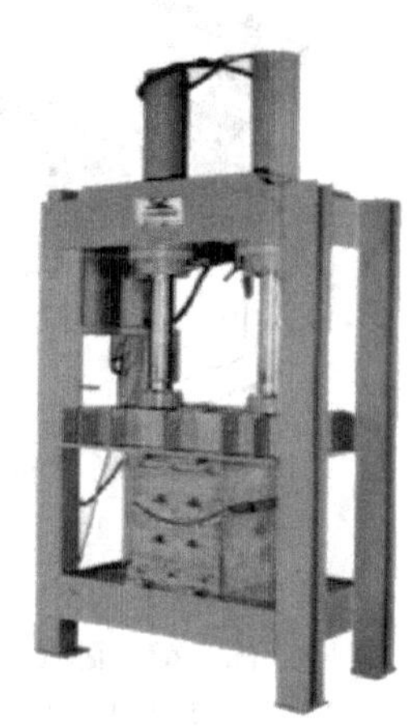

图 7-60　单向单层成型压机

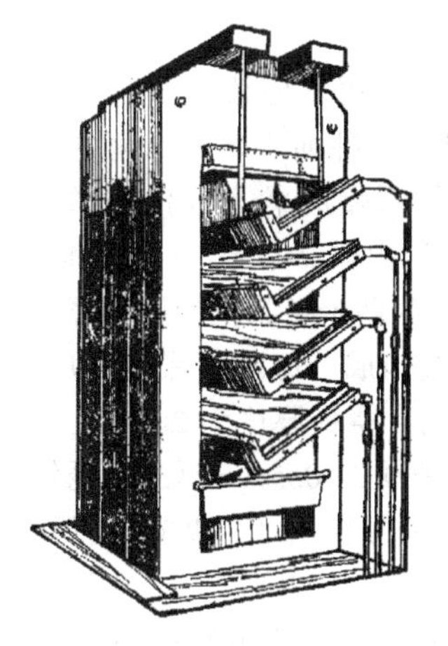
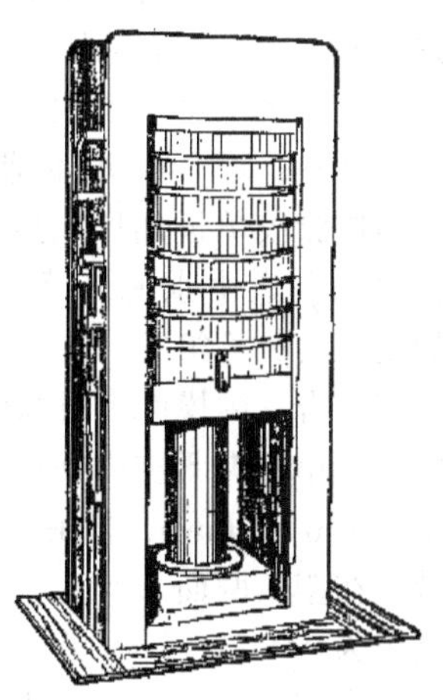

图 7-61　单向多层成型压机

图 7-62　立式多向压机

多层压机的上下压板为一对阴阳模、中间的压板可以是兼作阴模和阳模的成型压板，也可以是平板两面分别装上阴模和阳模。如图 7-61 所示。这种压机生产效率较高，但制作的胶合弯曲件的形状有限，适用于制造椅座、椅背、带圆角的柜类旁板、门板等。曲面压模闭合时是由缸芯上升顶起下压板，自下而上逐层进行的；而在压模开启时，靠各模自重返回原位。由于闭合时曲面压模与工件接触有先后，前后受力不均较显著，故在起步闭合时，稍微有前后倾斜与偏移现象。当达到高压时，倾斜因素消失，但偏移现象仍继续存在。而各曲模四角均装有搁挡，它能保证压板开启后各块曲模复位准确（间距均匀整齐垂直）。且各曲模是沿着导轨上下缓缓滑移，虽有偏移现象，也仅局限在额定偏差范围之内。

②多向压机：是新型的成型压机，它有多个油缸，可以从上下、左右两侧加压或从更多方向加压，它配用分段组合模具，可以制造形状复杂的胶合弯曲件（两个以上弯曲段）。一般有立式多向压机和卧式多向压机两种。

图 7-62 所示为立式多向压机，加压方式以下压式（有一至两个顶置油缸）为主，配有左右水平（两侧各置有一至两个油缸并能升降和回转）。它不仅具有单向压机的性能，而且还可以配有一套分段组合模具进行多向分段加压。既可压制形状简单的胶合弯曲件，又可以压制形状复杂的胶合弯曲件，如 L 形、V 形、U 形、S 形、Z 形、h 形、C 形、n 形、X 形等。这种压机使用范围广、适应性强、操作简单方便，是目前生产胶合弯曲件普遍采用的一种成型压机。该压机可以配用蒸汽加热的金属模，也可配用木模进行高频加热或低压电加热。目前，立式多向压机的主油缸总压力为 80～160t，两侧油缸总压力各为 25～60t。

图 7-63 所示为卧式多向 U 形成型压机，采用低压电加热和液压加压，其总压力约为 35t，用于将涂胶单板弯曲加压成厚度为 20mm 左右、宽度为 100～200mm 的 U 形零件。内模为一整体式，外模由三段组成。涂胶单板两面贴有 0.4mm 厚的不锈钢带，通低压电加热。该压机采用分段加压法，实现顺序动作，先由两只油缸动作，使涂胶单板压向阳模底部，然后左右侧油缸动作，使工件压紧，把板坯弯曲成 U

形零件，直至胶黏剂固化，最后按相反顺序退开油缸，取下胶合弯曲毛料。

在小批量生产情况下，常用水泥模具加压、低压电加热，图7-64所示即为这种加压装置，可加工由多层涂胶单板加压成型的圆弧形桌（台）的望板(走司)。它由水泥外模1和内模2以及一只5000V的变压器3等组成。外模分为两个半圆模，可用螺栓紧固密合；内模由多段圆弧构成，每段用螺旋加压，使涂胶单板夹紧在内外模内。望板厚度为20mm，宽度为110~120mm，采用两条0.3~0.5mm厚的不锈钢带贴在望板两面。变压器可在12~36V内调节，常用电压为24V。

③其他加压方式：主要包括手工或特殊的加压胶合弯曲方法。

图7-65所示为螺旋夹紧器加压胶合弯曲方式，涂胶单板组成板坯后，放置于阳模上，板坯外覆一层金属钢带，利用分散设置的螺旋夹紧器对板坯施加压力而进行胶合弯曲；图7-66所示为螺旋拉杆加压胶合弯曲方式，涂胶板坯放在模具之间（可以采用多层模具压制多个板坯)，利用前后多个螺旋拉杆对板坯施加压力进行胶合弯曲；图7-67所示为螺旋加紧器加压封闭型胶合弯曲方式，其原理与图7-65所示的胶合弯曲方式相同。以上手工加压装置比较简单，待胶黏剂充分固化后即可卸出所胶合弯曲的板坯，但螺旋夹紧器或螺旋拉杆的拧紧程度必须一致，否则会造成各点的压力不均匀，厚度不一致。

图7-68所示为筒形插入加压胶合弯曲方式，图7-69所示为圆锥形加压胶合弯曲方式，图7-70所示为U形加压胶合弯曲方式，图7-71所示为筒形外缩加压胶合弯曲方式，这类加压装置是利用梯形单板的斜面而紧密插入圆筒或圆锥形模具中进行胶合弯曲，其对单板的尺寸和斜面加工精度要求较高。

(3) 加热方式　薄板胶合弯曲可采用冷压和热压两种方式。

冷压必须在压紧状态下保持8~24h，使胶黏剂充分固化后才能卸出，此方式生产效率较低。

目前，胶合弯曲通常采用热压成型。在胶合弯曲时，不同形状的胶合弯曲件需要用不同的模具，使用不同的模具又要有相应的热源。正确地选择加热方式，既能加速胶液的固化、提高生产率，也能保证胶合弯曲件胶合质量。

目前，提高胶层温度的加热方法主要有两种：一种是接触加热，如蒸汽加热、热水加热、热油加热、低压电加热等，采用这几种加热方式，即在金属模具或橡胶软模中通入蒸汽、热水、热油，或在

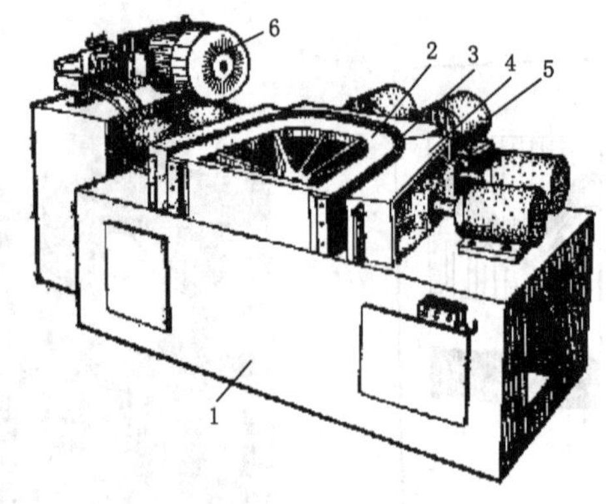

图7-63　卧式多向U形成型压机

1. 机架　2. 内模　3. 弯曲件
4. 外模　5. 油缸　6. 液压站

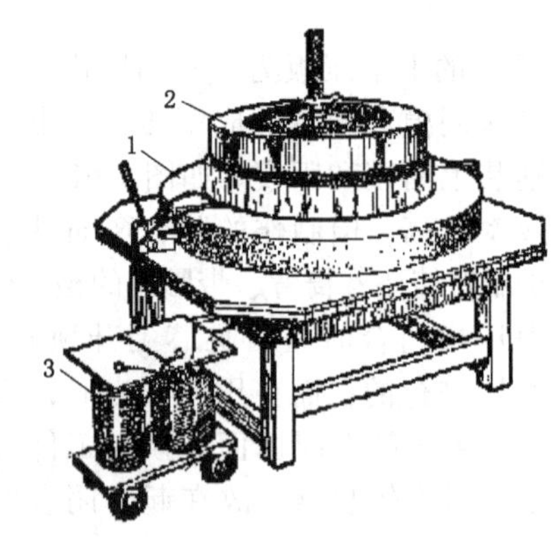

图7-64　卧式多向环形成型压机

1. 外模　2. 内模　3. 降压变压器

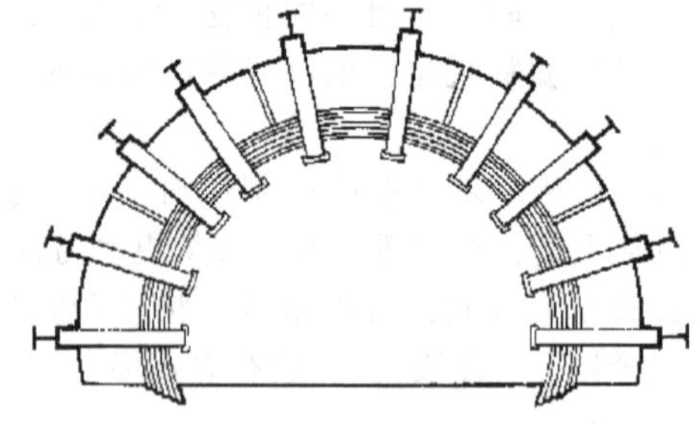

图7-65　螺旋夹紧器加压胶合弯曲

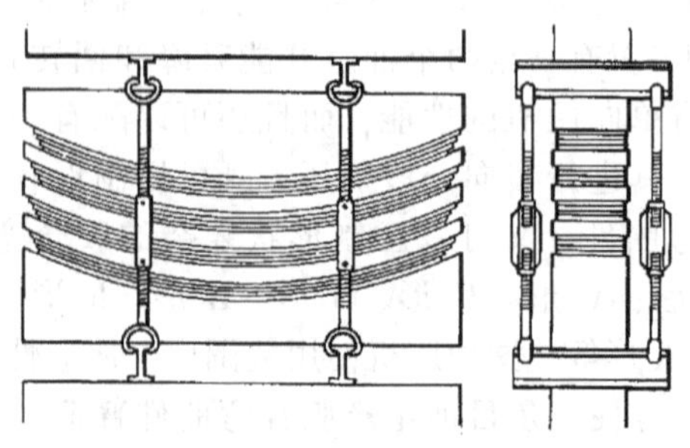

图7-66　螺旋拉杆加压胶合弯曲

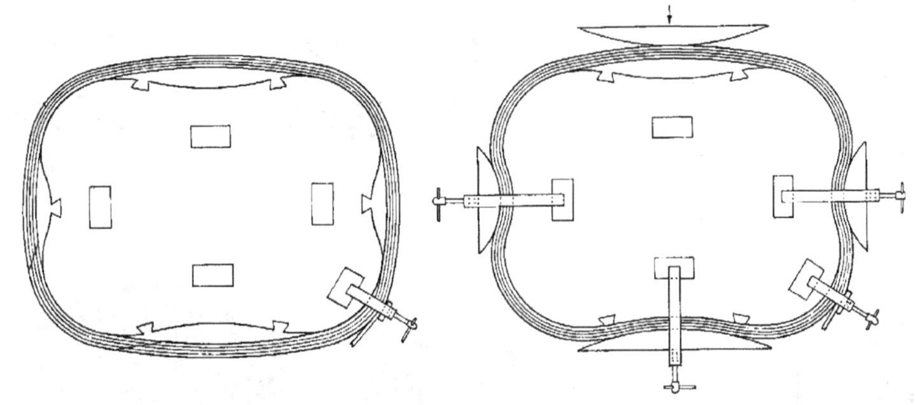

图 7-67 螺旋加紧器加压封闭型胶合弯曲

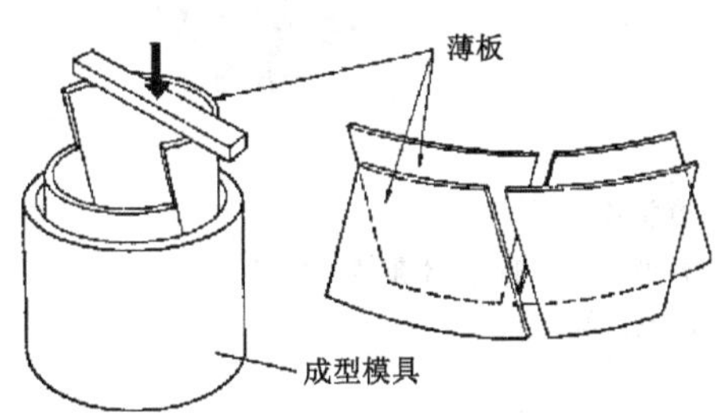

图 7-68 筒形插入加压胶合弯曲

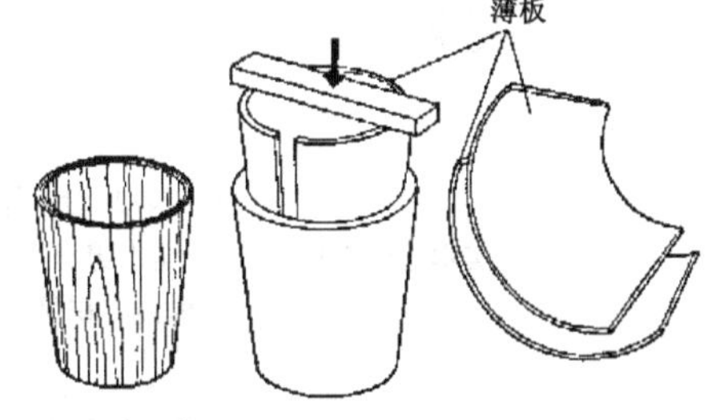

图 7-69 圆锥形加压胶合弯曲

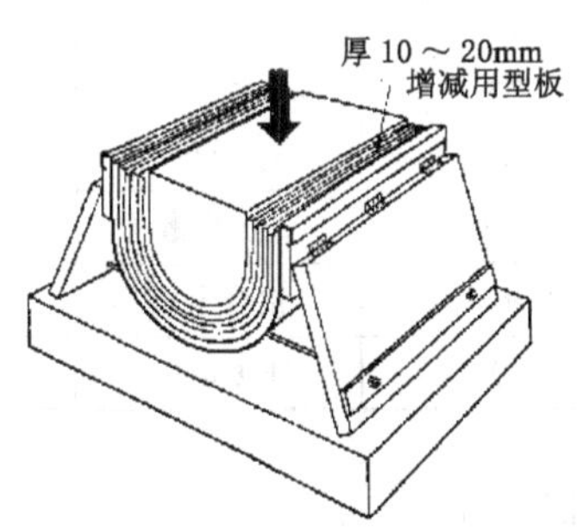

图 7-70 U 形加压胶合弯曲

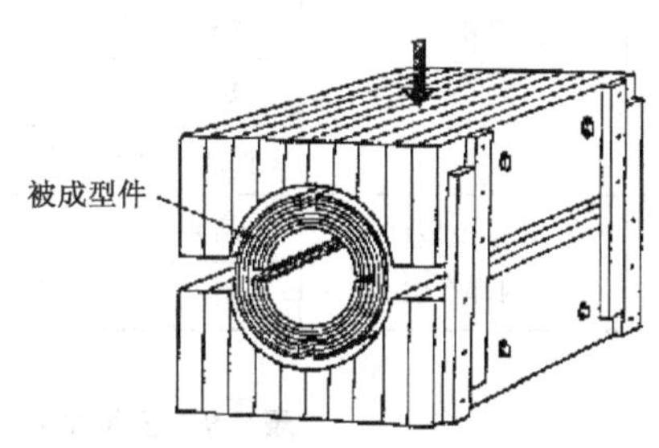

图 7-71 筒形外缩加压胶合弯曲

金属带上通入低压电流，使其表面升温，再将热由板坯外部传导到内部胶层而加速固化。这种加热方法工艺成熟，操作方便，模具使用寿命长，但由于受板坯厚度的限制，传热较慢，加热周期长；另一种是辐射加热，即高频介质加热、微波加热等，由于热是板坯内部本身产生的，因而加热速度快、加热均匀，一般采用木质模具，图 7-72 所示为弯曲胶合用木质模具类型。

各种加热方式的特性及其适用的模具、能耗和劳动消耗分别见表 7-8 和表 7-9。

①蒸汽加热：应用较为普遍、操作方便可靠，一般采用铝合金模具的传导加热方式，弯曲产品均一性良好、部件形状不受限制、胶合弯曲件成品的尺寸和形状精度较高、模具使用寿命长、运行费用较低，适合于形状复杂的胶合弯曲件的大批量生产。但蒸汽加热，热能利用率低、热压周期长、模具制造复杂且精度要求高。

②低压电加热：向放在模具表面的金属带通入低压电流（电压约为 24V）使金属带发热，并与被胶合弯曲的板坯接触，将热量传递给单板和胶层而加速胶液的固化。

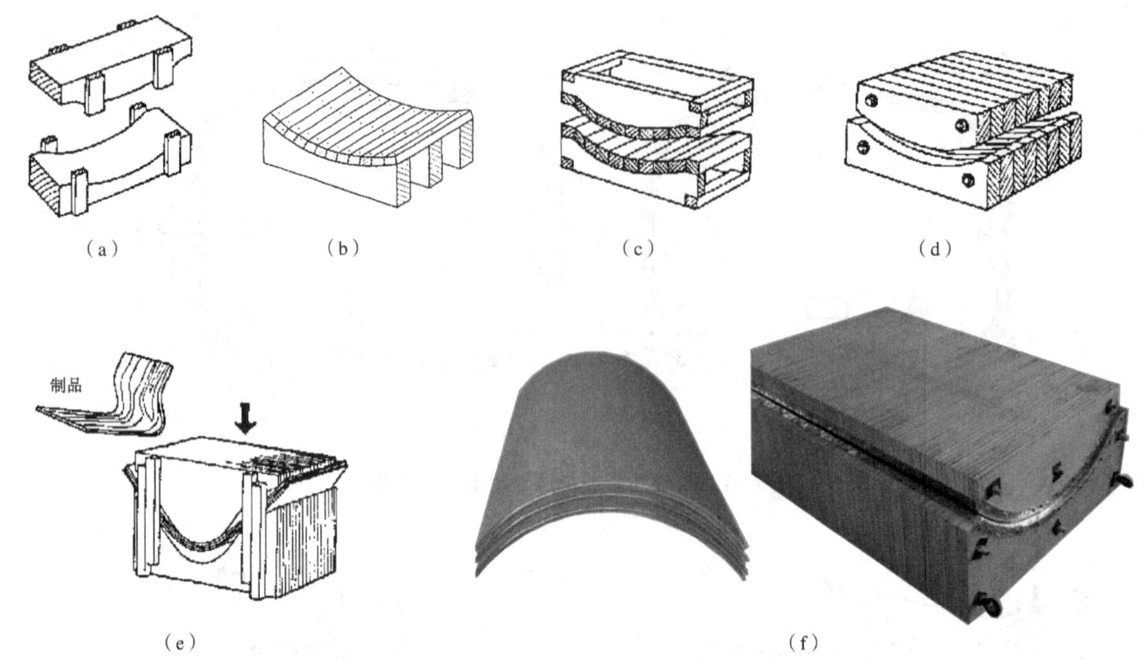

（a）　（b）　（c）　（d）

（e）　（f）

图 7-72　胶合弯曲用木质模具类型

（a）实木整体模具　（b）实木组合模具　（c）实木组合模具　（d）实木集成材模具　（e）单板层积材模具　（f）多层胶合板模具

表 7-8　各种加热方式的特性与适用模具

加热方式	加热特征	加热方法	相应模具	常用频率	电极板	屏蔽
接触加热	热量由板坯外层传到内部	蒸汽加热	铝合金模、钢模橡胶袋、弹性囊	—	—	—
		热水加热				
		热油加热				
		低压电加热	木质模、金属模	50Hz	金属带	不需要
辐射加热	热量由板坯内部产生	高频加热	木质模	13.56MHz	铝合金板	不需要
		微波加热	电工绝缘模	2450MHz	不要电极	需要

表 7-9　三种加热方式下的工时消耗和能量消耗

板坯厚度（mm）	高频加热		蒸汽加热		低压电加热	
	工时消耗（h）	能量消耗（℃）	工时消耗（h）	能量消耗（kg）	工时消耗（h）	能量消耗（℃）
4	10.20	89.0	15.8	6.60	17.80	46.0
6	6.80	89.5	14.0	6.45	15.30	46.1
8	5.10	90.0	12.8	6.35	16.10	46.1
10	5.13	92.0	12.3	6.25	13.70	48.0
12	4.25	92.5	11.9	6.00	14.70	51.6
16	4.36	96.0	11.7	61.00	14.20	53.2
20	4.03	108.0	11.8	61.00	14.60	54.6
24	3.31	96.5	11.4	60.00	14.28	54.8
30	3.00	89.9	11.1	60.00	14.07	55.6

金属带发热量 Q 与通入电流量 I、电阻值 R 及通电时间 t 成正比（$Q=0.24I^2Rt$），其中电阻值与金属带的尺寸有关，电阻与金属带的宽度和厚度成反比，金属带的宽度、厚度越小，电阻值越大，发热量会增加，有利于胶合板坯的加热。常用金属带是厚度为 0.4~0.6mm 的不锈钢带或低碳钢带（过薄钢带操作困难），宽度一般不超过 150mm，电流不超过 400A。在金属带与模具之间应设有垫板（缓冲层），使板坯得到均匀的加压和加热，如果是金属模具，则加热金属带与模具之间必须有绝缘保温层。

图 7-73 所示为低压电加热系统及其金属带形式。低压电加热方式对于窄部件的胶合弯曲较为合适，效果良好。对宽大部件的加热，应剪成窄条状，再用黄铜片及螺栓连接成一定宽度使用。低压电加热温度通常保持在 100~120℃，部件厚度在 6mm 以下时，加热时间每毫米 1min，加热金属带距最远胶层为 12mm 时，每毫米加热 1.5min，超过 12mm 厚的部件，应两面设置加热金属带。

③高频加热：是利用高频电场对物质内部极性分子的反复极化，使分子在这种高频交变电场作用下急剧运动，分子间相互摩擦生热，从而达到加热目的。

高频加热可使胶合冷固化需要几小时或十几小时、蒸汽加热固化需要几十分钟的过程缩短到几分钟甚至几十秒钟。它的特点是加热速度快、生产周期短、效率高、加热效果和产品质量好、模具制作简单、成本低、容易满足各种弯曲形状所要求的条件，一般采用木模，即将胶合层积材或螺栓紧固的多层厚胶合板根据要求的形状、尺寸和加压方式，铣削成型、精细修整成模具。在模具成型表面附有光滑柔软的铝合金薄板作电极，并采用黄铜带作馈线，将电极与高频发生器连接。由于木模精度稍差、易于变形，一般使用约 1000 次后就需及时修整，因此高频加热胶合弯曲常用于小批量多品种生产。其设备主要包括高频发生器（常用频率为 13.56MHz）、压机和成型木模等，加热方式及电极负载配置形式如图 7-74 和图 7-75 所示。

④微波加热：微波加热胶合弯曲工艺是一种新工艺，微波穿透力强，只要将胶合弯曲板坯放在箱体内照射微波，即可进行加热胶合，如图 7-76 所示。因此它不受胶合弯曲件形状的限制，可以加热不等厚的成型制品，无须电极板，易于进行带填块的 H 形、h 形、X 形等复杂形状的胶合弯曲。国外已开发了这种装置并用于生产。使用的微波频率为 2450MHz，

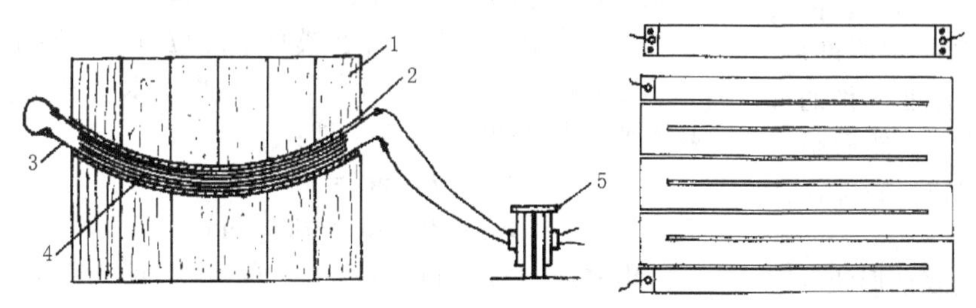

图 7-73 低压电加热系统及其金属带形式

1. 压模 2. 垫板 3. 金属带 4. 弯曲件 5. 变压器

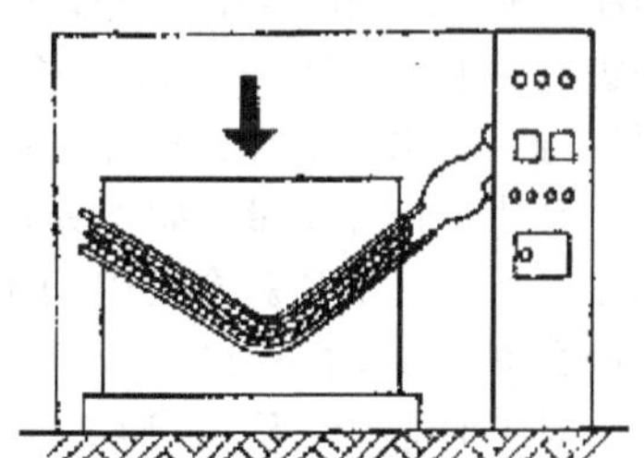

图 7-74 高频加热胶合弯曲形式

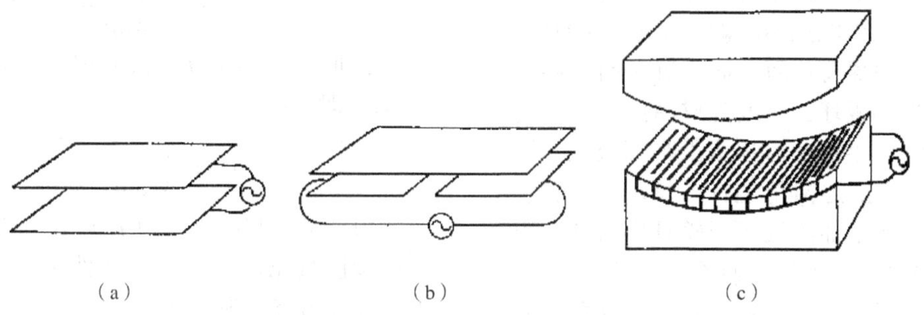

图 7-75 高频加热胶合弯曲电极配置形式

(a) 整体电极 (b) 分段电极 (c) 格状电极

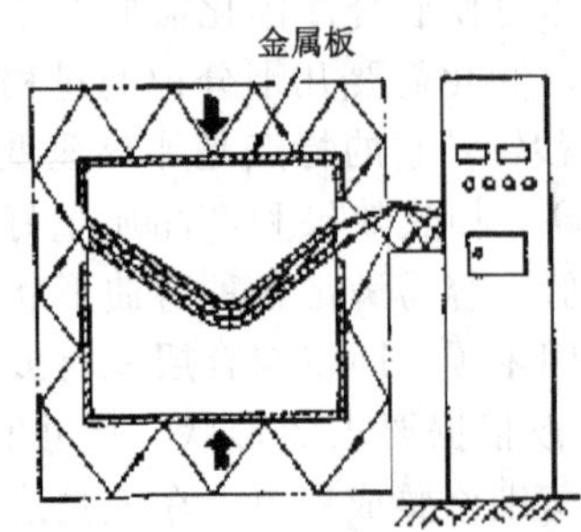

图 7-76 微波加热胶合弯曲形式

微波加热用模具须用绝缘材料制作。

在实际使用高频加热或微波加热时，对设备操作技术和操作经验要求高，加热设备周围必须有屏蔽设施，以防止高频（使用频率为 13.56MHz 时，一般可以不设屏蔽）、微波辐射或外泄而影响附近人体的健康和对周围仪表、电器、空间的干扰。

(4) 加压程序与二次成型　薄板胶合弯曲件的形状根据产品的使用功能和造型需要，可以设计成多种多样，主要形状有 L 形、V 形、U 形、S 形、Z 形、C 形、O 形、H 形、h 形、n 形、X 形等。胶合弯曲件既有二维弯曲的，又可以是三维弯曲的。不同形状的胶合弯曲件必须有相应的模具和加压程序。

用分段组合模具制造复杂的胶合弯曲件时，必须注意模具的加压程序。例如胶合弯曲 U 形构件时，先进行垂直方向加压，待板坯下压到一定厚度后，再进行侧向水平加压，这样才能保证弯曲部件的形状、尺寸和胶合质量。如果先侧向加压，然后垂直加压，则阳模下移就会受阻而不能到位，底部往往会胶合不牢或单板起皱。

对于 H 形、h 形、X 形等带填块的复杂形状的胶合弯曲件，可以用一次成型法或二次成型法制作。一次成型法是将所有的涂胶单板和填块同时装入模具中，一次加压胶合弯曲成型操作麻烦、板坯不易正确定位。二次成型法是先将部分板坯胶合弯曲成型，然后用它与其余单板再次组坯和胶合弯曲成型。例如多层胶合弯曲摇椅：用单向压机压制坐垫下半部及前摇脚上半部板坯，厚度为成品的一半；用单向压机压制靠背后半部及后摇脚上半部板坯，厚度为成品的一半；将上述两个坯件与填块、靠背、坐垫上半部、摇脚下半部的板坯于模具中组坯，用三向压机胶合弯曲成一个整体，如图 7-77 所示。

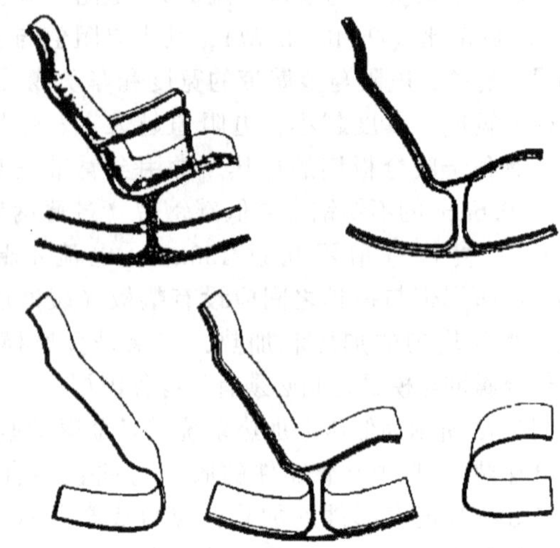
图 7-77 摇椅弯曲件加压程序

(5) 压模位置与压力计算　在薄板胶合弯曲过程中，成型模具的形状尺寸、啮合精度和表面平整程度以及板坯在压模中的位置正确与否，对胶合弯曲部件的质量有重要的影响。在确定模具位置时，应该使板坯在模具内平稳放置，并且两侧受力均匀，使模具不产生位移和变形。因此，一般弯曲部件在模具中的位置要根据弯曲部件的弯曲角度、弯曲段数和各段尺寸的不同进行模具位置角和压力的计算。

①L 形和 V 形模具：图 7-78（a）所示为弯曲角度为 γ，两侧长度为 L_1 和 L_2，宽度为 B，厚度均匀一致的 L 形和 V 形胶合弯曲部件。要求胶层单位压力为 p，水平倾斜角为 α_1 和 α_2（$\alpha_1+\alpha_2+\gamma=180°$）。

为了控制胶合弯曲件在模具中的位置、胶层压力、弯曲件厚度均匀，并使模具不产生水平移动，其水平分力之和应等于零，即：

$$P_{1H}=P_1\sin\alpha_1=BpL_1\sin\alpha_1$$

$$P_{2H}=P_2\sin\alpha_2=BpL_2\sin\alpha_2$$

由 $P_{1H}=P_{2H}$ 可得：$L_1\sin\alpha_1=L_2\sin\alpha_2$，即 $L_1\sin\alpha_1-L_2\sin\alpha_2=0$

所以，由上式和 $\alpha_2=180°-\alpha_1-\gamma$ 可求得水平倾斜角 α_1 为：

$$\alpha_1=\tan^{-1}\left(\frac{L_2\sin\gamma}{L_1-L_2\cos\gamma}\right)$$

此时，总压力 $P=P_1'+P_2'=BpL_1/\cos\alpha_1+BpL_2/\cos\alpha_2$，即为：

$$P=Bp\left(\frac{L_1}{\cos\alpha_1}+\frac{L_2}{\cos\alpha_2}\right)$$

由于平直胶层总压力 $P_0=Bp\ (L_1+L_2)$，所以采用成型模具压制胶合弯曲部件时，必须有使单板弯曲与相互滑移的附加压力 ΔP 为：

$$\Delta P=Bp\left[\left(\frac{L_1}{\cos\alpha_1}+\frac{L_2}{\cos\alpha_2}\right)-(L_1+L_2)\right]$$

例：如图 7-78（a）所示的“椅背—椅座”胶合

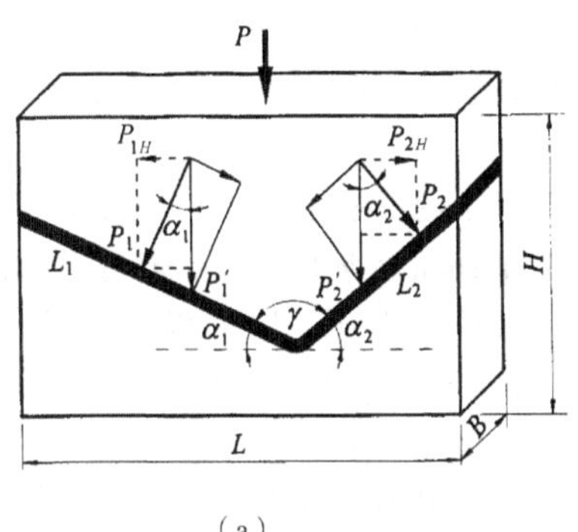

（a）

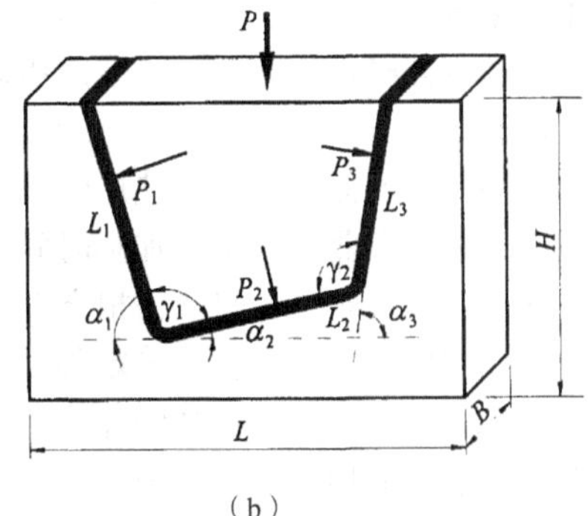

（b）

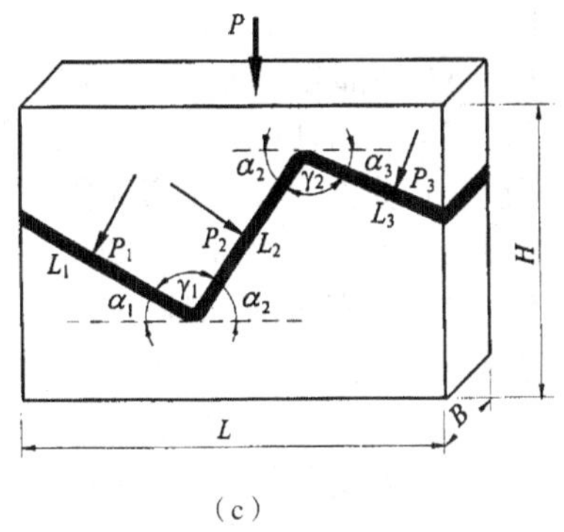

（c）

图 7-78 压模位置与压力计算示意图

（a）L 形和 V 形模具 （b）U 形和 C 形模具 （c）S 形和 Z 形模具

弯曲板坯，宽度 $B=40$cm，弯曲角度 $\gamma=95°$，端面厚度均匀一致，两侧长度 $L_1=28$cm、$L_2=32$cm，要求胶层单位压力 $p=1$MPa。

由上述公式可以计算出：

水平倾斜角：$\alpha_1=46°$，$\alpha_2=39°$

总压力：$P=326$kN ≈33T

附加压力：$\Delta P=86$kN ≈9T

附加压力百分比：$\Delta P/P_0=35.8\%$

②U 形和 C 形模具：图 7-78（b）所示为三段长度为 L_1、L_2 和 L_3，弯曲角度为 γ_1 和 γ_2，宽度为 B，厚度均匀一致的 U 形和 C 形胶合弯曲部件，水平倾斜角为 α_1、α_2 和 α_3，单位压力为 p。

为了控制胶合弯曲件在模具中的位置、胶层压力、弯曲件厚度均匀，并使模具不产生水平移动，根据 L 形和 V 形模具的计算方法，可得：$L_1\sin\alpha_1-L_2\sin\alpha_2-L_3\sin\alpha_3=0$

由于 $\alpha_2=180°-\alpha_1-\gamma_1$，$\alpha_3=360°-\alpha_1-\gamma_1-\gamma_2$，可求得水平倾斜角 α_1 为：

$$\alpha_1=\tan^{-1}\left\{\frac{L_2\sin\gamma_1-L_3\sin(\gamma_1+\gamma_2)}{L_1-L_2\cos\gamma_1+L_3\cos(\gamma_1+\gamma_2)}\right\}$$

此时，总压力 $P=P_1'+P_2'+P_3'$，即为：

$$P=Bp\left(\frac{L_1}{\cos\alpha_1}+\frac{L_2}{\cos\alpha_2}+\frac{L_3}{\cos\alpha_3}\right)$$

附加压力 ΔP 为：

$$\Delta P=Bp\left[\left(\frac{L_1}{\cos\alpha_1}+\frac{L_2}{\cos\alpha_2}+\frac{L_3}{\cos\alpha_3}\right)-(L_1+L_2+L_3)\right]$$

例：如图 7-78（b）所示的 U 形胶合弯曲板坯，宽度 $B=30$cm，弯曲角度 $\gamma_1=115°$、$\gamma_2=115°$，端面厚度均匀一致，两侧长度 $L_1=60$cm、$L_2=45$cm、$L_3=60$cm，要求胶层单位压力为 $p=1$MPa。

由上述公式可以计算出：

水平倾斜角：$\alpha_1=65°$，$\alpha_2=0°$，$\alpha_3=65°$

总压力：$P=987$kN ≈99T

附加压力：$\Delta P=492$kN ≈50T

附加压力百分比：$\Delta P/P_0=99.4\%$

③S 形和 Z 形模具：图 7-78（c）所示为三段长度为 L_1、L_2 和 L_3，弯曲角度为 γ_1 和 γ_2，宽度为 B，厚度均匀一致的 S 形和 Z 形胶合弯曲部件，水平倾斜角为 α_1、α_2 和 α_3，单位压力为 p。

为了控制胶合弯曲件在模具中的位置、胶层压力、弯曲件厚度均匀，并使模具不产生水平移动，根据 U 形和 C 形模具的计算方法，可得：$L_1\sin\alpha_1-L_2\sin\alpha_2+L_3\sin\alpha_3=0$

由于 $\alpha_2=180°-\alpha_1-\gamma_1$，$\alpha_3=\alpha_1+\gamma_1-\gamma_2$，可求得水平倾斜角 α_1 为：

$$\alpha_1=\tan^{-1}\left\{\frac{L_2\sin\gamma_1-L_3\sin(\gamma_1-\gamma_2)}{L_1-L_2\cos\gamma_1+L_3\cos(\gamma_1-\gamma_2)}\right\}$$

此时，总压力 $P=P_1'+P_2'+P_3'$，即为：

$$P=Bp\left(\frac{L_1}{\cos\alpha_1}+\frac{L_2}{\cos\alpha_2}+\frac{L_3}{\cos\alpha_3}\right)$$

附加压力 ΔP 为：

$$\Delta P=Bp\left\{\left(\frac{L_1}{\cos\alpha_1}+\frac{L_2}{\cos\alpha_2}+\frac{L_3}{\cos\alpha_3}\right)-(L_1+L_2+L_3)\right\}$$

例：如图 7-78（c）所示的 Z 形胶合弯曲板坯，宽度 $B=30$cm，弯曲角度 $\gamma_1=94°$、$\gamma_2=105°$，端面厚度均匀一致，两侧长度 $L_1=70$cm、$L_2=40$cm、$L_3=22$cm，要求胶层单位压力为 $p=1$MPa。

由上述公式可以计算出：

水平倾斜角：$\alpha_1=25°$，$\alpha_2=61°$，$\alpha_3=14°$

总压力：$P=547$kN ≈55T

附加压力：$\Delta P=151$kN ≈16T

附加压力百分比：$\Delta P/P_0=38.1\%$

由此可见，在成型胶合弯曲时，所需要的总压力 P 必大于同等胶层面积的平面胶合压力，它包括

平直胶层总压力 P_0 和使单板弯曲与相互滑移的附加压力 ΔP 两部分。随着弯曲角度、弯曲段数和各段尺寸的不同，附加压力 ΔP 的变化较大。对于L形或V形胶合弯曲件，有一个弯曲段，其附加压力 ΔP 近似为平直胶层总压力 P_0 的50%；对于U形胶合弯曲件，有两个弯曲段，其附加压力 ΔP 近似等于平直胶层总压力 P_0。总压力 P 的一般通用计算公式为：

$$P=Bp\sum\ (L_n/\cos\alpha_n)$$

式中：B 为胶合弯曲件的宽度；p 为平直胶层的平均单位压力；n 为胶合弯曲件的段数；L_n 为每段的长度；α_n 为每段的位置角。

(6) 工艺参数　胶合弯曲成型胶压时的工艺参数见表7-10。

热压温度根据所采用的胶黏剂选择。用脲醛胶时，一般热压温度为100~120℃；用酚醛胶时，一般为130~150℃。

热压时间根据采用的胶黏剂、加热方法确定。蒸汽加热时间一般为每1mm板坯厚45~60s；高频加热时，根据发生器的功率、电压、频率以及负载的大小确定加热时间，高频发生器的高压开机时间即为高频加热时间，一般为几分钟。

为了防止胶合弯曲件在加热结束后立即打开压模卸压而产生鼓泡、脱胶以及回弹变形等，必须将胶合弯曲件在加热结束后保压一段时间，使其未完全固化的胶黏剂能利用余热充分固化，同时使板坯冷却。保压时间一般为10~15min。

表7-10　弯曲胶压工艺参数

胶压方式	单板树种	胶黏剂	单位压力 (MPa)	热压温度 (℃)	热压时间	保压时间 (min)
冷　压	桦木	冷压脲醛胶	0.8~2.0	20~30	20~24h	0
蒸汽加热	柳桉	脲醛胶	0.8~1.5	100~120	每毫米板坯厚加热45~60s	10~15
	水曲柳	酚醛胶	0.8~2.0	130~150		
高频加热	马尾松	脲醛胶	1.0	100~115	7min	15
	意杨			110~125	5min	
低压电加热	柳桉	脲醛胶	0.8~2.0	100~120	每毫米板坯厚加热1min	12
	桦木					

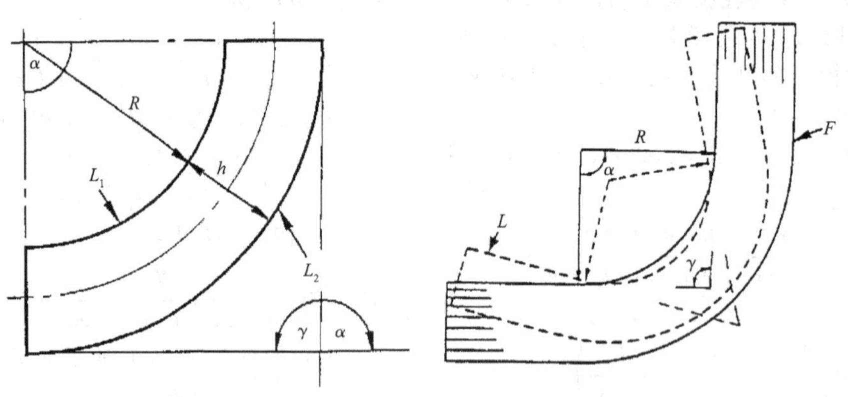

图7-79　胶合弯曲件变形原理示意图

7.5.2.4　胶合弯曲件陈放

由于薄板的弯曲和胶层的固化收缩，胶合弯曲件胶压成型后，在其内部存在各种应力，当胶合弯曲件从压机中卸出，开始会产生伸直，使弯曲角度和形状发生变化，但随着成型板坯水分的蒸发，含水率的降低，胶合弯曲件厚度会发生收缩，而使其形状回复到原来的胶压状态，甚至会出现比要求的弯曲角度小1°~2°的状况。如图7-79所示，当胶合弯曲件从压机中卸出后（F 为初始形状、L 为最终形状），随着含水率由最初的 W_0 降低到 W_i，即 $\Delta W=W_i-W_0$，其厚度干缩率 $k=\Delta W\cdot e$（e 为含水率每变化1%时的干缩系数），则胶合弯曲件厚度将从 h_0 收缩到 $h_0(1+k)$，由此可得，弯曲圆心角度 α 的变化量 $\Delta\alpha$ 或

弯曲角度 γ 的变化量 $\Delta\gamma$ 为：

$$\Delta\alpha = -\frac{k}{1+k}\alpha_0$$

$$\Delta\gamma = -\Delta\alpha = \frac{k}{1+k}\alpha_0 = \frac{k}{1+k}(180° - \gamma_0)$$

$$\gamma = \gamma_0 + \Delta\gamma = \frac{\gamma_0 + 180°k}{1+k}$$

$$R = R_0(1+k)$$

式中，α_0 为初始圆心角度；γ_0 为初始弯曲角度；R_0 为初始弯曲半径；R 为最终弯曲半径。

例如，冷压的带填块的扶手椅侧框从模具上卸下来之后，椅足先向外侧张开 7~8mm，然后再逐渐向内收缩，经过 4 天后，形状才趋向稳定，但尺寸仍比原设计的稍大些；又如高频加热的胶合弯曲椅背，热压结束开启压模时，弯曲件即向凹面收缩，在脱模后最初 5h 内收缩变形量最大，3~4 天后变化缓慢，到 10 天后，这种变形基本停止，此时，含水率变化了 4%~5%，弯曲角度缩小了 1°~2°。

因此，为使胶压后的胶合弯曲件内部温度与应力进一步均匀，减少变形，从模具上卸下的胶合弯曲件，必须放置 4~10 天，使形状充分稳定后才能投入下道工序，进行锯解和铣削等加工。

7.5.2.5 胶合弯曲件后加工

胶合弯曲件后加工主要包括对成型坯件进行锯剖、截头、齐边、倒角、铣型、钻孔、砂磨、涂饰等，加工成尺寸、精度及表面粗糙、装饰效果符合要求的零部件。

薄板胶合弯曲件的毛坯在宽度上一般都是倍数毛料，而且边部往往参差不齐，需要在胶压后按照规格将其剖分成一定的宽度，因受到弯曲件形状的约束，宽度加工是胶合弯曲件加工的重要工序。对于大批量生产，通常采用专用的弯曲坯件剖分锯（立式多锯片圆锯机），用气动系统将弯曲成型坯件吸附在锯架上，通过转动着的锯架把弯曲坯件锯剖成要求的规格宽度。在小批量的情况下，可以采用普通圆锯机或单轴铣床进行剖分加工。

胶合弯曲件长度上加工可参照实木方材加工中弯曲件端部精截的方法。胶合弯曲件厚度上加工主要采用相应的砂光机进行砂磨修整。胶合弯曲件的其他加工要求与实木方材弯曲件的机械加工相同。

7.5.3 薄板胶合弯曲质量的影响因素

胶合弯曲件的质量涉及多个方面，薄板的种类与含水率、胶黏剂的种类与特性、模具的式样与制作精度、加压方式、加热方法与工艺条件等都对其质量有重要的影响。

（1）薄板含水率　是影响胶合弯曲坯件变形和质量的重要因素之一，含水率过低，胶合不牢、弯曲应力大、板坯发脆，易出废品；含水率过高，胶合弯曲后因水分蒸发会产生较大的内应力而引起变形。因此，薄板的含水率一般应控制在 6%~12% 为宜，同时，要选用固体含量高、水分少的胶黏剂。

（2）薄板厚度公差　会影响弯曲部件总的尺寸偏差。薄板厚度在 1.5mm 以上时，要求偏差不超过 ±0.1mm；厚度在 1.5mm 以下时，偏差应控制在 ±0.05mm 以内。同时，薄板表面粗糙度要小，以免造成用胶量增加和胶压不紧，影响胶合强度和质量。

（3）模具精度　压模精度式样和精度是影响胶合弯曲件形状和尺寸的重要因素，一对压模必须精密啮合，才能压制出胶合牢固、形状正确的胶合弯曲件。设计和制作的模具需满足有准确的形状、尺寸和精度，模具啮合精度为±0.15mm。制作压模的材料要尺寸稳定，具有足够的刚性，能承受压机最大的工作压力，不易变形，使板坯各部分受力均匀、成品厚度均匀、表面光滑平整、分段组合模具的接缝处不产生凹凸压痕；加热均匀，能达到要求的温度；板坯装卸方便，加压时，板坯在模具中不产生位移或错动。木模最好采用层积材或厚胶合板制作。压模表面必须平整光洁，稍有缺损或操作中夹入杂物，都会在坯件表面留下压痕。

（4）加压方式　对于形状简单的胶合弯曲件，一般采用单向加压，而对于形状复杂的弯曲件，则采用多向加压方法比较好。加压弯曲必须有足够的压力，使板坯紧贴样模表面，并且薄板层间紧密接触，尤其是弯曲角度大、曲率半径小的坯件，压力稍有松弛，板坯就有伸直趋势，不能紧贴样模或各层薄板间接触不紧密，就会胶合不牢，造成废品。

（5）热压工艺　热压方主法和工艺条件是影响薄板胶合弯曲质量的重要因素。在热压三要素（压力、温度、时间）中，压力必须足够，以保持板坯弯曲到指定的形状和厚度，保证各层单板的紧密结合；温度和时间直接影响到胶黏剂的固化，太高的温度或过长的加热时间会降解木材，使其力学性能下降，同时也会造成胶层变脆，同样，温度太低则会使胶黏剂固化较慢，从而降低生产效率，同时容易造成胶黏剂固化不充分、胶合强度不高、容易开胶等缺陷。

（6）胶合弯曲件陈放　薄板胶合弯曲成型以后，

如果陈放时间不足，坯件的内部应力未达到均衡，会引起变形，甚至改变预期的弯曲角度，降低产品质量。陈放时间与胶合弯曲件厚度和陈放条件有关。

除了上述因素之外，在生产过程中，应经常检查薄板含水率、胶黏剂黏度、涂胶量及胶压条件等，定期检测坯件的尺寸、形状及外观质量，并按标准测试各项强度指标，形成完备的质量保证体系。

7.6 锯口弯曲工艺

锯口弯曲是指在毛料的纵向或横向锯出若干锯口，然后涂胶（有的需要插入薄板或填块）加压弯曲胶合制成曲线形零部件的一种方法。

7.6.1 纵向锯口弯曲

在毛料的一端，顺着纤维方向在立式铣床（主轴上装有一组圆锯片）或圆锯机上锯出若干纵向锯口（图 7-80），锯口间隔为 1.5~3.0mm。锯口宽度小于 0.5mm 时，可在锯口中直接涂胶，如果锯口较宽时则需在锯口中插入涂胶的薄板、单板或胶合板等，然后采用手工夹具或机械装置（图 7-80）等方式进行胶合弯曲和固化定型，待胶黏剂充分固化后即可制成弯曲件。

由于纵向锯口弯曲部位由很多层涂胶薄板组成，相当于薄板胶合弯曲，因此，毛料无须预先进行水热处理。锯口数目多、间隔距离小，薄板层数也多，弯曲方便，但胶黏剂消耗量大，加工复杂，劳动强度大，生产效率低。此类方法仅适合于小批量方材毛料的端部弯曲，在家具生产中，主要用于制作桌几腿和椅凳腿等部件。

7.6.2 横向锯口弯曲

横向锯口弯曲工艺常用于各种人造板制造曲形板件。图 7-81（a）所示为弯曲前锯口的形状和尺寸，锯口深度与弯曲半径有关，并影响到锯口间距，锯口深度 h_i 通常为人造板厚度 h 的 2/3~3/4，留下表层材料厚度 s（$=h-h_i$）越小，则锯口间距也应减小。锯口数目增加，可弯曲的曲率半径就越小，并可避免在外侧表面显露出多角形弯折的痕迹。锯口可呈长方形或三角形，三角形锯口在弯曲后不会留下空隙。

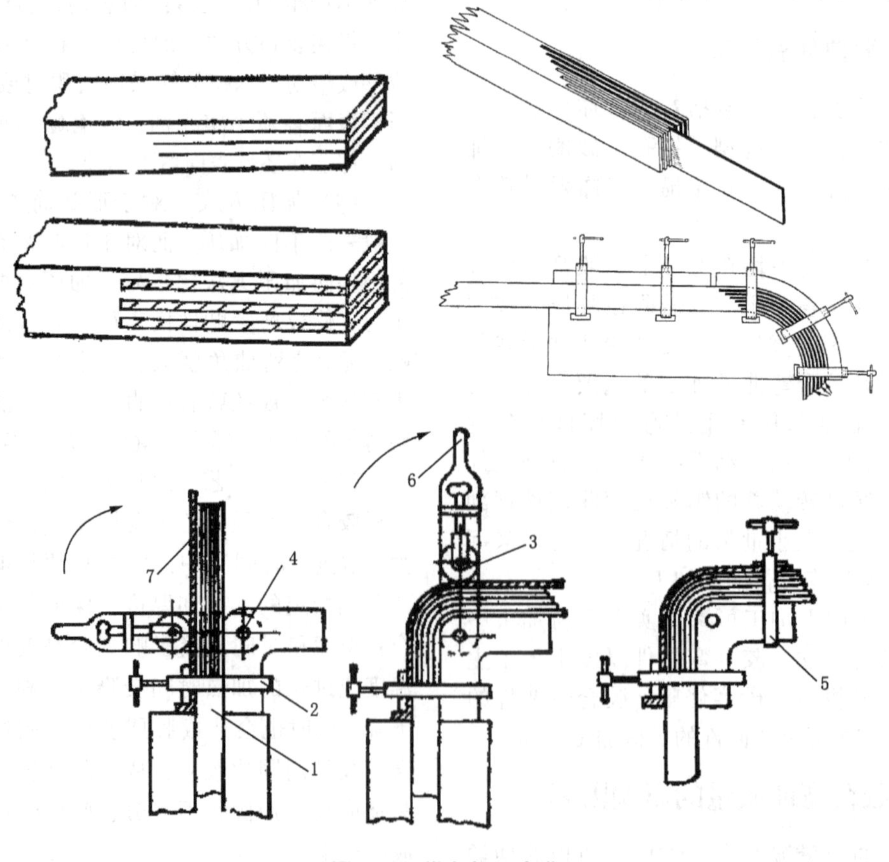

图 7-80 纵向锯口弯曲

1. 方材 2. 夹紧器 3. 压辊 4. 模具 5. 夹紧器 6. 手柄 7. 金属夹板

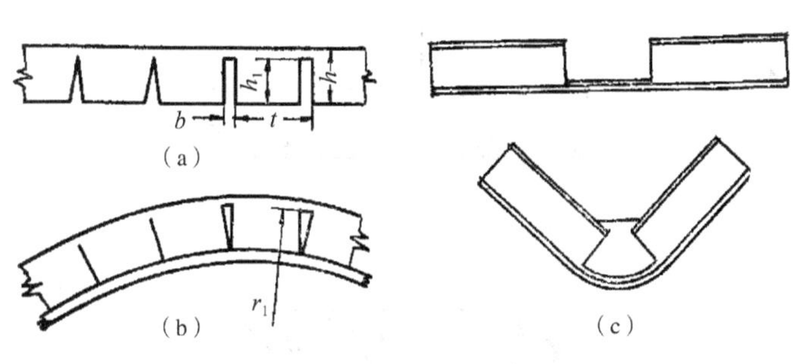

图 7-81 横向锯口弯曲

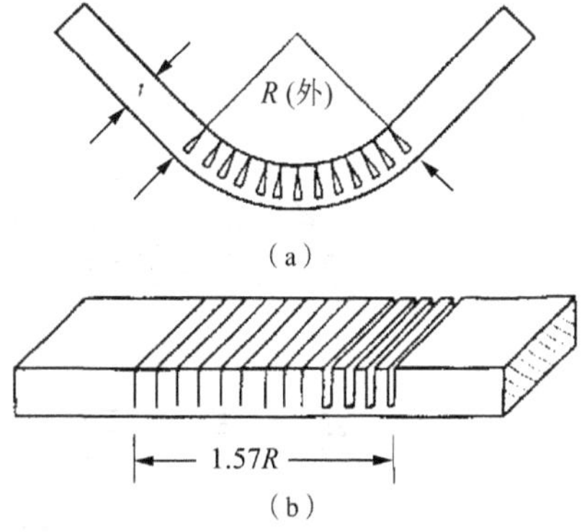

图 7-82 横向锯口弯曲尺寸计算图

为了增进美观，可在弯曲部件内部贴一层单板或薄木，如图 7-81（b）所示。图 7-81（c）所示为在弯曲部位锯出槽口，弯曲时装入相应尺寸的填补木块。

在加工横向锯口时，一般可根据弯曲件外侧的曲率半径 R、厚度 t 和锯口宽度 s 来确定弯曲部分的总长度 L 和锯口数目 n，如图 7-82 所示直角弯曲（1/4 圆弧）时：

弯曲部分总长度 $L=2\pi R/4=\pi R/2=1.57R$

锯口总宽度 $M=2\pi R/4-2\pi(R-t)/4$

$=\pi t/2=1.57t$

锯口数目 $n=M/s=1.57t/s$

例如，板材厚度为 20mm，锯口宽度为 2mm 时，则至少需要 16 个锯口才能弯曲成直角或 1/4 圆弧形零件。

横向锯口弯曲时，需要在锯口中涂上胶黏剂，弯曲顺序一般先从中间开始，向两端逐渐弯曲，并夹紧到胶黏剂固化，使其在弯曲状态下定型。

7.7 V 形槽折叠工艺

V 形槽折叠成型是以贴面的人造板为基材，在其内侧开出 V 形槽或 U 形槽，经涂胶、折叠、胶压制成家具柜体或盒状箱体。采用此工艺可以简化结构和接合方式，减少生产工序，利于机械化和半自动化生产，但由于结构上的原因，不利于大型柜类家具的生产，一般仅适合在一些小型装饰柜、床头柜、茶几、音箱、电视机木壳、包装盒等中使用。

V 形槽折叠成型工艺主要包括基材的准备、基材的开槽、涂胶和折叠成型等。图 7-83 所示为 V 形槽或 U 形槽的折叠成型形式和工艺流程。

7.7.1 基材的准备

基材一般采用刨花板、中密度纤维板、多层板等人造板，要求表面进行砂光，以确保表面平整光洁和厚度偏差小；饰面层材料一般要求韧性好、易于折叠成型，生产中常用带有仿珍贵木材纹理与色泽的聚氯乙烯（PVC）等塑料薄膜。

根据折叠产品的尺寸，采用精密裁板锯或开料锯进行规格尺寸锯裁，锯裁时应注意防止表面薄膜层的破损，以免影响产品质量。

7.7.2 基材的开槽

加工 V 形槽或 U 形槽的方法有 3 种，常用成型铣刀、圆锯片和端铣刀加工，如图 7-84 所示，而且前两种方法应用较为普遍。

成型铣刀装在水平主轴上，铣刀刃口形状与 V 形槽或 U 形槽尺寸形状相适应，有的成型铣刀是组合式的，可以调节，以适应各种厚度规格的板件开槽。

锯切 V 形槽，要用两个倾斜 45°的圆锯片加工，可以根据板件厚度调整锯片切削部位，左锯片沿槽口加深切削，右锯片沿轴向向下移动。

端铣刀加工小型槽口，主轴作 45°倾斜。

通常 V 形槽或 U 形槽顶部呈 90°，折叠后成直角转角形状，为了接缝严密和容纳一定量的胶黏剂，可在槽顶留有 0.2mm 的间隙或槽口角度开成 92°。为了适应制品外形要求，可开成各种角度的相应槽口。

V 形槽或 U 形槽可以在锯床和铣床上加工，但目前生产中常采用专用的开槽机或切削机加工。图 7-85 所示为 V 形槽专用开槽机或切削机，其有单槽式或多槽式，单槽式适用于小批量生产，多槽式适合于大批量生产。加工时，将饰面板材的正面朝下，安放在开槽机上，调整好加工位置，在板件的背面开槽。

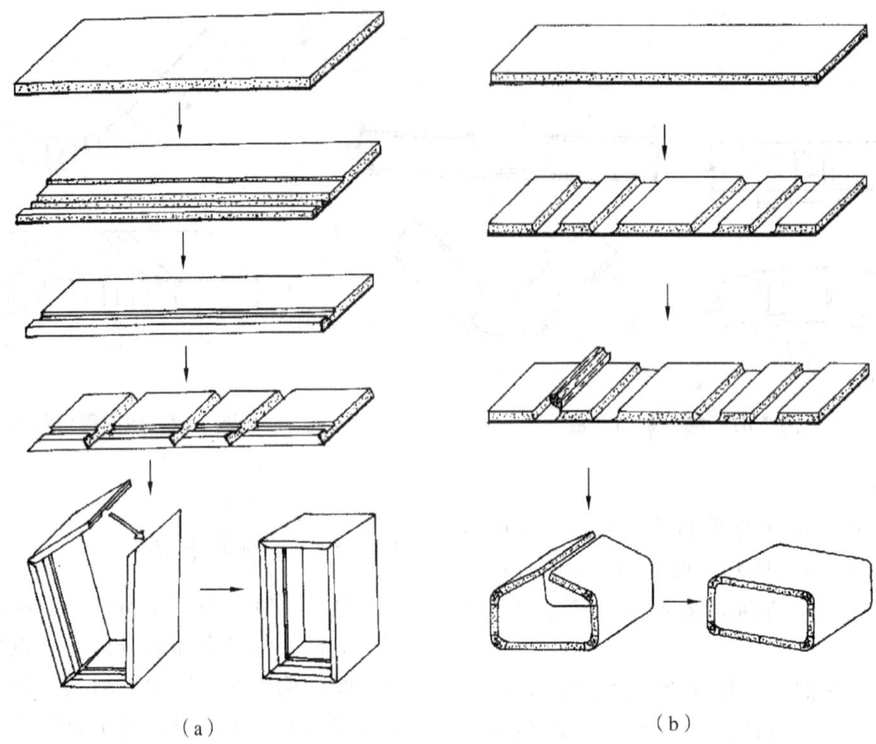

图7-83 V形槽或U形槽的折叠成型工艺流程

(a) V形槽折叠成型 (b) U形槽折叠成型

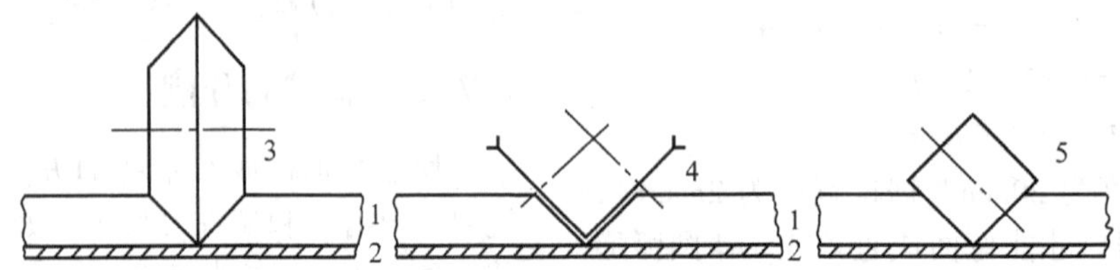

图7-84 V形槽的加工

1. 基材 2. 贴面材料 3. 成型铣刀 4. 圆锯片 5. 端铣刀

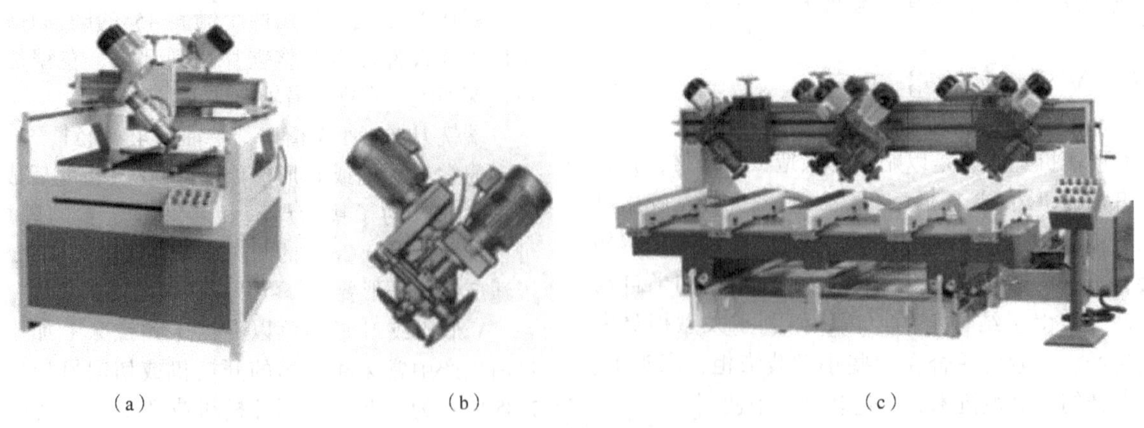

图7-85 V形槽专用开槽机或切削机

(a) 单槽切削机 (b) 组合圆锯片 (c) 多槽切削机

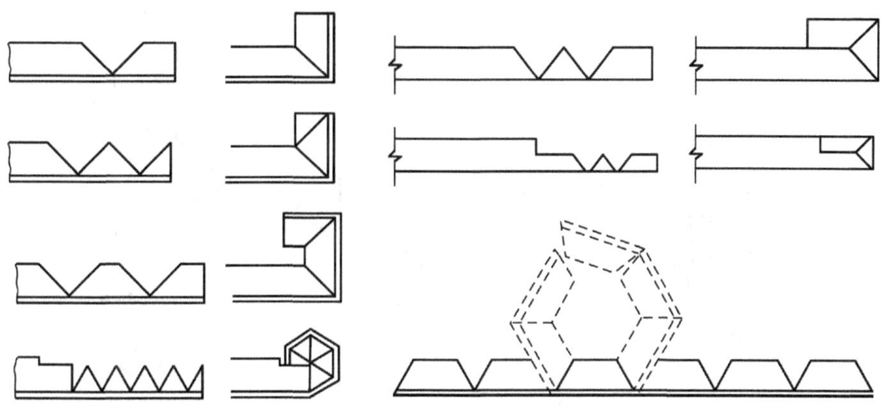

图 7-86　折叠封边和折叠成型

开槽时必须将槽中的人造板材料全部切去，刀尖正好与贴面薄膜层接触但未切到，以使折叠顺利进行。如果切割不足，开槽不到位，将难以折叠，并在折叠时角部薄膜会被拉伸变薄发白，影响表面质量；如果切割过深，切削了贴面薄膜，折叠时薄膜会发生崩裂，影响折叠质量。

为了使折叠正确和形状规正，加工时应保证槽的形状精度、槽与槽之间的尺寸精度。槽的加工精度与机床的种类与精度、刀具的形状与尺寸精度、刀具的安装与调整、刀具的磨损等有关，应随时加以检查和控制。

7.7.3 涂　胶

在开出的槽中要经过涂布胶黏剂后才能折叠成型，一般对于胶黏剂的要求是胶层固化迅速，胶合强度较高。生产中常用的胶黏剂有热熔胶、合成橡胶以及各种接触型胶。脲醛树脂胶和聚醋酸乙烯酯乳白胶一般很少用，因为它们需要在压力下保持较长时间，不能立即进行后续加工。热熔胶用得较多，为了增强其胶合性能，可以采用热熔胶与乳白胶混合使用的方法，热熔胶可以快速胶合，乳白胶可以提高折叠处的胶合强度。涂胶方式可以采用手工或机械涂胶。

7.7.4 折叠成型

开槽涂胶后的板坯可以采用手工折叠胶压，也可以采用折叠机胶压成型。折叠可分为折叠封边和折叠成型两部分。折叠封边后，板坯边部即被封好边，无须另做封边处理，如图 7-86 所示。折叠成型可将开槽并涂胶后的板件直接折叠成各种部件或产品的构架，也可以将折叠封边后的板坯，再通过 V 形槽加工，然后折叠成各种部件或产品的构架，如图 7-83 所示。

采用 V 形槽或 U 形槽折叠成型工艺制成的部件和产品是不能再拆卸的。

7.8 人造板弯曲工艺

随着刨花板、纤维板、胶合板等人造板用途范围的扩大，在很多场合需要进行弯曲加工。对于厚度较大的人造板，如厚型中密度纤维板、刨花板、细木工板和厚胶合板等，一般采用横向锯口弯曲或 V 形槽折叠成型的方法进行弯曲加工；对于厚度较小的人造板，如硬质纤维板、薄型中密度纤维板、薄胶合板等的弯曲加工，一般有两种方法，一种是把若干张人造板涂胶并叠放在一起配成板坯再进行胶合弯曲；另一种是用单张人造板弯曲。单张人造板弯曲时，弯曲半径大的部件，可用人工压弯后固定在相应的接合零部件上；而弯曲半径小的部件，需用专门装置或加压方法，如图 7-87 所示。

7.8.1 胶合板弯曲

薄胶合板的弯曲性能与板厚和表面纹理方向有关。横纤维方向弯曲时，弯曲轴向与表层纹理垂直，其弯曲性能与方材弯曲近似；当顺纹理方向弯曲时，最小曲率半径可比横向弯曲时小 1.5～2 倍，但弯曲半径过小会产生开裂；最好使弯曲轴向与纤维方向成 45°弯曲，这样弯曲性能好，又不容易产生开裂现象。

7.8.2 纤维板弯曲

薄纤维板尤其是薄中密度纤维板，是一种比较适合于弯曲加工的材料，其密度较大，纤维能很好地交织在一起，没有方向性，在湿润状态下比较柔软，可塑性较大。一般认为含水率为 20%左右较为适合弯曲加工。水分不足时，弯曲加工表面容易产

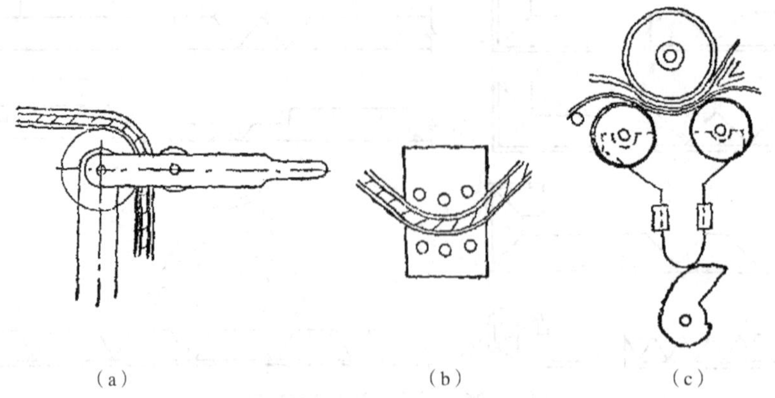

图 7-87 人造板弯曲装置与加压方法

(a) 移动辊压法 (b) 硬模加压法 (c) 加热辊压法

生龟裂和破损，而水分过多时，则往往容易使表面纤维结合力受到破坏而使表面粗糙不平和起毛。

一般增加纤维板含水率的方法通常是在常温水中浸泡 24h 或在 50~60℃ 的热水中浸泡 0.5h，使水分达到弯曲所要求的含水率。提高含水率后的纤维板即可在机械力的作用下进行弯曲成型，待在常温下干燥 24h 以上或对其加热（温度为 200~220℃）使纤维塑化而保持板坯在弯曲后表面硬滑，减少回弹。

7.9 碎料模压成型工艺

模压成型是用木质或非木质材料的碎料（或纤维）经拌胶后在三维模具中加热和加压一次模压制成各种形状的部件或制品的方法。它是在刨花板和纤维板制造工艺的基础上发展起来的。

7.9.1 模压成型的特点

模压成型工艺具有以下特点：

① 能压制成各种形状、型面、尺寸的零部件，尺寸稳定，不易变形。

② 模压零部件材质均匀，密度、强度、刚度和耐候性等均比天然木材有所提高。

③ 同一零部件，根据需要可压成不同厚度或密度，适合不同受力、强度和硬度要求。

④ 模压时可预留出孔槽或压入各种连接件，以便与其他零部件接合和组装成产品。

⑤ 模压可制成带有沟槽、孔眼和型面的部件或制品，省去或减少了成型加工和开槽钻孔等工序，简化零部件的机械加工工艺过程。

⑥ 模压同时覆贴上饰面材料，可提高装饰效果和减少表面装饰工序。

⑦ 充分利用碎小材料，提高了木材利用率。

⑧ 可用于模压具有圆弧形、线型边缘的平面或曲面形部件以及桌几面、椅凳面、门扇、腿架、箱盒、餐盘、托盘等立体型部件或制品。

7.9.2 模压成型的工艺过程

模压成型工艺过程大致可分为：碎料（或纤维）制备、施胶、计量铺装（可覆饰面材料）、模压成型（热压固化）、定型修饰与后续加工等。

纤维模压成型工艺与纤维板生产工艺基本相似；碎料模压成型工艺与普通刨花板生产工艺基本相似。

复习思考题

1. 简述迈克尔·索耐特与曲木家具的关系及其贡献。了解迈克尔·索耐特曲木家具的种类与特征。

2. 简述阿瓦尔·阿尔托与胶合弯曲家具的关系及其贡献。了解阿瓦尔·阿尔托胶合弯曲家具的种类与特征。

3. 曲线形零部件的制造方法有哪几种？简要说明各自特点。

4. 实木方材弯曲为什么要进行软化处理和加金属钢板（钢带）？

5. 实木方材弯曲主要工艺过程包括哪些内容？影响其弯曲质量的因素有哪些？

6. 薄板胶合弯曲与实木方材弯曲相比，有何优缺点？其主要工艺过程包括哪些内容？

7. 薄板胶合弯曲所采用的模具有哪几种形式？各采用什么材料？胶合弯曲压力应如何计算？

8. 简要说明锯口弯曲的种类、方法与应用。

9. V 形槽折叠成型对基材和胶黏剂有何要求？V 形槽可采用哪些刀具或机床进行加工？

第8章 装饰与涂饰

【本章重点】

1. 装饰的作用、方法及要求。
2. 涂饰工艺的分类、特征及主要构成。
3. 涂饰的常用方法与设备。
4. 特种艺术装饰的方法与应用。

通常，木家具白坯都要进行装饰，然后才能作为成品供人们使用。木家具装饰的目的主要在于起保护和美化作用。木家具表面覆盖一层具有一定硬度、耐水、耐候等性能的膜料保护层，使其避免或减弱阳光、水分、大气、外力等的影响和化学物质、虫菌等的侵蚀，防止制品翘曲、变形、开裂、磨损等，以便延长其使用寿命；同时，赋予木家具一定的色泽、质感、纹理、图案纹样等明朗悦目的外观，使其形、色、质完美结合，给人以美好舒适的感受。装饰效果的优劣对木家具的价值具有重大的影响。

木家具的装饰方法多种多样，基本上可分为贴面、涂饰和特种艺术装饰三类。

（1）贴面　是将片状或膜状的饰面材料如刨切薄木（天然薄木或人造薄木）、装饰纸、浸渍纸、装饰板（防火板）和塑料薄膜等用（或不用）胶黏剂贴在木家具表面上进行装饰。

（2）涂饰　又称涂装，是按照一定工艺程序将涂料涂布在木家具表面上，并形成一层漆膜。按漆膜能否显现木材纹理可分为透明涂饰和不透明涂饰；按其光泽高低可分为亮光涂饰、半亚光涂饰和亚光涂饰；按其填孔与否可分为显孔涂饰、半显孔涂饰和填孔涂饰；按面漆品种可分为硝基漆（NC）、聚氨酯漆（PU）、聚酯漆（PE）、光敏漆（UV）、酸固化漆（AC）和水性漆（W）等；按漆膜厚度可分为厚膜涂饰、中膜涂饰和薄膜涂饰（油饰）等；按不同颜色还可分为本色、栗壳色、柚木色、胡桃木色和红木色等。

（3）特种艺术装饰　包括雕刻、压花、镶嵌、烙花、喷砂和贴金等。

实际上，在木家具生产中，往往是几种装饰方法结合使用，如贴装饰纸或贴薄木后，再进行涂饰，镶嵌、雕刻、烙花、贴金与涂饰相结合等。其表面通过涂上各种涂料，能形成具有一定性能的漆膜保护层，延长木家具的使用寿命；同时，能加强和渲染木材纹理的天然质感，形成各种色彩和不同的光泽度，提高木家具的外观质量和装饰效果。

木家具装饰可以在装配成制品后进行，也可以在装配制品前先对零部件装饰，然后再总装配，甚至，可以先对木家具的原材料如胶合板、刨花板、中密度纤维板等进行饰面，再加工成木家具。

木家具装饰质量的优劣通常从外观、理化性能和环保性能三个方面进行评定。不同装饰方法的外观和理化性能所包含的内容有所不同。如涂饰的外观包括颜色与样板相符程度、均匀性、光泽、颗粒、鼓泡、气泡、针眼、流挂、发白、皱皮、橘皮、漏漆和划痕等；而理化性能则包括漆膜的附着力、耐干热性、耐湿热性、耐液（酸碱等）性、耐磨性、耐冲击性等；环保性能包括挥发性有机化合物（苯、甲苯、二甲苯、TVOC 等）、重金属或可迁移元素（铅、镉、铬、汞、锑、钡、硒、砷等）。

8.1 涂饰工艺

用涂料涂饰木家具的过程，就是木材表面处理、涂料涂饰、涂层固化以及漆膜修整等一系列工序的总和。各种木家具对漆膜理化性能和外观装饰性能的要求各不相同，木材的特性如具有多孔结构、各向异性、干缩湿胀性，某些树种含有单宁、树脂等内含物，以及木家具生产中大量使用刨花板、中密度纤维板等人造板材，都对木家具涂饰工艺和效果有着直接的影响。

木家具的涂饰由于使用的涂料种类、涂饰工艺和装饰要求的不同，形成了不同的分类方法，其主要类别及其特征见表8-1。

木家具由于使用的基材和饰面材料不同，其涂饰工艺有所不同。当用刨切薄木（或旋切单板）和印刷装饰纸贴面以及镂铣、雕刻、镶嵌等艺术装饰的板式木家具，一般采用不遮盖纹理的透明涂饰工艺；而用刨花板、中密度纤维板等材料且表面不进行贴面装饰的，则常采用不透明涂饰工艺，运用各种色彩来表现其装饰效果。为了便于叙述，这里主要按透明涂饰、不透明涂饰和模拟印刷涂饰等方法来讨论木家具的涂饰工艺。

8.1.1 透明涂饰

透明涂饰（clear painting），俗称“清水”涂饰。它是用透明涂料（即各种清漆）涂饰木材表面。进行透明涂饰，不仅能保留木材的天然纹理和颜色，而且还能通过某些特定的工序使其纹理更加明显，木质感更强，颜色更为鲜明悦目。

透明涂饰多用于名贵优质阔叶材（或薄木贴面、印刷木纹装饰纸等）制成的制品和优质针叶材木家具的涂饰。

8.1.1.1 透明涂饰工艺构成

木家具透明涂饰工艺过程，大体上可分为三个阶段，即木材表面处理（即表面准备：表面清洁、去树脂、漂白、嵌补）、涂料涂饰（填孔、染色或着色、涂底漆、涂面漆、涂层干燥）和漆膜修整（磨光、抛光）。按照涂饰质量要求、基材情况和涂料品

表8-1 木家具涂饰的分类及特征

涂饰类别		特征			
		涂料	漆膜		工艺
按是否显现木纹分	透明涂饰（清水涂饰）	清漆	漆膜透明并保留和显现木材的天然纹理和色泽，纹理更明显、色彩更鲜艳悦目、木质感更强		表面处理：表面清洁（去污、除尘、去木毛）、去树脂、漂白（脱色）、嵌补 涂料涂饰：填孔或显孔、着色（染色）、涂底漆、涂面漆 漆膜修整：磨光、抛光
	不透明涂饰（混水涂饰）	色漆	漆膜完全遮盖木材的纹理和颜色，漆膜的颜色即是木家具的颜色		表面处理：表面清洁（去污、除尘、去木毛）、去树脂、嵌补 涂料涂饰：填平、涂底漆、涂面漆 漆膜修整：磨光、抛光
按漆膜表面光泽分	亮光涂饰	清漆和色漆	填实木材管孔、漆膜厚实丰满、光泽度在70%以上	原光涂饰：气干聚酯漆和光敏漆的漆膜原光质量好	不进行漆膜的最后修整加工，工艺简单、省工省时
				抛光涂饰：表面平整光洁、镜面般光泽装饰质量高	在原光涂饰漆膜的基础上增加漆膜的研磨和抛光等工序
	半亚光涂饰	清漆、半亚光清漆、半亚光色漆	漆膜较厚实丰满，光泽度在30%～70%	填孔半亚光：填满管孔 ①亮光涂饰+研磨消光； ②半亚光漆直接涂饰	①用亮光涂饰后再轻微研磨消光，其他工艺与亮光涂饰相同； ②用半亚光漆涂饰直接成半亚光漆膜
				半显孔半亚光涂饰：不填满管孔，轻微降低光泽度	通过不填满管孔直接形成轻微不平整的半亚光漆膜
	亚光涂饰	清漆、亚光清漆、亚光色漆	漆膜较薄光泽微弱而柔和，光泽度在30%以下	填孔亚光：填满管孔 ①亮光涂饰+研磨消光； ②亚光漆直接涂饰	①用亮光涂饰后再研磨消光，其他工艺与亮光涂饰相同； ②用亚光漆涂饰直接成消光漆膜
				半显孔亚光涂饰：不填满管孔，不连续、不平整的漆膜，降低光泽度	因不填或不填满管孔，且面漆涂饰次数少，工艺简单、省时省料
				显孔亚光涂饰：不填管孔，不连续、不平整的漆膜，降低光泽度	

种的不同，每个阶段可以包括一个或几个工序，有的工序需要重复多次，有些工序的顺序也可以调整。

（1）表面清洁　表面清洁的目的是为涂饰准备一个清洁光滑的木家具白坯表面，以利于获得良好的装饰质量、省工省料，包括去木毛、除尘、去除油渍污垢及胶痕等。

木家具白坯表面通常采用精刨或磨光（砂光）进行修整，但这种修整过的木材表面上仍存在已被切削但未完全与表面脱离的木材纤维即“木毛”。去木毛的方法有以下几种：

①用40~50℃的热水布湿润木材表面，干燥后木毛竖起，然后用细砂纸轻磨即可除去木毛。

②用浓度为25%的虫胶液或浓度为3%~5%的骨胶液涂刷在白坯表面上，木毛润胀快，干燥迅速，干后木毛较脆，能有效地磨掉。

③柚木等木材内含的某些成分具有拨水性，应使用3：1的水和氨的混合液涂刷表面，再去木毛。

对于木家具表面上的污渍（如胶痕、油迹、污垢等），一般可以采用1号或1.5号的木砂纸磨光，砂不掉时要用精光短刨将表面刨干净。刮掉榫接合及其他胶合处残留的胶。油迹可先用砂纸磨光，再用汽油清洗。

（2）去树脂　落叶松、红松、马尾松等针叶材中均含有松脂，在节子、晚材部分的松脂含量尤为丰富。松脂主要成分是松节油和松香，会影响漆膜的附着力和颜色的均匀性。因此，在涂饰涂料前一定要清除松脂。去树脂的方法有：

①高温干燥法：在针叶材进行高温干燥的同时除去树脂。

②洗涤法：用5%~6%的碳酸钠（Na_2CO_3）溶液或4%~5%氢氧化钠（NaOH）溶液涂擦木材表面，使松脂与碱生成可溶性的皂，再用热水将表面洗净。

③溶解法：用汽油、丙酮、甲苯、甲醇或四氯化碳等有机溶剂擦涂在松脂多的部位上即可。

④封闭法：是在松脂较多的部位涂虫胶清漆或聚氨酯封闭底漆，阻止松脂从漆膜渗出来。

⑤挖除法：是将松脂特别多的松脂囊、节子等部位挖掉，再补上相应的木块。

（3）漂白　木材漂白又称木材脱色，是采用化学药剂减轻木材颜色，即将深色木材变成淡色或使白坯材色一致或去除污染变色等的操作过程。目前，木材漂白的方法很多，常用的主要有以下几种：

①过氧化氢溶液（浓度30%~35%）和氨水（浓度25%~28%）的混合液［过氧化氢溶液：氨水：水=1：（0.2~1）］。用棕刷将漂白液涂布于木材表面，经过15~30min，木材表面就能变白，待表面达到要求时再用清洁的湿布将表面擦净或用冷水洗净即可待干。此法是常用的漂白方法，脱色效果较好，适用于漂白柚木、水曲柳、栎木等。

②氢氧化钠（0.5kg水中溶解0.25kg氢氧化钠，即浓度33%左右）和过氧化氢溶液（浓度30%~35%）。操作时，先用氢氧化钠溶液涂擦木材表面，经过15~30min，然后再涂上过氧化氢溶液。处理完后再用清水擦洗木材表面，并用弱酸（浓度1.2%左右的乙酸或草酸）溶液中和氢氧化钠，最后用清水擦洗干净，并在常温下干燥。此法适用于处理水曲柳、栎木等。

③碳酸钠溶液（无水碳酸钠10g溶解于60g的50℃温水中，即浓度15%左右）和过氧化氢溶液（80mL的35%过氧化氢溶液中加入20mL水）。先将碳酸钠溶液均匀地涂布于木材表面，充分浸透5min后，用布擦除渗出液，再涂过氧化氢溶液，干燥3~24h后，用湿布擦净或冷水洗净。此法适用于处理柳桉、柞木、水曲柳、桦木、刺槐、山毛榉等。

④次氯酸钠溶液（5g次氯酸钠溶于95mL的50℃温水中）。均匀混合加热后立即涂在木材表面，或在溶液中加入少量草酸或硫酸。此法适用于漂白柳桉、胡桃木、橡胶木、槭木等。

⑤次氯酸钠溶液（3%的次氯酸钠水溶液中加入3%的苯甲酸异戊酯和3%的邻苯二甲酸）。混合后均匀涂在木材表面。此法适用于漂白陈旧木材。

⑥亚氯酸钠溶液（3g亚氯酸钠溶于100g水中）及冰醋酸溶液（0.5g冰醋酸加入100g水中）。两种溶液在使用前可混合涂布于木材表面，也可先涂亚氯酸钠溶液后立即涂冰醋酸溶液，接着再用60~70℃热风加热5~10min使水分蒸发完毕。另外也可在亚氯酸钠溶液中加入有机酸、无机弱酸及铝盐、锌盐或镁盐等。此类方法处理泡桐、山毛榉、柞木、白蜡木、椴木等漂白效果较好。

⑦漂白粉（次氯酸钙）、碳酸钾和碳酸钠的水溶液（50g漂白粉加入1L 5%碳酸钾和碳酸钠（1：1）的水溶液中，即配比为2：1：1：38）。用此溶液涂刷木材表面，待漂白后再用2%的肥皂水或稀盐酸清洗即可。此法可用于既要漂白又要去脂的木材。

⑧漂白粉、碳酸钾的水溶液（10g漂白粉和25g碳酸钾加入1L水中，即配比为1：2.5：100）。将需要漂白的木制小零件先用碱水洗涤后，放入上述溶液中浸泡1~1.5h，然后用清水或稀盐酸（0.5%）洗净零件表面即可。此法主要用于既要漂白又要去脂的木制小零件。

⑨草酸（乙二酸）溶液（75g 结晶草酸溶于 1000mL 水中）、硫代硫酸钠（大苏打）溶液（75g 结晶硫代硫酸钠溶于 1000mL 水中）和硼砂溶液（25g 结晶硼砂溶于 1000mL 水中）。上述所有溶液都是采用 70℃热水配制并在冷却后使用。使用时，先涂草酸溶液，稍干 4~5min 后再涂大苏打溶液，如果达不到要求，可反复涂布，然后再涂硼砂溶液，使表面湿润，最后用清水洗净和擦干，并干燥 24h 以上。此法对桦木、色木、柞木、楸木、水曲柳等漂白效果较好。

⑩亚硫酸氢钠饱和溶液和高锰酸钾溶液（约 6.3g 结晶高锰酸钾溶于 1000mL 水中）。操作时，先将高锰酸钾溶液涂在木材表面，稍干 5min 后，再涂亚硫酸氢钠溶液，这样反复涂刷，待木材变白后，再用清洁湿布将表面擦净并干燥即可。

木家具所用木材树种很多，各种不同树种所含有的色素及其分布情况各不相同，不能期望所有树种的木材都能顺利地漂白到所要求的程度。据有关研究资料认为，有些木材很容易漂白，如水曲柳、麻栎、楸木、柚木、山毛榉、色木（槭木）、柳桉、枫香等；有些是比较容易漂白，如桦木、冬青、木兰、柞木、栎木、悬铃木等；有些是困难的，如椴木、杨木、泡桐、刺槐、樱桃木、柏木、乌木、黑檀、黄檀、紫檀、花梨木等；有些则是不能漂白的，如红杉、云杉、冷杉、铁杉、雪松、花旗松、白松、黄松等。

木材漂白的效果既与木材的树种有关，又与漂白剂的种类、pH 值、浓度以及涂刷的温度、遍数、漂白时间等因素有关，因此在进行具体漂白操作时应注意以下几点：

a. 根据木家具所用木材树种及其表面状况，选用合适的漂白剂与漂白方法。

b. 漂白剂多属强氧化剂，贮存与使用时，如果没有说明，不同的漂白剂不可随便混合使用（只能在木材表面上混合），也不可加入其他药剂，否则会可能引起燃烧或爆炸。有些漂白剂要求在第一组溶液涂布经完全干燥后再涂布第二组溶液，而另一些漂白剂要求在第一组溶液涂布几分钟后再涂布第二组溶液，几组混合溶液可以一次涂布。

c. 配好的漂白液只能贮存在玻璃或陶瓷容器中，不能放入金属容器内，否则会与金属发生反应，不仅不能漂白木材，而且还可能使木材染色。

d. 配好的漂白液要放在隔光和阴凉处，以免漂白液受热分解或反应变质，而且贮放时间不可以太长。

e. 所有漂白剂对人体皮肤、衣服都有腐蚀与损伤，有些还有毒（如草酸），所以漂白操作时，应戴橡胶手套与橡胶或厚棉围裙，并戴口罩，以免漂白液弄到嘴和眼里。如已溅到皮肤上，要用大量清水冲洗，并涂擦硼酸软膏。

f. 漂白液可用喷枪和橡胶、海绵、纤维、尼龙刷子进行涂布施工。如用喷枪喷涂之后，还应再用刷子或海绵将漂白液擦入木材表面。

g. 漂白液要在干燥和清净的木材表面上顺纹方向均匀地涂布，涂布量要适当，不可过少或过多。在胶合板或薄木贴面板的端头，应避免有过多的漂白液，以防胶合板（板材）开胶分层。

h. 用后剩余的漂白液不可倒回，以防影响漂白效果。

i. 漂白后的木材表面，要让其完全干燥（常温干燥时间一般为 24h），否则漂白后的潮湿表面会使涂饰的漆膜开裂而影响涂饰质量。

j. 木材漂白后会产生木毛，所以在漂白完毕，待木材完全干燥后，应采用很细的砂纸轻轻砂光木材表面，以消除和清洁任何残留的化学药剂与可能引起的木毛等。

（4）嵌补　木家具白坯上常有虫眼、钉孔、裂缝以及逆纹切削形成的凹坑和树节旁的局部凹凸不平等，所以必须根据具体情况，用腻子将这些孔缝填补平整，这种操作称为嵌补。

嵌补用的腻子是用大量的体质颜料如碳酸钙（老粉、大白粉）、硫酸钙（石膏粉）、硅酸镁（滑石粉）、硫酸钡（重晶石粉）等，微量的着色颜料如氧化铁红（红土子）、氧化铁黄（黄土子）、炭黑（黑烟子）等，以及适量的黏结物质如水、胶、虫胶、光油、各种清漆等调配而成的稠厚膏状物。

根据黏结物质不同，腻子常分为水性腻子、胶性腻子、油性腻子、虫胶腻子、硝基腻子、聚氨酯腻子、聚酯腻子等多种。在木家具生产中常用的虫胶腻子，干燥快，干后坚硬，附着力好，易于着色，操作方便，着（染）色前后都可以使用。其配方为：碳酸钙 75%、虫胶清漆［浓度 15%~20%，虫胶与酒精比为 1：（4~6）］24%~24.2%、着色颜料（铁红、铁黄等）0.8%~1%。

腻子通常由操作人员根据用量自行调配，其颜色应比样板色略淡些，以不见嵌补痕迹为准。调配时，在一块平整的木板上，用牛角刮刀或金属刮刀，先将体质颜料和着色颜料拌和均匀，再加入黏结物质后充分调匀即可。嵌补腻子基本上是手工操作，嵌补前应先将凹陷处的灰尘或木屑清除，然后用牛角刮刀或金属刮刀将腻子嵌入，要使其填满落实，并略高于木材表面，腻子只许留在孔缝中，如果嵌补或批腻子时没有刮干净，干燥后就很难砂磨，致使涂饰表面不平整，木纹模糊，颜色不均。

(5) 填孔　填孔的目的是用填孔剂填导管槽，使表面平整，此后涂在表面上的涂料就不至于过多地渗入木材中，从而保证形成平整而又连续的漆膜。填孔剂中加入微量的着色物质可同时进行适当的染色，更鲜明地显现美丽的木纹。填孔是制作平滑漆膜所不可缺少的重要工序。为了突出木材的自然质感，简化工艺，对栎木、水曲柳等大管孔材往往不进行填孔，作显孔或半显孔涂饰。

填孔剂又称填孔漆、填孔料等，生产中多为自行调配，其组成与嵌补用的腻子类似，是由体质颜料（填料）、着色颜料、黏结物质和稀释剂组成，但其黏度要比腻子稀薄。根据黏结物质不同，填孔剂也可以分为水性填孔剂、油性填孔剂、胶性填孔剂和各种合成树脂填孔剂等，国内目前生产中以前两者应用为多。

①水性填孔剂：俗称“水老粉”或“水粉子”，主要用水与大量体质颜料（老粉、滑石粉等）和少量着色颜料（铁红、铁黄、炭黑等）或水溶性染料调配，水与体质颜料的比例为1：(1~0.8)，着色颜料则根据所要求的颜色及其深浅程度酌量添加。水性填孔剂的优点是调配简单、施工方便、干燥较快、成本低廉、可自由选择着色剂、任何底漆都可以使用；缺点是易使木材湿润膨胀、使材面起毛粗糙、木纹不够鲜明、收缩大、易开裂、易吸收上层涂料、与木材及漆膜的附着性差。用于粗纹木材表面的填孔剂可调得稠厚如糊状，用于细纹木材表面的则可调得稀薄如稀粥状。水性填孔剂中由于加入了着色颜料，即构成水性填孔着色剂，在填孔的同时可以对木材进行着色，这在实际生产中应用很普遍。水性填孔（着色）剂多用刨花、竹花、棉纱与软布等浸透后手工涂擦，使整个表面全部涂到，在水性填孔剂将干未干时，再用干净的竹刨花或棉纱、软布先围擦，最后顺纹将木材表面上的浮粉揩清，以保证木纹清晰。

②油性填孔剂：又称“油老粉”或“油粉子”，所用填料与水性填孔剂相同，也常使用石膏粉。黏结剂主要使用熟油与各种油性漆（酯胶漆、酚醛漆、醇酸漆等）。着色材料可使用着色颜料、油溶性染料以及油性色漆等。稀释剂可用松香水、松节油等。油性填孔剂不会湿润表面而使木材膨胀，也不会引起木毛而使材面粗糙，收缩开裂少、干燥后坚固、填充效果好，能清晰显现木材花纹以及木材组织的特有质感，上层涂料不易渗透，与漆膜及木材有较好的附着力；但干燥慢、价格高、操作不及水性方便，而且上面不宜直接用硝基、聚氨酯等涂饰。油性填孔剂中根据木家具色调需要加入适量着色颜料时也能构成油性填孔着色剂，在填孔同时使木材表面着色。

③胶性填孔剂：是在水性填孔剂中加入各种胶（动物胶、明胶、酪素胶、乳白胶等）。其性能与水性填孔剂基本相同，只是由于黏结胶的加入，附着性提高，可以获得较坚固的填充效果。

④树脂填孔剂：其黏结剂用合成树脂漆，并使用树脂漆相应的稀释剂，着色材料用着色颜料、染料等。树脂填孔剂的性能与油性填孔剂类似，不会使木材含水率发生变动，不致引起材面粗糙，填孔效果好，不易渗漆，不会产生收缩皱纹；但干燥较慢、所用着色材料有限、调配麻烦、价格高。

填孔的关键是既要将管孔槽填匀实，又不使填孔剂留在表面上，如果在表面留有浮粉，就会影响木纹的清晰透明。在实际生产中，填孔工序大多与木材着底色的工序结合进行。

(6) 着色与染色　着色与染色统称为做色，该工序在整个木家具或木制品涂饰过程中十分重要，因为产品的外观色彩是其装饰效果与装饰质量的首要因素，而影响着色与染色的因素很多，没有熟练的着色技术，则难以达到理想的着色与染色效果。

着色与染色的目的在于使产品外观呈现某种色调，或是使木材的天然颜色更加鲜明，或是使一般木材具有珍贵树种的颜色或人们喜爱的颜色，有时也可以掩盖木材表面上的色斑、青变、色差等缺陷。

目前，国内透明涂饰中最常用的做色材料主要有：

a. 着色颜料或着色剂的调配着色：白色——钛白、锌白、锌钡白（立德粉）；红色——铁红（红土）、甲苯胺红（猩红、大红粉）、红丹；黄色——铁黄（黄土）、铅铬黄（铬黄）；黑色——铁黑、炭黑、墨汁；蓝色——铁蓝、酞菁蓝、群青（洋蓝）；绿色——铅铬绿、铬绿、酞菁绿；棕色——哈巴粉等。

b. 染料或染色剂的调配染色：直接染料——直接黄、直接橘红、直接橙、直接黑；酸性染料——酸性橙、酸性嫩黄、酸性红、酸性黑、金黄粉、黄钠粉、黑钠粉；碱性染料——碱性嫩黄、碱性黄、碱性品红、碱性绿；分散性染料——分散红、分散黄；油溶性染料——油溶浊红、油溶橙、油溶黑；醇溶性染料——醇溶耐晒火红、醇溶耐晒黄等。

c. 着色颜料与某种染料的混合调配色浆着色：

透明涂饰做色全过程可分为 3 个阶段，即涂底色（基材着色）、涂面色（涂层染料）和拼色（色差调整）。对于装饰质量要求不高的普通等级木家具，一般只做到涂底色，底色干透便可及时直接涂饰底漆封闭保护（生产中较多应用虫胶漆涂饰）和面漆罩光；对于装饰质量要求较高的中高档产品则在涂底色后还要涂面色与拼色。

①涂底色（基材着色）：涂底色即为木材白坯直接着色，它是做色的基础。它是用填孔着色剂涂擦木材表面，在填孔同时使木材表面着色，生产中也称"打粉子""润老粉""揩老粉""擦粉""擦色"等。上述三类做色材料（颜料、染料、颜料与染料混合）均可用于基材着色。

目前国内实际生产中应用颜料着色较多，尤其与填孔工序合并进行多采用颜料或颜料与染料混合，在填孔同时作底色，而为了填孔着色单纯的染料染色是不能使用的。通常涂底色应用最多的填孔着色剂有水性填孔着色剂（水老粉、水粉子）、油性填孔着色剂（油老粉、油粉子）以及水性色浆、油性色浆、树脂色浆等，见表 8-2~表 8-6（因影响着色效果的因素很多，着色剂配方与色泽名称在国内尚无统一规定，故实际涂饰时应根据具体情况调节和灵活掌握）。

表 8-2　水性填孔着色剂（水老粉、水粉子）**质量比**　%

材　料	本色	淡黄色	橘黄色	柚木色	深柚色	荔枝色	栗壳色	蟹青色	红木色	古铜色	咸菜色
老　粉	70	71.3	69	68	69.8	68	72	68	63	73	52.3
立德粉	1										
铁　红		0.2	0.5	1.8		1.5	2.4	0.5	1.8	0.5	
络　黄			2								
铁　黄	1	0.1		1.8	0.5	1	1.1	0.5			3
哈巴粉		0.4			2.7						
红　丹			0.5								
墨　汁						5.5	6.5		3.2	6	0.9
铁　黑				1.4				1.5			
水	28	28	28	27	27	24	18	29.5	32	20.5	43.8

表 8-3　油性填孔着色剂（油老粉、油粉子）**质量比**　%

材　料	本色	淡黄色	橘黄色	柚木色	棕色	浅棕色	咖啡色
老　粉	74	71.3		68.04		78	69.34
石膏粉			50.2		46		
立德粉	1.3						
哈巴粉		0.41				2.31	
络　黄	0.05						
铁　黄		0.1		1.8			1.04
石　黄			4.2				
地板黄					5.5		
铁　红		0.21		1.8			
红　土					10		
樟　丹			1.3		1.8		
铁　黑				1.36			
炭　黑					0.9	0.65	0.17
清　油	4.55	5.3	2.5	4.5	5.8	7.44	6.4
煤　油	7.6	10.34		10		5.8	11.26
松香水	12.5	12.34	41.8	12.5	30	5.8	11.79

表 8-4　水性色浆着色剂

成　分	材　料	质量比（%）	规格与要求	
填充材料	石膏粉	7.0	工业	
	滑石粉	33.5	工业	
着色材料	氧化铁颜料	1.5	工业	品种与用量视具体色泽要求试验确定
	酸性原染料	6.5	工业	
黏结剂	4%羧甲基纤维素	24.5		
	聚醋酸乙烯乳液	8.0	505 型	
稀释剂	水	49.0	自来水	

表 8-5　油性色浆着色剂（专与聚氨酯漆配套使用）

成　分	材　料	质量比（%）		规格与要求	
填充材料	老粉	34.48		工业	
	滑石粉	17.24		工业	
着色材料	氧化铁颜料	适量	0.51	工业	品种与用量视具体色泽要求试验确定
	油溶性染料	适量		工业	
黏结剂	蓖麻油	13.29			
稀释剂	松节油	34.48			

表 8-6　树脂色浆着色剂质量比　　%

材　料	本色	茶油色	古铜色	蟹青色	咖啡色	板栗色	红木色	国漆色
酸性金黄Ⅱ		0.03	0.01			0.01		
油溶黄	0.01	0.01	0.02		0.02		0.01	
油溶红				0.02		0.01		0.03
油溶黑		微量	0.01	微量	0.01	0.01	0.01	微量
分散红 3B						0.01	0.02	0.03
分散黄棕 H_2R		微量	0.0		0.01	微量		
分散蓝 2BLN				微量				微量
铁　红		0.02	0.2		0.5	0.1	0.3	0.2
铁　黄	0.04	0.1					0.05	
络　黄	0.02							
群　青				2				
滑石粉	100	100	100	100	100	100	100	100
聚氨酯乙组	50	50	50	50	50	50	50	50
二甲基甲酰胺		4	5	5	5	5	5	5
二甲苯	100	100	100	100	100	100	100	100

表 8-7　水性染色剂（水色）质量比　　%

材　料	淡柚木色	深柚木色	淡黄钠色	深黄钠色	淡黑钠色	深黑钠色	蟹青色	荔枝色	栗壳色	深红木色	红木色	古铜色
黄钠粉	3.42	2.32	2.0	4.0	—	—	2.2	6.6	12.5	—	—	4
黑钠粉	—	—	—	—	4.0	8.0	—	—	—	13.32	16.7	—
黑墨水	1.78	4.74	—	—	1.0	2.0	8.8	3.4	25	19.98	—	16
开　水	94.8	92.94	98	96	95	90	89	90	62.5	66.7	83.3	80

②涂面色（涂层染色）：涂面色是指在底色基础上涂底漆经干透后，再在涂层上涂饰各种染料溶液，或在底漆以及每个中间涂层的漆中放入相应染料，进一步染色使底色得到加强、色泽纯正鲜明、纹理清晰透明。在整个透明涂饰过程中，涂面色常常是不可缺少的。由于在涂饰的底漆或中间涂层漆中可以放入相应染料，用含染料的漆液涂饰既能做到涂层着色，又能加厚涂层，因此在实际生产中涂层着色与打底常常是合并进行的。

在我国实际生产中，涂面色的着色材料主要是用各种染料配成的染色剂。用酸性混合染料（黑钠粉、黄钠粉等）配成的水溶液，一般称为水性染色剂，即“水色”；用碱性染料（嫩黄、杏黄、品红、品绿等）或醇溶性染料（耐晒黄、耐晒火红、苯胺黑等）或酸性染料配成的酒精或虫胶清漆溶液，一般称醇性染色剂，即“酒色”；用油溶性染料（烛红、油溶黄、油溶橙、油溶黑等）与有机溶剂或油脂或油性漆配成的溶液，一般称为油性染色剂，即“油色”。上述材料多用于作面色，在底色涂层上染色，有时也用于木材表面直接染色（显孔装饰）。

水色常常是热溶冷用，如用冷水应加热到80~90℃，然后注入染料中，也可以直接用沸水冲泡溶解，冷却至室温再用。常用水色配方见表8-7。涂饰水色可用刷子、海绵、软布等手工涂擦，也可用喷枪喷涂，小零件还可在染料溶液中浸涂。手工涂刷时，用排笔蘸适量水色涂满一遍，马上用较大的干燥漆刷横斜反复涂匀，最后顺木纹方向轻轻刷直，不要留下刷痕、流挂、过楞、水泡等缺陷，小面积或边角处可用纱布或棉纱揩涂均匀。当涂刷水色时如遇到“发笑”现象，即水色不能均匀涂布或局部有不沾水色，可将排笔在肥皂上擦抹几下再刷水色就会好些。涂过水色的表面在干燥过程中，注意不要使水或其他液体溅在上面，也不要用手摸，以免留下痕迹。水色彻底干透（常温至少干燥2h以上）后一般要涂刷虫胶清漆封罩保护，刷涂时不可多回刷子，以免刷掉或刷花水色，造成颜色不均匀，如发现有严重色花的地方，通常增加“揩水色”工序，即用纱布包棉纱蘸水色揩擦表面色花的地方，由浅到深逐渐加深，凡揩过水色处都要刷稀薄虫胶清漆封罩，一般不进行揩色工序。水色有时涂两遍效果会更好些，如红木色在填孔前后各涂一遍水色，着染的颜色显得格外深沉而又华丽。水色容易调配，使用方便，干燥迅速，经水色染色后，涂层色泽艳丽，透明度高，经晒耐光，经久不变。水色是中高档木家具与家具油漆经常采用的染色方法。

酒色常用于如下3种情况：一是用染料的酒精溶液直接着染木材表面，此种情况应用较少；二是用染料的虫胶清漆溶液着染经过颜料着色或涂饰水色之后的表面，既是染色剂对涂层染色，又是底漆起着封闭打底，能简化工艺、缩短周期、提高效率，此种情况应用较多；三是用染料和少量着色颜料的虫胶清漆作拼色剂进行拼色，以便调整涂层色差。因而使用酒色是一种辅助性着（染）色方法。调配酒色时染料的加入量没有规定配方，完全根据色泽要求和针对底色与样板之间的差别灵活掌握。涂刷酒色，是做色的较关键工序，需要有相当熟练的技术，首先酒色色调一般要调浅一些，免得一旦刷深便不好改正；其次顺木纹方向需要用较快的动作刷涂，且不宜多回刷子，以免每一刷都会加深色调；再次酒色常需连续涂刷2~3次，每次干后用细旧砂纸轻轻打磨再涂下一次，到最后一次涂完，应该是恰巧深到需要的程度。酒色的应用较普遍，由于酒精挥发快，所以涂层干燥快、施工方便，并且调配酒色需要的染料量少，所以成本低，但酒色的色调不及水色艳丽和耐光，一般普通、中档木家具与木家具油漆应用酒色较多，而高档产品则应用较少。

③拼色（色差调整）：某一件木家具或木家具在经过涂底色与涂面色之后，涂层表面还会出现局部颜色不均匀的现象，一是木材本身的原因，未经漂白的木材本身会有色斑、色点、青皮、色痕以及材质不均等缺点，或是一件制品由几种木材制作后颜色不一样；二是做色（着色与染色）技术不熟练，涂擦粉子或涂刷水色、酒色不均匀，这些情况都需要经过拼色操作使色调均匀一致。

透明涂饰时，大多数是在整个颜色做好之后，对色泽不均匀处进行拼色，也有少数是对不进行漂白的木材白坯进行拼色。拼色多用酒色进行，调配酒色的虫胶清漆浓度要低，一般为10%~20%，着色材料基本上是木家具着色和染色所用的颜料与染料，它们的用量没有固定配方，常凭生产经验酌量加入，针对涂层色泽不均匀的具体情况确定所需酒色的色调。

拼色是一项技术要求很高的操作，需要有丰富的实践经验与认真、耐心和细致的态度。拼色时首先对整个零部件或产品表面，对照样板做全面仔细地观察，明确目标，看清需要拼色的部位、形状、面积大小与颜色不均匀程度；其次严格以样板色泽为准（但要把拼色后所涂底漆和面漆的颜色影响考虑在内），在产品表面上，凡是色调比样板浅的地方要补上较深的颜色，凡比样板深的地方要补上较浅的颜色，深浅程度都不要超过样板的色调。拼色应在适宜的自然光线下进行，不宜直接在太阳光或灯光下进行。

拼色完毕后，可用0号或旧砂纸轻轻打磨或不打磨而用手轻轻擦抹。在拼色层干后一般都要封罩一遍虫胶清漆，至此透明涂饰着色过程全部结束。

(7) 涂底漆　涂底漆也称打底，即在整个涂饰过程中开始涂饰的几遍漆或是第一遍漆，是紧接着木材表面处理即填孔、着色、染色之后进行的。涂底漆可以封闭木材和填孔着色层，进行固色；可进一步防止面漆沉陷；对漆膜有一定厚度要求时，可以减少面漆消耗；能使基材在水分、热作用下产生的胀缩变化减少到面漆能承受的程度。专用于封闭的底漆又称底得宝（Sealer，斯那或士那）。

根据上述目的和要求，底漆涂料应具备以下几个条件：对木材表面和面漆都有很好的附着力，没有不良影响，制造简便、成本比面漆低、容积收缩小、干燥快、便于涂饰和打磨。目前用于涂饰木材的底漆有虫胶清漆、硝基底漆、聚氨酯底漆、氨基醇酸底漆等，我国生产中长期采用虫胶清漆作为透明涂饰底漆的较多，而且常将染料与虫胶漆调配，使染色与打底工序合并进行。虫胶底漆干燥快、使用方便、封闭性好、易于着色，能与酚醛、醇酸、硝基、聚氨酯、丙烯酸等面漆配套使用，但与聚酯面漆的附着力差，故两者不能配套使用。虫胶漆耐热性低、易吸潮发白，未经漂白的虫胶本身颜色深，不宜作本色、浅色涂饰的底漆。

底漆一般在经过准备的木材表面上涂饰2~3遍，有时由于表面准备与某些着（染）色工序的需要，虫胶漆可能涂饰3~6遍以上，但底漆一般不宜涂饰遍数过多与过厚。在经过干燥并修饰打磨的平整光洁的底漆基础上就可以涂饰面漆。

(8) 涂面漆　涂面漆即在整个涂饰过程中最后涂饰的用于形成表层漆膜的几遍漆。面漆的种类、性能以及涂饰方法直接影响漆膜装饰的质量、性能与外观。

在涂饰施工过程中，针对不同的涂饰效果、施工要求，一套合理恰当的底、面漆涂料品种的搭配工艺，既能改善涂膜效果、降低涂装成本，又能提高工作效率。反之，则不仅得不到优良的涂饰效果，而且会增加涂饰成本，甚至会使整套产品报废。例如用NC类做底漆，PE、PU类做面漆，按此工艺施工时，虽然不是100%会出现弊病，可90%以上会有不良现象。

①底、面漆涂料品种搭配施工工艺如下：

PU底、NC面：这是一套典型涂料品种配套涂饰工艺，容易做出较厚的涂膜层，增强漆膜硬度，具有优良的涂饰效果、干爽细腻的触摸感觉。

PU底、PU面：最为常见，广泛的采用。

PE底、PU面：要求光泽、硬度高、丰满度好时，采用此工艺最为理想。PE漆固含量高，且施工时能一次性厚喷，可提高工作效率。

PE底、PE面：因PE漆流平性较差，最终漆膜表面效果要经过抛光打蜡方可达到最佳状态。

NC底、NC面：涂饰开放效果时，那种自然逼真的效果，其他类型涂料及品种搭配工艺是无法与其相比拟的。

水性涂料（W漆）做底时，应让其充分干燥后，方可涂PE、PU、NC等油性涂料。

油性涂料做底时，绝不能用水性漆做面。因水性涂料不能附着于油性涂料涂膜表面，最终会导致附着力不强、离层等涂饰弊病。

②涂料的配套（注："×"为不可搭配、"√"为可搭配、"√√"为最佳搭配）：

NC 底——W 面×　　PU 底——W 面×
NC 底——NC 面√√　　虫胶底——PU 面×
W 底——NC 面√　　W 底——PU 面√
虫胶底——NC 面√　　PE 底——PE 面√
PU 底——UV 面×　　UV 底——UV 面√
PE 底——PU 面√√　　UV 底——PU 面√√
PU 底——NC 面√√　　PU 底——PU 面√√
NC 底——PU 面×　　醇酸底——NC 面×

涂面漆时应使整个漆膜达到足够的厚度，使修整后的漆膜显得丰满，并具有足够的耐磨性。然而，如果涂得太厚，漆膜的脆性将增大，不能经受剧烈的温度变化，也浪费涂料。各种涂料漆膜厚度的参考数据如下：虫胶清漆20~40μm；亚光硝基清漆30~60μm；亮光硝基清漆80~120μm；酚醛清漆85~120μm；亮光聚氨酯清漆100~150μm；显孔亚光聚氨酯清漆40~60μm；亮光聚氨酯清漆150~250μm。上述数据是指经干燥和修整后的漆膜厚度，至于未经干燥的湿涂层厚度要相应增加30%~50%。

从节约劳力、工时和涂料的角度看，任何厚度的涂层最好一次涂饰形成。但实际生产并非如此，这是因为通过多次涂饰所形成的漆膜比一次形成同等厚度的漆膜性能好些，薄涂层易于干燥、内应力小、附着力好，厚涂层不易干燥、内应力大、易于起皱和发生其他病态。实际上，除聚酯清漆外，其余大多数涂料一次涂饰也不可能涂成很厚的涂层，必须以每次薄涂、多次涂饰为宜。当分几次涂饰面漆时，常在涂层中间进行干燥和磨光处理，以除去气泡、毛刺和灰尘。涂面漆特别要掌握好面漆的施工黏度，做到不产生橘皮、颗粒、流挂、光泽不匀等缺陷。

（9）磨光 漆膜磨光就是用砂纸或砂带除去其表面上的粗糙不平度，使漆膜表面平整光滑。磨光可以用干砂纸在干漆膜上进行“干砂”，或用水砂纸在肥皂水、煤油等液体润滑和冷却作用下对漆膜进行“水砂”，常视漆种而异。一般热固性漆膜（如聚氨酯漆、聚酯漆等）干砂、水砂均可，而热塑性漆膜（如硝基漆）必须水砂。

漆膜磨光可采用手工或用手持盘式磨（砂）光机、手持振荡式砂光机、带式砂光机和往复式水砂机等机械设备进行砂光。

（10）抛光 漆膜抛光就是采用抛光膏（砂蜡）擦磨漆膜表面，进一步消除经磨光后留下的表面细微不平度，提高其表面光洁度，并获得柔和、文雅、稳定的光泽。抛光处理只适用于漆膜较硬的漆类，如硝基漆、聚氨酯漆、聚酯漆、丙烯酸漆等。

抛光一般都是在表面漆膜经砂磨（干砂或水砂）的基础上进行，可以采用手工或用手持式、卧式、立式辊筒抛光机进行抛光。

用砂蜡抛过的漆膜仍有微小的摩擦痕迹，缺少漆膜原有的光泽，因此亮光涂饰的漆膜表面，还要用无磨料的抛光膏（光蜡）进行上光处理，借抛光头本身的材料如绒布、羊毛等与漆膜表面摩擦作用，提高光泽、耐水性、耐候性和使用寿命。

以上简要叙述了透明涂饰的基本工序。在透明涂饰中经常有亮光和亚光两种装饰方法。亮光涂饰是采用亮光漆涂饰后漆膜具有高光泽的结果，涂层必须达到足够厚度，涂饰过程中，应对木材表面填孔和对漆膜进行砂磨、抛光。亚光涂饰的漆膜只有较低的光泽，它按是否填孔可分为填孔亚光、半显孔亚光和显孔亚光三种，前者又分以亮光漆做面漆干燥后再用砂磨方法进行消光和以亚光漆（加入消光剂的涂料）做面漆进行消光两种。亮光与亚光的装饰效果是同具美感、风格迥异、各有特色，目前国内外木家具或木家具装饰中都有应用，而且亚光装饰越来越受到更多人的喜爱。

8.1.1.2 透明涂饰举例

根据有关国家标准与我国木家具生产的实际情况，普通木家具油漆的面漆涂料主要为油脂漆、酚醛清漆、醇酸清漆与天然树脂漆等油性涂料，漆膜表面不进行抛光修饰，保持原光，多用于机关、学校、工厂等单位的办公用具和家庭用的普通木家具的涂饰。中高档木家具油漆的面漆涂料主要为硝基清漆（NC）、聚氨酯清漆（PU）、聚酯清漆（PE）和丙烯酸清漆等优质涂料，其中，中档木家具正视面的漆膜表面为抛光或显孔亚光，侧视面与普级木家具相同，不抛光修饰而保持原光，多用于家庭、旅馆的卧室和餐厅套装家具和木家具的涂饰；高档木家具的外表面漆膜极为平整光滑，都要进行抛光或填孔亚光与半显孔亚光和显孔亚光，多用于高级的宾馆、饭店、办公室、会客室、陈列室、卧室、餐厅等套装家具与木家具的涂饰。

下面主要介绍常用的油性清漆、硝基清漆（NC）、聚氨酯清漆（PU）、聚酯清漆（PE）、光敏漆（UV）和水性漆（W）等的透明涂饰工艺过程。

（1）油性清漆原光普级涂饰工艺过程

表面清洁：清除表面灰尘、油脂、胶迹和脏污等，必要时（如本色）可进行漂白。

缺陷腻补：表面的虫眼、钉孔与裂缝等局部缺陷可用虫胶腻子嵌补腻平，在室温下干燥15~20min。

白坯砂光：用1号木砂纸顺纹全面砂光木材表面，砂平嵌补腻子处，砂好立丝横茬处，清净磨屑粉尘。

填孔着色：即打粉子、润老粉、揩老粉。多数涂擦水粉子或水老粉，有时也用油粉子或油老粉。根据产品色泽要求选择粉子的配方。水粉子干燥1~2h。

涂饰底漆：刷涂头道虫胶清漆封罩填孔着色层（有时用稀薄酚醛清漆）。虫胶清漆浓度为15%~20%［虫胶与酒精比为1：（4~5）］，视前道填孔着色与样板色调的差距，决定虫胶清漆中是否加入染料与颜料调配酒色。虫胶清漆涂层干燥约10~15min。

涂层砂磨：用0号或旧木砂纸轻轻打磨涂层，必要时可复补腻子，待干后一并砂清，清除磨屑。

涂饰底漆：即刷涂第二道虫胶清漆，浓度为20%~25%［虫胶与酒精比为1：（3~4）］，视产品色泽决定是否调配酒色（多数情况仍需调配成酒色），干燥10~15min。刷涂第三道虫胶清漆（一般情况下不调酒色仅用虫胶清漆），干燥10~15min。

拼色：根据此时产品表面色泽的具体情况，对照样板调配适当酒色，对色泽不均匀处用毛笔或小排笔进行拼色。

涂层砂磨：检查表面，必要时再找补腻子，待干后用0号或旧木砂纸将表面全部轻轻打磨，不要砂白与砂破漆膜，否则应及时补色。砂磨后清除磨屑。

擦涂底漆：用棉球蘸虫胶清漆（浓度15%~25%）顺木纹擦涂2~3次，干燥约10min。此道工序也可不进行，但擦涂后效果较好。

涂饰面漆：用鬃刷刷涂（或喷涂）酚醛清漆或醇酸清漆或酯胶清漆等油性清漆1~2遍，第一遍干约12h以上经细砂磨后再涂第二遍。

（2）硝基清漆（NC清漆）中高级涂饰工艺过程

①NC清漆刷涂工艺：

基材砂光：用1号木砂纸打磨平滑后再用干刷扫净磨屑。

嵌补填孔：用胶性腻子（填料、着色颜料与胶水调配）嵌补孔眼，随即将制品表面满刮一遍，干燥1h左右。

打磨腻层：用0号木砂纸（布）顺木纹全面打磨至木纹全部显露，除净磨屑。

刷涂水色：按产品色泽要求选用适宜染料调配成染料水溶液，用排笔或薄羊毛刷顺木纹薄刷一遍。

刷涂硝基清漆：待水色干透后用细软布将色面用力擦光滑，选用硝基清漆与信那水（香蕉水）按1∶1调稀，顺木纹连续涂5~6遍，每遍间隔7~10min即每遍达表干再涂一遍，最后放置一天左右彻底干燥。

涂层砂磨：用320号水砂纸蘸温肥皂水顺木纹方向打磨至刷痕全部消失，再用清水洗净擦干。

刷涂硝基清漆：用硝基清漆与信那水按1∶1.5调稀，顺木纹连刷两遍，每遍间隔10min，第二遍干约一天。

涂层砂磨：用360~400号水砂纸蘸温肥皂水顺纹打磨至刷痕消失，除净磨屑，晾干。

刷涂硝基清漆：用硝基清漆与信那水按1∶3调稀，顺木纹均匀涂一遍，干后漆膜可不进行抛光处理，也能获得较为平整光滑的表面。

②NC清漆擦涂工艺：

表面清洁：清除基材表面的灰尘、油污等。作浅（本）色时最好进行漂白。

刷涂底漆：刷涂稀薄虫胶漆［虫胶与酒精比为1∶(5~7)］或稀薄硝基清漆［硝基清漆与信那水比为1∶(1.5~2)］一遍。

缺陷嵌补：用虫胶腻子嵌补孔眼与裂缝。

全面砂磨：腻子干后用1号木砂纸全面砂光并清除磨屑。

填孔着色：根据产品色泽要求调配水性颜料填孔着色剂。干燥1~2h。如粗孔材最好刮涂油性石膏填孔着色剂。

底色封闭：刷虫胶清漆（虫胶与酒精比约为1∶4）一遍，封罩填孔着色层，干燥10~15min。

涂层砂磨：用0号旧木砂纸轻轻打磨涂层。

涂层着色：根据产品色泽要求调配染料水溶液（水色），涂刷一遍干燥1~2h。

涂刷底漆：连续涂刷虫胶清漆［虫胶与酒精比为1∶(3~4)］两遍，间隔10~15min。如涂刷水色后，涂层色调仍有差距，则在此虫胶清漆中可适量放入染料调配成酒色涂刷。

拼色：针对此时产品表面颜色不均匀情况，对照样板调配适当酒色进行拼色。

涂层砂磨：拼色层干后检查如有收缩渗陷的腻子可补填虫胶腻子，干后用0号木砂纸轻轻砂磨整个涂层表面。

涂饰面漆：一般用排笔刷涂（也可淋涂或喷涂）硝基清漆两遍（也可3~6遍）。将产品放平刷涂效果好。两遍清漆黏度不同，第一遍稍稠［硝基漆与信那水比为1∶(1~1.2)］，第二遍稍稀（比为1∶1.5），间隔干燥50~60min。

涂层砂磨：涂层实干（最好隔夜）后用240~360号水砂纸蘸肥皂水湿磨或0号、1号旧木砂纸干磨，磨至刷痕消失并除净磨屑晾干。

擦涂硝基清漆：用棉球蘸硝基清漆第一次擦涂（也称楷涂、拖蜡克）多遍（约几十遍）至表面平整光亮、管孔饱满，漆膜厚度均匀一致。硝基清漆与信那水比约为1∶1。

涂层砂磨：第一次擦涂完后最好干燥2~3天（至少12h以上），再用280号或320号水砂纸湿磨，也可用0号、1号旧木砂纸干砂。

擦涂硝基清漆：第二次擦涂基本与第一次相同，遍数可少于第一次。硝基清漆与信那水比为1∶(1.2~1.5)。一般只擦涂两次，要求高时可擦涂三次。

涂层砂磨：第二次擦涂后静置24h以上，用400~600号水砂纸湿磨至平整光滑全部出现乌光，擦净晾干。

漆膜抛光：用棉纱或软布蘸抛光膏（砂蜡）精细研磨漆膜，最后用光蜡上光。

③NC清漆喷涂工艺之一：

基材砂光：用1号木砂纸全面砂磨。

着色：按产品色泽要求调配染料水溶液（水色）刷涂表面，干燥约3h。

底漆封闭：用稀薄硝基底漆喷涂一遍［硝基清漆与信那水比为1∶(1.5~2)］，使其充分渗透，干燥约1h。

砂磨：用1号木砂纸顺木纹轻磨去木毛。

填孔：用适当水性颜料填孔剂擦涂两次，每次干燥2~3h。

砂磨：用1号木砂纸砂磨，仅磨去多余的填孔剂。

涂底漆：再用上述稀薄硝基底漆喷涂一遍，干燥约1h。

砂磨：用1号木砂纸轻磨，除去磨屑。

涂面漆：按“湿碰湿”方式连续喷涂三遍硝基清漆（第一遍硝基清漆与信那水比为7∶3，第二遍为6∶4，第三遍为1∶1），间隔10~15min，最后一遍喷完应干燥较长时间（约48h）。

涂层砂磨：用240~400号水砂纸湿磨。

漆膜抛光：用抛光膏抛光并上光蜡。

④NC清漆喷涂工艺之二（底着色显孔）：

基材砂光：用240号砂纸全面砂磨。

底漆封闭：用稀薄透明NC底漆喷涂一遍［NC清漆与信那水比为1∶（1.5~2）］，使其充分渗透，干燥约1.5h。

砂磨：用320号砂纸轻磨，清除木毛和磨屑。

着色：按产品色泽要求调配染料着色剂（或水色）均匀擦涂表面，干燥约3h。

涂第1道底漆：用稀薄透明NC底漆喷涂一遍（NC清漆与信那水比为1∶1.5），使其充分渗透，干燥约1.5h。

涂第2道底漆：再用上述透明底漆喷涂一遍，干燥约2h。

砂磨：用320号、600号砂纸轻磨，除去磨屑。

涂面漆：用NC亚光清漆（NC清漆与信那水比为1∶1.5）喷涂均匀，并干燥足够长时间。

⑤NC清漆淋涂工艺：

基材砂光：板件可在带式砂光机上进行。

腻平缺陷：视表面洞眼用虫胶腻子腻平。

涂底色：板件在辊涂机上辊涂油性颜料填孔着色剂后干燥一定时间。

砂磨：用0号木砂纸轻磨表面。

淋涂底漆：用淋涂机淋涂着色虫胶底漆（酒色），既是打底也是涂饰面色（涂层着色）。

涂层砂磨：用0号木砂纸轻磨涂层表面。

打底拼色：用放入适量染料与颜料的虫胶漆（酒色）刷涂并拼色，既是涂饰底漆，也是将产品的颜色着色好，干燥30~60min。

涂层砂磨：根据产品表面有无收缩与漏填的缺陷，补填腻子，干后用0号木砂纸轻磨涂层表面并除净磨屑。

淋涂面漆：用淋涂机按“湿碰湿”方式连续淋涂四遍硝基清漆，间隔20~30min，最后一遍喷完应干燥较长时间24~48h。

涂层湿磨：用280~400号水砂纸湿磨。

漆膜抛光：用抛光膏抛光并上光蜡。

⑥NC清漆显孔亚光喷涂工艺：

表面清洁：清除灰尘、油污。

嵌补：用虫胶腻子补平孔眼、裂缝，干燥约25min。

砂磨：用1号木砂纸磨平腻层，并除尘。

染色：喷涂溶剂性染色剂。

涂底漆：喷涂硝基底漆，起封闭作用，干燥2h。

揩色：手工揩着色剂达到样板色。

涂底漆：喷涂硝基底漆，干燥2h。

砂磨：用细砂纸轻轻砂磨并除尘。

涂面漆：喷涂亚光硝基清漆1~3遍，干燥12h。

（3）聚氨酯清漆（PU清漆）中高级涂饰工艺过程

①PU清漆涂饰工艺之一：

表面清洁：用排笔刷涂一遍稀薄虫胶清漆（浓度约为25%），待干燥后再用1号细砂纸磨去木毛。

填孔着色：粗孔材用油性颜料填孔着色剂填孔，细孔材可用水性颜料填孔着色剂填孔。前者干燥24h，后者干燥数小时。

涂底漆：用排笔顺木纹刷涂一层稀薄虫胶清漆，干燥10~15min后再用0号旧砂纸轻轻磨光。

染色：根据产品色泽要求调配染料水溶液（水色）。先用排笔顺木纹刷涂，再用鬃刷纵横铺开，最后顺木纹刷匀，室温干燥2h。

涂底漆：连续涂2~3遍浓度为40%的虫胶清漆，每遍间隔干燥10~20min，此工序1~2遍虫胶清漆中可加入相应染料配成酒色涂饰。最后再用0号旧砂纸轻轻打磨。

涂面漆：涂饰PU清漆2~4遍，每遍间隔30~45min，最后干燥12h以上。

涂层磨光：用320~400号水砂纸湿磨至干滑乌光，擦净磨屑。

漆膜抛光：用白色抛光膏（砂蜡）抛光并用光蜡上光。

②PU清漆涂饰工艺之二：

基材砂光：用1号木砂纸全面砂光表面。

着色：用酸性染料、碱性染料与醇溶性染料等溶于甲醇、乙醇、乙二醇、乙醚与甲苯等混合溶剂（按1∶10）调配成醇性染色剂，喷涂基材表面，干燥约1h。

底漆封闭：用PU底漆（按1∶3用PU配套稀释剂调配），喷涂一遍，干燥5~6h。

填孔：用油或PU填孔剂擦涂表面，干燥1天。

砂磨：用1号木砂纸砂磨，除去多余的填孔剂，使木纹清晰显露。

涂面漆：按“湿碰湿”方式连续喷涂两遍PU清漆（第一遍PU清漆与稀释剂比为2：3，第二遍为3：7），间隔约0.5h，最后干燥2~3天。

涂层砂磨：用240号水砂纸湿磨至表面平滑。

涂面漆：喷涂一遍PU清漆（PU清漆与稀释剂比为2：3），干燥2~3天。

涂层砂磨：用400号水砂纸湿磨至涂层平滑乌光。

漆膜抛光：用砂蜡抛光和光蜡上光。

③PU清漆涂饰工艺之三：

基材砂光：用0号或1号木砂纸顺木纹打磨表面。

填孔：用PU填孔剂刮涂填孔，干燥1~2h后用1号砂纸打磨平整。

着色：用醇溶性染料与颜料色片溶于相应溶剂中调成浓度5%溶液，喷涂着色，干燥约2h。

涂底漆：用PU底漆或封闭漆（甲乙组分按1：4调配并加适量专用稀释剂）喷涂1~2遍，封闭固色。如涂两遍，间隔为10~20min，最后干燥2h以上。

涂层砂磨：用400~500号水砂纸轻轻打磨，除净磨屑。

涂中层漆：用PU中层漆或打磨漆（甲乙组分按1：3调配并加适量专用稀释剂）喷涂1~2遍。如涂两遍，间隔10~20min，最后干燥2h以上。

涂层砂磨：用500号水砂纸轻轻打磨，除净磨屑。

涂层着色：将上述着色用的溶液加到PU底漆中，用稀释剂调至要求黏度（着色剂占5%），在表面上薄薄均匀地喷涂一遍，干燥1~2h。

涂面漆：用PU面漆或罩光漆涂饰2~3遍（面漆甲乙组分按1：2调配并加适量专用稀释剂），每遍间隔1~2h，并用600号水砂纸轻轻打磨，最后干燥1~2d。

涂层砂磨：用320~400号水砂纸湿磨。

漆膜抛光：用砂蜡抛光，光蜡上光。

④PU清漆涂饰工艺之四：

表面清洁：去除油污，用湿热毛巾揩拭表面，干燥后用1号木砂纸砂去木毛。

嵌补：用虫胶腻子补孔眼、缝隙，干燥25min，用0号或1号木砂纸打磨，除尘。

揩涂底色：根据产品色调要求，调配PU填孔着色漆（树脂色浆底色），先用排笔横竖满涂一次，再用棉纱先横斜后顺木纹涂擦均匀。干燥12h（隔夜）后用0号木砂纸轻磨（也可干燥30min后不打磨）。

刷涂面色：根据产品色调要求，调配PU着色漆（树脂色浆面色），用排笔刷涂。干燥30min。

涂中层漆：在PU清漆中加入5%~10%滑石粉，连续刷涂两遍，间隔30~60min，最后干燥8~12h。

涂层砂磨：用0号木砂纸砂光涂层。

涂面漆：连续刷涂或喷涂PU清漆3~4遍，每遍间隔1~2h，并用400号水砂纸轻轻打磨或湿磨。最后干燥1~2天。

涂层砂磨：用320~400号水砂纸湿磨，最后用棉纱揩清。

漆膜抛光：用砂蜡抛光和光蜡上光。

⑤PU清漆涂饰工艺之五（木纹本色）：

表面清洁：用320号砂纸手磨或机磨进行打磨白坯，去除油污。

封闭底漆：用PU底漆（俗称底得宝）刷涂、擦涂或喷涂，对底材进行封闭，干燥3~4h。

打磨：用320号砂纸手工轻磨，砂去木毛。

刮腻子：用腻子嵌补孔眼、缝隙，干燥3h。

打磨：用320号砂纸打磨，除尘。

涂第1道底漆：用PU透明底漆按“湿碰湿”方式喷涂均匀，干燥5~8h。

打磨：用320号砂纸彻底打磨，除尘。

涂第2道底漆：用PU透明底漆按“湿碰湿”方式喷涂均匀，干燥5~8h。

打磨：用300号、600号砂纸彻底打磨，除尘。

涂第1道面漆：用PU亮光清漆喷涂均匀，干燥8~10h。

打磨：用600~1000号砂纸轻磨颗粒，切忌磨穿，并除尘。

涂第2道面漆：用PU亮光清漆喷涂均匀，干燥8~10h。

涂层砂磨：用320~400号水砂纸湿磨，最后用棉纱揩清。

漆膜抛光：用砂蜡抛光和光蜡上光。

⑥PU清漆涂饰工艺之六（底着色填孔全封闭）：

表面清洁：用320号砂纸手磨或机磨进行打磨白坯，去除油污。

封闭底漆：用PU底漆（俗称底得宝）刷涂或擦涂或喷涂，对底材进行封闭，干燥3~4h。

打磨：用320号砂纸手工轻磨，砂去木毛。

刮腻子：根据基材选用腻子（专用水灰）刮涂或擦涂表面，填满导管。

打磨：干后用320号砂纸彻底打磨，除尘。

着色：用PU有色封闭底漆（俗称士那）擦涂均

匀，干燥 3~4h。

打磨：用 320 号砂纸打磨，切忌磨穿，并除尘。

涂第 1 道底漆：用 PU 透明底漆按“湿碰湿”方式喷涂均匀，干燥 5~8h。

打磨：用 320 号砂纸彻底打磨，除尘。

涂第 2 道底漆：用 PU 透明底漆按“湿碰湿”方式喷涂均匀，干燥 5~8h。

打磨：用 320 号砂纸彻底打磨，除尘。

涂第 1 道面漆：用 PU 亚光清漆喷涂均匀，干燥 8~10h。

打磨：用 600~800 号砂纸轻磨颗粒，切忌磨穿，并除尘。

涂第 2 道面漆：用 PU 亚光清漆喷涂均匀，干燥 8~10h。

⑦PU 清漆涂饰工艺之七（底着色半填孔）：

表面清洁：用 320 号砂纸手磨或机磨进行打磨白坯，去除油污。

封闭底漆：用 PU 底漆（俗称底得宝）刷涂或擦涂或喷涂，对底材进行封闭，干燥 3~4h。

打磨：用 320 号砂纸手工轻磨，砂去木毛。

着色：用 PU 有色封闭底漆（俗称士那）擦涂均匀（如为喷涂时，前两道工序可省去），干燥 3~4h。

打磨：用 320 号砂纸打磨，切忌磨穿，并除尘。

涂底漆：用 PU 透明底漆按“湿碰湿”方式喷涂均匀，干燥 5~8h。

打磨：用 320 号、600 号砂纸彻底打磨，切忌磨穿，并除尘。

涂第 1 道面漆：用 PU 亚光清漆喷涂均匀，干燥 8~10h。

打磨：用 600~1000 号砂纸轻磨颗粒，切忌磨穿，并除尘。

涂第 2 道面漆：用 PU 亚光清漆喷涂均匀，干燥 8~10h。

⑧PU 清漆涂饰工艺之八（面着色）：

表面清洁：用 320 号砂纸手磨或机磨进行打磨白坯，去除油污。

封闭底漆：用 PU 底漆（俗称底得宝）刷涂或擦涂或喷涂，对底材进行封闭，干燥 3~4h。

打磨：用 320 号砂纸手工轻磨，砂去木毛。

涂底漆：用 PU 透明底漆按“湿碰湿”方式喷涂均匀，干燥 5~8h。

打磨：用 320 号砂纸打磨，切忌磨穿，并除尘。

涂底漆：用 PU 透明底漆按“湿碰湿”方式喷涂均匀，干燥 5~8h。

打磨：用 600~1000 号砂纸彻底打磨平整，并除尘。

面着色：用 PU 有色透明面漆喷涂均匀，干燥 24h。

⑨PU 清漆涂饰工艺之九（中密度纤维板贴纸）：

表面清洁：用 320 号砂纸手磨或机磨进行打磨白坯，去除油污。

封闭底漆：用 PU 底漆（俗称底得宝）刷涂、擦涂或喷涂，对底材进行封闭，干燥 3~4h。

打磨：用 320 号砂纸手工轻磨，砂去木毛。

涂底漆：用各色 PE（或 PU）不透明色底漆喷涂均匀，并达到一定丰满度，因颜色遮盖力强，无漏底现象。

打磨：干后用 180 号、240 号砂纸打磨光滑平整，切忌磨穿，并除尘。

贴纸：采用各种木纹的装饰纸进行干贴或湿贴，无气泡、无皱纹、整齐一致，实干 7h。

涂底漆：用 PE（或 PU）透明底漆按“湿碰湿”方式喷涂两次，各干燥 5~8h。

打磨：用 320 号、600 号砂纸彻底打磨，切忌磨穿，并除尘，两喷两磨。

涂第 1 道面漆：用 PU 亚光清漆喷涂均匀（加修色剂），干燥 8~10h。

打磨：用 600~1000 号砂纸轻磨颗粒，切忌磨穿，并除尘。

涂第 2 道面漆：用 PU 亚光清漆喷涂均匀，干燥 8~10h。

（4）聚酯清漆（PE 清漆）中高级涂饰工艺过程

①蜡型聚酯涂饰工艺：

表面清洁：将白坯表面砂光，清除木毛、灰尘、胶迹、树脂（针叶材），并进行必要的脱色或漂白。

缺陷嵌补：用腻子补平孔眼与裂缝。因虫胶与聚酯漆附着性极差，故不用虫胶腻子，而用猪血腻子、硝基腻子或聚氨酯腻子。

干燥砂磨：猪血腻子干燥 2h 左右、硝基腻子干燥 30~60min 或聚氨酯腻子干燥 1h 后，用 1 号木砂纸将整个表面砂磨平整，并清除磨屑粉尘。

填孔着色：用细软刨花或棉纱浮擦猪血老粉或硝基树脂填孔着色剂或聚氨酯树脂填孔着色剂。干燥 1h 左右后，用 1 号木砂纸轻轻打磨并清除磨屑粉尘。

表面染色：根据产品色泽要求调配染料水色，均匀涂刷一遍，干燥 1~2h。

拼色：用排笔或毛笔蘸取水色对染色不均匀处进行色差调整。

涂底漆：水色干后，涂饰一道稀薄的 NC 硝基清漆或 PU 聚氨酯清漆（不能用虫胶清漆）。前者干燥 30～60min，后者干燥 16h。

涂层砂磨：用 1 号旧木砂纸轻砂，使表面平整，并清除磨屑粉尘。

涂面漆：依据蜡型聚酯的配比配漆，在表面涂饰 2～3 遍，每次间隔 30min，其中最后一遍涂饰的聚酯漆中要加入 1% 的蜡液，使之封闭涂层，以便涂层隔氧、隔气固化。最后自然干燥 24～48h。

涂层砂磨：因蜡层无光，故应磨去蜡层。先干磨后湿磨，先粗砂后细砂，直至表面光滑。

漆膜抛光：用抛光膏（先粗砂蜡后细砂蜡）在软辊上抛出柔和光亮表面，并用光蜡上光。

②膜型（倒模）聚酯漆涂饰工艺：

前 8 个步骤同蜡型聚酯漆涂饰工艺。

涂面漆：依据膜型聚酯漆的配比配漆。对已涂饰好的板边，用牛油粘贴保护纸条，防止流淌。将配好的漆液浇倒在平放的板件表面，随即用事先备好的涤纶薄膜木框罩在板件上，用橡胶辊或毛毡刮板隔着薄膜将漆液向四周推开，并排挤出中间气泡。漆液推平后，用长条沙袋压在板件周边，常温静置 15～30min，待聚酯漆固化后，将隔氧薄膜框架揭开，去除周边保护纸条，擦净牛油，修饰边角，即可得到光亮平整的表面。

③气干型聚酯漆涂饰工艺：

前 8 个步骤同蜡型聚酯漆涂饰工艺。

涂底漆：涂饰 PU 底漆 1～2 遍，干燥 4h。

涂层砂磨：用 0 号或 1 号旧木砂纸轻轻打磨。

涂面漆：依据气干型聚酯清漆配比配漆，连续涂饰 3～4 遍，每次间隔 30min，最后干燥 36～48h。

涂层砂磨：先干磨后湿磨，先粗砂后细砂。

漆膜抛光：用砂蜡抛光和光蜡上光。

（5）光敏清漆（UV 清漆）中高级涂饰工艺过程

①UV 清漆涂饰工艺之一：

表面清洁：如前所述将基材表面处理平整干净。

缺陷腻平：用虫胶腻子或水性漆调配的腻子腻平材面局部缺陷，干燥 20～30min 后可用手工或带式砂光机进行基材表面砂光。

填孔着色：按产品色泽要求选择适宜的填孔着色剂填孔，如用水性颜料填孔着色剂填孔擦涂表面，干燥 0.5～1h。

砂磨除尘：待干燥后用 1 号细木砂纸轻磨表面并除尘。

涂底漆：刷涂或淋涂两道水性漆（水性涂料与水比为 1∶1 稀释），涂饰量为 $60g/m^2$。每次干燥 0.5～1h，用 0 号旧砂纸轻轻磨光、除尘。

拼色：根据产品色泽要求调配染料水溶液（水色）。先用毛笔或小排笔对比样板调整色差，室温干燥 20～30min。

涂底漆：连续涂 2～3 遍水性漆（不加水稀释），每遍间隔干燥 1～2h，最后再用 0 号旧砂纸轻轻打磨，并彻底除尘。

涂面漆：淋涂 UV 清漆，涂布量为 $150g/m^2$。

流平干燥：淋涂的板件在流水线上移动，涂层流平后经紫外线固化 3～4min 达到实干。

涂层磨光：用 1 号细木砂纸轻磨涂层并除尘。

涂面漆：板面淋涂第 2 道 UV 漆，工艺条件同前。

流平干燥：与第 1 道相同，涂层流平与紫外线固化 3～5min。

②UV 清漆涂饰工艺之二：

基材砂光：板件在宽带砂光机上砂光并除尘。

基材着色：在辊涂机上用水性染料着色剂着色。涂布量为 $15～40g/m^2$。

色层干燥：板件辊涂着色后进入远红外干燥室用远红外线干燥色层，干燥温度 40～60℃，干燥时间 5～7min。

填孔：用光敏腻子（由光敏漆、填料、稀释剂与光敏剂组成）在辊涂机上为板件填孔，涂布量为 $20～25g/m^2$（视材种管孔大小）。

填孔层干燥：板件经辊涂填孔后用紫外线固化光敏腻子填孔层，干燥约 0.5min。

砂光：在宽带砂光机上砂光填孔后的表面。

涂底漆：板件在辊涂机上辊涂光敏底漆，涂布量为 $20～25g/m^2$。

底漆干燥：辊涂底漆后的板件采用紫外线固化干燥 0.5min。

砂光：在宽带砂光机上或手工砂光涂层并除尘。

涂面漆：在淋漆机上对板件淋涂光敏漆，涂布量可根据产品表面涂饰要求定。

流平干燥：淋涂的板件在流水线上移动，涂层流平后经紫外线固化 3～5min 达到实干。

漆膜抛光：根据需要，漆膜可用 400 号水砂纸湿磨至涂层平滑乌光，并用砂蜡抛光和光蜡上光。

（6）硬木家具（紫檀、花梨、酸枝、鸡翅木等红木类）用生漆涂饰工艺过程

表面清洁：用 1 号木砂纸砂磨表面，棱角磨圆、平面磨平，除去灰尘。

染色：均匀刷涂由品红、炭黑等染料配成的水性染色剂。

填孔：用生漆调石膏粉并加入少量水，配成生

漆填孔剂，用牛角刮刀把填孔剂满刮在表面上，在通风处晾 12h 左右。

砂磨：用 1 号木砂纸磨光。重复填孔和本砂磨的操作 1~3 次，最后用 0 号木砂纸磨光。

擦（揩）生漆：先蘸生漆满涂一遍，然后用旧棉花把生漆全部擦清。重复上述操作。最后晾干 12h 以上，最好在保持一定温湿度的阴室中进行。

砂磨：用 400 号水砂纸湿磨。重复擦生漆和本砂磨的操作 1~4 次。

擦（揩）生漆：操作方法同上述擦（揩）生漆。

（7）水性漆涂饰工艺　在家具涂饰中，水性漆与溶剂型漆基本类似，也分为封闭式涂饰和开放式涂饰、透明系列和实色（不透明）系列、亚光和亮光系列等。

①水性漆透明全封闭亚光涂饰工艺：

基材打磨：在实木或薄木（木皮）饰面板材表面，用 320 号砂纸手工打磨，去除污迹，将基材打磨平整。

涂封闭底漆：涂布水性底漆，均匀喷涂一个半“十字”，然后自然干燥 30min。

打磨：用 320 号砂纸手工轻轻打磨（不能磨穿），把表面灰吹干净。

涂水性透明腻子：用水性透明腻子刮涂，将木纹填平，干燥 40min。

打磨：用 320 号、400 号、600 号砂纸手工轻轻打磨（不能磨穿），把表面灰吹干净。

涂水性透明底漆：用水性透明底漆（单组分或双组分）均匀喷涂一个半“十字”，干燥一段时间（单组分 40~60min，双组分 8h）。

修色：用水性修色剂均匀喷涂，并对照样板效果。

打磨：用 320 号、400 号、600 号砂纸手工轻轻打磨（不能磨穿），把表面灰吹干净。

涂水性透明亚光面漆：用水性透明亚光面漆（单组分或双组分）均匀喷涂一个半“十字”，干燥 12~24h。

②水性漆透明全封闭亮光涂饰工艺：

基材打磨：在实木或薄木（木皮）饰面板材表面，用 320 号砂纸手工打磨，去除污迹，将基材打磨平整。

涂封闭底漆：涂布水性底漆，均匀喷涂一个半“十字”，然后自然干燥 30min。

打磨：用 320 号砂纸手工轻轻打磨（不能磨穿），把表面灰吹干净。

涂水性透明腻子：用水性透明腻子刮涂，将木纹填平，自然干燥 40min。

打磨：用 320 号、400 号、600 号砂纸手工轻轻打磨（不能磨穿），把表面灰吹干净。

涂水性透明底漆：用水性透明底漆（单组分或双组分）均匀喷涂一个半“十字”，自然干燥一段时间（单组分 40~60min，双组分 8h）。

修色：用水性修色剂均匀喷涂，并对照样板效果。

打磨：用 320 号、400 号、600 号砂纸手工轻轻打磨（不能磨穿），把表面灰吹干净。

涂水性透明亮光面漆：用水性透明亮光面漆（双组分）均匀喷涂一个半“十字”，自然干燥 24~48h。

③水性漆实色全封闭亚光涂装工艺：

基材打磨：在实木或人造板材表面，用 320 号砂纸手工打磨，去除污迹，将基材打磨平整。

涂封闭底漆：涂布水性底漆，均匀喷涂一个半“十字”，然后自然干燥 30min。

打磨：用 320 号砂纸手工轻轻打磨（不能磨穿），把表面灰吹干净。

涂水性白色底漆：用水性白色底漆（单组分或双组分）均匀喷涂一个半“十字”，自然干燥一段时间（单组分 40~60min，双组分 8h）。

打磨：用 320 号、400 号、600 号砂纸手工轻轻打磨（不能磨穿），把表面灰吹干净。

涂水性实色亚光面漆：用水性实色亚光面漆（单组分或双组分）均匀喷涂一个半“十字”，自然干燥 12~24h。

④水性漆实色全封闭亮光涂装工艺：

基材打磨：在实木或人造板材表面，用 320 号砂纸手工打磨，去除污迹，将基材打磨平整。

涂封闭底漆：涂布水性底漆，均匀喷涂一个半“十字”，然后自然干燥 30min。

打磨：用 320 号砂纸手工轻轻打磨（不能磨穿），把表面灰吹干净。

涂水性白色底漆：用水性白色底漆（单组分或双组分）均匀喷涂一个半“十字”，自然干燥一段时间（单组分 40~60min，双组分 8h）。

打磨：用 320 号、400 号、600 号砂纸手工轻轻打磨（不能磨穿），把表面灰吹干净。

涂水性实色亮光面漆：用水性实色亮光面漆（双组分）均匀喷涂一个半“十字”，自然干燥 24~48h。

⑤水性漆透明半开放或全开放亚光涂装工艺：

基材打磨：在实木或薄木（木皮）饰面板材表

面，用320号砂纸手工打磨，去除污迹，将基材打磨平整。

涂封闭底漆：涂布水性底漆，均匀喷涂一个半“十字”，然后自然干燥30min。

打磨：用320号砂纸顺木纹手工轻轻打磨（不能磨穿），把表面灰吹干净。

涂水性透明底漆：用水性透明底漆（单组分或双组分）均匀喷涂一个半“十字”，干燥一段时间（单组分40~60min，双组分8h）。

打磨：用320号砂纸顺木纹手工轻轻打磨（不能磨穿），把表面灰吹干净。

修色：用水性修色剂均匀擦涂，自然干燥40min，并对照样板效果。

涂水性透明底漆：用水性透明底漆（单组分或双组分）均匀喷涂一个半“十字”，干燥一段时间（单组分40~60min，双组分8h）。

打磨：用320号、400号、600号砂纸顺木纹手工轻轻打磨（不能磨穿），把表面灰吹干净。

修色：用水性修色剂均匀喷擦涂，并对照样板效果。

涂水性透明亚光面漆：用水性透明亚光面漆（单组分或双组分）均匀喷涂一个半“十字”，干燥12~20h。

⑥水性漆实色半开放或全开放亚光涂装工艺：

基材打磨：在实木或薄木（木皮）饰面板材表面，用320号砂纸手工打磨，去除污迹，将基材打磨平整。

涂封闭底漆：涂布水性底漆，均匀喷涂一个半“十字”，然后自然干燥30min。

打磨：用320号砂纸手工轻轻打磨（不能磨穿），把表面灰吹干净。

涂水性白色底漆：用水性白色底漆（单组分或双组分）均匀喷涂一个半“十字”，自然干燥一段时间（单组分40~60min，双组分8h）。

打磨：用320号砂纸手工轻轻打磨（不能磨穿），把表面灰吹干净。

涂水性实色亚光面漆：用水性实色亚光面漆（单组分或双组分）均匀喷涂一个半“十字”，自然干燥一段时间（单组分40~60min，双组分8h）。

打磨：用320号、400号、600号砂纸手工轻轻打磨（不能磨穿），把表面灰吹干净。

涂水性实色亚光面漆：用水性实色亚光面漆（单组分或双组分）均匀喷涂一个半“十字”，自然干燥12~20h。

8.1.2 不透明涂饰

不透明涂饰（opaque painting），俗称“混水”。它是用含有颜料的不透明涂料（如调合漆、磁漆、色漆等）涂饰木材表面。不透明涂饰的涂层能完全遮盖木材的纹理和颜色以及表面缺陷。制品的颜色即漆膜的颜色，故又称色漆涂饰。不透明涂饰常用于涂饰针叶材、散孔材、刨花板和中密度纤维板等直接制成的木家具。

8.1.2.1 不透明涂饰工艺构成

木家具如果只涂一层色漆，往往不能完全遮住木材表面。为了达到一定的质量要求，合理使用涂料，不透明涂饰也要经过多道工序，使用几种相应的涂料相互配套进行涂饰，其涂饰工艺也可大体划分三个阶段，即木材表面处理（即表面清洁、去树脂、嵌补）、涂料涂饰（含填平、涂底漆、涂面漆、涂层干燥）和漆膜修整（磨光、抛光）。按照涂饰质量要求、基材情况和涂料品种的不同，每个阶段也可以包括一个或几个工序，有的工序需要重复多次，有些工序的顺序也可以调整。

（1）表面清洁　不透明涂饰的木材表面，应具有一定的光洁度，并除去油斑、胶痕和其他污染，如有节疤应进行挖补（补块木纹应与整个表面木纹方向一致），然后用1号砂纸顺纹全面磨光。

（2）去树脂　同透明涂饰。

（3）嵌补　如果木材表面上有凹陷、孔眼和裂缝及其他缺陷，必须用较稠厚的腻子进行局部嵌补。虫胶腻子与木材的附着力较好，常在涂底漆之前嵌补；而油性腻子或硝基腻子等，常在涂底漆之后进行嵌补。腻子干燥后，用1号砂纸磨平。如果腻子干燥时因体积收缩再次出现凹陷时，就需进行复嵌腻子。腻子中一般略加厚漆以免面漆损坏时露出底色。

（4）填平　涂饰质量要求较高时，为了消除早晚材密度差异引起的不平度，增加底层的厚度和减少面漆的消耗，需要进行全面填平。全面填平即用填平剂（填平漆）在整个表面上涂饰1~2次，填平剂可以是油性腻子、树脂腻子，但比嵌补用腻子稀薄些，可用刮涂、喷涂或辊涂等方法施工。填平剂应尽可能涂得薄些，过厚会发脆甚至开裂。

（5）涂底漆　涂底漆的作用是封闭木材和节约面漆，同时用白色底漆可以衬托和增加面漆色彩的鲜明程度。因此，涂底漆又称“操白漆”。底漆可以是含有白色颜料的虫胶色漆或白色的调合漆、硝基

表 8-8 常见色漆颜色配比

所配色漆	所用色漆（质量比,%）	所配色漆	所用色漆（质量比,%）
橘黄色	黄色 82、红色 17.5、淡蓝 0.5	奶油色	白色 95、黄色 5
淡黄色	白色 60、黄色 40	咖啡色	铁红 74、铁黄 20、黑色 6
银灰色	白色 92.5、黑色 5.5、淡蓝 2	棕　色	铁红 50、中黄 25、紫红 12.5、黑色 12.5
中灰色	白色 75、黑色 20、淡蓝 5	白　色	白色 99.5、群青 0.5
湖绿色	白色 75、蓝色 10、柠檬黄 10、中黄 5	象牙色	白色 99.5、淡黄 0.5
草绿色	黄色 65、中黄 20、蓝色 15	肉　色	白色 80、橘黄 17、中黄 3
黑绿色	黄色 47、黑色 27、绿色 26	天蓝色	白色 91、蓝色 9
深绿色	绿色 80、蓝色 20	淡天蓝	白色 95、蓝色 5
苹果绿	白色 94.6、绿色 3.6、黄色 1.8	海蓝色	白色 68、蓝色 23、浅黄色 9
粉红色	白色 95、红色 5	紫红色	红色 95、蓝色 5

底漆、聚氨酯底漆等。不透明底漆可用刷涂、喷涂或浸涂等方法施工。底漆涂层必须干燥。

（6）涂面漆　木家具不透明涂饰用的面漆有各种颜色的油性调合漆、酚醛磁漆、硝基色漆（NC 色漆）和聚氨酯色漆（PU 色漆）等。面漆的品种根据产品的装饰要求选用，中高档木家具多用 NC 色漆和 PU 色漆涂饰。面漆往往需要多次涂饰，涂饰表面不允许有灰尘或污物，要涂均匀，不能露白，要经常搅拌涂料，以免颜料沉淀，造成漆膜颜色不均匀。

在色漆漆膜上，通常也可最后涂一层同类清漆，俗称“罩光”，可以提高漆膜的强度，增加亮度。不透明漆膜的厚度，不需磨光和抛光时一般为 40~70μm；需要磨光和抛光时一般为 80~150μm。

木家具不透明涂饰时，产品外观的颜色就是漆膜表层所涂色漆的颜色。因此，为了达到需要的颜色，就要选好符合要求的色漆或调配好色漆的颜色。调配色漆时，一般应用同一类型不同颜色的成品色漆调配，不可随便用不同类型的色漆调配，也不宜用颜料直接放入清漆或色漆中，否则可能会变质报废或降低质量。常见色漆颜色调配的比例见表 8-8，具体需经试验确定。

（7）磨光　通常采用湿法磨光，与透明涂饰相同。

（8）抛光　与透明涂饰相同。

8.1.2.2 不透明涂饰工艺举例

（1）油性调合漆不透明涂饰的工艺过程

表面清洁：用鬃刷、刮刀去除白坯表面的油脂、胶迹、灰尘和树脂等。

缺陷嵌补：用油腻子将凹陷、孔眼、裂缝、缝隙等补平。干燥 24h。

磨光：用 1 号木砂纸全面砂光。

填平：用刮刀满刮油性填平剂（石膏 2.5、清油 0.5、白厚漆 1 和松香水 0.5 调成）或猪血腻子（熟猪血 67%、老粉 33%），对白坯全面填平。干燥 24h。

磨光：用 1 号木砂纸磨平磨光。

涂底漆：用清油、松香水将白色厚漆稀释，刷涂在表面上经 24h 后再刷第 2 次。

磨光：待第 2 次底漆涂层干燥后，用 0 号木砂纸将漆膜磨光。

涂面漆：用松节油或松香将油性调合漆稀释到工作黏度，搅拌均匀，滤去漆皮、杂质，然后刷涂，涂层要薄。如需涂第 2 次，须待第 1 次涂层干透后（常温约 48h 以上）才可进行。面漆的颜色根据产品要求选定。

（2）硝基（NC）色漆不透明涂饰的工艺过程

表面清洁：比油性调合漆工艺更为仔细。

缺陷嵌补：用虫胶腻子。

白坯砂磨：用 1 号木砂纸全面砂光。

全面填平：全面刮涂油性填平剂或擦涂水性填平剂（均不加着色颜料）。干后用 1 号木砂纸砂光，再刮（擦）涂一次，经干燥砂光。

涂底漆：刷涂酚醛底漆（用松香水稀释至适当黏度），干后用 280~320 号水砂纸湿磨。底漆也可连续刷涂两遍白虫胶漆（在浓度为 20% 的虫胶漆中加入白色颜料）或白硝基底漆（按 1∶1.5 兑入信那水），干燥 10~20min 后用 1 号木砂纸砂磨。

复填腻子：检查有无漏填或渗陷的腻子，再补填一次，干后用 1 号木砂纸砂磨。

擦涂面漆：在经填平打底的表面上，用棉球擦涂一次白色硝基磁漆。擦涂前先刷两遍［按 1∶(1.2~1.5) 兑入信那水］，然后用干净无色棉球擦涂约 15

次左右（先圈涂3~4次，后横擦3~4次，最后顺纹直涂8~9次），静置8~12h，然后用320号水砂纸湿磨至平滑。

喷涂面漆：按产品色泽要求选择各色硝基磁漆，连续喷涂2~4遍，头几遍干燥2~5h，最后一道干燥24h以上。

涂层砂磨：用400号水砂纸湿磨至乌光。

漆膜抛光：用砂蜡和光蜡抛光。

（3）聚氨酯（PU）色漆不透明涂饰的工艺过程

①亮光涂饰工艺：

表面清洁：同硝基色漆工艺。用0号和1号木砂纸。

嵌补：同硝基色漆工艺。用虫胶腻子。

底漆封闭：刷涂或喷涂一遍稀薄PU清漆（漆与稀释剂比为1∶3）室温干燥18h。

涂层砂磨：用0号木砂纸轻磨表面，除净磨屑。

涂底漆：刷涂或喷涂一遍PU清漆或PU白色底漆（漆与稀释剂比为3∶2），干燥12~24h。

涂层砂磨：用0号木砂纸轻磨涂层。

涂底漆：刷涂或喷涂一遍PU白色底漆（漆与稀释剂比为1∶1），干燥18h。

涂层砂磨：用0号木砂纸轻磨涂层。

涂面漆：按产品色泽要求选择适宜各色PU色漆（漆与稀释剂比为1∶1），刷涂或喷涂一遍，干燥30~40min，再涂第2遍含同类清漆的色漆（PU色漆∶PU清漆∶稀释剂为2∶2∶6），干燥2~3天。

涂层砂磨：用400号水砂纸湿磨涂层。

漆膜抛光：用砂蜡抛光和光蜡上光。

②亚光涂饰工艺：

表面清洁：用320号砂纸将中密度纤维板表面、边线和圆角磨光磨圆滑。

封闭底漆：用PU底漆（俗称底得宝）刷涂或擦涂或喷涂，对底材进行封闭，干燥3~4h。

打磨：用320号砂纸手工轻磨，砂去木毛。

涂第1道底漆：用PU不透明底漆按“湿碰湿”方式喷涂均匀，干燥3~4h。

打磨：用320号砂纸彻底打磨，除尘。

涂第2道底漆：用PU不透明底漆按“湿碰湿”方式喷涂均匀，干燥5h左右。

打磨：用320号砂纸彻底打磨，除尘。

涂第1道面漆：根据产品颜色需要，选用各色PU亚光不透明面漆喷涂均匀，干燥8~10h。

打磨：用600~1000号砂轻磨颗粒，切忌磨穿，并除尘。

涂第2道面漆：用上述PU亚光不透明面漆喷涂均匀，干燥8~10h。

（4）气干型PE聚酯漆亮光不透明涂饰的工艺过程

表面清洁：用1号木砂纸将表面、边线和圆角磨光磨圆滑。

嵌补：用乳白胶碳酸钙（老粉）腻子嵌补缺陷，干后再磨平并除尘。

涂底漆：喷涂气干型聚酯颜色底漆2~3次，采用“湿碰湿”工艺，每次间隔10~15min，最后室温干燥4h以上（隔日最好）。

磨光：用细砂纸仔细磨光漆膜。

涂面漆：喷涂气干型聚酯颜色面漆1~3次，可用“湿碰湿”工艺，每次间隔10~20min，最后干燥24h以上。如漆膜表面有粒子，可用1000目砂布细磨。

漆膜抛光：用细砂蜡抛光和光蜡上光。

8.1.3 美式涂饰

美式涂饰（American coating），又称美式涂装，是指对具有美式风格或适合于欧美等地区使用的家具进行涂料涂饰的工艺方法。美式涂饰的效果受欧美等地的历史背景、文化艺术、生产技术和生活习惯的影响，而形成了特有的欧美风情和品位。其涂饰特点主要体现复古和回归自然，充分显现木材本色的特色。

8.1.3.1 美式涂饰工艺构成

美式涂饰工艺主要包括基材破坏、素材调整、整体着色、填孔着色、胶固底漆、调整着色、透明着色、修色着色、底漆涂饰、面漆涂饰、抛光打蜡等。

（1）基材破坏（physical distress）是美式涂饰过程中仿古效果极强的一道加工工序，它主要仿造风蚀、风化、虫蛀、碰损以及人为破坏等留下的痕迹。其作用是增强产品仿古效果，掩饰产品缺陷，提高产品价值。基材破坏的主要方法如下。

①虫孔：是仿产品长时间存放后木头被虫蛀后留下的痕迹。一般来说，虫蛀现象多见于产品的破坏处、朽烂处以及边缘的地方，产品有疤节以及木材中心处相对比较坚硬的地方一般不会发生虫蛀。虫蛀既有散落的个别现象，也有密集的成团现象。

②锉刀痕：是仿产品在长期使用或存放过程中被带有锯齿形的物体拉划的痕迹。

③白身牛尾痕（cow tail）：也称划痕，是仿产品在使用过程中被划伤、刮伤的痕迹。

④蚯蚓痕：是仿产品长期使用或存放过程中被

虫蚀、虫爬过后留下的痕迹。

⑤铁锤痕：是仿产品在长期使用中被压伤或其他器物掉落下来砸伤的痕迹。常用铁锤倾斜一定角度敲打后留下的痕迹。

⑥喷点（spatter）：也称苍蝇黑点，是仿产品在长期使用过程中苍蝇停留在产品上留下的粪便或一些有色物溅落在产品上留下的痕迹，它是仿古效果较强的一道工序，一般多为黑色、深咖啡色或棕色等。

⑦布印（padding stain）：也称造影，是美式涂饰过程中经常采用的一种工序，其主要作用是加深产品的颜色，增强产品的层次感，使产品呈现出浅、中、深的颜色层次效果。

⑧画明暗（highlight 或 hilite）：是美式涂饰的一项重要工序，是在产品着色过程中用钢丝绒或羊毛刷按一定规律擦拭和抓出一些颜色较浅的部分，或布印后整理出一些颜色较浅的部分，使产品颜色呈现明暗对比的层次。

（2）素材调整（equalizer 或 blending of substrates） 由于木材本身的各种原因（如价格成本、自然干燥、强制干燥、春材、秋材、心材、边材以及不同素材薄片的贴面等差异）而有颜色的差别。可用染料或颜料混合于溶剂中制成着色剂，将素材的不同颜色调整成一致的颜色。常采用红水或绿水即醇（酒精）性着色剂或修色着色剂喷涂处理。

（3）整体着色（stain） 也称素材着色或底色着色，是将底色颜色逐渐趋近于色板颜色，一般采用喷涂方式。着色的材料多选用淡黄色系统，以醇性和油性搭配使用，也可单独使用，主要有醇（酒精）性着色剂（alcohol stain）、不起毛着色剂（NGR stain）、渗透颜料着色剂（Duro stain）、油性着色剂（oil stain）、染料着色剂（stain）等。

（4）填孔着色（filling stain） 将色浆填孔剂用来填充导管并增加木材纹理的鲜明度，同时达到填孔与着色两种功能。施工时，必须注意填孔剂的密着性和着色性，如果密着性不好，则涂饰后漆膜容易剥落；如果着色性不好，则颜色不均匀，木材纹理不清晰。如果打底能彻底做好，可节约底漆与面漆的喷涂次数，使镜面涂饰得更好。

（5）胶固底漆（wash coat） 又称封闭底漆或头度底漆，固体分通常在4%～14%，因黏度很低，故很快就能渗入木材的表面层，提供涂饰过程中的延展效果。其主要作用是封闭木材和提高漆膜密着性，防止用木皮透胶或素材斑点而造成着色不均匀的疤痕产生，减少擦涂着色剂时着色不均和底色溶起的现象发生，抑制上层涂料被木材吸收以增加漆膜厚重感，增加透明着色剂擦涂时的导管纹理清晰和提高层次感。

（6）调整着色（toner） 调整着色是用染料或颜料添加于胶固底漆配制而成的调色着色剂［又称吐纳（toner），固体分为2%～10%］，在素材着色或填孔作业完成后，为了加深颜色而使用的工序，其作用与胶固底漆相同。但也可直接用于素材上替代素材着色和胶固底漆两道工序。因其着色剂未渗入木材，故极易因刮伤而产生白痕，应特别注意。这种调色着色剂在大面上着色效果较好，可喷足湿面及着色均匀，但在椅子、柜的内侧和车枳造型零件上比较难喷涂均匀，颜色难以控制，一般比较少用。

（7）透明主剂着色（inert-glaze） 为了防止端面纹理变深，一般要在使用透明着色剂着色之前，先用透明主剂［又称格丽斯（glaze）透明主剂］着色，用布或刷子涂布于端纹处，以阻塞端面纹理，使透明着色剂擦拭干净并让颜色均匀一致。

（8）透明着色剂着色（glaze） 它是一种中层着色，不会溶解下层的胶固底漆以及上层的二度底漆。是在慢干及易于擦拭的油或树脂中添加半透明或透明颜料，并溶解于油脂性溶剂所制成的透明着色剂（又称格丽斯透明着色剂，或仿古漆）。其目的在于调整素材至所需的颜色，以暗棕色为多，可显现出深度的立体感，并利用其半透明性以降低亮度，使材面柔和形成对比和阴影效果，产生古典的趣味。它是一种擦拭用着色剂，可将颜料填入木材的管孔内，并且能够通过擦涂调整颜色明暗深浅，增加漆膜颜色的层次感与木纹的清晰，是美式涂饰中不可缺少的着色产品。主要用于实木、木皮贴面等各种木家具产品的擦涂着色，也可用于NC涂饰的中密度纤维板封边模拟木纹拉花。

（9）二度底漆涂饰（sanding sealer） 二度底漆是用来保护底色着色剂与格丽斯透明着色剂，并可增加漆膜厚度和使材面平滑，要求其具有密着性、填充性、砂光性、透明性和干燥性等，并为面漆涂饰做好“架桥”。常用的NC透明底漆，透明度好、丰满度高、光泽高、耐黄变性好，适合于显孔（全开放）或半显孔（半开放）的涂饰；NC白色底漆具有良好的耐黄变性、高填充性、高光泽和高漆膜肉感，适用于不透明木家具的底漆涂饰。底漆可喷涂或刷涂，若多次涂饰时，每次涂饰之间应有充分的间隔时间以利干燥，并用合适的砂纸打磨后再施工。

（10）布印、牛尾痕、喷点及修色着色（stain）

布印着色一般用醇（乙醇）性着色剂调制成修补着色剂后在一些特殊涂饰修色上，用软布对涂层进行布印操作，做出明亮层次与柔和自然的木纹效果，增加立体感。牛尾痕通常用格丽斯透明着色剂和牛尾笔轻甩而画，在较浅色的地方及边缘处可多画一些。喷点大多使用黑色、棕色或深咖啡色的醇（乙醇）性着色剂或格丽斯透明着色剂进行喷涂或甩画类似于苍蝇黑点的缺陷瑕疵。修色着色是采用修色着色剂对照标准色板进行修色，它是整个涂饰过程中最后一道着色工序。修色可以全面喷涂，也可按实际状况作局部加强修色。若用醇（乙醇）性着色剂来修色，在修色完成后，还可以用抹布或钢丝绒来作局部的修补，使其加强阴影对比度，增强立体感。

（11）面漆涂饰（top coat） 面漆是产品最直觉的外观，所以漆膜的丰满度和透明性很重要。面漆一般要求具有良好的密着性、干燥性、耐水性、耐药品性、抗污染性、易抛光、不回粘、不龟裂、硬度高。一般常用 NC 透明面漆，透明性好、光泽均匀、耐黄变性好、硬度高、流平性好，可喷涂或刷涂，并可根据表面效果调整施工遍数。

（12）抛光打蜡（rubbing） 为了使涂饰表面更加平滑，增加漆膜的手感和提升漆膜的美观，一般需要进行抛光打蜡。首先用直线砂光机并使用 800～1000 号的水砂纸蘸润滑剂或松香水将表面的粗颗粒磨平，然后再用高速抛光机上的羊毛轮将表面抛光至所需要的亮度，最后用洁净的软布将表面擦拭干净。

8.1.3.2 美式涂饰工艺举例

美式涂饰工艺的种类较多，目前主要有以下几种：

（1）一般美式自然涂饰 工艺包括①素材砂光；②素材调整；③素材着色；④封闭底漆；⑤仿古漆；⑥划明暗；⑦二度底漆；⑧喷点、牛尾纹、布印；⑨面漆；⑩打蜡。

（2）古老白涂饰 工艺包括①素材砂光；②素材调整；③破坏；④素材着色；⑤封闭底漆；⑥仿古漆；⑦划明暗；⑧二度底漆；⑨喷点、牛尾纹、布印或修色；⑩面漆；⑪打蜡。

（3）Pine 老式型涂饰 工艺同上，但沟槽要作深度擦拭。

（4）Pine 古老型涂饰 工艺同上，但面漆完成后擦拭灰尘漆，让沟槽自然脱落。

（5）双层式涂饰 有 3 种破坏，导管有两种颜色，沟槽也需留色。

（6）乡村式涂饰 有虫蛀孔、刀痕、钉痕、刮痕，很乱但要自然，喷点、牛尾、边角要作干刷，桌面要经轻微干刷，牛尾要有三四条刷痕。

在美式家具生产中，以樱桃木、桦木、枫木等木皮贴面人造板或实木拼板等制成的美式家具常见美式涂饰工艺如下：

①素材砂光：使用 180～240 号砂纸砂磨逆目刨痕。

②素材调整：用红水或绿水进行局部修饰，干燥 2min。

③素材着色：用醇性着色剂和油性着色剂或染料着色剂等全面喷涂表面，慢干 10min，使其渗入木材，使导管明显，有效地掩饰素材的各种缺陷。

④封闭底漆：用 NC 香蕉水（天那水）稀释 NC 底漆并喷涂，干燥 20min。

⑤砂光：用 320～400 号砂纸人工打磨干燥后的底漆漆膜。

⑥仿古漆：用格丽斯着色剂擦拭、刷涂或喷涂后用碎布擦拭均匀，干燥 20min。

⑦划明暗：用钢丝绒、羊毛刷等做出木纹和明暗对比。

⑧第 1 道二度底漆：用 NC 二度底漆全面喷湿，涂饰后应有充分的间隔时间（40min）以利干燥。

⑨砂光：用合适的砂纸人工或机械打磨干燥后的底漆漆膜。

⑩第 2 道二度底漆：用 NC 二度底漆全面喷湿后，应有充分的间隔时间以利干燥。

⑪砂光：用 320～400 号砂纸人工打磨干燥后的底漆漆膜。

⑫第 1 道面漆：用 NC 透明面漆喷涂。

⑬喷点：用深色的醇性或油性修色剂进行喷涂苍蝇黑点。

⑭牛尾纹：用棕色着色剂以笔绘出牛尾痕。

⑮布印或修色：用醇性或油性修色剂以手工修色或喷涂修色。

⑯第 2 道面漆：用 NC 透明面漆喷涂，干燥 6h。

⑰细磨：用 600～800 号耐水砂纸打磨干燥后的漆膜。

⑱打蜡：用石蜡（亮光剂）抛光。

8.1.4 直接印刷涂饰

直接印刷涂饰（direct print painting），俗称“模拟印刷”或“印刷木纹”。它是在木质工件表面上直接印刷（direct printing）或仿真涂饰类似贵重木材或大理石等的颜色和花纹的工艺。直接模拟印刷涂饰工艺成本低、工艺简单，能得到美丽多彩的木纹，既美化了木家具，又为刨花板、中密度纤维板等木质人造板基材和普通木材的有效利用提供了保证，因此得到了迅速发展和广泛应用。但与薄木贴面板材或天然木材相比，它的真实性比较差、缺乏立体感，因此常用于中低档木家具和建筑、车辆、船舶等内部装饰材料（如地板、墙板或壁板、天花板等）的制造。

8.1.4.1 直接印刷涂饰工艺构成

直接印刷涂饰的涂层也能完全遮盖基材的材质、颜色以及表面的缺陷。印刷涂层的纹理和颜色即制品的纹理和颜色。其涂饰工艺一般也可划分为三个阶段，即基材表面处理（即表面砂光、清净）、印刷与涂饰（含腻子或遮盖剂填平、涂底漆、印刷、涂面漆、涂层干燥）和漆膜修整（磨光、抛光）。按照印刷涂饰质量要求、基材情况和涂料品种的不同，有些工序的顺序可以作适当调整。基材背面一般只需要进行砂光、清净、嵌补、填平或打腻子；要求高的背面，还可以再涂底漆。

直接印刷涂饰常见典型工艺流程为：

基材准备（砂光、清洁）⟶腻子或遮盖剂填平（1~2 次）⟶干燥（红外线或紫外线）⟶砂光除尘⟶辊涂底漆或底色（1~2 次）⟶干燥（红外线）⟶砂光除尘⟶印刷木纹（2~5 只辊筒、油墨套色套纹）⟶淋涂 UV 面漆（2~3 次）⟶流平干燥（紫外线）⟶砂光除尘⟶抛光

（1）基材准备（砂光、清洁） 为了保证印刷涂饰的质量和效果，基材应进行严格挑选，对人造板基材（刨花板和中密度纤维板等）的要求原则是，具有一定的强度及耐水性、含水率均匀（8%～10%）、结构对称合理、表面平整光洁、质地细腻、厚度均匀（偏差小于±0.2mm）、无翘曲变形及表面缺陷。因此，任何一种人造板基材都必须进行砂光（定厚或精细）处理，以保证其厚度和表面平滑度。同时，如果表面上有凹陷、孔眼和裂缝及其他缺陷，还必须用较稠厚的腻子进行局部嵌补。最后再清除灰尘、沙尘等。

（2）填平（打腻子） 为了得到平整的印刷表面和较高的涂饰质量，要求防止底涂料的渗透损失，一般都需要对基材进行全面填平或打腻子，找平板面。全面填平或打腻子即用填平剂（或腻子、遮盖剂）在整个表面上涂饰 1~2 次，填平剂可以是油性腻子和树脂腻子（一般不用水性腻子，因为人造板基材容易吸收水性腻子中的水分），常比嵌补用腻子稀薄。目前常用光敏树脂腻子，采用紫外线光固化，加快干燥速度。

填平（打腻子）一般采用刮刀式涂布机或辊筒式涂布机，以保证良好的填密性，并得到厚度均一的腻子层。腻子涂布量根据基材板面光滑程度不同而不同，在一般情况下，纤维板或中密度纤维板基材的涂布量为 60~100g/m^2；刨花板和胶合板基材因结构松散、管孔较大，其涂布量比纤维板要多，一般为 90~150g/m^2，太多会造成腻子固化不完全，影响底漆对基材的附着力。

腻子涂布后可进行强制干燥，光敏树脂腻子用紫外线干燥，其余一般用红外线干燥。第 1 道腻子干燥后往往由于收缩而产生裂纹或塌陷，因此一般要经第 2 道腻子涂布后才能保证填补找平的效果。当采用两道腻子时，一般第 1 道涂布量较大，第 2 道较小，如在中密度纤维板上涂布腻子时，一般第 1 道为 50g/m^2 左右，第 2 道为 15~20g/m^2。腻子涂布干燥后一般都要经过砂光（砂带粒度为 240~280 号）除尘，以便得到平整光滑、光洁的表面。

（3）涂底漆或底色 根据直接印刷木纹的颜色要求，印刷前，必须在腻子层的表面涂布 1~2 道所需要的各色底漆。涂底漆的作用是遮盖基材、封闭腻子、着染底色、节约面漆和改善附着性。涂底漆既对腻子加以封闭，增加表面漆膜的厚度，同时又为表面经印刷木纹后，能反映出纹理的真实感打好基础。常用的底漆涂料有硝基底漆、醇酸底漆、聚氨酯底漆、聚酯底漆、水性底漆等。底漆一般采用辊涂或淋涂。由于涂底漆是使底漆深入和渗透进基材、快速干燥、增强基材、形成封闭层，因此并不需要得到很厚的涂层。硝基底漆的涂布量一般为 40~60g/m^2；水性底色的涂布量一般为 15~40g/m^2。

底漆涂层必须经过充分干燥（常用红外线干燥）后才能进入下一工序，否则易造成油墨和面漆的附着不良或龟裂。如果涂底漆后基材有起毛现象可用 200~240 号砂带砂光。

（4）印刷木纹 在底涂干燥后即可进行木纹印刷，如能利用底漆涂层干燥的余热，则木纹印刷后，油墨就会很快干燥，无须专设干燥装置。

在人造板基材上进行印刷木纹与在纸上进行印刷是不同的，纸张可挠曲，富有弹性，可以包覆在版辊上进行印刷，而人造板基材是不可挠曲的平板，缺乏弹性，因此一般需要采用凹版胶印。

图 8-1 是凹版胶印木纹印刷机的工作原理图。印

刷油墨时，先由油墨辊将油墨压入凹版辊（用照相制版的方法以 1∶1 的比例拍摄被模拟木纹，然后翻制到镀铜的辊筒上并使辊筒上有木纹的部位腐蚀成凹纹，最后再镀一层铬以增加耐久性）的凹纹槽中，刮刀刮去凹纹外的多余油墨，然后由凹版辊在转动过程中将凹纹内的油墨转印到橡胶辊上，再利用橡胶辊的弹性将油墨木纹转印到基材表面上。凹版胶印印刷木纹清晰，能得到连续的木纹。由于凹版辊表面镀铬，因此，经久耐用，可印数十万次。为了得到层次分明的富有质感和真实感的印刷木纹，可用 2~5 台（多为 3 台）凹版胶印机连续进行套色、套纹印刷，但套印必须配合精确。

印刷使用的油墨可以是水性的、油性的或光敏树脂油墨（使用光敏油墨时，可采用紫外线干燥，固化速度快、油墨物理性能好，一般可不用再涂面漆）。通常使用水性油墨。

印刷时，必须掌握几种印刷颜色的调配规律，确保整个施工过程中颜色和黏度不变，只有这样才能保证印刷木纹的真实感和颜色的一致性。同时要及时刃磨油墨刮刀，使其保持平直、锋利，并正确调整刮刀与凹版辊、印刷辊的相对位置，以及印刷辊与基材的位置和压力，使其接触均匀、压力适中，保证油墨适量地印刷到基材上面。压力过大，木纹变形；压力过小，木纹印刷不清晰，影响印刷木纹的真实感。为保证印刷油墨厚度可达 10μm，油墨涂布量一般可达 7~15g/m^2，而常用量为 4~8g/m^2。

（5）涂面漆　基材经印刷木纹后随即可直接涂罩光面漆，面漆一般为硝基漆（NC 清漆）、醇酸清漆、聚氨酯漆（PU 清漆）和聚酯漆（PE 清漆）等。罩光面漆的品种应根据产品的木纹要求选用，并与油墨和底漆有很好的附着性能。面漆可采用辊涂、淋涂或喷涂，一般常用多头淋涂进行多次（如 2~3 次）涂饰。当罩光面漆层要求较厚时，一般 UV 清漆的淋漆量为 80~120g/m^2；而常用的显孔（或开放型）亚光涂饰时，UV 清漆的淋漆量为 15~50g/m^2。淋涂板件在流水线上移动 3~5min，使涂层流平和紫外线固化达到实干。多次涂饰时，前几道涂层经干燥后漆膜都要进行砂光除尘，以保证后道漆膜的涂饰质量。

（6）磨光与抛光　普通用途的产品，面漆干燥后即为成品，高档和特殊要求的产品，还需进行磨光、抛光和打蜡。其工艺与透明涂饰相同。

8.1.4.2　直接印刷涂饰质量

直接印刷涂饰质量包括外观质量和漆膜性能。外观质量主要是凭肉眼观察印刷及漆膜质量，包括印刷不均、颜色不均、光泽不均、剥离、气泡、龟裂、鼓泡、污染以及基材翘曲等缺陷；漆膜性能类似于透明或不透明涂饰，主要有含水率、耐水性、耐候性、耐磨性、耐污染性、耐药剂性、耐冲击性、保色性以及附着性等指标。木纹印刷中常见的问题及其解决方法见表 8-9。

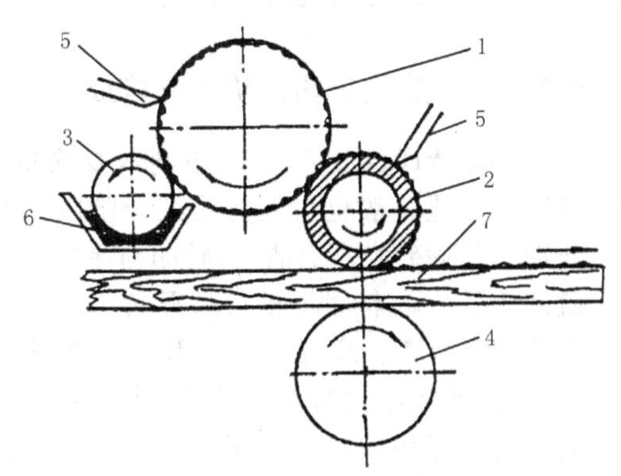

图 8-1　凹版胶印木纹印刷机的工作原理图

1. 凹版辊　2. 橡胶辊　3. 油墨辊　4. 进料辊　5. 刮刀　6. 油墨槽　7. 基材

表 8-9 木纹印刷中常见的问题及其解决方法

问题	产生原因	解决办法
一条横条纹	基材边角太锐利 进料速度大 对基材加压过大	磨圆基材边角 调整进料速度 调整胶辊与基材及版辊与胶辊间压力
横条纹反复出现	胶辊裂纹、皱纹、不圆 胶辊与版辊速度不一致 油墨黏度过大	换胶辊 调节胶辊与版辊的速度 调整油墨黏度
纵向波状	刮刀卷口或夹有杂物	研磨刮刀或清扫刮刀
颜色不均	刮刀与版辊间缝隙不均 版辊粘有干油墨或杂物 胶辊损伤、不圆 版辊与胶辊或胶辊与基材压力不足	调整刮刀与版辊间隙 清洗版辊 调换版辊 调整压力
油墨污染	胶辊硬度太大或老化 胶辊对基材加压过大或过小 刮刀钝化 油墨黏度过高 胶辊滑动、与版辊速度不一致 基材被胶辊粘起	检查胶辊黏度 调整对基材压力 研磨刮刀 调整油墨黏度 调整胶辊与版辊转速 调整进料传送带速度
重叠、模糊	胶辊刮刀老化 胶辊上油墨太干	研磨刮刀 油墨中增加高沸点溶剂
空白	基材上粘有垃圾或翘曲 胶辊磨损 版辊磨损或粘有垃圾 油墨不足	检查基材、重砂光 换胶辊 换版辊 添加油墨
反复出现油墨点或条痕	版辊损伤或粘有垃圾 胶辊粘有垃圾 底涂层粗糙或附着灰尘	检查清扫版辊 检查清扫胶辊 检查清净底涂层

8.1.5 热膜转印涂饰

热膜转印涂饰（transform print painting），俗称“转印木纹”或“烫印木纹”（transform printing）。它是在木质工件表面上用木纹薄膜（或箔）进行高温转印或烫印出类似贵重木材或大理石等的颜色和花纹的工艺。

热膜转印涂饰的涂层与直接印刷木纹相同，也能完全遮盖基材的材质、颜色以及表面的缺陷。涂层的纹理和颜色即为制品的纹理和颜色。其涂饰工艺简单、成本低，在刨花板、中密度纤维板等木质人造板基材和普通木材上均能得到美丽多彩的木纹。但与薄木贴面板材或天然木材相比，它的真实性较差、缺乏立体感，因此也常用于中低档木家具和建筑、车辆、船舶等内部装饰材料（如地板、墙板、壁板、天花板等）的制造。

8.1.5.1 热膜转印涂饰工艺构成

热膜转印涂饰与直接印刷木纹涂饰工艺类似，其涂饰工艺一般也可划分为三个阶段，即基材表面处理（表面砂光、清洁）、转印与涂饰（含腻子或遮盖剂填平、贴木纹薄膜与高温转印、揭去薄膜、涂底漆、涂面漆、涂层干燥）和漆膜修整（磨光、抛光）。按照转印涂饰质量要求、基材情况和涂料品种的不同，有些工序的顺序可以作适当调整。基材背面一般只需要进行砂光、清洁、嵌补、填平或打腻子；要求高的背面，还可以再涂底漆。热膜转印涂饰常见典型工艺流程为：

基材准备（砂光、清洁）⟶着色腻子或着色遮盖剂填平（或打腻子）⟶干燥⟶砂光⟶贴膜与热辊转印（高温烫印木纹）⟶揭去薄膜⟶辊涂底漆⟶干燥⟶淋涂面漆⟶干燥（紫外线）

——→磨光——→抛光

（1）基材准备（砂光、清洁） 为了保证热转印涂饰的质量和效果，基材的表面性能和外层强度有很高的要求，包括结构对称合理、表面质地细密（表面密度为 0.8～0.9g/cm³）、平整光滑、厚度均匀、偏差较小（小于±0.2mm）、表面剥离强度较大（大于 1N/mm²）、无翘曲变形及表面缺陷、含水率均匀（8%～10%）、具有一定的强度及耐水性，因此，任何一种人造板基材都必须进行砂光处理，先粗砂（可用 100～150 号砂带）后精砂（可用 180～220 号砂带），砂光后表面不能留有明显的砂磨痕迹，以保证其厚度和表面平滑度。

（2）填平（打腻子） 为了得到平整的热转印表面和底色，基材整个表面一般都需要进行 1～2 次全面填平或打腻子等预处理，要求腻子材料成本低、施工方便、附着力好、色泽均匀。常用的着色填平腻子（或着色遮盖剂）有胶性腻子（含胶黏剂）、油性腻子和树脂腻子（一般也不用水性腻子，因为人造板基材容易吸收水性腻子中的水分）。填平、打腻子一般采用刮刀式涂布机或辊筒式涂布机，以保证良好的填密性，并得到厚度均一的着色腻子层。腻子涂布量根据基材板面结构状况和光滑程度的不同而不同，腻子太少则会显露基材，影响热转印木纹的清晰程度；腻子太多会造成腻子固化不完全，影响底漆对基材的附着力。

腻子涂布后一般可采用放置慢干燥（一昼夜），也可用红外线进行强制干燥，光敏树脂腻子用紫外线干燥。干燥后一般都要经过砂光（砂带粒度为 240～280 号）和除尘，以便得到平整光滑、光洁的表面。

（3）热转印木纹 热转印木纹的原理是将热转印膜（或烫印箔）通过烫印机的硅橡胶辊，在压力和热量的作用下，使木纹装饰层（印刷油墨）从塑料衬膜（或箔）上解脱，转移并黏附到被加工基材的表面，一次完成装饰过程，而作为木纹载体的塑料衬膜（或箔）则从基材表面脱离下来。烫印方法有辊压和平压两种。其辊压加工工艺过程如图 8-2 和图 8-3 所示。

热转印膜（或烫印箔）的结构从上至下一般由塑料载体膜（或衬箔）、脱膜层、表面保护层、木纹印刷层、底色层和热熔胶层六层组成。其总厚度一般为 0.035～0.05mm；塑料载体膜的厚度为 0.012～0.03mm；热转印木纹印刷装饰层的厚度为 0.01～0.015mm。热转印膜一般是成卷供应，可根据基材部件的规格尺寸在烫印时裁切。

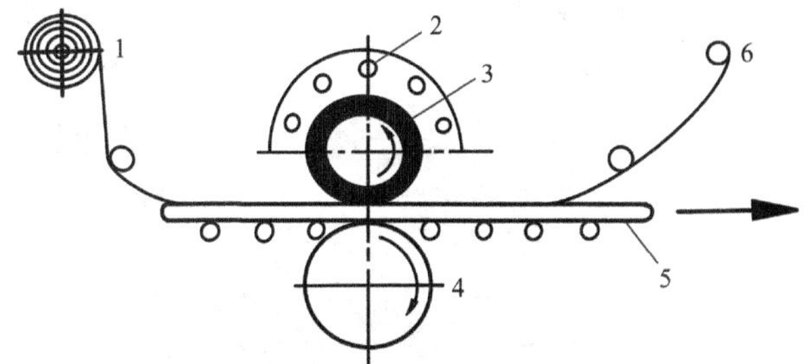

图 8-2 热膜转印木纹烫印机的工作原理图 1

1. 送箔装置 2. 加热管 3. 烫印橡胶辊
4. 进料辊 5. 基材 6. 收箔装置

热转印加工时，温度、压力和速度三要素的最佳配合是获得良好饰面质量的关键。

对于各种基材，热转印温度一般取 140～200℃较为适宜。当温度过高时，饰面会出现热斑或气泡；温度过低时，烫印箔上的热熔胶层未充分熔融，使装饰过程只完成转印而未达到完全黏附，会造成木纹装饰层的剥离或脱落。

热转印压力一般取决于烫印辊相对于基材表面的距离、烫印辊上的压力及其均匀性、烫印辊的橡胶硬度等几个因素。在实际操作时，一般使气源（气压装置施压时）保持恒值，使烫印辊与基材均匀接触，并调节烫印辊压向基材的距离（一般为 1.5～3mm）来决定热转印压力。

工件传送速度因设备和送料方式而有很大差异，与热转印工艺要求的温度、压力、操作可能性相适应的送料速度一般为 2～5m/min。

（4）涂饰油漆 基材经热转印木纹后，一般以亚光为多，为满足不同层次消费者对饰面色泽的要求，也可在热转印木纹层上再进行亮光涂饰。

涂饰的油漆品种应根据产品的木纹要求选用，并与木纹油墨有很好的附着性能。常用的涂料有硝基漆（NC 清漆）、醇酸清漆、聚氨酯漆（PU 清漆）和聚酯漆（PE 清漆）等。

涂料可采用辊涂、淋涂或喷涂，一般常用多次淋涂。为保证漆膜的厚度和节约面漆，有时也可先进行几道底漆涂饰后再进行面漆涂饰。多次涂饰时，前几道干燥后的漆膜都要进行砂光除尘，以保证后道漆膜的涂饰质量。

（5）磨光与抛光 普通用途的产品，面漆干燥后即为成品，高档和特殊要求的产品，还需进行磨光、抛光和打蜡。其工艺与透明涂饰相同。

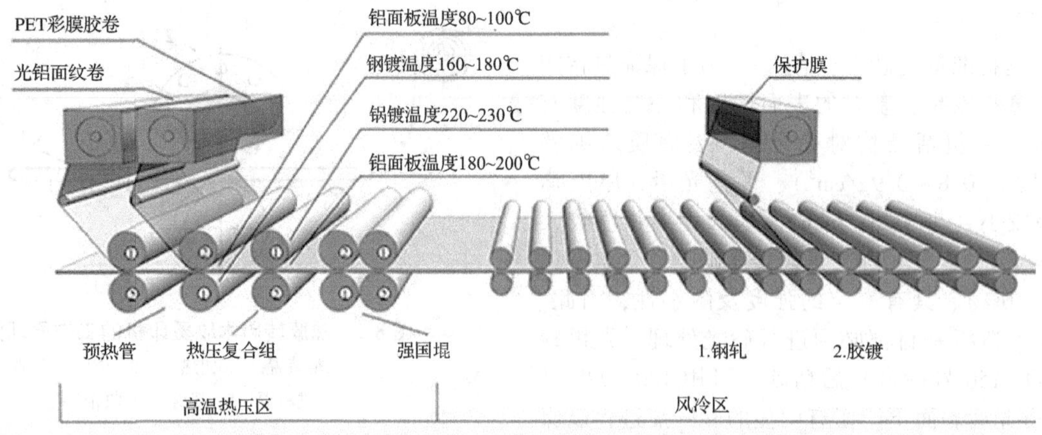

图 8-3　热膜转印木纹烫印机的工作原理图 2

8.1.5.2　热膜转印涂饰质量

热膜转印涂饰的质量也包括外观质量和漆膜性能两部分，其具体质量和性能要求与直接印刷涂饰的要求相似，可参见直接印刷涂饰质量部分的内容。

8.1.6　数码喷印装饰

数码喷印装饰（digital inkjet printing），又称数码喷墨打印装饰、数码 3D 打印装饰、数码打印装饰，是在计算机控制下，将数字信息生成的高分辨率图像，通过喷头使 UV 油墨墨水形成细微墨滴后直接喷射到木材、人造板、塑料、金属等基材表面，并迅速固化形成立体木纹或装饰图案的工艺。它是 3D 打印技术在表面装饰中的一种应用技术。

8.1.6.1　数码喷印装饰的特点

数码喷印装饰是以数码喷墨技术（inkjet technology）+直接印刷技术（direct printing technology, DPT）+紫外光固化技术（UV curing technology）的集成，也简称为“数码直印”（inkjet+direct printing）。它是一种新的无接触、无压力、无印版的印刷技术，将计算机中存储的信息数据输入喷墨打印设备（图 8-4）即可印刷，并利用紫外光的电磁辐射将喷头喷出的 UV 油墨迅速固化在基材上，形成逼真的纹样肌理、装饰图纹。

这是一种全新的印刷方式，其直印过程是从计算机直接印刷或打印到基材（computer-to-board），它摒弃了传统印刷需要制版的复杂环节，直接采用油墨在基材上喷印，实现了真正意义上的一张起印、无须制版、全彩图像一次完成。其提高了印刷的精

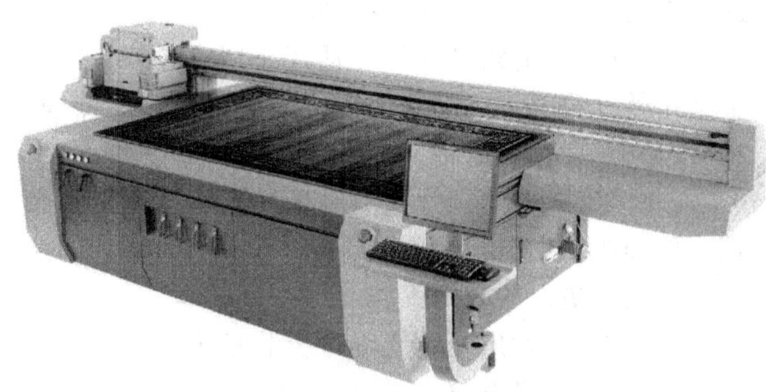

图 8-4 数码喷印设备效果图

度，实现了小批量、多品种、多花色印刷；其极低的印刷成本及高质量的印刷效果比传统印刷系统经济方便，极少的系统投资、数码化的操作方式及有限的空间占用，使系统具有更大的市场前景，是传统印刷机的换代产品。

数码喷印技术区别于传统印刷工艺之处在于：UV 喷墨头与基材之间是“非接触式”喷印，不苛求基材表面的平整度，可减少料件报废率，有效提高生产效率，降低成本；由于 UV 油墨在极短的时间内被固化“即喷即干”，因此无挥发的气味产生，生产过程绿色环保。其可广泛应用于家具板件、地板、木门、墙板、墙纸、玻璃、吊顶、装饰工艺品等家居用品和装饰材料生产制作工艺上，替代传统的表面贴面或溶剂型油漆的装饰工艺，且保证生产过程的绿色环保、节能、减排、高效、高产，创造新型的智能、低碳、高附加值的集成家居产品及装饰材料制造业。

8.1.6.2 数码喷印装饰的工艺

在家居行业中应用数码喷印技术，就是将电脑制作的数码装饰纹样，直接喷印在密度板、多层胶合板、集成材、普通木板、木塑等板式基材表面，主要利用了紫外光的电磁辐射将喷头喷出的 UV 油墨迅速固化在板式基材上，形成逼真的装饰肌理，结合 UV 涂装表面处理，制作出高品质仿实木、仿大理石、仿皮革等效果的地板及家具板式部件。其工艺流程如图 8-5 所示。

数码喷印工艺方法与过程：

（1）数码喷印纹样装饰图制作　为了达到最终产品的高品质效果，用于生产的数码装饰图起关键作用。制作的数码图其纹理清晰、层次感强、颜色饱满、高逼真度、大尺寸、高分辨率能够保证通过 UV 喷印输出到板式基材上的木纹、大理石、皮革等装饰层具有极高的仿真度与自然感。

（2）制备基材　将板式基材通过裁切、开槽等加工，制成常规地板或家具部件的尺寸基材。对于规格尺寸的基材，要求无较大的变形弯曲，平面平整，无较大的坑洼或凸起。

（3）涂布水性封底腻子　在规格基材表面通过辊涂或淋涂的方式涂布封底腻子，主要起到填充与遮盖的作用。水性腻子填充基材表面孔隙，同时需遮盖深色板式基材本色，使数码喷印装饰层不受基材底色影响，真实呈现图片效果。涂布水性封底腻子后应进行红外光干燥处理。

（4）数码喷印 UV 装饰层　应用 UV 数码喷印设备，将制作的数码装饰图直接喷印在经水性腻子封底的板式基材表面上。

（5）涂布 UV 底漆层　在数码喷印的 UV 装饰层上通过辊涂或淋涂的方式涂布一遍或几遍 UV 底漆，以封闭装饰层和对装饰层进行固色，并可防止面漆沉陷和减少面漆消耗，同时还可增加 UV 喷印装饰层表面的耐磨性。底漆层由 UV 固化系统进行迅速固化处理。底漆涂布的遍数可根据产品需要选择，但底漆一般不宜涂饰遍数过多或过厚。

（6）涂布 UV 面漆　UV 底漆层经过固化干燥和砂光打磨平整光洁后即可进行 UV 面漆涂饰。UV 面漆也可以采用辊涂或淋涂的方式涂布一遍或几遍，面漆涂布的遍数可根据产品需要选择。涂布的 UV 面漆能增强地板及家具板材表面的耐磨及耐刮擦性能，会使喷印装饰层图案的纹理更加清晰、色泽更为悦目、质感更强；同时可根据需要形成高光、亚光、半亚光等不同的光泽度，提高外观质量和装饰效果。涂 UV 面漆既可使整个漆膜达到足够的厚度，也可使

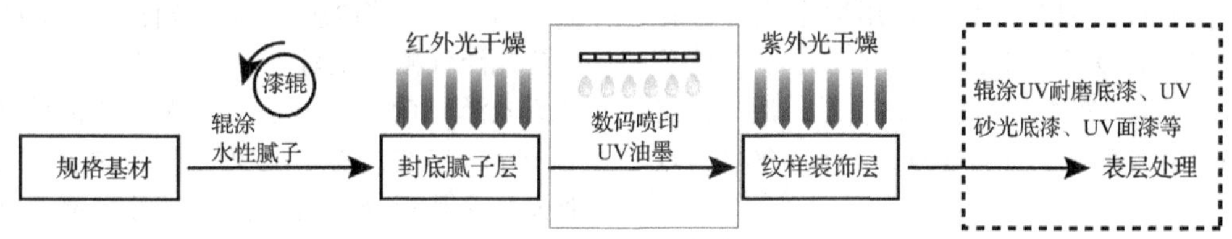

图 8-5 家具板式部件及地板数码喷印工艺流程

修整后的漆膜显得丰满，并具有足够的耐磨性。

以上工艺步骤适用于表面耐磨、耐刮擦、附着力、硬度等性能要求较高的家具板件、地板、木门、墙板等；对于直立构件或装饰工艺品（如装饰画）等，如其表面耐磨、耐刮擦、附着力等性能要求不高时，其工艺步骤可到第 4 步喷印 UV 装饰层后为止，也可省去第 5 步，在第 4 步喷印 UV 装饰层后只进行第 6 步涂布 UV 面漆，以增加表面装饰效果。

8. 1. 7 亚光肤感涂饰

在木家具和木制品表面涂饰中经常有“亮光”“半亮光”（或“半亚光”）和“亚光”三种装饰方法。这主要是根据涂饰后表面漆膜光泽度的高低来表征的。

8. 1. 7. 1 漆膜光泽度及其表征

光泽（gloss）作为物体的表面特性，取决于表面对光的镜面反射能力。人们通常说的光泽指的是镜面光泽（specular gloss）。光泽度（glossiness）可以说是一组几何限定条件下对物体表面反射光的能力进行评价的物理量，具有方向选择的反射性质。

因此，光泽度是用数字表示的物体表面接近镜面的程度。光泽度的表征或评价可采用多种方法（或仪器）。它主要取决于光源照明和观察的角度，仪器测量通常采用 20°、60°或 85°角度照明和检出信号。目前通常采用光泽度仪（光泽度计）或光泽仪（光泽计）来测量物体表面的镜面光泽度。

镜面光泽度的测量原理是在规定的光源和接收器角条件下，从物体镜面方向反射的光通量与折射率为 1. 567 的玻璃镜面方向反射的光通量之比。为了确定镜面光泽的标度，通常赋予（或设定）折射率为 1. 567 的抛光黑色玻璃标准板在 20°、60°、85°入射角下的镜面光泽度值为 100。由此可知，光泽度并不是一个物理单位，而是物体本身的一种物理属性，是用来表示物体表面反射光能力的大小。

漆膜光泽度一般是指漆膜表面反射光通量与在同一条件下的标准镜面反射光通量之比的百分数，一般采用光泽仪来进行。光泽仪测量的结果是一个数值，因此，光泽度通常会直接使用数字或百分比（%）或“度”来表示大小；也可以用光泽度单位（Gloss Unit）计量，单位符号用 GU 表示。例如，标准板的对应光泽度值近似为 100GU，或 100%，或 100 度。

在进行漆膜光泽度实际测量过程中，为了提高光泽度的测量精度，对于不同光泽范围的漆膜，应选用不同入射角的光泽仪来测量。

（1）60°入射角光泽仪　适用于所有漆膜，但对于高光泽（亮光）、或接近低光泽（亚光）的漆膜，20°和 85°入射角更适用。

（2）20°入射角光泽仪　对于高光泽（亮光）漆膜（即 60°入射角光泽仪测量光泽度高于 70GU 的漆膜）能给出更好的分辨率。

（3）85°入射角光泽仪　对于低光泽（亚光）漆膜（即 60°入射角光泽仪测量光泽度低于 10GU 的漆膜）能给出更好的分辨率。

8. 1. 7. 2 漆膜光泽度分类

漆膜光泽度不仅与所用涂料有关，而且还与涂装施工质量有关。涂装施工得当的漆膜表面比较平整光滑，对光线的反射率高，而有流挂、针孔、橘纹及黏附有杂质的比较粗糙的漆膜表面对光线的反射率就较低。

根据漆膜光泽度高低可分为亮光涂饰、半亚光涂饰和亚光涂饰。

（1）亮光涂饰（bright finishing；glossy finishing）又称高光涂饰，是指采用亮光面漆涂饰和对漆膜进行砂磨、抛光后，使漆膜厚实丰满、明亮如镜，并具有高光泽效果（60°入射角光泽仪测量的漆膜光泽度在 70%以上，高光泽）的涂饰方法。亮光涂饰是采用亮光漆涂饰后漆膜具有高光泽的结果，涂层必须达到足够厚度，涂饰过程中，应对木材表面填孔和对漆膜进行砂磨、抛光。

（2）半亚光涂饰（semi matte finishing；semi-gloss finishing）　又称半亮光涂饰、半光涂饰，是指使用不同光泽的面漆，并结合相应材质、颜色、被涂物的形状、涂膜厚度等因素，可形成半光泽漆膜效果（60°入射角光泽仪测量的漆膜光泽度在 30%~70%，中光泽）的涂饰方法。半亚光涂饰可以采用亮光漆涂饰后再轻微研磨消光形成半亚光效果；也可以采用半亚光漆涂饰直接成半亚光效果；还可以通过不完全填孔直接形成半亚光效果。

（3）亚光涂饰（matte finishing；flatness finishing）　又称平光涂饰，是指采用消光或亚光面漆和其他涂饰工艺，使漆膜只具有较低的光泽效果（60°入射角光泽仪测量的漆膜光泽度在 30%以下，低光泽或无光泽）的涂饰方法。亚光涂饰的漆膜只有较低的光泽，它按是否填孔又可分为填孔亚光、半显孔亚光和显孔亚光三种，前者又分以亮光漆做面漆干燥后再用砂磨方法进行消光和以亚光漆（加入消光剂的涂料）做面漆进行消光两种。

简而言之，亮光就是无论正视还是斜视，漆膜表面都具有光滑如镜的亮度，光泽度较高，反光比较强烈；亚光就是无论正视还是斜视，漆膜表面均无光泽感，光泽度较低，不反光；半亚光或半亮光是一般只有在斜视有光源（反光）的条件下，才具有一定的亮度（光泽度），但并不是太明显，其光泽介于亮光与亚光之间，稍微有点反光。

亮光、半亚光与亚光的装饰效果是同具美感、风格迥异、各有特色，目前国内外木家具或木家具装饰中都有应用，而且亚光装饰越来越受到更多人的喜爱。与此同时，也有将亚光进一步细分成亚光、超亚光和无光等，见表 8-10。

表 8-10　漆膜光泽度分类（60°入射角光泽仪时）

光泽的区分	60°入射角光泽仪测量条件下				
	高光（亮光）	半亚光（半亮光）	亚光（蛋壳光）	超亚光（平光）	无光
光泽（%、GU）	> 70	30~70	10~30	2~10	< 2

8.1.7.3　亚光肤感涂层形成机理

肤感（skin sensation）是指人体皮肤与外界发生接触时获得的类似皮肤触感的一种情感体验，是视觉和触觉的综合感受。亚光肤感（matt-skin sensation）家居产品现已在市场上得到推广，这类产品在视觉上表现出亚光的质感，在与人体接触时表现出肤感。肤感涂层可在现有普通涂层的基础上增加肤感的特性，能够在一定程度上能够满足人们对家居木制品的情感需求。

亚光肤感涂层的亚光效果主要得益于涂层表面的微褶皱，微褶皱的高度和宽度都在微米级，且排列无序，能够对光线进行漫反射，形成极低的光泽度。肤感涂层的肤感也与微褶皱有直接的关系。微褶皱形成了凹凸不平的表面，人体接触时会产生滑爽的触感。当前，市面上亚光肤感涂层主要是 PET 肤感膜，已有几代升级产品。最初产品寿命低、不耐油污、不易清洁，经过逐代优化，已具有较为优秀耐污、自清洁性能。也有可用于直接涂饰的肤感涂料，价格较高。肤感涂层当前仍有很大的研究空间，肤感家居产品也是家居企业的一个发展方向。

亚光肤感主要是由于物体表面特殊结构（褶皱、凹凸）的存在使人体皮肤产生一定自我感知，所以亚光肤感的产生关键在于表面特殊结构的形成，即表面微褶皱的形成。根据涂层表面微褶皱形成的内外因素，可将其分为两类：外力成型和自发成型。

（1）外力成型　主要指具有肤感的特殊结构（涂层表面的微褶皱）是在外力作用下形成的，常见的方法有压印成型和应力释放成型。

①压印成型：主要是指借助光固化涂料或树脂体系之外的机械力（带有纳米凹凸结构的模具），将微褶皱压印到光固化涂料或树脂的表面，经过 UV 固化后，获得肤感涂层。也有借助模具将其表面特有的纳米凹凸结构转印到膜（如 PET）表面，再将膜贴于产品表面，使产品具有一定的肤感性能。

②应力释放成型：主要是基于基体材料（高分子聚合物，shape memory polymer，SMP）的形状记忆功能，在预拉伸的基体材料（膜）表面涂布一层表层材料（如聚甲基丙烯酸甲酯，PMMA），并进行 UV 固化，然后释放应力，当基体材料（膜）恢复原始形状时，去表层材料（涂层）受压而产生微褶皱（微纳结构）。

虽然外力成型能够快速制备微褶皱结构使产品获得一定肤感性能，但其只能加工平面产品或先加工具有微褶皱表面的膜材料，再将膜贴于产品表面，这些产品由于受微观纹理结构的限制，其肤感性能有限；同时由于皱纹膜材料的制备工艺复杂、耐久性不高，所以又会导致这类肤感产品的生产成本增加。

（2）自发成型　是指涂布到产品表面的肤感涂料（皱纹漆）在固化过程中由于表层与内部产生力的不平衡而使表层产生皱纹。相比于外力成型，自发成型的肤感涂层形貌可控，皱纹尺寸可调，且可以在产品表面一次成型，生产成本低。通常自发成型根据主导因素的不同又可分为热应力法、膨胀法和相分离法三种。

①热应力法：当肤感涂层不同相之间的热应力大于其所能承受的压缩应力时，肤感涂层就会产生微褶皱。热应力法需要较高的外界温度对才能实现涂层表面的微褶皱。当给热变形的肤感涂层施加外置模具时，加热变形的肤感涂层会随模具的形状发生形变，最终使肤感涂层的纹理形成与模具一致的纹理。所以，肤感涂层的纹理可以根据不同性能或功能要求进行人为调控以满足不同肤感需求。

②膨胀法：主要是肤感涂层聚合物在化学反应过程中，厚度方向产生膨胀或收缩梯度，导致表层与内部形成压缩或拉伸应力差（渗透压），进而形成微褶皱纹理。褶皱形貌可以通过 UV 固化层的厚度、氧气浓度来调控，同时在 UV 固化涂层表面外置特定模具，通过模具与固化涂层的接触面积来控制氧气浓度，从而对这种固化涂层的褶皱形貌进行进一步

调控以满足不同性能和功能需求。

③相分离法：主要是聚合物复合体系（如水与聚合物体系、不同聚合物的复合体系）中不同组分在一定条件下发生分离使涂层产生肤感效应。例如，利用水性聚氨酯树脂制备的肤感涂层，其成型原理是水性聚氨酯树脂被均匀涂布于基体表面时，树脂中混合的一些功能颗粒在树脂表层随机分布，当水分蒸发后，树脂发生固化收缩，这些颗粒被固定在涂层表面从而形成具有凹凸结构的肤感涂层。另外，在水性聚氨酯和丙烯酸树脂的复合体系中，当添加不同链段的丙烯酸树脂时，复合涂层表现出不同的褶皱效果，这主要是由于聚丙烯酸酯与水性聚氨酯的不相容产生相分离所致，在复合树脂固化过程中彼此间产生不平衡应力，从而导致褶皱的形成。

8.1.7.4　亚光肤感涂层成型方法

根据上述肤感涂层的形成机理，目前家具表面肤感涂层成型的工艺方法主要可分为模压法和涂饰法。如图 8-6 和图 8-7 所示。

（1）模压法　即先将涂料预涂在基材上，再将具有肤感效果薄膜压贴于板材表面，然后将压贴好的板材经过光固化机固化，把薄膜去掉使涂料层表面获得具有一定褶皱纹理。如图 8-6 所示。模压法工艺复杂，且肤感效果主要由模具决定，肤感性能有限。

（2）涂饰法　主要是以改良后的自干型涂料或 UV 固化型涂料为肤感涂层的主要成膜涂料，通过涂刷、辊涂、喷涂等传统涂饰方式将涂料涂覆于家具表面，涂料在干燥或固化过程中产生机械不稳定性，从而使家具表面涂层形成褶皱纹理，进而使家具表现出一定的肤感性能。如图 8-7 所示。肤感家具的涂饰成型与传统家具涂饰工艺相似，主要区别在于涂料的成型机理，传统涂饰中涂料可以在家具表面形成均匀光滑的涂层，而肤感家具中涂层在成型过程中通过 UV 准分子灯或其他预固化手段，使涂层产生褶皱纹理。涂饰法是目前制备肤感家具应用较多的一种方法，主要原因在于涂饰法工艺简单、成型性好、肤感性能可控。

目前，对于亚光或超亚光肤感涂层的固化主要有采用臭氧或氮气环境下的紫外光（ultraviolet，UV）固化、等离子（plasma）固化、电子束（electron-beam，EB）固化和 172 nm UV 准分子灯+ UV 汞灯固化等固化方式。由于 UV 固化技术的高效、环保、节能等优点，UV 固化技术和设备已在家具企业中已得到大规模的推广。在 UV 光源方面，以 UV 汞灯和 UV-LED 占比最大。目前，实际推广应用的亚光肤感涂层的固化方法大致可分为电子束（EB）固化和 UV 固化两种。

（1）电子束固化（electron-beam curing）　是利用高能量电子流进行涂料的固化，其穿透力强，特别适合于色漆和厚涂层。且涂料不需要添加光引发剂，可以节省涂料成本。高能的电子束会对聚合物薄膜进行电子辐射，通过将电子能量局部转移到微纳尺度的区域，导致表面下的局部键断裂，并引发分裂和交联，引起聚合表面产生微褶皱。但是，电子束固化设备价格昂贵，且固化过程需要在惰性气体的保护下进行，以避免氧气阻聚的影响，操作复杂。

（2）UV 固化（ultraviolet curing）　在实际生产中的 UV 固化，通常采用 172 nm UV 准分子灯表面预固化和 UV 汞灯深层固化相结合的方式。172 nm UV 属于真空紫外线（VUD），仅可在真空中进行传播，可由准分子灯 UV 光源得到，在惰性气体的保护下进行 UV 固化。准分子灯 UV 波长短，穿透力不足，仅可引起 UV 固化涂料的最表层发生固化，随后使用 UV 汞灯进行深层涂料的固化。由于后固化的深层涂料在固化过程中体积发生改变，对已预先固化的表层产生压力，使得表层产生微褶皱，形成亚光肤感涂层。

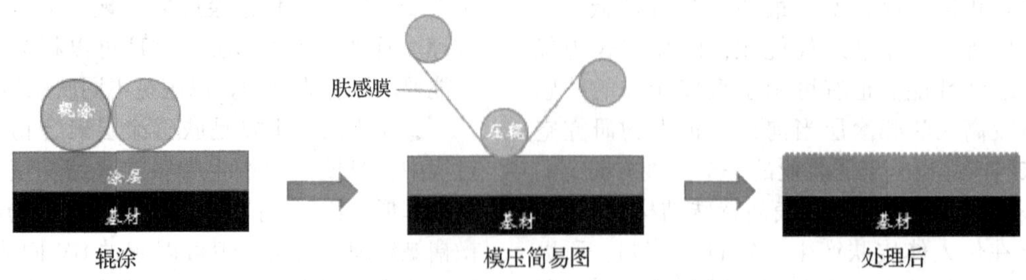

图 8-6　肤感涂层成型的模压工艺方法

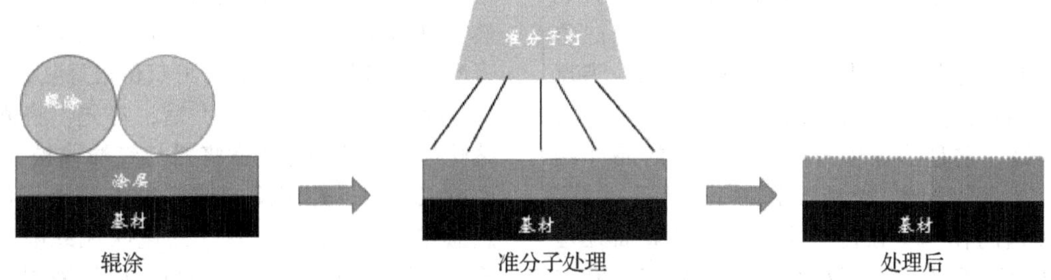

图 8-7 肤感涂层成型的涂饰工艺方法

目前，根据肤感涂层的漆膜光泽度高低不同，主要又分为亚光肤感涂层（60°入射角光泽仪测量的漆膜光泽度在 10%～30%，低光泽）、超亚光肤感涂层（60°入射角光泽仪测量的漆膜光泽度在 10%以下，无光泽）。

亚光或超亚光肤感涂层主要是基于漆膜具有特殊结构和性质，如表面形貌（立体纹理、凹凸褶皱）、表面光泽、摩擦力、弹性、柔韧性、压缩性、密度及热学性质等，在与皮肤接触时使人产生柔软、饱满、温暖、舒适等感受。根据以上特征，目前主要将漆膜的表面光泽度、表面粗糙度（表面摩擦力、接触角、平面度等）、冷热感（导热系数）、表面抗指纹性、表面触感（感官评价）、保光性能（使用或磨损一段时间后的光泽度和肤感效果）等作为漆膜表面亚光或超亚光肤感性能的评价指标。

8.1.8 上蜡（蜡饰）工艺

在中国传统硬木家具制作工艺中，经常有“髹漆、烫蜡、擦油”的说法，这就是我国由古至今利用大漆、蜂蜡、桐油等“漆、蜡、油”类天然涂料对木家具表面进行涂饰的方法。另外，也有“南漆北蜡”之说，说的是因我国南方天气潮湿，为保证木家具能够预防虫害和不开裂变形，大多采用“大漆”进行表面涂饰；而北方天气较干燥，为防止木家具开裂变形，则对表面进行上蜡处理。这些传统工艺的目的主要是对木家具起到表面保护和美化装饰作用。随着木家具表面装饰工艺技术的发展，传统的硬木家具使用的“漆、蜡、油”也有了很大的变化，各种合成树脂涂料已经广泛用于木家具的涂装，但随之也产生了有机挥发物 VOCs 等的污染问题。随着人民生活水平和居住环保要求的不断提高，木家具表面绿色涂装和各种生态环保涂料的应用已经成为发展趋势。基于蜡曾经是我国传统木家具表面装饰的一种重要材料，其中，中国传统硬木家具的烫蜡以及现代的漆托蜡、煮蜡、擦蜡、木蜡油涂饰等上蜡或蜡饰（waxing）工艺，又是一种典型的环保型表面装饰方法，其保护作用突出、装饰效果优雅，并且是使用自然的装饰材料，对人体无害、对环境无污染，符合目前日益高涨的绿色环保要求。因此，在当今现代木家具尤其是实木家具生产制造中，传承和创新应用上蜡或蜡饰工艺技术具有十分重要的现实意义和作用。

8.1.8.1 烫蜡工艺

烫蜡（polish with melted wax）工艺在我国最早是被用于青铜器的表面，能对青铜器起到很好的保护作用，如容庚《商周彝器通考》就有记载：“乾嘉以前出土之器，磨砻光泽，外敷以蜡”。另外，在宫中内务府造办处《活计档》中也有多处记载了宫廷备料就常有黄蜡（即现在的蜂蜡）、白蜡（即川蜡）。此后，随着烫蜡工艺的不断使用与发展，也逐步成熟地应用到硬木家具表面。经过烫蜡的木家具使用久了，表面反而会越来越光滑，再经过很长时间还会形成包浆。因而，烫蜡一般是硬木家具或红木家具的一种装饰和保养方法。

（1）烫蜡的材料　传统硬木家具表面烫蜡所用的蜡料，主要是蜂蜡和川蜡，即分别为现在常用的黄蜡和白蜡。在现代木家具烫蜡工艺中，也有用石蜡。

①蜂蜡（黄蜡）：是由蜜蜂（工蜂）腹部四对蜡腺分泌出来的一种脂肪性物质，是一种动物蜡。其常温下为固态，熔点较低，常为淡黄、中黄或暗棕等颜色，故又称黄蜡、蜜蜡。黄蜡再经熬炼、脱色等加工过程，便得到了高品质、质较纯的精制蜂蜡，为白色块状，即纯蜂蜡、蜂白蜡。

②川蜡（白蜡，也称中国蜡）：因主产于四川而得名，是由女贞、水白蜡等树上的白蜡虫所分泌出来的一种具有高分子化学结构的动物蜡，主要适合于密闭、防潮、防腐和上光等用途。

③石蜡（工业石蜡）：是从石油、页岩油或其他

沥青矿物油的某些馏出物中提取出来的一种烃类混合物，主要成分是固体烷烃，通常在常温下是白色或淡黄色、无味的半透明固体，熔点 50～70℃，沸点 300～550℃。石蜡是一种石油加工产品，也是一种石油蜡、矿物蜡，它是非晶体，但具有明显的晶体结构，因而，又称晶形蜡、微晶石蜡、白石蜡等。

（2）烫蜡的作用　在传统家具制作和表面处理中，常常会运用烫蜡工艺，又被称为“蜡活”，其主要是达到上光和防止氧化的目的。目前，烫蜡工艺主要是先将蜂蜡和少量川蜡等材料调制成混合蜡，然后再烫饰到木家具表面，充分发挥蜂蜡与川蜡的优点，很好地起到装饰和保护的作用。

①减少干缩湿胀，防止开裂变形：蜡在高温烘烤下易于进入木材管孔或细胞腔中，并堵塞管孔或细胞腔，利用蜡的拒水性能以降低木材的吸湿或解湿的能力，从而减轻了家具因环境湿度变化而引起的变形、翘曲、开裂等现象。

②调节收缩扩胀，确保结构稳定：由于木材管孔或细胞腔在气候寒冷干燥的冬季、高温湿热的夏季分别会产生一定的收缩、扩胀，此时渗进管孔或细胞腔中的蜡因其松软也会随着分别被挤压出一部分、或被挤压后又重新渗入管孔或细胞腔中，通过这种反复的细微调节作用，从而减少家具及其结构部位的变形，确保家具结构牢固稳定。

③提高表面硬度，保证经久耐用：木材表面通过烫蜡处理后，蜡能够渗进木材管孔中，从而增加了家具表面以及边缘、线型、棱角等部位的硬度和耐磨性，确保家具外表美观、经久耐用。

④预防虫蚁侵蚀，延长使用寿命：蜂蜡对虫蛀、防腐有一定预防功效，可以减少虫蚁的侵蚀，从而防止木家具虫蛀腐朽，以延长其使用寿命。

⑤产生表面“包浆”，提高装饰效果：蜂蜡中的软脂酸蜂花酯、芳香性有色物质虫蜡素和挥发油，分别对木材纤维具有紧固、养护、润泽的作用。因此，烫蜡处理后的家具，会随着使用时间的推移和环境条件的变化，其表面会慢慢渗出一层很黏的蜡膜和油脂，会吸附空气中的尘土，加之人体的触摸，其表面经过氧化后，木材颜色会逐渐变深，光泽度越来越强，就会形成一层“角质膜”，即常说的“包浆”，能够更好地保护和滋润木家具表面。

（3）烫蜡的类型　烫蜡是把加热的蜡直接渗入家具的表面，形成一种蜡膜来装饰和保护木家具，因此，又被称为“光身烫蜡”。

①干烫蜡：又称干烤蜡，是将固体蜡块贴近木家具白坯表面，用喷灯、电吹风或电焊枪等工具将蜡块烫热、融化，使蜡液慢慢渗进家具白坯表层，然后迅速用布擦磨，以保证蜡能均匀地涂布；反复多次干烫蜡和布擦磨后即可获得很好装饰效果。

②湿烫蜡：又称湿上蜡，首先，将固体蜡加热熔化，然后按一定比例将蜡与汽油或松节油等相溶，调制成蜡液，并用漆刷或排笔将蜡液均匀地涂抹或点撒在产品表面；其次，用电吹风或喷灯等工具对着表面反复烘烤和均匀加热，使蜡液慢慢渗进家具白坯表层；再次，待蜡凝固后，用蜡起子（或铲子）将在家具表面的残存或多余的浮蜡铲净；然后，用布反复进行擦拭和打磨抛光；最后，通过反复多次涂抹蜡液、烘烤、铲蜡或擦磨，可增加产品的光泽。

（4）烫蜡的工艺过程　烫蜡工艺全过程比较复杂，必须由专业人员进行操作和实施。以下主要概述“湿烫蜡”的常用步骤：

①备料：准备工具和蜡料。主要包括自制的电弓子（也有用喷灯、电吹风等）、鬃刷子（大板刷、二趟或三趟刷）、蜡起子、纯棉粗布；蜡料（黄蜡和白蜡均可，可从化工商店采购，也可自制）。

②打磨：采用砂纸对木家具白坯进行打磨砂光，去除毛刺、污物，使表面光洁清净。

③熔蜡：将固体蜡放入容器中加热，将其融化或“熬制”成液体。

④调蜡：按照一定比例将蜡和松香等调成混合蜡。一般具体要根据家具使用的木材品种及效果而确定配方。

⑤刷蜡：用二趟或三趟鬃刷蘸取熔化的蜡，刷到要烫蜡的家具（或零部件）表面（应一面一面地进行）；由于刷蜡是将蜡如散星般点在家具上，因而也称“点蜡”。

⑥烫蜡：用电弓子（或喷灯、电吹风）外焰对着家具表面迅速烘烤加热和不停移动，然后用大板刷将蜡均匀地刷到所有部位，电弓子吹烘也要随之不断移动。这一步是最关键的步骤，可使蜡液渗进木材、封闭管孔，并在木材表面形成保护膜，使其不受环境温湿度的影响。此步骤一直进行到当蜡起泡均匀且不再继续往木材内部渗时为止。

⑦起蜡：等蜡凝固后，用蜡起子或铲子顺木材纹理方向将在家具表面的残存或多余的浮蜡铲净，以人手触摸后感觉不黏手、不发黏为止。

⑧擦蜡：用柔软的棉布像搓澡一样用力反复擦拭（有时也可在用电弓子等迅速地烘烤铲好的木材表面的同时），以清除其上未铲净的浮蜡及余蜡，直至擦出光泽，手感润滑时为止，从理论上讲，擦的遍数越多越好。

⑨保养：一般来说，烫蜡后的家具在使用过程中要经常用棉布和手擦拭、抚摸。擦拭后的棉布不必扔掉，日后可反复用其擦拭家具。

8.1.8.2 漆托蜡工艺

我国传统硬木家具制作中的烫蜡工艺（光身烫蜡）对木材表面有极佳的装饰性，能使木材表面温润如玉、明莹光亮，且能很好地凸显硬木材质的色泽和纹理效果。但采用传统烫蜡工艺所形成的蜡层对木材表面的保护性不如漆膜，而且工艺操作烦琐复杂、费时费力，已不能满足现代生活和大量生产的需要。现代清漆涂饰工艺虽然对家具表面的保护性好，但用于深色名贵硬木家具上遮盖了木质原有的优良材性；另外，深色名贵硬木家具多有较大面积的雕刻花纹，普通清漆涂饰有碍雕刻花纹的生动展现。为提高烫蜡工艺的保护性，同时保留其优良的装饰性，并使其更好地适应现代家具企业的生产，一种基于传统烫蜡工艺改良的先用清漆打底、再进行烫蜡的上蜡技术已逐渐形成，即现代“漆托蜡”（wax after painting）工艺。

（1）漆托蜡的特点　为适应家具产品的工业生产，一些现代红木家具企业一般先要对家具白坯进行上色处理，为防止在后续处理过程中出现褪色或脱色，在烫蜡前还需在家具表面涂布一层薄漆打底，这种“先涂漆后烫蜡”的工艺即称之为“漆托蜡”工艺。现今绝大多数红木家具企业选用漆托蜡为硬木中的中高端木材进行表面处理，如常用的有巴里黄檀、微凹黄檀、奥氏黄檀、阔叶黄檀、缅甸花梨、刺猬紫檀等。漆托蜡产品较光身烫蜡产品拥有更好的防水性、耐磨性以及光泽度，深受广大中高端大众消费者的喜欢。漆托蜡工艺主要有以下特点：

①保留传统烫蜡工艺优良的装饰效果：在烫蜡前采用树脂清漆进行1~2道底漆或“一底一面”处理，漆膜较薄，透明度佳，整个涂膜手感温润，凸显了深色名贵硬木原有的色泽和质感。

②克服传统烫蜡涂膜保护性弱的缺点：采用树脂清漆打底，其漆膜具有较好的封闭基材和抵抗环境影响的性能，提高了对家具表面的保护性。

③适合现代家具企业的生产：采用树脂清漆打底封闭处理，省去了传统烫蜡工艺中反复多次“配蜡、起蜡、擦蜡”等步骤，工艺流程简单易操作，提高了生产效率。

④降低家具生产成本：漆托蜡工艺与传统烫蜡工艺相比，其工艺流程简单、生产周期缩短、生产效率提高，同时，使用经济的树脂清漆打底，减少了蜂蜡等用量，均促使生产成本大大降低。

⑤符合绿色环保要求：相比常规单一采用涂料涂装工艺，化学合成涂料使用量少，有机挥发物也少，同时，面层采用天然蜂蜡为涂膜，无污染、无毒害，有利于推动家具产业绿色发展。

总之，漆托蜡工艺的目的在于提高深色名贵硬木家具的表面涂饰质量，改良传统烫蜡工艺，将传统烫蜡工艺与现代涂饰工艺相结合，所得涂膜性能兼具两者优点，既保留了烫蜡工艺优良的装饰性，又提高了涂膜的保护性，并且更好地适应了现代家具企业的生产要求。

（2）漆托蜡的工艺过程　目前，深色名贵硬木家具的漆托蜡工艺主要包括以下步骤：

①基材砂光：宜先用180号砂纸对基材进行顺木纹全面砂磨，将基材表面毛躁、不平顺的地方修理平顺；再用240号砂纸对基材表面进一步砂光。素板可结合使用相应砂纸型号的手提砂带机砂光，雕花处用尖头刮刀裹覆相应型号砂纸依型挑透后用240号花头机抛光。

②擦涂水色：宜用开水溶化一定比例的水性色粉，调制成的水色着色剂冷却后，用棉纱蘸取适量水色着色剂擦涂家具表面，常温常湿下干燥2~3h。

③擦涂底漆：宜用棉纱蘸取树脂清漆（如聚氨酯透明底漆）对家具表面擦涂，常温常湿下干燥4~6h。

④底漆砂光：宜用240号、320号砂纸依次对底漆涂层进行砂光，雕花处用尖头刮刀裹覆相应型号砂纸依型挑透后用320号花头机抛光。

⑤擦涂面漆：宜用棉纱蘸取树脂清漆（如聚氨酯亚光面漆）对家具表面擦涂，常温常湿下干燥4~6h。

⑥面漆砂光：宜用320号、400号砂纸依次对面漆涂层进行砂光，雕花处用尖头刮刀裹覆相应型号砂纸依型挑透后用400号花头机抛光。

⑦烫蜡：取适量蜂蜡放入容器中加热熔化，用排刷迅速将熬好的蜂蜡均匀点涂在家具表面，然后一边用热风枪加热熔化蜂蜡，一边用棉纱顺木纹将蜂蜡均匀抹开。

⑧擦蜡：完成后用干净棉纱揩擦或柔软细布反复擦拭家具表面，同时用热风枪加热，将家具表面的蜂蜡抹匀、收净，直至浮蜡及余蜡全部擦尽且家具表面变得光洁明亮。

8.1.8.3 煮蜡工艺

木材煮蜡工艺古而有之，是指将开料后的木材完全浸泡在蜡液中熬煮，在熬煮的过程中，蜡液会将木材中的水分挤出（甚至也会将部分油脂煮出，会使木材失去油性），同时，蜡液也会渗透到木材内部，由此通过蜡液煮出来的木材，不仅能达到传统烘干的要求，还能进一步封住木材的毛孔，将木材定型，使其不会因环境温湿度的影响而产生开裂变形。

（1）煮蜡（wax impregnation）的特点　煮蜡，又称浸蜡、注蜡、泡蜡。其原理是将木材浸渍在加热的蜡液这种憎水性溶液中，使蜡液浸注或渗入木材内部，黏着凝结在木材细胞壁、细胞腔内，起着封闭阻隔水分出入、或置换木材中一部分水分的作用，以降低木材的吸湿性和提高木材的尺寸稳定性。因通常采用工业石蜡原料和加热浸渍方法来处理木材，故又称“木材石蜡热处理”。

煮蜡工艺具有以下特点：

①通过蜡液浸渍热处理的方法，能有效降低木材的吸湿性和改善木材的干缩湿胀，显著提高木材的尺寸稳定性。

②煮蜡后的木材不易发生开裂变形，适用于红木类等深色名贵硬木的处理和装饰，从而保证家具的质量和延长家具的使用寿命。

③煮蜡后的木材从里到外都含有蜡，因蜡的作用，家具表面滋润光滑，可无须再涂漆，因而不会产生有机溶剂污染；同时还可更好地防止家具霉变虫蛀。

④在木家具面框或框嵌板结构中，能改变过去采用预留伸缩缝的工艺来避免因干缩产生的缝隙或湿胀产生的挤压变形等，实现无伸缩缝家具的生产制造，家具表面也不会因有伸缩缝而影响整体美观和积聚灰尘垃圾。

但煮蜡工艺是一种目前争议较大的木材蜡处理方法，这主要是因为：

①煮蜡通常采用的蜡料是石油中提取出来的工业石蜡，而不是蜂蜡（动物蜡）。石蜡作为一种矿物蜡，没有蜂蜡的质地柔软、光滑细腻和微微香气。

②将珍贵木材在高温、高压等条件下进行煮蜡处理，尽管能使木材定型，但会使木材失去其原有的木性及油性，有损珍贵木材原本的价值。

③由于木材是在一定温度甚至高温下熬煮处理的，因而会改变木材的气味、颜色，有时还会使木材的弹性降低等。

（2）煮蜡的工艺　煮蜡工艺其实就是采用浸渍热处理的方法，将木材浸渍在蜡液中进行热处理，以便使蜡液浸注或渗入到木材内部，起到稳定木材的作用。根据木材的树种、蜡液的配比和温度条件等的不同，煮蜡处理的工艺方法有很多种，目前，根据家具生产中实际应用的情况，针对红木类深色名贵硬木，煮蜡工艺主要可以分为两大类：

常规煮蜡工艺，主要包括以下步骤：

①将石蜡与白油（别名石蜡油、白色油、矿物油）溶剂按照一定配比放入容器中加热，直至石蜡溶化，加热过程中需要不断搅拌；

②将木材平整（层间可采用隔条）放入上述溶化后的蜡液中，并缓慢加热升温至100~110℃，然后保温5~10h；

③再加热升温至120℃左右，在保温3~5h；

④最后自然冷却至70℃左右，将木材从溶液中取出并在常温下规整堆放，等待完全冷却后方可进行加工使用。

这种常规煮蜡工艺的设备和方法比较简单实用，处理成本低廉，可在一定程度上有效改善木材的吸湿性和尺寸稳定性，防止制成的家具产品开裂变形。

高温煮蜡工艺，主要包括以下步骤：

①将木材堆垛放入热处理炉或真空罐内，通入石蜡处理剂（加热融化后的石蜡液），应使蜡液浸没木材堆垛，并密封热处理炉或真空罐，保证木材在隔氧条件下进行热处理；

②加热使热处理炉或真空罐内温度升至140~160℃，升温时间控制在50~60h；

③向热处理炉或真空罐内加入适当树脂（如天然松香、改性松香等），并再次加热升温至170~190℃，升温时间控制在70~80h；

④此后即可停止加热，并冷却至70~90℃后将木材堆垛取出（出炉温度应接近石蜡熔点，即石蜡还没有变成固态前出炉最好），并在常温下规整堆放，待完全冷却后方可进行下道工序的加工。

在实际生产中，为保证煮蜡工艺的效果，一般要求被处理的木材初含水率为30%以下或气干含水率；也有采用“先干燥后煮蜡”的方式；如果对木材初含水率高或湿料直接煮蜡，木材容易内裂，木材强度也会降低；另外，由于煮蜡温度不能过高，对于厚的木材（湿料）内部的水分很难排出，否则，其煮蜡处理的周期就需要很长时间，有时甚至几个月，木材的颜色也会变深变黑。除此之外，有时也会采用高温高压的方法来对木材进行蜡液加热浸渍处理。因而，掌握好木材的初含水率、蜡液配比、蜡液温度和处理时间，是煮蜡工艺的关键。

8.1.8.4 擦蜡工艺

擦蜡（wax polishing），又称打蜡、打水蜡。这种工艺其实是木家具保养的一种普通的方式，一般是在白坯家具或上漆家具以及使用过的家具的进行表面擦蜡处理或保养。

在木家具表面装饰中，除了通常在油漆后的家具表面进行擦蜡保养之外，也有许多企业，对于红木类或本身油性好的木家具，将砂光好的这类白坯家具直接擦上木质上光蜡（简称擦蜡）。擦蜡可以使木家具表面获得较好的色泽，并在一定程度上提高了家具表面的耐湿耐水性；但由于蜡在使用过程中会挥发或被磨掉，因而需要在使用一定时间后进行再次擦蜡保养。

近年来，在红木等深色名贵硬木家具生产中，随着一些企业对高效率与低成本的追求，开始采用打水蜡的处理方式进行家具表面的处理，其只是将漆托蜡工艺中的最后一步烫蜡工序改换为擦蜡工序，即将熬好的蜂蜡加入一定比例的松节油或煤油稀释，然后通过人工采用棉纱均匀涂布在家具表面，并反复擦拭，以获得较好的光泽或色泽，起到保护家具的作用。

目前，市场上出现的擦蜡、打蜡的红木家具（尤其是一些深色名贵硬木中偏中低档木材制作的家具），一般可以理解为是采用打水蜡的漆托蜡工艺，因为这些家具基本上是先涂布树脂底漆（树脂清漆打底），然后再在树脂漆表层进行擦蜡保养处理，从而使家具表面既有漆膜的保护性，又有上蜡工艺的装饰性。

8.1.8.5 木蜡油涂饰工艺

木蜡油（wood wax oil）是国内对植物油蜡涂料的俗称，属于植物油漆或植物涂料，是由精炼亚麻籽油、苏子油、蓖麻油、向日葵油、棕榈蜡、小烛树蜡、蜜蜂蜡等天然植物油、植物蜡为基料，并与天然色素等融合，经加热精制熬炼制成的一种渗透型木器涂料。目前，木蜡油涂饰（coating with wood wax oil）已逐渐应用于木家具等产品的表面涂装。

（1）木蜡油的特点　木蜡油是一种类似于目前常用的石化类合成树脂涂料（传统化工涂料）但又与其有明显不同的天然涂料。其区别在于：

①木蜡油以植物油、植物蜡等以及天然色素为原料，不含甲醛、苯、甲苯、二甲苯以及重金属等有毒有害物质，是天然绿色环保涂料。传统化工涂料以石油化工类产品为原料，加工成常用的如硝基、氨基、聚酯、醇酸等合成树脂，其大多使用有机溶剂作为稀释剂、催干剂、固化剂等，会产生有机挥发物释放，达不到完全绿色环保的要求。

②木蜡油能保持木材的透气性能，涂饰后的木材能自由呼吸，能减少木材的收缩与膨胀，有效防止木材受潮变形、龟裂起翘，具有较好的环境适应性。传统化工涂料涂饰后，因表面有漆膜覆盖，木材不能呼吸，其自身水分难以散发，故而易产生膨胀、开裂和变形。

③木蜡油具有优良的防水、防潮、防腐、防虫、耐脏、耐候、耐久、耐化学药品和耐擦洗等性能，能适应干燥、潮湿、高温、低温等各种气候条件，广泛适用于木家具、木地板、木墙板以及室内外各种木制品等的涂饰。传统化工涂料的耐气候性和耐久性较差，不适合用于户外木制产品。

④木蜡油适用范围小，一般只适合实木类木材，且由于实木类木材的种类不同，木蜡油的使用效果也不尽相同。另外，传统化工涂料可以掩盖木质家具表面的一些小瑕疵，但木蜡油并没有此类功能，其遮瑕效果差，不适合于涂刷表面有很多瑕疵且并不美观的木材。

（2）木蜡油涂饰的特点　木蜡油涂饰与传统化工涂料涂饰相比，其特点区别在于：

①木蜡油涂饰是渗入木材纤维和微小毛孔，在木材表面不会形成漆膜，因而日久不会有开裂和剥落现象，而是能与木材结合牢固，从而提高木材硬度，即“在木材内”保护木材。传统化工涂料不能渗入木材纤维内部，其漆膜会阻隔木材表面与空气、水分的接触，即“在木材外”保护木材，但漆膜易开裂和剥落。

②木蜡油涂饰后能深入渗透木材表面，木材表面无漆膜，呈开放性效果，纹理清晰自然，手感好，更能充分体现或增强木材的天然纹理质感和自然美感。传统化工涂料的漆膜，在一定程度上会影响或遮掩木材的天然色泽和纹理。

③木蜡油涂饰施工简便易行，可以在室温条件下采用手工刷涂或喷涂，一般仅需涂擦两遍就行，相较于必须涂饰 3~4 遍以上的传统化工涂料而言，其大大节省了时间及施工费用；另外，木蜡油涂饰时没有气味，涂布率高、易修补、好维护，其性价比远远高于一些传统化工涂料。

④由于木蜡油是直接渗入木材内部而起到保护作用，因而涂饰后的木材表面无漆膜层，不如传统化工涂料能增强木材的硬度和耐磨性；另外，木蜡油涂饰后的木材表面呈开放性效果，达不到传统化工涂料的填充效果及丰满度。

⑤虽然木蜡油的涂饰并没有有毒有害的刺鼻气味，但因天然植物油本身的味道，刚刚经木蜡油涂

饰后的板材或产品，会有较重的气味，且需要几个月的挥发时间，这种气味才能减淡。

总之，木蜡油作为一种天然植物涂料，将其涂刷在木质家具的表面，能对家具起到保护和装饰的作用。这主要是因为木蜡油能渗进木材内部，对木材具有深层的养护作用；同时，木蜡油又能与木材纤维紧密结合，对家具表面起到防水、防污、耐久等保护作用。目前，木蜡油作为一种安全环保、经久耐用、经济便捷的新型生态环保涂料，越来越受到实木家具和实木制品生产企业和消费市场的青睐。

8.2　涂饰方法

木家具表面所形成的漆膜是由多层涂层组成的，每层涂层因所使用的材料性能差别，采用相应的不同涂饰方法进行施工，使形成的漆膜达到要求的质量标准。涂饰方法一般可分为手工涂饰和机械涂饰两类。

（1）手工涂饰　包括刮涂、刷涂和擦涂（揩涂）等，是使用各种手工工具（刷子、排笔、刮刀、棉球与竹丝等）将涂料涂布到木家具零部件的表面上。所用工具比较简单、方法灵活方便，但劳动强度大、生产效率低、施工环境差，漆膜质量主要取决于操作者的技术水平。

（2）机械涂饰　包括喷涂、淋涂、辊涂、浸涂和抽涂等，主要采用各种机械设备或机具进行涂饰，是木家具生产中常用的方法。其生产效率高、涂饰质量好、可组织机械化或自动化流水线生产、劳动强度低，但设备投资大。

8.2.1　手工涂饰

8.2.1.1　刮涂

用刮涂工具（各种刮刀）将腻子、填孔着色剂、填平漆等嵌补于木材表面的各种孔洞和缝隙中，或将木材表面的管孔和不平处全面刮涂填平。

刮涂基本上有两种，即局部嵌刮和全面满刮。

（1）局部嵌刮　又称嵌补，用于木材表面的各种孔洞、缝隙等的局部嵌补，而不需要嵌刮到局部缺陷以外的地方，嵌刮部位的周围不能有多余的腻子，否则既浪费腻子又要增加打磨时间，还会在着色后出现腻子斑痕。

（2）全面满刮　又称满批，多用于在整个表面上对粗管孔材透明涂饰刮涂填孔剂以及不透明涂饰的底层填平。

刮涂用的刮具有嵌刀、铲刀、牛角刮刀、橡皮刮刀、钢板刮刀等多种。一般根据被刮涂的材料与部位选择。常用刮涂工具见表 8-11。

表 8-11　常用刮涂工具的种类及应用

种类	工具外形及使用方法	用　途
嵌刀 （脚刀）		嵌补腻子，将腻子充分压嵌入钉眼、虫孔及裂隙等处，使漆膜表面平整 剔除线角等处积聚的填孔剂、腻子等残留物保持线角的轮廓清晰 削平家具表面材面上的毛刺
铲刀 （油灰刀）		调配腻子，嵌刮腻子与填平剂等

（续）

种类	工具外形及使用方法	用　途
牛角刮刀		刮涂腻子与油性填孔剂
橡皮刮刀		刮涂腻子与印刷木纹的底漆
钢板刮刀		刮涂腻子

8.2.1.2　刷涂

用不同的刷涂工具将各种涂料涂刷于木材表面，形成一层薄而均匀的涂层。涂刷可以使涂料更好地渗透入木材表面，增加漆膜附着力，材料浪费少，可涂饰任何形状和尺寸的木家具与零部件，但施工条件差、劳动强度大。

木家具表面应用较多的刷涂工具是扁鬃刷、羊毛板刷、羊毛排笔、毛笔和大漆笔等。一般应根据涂料特点和制品形状来选择刷具。慢干而黏稠的油性调合漆、油性清漆等，应使用弹性好的鬃刷；黏度较小的虫胶清漆、聚氨酯清漆、聚酯清漆等，要用毛软、弹性适当的排笔；而黏度大的大漆一般用毛短、弹性特大的人发、马尾等特制刷子。常用刷涂工具见表 8-12。

刷涂操作时，用刷子沾涂料，依次先横后纵、先斜后直、先上后下、先左后右刷涂成均匀一致的涂层，最后一次应顺木纹涂刷，并用刷尖轻轻修饰边角。用过的刷子应及时用溶剂洗净、吊挂保管。

8.2.1.3　擦涂

擦涂又称揩涂，是用浸有清漆的擦涂工具（棉球或棉花团、竹丝、刨花、海绵等）在被涂表面上边用手指挤出清漆并以圈状揩擦涂上很薄的涂层，经多次揩擦，而逐渐累积成连续漆膜的一种方法。擦涂适用于挥发性涂料的施工，如硝基漆和虫胶漆等，施工简单，但效率低、劳动强度大，环境要求有良好的通风换气。常用擦涂工具见表 8-13。

表 8-12　常用刷涂工具的种类及应用

种类	工具外形及使用方法	用　途
扁鬃刷 （油漆刷）		涂饰酚醛漆、醇酸漆等黏度较高的清漆和色漆

（续）

种类	工具外形及使用方法	用　途
排笔		涂刷虫胶漆、硝基漆、聚氨酯漆、丙烯酸漆和染料溶液等黏度较低的涂料，也可用于中涂拼色
羊毛板刷		涂刷虫胶漆、硝基漆、聚氨酯漆、丙烯酸漆和染料溶液等黏度较低的涂料
毛笔		修色与描色，用作家具边角棱处的描色和假木纹理的画笔
国漆刷（大漆刷）	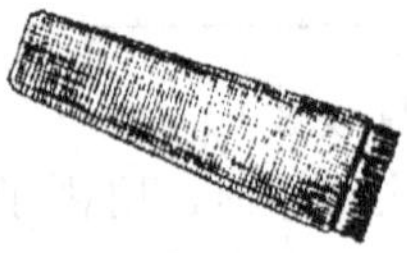	涂刷生漆、推光漆与广漆等大漆涂料

表 8-13　常用擦涂工具的种类及应用

种类	外形与材料	擦涂方法	用途
棉花团	外层材料：细棉布、涤棉布、洗过亚麻布、细麻布等 内层材料：普通棉花、脱脂棉、羊毛旧绒线、尼龙丝等细纤维 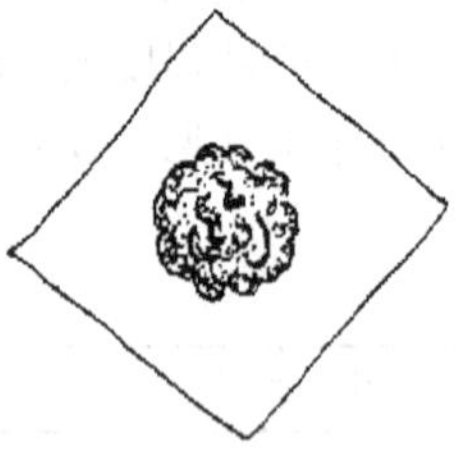 	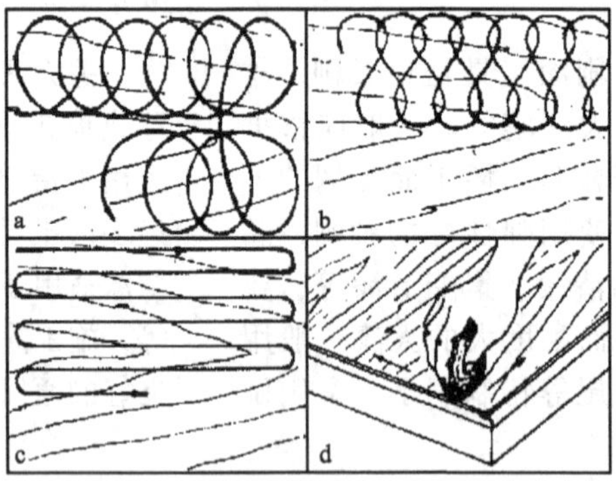 a. 圈涂：漆液能均匀地填塞到木材管孔中，使管孔壁周围空隙得到充分漆液，并使表面涂层逐渐增厚减少表面不平度 b. 横涂：使表面涂层进一步增厚，清除或减少圈涂造成的痕迹，提高平整度 c. 直涂：消除圈涂和横涂出现的痕迹，促使涂层与漆膜平整光滑和坚实 d. 直角涂：使涂饰面的角部或成线型的角处构成相应厚度的涂层	擦涂虫胶漆、硝基漆等挥发性涂料
填孔剂涂具	软刨花、竹丝、海绵等	用直涂、横涂和圈涂方法将填孔剂充分填满管孔，并趁填孔剂未干前用干净的刨花、竹丝、海绵等将表面多余的浮粉擦去，揩净表面	擦揩填孔剂，将木材管孔沟槽充分填实或作填充着色（底揩色工序）

8.2.2 喷涂工艺

喷涂工艺

喷涂是使用液体涂料雾化成雾状喷射到木家具表面上形成涂层的方法。按涂料雾化的原理不同可分为空气喷涂、无气喷涂和静电喷涂等；按自动程度不同分为手动喷涂、机械自动喷涂等。

8.2.2.1 空气喷涂（气压喷涂）

（1）空气喷涂的特点　空气喷涂是利用压缩空气通过喷枪的空气喷嘴高速喷出时，使涂料喷嘴前形成圆锥形的真空负压区（图 8-8），在气流作用下将涂料抽吸出来并雾化后喷射到木家具表面上，以形成连续完整涂层的一种涂饰方法，又称气压喷涂。它是机械涂饰方法中适应性强、灵活性高、应用较广的一种方法。空气喷涂的应用和特点见表 8-14。

（2）空气喷涂的设备　空气喷涂设备主要包含喷枪、空气压缩机、贮气罐、油水分离器、压力漆筒、喷涂室以及连接软管等，如图 8-9 所示。

①喷枪：它是直接用于喷散和雾化涂料并将涂料喷到工件表面的专用器具。

喷枪按涂料供给方式可分为吸上式、自流式和压送式三种，如图 8-10 所示。重力自流式喷枪多使

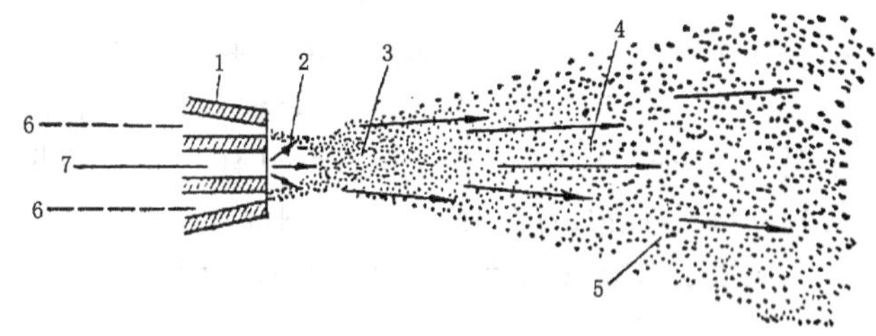

图 8-8　空气喷涂形成的涂料射流

1. 喷头　2. 负压区　3. 剩余压力区　4. 喷涂区　5. 雾化区　6. 压缩空气　7. 涂料

表 8-14　空气喷涂的应用和特点

适用涂料	喷涂工件	特　点
a. 清漆或色漆（油性漆、挥发型漆、聚合型漆） b. 稀薄腻子、填平漆 c. 染色溶液	a. 具有凹凸不平表面的零部件 b. 直线形零部件 c. 具有斜面和曲线形的零部件 d. 大面积零部件	优点：a. 设备简单、效率高（每小时可喷涂 150~200m^2 的表面，约为手工刷涂的 8~10 倍），适用于间断式生产方式 b. 可喷涂各种涂料和不同形状、尺寸的木家具及零部件 c. 形成的涂层均匀致密、涂饰质量好 缺点：a. 漆雾并未完全落到制品表面，涂料利用率只有 50%~60%，喷涂柜类制品大表面时涂料利用率约为 70%，喷涂框架制品时涂料利用率约为 30% b. 喷一次的涂层厚度较薄，需多次喷涂才能达到一定厚度 c. 漆雾向周围飞散对人体有害并易形成火灾，须通风排气 d. 水分或其他杂质混入压缩空气中会影响涂层质量

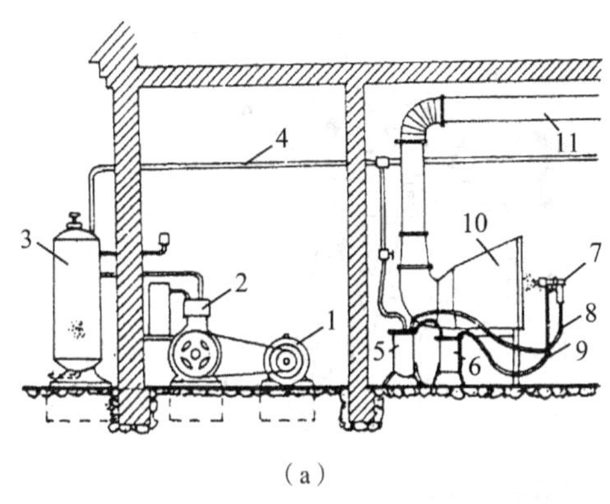

（a）

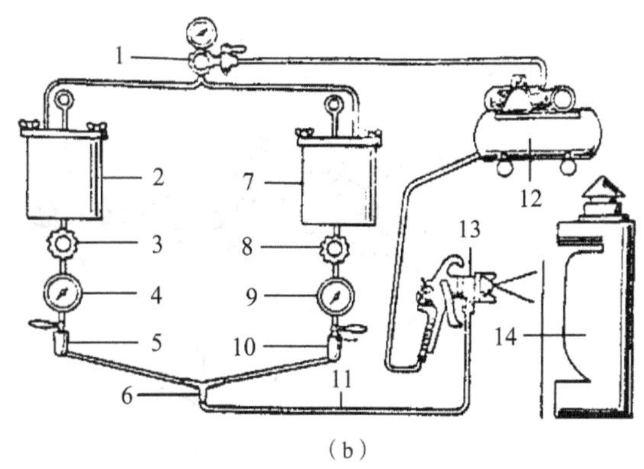

（b）

图 8-9　空气喷涂设备工作系统图

（a）常用喷涂示意图　1. 电机　2. 空压机　3. 贮气罐　4. 进气管　5. 油水分离器　6. 压力漆筒　7. 喷枪　8、9. 软管　10. 喷涂室　11. 排气管

（b）双组分喷涂示意图　1. 减压阀　2. A 组涂料筒　3、8. 涂料阀门　4、9. 涂料压力表　5、10. 涂料旋塞　6. 三向接头　7. B 组涂料筒　11. 管道　12. 空压机　13. 喷枪　14. 喷涂室

用于试验室及小批量的喷涂作业；吸上式喷枪适用面较广，但它要求涂料有较长的使用期；压送式喷枪则适用于较大规模的生产企业。喷枪按其出气和出液的两者所处的混合位置不同而分为内混式喷枪和外混式喷枪两类，如图8-11所示。内混式喷枪的构造特点是涂料和压缩空气在喷枪的空气帽内部混合后，再随高速空气流在喷枪的出口处成雾状被喷射出来的一类喷枪；外混式喷枪的特点是涂料和压缩空气在喷枪的空气帽外部进行混合并立即雾化的一类喷枪。由于外混式喷枪易于清洗，所以在通常情况下，一般使用外混式喷枪，而只有在喷涂某些特种涂料或高黏度涂料时，才使用内混式喷枪。

应用于木家具生产中表面涂饰的国产喷枪主要有PQ-1型和PQ-2型，其中，PQ-2型吸上式喷枪应用最广，如图8-12所示。目前进口的喷枪也在我国得到广泛使用。喷枪的选择应根据涂料品种、涂饰生产量、喷涂面积等来选用。

②空压机：用以产生压缩空气，供给喷枪和压力漆筒，将涂料喷散成雾状进行喷漆工作，并将压力漆筒中涂料压送入喷枪中。在喷漆中应使压缩空气的压力始终保持在一定的范围内（一般为0.2~0.5MPa），空压机应根据生产规模和喷枪的空气消耗量及供应喷枪的支数来选用。只供应1支喷枪的可采用0.1m^3或更小的空压机；生产规模大或使用多支喷枪的则常选用0.3m^3或更大的空压机。通常空压机放置在喷房之外。

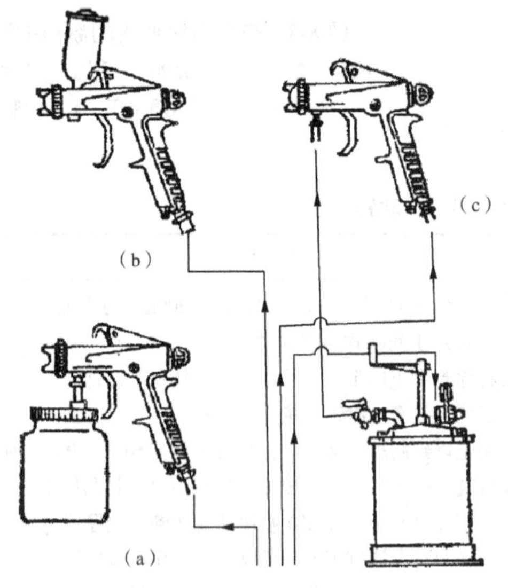

图8-10 供漆方式与喷枪种类

(a) 吸上式 (b) 自流式 (c) 压送式

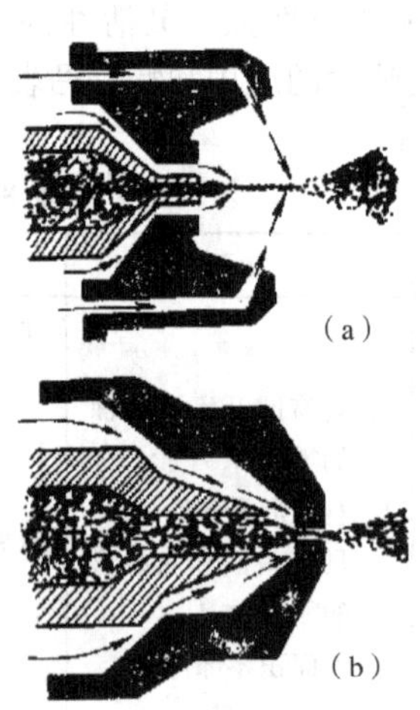

图8-11 喷枪喷涂原理

(a) 外混式 (b) 内混式

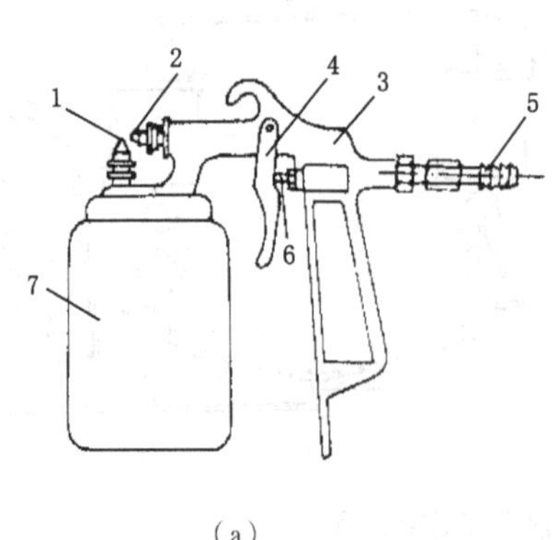

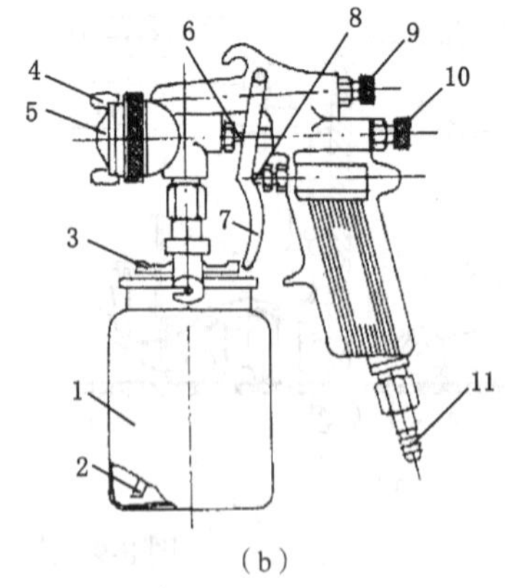

图8-12 PQ-1型和PQ-2型喷枪

(a) PQ-1型 1. 涂料喷嘴 2. 空气喷嘴 3. 枪体 4. 扳机 5. 空气接头 6. 阀杆 7. 漆罐

(b) PQ-2型 1. 漆罐 2. 吸漆管 3. 法兰 4. 空气喷嘴 5. 喷头 6. 针塞 7. 扳机 8. 空气阀杆 9. 控制阀 10. 针塞调节阀 11. 空气接头

③油水分离器：用于净化送往喷枪和压力漆筒中的空气，除去其中的油、水和其他杂质，保持喷到工件上的涂料微粒纯净，保证涂层质量。圆筒形油水分离器是在容器中，有毛毡层中间填充焦炭等过滤材料组成；小型油水分离器由叶片旋风式分水器和多孔性过滤杯组成，如图 8-13 所示。

④压力漆筒：使用压力漆筒可以代替喷枪上的漆罐，将涂料注入压力漆筒内，以一定的压力（一般为 0.12~0.15MPa）把涂料压送到喷枪进行喷涂，如图 8-14 所示。

⑤喷涂室：它是一专门的喷涂场所，其主要作用是及时排除和过滤喷涂过程中产生的漆雾，保证具有一定的安全和卫生的工作环境条件。喷涂室的种类很多，见表 8-15。图 8-15~图 8-18 分别为干式喷漆室和湿式喷漆室的示意图。

（3）空气喷涂的工艺　采用空气喷涂时应力求喷涂均匀平整并使涂料雾化损失最小，这需要正确选择和确定最佳喷涂工艺条件，如涂料条件（黏度、干速、底漆、面漆或棕色剂等）、喷枪种类与性能（喷嘴直径、涂料及空气喷出量、喷涂图形及宽度等）、空压机及喷涂室条件以及操作技术（喷距、角度、顺序、方向与重叠等）。喷枪的使用与保养、空气喷涂施工方法以及常见喷涂缺陷及排除方法分别见表 8-16~表 8-18。

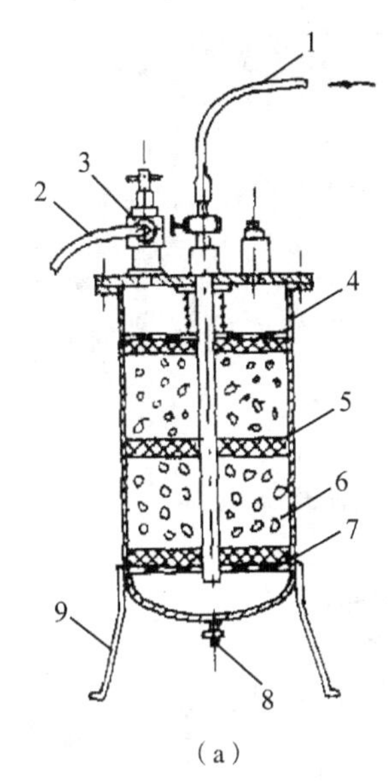

(a)

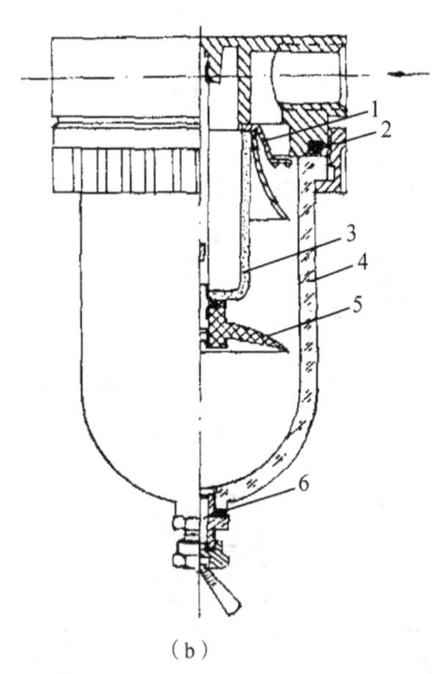

(b)

图 8-13　油水分离器

(a) 圆筒油水分离器　1. 进气管　2. 出气管　3. 减压阀　4. 筒体　5. 毛毡　6. 焦炭　7. 格板　8. 排杂管　9. 支架

(b) 小型油水分离器　1. 叶片罩　2. O 形密封圈　3. 过滤杯　4. 杯体　5. 挡板　6. 放水阀

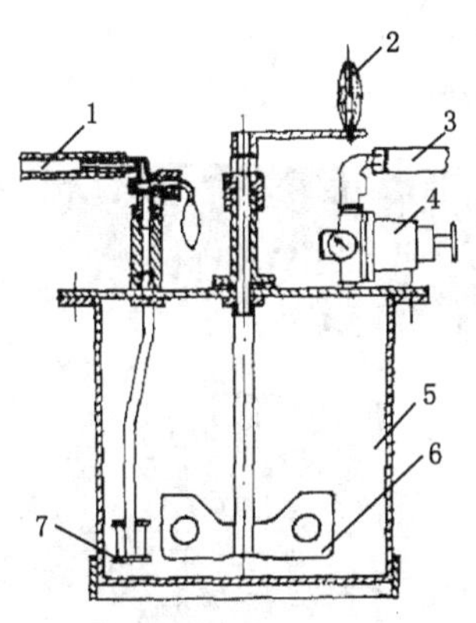

图 8-14　压力漆筒

1. 出漆管　2. 搅拌手柄　3. 进气管　4. 减压阀　5. 贮漆筒　6. 叶片　7. 过滤器

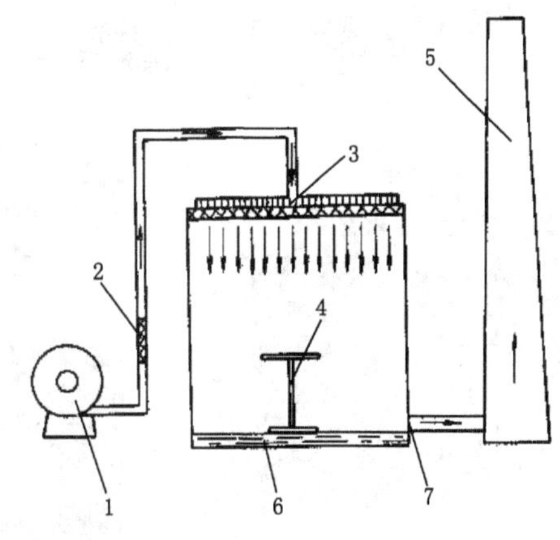

图 8-15　干式喷漆室（增压）

1. 鼓风机　2. 空气过滤带　3. 空气分布板　4. 工作台　5. 排气烟囱　6. 格栅水池　7. 排气口

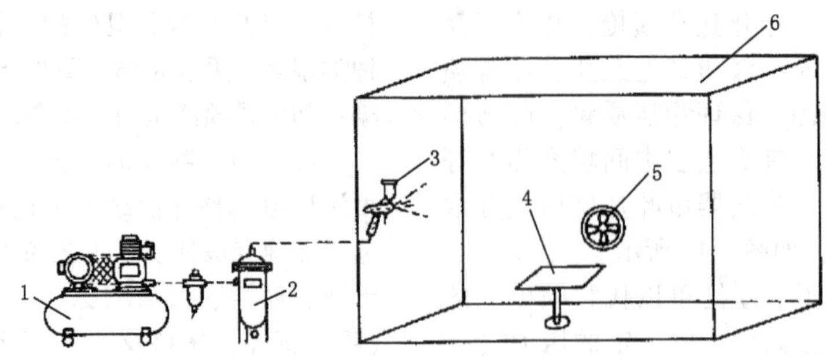

图 8-16 干式喷漆室（常压）

1. 空压机 2. 油水分离器 3. 喷枪 4. 工作台 5. 通风机 6. 喷房

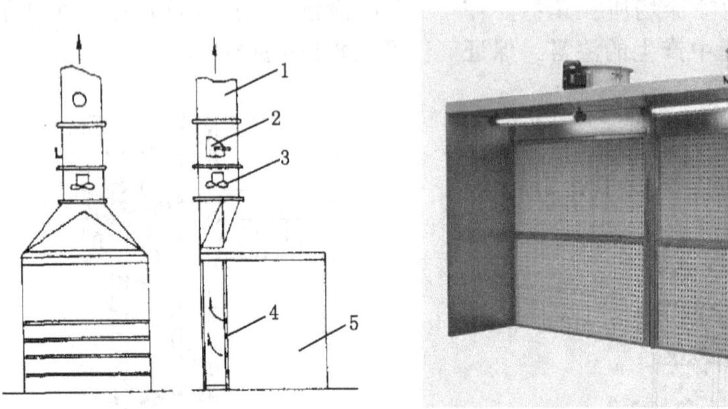

图 8-17 干式喷漆室（负压）

1. 排气管 2. 调节圈 3. 通风机 4. 排气墙、过滤器 5. 室体

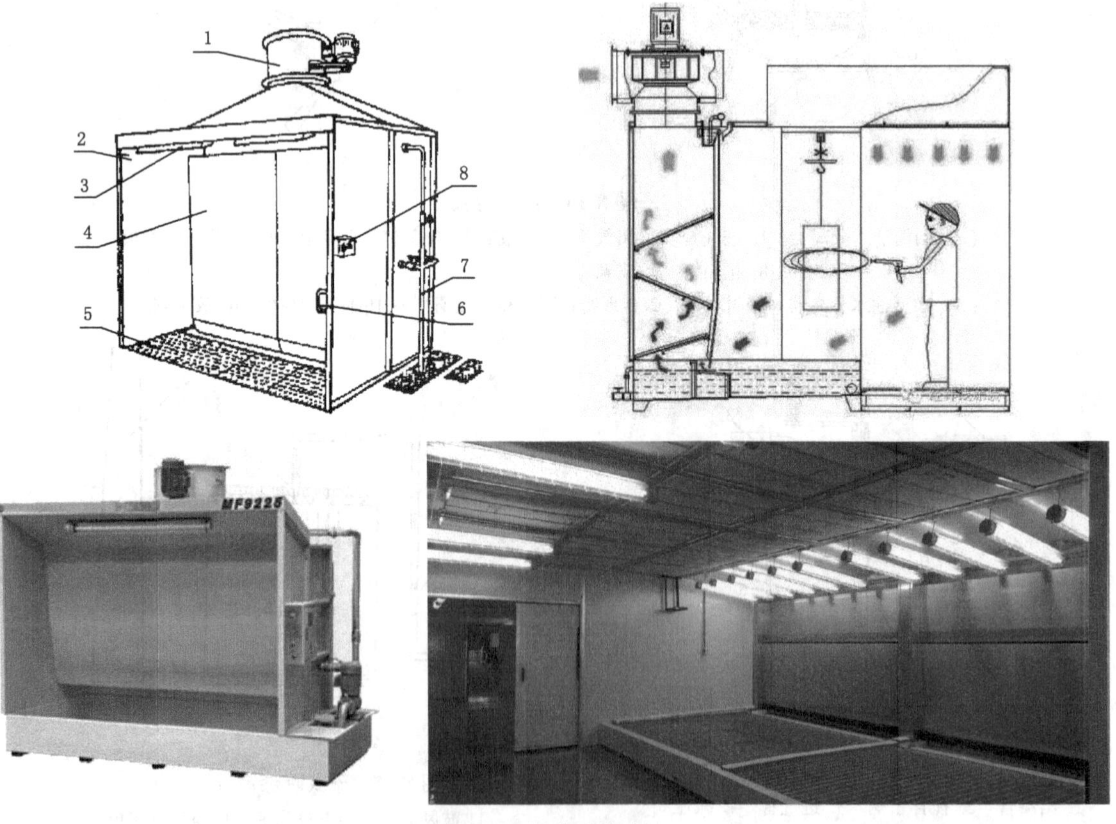

图 8-18 湿式喷漆室

1. 通风系统 2. 室体 3. 照明装置 4. 湿式过滤装置 5. 格栅存水池 6. 喷枪挂钩 7. 供水系统 8. 电气系统

表 8-15　喷漆室的分类和应用

分　类		特点及应用
按生产运输方式分	间歇式或周期式：独台式 单挂式	各种外形和类型工件、单件或小批量生产
	连续式：轨道辊台式 运输链悬挂式	各种外形和类型工件、成批或大批量生产
按漆雾过滤方式分	干式：采用折流板、过滤网等干式过滤器过滤漆雾，分常压式、负压式和增压式等	1. 不使用水过滤、无须废水处理、结构简单、运行费用低、风量和风压小、涂料损耗小 2. 漆雾过滤不彻底、内壁及内部设施污染严重、着火危险性大、不适于大批量生产
	湿式：利用水来过滤与净化（黏附和冲洗）处理漆雾，分水帘式、喷淋式等	1. 使用水过滤、须废水处理、结构较复杂、运行费用高、风量和风压高、涂料损耗大 2. 漆雾过滤效率高、设备污染轻、不必经常清理、火灾危险性小、适于大批量生产

表 8-16　喷枪的使用与保养

使用方法	保　养
1. 新喷枪使用前用稀释剂清洗去除油污 2. 将调匀的涂料倒入漆罐盖上盖板并旋紧 3. 在空气接头上接上压缩空气 4. 稍微扳动扳机将气阀门打开，空气从气流喷嘴中喷出，吹去被涂工件表面灰尘 5. 将控制阀向右旋转可得圆形涂料射流断面。控制阀向左旋转，可形成水平椭圆形涂料射流断面或垂直椭圆形涂料射流断面 6. 将针塞调节螺丝向右旋转，可减少涂料喷出量，向左旋转涂料可逐渐增加	1. 用毕应使用所喷涂料的稀释剂清洗干净，以免残留余漆干结使喷嘴孔道堵塞 2. 盖板和漆罐密封应洗净，以免漆料干固使盖板上的密封垫圈损坏 3. 喷枪若不再继续使用，洗涤完毕后，旋下气流喷嘴，涂上防锈油（或一般机油），针塞套筒和顶芯外露表面也须涂上防锈油组装后待用 4. 洗涤和使用过程中，应注意气流喷嘴和喷嘴头部不丢失、不磕碰损坏，否则会影响喷涂质量并误工 5. 不能用锐利的金属丝捅喷头部上各个小孔，以免损伤而引起不正常漆雾

表 8-17　空气喷涂施工条件及操作方法

项　目	施工要求及施工方法	备　注
涂料黏度	15~30s（涂-4） （具体根据涂料品种，喷枪的种类等通过试验确定） 一般常用涂料环境温度为20℃±2℃ 4号涂料杯 NC（硝基类） 底漆施工黏度 14~16s 面漆施工黏度 10~12s PU（聚氨酯类） 底漆黏度 15~18s 面漆黏度 11~13s PE（不饱和聚酯透明漆） 底漆喷涂黏度 20~25s 面漆喷涂黏度 14~16s	涂料稀薄黏度低，喷涂量多时易出现流挂 根据季节作调整 涂料浓稠且量多时会形成褶纹

（续）

项 目	施工要求及施工方法	备 注
喷嘴离被涂表面距离	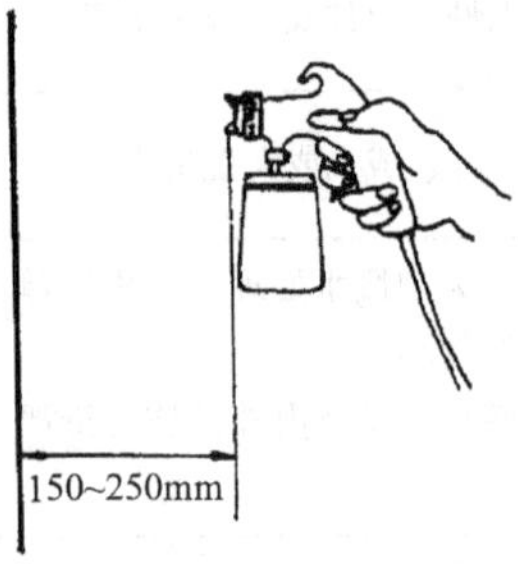 150~250mm	距离太近易产生反弹和出现流挂，太远涂料微粒飞散未附于被涂面上浪费涂料，对于快干涂料，在涂料微粒运行过程中，因溶剂挥发而干燥形成漆膜表面不平 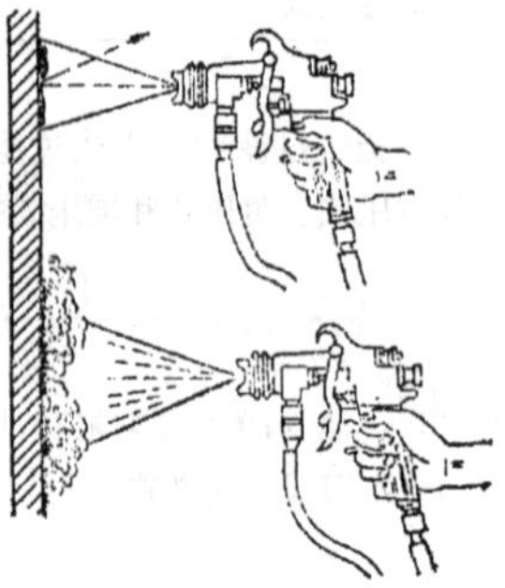
喷涂时空气压力	按涂料种类不同选择适当的压缩空气压力，压力大小刚好使涂料完全微粒化 一般空气喷枪的压力为 0.2~0.5MPa 涂料漆罐压力为 0.12~0.15MPa	压力过小，涂料微粒粗大，使所形成的漆膜成橘皮状，压力太高，涂料微粒容易飞散，浪费涂料 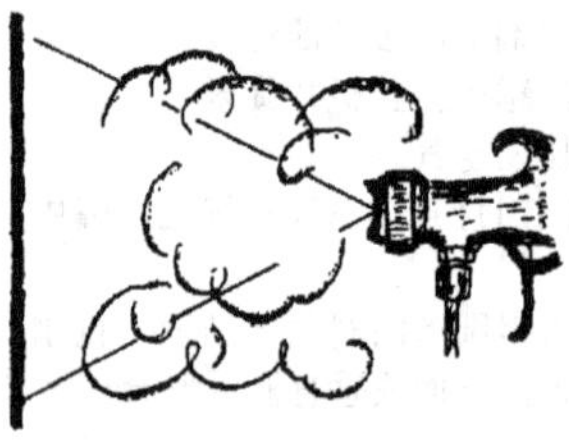
喷嘴口与被涂面的位置	保持垂直 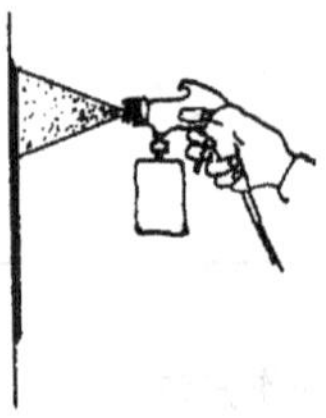	倾斜时，漆层厚薄不均 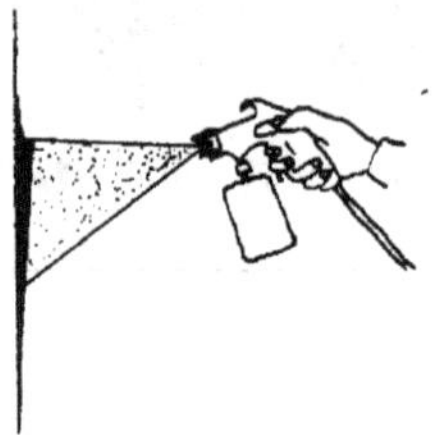
喷路层间	大面积工件喷涂时，每条喷路间应互相搭接 搭接的断面宽度（或面积）为 1/4~1/3 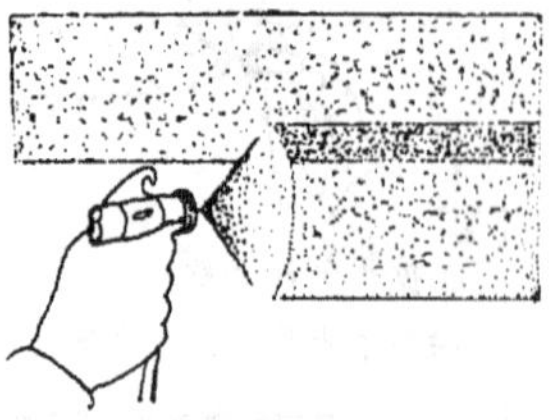	喷路层间不搭接，会中间出现空隙而形成条纹 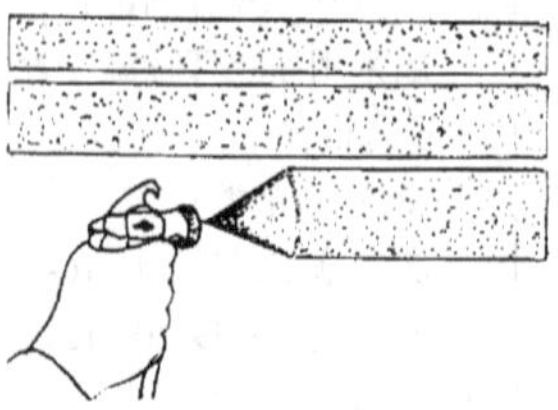

（续）

项　目	施工要求及施工方法	备　注
喷枪移动	对平表面喷涂，应成直线移动，使漆膜厚度均匀一致；对弧形表面喷涂时，与被涂面各点距离始终保持一致 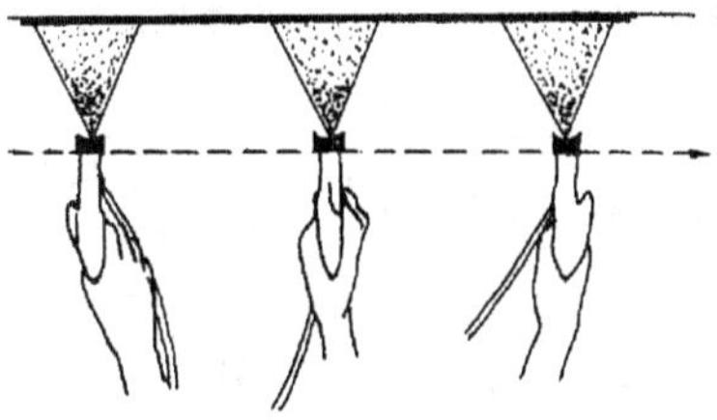 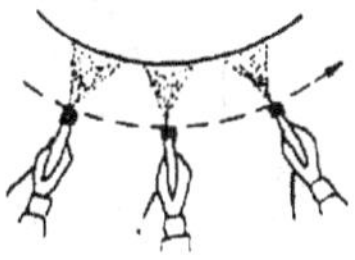	不正确运行，会形成漆层厚薄不均 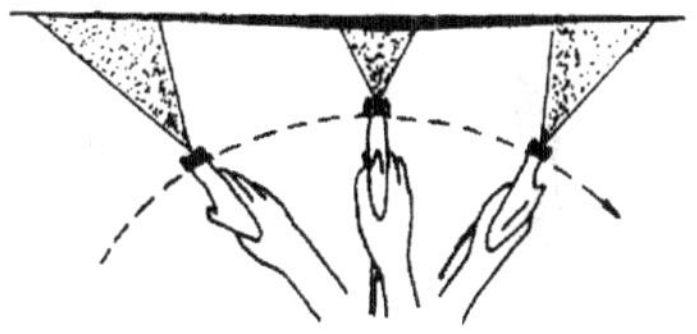 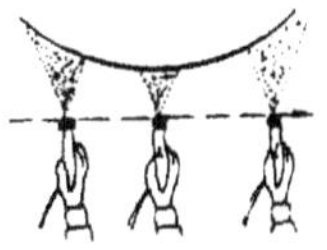
喷涂操作	接近喷涂面扣动扳机，离开被涂面后松开，以节约涂料 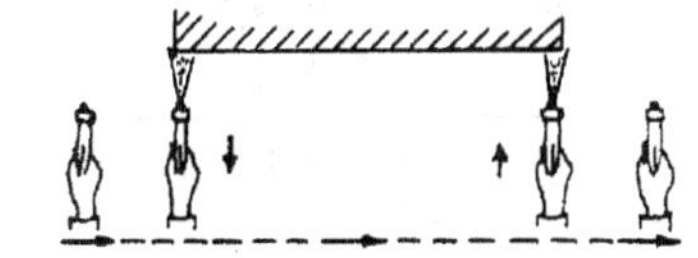 有拐角的表面应从角部向外作喷涂 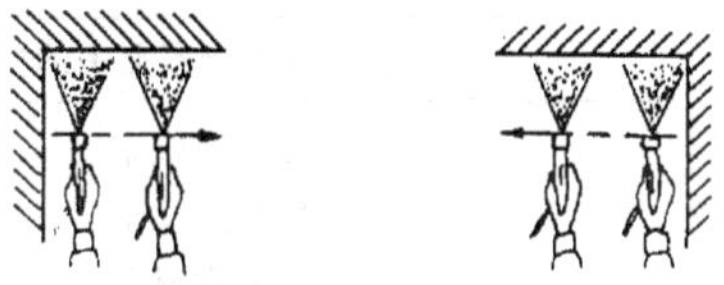	喷涂时喷枪应始终垂直于表面并以均匀的速度平行运动。喷枪运行速度一般为0.3～1.0m/s。喷涂中喷枪运行过慢（0.3m/s以下）可能产生流挂，过快不易形成平滑的漆膜和必要的厚度，也会增加喷涂次数 为获得均匀的涂层，在一个表面上喷涂第二道时，应与前道喷涂的涂层纵横交叉，即第一道是横向喷涂，第二道最好应纵向喷涂

表8-18　常见喷涂缺陷及排除方法

故　障	产生原因	排除方法
漆雾断续 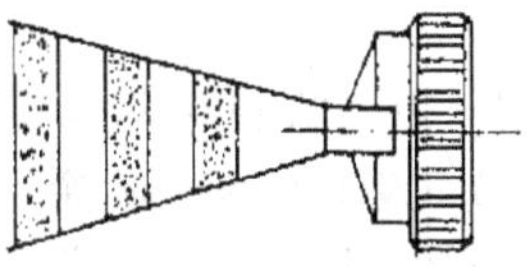	1. 喷嘴与枪体密封不良 2. 上漆管与喷头连接处的上漆管螺帽松动漏气 3. 空气阀杆密封圈漏气	1. 旋紧喷嘴 2. 旋紧上漆管螺帽 3. 旋紧密封螺丝，使空气阀杆密封圈压缩补偿磨损达到不漏气
出现弧形漆雾 	气流喷嘴两侧小孔有脏物堵塞，两孔喷气量不相等	清除气流喷头两侧小孔中的脏物
漆雾两端不均 	1. 气流喷嘴和涂料喷嘴的环形气流间隙有脏物，产生气流不均 2. 气流喷嘴安装不良，有脏物卡住，产生环形间隙的单边气流不均	1. 清除气流喷嘴与涂料喷嘴的环形间隙脏物（如积漆） 2. 稍稍转动气流喷嘴数次，使气流喷嘴与喷嘴的安装接触面密封良好，或者旋下后将脏物清除

（续）

故　障	产生原因	排除方法
漆雾宽度两端与中间不等，两端多，中间少	1. 气流喷嘴与涂料喷嘴的环形间隙有积漆气流不畅通 2. 椭圆形漆雾射流调节阀的调节气量过大	1. 旋下气流喷嘴，清洗喷嘴头部及气流喷嘴孔的积漆 2. 调整椭圆形射流调节阀，减少出气量
喷不出涂料漆雾或喷出量少	1. 漆道有脏物，或者漆料干固后，将漆道堵塞 2. 盖板透气孔堵死 3. 针塞调节螺丝旋得太紧，针塞开启行程小	1. 清洗漆道，从上漆管到喷嘴小孔，整个漆道清除脏物 2. 检查盖板透气孔，并清除脏物 3. 针塞调节螺丝向反方向旋转，加大针塞开启行程
椭圆形漆雾面宽度不大	1. 压缩空气工作压力过低 2. 涂料黏度过高	1. 提高压缩空气的工作压力 2. 用溶剂稀释涂料
漆雾不成圆形雾状射流	1. 气流喷嘴和涂料喷嘴的安装密封面有脏物，影响椭圆形和圆形雾状气流的沟通 2. 喷嘴与枪体密封不良，椭圆形雾状气路和圆形雾状气路沟通	1. 检查气流喷嘴与涂料喷嘴密封面 2. 检查喷嘴与枪体密封面，使椭圆形雾状气路与圆形雾状气路隔绝密封
橘　皮	空气压力不够或涂料黏度过高而引起的流平性不好	调到必要的压力，加入溶剂以降低涂料的黏度
涂层厚度不均匀	喷枪与被涂饰表面相距太近	加大距离
涂层毛糙，不光亮，整个表面上出现小气泡	喷枪与被涂饰表面相距太远	缩小距离
表面有气泡和小斑点	油水分离器工作不正常	放出分离器中的积水
漆膜模糊、泛白	1. 车间空气温度低，而湿度高 2. 从气泵输出的压缩空气湿度高 3. 被涂饰木材的含水率高 4. 底漆或填孔剂与面漆不协调	1. 提高空气温度，降低湿度 2. 使之过滤干燥 3. 降低木材含水率 4. 改用较协调的材料
漆膜脱落	1. 面漆与底漆黏附不良 2. 木材含水率过高 3. 喷漆时底层未干	1. 改用相配套的材料 2. 降低木材含水率 3. 待底层充分干燥后再喷涂

在木家具涂饰中，引起喷涂漆膜缺陷的原因很多，主要有：①喷涂室或喷房的设计（喷位、风向、风速等）；②喷枪的选型（规格、喷嘴大小等）；③操作工艺（空气压力、空气风速、喷距、走枪速度等）；④涂料的选用（种类、黏度、涂布量等）；⑤稀释剂的种类（冬夏季不同、加入量多少）；⑥固化剂的加入量；⑦干燥时间；⑧砂磨状况等。

8.2.2.2　无气喷涂

无气喷涂是靠密闭容器内的高压泵压送涂料，使涂料本身增至高压（10～30MPa），通过喷枪喷嘴喷出，立即剧烈膨胀而分散雾化成极细的涂料微粒喷射到工件表面形成涂层。由于涂料中不混有压缩空气而本身压力又很高，故又称高压无气喷涂。

无气喷涂的设备主要包括高压泵、蓄压器、过滤器、高压软管、喷枪以及喷涂室等，如图 8-19 所示。

无气喷涂的优点：①涂料喷出量大、喷涂效率高，一支喷枪每小时可喷涂 210～330m^2 的面积，对于喷涂大面积的制品，更显示高的涂饰效率；②无空气参与雾化、喷雾损失小、涂料利用率高（可达 80%～90%）、环境污染轻、涂饰质量好；③不受被涂表面形状限制、应用适应性强，对平板表面以及组装好的制品或者倾斜的有缝隙的凹凸的表面与拐角都能喷涂；④喷涂压力大、可喷涂黏度较高（100s

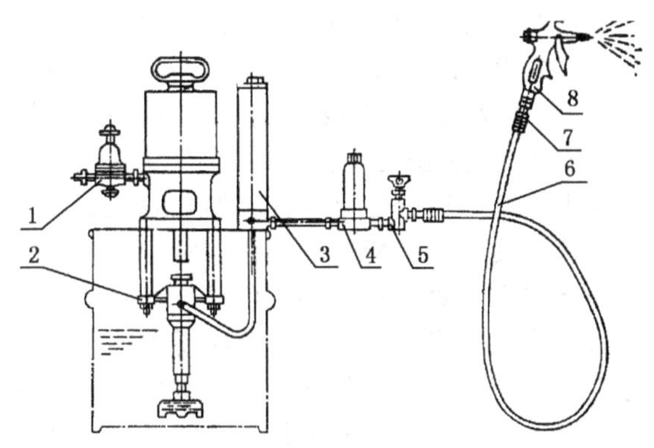

图 8-19 无气喷涂设备示意图

1. 调压阀 2. 高压泵 3. 蓄压器 4. 过滤器
5. 截止阀 6. 高压软管 7. 接头 8. 喷枪

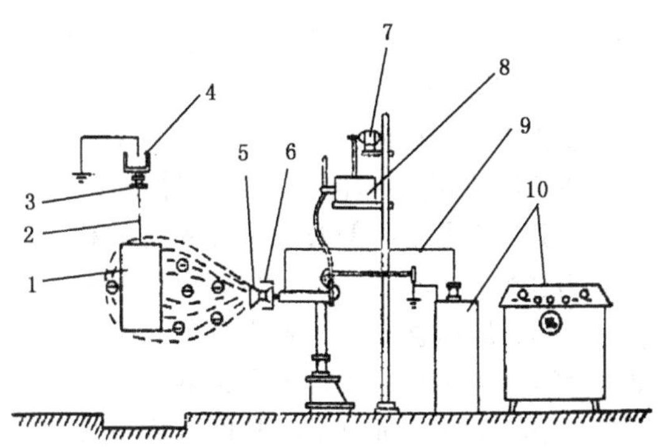

图 8-20 旋杯式静电喷涂设备示意图

1. 工件 2. 吊杆 3. 回转轴 4. 传送链 5. 喷杯
6. 放电极 7. 涂料搅拌电机 8. 涂料桶 9. 高压电缆
10. 高压发生器和操作台

以上也可雾化，涂-4）的涂料，一次喷涂可获得较厚的涂层。

无气喷涂的缺点：①每种喷嘴的喷雾幅度和喷出量是一定的，无法调节，只有更换才能达到调节的目的；②喷涂含有大量体质颜料的底漆时，颜料粒子易堵塞喷嘴。

8.2.2.3 静电喷涂

静电喷涂是利用电晕放电现象和正负电荷相互吸引原理，将喷具作为负极使涂料微粒带负电荷、被涂饰工件接地作为正极使木材表面带正电荷，在喷具与被涂饰工件间产生高压静电场（木材表面静电喷涂常用电压为 60～130kV，电极到被涂表面的距离为 20～30cm，电场强度约为 4～6kV/cm），使涂料微粒被吸附、沉积在被涂饰工件表面上形成涂层。

静电喷涂装置有自动固定式和手提移动式两种。其主要由高压静电发生器、操作台、喷具、供漆系统、工件传送系统、高压电缆、静电喷涂室等组成，如图 8-20 所示。

静电喷涂的优点：①涂装施工条件好、环境污染小；②涂料与喷涂表面正负电荷相互吸引、无雾化损失、涂料利用率高（90%以上）；③涂饰效率高、易于实现自动化流水线喷涂作业、适于大批量生产；④涂层均匀、附着力和光亮度高、涂饰质量好；⑤通风装置简化、电能消耗少；⑥对某些制品（尤其是框架类）的涂饰适应性强、效益显著。

静电喷涂的缺点：①高压电的火灾危险性大，需有可靠的安全措施；②形状复杂的制品很难获得均匀涂层（一般凸出及尖端处厚、凹陷处薄）；③对所用涂料与溶剂、木材制品都有一定要求（适宜的涂料涂-4 黏度为 18～30s、电阻率为 5～50MΩ · cm，木材含水率在 8%以上时其导电性适宜静电喷涂）。

8.2.2.4 粉末喷涂

粉末喷涂最初用于金属表面涂饰，因为需要 150℃以上的高温，限制了其在可燃材料上的应用。随着科学技术的发展，粉末喷涂已开始用于中密度纤维板（MDF）的涂饰，该技术是以紫外粉末、红外或紫外固化炉以及先进的粉末循环系统为基础，采用低熔点 UV 固化粉末涂料和静电喷涂设备对中密度纤维板（MDF）进行喷涂。

粉末喷涂的工艺流程主要有两种：

（1）基材不封闭的工艺流程（又称为一次涂装）①工件清除粉尘；②工件预热；③静电喷涂低温喷涂粉末涂料；④加热熔平与固化；⑤工件冷却等。预热工序的作用，一是除去基材（MDF）所含的多余水分，使其含水率控制在 4%～8%范围内；二是让受热基材内部的水分表面迁移，以增强基材表面的静电吸粉能力。

（2）基材封闭的工艺流程（又称为二次涂装）①工件清除粉尘；②导电底漆+干燥固化（或 UV 底漆+UV 固化+喷、刷导电剂+干燥，或 PU 底漆+干燥固化+喷、刷导电剂+干燥）；③静电喷涂低温粉末涂料；④粉末加热熔平与固化；⑤工件冷却等。采用导电底漆，或 UV 底漆+导电剂，或 PU 底漆+导电剂，其作用一是达到封闭基材的目的；二是起到改善基材表面导电性能的作用，以增强基材表面的静电吸粉能力。

通用的粉末喷涂生产线组成：①输送设备（链条悬挂式）；②前处理设备（除尘、预热）；③底漆涂布机（辊涂机或淋涂机）；④静电喷涂设备（手工或自动喷粉枪、静电发生器、供粉桶、喷涂室、回收装置）；⑤熔平固化设备（风机、风道、风幕、IR 红外辐射加热炉、UV 固化灯、室体）；⑥冷却设备（风机、风嘴、风道、室体）；⑦电器控制系统等。

粉末喷涂的优点：①采用紫外固化的粉末涂料，固含量为 100%，不含挥发性物质，对环境友好；②采用较低的加热温度（一般最高在 120℃）和较短的加热时间（熔平和固化时间为 3min），减少了木质材料中水分的蒸发，避免了材料的表面变形和开裂；③粉末涂料在 100~120℃即可熔化流动，可形成厚度不到 1mm（一般为 0.06~0.08mm）的耐用的涂层，特别适用于中高密度纤维板和形状复杂特异表面的涂饰；④95%~99%的过量粉末涂料可以回收，并能循环使用，粉末喷涂不用着底漆，如果喷涂得不理想，在固化前可将其吹掉，重新喷涂；⑤喷涂设备十分紧凑，一般只需喷涂一次（最多两次）即可达到要求涂层，可实现自动化操作；⑥因无溶剂而不产生漆膜沉积物，喷涂后的表面呈化学惰性，机械强度好，为产品表面和外观设计提供了更多的可能性。

粉末喷涂的适用条件：①适合于大量生产；②因粉末喷涂的特长是可在各种形状表面上均匀地涂饰，并可提供几乎所有的颜色，所以适合于开发用传统涂饰方法难以达到要求的新产品；③适合于产品有严格的环保要求；④目前的粉末喷涂技术主要适合于中密度纤维板的涂饰，含水率是此技术应用的关键；⑤应对生产的前景，特别是从设计上能发挥粉末喷涂技术优势的产品的前景有充分的估计，以便使目前的投资在长时间内发挥效力；⑥对操作工艺技术、机械设备性能和粉末涂料有严格的要求。

粉末喷涂越来越流行，此项技术有很好的发展前景。

（a）

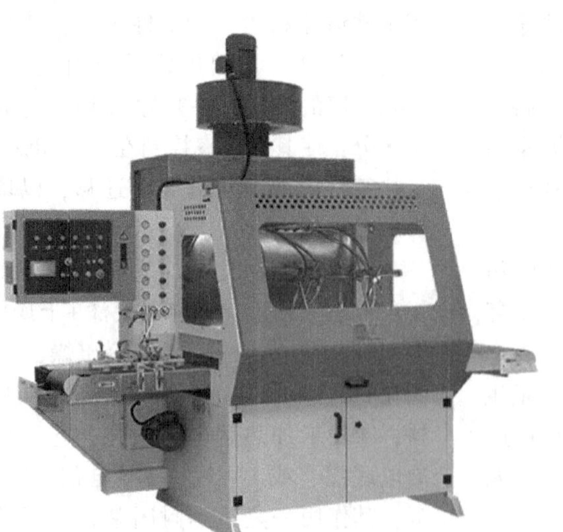

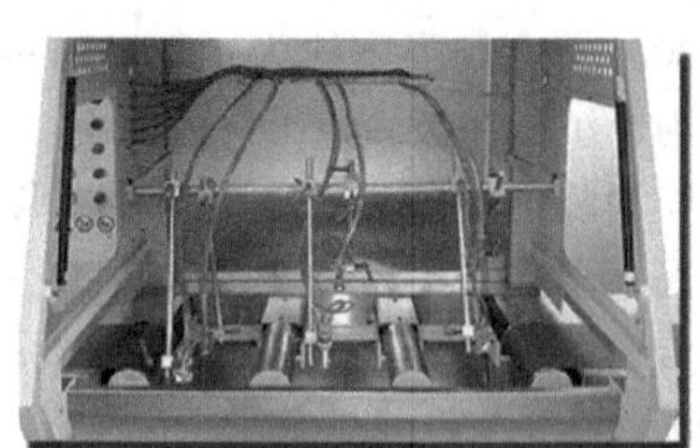

辊筒式输送喷漆室

皮带式输送喷漆室

（b）

图 8-21　固定机械手（喷枪）自动喷涂线

（a）地台式侧置固定机械手自动喷涂线　（b）辊筒（或皮带）式上置固定机械手自动喷涂线

8.2.2.5 机械喷涂

机械喷涂是采用机械设备或机械手、机器人，以自动或智能喷涂的方式来代替人工喷涂的工艺。目前主要有：固定机械手自动喷涂、水平往复机自动喷涂、垂直往复机自动喷涂、机器人智能喷涂等形式，可组成不同的自动喷涂生产线，其特点是速度快、效率高，而且喷涂均匀、品质好，适合于代替人工进行大批量产品（或工件）的喷涂。

（1）固定机械手（喷枪）自动喷涂　这是将多个机械手或喷枪分别固定在机架不同位置上，对产品进行定点喷涂，适合于批量大、外形一致的产品（如木线条、地板、木门、木质工艺品等）的表面涂饰，并与地台、悬挂、辊筒、皮带等组成连续式自动喷涂生产线。如图 8-21（a）所示为用于木质工艺品的地台式侧置固定机械手自动喷涂线（侧喷式）；如图 8-21（b）所示为用于木线条的辊筒（或皮带）式上置固定机械手自动喷涂线（上喷式）。

（2）水平往复机自动喷涂　这是将 1 个或多个机械手喷枪安装在一个机头上，通过机头沿着机架上横梁水平往复运动，对产品进行喷涂，适合于批量大、表面近似平面的产品（如家具板件、地板、木门等）的表面涂饰，如图 8-22 所示。其中，有些设备的横梁固定，仅依靠机头沿横梁水平往复运动实现喷涂作业，适合于固定式或通过式工作台的喷涂，如图 8-22（a）（b）所示；有些设备的横梁可沿机架进行水平往复运动（Y 向），与机头沿横梁水平往复运动（X 向）协同实现喷涂作业，多用于固定式工作台的喷涂，如图 8-22（c）所示；有些设备配置多个横梁和机头，适合于复杂表面的涂饰，如图 8-22（d）所示；有些设备还带有自动扫描装置，可对被涂产品（或工件）进行外形尺寸的识别，以调节机头往复运动幅度、喷枪离被涂工件表面距离，减少无效喷涂，确保喷涂效率与效果；有些设备还

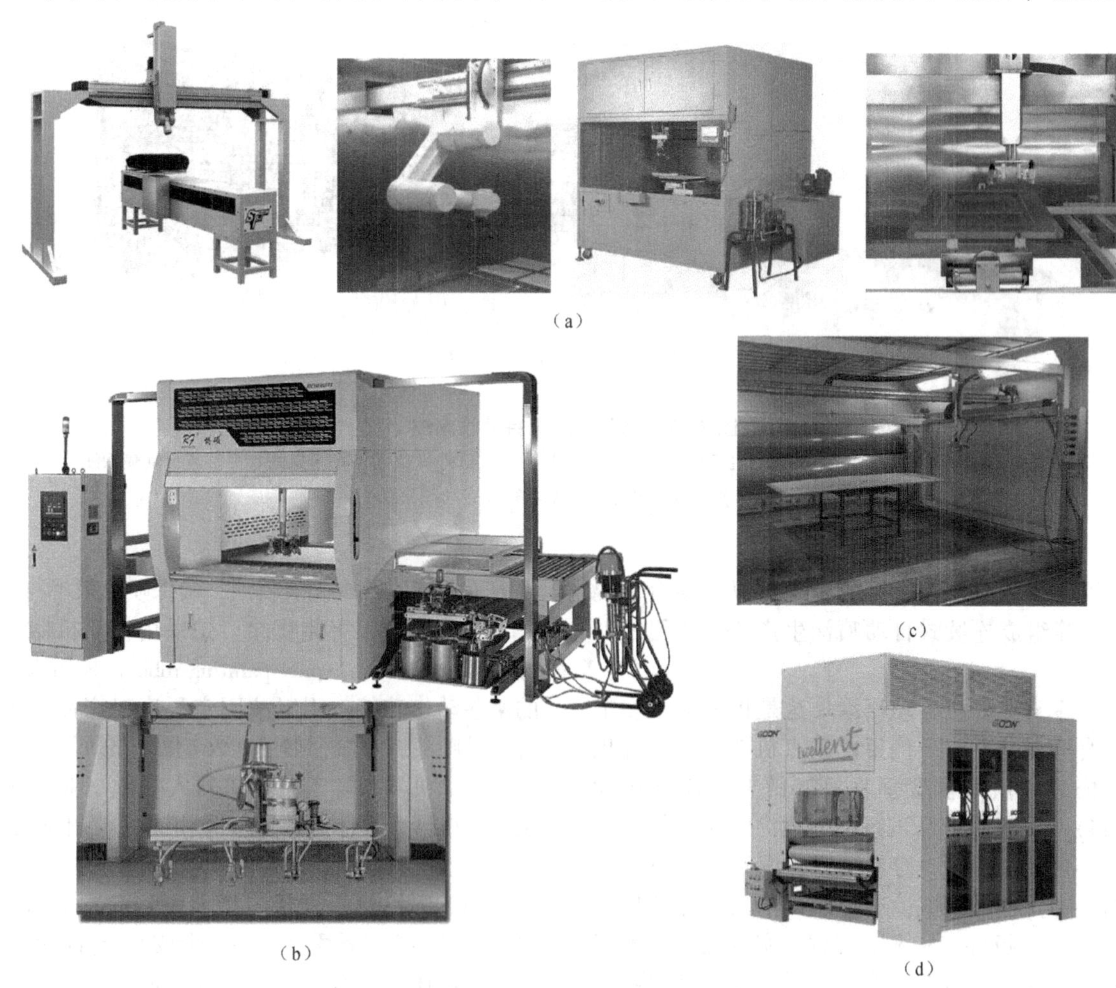

图 8-22　水平往复机自动喷涂线 1

（a）（b）单横梁固定式水平往复自动喷涂线　（c）横梁移动式水平往复自动喷涂线

（d）多横梁固定式水平往复自动喷涂线

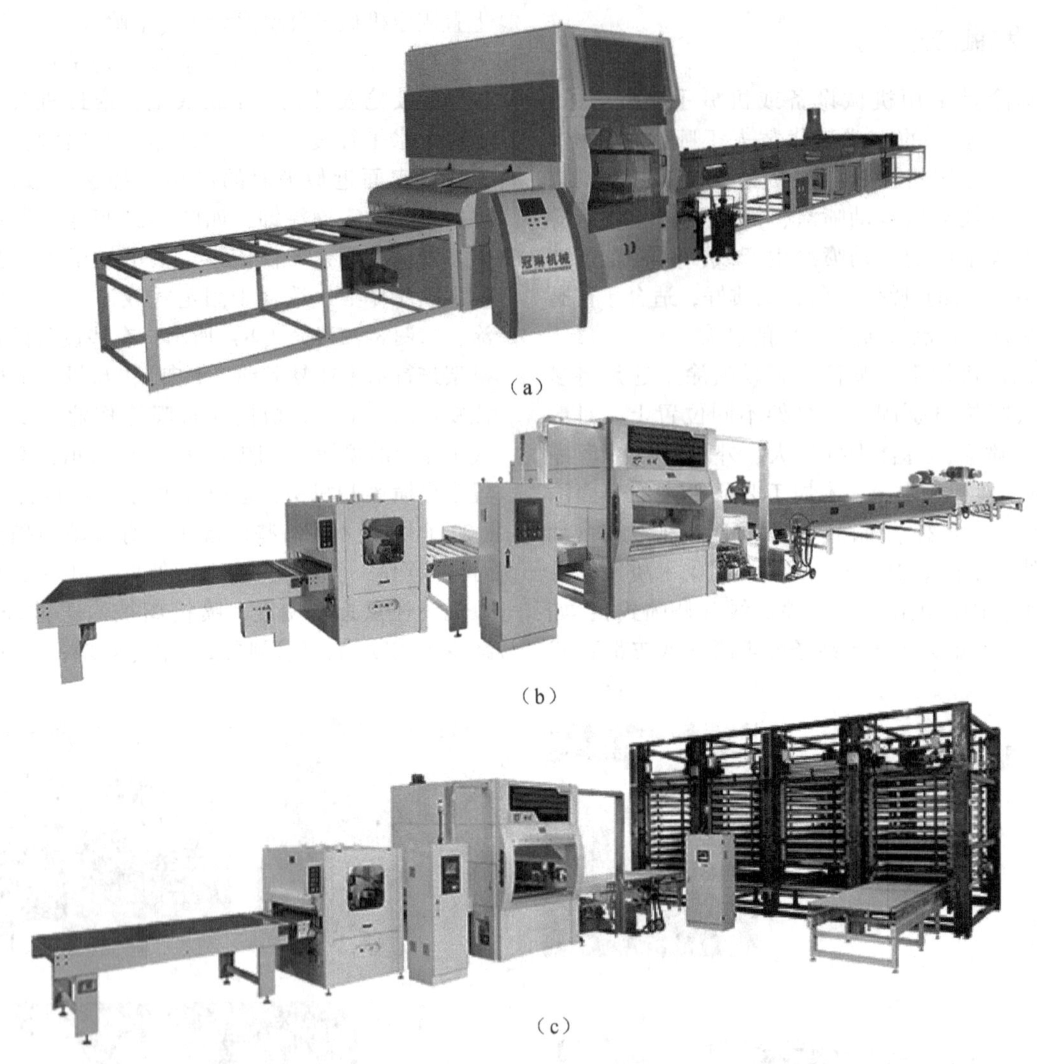

(a)

(b)

(c)

图 8-23　水平往复机自动喷涂线 2

(a) 带通道式热风干燥的水平往复自动喷涂线　(b) 带通道式红外（或紫外）干燥的水平往复自动喷涂线
(c) 带立体式干燥的水平往复自动喷涂线

可与前置宽带砂光机、后置的干燥机以及地台、辊筒、皮带等组成连续式自动喷涂生产线，如图 8-23 所示。

（3）垂直往复机自动喷涂　这是将 1 个或多个机械手喷枪安装在一个侧置的垂直机架上，通过机械手喷枪分别沿着侧置垂直机架做上下往复运动（图 8-24），实现对产品进行侧向喷涂，通常与悬挂吊线组成自动喷涂线，有单侧置（图 8-24）或双侧置（图 8-25）两种形式，适合于批量大、可悬挂的产品（如家具板件、实木零部件、实木框架、木门等）的表面涂饰。有些设备还带有自动扫描装置，可对被涂产品（或工件）进行外形尺寸的识别，以调节机械手喷枪上下往复运动幅度、喷枪离被涂工件表面距离，减少无效喷涂，确保喷涂效率与效果。

（4）机器人智能喷涂　是采用喷涂机器人（又称为喷漆机器人，spray painting robot）模仿人手和臂的某些动作功能，用以按固定程序对产品或工件进行自动喷漆或喷涂，如图 8-26～图 8-29 所示。

喷涂机器人属于工业机器人（或工业机械手），主要由机器人本体、计算机和相应的控制系统组成，主要有液压、气动、电动、机械等驱动方式，其中液压驱动的喷涂机器人还包括液压油源，如油泵、油箱和电机等。机械手多采用 5 个或 6 个自由度关节式结构，机械手臂有较大的运动空间，并可做复杂的轨迹运动，其腕部一般有 2～3 个自由度，可灵活运动。较先进的喷涂机器人腕部采用柔性手腕，既可

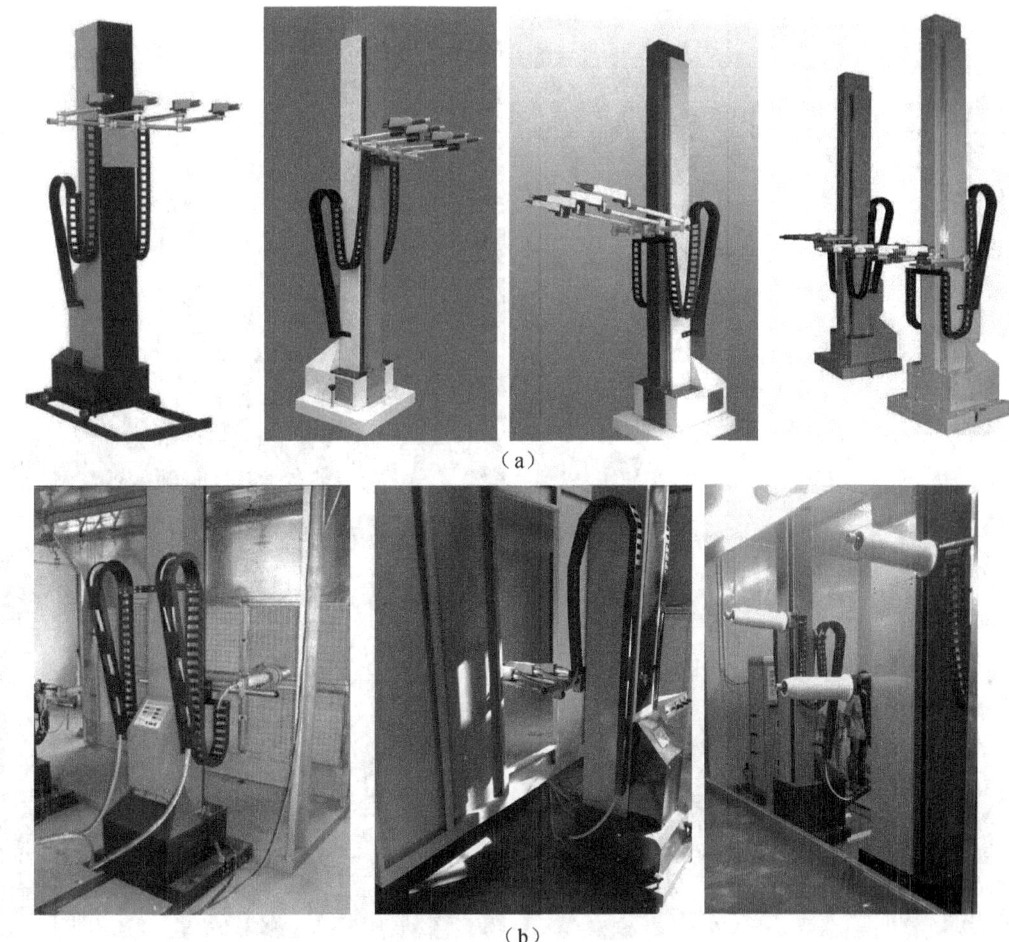

（a）

（b）

图 8-24 垂直往复机自动喷涂线

（a）垂直往复喷涂机 （b）带悬挂吊线的垂直往复机自动喷涂线（单侧置）

向各个方向弯曲，又可转动，其动作类似人的手腕，能方便地通过较小的孔伸入工件内部，喷涂其内表面。喷涂机器人一般采用液压驱动，具有动作速度快、防爆性能好等特点。

喷涂机器人主要包括有气喷涂机器人、无气喷涂机器人两种类型，其优点主要是机械手臂运动空间柔性和工作范围较大，可实现外表面及内表面的喷涂以及多种不同产品的混线生产，如图 8-26（a）所示；仿型喷涂轨迹精确，保证涂膜的均匀性等，降低过喷涂量和清洗溶剂的用量，以提高喷涂质量和材料使用率；可离线编程或示教喷涂，大大地缩短现场调试时间，易于操作和维护。喷涂机器人可与地台、支架、悬挂吊线、网带、皮带、辊筒等组成连续式自动喷涂生产线，也可单侧配置或双侧配置，如图 8-27～图 8-29 所示，适合于不同类型、外形复杂或批量大的产品的表面涂饰，其设备利用率高，一般可达 90%～95%，而往复式自动喷涂机的利用率一般仅为 40%～60%。

喷涂机器人可通过离线编程进行控制；或通过手把手示教或点位示数来实现示教喷涂；也可带有装配 3D 激光扫描系统+AI 智能软件算法，可对被涂产品（或工件）进行外形尺寸和图像的识别分析，自动拟出一套喷涂方案，以调节机械手喷枪运动幅度、喷枪离被涂工件表面距离，减少无效喷涂，确保喷涂效率与效果，如图 8-26（a）所示。喷涂机器人将会广泛用于家具和木制品生产制造的涂装工艺中。

（5）自动旋杯喷涂 是采用高速旋杯式喷枪对产品或工件进行喷涂的工艺，如图 8-30 所示。目前，无论是从提高产品质量和生产效率的角度，还是从节省涂料和减少环境污染等角度，高速旋杯式静电喷涂工艺已成为现代涂装的主要手段之一，并且被广泛地应用于各工业领域。其中，高速旋杯式静电喷枪（旋杯）已成为应用最广的工业涂装设备。

图 8-25　垂直往复机自动喷涂线（带悬挂吊线的双侧置）

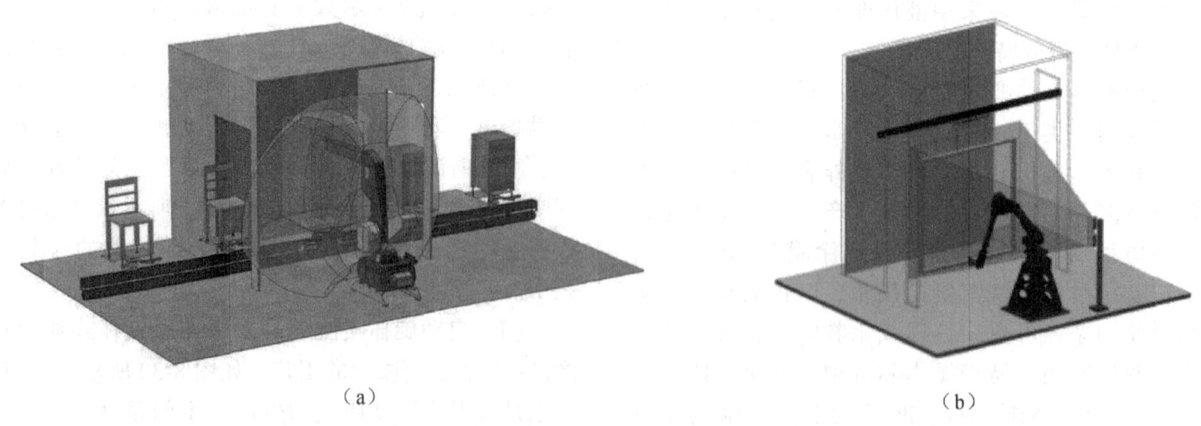

（a）　　（b）

图 8-26　机器人智能喷涂线示意图

（a）不同产品机器人智能喷涂　（b）配置 3D 激光扫描系统的机器人智能喷涂

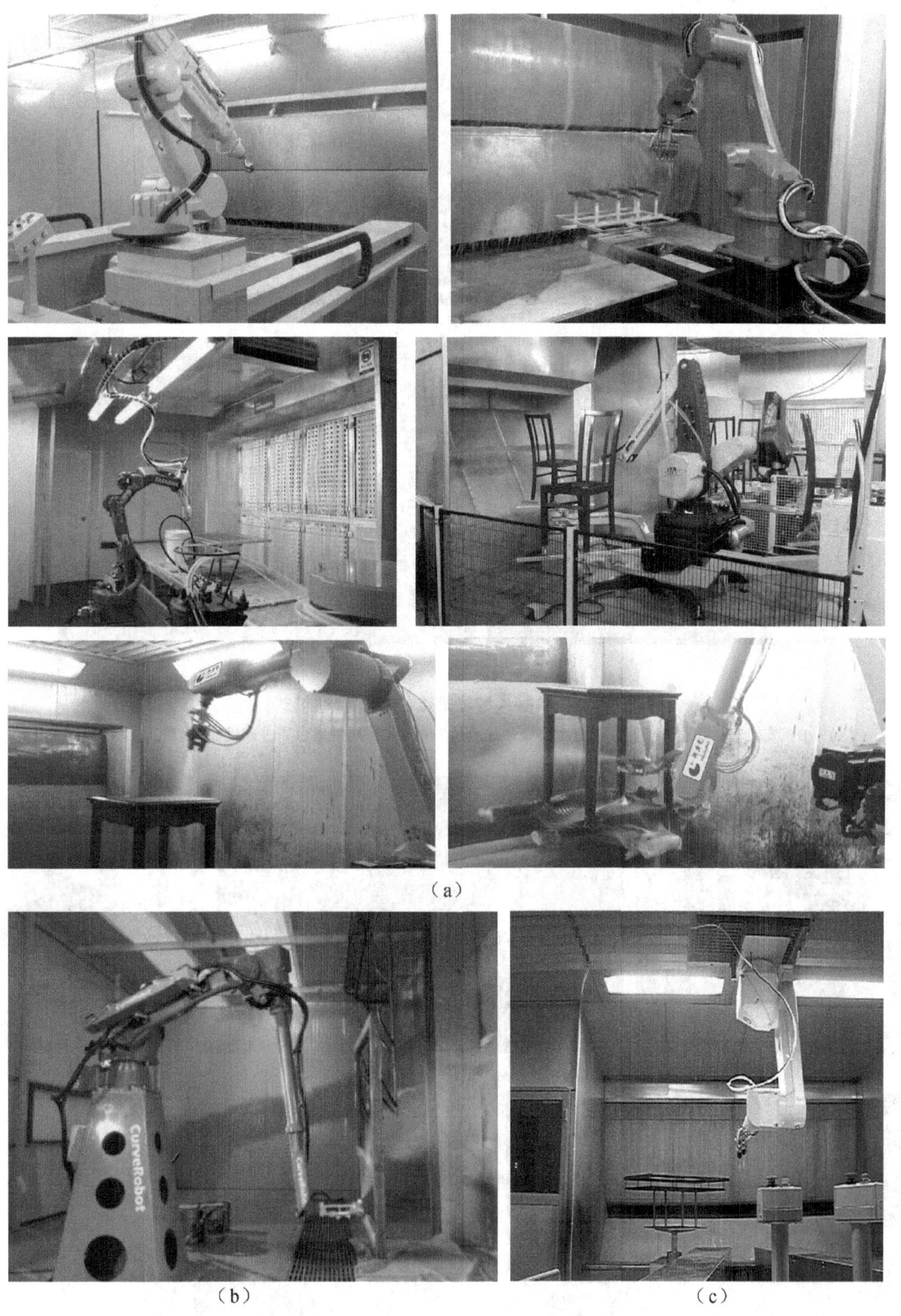

（a）

（b）　　（c）

图 8-27　机器人智能喷涂线（非通过式）

（a）地台式机器人智能喷涂　（b）悬挂式机器人智能喷涂　（c）顶置式机器人智能喷涂

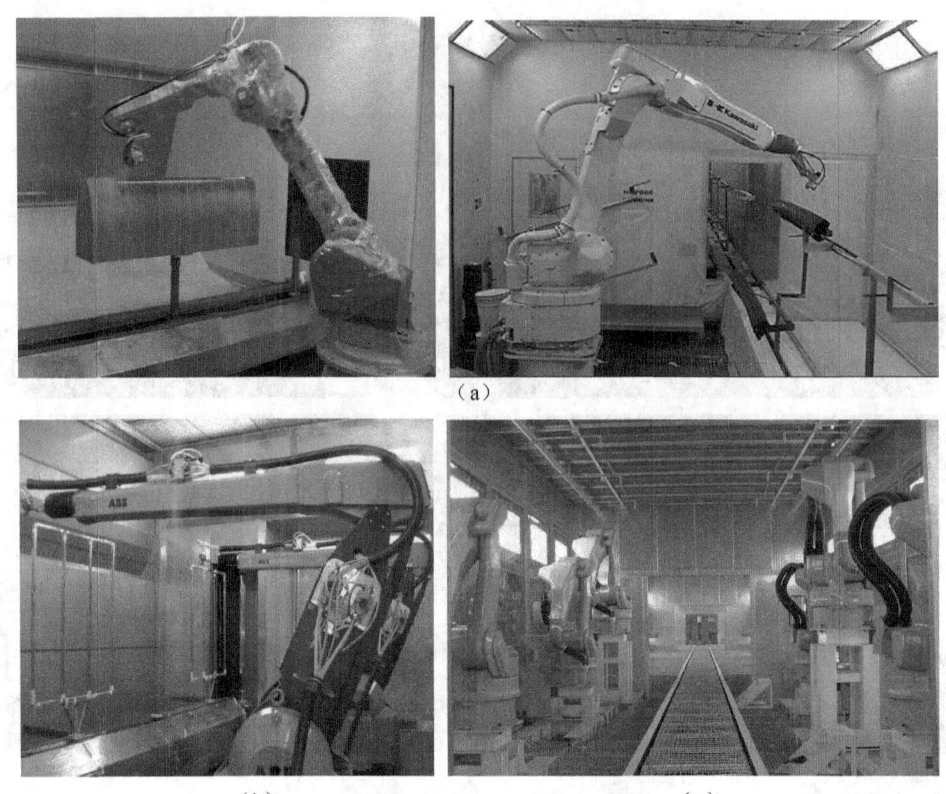

（a）

（b）　　（c）

图 8-28　机器人智能喷涂线（地台通过式）

（a）（b）支架地台通过式机器人智能喷涂线（单侧置）　（c）网带地台通过式机器人智能喷涂（双侧置）

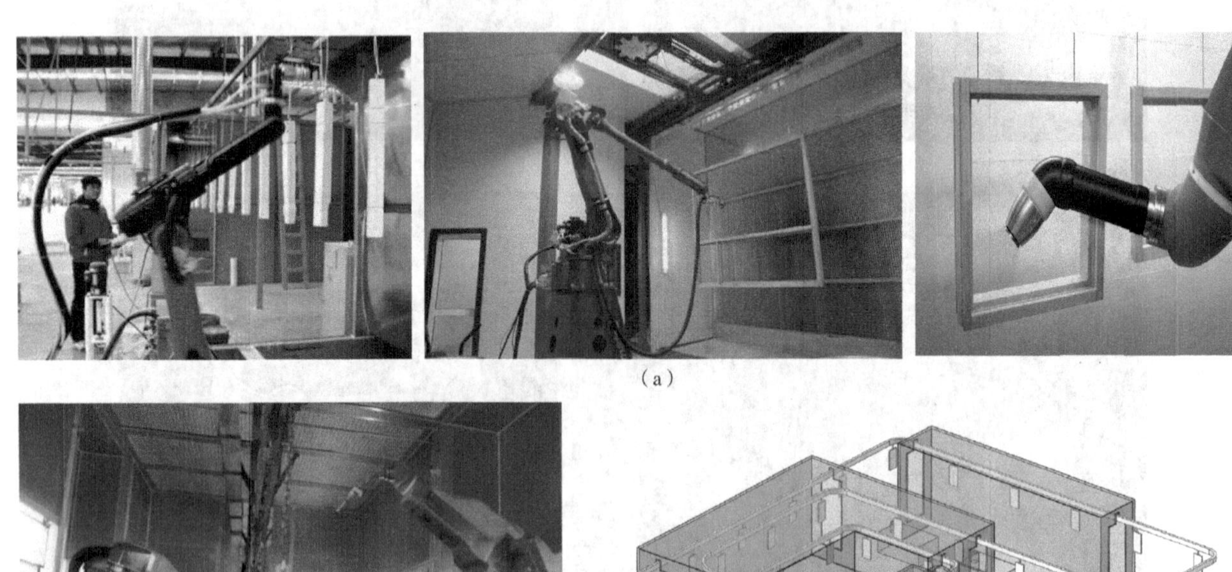

（a）

（b）

图 8-29　机器人智能喷涂线（悬挂吊线通过式）

（a）悬挂吊线通过式机器人智能喷涂线（单侧置）

（b）悬挂吊线通过式机器人智能喷涂（双侧置）

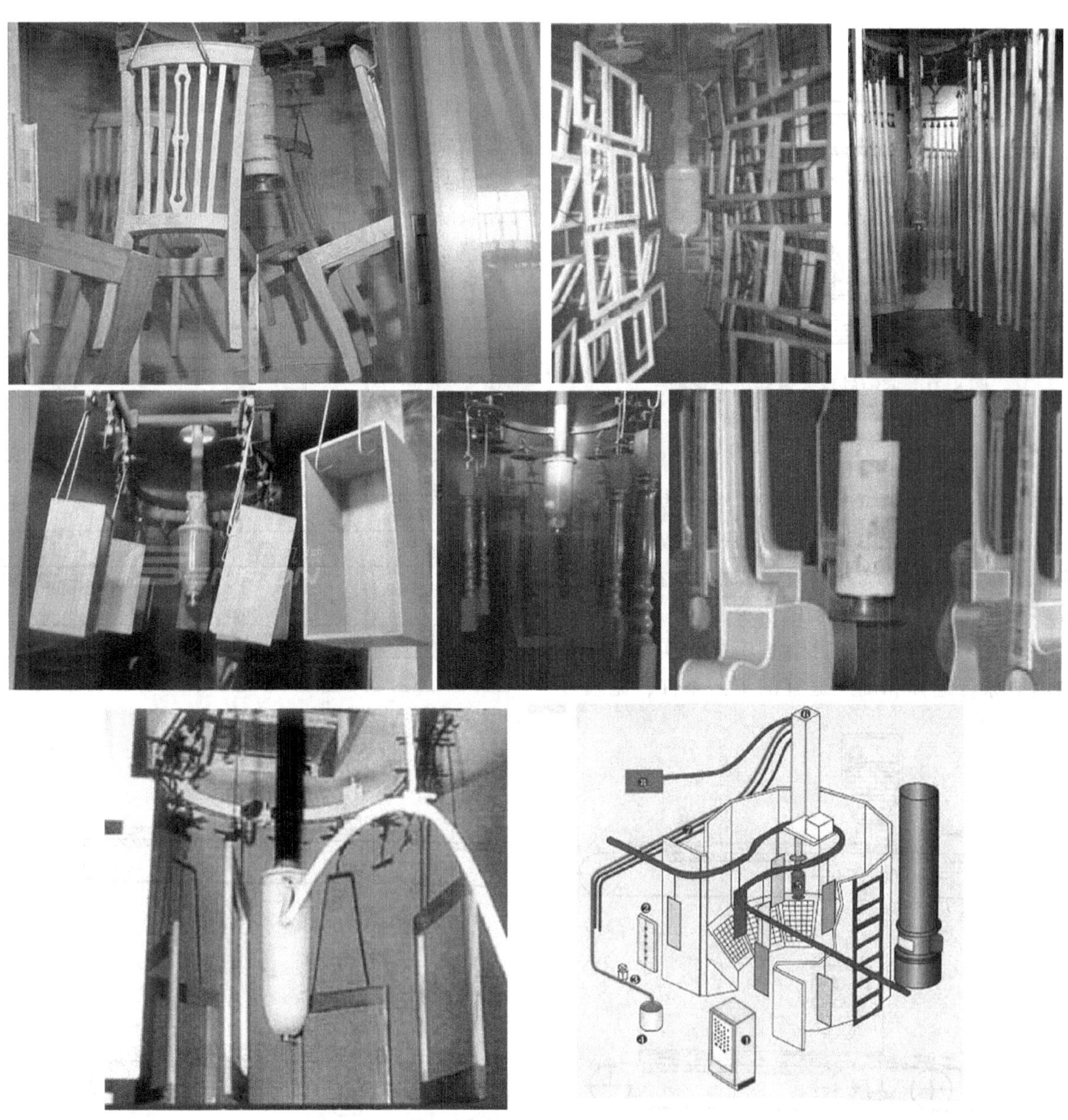

图 8-30 自动旋杯静电喷涂线（悬挂吊线通过式）

高速旋杯式静电喷涂工艺是将被涂工件接地，静电喷枪（或 disk 静电旋杯）接上正或负高压电，在被涂工件与静电喷枪（旋杯）之间产生高压静电场，旋杯采用空气透平驱动，可实现高速旋转。当涂料被送到高速旋转的旋杯上时，由于旋杯旋转运动产生离心作用，涂料在旋杯内表面伸展成为薄膜，并获得巨大的加速度向旋杯边缘运动，在离心力及强电场的双重作用下，通过离心雾化和静电雾化的两者相互作用，速度破碎分裂成为极细的且带电的雾滴，向极性相反的被涂工件运动，沉积于被涂工件表面，形成均匀、平整、光滑、丰满的涂膜。

使用自动旋杯喷涂可达到节省人力、厚度均匀、质量稳定、节省涂料的涂装效果；旋杯投入运行后，可节省大量的人力，中涂喷涂线基本上可实现无人操作，面漆喷涂线只需安排底色漆和清漆的内表面喷涂人员即可；旋杯喷涂厚度均匀，质量稳定，能明显改善产品的外观装饰性；手工空气喷涂的涂料利用率一般在 30%~40%，而旋杯喷涂的涂料利用率一般在 90%以上，节省涂料。

8.2.3 淋涂工艺

淋涂是用传送带以稳定的速度载送零部件通过淋漆机淋漆头连续淋下的漆幕使零部件表面被淋盖上一层涂料而形成涂层的方法。淋涂在木家具和木家具生产中广泛用于涂饰平表面板式部件，能实现连续流水线生产。淋涂设备即各种淋漆机，主要是

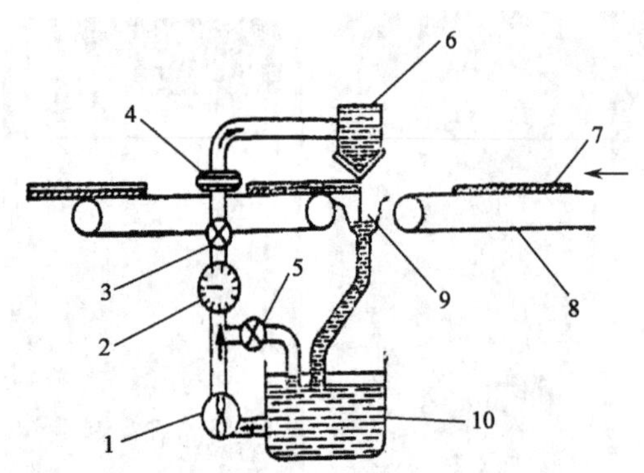

图 8-31 底缝成幕式淋漆机示意图

1. 漆泵 2. 压力计 3. 调节阀 4. 过滤器 5. 溢流阀 6. 淋漆机头 7. 工件 8. 传送 9. 受漆槽 10. 贮漆槽

由淋漆机头、贮漆槽、涂料循环系统和传送装置等组成，如图 8-31 所示。淋漆机按漆幕形成的方式可分为底缝成幕、斜板成幕、溢流成幕和溢流斜板成幕等多种，如图 8-32 和图 8-33 所示。

淋涂的涂饰质量与许多因素有关，实际生产中应合理地综合选择和确定适宜的工艺条件，见表 8-19。表 8-20 所列为淋涂的漆膜缺陷、产生原因及纠正方法。

淋涂的优点：①适用于板式部件涂饰，可实现连续流水线生产；②传送带载送工件漆幕淋涂，一通过便形成完整涂层，生产效率高；③无漆雾损失、漏余涂料可回收再用、涂料损耗很少；④漆膜连续完整、厚度均匀、涂饰质量好；⑤淋漆设备操作维护方便。

表 8-19 淋涂工艺条件及其常用参数

工艺条件	适宜参数
涂料种类	大部分涂料如硝基漆、聚氨酯漆、聚酯漆以及双组分涂料等均可
涂料黏度	常用为 30~60s，涂-4
涂料压力	通常为 0.02MPa
机头底缝宽度	一般为 0.2~1mm
传送带速度	可在 40~150m/min 内，一般为 70~90m/min
机头到被涂表面距离	宜取 50~150mm，一般为 100mm 左右
淋漆量	一般为 250~300g/m²

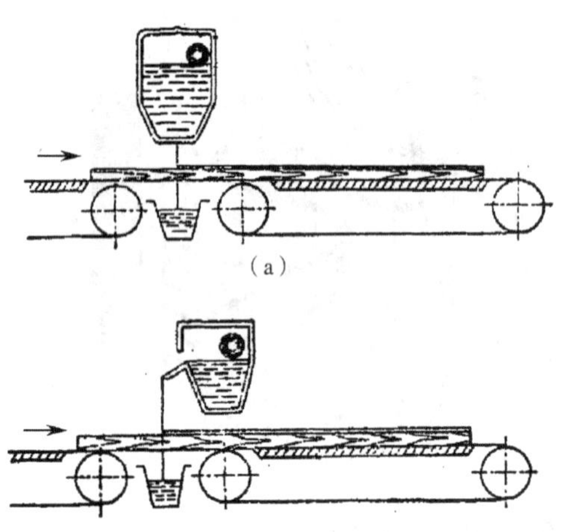

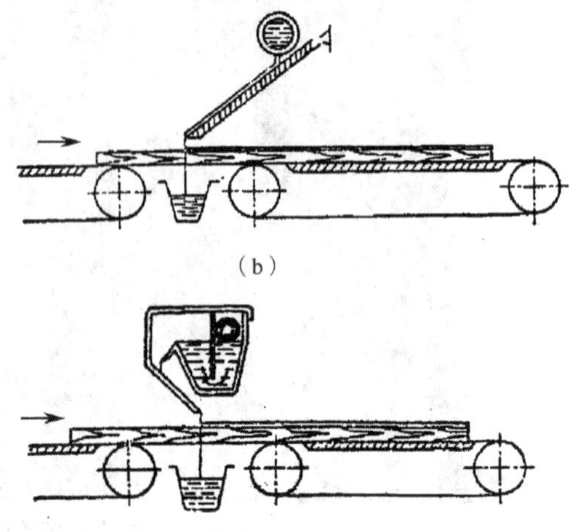

图 8-32 各种淋漆机的成幕方式

(a) 底缝成幕式 (b) 斜板成幕式 (c) 溢流成幕式 (d) 溢流斜板成幕式

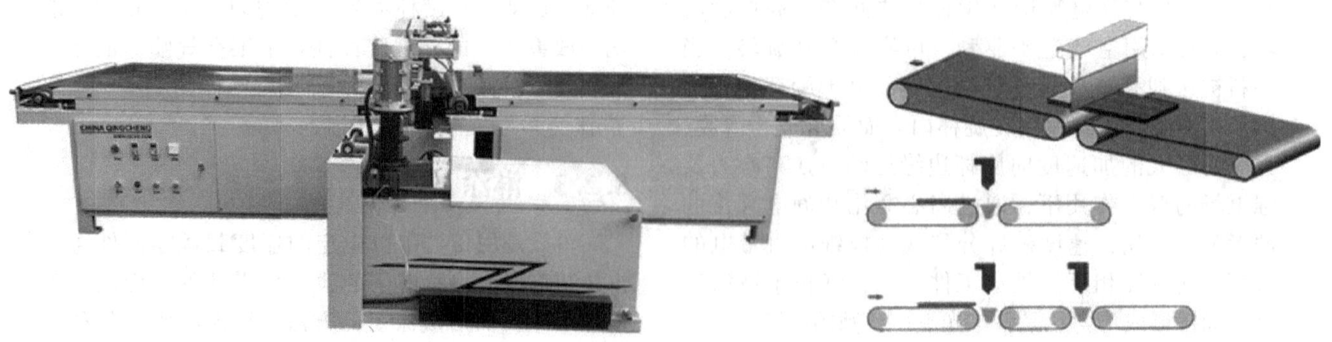

图 8-33 淋漆机

表 8-20 淋涂的漆膜缺陷、产生原因及纠正方法

漆膜缺陷	工艺条件	适宜参数
气　泡	1. 涂料贮罐涂料太少 2. 涂料输送泵压力过大，循环流量大、冲击力大 3. 涂料贮罐内消泡器位置不正 4. 涂料贮罐内消泡器表面不洁 5. 板材表面填孔不密实	1. 增加涂料，使罐内涂料有一定存量 2. 调整涂料泵出口压力 3. 调整消泡器位置 4. 清除消泡器表面积尘 5. 加强填孔验收
涂层断裂	1. 刀口有异物堵塞、涂料帘幕不连续 2. 涂料量太少 3. 传送不平稳、有跳动 4. 机头边风速过大帘幕漂动 5. 机头底缝与被涂板件间距过大	1. 清洗刀片、去除异物 2. 调整涂料出口量 3. 调整传送带的传送装置 4. 机头处加设挡风板 5. 调整机头与板件的距离
有粒子	1. 涂料过滤装置有洞 2. 车间风大地面不洁 3. 涂料溶剂不配套	1. 调换过滤网 2. 控制车间风速、注意打扫去尘和洒水 3. 调整涂料溶剂及使用比例
橘　皮	1. 涂层过厚 2. 涂料黏度过高 3. 涂料流平性差	1. 调整刀口宽度和传送带速度 2. 调整涂料施工黏度 3. 调换涂料

淋涂的缺点：①不适于涂饰带有沟槽和凹凸大的工件以及形状复杂的或组装好的整体制品；②不适于涂饰小批量生产的工件；③不能涂饰很薄（30μm 以下）的涂层。

8.2.4 辊涂工艺

辊涂是在被涂工件从几个组合好的转动着的辊筒之间通过时，将黏附在辊筒上的液态涂料部分或全部转涂到工件表面上而形成一定厚度的连续涂层的涂饰方法。

辊涂设备就是各种类型的辊涂机，其主要结构类似，常由辊筒（拾料辊──→镀铬钢辊、分料或刮料辊──→镀铬钢辊、涂布辊──→丁腈或丁基橡胶包覆钢辊、进料辊──→普通橡胶包覆钢辊）、辊筒驱动装置、工件传送装置、刮板、涂料槽、输漆泵等组成。

辊涂机可分为顺转辊涂机（顺涂，图 8-34）和逆转辊涂机（逆涂，图 8-35）两种。前者的涂布辊的旋转方向与被涂工件的进给方向一致；后者的涂布辊的旋转方向与被涂工件的进给方向相反。常见的辊涂机都是用于涂饰工件的上表面，但也有用于涂饰工件下表面或同时涂饰上下两面的辊涂机。图 8-36 所示为填孔辊涂机示意图。辊涂机是目前常用的涂料涂饰方法（图 8-37），尤其适用于平板件表面的涂饰。

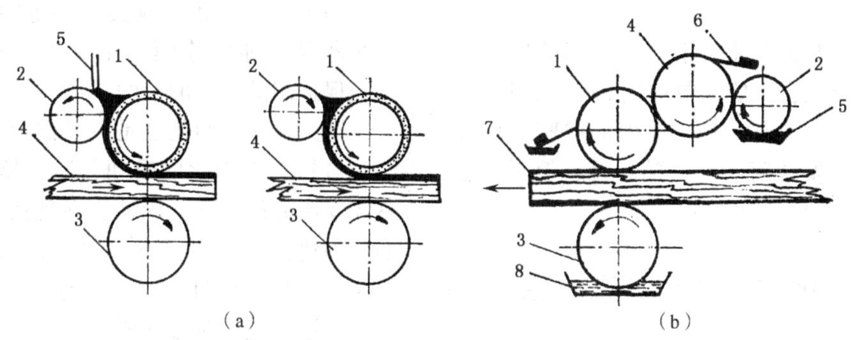

图 8-34 顺转辊涂机（顺涂）

（a）常规顺转辊涂机 1. 涂布辊 2. 分料辊 3. 进料辊 4. 工件 5. 刮刀

（b）精密辊涂机 1. 涂布辊 2. 拾料辊 3. 进料辊 4. 刮料辊 5. 涂料槽 6. 刮刀 7. 工件 8. 洗涤剂槽

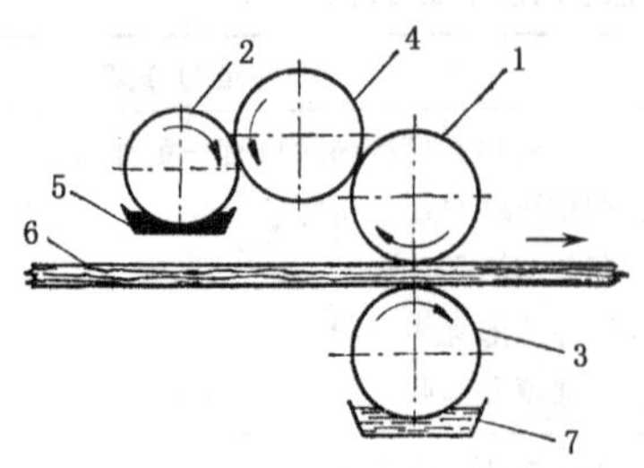

图 8-35　逆转辊涂机（逆涂）

1. 涂布辊　2. 抬料辊　3. 进料辊　4. 刮料辊
5. 涂料槽　6. 工件　7. 洗涤剂槽

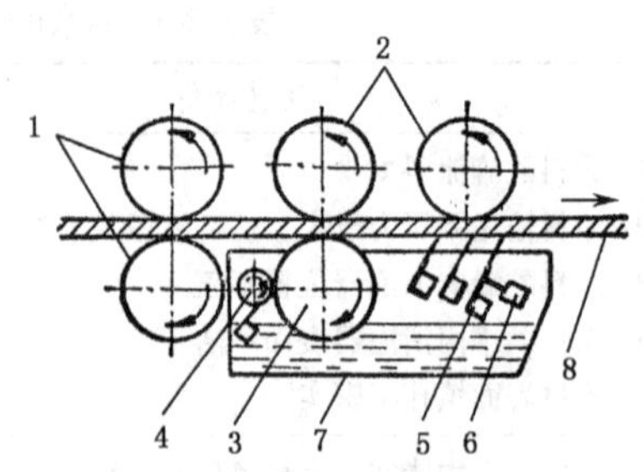

图 8-36　填孔辊涂机

1. 进料辊　2. 压辊　3. 涂布辊　4. 分料辊
5. 刮刀　6. 气垫　7. 涂料槽　8. 工件

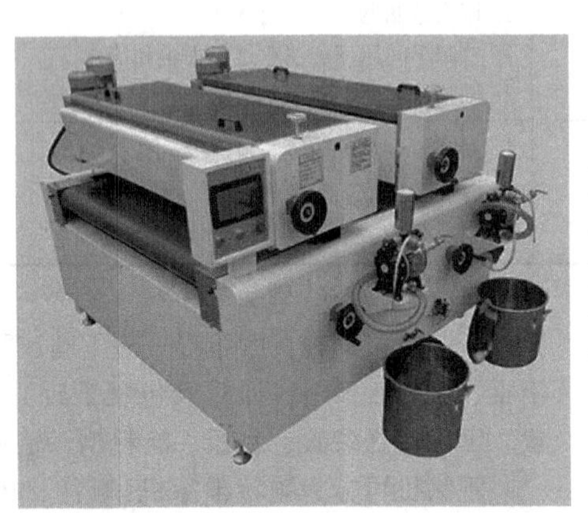

图 8-37　辊涂机

辊涂的优点：①适用于板式部件连续通过式流水线涂饰；②传送带载送工件漆幕淋涂，一通过便形成完整涂层，生产效率高；③适宜于黏度较高的各类涂料（各种清漆、色漆、填孔剂、填平剂、着色剂、底漆等），常用于板件的填孔、填平、着色和涂底等，涂层均匀、涂饰质量好；④基本无涂料损失、涂饰环境好。

辊涂的缺点：①要求被涂工件有较高的尺寸精度和标准的几何形状，不能涂饰带有沟槽和凹凸的工件以及整体制品；②对涂布辊表面的橡胶材质和硬度要求较高；③仅常用于工件的填孔、填平、着色和涂底以及一般面漆的涂饰。

8.3　涂层固化与漆膜修整方法

8.3.1　涂层固化

在木家具涂饰过程中，涂层固化是对漆膜质量有很大影响的重要阶段。如果涂层固化速度过快就会形成皱皮、针眼、气泡等缺陷，而且在使用中漆膜容易产生裂纹和因附着力降低而剥落，失去其保护木家具的作用。

如前所述，木家具表面用涂料进行涂饰时，往往需要经过多次（包括填孔、着色或染色、涂底漆、涂面漆等），其漆膜是由多层涂层构成，通常每一层涂层必须经过适当固化后再涂第二层，以保证各层之间的牢固附着和形成具有一定物理力学性能和抗化学药品性能的漆膜，并与基材表面能紧密粘连，达到保护制品表面的目的。

因此，涂层固化也是一种需要多次反复的工序。涂层自然干燥固化的时间，远远超过涂饰涂料或修整漆膜所需的时间。因而，在现代化木家具生产中，如何加速涂层固化，不仅关系到缩短生产周期和节约生产面积，而且也是按照连续流水线的原则组织木家具涂饰过程时必须要解决的问题。

8.3.1.1　涂层固化的机理

涂层由液态转变为固态漆膜的形成机理，因涂料的种类而不同。根据涂料中成膜物质的分子结构在漆膜形成过程中是否发生变化，可以把涂料分成

表 8-21　涂层固化的机理

分类	种类	固化机理	固化因子	反应类型	涂料举例
物理作用的固化	蒸发固化	溶液→（蒸发）→连续膜	温度、风	蒸发	虫胶漆、硝基漆、乳液类涂料、水性涂料等
	融解冷却固化	固体→（融解）→液体→（冷却）→连续膜	温度	融解、冷却	粉末涂料、聚乙烯涂料等
化学作用的固化	氧化固化	溶液→（蒸发+氧化）→连续膜	温度、催化剂	游离基	油性漆类涂料
	聚合固化	溶液体→（蒸发+聚合）→连续膜	温度、催化剂、附加能量（紫外线、电子束）	游离基（过氧化物、光敏剂）	不饱和聚酯涂料、紫外线固化涂料、电子束固化涂料
				缩聚、加聚、加成、缩合	醇酸、酚醛、丙烯酸、双组分聚氨酯、氨基醇酸等树脂涂料

两大类固化（表 8-21）。

（1）物理作用的固化　漆膜的形成仅仅是由于涂料中溶剂的挥发，或温度升高或降低引起的涂料物理状态的变化。属于这类的涂料有虫胶漆、硝基漆、乳液类涂料、水性涂料、挥发性丙烯酸涂料等，这些涂料中含有较大比例的有机溶剂或水分，其种类及其混合比例、挥发速度对能否获得良好的漆膜具有重要影响。

（2）化学作用的固化　漆膜的形成不只限于溶剂挥发之外，同时还发生成膜物质的氧化、聚合或缩合等化学反应。属于这类的涂料有油性漆类涂料、不饱和聚酯涂料、紫外线固化涂料、电子束固化涂料以及醇酸、酚醛、丙烯酸、双组分聚氨酯、氨基醇酸等树脂涂料，这些涂料在成膜过程中，除了溶剂挥发之外，同时通过氧化、聚合或缩合等化学反应，由低分子或线型高分子物质转化为体型聚合物，而且光、热、氧气以及催化剂等对漆膜的形成具有十分重要的作用。

涂层固化按固化程度不同分为表面固化、实际固化和完全固化三个阶段。

（1）表面固化　在多层涂饰时，当涂层表面干至不沾灰尘或者用手指轻轻碰触而不留痕迹时为表面固化。

（2）实际固化　当用手指按压涂层而不留下痕迹并可以进行打磨和抛光等漆膜修饰工作，此时的涂层即达到了实际固化。

（3）完全固化　当漆膜干燥到硬度稳定，其保护和装饰性能达到了标准要求，此时即达到完全固化。

8.3.1.2　涂层固化的方法

硝基漆、酚醛漆、双组分聚氨酯漆等涂料均属于常温固化型，涂布在木家具上的涂层即使不用干燥装置也可以固化。目前，在我国木家具生产中，采用自然干燥的方法进行涂层固化仍较普遍。但这种方法需要时间长、生产效率低、占用场地大、易黏附灰尘。因而，利用热空气、红外线（infrared rays，IR）及远红外线（far infrared rays，FIR）、紫外线（ultraviolet，UV）、电子束（electron-beam，EB）等加速涂层固化的方法，也越来越被广泛地应用在木家具生产中。

在木家具表面涂饰过程中，选择涂层的干燥方法应考虑：①涂料的干燥温度及要求干燥所需的时间；②工件的形状和尺寸；③涂层的质量要求；④本企业的能源供应情况；⑤投资及经济效益等。

目前，涂层固化的常用干燥方法及其分类、特点、适用范围见表 8-22。

（1）热空气对流干燥　又称周期式热风干燥，是利用蒸汽、热水和电能等热源加热空气，热空气在干燥室（又称烘干房）内以对流的方式将热量传递给被涂工件的涂层，从而使涂层得到干燥。一般用蒸汽和热水作加热介质的应用较多，有的也用电加热器。热空气对流干燥室按作业方式可分为周期式、通过式和多层立体式三种。

①周期式热空气干燥室（房）：是间隙作业方式，一批已涂饰的工件进入干燥室，达到一定干燥时间并符合要求后卸出，另装入一批，如图 8-38 和图 8-40 所示的周期式热空气干燥室原理图。

②通过式热空气干燥室（房）：是连续作业的，

被涂工件从一端进入干燥室，干燥后的工件从另一端运送出去（有地台式或悬挂式之分），如图 8-39 所示的悬挂通过式热空气干燥室原理图。通过式干燥室生产效率高，室内可形成不同的温度区，以获得高质量的涂层，也可以与涂饰设备连接构成整个涂饰生产线，目前在家具大批量生产中已广泛被应用。

自动多层立体式干燥室（房）采用立体式结构，如图 8-41 所示，适用于板式家具、橱柜门、实木门、工艺品、装饰板等板式规格工件，针对 PU、NC、AC 和水性等油漆涂料进行大批量、高质量效果要求的连续自动喷漆及干燥。多层立体式干燥室通常分为流平区（预热要求）、两个强制加热区（热风循环流动，温度独立控制）、冷却区 4 个独立的通风区域。多层立体式干燥室的长度，根据需要干燥工件的长度来决定，从而使干燥室空间利用最大化。工件通过托盘或皮带两种方式运送到干燥室内进行强制干燥，并通过链条传送的多层平衡上移机构，使工件在立体干燥房内进行立体移动，以减少油漆干燥占地面积，延长油漆干燥的时间，减少等候油漆干燥的时间，并能提高油漆干燥程度、产品质量和生产效率。对于要求长时间的油漆干燥处理，利用热风加热方式的立体式干燥室是一种十分经济高效的方式，尤其对于溶剂型或水性涂装后的板式工件十分有效。

热空气对流干燥室主要结构包括室体、加热系统、热空气循环系统和温度控制系统等几部分，如

表 8-22 涂层固化的干燥方法及其分类、特点、适用范围

干燥方法			干燥原理	特 点	适用范围
自然干燥			用自然流通的空气作介质，并适当控制温度和湿度条件，对涂层进行干燥	1. 基本不需要干燥设备和能源 2. 干燥温度一般不低于 10℃、相对湿度不高于 80% 3. 干燥缓慢、占地面积大	1. 快干性、不产生有害气体的涂料 2. 慢干涂料需充分利用作业后昼夜干燥时间
人工干燥	对流干燥	热空气干燥	用蒸汽、热水等热源对空气加热，并用加热后的热空气作介质，以对流换热方式干燥涂层	1. 热空气温度控制不当会使涂层质量降低，温度应根据涂料确定，通常为 40～80℃，干燥挥发性漆为 40～60℃、非挥发性漆为 60～80℃ 2. 热空气流动速度为 0.2～1m/s 3. 涂层干燥速度比自然干燥快 4. 设备投资大	1. 可对各种形状、尺寸的工件表面涂层进行干燥 2. 适合于各种涂料的涂层干燥，干燥温度范围大
	辐射干燥	红外线干燥	用红外线辐射器（表面温度 350～550℃）产生适合涂层吸收波长的红外线及远红外线，直接照射涂层使其干燥	1. 红外线波长为 0.72～1000μm，小于 2μm 为近红外线、2～25μm 为中红外线、25～1000μm 为远红外线（对涂层干燥效果好） 2. 红外线被涂层吸收后，使辐射能转为热能而加热涂层 3. 涂层干燥速度快、干燥质量好 4. 红外线未照到的涂层难以干燥	1. 外形简单的小零件 2. 平面型工件 3. 热固性树脂涂料的涂层
		紫外线干燥	光敏涂料在特定波长的紫外线照射下，使光敏剂分解出游离基，引发光敏树脂与活性基团反应而交联成膜	1. 常规紫外线波长为 300～420nm，干燥时间短，几分钟内可固化 2. 光敏漆为无溶剂型涂料，几乎 100% 转化成漆膜 3. 施工周期短、生产效率高 4. 紫外线未照到的涂层难以干燥 5. 紫外线对人体有害，须防泄漏	1. 形状简单的零件 2. 平面型工件 3. 光敏涂料的涂层
		电子束干燥	通过高能电子束辐射涂层，引发树脂体系发生聚合、交联反应，从而形成固化漆膜	1. 所需电子能量范围为 70～300kV 2. 涂层固化程度为 100% 3. 能实现快速固化，生产率和成品率高 4. 固化过程要求有惰性气体保护 5. 设备投资大	1. 形状简单的零件 2. 平面型工件 3. 热固性树脂涂料的涂层

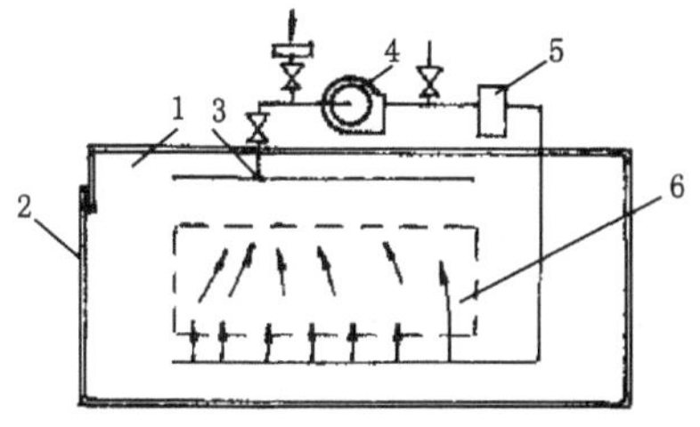

图 8-38 周期式热空气干燥室原理图

1. 室体 2. 门 3. 空气管道
4. 风机 5. 空气加热器
6. 被涂工件

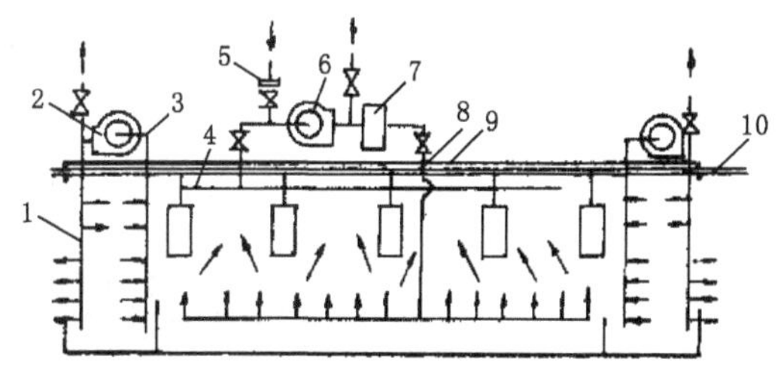

图 8-39 通过式热空气干燥室原理图

1. 空气幕送风管 2. 风机 3、4. 吸风管
5. 空气过滤器 6. 风机 7. 加热器
8. 压力风管 9. 室体 10. 悬挂链

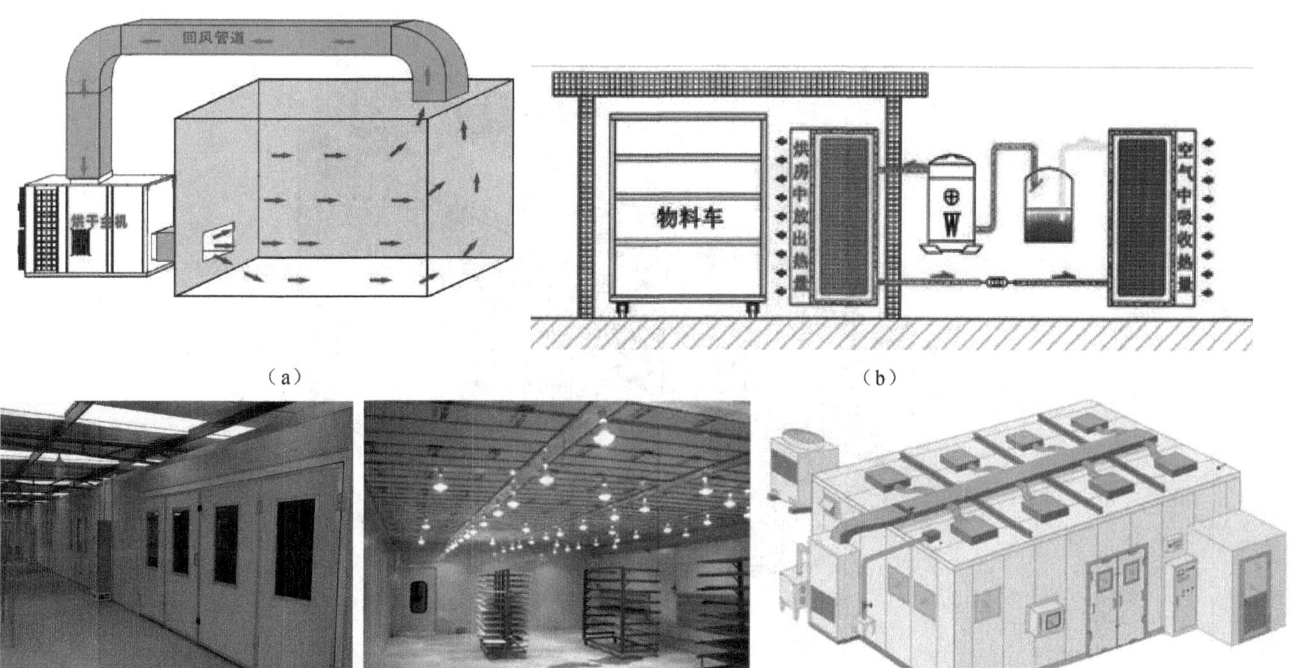

图 8-40 热空气干燥室

(a) 热空气干燥系统示意图(室外加热) (b) 热空气干燥系统示意图(室内加热)
(c) 常见热空气干燥室

图 8-40 所示。室体可以由金属绝缘板或砖砌而成,保证室内温度维持在规定的范围内,以供涂层干燥所需的热量;通过空气加热系统将空气加热后,由通风机引入室内,并在室内作循环流动;经过涂层的热空气已混入了溶剂蒸汽,为保证干燥室内的溶剂蒸汽浓度不超过允许极限,以免引起爆炸的危险,必须及时排除出一部分带有溶剂蒸汽的热空气,同时在吸入一部分新鲜空气加热后加以补充。

热空气干燥室应将加热后的空气从室的下部输入,由于热空气总是向上流动,可保证整个干燥室的温度均匀,而经过被涂工件后失去热量和混入溶剂蒸汽的空气,从干燥室的上部排出,热空气在干燥室内流动速度通常为 0.2~1m/s。

(2)红外线辐射干燥 主要采用红外加热技术,以高密度、高能量、高辐射方式对工件加热或使涂层固化(又简称为红外线固化),适合生产高工艺、高品质要求的产品。目前,红外线波长为 0.72~1000μm,小于 2μm 为近红外线,2~25μm 为中红外线,25~1000μm 为远红外线(对涂层干燥效果好)。在家具生产中,主要采用远红外线辐射加热干燥涂层。选择红外线辐射器时,应使辐射特性与所干燥涂料吸收红外线波长的特性相匹配,以获得最佳的涂层

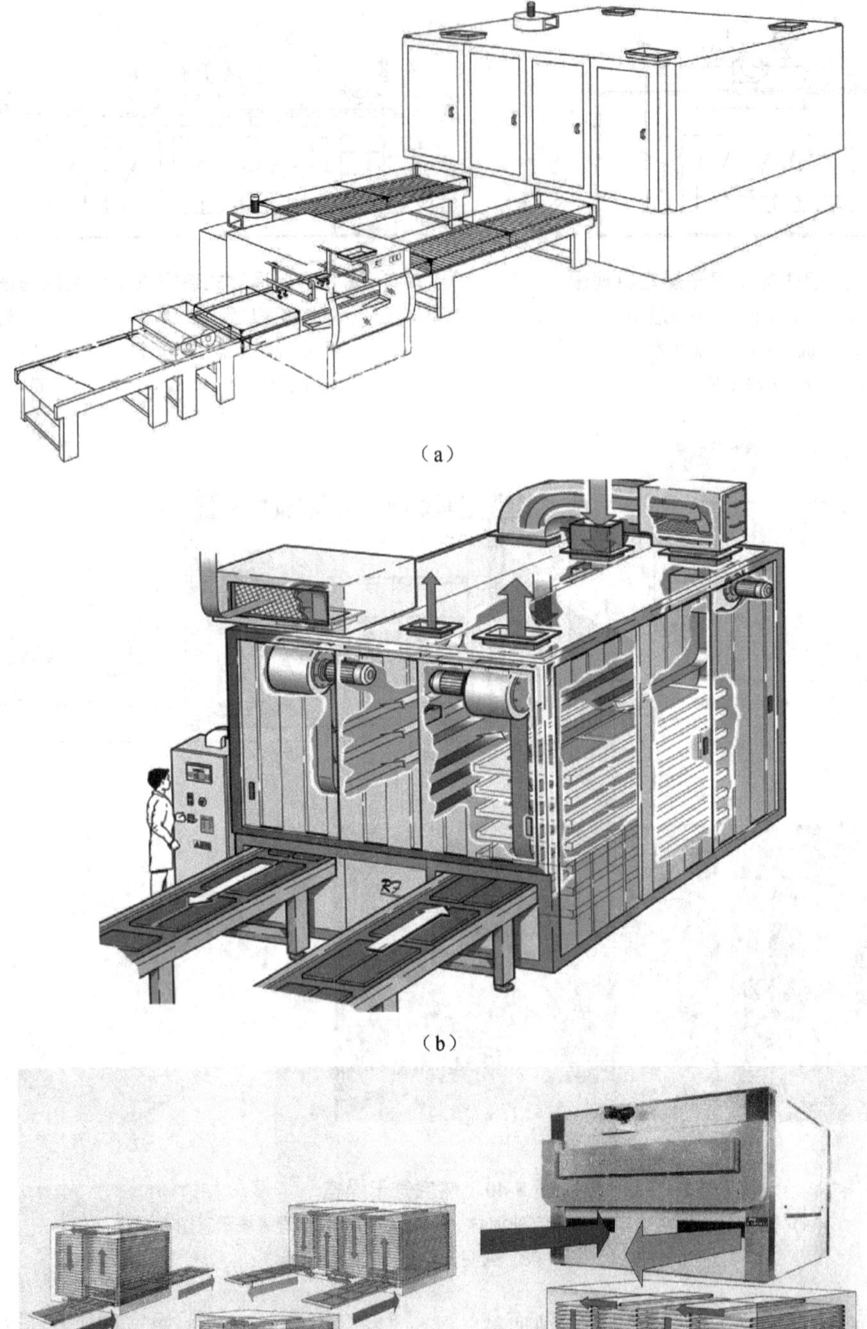

图 8-41　自动多层立体式干燥室

（a）连续自动喷漆及多层立体式干燥室示意图　（b）多层立体式干燥室示意图

（c）不同进出料组合的多层立体式干燥室示意图

干燥效果。采用的红外线辐射器主要有管状、灯状和板状三种。

①管状辐射器：是在石英管、不锈钢管或陶瓷管中嵌入电阻丝，并用氧化镁粉填实于管中，管壁外涂敷一层远红外辐射涂料，通电加热后，管外壁就会辐射出一定波长范围的远红外线，管状辐射器适宜于干燥小型的或形状简单的平面型工件。

②灯状辐射器：由辐射元件和反射罩组成，其不同照射距离所形成的温度差不同，适用于形状复杂立体型工件的涂层干燥。

③板式辐射器：大多以碳化硅板为基底，表面涂敷红外线辐射层，其传热性好，温度分布比较均匀，一般适用于干燥平面板件的涂层。

目前，常用的红外线辐射油漆干燥主要有红外线油漆干燥室（又称红外线烤漆房）和红外线油漆干燥机两种类型。

①红外线油漆干燥室（红外线烤漆房）：是完全利用红外线发热装置作为红外线发热载体的一种油漆干燥室（烤漆房），如图 8-42 所示。其主要是充分利用了红外线具有反射性、渗透性和共振性的特点

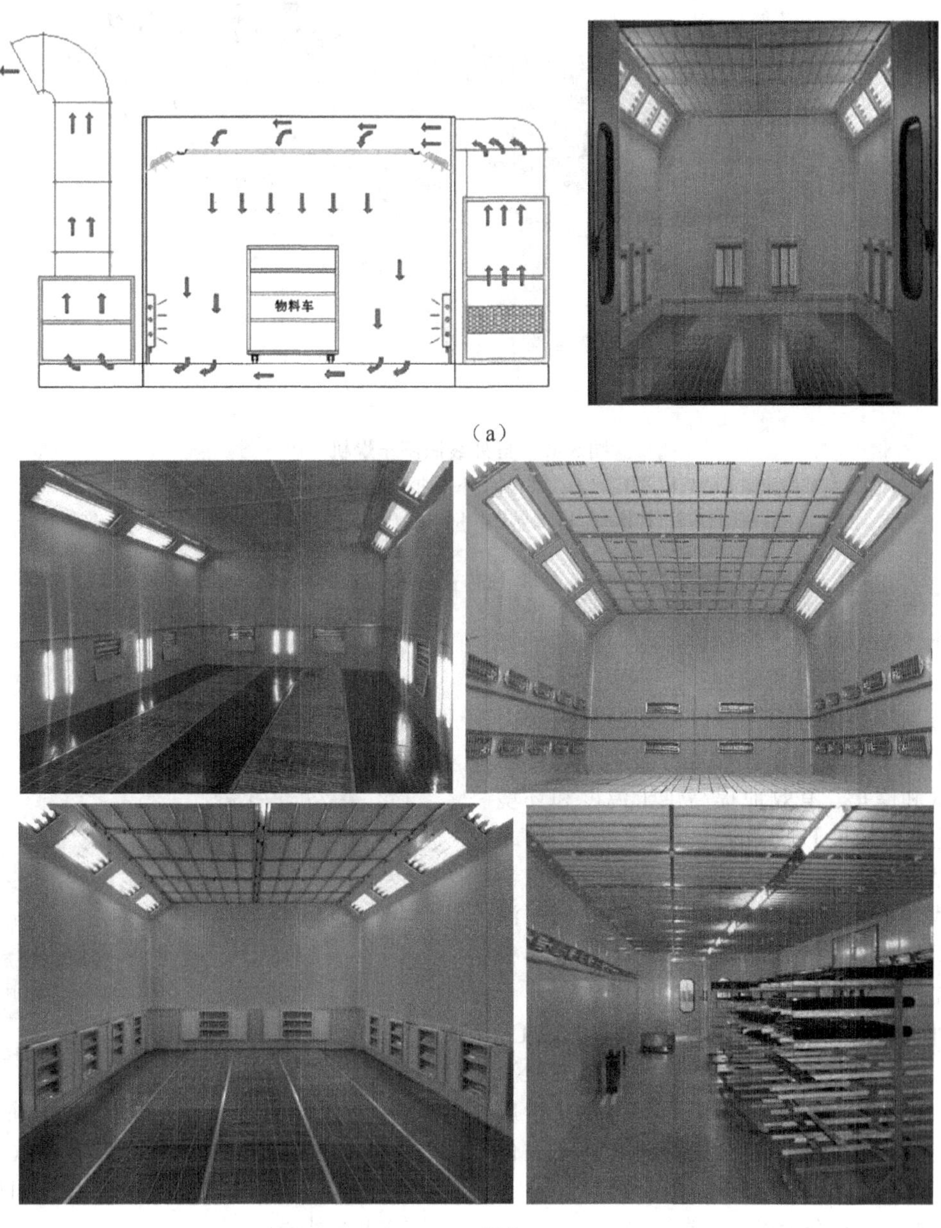

（a）

（b）

图 8-42　红外线油漆干燥室（红外线烤漆房）

（a）红外线油漆干燥室示意图　（b）常见红外线油漆干燥室

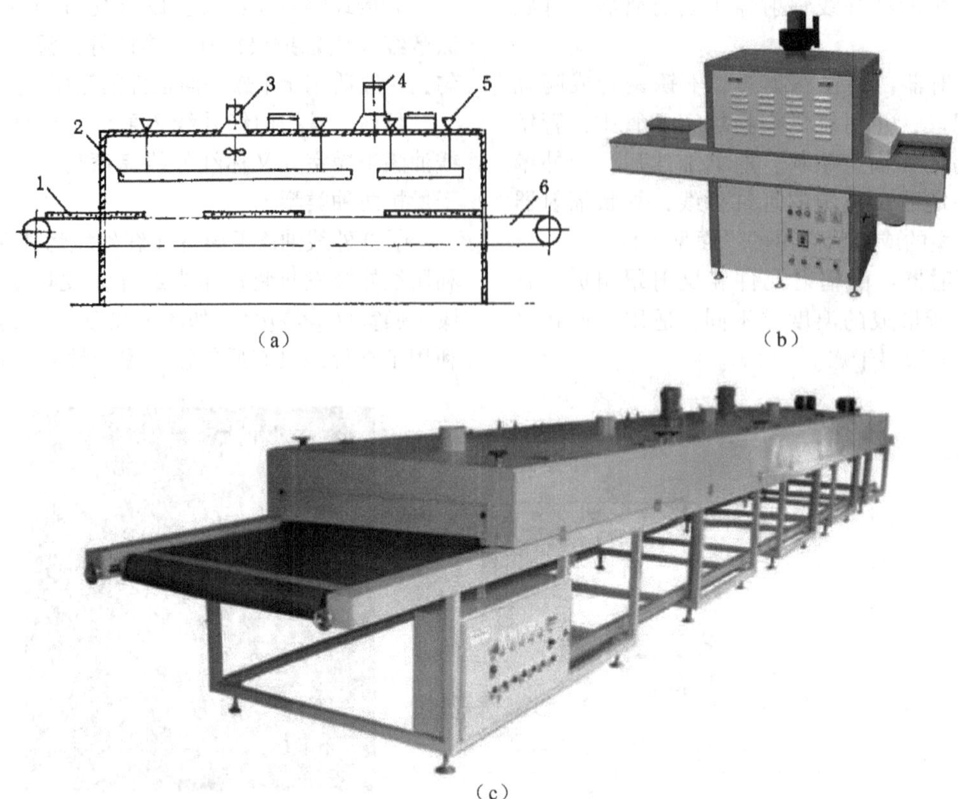

（a）　　（b）

（c）

图 8-43　红外线油漆干燥机

（a）红外线油漆干燥机示意图　（b）小型红外线油漆干燥机　（c）大型红外线油漆干燥机

1. 工件　2. 辐射器　3. 通风机　4. 排气孔　5. 调节轮　6. 传送带

对工件进行辐射干燥。由于红外线具有优越的反射性，使得红外线在空间内随处反射，因而被烘干物体随时都可接触到红外线的辐射；红外线的渗透性会有效地渗透到漆层的里面，可以做到由最内层向外层逐步烘干；而共振性能有效地与被烤干物体的分子产生共振和摩擦，有效地提高烘干温度和环境温度，从而达到快速烘干的目的。

②红外线油漆干燥机：由若干个远红外辐射器组成远红外线辐射干燥室，当已涂工件通过时，涂层即被加速固化。图 8-43 所示为板状辐射器干燥板式部件的远红外辐射干燥装置结构示意图。

（3）紫外线辐射干燥　利用 UV 辐射装置或 UV 灯为辐射源，对添加有光引发剂的 UV 涂料或光敏涂料直接照射，光引发剂吸收 UV 光量子引发化学反应，使涂层迅速固化成膜，因而又称为紫外光固化或 UV 固化。UV 固化原理如图 8-44 所示。

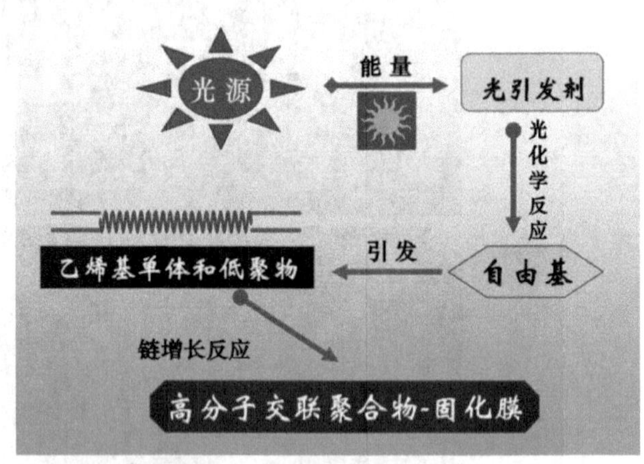

图 8-44　涂层紫外线（UV）固化原理

紫外线的波长主要分为以下 4 类：

①UVA 紫外线：波长为 300～420nm，又称长波黑斑效应紫外线、长波紫外线。它有很强的穿透力，可以穿透大部分透明的玻璃和塑料。一般可透过完全截止可见光的特殊着色玻璃灯管，辐射出紫外光，用于对应波长的 UV 涂料或光敏涂料（具有光敏剂的涂料）的涂层固化。目前，UV 涂料固化最常用的都是 UVA 紫外线。

②UVB 紫外线：波长为 275～300nm，又称中波红斑效应紫外线、中波紫外线。中等穿透力，波长较短的部分容易被透明玻璃吸收。紫外线保健灯、

植物生长灯发出的就是使用特殊透紫玻璃（不透过254nm以下的光）和峰值在300nm附近的荧光粉制成。

③UVC紫外线：波长为200~275nm，又称短波灭菌紫外线、短波紫外线。穿透力最弱，无法穿透大部分的透明玻璃及塑料。常用紫外线杀菌灯发出的就是UVC短波紫外线。

④UVD紫外线：波长为100~200nm，又称真空紫外线（vacuum ultraviolet，VUV）。该波段的紫外线在空气中被氧气强烈吸收而只能应用于真空。这是因为只有波长大于200nm的紫外线辐射才能在空气中传播，所以通常讨论的紫外辐射效应及其应用均在200~420nm范围内。目前在涂层固化中常用的主要是172nm紫外线准分子放电灯（或UV准分子灯）等。

目前，紫外线辐射干燥或紫外光固化，主要适用于UV涂料或光敏涂料（一般也是无溶剂型涂料），其干燥时间短、几分钟内可使涂层固化，而且几乎100%转化成漆膜，施工周期短、生产效率高。UV涂料的涂层的固化速度与紫外线的强度成正比，强度越大，固化速度越快。紫外线辐射装置的主要部分是由光源、反光罩、水冷却套照射器等构成的照射系统。采用的光源通常为低压汞灯和高压汞灯。近几年，随着我国加工行业机械的不断更新，UV-LED固化机点光源技术便应运而生，相比较于传统汞灯UV设备来说它具有更大的优势，因为UV-LED点光源照射机设备采用LED发光方式。除此之外，UV准分子灯技术也被应用在亚光肤感涂层的固化工艺中。

①汞灯UV紫外线辐射干燥：在木家具涂饰中，紫外线干燥装置常设有两个区域，前端为预固化区，由几十支低压汞灯按一定方式配置而成；后侧为主固化区，由几支高压汞灯构成。图8-45所示为汞灯紫外线辐射干燥机及其示意图。已涂上涂料的板式部件由传送带运送到紫外线辐射装置的预固化区，通过低压汞灯照射几分钟，使光敏涂料的涂层预固化，接着再通过主固化区由高压汞灯所产生的紫外线辐射，经几十秒即能使涂层达到充分固化，整个涂层干燥过程仅需5~7min。此外，也有的干燥装置只有几支高压汞灯组成主固化区，没有预固化区。一般常用的紫外线光固化设备均包括淋涂（淋涂机）和涂层固化（干燥装置）两部分。

②UV-LED紫外线辐射干燥：即为UV-LED点光

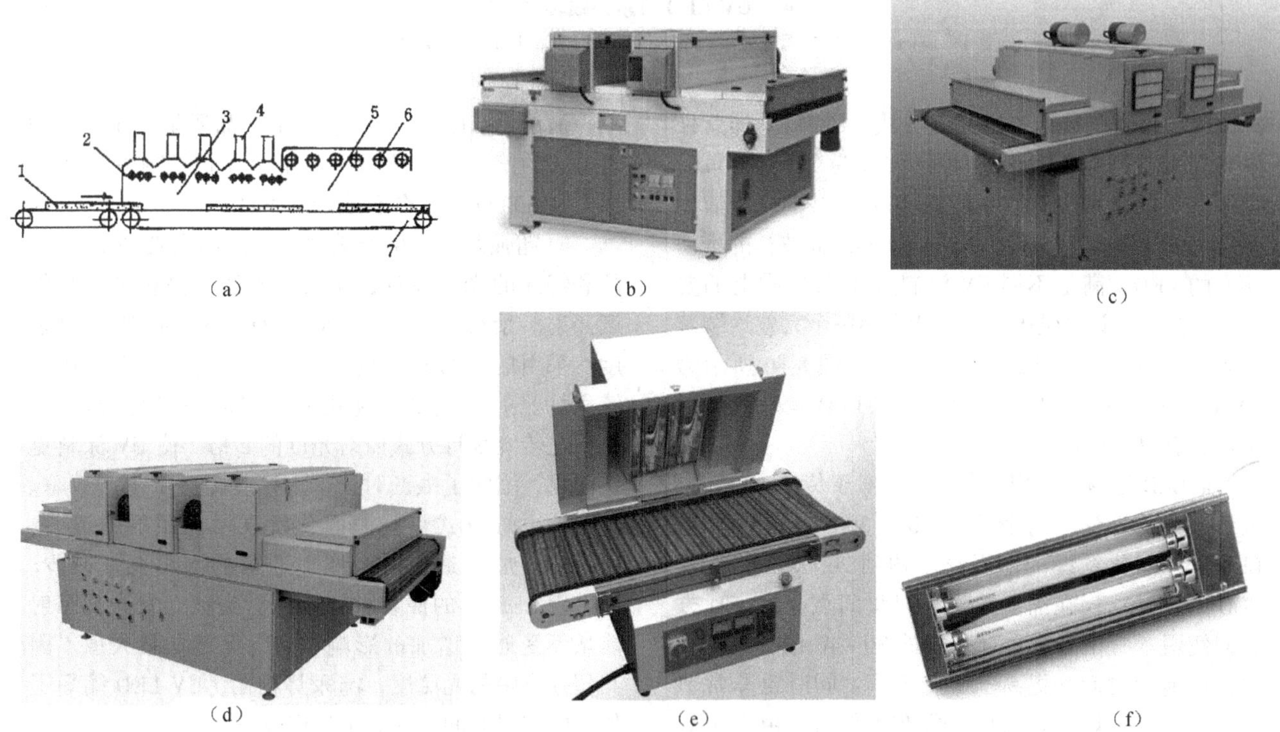

图8-45　UV汞灯紫外线辐射干燥机

（a）汞灯紫外线辐射干燥机示意图　（b）~（e）常见汞灯紫外线辐射干燥机　（f）高压汞灯

1. 工件　2、3. 低压汞灯预固化区　4. 吸风口　5、6. 高低汞灯主固化区　7. 传送带

(a)

(b)

图 8-46 UV-LED 灯紫外线辐射干燥机

(a) UV-LED 紫外线辐射干燥机 (b) UV-LED 灯及发生器

源照射机设备，采用 LED 发光方式。UV-LED 即紫外发光二极管，是 LED 的一种，波长为 260～400nm，是单波长的不可见光，一般在 400nm 以下。目前固化常用的主要有 365nm、385nm 和 395nm 波长的不同功率的 LED，满足不同 UV 涂料在不同材质上的要求。通过专门设计使 UV-LED 能发出一个完整连续紫外光带，满足涂饰油漆的固化需要。图 8-46 所示为 UV-LED 灯紫外线辐射干燥机。UV-LED 紫外线辐射干燥具有以下优点：

a. LED 灯泡，使用寿命长：相对于传统 UV 固化设备，其汞灯使用寿命只有 800～3000h，采用 UV-LED 紫外固化系统的使用寿命达到 20000～30000h。LED 方式可以仅在需要紫外线时瞬间点亮，LED 方式的使用寿命相当于汞灯方式的 30～40 倍，减少了更换灯泡的时间，提高了生产效率，同时也非常节能。而传统汞灯方式固化设备在工作时，由于汞灯启动慢、开闭影响灯泡寿命，必须一直点亮，不仅造成不必要的电力消耗而且缩短了汞灯工作寿命。

b. 无热辐射，产品质量好：UV-LED 高功率发光二极管没有红外线发出，属于冷光源，被照射的产品表面温升 5℃以下，不会影响产品质量；而传统汞灯方式的紫外线固化机一般都会使被照射的产品表面升高 60～90℃，会造成产品不良。

c. 超强照度，生产效率高：采用大功率 LED 芯片和特殊的光学设计，是紫外光达到高精度、高强度照射。紫外光输出可达到 8600mW/m^2 的照射强度。采用最新的光学技术和制造工艺，实现了比传统汞灯照射方式更加优化的高强度输出与均匀性，几乎是传统汞灯方式照射光度的 2 倍，使 UV 涂料更快固化，缩短了生产时间，大幅度提高了生产效率。传统的汞灯方式点光源固化机在增加照射通道时，通道的增加会造成单个照射通道的输出能量减少。而采用 LED 式的照射，各个照射头独立发光，照射能量不受通道增加的影响，始终保持在最大值。因其超强集中的光照度，与汞灯相比，UV-LED 缩短了作业的照射时间，提高了生产效率。

d. 发光效率高，能耗成本低：UV-LED 方式较汞灯方式有效发光效率高 10 倍以上，因此，使用 UV-LED 方式只在照射时才消耗电力，而在待机时电力消耗几乎为零；而汞灯方式无论是否进行有效照射，汞灯都需要连续点灯工作，电力一直处于电力消耗状态。

e. 二极管发光，环保无污染：传统的汞灯固化机采用汞灯发光方式，灯泡内有水银，废品处理、运输非常麻烦，处理不当会对环境产生严重污染；而LED式固化机采用二极管半导体发光，没有对环境造成污染的因素。因此使用UV-LED式固化机更加环保。

总之，UV-LED紫外光源辐射干燥是高纯度紫外线照射，是线光源，使用寿命长，寿命不受开闭次数影响；是冷光源，无热辐射、能量高、照射均匀；超强照度，发光效率和生产效率高，电能消耗成本低；不含汞、无臭氧，无有毒有害物质释放。因此，UV-LED紫外光固化比传统的汞灯UV光源更快速、更高效、更安全、更环保、更绿色。

③UV准分子灯紫外线辐射干燥：UV准分子灯（或UV准分子放电管）利用在管外的高压、高频对管内的稀有气体进行轰击发出单一的172nm紫外线，光子能量达696kJ/mol，高于绝大多数有机分子的分子键能。这种紫外线光子可以选择性地激发物质或裂解化学键，导致形成自由基，从而引发所需的反应。广泛使用的准分子发射的方法是放电，准分子发射的紫外线光具有单光谱特性，狭窄的光谱线和单色紫外辐射光谱使得它能用更集中的高能量来进行光处理。准分子紫外光源可用于微结构化大面积聚合物表面，利用其单一的高强度紫外线，可实现对物体表面的处理和涂层的固化。其波长短，波长单一，波长范围窄；光强超大，发光效率高，处理速度快；没有可见光和红外输出（属于紫外线辐射的冷光源），辐射面发热温度低，对产品影响小；放电管内不充入汞等有害物质，绿色环保，可回收。

目前，在表面涂装实际生产中，通常采用172nm UV准分子灯表面预固化和UV汞灯深层固化相结合的方式，进行亚光肤感涂层的固化。172nm UV准分子灯的波长短，穿透力不足（仅为100~500nm），仅可引起UV固化涂料的最表层发生固化，随后使用UV汞灯进行涂料的深层固化。由于后固化的深层涂料在固化过程中体积发生改变，对已预先固化的表层产生压力，使得表层发生收缩而形成微褶皱，从而形成亚光肤感涂层效果。

在通常情况下，UV涂料配方中的丙烯酸酯双键在吸收172nm紫外光后，可生成自由基而可以无须光引发剂即可使涂层固化。通过172nm UV准分子灯照射后，涂层表面极薄一层被固化，后因收缩形成微褶皱表面，达到表面亚光的效果，这种消光的方法由于是不需要使用消光剂，因此，也被称为“物理消光”。

（4）电子束辐射干燥　是通过电子加速器产生的高能量电子束辐射涂层，利用电子束能量诱导液体低聚物或树脂体系发生聚合、交联反应，从而使涂层固化形成漆膜的方法。其实质是辐射到涂层上的高能量电子流透入涂层内，可以电离自由基的形式使化合物断链，从而产生自由基，这些自由基就成为涂层链式聚合的活化中心，而使涂料不需要添加光引发剂就可固化。

近年来，电子束固化技术得以持续发展，主要原因在于其产品质量和经济效益方面的优势。这种固化方式正成为UV固化之后发展起来的新型环保固化技术。

EB固化设备：主要由电子加速器、高压发生器、屏蔽装置、惰性气体发生器以及控制台、被涂工件传送装置和通风系统等组成。如图8-47所示。其中：

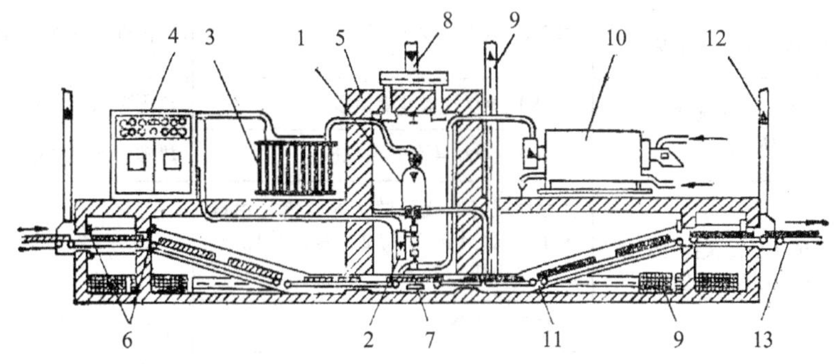

图8-47　电子束固化设备的示意图

1. 电子加速器　2. 高真空设备　3. 高压电源　4. 电气控制柜　5. 防护室
6. 铅板　7. 冷却器　8. 进气防护室　9. 排气防护室　10. 惰性气体发生器
11. 惰性气体通道　12. 惰性气体排气管　13. 被涂工件传送装置

①电子加速器的作用是使电子产生很大的动能和高穿透力引发聚合。电子由电子加速器中的阴极(加热的电阻丝或金属块)辐射出来的。为了能渗入涂层中，电子应具有一定的能量，这种能量是在加速区段内获得。

②高压发生器主要是变换电压，电子在电场中进行加速，随着电压的增加而加快。

③电子加速器释放高能电子，产生 X 射线，会对人体和环境造成危害。因此，必须配备安全的屏蔽装置（防护室）。

④由于空气中的氧气会妨碍自由基聚合，造成固化不充分，并产生臭氧。因此，需在充入氮气等惰性气体的条件下进行固化。

EB 固化特点：电子束固化是以电子束为辐射源，诱导经特殊配置的固含量为 100% 的反应性液体快速转变成固体的过程。EB 固化与其他固化方法相比具有以下特点：

①EB 能量的最小单位是电子，它不同于 UV 光子，电子有质量并带有负电荷。电子的能量是由用于电子加速的电压决定的，通常用于电子束固化的电子能量范围为 70~300kV。

②EB 以近似光速到达固化物质表面，不仅不受涂层颜色的限制，而且还能进行厚涂层的固化，可使涂料 100% 固化。

③固化时间短，生产效率和成品率高，能形成规模生产。

④EB 固化能耗为 UV 固化的 5%、传统热固化的 1%，能耗明显降低。

⑤属于常温固化，温度低，可以应用于热敏基材表面固化，漆膜结实、性能好。

⑥操作方便，可控性强，精确性和可重复性高。

⑦涂料及产品中不含挥发性有机溶剂，不会对环境产生污染。

⑧涂料不需要添加光引发剂，可以节省涂料成本。

⑨EB 固化过程要求惰性气体保护。

⑩EB 固化设备投资大，最适宜平板状的工件。

8.3.2 漆膜修整

涂于工件上的每一涂层，经过干燥以后常会显露出许多缺陷，如粗糙不平、颗粒、刷痕、针孔、气泡和皱纹等。为了获得平滑、光亮和装饰性能高的漆膜表面，在每一涂层干燥后，一般均须进行程度不同的中间涂层砂磨和最终表面漆膜的打磨与抛光。

漆膜修整的方法及工艺要求见表 8-23。

表 8-23 漆膜修整的方法及工艺要求

修整方法		工艺要求		适用范围
中间涂层砂磨		常用手工干砂磨	用 1 号或 1.5 号木砂纸	嵌填孔缝的腻子
			用 0 号木砂纸	满刮的腻子
			用 00 号或旧 0 号木砂纸	中间涂层如底漆
表面漆膜修整	砂磨	手工或机械（手提式、窄带式、宽带式砂光机）干砂磨	用 240~1000 号木砂纸	热固性涂料如聚氨酯漆
		手工或机械（水砂机）湿砂磨	用 280~360 号水砂纸粗砂	热固性涂料如聚氨酯漆等
			用 400~1000 号水砂纸细砂	热塑性涂料如硝基漆等
表面漆膜修整	抛光	手工或机械（手提式抛光器或辊筒式抛光机）砂蜡抛光	用固体或膏状或浆糊状的砂蜡（由硅藻土、氧化铝、矿物油、蜡、乳化剂、溶剂等组成）	硝基漆、聚氨酯漆、聚酯漆和丙烯酸漆等较硬漆膜
			用布质抛光辊	
		手工或机械（手提式抛光器或辊筒式抛光机）光蜡上光	用光蜡（由蜂蜡、石蜡、巴西蜡、硬脂酸铝等组成的无磨料抛光膏）	
			用绒布、羊毛等抛光辊	

8.4 特种艺术装饰

8.4.1 雕　刻

木材的雕刻在我国古代就有广泛应用，我国各地的古建筑、佛像、家具及工艺品上保存着很多有传统艺术性的优秀雕刻。现在木材的雕刻仍是家具、工艺品和建筑构件等的重要装饰方法之一。木材雕刻按其特性和雕刻方法可分为浮雕、透雕、圆雕、线雕等几种。

(1) 浮雕　又称凸雕。是在木材表面上雕刻好像浮起的形状或凸起的图形。浮雕按雕刻深度的不同可分为浅浮雕、中浮雕和深浮雕。浅浮雕是在木面上仅仅浮出一层极薄的物像，一般深 2~5mm，物体的形象还要借助于抽象的线条等来表现，常用于装饰门窗、屏风、挂屏等；深浮雕又称镂雕，是在平板上浮起较高，物像近于实物，主要用于壁挂、案几、条屏等高档产品；中浮雕则介于浅浮雕与深浮雕之间。

(2) 透雕　可分为阴透雕和阳透雕。在板上雕去图案花纹，使图案花纹部分透空的叫阴透雕；把板上图案花纹以外的部分雕去，使图案花纹保留的叫阳透雕。阳透雕根据操作技法不同又可分为透空双面雕和锯空雕。透空双面雕制品可以两面欣赏，用于台屏、插屏等；锯空雕是先用钢丝锯或线锯将图案以外的部分锯掉，再用浅浮雕技法进行雕饰，常用于制作门窗、挂屏、落地宫灯、家具贴花等。

(3) 圆雕　又称立体雕。传统的圆雕多见于神像、佛像等，现代则是人像雕刻、动物雕刻和艺术欣赏雕刻等。圆雕有圆木雕和半圆雕之分。圆木雕是以圆木为中心的浮雕，常用于建筑圆柱（如云龙柱）、家具柱、家具脚、落地灯柱等，四面均可观赏；半圆雕是圆雕和浮雕的结合技法，一般为三面雕刻，主题部分是圆雕、配景是浮雕。

(4) 线雕　是在平板表面上加工出曲直线状沟槽来表现文字或图案的一种雕刻技法。沟槽断面形状有 V 形和 U 形，常用于家具的门板、屉面板以及屏风等装饰。

雕刻用的木材很多，一般只要质地细腻、硬度适中、纹理致密、色泽文雅的木材（含水率为 12%~14%）均可用作雕刻材。目前使用的主要有椴木、樟木、朴木、白杨、苦槠、东北松以及花梨木、紫檀、酸枝木和鸡翅木等木材。

雕刻可以用手工或机械的方法进行加工。手工雕刻主要用各种凿子、雕刻刀和扁錾等，需要有高度熟练的手艺，劳动强度也较繁重。机械雕刻适宜于成批和大量生产中，雕刻机械有镂锯机（线锯）、普通上轴铣床（镂铣机）、多轴仿型铣床（多轴雕花机）和数控上轴铣床（数控机床或加工中心）等。在镂锯机上能进行各种透雕的粗加工；用普通上轴铣床可以进行线雕和浮雕；在多轴仿型铣床上可以完成相当复杂的艺术性仿型雕刻；数控上轴铣床则可以按事先编好的程序自动进行不同图案与形状的雕刻加工。

8.4.2 压　花

压花，又称模压，是在一定温度、压力、木材含水率等条件下，用金属成型模具对木材、胶合板或其他木质材料进行热压，使其产生塑性变形，制造出具有浮雕效果的木质零部件的加工方法。

压花的工件可以是小块装饰件，也可以是家具零部件、建筑构件等。压花形成的表面一般比较光滑，不需要再进行修饰，但轮廓的深浅变化不宜太大。压花加工生产率高，适于批量生产，成本较低。压花方法有平压法和辊压法。

(1) 平压法　是直接在热压机中进行压花。在热压机的上或下压板上安装成型模具，即可对木材工件进行压花加工。影响压花质量的因素主要有材种、压模温度、压力、时间、工件含水率、模具刻纹深度、刻纹变化缓急、刻纹与木材纹理方向的关系以及处理剂的性质等。通常热压温度为 120~200℃，压力 1~15MPa，时间 2~10min，木材含水率 12%。压花时为了防止木材表层的破裂，必须避免使用有尖锐角棱的花纹及过度的压缩部分，木材纤维方向与模具纹样的夹角应合理配置；为了改善木材的可塑性，使压花后的浮雕图案不受空气湿度变化的影响，压花前可在木材表面预涂特种处理剂后再压花。人造板压花可在板坯热压的同时或人造板制成后进行，表面可以覆贴薄木、装饰纸、树脂浸渍纸和塑料薄膜等。

(2) 辊压法　是将工件在周边刻有图案纹样的辊筒压模间通过时，即被连续模压出图案纹样。该法生产效率高，广泛用于装饰木线条的压花。为了提高辊压装饰图案的质量，木材表面应受振动作用，以降低木材的内应力，促使木材的弹性变形迅速转变为残余变形，以保证装饰图案应有的深度。一般热模辊的滚动速度为 3~5m/min，加压时工件压缩率为 15%，振动频率为 15~50Hz。

8.4.3 镶 嵌

用不同颜色、质地的木块、兽骨、金属、岩石、龟甲、贝壳等拼合组成一定的纹样图案，再嵌入或粘贴在木家具表面上的一种装饰方法，即为镶嵌。木家具镶嵌在我国历史悠久，广泛用于家具、屏风和日用器具等。

（1）镶嵌种类　按嵌件材料可分为玉石嵌、骨嵌、彩木嵌、金属嵌、贝嵌或几种材料组合镶嵌等。按镶嵌工艺可分为挖嵌、压嵌、镶拼和镶嵌胶贴等。

① 挖嵌：在制品装饰部位以镶嵌图案的外轮廓线为界，用刀具挖出一定深度的凹坑，再把与底面颜色不同的木材或其他材料镶拼成的图案嵌入凹坑，并进行修饰加工后的装饰表面。镶嵌元件与被装饰表面处于同一平面称为平嵌；镶嵌元件高出被装饰表面时，具有浮雕效果，称为高嵌；镶嵌元件低于被装饰表面称为低嵌。

② 压嵌：将镶嵌元件胶贴在制品表面上，再在镶嵌元件上施加较大的压力，使其厚度的一部分压进装饰表面，最后用砂光机将镶嵌元件高出装饰表面的部分砂磨掉。该法不必挖凹坑，省工、高效，但必须用较大硬度的镶嵌元件，在元件与底板交界处有底板局部下陷现象。

③ 镶拼（拼贴）：用不同颜色且形状尺寸一定的元件拼成图样并粘贴在木家具的基面上，将基面完全盖住。该法只镶不嵌，具有浮雕效果。

④ 镶嵌胶贴：又称薄木镶嵌，将镶拼图样或薄木镶嵌元件先嵌进作为底板的薄木中，再将它们一起胶贴到刨花板或中密度纤维板等基材上，起到装饰表面作用。

（2）镶嵌工艺　薄木镶嵌工艺过程如下：

镶嵌图样设计──→镶嵌选材（薄木树种、颜色及纹理的选择与搭配）──→图样分解与划线放样──→镶嵌元件制作（可用刀刻、刀剪、冲裁和锯解等方法加工以及塑化、漂白和染色等方法处理）──→底板制作（用冲压、锯切方法加工底板上的孔，孔的形状尺寸必须与镶嵌元件相吻合，以免过小嵌不进去、过大出现缝隙）──→镶嵌元件与底板的镶拼（镶嵌元件嵌入底板并用胶纸带定位）──→镶嵌底板与基材的胶合──→表面砂磨修整

8.4.4 烙 花

烙花是用赤热金属对木材施以强热（高于150℃），使木材变成黄棕色或深棕色的一定花纹图案的一种装饰技法。该法简便易行，烙印出的纹样淡雅古朴、牢固耐久。用烙花的方法能装饰各种制品，如杭州的天竺筷、河南安阳的屏风和挂屏、苏州檀香扇，以及现代的家具门板、屉面板、桌面等。烙花装饰的方法主要有：

（1）烫绘　是在木材表面用烧红的烙铁头绘制各种纹样和图案。用该法可在椴木、杨木等结构均匀的软阔叶材或柳桉、水曲柳等木材上进行烫绘。一般多模仿国画的风格。

（2）烫印　是用表面刻纹的赤热铜板或铜制辊筒在木材表面上烙印花纹图案。铜板或铜制辊筒的内部一般用电或气体加热，通过增减压力、延长或缩短加压时间，可以得到各种色调的底子与纹样。

（3）烧灼　是直接用激光的光束或喷灯的火焰在木表面上烧灼出纹样。通过控制激光束或喷灯火焰与表面作用时间能获得由黄色到深棕色的纹样，但不许将木材炭化。

（4）酸蚀　是用酸腐蚀木材的方法绘制纹样。在木材表面上先涂上一层石蜡，石蜡固化后用刀将需要腐蚀部分的石蜡剔除，然后在表面涂洒硫酸，经 0.5~2h 后再将剩余的硫酸和石蜡用松节油或热肥皂水、氨水清洗，即可得到酸蚀后的装饰纹样。

8.4.5 贴 金

贴金是用油漆将极薄的金箔包覆或贴于浮雕花纹或特殊装饰面上，以形成经久不褪、闪闪发光的金膜。贴金用的金箔分真金箔和合金箔（人造金箔）。

（1）真金箔　是用真金锻打加工而成，根据厚度和质量又分为重金箔（室外制品装饰用）、中金箔（家具及室内制品装饰用）和轻金箔（圆缘装饰用），价格昂贵，但光泽黄亮、永不褪色。

（2）合金箔　只宜于室内制品的装饰，而且其表面必须涂饰无色的清漆以防变色。

贴金表面应仔细加工并平滑坚硬，涂刷清漆的涂层要薄，待干至指触不粘时即可铺贴金箔，并用细软而有弹性的平头工具贴平，最后用清漆涂饰整个贴金表面以保护金箔层。

金箔也可以采用烫印（热膜转印）的方法，通过加热、加压将烫印箔（转印膜）上的金箔转印到木制品表面上，所以也称烫金。烫印箔（转印膜）的结构从上至下一般由塑料载体薄膜（厚度为 0.012~0.03mm）、脱膜层（由蜡构成）、表面保护层（漆膜）、金箔层（厚度为 0.02~0.25mm）、纯铝层

和热熔胶层等六层组成。烫印箔一般是成卷供应，可根据基材部件的规格尺寸在烫印时裁切。该烫金方法与热膜转印木纹的工艺基本相同，在高温加热加压下，烫金箔反面的胶黏剂被活化黏附在被装饰的工件上，蜡质脱膜层与金箔层分离，使金属箔从载体薄膜上转移到工件上，冷却后即将金属箔牢固地粘在木制工件表面上。烫印的方法也有辊压和平压两种。

复习思考题

1. 为什么要进行木家具装饰？装饰方法有几种？

2. 试从材料、方法、工艺过程等方面比较透明涂饰与不透明涂饰的相同与不同点。

3. 简要说明什么是“涂料”“涂饰”“涂层”和“漆膜”，“填孔”“显孔”“嵌补”和“填平”，“亚光”“亮光”“磨光”和“抛光”。

4. 简要叙述涂饰方法和涂饰设备的种类。试比较气压喷涂、无气喷涂、静电喷涂、淋涂和辊涂之间的优缺点。对涂料有何要求？

5. 什么是美式涂饰？其主要工艺过程包括哪几个阶段？

6. 直接印刷、热膜转印和数码喷印有何区别？其主要工艺过程有哪几个阶段？

7. 什么是亚光肤感涂层？简要叙述其形成机理与成型方法。

8. 什么是上蜡（蜡饰）工艺？主要包括哪些工艺方法？各有何特点？

9. 什么是涂层干燥过程？包括哪几个阶段？常用的涂层干燥方法有几种？各采用何种设备？

10. 简述特种艺术装饰主要有哪几种方法？

第9章
装 配

【本章重点】

1. 木家具装配的概念和方式。
2. 木家具装配的工艺过程。
3. 木家具装配前的准备工作、部件装配、部件加工、总装配、配件装配。
4. 木家具装配机械。

任何一件木家具都是由若干个零件或部件接合而成的。按照设计图纸和技术条件的规定，使用手工工具或机械设备，将零件接合成为部件或将零部件接合成完整产品的过程，称为装配。前者称为部件装配，后者称为总装配。

根据木家具结构的不同，其涂饰与装配的先后顺序有以下两种：固定式（非拆装式）木家具一般先装配后涂饰；拆装式木家具一般先涂饰后装配。

由于木家具生产企业的生产规模不一，产品结构、技术水平、生产工艺以及劳动组织等各有不同，所以木家具装配方式也不相同，有固定式、移动式（流水线式）和自装式三种。

（1）固定式　在小型企业单件或少量生产中，装配过程通常自始至终都是固定在同一个工作位置上由一个或者几个熟练工人完成全部操作，直到装配结束为止，工作对象（包括所有连接件、配件等）也都放在同一个工作位置上。

（2）移动式（流水线式）　在大中型企业工业化批量生产中，装配过程多是按流水线移动的方式进行，工作对象依次通过一系列的工作位置，装配工人只需要熟练地掌握本工序的操作，因此装配效率较高，同时也便于实现装配与装饰过程的机械化和连续化。

（3）自装式　目前，在一些批量生产的先进企业中，都在组织拆装式木家具的生产，由工厂生产出可互换的或带有连接件的零部件，直接包装销售给用户，由安装工人上门装配或用户按装配说明书自行装配。这种方式不仅可以使生产厂家省掉在工厂内的装配工作，而且还可以节约生产面积、降低加工成本和运输费用、提高劳动和运输效率。

然而，要实现拆装木家具生产，必须采取一系列提高生产水平的技术措施：第一，必须在生产中实行标准化和公差与配合制，并组织可靠的限规作业，这样才能保证所生产的零部件具有互换性；第二，应尽可能地简化制品结构，采用五金连接件接合，保证用户不需要专门的工具和设备以及复杂的操作技术就可装配好成品而不影响其质量；第三，应控制木材含水率和提高加工精度，实行零部件的定型生产并保证零部件的质量和规格有足够的稳定性。

木家具装配有手工装配和机械装配两种方法。手工装配生产效率低、劳动强度大，但能适应各种复杂结构的产品；机械装配生产效率高、质量好、劳动强度低。目前，我国木家具生产中机械装配水平很低，有的也只局限于部件组装中，手工装配仍是普遍存在的一种方法。

9.1　装配的准备工作

在进行装配前，应做好以下准备工作：

（1）首先要看懂产品的结构装配图，弄清产品的全部结构、所有的部件的形状及其相互间关系以及有关技术要求，以便确定产品的装配工艺过程。

（2）逐一检查核对所有零件数量，对不符合质量要求的须挑出进行修整或更换。批量较大的新产品，应事先装配一个实样，以便及时发现零件加工误差和设计上的问题，从而及时采取技术措施予以解决。

(3) 做好零部件的选配，同一制品上相对称的零部件要求木材树种、纹理、颜色应一致或近似，按图纸规定分出表面材料和隐蔽材料。

(4) 检查木料表面是否还留有各种痕迹与污迹，应清除干净。

(5) 所有榫头宜用机械倒棱，以保证装配时能顺利打入榫眼内。同时要检查所有榫头长度与榫眼深度是否适宜。以免榫端过长顶住榫眼底部，使接合处不严。

(6) 调好胶料备用。榫接合常备用乳白胶(PVAc) 辅助接合。

(7) 准备好夹具，如采用机械装配应检查各转动部分有无障碍，压力是否适宜。如果采用手工装配应检查装配使用的工具是否牢固，以保证安全。

(8) 按材料预算的数量和规格准备好所用的辅助材料如圆钉、木螺钉、铰链、拉手、插销等各种连接件和配件。

为使装配后的成品符合图纸规定的尺寸和质量标准，在进行装配时应做到以下几点：

(1) 涂胶时应将胶黏剂涂在榫孔内（必须榫头和榫眼两面同时涂胶），当榫头插入榫孔后，胶黏剂便挤满在榫头周围。涂胶要均匀，过少或接合不严易发生脱榫、开裂或变形；过多，榫孔底和榫头端部之间的孔隙充满胶黏剂，挤到端部，也会降低产品的使用寿命。

(2) 装配过程中，胶黏剂沾在零件表面或接合部留有被挤出来的多余胶黏剂时，应及时用温湿布清除干净，以免在涂饰时涂不上色影响涂饰质量。

(3) 榫头与榫眼接合时，要轻轻敲入或压入，不可一次压到底，以免造成零件劈裂。

(4) 手工装配时，斧头不要直接敲打在零部件上，应垫一块硬木板，以免工件表面留有锤痕和受力集中而损坏。装配时要注意整个框架是否平行，如有倾斜、歪曲现象应及时校正。

(5) 装配木螺钉时，只允许用锤敲入木螺钉长度的1/3，其余部分要用螺丝刀或电钻拧入，不可用锤敲到底，钉头要与板面平齐，不得歪斜。

(6) 框架等部件装配后，应按图样要求进行检查，如发现窜角、翘曲和接合不严等缺陷应及时校正。若对角线误差很大，可将长角用锤敲或用压力校正，装配好待胶干后，再根据设计要求进行精光、倒棱、圆角等修整加工。

(7) 木材含水率应符合产品使用地的年平均含水率，特殊要求的可根据情况确定。

(8) 配件与装饰件应满足设计要求，安装应对称、严密、美观、端正、牢固、无损制品表面质量，接合处应无崩茬或松动；不得有少件、漏钉、透钉；启闭配件应使用灵活；门窗开关灵活，不得有自开、自关或过松、过紧现象，如不受外力影响，应停止在任何位置不动。

(9) 外观要求各种部件表面加工形状方圆分明、平整光洁、棱角清晰，眼观手摸时十分舒畅，无缺陷。产品底部着地应平稳。

(10) 木家具装配质量应达到国家 GB/T 3324—2017《木家具通用技术条件》等标准的要求以及有关产品行业标准或地方（企业）标准的技术要求。

9.2 部件装配

木家具部件装配是按照设计图纸和技术文件的规定的结构和工艺，使用手工工具或机械设备，将零件组装成部件。

9.2.1 部件装配工艺

木家具部件装配主要包括木框装配和箱框装配。

从当前木家具结构的特征来看，拆装式制品主要采用连接件接合和圆榫接合，而非拆装式（固定式或成装式）制品仍以各种榫接合为主，并用胶黏剂辅助接合。如果被装配零部件除了榫接合以外，还有螺钉、各种连接件作为辅助接合，可在被装配零部件定位夹紧之后再装上它们。如果装配时，没有榫接合，甚至也不用胶而只用连接件接合，也要将零件之间的相互位置固定好后再装连接件。

要使部件装配工作能顺利精确地完成而且生产率又高，其基本条件是零件在机床上加工应达到必要的精度，而且零件要具有互换性，否则装配时还必须修整，而修整工作往往只能用手工个别地进行，其劳动消耗一般会超过部件装配过程本身的劳动量，这与现代化生产条件是不相适应的。对于大量生产相同零部件且技术水平较低的企业，可以采用分选装配法。

分选装配法的实质是将制造精度低且不符合互换性的零件，预先按尺寸分组，使每组零件的尺寸差异都处于互换性条件允许的范围内，符合各组要求的送去装配，不合格的剔出来修整，然后再继续分组装配。这样就能保证在零件制造精度低的条件下得到较高接合精度、保证产品有较高的质量，并且能节约材料。

9.2.2 部件装配设备

木家具生产批量大或已定型的产品，应采用机械化装配。木家具部件装配机械化是用各种机械对相接合的零部件施以力的作用来实现的。

(1) 装配机械的组成　木家具装配机械主要由加压装置、定位装置、定基准装置和加热装置等部分组成，其中，加压装置和定位装置是最重要的部分。

①加压装置：其作用是对零部件施加足够的压力，在零部件之间取得正确的相对位置之后，使其紧密牢固地接合。加压装置的结构决定于被装配对象的结构，一般施加压力有单向（朝着一个方向压紧）、双向（朝着两个相垂直的方向压紧）、多向（沿对角线方向压紧）等多种方向。图9-1所示为几种基本类型的木框在机械装配时所应采用的加压装置或加压方向。

压紧机构按压力来源有人力、电力、气压和液压等；按结构不同有螺旋、杠杆、偏心轮和凸轮等形式。装配机常用的压紧机构的动作原理如图9-2所示，这些装配机的结构对装配工作的精度和生产率都有直接影响。

螺杆（丝杆）机构：如图9-2（a）所示，装配机生产率低，体力消耗大。

杠杆机构：如图9-2（b）所示，装配机的生产率也不高。

偏心机构：如图9-2（c）所示，装配机是有电机通过减速器带动的，有较高的生产能力，并能有节奏地进行装配工作，其缺点是在工作节拍中用于安放工件的时间太短。

凸轮机构：如图9-2（d）所示，则可以按装配操作的规律，在转动一次（10~15s）的周期内，合理地分配安放工件和压紧部件的时间，这种装配机在椅子生产中应用较多。

液压或气压机构：如图9-2（e）所示，装配机在木家具装配中应用最广，有连续式和周期式的两种，前者用于辅助操作（涂胶、安放工件等）需时间很少的情况下，后者用于结构较复杂的部件或制品的装配。

②定位装置：它是保证在装配前确定好零件之

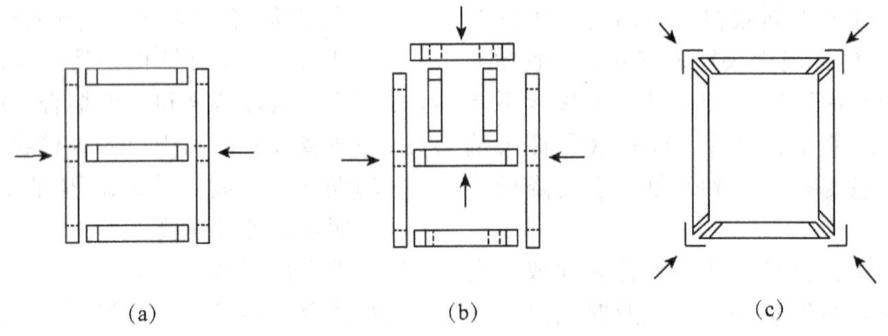

图9-1　木框的基本类型及其装配加压方向

（a）单向加压　（b）双向加压　（c）多向加压

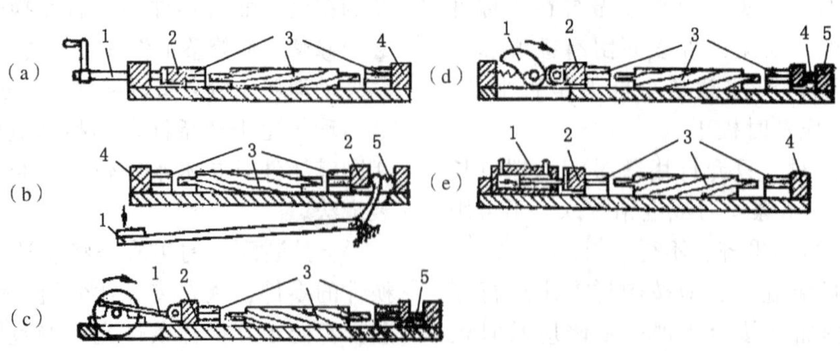

图9-2　压紧机构的动作原理图

（a）螺杆机构　（b）杠杆机构　（c）偏心机构　（d）凸轮机构　（e）液压或气压机构

1. 传动机构　2. 移动方材　3. 装配件　4. 挡块　5. 缓冲装置

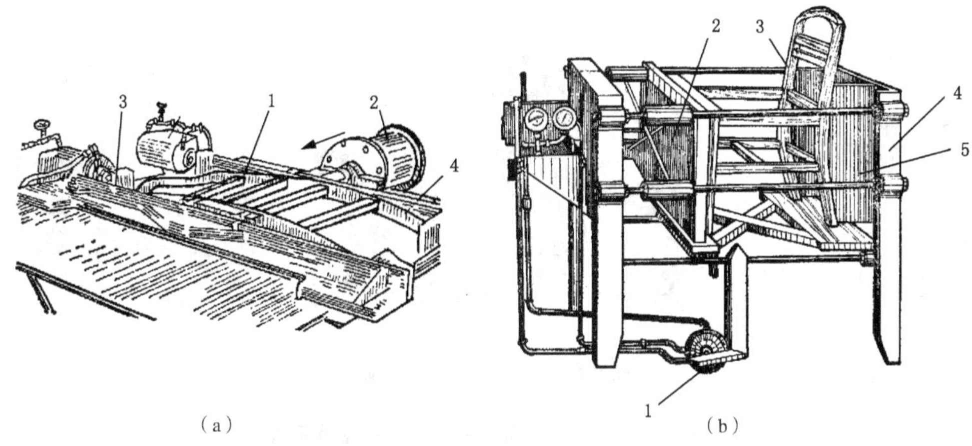

图 9-3 椅子装配机

(a) 椅子部件装配 1. 移动方材 2. 气缸 3. 挡块 4. 装配件

(b) 椅子总装配 1. 气门 2. 移动压板 3. 椅子 4. 机架 5. 曲形模

间的相互位置。定位机构一般采用挡板（块）或导轨。又有外定位和内定位之分，如装配件最终尺寸精度要求在内部时，则采用内定位，反之，则采用外定位。

（2）实木框架式装配机 图 9-3 所示为专用于椅子的装配机。先在部件装配机［图 9-3（a）］上摆好零件，在接合处涂胶后，然后压拢，形成部件，待胶固化后，将这种部件连同椅档等零件在总装配机［图 9-3（b）］上装成椅子，这两台装配机都是采用气压压紧的。

图 9-4 所示是用于抽屉的装配机。它有两个气缸 2 与 9，分别和压板 3 与 8 相连，机架内装有板条用于安放工件，板条 6 可防止榫端紧靠机框，弹簧片 7

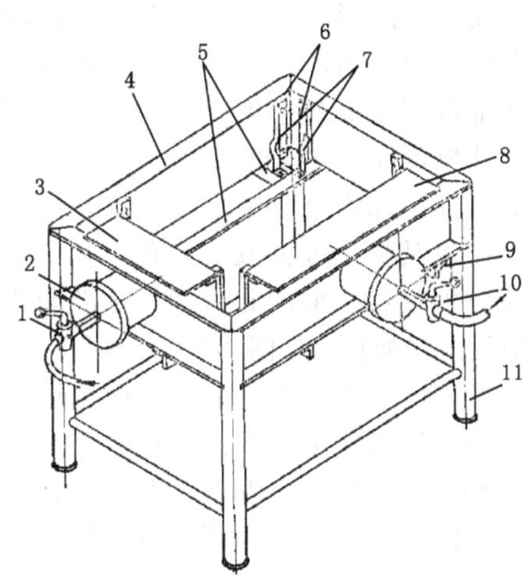

图 9-4 抽屉装配机

1、10. 三通阀 2、9. 气缸 3、8. 可动压板

4. 机架 5. 托板 6. 板条 7. 弹簧 11. 机架腿

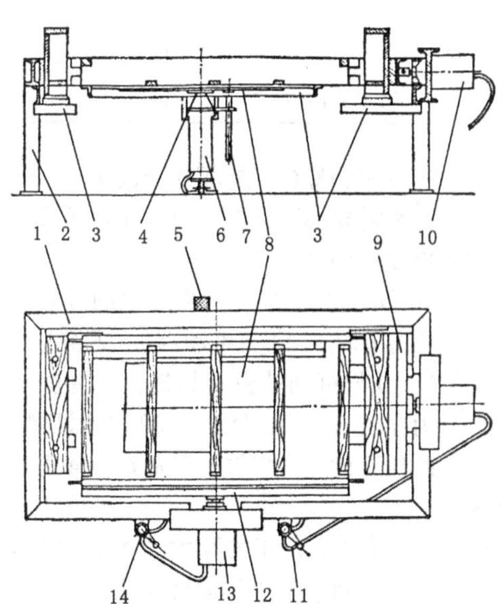

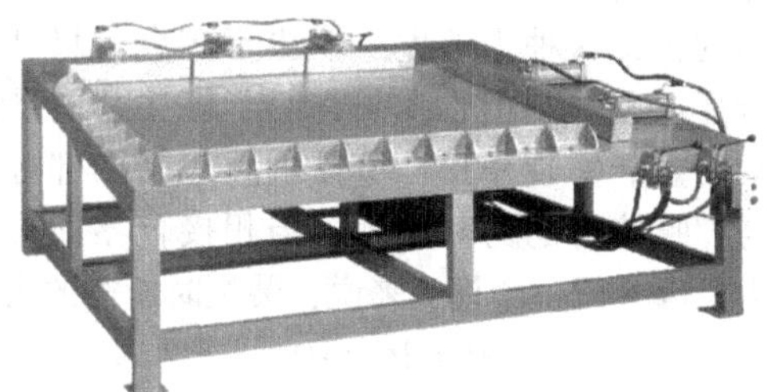

图 9-5 木框卧式气压装配机

1. 机框 2. 机架 3. 支座 4. 活塞杆 5. 气缸阀门踏板

6. 直立气缸 7. 导向杆 8. 升降台 9、12. 可动挡板

10、13. 气缸 11、14. 三通阀

用于夹住待装配的抽屉板，这种装配机是按照最大规格尺寸的抽屉设计的，装配较小的抽屉时，只需在装配机架内放入木制或金属的衬垫即可。这种装

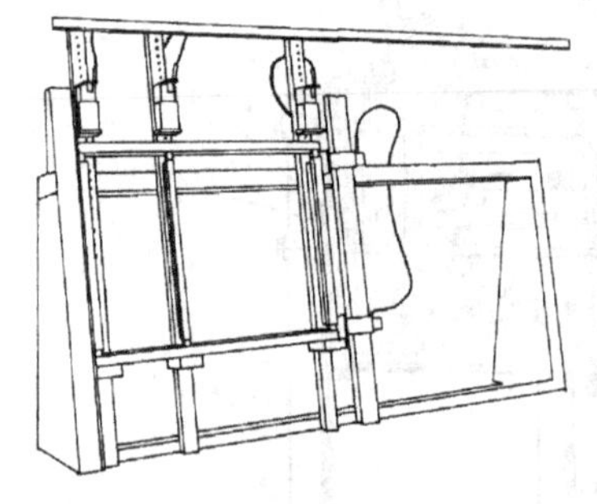

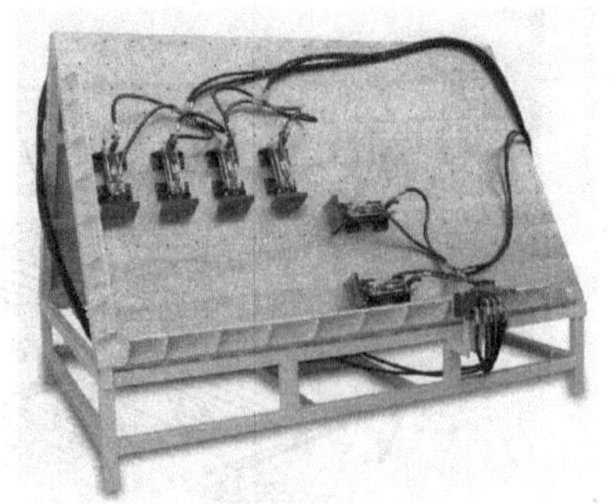

图 9-6 木框立式气压装配机

表 9-1 榫头侧表面的法向压力和摩擦系数

木材树种	榫头侧面上的法向压力 q（MPa）		摩擦系数 f	
	不带胶装配	带胶装配	不带胶装配	带胶装配
松木	4.0~4.5	1.3~1.6	0.3~0.4	0.1~0.2
山毛榉、桦木	5.0~5.5	1.5~1.8		
柞木、水曲柳	5.5~6.2	1.7~2.2		

配机械生产效率和螺杆机构相比约高 1 倍。但由于每个工作周期都需要启动 1 次，所以比连续式装配机的生产效率仍要低些。

图 9-5 所示是用于装配大型木框的卧式气压装配机，它的前方有气缸 13 与可动挡板 12 相连，侧面还有一个气缸 10 与可动挡板 9 相连，工件就安放在支座 3 上。为了便于将装好的庞大的木框从装配机取出，在装配机下的直立气缸 6 的活塞杆 4 上还装有升降台 8。

图 9-6 所示为是用于装配大型木框（如床屏等）的立式气压装配机，其工作原理同上。

部件装配时，为使零件之间接合严密，必须施加足够的力，这种力的大小取决于接合的尺寸、接合的特征以及材料的性质。它对于榫接合质量的影响非常明显。实现榫接合所需的力包括两部分：使榫头与榫眼接合的力和使榫肩与相接合零件紧密接触的力。因此就一个榫头来说，装配时所需的力：

$$P = P_1 + P_2$$

式中：P_1 为装榫头时为克服阻力和过盈而引起的变形的力；P_2 为压紧榫肩使之与相接合零件紧密接触所需的力。

$$P_1 = qFf$$

式中：q 为榫头上所受的法向压力，因材性和过盈值而不同（表 9-1）；f 为摩擦系数（表 9-1）；F 为法向压力作用的面积。

对于平榫：$F=2bl$（其中，b 为榫宽，l 为榫长）。

对于圆榫：$F=\pi dl$（其中，d 为圆榫直径，l 为插入榫长）。

$$P_2 = |\sigma_1| F_2$$

式中：$|\sigma_1|$ 为木材横纹压缩极限强度；F_2 为榫肩面积，即零件断面积与榫头断面积之差。

$$F_2 = (B-b)(H-h)$$

式中：B 为零件宽；H 为零件厚；h 为榫厚。

在木家具生产中，采用各种榫接合装配的部件还占有很大的比重。为提高接合强度，榫接合必须两面（榫头与榫眼）都涂胶。在机械化装配条件下，可按榫头或榫眼的形状使用各种专用的涂胶或喷胶装置。带胶装配后的部件，必须经过陈放，使之达到能保证部件运输时接合完整性的强度。实际生产中通常取其为胶合最终强度的 50%。为了加快周转，缩短陈放时间。部件带胶装配时，常采用加速胶合的措施以加速其接合处的胶层固化，其中最有效的是高频介质加热法。采用此法时，电极配置方式常采用杂散场配置加热，如图 9-7 所示。

近年来，在木家具的装配过程中，热熔胶得到了广泛应用，尽管成本较高，但它能胶合多种材料（木材、塑料、金属等）、耐水、耐溶剂，能在短时间内达到牢固的胶合效益，所以具有发展前途。装配操作时，要求被胶合表面保持清洁，装配操作迅速。先将热熔胶放在特制容器内加热到 150~200℃，涂到一个被胶合表面上，待胶刚要冷却时，将第二个被胶合表面靠上去，并且加压，在加压过程中，胶层固化时间为15~25s，加压后再经过几秒钟就可牢固接合。

(3) 板式框架装配机 在大量生产板式柜类木家具的情况下，如果板式家具的框架采用固定式结构形式，其零部件的连接多采用圆榫接合或连接件接合。为实现板式家具的机械化装配，应采用通用性的柜类制品的框架装配机，板式框架装配机装配位置多为立式框架装配机，加压形式有机械、气压和液压等。

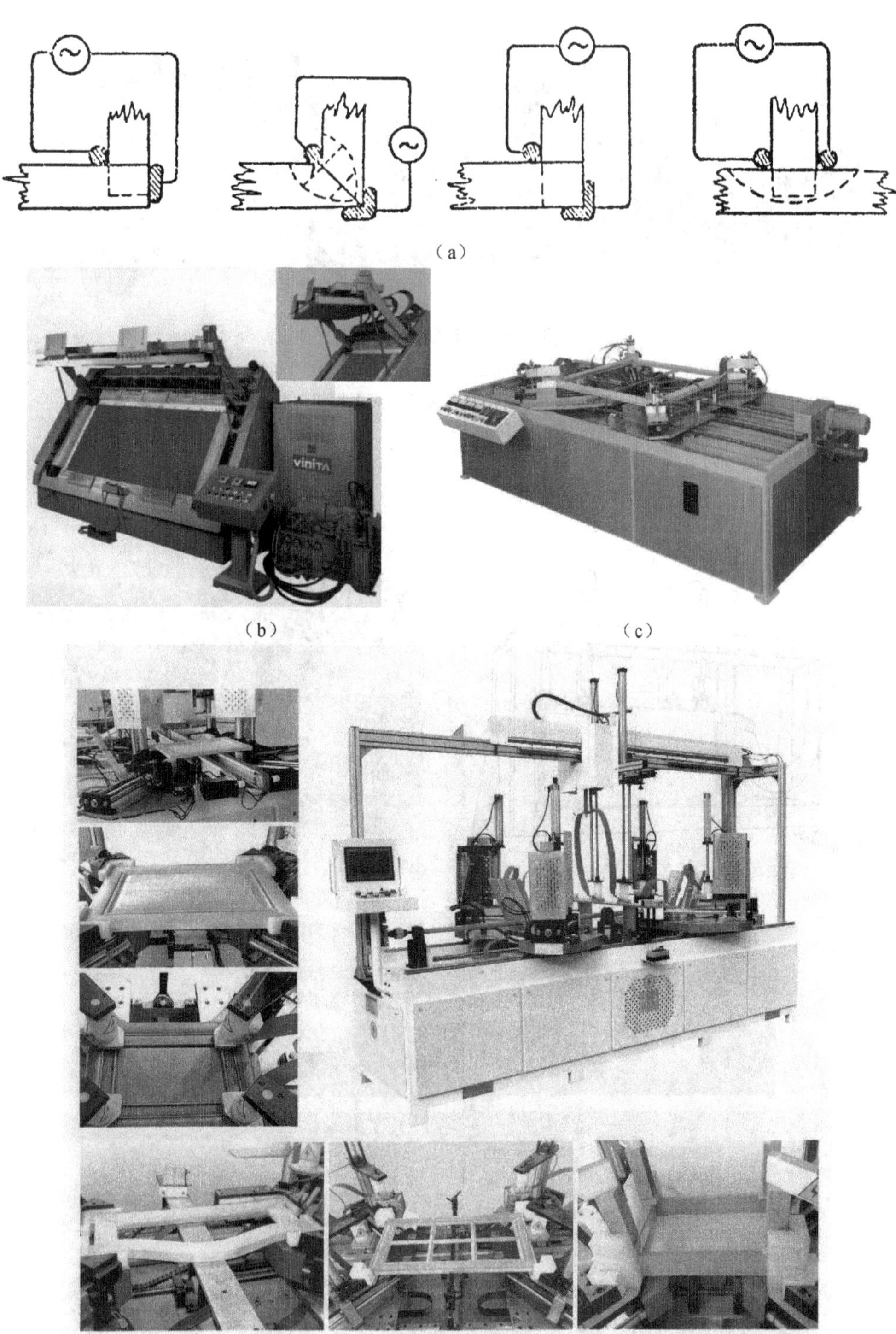

(a)

(b) (c)

(d)

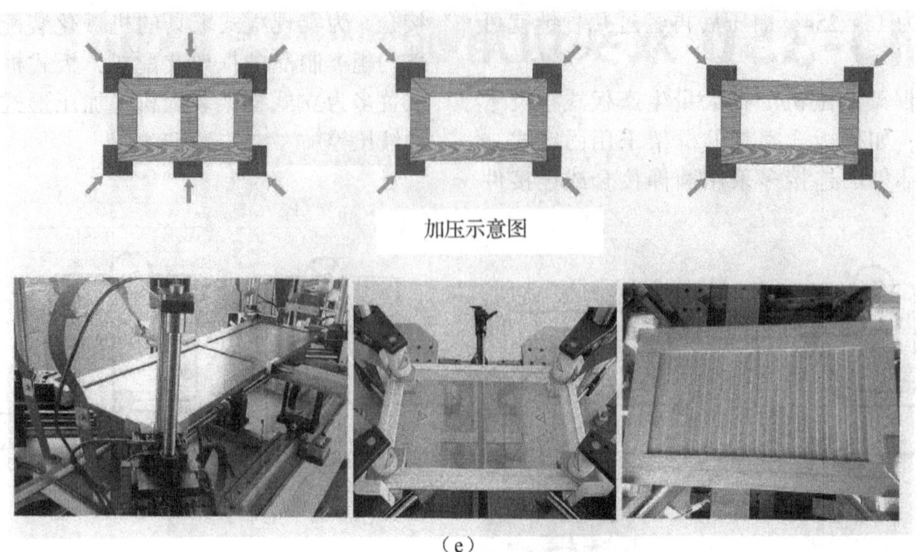

（e）

图 9-7 高频加热组框机

（a）榫接合或胶接合时高频加热电极配置 （b）立式高频加热组框机
（c）～（e）卧式高频加热组框机

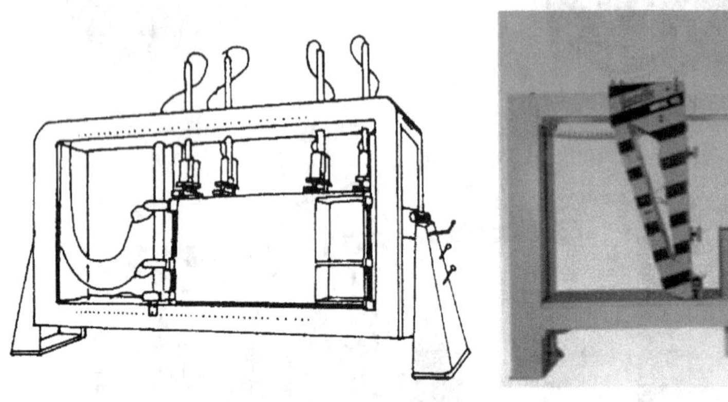

（a）

（b）

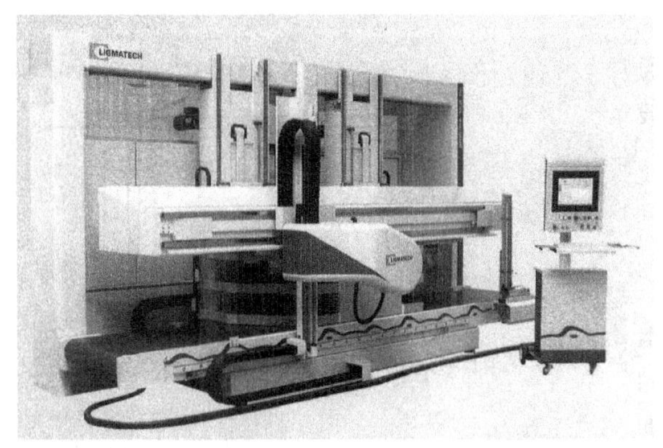

（c）

图 9-8　柜类装配机

（a）柜类气压装配机　（b）连续式柜类气压装配机　（c）电动连续式框架组装机

图 9-8 所示为柜类气压装配机及其连续式装配形式。这种装配机的台架上装有可调节的横梁、气缸、挡块和定位器，整个台架是可以转动的，这样就可以将被装压的制品调到任何方便的位置，以便进行钻孔、安装搁板及其他活动零部件的工作。与气缸相连的压紧方材的支承表面及固定挡块的表面上，都包贴有软质材料，以防在被装配部件的抛光表面上留下痕迹。这种装配机还可以配有进料与送料运输工作台，实现连续化装配生产。

9.3　部件加工

9.3.1　部件装配的精度

已装配部件的精度取决于零件的制造精度以及装配时定位状况和压紧力的大小。如果装配过程是正确进行的，那么部件的尺寸精度就决定于零件的尺寸精度。如图 9-9 所示为木框部件的尺寸精度与各个零件的尺寸精度之间的关系。

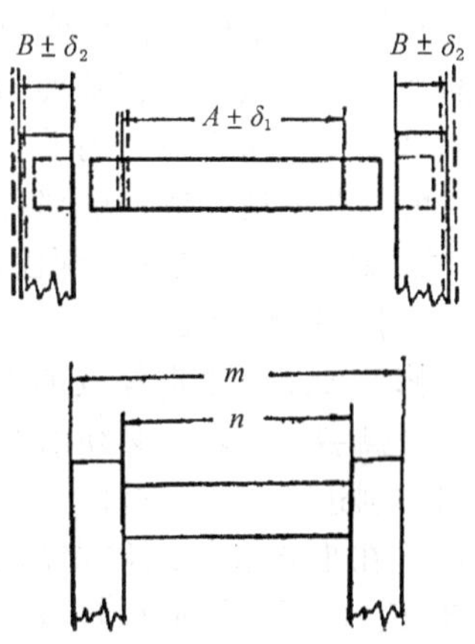

图 9-9　零件尺寸精度与部件尺寸精度

木框内空档尺寸 n 的偏差决定于其横档的榫肩之间距离的偏差 δ_1，而木框宽度的外廓尺寸 m 则决定于横档榫肩的距离偏差 δ_1 与木框纵撑的宽度尺寸偏差 δ_2、δ_3 的代数和。

$$n = A \pm \delta_1 \qquad m = A + 2B \pm \delta_1 \pm \delta_2 \pm \delta_3$$

假定这两种偏差的规定值都是±0.2mm，那么在零件加工精度规定范围内，木框外廓尺寸的上限偏差和下限偏差可达：

$$\delta_1 + \delta_2 + \delta_3 = 0.2 + 0.2 + 0.2 = 0.6\text{mm}$$

$$(-\delta_1) + (-\delta_2) + (-\delta_3) = (-0.2) + (-0.2) + (-0.2) = -0.6\text{mm}$$

于是在同样情况下，木框内空档尺寸的波动范围仅为 0.4mm，而其外廓尺寸则可达 1.2mm。

因此，在产品设计时要考虑到零件的尺寸误差可能会使部件的极限尺寸增大。而选用部件装配机时，要考虑设置压力限制或补偿装置（缓冲器），以抵消装配件各节点上可能发生的受压不均匀性，否则，在有些零件间可能会没有完全压拢，而另一些零件间的接合部位则可能被压皱甚至压坏。

由于零件制造精度低、装配基准使用不当以及加压不均匀等原因，部件装配后会出现尺寸和形状偏差。为保证部件的互换性可采用两种方法：①提高零件的制造精度；②不强求零件的制造精度，依靠部件加工来保证其精度。

在实际生产中应根据具体情况选择使用。例如，用 10 根宽 60mm 的板条制成拼板，要求拼板极限偏差为 0.4mm，这就要求每根板条的上偏差为 0.4/10=+0.04mm，实际上是不可能以这样的精度来制造板条的。显而易见，在这种情况下，应按低精度制造板条，拼接以后再将拼板尺寸加工到精度为+0.4mm为宜。因为按高精度加工零件的总成本必将高于通过部件加工来保证其互换性的总成本。因此，一般装配好的部件往往需要进一步进行一些修整加工，然后才能再进行总装配。

9.3.2 部件修整加工工艺

在小型企业单件或少量生产时，部件加工基本上都是手工进行的。在批量生产的情况下，部件的修整加工都可以在机床上进行。无论从生产率和加工精度方面来考虑，机械化修整加工都比手工加工要好些。部件在机床上修整加工的原则也和零件机械加工时一样，先加工出一个光洁的表面作为基准面，然后再精确地进行部件修整加工。

木家具的部件常以木框、板件或箱框的形式出现的，它们的加工也是从做出精基准面开始的：先在平刨上加工基准面，而后在压刨上按尺寸加工相对面，这样就可以获得精度较高的部件并可消除其面上的凹沟；如果部件两次通过单面刨加工两个面，则精度稍低，但生产率将会提高。

（1）木框修整加工　木框厚度加工时，为防止横档铣削时纤维撕裂或崩坏，必须沿对角线方向进料通过平刨和压刨进行加工。板件和木框除了用压刨加工外，也可在辊式或带式砂光机上定厚加工，尤其对胶贴部件，由于其贴面层较薄，所以不能在刨床修整加工。

木框或板件长度或宽度上的加工，可以在推台锯机或双边齐边锯机上进行，但预先须用平刨或铣床加工出一个基准边。如果木框或板件周边有复杂的线型，应在铣床上按样模或挡环来铣削；如果侧边要开槽簧，可使用双头开榫机。木框的周边修整，也可在圆锯机或铣床上进行。

（2）箱框修整加工　低矮的箱框也可以像木框一样在压刨上进行高度加工。壁薄而高的箱框易被压刨的进料辊压坏，因此在平刨上刨平一个面以后，再在铣床上用细齿锯片加工第二个面，可以得到精确的高度尺寸，如图 9-10（a）所示；也可在铣床上用安装上下两个细齿锯片进行同时加工，如图 9-10（b）所示。

箱框长度或宽度上的榫端不平度，可以在平刨或砂光机上进行修整加工，也可在专用机床上一次将箱框上下口及箱角进行修整加工。

各种部件表面不平度的修整加工，主要是消除表面刨削加工误差和粗糙不平，可在砂光机或净光机进行。部件如需钻孔、开槽、打眼等加工，除了通用机床外，也可在由动力头、可转动刀架、床身等通用构件组成的联合装置或专用机床上进行加工。

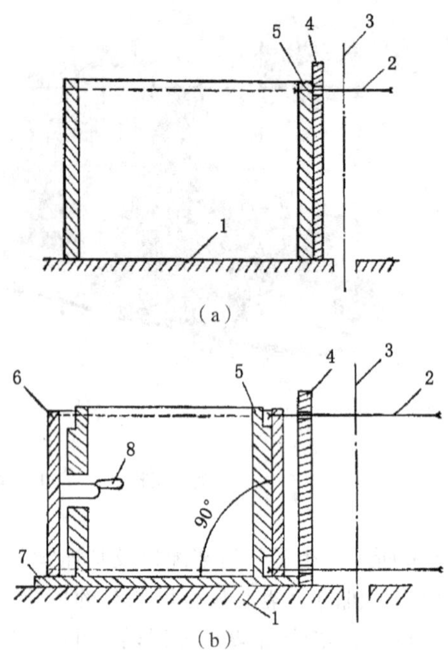

图 9-10　箱框部件加工

（a）平刨和铣床上箱框高度的修整
1. 工作台　2. 锯片　3. 刀轴　4. 导轨　5. 箱框
（b）铣床上箱框高度的修整
1. 工作台　2. 锯片　3. 刀轴　4. 导轨　5. 模具
6. 箱框　7. 模具底板　8. 偏心夹紧器

（3）板式部件修整加工　板式部件包括各种贴面板、多层板及实木拼板等，这类部件四周一般有的要加工直线型、曲线型，有的还需加工出孔眼。直线型的周边加工，一般在纵横圆锯机（用刨削圆锯片）上加工或在带推车（移动工作台）的圆锯机上进行。曲线型的周边一般采用铣床加工。

部件上孔的加工方法基本与零件加工相同。如果孔较多，可采用精度和生产效率都较高的多轴钻或排钻加工。

9.4 总装配

9.4.1 总装配的形式

经过修整加工的零件和部件，在配套之后就可以进行总装配，组成一个完整制品。结构不同的各种木家具，其总装配过程的复杂程度和顺序也不相同。总的来说，木家具总装配过程的顺序大体上分依次装配和平行装配两种类型。

（1）依次装配　它是将零部件依次接合起来，

先装成制品的骨架，然后进一步把其余零部件装在骨架上直至形成制品。如框架式木家具等的组装。

(2) 平行装配　它是分别将互不连接而较复杂的部件同时进行装配，而后再装上其他零部件组成完整的制品。如双底座的写字台可同时将两个底座组装起来。平行装配与依次装配相比，其优越性在于能按工序特点使工作位置专业化，便于使用专用设备。只要制品的结构允许分解成若干部件和单独零件，就可以实现平行装配。

9.4.2 总装配的过程

总装配过程的工序和组成完全是由木家具本身的结构及其复杂程度所决定的。一般说来，总装配过程可以划分为4个阶段：①形成制品的骨架；②在骨架上安装加强结构的固定接合的零部件；③在相应的位置上安装导向装置或铰链连接的活动零部件；④安装次要的或装饰性的零部件或配件等。

在个别情况下，总装配的顺序也可以根据加工工艺的不同予以适当调整。

当前，在非拆装式木家具总装配过程中，往往还需要进行大量的修整、铲平、找正、局部修磨、揩擦挤出的胶料等辅助操作，应尽量缩减这类操作。而大多数先进企业，具有合理的木家具结构和加工工艺过程，而且零部件加工能保证足够的精度和互换性，如拆装式木家具，就可以不经厂内总装配而以成套的零部件和配件（附有装配示意图和装配说明书等）运至销售点或使用地之后再总装配或由用户自装成制品。

9.5 配件装配

木家具配件的装配，目前在生产中大多采用手工操作。下面介绍几种常用配件的装配方法和技术要求。

9.5.1 铰链的装配

由于各种木家具要求不同，可采用不同形式的铰链连接。目前常用铰链形式有薄型铰链（明铰链、合页）、杯状铰链（暗铰链）和门头铰链等三种。其中门头铰链应装在门板的上下两端。根据门板的长度，明铰链或暗铰链可装2~3只。铰链的型号规格按设计图纸规定选用。

木家具柜门的安装形式主要有嵌门结构和盖门结构两种，因此，铰链的安装形式也有很多种。安装明铰链的方法有单面开槽法和双面开槽法两种，如图9-11（a）所示。双面开槽法严密、质量好，用于中高档产品。安装暗铰链的方法常用单面钻孔法，如图9-11（b）所示。安装门头铰链一般用双面开槽法。

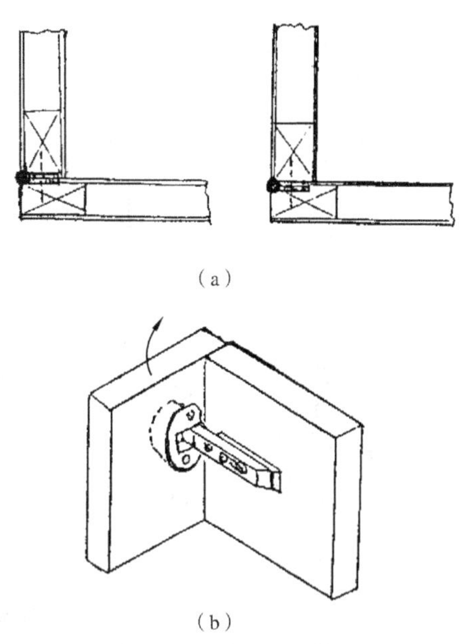

图9-11　铰链安装

（a）明铰链　（b）暗铰链

9.5.2 拆装式连接件的装配

采用拆装式连接件组装的木家具，零部件间可以进行多次拆装。通常在工厂里进行试装，拆装后按部件包装运输，使用者可按装配说明书再次组装而成。拆装式连接件形式很多，常用的接合形式的安装方法如下：

(1) 垫板螺母与螺栓接合的安装　将三眼或五眼垫板螺母嵌入旁板接合部位，用木螺钉拧固，在顶板相应接合部位拧入螺栓并与垫板螺母连接，如图9-12（a）所示。

(2) 空心螺钉与螺栓接合的安装　空心螺钉内外都有螺纹，外螺纹起定位作用，内螺纹起连接作用。安装时先将空心螺钉拧入旁板接合部位，再在顶板相应接合部位拧入螺栓与空心螺钉的内螺纹连接，如图9-12（b）所示。

(3) 圆柱螺母与螺栓接合的安装　旁板内侧钻孔，孔径略大于圆柱螺母直径0.5 mm，对准内侧孔在旁板上方钻螺栓孔，孔径略大于螺栓直径0.5 mm。在顶板接合部位钻孔并对准旁板螺栓孔，螺栓对准圆柱螺母将顶板紧固连接，如图9-12（c）所示。

(4) 倒刺螺母与螺栓接合的安装　在旁板上方预钻圆孔，把倒刺螺母埋入孔中，螺栓穿过顶板上

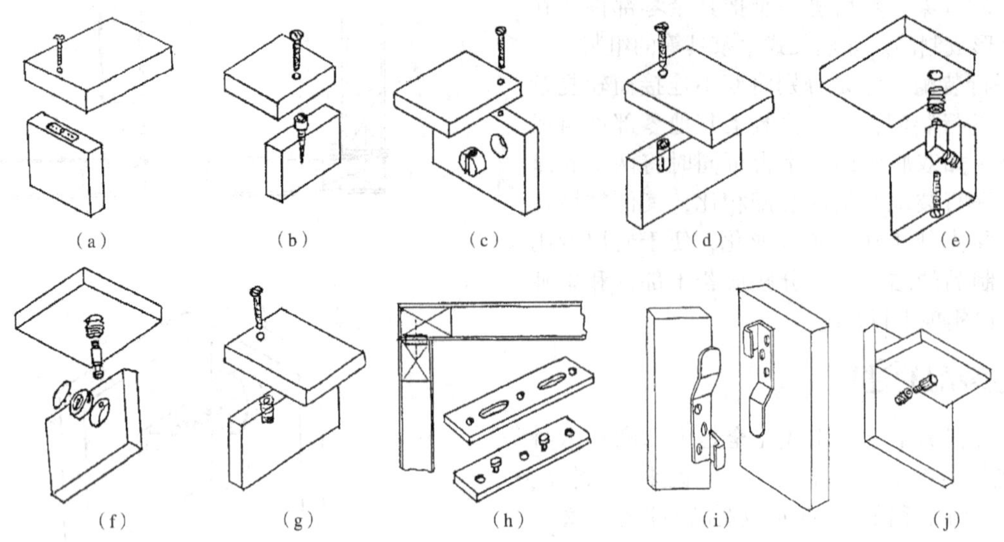

图 9-12 拆装式连接件安装

(a) 垫板螺母与螺栓接合 (b) 空心螺钉与螺栓接合 (c) 圆柱螺母与螺栓接合 (d) 倒刺螺母与螺栓接合 (e) 胀管螺母与螺栓接合 (f) 直角倒刺螺母与螺栓接合 (g) 偏心式连接件接合 (h) 轧钩式连接件接合 (i) 楔形连接件接合 (j) 搁承连接件接合

的孔，对准倒刺螺母的内螺纹旋紧，为使螺母不至于退出，可在孔中施加胶黏剂，如图 9-12 (d) 所示。

(5) 胀管螺母与螺栓接合的安装　胀管螺母相当于倒刺螺母，但在胀管一侧开道小缝，当螺栓拧入时，会使胀管螺母胀开产生较大的挤压力，因此比前一种更为牢固，如图 9-12 (e) 所示。

(6) 直角倒刺螺母与螺栓接合的安装　连接件由倒刺螺母、直角倒刺和螺栓三部分组成。安装时，先在旁板、顶板上钻孔，把倒刺螺母嵌入顶板孔中，再把直角倒刺嵌入旁板中，最后将螺栓通过直角倒刺孔再与倒刺螺母的内螺纹连接，如图 9-12 (f) 所示。

(7) 偏心式连接件接合的安装　连接件由倒刺螺母、螺杆、偏心杯和塑料盖四部分（四合一）组成。安装时，在顶板上钻孔并嵌入倒刺螺母，把带有脖颈的螺杆旋入其中，然后把螺杆嵌入旁板的螺杆孔中与预先埋入旁板内侧的偏心杯相连接，偏心锁紧钩挂在螺杆的脖颈上旋转即可将顶板锁紧。为使内侧表面美观，可用塑料盖将偏心杯掩饰起来，如图 9-12 (g) 所示。

(8) 轧钩式连接件接合的安装　将带孔（槽）的推轧铰板嵌入面板内，表面略低于面板内面 0.2mm；将带挂钩的推轧铰板嵌入旁板内，要求同旁板边面平齐，挂钩高出边面。安装时，挂钩对准孔（槽）眼，向一方推进即可轧紧。该种方法接合牢固，使用方便，常用于拆装式台面板以及床屏与床梃的活动连接，如图 9-12 (h) 所示。

(9) 楔形连接件接合的安装　由两片相同形状的薄钢板模压而成，一个连接板用木螺钉固定在旁板接合部位，另一个固定在顶板上，靠楔形板的作用，使部件连接起来，这种连接件拆装方便，不需要使用工具，如图 9-12 (i) 所示。

(10) 搁承连接件接合的安装　这种搁承（钎）用于活动搁板的连接。它是由倒刺螺母和搁承螺钉组成。先在旁板内侧钻一排圆孔，孔内嵌入倒刺螺母，并与旁板内侧面平齐，然后将搁承螺钉旋入倒刺螺母，再将搁板置于其上即可，如图 9-12 (j) 所示。

9.5.3 锁和拉手的装配

门锁有左右之分，如以抽屉锁代用则不分左右。钻锁孔大小要准确，无缝隙，孔壁边缘光洁无毛刺。装锁时，锁芯凸出门面 1～2mm，锁舌缩进门边 0.5mm 左右，不得超过门边，以免影响开关。大衣柜门锁的中心位置在门板中线下移 30mm，拉手的下边缘距锁的上边缘距离 30～35mm 为宜；双门衣柜只装一把锁时，可装在右门上。小衣柜的门锁和拉手安装与大衣柜相同。抽屉锁不分左右，安装方法及技术要求与门锁相同。

9.5.4 插销的装配

(1) 暗插销　一般装在双门柜的左门的左侧面

上（不装门锁的门），将暗插销嵌入，表面要求与门侧边平齐或略低，以免影响门的开关，最后用木螺钉固定。

（2）明插销　一般装在双门柜的左门的背面，上下各一个，离门侧边 10mm 左右，插销下端应离门上下口 2~3mm，以免影响门的开关。

9.5.5 门碰头的装配

碰头适合于小门上使用，一般装在门板的上端或下端，也有装在门中间。在底板或顶（台面）板内侧表面上装上碰头的一部分，在门板背面上装上碰头的另一部分。对常用的碰珠或碰头，门板上安装孔板，安装时，钻孔大小、深浅都要合适，并用木块或专用工具垫衬敲入。孔板中心要挖一深坑，以便碰珠不至于顶住孔底。装配后要求达到关门时能听到清脆的碰珠响声和门板闭合后不自动开启的效果。

复习思考题

1. 什么是木家具装配？木家具装配与涂饰的关系如何？
2. 为什么要组织拆装式家具生产？应采取哪些技术措施来保证？
3. 装配前有哪些准备工作要做？
4. 一般常见的装配机械由哪几部分组成？各起什么作用？
5. 什么是部件装配与部件修整加工？
6. 什么是总装配？总装配有哪几种类型？其工序包括哪几个阶段？
7. 木家具中一般有哪几种配件装配？

第10章 先进制造技术

【本章重点】

1. 制造技术及其发展特征。
2. 先进制造技术及其内涵。
3. 先进制造技术发展趋势。

10.1 制造技术及其发展特征

10.1.1 制造技术的分类

制造技术（manufacturing technology，MT）是使原材料成为人们所需产品而使用的一系列技术和装备的总称，是涵盖整个生产制造过程的各种技术的集成。它涉及生产活动的各个方面和全过程，被认为是一个从产品概念到最终产品的集成活动和系统，是一个功能体系和信息处理系统。

从广义来讲，它包括设计技术、加工制造技术、管理技术三大类。其中，设计技术是指开发、设计产品的方法；加工制造技术是指将原材料加工成所设计产品而采用的生产设备及方法；管理技术是指如何将产品生产制造所需的物料、设备、人力、资金、能源、信息等资源有效地组织起来，达到生产目的的方法。

家具作为人类维持正常生活、从事工作学习和开展社会活动必不可少的，供人们坐、卧、躺，或支承与贮存物品的一类产品，在其生产制造过程中，也同样需要采用上述制造技术。

10.1.2 不同经济时代制造技术的主要特征

从社会发展的角度来看，人类社会已经经历了农业经济社会时代和工业经济社会时代，正在进入信息经济时代（也称后工业经济社会或工业信息化时代）。在农业经济时代，产品的制造主要是家庭作坊式的手工技艺，是依靠人类本身的器官和力气来完成的；蒸汽机的出现和应用使人类进入了工业经济时代，机器开始代替人做各种工作，把人类从繁重的重复性劳动中解放出来，而且机械化和自动化技术使社会生产力得到了迅速发展，现代化大工业也迅速成长起来，实现了产品的专业化和大批量生产；随着人类社会进入工业信息化时代，信息日益成为最重要的战略资源和决定生产力、竞争力及经济增长的关键因素，产品的价值主要来源于产品中科学技术知识的信息含量，以计算机和信息技术为基础的现代先进制造技术已逐步发展起来。上述不同经济时代的制造过程和制造技术的主要特征可归纳为表 10-1。

表 10-1 不同经济时代制造过程和制造技术的主要特征

经济时代	农业经济时代	工业经济时代	信息经济时代
企业模式	家庭作坊、手工场	专业化车间、工厂	柔性集成、协同制造系统
制造特征	功能集中、作业一体化	功能分解、作业分工	功能集成、作业一体化
管理模式	家族式管理、一人管理	分级管理、分部门管理	矩阵式管理、网络管理
技术装备水平	手工工具、手工技艺体系	机器技术体系	机器—信息技术体系
	手工体力劳动	机械化、刚性自动化系统	集成智能化、柔性自动化系统

（续）

经济时代	农业经济时代	工业经济时代	信息经济时代
产品规模	少量、定制、无规格	少品种、大批量、规格化	多品种、小批量、大规模定制
输出内容	产品+服务	产品	产品+服务
市场特征	自产自给、按需定制	卖方主宰	买方主宰
	地区性、封闭性	地域性、局部开放性	全球性、一体化开放性

10.1.3 制造系统的组成

制造系统（manufacturing system）是指为达到预定制造目的而构建的物理的组织系统，是由制造过程及其所涉及的硬件、软件和相关人员组成的具有特定功能（将制造资源转变为产品或半成品）的一个有机整体。它涉及产品生命周期（包括市场分析、产品设计、工艺规划、加工过程、装配、运输、产品销售、售后服务及回收处理等）的全过程或部分环节。其中：

①制造过程：包括产品的市场分析、设计开发、工艺规划、加工制造以及控制管理等过程。

②硬件：包括厂房设施、生产设备、工具、刀具、材料、能源、计算机与网络以及各种辅助装置等。

③软件：包括各种制造理论与技术、制造工艺方法、控制技术、测量技术、制造信息、管理方法以及软件系统等。

④相关人员：是指从事对物料准备、信息流监控以及对制造过程的决策、调度、实施、执行等作业的人员。

从制造系统的定义可知：在结构方面，制造系统是由制造过程所涉及的生产设施、物料加工设备和其他附属装置等各种硬件、软件以及人员所组成的一个统一整体；在功能方面，制造系统是一个将制造资源（主要是指物能资源，包括原材料、坯件、半成品、能源等）转变为成品或半成品的输入、输出系统；在过程方面，制造系统包括市场分析、产品设计、工艺规划、制造实施或生产运行与控制、检验出厂、产品销售等制造的全过程。

制造系统主要有以下10个子系统组成。

①经营管理子系统：经营方针、发展方向、战略规划、决策等。

②市场与销售子系统：市场研究与预测、销售计划、销售执行、售后服务等。

③研究与开发子系统：开发计划、基础研究与应用研究、产品开发等。

④工程设计子系统：产品设计、工艺设计、工程分析、样品试制、试验与评价等。

⑤车间制造子系统：零部件及产品加工、装配、检验、物料存储与输送、废料存放与处理等。

⑥生产管理子系统：生产计划、库存管理、生

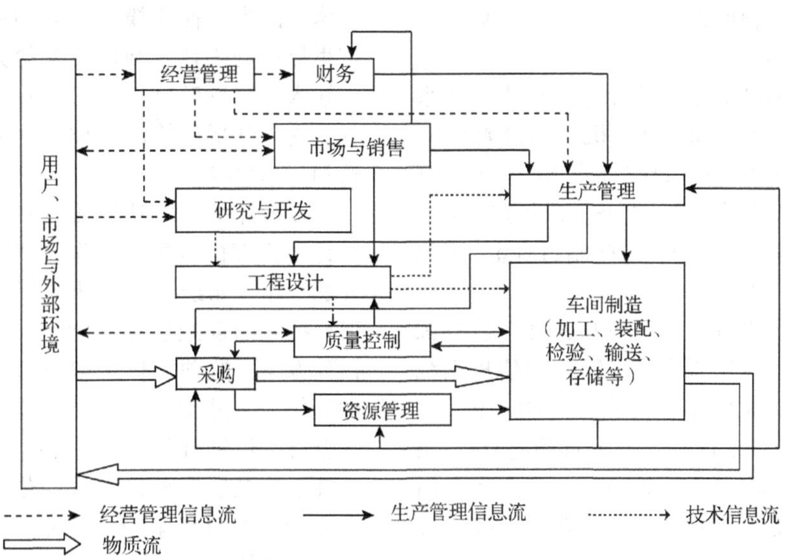

图 10-1 制造系统的组成与功能结构

产过程管理、质量管理、成本管理等。

⑦采购供应子系统：原材料及外购件采购、验收、库存等。

⑧资源管理子系统：设备管理与维护、工具管理、能源管理、环境管理等。

⑨质量控制子系统：收集用户需求与反馈信息、质量监控、质量标准与规范等。

⑩财务子系统：财务计划、企业预算、成本核算、财务会计等。

制造系统的组成与功能结构，如图 10-1 所示。其中，物质流用于改变物料的形态与地点；信息流用以规划、指挥、协调与控制物料的流动，使制造系统有效运行，信息流又可分为技术信息流和管理信息流（包括经营管理信息流和生产管理信息流）。

10.2 先进制造技术及其内涵

10.2.1 先进制造技术的概念

现在，人们在各种媒体上，经常可以看到或听到“先进制造技术”这一词。所谓先进制造技术（advanced manufacturing technology，AMT）是指微电子技术、自动化技术、信息技术等先进技术给传统制造技术带来的种种变化与新型系统。具体地说，就是指集机械工程技术、电子技术、自动化技术、信息技术等多种技术为一体，用于制造产品的技术、设备和系统的总称。

从广义上来说，先进制造技术包括：

（1）计算机辅助产品开发与设计　如计算机辅助设计 CAD、计算机辅助工程 CAE、计算机辅助工艺设计 CAPP、并行工程 CE 等。

（2）计算机辅助制造与各种计算机集成制造系统　如计算机辅助制造 CAM、计算机辅助检测 CAI、计算机集成制造系统 CIMS、数控技术 NC/CNC、直接数控技术 DNC、柔性制造系统 FMS、成组技术 GT、准时化生产 JIT、精益生产 LP、敏捷制造 AM、虚拟制造 VM、绿色制造 GM 等。

（3）利用计算机进行生产任务和各种制造资源合理组织与调配的各种管理技术　如管理信息系统 MIS、物料需求计划 MRP、制造资源计划 MRPⅡ、企业资源计划 ERP、工业工程 IE、办公自动化 OA、条形码技术 BCT、产品数据管理 PDM、产品全生命周期管理 PLM、全面质量管理 TQM、电子商务 EC、客户关系管理 CRM、SCM 供应链管理等。

从狭义上来说，先进制造技术是指各种计算机辅助制造设备和计算机集成制造系统。如果说机械化和自动化技术代替了人的四肢和体力的话，那么以计算机辅助制造技术和信息技术为中心的先进技术，则在某种程度和某些部分代替了人的大脑而进行有效的思维与判断，它对传统制造业所引起的是一场新的技术变革。

先进制造技术主要研究内容：现代设计理论与方法、先进生产加工技术、先进制造自动化技术、先进信息管理技术、现代管理服务模式等。先进制造技术是现代制造业企业取得竞争优势的必要条件之一，其优势还有赖于能充分发挥技术威力的组织管理，有赖于技术、管理和人力资源的有机协调和融合。它也涉及产品全生命周期的所有过程。

10.2.2 先进制造技术的主要内容

上述先进制造技术所包含的各种技术，目前在我国家具制造业中，已经或正在实施应用，预计在不久的将来，在我国将会广泛采用这些先进制造技术来改造和提升传统的家具业。为了使我们家具行业的有关人员进一步了解上述相关技术及其理念，现逐一简要叙述如下：

（1）计算机辅助设计 CAD　在设计过程中，利用计算机作为工具，帮助设计师进行设计的一切实用技术的总和称为计算机辅助设计（computer aided design，CAD）。计算机辅助设计包括的内容很多，如概念设计、优化设计、有限元分析、计算机仿真、计算机辅助绘图、计算机辅助设计过程管理、几何建模等。其中，计算机辅助绘图是 CAD 中计算机应用最成熟的领域。而几何建模技术是 CAD 系统的核心技术，因为几何建模是从人们的想象出发，根据现实世界中的物体，利用交互的方式将物体的想象模型输入计算机后以一定的方式将模型存储起来的过程，它是分析计算的基础，也是实现计算机辅助制造的基本手段。

在设计中，一般包括两种内容：带有创造性的设计（方案的构思、工作原理的拟定等）和非创造性的工作，如绘图、设计计算等。创造性的设计需要发挥人的创造性思维能力，创造出以前不存在的设计方案，这项工作一般应由人来完成。非创造性的工作是一些烦琐重复性的计算分析和信息检索，完全可以借助计算机来完成。一个好的计算机辅助设计系统既能充分发挥人的创造性作用，又能充分利用计算机的高速分析计算能力，即要找到人和计算机的最佳结合点。

早期的 CAD 技术只能进行一些分析、计算和文件编写工作，后来发展到计算机辅助绘图和设计结果模拟，目前的CAD技术正朝着人工智能和知识工程方向发展，即所谓的ICAD（intelligent CAD）。另外，设计和制造一体化技术即CAD/CAM技术以及CAD作为一个主要单元技术的CIMS技术都是CAD技术发展的重要方向。

（2）计算机辅助工程CAE　长期以来，产品的力学强度分析与计算一直沿用材料力学、理论力学和弹性力学所提供的公式来进行。由于有许多的简化条件，因而计算精度很低。为了保证产品的强度和质量，常采用加大安全系数的方法，结果使结构尺寸加大，浪费材料，有时还会造成结构性能的降低。现代产品正朝着高效、高速、高精度、低成本、节省资源、高性能等方面发展，传统的计算分析方法远远无法满足要求。近30年来，伴随着计算机技术的发展，出现了计算机辅助工程分析（computer aided engineering，CAE）这一新兴技术。采用CAE技术以及有限元分析法（finite element method，FEM），可实现对质量、体积、惯性力矩、强度等的计算分析；对产品的运动精度，动、静态特征等的性能分析；对产品的应力、变形等的结构分析。即使在进行复杂的产品和工程分析时也无须作很多简化，并且计算速度快、精度高。

（3）计算机辅助工艺过程设计CAPP　CAD的结果能否有效地应用于生产实践，数控机床NC能否充分发挥效益，CAD与CAM能否真正实现集成，都与工艺设计的自动化有着密切的关系，于是，计算机辅助工艺规程设计（computer aided process planning，CAPP）就应运而生，并且受到愈来愈广泛的重视。工艺规程设计的难度极大，因为要处理的信息量大，各种信息之间的关系又极为错综复杂，以前主要靠工艺师多年工作实践总结出来的经验来进行。因此，工艺规程的设计质量完全取决于工艺人员的技术水平和经验。这样编制出来的工艺规程一致性差，也不可能得到最佳方案。另外熟练的工艺人员日益短缺，而年轻的工艺人员则需要时间来积累经验，再加上老工艺人员退休时无法将他们的“经验知识”留下来，这一切原因都使得工艺设计成为家具制造过程中的薄弱环节。CAPP技术的出现和发展使利用计算机辅助编制工艺规程成为可能。

一个完善CAPP系统一般应具有以下功能：检索标准工艺文件；选择加工方法；安排加工路线；选择机床、刀具、量具、夹具等；选择装夹方式和装夹表面；优化选择切削用量；计算加工时间和加工费用；确定工序尺寸和公差及选择毛坯；绘制工序图及编写工序卡。有的CAPP系统还具有计算刀具轨迹，自动进行NC编程和进行加工过程模拟等CAM的功能范畴。CAPP系统按其工作原理来分，有检索式、派生式、创成式、半创成式、广义综合式、柔性化开发平台式、智能式7种类型的CAPP系统。

CAPP工艺过程设计是连接产品设计与制造的桥梁，是整个制造系统中的重要环节，对产品质量和制造成本具有极为重要的影响。同时企业为了增强市场竞争力和快速响应市场的变化而采用多种新技术的环境下，改革传统的工艺设计手段，采用以计算机为工具的现代化工艺设计和管理方式是企业上水平、上台阶的关键之一，也是企业发展的必由之路。应用CAPP技术，可以使工艺人员从烦琐重复的事务性工作中解脱出来，迅速编制出完整而详细的工艺文件，缩短生产准备周期，提高产品制造质量，进而缩短整个产品的开发周期。

（4）并行工程CE　长期以来，新产品的开发已经形成一套固定的模式，即市场调研、产品计划、产品设计、试制样机、修改设计、工艺准备、正式投产。在这种开发模式中，在产品计划和产品设计阶段，尽管设计人员也考虑到产品的制造问题。但这种考虑是零碎的、不系统的。设计人员考虑的主要是如何满足产品的功能问题。尽管实践证明，对于批量较大、市场寿命较长的产品而言，这是一种行之有效的开发模式。但对于批量不大，更新换代又快的产品，这种模式就远远不能满足要求了。在今天，产品的批量愈来愈小，产品的品种愈来愈多，而市场生命周期愈来愈短。在这种形式下，传统的产品开发方式已远远不能满足要求了。于是，出现了并行工程（concurrent engineering，CE）的概念。

所谓并行工程，就是集成地、并行地设计产品及其零部件和相关各种过程的一种系统工作模式。这种模式要求产品开发人员与其他人员一起共同工作，在设计一开始就考虑产品整个生命周期中从概念形成到产品报废处理的所有因素，包括质量、成本、进度计划和用户的要求。并行工程有时称为并行设计，它是指在新产品设计阶段，就引进生产准备工作，并行地进行产品设计、工艺和生产准备（也可以包括后续过程）。并行工程是伴随着计算机技术和网络通信技术发展起来的一门新技术，它侧重于管理方面，具有强调团队工作（team work）、强调设计过程的并行性、强调设计过程的系统性、强调设计过程的快速反馈等特点。目前，普遍认为，并行工程技术是面向21世纪的技术，是企业赢得市场竞争的有力武器。采用并行工程技术可以大大缩短产品投放市场的时间、降低成本、提高质量、减少废品率、保证了功能的实用性，从而增强企业的市场竞争能力。

（5）计算机辅助制造 CAM　计算机辅助制造（computer aided manufacturing，CAM）的狭义概念指的是从产品设计到加工制造之间的一切生产准备活动，它包括 CAPP、NC 编程、工时定额的计算、生产计划的制订、资源需求计划的制订等。这是最初 CAM 系统的狭义概念。到今天，CAM 的狭义概念甚至更进一步缩小为 NC 编程的同义词。CAPP 已被作为一个专门的子系统，而工时定额的计算、生产计划的制订、资源需求计划的制订则划分给 MRP Ⅱ/ERP 系统来完成。CAM 的广义概念包括的内容则多得多，除了上述 CAM 狭义内容外，它还包括制造活动中与物流有关的所有过程（加工、装配、检验、存贮、输送）的监视、控制和管理。

在实际应用中，一般意义上的 CAM 主要是指利用计算机直接进行加工制造、生产过程控制的技术系统，其主体是由数控机床（NC/CNC/DNC）、机器人（robot）、自动物料储运系统［运输设备 AGV（automated guide vehicle）+存储系统 AS/RS（automated storage & retrieval system）］等设备而构成。其中，数控机床（numerical control，NC）是一种能够根据预先编好的一系列指令，实现对各种尺寸或各种形状的复杂工件进行锯、铣、刨、磨、钻、车等多种不同加工方式的大型机床。经过几十年的发展，NC 已经从识读器时代进入了计算机控制时代，目前有两种，一种是计算机数控（computer numerical control，CNC），它是一台独立的机床，具有独立的、能同时沿几个轴线转动的切削机头，通常由一台独立的微型计算机来控制其运行，又称加工中心（machining center，MC）；另一种是直接数控（direct numerical control，DNC），它由一台中心计算机对若干台数控机床同时控制，控制各台机床的加工程序都编入一个中央数据库内，通过中心计算机传送到各个机床，而每台机床的加工情况，又通过附属控制器反馈到中心计算机。随着技术的不断发展，DNC 的含义由简单的直接数字控制发展到分布式数字控制（distributed numerical control），它不但具有直接数字控制的所有功能，而且具有系统信息收集、系统状态监视以及系统控制等功能；它开始着眼于车间的信息集成，针对车间的生产计划、技术准备、加工操作等基本作业进行集中监控与分散控制，把生产任务通过局域网分配给各个加工单元，并使之信息相互交换。而对物流等系统可以在条件成熟时在扩充，既适用于现有的生产环境，提高生产率，又节省了成本。所以说现代意义上的 DNC，不仅指单个机床的控制，而且在某种意义上是车间级通信网络的代名词。DNC 已演变成生产准备和制造过程中设备信息互连的一种技术，是实现 CAD/CAPP/CAM 一体化技术最关键的纽带，是现代化制造车间实现 CIMS 信息集成和设备集成的有效途径。

（6）计算机集成制造系统 CIMS　计算机集成制造系统（computer integrated manufacturing system，CIMS），是计算机应用技术在工业生产领域的主要分支技术之一。对于 CIMS 的认识，一般包括以下两个基本要点：

①企业生产经营的各个环节，如市场分析预测、产品设计、加工制造、经营管理、产品销售等一切的生产经营活动，是一个不可分割的整体。

②企业整个生产经营过程从本质上看，是一个数据的采集、传递、加工处理的过程，而形成的最终产品也可看成是数据的物质表现形式。因此对 CIMS 通俗的解释可以是“用计算机通过信息集成实现现代化的生产制造，以求得企业的总体效益”。整个 CIMS 的研究开发，即系统的目标、结构、组成、约束、优化和实现等方面，体现了系统的总体性和一致性。

CIMS 一般包括四个功能子系统和两个支撑子系统，即：

①产品设计与制造工艺自动化子系统：通过计算机来辅助产品设计、制造准备以及产品测试，即 CAD/CAPP/CAM 阶段。

②管理信息子系统：以 MRPII/ERP 为核心，包括预测、经营决策、各级生产计划、生产技术准备、销售、供应、财务、成本、设备、人力资源的综合信息管理。

③制造自动化或柔性制造子系统：是 CIMS 信息流和物料流的结合点，是 CIMS 最终产生经济效益的聚集地，由数控机床、加工中心、测量机、运输小车、立体仓库、多级分布式控制计算机等设备及相应的支持软件组成，根据产品工程技术信息、车间层加工指令，完成对零件毛坯的作业调度及制造。

④质量保证子系统：包括质量决策、质量检测、产品数据的采集、质量评价、生产加工过程中的质量控制与跟踪等功能，系统保证从产品设计、产品制造、产品检测到售后服务全过程的质量。

⑤计算机网络子系统：即企业内部的局域网，支持 CIMS 各子系统的开放型网络通信系统，采用标准协议可以实现异机互联、异构局域网和多种网络

的互联，系统满足不同子系统对网络服务提出的不同需求，支持资源共享、分布处理、分布数据库和适时控制。

⑥数据库子系统：即支持 CIMS 各子系统的数据共享和信息集成，覆盖了企业全部数据信息，在逻辑上是统一的，在物理上是分布式的数据管理系统。

CIMS 系统是企业经营过程、人的作用发挥和新技术的应用三方面集成的产物。它是多技术支持条件下的一种新的经营模式。CIMS 通过计算机、网络、数据库等硬、软件，将企业的产品设计、加工制造、经营管理等方面的所有活动有效地集成起来，有利于信息及时、准确地交换，保证了数据的一致性，从而能够缩短产品开发周期，保证产品制造质量，降低生产成本，提高生产效率，增强企业竞争能力。

（7）柔性制造系统 FMS　柔性制造系统（flexible manufacturing system，FMS）是由一组自动化的机床或制造设备与一个自动化的物料处理系统相结合，由一个公共的、多层的、数字化可编程的计算机进行控制，可对事先确定类别的零件进行自由地加工或装配的系统。简单地说，FMS 是由若干数控设备、物料运贮装置和计算机控制系统组成，并能根据制造任务和生产品种变化而迅速进行调整的自动化制造系统。它包含多个柔性制造单元（flexible manufacturing cell，FMC），能根据制造任务或生产环境的变化迅速进行调整，适用于多品种、中小批量生产。

一个 FMS 通常包括以下 3 个部分：

①数台能独立工作的数控机床或加工中心以及其他的加工设备。

②一套能使刀具和工件原材料自动装卸的运储系统。

③一套使系统中各部分协调工作的计算机控制系统。

FMS 可以简单地用以下公式来概括：FMS＝DNC＋AGV＋AS/RS＋计算机控制室。

FMS 是为解决制造业多品种、中小批量生产效率低、周期长、成本高及质量差等问题而出现的。FMS 的优点很多：

①能够节约大量劳动力。

②可以节约工厂占地。

③可以极大地缩短生产周期，减少不同工序间的在制品库存，从而降低成本。

④产品质量较好，可以减少损耗和产品检修费用。

⑤简单地改变控制指令便能制造出某一零件族的任何零件，能解决多机条件下的零件混合加工和自动进行零件的批量生产。

⑥设备运转负荷高，加工程序改编快，可以极大地提高工厂和设备的利用率。

这些都使得制造业企业可以较快地追随市场变化趋势。因此，FMS 代表的不仅是新技术，也是一种完全新型的企业运营方式。经济学家把 FMS 的这种优点称为“范围经济”，它是相对于“规模经济”的概念而言的。所谓“规模经济”，是指单一品种的大批量生产所能带来的成本降低；而“范围经济”，则是指以低成本实现多品种小批量生产。可以说，FMS 的这种特点，打破了传统制造业的主要规则。

（8）成组技术 GT　随着人类生活水平的提高和社会的进步，人们追求个性化、特色化、多样化的思想日益普遍。作为提供人的日常生活所需家具产品的制造业中，大批量的产品越来越少，单件小批量多品种的产品生产模式越来越多，而传统的生产模式在很大程度上会不适应于多品种小批量生产的组织，这是因为生产计划、组织管理复杂化；零件从投料到加工完成的总生产时间较长；生产准备工作量大；产量小，使得先进制造技术的应用受到限制。

为此，制造技术的研究者提出了成组技术（group technology，GT）的科学理论及实践方法，它能从根本上解决生产由于品种多，产量小带来的矛盾。

成组技术是把相似的问题归类成组，寻求解决这一组问题相对统一的最优方案，以取得所期望的经济效益。成组技术应用于制造业方面，乃是将品种众多零件按其工艺的相似性分类成组以形成数量不是很多的零件族，把同一零件族中诸零件分散的小生产量汇集成较大的成组生产量，从而使小批量生产能获得接近于大批量生产的经济效果。这样，成组技术就巧妙地把品种多转化为“少”，把生产量小转化为“大”，由于主要矛盾有条件地转化，这就为提高多品种、小批量生产的经济效益提供了一种有效的方法。

目前，GT 将零件分类成组常用的方法有：

①视检法：是由有生产经验的人员通过对零件图纸仔细阅读和判断，把具有某些特征属性的一些零件归结为一类。

②生产流程分析法（production flow analysis，PFA）：是以零件生产流程及生产设备明细表等技术文件，通过对零件生产流程的分析，可以把工艺过程相近的，即使用同一组机床进行加工的零件归结为一类，以形成加工族。

③编码分类法：选用或制定零件分类编码系统，将待分类的诸零件进行编码，即将零件的有关设计、

制造等方面的信息转译为数字或数字、字母兼用的代码，按零件编码对零件进行分类。

成组技术是应用系统工程学的观点，把中、小批生产中的产品设计、加工制造和生产管理等方面作为一个生产系统整体，统一协调生产活动的各个方面，以工艺设计合理化和标准化为基础，保证设计信息最大限度地重复使用，通过对相同或相近机床的少量调整或更换工夹具，就可适用于全组零件的工序安装、加工，减少工艺准备工作和降低制造费用，从而提高企业综合经济效益。成组技术作为一门综合性的生产技术科学，是 CAD、CAPP、CAM 和 FMS 等方面的技术基础。可以相信，随着应用推广和科研工作的持续开展，成组技术对提高我国家具工业的制造技术和生产管理水平将日益发挥其重要的作用。

(9) 准时化生产 JIT　准时化生产（just in time, JIT）方式是起源于日本丰田汽车公司的一种生产管理方法，也被称为“丰田生产方式”。它的基本思想可用现在已广为流传的一句话来概括，即“只在需要的时候，按需要的量生产所需的产品”，这也就是“适时适量生产”。这种生产方式的核心是追求一种无库存的生产系统，或使库存达到最小的生产系统。为此而开发了包括“看板管理”在内的一系列具体方法，并逐渐形成了一套独具特色的生产经营体系。

JIT 生产方式的最终目标即企业的经营目的：获取最大利润。为了实现这个最终目的，“降低成本”就成为基本目标。在过去，降低成本主要是依靠单一品种的规模生产来实现的。但是在多品种中小批量生产的情况下，这一方法是行不通的。因此，JIT 生产方式力图通过“彻底消除浪费”来达到这一目标。所谓浪费，在 JIT 生产方式的起源地丰田汽车公司，被定义为“只使成本增加的生产诸因素”，也就是说，不会带来任何附加价值的诸因素。这其中，最主要的是生产过剩（即库存）所引起的浪费。

当今的时代已经从“只要生产得出来就卖得出去”进入了一个“只能生产能够卖得出去的产品”的时代，对于企业来说，各种产品的产量必须能够灵活地适应市场需要量的变比。否则，由于生产过剩会引起人员、设备、库存费用等一系列的浪费。而避免这些浪费的手段，就是要根据市场需求信息，运用信息技术，有效地实施适时适量生产、弹性配置作业人数以及保证质量这三个基本手段。

(10) 精益生产 LP　精益生产（lean production, LP）方式是通过系统结构、人员组织、运行方式和市场供求等方面的变革，使生产系统能很快适应用户需求不断变化，并能使生产过程中一切无用、多余的东西被精简，最终达到包括市场供销在内的生产的各方面最好的结果。LP 是对 JIT 生产方式的进一步提炼和理论总结，其内容范围不仅只是生产系统的运营、管理方法，而是包括从市场预测、产品开发、生产制造管理（其中包括生产计划与控制、生产组织、质量管理、设备保全、库存管理、成本控制等多项内容）、零部件供应系统直至营销与售后服务等企业的一系列活动。这种扩大了的生产管理、生产方式的概念和理论，是在当今信息技术的飞速发展和普及而导致的世界生产与经营一体化、制造与管理一体化的趋势越来越强的背景下产生的，其目的是为使制造业企业在当今的环境下能够自适应、自发展，取得新的、更加强有力的竞争优势。

LP 方式的核心是具有高度灵活性、高效率的生产系统。与技艺性生产和大批量生产不同，精益生产组合了前两者的优点，避免了技艺性生产的高费用和大批量生产的高刚性，精益生产采用的是由多能工人组成的工作小组和柔性很高的自动化设备。与大批量生产不同，精益生产的一切都是“精简”的，两者的最大区别在于它们的最终目标上，大批量生产强调“足够”好的质量，因此总是存在着缺陷，而精益生产则追求完美性（不断降低价格、零缺陷、零库存和无限多的品种）。

LP 的主要特征主要表现在工厂组织、产品设计、供货环节、顾客和企业管理 5 个方面，即：对外以用户为“上帝”，对内以“人”为中心，在组织机构上以“精简”为手段，在工作方法上采用“团队工作”和“并行工程”，在供货方式上采用“JIT”方式，在最终目标方面为“零缺陷”。有专家认为，LP 是一种“人类制造产品的非常优越的方式”，它能够广泛适用于世界各国的各种制造业企业，并预言这种生产方式将成为 21 世纪制造业的标准生产方式。

(11) 敏捷制造 AM　随着人民生活水平的不断提高，人们对产品的需求和评价标准将从质量、功能和价格转为最短交货周期、最大客户满意、资源保护、污染控制等方面。特别是信息技术的迅猛发展，给制造业改变生产方式、制造模式提供了强有力的支持。在这种背景下，一种面向 21 世纪的新型生产方式，即敏捷制造（agile manufacturing, AM）方式应运而生。

敏捷制造强调将柔性的、先进的、实用的制造技术，熟练掌握生产技能的高素质的劳动者以及企业之间和企业内部灵活的管理三者（即生产技术、管理和人力资源三要素）有机地集成起来，实现总体最佳化，对千变万化的市场作出快速响应。它利用人的智能和信息技术，通过多方面的协作改变企业沿用的复杂的多层梯阶结构，来改变传统的大批量生产。其实质是在先进柔性生产技术的基础上，通过企业内部的多功能项目组与企业外部的项目组合作组建一个虚拟公司，这种动态的组织结构把全球范围内的各种资源集成在一起，实现技术、管理和人员的集成，从而在整个产品生命周期最大限度地满足用户需求，提高企业竞争能力。

敏捷制造就是以“竞争—合作（协同）”的方式，提高企业竞争能力，实现对市场需求作出灵活快速反应的一种制造生产新模式，这种模式要求企业采用现代通信技术，以敏捷动态优化的形式组织新产品开发，通过动态联盟、先进柔性生产技术和高素质人员的全面集成，迅速响应客户需求，及时交付新产品并投入市场，从而赢得竞争优势。敏捷制造的内涵是企业通过与用户、合作伙伴在更大范围、更高程度上的集成，来最大限度地满足市场的需求，适应竞争，获取长期的经济效益。

敏捷制造企业作为21世纪制造企业的新模式，将会给制造业带来巨大的冲击，会对传统的企业管理模式和生产制造模式产生了巨大的影响，传统的、大批量生产的方式即将让位给并行的、精简的、灵活的、品种多变的、小批量的生产方式。如果不正确对待这种变化，就会被市场淘汰。可以说，敏捷制造是一种全新的制造组织模式，代表着21世纪制造业的发展方向。

（12）大规模定制（MC）　随着以计算机技术为主导的现代科学技术的迅猛发展和社会生活的不断进步，现代市场发生了根本的变化，传统的大批量生产方式由于无法向用户快速地提供符合多样化和个性化需求的产品而遭遇到严峻的挑战，传统的定制产品生产方式由于无法提供短交货期和低成本的产品而背负市场竞争的巨大压力。在这种背景下，大规模定制（mass customization，MC）方式正在迅速发展起来，成为信息时代制造业发展的主流模式。

MC是根据每个客户的特殊需求以大批量生产的效率提供定制产品的一种生产模式。它把大批量与定制这两个看似矛盾的方面有机地综合在一起，它实现了客户的个性化和大批量生产的有机结合。

MC的基本思想是：将定制产品的生产问题通过产品重组和过程重组转化为或部分转化为批量生产问题。MC从产品和过程两个方面对制造系统及产品进行了优化，或者说产品维（空间维）和过程维（时间维）的优化。

MC可通过对产品的模块化重组和企业的模块化重组，形成一种全社会的生产合理组织模式，达到充分利用社会化资源，有效降低产品成本，缩短交货期和提高产品质量的目的。它能以较低的投资有效解决当前存在于我国制造业中的企业“小而全”“大而全”，专业化分工与合作程度不够，最后导致产品的开发和生产在低水平上重复的一些突出问题。

（13）虚拟制造VM　虚拟制造（virtue manufacturing，VM）系统是多学科先进制造技术的综合应用，其本质是以计算机支持的仿真（simulation）技术、产品建模技术、人工智能（artificial intelligence）技术、并行工程技术、分布式智能协同求解技术等为前提，对设计、制造等过程进行统一建模，在产品设计阶段实时地、并行地模拟产品未来制造全过程及其对产品设计的影响，预测产品性能、产品的可制造性、产品的成本等。从而更有效地、柔性灵活地组织生产，使工厂与车间的设计与布局更合理，以达到产品的开发周期和成本的最小化，产品设计质量的最优化，生产效率的最高化。

VM系统是现实制造系统在虚拟环境下的映射。VM系统生产的产品是数字产品，它具有所代表产品的各种性能，并具有明显的可视化。在VM系统中，新开发的产品首先在VM中制造，即先生产出数字产品，然后进行测试。当用户对此产品满意，以及制造商也感到合算，再将指令传送到现实设备或制造单元，生产出现实产品。

（14）业务流程重组BPR　业务流程重组（business processing reengineering，BPR），就是以业务流程为中心，打破企业职能部门的分工，对现有的业务流程进行改革或重新组织与重构，提高企业的目标综合竞争力，以求能做到以最短的上市时间（time）、最优的质量（quality）、最低的成本（cost）、最好的售后服务（service）和最佳的环境友好特性（environment）即“TQCSE”去赢得用户、响应市场需求，使得企业能最大限度地适应以3C因素即顾客（customer）、竞争（competition）、变化（change）为特征的现代企业经营环境。企业业务流程重组的核心是要在彻底打破旧有的制度、流程的同时，理性地建造一个全新的系统框架，减少一切不必要的业务环节。

企业业务流程重组的BPR理论强调以顾客为中心和服务至上的经营理念，其原则是：横向集成活动，实行团队工作方式，纵向压缩组织，使组织扁平化，权力下放，授权员工自行作出决定，推行并行工程。BPR是一项复杂的系统工程，它的实施要依靠工业工程技术、运筹学方法、管理科学、社会人文科学和现代高科技，并且涉及企业的人、经营过程、技术、组织结构和企业文化等各个方面的重构。

BPR 是当前国内管理学界和实业界密切关注的热点课题之一。它为企业经营管理提供了一种全新的管理思想和思维方式。它能对企业经营过程进行彻底的反思和根本性的改变，使企业在产品成本、质量、服务和运作速度等关键部分上取得显著提高以适应市场需求。然而，在进行企业业务流程重组的过程中，必须使信息技术、人力资源与组织管理有效协调，才能有效地促使 BPR 成功实施。

（15）企业资源计划 ERP　近几年来，伴随着全球经济一体化和信息技术的飞速发展，网络技术和电子商务（electronic commerce）的广泛应用，人们已从工业经济时代步入知识经济时代，企业所处的商业环境发生了根本性的变化。顾客需求变化、技术创新加速、产品生命周期缩短等构成了影响企业生存和发展的三股力量（3C）：顾客、竞争、变化。为适应以“顾客、竞争、变化”为特征的外部环境，企业必须进行管理思想、管理模式和管理手段的更新。目前，一场以业务流程重组（BPR）为主要内容、以企业资源计划（enterprise resource planning，ERP）为主要手段的管理革命正在掀起。

所谓 ERP，是一种主要面向制造行业进行物质资源、资金资源、信息资源和人力资源等集成一体化管理的企业管理系统。它是以信息为媒体，用计算机把企业活动中多种业务领域、过程和资源及其职能集成起来，追求企业整体效率的新型制造与管理系统。它以企业运作过程中的信息流、资金流、物流、人流为核心，覆盖企业产、供、销、财、技等各部门的主要业务，实现对人、财、物、技、信息、市场、时间、空间等各种资源的优化配置、全程监控与大集成管理，不仅实现了企业内部资源和外部资源的整合，而且使信息技术、管理技术、专业技术得到协调统一，使企业的竞争能力和综合实力得到了全面的增强。

企业的日常运作是由许多不可再分的基本过程链接起来的，这些过程涵盖了企业的方方面面，如订单管理、库存管理、质量管理、成本管理、技术文件管理、市场预测、生产计划与统计、财务管理、固定资产管理、人事劳资管理等。一个企业运作是否合理、流畅，关键在于这些过程组合得是否合理流畅。ERP 正是根据这一原理，借助计算机技术，将每一个基本过程程序化，生成模块，然后根据企业的具体情况，在充分调研和整改的基础上，进行资源重组、流程优化，使之与企业的业务流程相吻合，从而达到标准化管理的目的。

ERP 将企业内部各个部门，包括财务、会计、生产、物料管理、品质管理、销售与分销、人力资源管理、供应链管理等，利用信息技术整合，连接在一起。ERP 的作用是将各部门连贯起来，让企业的所有信息在网上显示，不同管理人员在一定的权限范围内，通过自己专门的账号、密码，可以从网上轻易获得与自身管理职责相关的其他部门的数据，如企业订单和出库的情况、生产计划的执行情况、库存的状况等。企业管理人员通过 ERP 可以避免资源和人事上的不必要的浪费，高层管理者也可以根据这些及时准确的信息，作出最好的决策。

ERP 的功能就是把企业数据化、信息化，它从销售市场开始对开发、生产、物流、服务进行整体优化组合，为企业配置一条柔性数据加工线，与有形生产线一起，形成一条高度透明的业务链，使企业真正地围绕市场运转起来，充分发挥企业的整体效率。ERP 能给企业带来切实的效益。ERP 的应用如下：

①全面的信息共享，保证了数据的正确性、即时性，为企业领导提供综合、快速、科学的决策依据。

②支持混合型制造方式，提供订单生产加工全程的批次跟踪，提高企业的应变能力。

③实现对信息流、资金流、物流、人流等紧密集成的动态管理。

④准确的仓储管理、减少资金占用，使物流供应调配自如。

⑤高效地计划作业管理，实现车间级的生产调度控制。

⑥及时地跟踪管理，科学完成生产中有效控制，简化了工作程序，加快了反应速度。

⑦使企业合理利用资金，加快资金周转，沿着供应链实现财务成本控制，以资金流来控制物流。

⑧降低企业的成本，增加企业效益。

ERP 不仅是一种管理技术，而且是一套管理思想。这种思想强调要用系统观点（全局观点）对待企业的全部生产经营活动。ERP 有三层结构：底层是计算机网络技术和数据库技术；中层是管理软件即过程管理模块；最上层则是体现现代管理思想和管理方法。在这三层结构中，最重要的就是管理思想和管理方法，它是企业特殊性的体现。企业有什么样的管理思想，就会设置什么样的组织机构和业务流程。企业要想优化和重组现有的业务流程，必须先有一套完整的管理思想和方法。ERP 的管理思想的核心是实现对整个供应链和企业内部业务流程的有效管理，主要体现对整个供应链进行管理的思想，体现精益生产、同步工程和敏捷制造的思想，体现事先计划和事中控制的思想。ERP 在企业实施的过程就是运用这种思想进行二次开发的过程，是企业全身心投入的工程，而不是简单的“交钥匙”工程。

ERP 是计算机、程序和人的组合体。计算机和程序只是工具，而人却是核心，主要是指群体，是人际关系的总和，或者说是一种企业文化。一个融洽的、积极向上的企业文化对 ERP 的促进作用是不可估量的，相反，一个不好的企业文化可能导致 ERP 计划的失败。统计表明，ERP 实施的障碍 70% 来自于人，这也从反面说明了人的重要性。

制造企业要实施 ERP，从本质上说是一个企业再造过程。需要整个企业统一思想、协调运作；需要深入调研企业各部门的业务流程，重新审视和评估现有的工作方法，并在此基础上进行优化重组。ERP 的实施涉及企业的方方面面，是企业深层次的变革，只有管理者高度重视，最高决策层全力推动，企业整体协作和共同参与，才能完成这一里程碑式的系统工程。

（16）产品数据管理 PDM　产品数据管理（product data management，PDM）是指企业内分布于各种系统和介质中，关于产品及产品数据信息和应用的集成与管理。PDM 系统确保跟踪设计、制造所需的大量数据和信息，并由此支持和维护产品。如果说得再细致一点，我们可以这样理解 PDM，产品数据管理系统保存和提供产品设计、制造所需要的数据信息，并提供对产品维护的支持，即进行产品全生命周期的管理。从产品来看，PDM 系统可帮助组织产品设计，完善产品结构修改，跟踪进展中的设计概念，及时方便地找出存档数据以及相关产品信息。从过程来看，PDM 系统可协调组织整个产品生命周期内诸如设计审查、批准、变更、工作流优化以及产品发布等过程事件。

PDM 将所有与产品相关的信息和所有与产品有关的过程集成在一起。与产品有关的信息包括任何属于产品的数据，如 CAD/CAE/CAM 的文件、物料清单（BOM）、产品配置、事务文件、产品订单、电子表格、生产成本、供应商状况等。与产品有关的过程包括任何有关的加工工序、加工指南和有关批准、使用权、安全、工作标准和方法、工作流程、机构关系等所有过程处理的程序。它包括了产品生命周期的各个方面，PDM 能使最新的数据为全部有关用户应用，包括工程设计人员、数控机床操作人员、财会人员及销售人员都能按要求方便地存取使用有关数据。

PDM 进行信息管理的两条主线是静态的产品结构和动态的产品设计流程，所有的信息组织和资源管理都是围绕产品设计展开的，这也是 PDM 系统有别于其他信息管理系统，如管理信息系统（MIS）、制造资源计划系统（MRPII）、项目管理系统（project management）的关键所在。

PDM 并不只是一个技术模型，也不是一堆时髦的技术辞藻的堆砌，更不是简单的编写程序。PDM 是依托 IT 技术实现企业最优化管理的有效方法，是科学的管理框架与企业现实问题相结合的产物，是计算机技术与企业文化相结合的一种产品。PDM 是以整个企业作为整体，能跨越整个工程技术群体，是促使产品快速开发和业务过程快速变化的使能器。另外，它还能在分布式企业模式的网络上，与其他应用系统建立直接联系的重要工具。PDM 是帮助企业、工程师和其他有关人员管理数据并支持产品开发过程的有力工具。

（17）条形码技术 BCT　随着现代物流技术（logistics technology）的快速发展，在由产品加工、包装、运输、仓储、配送、销售等的物流全过程中，条形码技术（bar code technology，BCT）已经得到了广泛的应用。

条形码（linear bar code，one-dimensional barcode），又称一维条码，是仅在一维方向上表示信息的条码符号。一种可印制的机器语言，由一组宽度不同、平行相邻的条和空按照一定的编码规则组合起来的符号，可代表字母、数字等信息。在产品加工、包装、运输、仓储、配送、销售等的物流全过程中，实现信息和数据的快速扫描、准确采集的有效手段。BCT 是在计算机的应用实践中产生和发展起来的一种自动识别技术，是电子与信息科学领域的高新技术，所涉及的技术领域较广，是多种技术相结合的产物。它是为实现对信息的自动扫描而设计的。它是实现快速、准确而可靠地采集数据的有效手段。条码技术的应用解决了数据录入和数据采集的“瓶颈”问题，为企业管理和物流管理提供了有力的技术支持。

BCT 主要研究的是如何将计算机所需要的数据用一种条形码来表示，以及如何将条形码所表示的信息转变为计算机可读的数据。因此，BCT 包括了条形码符号的印制、读取以及条形码符号信息处理的手段与方法。一般由编码规则及条形码标准、条形码印制技术、条形码自动识别及信息处理技术三部分组成。

BCT 是一种简便、易行、廉价、可靠、高速的信息输入方式，可以解决以往人工键盘输入所带来的速度损失和信息误差等综合问题。在制造业企业中，BCT 可用于原材料和零部件及产品的出入厂管理、生产加工过程中物流及在制品的跟踪管理、零部件的识别与分检及质量检验、FMS 与 CIMS 系统中刀具及物料的识别与控制等管理过程。

BCT 为我们提供了一种对制造业物流中的产品进行标识和描述的方法，借助自动识别技术、电子数据交换（electronic data interchange，EDI）等现代技术手段，企业可以随时了解有关产品在生产线或供应链上的位置，并即时作出反应。BCT 是实现产品数据管理 PDM、电子商务 EC、供应链管理 SCM 等的技术基础，是制造业产品生产制造过程中物流管理现代化、提高企业管理水平和竞争能力的重要技术手段。它的功能在于极大地提高了制造物流和成品流通的效率，而且提高了生产与库存管理的及时性和准确性。

（18）二维码 QR　又称二维条码（quick response code，two-dimensional bar code，2D code），是在二维方向上都表示信息的条码符号。在平面（二维方向上）用某种特定的、黑白相间的几何图形按一定规律分布来表示文字数值信息的符号，可以通过图像输入设备或光电扫描设备自动识读以实现信息自动处理。

二维条码具有储存量大、保密性高、追踪性高、抗损性强、备援性大、成本便宜等特性，这些特性特别适用于表单、安全保密、追踪、证照、存货盘点、资料备援等方面。

（19）射频识别技术 RFID　射频识别（radio frequency identification，RFID）技术，又称无线射频识别，是一种无线通信技术，可通过无线电讯号识别特定目标并读写相关数据，而无须识别系统与特定目标之间建立机械或光学接触。

射频识别（RFID），俗称射频标签（RF tag）或电子标签（electronic label），用于物体或物品标识、具有信息存储功能、能接收读写器的电磁场调制信号，并返回响应信号的数据载体。它是产品电子代码（electronic product code，EPC）的物理载体，附着于可跟踪的物品上，可全球流通并对其进行识别和读写。

从概念上，RFID 类似于条码扫描，对于条码技术而言，它是将已编码的条形码附着于目标物并使用专用的扫描读写器利用光信号将信息由条形磁传送到扫描读写器；而 RFID 则使用专用的 RFID 读写器及专门的可附着于目标物的 RFID 标签，利用频率信号将信息由 RFID 标签传送至 RFID 读写器。

从结构上，RFID 是一种简单的无线系统，用于控制、检测和跟踪物体。近些年，由于射频技术发展迅猛，其主要由电子标签、阅读器和天线等 3 种基本器件组成。RFID 电子标签的阅读器通过天线与 RFID 电子标签进行无线通信，可以实现对标签识别码和内存数据的读出或写入操作。

RFID 因其所具备的远距离读取、高储存量、可追踪溯源等特性而备受瞩目。它不仅可以帮助一个企业大幅提高货物、信息管理的效率，还可以让销售企业和制造企业互联，从而更加准确地接收反馈信息，控制需求信息，优化整个供应链。

（20）产品全生命周期管理 PLM　产品全生命周期管理（product lifecycle management，PLM）技术是当代企业面向客户和市场，快速重组产品每个生命周期中的组织结构、业务过程和资源配置，从而使企业实现整体利益最大化的先进管理理念。产品全生命周期管理系统（PLMS）是支持企业实施 PLM 技术的计算机软件系统。纵观当代 PLM 现状，PLM 技术具有统一模型、应用集成、全面协同等特点。

目前，现有的 CAX、ERP、PDM、SCM、CRM、e-Business 等系统，主要是针对产品全生命周期中某些阶段的解决方案，难以支持企业作为一个整体来获得更高的效率、取得更多的创新以及满足客户的特殊需求，迫切需要一种将这些单独的系统结合到一起的企业信息化策略。PLMS 的技术定位是为上述分立的系统提供统一的支撑平台，以支持企业业务过程的协同运作。

从逻辑上看，PLMS 为不同的企业应用系统提供统一的基础信息表示和操作，是连接企业各个业务部门的信息平台与纽带，PLMS 支持扩展企业资源的动态集成、配置、维护和管理。企业应用系统（如 CAX、ERP、SCM、CRM、e-Business 等）都依赖于 PLMS，并通过 PLMS 进行连接和集成。企业所有业务数据都遵照统一的信息与过程模型被集成到 PLMS 中；扩展企业的所有部门都能够通过 PLMS 获得信息服务。

面向互联网环境基于构件容器的计算平台是 PLM 普遍采用体系结构，PLM 系统包含的典型功能集合和系统层次划分为通信层、基础层、核心层、应用层、对象层、最终方案层。通信层和对象层的作用是为PLM系统提供一个在网络环境下的面向对象的分布式计算基础环境。中间三层是主要内容，其中基础层为核心，与应用层提供公共的基础服务，包括数据、模型、协同和生命周期等服务；核心层提供对数据和过程的基本操作功能，如存储、获取、分类和管理等基本功能接口；应用层主要针对产品全生命周期管理的特定需要而开发的一组应用功能集合。最终方案层支持扩展企业构建与特定产品需求相关的解决方案。

（21）客户关系管理CRM　众所周知，新产品开发不仅指采用新技术的全新产品，还包括对现有产品的不同程度的改进，在这方面顾客的作用更为重要。当一位顾客提出某种意见时，一种新的产品构思也就随之产生了。一种新产品的诞生往往源于客户的建议。所以说，顾客的知识、经验、欲望和需求都是企业重要的资源，客户是新产品构思的重要来源。

由于市场激烈竞争的结果使得许多商品的品质区别越来越小，产品的同质化倾向越来越强，对于产品，从外观到质量，已很难找出差异，更难分出高低。这种商品的同质化结果使得品质不再是顾客消费选择的主要标准，越来越多的顾客更加看重的是商家能为其提供何种服务以及服务的质量和及时程度。为此，客户关系管理系统（customer relationship management，CRM）为了满足这种市场竞争的新需求便应运而生，并将成为21世纪企业竞争获利的"通行证"。

CRM的焦点是自动化并改善与管理销售、营销、客户服务和支持等领域的客户关系有关的商业流程。CRM的指导思想就是在整个客户生命期中都以客户为中心，将客户当作企业运作的核心，对客户进行系统化的研究，以便改进对客户的服务水平，提高客户的忠诚度并因此为企业带来更多的利润。这就要求CRM系统要能够识别所有的产品、服务以及客户与商家之间的中介关系，并且了解从这种关系发生开始客户与商家之间进行的所有交互操作。CRM的主要内容及其应用涉及三个基本的商业流程：营销自动化（MA）、销售过程自动化（SFA）和客户服务。这三个方面是影响商业流通的重要因素，对CRM项目的成功起着至关重要的作用。一个企业级的CRM系统通常包括市场管理、销售管理、客户服务和技术支持四部分。

CRM既是一套原则制度，也是一套软件和技术。它的目标是缩减销售周期和销售成本、增加收入、寻找扩展业务所需的新的市场和渠道以及提高客户的价值、满意度、营利性和忠实度。CRM应用软件将最佳的实践具体化并使用了先进的技术来协助各企业实现这些目标。CRM是一种解决方案，同时也是一套人机交互系统，它能帮助企业更好地吸引客户和留住客户，特别是在与客户交流频繁、客户支持要求高的企业，采用了CRM后，都会获得显著的回报。

CRM和ERP一样，其解决方案集于自动化和改进流程，尤其是在销售、营销、客户服务和支持等前端办公领域；CRM方案的实现也需要有一个渐进式的实施过程。但CRM比ERP更进了几步，它可以帮助各企业最大限度地利用其以客户为中心的资源（人员和资产）并将这些资源集中应用于客户和潜在客户身上。CRM可视为ERP发展的一个延伸，其共性突出地表现在供应链资源的管理上，ERP利用供应商那一端的资源，而CRM所实现的转变是更注重客户端的资源。CRM致力于提高客户满意度、回头率和客户忠诚，体现对客户的关怀；客户被作为一种宝贵资源纳入到企业的经营发展中来。正如实施ERP可改善企业的效率一样，CRM目标是通过缩减销售周期和销售成本，通过寻求扩展业务所需的新市场和新渠道，并且通过改进客户价值、满意度、赢利能力以及客户的忠实度来改善企业的有效性。通过将ERP与CRM组合为一体并建立一个闭合的系统，企业可以更有效地处理客户关系，处理的效率也更高，同时，该系统还能为企业在方兴未艾的关键领域，如电子商务方面，抓住新的商业机遇开辟新的道路。

目前，客户关系管理（CRM）和企业资源规划（ERP）以及供应链管理（SCM）一起，已经成为现代企业提高竞争力的三大法宝。

（22）供应链管理SCM　供应链管理（supply chain management，SCM）是当前国际企业管理的重要内容，也是我国企业管理的发展方向，目前正受到社会的普遍关注。供应链是指在生产及流通过程中，为将货物或服务提供给最终消费者，联结上游与下游创造价值而形成的组织网络。供应链管理是指对商品、信息和资金在由供应商、制造商、分销商和顾客组成的网络中的流动的管理。对公司内和公司间的这些流动进行协调和集成是供应链有效管理的关键。

供应链管理可以看作是电子商务的底层构件，它可以从最简单的上网发电子邮件开始，直到公司财务管理和复杂的产品排序。实际上供应链管理与客户关系管理（CRM）共同形成用户核心业务的两大支柱。而它自身是以 Web 技术和 ERP 的接口技术为基础。企业在构建供应链时，应明确自己在供应链中的定位、建立物流与输送网络、广泛采用信息技术。

有人预言，21 世纪的市场竞争将不是企业和企业之间的竞争，而是供应链和供应链之间的竞争，任何一个企业只有与别的企业结成供应链才有可能取得竞争的主动权。这因为现代管理面临着从功能管理向过程管理、从利润管理向营利性管理、从产品管理向顾客管理、从交易管理向关系管理、从库存管理向信息管理等几个重要的转变。以上这些转变，发生在一个企业内部，作用于所有的相关企业，收益与成本体现在整个供应链上，因此，发生这样的转变后，企业如果仍不将自己融于纵横交错的供应链中，还不进行供应链管理，就落后于这个时代了。

（23）制造执行系统 MES　制造执行系统（manufacturing execution system，MES）是启动、指导、响应并向生产管理人员报告在线、实时生产活动的情况，辅助执行制造订单的活动，面向制造企业车间执行层的生产信息化管理系统。它是制造企业生产过程执行系统，是一套面向制造企业车间执行层的生产信息化管理系统。

MES 可以为企业提供包括制造数据管理、计划排产管理、生产调度管理、库存管理、质量管理、人力资源管理、工作中心（设备管理）、工具工装管理、采购管理、成本管理、电子看板管理、生产过程控制、数据采集与分析、产品跟踪、责任追溯、绩效统计与分析等管理模块或功能配置，为企业打造一个扎实、可靠、全面、可行的制造协同管理平台。它是一个用来跟踪生产进度、库存情况、工作进度和其他进出车间的操作管理相关的信息流。

MES 系统设置了必要的接口，能与车间作业数控设备及现场控制设施（包括 PLC 可编程逻辑控制器、数据采集器、条形码、各种计量及检测仪器、机器人、机械手等）联系起来，实施制造计划的执行功能和现场控制。

MES 在企业应用与作用如下：

①MES 可让整个生产现场完全透明化：它可监控从原材料进厂到产品的入库的全部生产过程，记录生产过程产品所使用的材料、设备，产品检测的数据和结果以及产品在每个工序上生产的时间、人员等信息。这些信息的收集经过 MES 系统加以分析，就能通过系统电子报表实时呈现生产现场的生产进度、目标达成状况、产品品质状况，以及人、机、料的利用状况。

②MES 系统的应用可为工厂带来许多益处：优化企业生产制造管理模式，强化过程管理和控制，达到精细化管理目的；加强各生产部门的协同办公能力，提高工作效率、降低生产成本；提高生产数据统计分析的及时性、准确性，避免人为干扰，促使企业管理标准化；为企业的产品、中间产品、原材料等质量检验提供有效、规范的管理支持；实时掌控计划、调度、质量、工艺、装置运行等信息情况，使各相关部门及时发现问题和解决问题；最终可利用 MES 系统建立起规范的生产管理信息平台，使企业内部现场控制层与管理层之间的信息互联互通，以此提高企业核心竞争力。

③MES 通过反馈结果来优化生产制造过程的管理业务：生产过程追溯功能可使企业非常清楚产品的原材料的来源、负责人员、检验参数，产品在生产过程中各环节的时间、技术参数、操作人员等信息。根据这些反馈信息，来解决企业产能成本过高，或者产品质量不稳定的原因，及时作出调整，有针对性地为客户提供更好的服务，即时发生客户投诉我们也能及时准确地为客户澄清问题，确认影响范围。同时产品生产过程的数据为生产管理决策提供有效的支持，让生产过程的问题及时地暴露、及时地处理，从而有效遏制问题的发生，将产品的质量问题以及生产线的异常状况消灭在萌芽状态。

④MES 是处于计划层和现场自动化系统之间的执行层并主要负责车间生产管理和调度执行：一个设计良好的 MES 系统可以在统一平台上集成诸如生产调度、产品跟踪、质量控制、设备故障分析、网络报表等管理功能，使用统一的数据库和通过网络连接可以同时为生产部门、质检部门、工艺部门、物流部门等提供车间管理信息服务。MES 系统通过强调制造过程的整体优化来帮助企业实施完整的闭环生产，通过与计划层（如 ERP）和控制层（如车间流程控制 shop flow control 或车间作业管理 shop floor control，SFC）进行信息交互，面向车间的生产管理技术与实时信息管控，协助企业建立一体化和实时化的 ERP/MES/SFC 信息管理体系。

（24）仓库管理与控制系统 WMS/WCS　包括仓库管理系统（warehouse management system，WMS）和仓库控制系统（warehouse control system，WCS）。

仓库管理系统 WMS 是对仓库实施全面管理的计算机信息系统。它是通过入库业务、出库业务、仓库调拨、库存调拨和虚仓管理等功能，对批次管理、物料对应、库存盘点、质检管理、虚仓管理和即时库存管理等功能综合运用的管理系统，有效控制并跟踪仓库业务的物流和成本管理全过程，实现或完善企业的仓储信息管理。该系统可以独立执行库存操作，也可与其他系统的单据和凭证等结合使用，可为企业提供更为完整企业物流管理流程和财务管理信息。

WMS是一款标准化、智能化过程导向管理的仓库管理软件，由计算机控制的仓库管理系统的目的是独立实现仓储管理的各种功能，包括订单处理、收货管理、存货管理、库存控制、分拣和配送控制、盘点管理、移库管理、打印管理、信息报表和后台服务等。WMS将关注的焦点集中于对仓储执行的优化和有效管理，同时延伸到运输配送计划、与上下游供应商客户的信息交互，从而有效提高仓储企业、配送中心和生产企业的仓库的执行效率和生产率，降低成本，提高企业客户的满意度，从而提升企业的核心竞争力。

WMS系统集成了信息技术、无线射频技术、条码技术、电子标签技术、Web技术及计算机应用技术等将仓库管理、无线扫描、电子显示、Web应用有机的组成一个完整的仓储管理系统，从而提高作业效益，实现信息资源充分利用，加快网络化进程。

仓库控制系统（WCS），也称仓库分拣控制系统，是基于仓库管理系统（WMS）与物流执行设备的系统（如PLC）之间的中间层，负责对仓库管理系统（WMS）指令任务的解析，协调或调度物流执行设备（如输送机、码垛机、机器人、穿梭车RGV、引导车AGV等），使物流执行设备可以执行仓储系统的业务流程，将物品沿规定路径送达目的位置，并将作业执行过程中及作业完成信息反馈给仓库管理系统（WMS），实现仓库自动化控制的计算机软件系统。

WCS的作用包括自动化装卸货物、拆码垛；自动化存取、分拣、包装功能；自动化控制和管理生产线；实施监控产线动态；自动分配并执行WMS仓储管理软件的生产任务；多线程处理，高效运行；帮助企业WMS进入全自动化管理和运行；助力企业生产实现自动化、高效化。

（25）扩展现实XR（VR/AR/MR）　扩展现实（extended reality，XR）技术是指通过计算机技术和可穿戴设备等生成或营造的所有真实与虚拟组合的、可人机交互的环境，是虚拟现实（virtual reality，VR）、增强现实（augmented reality，AR）和混合现实（mixed reality，MR）技术以及其他类似沉浸式技术的融合与统称。即XR就是VR/AR/MR三者的集合。当前，随着5G通信、人工智能等相关技术的发展，扩展现实技术有望在更多领域得到更广泛应用，满足人们更多需求。

扩展现实XR属于未来的技术，有望成为新一代计算平台，其主要包括以下技术概念。

①虚拟现实VR：也称灵境技术或人工环境，是利用计算机模拟产生一个三维空间的虚拟世界，为用户提供关于视觉、听觉等感官的模拟。人们通过佩戴特殊设计的设备，依靠计算机生成的虚拟环境，将自己与真实的物理世界隔绝开来，沉浸于一个独立时空中，从而产生身临其境的感觉和体验。比如，通过计算机生成一个或多个物件的三维图像表示，用户可以如同对待现实物件一样与这些虚拟物件交互。交互性（interaction）和沉浸性（immersion）是VR技术的两个基本特征。

②增强现实AR：是指将计算机生成的虚拟物体、场景或系统提示的信息或高分辨率影像叠加到现实场景中，生成合成视图，从而实现对现实的增强。用户能够通过感官直接获取扩展现实的体验，具有极强交互性。比如，人们足不出户就能满足购物欲的“虚拟试衣”程序以及手机实景行车导航软件等，都是增强现实技术的典型应用。

③混合现实MR：把虚拟数字对象引入现实环境，在新的可视化环境里物理和数字对象共存，并能实时互动。通过在虚拟环境中引入现实场景信息，在虚拟世界、现实世界和用户之间搭起一个交互反馈的信息回路，以增强用户体验的真实感。由于其是将现实世界与虚拟世界融合在一起，实现真实场景与虚拟场景在几何、光照、物理和交互一致性的完全匹配，因而有时也被称为增强虚拟（augmented virtuality，AV）或全息现实（holographic reality，HR）。

简单来说，虚拟现实VR是完全虚拟的数字环境；增强现实AR是以现实世界为主，叠加数字环境，能明显区分出真实物体和虚拟物体；混合现实MR是实现物理世界和虚拟环境的互动和操作，理想状态下，无法区分真实物体和虚拟物体。

虚拟现实VR、增强现实AR、混合现实MR与扩展现实XR虽然名称不同，但基础支撑技术是相通的。而作为一种综合性的高新技术群，扩展现实技术离不开多种技术的支撑，主要包括输入技术、处理技术、输出技术和泛在技术，具体如下：

①输入技术：即对运动、环境做出感应和交互触发的技术。

②处理技术：即输入信息识别、数字内容生成、虚实融合处理等技术，使真实和虚拟空间无缝融合。

③输出技术：即依靠视觉、听觉、触觉、味觉及嗅觉五感反馈的技术，为用户提供情境化的真实感官体验。

④泛在技术：即依靠人工智能、物联网、高速传输网络等技术，保证数据从云端到边缘、再到设备端的传输稳定性。

扩展现实 XR 及其在未来的作用：XR 的开发和使用涵盖了模糊现实世界与模拟世界之间界限的技术，它旨在创造最佳的沉浸式体验和人机交互。未来，XR 应用与物联网设计将提供现实世界与数字世界连接和交互的机会，电子元件和电子系统正在为 XR 的高度沉浸和强大感官和认知体验提供有力支持。

①XR 将在设计过程中提供助力：XR 可以在极端危险、昂贵、耗时，或者在现实世界中很难重现或模拟的设计中发挥重要作用。在这些情况下，XR 将使工程师能够同时利用人类和机器的洞察力，并借助 XR 的人类传感模型和自身经验收集更多信息。这种能力可以让应用更安全、成本和风险更低，同时缩短其交付周期。

②XR 将推动人类合作呈爆炸式增长：随着 XR 越来越流行，XR 将使大型网络中的用户能够一起合作并互相学习。每个人各自发挥不同的才能，通力合作，集体破解和破译线索，共享资源，尝试各种组合，然后商量好如何执行。所以 XR 将支持并要求设计工程师与人机（包括计算机、机器人等）团队合作，完成最理想的设计。

③XR 将激发人类的创造能力：XR 不是让人类实现物理自动化，而是帮助释放人类的创造力。人类不会被取代。相反，人类的创造性思维将得到释放，能够完成更多事情。借助 XR 增强的人机交互将推动满足人类需求的新应用的开发。作为一种工具，XR 将提高人们的技能和创造能力。这种新工具不会取代人类，而是让人类能够探索新的机会和更多可能。

④XR 将催生全新生产生活方式：目前，XR 技术的应用已常见于文艺演出、影视制作、艺术展览、赛事直播等消费娱乐领域，还逐渐向医疗、教育、工业等垂直领域渗透。比如，应用在医学中，医生戴上混合现实眼镜，患者器官的虚拟全息立体模型就可呈现在面前，医生可通过手势在空中移动、旋转、缩放三维影像，“透视”患者器官结构，从而实现术前影像诊断、手术规划、术中导航和远程医疗等。扩展现实，连接虚拟，将现实与虚拟无缝对接，在虚拟与现实间自如切换，虚拟和真实之间，边界将不再明显。可以预见，不远的未来，XR 技术在各领域的应用将大有可为，它作为一种未来交互的新形态，将会催生或改变人们的工作方式、生活方式和社交方式。

⑤XR 将给制造业升级发展带来新机遇：基于人工智能、光场技术、计算机视觉技术等核心技术的发展成熟，硬件设备的革新进步，软件与应用场景的拓展完善，XR 必将进入新的发展机遇期，市场规模持续扩大，行业应用也愈加丰富。其中，5G+XR 不仅带给人们一种全新的生活方式，还带来了产业发展新机遇。特别是在工业制造、机械维修、建筑、能源等行业，XR 的应用将能够从企业的物理资产、生产流程中收集数据，并进行整合分析，帮助企业更好地完成市场预测、设计生产、质量控制、管理维护等工作，实现降本增效。当智能设备、智能生产体系与数字世界实现融合后，可驱动制造企业完成智能化转型。因此，XR 技术的应用，对于驱动数字经济发展和传统产业升级具有重要意义。

10.3 先进制造技术发展趋势

10.3.1 制造模式及其发展演变

制造模式是制造业为了提高产品质量、市场竞争力、生产规模和生产速度，以完成特定的生产任务而采取的一种有效的生产方式和一定的生产组织形式。它也指企业体制、经营、管理、生产组织和技术系统的形态和运作的模式。从更广义的角度看，制造模式就是一种有关制造过程和制造系统建立和运行的哲理和指导思想。

（1）回顾历史，制造模式总是与生产发展水平及市场需求相联系的。制造模式具有鲜明的时代性。

①农业生产时代的手工作坊制造模式：这也是在手工业生产时代，其特点是产品的设计、加工、装配和检验基本上都由个人完成，这种制造模式可以满足个性化需要，灵活性好，但效率低，难以完成大批量产品的生产。

②工业化时代的机械自动化生产模式：这是在从 19 世纪中叶到 20 世纪中叶，出现的工业化生产、大批量生产、标准化生产等，以提供廉价的产品为主要目的。这种大量生产模式在制造业中占主导地位近百年，这种模式通过劳动分工实现作业专业化，在机械化和电气化技术支持下，大大提高了劳动生

产率，降低了产品成本，有力地推动了制造业的发展和社会进步。

③信息化时代的智能制造生产模式：自20世纪后半叶特别是后30年，生产需求朝多样化方向发展且竞争加剧，迫使产品生产朝多品种、小批量、变批量、短周期方向演变，传统的大量生产正在被个性化定制的生产模式所代替。柔性化生产、精益生产、准时化生产、敏捷制造、虚拟制造等，以快速满足顾客多样化、个性化需求为主要目的。

④未来发展趋势是知识化时代的绿色制造生产模式：是指在保证产品的功能、质量、成本的前提下，综合考虑环境影响和资源效率的现代制造模式。以产品的整个生命周期中有利于生态环境保护、节能减排、节材降耗、健康安全为主要目的。绿色制造模式是一个闭环系统，也是一种低熵的生产制造模式。它要求产品从设计、制造、使用到报废整个产品生命周期中不产生环境污染或环境污染最小化，符合环境保护要求，对生态环境无害或危害极少，节约资源和能源，使资源利用率最高，能源消耗最低。

（2）现代先进制造生产模式是从传统的制造生产模式中发展、深化和逐步创新的过程而来。比较流行的制造生产模式主要有：

①柔性生产模式：由英国莫林斯（Molins）公司首次提出的柔性生产模式，在20世纪70年代末得到推广应用。该模式主要依靠有高度柔性的以计算机数控机床为主的制造设备来实现多品种小批量的生产，以增强制造业的灵活性和应变能力，可缩短产品生产周期，提高设备使用效率和员工劳动生产率且改进产品质量。

②精益生产模式：由1990年美国麻省理工学院在总结第二次世界大战后以丰田汽车为代表的日本制造工业的经验时提出的。这种模式以改革企业生产管理为特点，实施“精简、消肿”的对策，以及“精益求精”的管理思想。该模式要求产品优质，且充分考虑人的因素，采用灵活的小组工作方式和强调合作的并行工作方式；在生产技术上是采用适度的自动化技术，使制造企业的资源能够得到合理的配置、充分的利用。

③虚拟制造生产模式：该模式在制造过程中运用计算机模拟和仿真来实现产品的设计和研制，即在计算机中实现的制造技术。它将从根本上改变设计、试制、修改设计、规模生产的传统制造模式。在产品真正制造出来之前，首先应在虚拟制造环境中完成软产品原型（soft prototype），代替传统的硬样品（hard prototype）进行试验，对其性能进行了预测和评估，从而大大缩短产品设计与制造周期、降低产品开发成本，提高其快速响应市场变化的能力，以便更可靠地决策产品研制，更经济地投入、更有效地组织生产，从而实现制造系统全面最优的制造生产模式。

④绿色制造模式：绿色制造是综合运用生物技术、绿色化学、信息技术和环境科学等方面的成果，使制造过程中没有或极少产生废料和污染物的工艺或制造系统的综合集成生态型制造技术。绿色制造模式是实现制造业可持续长远发展的制造模式。

其实归纳起来，现代先进制造生产模式就是智能制造（包括柔性生产、精益生产、虚拟制造）模式和绿色制造模式。其特点是：面向顾客，及时了解顾客需求和市场走向；企业须兼顾顾客需要与企业生产能力，并采取以质量取胜的方针；企业要推行有效的精良生产；掌握信息，并对市场作出快速、灵活响应的能力；将所有资源合理集成，实现可持续发展。

10.3.2 中国家具业制造模式的现状

近年来，中国家具业发展迅猛，但家具制造模式却明显滞后于家具产业的整体发展速度。由于产业基础薄弱、发展速度过快等原因，导致中国家具业出现了发展水平不平衡、发展程度不高等缺点。家具加工手段上存在着设备种类单一、加工精度不够、标准滞后、数控化水平低等一系列不足之处。加工模式上也存在着手工、机械化和信息化加工并存，以传统手工和半机械化加工为主，偶有先进制造模式运用的现状。但整体而言，中国家具制造模式发展趋势却是向机械化、自动化、专业化和协作化的现代工业化方向稳步推进。

根据中国家具业的制造水平与特点等现状，可将中国家具制造模式分成四种主要模式。

（1）劳动密集型制造模式　指传统的手工加上极少量简单单机加工的制造模式，主要通过人员的高密度规模生产而产生效益。这种模式生产效率低、精度差，但在目前的中国家具业中仍占有一定比例，多数集中在小型或作坊式家具加工企业中。这类加工企业的规模小，产值低，销售渠道单一，销售多集中在县、乡、镇等末端市场。

（2）劳动密集+半机械化制造模式　指传统的手工加上少量机械设备的制造模式，主要通过依靠结合部分机械化加工设备与人员的密集规模生产而产生效益。这种模式在目前的中国家具业中占有相当高的比例，是中国家具制造模式的典型代表，多数集中在中小型家具加工企业中。这类加工企业的有一定的规模和产值，产品质量也有一定保证，销售多集中在二、三级市场。

(3) 机械化制造模式　指主要利用成套成系列的机械设备组成生产线进行生产的制造模式。在目前的中国家具业中占有较低比例，多数集中在大型家具加工企业中。这类加工企业有较大规模和产值，产品质量有相当保证，产品品牌的市场效应较为明显，销售多集中在一、二级市场。

(4) 机械化+信息化制造模式　指利用整合了信息化技术的机械设备组成生产线进行生产的加工模式。在目前的中国家具业中比例极低，都集中在大型或特大型家具加工企业中。这类加工企业的规模和产值大，销售渠道明确，产品质量高，产品品牌的市场效应明显或以 OEM 代工为主，销售多集中在一级市场和国外市场。

10.3.3　家具先进制造技术发展方向

从工业制造业的发展过程可以看出，工业生产方式经历了一个“手工生产方式、大批量生产方式、JIT 准时化生产方式、LP 精益生产方式、AM 敏捷制造方式”的过程。从现代工业企业所处的环境经历了一个“产品供不应求、单一品种大批量生产、以成本与质量取胜、多品种小批量生产、竞争激烈与产品翻新迅速、产品智能化与品味化、全球生产与全球市场”的过程。

当今，传统的家具制造业在世界范围内所面临的环境是：技术进步日新月异、产品需求日趋多变、市场竞争日益激烈。在这样的环境下，一方面，自动化技术、计算机技术、信息技术、材料技术和管理技术等迅猛发展，形成制造“硬”技术与管理“软”技术的有效结合与综合应用，极大地改变了制造业的制造方式、经营管理模式和提高了制造业的制作能力、管理水平；另一方面，市场需求的变化与竞争的加剧，又迫使企业不得不寻求能够快速响应市场和适应当代环境的制造方式与生产经营方式。这两方面的因素将会促进家具制造业的不断发展，并形成一些非常明显的发展趋势和特点。这就是，家具制造业正在逐步对多种学科、多种技术进行综合吸收和应用；正在逐步使制造环节、加工过程融为一体，形成制造集成系统；正在逐步使产品的设计、生产、销售、市场等趋向于衔接紧密化与一体化，使企业的经营生产方式能够快速响应市场的需求变化。

“信息化是我国加快实现工业化和现代化的必然选择。坚持以信息化带动工业化，以工业化促进信息化，走出一条科技含量高、经济效益好、资源消耗低、环境污染少、人力资源优势得到充分发挥的新型工业化路子。”这是我国工业发展的方向。因此，未来的家具制造业将会通过采用先进制造技术和实施家具工业信息化工程，形成制造设备与信息技术集成化、制造设备与人协调化的家具制造技术和制造系统，最终有效地保证机械设备的可靠性，使其在制造全球化的生产体系下能有效地发挥作用，生产制造出高新技术型家具产品。

复习思考题

1. 什么是制造技术？制造技术包括哪几个方面？

2. 什么是制造系统？制造系统有哪些主要组成部分？

3. 人类社会经历了哪几个经济时代？不同的经济时代的制造技术有哪些主要特征？

4. 什么是先进制造技术？主要体现在哪几个方面？其目前主要包括哪些技术内容？

5. 中国家具工业现有制造模式有哪些形式？今后家具先进制造技术的重点发展方向是什么？

第11章 家居智能制造

【本章重点】

1. 制造业生产方式与大规模定制。
2. 信息技术与数字化转型。
3. 工业 4.0 与智能制造。
4. 家居智能制造及其发展趋势。

11.1 制造业生产方式与大规模定制

不论加工是手工制作，还是动力机械制造；也不论产品是零售，还是批发销售，都视为生产或制造。制造业（manufacturing industry）直接体现了一个国家的生产力水平，是区别发展中国家和发达国家的重要因素，在发达国家的国民经济中占有重要份额。制造业的生产方式（mode of production）是指社会生活所必需的物质资料的谋得方式，在生产过程中形成的人与自然界之间和人与人之间的相互关系的体系。人们一般把物质资料生产的物质内容称作是生产力，把其社会形式称作是生产关系，这两者都是生产方式的建设性内容，即物质生产方式（物质谋得方式）和社会生产方式（社会经济活动方式）。换言之，生产方式是两者在物质资料生产过程中的能动统一。

11.1.1 制造业的类型

制造业是指将原辅材料或半成品经物理或化学的加工后成为新的产品的过程。它包括：产品设计、制造、原料采购、仓储运输、订单处理、零售、批发经营等。

制造业依据支撑技术的先进程度不同，可分为传统制造业和现代制造业等。

①传统制造业：也称传统产业或传统行业，是使用传统技术规范来解决各种生产问题而形成的产业，主要是指劳动力密集型的、以制造加工为主的行业，如家具、建筑、建材、纺织、服装、鞋帽、农林畜牧、食品等行业。

②现代制造业：是指机械工业及信息技术时代利用某种资源（物料、能源、设备、工具、资金、技术、信息和人力等），按照市场要求，通过制造过程，转化为可供人们使用和利用的大型工具、工业品与生活消费产品的行业。

随着当代信息技术、先进制造技术和全球化的发展，制造业的发展技术、发展模式都发生了较大的变化，出现了所谓与传统制造业相对而言的现代制造业。现代制造业是对信息化水平、企业的组织形式、经营的开放性与全球性、企业的研究开发能力与产品的技术含量都有较高的要求。一般来说，现代制造业主要有以下特征：

①充分应用和吸收当今先进制造技术，紧跟信息化步伐，并呈现出制造业与服务业既分工又融合，以加工制造为主转向更加重视设计研发与营销服务，向两端延伸的趋势。

②建立起与现代技术相适应的生产方式，通过建立起自动化和信息化系统，不断提高研究开发、生产经营、管理决策、营销服务等的效率和水平，进而提高企业经济效益和综合竞争力。

③推动企业组织形式的巨大变革，组织结构从“金字塔型”向“扁平型”转变，实现业务流程再造和信息系统集成基础上的企业经营过程重组。

④具有与全球化相适应的资源整合与配置方式，使企业研发、采购、生产、销售等的范围扩大，并使企业已经积累起来的知识、资本、技术和经验所获

得的效益最大化。

⑤利用现代信息技术改造和集成业务流程，形成以价值链为基础的产业链分工协作、创新链协同整合的模式和企业战略联盟。

11.1.2 制造业生产方式的类型

制造业的生产方式（或生产类型）是指企业依据其产品的特点、生产计划或销售方式等企业自身的特点，所确立的一种或几种生产的方式。各个工业企业在产品结构、生产方法、设备条件、生产规模、专业化程度、工人技术水平以及其他各个方面，都具有各自不同的生产特点。这些特点反映在生产工艺、设备、生产组织形式、计划工作等各个方面。并对企业的技术经济指标有很大影响。因此，各个企业应根据自己的特点，从实际出发，建立相应的生产管理体制。这样，就有必要对企业进行生产类型的划分。

目前，制造业的生产方式（或生产类型）主要有以下几种：

（1）按产品使用性能或顾客需求功能分类

①通用产品（universal products）：是指同一类型不同规格或不同类型的产品，用途相同、结构相似。产品通用性越强，其销路就越广，生产的机动性越大，对市场的适应性就越强。通用产品又称为通用型产品或大众化产品等。

②专用产品（special products）：是指产量小、品种多，具有特定功能或专用功能，需要进行小批量定制生产的产品。一般需由生产和需求双方直接商讨产品规格、质量、式样等要求，可无须经过中间商。专用产品又称为专业型产品、功能型产品、定制类产品等。

（2）按产品品种和专业化程度分类

①专业化生产（specialized production）：是指专门生产一定的成品或零部件，或者完成成品生产过程中的某些工艺作业的生产方式。其特点是企业生产的产品产量越大，产品品种则越少，生产专业化程度也越高，而生产的稳定性和重复性也就越大；拥有专门的机器设备，采用特定的工艺流程，配备相应的生产工人、技术和管理人员。

②非专业化生产（unspecialized production）：是指生产的产品品种与数量、采用的工艺流程与机器设备、质量技术标准与规范等都不固定的生产方式。其特点是企业生产的产品产量越小，产品的品种则越多，生产专业化程度越低，而生产稳定性和重复性亦越小；采用通用机器设备，对生产组织、工艺技术、生产人员等有较高的要求，而且生产周期长。

（3）按产品形态或生产工艺特征分类

①流程型制造（process manufacturing）：是指被加工对象不间断地通过生产设备或一系列的加工装置使原材料进行化学或物理变化，最终得到产品。通常在生产过程中，物料是通过一条连续生产线并均匀、连续地按照一定（或固定）工艺顺序运动，最终将原料制成成品。主要包括重复性生产（repetitive manufacturing）和连续性生产（continuous manufacturing）两种类型。其特点是生产计划制订简单，相对稳定；生产设备及其生产能力固定；工艺路线固定，工艺过程连续；生产过程实施和控制相对简单等。

②离散型制造（intermittent/discrete manufacturing）：是指产品由多个零件经过一系列并不连续的工序的加工最终装配而成。一般都包含零部件加工、零部件装配成产品等过程。例如，家具生产就属于离散型制造。其特点是产品形态相对较为复杂，包含多个零部件，一般具有相对较为固定的产品结构和零部件配套关系；产品种类具有较多品种和系列，这就决定企业物料的多样性；加工过程是由不同零部件加工子过程或并联或串联组成的复杂的过程，其过程中包含着更多的变化和不确定因素，因而，过程控制更为复杂和多变；生产产能不像连续型企业主要由硬件（设备产能）决定，而主要以软件（加工要素的配置合理性）决定，企业通过软件方面的改进来提升竞争力更具潜力。

（4）按生产的连续程度分类

①连续生产（continuous production）：是指长时间连续不断地生产一种或很少几种产品，且产品制造的各道工序前后紧密相连的生产方式。其特点是从原材料投入生产到成品制成时止，按照工艺要求，各个工序必须顺次连续进行；生产的产品、工艺流程和使用的生产设备都是固定的、标准化的；工序之间一般没有在制品储存。

②间断生产（discontinuous/intermittent production）：又称间歇式生产，主要是指产品按照特定的加工要求，在不同的加工工序加工，设备通常按照加工功能分组布置，通过不同加工工序的生产控制，加工过程可以停顿，形成在制品并可存储的生产方式。其特点：输入生产过程的各种要素是间断性地投入；各个工序之间相互独立，通过必要在制品库存以实现工序间的正常流转；以一定量的在制品库存使客户的需求得到快速满足。

（5）按生产稳定性和重复性分类

①大量生产（mass production）：是指在较长时间内接连不断地重复制造品种相同的产品生产。其特点是产品品种少、产量大，生产比较稳定，大多数工作是长期固定地完成同种产品的一、二道工序，专业化程度较高。一般可以采用流水线、自动线等先进的生产组织形式，操作工人往往固定从事某一种劳动，有利于提高工人的操作熟练程度和劳动生产率。大量生产可能是简单生产，也可能是复杂生产。在大量生产的企业、车间中，适宜采取对象专业化的形式来划分生产单元，并按工艺流程布置所需的各种生产设备，由于产品的生产连续不断地进行，只能按照产品种类或类别计算产品成本。

②成批生产（batch production）：又称批量生产，是指定期成批地重复生产一定种类的产品。通常是企业（或车间）在一定时期内，一次批量生产在质量、结构和制造方法上完全相同产品（或零部件）。其特点是分批生产相同产品，生产呈周期性重复；生产组织多以计划的方式来驱动生产；按批量大小可分为小批生产、中批生产、大批生产三种类型。

③单件生产（simplex production）：又称单件小批量生产，是根据需求方的订单所提出的特定规格和数量进行的产品生产。其特点是产品种类繁多，每种产品产量少，产品性能和规格比较特殊；产品基本上是一次性需求的专用产品，一般不重复生产，即使有重复生产，也是没有固定的重复期；产品对象不断变化，但大多采用通用性生产设备和工艺装备，因而设备利用率低；大多数工作地需要承担很多道工序，生产稳定性差，工艺专业化程度低；单件生产劳动生产率低，产品生产周期长，成本高；其长处是容易适应社会对产品的多品种和个性化的需求。

④多品种大批量生产（multi-kind and mass production）：又称大批量定制生产或大规模定制（mass customization，MC），是以大批量生产的效率向客户提供多种定制产品的一种生产模式，它把大批量生产与多品种定制两个方面有机地结合起来，实现了客户的个性化定制和大批量生产的有机结合。其特点是物料被加工成基型产品的重复度高，因而这部分物料的需求很容易控制；物料的采购、设计、加工、装配、销售等流程要满足个性化定制要求；对装配流水线则有更高的柔性制造要求；最关键的是创建可定制的产品服务；库存不再是生产物流的终结点，单个企业物流将发展成为供应链系统物流；生产品种的多样化和规模化制造，要求物料的供应商、零部件的制造商以及成品的销售商之间的选择将是全球化、电子化、网络化的协同以实现向客户快速交付。

（6）按产品需求特性或生产计划来源分类

①库存生产（make-to-stock，MTS）：又称存货生产、备货生产、现货生产，是通过成品库存随时满足用户需求，缩短交期，客户不需要等待即可获得产品。如图 11-1 所示。其特点是通常适合产品规格、工艺规程、材料规格标准化的大批量固定品种连续生产；产品一般属大众化或自有品牌产品；在对市场需要量进行预测的基础上，有计划地进行生产，产品有一定的库存；一般是在接受订单之前，就开始组织生产，有多种产品、多个地点的产成品库存，供客户选择；只有销售活动是由客户订货驱动的，因而又被称为“订单销售”（sale-to-order，STO）；为防止库存积压和脱销，生产管理的重点是抓产、供、销之间的衔接，掌握生产计划和控制的主动权，按“量”组织生产过程各环节之间的平衡，保证全面完成计划任务；由于产品规格和过程参数的标准化，这种制造方式在稳定产品质量和管理生产过程方面具有优势；连续和重复性的生产避免频繁的启动和结束生产过程，能减少生产成本、提高工艺稳定性和产品质量水平；由于客户订单是从仓库的安全库存量中出货，生产前置时间并不影响交货期，客户可以迅速获得产品；由于市场需求的周期性变化，安全库存量需要占用大量流动资金；在市场发生异常变化时，库存积压的过时产品或“呆料”会成为企业致命的“毒药”。

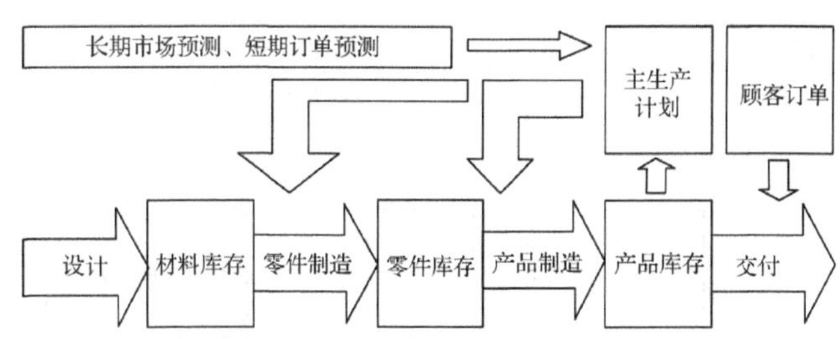

图 11-1 库存生产（MTS）的工作流程图

②订单生产（make-to-order，MTO）：又称接单生产、按单生产、订货生产、定制生产，是根据客户订单的需求量和交货期来进行安排和组织生产。如图 11-2 所示。其特点是满足个性化需求、降低库存、适时适量生产；由于针对每一批次的订货进行生产，生产出来的成品在品种规格、数量、质量和交货期等方面是各不相同的，并按合同规定按时向用户交货，成品库存甚少（可能有数天的临时存放）；由于

在订货生产中，大部分是新的订单，重复生产作业的比率不高；为提高重复性生产，产品的主导设计、工艺流程、生产设备等固定的主体，需要针对顾客的不同需求作适应性调整或改善设计；顾客需求和产品更新变化越大，生产重复性越高，项目适应程度就越强；生产管理的重点是抓“交货期”，按“期”组织生产过程各环节的衔接平衡，保证如期实现。

③订单装配（assembly-to-order，ATO）：又称装配生产、组装生产，是根据客户订单对产品零部件或配置给出的要求，为客户进行零部件组装和提供定制产品。这是订单生产中的一种特例，即订单上所需要的最终产品是由库存中现有的零部件组装而成的，它往往用于系列可选产品的订单生产中。如图11-3所示。其特点是属于连续重复性制造过程与接单装配过程的结合；装配所用的零部件一般是通用的零部件，并且是事先生产好之后存入仓库的，当客户需要时，将它们装配起来即可；为避免产品库存、管理控制问题需要采用精益生产等技术方法

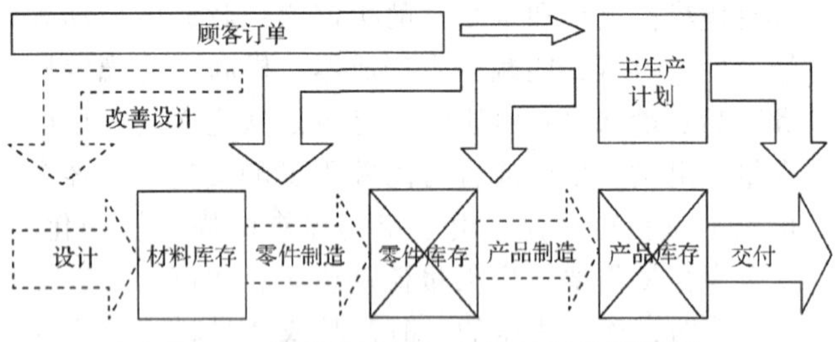

图11-2　订单生产（MTO）的工作流程图

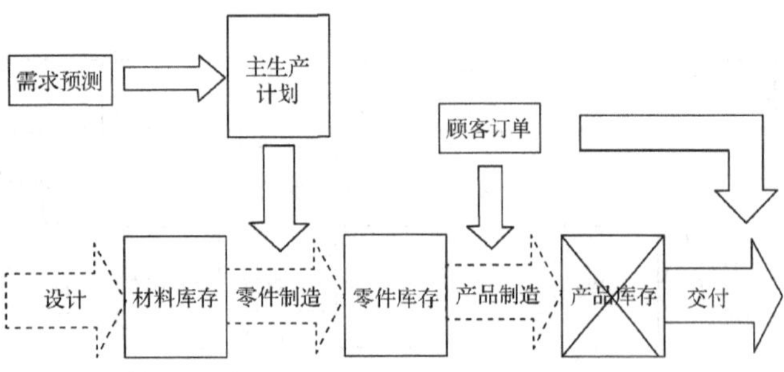

图11-3　订单装配（ATO）的工作流程图

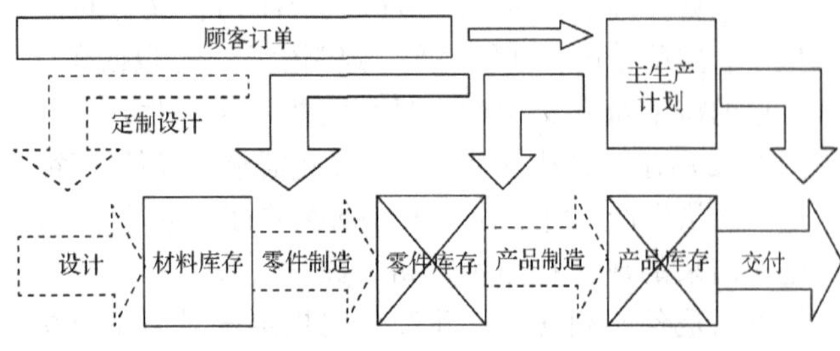

图11-4　按单设计（ETO）的工作流程图

解决；在导入新产品时和进行过程改善时需要采用项目管理方法进行控制。

④按单设计（engineer-to-order，ETO）：又称工程生产、工程设计、工程订单、订单工程，是指产品在很大程度上是按照某一特定客户的要求来设计，并以工程项目来组织生产的。因此，支持客户化的设计与制造是该生产流程的重要功能和组成部分如图11-4所示。其特点是属于典型的项目过程，以至于也被称为工程项目制造；因为绝大多数产品都是针对顾客的不同需求设计或为特定客户量身定制，所以这些产品一般只生产一次；一般产品结构复杂，通用件和标准件少，原辅材料、工艺流程、人员投入等都不固定；由于要先进行产品设计，因此提前期长，交货期也长；产品的生产批量较小，但设计工作和最终产品往往非常复杂；由于是针对每一批次的订货进行设计和制造，没有长期的零件库存和产品库存。

（7）按生产信息和物料流动方向分类

①推式生产（push production）：是指企业各个部门都是按照规定的生产计划进行生产，上工序无须为下工序负责，生产出产品后按照计划把产品送达到下工序即可。如图11-5所示。其特点是推式生产方式要求企业有较强的库存控制能力或资金实力；生产控制就是要保证按照生产作业计划的要求按时、按质、按量完成任务，每一工序的员工注重的是自己所在工序的生产效率；各个工序之间相互独立，在制品存货量较大；总体的生产是一种从工序上最初的生产部门向工序最终生产部门的一个“推动”的过程；以JIT的视角来看，推动生产方式既不能满足“适时”生产的要求，又必须有相当的安全库存以保证按时交货，因而会产生很多重大“浪费”，不符合JIT的要求；库存生产MTS通常属于推式生产。

②拉式生产（pull production）：是指一切从市场需求出发，根据市场需求来组装产品，借此拉动前面工序的零部件加工。如图11-6所示。其特点是拉式生产方式要求企业有较强的柔性生产能力和市场

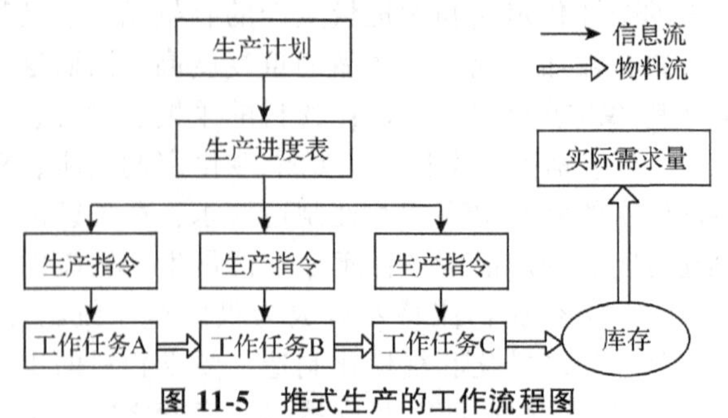

图11-5　推式生产的工作流程图

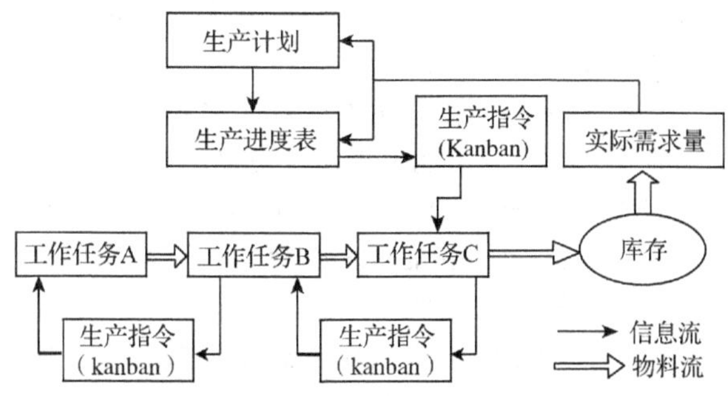

图 11-6 拉式生产的工作流程图

快速响应能力；每个部门、工序都是根据后向部门以及工序的需求来完成生产制造，同时向前向部门和工序发出生产指令；在拉动生产中，计划部门只制订最终产品计划，其他部门和工序是按照后向部门和工序的生产指令来进行的；属于 JIT 生产方式，可以保证“适时适量生产”，以及生产的同步化和均衡化，减少在制品库存或浪费；订单生产 MTO、订单装配 ATO、订单工程 ETO 等都属于拉式生产。

11.1.3 大规模定制

在新的市场环境中企业迫切需要一种新的生产模式，大规模定制（mass customization，MC）由此产生。1970 年，美国未来学家阿尔文·托夫（Alvin Toffler）在《Future Shock》一书中提出了一种全新的生产方式的设想：以类似于标准化和大规模生产的成本和时间，提供客户特定需求的产品和服务。1987 年，斯坦·戴维斯（Start Davis）在《Future Perfect》一书中首次将这种生产方式称为“Mass Customization”，即大规模定制（MC）。1993 年，B·约瑟夫·派恩（B. Joseph Pine II）在《大规模定制：企业竞争的新前沿》一书中写道：“大规模定制的核心是产品品种的多样化和定制化急剧增加，而不相应增加成本；其范畴是个性化定制产品和服务的大规模生产；其最大优点是提供战略优势和经济价值。”

（1）大规模定制的概念　大规模定制是一种集企业、客户、供应商、员工和环境于一体，在系统思想指导下，用整体优化的观点，充分利用企业已有的各种资源，在标准化技术、现代设计方法学、信息技术和先进制造技术等支持下，根据客户的个性化需求，以大批量生产的低成本、高质量和高效率，提供定制产品和服务的生产方式。

（2）大规模定制的内涵　大规模定制是基于产品族零部件和产品结构的相似性、通用性，利用标准化、系列化、模块化等设计方法，降低产品的内部多样化（如原辅材料、零部件、工艺等的种类），增加顾客可感知的产品外部多样化（如产品的种类、风格、颜色、规格等），并通过产品重组和过程重组，将产品定制生产转化或部分转化为零部件的批量生产，从而迅速向顾客提供低成本、高质量的定制产品。

（3）大规模定制的基本思想　在于通过产品结构和制造流程的重构，运用现代的信息技术、新材料技术、柔性制造技术等一系列高新技术，把产品的个性定制生产问题全部或部分转为批量生产，以大规模生产的成本和速度，为单个客户或小批量多品种市场定制任意数量的产品。

（4）大规模定制的类型　根据前面按产品需求特性或生产计划来源对生产方式的分类，大规模定制也可以订单销售（即库存生产）、订单装配、订单生产和按单设计四种类型。如图 11-7 所示。这是根据企业的客户订单分离点（customer order decoupling point，CODP）的位置进行分类的。

客户订单分离点（CODP）即延迟区分边界，是指企业生产活动中由基于预测的库存生产转向响应客户需求的定制生产的转换点。客户订单分离点不同即产品定制需求发生的时间点不同，产品需求的定制点不同，企业的生产类型也会不同。

①订单销售（STO）：即库存生产（MTS），这是一种大批量生产方式。在这种生产方式中，只有销售活动是由客户订货驱动的，企业通过客户订单分离点（CODP）位置往后移动而减少现有产品的成品库存。

②订单装配（ATO）：是指企业接到客户订单后，将企业中已有的零部件经过再配置后向客户提供定制产品的生产方式。在这种生产方式中，装配活动及其下游的活动是由客户订货驱动的，企业通过客户订单分离点（CODP）位置往后移动而减少现有产品零部件和模块库存。

③订单生产（MTO）：是指接到客户订单后，在

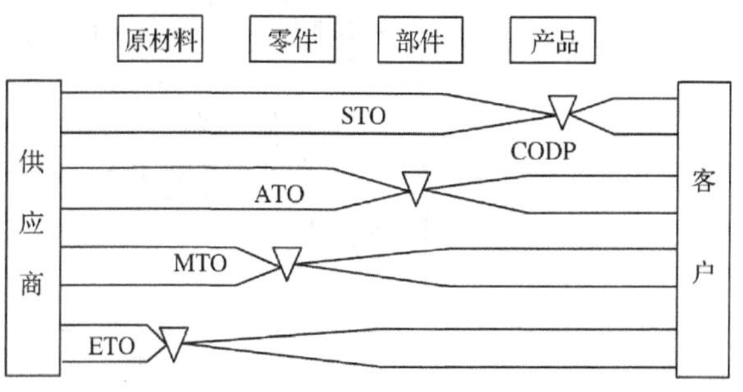

图 11-7 大规模定制的分类示意图

已有零部件的基础上进行变型设计、制造和装配，最终向客户提供定制产品的生产方式。在这种生产方式中，客户订单分离点（CODP）位于产品的生产阶段，变型设计及其下游的活动是由客户订货驱动的。

④按单设计（ETO）：是指根据客户订单中的特殊需求，重新设计能满足特殊需求的新零部件或整个产品。客户订单分离点（CODP）位于产品的开发设计阶段。较少的通用原材料和零部件不受客户订单的影响，产品的开发设计及原材料供应、生产、运输都由客户订单驱动。企业在接到客户订单后，按照订单的具体要求，设计能够满足客户特殊要求的定制化产品，从供应商的选择、原材料的要求、设计过程、制造过程以及成品交付等等都由客户订单决定。

（5）大规模定制的核心能力　大规模定制企业的核心能力表现在通过定制产品的大规模生产，能够低成本、高效率地为顾客提供充分的商品空间，从而最终满足顾客的个性化需求。

①准确获取顾客需求的能力：准确地获取客户需求信息是满足客户需求的前提条件。MC定制企业通过电子商务、客户关系管理（CRM）及实施一对一营销的有效整合来提升其准确获取顾客需求的能力。

②面向MC的敏捷产品开发设计能力：敏捷的产品开发设计能力是指企业以快速响应市场变化和市场机遇为目标，结合先进的管理思想和产品开发方法，采用设计产品族和统一并行的开发方式，对零件、工艺进行通用化，对产品进行模块化设计以减少重复设计，使新产品具备快速上市的能力。MC企业通过面向产品族的设计能力、模块化设计能力、并行工程、质量功能配置（QFD）能力和产品配置设计能力的有效整合来构建和提升大规模定制企业的敏捷产品开发设计能力。

③柔性的生产制造能力：多样化和定制化的产品对企业的生产制造能力提出了更高的要求。MC主要通过企业柔性制造系统（FMS）与网络化制造（networked manufacturing）的有效整合及采用柔性管理来构筑、提升其柔性的生产制造能力。

（6）大规模定制的供应链总体模型　为了适应客户驱动生产和企业联盟的需要，大规模定制需要利用先进的信息手段与客户保持信息的畅通和互动，了解每一个顾客的个性化需求，并凭借其高效的供应链管理对市场快速做出反应，为顾客提供多样化的产品和服务。这种模式使得分销商、零售商的作用不断减弱甚至消失，导致供应链的结构逐渐转变为由原材料供应商、制造商、主体企业和客户组成的开放式的网络结构，即大规模定制的供应链总体模型，如图11-8所示。

从图11-8中可以看出，随着互联网络的发展和电子商务的普及，电子商务平台已经取代了分销商和零售商成为定制企业与客户联系的桥梁。这种模式的核心是一系列采购、生产、配送等环节在内的供应链具有快速反应能力。

首先，客户通过电子商务平台向企业提出定制要求，企业通过数据挖掘等先进技术从中进行信息采集和整理，而后通过客户关系管理（CRM）对客户订单进行分解。

其次，分解后的订单信息成为企业采购的重要依据，而通过采购或供应链管理（SCM）也使企业与零部件制造商和原材料供应商紧密联系在一起。

再次，由于供应商和零部件制造商在一开始是以需求预测来决定其库存的，因此企业应将通过电子商务平台采集到的客户信息及时传递给供应商和

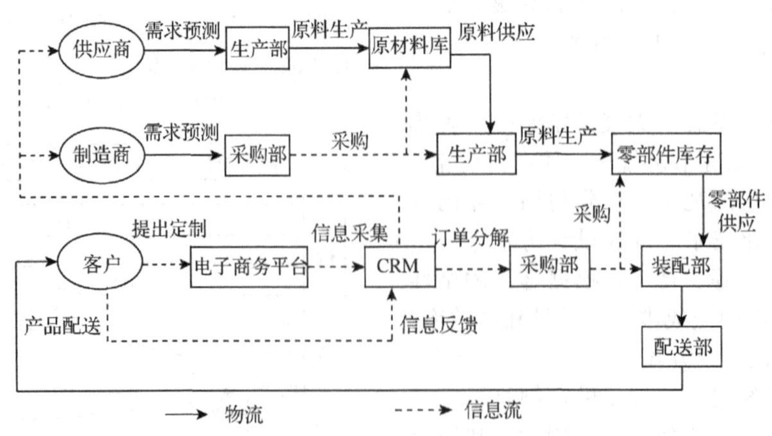

图11-8　大规模定制的供应链总体模型图

制造商，以使他们的库存尽可能地降低。

最后，当企业将客户的定制产品送交客户手中后，还应将客户的反馈信息传递到CRM系统中，以期更好地与客户进行沟通。

11.2 信息技术与数字化转型

当今，信息技术（information technology，IT）已经成为推动全球产业变革的核心力量，并且不断集聚创新资源与要素，与新业务形态、新商业模式互动融合，快速推动产业的转型升级和变革，全新的工业经济发展模式正在发生变化。尤其是云计算、大数据、物联网、移动互联网、人工智能等新一代信息技术的发展，正在加速推进全球产业分工深化和经济结构调整，重塑全球经济竞争格局。当前，数字经济（digital economy）已成为驱动我国经济发展的重要力量。发展数字经济，是实现产业链、价值链和创新链等各环节协调发展，以及促进经济转型升级的必由路径。作为我国传统优势产业的家具行业，也正在加快抓住全球信息技术和产业新一轮分化和重组的重大机遇，全力打造核心技术产业生态，不断推动数字化设计和制造，有效实现企业数字化转型。

11.2.1 信息技术

11.2.1.1 信息技术的内涵

信息技术是主要用于管理和处理信息所采用的各种技术的总称。广义而言，信息技术是指能充分利用与扩展人类信息器官功能的各种方法、工具与技能的总和。狭义而言，信息技术是指利用计算机、网络等各种硬件设备及软件工具与科学方法，对各种信息进行收集、识别、提取、变换、存储、传递、处理、检索、检测、分析和利用等技术之和。

简而言之，信息技术是指对有关信息进行采集、传输、加工与使用的技术。主要包括传感技术、通信技术、计算机技术和控制技术四大基本技术，其中现代计算机技术和通信技术是信息技术的两大支柱。

（1）传感技术　又称采集技术、感测与识别技术。其作用是扩展人的感觉器官获取信息（包括人类感觉器官收集不到的各种有用信息）的功能。它包括信息识别（包括文字识别、语音识别和图形识别等）、信息提取、信息检测等技术。传感技术、测量技术与通信技术相结合而产生的遥感技术，更使人感知信息的能力得到进一步的加强。

（2）通信技术　又称信息传递技术。其作用是延长人的神经系统传递信息的功能。主要功能是实现信息快速、可靠、安全的转移。现代通信技术的使数据和信息的传递效率得到很大的提高，已成为办公自动化的支撑技术。

（3）计算机技术　又称信息处理与再生技术。其作用是延长人的思维器官处理信息和决策的功能。主要是对信息进行编码、压缩、加密等处理，以及在此基础上再对信息进行“再生”，形成一些新的更深层次的决策信息。信息的处理与再生都有赖于现代电子计算机的超凡功能。计算机文字处理、图形绘制、虚拟仿真等系统的发展与应用，使人的工作与生产方式得到了根本性改变。

（4）控制技术　又称信息施用技术，或显示技术。其作用是延长人的记忆器官存贮信息、感觉器官感知信息、利用信息等的功能。它是信息过程的最后环节。

信息技术的应用包括计算机硬件和软件、网络和通信技术、应用软件开发工具等。计算机和互联网普及以来，人们日益普遍地使用计算机来生产、处理、交换和传播各种形式的信息。信息技术在全球的广泛使用，不仅深刻地影响着经济结构与经济效率，而且代表着当今先进生产力的发展方向，信息技术的广泛应用使信息的重要生产要素和战略资源的作用得以发挥，使人们能更高效地进行资源优化配置，从而推动传统产业不断升级，提高社会劳动生产率和社会运行效率，并对社会文化和精神文明产生着深刻的影响。

11.2.1.2 新一代信息技术的内涵

《国务院关于加快培育和发展战略性新兴产业的决定》曾列出了七大国家战略性新兴产业体系，其中包括“新一代信息技术产业”，并将新一代信息技术（new generation of information technology，NGIT）分为六个方面，分别是下一代通信网络（5G通信）、物联网、三网融合、新型平板显示、高性能集成电路和以云计算为代表的高端软件。

新一代信息技术产业的发展速度每年都以惊人的速度攀升，在全球范围内，信息技术的快速发展正在改变这个世界，从产业模式和运营模式，到消费结构和思维方式，信息技术对城市地区、甚至对国家的发展进程的影响程度将会越来越深。而它自身的发展趋势也会根据“科研技术进展”和“市场热度”不断变化，如今，大数据、物联网、云计算、人工智能、机器人、3D 打印、5G+工业互联网、数字经济、跨界融合、大工程、大平台模式等已成为新一代信息产业发展的新趋势。

在过去 10 年中，移动互联网的成熟发展奠定了数字经济蓬勃发展的基础。目前，信息技术正朝着高速、大容量、综合化、个人化、移动化、泛在化、数字化、智能化等方向发展趋势。在未来的 10 年中，以物联网、大数据、云计算、人工智能为代表的泛技术的新一代信息技术的发展会使数字经济进入了一个新的发展平台，即一个由“云网+数据+人工智能”结合的广义数字经济正在浮现：公共云变成基础设施；数据变成生产资料；人工智能变成新的创新引擎；物联网成为互联网智能化技术与实体经济的黏合剂。

当前，在我国工业生产领域，新一代信息技术不断促进生产制造向协同化和智能化方向发展，设计、工艺、装备、管理、服务全面升级，柔性制造、网络制造、绿色制造、智能制造不断发展，基于大数据技术的精确预判、精益生产、精细管理、精准营销充分发展，生产效率、产品质量和经济效益随之获得极大提升，产业结构逐渐呈现升级效应；在服务消费领域，平台经济、分享经济、体验经济发展迅速，新型商业模式创新不断涌现，数字经济发展迎来难得历史机遇；在资源投入领域，数据资源是数字经济发展的主要驱动，也是提升信息社会智能水平和运行效率的关键要素，被视为决定未来竞争能力的战略资产，我国拥有大国市场优势，在获取数据、积累数据、开发数据、应用数据等方面也具有得天独厚的优势，数据资源将有巨大的禀赋效应。因此，新一代信息技术将会驱动我国数字经济的不断发展。

11. 2. 2 数字化转型

11. 2. 2. 1 数字化的概念

当今时代是信息化时代，由于信息技术的基础是计算机和网络技术，而计算机和网络技术的基础则是数字化，因此，信息的数字化显得越来越重要和受到重视，数字化已经变成代表信息化程度的一个重要指标。

数字化是指以数字形式表示或表现本来不是离散数据的数据。将图像、图形、文字或声音等许多复杂多变的信息转变为可以度量的数字、数据，再以这些数字、数据建立起适当的数字模型或数字代码，以便由计算机系统进行处理、保存与控制。

数字化（digitization；digitalization）被称为“信息的 DNA”，因此，数字化是信息技术革命的导因和发展的动力，也是当代社会发生巨变的关键因素和驱动力。这是因为：

（1）数字化是数字计算机的基础　若没有数字化技术，就没有当今的计算机，因为数字计算机的一切运算和功能都是用数字来完成的。

（2）数字化是多媒体技术的基础　数字、文字、图像、语音，包括虚拟现实以及可视世界的各种信息等，都可以通过采样定理转变为数字，因此，用数字媒体就可以代表各种媒体和描述千差万别的现实世界。

（3）数字化是智能制造软件技术的基础　对于数字化设计与制造、智能制造必备的系统软件、工具软件、应用软件等，信号处理技术中的数字滤波、编码、加密、解压缩等，都是基于数字化处理而实现的。

（4）数字化是信息社会的技术基础　数字化使信息可以“及时”或“瞬间”到达任何距离的另一端，缩短了人们或组织间的时空距离，并可情景再现、场景在线或近距互动；同时，人类所创造的一起文明都可以数字化，因而推动了人类文明的进步。

11. 2. 2. 2 数字化转型的概述

在数字经济的大浪潮下，数字化转型（digital transformation）已成为大多数企业的共识，开展数字化转型已成为企业适应数字经济、谋求生存发展的必然选择，越来越多的企业都开始把数字化转型作为企业的战略核心。

数字化转型是指通过利用现代信息通信技术（information and communication technology，ICT）和物联网技术（internet of things，IOT），以数字化来改变企业运营和为客户创造价值的方式。如今数字技术（如互联网、大数据、云技术、人工智能、区块链、虚拟和增强现实、底层技术、周边技术、综合应用技术等）正逐渐融入产品、服务与流程之中，在这过程中，用以转变企业业务流程及服务交付方式，就是数字化转型。

（1）数字化转型的内涵　数字化转型是建立在数字化转换（digitization）、数字化升级（digitalization）基础上，进一步触及企业核心业务，并以新建一种商业模式为目标的高层次转型。

①数字化转换：体现的是“信息的数字化”，是从模拟形态到数字形态的转换过程，以便可以进行读写、存储和传递。例如，企业运用条形码、二维

码、RFID 射频识别、物料清单（bill of material，BOM）等技术代替传统图纸、纸质表格等，以数据格式来描述产品结构、物料信息、业务流程等，以便计算机可以识别、计算、存储和传递，也是准确和快速联系与沟通各项业务纽带。

②数字化升级：强调的是“流程的数字化”，是运用数字技术改造商业模式、工作业务流程，以便产生新的收益和价值创造机会。例如，企业资源计划（ERP）、客户关系管理（CRM）、供应链管理（SCM）、高级计划与排程（advanced planning and scheduling，APS）、制造执行系统（MES）、仓库管理系统（WMS）等系统都是将工作流程进行数字化，从而倍增工作协调效率、资源利用效率，为企业创造信息化价值。

③数字化转型：是开发数字化技术及支持能力以新建一个富有活力的数字化商业模式。因此，数字化转型完全超越了信息的数字化或工作流程的数字化，着力于实现“业务的数字化”，使企业在一个新型的数字化商业环境中发展出新的业务（商业模式）和新的核心竞争力。具体来说，数字化转型包括：数据创造（数据挖掘）、数据传递（数据管控：识别、跟踪、可视）、数据运用（数据驱动）、数据验证（数据反馈）等一系列数字化过程。

（2）数字化转型的关键　数字化转型无疑是建立在技术基础之上的，但在高度互联的数字化世界，为人类创造的价值源于连接性。每种价值都源自三个维度，即人、信息和基础架构。因此，数字化转型的关键是借助数字技术赋力于人，从而创造商业与社会价值，再为人提供价值。

数字化转型表明，只有企业对其业务进行系统性、彻底的（或重大和完全的）重新定义，而不仅仅是信息技术 IT，而是对组织活动、流程、业务模式和员工能力的方方面面进行重新定义的时候，才会成功实现数字化转型。

因此，数字化转型是指运用信息技术、数字技术的手段和思想对企业结构和工作流程进行全面优化和根本性改革，而并非仅从技术层面进行简单搭建。

企业实施数字化转型的关键就在既要适应网络市场环境变化，又要从思想上建立一种企业模式。这种模式能体现全新价值观念，极大地提高效率和增强效益。目前，驱动企业数字化转型的决定性力量包括：方法论（思维、模式）、云平台（软件、系统）和大数据（标准、管控）等。

11.2.2.3　数字化设计与制造的内涵

在计算机技术出现之前，产品设计与制造加工一直都是人工图纸设计和手工或半机械化生产的方式，这种传统的产品设计与制造方式，使得产品在质量上完全依赖于设计人员与加工人员的专业技术水平，而数量上则完全依赖于加工人员的熟练程度。随着工业社会的不断发展和人们对产品质量与数量需求的不断增长，以及计算机技术的发展应用，产品设计与制造加工逐渐由计算机来完成或控制，由此，数字化设计与制造（digital design and manufacturing）应运而生，并得到了广泛应用，这不仅能缩短产品设计周期，提升产品质量，降低生产成本，还能使实现产品的批量化生产。

（1）数字化设计（digital design）　是将计算机技术应用于产品设计领域，通过基于产品描述的数字化平台，对产品进行设计、仿真和验证，建立产品的数字化模型或数字模型（digital model）、数字样机（digital mock-up，DMU）并在产品开发过程中应用，达到减少或避免使用实物模型并易于实现并行设计的一种产品开发技术。

数字化设计是通过数字化的手段来改造传统的产品设计方法，旨在建立基于计算机技术和网络信息技术，支持产品开发与生产全过程的设计方法。它的内涵是：支持产品开发全过程、支持产品创新设计、支持产品相关数据管理、支持产品开发流程的控制与优化等。其基础是产品建模，主体是优化设计，核心是数据管理。

（2）数字化制造（digital manufacturing）　是在数字化技术和制造技术融合的背景下，并在虚拟现实、计算机网络、快速原型、数据库和多媒体等支撑技术的支持下，根据用户的需求，迅速收集资源信息，对产品信息、工艺信息和资源信息进行分析、规划和重组，实现对产品设计和功能的仿真以及原型制造，进而快速生产出达到用户要求性能的产品整个制造全过程。

数字化制造是对制作过程进行数字化描述并在数字空间中完成产品的制作过程。它是制造领域的数字化，是制造技术、计算机数字技术、网络信息技术与管理科学不断交叉、融和、发展与应用的结果，也是制造企业、制造系统与生产过程、生产系统不断实现数字化的必然趋势。

广义的数字化制造的内涵包括以下 3 个层面：

①以设计为中心的数字化制造：将产品设计、制造、检测、装配等方面的所有规划，以及面向产

品设计、制造、工艺、管理、成本核算等所有信息进行数字化，并转换为计算机能理解、且能被制作过程的全阶段所共享的数据，形成以计算机辅助设计（CAD）、计算机辅助制造（computer aided manufacturing，CAM）、计算机辅助工艺规划（computer aided process planning，CAPP）以及计算机辅助工程（computer aided engineering，CAE）等技术一体化（CAD/CAM/CAPP/CAE），并可异地多人、多团队、多应用之间协同与并行设计的数字化制造。

②以控制为中心的数字化制造：随着数字控制技术和数控机床、信息技术和工业互联网的发展，为适应多品种、小批量生产的自动化，通过采用直接数字控制（DNC）和可编程逻辑控制器（programmable logic controller，PLC）、分布式控制系统（distributed control system，DCS）、数据采集与监视控制系统（supervisory control and data acquisition，SCDA）等技术，对若干台数控机床、工业机器人和自动物流装备进行集中控制，从而构成具有柔性制造单元（flexible manufacturing cell，FMC）或柔性制造系统（flexible manufacturing system，FMS），实现生产过程自动化和柔性化的数字化制造。

③以管理为中心的数字化制造：为支持制造企业经营生产过程能随市场需求快速重构和集成，立足于能覆盖企业从产品的需求、规划、设计、生产、经销、运行、使用、维修保养、直到回收再用处置的整个过程的信息数字化，使企业经营管理活动中的物流、信息流、资金流、工作流等加一集成和综合，形成以产品全生命周期管理（product lifecycle management，PLM）、产品数据管理（product data management，PDM）、客户关系管理（customer relationship management，CRM）、供应链管理（supply chain management，SCM）、企业资源计划（enterprise resource planning，ERP）、高级计划与排程（advanced planning and scheduling，APS）、制造执行系统（manufacturing execution system，MES）、仓库管理系统（warehouse management system，WMS）等技术集成（PLM/PDM/CRM/SCM/ERP/APS/MES/WMS）的数字化制造。

11.3 工业 4.0 与智能制造

11.3.1 工业 4.0

近年来，随着现代科学技术的突飞猛进，世界制造业已经进入工业 4.0（Industry 4.0）时代。工业 4.0 是德国《高技术战略 2020》十大未来项目之一。工业 4.0 作为德国国家战略，是将传统制造技术与互联网技术相融合，旨在支持工业领域新一代革命性技术的研发与创新，推动制造业向智能化转型，再次提升德国工业的全球竞争力，在德国被认为是“第四次工业革命”。

（1）工业 4.0 的概念　工业 4.0 是基于信息物理系统（cyber-physical system，CPS），通过 CPS 网络实现人、设备与产品的实时连通、相互识别和有效交流，实现由集中式控制向分散式增强型控制的转变，从而构建一个高度灵活的个性化和数字化的产品与服务的智能制造模式。其主要目标是建设信息物理系统，并积极布局智能工厂，推进智能生产。

工业 4.0 在德国被认为是继机械、电气和信息技术的前三次工业革命之后的“第四次工业革命”。它与美国流行的“第三次工业革命”（以美国著名趋势学家杰里米·里夫金出版的《第三次工业革命》为

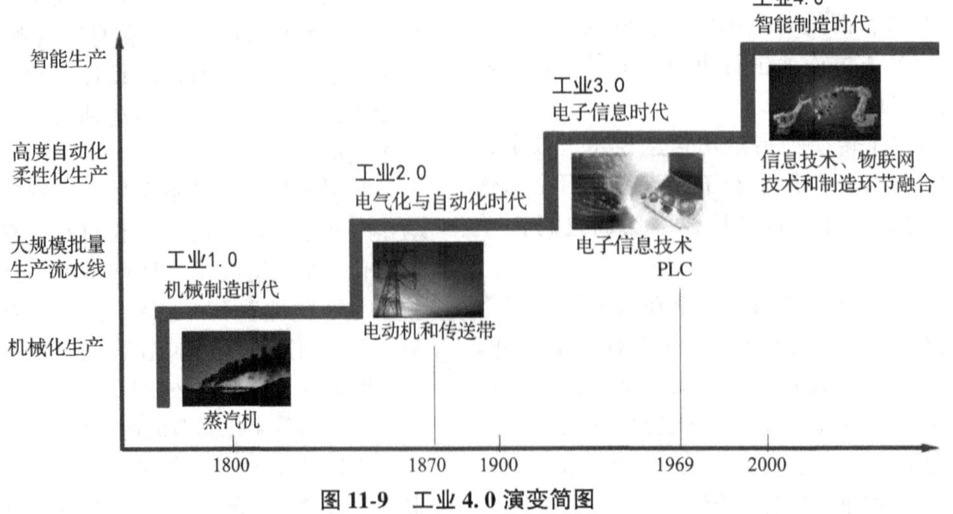

图 11-9　工业 4.0 演变简图

主）的说法不同，德国的学术界和产业界将制造业领域技术的渐进性进步描述为工业革命的4个阶段，即工业4.0的进化历程，如图11-9所示。

①第一次工业革命（即工业1.0的机械化）：始于18世纪60年代至19世纪中期，通过水力和蒸汽机彻底改变了产品的生产方式，经济社会从以农业、手工业为基础转型到了以工业以及机器制造带动经济发展的模式，开创了以机器生产代替手工劳动的“蒸汽机时代”或“机械化时代”。

②第二次工业革命（即工业2.0的电气化+自动化）：始于19世纪后半期至20世纪初，在劳动分工的基础上采用电力驱动来实现产品的大批量生产，形成由生产线生产产品，通过零部件生产与产品装配的成功分离，开创了产品批量生产的新模式，从而将人类带入了大批量生产的“电气化时代”。

③第三次工业革命（即工业3.0的电子化+信息化）：始于20世纪70年代并一直延续到现在，通过电气和信息技术的广泛应用，使得制造过程不断实现自动化，自此，机器能够逐步替代人类作业，不仅接管了相当比例的“体力劳动”，还接管了一些“脑力劳动”，随着电子工程和信息技术充实到工业制造过程之中，实现了生产的最优化和高度自动化，从而由“自动化时代”进入“信息化时代”。

④第四次工业革命（即工业4.0的智能化）：未来10年，基于信息物理系统CPS的智能化，将是（移动）互联网、大数据、云计算、物联网等新技术交织，并通过决定生产制造过程等的网络技术，实现实时管理。产品全生命周期和全制造流程的数字化以及基于信息通信技术的模块集成，将形成一个高度灵活的个性化和数字化的产品与服务的生产模式，是利用信息化技术促进产业变革的时代，也就是“智能化时代”。

（2）工业4.0的内涵 工业4.0是继机械、电气和信息技术的前三次工业革命之后，物联网和制造业服务所带来的第四次工业革命。在这种模式下，传统的行业界限将消失，并产生新的活动领域和合作形式，产业链分工被重组。首先，用物联网（万物互联）和务联网（服务互联）把制造业的物理设备单元和传感器、终端系统、智能控制系统、通信设施等连接组合，使物理设备具有研发、设计、精准控制的智能；其次，实现人人、人机、机机、制造与服务之间的互联，实现智能制造；最后，用户全过程、全流程的参与，不仅带来丰富的市场信息，而且衍生了“个人定制”“众包设计”等新业态。

从消费意义上来说，工业4.0就是一个将生产原料、智能工厂、物流配送、消费者全部编织在一起的大网，消费者只需要用手机下单，网络就会自动将订单和个性化要求发送给智能工厂，由其采购原料、设计并生产，再通过网络配送直接交付给消费者；就是通过互联网等通信网络将工厂与工厂内外的事务和服务连接起来，创造前所未有的价值、构建新的商业模式，甚至还能解决许多社会问题，也就是通常所说的“互联工厂”。

从实质上看，工业4.0就是信息技术与工业技术的融合。智能工厂和智能生产所具备的柔性生产方式，让用户的个性定制化需求得以满足；智能物流和智能服务提供的动态商业模式和适时业务流程，使产品生产和交付变得更加灵活，而且对于生产中断或故障可以灵活反应，促进了生产制造与服务流程的透明化。

与此同时，生产由集中向分散转变，规模效应已不再是工业生产的关键因素；产品由趋同向个性转变，产品将按个人意愿生产，将成为自动化、个性化的单件制造；用户由部分参与向全程参与转变，用户由业务两端，到广泛、实时参与生产和价值创造的全过程。

（3）工业4.0的框架结构 工业4.0的参考架构模型主要从层级、生命周期和价值流、系统控制三个维度全方位展示了工业4.0涉及的关键要素。其中，层级包括资产层、集成层、通信层、信息层、功能层和业务层；生命周期和价值流描述了从虚拟原型到实物制造、销售和服务的产品生命周期；系统控制涉及产品、现场设备、控制设备、车间、工厂、企业以及互联世界。

具体可以概括为：一个网络（信息物理系统网络CPS）、两大主题（智能工厂和智能生产）、三项集成（横向集成、纵向集成与端对端的集成）、八项计划（标准化和参考架构、管理复杂系统、综合的工业宽带基础设施、安全和保障、工作的组织和设计、培训和持续的职业发展、监管与规章制度、资源利用效率）。

（4）工业4.0的愿景 工业4.0为我们展现了全新的工业蓝图：在一个智能、网络化的世界里，物联网和务联网将渗透到所有的关键领域，创造新价值的过程逐渐发生改变，产业链分工将重组，传统的行业界限将消失，并会产生各种新的活动领域和合作形式。

工业4.0的作用将主要体现在：①使工业生产过程更加灵活、坚强；②实现全新的商业模式和合作模式；③带来工作方式和环境的全新变化；④促成新的信息物流系统平台的构建；⑤引领信息网络技术与工业融合；⑥促进传统制造业转型升级；⑦推进制造业向智能制造方向发展；⑧满足大规模个性化定制的需求。

11. 3. 2 中国制造 2025

我国在 2015 年政府工作报告中首次提出实施“中国制造 2025”的宏大计划，同年 5 月，国务院正式印发《中国制造 2025》。《中国制造 2025》是经济新常态下中国制造业未来十年的顶层规划和发展路线图，是我国实施制造强国战略第一个十年的行动纲领。

（1）中国制造 2025 的内涵 是以体现信息技术与制造技术深度融合的数字化网络化智能化制造为主线，重在创新驱动、转型升级，迈向中高端。其总体结构主要包括如下。

①一个目标：就是从制造业大国向制造业强国转变，最终实现制造业强国的一个目标。

②两化融合：就是通过信息化和工业化两化深度融合来引领和带动整个制造业的发展，这也是我国制造业所要占据的一个制高点。

③三步走战略：就是要通过“三步走”战略（大体上每一步用十年左右的时间）来实现我国从制造业大国向制造业强国转变的目标。即第一步，到 2025 年迈入制造强国行列；第二步，到 2035 年中国制造业整体达到世界制造强国阵营中等水平；第三步，到新中国成立一百年时，综合实力进入世界制造强国前列。

④四项原则：就是坚持市场主导、政府引导；既立足当前、又着眼长远；全面推进、重点突破；自主发展和合作共赢的基本原则。

⑤五条方针、五大工程：五条方针就是坚持创新驱动、质量为先、绿色发展、结构优化和人才为本的基本方针。五大工程就是实行制造业创新中心建设的工程、强化基础的工程、智能制造工程、绿色制造工程和高端装备创新工程。

⑥八项战略对策：就是推行数字化网络化智能化制造；提升产品设计能力；完善制造业技术创新体系；强化制造基础；提升产品质量；推行绿色制造；培养具有全球竞争力的企业群体和优势产业；发展现代制造服务业。

⑦九项战略任务和重点：就是提高国家制造业创新能力；推进信息化与工业化深度融合；强化工业基础能力；加强质量品牌建设；全面推行绿色制造；大力推动重点领域突破发展；深入推进制造业结构调整；积极发展服务型制造和生产型服务业；提高制造业国际化发展水平。

⑧十大领域：包括新一代信息技术产业、高档数控机床和机器人、航空航天装备、海洋工程装备及高技术船舶、先进轨道交通装备、节能与新能源汽车、电力装备、农机装备、新材料、生物医药及高性能医疗器械十个重点领域。

（2）中国制造 2025 的特点 其与德国“工业 4. 0”、美国“工业互联网”的本质内容一致，核心均为智能制造，因此亦被称为中国版“工业 4. 0”。

①“中国制造 2025”与德国“工业 4. 0”：两者都是致力于实现信息技术与先进制造业结合，以信息化和工业化深度融合为发展动力，带动新一轮制造业发展。但二者在发展基础、产业阶段、战略任务等方面存在差异，两者不同点在于：德国“工业 4. 0”的实质是自动化+信息化，是在工业 2. 0 和工业 3. 0 的基础上实现智能制造，侧重技术与模式；“中国制造 2025”的实质主要是工业化+信息化，是通过“两化”深度融合实现智能制造，侧重产业和政策，是中长期规划。

②德国“工业 4. 0”与美国工业互联网：工业互联网由美国通用电气公司发起，并由工业互联网联盟推广，旨在打造开放、智能的工业系统。德国“工业 4. 0”与美国工业互联网都是由大企业引领，推动信息通信技术与生产技术融合，致力于打造智能生产和服务模式，抢占全球制造业竞争制高点。但是，“工业 4. 0”侧重于生产制造环节，强调生产过程的智能化；而工业互联网偏重于设计、服务环节，强调生产设备的智能化。

11. 3. 3 智能制造

正如前所述，德国工业 4. 0、美国工业互联网和中国制造 2025 这三大国家战略虽然在表述上不一样，但本质上异曲同工，核心都是智能制造（intelligent manufacturing，IM）。智能制造工程是《中国制造 2025》五大工程中的第二项重大工程，是应对未来新一轮工业革命的前瞻性工程。

（1）智能制造的概念 智能制造是基于新一代信息通信技术与先进制造技术深度融合，贯穿于设计、生产、管理、服务等制造活动的各个环节，具有自感知、自学习、自决策、自执行、自适应等功能的新型生产方式。

智能制造是利用新一代信息技术（如物联网、大数据、云计算、移动互联、虚拟现实、人工智能等）和智能设备在制造全生命周期中应用，并进行感知、分析、推理、决策与控制等，实现产品需求的动态响应、新产品的迅速开发以及对生产和供应链网络实时优化的制造活动。

(2) 智能制造的内涵　智能制造主要包括智能制造技术和智能制造系统。

①智能制造技术（intelligent manufacturing technology, IMT）：是利用计算机模拟制造业领域专家的分析、判断、推理、构思和决策等智能活动，并将这些智能活动与智能机器融合起来，贯穿应用于整个制造企业的系统（经营决策、采购、产品设计、生产计划、制造装配、质量保证和市场销售等），以实现整个制造企业经营运作的高度柔性化和高度集成化，从而取代或延伸制造环境领域专家的部分脑力劳动，并对制造业领域专家的智能信息进行收集、存储、完善、共享、继承和发展，是一种极大提高生产效率的先进制造技术。

智能制造技术在现代传感技术、网络技术、自动化技术、拟人化智能技术等先进技术的基础上，通过智能化的感知、人机交互、决策和执行技术，实现设计过程、制造过程和制造装备的智能化，是信息技术、智能技术与智能装备的深度融合与集成。

②智能制造系统（intelligent manufacturing system, IMS）：是一种由智能机器和人类专家共同组成的人机物一体化智能系统，它突出在制造全生命周期环节中，以一种高度柔性与集成方式，通过人与智能机器的合作共事，去扩大、延伸和部分地取代人类专家在制造过程中的脑力劳动，同时收集、存储、完善、共享、继承和发展人类专家的制造智能；并把制造自动化的概念更新，扩展到柔性化、智能化和高度集成化。

智能制造系统架构通过生产周期（设计、生产、物流、销售、服务）、系统层级（设备、控制、车间、企业、协同）和智能功能（资源要素、系统集成、互联互通、信息融合、新兴业态）等三个维度构建完成。

智能制造通过新一代信息技术和智能设备对传统制造业进行深入和广泛的转型升级，实现人、设备、产品和服务等制造要素和资源的相互识别、实时交互和信息集成，推动产品智能化、装备智能化、生产方式智能化、管理智能化和服务智能化等方面的发展。智能制造可分为：智能设计、智能生产、智能管理、智能服务和智能工厂等关键环节。

(3) 智能制造发展的三个阶段　制造业智能化的发展，可以回溯到20世纪60年代初。通过图11-10的制造业智能化发展，可以看到制造业如何从数字化走到网络化，再走到智能化。

在《中国制造2025》中也明确提出：智能制造是新一轮科技革命的核心，也是制造业数字化、网络化、智能化的主攻方向。因此，目前普遍认为智能制造的演进要经历数字化起步、网络化崛起、智能化发展三个阶段。即智能制造的三种基本范式，如图11-11所示。同时对应有数字化工厂（车间）、柔性工厂和智能工厂等形式。

①数字化制造（第一代智能制造）：主要是“制造+计算机”，是智能制造的基础。20世纪80年代来，以计算机数字控制为代表的数字化技术、计算机集成系统（CIMS）为标志的集成解决方案的应用，我国企业推动数字化制造取得了巨大进步。但大多数企业并没完成数字化转型，推进智能制造必须踏踏实实完成“数字化补课”。

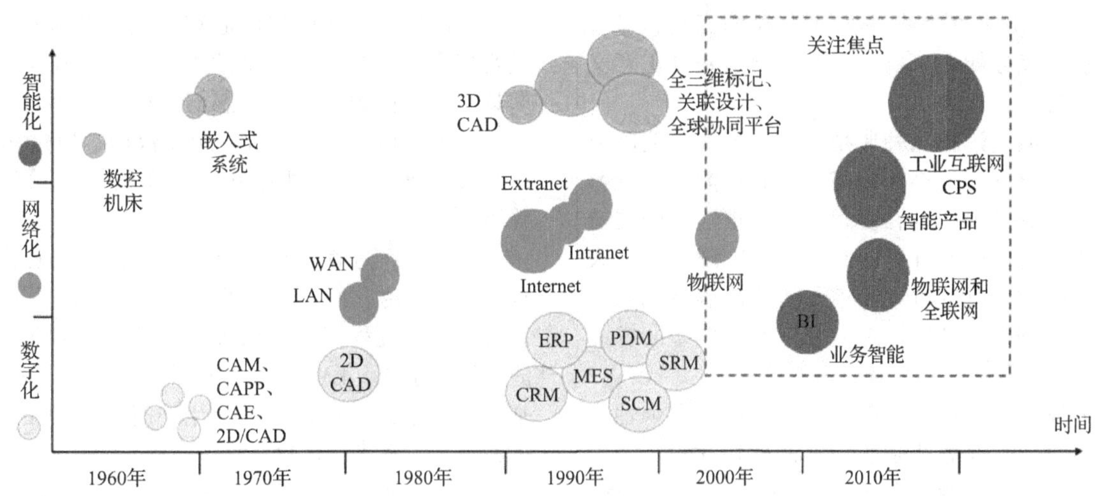

图11-10　制造业智能化发展简图

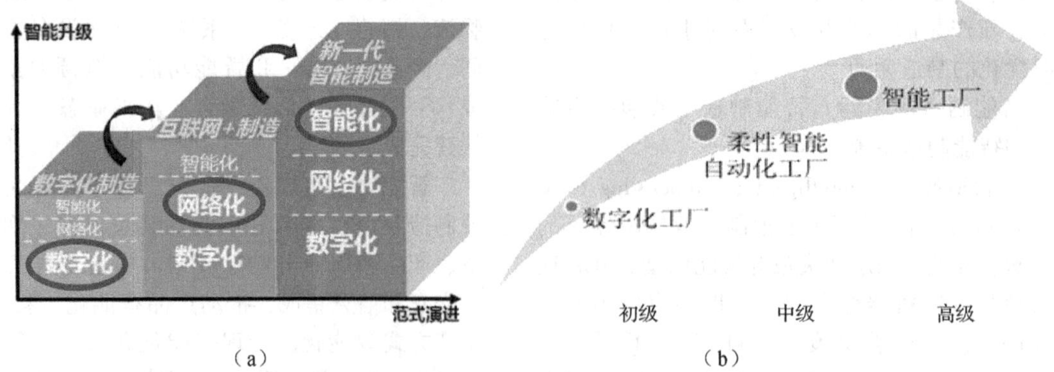

（a）　　　　（b）

图 11-11　智能制造的发展三个阶段

（a）智能制造三种基本范式　（b）智能工厂三种类型

②数字化网络化制造（第二代智能制造）：主要是"制造+计算机+互联网"。20 世纪末，互联网技术广泛运用、制造业与互联网融合，"互联网+"不断推进，网络将人、数据和事物连接，通过企业内、企业间的协同，各种资源的共享和集成，重塑制造业价值链，推动数字化制造向数字化网络化制造转变。在大力推进"互联网+制造"过程中，数字化制造基础较好的企业转型，实现数字化网络化制造；大多数企业的智能制造重点是"数字化补课"和"网络化提升"（即数字化转型+工业互联网），以便大规模推广数字化网络化制造。

③数字化网络化智能化制造（新一代智能制造）：主要是"制造+计算机+互联网+人工智能"。人工智能（AI）加速发展、战略性突破，先进制造技术和新一代人工智能技术深度融合，形成了新一代智能制造。主要特征表现在制造系统具备学习能力和分析能力（感知、分析、决策、执行），通过深度学习、自我感知等技术应用于制造领域，知识产生、获取、运用和传承效率发生革命性变化，显著提高创新与服务能力。新一代智能制造是真正意义上的智能制造。

（4）智能制造的八种典型模式　智能制造已成为世界制造业发展的客观趋势，发展智能制造既符合我国制造业发展的内在要求，也是重塑我国制造业新优势，实现转型升级的必然选择，现已正在大力推广和应用。通过对近几年我国智能制造试点示范项目进行分析，可以梳理出如下八种典型的智能制造模式。

①大规模个性化定制模式：以满足用户个性化需求为引领。主要做法是实现产品模块化设计、构建产品个性化定制服务平台和个性化产品数据库，实现定制服务平台与企业研发设计、计划排程、供应链管理、售后服务等信息系统的协同与集成。

②产品全生命周期数字一体化模式：以缩短产品研制周期为核心。主要做法是应用基于模型定义（model based definition，MBD）技术进行产品研发、建设产品全生命周期管理系统（PLM）等。

③柔性制造模式：以快速响应多样化市场需求为目标。主要做法是实现生产线可同时加工多种产品/零部件，车间物流系统实现自动配料，构建高级排产系统（APS），并实现工控系统、制造执行系统（MES）、企业资源计划系统（ERP）等之间的高效协同与集成。

④智能工厂模式：以打通企业运营"信息孤岛"为核心。主要做法是应用物联网技术实现产品、物料等的唯一身份标识，生产和物流装备具备数据采集和通信等功能，构建了生产数据采集系统、制造执行系统（MES）、企业资源计划系统（ERP）和仓储管理系统（WMS）等并实现这些系统之间的协同与集成。

⑤产品全生命周期可追溯模式：以提升产品质量管控能力为核心。主要做法是让产品在全生命周期具有唯一标识，应用传感器、智能仪器仪表、工控系统等自动采集质量管理所需数据，通过 MES 系统开展质量判异与过程判稳等在线质量检测和预警等。

⑥全生产过程能源优化管理模式：以提高能源资源利用率为核心。主要做法是通过 MES 采集关键装备、生产过程能源供给等环节的能效数据，构建能源管理系统（EMS）或 MES 中具有能源管理模块，基于实时采集的能源数据对生产过程、设备、能源供给及人员等进行优化。

⑦网络协同制造模式：以基于云平台的供应链上下游协同优化为核心。主要做法是建设跨企业制

造资源协同平台，实现企业间研发、管理和服务系统的集成和对接，为接入企业提供研发设计、运营管理、数据分析、知识管理、信息安全等服务，开展制造服务和资源的动态分析和柔性配置等。

⑧远程运维服务模式：以基于工业互联网云平台的提升产品运维服务水平为核心。主要做法是利用物联网、云计算、数据协议通信技术、移动互联网技术、装备建模、人工智能、模糊神经元、大数据等技术对企业智能装备或智能产品运行数据域用户使用习惯数据进行采集，实现在线智能检测、远程升级、远程故障预测、远程诊断管理、装备健康状态评价、工业大数据挖掘等功能的云服务。

11.4 家居智能制造及其发展趋势

11.4.1 家具（家居）制造模式的演变

中国家具行业经过改革开放以来40多年的发展，已是世界家具第一生产大国和第一出口大国，产品遍布全球200多个国家和地区，得到了世界家具行业的广泛关注，在国际家具生产和贸易中具有重要的地位和广泛的影响。当前，随着中国经济进入新常态，家具业也出现了从高速发展向中低速发展的转变，既面临着压力及挑战，也正在进行转型升级和提质创新，家具与建筑室内装修紧密结合，向着“大家居”方向延伸和发展。主要有以下特点：

（1）家具向家居的延伸与发展　“家居”的当今新义为“家庭居室”，居室内的各类装饰或陈设的物品及环境，甚至包括地理位置（家居风水）都属于家居范畴。随着家具与建筑室内装饰装修的紧密结合，家具产品已经延伸与拓展到家居用品及家居环境，其内涵衍变为家具+建筑室内装饰装修，已逐步形成了由“家具、家装、家电、家纺、家饰、灯具、厨具、卫（洁）具”等集成的“大家居”范畴。

家具作为家居行业的重要组成部分，为适应新的发展阶段，其在设计研发、产品结构、加工制造、服务创新等方面正在不断提升，已经从传统手工业发展成为以机械自动化生产为主，其品牌、技术水平、制造装备、标准化、规模、市场流通等都全面提高，新的产业互联网技术、大数据、智能制造、创新驱动等正在成为行业发展动力。

（2）定制家居快速发展　从20世纪90年末期，以美国为首的发达国家，推出了多种新的制造模式，大规模定制生产应运而来，企业可以更加充分地利用此模式来提高生产效率和效益，提升客户满意度。中国的定制家具是由南京林业大学的教授于2002年提出的“大规模定制家具”概念和理论。当前，伴随定制化率逐步提升，定制家具在整个家居行业的快速发展过程中，渗透率在快速增加。与成品家具相比，定制家具企业的平均营业收入水平显著高于成品家具企业。

2016年，定制家居市场空间约为2050亿元，但定制化渗透率不尽相同，定制厨柜最高，大约是56%，定制衣柜是28%，定制木门是30%，整体定制化率约为24%。另外，越来越多的定制家具（家居）企业上市，如欧派、索菲亚、尚品宅配、好莱客、志邦橱柜、金牌橱柜、我乐家居、皮阿诺、客来福、蓝谷智能，越来越多的区域性龙头和特色的定制企业开始做大做强。同时据广发证券发展研究中心统计，家居消费的新趋势已经逐渐转向定制家居、智能家居和环保用材，并且关注全屋定制的用户更倾向于首先考虑装修风格、收纳与环保等关键因素。

（3）个性化定制与柔性化生产成为主流　2016年政府工作报告提出“个性化定制”与“柔性化生产”，提升消费品品质并鼓励企业开展“个性化定制，柔性化生产”，同时要求培育精益求精的工匠精神，增品种、提品质、创品牌。报告在深入推进“中国制造+互联网”的同时，也促进了制造业升级，为传统制造业提供了一种全新的思维模式、商业模式和制造模式，通过信息化管理与服务的商业模式创新实现个性化定制，已成为传统产业转型升级和经济发展动力。

在“互联网+”“工业4.0”和“中国制造2025”等制造业大背景下，如何通过数字化设计与制造的生产方式实现柔性制造，已经成为传统家具或家居产业面临的新挑战和机遇。与此同时，受QQ、微信、淘宝、支付宝等移动互联的影响，人们的消费模式和信息交流方式发生了翻天覆地的变化，个性化消费的需求越来越大、生产性服务业和服务型制造正逐渐兴起，如何满足客户对个性化产品的期望及消费新形势，推行个性化定制与柔性化生产，已是家具或家居企业的关注和追寻目标。

（4）数字化制造模式逐渐形成　随着定制家具的快速发展，家具制造业也逐渐步入工业革命4.0时代，数据已经变成新的动力、新的经济。家具企业也逐渐通过现代信息技术和通信手段（ICT），以数字化来改变企业为客户创造价值的方式。数字技术已正逐渐融入家居产品、服务与流程当中。企业正在进行业务流程及服务交付、客户参与、供应商和合作伙伴交流等方式的变革，并将家具产品的设计技术、制造技术、计算机技术、网络技术与管理科学的交叉、融和、发展与应用，逐渐实现数字化转型。

与此同时，作为劳动密集型的家具制造业和传统的室内装修业，受时代背景、国家政策导向及产业转型升级的影响，已经逐渐开始向着工厂化装修、精装修、全装修、定制家具（家居）等新模式快速转变，逐步实现从家具产品研发设计、生产制造、过程控制、企业管理、营销服务等生产经营全过程的数字化、智能化的尝试，使得家居产业也逐渐从产品制造商向家居系统集成服务商向转变。初步形成了以欧派、尚品宅配 & 维意、索菲亚、好莱客、志邦、金牌、皮阿诺、我乐、玛格、顶固、莫干山等家具行业数字化制造的典型案例。同时，也逐渐形成了中国互联网家具市场第一品牌——林氏木业、中国家具电子商务产销第一镇——沙集镇东风村等。这些家具行业数字化的典型企业的成功，明确了未来的家居企业生存的基本出路和转型升级方向，向数字化转型升级的趋势愈发成为共识，已经成为所在企业的战略核心。

（5）信息化管控技术逐渐成熟　我国家具信息化建设是从 20 世纪 90 年代后期开始，提出发展方向——大规模定制生产。正是由于我国家具信息化基础较为薄弱，而且起步较晚，南京林业大学自 2002 年开始提出了“家具先进制造技术”的理论框架，并组建了由教授与研究生组成的家具大规模定制和信息化建设研究团队，通过 20 多年的不懈努力，借助国家“863 计划”“十三五”重点研发计划课题以及产学研合作项目等，从理论到实践不断深入的系统性创新研究，并取得了重大突破，已经逐渐形成了一套比较成熟的信息化管控技术和方法，为大规模定制家具生产和数字化制造过程中的关键技术研究作出了巨大贡献，并为当前家具产业的智能制造提供了重要理论依据和实践经验。主要体现在家具产品及零部件的标准化、规格化和系列化的设计优化技术，数字化制造设备研发、排产优化、车间可视化管控等车间数字化制造技术，自动信息采集与信息处理、信息流的组织家具制造过程的数字化信息管控技术。

借助《国家中长期科学与技术发展规划纲要（2006—2020 年）》提出的“用高新技术改造和提升传统制造业”和“大力推进制造业信息化”，国内家具（家居）企业开始重视国外先进的管理思想、管理手段和管理工具在中国家具产业中的二次开发和应用，并有针对性的自主研发各类信息化管控软件，逐渐缩小了企业之间的管理水平和信息化水平，从而诞生了一些家具智能制造的典范，并涌现出了一些明星企业。与此同时，各类信息化管控软件在家具企业广泛实施，如 ERP、MES、2020、IMOS、Topsolid、Solidworks 三维家、酷家乐等。从发展趋势来看，也将以“工业 4.0”“互联网+”“两化融合”“工业互联网”“个性化定制，柔性化生产”为主旋律的创新驱动进行家具产业升级，定制家居、家居智能制造、家居行业信息化管控已成为未来家居产业变革重要方向。

11.4.2　定制家具与定制家居

随着家具与建筑室内装饰装修的紧密结合，由家具产品延伸到包括家具、家装、家电、家纺、家饰、灯具、厨具、卫（洁）具等构成的大家居行业的逐渐形成，信息技术、数字化转型和智能制造的逐步推进，以及个性化需求、大规模定制、柔性化生产的不断发展，家具消费需求和生产制造已由成品家具（定型家具、活动家具）转向定制家具、大规模定制家具、全屋定制家具、整装定制家具等，再延伸到定制家居、全屋定制家居、整装定制家居、集成家居（整体家居）、整木家居等制造模式和商业模式。

（1）定制家具（custom furniture）　是根据客户的个性化需求进行测量、设计、制造、安装和服务的家具。如定制衣柜、定制厨柜、定制书柜、定制桌几、定制沙发、定制床、定制床垫等。

定制家具是根据消费者的设计要求或订单，来制造个人专属家具，可以是对一件、一套或一类家具产品，根据消费者个人喜好、空间细节来定做个性化的配置，每件（套、类）定制产品都可以独一无二。

（2）大规模定制家具（mass customization furniture）：根据不同客户的个性化需求，分别进行测量，并以大批量工业化生产的方式进行设计、制造和安装的定制家具。

在传统生产方式下的定制家具一般是为单一客户进行单件设计和单件生产的家具。为了实现大规模定制，家具产品的开发设计、制造、管理、服务等诸多环节，均需进行相应的调整和革新，以满足降低产品内部多样化和增加产品外部多样化的核心要求。由于大规模定制的制造模式集成了大批量生产、个性化定制、柔性化生产的优势，能够满足小批量、多品种的个性化需求和工业化生产，已成为家具和木制品等企业竞争的关注焦点和战略选择，而且在我国家具、木业以及家居等行业中得到了广泛应用。

（3）全屋定制家具（whole house customization furniture） 根据客户的个性化需求，对室内空间的家具都进行定制，以实现室内空间及产品风格能够统一或协调的整套定制家具。

（4）整装定制家具（integrated customization furniture，integrated furniture） 又称整体家具、集成家具，根据客户的个性化需求和室内或场地区域的空间、结构、尺寸，进行专门测量、设计、生产和安装的一类功能性和整体性专属的定制家具。

（5）定制家居（custom home，custom home furnishings） 是根据客户的个性化需求，对室内空间所需的家具、地板、门窗、楼梯、墙板以及家电、家纺等家居产品分别或均进行的定制。

定制家居是以使用者为中心，进行家居的完全定制，从设计入手，将家具与室内装修、装饰等之间的关系充分协调，按个性化设计、工厂化生产，从而达到风格的一致和工艺的完美结合。作为家装产业化的产物，定制家居与传统的家装模式相比具有显而易见的优势，不仅能够替代传统的手工作坊式的装修模式，而且是未来装饰行业发展的必然趋势。

（6）全屋定制家居、整装定制家居（whole house customization home furnishings，whole home furnishings） 是企业在大规模生产的基础上，根据消费者的要求，进行其专属家具或家居产品的设计与制造，实现家居风格的统一，从设计、选材与规格、外观造型、色彩装饰，到功能、环保与配套升级、生产制造、销售服务等，借助互联网技术手段和平台，通过网上预约、上门量尺、方案设计、到门店看方案、合同签订（下单）、定制生产、产品配送、上门安装售后等流程，为消费者提供定制服务。

全屋定制家居打破了“先装修后买家具”的传统装修理念，是主张“先定家具后装修”的模式，既可以合理利用房屋的各种空间，又能够与整个家居环境相匹配，满足消费者个性化需求的同时，也有利于企业按订单生产、消除库存积压、加速资金周转、降低营销成本、简化装修流程、加快产品设计开发、提升品质等优势。目前，全屋定制家居已成为众多家具厂商推广产品的重要手段之一，未来十年将是定制类整体家居发展的高峰。

（7）集成家居、整体家居（integrated customization home furnishings，integrated home furnishings） 随着大规模定制模式的应用，定制家居已经逐步把整个室内装修作为一种产品经营的服务模式，以满足家居个性需求为前提，以工厂标准化生产为保障，以专业化服务为核心，集整体家装设计、施工，家居产品研发、生产，材料整合配套、供应成一体的全方位家居服务模式。

集成家居（整体家居）是由生产企业独立承担和提供设计、生产制作和装修服务等一条龙服务，通过规模化定制、工业化生产、信息化管控、网络化服务，以及室内空间所需的各类家居产品的设计、生产、配套、施工等一体化集成，以满足多个或若干个不同客户对家居产品的个性化需求。它根据消费者的个性化要求，量身设计定制所有家居产品，使全屋家居产品在选材、装饰等整体风格上协调统一，具有整体性更强、品质更优、装修更少，更具个性化、更省心省时省钱的鲜明特征；同时，还能解决施工现场噪声、粉尘等污染问题，构造舒适、安全、环保、时尚、人性化、个性化的室内家居环境。

（8）整木家居、整木定制、整木家装（whole wooden home furnishings，whole wooden customization，whole wooden home decoration） 将家居所需木制产品组合在一起，为消费者提供整套家居木制产品的整体解决方案。配套产品包括家具、木门、木窗、厨柜、衣柜、酒柜、书柜、衣帽间、护墙板、天花板、楼梯、地板、壁炉、装饰柱、各类装修造型套、装饰造型线条、百叶窗等。

目前，整木家居通常主要是指实木或板木结合的中高端产品的定制，主要适合于大宅、别墅、庄园、会所、高档宾馆酒店、标志性高档场所、风格建筑室内、高档样板房等。而且，整木家装还没有相关标准，行业对整木家装概念还很模糊，整木家装的设计理念、工艺结构、配套技术上大多还不成熟，真正专业做整木家居或整木家装的规模型企业还不多。一些整木家装品牌基本是从生产木门、柜类、木地板、楼梯类、家具类等产品延伸发展而来，企业水平参差不齐。但随着工厂化定制、数字化设计与制造技术的推进，整木家装将是未来家居装修行业的一个重要趋势。

11.4.3 家居智能制造的条件与架构

在科技瞬息万变、充满多样化和个性化需求的时代，受互联、融合、协同、互动和去中介化、快捷高效等互联网思维熏染，家居企业的生产方式已不再是传统经济时代的大批量生产模式，制造与服务的行业界限也不再明显，而是以制造为基础，逐渐由生产型制造转向服务型制造、由家具产品生产制造商转向家居系统解决方案服务商。与此同时，随着我国"互联网+""两化融合""个性化定制，柔性化生产""中国制造 2025"等的提出，工业 4.0 和智能制造已成为传统家居产业转型升级和创新驱动发展的动力。

（1）家居智能制造的思维与理念　家居行业智能制造的快速发展，离不开新颖、独特、有用、有影响的创新思维和理念进行指导。

①互联网思维：即充分利用互联网、大数据、云计算、物联网等科技手段进行企业发展的目标和方向。

②多维网络状的生态思维：即以去中心化（平等）和伙伴经济（伙伴）为节点、彼此连接（连接和圈子）移动互联网（PC 互联网）思维。

③工业互联网思维：即让无数的机器、设施与系统网络、先进的传感器、控制和软件应用相连接，以提高生产效率，减少资源消耗的工业互联网思维。

④"互联网+"思维：利用互联网平台、信息通信技术把互联网与企业生产经营结合起来，进行跨界融合，从而创造一种新生态或新的经济形态。

⑤数字经济思维：数字经济最能体现信息技术创新、商业模式创新、业态模式创新、组织制度创新等的要求吗，成为激发企业创新发展的潜力和驱动力，也将越来越表现为一个企业的数字能力、信息能力、网络能力和响应能力。

这些思维或理念在我国许多定制家居企业发展中已得到了充分体现和实证。他们在大规模生产的基础上，将每个消费者都视为一个单独的细分市场，根据消费者的设计要求或订单，来制造个人专属家具或家具，并在个性化定制、柔性化生产以及智能制造的过程更加充分利用"家具（家居）制造业+互联网"这一理念，将研发设计、生产过程、工厂规划、物流过程及服务形式等进行智能重组，以客户需求为中心，基于标准化和成组技术理论，通过模块化、标准化的设计思想，集精益生产（LP）、集成制造（CIM）、并行工程（CE）、敏捷制造（AM）的制造思想，将生产由集中向分散转变、产品由趋同向个性转变、用户由部分参与向全程参与转变，充分运用全生命周期信息化管理思想（PLM），最终以柔性制造（FMS）的方式，为客户提供低成本、高质量、短交货周期的定制家居产品。

（2）家居智能制造的条件与基础　家具或家居企业要实现大规模定制或智能制造，必须具备准确获取顾客需求的能力、面向大规模定制的敏捷产品开发设计能力、柔性化的生产制造能力。其技术基础或条件包括如下：

①工业化：具有机械化、自动化、数控化、柔性化的加工设备或柔性生产线，以及计算机集成制造系统。包括数控加工装备与生产线、工业机器人、智能仓储与物流设备、数据采集与监控系统、传感器或机器视觉等，这是实施家居智能制造的硬件条件。

②标准化：以"部件就是产品"为制造思想，通过应用成组技术、模块化等原理，既要使产品、原辅材料、工艺及工装、质量及检验、销售及服务等技术标准化，还要使基础信息、文件报表格式、数据定额、业务流程、环节程序等管理标准化，更要使岗位和作业等工作标准化。这是实施家居智能制造或数字化转型的基本（数据）条件。

③信息化：具有先进的信息化管理系统（包括数字化设计软件、管理软件、工控软件等），确保"人、财、物、产、供、销"等资源和流程的"管控一体化"，实现产品数字化、网络化、协同化、准时化、可视化、柔性化的设计与制造、销售与服务，以便满足不同客户个性化、定制化、即时化的需求。这是实施家居智能制造的软件条件。

（3）家居智能制造的特征

①智能制造的目标：是实现个性化、定制化、柔性化、低消耗、高效率、高质量的制造。

②智能制造的核心：是数字化、网络化和智能化，其中数字化转型是智能制造的基础和关键，工业互联网为智能制造提供现实路径，人工智能是智能制造的"大脑"、人类智慧的"容器"、一种仿真或模拟人脑的机器智能。

③智能制造的关键技术：是数字化设计与制造、智能集成、互联互通、人机一体化、软硬件一体化、数字孪生、虚拟/增强现实等。

④智能制造的能力：是具有自感知、自学习、自分析、自决策、自执行、自适应等能力，以实现制造全生命周期管理数据的创造（挖掘）、传递、感知、分析、决策、执行、反馈、实时、可视、可控等。

（4）家具智能制造的系统架构　智能制造的首要任务是信息、数据的处理与优化，工厂（车间）内各种网络的互联互通则是基础与前提。工厂（车间）的网络互联互通本质上就是实现信息（数据）的传输与使用，没有互联互通和数据采集与交互，工业云、工业大数据都将成为无源之水。智能工厂（数字化车间）中的生产管理系统（也称 IT 系统）和智能装备（自动化系统）互联互通形成了企业的综合网络或系统架构。按照所执行功能不同，企业

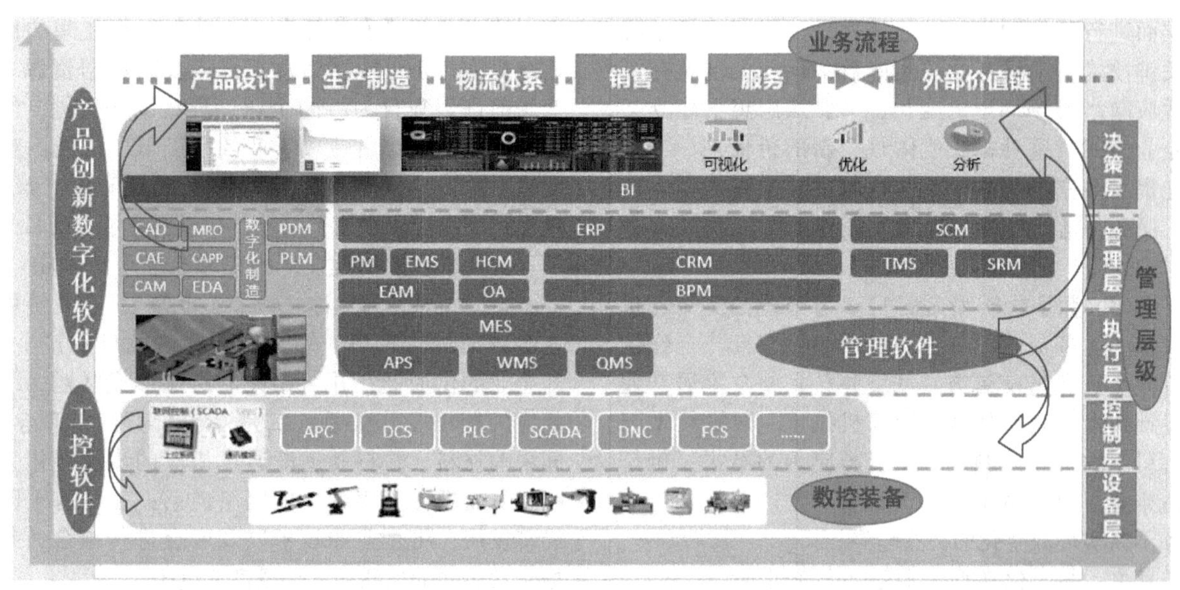

图 11-12 家居智能工厂（数字化车间）互联网络的典型系统架构

综合网络或系统架构可划分为不同的层次，自下而上包括设备层、控制层、执行层、管理层和决策层。如图 11-12 所示为一个家居智能工厂（数字化车间）互联网络的典型系统架构。随着技术的发展，该系统架构呈现扁平化发展趋势，以适应协同高效的智能制造需求。

家居智能工厂（数字化车间）互联网络典型系统架构的各层次定义的功能以及各种系统、设备在不同层次上的分配如下：

①决策层：又称协同层，实现面向企业产业链上的不同业务部门、不同协作企业、客户、供应商以及相关者等之间，通过互联网络共享信息实现协同研发、智能生产、精准物流和智能服务等。通过对各类信息的不断开发利用和深加工、综合决策（历史积累、现实评估和未来预测），形成最优方案，不断迭代和反复优化智能工厂所需的知识库。

②管理层：也称计划层，实现面向企业的经营管理，如接收订单（来源于利用相关数字化设计软件对门店或客户订单进行设计的数据或 BOM 物料清单），调用产品数据管理 PDM、数据模型库等，建立基本生产计划（如原料使用、交货、运输），确定库存等级，保证原料及时到达正确的生产地点，以及远程运维管理等。包括企业资源规划（ERP）、产品生命周期管理（PLM）、客户关系管理（CRM）、供应链关系管理（SCM）等管理软件的运行。

③执行层：实现面向工厂/车间的生产管理，如计划任务实施、维护记录、详细排产、可靠性保障等。主要包括高级排产系统（APS）、制造执行系统（MES）和仓储管理系统（WMS）等的运行。

④控制层：又称监控层，实现面向生产制造过程的监视和控制，主要是工控软件的运行。按照不同功能，该层次可进一步细分为监视层，包括可视化的数据采集与监控（SCADA）系统、HMI（人机接口）、实时数据库服务器等，这些系统统称为监视系统；控制层，包括各种可编程的控制设备，如 PLC、DCS、现场总线控制系统（FCS）、工业计算机（IPC）、其他专用控制器等，这些设备统称为控制设备。

⑤设备层：又称现场层，实现面向生产制造过程的传感和执行，包括各种传感器、变送器、执行器、远程终端设备（RTU）、条码、射频识别，以及数控机床、工业机器人、工艺装备、自动引导车（AGV）、智能仓储等制造装备，这些设备统称为现场设备。

11.4.4 家居智能制造的发展方向

从智能制造的内涵和发展思想可以看出，其目标就是实现个性化（按需定制）、柔性化、高质量、低消耗的“制造”，核心就是数字化、网络化和智能化。随着智能制造的快速发展，使得整个家居行业的产业格局、销售服务、企业核心竞争力等都发生了很大的变化。但家居企业要实现智能制造或定制家居大规模生产，其发展方向主要有以下方面：

（1）数字化转型是关键　数字化转型是运用信息技术、数字技术的手段和思想对企业结构和工作流程进行全面的优化和根本性改革，而并非仅从技术层面进行简单的搭建。数字化是智能制造的基础和关键技术，家居产业链实施数字化的关键就在既要适应网络市场环境的变化，又要从思想上建立一种企业模式。这种模式能体现全新的价值观念，极大地提高效率和增强效益。让数字技术逐渐融入产品、服务与流程当中，以转变企业业务流程及服务交付方式。

同时，数字化转型是客户参与方式的变革，也涉及核心业务流程、员工，以及与供应商、合作伙伴等整个产业链交流方式的变革；是整个家居产业链设计技术、制造技术、计算机技术、网络技术与管理科学的交叉、融和、发展与应用的结果；也是制造企业、制造系统与生产过程、生产系统、生产服务不断实现数字化的必然趋势。

总之，数字化转型是通过重构企业业务、创造新的数据驱动的模式，并通过数字化设计与制造，提供交付更好的产品、服务和体验，提高运营效率和效益，提升客户和员工的参与度。对整个产业链来说应重视三个层面：以设计为中心的数字化设计技术、以控制为中心的数字化制造技术、以管理为中心的数字化管理技术。

(2) 智能制造技术是支撑　智能制造技术 IMT 是用计算机模拟、分析，对制造业智能信息收集、存储、完善、共享、继承、发展而诞生的先进制造技术。它是在现代传感技术、网络技术、自动化技术、拟人化智能技术等先进技术的基础上，通过智能化的感知、人机交互、决策和执行技术，实现设计过程、制造过程和制造装备的智能化，是信息技术、智能技术与智能装备的深度融合与集成。

家居产业实现智能制造还需要有智能制造技术的支撑，即智能加工中心和生产线、智能仓储运输与物流、智能生产过程管控和智能生产控制中心等四大技术支撑。其中智能加工中心和生产线包括智能化的设备、智能化的机器手、设备数据自动采集、智能模工具管理等；智能仓储运输与物流包括自动化立体创库、AGV 智能小车和资源定位系统等；智能生产过程管控包括高级计划排程 APS、执行过程调度、数字化物流管控及数字化质量检测等；智能生产控制中心包括中央控制室、现场监视设备、现场 Andon 等。

(3) 协同平台构建是基础　搭建家居产业协同制造或管控平台，即智能制造系统 IMS，是在充分利用软件与互联网工具的基础上，直接面向产业各个生产企业，在确保信息规范的基础上，进行信息交互处理，并通过各种方式向各个企业反馈各类需求，以提高企业间紧密联系程度。使得各企业间的信息孤岛变为共享，连接信息孤岛、共享数据资源。改变当前许多独自为战的企业，虽然设备先进，但指挥的大脑不够强，造成生产效率极低、沟通困难的问题。从而实现整个产业间降低能耗和生产成本、确保产品品质、增加企业效益和市场竞争力的目的。

协同平台的构建实际上是整合整个产业链（industrial chain)，通常称之为“工业链”。产业链可从三个方面进行理解，一是基于微观角度的产业链，即企业的供应链，并与相关的产业形成联盟，结成相应的辅助合作关系；二是基于价值网络观念中，即采购材料，并将其逐渐通过相应的步骤转化为产品，从而进行销售的功能网络链条；三是基于区域经济发展，将企业的技术以及资金进行结合，并依据企业之间的关联程度形成产业链条。

结合上述理解，家居产业链主要是大家居环境的整合，即整个室内家居用品与家居环境之间的构成关系，虽然整个产业链和价值链非常庞大，但主要还是以林业产业为主，兼顾整个生态环境的各类资源因素、机械设备产业、化工产业、辅助产业、设计产业等形成家居制造产业，并由家居产品的流通延伸至物流产业、家居人才培养延伸至家居教育产业、由大家居环境延伸至整个房地产产业和建材产业等。搭建家居产业链协同平台，能使得整个家居产业链“多翼齐飞”，在形成各自的研发团队、品牌的培育与服务的提升的同时，企业间应联合、发挥集群优势将家居产业链进行延伸与协作，才能提高家居产业整个产业链的创新与发展，从而实现智能制造。

另外，从数字化转型的角度，协同平台的构建还应充分利用软件与互联网工具，将家居生产端（工厂)、产品设计端（研发)、设备厂商、销售端门店充分的融合、互联。其中，生产端（工厂)，构建拆单工具、数控设备数据自动对接工具、智能排产工具、全流程订单管理工具、方便的配套产品资源共享平台；产品设计端（研发)，构建产品内容数字化及共享工具、产品标准化、模块化、原辅材料匹配平台；设备厂商，构建数控操作系统、匹配设备的研发的软件开发、更高性价比的数控控制器硬件平台；销售端门店，构建智能化的画图工具、智能化的报价、下单工具、优化流程管理工具、方便的配套产品资源共享平台。从而真正实现整个制造过程的资源共享、协同发展。

(4) 企业持续改进是根本　家居行业通向智能制造的路将会是一段革命性的进步。企业不仅要对产业基础和科技经验所需求的特殊设备进行改变和革新，而且对于新产品和新市场的创新解决方案也要重新探索，包括标准化和参考架构、复杂系统的管理、为工业建立全面宽频的基础设施、安全和保障、工作的组织和设计、培训和持续性的职业发展、规章制度、资源利用效率等 8 个领域来适应智能制造的快速发展。

同时，应依托互联网技术、信息化技术与制造技术、管理技术紧密结合来提升工业素质、配置全球资源、提高生产效率，通过信息化系统（CIMS、ERP、MES 等）对企业资源进行整合，促进“人、财、物、产、供、销”有效管控和协同，实现企业快速响应市场和风险控制；并运用信息技术和先进适用技术，使企业高度机械化、自动化与数控加工、大规模定制生产与柔性制造，对现有产业的改造与提升。逐步实现中国家居工业利用信息化技术向高技术型方向发展、从“劳动密集型”向“劳动+技术密集型”产业发展。

（5）智能制造分布走战略　由于智能制造带来的是整个家居行业的转型和变革，虽然板式家居企业已经取得了重大突破，但对占有大量市场份额的实木企业而言，还只是刚刚起步。因此，对家居产业链协同发展，需要有一个逐渐适应的过程，应依据整个产业链或独立企业的实际情况，即管控过程分布走，由易到难，由浅入深。

第一步，可先实现 OAO（online and offline），即线下（实体）和线下（网络）有机融合的一体化模式，打通经销商与企业脉络，实现线上与线下互动、资源互通、信息互联、相互增值；第二步，再到关联企业的进销存，独立企业各管理部门业务全流程信息化、生产部门实现进度跟踪等；第三步，再进一步通过管理系统（ERP），加强 BOM、CAPP、MES 等理解和应用，深化生产车间管理水平，达到整个产业链向管理要利润的目的；第四步，最终实现整个家居产业链工业 4.0 的目标，即智能制造和门店 3D 设计，依据数据中心自动计划，将销售信息直接转入生产设备 CNC，实现全流程信息化，从而真正实现家居行业的智能制造和数字化转型。

总之，个性化定制时代，家居产业要实现转型升级，真正需要的是新思路。目前，以计算机、互联网、信息通信、大数据、云计算、物联网、区块链、人工智能、5G 通信等为代表的现代信息技术革命催生了数字经济。数字经济就是直接或间接利用数据来引导资源发挥作用，推动生产力发展的经济形态。数字经济的本质在于信息化或信息技术。数字信息技术正广泛应用于现代经济活动中，提高了经济效率、促进了经济结构加速转变。可以预见，未来 10 年将是智能制造发展的高峰。一方面，如何在整个家居产业链和“大家居”范畴中，找到企业的经营定位、制造模式和商业模式，进行协同发展；另一方面，如何通过现代物联网技术（internet of things，IOT）和信息通信技术（information and communication technology，ICT），以数字化来改变企业为客户创造价值的方式，将数字技术融入产品、服务与流程中，以转变业务流程及服务交付方式，客户和产业链全程参与的变革，是定制家居企业转型升级和创新驱动发展的关键问题。同时，定制家居及其产业链必须进行企业数字化转型或智能制造已经成为共识，这是企业的战略核心，不是选择而是唯一出路。这是因为企业数字化转型或智能制造正在成为家居产业发展的新动能、新的重要增长点、重要驱动力以及核心竞争力。

复习思考题

1. 什么是制造业？制造业有哪几种类型？现代制造业主要有哪些特征？

2. 什么是制造业生产方式（或生产类型）？主要有哪些分类方法及其类型？

3. 什么是大规模定制？其内涵、基本思想、类型和核心能力主要包括哪些内容？

4. 什么是信息技术？主要包括哪些基本技术？什么是新一代信息技术？

5. 什么是数字化、数字化转型、数字化设计、数字化制造？数字化制造包括哪几个层面？

6. 什么是“互联网+”“工业 4.0”“中国制造 2025”“智能制造”？简述智能制造的三个主要阶段？

7. 目前智能制造应用主要有哪几种典型模式？简述家具（家居）制造模式演变的主要特点。

8. 什么是“个性化定制”与“柔性化生产”？简述定制家具与定制家居的概念与类型等。

9. 简述实施家居智能制造的思维、条件、特征、系统架构以及主要发展方向。

10. 中国家具工业现有制造模式有哪些形式？今后家具先进制造技术的重点发展方向是什么？

参考文献

白浩，郑智华，杨芳清，等，2022. 肤感板材涂层评价方法研究［J］. 中国人造板，29（1）：24-28.

北京林学院，1983. 木材学［M］. 北京：中国林业出版社.

戴信友，2000. 家具涂料与涂装技术［M］. 北京：化学工业出版社.

冯鑫浩，陈晶宇，吴智慧，等，2021. “肤感”涂层形成机制及其在家具中的研究现状与发展趋势［J］. 林业工程学报，6（4）：167-175.

高家炽，陈宝德，赵春瑞，等，1987. 木材加工工艺学［M］. 哈尔滨：东北林业大学出版社.

顾继友，2012. 胶黏剂与涂料［M］. 2 版. 北京：中国林业出版社.

顾炼百，2011. 木材加工工艺学［M］. 2 版. 北京：中国林业出版社.

韩静，吴智慧，2018. 板式定制家具企业制造执行系统的构建与应用［J］. 林业工程学报，3（6）：149-155.

何国平，1983. 家具涂饰工艺［M］. 北京：中国轻工业出版社.

剑持仁，川上信二，垂见健三，等，1986. 家具的事典［M］. 东京：株式会社朝仓书店.

刘忠传，1993. 木制品生产工艺学［M］. 北京：中国林业出版社.

木材工芸学教室，1960. 木材加工与室内计画便览［M］. 千叶大学工学部建筑学科. 东京：产业图书株式会社.

木材活用事典编集委员会，1994. 木材活用事典［M］. 东京：株式会社产业调查会事典出版中心.

南京林产工业学院，1981. 木材干燥［M］. 北京：中国林业出版社.

农林水产省林业试验场，1983. 木材工业手册［M］. 东京：丸善株式会社.

彭亮，2001. 家具设计与制造［M］. 北京：高等教育出版社.

千叶大学工学部建筑学科木材工艺学教室，1960. 木材加工与室内计画便览［M］. 东京：产业图书株式会社.

浅野猪久夫，1982. 木材事典［M］. 东京：株式会社朝仓书店.

桥本喜代太，成田寿一郎，1989. 木工接合工作［M］. 东京：理工学社.

宋魁彦，2001. 现代家具生产工艺与设备［M］. 哈尔滨：黑龙江科学技术出版社.

唐星华，2002. 木材胶黏剂［M］. 北京：化学工业出版社.

文嘉，2002. 崭新的制造模式：“大规模定制”［J］. 家具，22（1）：42-46.

吴悦琦，1998. 木材工业实用大全·家具卷［M］. 北京：中国林业出版社.

吴智慧，2003. 信息经济时代的家具先进制造技术（1）［J］. 家具（2）：13-16.

吴智慧，2003. 信息经济时代的家具先进制造技术（2）［J］. 家具（3）：11-20.

吴智慧，2015. 工业 4. 0：传统制造业转型升级的新思维与新模式［J］. 家具（1）：1-7.

吴智慧，2016. 工业 4. 0 时代家具产业的制造模式［J］. 林产工业，43（3）：6-10.

吴智慧，2016. 家具产业在新型城镇化进程中的地位与机遇［J］. 家具，37（1）：1-7.

吴智慧，2012. 室内与家具设计·家具设计［M］. 2 版. 北京：中国林业出版社.

吴智慧，2013. 中国家具产业的现状与发展趋势［J］. 家具，34（1）：1-4.

吴智慧，2017. 工业 4. 0 时代中国家居产业的新思维与新模式［J］. 木材工业，31（1）：5-9.

吴智慧，2021. 木家具上蜡技术的应用现状与发展［J］. 家具，42（6）：1-7.

向明，蔡燎原，张季冰，2002. 胶黏剂基础与配方设计［M］. 北京：化学工业出版社.

向明，蓝方，陈宁，2002. 热熔胶黏剂［M］. 北京：化学工业出版社.

熊先青，吴智慧，2018. 家居产业智能制造的现状与发展趋势［J］. 林业工程学报，3（6）：11-18.

许柏鸣，2000. 家具设计［M］. 北京：中国轻工业出版社.

杨文嘉，2013. 新工业革命对家具制造业的影响［J］. 家具，34（1）：5-7.

张广仁，1983. 木器油漆工艺［M］. 北京：中国林业出版社.

张广仁，1990. 木材涂饰原理［M］. 哈尔滨：东北林业大学出版社.

郑宏奎，1997. 室内及家具材料学［M］. 北京：中国林业出版社.

周定国，梅长彤，2019. 人造板工艺学［M］. 3版. 北京：中国林业出版社.

周济，2012. 制造业数字化智能化［J］. 中国机械工程，23（20）：2395-2400.

周济，2015. 智能制造："中国制造2025"的主攻方向［J］. 中国机械工程，26（17）：2273-2284.

朱浩，1984. 家具木工工艺［M］. 北京：中国轻工业出版社.

GEORGE TSOUMIS, 1991. Science and Technology of Wood [M]. New York: Van Nostrand Reinhold.

ROBERT LENTO, 1979. Woodworking-Tools, Fabrication, Design, and Manufacturing [M]. N. J., Prentice-Hall Inc.

WC STEVENS & N TURNER, 1979. Wood bending Handbook [M]. Eyre & Spottiswoode Limited at Grosvebor Press Portsmouth.

WU Z H, FURUNO T, YOSHIHARA H, 1999. Calculation models of pressure and position of curved laminated veneer lumber in molds during pressing [J]. Wood Sci, 45 (3): 213-220.

WU Z H, FURUNO T, 1999. Stress distributions and failure types of curved laminated veneer lumber for use in furniture under loading [J]. Wood Sci, 45 (2): 134-142.